炼油核心装置大作业系列丛书

常减压及焦化专家培训班大作业选集

（第二期）

赵日峰　主编

中国石化出版社

内 容 提 要

本书精选自中国石油化工股份有限公司炼油事业部组织的第二期常减压及焦化专家培训班6名优秀学员的大作业，涵盖了不同的常减压蒸馏装置及延迟焦化装置，涉及装置基本情况、标定情况、工艺计算与分析等内容。大作业是这些学员经过较为系统的专业理论培训后返回工作岗位完成的，历经专家指导、教师批改和学员答辩。

本书内容详实、实用性强，是很好的常减压蒸馏装置及延迟焦化装置工艺计算范例和数据集，可供炼油行业的技术人员、设计人员和管理工作者参考使用。

图书在版编目(CIP)数据

常减压及焦化专家培训班大作业选集．第二期／赵日峰主编．—北京：中国石化出版社，2022.1
(炼油核心装置大作业系列丛书)
ISBN 978-7-5114-6533-7

Ⅰ．①常… Ⅱ．①赵… Ⅲ．①原油-常减压蒸馏-焦化装置 Ⅳ．①TE624.2

中国版本图书馆CIP数据核字(2022)第018028号

中国石化出版社出版发行

地址：北京市东城区安定门外大街58号
邮编：100011　电话：(010)57512500
发行部电话：(010)57512575
http://www.sinopec-press.com
E-mail:press@sinopec.com
北京力信诚印刷有限公司印刷

*

787×1092毫米16开本52.75印张1276千字
2022年2月第1版　2022年2月第1次印刷
定价：298.00元

《常减压及焦化专家培训班大作业选集(第二期)》

编委会

前　言

时代楷模陈俊武院士1992年开始对催化裂化专业高层级专家培养模式进行了探索实践，首创了集中授课–企业研修–结业答辩的“三段回归式培训模式”，并成功举办了三期催化裂化技术高级研修班。经过三期高研班培训的大多数学员已成为催化裂化领域的知名专家和技术中坚，部分学员既成为技术专家也成为管理专家，为中国炼油事业发展发挥着重要作用。

中国石化炼油事业部借鉴陈俊武院士“三段回归式培训模式”，2016年举办了第一期催化裂化专家培训班，此后又进一步拓展到常减压、焦化、重整、加氢等其他专业。2019年举办了第二期常减压及焦化装置专家培训班。

第二期常减压及焦化专家培训班由中国石化19名学员和中国石油8名学员组成，由中石化广州工程有限公司李和杰担任班主任，石油化工科学研究院申海平担任副班主任。本期培训班于2019年3月4日开学，学员系统学习了：原油及石油产品评价表征，重质油化学，常减压蒸馏装置和延迟焦化装置的原料与产品，石油馏分热力学物性计算，蒸馏原理、蒸馏工艺及工程计算，延迟焦化反应机理、反应动力学模型及产品预测，延迟焦化工艺及工程计算，能量评价、能量回收原理及能量平衡计算，传热过程及传热设备工程计算，气液传质过程及传质设备工程计算，加热过程及加热炉工程计算，延迟焦化焦炭塔工程计算、流体机械工艺计算，原油预处理、腐蚀机理与防腐、常减压蒸馏、延迟焦化装置工程设计基本准则，常减压蒸馏装置、延迟焦化装置疑难问题研讨及典型事故案例分析等。2020年1月10日，共有26名学员顺利毕业。

根据陈俊武院士“三段式”教学理念，为更好地理解与掌握工艺计算的方法和意义，专家班学员经过集中学习后，回到企业要依据所学的知识对所在装置进行工艺核算，相当于对装置进行一次详细的手动标定计算，最后形成一份大作业。2018年中国石化出版社把第一期催化裂化专家培训班优秀学员的大作业汇编成册，编辑出版，并由时任中国石化董事长戴厚良院士亲自作序，这样既可以把专家班培训成果传承保存下来，又可以作为装置技术人员学习培训的教学案例。

本书由第二期常减压及焦化专家培训班6名优秀学员的大作业汇编而成，学员分别是廖志新(镇海炼化)、陆晓青(广州工程公司)、项悦文(高桥石化)、亓仁东(广西石化)、吴昊(大连石化)、王宝石(炼化工程洛阳技术研发中心)，主要涉及标定报告、工艺流程图、工艺计算及分析和检修改造建议等方面的内容，其中工艺计算及分析包括原料和产品性质计算、物料平衡、分馏塔热平衡换热网络计算、分馏塔水力学计算、换热器计算、加热炉计算、焦炭塔计算节能和能耗计算等，是一本很好的常减压及焦化装置工艺计算范例和数据集，可供炼油行业的技术人员、设计人员和管理工作者参考使用。

总 目 录

镇海炼化8.0Mt/a常减压蒸馏装置工艺计算

完成人：廖志新
单　位：中国石化镇海炼化公司

目　　录

第一部分　装置标定报告

1　装置概况

中国石化镇海炼化Ⅰ套常减压装置于1977年建成并试车，1978年投产。装置原设计为常减压—催化联合装置的一部分，设计加工能力为2.5Mt/a，设计加工油种为胜利原油。设计采用二次加热，三段汽化工艺，能量利用与催化裂化热联合。催化油浆与初底油换热，热蜡油直供催化作原料，减压采用三级抽真空系统，设备防腐采用"一脱四注"。装置于1986年和1987年进行了扩能改造，改造后装置生产能力扩大到3.0Mt/a，设计加工油种为鲁宁管输油。同时，为了满足重油催化装置原料的质量要求，1986年引进美国Petrolite公司的深度脱盐技术和部分关键设备，对原有的电脱盐罐进行了技术改造。1995年Ⅰ套常减压装置进行了加工中东含硫轻质原油的"消颈扩能"改造，加工能力扩大至4.0Mt/a，设计油种为伊朗轻质原油和沙特轻质原油。改造主要集中在原油换热系统和常压系统，采用多路换热技术，改初馏塔为二段闪蒸塔，在国内首次使用二段闪蒸工艺，将原油中气体和轻油组分闪蒸出来直接进入常压塔的适宜位置，从而减轻了常压炉的负荷，消除了瓶颈。为充分挖掘装置设备潜力，进一步提高装置加工规模，在4.0Mt/a的基础上，1997年再次对装置进行了扩能改造。这次改造主要更换了两个电脱盐罐，减压炉出口由下出改为上出，减压塔改为填料塔等技术，装置年开工时间为8400h，加工能力达到5.0Mt/a，其中伊朗轻质原油3.0Mt/a，沙特阿拉伯轻质原油2.0Mt/a；另外，常一线生产3#航煤增设了国内首套引进美国UOP的航煤无碱脱臭Merox工艺技术，设计年开工时间为8000h，加工能力为0.6Mt/a。2006年装置进行了"Ⅰ套常减压装置提高总拔改造"，改造按年开工时间8400h，最大加工能力5.5Mt/a核算。设计基准原油为伊朗轻质原油，同时核算单独加工科威特原油的工况。改造主要内容是常压塔更新放大，减压塔内件改造，常压炉增设外挂对流室，空气预热器改造等。2008年装置进行了"Ⅰ套常减压装置技术改造"，改造按年开工时间8400h，最大加工能力8.0Mt/a核算。设计基准原油为伊朗轻质原油，同时核算单独加工科威特原油的工况。改造主要内容是二段闪蒸改为一段闪蒸，低速电脱盐改为高速电脱盐，减压塔整体更新放大，原减压炉和催化开工炉改为常压炉，原常压炉改为减压炉，新建80m混凝土烟囱，换热流程改造等。

Ⅰ套常减压装置由电脱盐系统、常压蒸馏系统、减压蒸馏系统、Merox等部分组成。

Ⅰ套常减压装置是以原油为原料的一次炼油加工装置，主要产品有：石脑油、3#航煤、-10#军用柴油、柴油、高等级道路沥青等；还可为炼油化工装置提供二次加工原料，如：重整原料、航煤加氢原料、柴油加氢原料、催化原料、加氢裂化原料、焦化原料、化肥原料、氧化沥青原料等。

Ⅰ套常减压装置常压塔塔顶瓦斯去轻烃回收装置；常顶一级油去罐区产重整原料或石脑油；常顶二级油直供Ⅰ轻烃回收或去罐区产石脑油；常一线去Merox(现已停用)或去罐区产航煤料或溶剂油或柴油；常二线去罐区产柴油或加氢料；常三线去罐区产柴油或加氢料或直供Ⅲ加氢；常四线去Ⅰ催化；减一线去罐区产柴油或加氢料或直供Ⅲ加氢；减二线去罐区产加氢裂化原料；减三线去罐区产蜡油加氢原料；减四线去溶脱或并渣油去罐区；渣油去罐区产焦化料或去沥青、化肥、焦化。

2　主要工艺流程

2.1　流程概况

Ⅰ套常减压装置由电脱盐系统、常压蒸馏系统、减压蒸馏系统等部分组成。

自储运罐区来的原油，经原油泵升压，并经质量流量计计量后分五路换热，换热后进入一级电脱盐罐、二级电脱盐罐脱盐。经电脱盐罐脱盐后的原油再分四路换热，然后四路原油合并进入闪蒸塔。

闪蒸塔塔顶闪蒸出来的油气直接进入常压塔的第21层塔板，闪底油经塔底泵升压后分二路换热。然后二路闪底油合并进入常压炉。常压炉分八路加热后进入常压塔进行常压分馏。

常压塔塔顶出来的油气分五路与原油换热后进入常顶回流罐进行油气分离，其中常顶回流罐内的液相，通过常顶回流升压后一部分作为常顶回流油打入常压塔塔顶，另一部分经常顶油冷却后作为重整料或石脑油出装置；气相进入常顶冷却后进入常顶产品罐V-103/2。常顶产品罐不凝气(低压瓦斯)可去轻烃回收装置的气压机入口，去系统瓦斯管网。常顶产品罐内的液相，通过常顶产品升压后作为重整料或石脑油出装置。

常压塔共设四个侧线，常一线从常压塔的第12层(产溶剂油时用此流程，现未用)或第14层抽出，进入汽提塔进行汽提，其中气相返回常压塔，液相油经常一线泵升压后换热冷却出装置。常二线油从常压塔的第26层塔板抽出，进入汽提塔进行汽提，其中气相返回常压塔，液相油经常二线泵升压后换热冷却出装置。常三线油从常压塔的第34层塔板抽出，经常三线泵升压后经换热器与闪底油换热后再经常三线蒸汽发生器发生完蒸汽后，与催化热水换热后冷却与减一线油合并出装置。常三线蒸汽发生器0.3MPa蒸汽经常压炉过热后供装置自用。常四线油(预留，标定时停用)从常压塔的第38层塔板抽出，经常四线泵升压后进常四线油换热器与原油换热后出装置。

常压塔设三个循环回流，常顶循油从常压塔的第6层塔板抽出，经常压塔塔顶循环油泵升压后经常顶循换热器与原油换热后，再返回常压塔的顶层塔板第4层上。常一中油从常压塔的第18层塔板抽出，经常一中泵升压后再经常一中换热器换热后，返回到常压塔的顶层塔板第16层塔板上。常二中油从常压塔的第30层塔板抽出，经常二中泵升压后经常二中换热器换热后，再返回常压塔的第28层塔板上。

常压塔底油经常底泵升压分八路进入减压炉加热升温后，进入减压塔进行减压分馏。

减压塔塔顶油气经三级蒸汽抽真空系统后，不凝气一路与二常减顶瓦斯合并后可去减顶瓦斯罗茨机升压后进酸性气管网或焦化脱硫装置脱硫，一路可(保留)进入减压炉作燃料。冷却后的冷凝液则全部进入减顶油水分离罐进行油水分离，其中油相经泵升压后去原有泵入口回炼，或去轻油罐。

减压塔共设四个侧线和三个回流。减一线从减压塔第一段液体收集器抽出，经减一线泵升压后分两路，一路作为下返塔返回减压塔；另一路换热再分两路，一路经减顶循经冷却后返回减压塔塔顶回流，一路直接单独作为柴油加氢精制料与常三线合并后出装置。减二线从减压塔的第二段液体收集器抽出，经减二线泵升压并换热后分两路，一路返回到减压塔三段的液体分布器入口作减一中回流；另一路再经催化进料冷蜡换热器后再换热和冷却后经调节作为减压蜡油出装置。

减三线从减压的第四段液体收集器抽出，经减三线泵升压后分两路，一路作为洗涤段的洗涤油返回减压塔的第五段液体分配器，另一路经减三线减二中换热器换热后再分两路，一路返回到减压塔四段填料的液体分布器入口作减二中回流。另一路经换热冷去后出装置。

减四线油从减压塔的第五段液体收集器抽出至减四线罐，减四线罐的气相线返回至减压塔的闪蒸段，液相经泵升压后换热出装置。

减压渣油经减底泵升压后经渣油换热器换热后，然后分两路，一路作为急冷油返回减压塔，另一路经渣油换热器换热后进储运渣油罐，也可全部或部分去化肥、沥青罐区、重油催化、溶剂脱沥青及电站罐区等。

2.2　流程图

Ⅰ套常减压装置流程图具体见图1-1~图1-3。

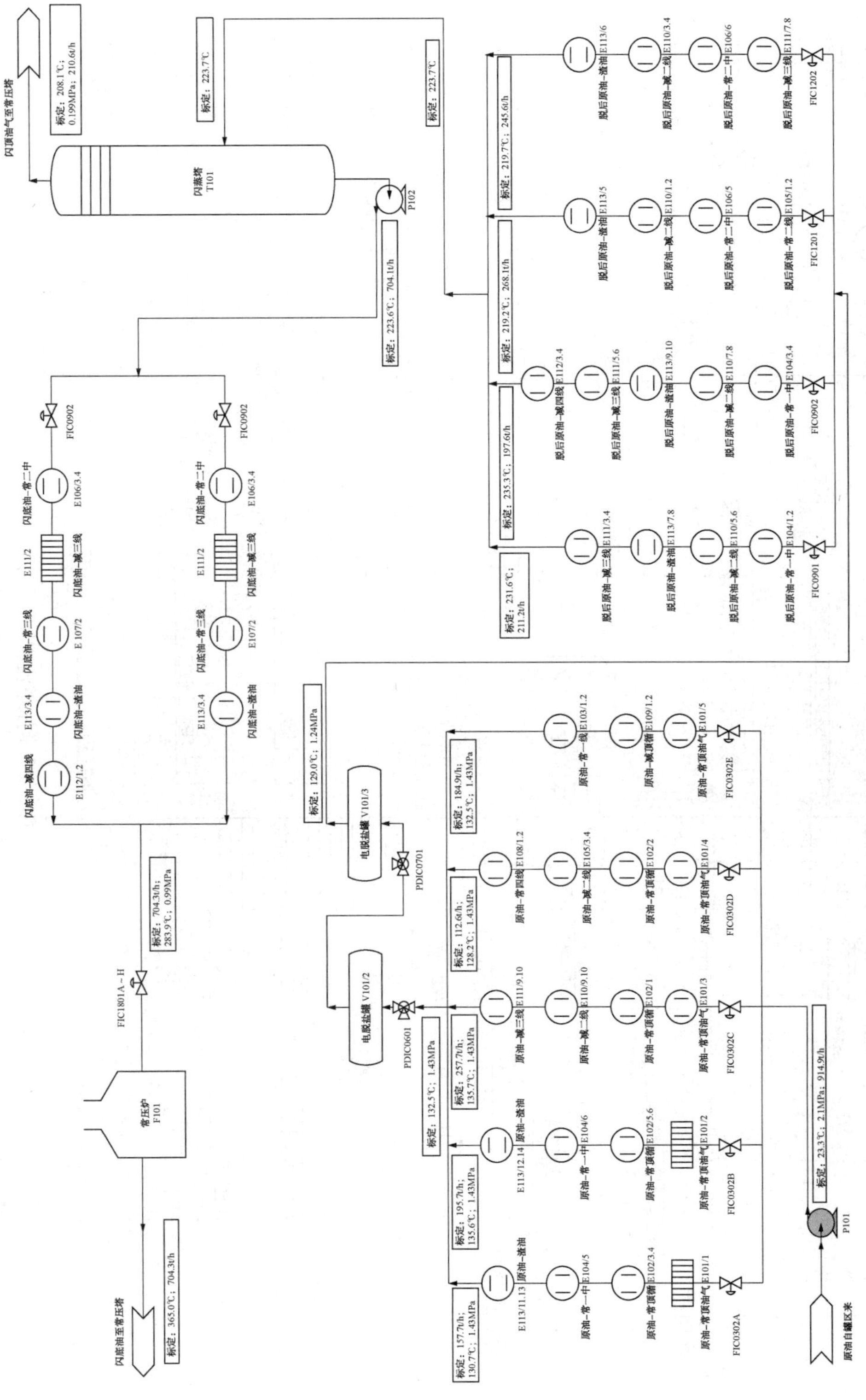

图1-1　原油泵至常压炉流程图

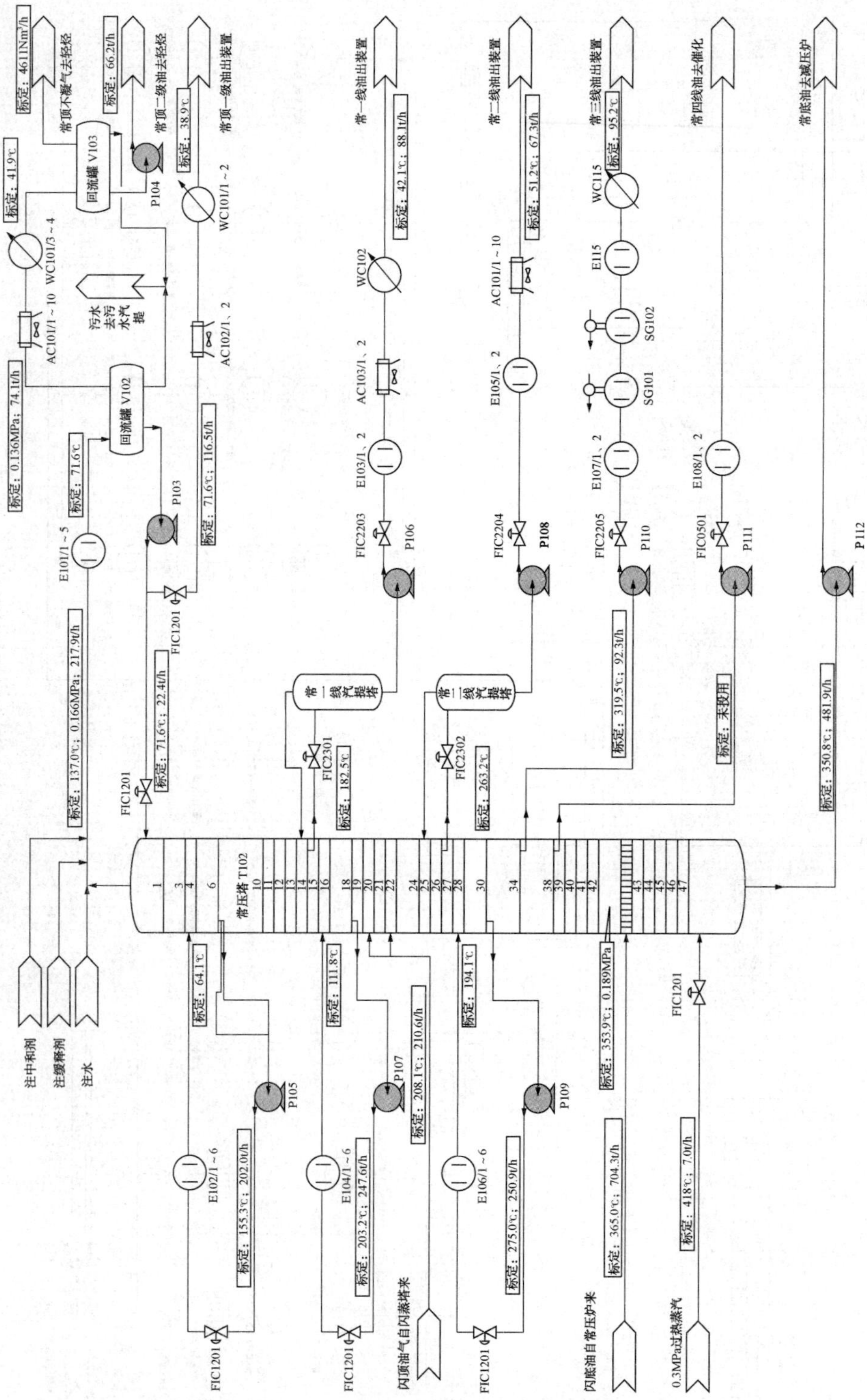

注中和剂
注缓释剂
注水
常压塔 T102
标定：137.0℃；0.166MPa；217.9t/h
E101/1～5
标定：0.136MPa；74.1t/h
标定：71.6℃
回流罐 V102
P103
AC101/1～10
WC101/3～4
标定：41.9℃
回流罐 V103
标定：4611Nm³/h
常顶不凝气去轻烃
标定：66.2t/h
常顶一级油去轻烃
P104
污水去污水汽提
AC102/1、2
WC101/1～2
标定：38.9℃
常顶一级油出装置
标定：71.6℃；116.5t/h
FIC1201
标定：71.6℃；22.4t/h
常一线汽提塔
常二线汽提塔
FIC2301
标定：182.5℃
FIC2302
标定：263.2℃
FIC2203
P106
E103/1、2
AC103/1、2
WC102
标定：42.1℃；88.1t/h
常一线油出装置
FIC2204
P108
E105/1、2
AC101/1～10
标定：51.2℃；67.3t/h
常二线油出装置
标定：319.5℃；92.3t/h
FIC2205
P110
E107/1、2
SG101
SG102
E115
WC115
标定：95.2℃
常三线油出装置
标定：未投用
FIC0501
P111
E108/1、2
常四线油去催化
标定：350.8℃；481.9t/h
P112
常底油去减压炉
标定：64.1℃
P105
E102/1～6
标定：155.3℃；202.0t/h
标定：111.8℃
P107
标定：208.1℃；210.6t/h
E104/1～6
标定：203.2℃；247.6t/h
闪顶油气自闪蒸塔来
标定：194.1℃
P109
E106/1～6
标定：275.0℃；250.9t/h
标定：353.9℃；0.189MPa
标定：365.0℃；704.3t/h
闪底油自常压炉来
标定：418℃；7.0t/h
0.3MPa过热蒸汽

图1-2 常压塔流程图

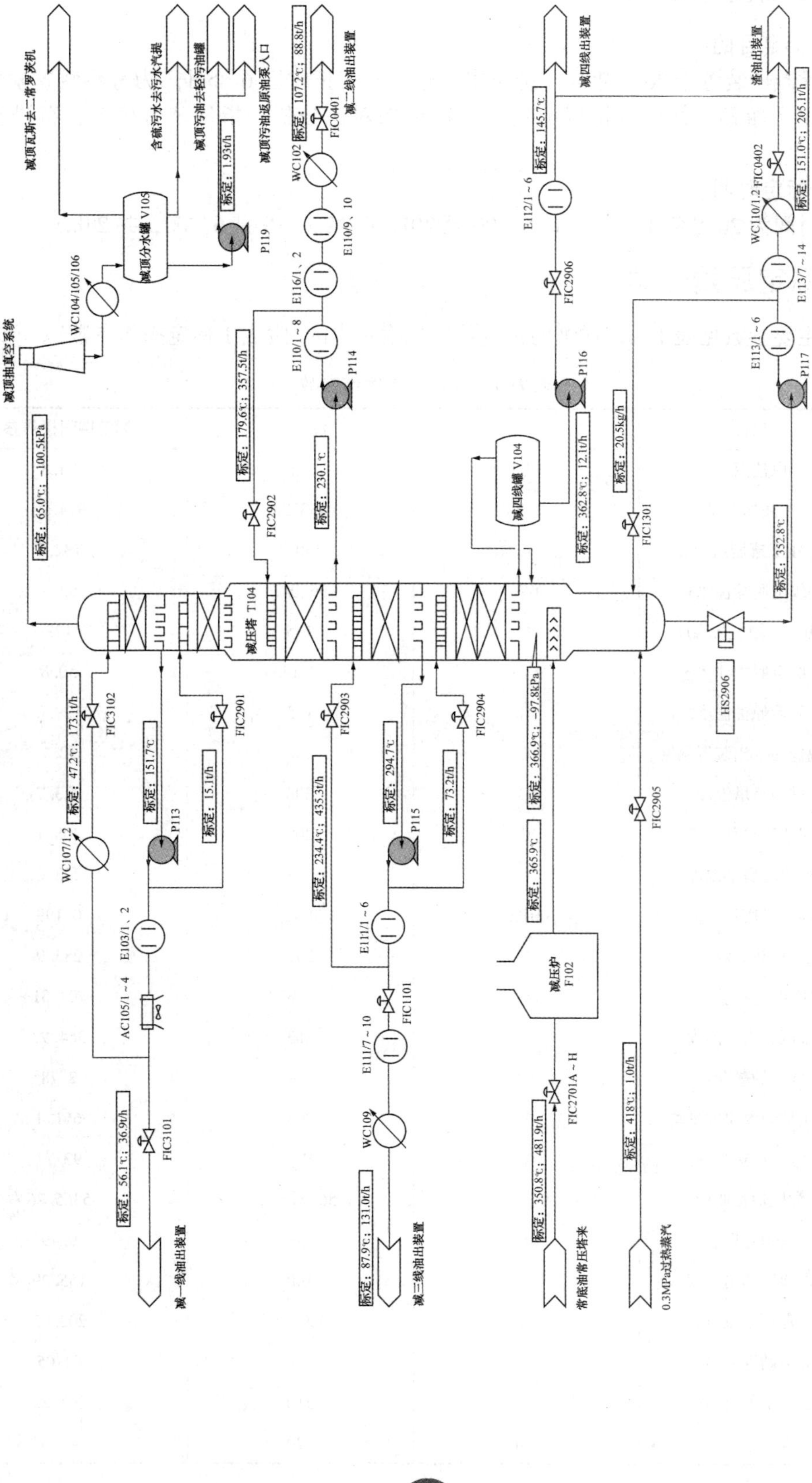
减顶瓦斯去二常罗茨机
含硫污水去污水汽提
减顶污油去轻污油罐
减顶污油返原油泵入口
标定：107.2℃；88.8t/h
减二线油出装置
减四线出装置
渣油出装置
减顶抽真空系统
WC104/105/106
减顶分水罐 V105
标定：1.93t/h
P119
WC102
FIC0401
E116/1、2
E110/9、10
E110/1～8
P114
标定：179.6℃；357.5t/h
标定：230.1℃
FIC2902
标定：65.0℃；-100.5kPa
减四线罐 V104
E112/1～6
标定：145.7℃
FIC2906
P116
标定：362.8℃；12.1t/h
标定：20.5kg/h
FIC1301
WC110/1.2
FIC0402
标定：151.0℃；205.1t/h
E113/7～14
E113/1～6
P117
标定：352.8℃
减压塔 T104
HS2906
FIC3102
标定：47.2℃；173.1t/h
WC107/1.2
标定：151.7℃
P113
FIC2901
标定：15.1t/h
E103/1、2
AC105/1～4
FIC3101
标定：56.1℃；36.9t/h
减一线油出装置
FIC2903
标定：234.4℃；435.3t/h
标定：294.7℃
P115
FIC2904
标定：73.2t/h
E111/1～6
FIC1101
E111/7～10
WC109
标定：87.9℃；131.0t/h
减三线油出装置
标定：366.9℃；-97.8kPa
标定：365.9℃
减压炉
F102
FIC2701A～H
标定：350.8℃；481.9t/h
常底油常压塔来
FIC2905
标定：418℃；1.0t/h
0.3MPa过热蒸汽

图1-3　常压塔流程图

3 标定基本情况

3.1 标定目的

Ⅰ套常减压装置于2016年4月份完成大修，开工正常已6个月。为考察装置检修后加工能力和生产瓶颈，并结合检修前装置标定结果对比分析，指导装置生产，特进行本次标定。

3.2 标定时间

标定时间为2016年12月18日6：00至2016年12月19日6：00，共24h。

4 标定原始数据

标定主要参数见表1-1，详细的标定数据见附录中的“附表1 标定操作参数”。

表1-1 标定主要操作参数

序号	项目	单位	设计值	标定期间操作参数
1	原油温度	℃	32	23.3
2	原油加工量	t/h	952.38	914.93
3	V101/2罐脱盐温度	℃	140.4	132.5
4	一级电脱盐注水量	t/h	59.047	52.8
5	V101/3罐脱盐温度	℃	135	129
6	二级电脱盐注水量	t/h	57.143	50.8
7	脱后原油温度	℃	135	129.0
8	点脱盐污水出装置温度	℃	50	52.1
9	进闪蒸塔温度	℃	208	223.7
10	闪蒸塔顶部温度	℃	208	208.1
11	闪蒸塔底部温度	℃	208	223.6
12	闪蒸塔塔顶压力	MPa	0.15	0.199
13	换热终温	℃	297	283.9
14	常压炉进料量(总)	t/h	763.833	704.31
15	常压炉出口温度	℃	363	364.97
16	常压炉氧含量	%	—	2.78
17	常压炉炉膛温度平均	%	803	661.4
18	常压炉热效率	%	91.5	92.77
19	常压炉瓦斯量	Nm^3/h	5669kg/h	5365.26
20	V603压力	MPa	—	0.49
21	常顶循抽出温度	℃	140	155.29
22	常顶循流量	t/h	509.21	202.03
23	常顶循返回温度	℃	95	64.05
24	常一中抽出温度	℃	210	203.23
25	常一中流量	t/h	420	247.63

续表

序号	项目	单位	设计值	标定期间操作参数
26	常一中返回温度	℃	141	111.83
27	常二中抽出温度	℃	279	274.97
28	常二中流量	t/h	480	250.90
29	常二中返回温度	℃	209	194.06
30	常顶温度	℃	125	136.99
31	常压塔进料段温度	℃	361.5	353.09
32	常压塔塔底温度	℃	355	350.75
33	常压塔塔顶压力	MPa	0.11	0.166
34	常压塔进料段压力	MPa	0.14	0.18867
35	顶回流流量	t/h	29.977	22.402
36	常一线抽出温度	℃	177	182.51
37	常一线汽提蒸汽流量	t/h	1.8	1.30
38	常一线冷后温度	℃	45	42.15
39	常一线出装置流量	t/h	132	88.12
40	常二线抽出温度	℃	255	263.24
41	常二线汽提蒸汽流量	t/h	—	1.10
42	常二线冷后温度	℃	60	51.15
43	常二线出装置流量	t/h	95	67.29
44	常三线抽出温度	℃	321	319.49
45	常三线流量	t/h	116.39	92.27
46	SG101 发汽量(0.3MPa)	t/h	—	4.33
47	SG102 发汽量(0.3MPa)	t/h	—	8.28
48	常三线 SG102 后温度	℃	152	160.0
49	塔底吹汽流量	t/h	6200	7.00
50	常顶瓦斯压力	MPa	0.06	0.08
51	常顶瓦斯流量	Nm^3/h	3354	4611.3
52	常顶一级油流量	t/h	119435	116.54
53	常顶一级油出装置温度	℃	40	38.87
54	常顶二级油流量	t/h	56.049	66.15
55	常顶二级油出装置温度	℃	40	41.91
56	常顶污水流量	t/h	—	10.14
57	减压炉进料温度	℃	355	351.17
58	减压炉进料流量	t/h	430.152	481.892
59	减压炉出口温度	℃	—	365.85
60	减压炉瓦斯流量	Nm^3/h	2177kg/h	2514.31
61	减压炉热效率	%	91.5	92.93
62	减一线出装置流量	t/h	42.1	36.85

续表

序号	项目	单位	设计值	标定期间操作参数
63	减一线抽出温度	℃	137.5	151.67
64	减一线出装置温度	℃	60	56.09
65	减压塔塔顶压力	kPa	20mmHg(绝)	-100.51
66	减一中流量	t/h	210	357.46
67	减一中返回温度	℃	182.8	179.63
68	减二线抽出温度	℃	253.8	230.08
69	减二线出装置温度	℃	130/90	107.15
70	减二线出装置流量	t/h	100.22	88.82
71	减二中流量	t/h	336	435.33
72	减二中返回温度	℃	234.3	234.42
73	减三线抽出温度	℃	317.2	294.71
74	减三线出装置温度	℃	148/90	87.93
75	减三线出装置流量	t/h	105.6	131.0
76	减四线抽出温度	℃	369.8	362.82
77	减四线流量	t/h	20.249	12.1
78	减四线出装置温度	℃	160	145.76
79	进料段温度	℃	376	366.93
80	进料段压力	kPa	30mmHg(绝)	-97.79
81	常底油进减压塔温度	℃	376	370.14
82	减压塔塔底吹汽流量	t/h	1.5	1.02
83	减底温度	℃	365	352.83
84	急冷油流量	t/h	7.2	20.49
85	渣油冷后温度	℃	160/130	151.03
86	渣油流量	t/h	160.057	205.1
87	减顶污水流量	t/h	11.979	9.28
88	减顶污油流量	t/h	1.291	1.93
89	排烟温度	℃	120	117.84

5 原料性质

本次标定原油为伊轻：伊重：荣卡多(1：6：1.4)，伊轻(220t/h)，南帕斯(50t/h)处理量22000t/d，具体性质见表1-2~表1-4。

表1-2 标定原油分析数据

样品名称	组分名称	数据	计量单位	控制指标
脱前原油	密度	870.2	kg/m^3	—
脱前原油	水分	0.03	%(质)	≤0.5
脱前原油	酸值(电位滴定法)	0.4	mgKOH/g	≤0.5

续表

样品名称	组分名称	数据	计量单位	控制指标
脱前原油	硫(荧光法)	1.7	%(质)	≤3.0
脱前原油	含盐	11.7	mgNaCl/L	—
脱前原油	运动黏度 50℃	6.423	mm^2/s	—
脱前原油	运动黏度 80℃	4.233	mm^2/s	—
脱后原油	水分	0.09	%(质)	≤0.3

表 1-3　标定混合油实沸点数据

沸点范围/℃	馏分收率/%(质)		沸点范围/℃	馏分收率/%(质)	
	每馏分/%(质)	总馏分/%(质)		每馏分/%(质)	总馏分/%(质)
HK~15	0.15	0.15	280~300	4.79	43.09
15~60	3.19	3.34	300~320	4.95	48.04
60~80	1.77	5.11	320~350	6.95	54.99
80~100	2.77	7.88	350~380	3.09	58.08
100~120	2.86	10.74	380~400	1.84	59.92
120~140	3.11	13.85	400~420	2.91	62.83
140~160	2.6	16.45	420~440	3.21	66.04
160~180	3.14	19.59	440~460	1.93	67.97
180~200	2.89	22.48	460~480	2.43	70.4
200~220	4.87	27.35	480~500	2.34	72.74
220~240	3.8	31.15	500~520	1.65	74.39
240~260	3.99	35.14	520~540	2.84	77.23
260~280	3.16	38.3			

表 1-4　标定期间加热炉燃料气组分分析数据

样品名称	组分名称	数据	计量单位
燃料气	H_2	36.64	%(体)
燃料气	空气	5.62	%(体)
燃料气	甲烷	36.63	%(体)
燃料气	乙烷	9.69	%(体)
燃料气	乙烯	0	%(体)
燃料气	丙烷	5.31	%(体)
燃料气	丙烯	0.02	%(体)
燃料气	异丁烷	2.63	%(体)
燃料气	正丁烷	1.76	%(体)
燃料气	反丁烯	0.2	%(体)
燃料气	异丁烯	0.26	%(体)
燃料气	顺丁烯	0.14	%(体)
燃料气	C_5	0.64	%(体)
燃料气	CO	0	%(体)
燃料气	CO_2	0.46	%(体)
燃料气	H_2S	0	%(体)
燃料气	总计	100	%(体)

6 产品性质

6.1 气体组分性质

气体组分主要分析了常顶瓦斯组分，数据见表1-5。

表1-5 标定期间常顶瓦斯组分分析数据

样品名称	组分名称	数据	计量单位
常顶瓦斯	H_2	0	%(体)
常顶瓦斯	空气	4.5	%(体)
常顶瓦斯	甲烷	2.1	%(体)
常顶瓦斯	乙烷	12.93	%(体)
常顶瓦斯	乙烯	0.02	%(体)
常顶瓦斯	丙烷	41.63	%(体)
常顶瓦斯	丙烯	0.02	%(体)
常顶瓦斯	异丁烷	9.88	%(体)
常顶瓦斯	正丁烷	20.9	%(体)
常顶瓦斯	异丁烯	0.01	%(体)
常顶瓦斯	反丁烯	0	%(体)
常顶瓦斯	顺丁烯	0.12	%(体)
常顶瓦斯	C_5	6.32	%(体)
常顶瓦斯	CO	0	%(体)
常顶瓦斯	CO_2	1.1	%(体)
常顶瓦斯	H_2S	0.45	%(体)
常顶瓦斯	总计	99.98	%(体)

6.2 油组分性质

油组分主要分析各侧线产品，闪底油，中段回流等油性质分析。

1. 轻油侧线产品组分性质见表1-6。

表1-6 标定期间轻油组分分析数据

组分名称	计量单位	常顶二级油	常顶一级油	常一线	常二线	常三线	减一线
酸度	mgKOH/g	0.0192	0.0395	0.372	0.287	0.405	0.501
初馏点	℃	30	48	140	206	233	254
5%温度	℃	35	71	165	228	258	—
10%温度	℃	40	82	170	233	272	285
30%温度	℃	51	108	186	245	296	303
50%温度	℃	68	124	197	251	305	316
70%温度	℃	91	137	208	259	318	329
90%温度	℃	123	156	220	273	341	349
95%温度	℃	135	165	226	282	350	358

续表

组分名称	计量单位	常顶二级油	常顶一级油	常一线	常二线	常三线	减一线
终馏点	℃	155	175	238	296	—	—
全馏量	℃	96.6	97.4	98.6	98	—	—
密度	kg/m^3	677.3	733.8	792	828.8	853.9	881.1
硫	%(质)	0.0926	0.1087	0.196	0.632	1.1	1.58
外观		合格	合格	合格	合格	合格	合格
闭口闪点	℃	—	—	40	>80.0	80	>80.0
冰点	℃	—	—	-49.5	—	—	—
碱性氮	mg/kg	—	—	3.5	—	—	—
凝点	℃	—	—	—	<-20	-10	-9

2. 重油侧线产品组分性质见表1-7。

表1-7　标定期间重油组分分析数据

组分名称	计量单位	减二线	减三线	减四线	渣油
酸值	mgKOH/g	0.51	0.38	0.24	—
比色	#	<2	<4	—	—
硫	%(质)	1.79	2.05	3.35	3.7
残炭	%(质)	<0.10	0.49	15.94	20.59
密度	kg/m^3	907.6	930	993.7	1014.4
初馏点	℃	无法检测	无法检测	—	—
10%	℃	353	411	—	—
50%	℃	393	460	—	—
90%	℃	437	519	—	—
终馏点	℃	473	553	—	—
全馏量	mL	97	97	—	—
350℃体积	mL	7.5	2	—	1
500℃体积	mL	—	—	4	8
530℃体积	mL	—	—	13	13.5

3. 部分中间产物组分性质见表1-8。

表1-8　标定期间部分中间产物组分分析数据

组分名称	计量单位	闪底油	常顶循	常一中	常二中
初馏点	℃	173	60	95	171
5%	℃	—	125	157	219
10%	℃	223	135	175	233
30%	℃	281	151	204	255
50%	℃	365	161	216	267
70%	℃	503	170	227	277

续表

组分名称	计量单位	闪底油	常顶循	常一中	常二中
90%	℃	681	182	240	294
95%	℃	—	190	249	305
终馏点	℃	—	199	268	313
全馏量	℃	—	97.4	97.6	97.7
密度	kg/m^3	906.7	766	798	832.4

7 装置物料平衡

7.1 物料平衡

物料平衡的计算，需要以装置标定物料计量数据为基础。进出装置物料流量(标定期间的小时均值)和设计数据对比见表1-9。

表1-9 装置物料平衡表

项目	标定		设计	
	数量/(t/h)	收率/%	数量/(t/h)	收率/%
原油加工量	914.93	100	952.4	100
常顶油二级油	66.15	7.23	56.10	5.89
常顶油一级油	116.54	12.74	119.40	12.54
常一线油	88.12	9.63	132.00	13.86
常二线油	67.29	7.35	95.00	9.97
常三线油	92.27	10.08	116.40	12.22
减一线油	35.85	3.92	42.10	4.42
减二线油	86.82	9.49	100.20	10.52
减三线油	130.96	14.31	105.60	11.09
减四线油	12.13	1.33	20.20	2.12
渣油	205.05	22.41	160.50	16.85
低瓦总量	11.31	1.24	3.35	0.35
损失	2.46	0.27	1.55	0.16
合计	914.93	100	952.4	100
轻收	51.0		58.9	
总拔	76.4①		81.5	

① 统计总拔时将减四线的30%统计为总拔收率。

7.2 细物料平衡

标定时列出了常减压装置进出装置的主要物料及流量，数据都取自仪表读数。但进装置原油中含水率为0.03%，在装置核算时需将该部分去除；另外，出料的组分中，常顶瓦斯受温度、压力、组成的影响较大；液相出料计量中温度影响实际的计量，因此需对其进行校正，校正方法附后。在进行细物料平衡校验时，各侧线液相产品均应进行水含量校正。但由于侧线产品中的水为高温工况下的溶解水，其含量很少，在进行物料校正时将该部分的水校正忽略。校正后的细物料平衡见表1-10。

表1-10 装置物料平衡对比表

项目	标定(直接取数)		标定(校正后)		设计	
	数量/(t/h)	收率/%	数量/(t/h)	收率/%	数量/(t/h)	收率%
原油加工量	914.93	100	914.63	100	952.4	100
常顶油二级油	66.15	7.23	62.98	6.89	56.10	5.89
常顶油一级油	116.54	12.74	112.13	12.26	119.40	12.54
常一线油	88.12	9.63	87.88	9.61	132.00	13.86
常二线油	67.29	7.35	67.44	7.37	95.00	9.97
常三线油	92.27	10.08	91.64	10.02	116.40	12.22
减一线油	35.85	3.92	36.24	3.96	42.10	4.42
减二线油	86.82	9.49	86.93	9.50	100.20	10.52
减三线油	130.96	14.31	133.54	14.60	105.60	11.09
减四线油	12.13	1.33	12.65	1.38	20.20	2.12
渣油	205.05	22.41	211.80	23.16	160.50	16.85
低瓦总量	11.31	1.24	11.14	1.22	3.35	0.35
损失	2.46	0.27	0.27	0.03	1.55	0.16
合计	914.93	100	914.63	100	952.4	100
轻收	51.0		50.1		58.9	
总拔	76.4①		75.8		81.5	

① 统计总拔时将减四线的30%统计为总拔收率。

对校正后的物料平衡表进行分析：

(1) 本次大处理量标定的目的是原油加工负荷要求努力提高到设计值，以暴露存在的问题，为以后装置满负荷运行及优化生产提供基础数据。本次标定，加工量为21958t/d，比设计负荷22857t/d低899t/d，按年加工时间8400h计算，标定年加工能力为7.69Mt，加工量未达到设计负荷，主要原因是公司压产柴油，柴油95%控制低，导致减压塔负荷卡边，为保证减压炉流量不超工艺卡片，限制了装置加工量。

(2) 标定原油轻收实际比设计低7.7%，总拔实际比设计低6.0%，主要原因一是标定原油和设计原油油性差别较大；二是柴油指标控制较低，引起减压负荷高，影响装置深拔操作；三是设计条件相比，常四线未投用，轻组分进入减压塔引起减压塔超负荷；四是设计条件相比，为了节能减压塔塔顶抽真空仅开一组(能够满足装置沥青生产)，影响减压深拔操作。

(3) 标定原油实际轻收比理论轻收低3.79%，实际总拔比理论总拔低1.73%，说明装置实际切割精度低于设计条件下的切割精度，主要原因：一是与设计条件相比，柴油控制指标低于设计值，重叠度大，影响常压塔切割精度；二是与设计条件相比，常四线未投用，轻组分进入减压塔引起减压塔超负荷(标定期间减压塔总进料流量为479.6t/h，设计值为430.15t/h)，影响减压塔切割精度；三是设计条件相比，为了节能减压塔塔顶抽真空仅开一组(能够满足装置沥青生产)，负荷高时减顶真空度低，影响减压塔切割精度。

(4) 加工损失方面：经仪表校正后加工损失降至0.27t/h。

7.3 水平衡

常减压装置主要的用水(汽)位置有：原油的含水、各塔的塔底吹汽、电脱盐和各塔的注水(塔顶注水都是采用含硫污水回注，这里不统计)、减顶抽真空系统；污水的外送主要有电脱盐的含盐污水切水和含硫污水的外送。装置水平衡见表1-11。

表1-11 装置水平衡表

带入系统的水				系统排水		
	介质	数值/(t/h)	占比/%	出水	数值/(t/h)	占比/%
进料	原油带入	0.30	0.43	电脱盐切水	50.25	71.98
吹汽	常一线吹汽	1.30	1.86	常顶含硫污水出装置	10.14	14.53
	常二线吹汽	1.10	1.58	减顶含硫污水出装置	9.28	13.29
	常底吹汽	7.00	10.03	损失	0.14	0.20
	减底吹汽	1.5	2.15			
	炉管注汽	0.34	0.49			
注水	电脱盐注水	50.81	72.78			
工艺用汽	减顶抽真空用汽	7.46	10.69			
合计		69.81	100.00		69.81	100

从表1-11看出，装置的主要用汽(水)点为电脱盐注水，占总水量的72.78%；其次是抽真空系统用水(汽)占10.69%；装置的排水中，主要为电脱盐切水，占71.98%；含硫污水出装置占27.81%。通过分析，装置还有一部分的水损失为0.2%，主要为塔顶污油内含水量较大，另外部分轻油油品携带微量水。

7.4 硫平衡

常减压装置主要的硫平衡见表1-12。

表1-12 标定期间硫平衡表

项目	介质	物料量/(t/h)	硫含量/%(质)	硫质量/(kg/h)	收率/%
入方	脱前原油	914.63	1.70	15548.7	100.00
出方	常顶油二级油	62.98	0.0926	58.3	0.38
	常顶油一级油	112.13	0.1087	121.9	0.78
	常一线油	87.88	0.196	172.2	1.11
	常二线油	67.44	0.632	426.2	2.74
	常三线油	91.64	1.10	1008.0	6.48
	减一线油	36.24	1.58	572.5	3.68
	减二线油	86.93	1.79	1556.1	10.01

续表

项目	介质	物料量/(t/h)	硫含量/%(质)	硫质量/(kg/h)	收率/%
出方	减三线油	133.54	2.05	2737.5	17.61
	减四线油	12.65	3.35	423.8	2.73
	渣油	211.80	3.70	7836.5	50.40
	常顶瓦斯	11.14	0.28	31.2	0.20
	损失	0.27	—	604.4	3.89
	合计	914.63	14.88	15548.71	100.00

注：以上原油及各侧线的硫含量为化验分析数据，物料采用进行细物料平衡校验后数据。

通过核算，进入常减压装置总硫量为15548.7kg/h，从物料平衡表看，有3.89%的硫平衡不了，分析原因是含硫污水及电脱盐污水的含硫未分析统计，如果算上此部分硫含量，接近平衡。

通过硫平衡表可以看出，装置主要的硫分布为重油部分。通过对比看出，随着沸点增加，石油馏分的硫含量呈倍数递增的趋势，其中减二线硫占10.01%；减三线硫占17.61%；减压渣油的硫占50.40%，基本符合《原油蒸馏工艺与工程》P1162表中的硫分布规律。

7.5 TAN分布

标定期间，对原油及侧线产品酸值分析，原油及产品的酸分布统计见表1-13。

表1-13 进装置酸统计表

介质走向	名称	物料量/(t/h)	酸值/(mgKOH/g)	酸值/(kgKOH/h)	占比/%
入方	脱前原油	914.63	0.4	365.85	100.00
出方	常顶二级油	63.0	0.0192	1.21	0.33
	常顶一级油	112.1	0.0395	4.43	1.21
	常一线	87.9	0.372	32.69	8.94
	常二线	67.4	0.287	19.36	5.29
	常三线	91.6	0.405	37.11	10.14
	减一线	36.2	0.501	18.15	4.96
	减二线	86.9	0.51	44.34	12.12
	减三线	133.5	0.38	50.74	13.87
	减四线	12.7	0.24	3.04	0.83
	合计	—	—	211.07	57.69

注：以上原油及各侧线的酸值为化验分析数据，物料采用进行细物料平衡校验后数据。

从表1-13看出，由于酸高温后会部分分解，因此损失较大，产品中的酸主要分布在常三线、减二线以及减三线中，基本分布在250~500℃的馏分中。

8 常压塔物料平衡

1. 部分物料平衡参数计算说明

进料分两部分，一部分为常压炉进料，由标定时常压八路进料之和计算所得，另外一部分为闪顶油气。为了方便计算，将闪顶油气分为常顶二级油、部分常顶一级油；将常顶瓦斯并入二级油。各侧线流量采取孔板校正后流量。进入常压塔蒸汽包括常底吹汽，常一线和常二线汽提塔吹汽，另外，还包括脱后原油含水随闪蒸塔顶油气进入常压塔。

2. 常压塔物料平衡

常压塔物料平衡见表1-14。

表1-14　塔相关物料平衡表 kg/h

项目			数据
入	常压炉出料	常压炉流量合计	742020
		闪底油中含常常一线油	13639
		常一线流量	87877
		常二线流量	67440
		常三线流量	91637
		常底油流量	481427
	闪蒸塔塔顶出料	闪蒸塔塔顶油气流量合计	173433
		常顶瓦斯流量	11141
		常顶二级油流量	62982
		闪顶油气中含常顶一级油	98487
		闪蒸塔塔顶水蒸气流量	823
	过热蒸汽	过热蒸汽合计	9403
		常一线汽提蒸汽流量	1300
		常二线汽提蒸汽流量	1101
		塔底吹汽流量	7002
	合计		924856
出	常顶瓦斯流量		11141
	常顶二级油流量		62982
	常顶一级油		112126
	常一线流量		87877
	常二线流量		67440
	常三线流量		91637
	常底油流量		481427
	塔顶水蒸气		10226
	合计		924856

9　常压塔热平衡

1. 常压塔热平衡

常压塔热量平衡表见表1-15。

表 1-15　常压塔塔热平衡表

项目	物料	热量/(GJ/h)	项目	物料	热量/(GJ/h)
入方	闪顶油气	140.06	出方	常压渣油	409.89
入方	闪底油	709.72		水蒸气	28
	过热蒸汽	31.12		常顶回流	7.86
	合计 $Q_{入}$	880.89		常顶循	43.99
出方	常顶二级油及常顶瓦斯	46.97		常一中	58.69
	常顶一级油	68.7		常二中	55.11
	常一线	40.07		散热损失	2.05
	常二线	44.63		合计 $Q_{出}$	880.89
	常三线	74.94			

2. 回流取热比例

回流取热比例见表 1-16。

表 1-16　回流取热比例表

项目	热量/(GJ/h)	回流取热占比/%	项目	热量/(GJ/h)	回流取热占比/%
常顶回流	7.86	4.7	常二中	55.11	33.3
常顶循	43.99	26.6	回流取热合计	165.65	100
常一中	58.69	35.4			

绘制图形见图 1-4。

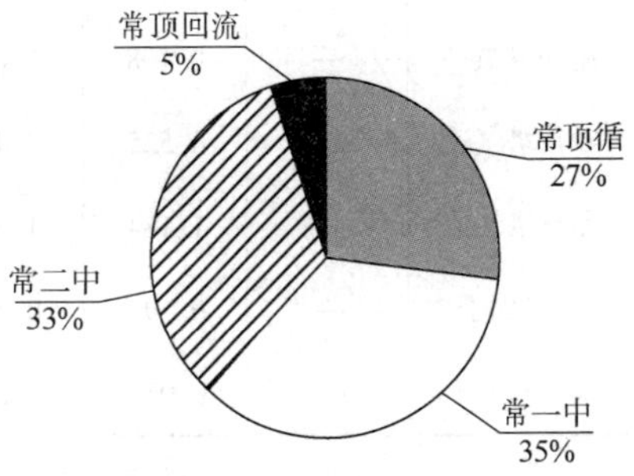

图 1-4　回流取热比例图

3. 常压塔各塔板气液相负荷图

为了让常压塔塔板汽液相负荷图在同一坐标图上，将气相负荷除以 30 再作图，常压塔塔板汽液相负荷图见图 1-5。

从图 1-5 可以看出，在闪顶气进入的 21 层塔板上气相负荷突增，而液相有一个变小的过程，主要由于闪顶气进入温度为 208.1℃，而 21 层塔板温度为 230.6℃，所以闪顶油气进入需吸收热量，导致 20 层塔板的液相回流量变小，所以常压塔汽液相负荷基本符合实际。

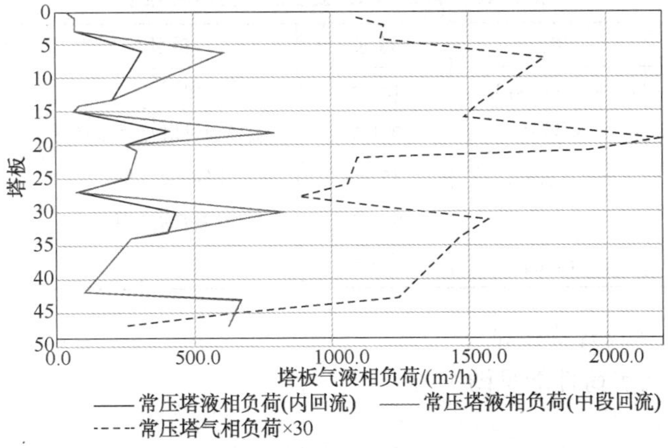

图 1-5　常压塔塔板液汽液相负荷图

10 常压塔水力学

1. 各塔段水力学参数

各塔段的流动参数，空塔临界气速，空塔实际气速，空塔 *F* 因子，空塔 *C* 因子，具体见表 1-17。

表 1-17 各塔段参数计算表

参数	单位	6 层	13 层	15 层	18 层	20 层	25 层	30 层	33 层
液体流量	kg/h	400235	136163	40006	518190	163839	166743	523383	259059
液体密度	kg/m^3	652.0	663.0	659.5	652.3	674.7	639.0	635.4	632.4
液体体积流量	m^3/h	613.9	205.4	60.7	794.4	242.8	260.9	823.7	409.6
气体流量	kg/h	394263	329656	318718	547436	442765	273657	451836	431966
气体密度	kg/m^3	7.38	7.17	7.16	8.24	7.75	8.60	9.64	9.93
气体体积流量	m^3/h	53423	45977	44514	66401	57131	31821	46871	43501
塔径	m	6	6	6	6	6	6	6	6
塔板间距	m	0.8	0.8	0.8	0.8	0.9	0.8	0.9	0.8
塔截面积	m^2	28.26	28.26	28.26	28.26	28.26	28.26	28.26	28.26
流动参数	—	0.108	0.043	0.013	0.106	0.040	0.071	0.143	0.075
实际空塔气速	m/s	0.525	0.452	0.438	0.653	0.562	0.313	0.461	0.428
临界空塔气速	m/s	1.184	1.357	1.433	1.191	1.405	1.156	1.024	1.061
空塔 *F* 因子	—	0.193	0.169	0.164	0.227	0.202	0.107	0.148	0.136
空塔 *C* 因子	m/s	0.056	0.047	0.046	0.074	0.061	0.037	0.057	0.054

2. 常压塔 18 层塔板各参数

常压塔 18 层塔板各参数汇总见表 1-18。

表 1-18 常压塔 18 层塔板水力学数据表

项目	单位	数据	项目	单位	数据
阀孔动能因子	$m/[s\cdot(m^3/kg)^{0.5}]$	13.58	泄漏量	%	1.01
气体通过塔盘总压降	m 液柱	0.127	液体通过塔盘总压降	m 液柱	0.230
堰流强度	$m^3/(m\cdot h)$	45.16	降液管负荷	m/s	0.066
板上清液层高度	mm	86.02	降液管液泛率	%	51.1
雾沫夹带量	kg/kg	0.026			

3. 常压塔 18 层塔板负荷性能

常压塔 18 层塔板负荷性能见图 1-6。

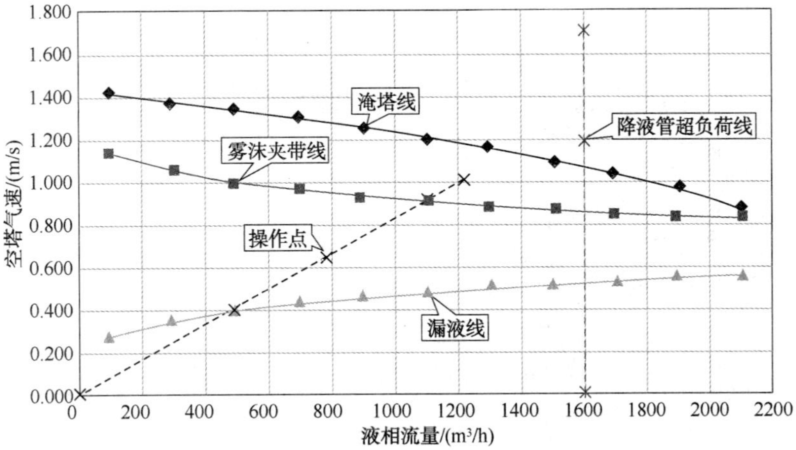

图 1-6 常压塔 18 层塔板负荷性能图

由负荷性能图上可以看出，该塔的气液相负荷在合适范围内，有一定余地。

11 装置热平衡

1. 装置换热网络情况

换热网络冷热流组成图见图 1-7。

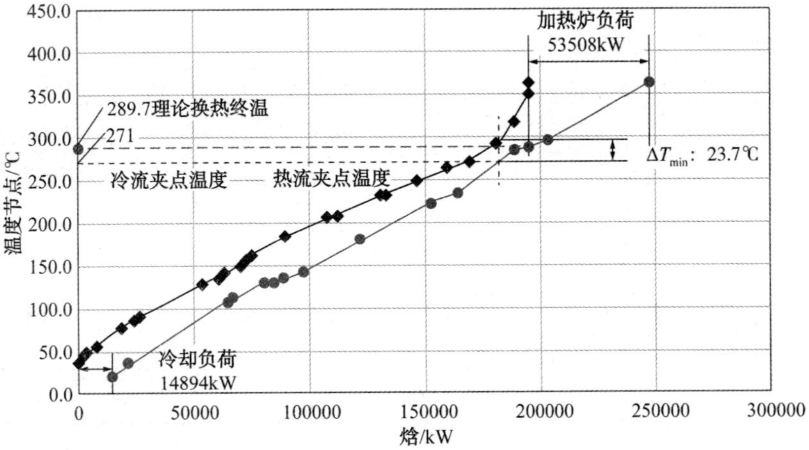

图 1-7 冷热流组成图

在该工况条件下，对应的热流夹点温度为 294. 7℃，冷流夹点温度为 271. 0℃，窄点温差 ΔT_{min} = 294. 7−271. 0 = 23. 7℃。加热炉负荷 53508kW，最小冷却负荷 14894kW，理论上换热终温为 289. 7℃。

2. 总合成图

总合成图见图 1-8。

结合总合成图，加热炉负荷为 53508kW，还可利用的部分高于 250℃的热源有 6310kW，可考虑发 1. 0MPa 蒸汽，理论上可发汽 9752kg/h，减少冷公用工程负荷，理论上最小冷公用工程负荷为 8584kW。

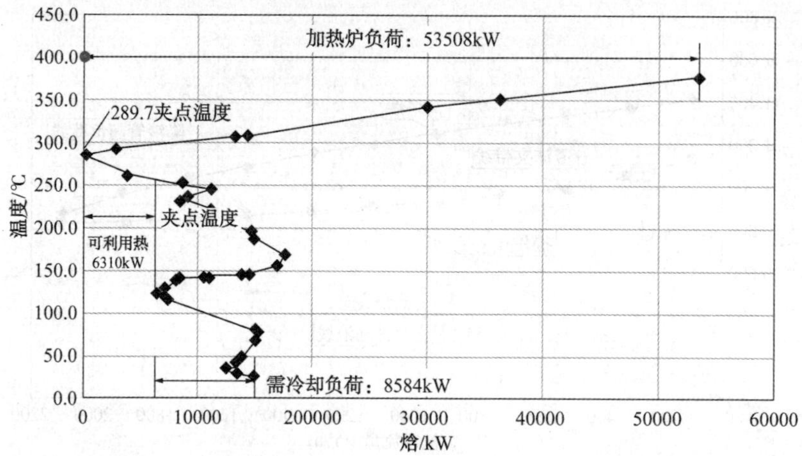

图 1-8 总组成分析图

12 装置能耗及用能分析

标定能耗与设计能耗对比见表 1-19。

表 1-19 标定能耗与设计能耗对比

项目		单耗/(kgEO/t)	设计能耗/(kgEO/t)
循环水		0.17	0.2
除氧水		0.13	0.17
电		1.38	1.37
1.0MPa 蒸汽		0.63	0.62
燃料		8.13	8.24
热输出	0.3MPa 蒸汽去精制	-0.12[1]	-1.26
	减二线、减四线催化原料(掺渣)加热	-0.15[1]	
	常三线 160℃	-0.23[1]	
合计		9.94	9.46

(1) 循环水单耗和设计小，主要标定时为冬天，气温低，循环水温度为 30.52℃，比设计的 32℃低 1.48℃。

(2) 除氧水单耗比设计小，主要是由于压产柴油常三线流量比设计低 24t/h，发汽量比设计少导致。

(3) 电和蒸汽消耗与设计偏差不大。

(4) 燃料消耗比设计低，但偏差不大。

(5) 热输出比设计低，主要由于部分设计的热输出未实现，比如减压蜡油热输出等。

(6) 装置整体能耗比设计能耗大，主要热输出比设计少，设计的自发 1.0MPa 蒸汽系统由于发汽少改为自发 0.35MPa 蒸汽，热输出减少。但均低于基准能耗，整体运行状况良好。为进一步降低能耗，可适当优化换热网络，提高换热终温。

13 装置存在问题分析

1. 加热炉燃料增加质量流量计

从加热炉正平衡两种校正方法计算得到加热炉热效率，理论校正方法校正加热炉热效率只有 60.89%，偏小；而采用公司现有的方法(不考虑实际密度与设计密度，未将设计密度和实际密度偏差校正进去)热效率为 97.28，偏大。与反平衡计算的加热炉热效率 93.72%相比，都有偏差。从数据看，正平衡计算的热效率与实际不符合，而反平衡计算的热效率与实际基本符合。通过反平衡计算的热效率来推算常压炉实际燃料消耗量为 4611kg/h。从计算结果来看，与公司校正方法即实际生产统计的流量相差 3.66%，偏差不大，与理论校正的偏差达 32.83%，偏差非常大，所以认定公司此方法校正的燃料流量校正更接近准，主要是因为实际燃料组成与设计偏差较大，设计密度为 19.4kg/m^3 是实际密度 0.76kg/m^3 的 2.55 倍，导致按理论方法校正偏差较大。另经咨询公司计量部门专业人员告知：密度偏差大理论校正偏差就大，需重新核算孔板。因此，建议利用检修改造机会增加质量流量计，提高燃料计量的准确性，为装置节能提供基础。

2. 常压塔上段系统分离效果优化

经计算分析常压塔上段系统分离效果差主要是塔内件结垢堵塞和常顶循换热器结垢等影响因素引起，因此，要提高常压塔上段系统分离效果，就要解决结垢问题。因此建议：

(1) 提高顶循换热返塔温度。计算得出 4 层塔板的水蒸气分压下露点温度为 84.5℃。比常顶循返回塔温度 64℃高 20.5℃，存在局部会有液态水产生的可能性。因此，需将常压塔塔顶循返回温度提至此处水蒸气的露点温度以上，最好控制在 90℃以上。减少此处氯化铵结晶的可能，减少结垢源。对常压塔上段系统压降的控制有较好的效果。

(2) 做好电脱盐反冲洗。结垢原因是氯化铵晶体与物料中的腐蚀产物及其他油中杂质形成垢物，那么做好电脱盐反冲洗，减少原油中固体杂质带入塔内，减少垢物生成。

(3) 做好顶循系统防腐。结垢原因是氯化铵晶体与物料中的腐蚀产物及其他油中杂质形成垢物，所以要做好顶循系统防腐，建议一是顶循换热器材质升级，二是增加注缓蚀剂系统，减少腐蚀产物带入塔内，减少垢物生成。

(4) 顶循换热系统增加脱盐系统。建议顶循换热系统增加在线脱氯化铵系统，设置开路，消除氯盐累积。增加此系统后，将减少顶循系统的氯化铵含量，也减少了氯化铵的垢下腐蚀。将减少结垢的速率，有利于顶循系统的取热效果，另也减少了顶循系统的氯化铵带入常压塔内的量，将减少常压塔内结垢的速率。对常压塔上段系统压降的控制有较好的效果。

(5) 常压塔塔内件改造。建议在满足塔板性能范围内增加塔板的开孔率，提高余量，减少塔板堵塞对分离效果的影响。在满足塔板性能范围内增加溢流堰底隙，提高余量，减少溢流堰底隙堵塞对分离效果的影响。

第二部分 装置工艺计算及分析

1 物料性质

1.1 油品物性

常压塔相关物料分析数据见表 2-1。

表 2-1 常压塔相关物料分析数据表

名称	密度(20℃)/(kg/m³)	馏程/℃				
		10%	30%	50%	70%	90%
常顶二级油	677.3	40	51	68	91	123
常顶一级油	733.8	82	108	124	137	156
常顶循	766.0	135	151	161	170	182
常一线	792.0	170	186	197	208	220
常一中	798.0	175	204	216	227	240
常二线	828.8	233	245	251	259	273
常二中	832.4	233	255	267	277	294
常三线	953.9	272	296	305	318	341
闪底油	890.2	218	321	424	532	637
减一线	881.1	285	303	316	329	349
减二线	907.6	353	373	393	415	437
减三线	930.0	411	436	460	489	519
减四线	993.7					
渣油	1014.4					

以常一线油相关计算数据为例进行相关数据计算，其他油品计算方法同常一线油的计算过程。

1.1.1 相对密度

常一线油的相对密度 d_4^{20}：

$$d_4^{20}=\text{常一线密度(20℃)/4℃时水的密度}=792.0/1000=0.7920$$

1.1.2 15.6℃时的相对密度和 *API* 度

根据《石油馏分热力学性质计算》课件计算 15.6℃时的相对密度 $d_{15.6}^{15.6}$。

$$\Delta d=\frac{1.598-d_4^{20}}{171.6-d_4^{20}}=\frac{1.598-0.7920}{171.6-0.7920}=0.0046$$

$$d_{15.6}^{15.6}=\Delta d+d_4^{20}=0.0046+0.7920=0.7966$$

式中 d_4^{20}——常一线油的相对密度。

API 度：

$$API=\frac{141.5}{d_{15.6}^{15.6}}-131.5=\frac{141.5}{0.7966}-131.5=46.13$$

式中 $d_{15.6}^{15.6}$——常一线油 15.6℃的相对密度。

1.1.3 中平均沸点和立方平均沸点

根据《石油馏分热力学性质计算》课件相关计算公式。

1. 体积平均沸点 T_V

$$T_V=\frac{T_{10}+T_{30}+T_{50}+T_{70}+T_{90}}{5}=\frac{170+186+197+208+220}{5}=196.20℃$$

式中 T_{10}——常一线油 10%(体)馏出温度,℃;

T_{30}——常一线油 30%(体)馏出温度,℃;

T_{50}——常一线油 50%(体)馏出温度,℃;

T_{70}——常一线油 70%(体)馏出温度,℃;

T_{90}——常一线油 90%(体)馏出温度,℃。

2. 恩式蒸馏斜率 S

$$S=\frac{T_{90}-T_{10}}{90-10}=\frac{220-170}{80}=0.625℃/\%$$

式中 T_{10}——常一线油 10%(体)馏出温度,℃;

T_{90}——常一线油 90%(体)馏出温度,℃。

3. 中平均沸点修正值 Δ_{ME}

$$\Delta_{ME}=e(-1.53181-0.0128\times T_V{}^{0.667}+3.64678\times S^{0.3333})$$

$$=e(-1.53181-0.0128\times 196.20^{0.667}+3.64678\times 0.625^{0.3333})=3.17℃$$

式中 T_V——体积平均沸点,℃;

S——恩式蒸馏斜率,℃/%。

4. 中平均沸点 T_{ME}

$$T_{ME}=T_V-\Delta_{ME}=196.20-3.17=193.03℃$$

式中 T_V——体积平均沸点,℃;

Δ_{ME}——中平均沸点修正值,℃。

5. 立方平均沸点修正值 Δ_{CU}

$$\Delta_{CU}=e(-0.82368-0.08997\times T_V 0.45+2.45679\times S^{0.45})$$

$$=e(-0.82368-0.08997\times 196.20^{0.45}+2.45679\times 0.625^{0.45})=1.22℃$$

式中 T_V——体积平均沸点,℃;

S——恩式蒸馏斜率,℃/%。

6. 立方平均沸点 T_{CU}

$$T_{CU}=T_V-\Delta_{CU}=196.20-1.22=194.98℃$$

式中 T_V——体积平均沸点,℃;

Δ_{CU}——立方平均沸点修正值,℃。

1.1.4 相关指数 BMCI

根据《石油馏分热力学性质计算》课件相关计算公式。

相关指数 BMCI:

$$\text{BMCI}=\frac{48640}{T_V+273}+473.7\times d_{15.6}^{15.6}-456.8$$

$$=\frac{48640}{196.20+273}+473.7\times 0.966-456.8=24.21$$

式中 T_V——体积平均沸点,℃;

$d_{15.6}^{15.6}$——常一线油 15.6℃时的相对密度。

1.1.5 特性因数

根据《石油馏分热力学性质计算》课件相关计算公式。

1. 特性因数 Watson K 值

$$K=\frac{[1.26\times(T_{ME}+273.15)]^{1/3}}{d_{15.6}^{15.6}}=\frac{[1.26\times(193.03+273.15)]^{1/3}}{0.7966}=11.83$$

式中 T_{ME}——中平均沸点,℃;

$d_{15.6}^{15.6}$——常一线油 15.6℃时的相对密度。

2. 特性因数 UOP K 值

$$K=\frac{[1.26\times(T_{CU}+273.15)]^{1/3}}{d_{15.6}^{15.6}}=\frac{[1.26\times(194.98+273.15)]^{1/3}}{0.7966}=11.85$$

式中 T_{CU}——立方平均沸点,℃;

$d_{15.6}^{15.6}$——常一线油 15.6℃时的相对密度。

1.1.6 真临界温度

根据《石油馏分热力学性质计算》课件相关计算公式。

真临界温度 T_C

$$T_C=186.16+1.6667\Delta-0.7127\times10^{-3}\times\Delta^2$$

其中

$$\Delta=d_{15.6}^{15.6}\times[(1.8\times T_V+32)+100]$$
$$=0.7966\times(1.8\times196.20+32+100)=386.48\ ^\circ F$$

$$T_C=186.16+1.6667\times386.48-0.7127\times10^{-3}\times386.48^2=723.85\ ^\circ F=384.36℃$$

式中 T_V——体积平均沸点,℃;

$d_{15.6}^{15.6}$——常一线油 15.6℃时的相对密度。

1.1.7 真临界压力

根据《石油馏分热力学性质计算》课件相关计算公式。

1. 计算假临界温度 T_{PC}

将中平均沸点 T_{ME} 单位由摄氏度转换为兰氏度。

$$T_{ME}=193.03℃=1.8\times(193.03+273.15)=839.12°R$$

$$T_{PC}=10.6443[\exp(-5.1747\times10^{-4}T_{ME}-0.54444d_{15.6}^{15.6}+3.5995\times10^{-4}T_{ME}d_{15.6}^{15.6})]T_{ME}{}^{0.81067}d_{15.6}^{15.6\,0.53691}$$
$$=10.6443[\exp(-5.1747\times10^{-4}\times829.12-0.54444\times0.7966+3.5995\times10^{-4}\times839.12\times0.7966)]$$
$$\times839.12^{0.81067}\times0.7966^{0.53691}$$
$$=1180.08°R$$

式中 T_{ME}——中平均沸点,°R;

$d_{15.6}^{15.6}$——常一线油 15.6℃时的相对密度。

2. 计算假临界压力 P_{PC}

$$P_{PC}=6.162\times10^6[\exp(-4.725\times10^{-3}T_{ME}-4.8014d_{15.6}^{15.6}+3.1939\times10^{-3}T_{ME}d_{15.6}^{15.6})]T_{ME}{}^{-0.4844}d_{15.6}^{15.6\,4.8014}$$
$$=6.162\times10^6[\exp(-4.725\times10^{-3}\times839.12-4.8014\times0.7966+3.1939\times10^{-3}\times839.12\times0.7966)]$$
$$839.12^{-0.4844}\times0.7966^{4.8014}$$
$$=326.75\text{psi(绝)}$$

式中 T_{ME}——中平均沸点,°R;

$d_{15.6}^{15.6}$——常一线油 15.6℃时的相对密度。

3. 计算真临界压力 P_C

$$P_C=\exp\left[0.050052+5.656282\ln\left(\frac{T_C}{T_{PC}}\right)+1.001047\ln P_{PC}\right]$$

$$=\exp\left[0.050052+5.656282\ln\left(\frac{1183.52}{1180.08}\right)+1.001047\ln 326.75\right]$$

$$=351.35\text{psi(绝)}=2.42\text{MPa}$$

式中 T_C——真临界温度,°R,[1.8×(384.36℃+273.15)=1183.52°R];

T_{PC}——假临界温度,°R;

P_{PC}——假临界压力,psi(绝)。

1.1.8 平均分子量

根据《石油馏分热力学性质计算》课件相关计算公式。

平均分子量 M:

$$M=20.486\,T_{ME}^{1.26007}\,d_{15.6}^{15.6\,4.98308}\exp(1.165\times10^{-4}T_{ME}-7.78712d_{15.6}^{15.6}+1.1582\times10^{-3}T_{ME}d_{15.6}^{15.6})$$

$$=20.486\times839.12^{1.26007}\times0.7966^{4.98308}\exp(1.165\times10^{-4}\times839.12-7.78712\times0.7966+1.1582\times10^{-3}\times839.12\times0.7966)$$

$$=154.25\text{g/mol}$$

式中 T_{ME}——中平均沸点,°R;

$d_{15.6}^{15.6}$——常一线油15.6℃时的相对密度。

1.1.9 焦点温度和压力

根据《青岛科技大学学报》V205 N05的公式计算真临界温度和压力。

1. 计算焦点温度 T_e

$$T_e=T_C+a_1\times[(S+a_2)/(a_3\times S+a_4)+a_5\times S]\times[a_6/(a_7\times T_V+a_8)+a_9]+a_{10}$$

$$=384.36+a_1\times[(0.625+a_2)/(a_3\times0.625+a_4)+a_5\times0.625]\times[a_6/(a_7\times196.2+a_8)+a_9]+a_{10}$$

$$=414.06℃$$

式中 T_C——真临界温度,℃;

S——恩式蒸馏斜率,℃/%;

T_V——体积平均沸点,℃;

a_i——常数(i=1, 2, ……, 10)见表2-2。

表2-2 焦点温度计算公式系数表

符号	数值	符号	数值
a_1	0.14608029648	a_6	13.19556507
a_2	0.050887086388	a_7	0.081472347484
a_3	0.00025280271884	a_8	18.47914514
a_4	0.00048370492139	a_9	-0.1585402804
a_5	1.9936695083	a_{10}	-4.858379673

2. 计算焦点压力 P_e

$$P_e=P_C+\{[a_3\times(S-0.3)+a_2]/(S+a_3)\}\times\{a_4[a_3\times(T_V+a_6\times S)+a_7]+a_8\}$$

$$=2.42+\{[a_3\times(0.625-0.3)+a_2]/(0.625+a_3)\}\times\{a_4[a_3\times(196.20+a_6\times0.625)+a_7]+a_8\}$$

$$=3.25\text{MPa}$$

式中 P_C——真临界压力，MPa；

S——恩式蒸馏斜率,℃/%；

T_V——体积平均沸点,℃；

a_i——常数(i=1，2，……，8)见表2-3。

表2-3 焦点温度计算公式系数表

符号	数值	符号	数值
a_1	59.527860086	a_5	0.015463010895
a_2	13.22730898	a_6	-16.389020471
a_3	0.73484872053	a_7	0.23392534874
a_4	0.15246953667	a_8	-0.014367666592

按照以上方法，常压塔相关物料物性计算结果见表2-4及表2-5。

表2-4 常压塔相关物料物性表(一)

名称	$d_{15.6}^{15.6}$	API	中平均沸点/℃	BMCI	Watson K	UOP K	临界温度/℃
常顶二级油	0.6825	75.81	68.15	6.4542	12.448	12.491	240.85
常顶一级油	0.7387	60.05	115.88	16.462	12.014	12.049	298.86
常一线	0.7966	46.13	193.03	24.214	11.834	11.85	384.36
常二线	0.8332	38.33	249.86	30.494	11.756	11.767	443.33
常三线	0.8581	33.39	302.51	33.653	11.785	11.803	492.54
闪底油	0.9106	23.88	338.04	45.726	11.33	11.617	571
减一线	0.8852	28.35	312.88	45.04	11.493	11.508	507.95
减二线	0.9115	23.73	389.78	47.899	11.629	11.647	562.95
减三线	0.9338	20.03	457.35	51.634	11.725	11.746	598.6
减四线	0.9972	10.40	—	—	—	—	—
渣油	1.0177	7.53	—	—	—	—	—
常顶循	0.7707	52.09	156.66	20.686	11.904	11.921	343.71
常一中	0.8026	44.81	208.28	23.58	11.873	11.894	400.39
常二中	0.8368	37.60	261.63	29.952	11.793	11.81	454.84

表2-5 常压塔相关物料物性表(二)

名称	临界压力/MPa	假临界温度/℃	假临界压力/MPa	平均分子量/(g/mol)	焦点温度/℃	焦点压力/MPa
常顶二级油	3.2406	241.73	3.0923	86.86	316.85	7.1479
常顶一级油	3.0329	297.83	2.8377	109.31	354.99	5.0648
常一线	2.4225	382.45	2.2528	154.25	414.06	3.2529
常二线	2.0578	441.49	1.9178	194.13	462.18	2.5398
常三线	1.7329	492.32	1.6363	238.55	515.33	2.2508
闪底油	2.1929	539.09	1.6677	263.76	608.055	2.99123
减一线	1.779	509.96	1.707	243.43	528.43	2.244

续表

名称	临界压力/MPa	假临界温度/℃	假临界压力/MPa	平均分子量/(g/mol)	焦点温度/℃	焦点压力/MPa
减二线	1.2845	579.57	1.3581	325.59	580.08	1.634
减三线	0.9276	638.68	1.1316	416.25	612.69	1.1911
常顶循	2.6641	343.29	2.5088	131.88	377.3	3.7032
常一中	2.3099	397.29	2.1278	164.74	434.05	3.2049
常二中	1.9807	452.32	1.8367	203.77	479.99	2.5918

1.2 蒸馏曲线换算

常压塔侧线及闪底油化验分析数据(D86)见表2-6。

表2-6 常压塔侧线及闪底油化验分析数据(D86)表

名称	$d_{15.6}^{15.6}$ [1]	HK/℃	10%/℃	30%/℃	50%/℃	70%/℃	90%/℃	KK/℃
常顶二级油	0.6825	30	40	51	68	91	123	155
常顶一级油	0.7387	48	82	108	124	137	156	175
常一线	0.7966	140	170	186	197	208	220	238
常二线	0.8332	206	233	245	251	259	273	296
常三线	0.8581	233	272	296	305	318	341	
闪底油	0.9106	173	223	281	365	503	681	

1.2.1 D86数据转化为常压TBP蒸馏数据

根据《原油蒸馏工艺与工程》P285公式(4-6-1a)将恩式蒸馏数据转化为实沸点(TBP)数据：

$$t_{TBP}=a\times(t_{D86})b$$

式中 t_{D86}——ASTM D86各馏出体积下的温度，K；

t_{TBP}——常压各馏出体积下的TBP温度，K；

a，b——与馏出体积有关的关联系数，见表2-7。

表2-7 关联系数 *a*、*b* 的值

V/%	HK	10%	30%	50%	70%	90%	KK
a	0.917675	0.5564	0.7617	0.90230	0.88215	0.955105	0.81767
b	1.001868	1.090011	1.042533	1.017560	1.02259	1.010955	1.03549

以常一线油的30%为例，将D86数据转换为TBP数据。

$$t_{TBP,30}=a\times(t_{D86,30})b=0.7617\times(186+273.15)^{1.042533}=453.9\text{K}=180.7℃$$

按照以上方法，将常压塔侧线及闪底油为常压TBP蒸馏数据见表2-8。

表2-8 常压塔侧线及闪底油TBP数据表

名称	HK/℃	10%/℃	30%/℃	50%/℃	70%/℃	90%/℃	KK/℃
常顶二级油	8.0	19.1	42.6	67.9	93.9	130.8	160.9
常顶一级油	24.8	62.1	100.7	124.9	141.3	164.9	181.9
常一线	110.3	153.6	180.7	199.5	214.8	231.0	248.3

续表

名称	HK/℃	10%/℃	30%/℃	50%/℃	70%/℃	90%/℃	KK/℃
常二线	171.7	220.1	241.7	254.8	267.8	285.8	309.7
常三线	196.8	261.7	294.7	310.2	329.2	356.2	—
闪底油	141.0	209.5	279.1	371.8	522.6	709.3	—

1.2.2 D86数据转化为平衡汽化数据

根据《原油蒸馏工艺与工程》P287，公式(4-6-4)，将恩式蒸馏数据转化为平衡汽化(EFV)数据：

$$t_{EFV}=a\times(t_{D86})^{b}\times d_{15.6}^{15.6c}$$

式中 t_{D86}——ASTM D86各馏出体积下的温度，K；

t_{EFV}——常压平衡气化曲线各馏出体积下的温度，K；

$d_{15.6}^{15.6}$——15.6℃时的相对密度；

a，b，c——与馏出体积有关的关联系数，见表2-9。

表2-9 关联系数 *a*、*b*、*c* 的值

V/%	HK	10%	30%	50%	70%	90%	KK
a	2.97481	1.44594	0.85060	3.26805	8.28734	10.62656	7.99502
b	0.8466	0.9511	1.0315	0.8274	0.6871	0.6529	0.6949
c	0.4208	0.1287	0.0817	0.6214	0.9340	1.1025	1.0737

以常一线油的30%为例，将D86数据转换为EFV数据：

$$t_{EFV,30}=a\times(t_{D86,30})^{b}\times d_{15.6}^{15.6c}=0.85060\times(186+273.15)^{1.0315}\times0.7966^{0.0817}$$
$$=465.0\text{K}=191.9℃$$

按照以上方法，将常压塔侧线及闪底油为常压平衡汽化EFV数据，见表2-10。

表2-10 常压塔侧线及闪底油EFV数据表

名称	HK/℃	10%/℃	30%/℃	50%/℃	70%/℃	90%/℃	KK/℃
常顶二级油	46.5	52.3	47.5	48.2	60.5	73.3	84.5
常顶一级油	73.8	97.5	108.3	109.6	116.7	125.2	128.7
常一线	170.1	188.8	191.9	188.1	193.7	200.8	204.3
常二线	239.0	254.1	255.6	245.8	248.6	259.2	266.8
常三线	271.8	298.7	318.1	306.6	310.0	330.7	—
闪底油	215.0	246.1	294.9	348.9	—	—	—

1.2.3 分馏精度

根据《原油蒸馏工艺与工程》P262分离精度为：用恩氏蒸馏较重馏分的5%点 t_5^{H} 与较轻馏分的95%点 t_{95}^{L} 之间的差值来表示分馏精确度，即：

$$\text{恩氏蒸馏(5～95)间隙}=t_5^{H}-t_{95}^{L}$$

为了表明各产品之间的分割精度，常压各侧线之间脱空度见表2-11。

表 2-11　常压侧线之间的分割精度表

馏分名称	恩氏蒸馏较重馏分 t_5^H	恩氏蒸馏较轻馏分 t_{95}^L	分割精度 $t_5^H-t_{95}^L$
常一线—常顶一级油	165	165	0
常二线—常一线	226	228	-2
常三线—常二线	258	282	-24

从上表各馏分之间脱空度数据可看出，本装置常一线与塔顶一级油分离精度较好，常一线和常二线重叠较小，而常三线与常二线均存在较大重叠。主要原因，一是常三线无汽提塔导致常三线轻组分较多，二是和常二线都产柴油加氢料，分离精度在设计时就要求不高，另外为了压产柴油，常三线 95%控制比设计低。

2　物料平衡

2.1　物料仪表及规格型号

进出装置物料仪表的型号见表 2-12。

表 2-12　进出装置物料仪表数据表

项目	物料名称	仪表位号	仪表型号
进料	原油	FI-0301A	质量流量计
		FI-0301B	质量流量计
	常压炉燃料	FI-2003	孔板流量计
	减压炉燃料	FI-2801	孔板流量计
出料	常顶瓦斯	FI-2203	孔板流量计
	常顶二级油	FIC-2201	孔板流量计
	常顶一级油	FIC-2202	孔板流量计
	常一线	FIC-2303	孔板流量计
	常二线	FIC-2304	孔板流量计
	常三线	FIC-2305	孔板流量计
	常四线	FIC-0501	孔板流量计
	减一线	FIC-3101	孔板流量计
	减二线	FIC-0401	孔板流量计
	减三线	FIC-1101	孔板流量计
	减四线	FIC-2906	孔板流量计
	减渣	FIC-0402	孔板流量计

质量流量计是在测量通过计量器具的介质密度的基础上，得到介质的质量流量，精度较高。

对于孔板流量计，由于孔板流量计与介质的密度、压力有一定关系，体积流量与压差的关系根据刘贵平老师的《常减压焦化仪表自动化控制技术》课件 P41 公式换算如下。

$$q_v=\frac{C}{\sqrt{1-\beta^4}}\varepsilon\frac{\pi n}{4}d^2\sqrt{\frac{2\Delta p}{\rho}}$$

式中 q_v——流体的体积流量，m^3/s；

C——流出系数；

β——直径比；

ε——可膨胀系数；

n——节流开孔数；

d——节流件开孔尺寸，mm；

Δp——压差，Pa；

ρ——被测液体密度，kg/m^3。

若介质的实际参数与计量器具设定的参数有偏差时，将直接影响计量结果。由于孔板等测量压差的仪表所检测的体积与被测介质在实际工况下的密度有关，故需要对孔板等仪表进行校正。

2.2 原油流量校正

原油进装置计量使用的是质量流量计。但常减压进装置的原油中含水，在实际蒸馏过程中，该部分的水在闪蒸塔内脱除，但在原油计量过程中，该部分水被计量，因此需要对该部分水分进行校正。

脱前原油的化验分析数据为：脱前原油含水量为0.03%(质)

则校正后相关数据见表2-13。

表2-13 原油校正后的数据表

原油质量流量/(t/h)	含水率/%	含水量/(t/h)	实际原油量/(t/h)
914.93	0.03	0.30	914.63

2.3 气体孔板流量校正

各气体流量测量孔板的设定参数及实际工况下的参数见表2-14。

表2-14 气体流量测量孔板数据表

物料名称	仪表位号	设计数据			实际数据		
		温度/℃	压力/MPa(表)	密度/(kg/m^3)	温度/℃	压力/MPa(表)	流量/(m^3/h)
常压炉燃料	FI-2003	40	0.4	1.94	38.3	0.49	5365.3
减压炉燃料	FI-2801	40	0.4	1.94	38.3	0.49	2514.3
常顶瓦斯	FI-2203	40	0.06	2.25	41.9	0.08	4611.3

根据化验数据，并计算密度和质量比见表2-15。

表2-15 气体物性计算表

组成	分子量/(g/mol)	燃料气		常顶瓦斯		备注
		体积比/%	质量比/%	体积比/%	质量比/%	
H_2	2.01	36.64	4.32	0.02	0.00	
空气	29	5.62	9.55	3.13	1.75	
甲烷	16.05	36.63	34.46	1.12	0.35	

续表

组成	分子量/(g/mol)	燃料气		常顶瓦斯		备注
		体积比/%	质量比/%	体积比/%	质量比/%	
乙烷	30.08	9.69	17.08	8.21	4.76	
乙烯	28.05	0	0	0	0	
丙烷	44.09	5.31	13.72	33.28	28.29	
丙烯	42.09	0.02	0.05	0	0	
异丁烷	58.13	2.63	8.96	9.88	11.07	
正丁烷	58.14	1.76	6.00	26.66	29.88	
反丁烯	56.12	0.2	0.66	0	0	
正异丁烯	56.12	0.26	0.86	0	0	
顺丁烯	56.12	0.14	0.46	0	0	
C_5	72.17	0.64	2.71	16.63	23.14	以戊烷计
CO	28.01	0	0	0.12	0.06	
CO_2	44.01	0.46	1.19	0.5	0.42	
H_2S	34.08	0	0	0.43	0.28	
合计/%	100.00	100.00	99.98	100.00		
平均分子量/(g/mol)	17.06		51.88			
实际密度/(kg/m^3)	0.76		2.32			

气体流量校正公式参见《催化裂化工艺计算与技术分析》P156公式(5-6)。

$$V_{实}=V_{设}\times\sqrt{\frac{\rho_{设}\times P_{实}\times T_{设}}{\rho_{实}\times P_{设}\times T_{实}}}$$

式中 $P_{实}$——实际操作条件下气体绝对压力，kPa；

$T_{实}$——实际操作条件下气体温度，K；

$\rho_{实}$——实际操作条件下气体标准密度 kg/m^3

$P_{设}$——设计操作条件下气体绝对压力，kPa；

$T_{设}$——设计操作条件下气体温度，K；

$\rho_{设}$——设计操作条件下气体标准密度 kg/m^3；

$V_{设}$——校正前混合干气的标准状态条件下体积流量，Nm^3/h；

$V_{实}$——校正后混合干气的标准状态条件下体积流量，Nm^3/h。

以常顶瓦斯为例，将常顶瓦斯孔板流量及相关计算参数代入上式得到介质实际真实体积。

$$V_{实}=V_{设}\times\sqrt{\frac{\rho_{设}\times P_{实}\times T_{设}}{\rho_{实}\times P_{设}\times T_{实}}}=4611.3\times\sqrt{\frac{2.25\times(0.08+0.1)\times(40+273.15)}{2.32\times(0.06+0.1)\times(41.9+273.15)}}=4802.1\text{Nm}^3/\text{h}$$

则常顶瓦斯的实际质量$=V_{实}\times\rho_{实}=4802.1\times2.32/1000=11.14$(t/h)

按照以上方法，将其他气体校正数据见表2-16。

表 2-16　气体流量校正后流量计算表

物料名称	仪表位号	仪表流量/(m^3/h)	校正流量/(m^3/h)	校正流量/(t/h)
常压炉燃料	FI-2003	5365.3	9337	7.096
减压炉燃料	FI-2801	2514.3	4376	3.325
常顶瓦斯	FI-2203	4611.3	4802	11.141

2.4　液体孔板流量校正

各液体测量孔板流量(为了方便后续计算，将常压炉进料和常压塔回流表都进行校正)的设定参数及实际工况下的参数见表2-17。

表 2-17　液体测量流量孔板数据表

物料名称	仪表位号	设计数据			实际数据			
		温度/℃	压力/MPa(表)	密度/(kg/m^3)	温度/℃	压力/MPa(表)	密度 20℃/(kg/m^3)	流量/(t/h)
常顶二级油	FIC-2202	40	0.92	724.5	41.9	0.83	677.3	66.15
常顶一级油	FIC-2201	82	0.82	723.5	93.6	0.94	733.8	116.54
常一线	FIC-2303	45	1.4	780.0	42.4	1.35	792.0	88.12
常二线	FIC-2304	60	1.2	803.6	51.6	1.13	828.8	67.29
常三线	FIC-2305	235	1.4	705.5	243.0	1.42	853.9	92.27
闪底油	FIC-0501	297	1.42	651.9	283.9	0.99	906.7	704.31
减一线	FIC-3101	60	0.6	839.7	56.1	1.01	881.1	35.85
减二线	FIC-0401	90	1.4	853.0	107.2	1.39	907.6	86.82
减三线	FIC-1101	234.2	1.8	772.7	234.4	1.75	930.0	130.96
减四线	FIC-2906	250	1.4	798.0	245.1	1.43	993.7	12.13
渣油	FIC-0402	130	0.9	882.0	151.0	0.79	1014.4	205.05
常顶回流	FIC-2101	82	0.82	723.5	93.6	0.76	733.8	22.4
常顶循	FIC-2104	140	0.95	667.2	155.3	0.92	766.0	202.03
常一中	FIC-2102	201	0.92	624.9	203.2	0.94	798.0	247.63
常二中	FIC-2103	279	0.76	662.2	275	0.81	832.4	250.9

2.4.1　各物料实际温度下密度

由于液体介质的相对不可压缩性，低压对液体介质的影响不大，故忽略压力对介质密度的影响，仅考虑温度对密度的影响。根据《石油化工设计手册第一卷》第七章 P949，低压下石油液体的密度随温度变化关系可由下式计算。

$$\frac{1}{\rho}=\frac{R\,T_{PC}}{P_{PC}}Z_{RA}^{\,[1+(1-T_r)2/7]}$$

式中　ρ——密度，kmol/m^3；

R——气体常数，$8.3145\times10^{-3}m^3\cdot MPa/(kmol\cdot K)$；

T_{PC}——假临界温度，K；

P_{PC}——假临界压力，MPa；

T_r——对比温度，T/T_{PC}；

T——温度，K；

Z_{RA}——经验常数。

根据《第二部分装置工艺计算及分析》第一章物料性质计算和标定数据见表2-18。

表2-18　物料性质计算和标定数据数据表

物料名称	密度20℃/(kg/m³)	分子量/(g/mol)	假临界温度/℃	假临界压力/MPa	温度/℃
常顶二级油	677.3	86.86	241.7	3.09	41.9
常顶一级油	733.8	109.31	297.8	2.84	93.6
常一线	792.0	154.25	382.4	2.25	42.4
常二线	828.8	194.13	441.5	1.92	51.6
常三线	853.9	238.55	492.3	1.64	243.0
闪底油	906.7	263.76	539.1	1.67	283.9
减一线	881.1	243.43	510.0	1.71	56.1
减二线	907.6	325.59	579.6	1.36	107.2
减三线	930.0	416.25	638.7	1.13	234.4
常顶回流	733.8	109.31	297.8	2.84	93.6
常顶循	766.0	131.88	343.3	2.51	155.3
常一中	798.0	164.74	397.3	2.13	203.2
常二中	832.4	203.77	452.3	1.84	275.0

以常一线油相关计算数据为例进行相关数据计算，其他油品计算方法同常一线油的计算过程。

利用已知常一线20℃的密度反求经验常数Z_{RA}。

$$\rho=\rho_{20}/M=792.0/154.25=5.1346\text{kmol/m}^3$$

$$T_r=T/T_{PC}=(20+273.15)/(382.45+273.15)=0.4471$$

$$Z_{RA}=\left(\frac{P_{PC}}{\rho R\,T_{PC}}\right)^{[1+(1-T_r)2/7]^{-1}}$$

$$=\left[\frac{2.25}{5.1346\times8.3145\times10^{-3}\times(382.45+273.15)}\right]^{[1+(1-0.4471)^{2/7}]^{-1}}$$

$$=0.2549$$

计算42.4℃下常一线密度：

$$T_r=T/T_{PC}=(42.4+273.15)/(382.45+273.15)=0.4813$$

$$\rho=\frac{1}{\dfrac{R\,T_{PC}}{P_{PC}}Z_{RA}^{\,[1+(1-T_r)2/7]}}$$

$$=\frac{1}{\dfrac{8.3145\times10^{-3}\times(273.15+382.45)}{2.25}\times0.2549^{[1+(1-0.813)\frac{2}{7}]}}$$

$$=5.0287\text{kmol/m}^3=5.0287\text{kmol/m}^3\times154.25\text{g/mol}=775.7\text{kg/m}^3$$

按照以上方法，将计算其他油品在实际温度下的密度见表2-19。

表 2-19　物料实际温度下密度数据表

物料名称	温度/℃	密度/(kg/m³)	物料名称	温度/℃	密度/(kg/m³)
常顶二级油	41.9	656.9	减二线	107.2	855.2
常顶一级油	93.6	669.7	减三线	234.4	803.4
常一线	42.4	775.7	常顶回流	93.6	669.7
常二线	51.6	807.3	常顶循	155.3	652.0
常三线	243.0	695.9	常一中	203.2	652.2
闪底油	283.9	723.6	常二中	275.0	635.3
减一线	56.1	858.1			

而减四线和渣油因缺少部分物性数据，则根据《原油蒸馏技术进展与应用》第三章 P82 图 3-9 油品相对密度与温度关系图(见图 2-1)图解计算。

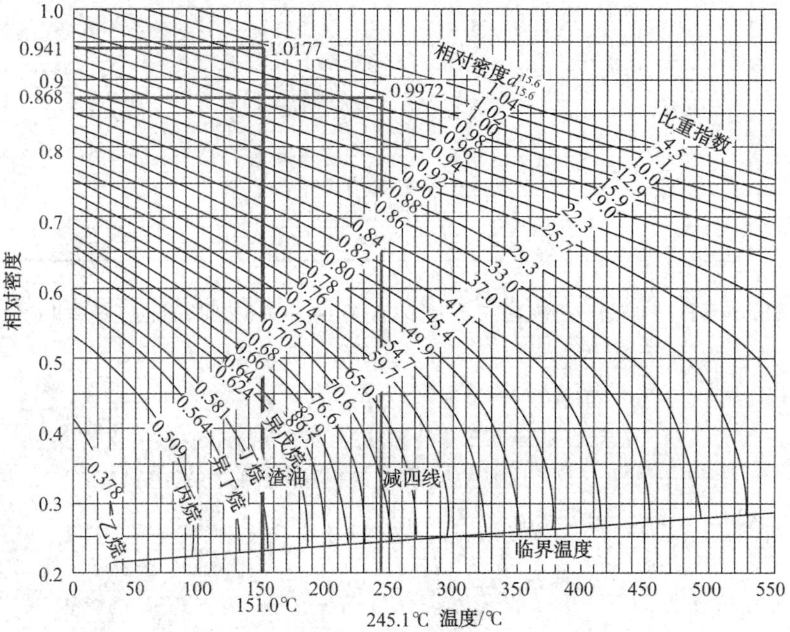

图 2-1　油品相对密度与温度关系图

图解得出减四线和渣油在实际温度下的密度见表 2-20。

表 2-20　物料实际温度下密度数据表

物料名称	$d_{15.6}^{15.6}$	温度/℃	d_4^t	密度/(kg/m³)
减四线	0.9972	245.1	0.868	868.0
渣油	1.0177	151.0	0.941	941.0

2.4.2　液体物料孔板流量计标定数据校正

$$体积流量\ Q=\alpha\times\varepsilon\times F_0\sqrt{\frac{2}{\rho}\times\Delta P}$$

式中　α——流量系数；

ε——膨胀校正系数；

F_0——节流装置的开孔截面积；

ρ——介质密度；

ΔP——实际测得的压力差。

对于同一孔板的差压固定，$\alpha \times \varepsilon \times F_0 \sqrt{2 \times \Delta P}$ 可视为常数 K，则上式可转换为：

$$Q_{测} = K \times \sqrt{\frac{1}{\rho_{设}}}$$

式中 $Q_{测}$——孔板流量计检测的体积流量，m^3/h；

$\rho_{设}$——孔板设计密度，kg/m^3。

质量流量为：

$$m_{测} = Q_{侧} \times \rho_{设} = K \times \sqrt{\frac{1}{\rho_{设}}} \times \rho_{设} = K \times \sqrt{\rho_{设}}$$

式中，$m_{测}$为孔板流量计检测的质量流量，kg/h。

当被测介质的密度随温度变化时，介质的实际流量与所测流量关系为：

$$\frac{m_{实}}{m_{测}} = \frac{K \times \sqrt{\rho_{实}}}{K \times \sqrt{\rho_{设}}} = \sqrt{\frac{\rho_{实}}{\rho_{设}}}$$

即

$$m_{实} = m_{测} \times \sqrt{\frac{\rho_{实}}{\rho_{设}}}$$

式中 $m_{实}$——孔板流量计检测介质的实际质量流量，kg/h；

$\rho_{实}$——在介质温度下的实际密度，kg/m^3。

以常一线油为例进行相关数据计算。其他油品计算过程同常一线油的计算过程：

$$m_{实} = m_{测} \times \sqrt{\frac{\rho_{实}}{\rho_{设}}} = 88.1 \times \sqrt{\frac{775.7}{780.0}} = 87.88 t/h$$

按照以上方法，其他油品计算校正后实际流量见表2-21。

表2-21 物料校正后实际流量数据表

物料名称	仪表位号	设计密度/(kg/m^3)	表量/(t/h)	实际密度/(kg/m^3)	实际流量/(t/h)
常顶二级油	FIC-2202	724.5	66.15	656.9	62.98
常顶一级油	FIC-2201	723.5	116.54	669.7	112.13
常一线	FIC-2303	780	88.12	775.7	87.88
常二线	FIC-2304	803.6	67.29	807.3	67.44
常三线	FIC-2305	705.5	92.27	695.9	91.64
闪底油	FIC-1801	651.9	704.31	723.6	742.02
减一线	FIC-3101	839.7	35.85	858.1	36.24
减二线	FIC-0401	853	86.82	855.2	86.93
减三线	FIC-1101	772.7	130.96	803.4	133.54
减四线	FIC-2906	798	12.13	868.0	12.65
渣油	FIC-0402	882	205.05	941.0	211.80
常顶回流	FIC-2101	723.5	22.4	669.7	21.55
常顶循	FIC-2104	667.2	202.03	652.0	199.71
常一中	FIC-2102	624.9	247.63	652.2	252.98
常二中	FIC-2103	662.2	250.9	635.3	245.74

2.5 粗细物料平衡汇总表

根据上述计算，粗细物料平衡见表2-22。

表2-22 粗细物料平衡汇总表

项目	物料名称	仪表位号	粗物料平衡流量表/(t/h)	细物料平衡/(t/h)
进料	原油	FI0301Z	914.93	914.63
出料	常顶二级油	FIC-2202	66.15	62.98
	常顶一级油	FIC-2201	116.54	112.13
	常一线	FIC-2303	88.12	87.88
	常二线	FIC-2304	67.29	67.44
	常三线	FIC-2305	92.27	91.64
	减一线	FIC-3101	35.85	36.24
	减二线	FIC-0401	86.82	86.93
	减三线	FIC-1101	130.96	133.54
	减四线	FIC-2906	12.13	12.65
	渣油	FIC-0402	205.05	211.80
	常顶瓦斯	FI-2203	11.31	11.14
	损失	—	2.46	0.27
	合计	—	914.93	914.63

2.6 加工损失

加工损失为0.27t/h，主要为：①电脱盐含盐污水及含硫污水中的含油损失；②减顶瓦斯无计量；③装置采样及电脱盐看界位损失；④安全阀内漏。

3 常压塔物料平衡热平衡工艺计算

3.1 常压塔相关参数

3.1.1 常压塔相关设计参数

常压塔相关设计参数见表2-23。

表2-23 常压塔相关设计参数表

项目	参数/层	项目	参数/层
塔板数	47	闪蒸塔塔顶气相进料	21
进料	43	常一中抽出	18
常四线抽出	38	常一中返回	16
常三线抽出	34	常一线抽出	14
常二中抽出	30	常一线汽提蒸汽返回	13
常二中返回	28	常顶循抽出	6
常二线抽出	26	常顶循返回	4
常二线汽提蒸汽返回	25	常顶回流返回	1

3.1.2 常压塔相关操作参数

常压塔相关操作参数见表 2-24。

表 2-24 常压塔相关操作参数表

项目	参数	单位	项目	参数	单位
常压塔塔顶压力	166.3	kPa(表)	常压塔 27 层温度	264.1	℃
	267.6	kPa(绝)	常二中抽出温度	275.0	℃
常顶温度	137.0	℃	常二中返回温度	194.1	℃
常顶回流温度	93.6	℃	常压塔 31 层温度	299.0	℃
常顶循抽出温度	155.3	℃	常三线抽出温度	319.5	℃
常顶循返回温度	64.0	℃	常压塔 35 层温度	330.6	℃
常压塔 7 层温度	170.1	℃	常压塔 39 层温度	343.4	℃
常一线抽出温度	182.5	℃	常压塔进料段温度	353.1	℃
常压塔 15 层温度	195.3	℃	常压炉出口温度	365.0	℃
常一中抽出温度	203.2	℃	常压塔进料段压力	188.7	kPa(表)
常一中返回温度	111.8	℃		290.0	kPa(绝)
闪蒸塔塔顶部温度	208.1	℃	过热蒸汽温度	414.9	℃
闪蒸塔塔顶部压力	199.2	kPa(表)	过热蒸汽压力	353.3	kPa(表)
	300.5	kPa(绝)		454.6	kPa(绝)
常二线抽出温度	263.2	℃	常压塔塔底温度	350.8	℃

3.1.3 常压塔相关物料平衡数据

1. 部分物料平衡参数计算说明

进料分两部分，一部分为常压炉进料，由标定时常压八路进料之和计算所得，另外一部分为闪顶油气。为了方便计算，将闪顶油气分为常顶二级油、部分常顶一级油；将常顶瓦斯并入二级油。各侧线流量采取孔板校正后流量。进入常压塔蒸汽包括常底吹汽，常一线和常二线汽提塔吹汽，另外还包括脱后原油含水随闪蒸塔塔顶油气进入常压塔。

2. 塔相关物料平衡参数计算

塔相关物料平衡参数计算见表 2-25。

表 2-25 塔相关物料平衡参数计算表 kg/h

序号	项目	公式(序号代表项目)	数据
1	常压炉流量		742020
2	原油流量		914630
3	闪蒸塔塔顶油气流量	2-1	172610
4	脱后原油含水/%		0.09
5	闪蒸塔塔顶水蒸气流量	2×4	823
6	常顶瓦斯流量		11141
7	常顶二级油流量		62982
8	常顶一级油流量		112126
9	常一线流量		87877

续表

序号	项目	公式(序号代表项目)	数据
10	常二线流量		67440
11	常三线流量		91637
12	常顶二级油计算采纳值	6+7	74123
13	闪顶油气中含常顶二级油	12	74123
14	闪顶油气中含常顶一级油	3-12	98487
15	闪底油中含常顶一级油	8-14	13639
16	常底油流量		481427
17	顶回流流量		21552
18	常顶循流量		199712
19	常一中流量		252984
20	常二中流量		245741
21	常一线汽提蒸汽流量		1300
22	常二线汽提蒸汽流量		1101
23	塔底吹汽流量		7002
24	过热蒸汽合计	21+22+23	9403
25	塔顶水蒸气合计	5+24	10227

3. 塔相关物料平衡汇总

塔相关物料平衡汇总见表2-26。

表2-26 塔相关物料平衡表 kg/h

项目			数据
入	常压炉出料	常压炉流量合计	742020
		闪底油含常顶一级油	13639
		常一线流量	87877
		常二线流量	67440
		常三线流量	91637
		常底油流量	481427
	闪蒸塔塔顶出料	闪蒸塔塔顶油气流量合计	172610
		常顶瓦斯流量	11141
		常顶二级油流量	62982
		闪顶油气中含常顶一级油	98487
		闪蒸塔塔顶水蒸气流量	823
	过热蒸汽	过热蒸汽合计	9403
		常一线汽提蒸汽流量	1300
		常二线汽提蒸汽流量	1101
		塔底吹汽流量	7002
	合计		924856

续表

项目		数据
出	常顶瓦斯流量	11141
	常顶二级油流量	62982
	常顶一级油	112126
	常一线流量	87877
	常二线流量	67440
	常三线流量	91637
	常底油流量	481427
	塔顶水蒸气	10226
	合计	924856

4. 塔相关物料平衡和参数

塔相关物料平衡参数见 图 2-2。

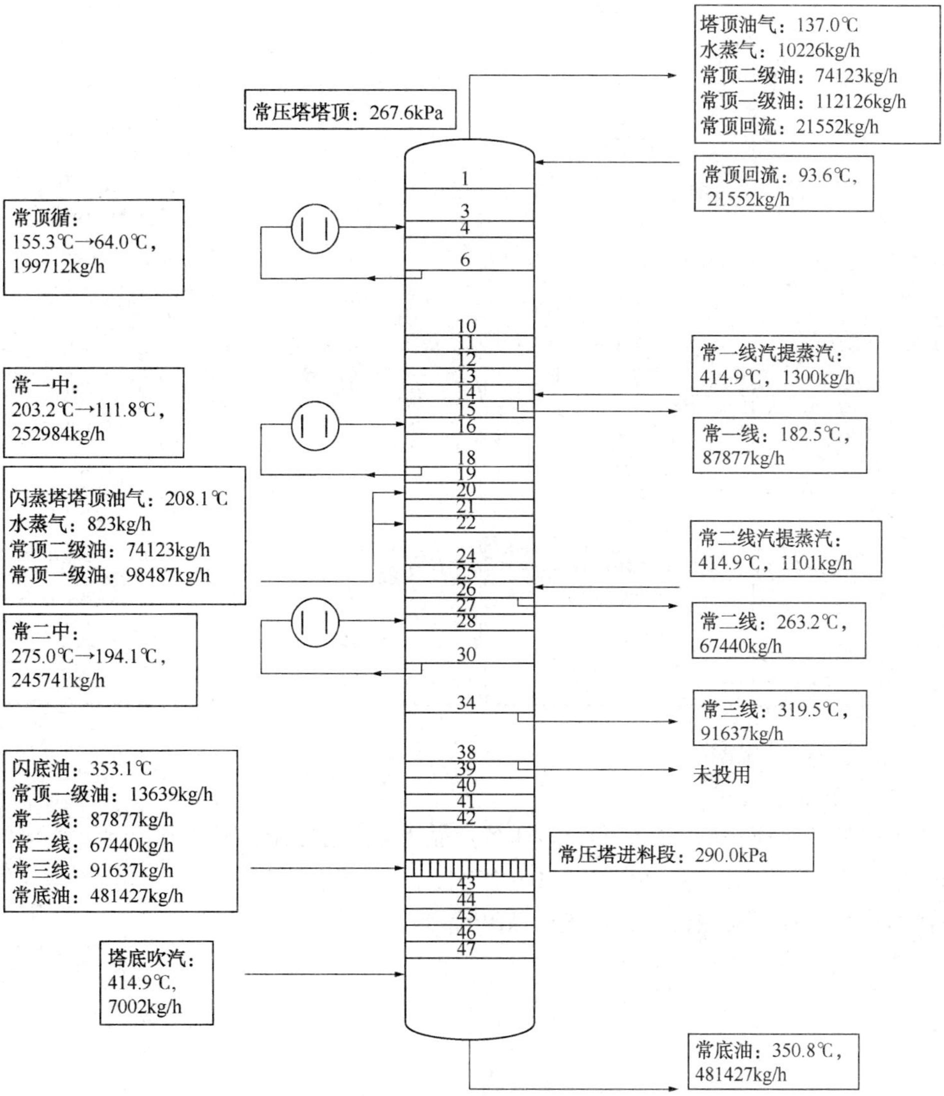

图 2-2 常压塔相关物料平衡和参数图

塔相关物料平衡和参数见图 2-2。根据塔顶压力 267.6kPa(绝)，进料段(43 层)为 290.0kPa(绝)。每层塔板平均压降为 0.87kPa，则常压塔的各层塔板压力分布见表 2-27。

表 2-27　常压塔的各层塔板压力分布表

塔板层数	压力	塔板层数	压力
1(塔顶)	267.6	25	280.4
2	268.1	26(常二线抽出)	280.9
3	268.7	27	281.5
4(顶循返回)	269.2	28(常二中返回)	282.0
5	269.7	29	282.5
6(顶循抽出)	270.3	30(常二中抽回)	283.1
7	270.8	31	283.6
8	271.3	32	284.1
9	271.9	33	284.7
10	272.4	34(常三线抽出)	285.2
11	272.9	35	285.7
12	273.5	36	286.3
13	274.0	37	286.8
14(常一线抽出)	274.5	38	287.3
15	275.1	39	287.9
16(常一中返回)	275.6	40	288.4
17	276.1	41	288.9
18(常一中抽出)	276.7	42	289.5
19	277.2	43(进料)	290.0
20	277.7	44	290.5
21	278.3	45	291.1
22	278.8	46	291.6
23	279.3	47	292.1
24	279.9	塔底	292.7

3.2　常压塔过汽化率

3.2.1　核算相关数据

由于常底油未采样分析，*K* 值参照减压各产品 *K* 值取 11.70，而 API°计算由减压产品根据《石油化工设计手册第 1 卷》P9517.5.4 计算公式，由于各油品的 API°差别不大，可忽略混合后体积压缩反算常底油密度，再进行 API°计算。

减压产品相关物性数据见表 2-28。

表 2-28 减压产品相关物性数据表

项目	质量流量/(kg/h)	$d_{15.6}^{15.6}$	体积流量/(m^3/h)	API 度
减一线	36236	0.8852	40.94	—
减二线	86932	0.9115	95.37	—
减三线	133539	0.9338	143.00	—
减四线	12651	0.9972	12.69	—
渣油	211797	1.0177	208.11	—
合计	481155	0.9621	500.10	15.57

计算常底油的 $d_{15.6}^{15.6}$：

$$d_{15.6}^{15.6}=V_{合计}\div W_{合计}\div 1000=481155\div 500.10\div 1000=0.9621$$

式中 $V_{合计}$——减压产品合计体积；

$W_{合计}$——减压产品合计质量。

常底油的 API 度：

$$API=\frac{141.5}{d_{15.6}^{15.6}}-131.5=\frac{141.5}{0.9621}-131.5=15.57$$

式中 $d_{15.6}^{15.6}$——常底油 15.6℃的相对密度。

3.2.2 中段回流及顶回流取热及塔散热损失

1. 油品焓值计算

油品焓值计算根据《延迟焦化工艺与工程》P564 式(6-2-32)～式(6-2-35)的石油馏分纳尔逊图拟合式计算。计算公式如下：

$$Z=\sum_{i=0}^{2}\sum_{j=0}^{2}A_{ij}X^iY^j(i+j)\leqslant 2$$

X、Y、Z、A_{ij}值见表 2-29。

表 2-29 *API* 的石油馏分纳尔逊拟合式参数表

Z	X	Y	A_{00}	A_{01}	A_{02}	A_{10}	A_{11}	A_{20}
H_L^*	T	API	3.8192	0.2483	-0.002706	0.3718	0.001972	0.0004754
H_V^*	T	API	78.122	0.3927	-0.001645	0.3059	0.000996	0.000463
H_V^∞	T	K_{UOP}	24.2206	-20.5617	1.5857	0.8623	-0.0755	0.0000673
G_{V1}	H_V^*	K_{UOP}	-1557.437	408.4433	-19.0632	-4.666	0.34826	0.000101
G_{V2}	G_{V1}	API	512.06	-8.6401	-0.03016	-0.2497	0.01872	0.0005582
H_V°	G_{V2}	P	24.4708	-0.3327	0.000129	-0.1578	0.001762	0.0002387

焓值计算公式如下：

$$H_L=H_L^*\times(0.0533\times K_{UOP}+0.3604)$$

$$H_V^*=H_V^{\#}-H_V^\infty$$

$$H_V=H_V^*-H_V^\circ$$

式中 H_L——油品液相热焓，kcal/kg；

H_V——油品液相热焓，kcal/kg；

P——压力(绝)，kgf/cm^2，$1kgf/cm^2=0.1MPa$；

P——温度,℃；

K_{UOP}——油品的 UOP 特征因数。

下面以常顶循为例计算常顶循抽出焓(液相焓)，后续所有油品涉及的液、汽相焓均由此公式计算。常顶循抽出相关数据见表 2-30。

表 2-30 常顶循抽出相关数据表

项目	抽出温度 T/℃	API°	K_{UOP}
常顶循	155.3	52.09	11.92

$$H_L^* = \sum_{i=0}^{2}\sum_{j=0}^{2} A_{ij}\, T^i\, API^j$$
$$=A_{00}+A_{01}\times API°+A_{02}\times API^2+A_{10}\times T+A_{11}\times API\times T+A_{20}\times T^2$$
$$=3.8192+0.2483\times 52.09\pm 0.002706\times 52.09^2+0.718\times 155.3+0.001972\times 52.09\times 155.3+0.0004754\times 155.3^2$$
$$=94.57kcal/kg$$

$$H_L=H_L^*\times(0.0533\times K_{UOP}+0.3604)$$
$$=94.57\times(0.0533\times 52.09+0.3604)$$
$$=94.17kcal/kg=94.17\times 4.186=394.18kJ/kg$$

按照上述方法将中段回流和顶回流抽出及返回焓值计算汇总见表 2-31。

表 2-31 中段回流和顶回流抽出及返回焓值数据表

项目	温度 T/℃	API	K_{UOP}	P/kPa	H_L/(kJ/kg)	H_V/(kJ/kg)
顶回流抽出	137.0	60.05	12.05	267.6		612.66
顶回流返回	93.6				247.77	
常顶循抽出	155.3	52.09	11.92		394.18	
常顶循返回	64.0				173.93	
常一中抽出	203.2	44.81	11.89		510.39	
常一中返回	111.8				278.40	
常二中抽出	275.0	37.60	11.81		695.78	
常二中返回	194.1				471.54	

2. 中段回流及顶回流取热计算

$$Q=W\times(H_{出}-H_{回})$$

式中 Q——回流取热量，kJ/h；

W——回流流量，kg/h；

$H_{出}$——油品抽出焓，kJ/kg；

$H_{回}$——油品回流焓，kJ/kg。

将各参数代入计算过程和结果见表 2-32。

表 2-32　中段回流和顶回流取热计算表

项目	流量(校正)/(kg/h)	H_L/(kJ/kg)	H_V/(kJ/kg)	Q/(GJ/h)
顶回流	21552	612.66	247.77	7.86
常顶循	199712	394.18	173.93	43.99
常一中	252984	510.39	278.40	58.69
常二中	245741	695.78	471.54	55.11

3. 回流取热比例

回流取热比例计算见表 2-33。

表 2-33　回流取热比例计算表

项目	热量/(GJ/h)	回流取热占比/%	项目	热量/(GJ/h)	回流取热占比/%
常顶回流	7.86	4.7	常二中	55.11	33.3
常顶循	43.99	26.6	回流取热合计	165.65	100
常一中	58.69	35.4			

绘制图形见图 2-3。

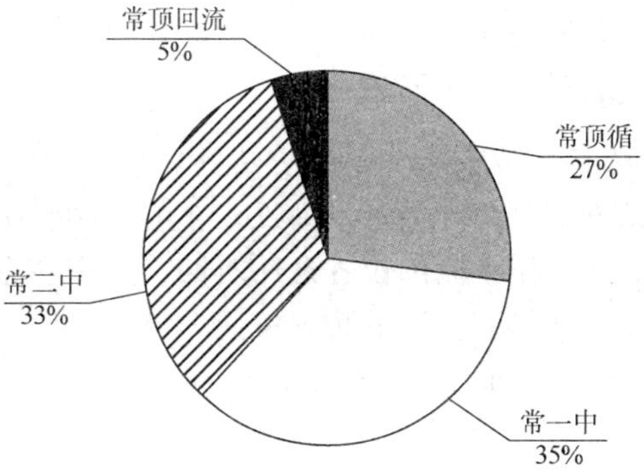

图 2-3　回流取热比例图

4. 常压塔散热损失计算

为简化计算，封头按半圆面积计算，具体尺寸见图 2-4，则各段面积计算结果见表 2-34。

表 2-34　常压塔各段面积计算表

项目	尺寸	面积/m²
常压塔上封头	ϕ6000mm，半圆	56.5
常压塔上部	ϕ6000mm×22000mm，圆柱	414.5
常压塔下部	ϕ6000mm×22000mm，圆柱	414.5
常压塔下封头	ϕ6000mm，半圆	56.5

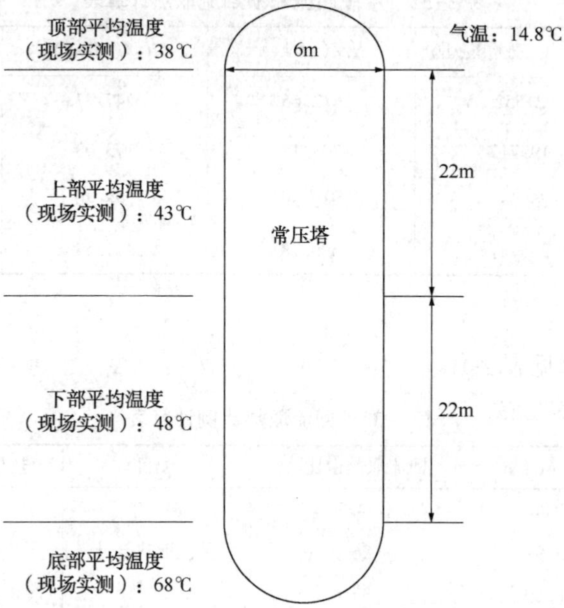

图 2-4　常压塔尺寸及外壁温度图

根据《炼油厂设备加热炉设计手册(上)》P212 计算散热损失，为了简化计算，采用无风计算，以常压塔上部为例计算过程如下。

常压塔上部外壁对空气的对流放热系数：

$$a_{nc}=C\times\sqrt{t_n-t_c}=2.2\times\sqrt{43-14.8}=11.68$$

式中　a_{nc}——外壁对空气的对流放热系数，kcal/(m^2·h·℃)；

C——系数，C 的取值根据不同的位置有所不同，其中竖直散热面 C 取 2.2；散热面向上 C 取 2.8；散热面向下 C 取 1.4；

t_n——塔表面温度,℃；

t_a——气温,℃。

常压塔上部外壁对空气的辐射放热系数：

$$a_{nr}=\frac{3.9\times\left[\left(\frac{t_n+273}{100}\right)^4-\left(\frac{t_a+273}{100}\right)^4\right]}{t_n-t_a}=\frac{3.9\times\left[\left(\frac{43+273}{100}\right)^4-\left(\frac{14.8+273}{100}\right)^4\right]}{43-14.8}=4.27$$

式中　a_{nr}——外壁对空气的辐射放热系数，kcal/(m^2·h·℃)；

t_n——塔表面温度,℃；

t_a——气温,℃。

常压塔上部外壁对空气的总传热系数：

$$K=a_{nr}+a_{nc}=11.68+4.27=15.9\text{kcal/(m}^2\cdot\text{h}\cdot℃)$$

式中　K——外壁对空气的总传热系数，kcal/(m^2·h·℃)；

a_{nr}——外壁对空气的辐射放热系数，kcal/(m^2·h·℃)；

a_{nc}——外壁对空气的对流放热系数，kcal/(m^2·h·℃)。

常压塔上部外壁散热损失 Q：

$$Q=K\times(t_n-t_a)\times S=15.9\times(43-14.8)\times414.5=186518\text{kcal/h}$$

式中 Q——外壁散热损失，kcal/h；

K——外壁对空气的总传热系数，kcal/(m²·h·℃)；

t_n——塔表面温度,℃；

t_a——气温,℃；

S——塔壁外表面积，m²。

通过上述计算方法将常压塔各段外壁散热损失计算结果汇总见表2-35。

表2-35 常压塔外壁散热损失计算表

项目	面积/m²	外壁对空气的总传热系数/[kcal/(m²·h·℃)]	散热损失/(GJ/h)
常压塔上封头	56.5	17.68	0.0970
常压塔上部	414.5	15.96	0.7808
常压塔下部	414.5	17.02	0.9807
常压塔下封头	56.5	15.05	0.1894
合计			2.05

常压塔散热损失占常压塔总热量比例。

$$\eta = Q_{损}/Q_{总} = 2.05/880.89 = 0.23\%$$

式中 η——常压塔散热损失占常压塔总热量比例,%；

$Q_{损}$——外壁散热损失，GJ/h，用表2-35计算结果；

$Q_{总}$——常压塔总热量，GJ/h。

3.2.3 过汽化率

1. 全塔平衡图

常压塔进料分两部分，一部分为常压炉进料，由标定时常压八路进料之和计算所得，另外一部分为闪顶油气。为了方便计算，将闪顶油气分为常顶二级油、部分常顶一级油；将常顶瓦斯并入二级油。各侧线流量采取孔板校正后流量。进入常压塔蒸汽包括常底吹汽，常一线和常二线汽提塔吹汽，另外还包括脱后原油含水随闪蒸塔塔顶油气进入常压塔。过汽化油性质采用常三线性质。制作全塔平衡框图见图2-5。

2. 过汽化率计算

根据全塔热平衡计算出过汽化油量。

具体计算见表2-36。

表2-36 过汽化率计算表

项目	物料	流量/(kg/h)	温度/℃	压力/kPa	焓值⑤/(kJ/kg) 气相	焓值⑤/(kJ/kg) 液相	焓/(GJ/h)
入方	常顶二级油	74123①	208.1	300.5	816.1	—	60.49
	常顶一级油	98487②	208.1	300.5	783.8	—	77.19
	原油中含水	823	208.1	300.5	2883.2		2.37
入方	常顶一级油	13639③	353.1	290.0	1185.4		16.17
	常一线	87877	353.1	290.0	1134.3		99.68
	常二线	67440	353.1	290.0	1106.0		74.59
	常三线	91637	353.1	290.0	1090.2		99.90
	过热蒸汽	9403	414.9	454.6	3309.2		31.12
	过汽化油④	$G_{\Delta E}$	353.1	290.0	1090.2		$1090.2\times10^{-6}G_{\Delta E}$
	常压渣油	$481427-G_{\Delta E}$	353.1	290.0		858.5	$413.30-858.5\times10^{-6}G_{\Delta E}$
	合计 $Q_{入}$						$874.81+231.7\times10^{-6}G_{\Delta E}$

续表

项目	物料	流量/(kg/h)	温度/℃	压力/kPa	焓值⑤/(kJ/kg)		焓/(GJ/h)
					气相	液相	
出方	常顶二级油	74123①	137.0	267.6	633.6		46.97
	常顶一级油	112126	137.0	267.6	612.7		68.70
	常一线	87877	182.5	274.5		456.0	40.07
	常二线	67440	263.2	280.9		661.8	44.63
	常三线	91637	319.5	285.2		817.8	74.94
	常压渣油	481427	350.8	292.7		851.4	409.89
	水蒸气	10227	137.0	267.6	2738.4		28.00
	常顶回流						7.86
	常顶循						43.99
	常一中						58.69
	常二中						55.11
	散热损失						2.05
	合计 $Q_{出}$						880.89

① 常顶二级油包括常顶瓦斯。

② 常顶一级油随闪顶油气进入常压塔流量。

③ 常顶一级油随闪底油经加热炉进入常压塔流量。

④ 过汽化油性质按常三线性质定物性。

⑤ 焓值均由石油馏分纳尔逊图拟合式计算。

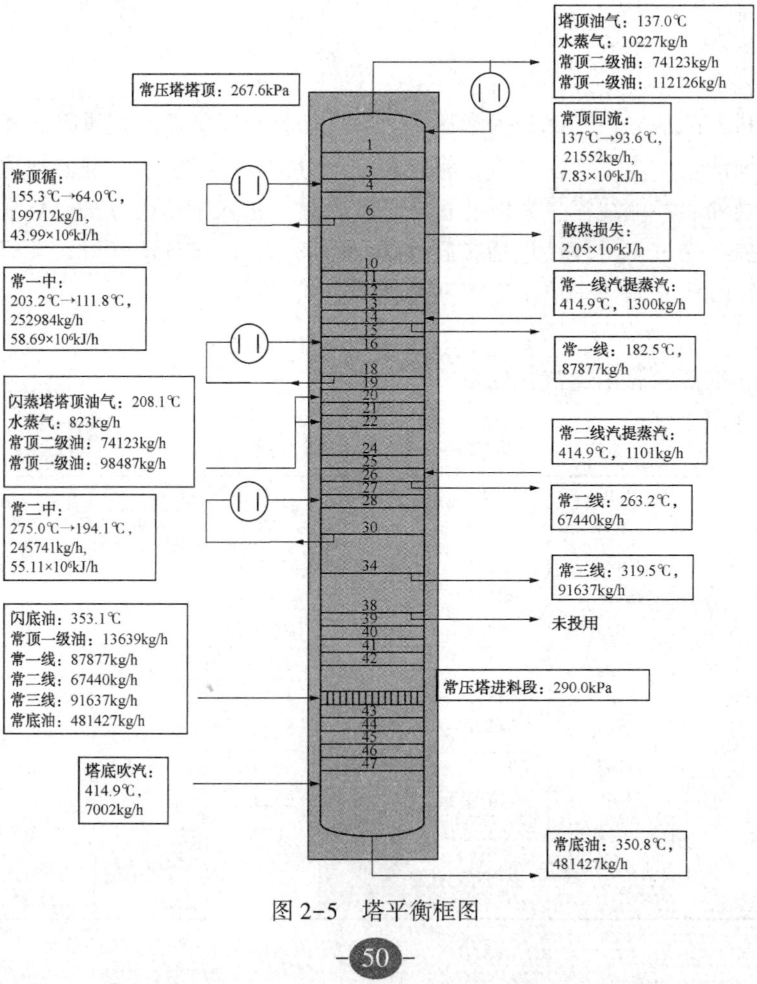

图 2-5　塔平衡框图

由热量平衡可得 $Q_{入}$ 等于 $Q_{出}$，即可得过汽化油流量：

$$874.81+231.7\times10^{-6}G_{\Delta E}=880.89$$

$$G_{\Delta E}=(880.89-874.81)\div231.7\times10^{-6}=26259\text{kg/h}$$

式中 $G_{\Delta E}$——过汽化油流量，kg/h。

过汽化率(质量)：

$$e_{过}=G_{\Delta E}\div G=26259\div741748=3.54\%$$

式中 $e_{过}$——过汽化率,%；

$G_{\Delta E}$——过汽化油流量，kg/h；

G——闪底油流量，kg/h。

3. 闪底油经常压炉总焓和闪顶油气总焓计算

为了方便后续计算，在算出过汽化油后计算出闪底油经常压炉总焓和闪顶油气总焓。具体计算见表2-37。

表2-37 闪底油经常压炉总焓和闪顶油气总焓计算表

项目	物料	流量/(kg/h)	温度/℃	压力/kPa	焓值⑤/(kJ/kg)		焓/(GJ/h)
					气相	液相	
闪顶油气	常顶二级油	74123①	208.1	300.5	816.1		60.49
	常顶一级油	98487②	208.1	300.5	783.8		77.19
	原油中含水	823	208.1	188.7	2883.2		2.37
	合计						140.06
闪底油经常压炉	常顶一级油	13639③	353.1	188.7	1185.4		16.17
	常一线	87877	353.1	290.0	1134.3		99.68
	常二线	67440	353.1	290.0	1106.0		74.59
	常三线	91637	353.1	290.0	1090.2		99.90
	过汽化油④	26259	353.1	290.0	1090.2		28.63
	常压渣油⑤	455168	353.1	290.0		858.5	390.76
	合计						709.72

① 常顶二级油包括常顶瓦斯。

② 常顶一级油随闪顶油气进入常压塔流量。

③ 常顶一级油随闪底油经加热炉进入常压塔流量。

④ 过汽化油性质按常三线性质定物性。

⑤ 焓值均由石油馏分纳尔逊图拟合式计算。

⑥ 此处常压渣油为常底油流量减去过汽化油流量。

3.3 常压塔各抽出温度核算

3.3.1 常三线抽出温度核算

1. 平衡框图

平衡框图见图2-6。

2. 常三线抽出层上方33层塔板液相内回流量计算

根据上述框图内热平衡计算出常三线抽出层上方33层塔板液相内回流量。具体计算见表2-38。

表 2-38　常三线抽出层上方 33 层塔板液相内回流量计算表

项目	物料	流量/(kg/h)	温度/℃	压力/kPa	焓值②/(kJ/kg)		焓/(GJ/h)
					气相	液相	
入方	闪底油						709.72
	塔底吹汽	7002	414.9	454.6	3309.2		23.17
	上方内回流 L_{33}①	L_{33}	313.0③	285.2		797.9	$797.9\times L_{33}\times10^{-6}$
	合计						$732.89+797.9\times L_{33}\times10^{-6}$
出方	常顶一级油	13639	319.5	285.2	1085.4		14.80
	常一线	87877	319.5	285.2	1039.5		91.35
	常二线	67440	319.5	285.2	1013.1		68.33
	常三线	91637	319.5	285.2		817.8	74.94
	内回流蒸汽 L_{33}①	L_{33}	319.5	285.2	997.8		$997.8\times L_{33}\times10^{-6}$
	常压渣油	481427	350.8	292.7		851.4	409.89
	水蒸气	7002	319.5	285.2	3113.9		21.80
	合计						$681.11+997.8\times L_{33}\times10^{-6}$

①上方内回流和内回流蒸汽量相等，性质采用常三线油性质。

② 焓值均由石油馏分纳尔逊图拟合式计算。

③ 温度采用内插法计算[31 层塔板温度 299℃，319.5−(319.5−299)/34−31=313.0℃]所得。

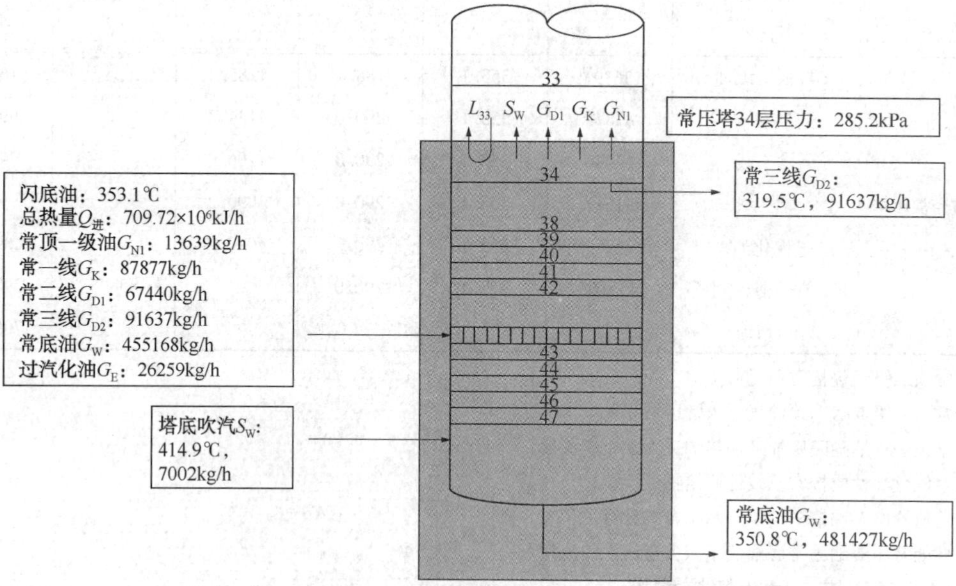

图 2-6　平衡框图

由热量平衡可得 $Q_入$ 等于 $Q_出$，即可得过汽化油流量：

$$732.89+797.9\times L_{33}\times10^{-6}=681.11+997.8\times L_{33}\times10^{-6}$$

$$L_{33}=(7332.89-681.11)\div(997.8-797.9)\times10^{6}=259059\text{kg/h}。$$

式中 L_{33}——33 层塔板液相内回流量，kg/h。

3. 内回流蒸汽 L_{33} 分压计算

内回流蒸汽 L_{33} 分压计算，见表 2-39。

表 2-39　内回流蒸汽 L_{33} 分压表

项目	分子量/(kmol/kg)	质量/(kg/h)	摩尔流率/(kmol/h)	总压/kPa(绝)	分压/kPa(绝)
常顶一级油	109.31	13639	124.77		
常一线	154.25	87877	569.72		
常二线	194.13	67440	347.40		
水蒸气	18.00	7002	389.00		
内回流 L_{33}	238.55	259059	1085.97	285.2①	123.1
合计			2516.86		

①总压为常三线抽出层压力。

4. 常三线抽出温度核算

常三线的平衡汽化0%和焦点温度、焦点压力及内回流蒸汽 L_{33} 分压见表2-40。

表 2-40　常三线物性表

项目	平衡汽化0%		焦点温度		焦点压力		分压	
	℃	℉	℃	℉	MPa	psi(绝)	kPa	psi(绝)
常三线	271.8	521	515.3	960	2.25	326	123.1	17.8

利用常三线 $P-T-e$ 图解，求在此分压下常三线泡点温度见图2-7。

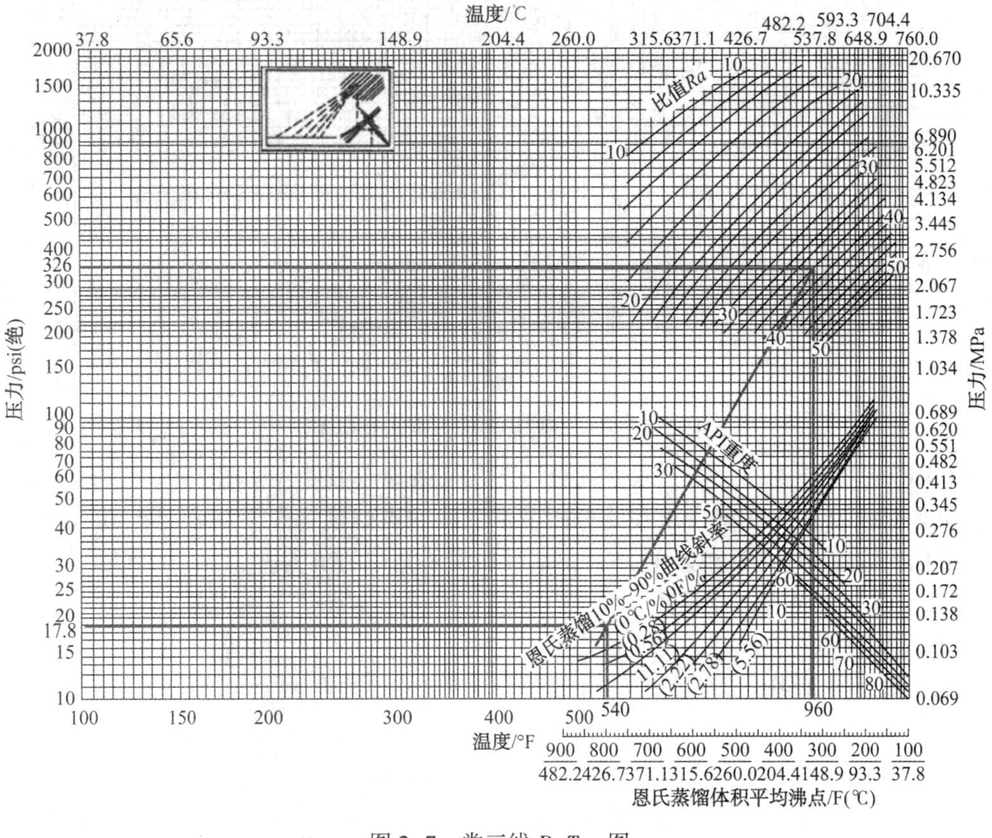

图2-7　常三线 $P-T-e$ 图

由图解得到该压力下泡点温度为540℉，即282.2℃，与实际的常三线抽出温度319.5℃偏差37.3℃，偏差较大。分析原因：由于常三线*D*86的分析数据初馏点为233℃，10%点为272℃，30%点为296℃，50%点为305℃，70%点为318℃。分析判断该方法下初馏点和10%的数据偏低，不能真实反应实际油品的初馏点。根据《原油蒸馏工艺与工程》P308介绍，对于不太宽的馏分油，其恩氏蒸馏数据在正态概率坐标纸上十分接近于一条直线。故利用常三线的30%、50%、70%的*D*86数据推算0%点和10%的的平衡汽化温度。

根据图2-8求得常三线0%~70%点的恩式蒸馏数据，见表2-41。

表2-41 常三线0%~70%点的恩式蒸馏数据

项目	初馏点	10%	30%	50%	70%
恩式蒸馏/℃	252（推算值）	282（推算值）	296	305	318

利用本部分1.2.2*D*86数据转化为平衡汽化数据计算得初馏点为286.3℃，即547℉。

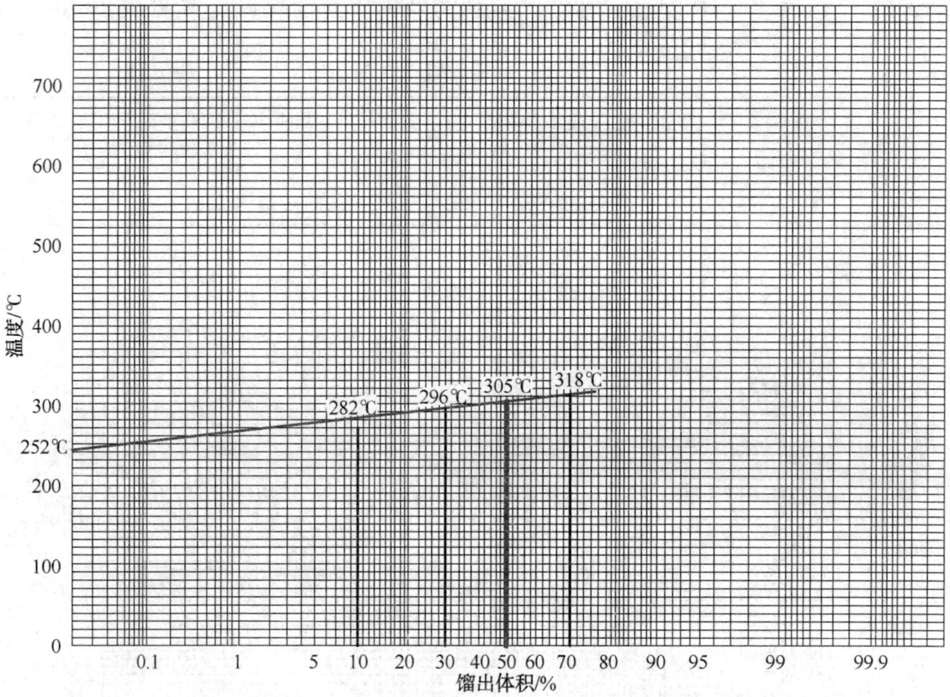

图2-8 常三线恩氏蒸馏数据正态概率图

再利用常三线*P*–*T*–*e*图解，求在此分压下常三线泡点温度，见图2-9。

再由常三线*P*–*T*–*e*图解，求在此分压下常三线泡点温度为567.0℉，即302.0℃。与实际常三线抽出温度319.5℃相差17.5℃，基本在误差允许的范围内。

3.3.2 常二线抽出温度核算

1. 平衡框图

平衡框图见图2-10。

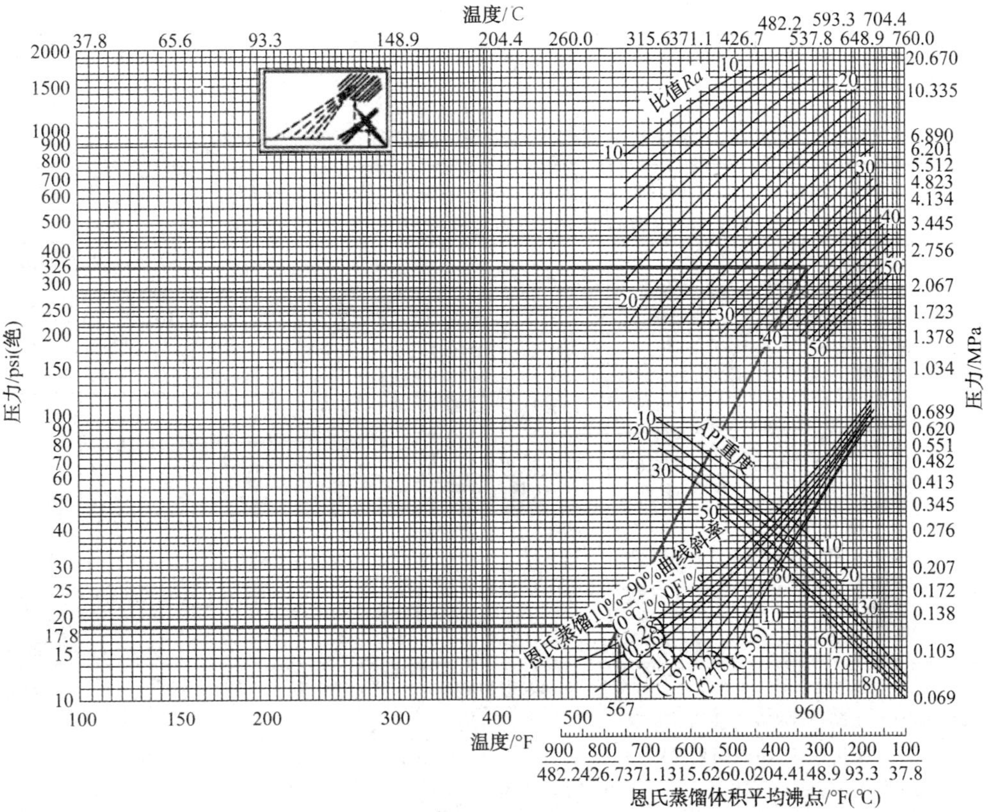

图 2-9 常三线 $P-T-e$ 图

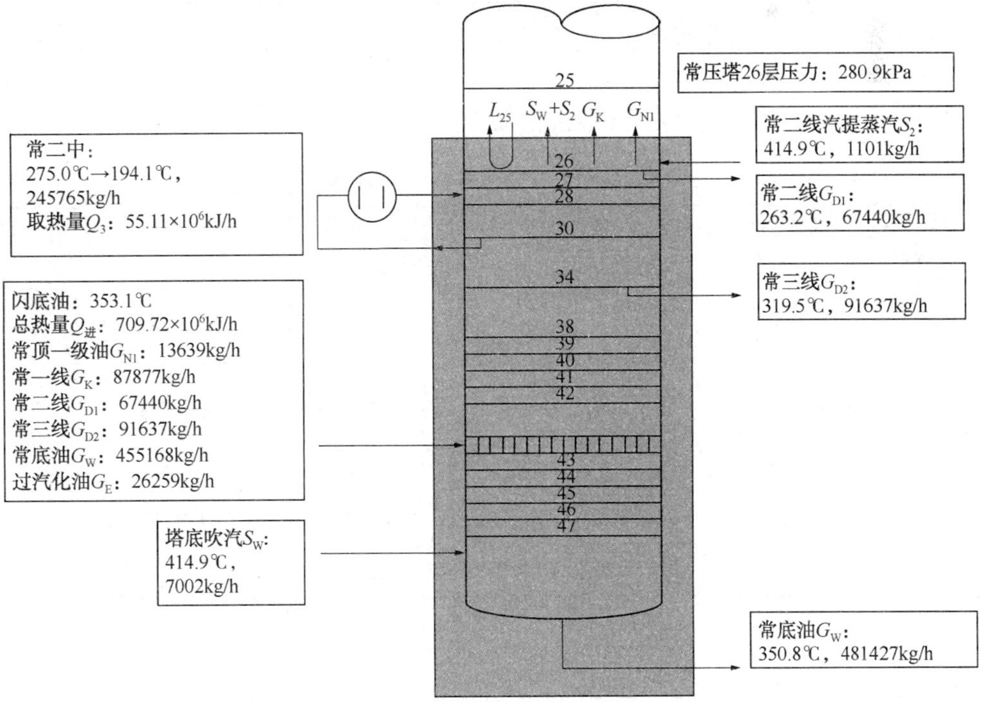

图 2-10 平衡框图

2. 常二线抽出层上方25层塔板液相内回流量计算

根据上述框图内热平衡，计算出常二线抽出层上方25层塔板液相内回流量。具体计算见表2-42。

表2-42 常二线抽出层上方25层塔板液相内回流量计算表

项目	物料	流量/(kg/h)	温度/℃	压力/kPa	焓值②/(kJ/kg) 气相	液相	热量/(GJ/h)
入方	闪底油						709.72
	塔底吹汽	7002	414.9	454.6	3309.2		23.17
	常二线吹汽	1101	414.9	454.6	3309.2		3.64
	上方内回流 L_{25}①	L_{25}	256.7③	280.9		643.0	$643.0\times L_{25}\times10^{-6}$
	合计						$736.53+643.0\times L_{25}\times10^{-6}$
出方	常顶一级油	13639	263.2	280.9	928.4		12.66
	常一线	87877	263.2	280.9	888.5		78.08
	常二线	67440	263.2	280.9		661.6	44.62
	常三线	91637	319.5	285.2		816.1	74.78
	内回流蒸汽 L_{25}①	L_{25}	263.2	280.9	865.5		$865.5\times L_{25}\times10^{-6}$
	常压渣油	481427	350.8	292.7		851.4	409.89
	二中取热						55.11
	水蒸气	8103	263.2	280.9	2997.9		24.29
	合计						$699.43+865.5\times L_{25}\times10^{-6}$

①上方内回流和内回流蒸汽量相等，性质采用常二线油性质。

② 焓值均由石油馏分纳尔逊图拟合公式计算。

③ 温度采用内插法计算[19层塔板温度217.6℃，263.2-(263.2-217.6)/26-19=256.7℃]所得。

由热量平衡可得 $Q_{入}$ 等于 $Q_{出}$，即可得过汽化油流量：

$$736.53+643.0\times L_{25}\times10^{-6}=699.43+865.5\times L_{25}\times10^{-6}$$

$$L_{25}=(736.53-699.43)\div(865.5-643.0)\times10^{6}=166743\text{kg/h}$$

式中 L_{25}——25层塔板液相内回流量，kg/h。

3. 内回流蒸汽 L_{25} 分压计算

内回流蒸汽 L_{25} 分压计算见表2-43。

表2-43 内回流蒸汽 L_{25} 分压表

项目	分子量/(kmol/kg)	质量/(kg/h)	摩尔流率/(kmol/h)	总压/kPa(绝)	分压/kPa(绝)
常顶一级油	109.31	13639	124.8		
常一线	154.25	87877	569.7		
水蒸气	18.00	8103	450.2		
内回流 L_{33}	194.13	166743	858.9	280.9①	120.4
合计			2003.6		

①总压为常二线抽出层压力。

4. 常二线抽出温度核算

常二线的平衡汽化0%和焦点温度、焦点压力及内回流蒸汽 L_{25} 分压见表2-44。

表2-44 常二线物性表

项目	平衡汽化0%		焦点温度		焦点压力		分压	
	℃	℉	℃	℉	MPa	psi(绝)	kPa	psi(绝)
常二线	239	462	462.2	864	2.54	368	120.4	17.5

利用常二线 $P-T-e$ 图解，求在此分压下常二线泡点温度如下。

由图 2-11，得到该压力下泡点温度为 482℉，即 248.0℃，与实际常二线抽出温度 263.2℃相差 15.2℃，基本在误差允许的范围内。

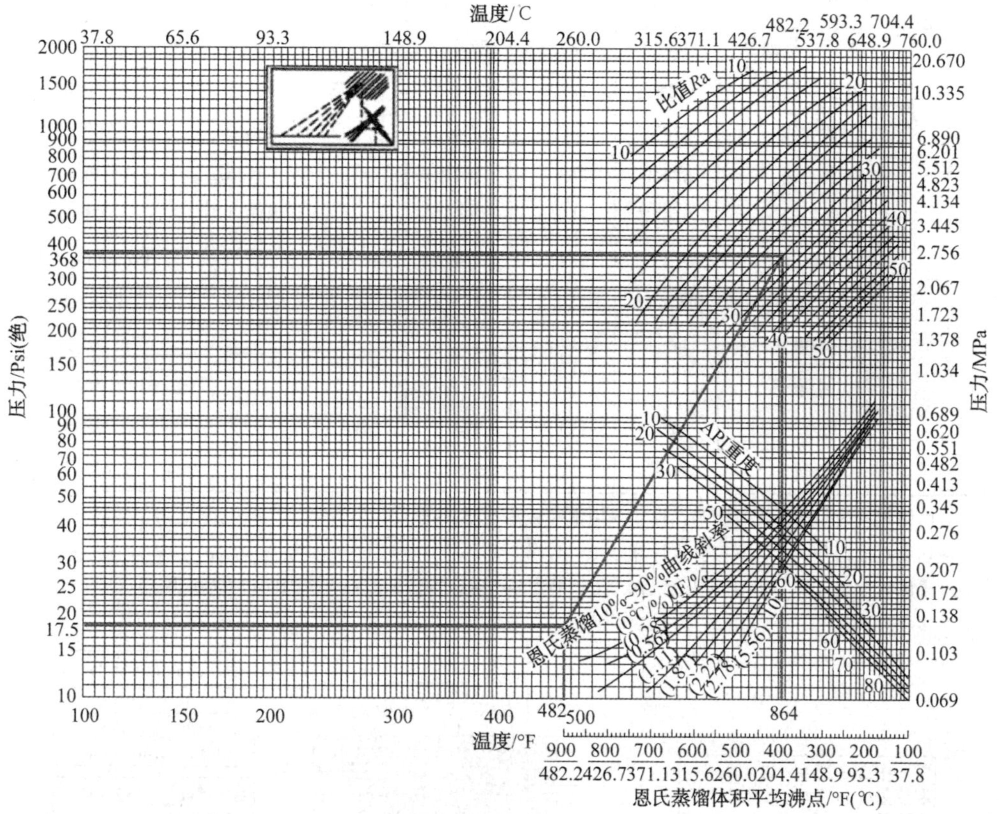

图 2-11　常二线 P-T-e 图

3.3.3　常一线抽出温度核算

1. 平衡框图

平衡框图见图 2-12。

2. 常一线抽出层上方 13 层塔板液相内回流量计算

根据上述框图内热平衡计算出常一线抽出层上方 13 层塔板液相内回流量。具体计算见表 2-45。

表 2-45　常一线抽出层上方 13 层塔板液相内回流量计算表

项目	物料	流量/(kg/h)	温度/℃	压力/kPa	焓值[2]/(kJ/kg)		焓/(GJ/h)
					气相	液相	
入方	闪底油						709.72
	塔底吹汽	7002	414.9	454.6	3309.2		23.17
	常二线吹汽	1101	414.9	454.6	3309.2		3.64
	闪顶油气						140.06
	常一线吹汽	1300	414.9	454.6	3309.2		4.30
	上方内回流 L_{13}[1]	L_{13}	180.7[3]	274.5		451.3	$451.3\times L_{13}\times10^{-6}$
	合计						$880.89+451.3\times L_{13}\times10^{-6}$

续表

项目	物料	流量/(kg/h)	温度/℃	压力/kPa	焓值②/(kJ/kg)		焓/(GJ/h)
					气相	液相	
出方	常顶二级油	74123	182.5	274.53	748.9		55.51
	常顶一级油	112126	182.5	274.5	720.7		80.81
	常一线	87877	182.5	274.5		456.0	40.07
	常二线	67440	263.2	280.9		661.6	44.62
	常三线	91637	319.5	285.2		816.1	74.78
	内回流蒸汽 L_{13}①	L13	182.5	274.5	689.7		$689.7\times L_{13}\times10^{-6}$
	常压渣油	481427	350.8	292.7		851.4	409.89
	一中取热						58.69
	二中取热						55.11
	水蒸气	10227	182.5	274.5	2831.7		28.96
	合计						$848.43+689.7\times L_{13}\times10^{-6}$

① 上方内回流和内回流蒸汽量相等，性质采用常一线油性质。

② 焓值均由石油馏分纳尔逊图拟合式计算。

③ 温度采用内插法计算[7层塔板温度170.1℃，182.5-(182.5-170.1)/14-7=180.7℃]所得。

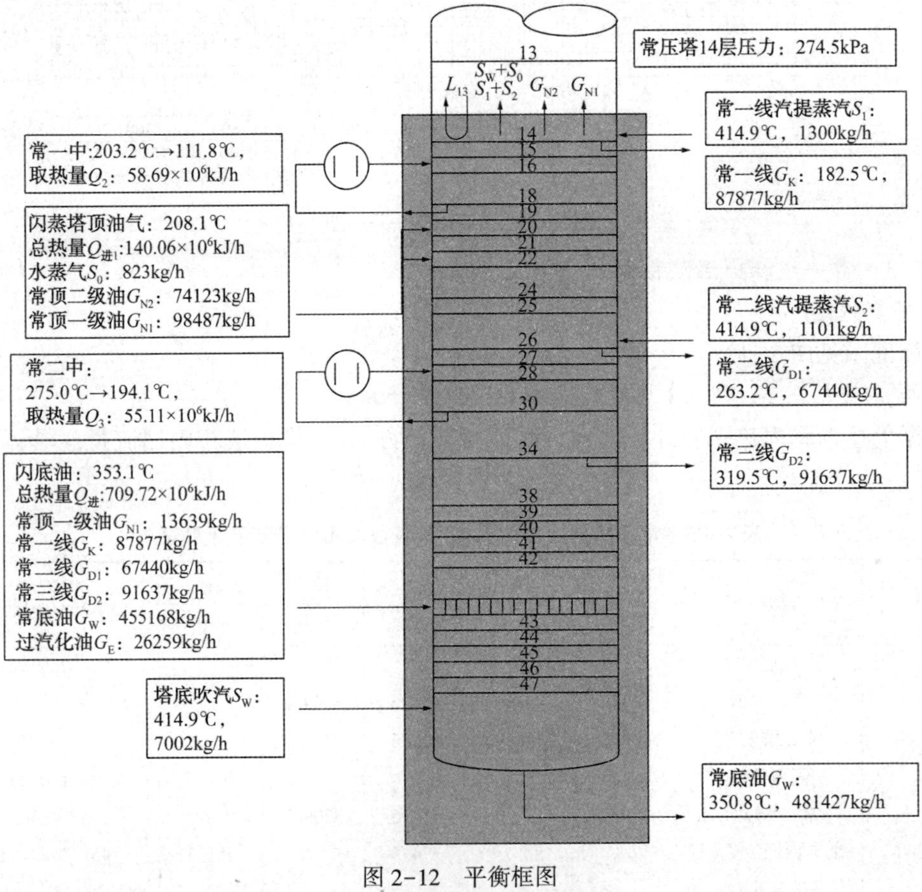

图 2-12　平衡框图

由热量平衡可得 $Q_入$ 等于 $Q_出$，即可得过汽化油流量：

$$880.89+451.3\times L_{13}\times 10^{-6}=848.43+689.7\times L_{13}\times 10^{-6}$$

$$L_{13}=(880.89-848.43)\div(689.7-451.3)\times 10^{6}=136163\text{kg/h}。$$

式中　L_{13}——13 层塔板液相内回流量，kg/h。

3. 内回流蒸汽 L_{13} 分压计算

内回流蒸汽 L_{13} 分压计算见表 2-46。

表 2-46　内回流蒸汽 L_{13} 分压表

项目	分子量/(kmol/kg)	质量/(kg/h)	摩尔流率/(kmol/h)	总压/kPa(绝)	分压/kPa/mmHg
常顶二级油	86.86	62982	725.10		
常顶一级油	109.31	112126	1025.76		
水蒸气	18.00	10226	568.14		
内回流 L_{13}	154.25	136163	882.76	274.5①	72.8/546
合计			3274.27		

①总压为常一线抽出层压力。

4. 常一线抽出温度核算

由于分压低于大气压，需进行减压下平衡汽化曲线换算，由于只涉及泡点，因此，只换算 50%以下的点，具体见表 2-47。

表 2-47　常一线恩氏曲线转换平衡汽化曲线换算表

项目	0%/℃	10%/℃	30%/℃	50%/℃	70%/℃
恩氏蒸馏曲线	140	170	186	197	208
恩氏蒸馏 70%~10%斜率	0.63				
平衡汽化 50%~恩氏 50%				-1①	
平衡汽化				196	
恩氏蒸馏曲线温差	30	16	11		
转平衡汽化曲线温差②	13	9	4		
平衡汽化曲线	170	187	192	196	
546mmHg 下平衡汽化③	163	176	181	185	

①②由图 2-13 求得。

③50%由图 2-14 求得，0%，10%，30%由 50%与温差相减所得。

求得到该分压下泡点温度为 163.0℃，与实际常一线抽出温度 182.5℃相差 19.5℃，基本在误差允许的范围内。

3.3.4　常顶温度和水蒸气露点温度核算

1. 常顶一级油和水蒸气分压计算

常顶一级油分压，由于常顶一级油部分出装置作为产品，部分回流，因此计算常顶一级油分压需将顶回流合计计算，计算结果见表 2-48。

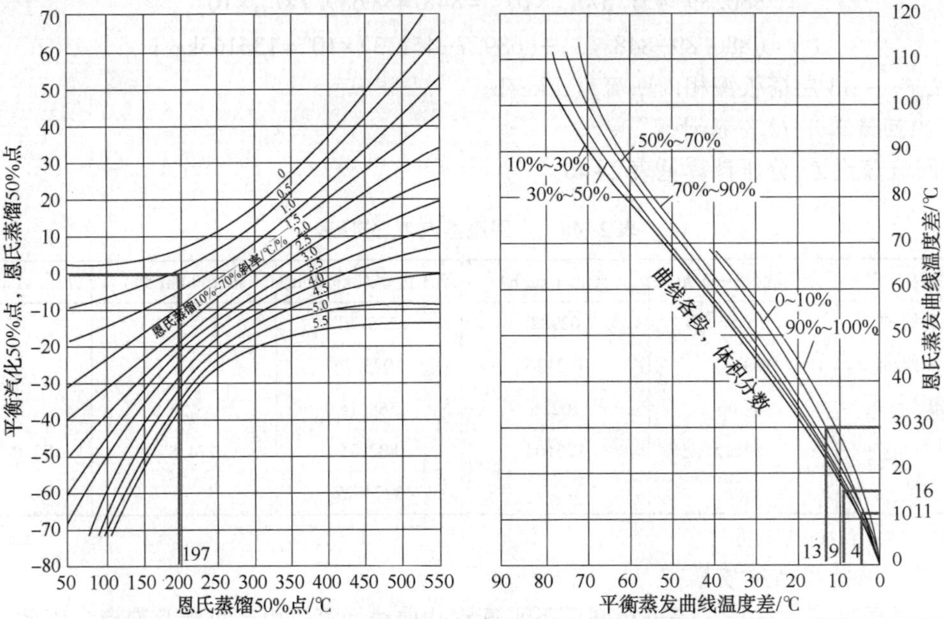

常压恩氏蒸馏50%与平衡汽化50%换算图　　平衡汽化曲线各段温差与恩氏蒸馏内线各段温差关系图

图 2-13　常一线恩氏蒸馏转平衡汽化曲线换算图

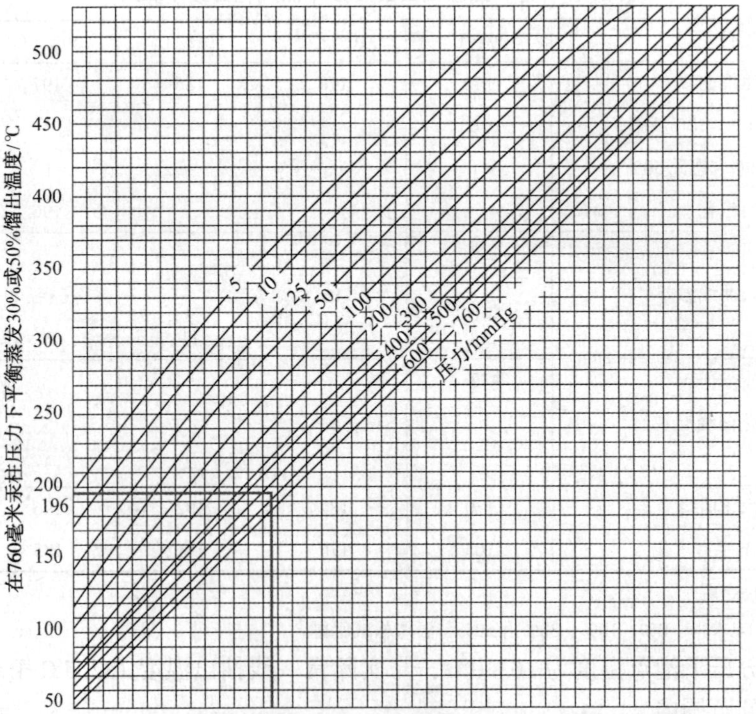

图 2-14　常一线平衡汽化曲线减压换算图

表 2-48　常顶一级油和水蒸气分压表

项目	分子量/(kmol/kg)	质量/(kg/h)	摩尔流率/(kmol/h)	总压/kPa(绝)	分压/kPa(绝)
常顶二级油	86. 86	74123	853. 36		
常顶一级油	109. 31	112126	1025. 76	267. 6	123. 7
顶回流	109. 31	21552	197. 16		
水蒸气	18. 00	10226	568. 14	267. 6	57. 49
合计	—	—	2644. 42	—	—

注：总压为常顶压力。

2. 常顶温度核算

常顶抽出为常顶一级油的露点温度抽出，常顶一级油的平衡汽化 100%和焦点温度、焦点压力及常顶一级油分压见表 2-49。

表 2-49　常顶一级油物性表

项目	平衡汽化 100%		焦点温度		焦点压力		分压	
	℃	℉	℃	℉	MPa	psi(绝)	kPa	psi(绝)
常顶一级油	128. 7	264	355. 0	671	5. 06	735	123. 7	18

利用常顶一级油 *P-T-e* 图解求在此分压下常顶一级油露点温度见图 2-15。

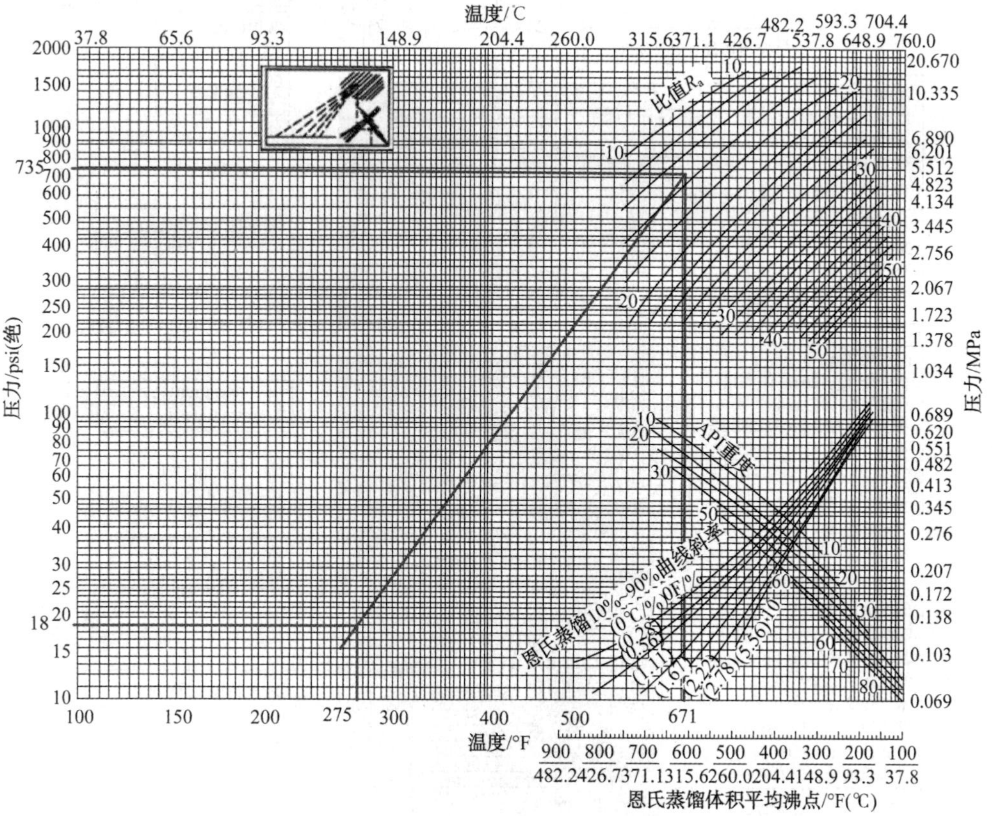

图 2-15　常顶一级油 *P-T-e* 图

由图解得到该压力下常顶一级油露点温度为 275. 0℉，即 135. 0℃，比实际的常顶温度 137℃低 2℃，基本在误差允许的范围内。

3. 水蒸气露点核算

验证在塔顶条件下，水蒸气是否会冷凝。在塔顶组分中，仅有塔顶油气和水蒸气。根据上述计算塔顶水蒸气分压为68.68kPa(绝)。通过安托尼方程计算见表2-50。

表2-50 塔顶水蒸气露点计算表

项目	公式	A	B	C	P/kPa	露点温度/℃
水蒸气	$\lg P=A-\frac{B}{T+C}$	7.07406	1657.46	227.02	57.49	84.9

计算得出露点温度为84.9℃。远低于塔顶温度137.0℃，故塔顶水蒸气仍处于过热状态，不会冷凝。

3.4 常压塔气液相负荷

3.4.1 气液相负荷计算原则及框图

部分抽出板以在抽出温度核算时计算，还需对中段回流抽出板下方和返回板、闪顶气进入板即下方板、进料段、塔顶第二块板进行气液相负荷计算。

各隔离体框图见图2-16。

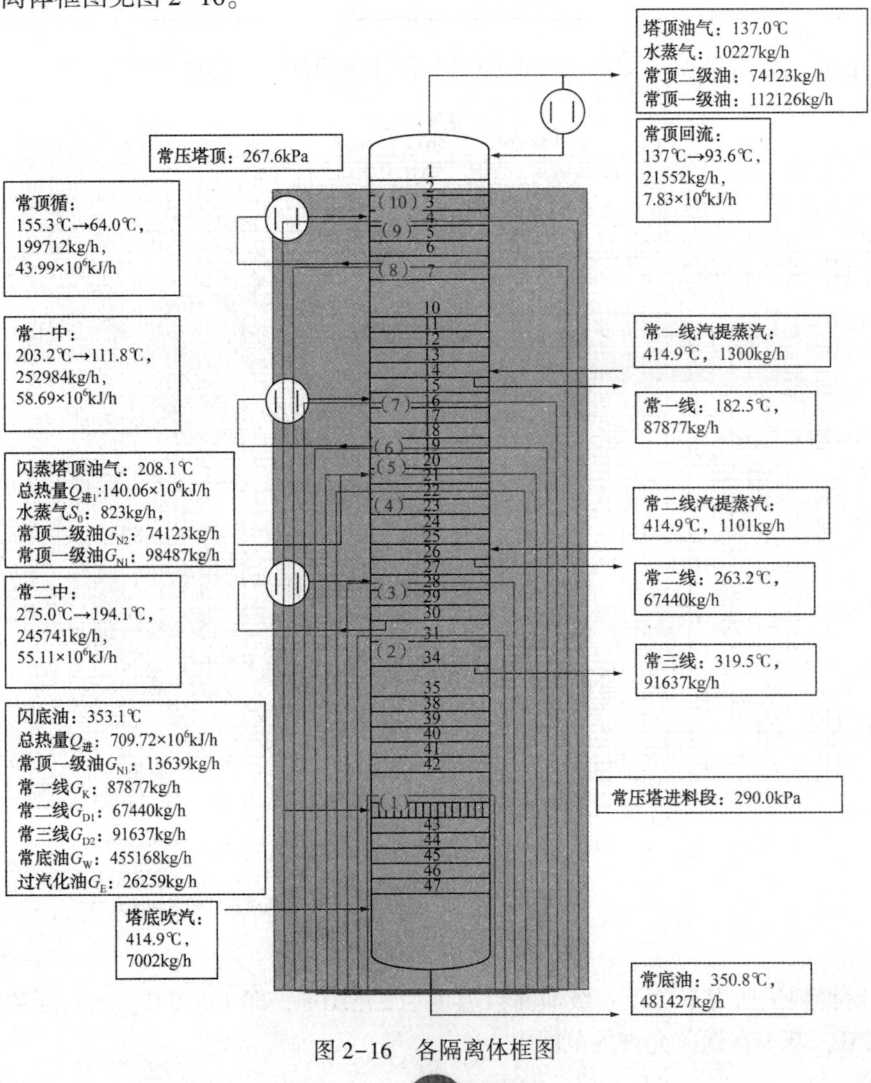

图2-16 各隔离体框图

根据《石油加工过程设备》P207，计算原则如下。

(1) 气液相负荷均指的是离开该板的量。

(2) 各抽出侧线下方的液相量近似等于抽出侧线上方的液相量减去侧线抽出量。

(3) 中段回流下部的回流量比中段回流上部的内回流量大 ΔL，ΔL 值计算如下：

$$\Delta L = Q_{中}/\Delta h$$

式中 $Q_{中}$——中段回流取热量，kJ/h；

Δh——中段回流抽出板下方板的气相焓与抽出板的液相焓之差，kJ/kg。

(4) 气相负荷：对任一截面而言，通过该截面的气相流量：

$$N = \sum N_i + N_L + N_S$$

式中 N_i——产品量，kmol/h；

N_L——内回流量，kmol/h；

N_S——水蒸气量，kmol/h，现对塔内主要界面的气相、液相负荷进行相关计算。

(5) 液相在塔板层温度的密度计算采取本作业的“2.4.1 计算各物料实际温度下密度”计算方法，不再详细列计算步骤。

3.4.2 部分塔板气液相负荷

1. 塔底气液相计算

$$L_{47} = 常底油流量 = 481427\text{kg/h} = 481427/775\text{kg/m}^3 = 621.2\text{m}^3/\text{h}$$

$$V_{底} = 汽提蒸汽流量 = 7002\text{kg/h} = 389.0\text{kmol/h}$$
$$= 389.0 \times 8.314 \times (353.1 + 273.15)/290 = 6897\text{m}^3/\text{h}$$

注：气相体积流量近似为理想气体，采用 $V = nRT/P$ 计算所得。

2. 进料段气液相负荷计算

根据图 2-16 隔离体(1)内热平衡计算出进料段上方 42 层塔板液相内回流量。具体计算见表 2-51。

表 2-51 进料段上方 42 层塔板液相内回流量计算表

项目	物料	流量/(kg/h)	温度/℃	压力/kPa	焓值②/(kJ/kg)		焓/(GJ/h)
					气相	液相	
入方	过汽化量①	26259	350.7③	290.0		913.6	24.0
	提馏段汽化量①	ΔV	350.7	290.0		913.6	$913.6\times\Delta V\times10^{-6}$
	进料液相	455168	353.1	290.0		858.5	390.8
	汽提蒸汽	7002	414.9	454.6	3309.2		23.2
	合计						$437.9+913.6\times\Delta V\times10^{-6}$
出方	提馏段汽化量①	ΔV	353.1	290.0	1089.1		$1089.1\times\Delta V\times10^{-6}$
	常压渣油	481427	350.8	292.7		851.4	409.9
	水蒸气量	7002	353.1	292.7	3185.3		22.3
	合计						$432.2+1089.1\times\Delta V\times10^{-6}$

①过汽化量和提馏段汽化量性质采用常三线油性质。

② 焓值均由石油馏分纳尔逊图拟合式计算。

③ 温度采用内插法计算[39 层塔板温度 343.4℃，353.1-(353.1-343.4)/43-39=350.7℃]所得。

由热量平衡可得 $Q_{入}$ 等于 $Q_{出}$，即可得过汽化油流量：

$$437.9+913.6\times\Delta V\times10^{-6}=432.2+1089.1\times\Delta V\times10^{-6}$$

$$\Delta V=(437.4-432.2)\div(1089.1-913.6)\times10^{6}=32673\text{kg/h}。$$

式中　ΔV——进料层提馏段汽化量流量，kg/h；

则进料层上层塔板液相内回流流量：

$$L_{42}=\Delta V+\Delta E=32673+26259=58932\text{kg/h}=58932/594.3=99.2\text{m}^3/\text{h}。$$

式中　L_{42}——进料层上层塔板液相内回流流量；

ΔV——进料层提馏段汽化量流量，kg/h；

ΔE——过汽化量流量，kg/h。

则进料层塔板液相内回流流量：

$$L_{43}=\Delta V+常底油=32673+481427=514100\text{kg/h}=514100/772=665.9\text{m}^3/\text{h}。$$

则进料层塔板气相流量计算见表 2-52：

表 2-52　进料段 43 层塔板气相流量计算表

物料		分子量/(kmol/kg)	质量/(kg/h)	摩尔流量/(kmol/h)	体积流量/(m^3/h)
产品	常顶一级油	109.31	13639	124.8	
	常一线	154.25	87877	569.7	
	常二线	194.13	67440	347.4	
	常三线	238.55	91637	384.1	
内回流量 L_{42}		238.55	58932	247.0	
水蒸气量		18.00	7002	389.0	
合计 V_{43}				2062.1	37037

3. 常三线抽出下层和抽出层气液负荷计算。

计算常三线抽出温度及抽出层内回流量，具体计算见表 2-53 及表 2-54。

表 2-53　常三线抽出下层和抽出层液相负荷计算表

塔板位置	内回流/(kg/h)	温度/℃	密度/(kg/m^3)	内回流/(m^3/h)	产品抽出/(kg/h)
L_{33}	259059	313.0	632.4	409.6	91637
L_{34}	167422①	319.5	626.1	267.4	

①内回流量由 L_{33} 产品抽出所得。

表 2-54　常三线抽出 34 层塔板气相流量计算表

物料		分子量/(kmol/kg)	质量/(kg/h)	摩尔流量/(kmol/h)	体积流量/(m^3/h)
产品	常顶一级油	109.31	13639	124.8	
	常一线	154.25	87877	569.7	
	常二线	194.13	67440	347.4	
内回流量 L_{33}		238.55	259059	1086.0	
水蒸气量		18.00	7002	389.0	
合计 V_{34}				2516.9	43501

4. 常二中抽出层下方塔板气液相负荷

常二中抽出层下方塔板气液相负荷计算。

根据图2-16隔离体(2)热平衡计算出常二中抽出层塔板液相内回流量 L_{30}。具体计算见表2-55。

表2-55 常二中抽出层塔板液相内回流量计算表

项目	物料	流量/(kg/h)	温度/℃	压力/kPa	焓值[②]/(kJ/kg)		焓/(GJ/h)
					气相	液相	
入方	闪底油						709.7
	塔底吹汽	7002	414.9	454.6	3309.2		23.2
	内回流 L_{30}[①]	L_{30}	275.0	283.6		695.8	$695.8\times L_{30}\times10^{-6}$
	合计						$732.9+695.8\times L_{30}\times10^{-6}$
出方	常顶一级油	13639	299.0	283.6	1001.9		13.7
	常一线	87877	299.0	283.6	959.1		84.3
	常二线	67440	299.0	283.6	934.5		63.0
	常三线	91637	319.5	285.2		816.1	74.8
	内回流蒸汽 L_{30}	L_{30}	299.0	283.6	932.6		$932.6\times L_{30}\times10^{-6}$
	常压渣油	481427	350.8	292.7		851.4	409.9
	水蒸气量	7002	299.0	283.6	3071.7	0.0	21.5
	合计						$667.2+932.6\times L_{30}\times10^{-6}$

①内回流性质采用常二中油性质。

② 焓值均由石油馏分纳尔逊图拟合式计算。

由热量平衡可得 $Q_{入}$ 等于 $Q_{出}$，即可得过汽化油流量：

$$732.9+695.8\times L_{30}\times10^{-6}=667.2+932.6\times L_{30}\times10^{-6}$$

$L_{30}=(732.9-667.2)\div(932.6-695.8)\times10^{6}=277583\text{kg/h}=277583/635.4=436.9\text{m}^3/\text{h}$。

式中 L_{30}——常二中抽出层塔板液相内回流量。

常二中抽出层下方塔板汽相负荷计算见表2-56。

表2-56 常二中抽出层下方31层塔板气相流量计算表

物料		分子量/(kmol/kg)	质量/(kg/h)	摩尔流量/(kmol/h)	体积流量/(m^3/h)
产品	常顶一级油	109.31	13639	124.8	
	常一线	154.25	87877	569.7	
	常二线	194.13	67440	347.4	
内回流量 L_{30}		203.77	277583	1362.2	
水蒸气量		18.00	7002	389.0	
合计 V_{31}				2793.1	46871

5. 常二中返塔28层汽液相负荷计算

中段回流下部的回流量比中段回流上部的内回流量大 ΔL，ΔL 值计算如下：

$$\Delta L=Q_{二中}/\Delta h=55.11\div(932.6-695.8)\times10^{6}=232678\text{kg/h}$$

式中 $Q_{二中}$——常二中取热量，GJ/h。

Δh——常二中回流抽出板下方板的气相焓与抽出板的液相焓之差，kJ/kg。

则常二中返回层内回流量 L_{27} 流量：

$$L_{27}=L_{30}-\Delta L=277583-232678=44905\text{kg/h}=44905/642.0=69.59\text{m}^3/\text{h}。$$

式中 L_{30}——常二中抽出层液相内回流量，kg/h。

常二中返回层塔板气相负荷计算见表2-57。

表2-57 常二中返回层塔板气相流量计算表

物料		分子量/(kmol/kg)	质量/(kg/h)	摩尔流量/(kmol/h)	体积流量/(m³/h)
产品	常顶一级油	109.31	13639	124.8	
	常一线	154.25	87877	569.7	
	常二线	194.13	67440	347.4	
内回流量 L_{27}		203.77	44905	220.4	
水蒸气量		18	7002	389.0	
合计 V_{28}				1651.3	26168

6. 常二线抽出下层和抽出层气液负荷计算。

计算常二线抽出温度及抽出层内回流量，具体计算见表2-58及表2-59。

表2-58 常二线抽出下层和抽出层液相负荷计算表

塔板位置	内回流/(kg/h)	温度/℃	密度/(kg/m³)	内回流/(m³/h)	产品抽出/(kg/h)
L_{25}	166743	263.2	639	260.9	67440
L_{26}	99303①	264.1	638.1	155.6	

①内回流量由 L_{26} ~ L_{25} 产品抽出所得。

表2-59 常二线抽出26层塔板气相流量计算表

物料		分子量/(kmol/kg)	质量/(kg/h)	摩尔流量/(kmol/h)	体积流量/(m³/h)
产品	常顶一级油	109.31	13639	124.8	
	常一线	154.25	87877	569.7	
内回流量 L_{25}		194.13	166743	859.8	
水蒸气量		18.00	8103	450.2	
合计 V_{26}				2003.6	31821

7. 闪顶油气进入塔板21层下方22层气液相负荷

闪顶油气进入常压塔下塔板22层塔板气液相负荷计算。

根据图2-16隔离体(4)内热平衡计算闪顶油气进入常压塔下塔板22层塔板液相内回流量 L_{21}。具体计算见表2-60。

表2-60 闪顶油气进入常压塔下塔板22层塔板液相内回流量计算表

项目	物料	流量/(kg/h)	温度/℃	压力/kPa	焓值②/(kJ/kg)		焓/(GJ/h)
					气相	液相	
入方	闪底油						709.7
	塔底吹汽	7002	414.9	454.6	3309.2		23.2
	常二线吹汽	1101	414.9	454.6	3309.2		3.6
	上方内回流 L_{21}①	L_{21}	230.6	278.8		572.3	$572.3\times L_{21}\times10^{-6}$
	合计						$736.5+572.3\times L_{21}\times10^{-6}$

续表

项目	物料	流量/(kg/h)	温度/℃	压力/kPa	焓值②/(kJ/kg)		焓/(GJ/h)
					气相	液相	
出方	常顶一级油	13639	237.1	274.5	859.1		11.7
	常一线	87877	237.1	274.5	822.0		72.2
	常二线	67440	263.2	280.9		661.6	44.6
	常三线	91637	319.5	285.2		816.1	74.8
	内回流蒸汽	L_{21}	237.1	278.8	800.0		$800.0\times L_{21}\times10^{-6}$
	常压渣油	481427	350.8	292.7		851.4	409.9
	二中取热						55.1
	水蒸气量	8103	237.1	274.5	2944.3		23.86
	合计						$692.2+800.0\times L_{21}\times10^{-6}$

①内回流性质采用常二线性质。

②焓值均由石油馏分纳尔逊图拟合式计算。

③由19层217.6℃和26层263.2℃插值计算得22层温度237.1℃；21层温度230.6℃。

由热量平衡可得 $Q_入$ 等于 $Q_出$，即可得过汽化油流量：

$$736.5+572.3\times L_{21}\times10^{-6}=692.2+800.0\times L_{21}\times10^{-6}$$

$L_{21}=(736.5-692.2)\div(800.0-572.3)\times10^6=194662\text{kg/h}=194662/663.2=293.5\text{m}^3/\text{h}$。

式中　L_{21}——闪顶油气进入常压塔层塔板内回流量。

则闪顶油气进入常压塔下塔板22层塔板气相负荷计算见表2-61。

表2-61　闪顶油气进入常压塔下塔板22层塔板气相负荷计算表

物料		分子量/(kmol/kg)	质量/(kg/h)	摩尔流量/(kmol/h)	体积流量/(m³/h)
产品	常顶一级油	109.31	13639	124.8	
	常一线	154.25	87877	569.7	
内回流量 L_{21}		194.13	194662	1002.7	
水蒸气量		18.00	8103	450.2	
合计 V_{22}				2147.4	32692

8. 闪顶油气进入常压塔21层塔板气液相负荷

闪顶油气进入常压塔21层塔板气液相负荷计算。

根据图2-16隔离体(5)内热平衡计算闪顶油气进入常压塔21层塔板液相内回流量 L_{20}。具体计算见表2-62。

表2-62　闪顶油气进入常压塔22层塔板液相内回流量计算表

项目	物料	流量/(kg/h)	温度/℃	压力/kPa	焓值②/(kJ/kg)		焓/(GJ/h)
					气相	液相	
入方	闪底油						709.7
	闪顶油气						140.1
	塔底吹汽	7002	414.9	454.6	3309.2		23.2
	常二线吹汽	1101	414.9	454.6	3309.2		3.6
	上方内回流 L_{20}①	L_{20}	224.1	278.3		551.9	$551.9\times L_{20}\times10^{-6}$
	合计						$876.6+551.9\times L_{20}\times10^{-6}$

续表

项目	物料	流量/(kg/h)	温度/℃	压力/kPa	焓值②/(kJ/kg)		焓/(GJ/h)
					气相	液相	
出方	常顶二级油	74123	230.6	274.5	877.9		65.1
	常顶一级油	112126	230.6	274.5	842.1		94.4
	常一线	87877	230.6	274.5	805.8		70.8
	常二线	67440	263.2	280.9		661.6	44.6
	常三线	91637	319.5	285.2		816.1	74.8
	内回流蒸汽 L_{20}	L_{20}	230.6	278.3	784.7		$784.7\times L_{20}\times10^{-6}$
	常压渣油	481427	350.8	292.7		851.4	409.9
	二中取热						55.1
	水蒸气量	8923	230.6	274.5	2930.9		23.7
	合计						$838.4+784.7\times L_{20}\times10^{-6}$

①内回流性质采用常二线性质。

②焓值均由石油馏分纳尔逊图拟合式计算。

③由19层217.6℃和26层263.2℃内插法计算得21层温度230.6℃，20层温度224.1℃。

由热量平衡可得 $Q_{入}$ 等于 $Q_{出}$，即可得过汽化油流量：

$$876.6+551.9\times L_{30}\times10^{-6}=838.4+784.7\times L_{30}\times10^{-6}$$

$L_{20}=(876.6-838.4)\div(784.7-551.9)\times10^{6}=163839\text{kg/h}=163839/674.7=242.8\text{m}^3/\text{h}$。

式中 L_{20}——闪顶油气进入常压塔层塔板内回流量。

则闪顶油气进入常压塔层21层塔板气相负荷计算见表2-63。

表2-63 闪顶油气进入常压塔21层塔板气相负荷计算表

物料		分子量/(kmol/kg)	质量/(kg/h)	摩尔流量/(kmol/h)	体积流量/(m³/h)
产品	常顶二级油	86.86	74123	853.36	
	常顶一级油	109.31	112126	1025.76	
	常一线	154.25	87877	569.72	
内回流量 L_{20}		194.13	163839	843.96	
水蒸气量		18.00	8923	450.2	
合计 V_{21}				3743.0	57131

9. 常一中抽出层下方塔板气液相负荷

常一中抽出层下方塔板气液相负荷计算。

根据图2-16隔离体(6)内热平衡计算出常一中抽出层塔板液相内回流量 L_{18}。具体计算见表2-64。

表 2-64　常一中抽出层塔板液相内回流量计算表

项目	物料	流量/(kg/h)	温度/℃	压力/kPa	焓值②/(kJ/kg)		焓/GJ/h
					气相	液相	
入方	闪底油						709.7
	闪顶油气						140.1
	塔底吹汽	7002	414.9	454.6	3309.2		23.2
	常二线吹汽	1101	414.9	454.6	3309.2		3.6
	上方内回流 L_{18}①	L_{18}	203.2	276.7		510.6	$510.6\times L_{18}\times10^{-6}$
	合计						$876.6+510.6\times L_{18}\times10^{-6}$
出方	常顶二级油	74123	217.6	277.2	797.2		58.18
	常顶一级油	112126	217.6	277.2	771.5		88.58
	常一线	87877	217.6	277.2	738.2		63.87
	常二线	67440	263.2	280.9		661.6	44.62
	常三线	91637	319.5	285.2		816.1	74.78
	内回流蒸汽	L_{18}	217.6	277.2	741.2		$741.2\times L_{18}\times10^{-6}$
	常压渣油	481427	350.8	292.7		851.4	409.89
	二中取热						55.11
	水蒸气量	8923	217.6	277.2	2888.3		23.40
	合计						$815.43+741.2\times L_{18}\times10^{-6}$

①内回流性质采用常一中油性质。

②焓值均由石油馏分纳尔逊图拟合式计算。

由热量平衡可得 $Q_{入}$ 等于 $Q_{出}$ 即可得过汽化油流量。

$$876.6+510.6\times L_{18}\times10^{-6}=815.43+741.2\times L_{18}\times10^{-6}$$

$L_{18}=(876.6-815.43)\div(741.2-510.6)\times10^{6}=265206\text{kg/h}=265206/652.3=406.6\text{m}^3/\text{h}$。

式中　L_{18}——常一中抽出层塔板液相内回流量。

常一中抽出层下方塔板气相负荷计算见表 2-65。

表 2-65　常一中抽出层下方 19 层塔板气相流量计算表

物料		分子量/(kmol/kg)	质量/(kg/h)	摩尔流量/(kmol/h)	体积流量/(m³/h)
产品	常顶二级油	86.86	74123	853.36	
	常顶一级油	109.31	112126	1025.76	
	常一线	154.25	87877	569.72	
内回流量 L_{18}		164.74	265206	1609.87	
水蒸气量		18.00	8923	450.17	
合计 V_{19}				4508.9	66401

10. 常一中返塔 16 层气液相负荷计算

由中段回流下部的回流量比中段回流上部的内回流量大 ΔL，ΔL 值计算如下：

$$\Delta L=Q_{一中}/\Delta h=58.69\div(741.2-510.6)\times10^{6}=225200\text{kg/h}$$

式中　$Q_{一中}$——常一中取热量，10^6kJ/h；

Δh——常一中回流抽出板下方板的气相焓与抽出板的液相焓之差，kJ/kg。

则常一中返回层内回流量 L_{15} 流量：

$$L_{15}=L_{18}-\Delta L=265206-225200=40006\text{kg/h}=40006/659.5=60.7\text{m}^3/\text{h}。$$

式中 L_{15}——常一中抽出层液相内回流量，kg/h。

常一中返回层塔板气相负荷计算见表2-66。

表2-66 常一中返回层塔板气相流量计算表

物料		分子量/(kmol/kg)	质量/(kg/h)	摩尔流量/(kmol/h)	体积流量/(m³/h)
产品	常顶二级油	86.86	74123	853.36	
	常顶一级油	109.31	112126	1025.76	
	常一线	154.25	87877	569.72	
内回流量 L_{15}		164.74	40006	242.84	
水蒸气量		18.00	8923	450.17	
合计 V_{16}				3141.9	44514

11. 常一线抽出下层和抽出层气液负荷计算

计算常一线抽出温度及抽出层内回流量，具体计算见表2-67及表2-68。

表2-67 常一线抽出下层和抽出层液相负荷计算表

塔板位置	内回流/(kg/h)	温度/℃	密度/(kg/m³)	内回流/(m³/h)	产品抽出/(kg/h)
L_{13}	136163	180.7	663	205.4	87877
L_{14}	48286①	182.5	661.3	73.0	

①内回流量由 $L_{14}-L_{13}$ 产品抽出所得。

表2-68 常一线抽出14层塔板气相流量计算表

物料		分子量/(kmol/kg)	质量/(kg/h)	摩尔流量/(kmol/h)	体积流量/(m³/h)
产品	常顶二级油	86.86	74123	853.36	
	常顶一级油	109.31	112126	1025.76	
内回流量 L_{13}		154.25	136163	882.8	
水蒸气量		18.00	10227	568.1	
合计 V_{14}				3330.0	45977

12. 常顶循抽出层下方塔板气液相负荷

常顶循抽出层下方塔板气液相负荷计算：

根据图2-16隔离体(8)内热平衡计算出常顶循抽出层塔板液相内回流量 L_6。具体计算见表2-69。

表 2-69　常一中抽出层塔板液相内回流量计算表

项目	物料	流量/(kg/h)	温度/℃	压力/kPa	焓值②/(kJ/kg) 气相	焓值②/(kJ/kg) 液相	焓/(GJ/h)
入方	闪底油						709.7
	闪顶油气						140.1
	塔底吹汽	7002	414.9	454.6	3309.2		23.2
	常一线吹汽	1300	414.9	454.6	3309.2		4.3
	常二线吹汽	1101	414.9	454.6	3309.2		3.6
	上方内回流 $L_6$①	L_6	155.3	270.3		394.2	$394.2\times L_6\times10^{-6}$
	合计						$880.9+394.2\times L_6\times10^{-6}$
出方	常顶二级油	74123	170.1	270.8	673.0	0.0	49.9
	常顶一级油	112126	170.1	270.8	654.6	0.0	71.4
	常一线	87877	182.5	277.2	0.0	456.0	40.1
	常二线	67440	263.2	280.9	0.0	661.6	44.6
	常三线	91637	319.5	285.2	0.0	816.1	74.8
	内回流蒸汽	L_6	170.1	270.8	639.8		$639.8\times L_6\times10^{-6}$
	常压渣油	481427	350.8	292.7		851.4	409.9
	一中取热						58.7
	二中取热						55.1
	水蒸气量	10227	170.1	270.8	2888.3		27.2
	合计						$831.6+639.8\times L_6\times10^{-6}$

①内回流性质采用常顶循油性质。

②焓值均由石油馏分纳尔逊图拟合式计算。

由热量平衡可得 $Q_{入}$ 等于 $Q_{出}$，即可得过汽化油流量：

$$880.9+394.2\times L_6\times10^{-6}=831.6+639.8\times L_6\times10^{-6}$$

$$L_6=(880.9-831.6)\div(639.8-394.2)\times10^6=200701\text{kg/h}=200701/652.6=307.5\text{m}^3/\text{h}$$

式中　L_6——常顶循抽出层塔板液相内回流量。

常顶循抽出层下方塔板气相负荷计算见表 2-70。

表 2-70　常顶循抽出层下方 7 层塔板气相流量计算表

物料		分子量/(kmol/kg)	质量/(kg/h)	摩尔流量/(kmol/h)	体积流量/(m³/h)
产品	常顶二级油	86.86	74123	853.36	
	常顶一级油	109.31	112126	1025.76	
内回流量 L_6		131.88	200701	1521.83	
水蒸气量		18.00	9403	522.39	
合计 V_7				3923.3	53423

13. 常顶循返塔 4 层气液相负荷计算

中段回流下部的回流量比中段回流上部的内回流量大 ΔL，ΔL 值计算如下：

$$\Delta L=Q_{顶循}/\Delta h=43.99\div(639.8-394.2)\times10^6=159619\text{kg/h}$$

式中 $Q_{顶循}$——常顶循取热量，$\times10^6$kJ/h；

Δh——常顶循回流抽出板下方板的气相焓与抽出板的液相焓之差，kJ/kg。

则常顶循返回层内回流量 L_3 流量：

$$L_3=L_6-\Delta L=200701-159619=41082\text{kg/h}=41082/660.5=62.20\text{m}^3/\text{h}$$

式中 L_6——常顶循抽出层液相内回流量，kg/h。

常顶循返回层塔板气相负荷计算见表2-71。

表2-71 常顶循返回层塔板气相流量计算表

物料		分子量/(kmol/kg)	质量/(kg/h)	摩尔流量/(kmol/h)	体积流量/(m³/h)
产品	常顶二级油	86.86	74123	853.36	
	常顶一级油	109.31	112126	1025.76	
内回流量 L_3		131.88	41082	311.50	
水蒸气量		18.00	9403	522.39	
合计 V_4				2713.0	35226

14. 常压塔第二层塔板汽液相负荷

常压塔第二层塔板气液相负荷计算。

根据图2-16隔离体(10)内热平衡计算出常压塔第二层塔板液相内回流量 L_1。具体计算见表2-72。

表2-72 常压塔第二层塔板液相内回流量计算表

项目	物料	流量/(kg/h)	温度/℃	压力/kPa	焓值②/(kJ/kg)		焓/(GJ/h)
					气相	液相	
入方	闪底油						709.7
	闪顶油气						140.1
	塔底吹汽	7002	414.9	454.6	3309.2		23.2
	常一线吹汽	1300	414.9	454.6	3309.2		4.3
	常二线吹汽	1101	414.9	454.6	3309.2		3.6
	上方内回流 $L_1$①	L_1	137.0	267.6		357.0	$357.0\times L_1\times10^{-6}$
	合计						$880.9+357.0\times L_1\times10^{-6}$
出方	常顶二级油	74123	139.0	268.1	638.6		47.3
	常顶一级油	112126	139.0	268.1	617.3		69.2
	常一线	87877	182.5	277.2		456.0	40.1
	常二线	67440	263.2	280.9		661.6	44.6
	常三线	91637	319.5	285.2		816.1	74.8
	内回流蒸汽	L_1	139.0	268.1	617.3		$617.3\times L_1\times10^{-6}$
	常压渣油	481427	350.8	292.7		851.4	409.9
	顶循取热						44.0
	一中取热						58.7
	二中取热						55.1
	水蒸气量	9403	139.0	268.1	2742.5		25.8
	合计						$869.5+617.3\times L_1\times10^{-6}$

①内回流性质采用常顶循油性质。

②焓值均由石油馏分纳尔逊图拟合式计算。

由热量平衡可得 $Q_{入}$ 等于 $Q_{出}$，即可得过汽化油流量：

$$880.9+357.0\times L_1\times10^{-6}=869.5+617.3\times L_1\times10^{-6}$$

$$L_1=(880.9-869.5)\div(617.3-357.0)\times10^6=43822\text{kg/h}=43822/669.8=65.4\text{m}^3/\text{h}$$

式中　L_1——第一层塔板液相内回流量。

第二层塔板气相负荷计算见表 2-73。

表 2-73　第二层塔板气相流量计算表

物料		分子量/(kmol/kg)	质量/(kg/h)	摩尔流量/(kmol/h)	体积流量/(m³/h)
产品	常顶二级油	86.86	74123	853.36	
	常顶一级油	109.31	112126	1025.76	
内回流量 L_1		109.31	43822	400.90	
水蒸气量		18.00	9403	522.39	
合计 V_2				2802.4	35836

15. 常顶气液负荷计算。

计算常顶回流量体积流量，具体计算见表 2-74 及表 2-75。

表 2-74　常顶回流量体积流量计算表

塔板位置	内回流/(kg/h)	温度/℃	密度/(kg/m³)	内回流/(m³/h)
L_0	21552	137.0	627.3	34.4

表 2-75　第 1 层塔板汽相流量计算表

物料		分子量/(kmol/kg)	质量/(kg/h)	摩尔流量/(kmol/h)	体积流量/(m³/h)
产品	常顶二级油	86.86	74123	853.36	
	常顶一级油	109.31	112126	1025.76	
顶回流量		109.31	21552	197.2	
水蒸气量		18.00	9403	522.4	
合计 V_1				2598.7	33135

3.4.3　常压塔气液相负荷

1. 常压塔塔板气液相负荷汇总

中段回流在抽出温度下的体积流量见表 2-76。

表 2-76　中段回流在抽出温度下的体积流量表

项目	常顶循	常一中	常二中
质量流量/(kg/h)	199712	252984	245741
抽出温度下密度/(kg/m³)	652.0	652.2	635.3
体积流量/(m³/h)	306.3	387.9	386.8

将抽出层液相回流加上中段回流量作为加上中段回流后的抽出层上方塔板液相回流量，将常压塔塔板气液相负荷汇总见表 2-77。

表 2-77　常压塔塔板气液相负荷汇总表

塔板/层	液相负荷/(m^3/h)	液相负荷(加上中段回流)/(m^3/h)	气相负荷/(m^3/h)
0(塔顶)	34.4	34.4	
1	65.4	65.4	33135
2			35836
3	62.2	62.2	
4(顶循返回)			35226
6(顶循抽出)	307.5	613.9	
7			53423
13	205.4	205.4	
14(常一线抽出)	73.0	73.0	45977
15	60.7	60.7	
16(常一中返回)			44514
18(常一中抽出)	406.6	794.5	
19			66401
20	242.8	242.8	
21(闪顶油气入)	293.5	293.5	57131
22			32692
25	260.9	260.9	
26(常二线抽出)	155.6	155.6	31821
27	69.9	69.9	
28(常二中返回)			26168
30(常二中抽出)	436.9	823.7	
31			46871
33	409.6	409.6	
34(常三线抽出)	267.4	267.4	43501
42	99.2	99.2	
43(进料段)	665.9	665.9	37037
47	621.2	621.2	6897

2. 常压塔塔板气液相负荷图

为了让常压塔塔板气液相负荷图在同一坐标图上，将气相负荷除以 30 再作图，常压塔塔板气液相负荷图见图 2-17。

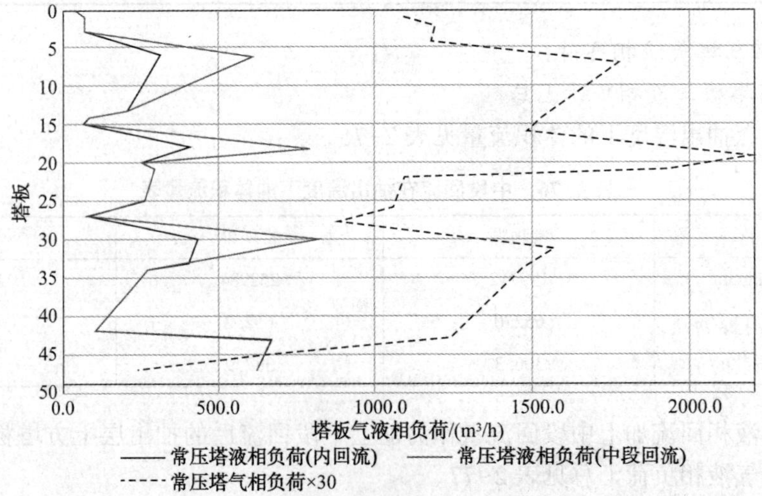

图 2-17　常压塔塔板气液相负荷图

从图上可以看出，在闪顶气进入的21层塔板上气相负荷突增，突然变大，而液相有一个变小的过程，主要由于闪顶气进入温度为208.1℃，而21层塔板温度为230.6℃，所以闪顶油气进入需吸收热量，导致20层塔板的液相内回流量变小，所以常压塔气液相负荷基本符合实际。

4 换热网络及热平衡

4.1 冷热流股数据

以减四线油为例计算放热量和物流热量。

已知减四线初始温度为362.8℃，目标温度为145.8℃，API度为10.40，K_{UOP}为11.7，流量为12651kg/h。

先根据石油馏分纳尔逊图拟合式计算初始温度和目标温度下焓值分别为869.26kJ/h和302.31kJ/h。则减四线焓变为：

$$\Delta H = W\times(h_1-h_2)/3600 = 12651\times(869.26-302.31)/3600 = 1992\text{kW}。$$

式中 ΔH——减四线焓变，kW；

W——减四线流量，kg/h；

h_1——减四线初始温度下焓值，kJ/h；

h_2——减四线目标温度下焓值，kJ/h。

物流热容流率计算：

$$C_P = \Delta H/(T_1-T_2) = 1992/(362.8-145.8) = 9.18\text{kW/℃}。$$

式中 C_P——减四线物流热容流率，kW/℃；

ΔH——减四线焓变，kW；

T_1——减四线初始温度,℃；

T_2——减四线目标温度,℃。

按照以上方法，计算出每个流股的焓变和物流热容流率。部分焓值计算说明：①脱后原油进入闪蒸塔此段流股的目标温度的焓值根据闪底油的焓值加上闪顶气的焓值求得；②闪底油经过加热炉后的焓值根据闪底油进常压塔焓值计算所得。

将常减压装置各换热流股统计、计算、汇总后列表，见表2-78。

表2-78 冷热流股数据表

流股		流量/(kg/h)	初始温度/℃	目标温度/℃	初始焓值/(kJ/kg)	目标焓值/(kJ/kg)	焓变①/kW	物流热量/(kW/℃)
热流股	减四线	12651	362.8	160	869.26	333.85	1881	9.28
	急冷油	20492	352.8	250	828.53	543.36	1623	15.79
	渣油	211797	352.8	160	828.53	327.76	29462	152.78
	常三线	91637	319.5	160.0	817.80	378.10	11193	70.18
热流股	减二中	435331	294.7	234.3	702.86	537.52	19994	330.96
	减三线	133539	294.7	90	702.86	200.58	18632	91.01
	常二中	245741	275.0	209	695.70	510.91	12614	191.21
	常二线	67440	263.2	60	661.75	156.74	9461	46.55
	减一中	357460	230.1	182.8	532.55	413.15	11856	250.77
	减二线	86932	230.1	130	532.55	290.13	5854	58.49

续表

流股		流量/(kg/h)	初始温度/℃	目标温度/℃	初始焓值/(kJ/kg)	目标焓值/(kJ/kg)	焓变①/kW	物流热量/(kW/℃)
热流股	常一中	252984	203.2	141	510.58	349.00	11354	182.46
	常一线	87877	182.5	45	460.87	131.37	8043	58.49
	常顶循	199712	155.3	95	394.18	245.02	8275	137.25
	减顶循	173110	151.7	50	346.46	128.17	10497	103.24
	减一线	36236	151.7	60	346.46	147.86	1999	21.81
	常顶回流	21552	137.0	82	612.69	219.77	2352	42.78
	常顶一级	112126	137.0	40	612.69	123.14	15248	157.21
	常顶二级	62982	137.0	40	633.63	123.30	8928	92.05
	电脱盐污水	50806	129.0	50	525.60	210.20	4451	56.34
冷流股	脱前原油	914630	23.3	135	79.18	313.05	-59417	531.89
	脱后原油	914630	129.0	233.8	299.24	581.12	-71617	683.37
	闪底油(换热)	742020	223.7	297	527.56	732.57	-34368	468.87
	闪底油(常压炉)	742020	283.9	365	694.36	956.47	-53508	659.78
	发汽	12610	110.0	144	461	2744.6	-7999	235.26
	催化掺渣加热	55192	132.0	178	283.06	388.23	-1612	35.05
	电脱盐注水	50806	35.0	111.6	147.5	453.00	-4311	56.29

①此处"+"为放热，"-"为吸热。

4.2 夹点温度

4.2.1 热流股温焓图

将18股热流股按温度(初始温度和终温汇总)排序，划分不同的温度区间，计算每个温度节点的温度差(ΔT)并统计每个温度节点的流股，计算每个温度节点ΔT内的累计热量ΔH，最后从低温往高温累计各温度节点的热量，由于计算数据过程涉及数据较多，以减四线、急冷油、渣油、常三线在362.8~294.7℃温度区间的计算为例，计算见表2-79。

表2-79 温度区间内焓计算表

热流	减四线	急冷油	渣油	常三线	温度区间内焓变的总和/kW②	温度对应焓变的累计/kW③
初始温度/℃	362.8	352.8	352.8	319.5		
目标温度/℃	160.0	250.0	160.0	160.0		
物流热量/(kW/℃)	9.28	15.79	152.78	70.18		
温度节点/℃	物料各温度节点焓/kW①					
362.8						12168.22
352.8	91.69				92.67	12075.55
319.5	306.03	537.08	5059.57		5929.66	6145.89
294.7	227.44	399.16	3760.29	1738.91	6145.89	0.00

①物料各温度节点焓由物流热量乘以温度节点间温差所得。

②温度区间内焓的总和由每个温度区间各物流的焓累计相加所得。

③温度对应焓的累计将最低温度焓定义为0，再由温度区间内焓的总和累计所得。

按照以上方法，将18股热流股计算出各温度节点区间焓总和及温度对应焓累计汇总见表2-80。

表 2-80 热流股各温度区间内焓汇总表

温度节点/℃	温度区间内焓的总和/kW	温度对应焓的累计/kW	温度节点/℃	温度区间内焓的总和/kW	温度对应焓的累计/kW
362.8		194214	155.3	2059	72021
352.8	93	194121	151.7	2078	69943
319.5	5930	188191	141.0	7462	62481
294.7	6146	182046	137.0	2073	60408
275.0	13228	168817	130.0	5010	55398
263.2	10100	158718	129.0	750	54648
250.0	12020	146698	95.0	27429	27219
234.3	14004	132694	90.0	3347	23871
230.1	2369	130325	82.0	4628	19244
209.0	18342	111982	60.0	11785	7458
203.2	4972	107010	50.0	4673	2785
182.8	17600	89410	45.0	1539	1246
182.5	263	89147	40.0	1246	0
160.0	15067	74080			

将温度对应焓的累计值与温度节点做温焓图，见图 2-18。

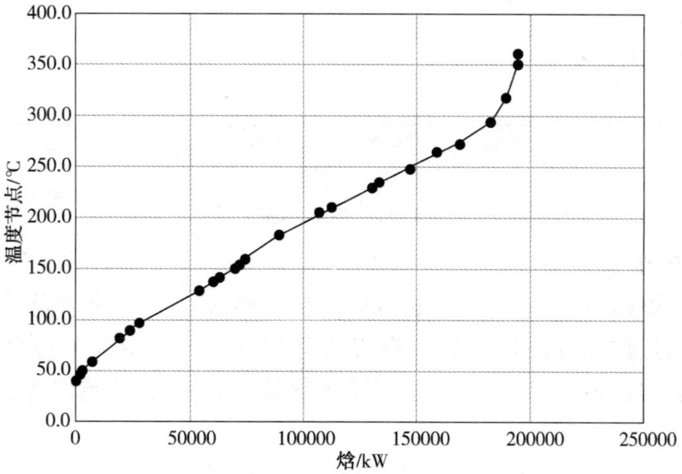

图 2-18 热流焓温图

4.2.2 冷流股温焓图

按照热流股计算方法，将 7 股冷流股计算出各温度节点区间焓总和及温度对应焓累计汇总，见表 2-81。

表 2-81　冷流股各温度区间内焓汇总表

温度节点/℃	温度区间内焓的总和/kW	温度对应焓的累计/kW	温度节点/℃	温度区间内焓的总和/kW	温度对应焓的累计/kW
365.0		232828	135.0	8583	73810
297.0	44865	187963	132.0	4457	69354
283.9	14785	173178	129.0	4352	65002
233.8	23490	149687	111.6	13348	51654
223.7	11638	138050	110.0	1317	50336
178.0	31230	106820	35.0	44113	6223
144.0	24426	82394	23.3	6223	0

将温度对应焓的累计值与温度节点做温焓图见图 2-19。

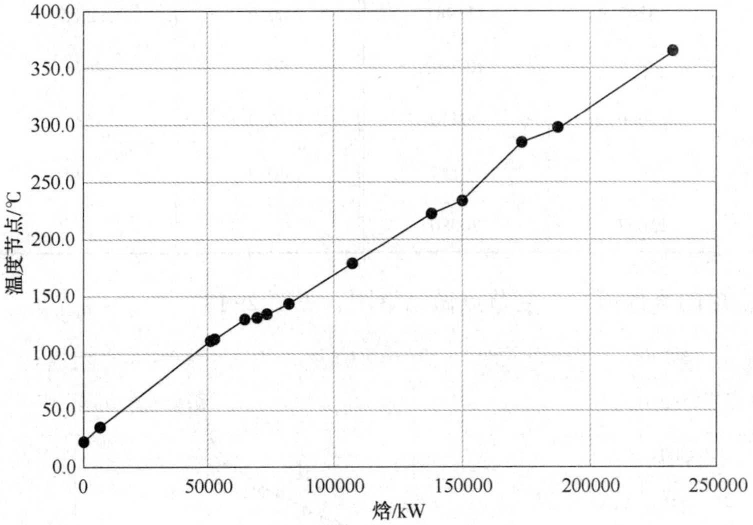

图 2-19　冷流焓温图

4.2.3　夹点温度

目前已经知道加热炉的负荷为 53508kW，在忽略散热损失的情况下，对应冷流股总的温焓图中去掉加热炉部分的热量后，冷流股总的吸收的热量加上冷公用工程负荷即为与热流股交换的热量。所以冷公用工程负荷为热流总焓减去换热终温温度对应下的焓，计算如下：

$$Q_{冷}=Q_1-Q_2=194214-179320=14894\text{kW}$$

式中　$Q_{冷}$——最小冷公用工程负荷，kW；

Q_1——热流总焓，kW；

T_1——换热终温温度对应下的焓，kW。

对应在冷热流股组成曲线中，将冷流累计焓加上最小冷公用工程负荷，数据见表 2-82。

表 2-82 冷流股各温度区间内焓加最小冷公用工程负荷温度对焓累计表

温度节点/℃	温度区间内焓的总和/kW	温度对应焓的累计/kW	温度节点/℃	温度区间内焓的总和/kW	温度对应焓的累计/kW
365.0		247722	135.0	8583	88704
297.0	44865	202857	132.0	4457	84248
283.9	14785	188072	129.0	4352	79896
233.8	23490	164581	111.6	13348	66548
223.7	11638	152944	110.0	1317	65230
178.0	31230	121714	35.0	44113	21117
144.0	24426	97288	23.3	6223	14894

将上述表格数据和热流股焓温图合成绘图，见图 2-20。

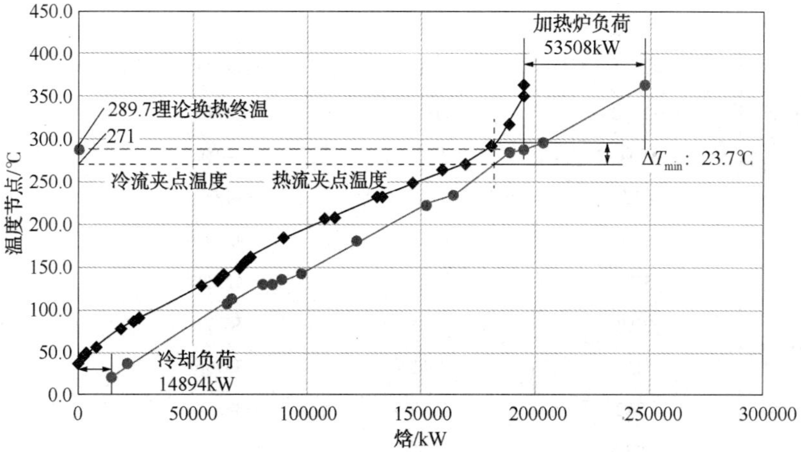

图 2-20 冷热流组成图

通过冷热流组成图看出，对应热物流 294.7℃时，两线之间的间距最小，即为夹点。从热物流的夹点 294.7℃向下做垂线与冷物流曲线相交后，通过交点向横坐标引垂线，用冷流 283.9℃和 233.8℃两点内插得到冷物流的夹点温度：271.0℃。由图得出，理论上换热终温为 289.7℃，实际换热终温为 283.9℃，还有提升余地。

在该工况条件下，对应的热流股夹点温度为 294.7℃，冷流股夹点温度为 271.0℃，窄点温差 $\Delta T_{min}=294.7-271.0=23.7$℃。加热炉负荷 53508kW，最小冷却负荷 14894kW，理论上换热终温为 289.7℃。

4.2.4 总组成曲线

1. 使用问题表法绘制总综合曲线

通过计算，得到目前工况条件下窄点温差 ΔT_{min} 为 23.7℃，结合表中给定的冷热流股的条件，将 28 只热流股的初始温度和终温均下调 $\Delta T_{min}/2=11.85$℃，将 7 条冷流股的初始温度和终温均上调 $\Delta T_{min}/2=11.85$℃，满足在同样的温度下，冷、热物流的温差实际为 $\Delta T_{min}=23.7$℃的要求。然后将调整后的冷、热物流的温度按照由高到低的温度梯度，列于表格中，同时按照热流股温焓计算方法将各温度区间内冷热物流的焓值进行加和，得到该温度区间内总的焓差。并将该温度区间内的吸热、放热焓差量进行汇总，列出在该温度区间内的热量是不足/过剩。当向系统输入热量为0时，计算各区间内焓值，再向系统输入加热炉负荷53508kW，计算各区间内焓值，汇总见表2-83。

表2-83 冷流股各温度区间内焓加最小冷公用工程负荷温度对焓累计表

温度节点/℃	区间内总的热量/kW	不足/过剩	向系统输入为0kW时	向系统输入为53508kW时
376.9	—	—	0	53508
351.0	17073	不足	-17073	36435
341.0	6498	不足	-23571	29937
308.9	15486	不足	-39057	14451
307.6	1148	不足	-40206	13302
295.8	10473	不足	-50678	2830
282.9	2830	不足	-53508	0
263.1	-3971	过剩	-49537	3971
251.4	-4601	过剩	-44936	8572
245.7	-2520	过剩	-42416	11092
238.2	1834	不足	-44250	9258
235.6	677	不足	-44927	8581
222.5	-2733	过剩	-42194	11314
218.2	517	不足	-42711	10797
197.2	-3939	过剩	-38771	14737
191.4	25	不足	-38796	14712
189.9	-272	过剩	-38524	14984
171.0	-2705	过剩	-35819	17689
170.7	31	不足	-35850	17658
155.9	728	不足	-36579	16929
148.2	2190	不足	-38769	14739
146.9	672	不足	-39440	14068
143.9	3146	不足	-42586	10922
143.4	416	不足	-43002	10506
140.9	2269	不足	-45271	8237
139.8	199	不足	-45470	8038
129.2	724	不足	-46194	7314
125.1	1004	不足	-47198	6310
123.5	-70	过剩	-47127	6381
121.9	23	不足	-47151	6357
118.2	-817	过剩	-46334	7174
117.2	-162	过剩	-46172	7336
83.2	-7431	过剩	-38741	14767

续表

温度节点/℃	区间内总的热量/kW	不足/过剩	向系统输入为 0kW 时	向系统输入为53508kW 时
78.2	-407	过剩	-38334	15174
70.2	78	不足	-38412	15096
48.2	1155	不足	-39566	13942
46.9	157	不足	-39723	13785
38.2	562	不足	-40285	13223
35.2	672	不足	-40957	12551
33.2	-616	过剩	-40342	13166
28.2	-1728	过剩	-38614	14894

结合上表，将热流股的温度下调 11.85℃、将冷流股的温度上调 11.85℃后的温度和向系统输入为 53508kW 时的焓值在图中画出冷热物流总组成曲线见图 2-21。

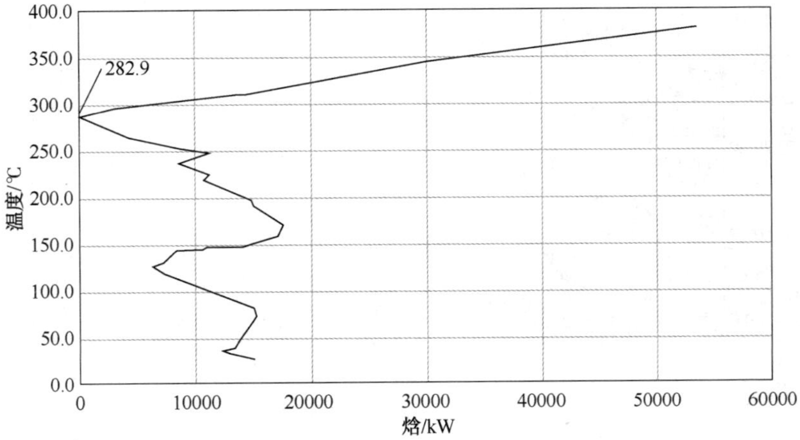

图 2-21　总组成图

2. 换热网络分析

根据上述计算整理计算数据见表 2-84。

表 2-84　换热网络合成结果汇总

项目	数据	单位
网络最小传热温差	23.7	℃
理论最高换热终温	289.7	℃
热流总放热负荷	194214	kW
总换热负荷	179320	kW
理论最小冷公用工程负荷	14894	kW
热公用工程负荷	53508	kW
热回收率	92.33	%

3. 可利用热量计算

可利用较高温度热量由总合成图可知，250℃以上热量为6310kW，可利用此热量发1.0MPa蒸汽，根据1.0MPa蒸汽饱和蒸汽温度为184.1℃，查得其气相焓值为2790.3kJ/kg，除氧水110℃进来，查得其焓值为461.0kJ/kg，理论可发1.0MPa蒸汽量为：

$$W=Q/(h_1-h_2)=6310\times3600/(2790.3-461.0)=9752\text{kg/h}。$$

式中 W——理论1.0MPa蒸汽量，kg/h；

Q——250℃度以上热量，kW；

h_1——1.0MPa蒸汽饱和蒸汽焓值，kJ/kg；

h_2——110℃除氧水焓值，kJ/kg。

则理论上需冷却负荷为理论最小冷公用工程负荷减去可回收利用热量为：14894-6310=8584kW。

在总合成图上标识见图2-22。

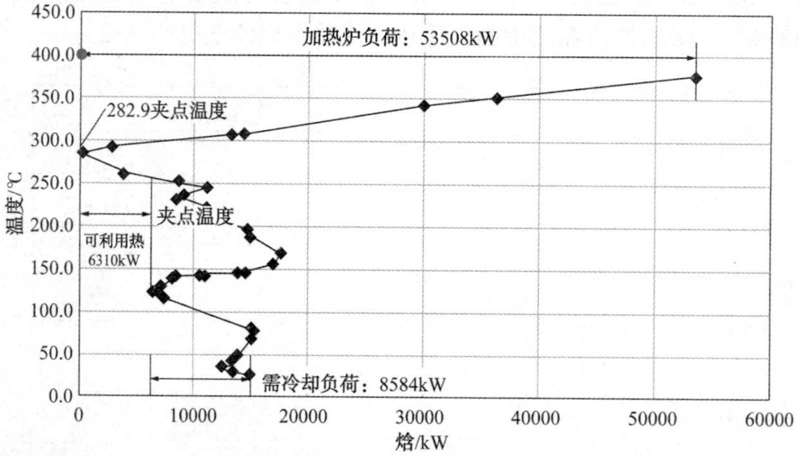

图2-22　总组成分析图

结合总合成图，加热炉负荷为53508kW，热源还可利用部分高于250℃的热源有6310kW，可考虑发1.0MPa蒸汽，理论上可发汽9752kg/h，减少冷公用工程负荷，理论上最小冷公用工程负荷为8584kW。

4.3　换热网络分析

通过上述计算，换热网络的窄点温差ΔT_{min}为32℃，较大，由于设计未给数据，但同类装置设计一般都为15~25℃之间，因此装置的窄点温差偏大。为了分析，只对闪底油至加热炉段换热网络绘制换热网格图进行分析。具体换热流程见第一部分流程图，这里不再绘制。闪底油至加热炉段换热网络绘制换热网络各换热器换热数据见表2-85。

表2-85　闪底油至加热炉段换热网络绘制换热网络各换热器换热数据

换热器	介质	初始温度/℃	换热后温度/℃	流量/(kg/h)	初始焓值/(kJ/kg)	换热后焓值/(kJ/kg)	热量/kW
E112/1.2	减四线	362.8	312.0	12651	869.3	720.0	524.6
	闪底油	383.0	383.9	371010	689.4	694.4	510.3

续表

换热器	介质	初始温度/℃	换热后温度/℃	流量/(kg/h)	初始焓值/(kJ/kg)	换热后焓值/(kJ/kg)	热量/kW
E113/1. 2	渣油	352. 8	295. 0	116145	828. 5	663. 1	5338. 7
	闪底油	264. 8	383. 0	371010	778. 1	828. 5	5192. 8
E113/3. 4	渣油	352. 8	295. 0	116145	828. 5	663. 1	5338. 7
	闪底油	264. 8	383. 0	371010	778. 1	828. 5	5192. 8
E107/1	常三线	319. 5	281. 0	45819	817. 8	702. 5	1467. 3
	闪底油	260. 0	264. 8	371010	804. 0	817. 8	1427. 2
E107/2	常三线	319. 5	281	45819	817. 8	702. 5	1467. 3
	闪底油	260. 0	264. 8	371010	804. 0	817. 8	1427. 2
E111/1	减二中减三线	294. 7	263. 0	284435	702. 9	614. 3	6998. 6
	闪底油	236. 0	260. 0	371010	636. 8	702. 9	6807. 3
E111/2	减二中减三线	294. 7	263. 0	284435	702. 9	614. 3	6998. 6
	闪底油	236. 0	260. 0	371010	636. 8	702. 9	6807. 3
E106/1. 2	常二中	275. 0	238. 0	122871	695. 7	590. 0	3606. 5
	闪底油	223. 7	236. 0	371010	661. 7	695. 7	3508. 0
E106/3. 4	常二中	275. 0	238. 0	122871	695. 7	590. 0	3606. 5
	闪底油	223. 7	236. 0	371010	661. 7	695. 7	3508. 0

注：部分温度数据采纳现场温度计数据圆整，闪底油及侧线分两路流量由于无计量，采用总量/2 计算取得。

闪底油至加热炉段换热网络绘制换热网格图见图 2-23。

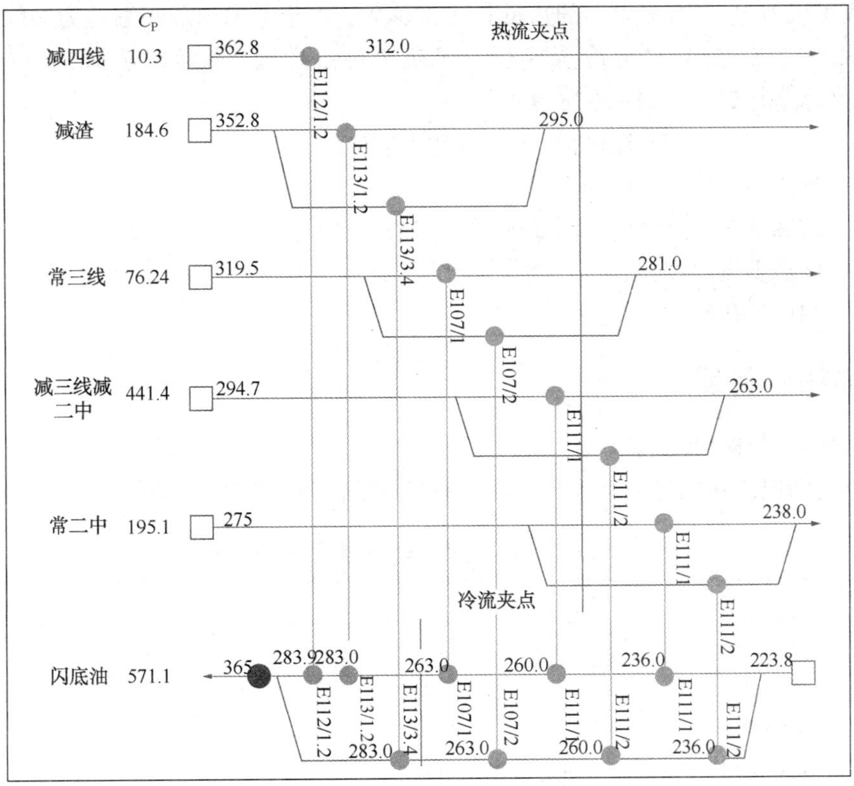

图 2-23　闪底油至加热炉段换换热网格图

通过上述计算，存在减四线与闪底油换热后还有312℃后于脱后原油换热，在热流夹点之上，但考虑到 C_p 较小，不考虑分拆，可调整面积。而减压渣油与闪底油换热后还有295℃后于脱后原油换热，此温度比减三线减二中抽出温度还高，而且 C_p 值较大，有一定潜力分拆。常三线和减三线减二中跨夹点换热，而且 C_p 值很大，有较大潜力。另外由于公司生产需要减压一直压产轻蜡油，导致减三线温位低，正好在夹点上，如公司能适当提高减二线轻蜡油产量，减三线及减二中可提高抽出温度，可使热夹点降低至常二中抽出温度位置。根据计算，调整优化方向，可以将闪底油分为三路换热，将渣油、减三线及减二中分、常二中 C_p 较大的热源分三路与其他组合新的闪底油换热网络。另优化换热网络将热源窄点温度调整至275℃，将最小夹点温差目标由目前的23.7℃降低至20℃，为了简化计算，闪底油用已计算出的 C_p 为571.1kW/℃计算。计算见表2-86。

表2-86　减四线等四路高温物料调整换热网路计算表

物流	初始温度/℃	换热后温度/℃	流量/(kg/h)	初始焓值/(kJ/kg)	换热后焓值/(kJ/kg)	热量/kW
减四线	362.8	275.0	12651	869.26	584.97	999
渣油	352.8	275.0	232289	828.53	608.86	14174
常三线	319.5	275.0	91637	817.80	685.07	3379
减二中减三线	294.7	275.0	568869	702.86	647.34	8774
合计	—	—	—	—	—	27326

从上表可以看出，275℃以上的热量有27326kW，由于考虑到最小温差为20℃，理论上以上热源只与夹点255℃以上冷源换热，即换热终温理论(不考虑热损)上可以提高至302.8℃，比标定时283.9℃提高18.9℃。

$$T=T_0+Q/C_p=255+27326/571.1=302.8℃$$

式中　T——理论换热终温，kg/h；

Q——减四线等四路高温物料275℃以上热量，kW；

T_0——冷源夹点温度，℃；

C_p——闪底油热流，kW/℃。

5　加热炉计算

5.1　加热炉效率(反平衡)

根据标定情况，在加热炉计算时所使用的基本工艺条件见表2-87。

表2-87　加热炉计算相关基数数据表

项目	符号/组成	数据	单位
环境温度	T_{aa}	6.67	℃
排烟温度	T_e	117.8	℃
燃料气温度	T_f	38.3	℃
相对湿度	RH	67.56	%
烟气氧含量(体积分数、湿基)	VO_2	2.91	%(体)

续表

项目	符号/组成	数据	单位
燃料气组成分析数据	氢气	36.64	%(体)
	二氧化碳	0.46	%(体)
燃料气组成分析数据	甲烷	36.63	%(体)
	乙烷	9.69	%(体)
	丙烷	5.31	%(体)
	丙烯	0.02	%(体)
	丁烷	4.39	%(体)
	丁烯	0.60	%(体)
	戊烷	0.64	%(体)
	氮气	4.44	%(体)
	氧气	1.18	%(体)

5.1.1 燃烧低热值、理论空气量及理论烟气产物量

根据 SH/T3045—2003《石油化工管式炉热效率设计计算》P4 的表 A.1 燃料燃烧计算，以 15℃为基准温度，得到燃料部分数据见表 2-88。

表 2-88 燃料组分部分数据表

项目	分子量/(kg/kmol)	低发热值/(kJ/kg)	理论空气量/(kg/kg 燃料)	CO_2 生成量/(kg/kg 燃料)	H_2O 生成量/(kg/kg 燃料)	N_2 生成量/(kg/kg 燃料)
氢气	2.016	120000	34.29	—	8.94	26.36
二氧化碳	44.0	—	—	1	—	—
甲烷	16.0	50000	17.24	2.74	2.25	13.25
乙烷	30.1	47490	16.09	2.93	1.8	12.37
丙烷	44.1	46360	15.68	2.99	1.63	12.05
丙烯	42.1	45800	14.97	3.14	1.28	11.36
丁烷	58.1	45750	15.46	3.03	1.55	11.88
丁烯	56.1	45170	14.79	3.14	1.28	11.36
戊烷	72.1	45360	15.33	3.05	1.5	11.78
氮气	28.0	—	—	—	—	1
氧气	32.0	—	-4.32	—	—	-3.22

为了方便计算假设燃料气为 1kmol。以甲烷为例计算燃烧低热值、理论空气量及理论烟气产物量。

(1) 计算 1kmol 燃料气中甲烷的质量

$$W_{CH_4} = 1\text{kmol} \times V_{CH_4} \times M_{CH_4}$$
$$= 1 \times 36.64\% \times 2.016$$
$$= 5.861\text{kg}$$

式中 W_{CH_4}——甲烷质量，kg；

V_{CH_4}——甲烷摩尔分数(和体积分数相等)，%；

M_{CH_4}——甲烷分子量，kg/kmol。

（2）计算 1kmol 燃料气中甲烷燃烧热值：

$$Q_{CH_4}=W_{CH_4}\times h_{CH_4}$$
$$=5.861\times50000$$
$$=293050kJ$$

式中 Q_{CH_4}——甲烷燃烧热值，kJ；

W_{CH_4}——甲烷质量，kg；

h_{CH_4}——每千克甲烷低发热值，kJ/kg。

（3）计算 1kmol 燃料气中甲烷燃烧所需理论空气量：

$$W_{空气/CH_4}=W_{CH_4}\times w_{空气/CH_4}$$
$$=5.861\times17.24$$
$$=101.044kg$$

式中 $W_{空气/CH_4}$——甲烷燃烧所需理论空气量，kg；

W_{CH_4}——甲烷质量，kg；

$w_{空气/CH_4}$——每千克甲烷所需理论空气量，kg/kg。

（4）计算 1kmol 燃料气中甲烷燃烧生成二氧化碳量：

$$W_{CO_2/CH_4}=W_{CH_4}\times w_{CO_2/CH_4}$$
$$=5.861\times2.74$$
$$=16.059kg$$

式中 W_{CO_2/CH_4}——甲烷燃烧生成二氧化碳量，kg；

W_{CH_4}——甲烷质量，kg；

w_{CO_2/CH_4}——每千克甲烷所生成二氧化碳量，kg/kg。

（5）计算 1kmol 燃料气中甲烷燃烧生成水量：

$$W_{H_2O/CH_4}=W_{CH_4}\times w_{H_2O/CH_4}$$
$$=5.861\times2.25$$
$$=13.187kg$$

式中 W_{H_2O/CH_4}——甲烷燃烧生成水量，kg；

W_{CH_4}——甲烷质量，kg；

w_{H_2O/CH_4}——每千克甲烷所生成水量，kg/kg。

（6）计算 1kmol 燃料气中甲烷燃烧产生氮气量：

$$W_{N_2/CH_4}=W_{CH_4}\times w_{N_2/CH_4}$$
$$=5.861\times13.25$$
$$=77.658kg$$

式中 W_{N_2/CH_4}——甲烷燃烧产生氮气量，kg；

W_{CH_4}——甲烷质量，kg；

w_{N_2/CH_4}——每千克甲烷所产生氮气量，kg/kg。

按照以上方法，将燃料气中其他组分燃烧低热值、理论空气量及理论烟气产物量计算见表 2-89。

表 2-89 燃料组分燃烧低热值、理论空气量及理论烟气产物量数据表

项目	质量/kg	热值/kJ	理论空气量/kg	CO_2 生成量/kg	H_2O 生成量/kg	N_2 生成量/kg
氢气	0.739	88639	25.329	—	6.604	19.471
二氧化碳	0.202	—	—	0.202	—	—
甲烷	5.861	293050	101.044	16.059	13.187	77.658
乙烷	2.917	138514	46.930	8.546	5.250	36.079
丙烷	2.342	108562	36.718	7.002	3.817	28.218
丙烯	0.008	386	0.126	0.026	0.011	0.096
丁烷	2.551	116689	39.432	7.728	3.953	30.301
丁烯	0.337	15204	4.978	1.057	0.431	3.824
戊烷	0.461	20931	7.074	1.407	0.692	5.436
氮气	1.243	—	—	—	—	1.243
氧气	0.378	—	-1.631	—	—	-1.216
合计	17.038	781975	259.999	42.028	33.945	201.110

(7) 计算单位燃料(1kg)燃烧低热值、理论空气量及理论烟气产物，以单位燃料(1kg)热值为例计算：

$$h_L = Q_{合计} \div W_{合计}$$
$$= 781975 \div 17.038$$
$$= 45895\text{kg}$$

式中 h_L——单位燃料低发热值，kJ/kg；

$W_{合计}$——燃料合计质量，kg；

$Q_{合计}$——燃料合计低发热值，kJ。

按照以上方法，单位燃料气理论空气量及理论烟气产物量计算数据见表 2-90。

表 2-90 单位燃料燃烧低热值、理论空气量及理论烟气产物量数据表

项目	质量/kg	热值/kJ	理论空气量/kg	CO_2 生成量/kg	H_2O 生成量/kg	N_2 生成量/kg
每 kg 燃料合计	1	45895	15.260	2.467	1.992	11.803

5.1.2 相对湿度下 H_2O 量修正

1. 环境温度下的水蒸气的蒸气压

查《石油化工手册第一卷》P664，表 5-1 水的蒸气压得在环境温度 6.67℃时水的饱和蒸气压为 0.968kPa。

2. 空气中水含量

$$W_{H_2O/空气} = \frac{P_{H_2O}}{101.325} \times \frac{RH}{100} \times \frac{M_{H_2O}}{M_{空气}}$$
$$= \frac{0.968}{101.325} \times \frac{67.56}{100} \times \frac{18.0}{28.85} = 0.0040$$

式中 $W_{H_2O/空气}$——空气中水含量，kg 水/kg 空气；

P_{H_2O}——环境温度 6.67℃时水的饱和蒸气压，kPa；

RH——相对湿度，现场监测为 67.56%；

M_{H_2O}——水分子量，g/mol；

$M_{空气}$——空气分子量，g/mol。

3. 燃料所需湿空气量

$$W'_{空气}=\frac{W_{空气}}{1-W_{H_2O/空气}}=\frac{15.260}{1-0.0040}=15.321$$

式中 $W'_{空气}$——燃料所需湿空气量，kg/kg 燃料；

$W_{H_2O/空气}$——空气中水含量，kg 水/kg 空气；

$W_{空气}$——燃料所需干空气量，kg/kg 燃料。

4. 所需湿空气量水含量

$$W_{H_2O/湿空气}=W'_{空气}-W_{空气}=15.321-15.260=0.062$$

式中 $W_{H_2O/湿空气}$——湿空气量水含量，kg 水/kg 空气；

$W'_{空气}$——燃料所需湿空气量，kg/kg 燃料；

$W_{空气}$——燃料所需干空气量，kg/kg 燃料。

5. 燃料生成 H_2O 量修正值

$$W'_{H_2O}=W_{H_2O}+W_{H_2O/湿空气}=1.992+0.062=2.054$$

式中 W'_{H_2O}——燃料生成 H_2O 量修正值，kg/kg 燃料；

$W_{H_2O/空气}$——空气中水含量，kg 水/kg 空气；

W_{H_2O}——燃料生成 H_2O 量，kg/kg 燃料。

5.1.3 过剩空气修正

1. 相对湿度下过剩空气量

根据 SHT3036—2012《一般炼油装置用火焰加热炉》P149e 公式：

$$W_{过}=\frac{(28.85\times V_{O_2})\times(\frac{W_{N_2}}{28}+\frac{W_{CO_2}}{44}+\frac{W'_{H_2O}}{18})}{20.95-V_{O_2}\times[(1.6028\times\frac{W'_{H_2O}}{W_{空气}})+1]}$$

$$=\frac{(28.85\times 2.91)\times(\frac{11.803}{28}+\frac{2.467}{44}+\frac{2.054}{18})}{20.95-2.91\times[(1.6028\times\frac{2.054}{15.260})+1]}=2.85$$

式中 $W_{过}$——过剩空气量，kg/kg 燃料；

V_{O_2}——氧含量；

W_{N_2}——燃料生成 N_2量，kg/kg 燃料；

W_{CO_2}——燃料生成 CO_2量，kg/kg 燃料；

W'_{H_2O}——相对湿度修正后燃料生成 H_2O 量，kg/kg 燃料；

$W_{空气}$——理论空气量，kg/kg 燃料。

2. 修正后过剩空气率

$$Y_{过}=W_{过}\div W_{空气}=2.85\div 15.260=18.70\%$$

式中 $Y_{过}$——修正后过剩空气率,%；

$W_{过}$——过剩空气量，kg/kg 燃料；

$W_{空气}$——理论空气量，kg/kg 燃料。

5.1.4　过剩空气修正后 H_2O 量修正

$$W'_{H_2O} = Y_{过} \times W_{H_2O/湿空气} + W'_{H_2O} = 18.70 \times 2.054 \div 100 + 0.062 = 2.066$$

式中　W'_{H_2O}——过剩空气修正后每 kg 燃料燃烧产物含 H_2O 量，kg/kg 燃料；

$W_{H_2O/湿空气}$——湿空气量水含量，kg 水/kg 空气；

W'_{H_2O}——燃料生成 H_2O 量修正值，kg/kg 燃料；

$Y_{过}$——修正后过剩空气率,%。

5.1.5　修正后数据汇总

对空气湿度和过剩空气修正后空气量及烟气产物量，见表 2-91。

表 2-91　修正后空气量及烟气产物量数据表

项目	理论空气量/kg	过剩空气量/kg	CO_2 生成量/kg	H_2O 生成量/kg	N_2 生成量/kg
每 kg 燃料合计	15.260	2.85	2.467	2.066	11.803

5.1.6　排烟及加热炉散热损失

1. 排烟损失

烟气各组分在基准温度为 15℃，排烟温度为 117.8℃时查图得焓值，见图 2-24。

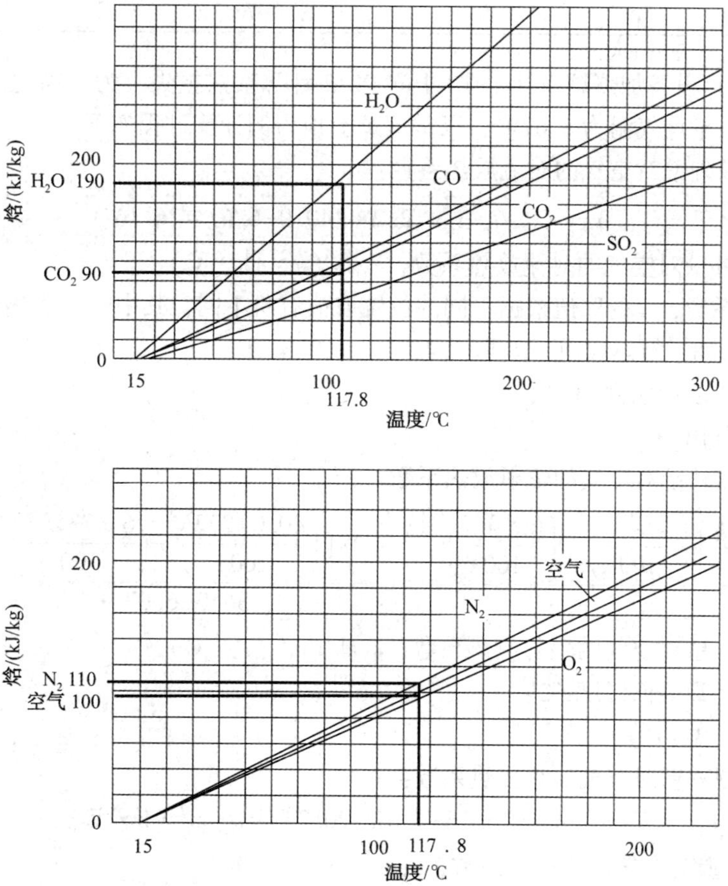

图 2-24　烟气各组分在基准温度为 15℃时焓值图

排烟损失 h_r 计算见表 2-92。

表 2-92 排烟损失计算表

组分	每 kg 燃料生成组分量/kg	温度 T_e 时的焓值/(kJ/kg 组分)	热焓/(kJ/kg 燃料)
N_2	W_{N_2} 11.803	110	1298
CO_2	W_{CO_2} 2.467	90	222
H_2O	W'_{H_2O} 2.066	190	392
过剩空气	$W_{过}$ 2.85	100	285
排烟损失 h_r			2198(合计)

2. 加热炉散热损失

为简化计算，将常压炉看作一个长方体，忽略对流段面积，具体尺寸和各段面积计算结果见表 2-93。

表 2-93 常压炉各段温度和面积计算表

项目	表面温度/℃	尺寸/mm	面积/m²
常压炉下底	85.0	14476×7162	103.8
常压炉筒体	48.0	14476×7162×14162	712.9
常压炉上顶	30.0	14476×7162	103.8

根据《炼油厂设备加热炉设计手册(上)》P212 计算散热损失，为了简化计算，采用无风计算，标定当天平均气温为 6.67℃，以常压炉上顶为例计算过程如下。

常压炉上顶外壁对空气的对流放热系数：

$$a_{nc}=C\times\sqrt{t_n-t_{aa}}=2.2\times\sqrt{40.0-6.67}=16.16$$

式中 a_{nc}——外壁对空气的对流放热系数，kcal/(m²·h·℃)；

C——系数，C 的取值根据不同的位置取值有所不同，其中竖直散热面 C 取 2.2；散热面向上 C 取 2.8；散热面向下 C 取 1.4；

t_n——炉表面温度,℃；

t_{aa}——气温,℃。

常压炉上顶外壁对空气的辐射放热系数：

$$a_{nr}=\frac{3.9\times\left[\left(\frac{t_n+273}{100}\right)^4-\left(\frac{t_{aa}+273}{100}\right)^4\right]}{t_n-t_a}=\frac{3.9\times\left[\left(\frac{40.0+273}{100}\right)^4-\left(\frac{6.67+273}{100}\right)^4\right]}{36.0-6.67}=4.07$$

式中 a_{nr}——外壁对空气的辐射放热系数，kcal/(m²·h·℃)；

t_n——炉顶表面温度,℃；

t_{aa}——气温,℃。

常压炉上顶外壁对空气的总传热系数：

$$K=a_{nr}+a_{nc}=16.16+4.07=20.24\text{kcal/(m}^2\cdot\text{h}\cdot℃)$$

式中 K——外壁对空气的总传热系数，kcal/(m²·h·℃)；

a_{nr}——外壁对空气的辐射放热系数，kcal/(m²·h·℃)；

a_{nc}——外壁对空气的对流放热系数，kcal/(m²·h·℃)。

常压炉上顶外壁散热损失 Q：

$$Q=K\times(t_n-t_{aa})\times S=20.24\times(40.0-6.67)\times103.8\times4.186=293080\text{kJ/h}$$

式中 Q——外壁散热损失，kJ/h；

K——外壁对空气的总传热系数，kcal/(m^2·h·℃)；

t_n——塔表面温度，℃；

t_{aa}——气温，℃；

S——炉上顶面积，m^2。

通过上述计算方法将常压炉各段外壁散热损失计算结果汇总，见表2-94。

表2-94 常压炉外壁散热损失计算表

项目	面积/m^2	外壁对空气的总传热系数/[kcal/(m^2·h·℃)]	散热损失/(GJ/h)
常压炉下底	103.8	17.52	0.5964
常压炉筒体	712.9	18.39	2.2681
常压炉上顶	103.8	20.24	0.2931
合计	—	—	3.16

常压炉散热损失占常压炉总热量比例：

$$\eta=Q_{损}/Q_{总}=3.16\times1000000/(4650\times45895)=1.48\%$$

式中 η——常压炉散热损失占常压炉总热量比例，%；

$Q_{损}$——外壁散热损失，×10^{6}kJ/h；

$Q_{总}$——常压炉总热量等于燃料量乘以单位燃料低发热值，kJ/h。

5.1.7 加热炉效率

燃料低发热量 h_L=45895.1kJ/kg燃料

散热损失 h_r=燃料低发热量 η 的1.48%=45895×1.48%=679.1kJ/kg燃料

烟气热损失 h_s=在烟气出口温度117.8℃条件下的焓值2198.1kJ/kg燃料

1. 空气显热 Δh_a 计算

空气比热容 C_{pa} 经《石油化工设计手册第一卷》P146，查得0℃为1.0028kJ/(kg·K)，25℃为1.0038kJ/(kg·K)，而作为空气比热容的计算温度(15+6.67)/2=10.84℃，内插法求得 C_{pa}=1.0032kJ/(kg·K)。

计算空气的显热：

$$\Delta h_a=C_{pa}\times(T_{aa}-T_d)\times W_{空气'}=1.0032\times(6.67-15)\times18.11=-151.4\text{kJ/kg 燃料}$$

式中 C_{pa}——空气比热容，kJ/(kg·K)；

T_{aa}——环境空气温度，℃；

T_d——基准温度，15℃；

$W_{空气'}$——实际消耗空气量，kg/kg燃料。

2. 燃料气的显热 Δh_f 计算

计算燃料气的比热容：

取基准温度和燃料气温度的均值，作为燃料气比热容的计算温度。

$$T=(15+38.3)/2+273.15=299.8\text{K}$$

根据《石油炼制设计数据图表集》(上册)上海化工学院炼油教研组选编P313的公式计算燃料气各组分的比热容 C_{pi}：

$$C_{pi}=A\left(\frac{1.8T}{100}\right)+B\left(\frac{1.8T}{100}\right)^2+C\left(\frac{1.8T}{100}\right)^3+D\left(\frac{100}{1.8T}\right)$$

《石油炼制设计数据图表集》的附表得到瓦斯中不同组分的*ABCD*系数，以及瓦斯中各组分的质量分数列于表格中，见表2-95。

表2-95 燃料气比热计算相关数据表

燃料组分	体积分数	质量分数	*A*	*B*	*C*	*D*
氢气	0.3664	0.0434	0.4383729	-0.022	3.86×10^{-5}	8.629
CO_2	0.0046	0.0119	0.0341628	-0.001	2.19×10^{-6}	0.298
甲烷	0.3663	0.3440	0.0776543	-0.001	-1.21×10^{-7}	0.799
乙烷	0.0969	0.1712	0.0830087	-0.002	1.47×10^{-6}	0.144
丙烷	0.0531	0.1374	0.088012	-0.002	2.55×10^{-6}	-0.03
丙烯	0.0002	0.0005	0.0761423	-0.002	2.30×10^{-6}	0.066
丁烷	0.0439	0.1497	0.0873284	-0.002	2.63×10^{-6}	2.00E-04
丁烯	0.006	0.0198	0.0751023	-0.002	1.90×10^{-6}	0.005
戊烷	0.0064	0.0271	0.0864251	-0.002	2.72×10^{-6}	1.00E-04
氧气	0.0118	0.0222	0.0286895	-0.001	1.86×10^{-6}	0.518
氮气	0.0444	0.0730	0.0713551	-0.002	3.18×10^{-6}	0.912
合计	1.0000	1.0000	—	—	—	—

以氢气为例计算C_{p,H_2}如下：

$$C_{p,H_2}=A\left(\frac{1.8T}{100}\right)+B\left(\frac{1.8T}{100}\right)^2+C\left(\frac{1.8T}{100}\right)^3+D\left(\frac{100}{1.8T}\right)$$

$$=0.4383729\times\left(\frac{1.8\times299.8}{100}\right)+(-0.022)\times\left(\frac{1.8\times299.8}{100}\right)^2+3.85649\times10^{-5}$$

$$\times\left(\frac{1.8\times299.8}{100}\right)^3+8.629\times\left(\frac{100}{1.8\times299.8}\right)=3.3301\text{kCal/(kg·K)}$$

式中 T——燃料气比热容的计算温度，℃。

根据《石油炼制设计数据图表集》(上册)P314的公式计算瓦斯的比热容。

$$C_{pm}=\sum_{i=1}^{n}x_{wi}C_{pi}\ \text{kcal/(kg·K)}$$

式中 C_{pm}——燃料气比热容，kcal/(kg·K)；

X_{wi}——燃料气中各组分质量分数；

C_{pi}——燃料气各组分的比热容，kcal/(kg·K)。

根据以上公式计算燃料气中各组分的比热容列于表2-96。

表2-96 燃料气各组分比热容计算表

燃料组分	质量分数	组分热值/[kcal/(kg·K)]	组分热值/[kJ/(kg·K)]
氢气	0.0434	3.330	
CO_2	0.0119	0.211	
甲烷	0.3440	0.538	

续表

燃料组分	质量分数	组分热值/[kcal/(kg·K)]	组分热值/[kJ/(kg·K)]
乙烷	0.1712	0.417	
丙烷	0.1374	0.412	
丙烯	0.0005	0.365	
丁烷	0.1497	0.413	
丁烯	0.0198	0.348	
戊烷	0.0271	0.409	
氧气	0.0222	0.222	
氮气	0.0730	0.496	
合计 C_{pm}	1.0000	0.581	2.798

计算燃料气的显热：

$$\Delta h_m = C_{pm} \times (T_f - T_m) = 2.798 \times (38.3 - 15) = 65.2\text{kJ/kg 燃料}$$

3. 热效率

加热炉热效率为：

$$e = \frac{(h_L + \Delta h_a + \Delta h_m) - (h_r + h_s)}{h_L + \Delta h_a + \Delta h_m}$$

$$= \frac{(45895.1 - 151.4 + 65.2) - (679.1 + 2198.0)}{45895.1 - 151.4 + 65.2} = 93.72\%$$

式中 e——加热炉效率，%；

h_L——燃料低发热量，kJ/kg 燃料；

h_r——散热损失，kJ/kg 燃料；

h_s——烟气热损失，kJ/kg 燃料；

Δh_a——空气显热，kg/kg 燃料；

Δh_m——燃料气的显热，kg/kg 燃料。

5.2 加热炉效率(正平衡)

5.2.1 物料吸收热量

1. 油品吸收的热量

经前面换热网络计算出油品吸收的热量 $Q_{油}$ 为 53508kW。

2. 蒸汽吸收的热量

过热蒸汽相关参数见表 2-97。

表 2-97 过热蒸汽相关数据表

进料量/(kg/h)	压力/kPa(绝)	进料温度/℃	入口焓值/(kJ/kg)	出口温度/℃	出口焓值/(kJ/kg)
9403	400	144	2744.6	415	3309.6

过热蒸汽吸收的热量：

$$Q_{汽} = W_{汽} \times (H_{出} - H_{进}) / 3600$$

$$= 9403 \times (3309.6 - 2744.6) / 3600 = 1476\text{kW}$$

式中 $Q_{汽}$——过热蒸汽吸收的热量，kW；

$W_{汽}$——过热蒸汽进料量，kg/h；

$H_{出}$——过热蒸汽出口焓值，kJ/kg；

$H_{进}$——过热蒸汽进口焓值，kJ/kg。

3. 物料吸收热量

$$Q=Q_{油}+Q_{汽}=53508+1476=54984\text{kW}$$

式中 Q——物料吸收热量，kW；

$Q_{汽}$——过热蒸汽吸收的热量，kW；

$Q_{油}$——油品吸收的热量，kW。

5.2.2 加热炉输入热量

1. 燃料有效发热值

$$h_f=h_L+\Delta h_a+\Delta h_m=45895.1-151.4+65.2=45808.9\text{kJ/kg 燃料}$$

式中 h_f——燃料有效低发热量，kJ/kg 燃料；

h_L——燃料低发热量，kJ/kg 燃料；

Δh_a——空气显热，kg/kg 燃料；

Δh_m——燃料气的显热，kg/kg 燃料。

2. 常压炉燃料量

由于常压炉燃料流量使用孔板流量，需校正后使用，理论校正需校正设计密度和实际密度偏差，而公司统计燃料时未将设计密度和实际密度偏差校正进去。因此两种校正方法校正计算如下。

常压炉燃料气测量孔板的设定参数及实际工况下的参数见表2-98。

表2-98 气体流量测量孔板数据表

物料名称	仪表位号	设计数据			实际数据			
		温度/℃	压力/MPa(表)	密度/(kg/m^3)	温度/℃	压力/MPa(表)	密度/(kg/m^3)	流量/(m^3/h)
常压炉燃料	FI-2003	40	0.4	1.94	38.3	0.49	0.76	5365.3

理论气体流量校正，根据《催化裂化工艺计算与技术分析》P156，公式(5-6)，如下：

$$V_{实}=V_{设}\times\sqrt{\frac{\rho_{设}\times P_{实}\times T_{设}}{\rho_{实}\times P_{设}\times T_{实}}}$$

式中 $P_{实}$——实际操作条件下气体绝对压力，kPa；

$T_{实}$——实际操作条件下气体温度，K；

$\rho_{实}$——实际操作条件下气体标准密度，kg/m^3；

$P_{设}$——设计操作条件下气体绝对压力，kPa；

$T_{设}$——设计操作条件下气体温度，K；

$\rho_{设}$——设计操作条件下气体标准密度，kg/m^3；

$V_{设}$——校正前标准状态条件下混合干气的体积流量，Nm^3/h；

$V_{实}$——校正后标准状态条件下混合干气的体积流量，Nm^3/h。

将常压炉燃料孔板流量及相关计算参数代入上式得到介质实际真实体积：

$$V_{实}=V_{设}\times\sqrt{\frac{\rho_{设}\times P_{实}\times T_{设}}{\rho_{实}\times P_{设}\times T_{实}}}=5365.3\times\sqrt{\frac{1.94\times(0.49+0.1)\times(40+273.15)}{0.76\times(0.4+0.1)\times(38.3+273.15)}}=9337\text{N m}^3/\text{h}$$

则常顶瓦斯的实际质量 $=V_{实}\times\rho_{实}=9337\times0.76/1000=7096\text{kg/h}$

公司采纳的气体流量校正公式如下：

$$V_{实}=V_{设}\times\sqrt{\frac{P_{实}\times T_{设}}{P_{设}\times T_{实}}}$$

式中 $P_{实}$——实际操作条件下气体绝对压力，kPa；

$T_{实}$——实际操作条件下气体温度，K；

$P_{设}$——设计操作条件下气体绝对压力，kPa；

$T_{设}$——设计操作条件下气体温度，K；

$V_{设}$——校正前标准状态条件下混合干气的体积流量，Nm^3/h；

$V_{实}$——校正后标准状态条件下混合干气的体积流量，Nm^3/h。

将常压炉燃料孔板流量及相关计算参数代入上式得到介质实际真实体积：

$$V_{实}=V_{设}\times\sqrt{\frac{P_{实}\times T_{设}}{P_{设}\times T_{实}}}=5365.3\times\sqrt{\frac{(0.49+0.1)\times(40+273.15)}{(0.4+0.1)\times(38.3+273.15)}}=5844\text{N m}^3/\text{h}$$

则常顶瓦斯的实际质量 $=V_{实}\times\rho_{实}=5844\times0.76/1000=4442\text{kg/h}$

按照以上方法，其他气体校正数据见表 2-99。

表 2-99 常压炉燃料流量数据表

项目	理论校正方法	公司采纳校正方法
流量/(kg/h)	7096	4442

加热炉输入总热值为：

$$Q_{燃}=W_{燃}\times h_f/3600$$

式中 $Q_{燃}$——燃料有效发热量，kW；

h_f——燃料有效低发热量，kJ/kg 燃料；

$W_{燃}$——燃料气流量，kg/h。

计算结果见表 2-100。

表 2-100 常压炉燃料流量输入热值数据表

项目	理论校正方法	公司采纳校正方法
燃料有效发热量/kW	90794	56523

5.2.3 加热炉热效率

1. 加热炉热效率

$$e=Q/Q_{燃}$$

式中 e——加热炉热效率,%

Q——物料吸收热量，kW；

$Q_{燃}$——燃料有效发热量，kW。

计算结果见表 2-101。

表 2-101　常压炉热效率(正平衡)

项目	理论校正方法	公司采纳校正方法
热效率/%	60.89	97.28

2. 异常分析

从计算结果看出，理论校正方法加热炉热效率只有60.89%，偏小；而采用公司现有的方法(不考虑实际密度与设计密度，未将设计密度和实际密度偏差校正进去)热效率为97.28，偏大。与反平衡计算得加热炉热效率93.72%相比，都有偏差。从数据看正平衡计算热效率与实际不符合，而反平衡计算的热效率与实际基本符合。所以以反平衡计算的热效率来推算常压炉实际燃料消耗量。

$$W_{燃}=Q\div e\times3600\div h_f$$
$$=54984\div93.72\%\times3600\div45808.9=4611\text{kg/h}$$

式中　$W_{燃}$——燃料气流量，kg/h；

e——加热炉热效率,%；

Q——物料吸收热量，kW；

h_f——燃料有效低发热量，kJ/kg 燃料。

从反平衡计算的热效率来推算常压炉实际燃料消耗量为4611kg/h。从计算结果来看，与公司校正方法即实际生产统计的流量相差3.66%，偏差不大，与理论校正的偏差达32.83%，偏差非常大，所以认定公司此方法校正燃料流量校正更准确，主要是因为由于实际燃料组成与设计偏差较大，设计密度为19.4kg/m³ 是实际密度0.76kg/m³ 的2.55倍，导致按理论方法校正偏差较大。另经咨询公司计量部门专业人员告知密度偏差大，理论校正偏差就大，需重新核算孔板流量。

5.3　辐射室炉管表面热强度及油膜温度

5.3.1　辐射室炉管表面热强度

1. 炉管参数及工艺操作参数

炉管参数及工艺操作参数见表2-102及表2-103。

表 2-102　常压炉炉管参数

项目		单位	数据
炉膛体积		m^3	1297
炉管形式			光管
炉管材料			Cr5Mo
炉管排数			1
炉管程数			8
炉管尺寸		mm	φ152×8
		mm	φ168×8
炉管总根数	φ152		64
	φ168		256
每根炉管有效长度		mm	12000
炉管总传热面积		m^2	1980
管心距	φ152	mm	304
	φ168	mm	336

表 2-103　常压炉工艺操作参数

项目	单位	数据	项目	单位	数据
常压炉炉膛温度 1	℃	675.2	常压炉炉膛温度 6	℃	637.4
常压炉炉膛温度 2	℃	662.6	常压炉炉膛平均温度	℃	661.4
常压炉炉膛温度 3	℃	644.4	常压炉进料温度	℃	283.9
常压炉炉膛温度 4	℃	690.9	常压炉出口温度	℃	365.0
常压炉炉膛温度 5	℃	658.1	常压炉炉膛压力	Pa	-67.3

2. 辐射室入口温度

根据《管式加热炉(第二版)》P88，公式(4-21)，油品进入辐射室温度为：

$$t'=t_2-(t_2-t_1)70\%=365.0-(365.0-383.9)\times 70\%=308.2℃$$

式中　t'——油品进入辐射室温度,℃；

t_2——常压炉进料温度,℃；

t_1——常压炉出口温度,℃。

3. 管内平均温度

根据《管式加热炉(第二版)》P88，公式(4-20)，油品管内平均温度为：

$$t_{cp}=1/2(t_2+t')=0.5\times(365.0+308.2)=336.6$$

式中　t_{cp}——油品管内平均温度,℃；

t'——油品进入辐射室温度,℃；

t_2——常压炉进料温度,℃。

4. 炉管外壁温度

根据《管式加热炉(第二版)》P88“当炉管表面温度低于 500℃时，管外表面温度对辐射传热速率的影响不大，通常可以将管内流体的平均温度再加上 50℃作为炉管壁外表面的温度进行计算”，所以此处为了简化计算，炉管外壁温度为：

$$t_w=t_{cp}+50=336.6+50=386.6℃$$

式中　t_w——炉管外壁温度,℃；

t_{cp}——油品管内平均温度,℃。

5. 冷平面面积

根据《管式加热炉(第二版)》P84 公式(4-12)，冷平面面积为：

$$A_{cp}=nL_aS$$

式中　A_{cp}——冷平面面积，m^2；

n——辐射管管数；

L_a——辐射管有效长度，m；

S——辐射管管心距，m。

由于炉管进行了一次扩径，所以分两段计算，ϕ152 冷平面面积为：

$$A_{cp}=nL_aS=64\times 12\times 0.304=233.5m^2$$

ϕ168 冷平面面积为：$A_{cp}=nL_aS=256\times 12\times 0.336=1032.2m^2$

则炉管的冷平面面积为 233.5+1032.2=1265.7m^2。

6. 有效吸收因素

根据 $\phi 152$ 管心距/管外径=304/152=2，$\phi 168$ 管心距/管外径=336/168=2，均为2，根据《管式加热炉(第二版)》P84，图4-1，查图(见图2-25)得到 α 为0.67。

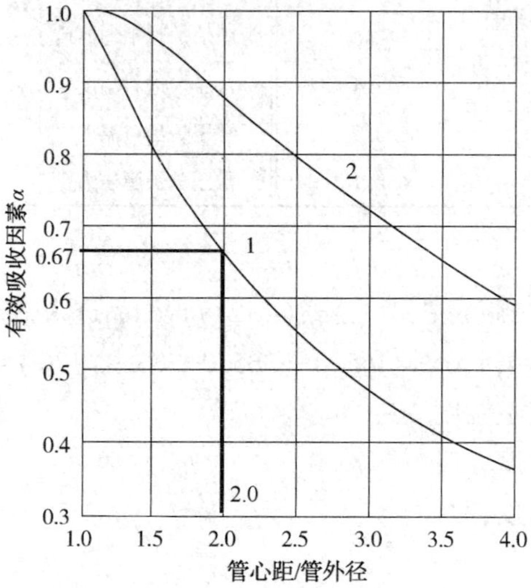

图2-25　排管的有效吸收因子图解

1—对单排管的直接辐射；

2—对双排管的直接辐射或单排管受直接辐射及反射。

7. 总交换因素

(1) 烟气中 CO_2 和 H_2O 在烟气中分压

根据计算的烟气产物数据表见表2-104：

表2-104　修正后烟气产物量数据表

项目	过剩空气量/kg	CO_2 生成量/kg	H_2O 生成量/kg	N_2 生成量/kg
每kg燃料合计	2.85	2.467	2.066	11.803

炉膛内压力为-67.3Pa，所以烟气中 CO_2 和 H_2O 的分压 P 为：

$$P=\frac{101325-67.3}{101325}\times\frac{\frac{2.476}{44}+\frac{2.066}{18}}{\frac{2.476}{44}+\frac{2.066}{18}+\frac{2.85}{29}+\frac{11.803}{28}}=0.247\text{atm}$$

(2) 气体辐射长度

据《管式加热炉(第二版)》P87表4-1公式，气体辐射长度：

$$L=\frac{2}{3\sqrt[3]{V}}=\frac{2}{3\sqrt[3]{1366}}=7.27\text{m}$$

式中　L——气体辐射长度，m；

V——炉体积，m^3。

(3) 气体辐射率

据《管式加热炉(第二版)》P87图4-4查图(图2-26)，得气体辐射率。

根据计算，$PL=0.247\times7.27=1.80\text{atm}\cdot\text{m}$，炉膛烟气温度为661.4℃。查图得到气体辐

射率为0.64。

(4) 总交换因素

据《管式加热炉(第二版)》P87 图4-2 查图见图2-27，得总交换因素。

根据计算，$\alpha A_{cp}/A_t = 0.67 \times 1265.7/920.5 = 0.92$

式中 A_t——炉膛内表面积，为920.5m^2；

α——辆射率；

$A_{cp}\phi$——冷平面面积，m^2；

气体辐射率为0.64查得总交换因素 F 为0.62。

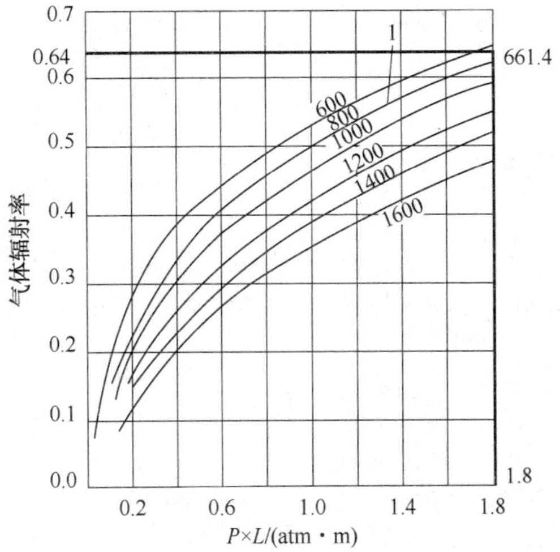

图2-26 气体辐射率图解

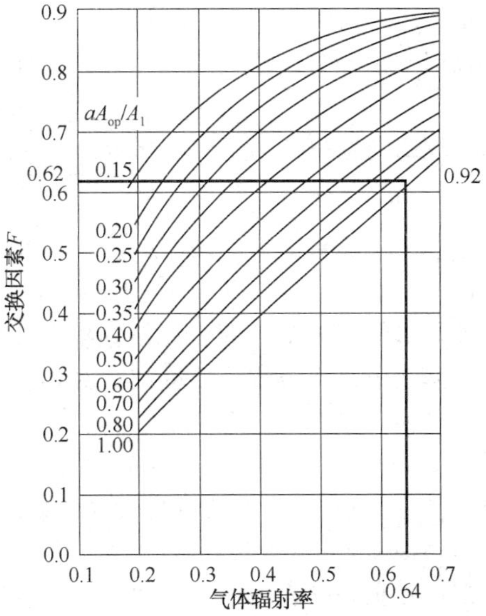

图2-27 总交换因素图解

8. 炉管外表面平均辐射热强

根据《管式加热炉(第二版)》P82，公式(4-5)，对烟气以辐射方式对炉管的传热速率为：

$$Q_{Rr} = 5.72 a\, A_{cp} F\left[\left(\frac{t_g}{100}\right)^4 - \left(\frac{t_w}{100}\right)^4\right]$$

$$= 5.72 \times 0.67 \times 1265.7 \times 0.62 \times \left[\left(\frac{661.4+273}{100}\right)^4 - \left(\frac{386.6+273}{100}\right)^4\right] = 17235905\text{W}$$

式中 Q_{Rr}——烟气以辐射的方式直接或通过其它反射面间接对辐射管的传热速率，W；

t_g——辐射室中烟气的平均温度，K。

t_w——辐射管外壁平均温度，K；

α——有效吸收因素(形状因素或角系数)，无因次；

A_{cp}——冷平面面积，m^2；

F——总交换因素。

炉外表面平均辐射热强度 $q_{R,ave} = Q_{Rr}/A_R = 17235905/1980 = 8705\text{W/m}^2$

式中 A_R——炉管表面积，为1980m^2。

9. 炉管外表面平均对流热强

根据《管式加热炉(第二版)》P88，强制通风，建议 $h_{RC}=15.93W/(m^2 \cdot K)$。

根据钱家麟编写的《管式加热炉(第二版)》P83 中公式(4-6)，对烟气以对流的方式对炉管的外表面平均对流热强度计算。

$$q_{conv}=Q_{Rc}/A_R=h_{RC}A_R(t_g-t_w)/A_R=h_{RC}(t_g-t_w)=15.93\times(664.2-386.6)=4378W/m^2$$

式中 q_{conv}——辐射室内烟气对炉管表面的对流热强度，W/m^2；

h_{RC}——辐射室内烟气对炉管表面的对流传热膜系数，$W/(m^2 \cdot K)$；

t_g——辐射室中烟气的平均温度,℃；

t_w——辐射管外壁平均温度,℃；

10. 辐射室炉管表面热强度

辐射室炉管表面热强度为辐射热强度和对流热强度之和：

$$q_R=q_{R,ave}+q_{conv}=8705+4378=13083W/m^2$$

式中 q_R——辐射室炉管表面热强度，W/m^2；

$q_{R,ave}$——辐射室内烟气对炉管表面的辐射热强度，W/m^2；

q_{conv}——辐射室内烟气对炉管表面的对流热强度，W/m^2。

11. 分析

计算出的辐射室炉管表面热强度为 $13083W/m^2$。为了对比计算结果符合性，另根据经验，油品在辐射室吸收的热量按油品经常压炉总吸收热量的 70%计算，则在辐射室油品吸收的热量为：

$$Q=Q_{总}\times70\%=53508\times70\%=37445.6kW$$

式中 Q——辐射室油品吸收的热量，kW；

$Q_{总}$——油品总吸收热量，kW。

则辐射室炉管表面热强度为：

$$q=Q/A_R=37445.6/1980=18917W/m^2$$

式中 q——辐射室炉管表面热强度，W/m^2；

Q——辐射室油品吸收的热量，kW；

$Q_{总}$——炉管表面积，m^2。

可以看出两种方法差距较大，而由加热炉负荷计算的热强度更符合实际，因此推断造成此差距的主要原因是炉膛烟气温度为 DCS 上炉膛温度，而炉膛温度取温点都为炉顶，因此会偏低，如果要使计算的辐射室炉管表面热强度与加热炉负荷计算的一致，用上述方法计算倒推烟气温度约为 742℃。

5.3.2 油膜温度

根据课件《常减压加热炉工程设计》(张海燕)P57、P58 中公式，对油品内膜温度进行计算：

$$T_{fmax}=T_b+\frac{q_{R,max}}{K_f}\left(\frac{D_o}{D_i}\right)$$

式中 T_{fmax}——最高内膜温度,℃；

T_b——油品温度,℃；

$q_{R,max}$——辐射段最高局部热强度，W/m^2；

K_f——内膜传热系数，$W/(m^2 \cdot K)$；

D_o——炉管外径，mm；

D_i——炉管内径，mm。

由于油品温度越高则内膜温度越高，因此在炉出口时油品温度最高。辐射段最高局部热强度选用上述加热炉负荷计算的热强度，内膜传热系数则根据课件《常减压加热炉工程设计》P58 中表 1 立管和水平管内膜传热系数对比表，查得立管 $\phi168$ 的 $K_f=3764W/(m^2\cdot K)$。则最高温度时油膜温度为：

$$T_{fmax}=365.0+\frac{18917}{3764}\left(\frac{168}{152}\right)=370.6℃$$

根据计算出的油膜温度，可以看出常压炉管内结焦倾向较小。

6 常压塔水力学

6.1 常压塔各塔段参数

计算常压塔流动参数，空塔临界气速，空塔实际气速、空塔 F 因子、空塔 C 因子，由于 18 层塔板气相加液相负荷最大，所以以常压塔 18 层常一中抽出塔板为例进行相关参数计算。

6.1.1 塔板相关参数图

1. 常压塔 18 层塔板相关参数

常压塔 18 层塔板相关参数图见图 2-28。

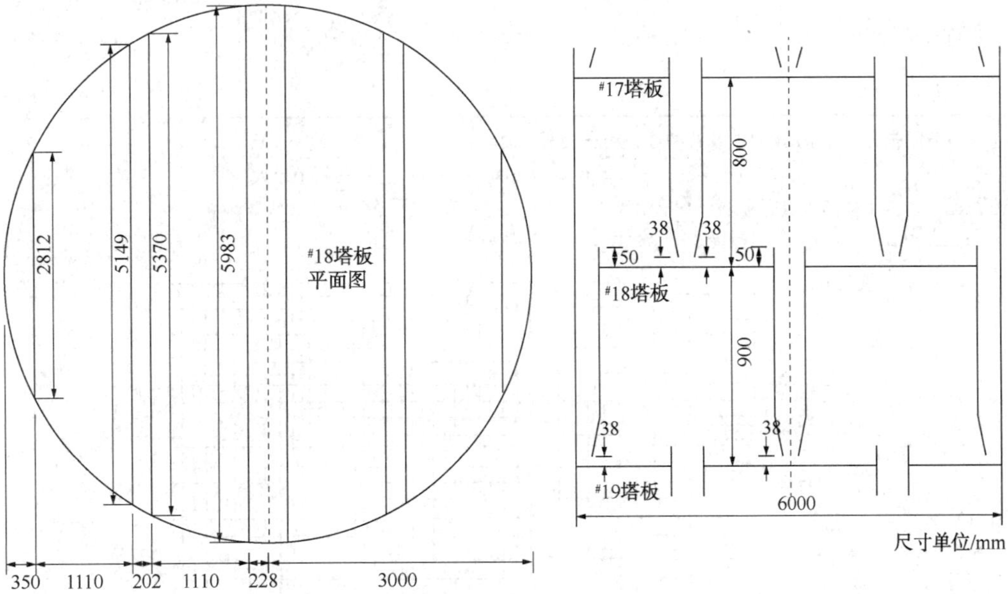

图 2-28 常压塔 18 层塔板相关参数图

2. 常压塔 18 层塔板相关参数及物性

常压塔 18 层塔板相关参数及物性表见表 2-105。

表 2-105 常压塔 18 层塔板相关参数及物性表

参数	符号	单位	数值
液体流量	L	kg/h	518190
液体密度	ρ_l	kg/m^3	652.3
液体体积流量	V_l	m^3/h	794.4

续表

参数	符号	单位	数值
液体表面张力①	σ_l	mN/m	12.80
		kg/m^2	0.00131
气体流量	V	kg/h	547436
气体密度	ρ_v	kg/m^3	8.24
气体体积流量	V_V	m^3/h	66401
气体黏度②	μ_V	$kg\cdot s/m^2$	9.18×10^{-7}
塔径	D	m	6
塔截面面积	S	m^2	28.26
塔板间距	H_t	m	0.8
液体程数			四溢流
溢流堰长③	l	m	17.59
出口堰高	h_W	m	0.05
进口溢流堰底隙	h_d	m	0.038
开孔率	Φ	%	13.8

注：①液体表面张力计算采用《原油及石油馏分动态表面张力图》，见图2-29。

$$(T_C-T)/T_C=(400.4-203.2)/(400.4+273.15)=0.29$$

式中 T_C——常一中油的临界温度,℃;

T——常一中抽出层18层温度,℃。

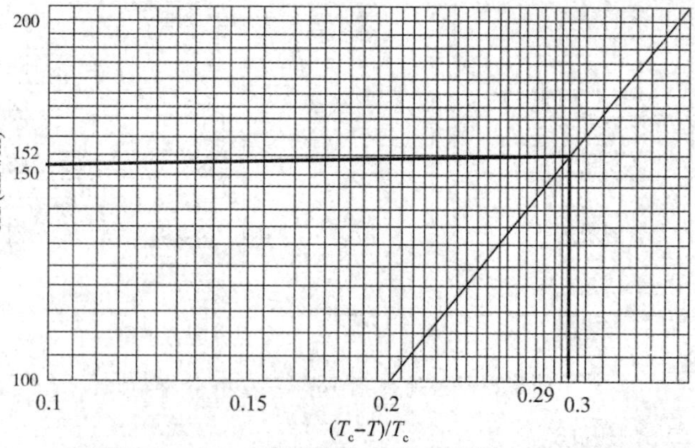

δ-表面张力/(mN/m)；K-特征因数；T_c-临界温度，K；T-操作温度，K

图2-29 常一中在抽出温度为203.2℃时的表面张力求解图

从图中可求出 $\delta\cdot K=152mN/m$

$$\delta=\delta\cdot K/K=152/11.87=12.80mN/m=12.80/9800=0.00131kg/m^2$$

式中 δ——常一中油表面张力，mN/m；

K——常一中油特征因素。

② 气体黏度计算采用《石油馏蒸汽黏度图》解：

已知在常压塔18层塔板处气相混合分子量为120.9g/mol，18层塔板温度为203.2℃。查《石油馏蒸汽黏度图》见图2-30，得

气体黏度为 9×10^{-6}Pa·s，单位转换为 9.18×10^{-7}kg/(m^2·s)。

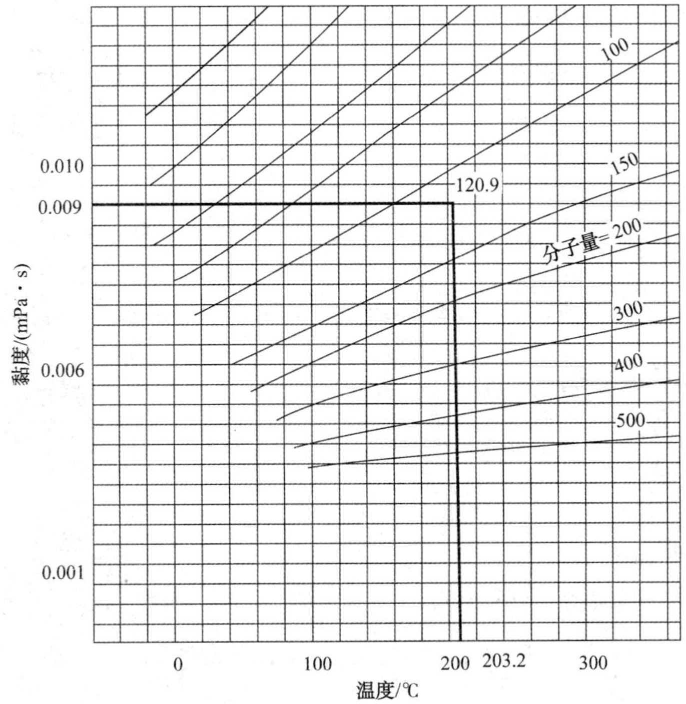

图 2-30　常压塔 18 层塔板处气相黏度求解图

③ 溢流堰长度取各溢流堰之和。

$$l=(2812+5983)\times2=17590\text{mm}=17.59\text{m}$$

6.1.2　流动参数

常压塔 18 层塔板流动参数计算。

$$F_{\text{lv}}=\frac{L}{V}\sqrt{\frac{\rho_{\text{v}}}{\rho_{\text{l}}}}=\frac{518190}{547436}\sqrt{\frac{8.24}{652.3}}=0.106$$

式中　F_{lv}——流动参数；

L——液相流量，kg/h；

V——气相流量，kg/h；

ρ_{l}——液相密度，kg/m^3；

ρ_{v}——气相密度，kg/m^3。

6.1.3　空塔临界气速

常压塔 18 层塔板空塔临界气速计算。

$$W_{\max}=\frac{0.055\sqrt{g\times H_{\text{t}}}}{1+2\dfrac{V_{\text{l}}}{V_{\text{V}}}\sqrt{\dfrac{\rho_{\text{l}}}{\rho_{\text{v}}}}}\times\sqrt{\frac{\rho_{\text{l}}-\rho_{\text{v}}}{\rho_{\text{v}}}}$$

$$=\frac{0.055\sqrt{9.81\times0.8}}{1+2\dfrac{794.4}{66401}\sqrt{\dfrac{652.3}{8.24}}}\times\sqrt{\frac{652.3-8.24}{8.24}}=1.191\text{m/s}$$

式中　$W_{\max}$——空塔临界气速，m/s；

V_v——气相流量，m^3/h；

V_l——液相流量，kg/h；

ρ_l——液相密度，kg/m^3；

ρ_v——气相密度，kg/m^3；

H_t——塔板间距，m。

6.1.4 空塔实际气速

常压塔18层塔板空塔实际气速计算。

$$W=\frac{V_v}{S}=66401\div28.26\div3600=0.653m/s$$

式中 W——空塔实际气速，m/s；

V_v——气相流量，m^3/h；

S——塔截面面积，m^2。

通过计算空塔实际气速小于空塔临界气速，符合实际要求。

6.1.5 空塔 F 因子

常压塔18层塔板空塔 F 因子计算。

$$F=W\sqrt{\rho_v}=0.653\sqrt{8.24}=0.227$$

式中 F——空塔 F 因子；

W——空塔实际气速，m/s；

ρ_v——气相密度，kg/m^3。

6.1.6 空塔 C 因子

常压塔18层塔板空塔 C 因子计算。

$$C=W\sqrt{\frac{\rho_v}{\rho_l-\rho_v}}=0.653\sqrt{\frac{8.24}{652.3-8.24}}=0.074$$

式中 C——空塔C因子，m/s；

W——空塔实际气速，m/s；

ρ_l——液相密度，kg/m^3；

ρ_v——气相密度，kg/m^3。

根据上述计算方法，各塔段的流动参数，空塔临界气速，空塔实际气速，空塔 F 因子，空塔 C 因子计算，结果见表2-106。

表2-106 各塔段参数计算表

参数	单位	6层	13层	15层	18层	20层	25层	30层	33层
液体流量	kg/h	400235	136163	40006	518190	163839	166743	523383	259059
液体密度	kg/m^3	652.0	663.0	659.5	652.3	674.7	639.0	635.4	632.4
液体体积流量	m^3/h	613.9	205.4	60.7	794.4	242.8	260.9	823.7	409.6
气体流量	kg/h	394263	329656	318718	547436	442765	273657	451836	431966
气体密度	kg/m^3	7.38	7.17	7.16	8.24	7.75	8.60	9.64	9.93
气体体积流量	m^3/h	53423	45977	44514	66401	57131	31821	46871	43501

续表

参数	单位	6层	13层	15层	18层	20层	25层	30层	33层
塔径	m	6	6	6	6	6	6	6	6
塔板间距	m	0.8	0.8	0.8	0.8	0.9	0.8	0.9	0.8
塔截面积	m^2	28.26	28.26	28.26	28.26	28.26	28.26	28.26	28.26
流动参数	—	0.108	0.043	0.013	0.106	0.040	0.071	0.143	0.075
实际空塔气速	m/s	0.525	0.452	0.438	0.653	0.562	0.313	0.461	0.428
临界空塔气速	m/s	1.184	1.357	1.433	1.191	1.405	1.156	1.024	1.061
空塔 F 因子	—	0.193	0.169	0.164	0.227	0.202	0.107	0.148	0.136
空塔 C 因子	m/s	0.056	0.047	0.046	0.074	0.061	0.037	0.057	0.054

6.2 常压塔水力学

由于不知道塔板计算模型，常压塔水力学计算按 F1 浮阀模型计算。由于 18 层塔板气相加液相负荷最大，所以以此层为例计算。

6.2.1 气体通过塔板总压降

1. 阀孔全开气速

$$W_h = \frac{W}{\phi} = 0.653/0.138 = 4.730\text{m/s}$$

式中 W_h——阀孔全开气速，m/s；

W——空塔实际气速，m/s；

ϕ——开孔率,%。

2. 阀孔 F 因子

$$F_0 = W_h\sqrt{\rho_v} = 4.730\sqrt{8.24} = 13.580\text{m/[s}\cdot(\text{m}^3/\text{kg})^{0.5}]$$

式中 F_0——阀孔动能因子，m/[s·(m³/kg)^0.5]；

W_h——阀孔全开气速，m/s；

ρ_v——气相密度，kg/m³。

3. 干板压降(阀全开后)

$$\Delta P_d = 5.37\frac{W_h^2\rho_v}{2g\rho_l} = 5.37\frac{4.730^2}{2\times9.81}\times\frac{8.24}{652.3} = 0.077\text{m 液柱}$$

式中 ΔP_d——干板压降(阀全开后)，m 液柱；

W_h——阀孔全开气速，m/s；

g——重力加速度，9.81m/s²；

ρ_l——液相密度，kg/m³；

ρ_v——气相密度，kg/m³。

4. 气体通过塔板液层压力降

$$\Delta P_{vl} = 0.4h_w + 2.35\times10^{-3}\left(\frac{V_l}{l}\right)^{\frac{2}{3}}$$

$$= 0.4\times0.05 + 2.35\times10^{-3}\left(\frac{794.4}{17.59}\right)^{\frac{2}{3}} = 0.050$$

式中 ΔP_{vl}——气体通过塔板液层压力降，m液柱；

h_w——出口堰高，m；

V_l——液体体积流量，m^3/h；

l——溢流堰长，m。

5. 气体克服表面张力压力降

$$\Delta P_0=\frac{2\sigma}{h_0\rho_v}=\frac{2\times0.00131}{0.015\times652.3}=0.00027\text{m 液柱}$$

式中 ΔP_0——气体克服表面张力压力降，m液柱；

h_0——浮阀最大开度，此处取0.15m；

σ——常一中油表面张力，kg/m^2；

ρ_l——液相密度，kg/m^3。

计算出较小，由于浮阀最大开度为估算，所以计算可忽略不计。

6. 气体通过塔板总压降

$$\Delta P_t=\Delta P_d+\Delta P_{vl}+\Delta P_0=0.077+0.050+0.00027=0.127\text{m 液柱}$$

式中 ΔP_d——干板压降(阀全开后)，m液柱；

ΔP_{vl}——气体通过塔板液层压力降，m液柱；

ΔP_0——气体克服表面张力压力降，m液柱；

6.2.2 雾沫夹带量

1. 堰流强度

$$W_L=V_l/l=794.4/17.59=45.16\text{m}^3/(\text{h}\cdot\text{m})$$

式中 W_L——堰流强度，$m^3/(h\cdot m)$；

V_l——液相流量，m^3/h；

l——溢流堰长度，m。

2. 堰上清液层高度

$$h_{0W}=2.84\times E\times W_L^{2/3}=2.84\times1\times45.16^{2/3}=36.02\text{mm}$$

式中 h_{0W}——堰上清液层高度，mm；

W_L——堰流强度，$m^3/(h\cdot m)$；

E——液体收缩因子，取1。

3. 板上清液层高度

$$h_L=h_w+h_{0W}=50+36.02=86.02\text{mm}$$

式中 h_L——板上清液层高度，mm；

h_{0W}——堰上清液层高度，mm；

h_w——出口堰高，mm。

4. 塔板面积与塔截面积之比

$$\varepsilon=S_t/S=22.77/28.26=0.806$$

式中 ε——塔板面积与塔截面积之比；

S_t——塔板面积，m^2；

S——塔截面积，m^2。

5. 参数 m

$$m = 5.63\times10^{-5}\left(\frac{\sigma_1}{\rho_v}\right)^{0.295}\left(\frac{\rho_1-\rho_v}{\mu_v}\right)^{0.425}$$

$$= 5.63\times10^{-5}\left(\frac{12.80}{8.24}\right)^{0.295}\left(\frac{652.3-8.24}{9.18\times10^{-7}}\right)^{0.425} = 0.369$$

式中 m——参数；

σ_1——常一中油表面张力，mPa·s；

μ_v——气相黏度；kg/(m²·s)；

ρ_1——液相密度，kg/m³；

ρ_v——气相密度，kg/m³。

6. 雾沫夹带量

$$e = \frac{A(0.052\,h_L-1.72)}{H_t^n.\ \Phi'^2}.\left(\frac{W}{\varepsilon m}\right)^{3.7}$$

$$= \frac{0.159\times(0.052\times86.02-1.72)}{900^{0.95}\times0.7^2}\times\left(\frac{0.653}{0.806\times0.369}\right)^{3.7} = 0.026\text{kg 液体/kg 气体}$$

式中 e——雾沫夹带量，kg 液体/kg 气体；

A——系数，H_t>350mm，取 0.159；

n——系数，H_t>350mm，取 0.95；

Φ'——系数，0.6~0.8，取 0.7；

m——参数；

ε——塔板面积与塔截面积之比；

h_L——板上清液层高度，mm；

W——空塔实际气速，m/s；

H_t——板间距，mm。

6.2.3 漏液率

$$N_W = 2.09\ (W\rho_v 0.5)^{-5.95}\left(\frac{W_L}{3600}\rho_1\right)^{1.43}$$

$$= 2.09\ (0.653\times8.24^{0.5})^{-5.95}\left(\frac{45.16}{3600}\times652.3\right)^{1.43} = 1.01$$

式中 N_W——漏液率,%；

W_L——堰流强度，m³/(h·m)；

W——空塔实际气速，m/s；

ρ_1——液相密度，kg/m³；

ρ_v——气相密度，kg/m³。

6.2.4 液体通过塔板总压降

1. 进口溢流堰底隙处流速

$$W_b = \frac{V_1}{l\times h_b} = \frac{794.4}{17.59\times0.038} = 0.330\text{m/s}$$

式中 W_b——进口溢流堰底隙处流速，m/s；

V_l——液相流量，m^3/h；

l——堰长，m；

h_b——进口溢流堰底隙，m；

2. 通过降液管压降

$$\Delta P_{dk}=0.153\times W^2_b=0.153\times 0.330^2=0.017\text{m 液柱}$$

式中 ΔP_{dk}——通过降液管压降，m 液柱；

W_b——进口溢流堰底隙处流速，m/s。

3. 液体通过塔板总压降

$$\Delta P_l=\Delta P_t+h_L/1000+\Delta P_{dk}=0.127+\frac{86.02}{1000}+0.017=0.230\text{m 液柱}$$

式中 ΔP_l——液体通过塔板总压降，m 液柱；

ΔP_t——气体通过塔板总压降，m 液柱；

h_L——板上清液层高度，mm；

ΔP_{dk}——通过降液管压降，m 液柱。

液体通过塔板总压降 0.230m 液柱小于 0.36m 液柱[要求小于(0.4~0.6)H_t，H_t为 0.9m，取小值为 0.36m]，所以不会发生淹塔。

6.2.5 降液管液泛率

$$DC_{up}=\Delta P_l/0.5/H_t\times 100\%=0.230/0.5/0.9\times 100\%=51.1\%$$

式中 ΔP_l——通过降液管压降，m 液柱；

H_t——板间距，m。

6.2.6 降液管负荷

1. 允许最大降液管负荷

降液管内液体允许最大流速：

$$V_{d1}=0.17\cdot K\cdot K_S=0.17\times 0.95\times 0.82=0.132\text{m/s}$$

式中 V_{d1}——降液管内液体允许最大流速 1，m/s；

K——系统因数，常压塔取：0.95~1.0，取 0.95；

K_S——安全因数，直径 $D>0.9$m，$H_t>0.5$m 的常压塔取 0.82。

降液管内液体允许最大流速 2：

$$V_{d2}=0.00798\cdot K\cdot K_S\sqrt{H_t(\rho_l-\rho_v)}$$
$$=0.00798\times 0.95\times 0.82\sqrt{0.9(652.3-8.24)}=0.158\text{m/s}$$

式中 V_{d2}——降液管内液体允许最大流速 2，m/s；

K——系统因数，常压塔取：0.95~1.0，取 0.95；

K_S——安全因数，直径 $D>0.9$m，$H_t>0.5$m 的常压塔取 0.82。

H_t——板间距，m；

ρ_l——液相密度，kg/m^3；

ρ_v——气相密度，kg/m^3。

降液管内液体允许最大流速取上述两种算法最小值为 0.132m/h。

2. 实际降液管负荷

$$V_d = \frac{V_l}{F_d} = 794.4 \div 3600 \div 3.36 = 0.066\text{m/s}$$

式中 V_d——降液管内液体流速，m/s；

V_l——液相流量，m^3/h；

F_d——降液管面积，m^2。

实际降液管负荷小于最大降液管内液体允许流速。

通过上述计算，常压塔 18 层塔板各参数汇总见表 2-107。

表 2-107　常压塔 18 层塔板水力学数据表

项目	单位	数据
阀孔动能因子	$m/[s\cdot(m^3/kg)^{0.5}]$	13.58
气体通过塔盘总压降	m 液柱	0.127
堰流强度	$m^3/(m\cdot h)$	45.16
板上清液层高度	mm	86.02
雾沫夹带量	kg/kg	0.026
泄漏量	%	1.01
液体通过塔盘总压降	m 液柱	0.230
降液管负荷	m/s	0.066
降液管液泛率	%	51.1

6.3 塔板负荷性能图

6.3.1 雾沫夹带线

雾沫夹带线推导：

雾沫夹带量为 0.1kg/kg 时为雾沫夹带上限线，以下三个公式除 V_l 和 W 是变量外，其他参数都已定，将两个公式转换。

$$W_L = V_l / l$$

$$h_{0W} = 2.84 \times E \times W_L^{2/3}$$

$$h_L = h_w + h_{0W}$$

$$e = \frac{A(0.052\,h_L - 1.72)}{H_t^n \cdot \Phi'^2} \times \left(\frac{W}{\varepsilon m}\right)^{3.7}$$

式中 e——雾沫夹带量，kg 液体/kg 气体；

A——系数，H_t>350mm，取 0.159；

n——系数，H_t>350mm，取 0.95；

Φ'——系数，0.6~0.8，取 0.7；

m——参数；

ε——塔板面积与塔截面积之比；

h_L——板上清液层高度，mm；

W——空塔实际气速，m/s；

H_t——板间距，mm；

W_L——堰流强度，$m^3/(h\cdot m)$；

V_l——液相流量，m^3/h；

l——溢流堰长度，m。

将公式转换：

$$W=\left(\frac{1}{0.009836\ V_l^{2/3}+0.3964}\right)^{1/3.7}$$

式中　W——空塔实际气速，m/s；

V_l——液相流量，m^3/h。

根据上述公式，计算不同液相负荷时的空塔气速，见表2-108。

表2-108　$e=0.1$时不同液相负荷的空塔气速数据表

液相负荷/(m^3/h)	空塔气速/(m/s)	液相负荷/(m^3/h)	空塔气速/(m/s)
100	1.144	1300	0.886
300	1.049	1500	0.868
500	0.996	1700	0.853
700	0.958	1900	0.840
900	0.929	2100	0.828
1100	0.905		

6.3.2　淹塔线

淹塔线推导：

为了防止发生淹塔，必须满足$\Delta P_l \leq (0.4\sim0.6)(H_t+h_w)$的要求，本次计算淹塔线时取系数为0.5，则淹塔线为$\Delta P_l=0.5\times0.9=0.45$(无入口堰)，以下公式除$V_l$和$W$是变量外，其他参数都已定。

$$\Delta P_l=\Delta P_t+h_L/1000+\Delta P_{dk}$$

$$\Delta P_{dk}=0.153\times W_b^2$$

$$W_b=\frac{V_l}{l\times h_b}$$

$$\Delta P_t=\Delta P_d+\Delta P_{vl}+\Delta P_0$$

$$\Delta P_d=5.37\ \frac{W_h^2\rho_v}{2g\,\rho_l}$$

$$\Delta P_{vl}=0.4h_w+2.35\times10^{-3}\left(\frac{V_l}{l}\right)^{\frac{2}{3}}$$

$$W_L=V_l/l$$

$$h_{0W}=2.84\times E\times W_L^{2/3}$$

$$h_L=h_w+h_{0W}$$

将公式转换为：

$$W=\sqrt{(0.38-0.00076734\ V_l^{\frac{2}{3}}-2.6423\times10-8V_l^2)/0.18086}$$

式中　W——空塔实际气速，m/s；

V_l——液相流量，m^3/h。

根据上述公式，计算不同液相负荷时的空塔气速见表2-109。

表 2-109 淹塔时液相负荷的空塔气速数据表

液相负荷/(m^3/h)	空塔气速/(m/s)	液相负荷/(m^3/h)	空塔气速/(m/s)
100	1.417	1300	1.161
300	1.378	1500	1.103
500	1.341	1700	1.037
700	1.302	1900	0.961
900	1.260	2100	0.872
1100	1.213		

6.3.3 降液管超负荷线

6.2.6 已计算淹塔线推导降液管内液体允许最大流速为 0.132m/h，此时的降液管最大液相流量为降液管超负荷线。

$$V_l = V_{dmax} \times F_d = 0.132 \times 3600 \times 3.36 = 1602\ m^3/h$$

式中 V_l——液相流量，m^3/h；

V_{dmax}——降液管内液体允许最大流速，m/s；

F_d——降液管面积，m^2。

在降液管超负荷线临界点液相负荷时的空塔气速数据见表 2-110。

表 2-110 在降液管超负荷线临界点液相负荷时的空塔气速数据表

液相负荷/(m^3/h)	空塔气速/(m/s)	液相负荷/(m^3/h)	空塔气速/(m/s)
1602	0	1602	1.7
1602	1.2		

注：与空塔气速无关。

6.3.4 漏液线

为了防止发生漏液，必须满足泄漏量 N_W 小于 10%的要求，以下公式除 V_l 和 W 是变量外，其他参数都已定。

$$W_L = V_l / l$$

$$N_W = 2.09\ (W \rho_v^{\ 0.5})^{-5.95} \left(\frac{W_L}{3600} \rho_l \right)^{1.43}$$

式中 N_W——漏液率，%；

W_L——堰流强度，m^3/(h · m)；

W——空塔实际气速，m/s；

ρ_l——液相密度，kg/m^3；

ρ_v——气相密度，kg/m^3。

V_l——液相流量，m^3/h；

l——溢流堰长度，m。

将公式转换为：

$$W = \left(\frac{V_l^{1.43}}{1743435} \right)^{1/5.95}$$

式中　W——空塔实际气速，m/s；

V_1——液相流量，m^3/h；

漏液量为10%时，液相负荷的空塔气速数据见表2-111。

表2-111　漏液量为10%时，液相负荷的空塔气速数据表

液相负荷/(m^3/h)	空塔气速/(m/s)	液相负荷/(m^3/h)	空塔气速/(m/s)
100	0.270	1300	0.501
300	0.352	1500	0.518
500	0.398	1700	0.534
700	0.431	1900	0.548
900	0.458	2100	0.562
1100	0.481		

6.3.5　塔板负荷性能图

实际操作线，取坐标原点，实际操作点，线性延伸点，数据见表2-112。

表2-112　实际操作数据表

项目	液相负荷/(m^3/h)	空塔气速/(m/s)
坐标原点	0	0
实际操作点	794.4	0.653
线性延伸点	1210.7	1

常压塔18层塔板负荷性能图见图2-31。

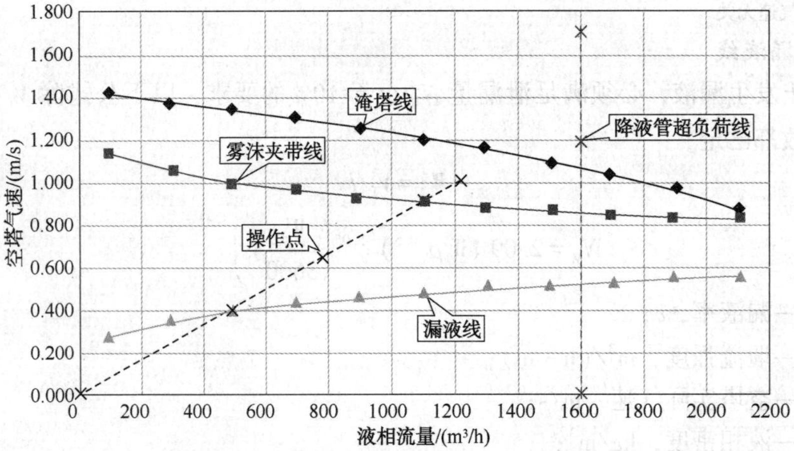

图2-31　常压塔18层塔板负荷性能图

由负荷性能图可以看出，该塔的气液相负荷在合适范围内，有一定余地。

7　换热器

已知原油-常顶循换热器共6台，连接方式为3台串联，串联的2组再并联。由于运行至后期，结垢严重，常顶循侧流量随运行时间逐步缓慢下降，导致顶循取热不足，而常顶回流由于设计较小，导致顶温难以控制，常顶一级油KK波动大，影响常压塔运行，操作上降低加工量维持操作。由于2016年标定时未对换热器现场相关数据进行记录，为此采用现运行数据(2019年11月15日)。目前，由于一组换热器泄漏，而常顶循进出口阀门内漏，无法切出处理，现一组运行，本次计算的常顶循换热器E102/2管束为19年1月新更换。已知换热器参数见表2-113。

表2-113 常顶循换热器参数

位号	E102/2		
型号	BIU1000-2.5/2.5-405-6/19-4LBB=450		
换热面积/m^2	405	壳体直径/mm	1000
壳程数	1	管程数	4
管子形式	光管	折流板形式	单弓
折流板间距/mm	450	管子数	1152
换热管直径/mm	$\phi19\times3$	换热管长度/mm	6000
换热管间距/mm	25	管子排列形式	正方形旋转45°
中心管排数	24	—	—
管程入口管嘴直径/mm	250	壳程入口管嘴直径/mm	250
管程出口管嘴直径/mm	250	壳程出口管嘴直径/mm	250

已知换热器进出物料工艺及物性数据见表2-114。

表2-114 常顶循换热器E102/2进出物料工艺及物性数据

参数	单位	壳程	管程
介质	—	原油	常顶循
流量	kg/h	215674	163128
20℃密度	kg/m^3	870.2	766.0
d_4^{20}	—	0.8702	0.766
入口温度	℃	68	137
出口温度	℃	98	101
$d_{15.6}^{15.6}$	—	0.8744	0.7702
API度	—	30.33	52.09
特性因数	—	11.75	11.90
运动黏度50℃	mm^2/s	6.423	—
运动黏度80℃	mm^2/s	4.233	—

7.1 换热器进出物料相关物性

7.1.1 定性温度

按管程雷诺系数$Re>2100$，壳程雷诺系数$Re<2100$计算，根据《冷换设备工艺计算手册》P19，公式(1-2-15)得：

$$t_D=(t_h+0.6)/2=(98+68)/2=83.0℃$$

$$T_D=0.4T_h+0.6T_c=0.4\times137+0.6\times101=115.4℃$$

式中 t_D——壳程冷物流原油定性温度，℃；

t_h——壳程冷物流原油高温端温度,℃;

t_c——壳程冷物流原油低温端温度,℃;

T_D——管程热物流常顶循定性温度,℃;

T_h——管程热物流常顶循高温端温度,℃;

T_c——管程热物流常顶循低温端温度,℃。

7.1.2　定性温度下密度

根据《冷换设备工艺计算手册》P75,附表1-7油品性质计算公式。密度计算公式为:

$$\rho=T(1.307d_4^{20}-1.817)+973.86d_4^{20}+36.34$$

式中　ρ——密度,kg/m^3;

T——定性温度,℃;

d_4^{20}——相对密度。

计算常顶循在定性温度下的密度:

$$\rho_h=115.4(1.307\times0.766-1.817)+973.86\times0.766+36.34=688.2kg/m^3$$

式中　ρ_h——常顶循在定性温度下密度,kg/m^3。

计算原油在定性温度下的密度:

$$\rho_c=83(1.307\times0.8702-1.817)+973.86\times0.8702+36.34=827.4kg/m^3$$

式中　ρ_c——原油在定性温度下密度,kg/m^3。

7.1.3　定性温度下比热容

1. 计算各物料进出口焓值

根据纳尔逊拟合式计算各物料进出口焓值见表2-115。

表2-115　常顶循换热器进出物料焓值表

参数	温度/℃	焓值/(kJ/kg)	参数	温度/℃	焓值/(kJ/kg)
原油入口	68	166.90	常顶循入口	137	347.01
原油出口	98	230.15	常顶循出口	101	258.93

通过焓差和温差计算物料 C_P:

$$C_{Ph}=(H_{h1}-H_{h2})/(T_h-T_c)=(347.01-258.93)/(137-101)=2.4467kJ/(kg\cdot℃)$$

$$C_{Pc}=(H_{c1}-H_{c2})/(t_h-t_c)=(230.15-166.90)/(98-68)=2.1083kJ/(kg\cdot℃)$$

式中　C_{Ph}——常顶循比热容,$kJ/(kg\cdot℃)$;

H_{h1}——常顶循在入口温度下焓值,kJ/kg;

H_{h2}——常顶循在出口温度下焓值,kJ/kg;

T_h——管程热物流常顶循高温端温度,℃;

T_c——管程热物流常顶循低温端温度,℃;

C_{Pc}——原油比热容,$kJ/(kg\cdot℃)$;

H_{h1}——原油在出口温度下焓值,kJ/kg;

H_{h2}——原油在入口温度下焓值,kJ/kg;

t_h——壳程冷物流原油高温端温度,℃;

t_c——壳程冷物流原油低温端温度,℃。

2. 比热容计算

根据《冷换设备工艺计算手册》P75,附表1-7油品性质计算公式,比热容计算公式为:

$$C_p=4.1855\{0.6811-0.308(0.99417d_4^{20}+0.009181)+(1.8T+32)$$
$$[0.000815-0.000306(0.99417d_4^{20}+0.009181)]\}\times(0.055K+0.35)$$

式中 C_p——比热容，kJ/(kg·℃)；

K——特性因数；

T——定性温度,℃；

d_4^{20}——相对密度。

计算常顶循在定性温度下的比热容：

$$C_{ph}=4.1855\{0.6811-0.308(0.99417\times0.766+0.009181)+(1.8\times115.4+32)$$
$$[0.000815-0.000306(0.99417\times0.766+0.009181)]\}\times(0.055\times11.90+0.35)$$
$$=2.4467\text{kJ/(kg·℃)}$$

式中 C_{Ph}——常顶循在定性温度下比热容，kJ/(kg·℃)。

计算原油在定性温度下的比热容：

$$C_{pc}=4.1855\{0.6811-0.308(0.99417\times0.8702+0.009181)+(1.8\times83+32)$$
$$[0.000815-0.000306(0.99417\times0.8702+0.009181)]\}$$
$$(0.055\times11.75+0.35)=2.1313\text{kJ/(kg·℃)}$$

式中 C_{Pc}——原油在定性温度下比热容，kJ/(kg·℃)。

两种方法计算出来的比热容 C_p 相差不大，因此采用第二种方法计算出来的比热容 C_p。

7.1.4 定性温度下导热系数

根据《冷换设备工艺计算手册》P75，附表 1-7 油品性质的计算公式，导热系数计算公式为：

$$\lambda=(0.0199-0.0000656T+0.098)/(0.99417d_4^{20}+0.009181)$$

式中 λ——导热系数，W/(m·℃)；

T——定性温度,℃；

d_4^{20}——相对密度。

计算常顶循在定性温度下的导热系数：

$$\lambda_h=(0.0199-0.0000656\times115.4+0.098)/(0.99417\times0.766+0.009181)$$
$$=0.1432\text{W/(m·℃)}$$

式中 λ_h——常顶循在定性温度下的导热系数，W/(m·℃)。

计算原油在定性温度下的导热系数：

$$\lambda_h=(0.0199-0.0000656\times83+0.098)/(0.99417\times0.8702+0.009181)$$
$$=0.1286\text{W/(m·℃)}$$

式中 λ_h——原油在定性温度下的导热系数，W/(m·℃)。

7.1.5 定性温度下黏度

由于已经分析了原油 50℃和 80℃的运动黏度，根据《冷换设备工艺计算手册》P75，附表 1-7 油品性质的计算公式，计算定性温度 83℃的黏度计算公式为：

由于原油 d_4^{20} 为 0.8702，大于 0.8 小于 0.9，则，

$C=2.4-2.0d_4^{20}=2.4-2.0\times0.8702=0.66$

$$b=\frac{\ln[\ln(V_1+C)]-\ln[\ln(V_2+C)]}{\ln(T_1+273)-\ln(T_2+273)}$$

$$=\frac{\ln[\ln(6.423+0.66)]-\ln[\ln(4.233+0.66)]}{\ln(50+273)-\ln(80+273)}=-2.358$$

$$a=\ln[\ln(V_1+C)]-b[\ln(T_1+273)]$$

$$=\ln[\ln(6.423+0.66)]+2.358\ln(50+273)=14.30$$

壳程物流原油特性温度下的运动黏度为：

$$v_c=\exp\{\exp[a+b\ln(t_D+273)]\}-C$$

$$=\exp\{\exp[14.30-2.358\times\ln(83+273)]\}-0.66$$

$$=4.082\text{mm}^2/\text{s}$$

则壳程物流原油特性温度下的动力黏度为

$$\mu_c=\rho_c\times v_c\times10^{-3}=829.4\times4.082\times10^{-3}=3.377\text{mPa}\cdot\text{s}$$

式中 v_c——壳程物流原油定性温度下的运动黏度，mm^2/s；

V_1——原油 50℃时运动黏度，mm^2/s；

V_2——原油 80℃时运动黏度，mm^2/s；

T_1——50℃；

T_2——80℃；

t_D——壳程物流原油定性温度，℃；

$a/b/C$——常数；

μ_c——原油在定性温度下动力黏度，mPa·s；

ρ——密度，kg/m^3。

由于顶循未分析运动黏度，因此此处动力黏度数据使用流程模拟数据 115.4℃时的动力黏度，为 0.2683mPa·s。

求得的冷、热物流定性温度下的相关物性，见表 2-116。

表 2-116 常顶循换热器冷、热物流定性温度下的相关物性表

物流	定性温度/℃	密度/(kg/m^3)	比热容/[kJ/(kg·℃)]	导热系数/[W/(m·℃)]	黏度/(mPa·s)
热流(顶循)	115.4	688.2	2.449	0.1432	0.2683
冷流(原油)	83	827.4	2.131	0.1286	3.3773

7.2 换热器热负荷平均温差

7.2.1 换热器热负荷

热流(常顶循)热负荷：

$$Q_h=W_h\times C_{Ph}\times(T_h-T_c)/3600=163128\times2.449\times(137-101)/3600=3995.4\text{kW}$$

式中 Q_h——热流热负荷，kW；

C_{Ph}——热流常顶循比热容，kJ/(kg·℃)；

W_h——热流常顶循流量，kg/h；

T_h——管程热物流常顶循高温端温度，℃；

T_c——管程热物流常顶循低温端温度，℃。

冷流(原油)热负荷：

$$Q_c=W_c\times C_{Pc}\times(t_h-t_c)/3600=215674\times2.119\times(98-68)/3600=3830.5\text{kW}$$

式中 Q_c——冷流热负荷，kW；

C_{Pc}——冷流原油比热容，kJ/(kg·℃)；

W_c——冷流原油流量，kg/h；

t_h——壳程冷物流原油高温端温度,℃；

t_c——壳程冷物流原油低温端温度,℃。

冷热流负荷相对误差：

$$1-Q_c/Q_h=1-38030.5/3995.4=0.0236=2.36\%$$

冷热流负荷相对误差为2.36%，主要由于温度是采用现场温度计记录的，存在一定的偏差，另外部分热损失导致偏差，但小于10%，符合实际要求。以下计算热负荷以热源负荷为基准。

7.2.2　换热器有效平均温差

1. 对数平均温差

$$\Delta t_m=\frac{(T_h-t_h)-(T_c-t_c)}{\ln\frac{T_h-t_h}{T_c-t_c}}=\frac{(137-98)-(101-68)}{\ln\frac{137-98}{101-68}}35.92℃$$

式中　Δt_m——对数平均温差,℃；

T_h——管程热物流常顶循高温端温度,℃；

T_c——管程热物流常顶循低温端温度,℃；

t_h——壳程冷物流原油高温端温度,℃；

t_c——壳程冷物流原油低温端温度,℃。

2. 对数平均温差校正系数

根据《冷换设备工艺计算手册》P11，公式(1-2-13)。对数平均温差校正系数为：

$$P=\frac{t_h-t_c}{T_h-t_c}=\frac{98-68}{107-68}=0.435$$

$$R=\frac{T_h-T_c}{t_h-t_c}=\frac{137-101}{98-68}=1.2$$

式中　P——温度效率；

R——温度相关系数,℃；

T_h——管程热物流常顶循高温端温度,℃；

T_c——管程热物流常顶循低温端温度,℃；

t_h——壳程冷物流原油高温端温度,℃；

t_c——壳程冷物流原油低温端温度,℃。

对数平均温差校正系数计算：

$$P_n=\frac{1-\left(\frac{1-P\cdot R}{1-P}\right)^{\frac{1}{N_S}}}{R-\left(\frac{1-P\cdot R}{1-P}\right)^{\frac{1}{N_S}}}=\frac{1-\left(\frac{1-0.435\times1.2}{1-0.435}\right)^{\frac{1}{1}}}{1.2-\left(\frac{1-0.435\times1.2}{1-0.435}\right)^{\frac{1}{1}}}=0.4348$$

$$F_T=\frac{\frac{\sqrt{R^2+1}}{R-1}\ln\left(\frac{1-P_n}{1-P_n\cdot R}\right)}{\ln\left(\frac{2/P_n-1-R+\sqrt{R^2+1}}{2/P_n-1-R-\sqrt{R^2+1}}\right)}=\frac{\frac{\sqrt{1.2^2+1}}{1.2-1}\ln\left(\frac{1-0.4348}{1-0.4384\times1.2}\right)}{\ln\left(\frac{2/0.4348-1-1.2+\sqrt{1.2^2+1}}{2/0.4348-1-1.2-\sqrt{1.2^2+1}}\right)}=0.8398$$

式中　F_T——对数平均温差校正系数；

P——温度效率；

R——温度相关系数,℃；

N_s——壳程数。

3. 有效平均温差

$$\Delta t=\Delta t_m \times F_T=35.92\times 0.8398=30.16℃$$

式中　Δt——有效平均温差,℃；

Δt_m——对数平均温差,℃；

F_T——对数平均温差校正系数。

7.3　换热器热传热系数

7.3.1　雷诺数

1. 管程流股雷诺系数

根据《冷换设备工艺计算手册》P19，公式(1-2-17)，求管程物流雷诺系数：

$$d_i=d_o-2t_s=0.019-2\times 0.003=0.013\text{m}$$

$$G_i=\frac{W_i}{S_i}=\frac{W_i}{\frac{\pi}{4}d_i^{\ 2}\frac{N_t}{N_{tP}}}=\frac{163128}{0.785\times 0.013^2\times 1152\div 4\times 3600}=1186.0\text{kg/(m}^2\cdot\text{s)}$$

$$Re_i=\frac{d_iG_i}{\mu_{iD}}=\frac{0.013\times 1186.0}{0.2683\times 10^{-3}}=57465$$

式中　G_i——管程质量流速，kg/(m²·s)；

Re_i——管程雷诺系数；

W_i——管程质量流量，kg/h；

S_i——单程管管程流通面积，m²；

d_i——换热管内径，m；

d_o——换热管外径，m；

t_s——换热管壁厚，m；

N_t——换热管数量，根；

N_{tP}——管程数；

μ_{iD}——管程物流定性温度下的黏度，Pa·s。

管程物流雷诺系数 $Re_i=57465>2100$，也证明管程物流的特性温度计算公式是正确的。

2. 壳程流股雷诺系数

该换热器换热管按正方形45°排列，根据《冷换设备工艺计算手册》P23，公式(1-2-42)等，求壳程物流雷诺系数：

$$d_e=\frac{4(P_t^2-\frac{\pi}{4}d_o^2)}{\pi d_o}=\frac{4\times 0.025^2-3.14\times 0.019^2}{3.14\times 0.019}=0.023\text{m}$$

$$G_o=\frac{W_o}{S_o}=\frac{W_o}{(D\text{i}-n_xd_O)\text{B}}=\frac{215674\div 3600}{(1.0-24\times 0.019)\times 0.45}=244.7\text{kg/(m}^2\cdot\text{s)}$$

$$Re_o=\frac{d_eG_o}{\mu_{oD}}=\frac{0.023\times 244.7}{3.3773\times 10^{-3}}=1660$$

式中 d_e——壳程当量直径，m；

P_t——换热管中心距，m；

D_i——壳程直径，m；

d_o——换热管外径，m；

W_o——壳程物流质量流量，kg/s；

S_o——壳程流通面积，m^2；

d_i——壳程内径，m；

n_x——中心管排数，根；

B——折流板间距，m；

G_o——壳程物流质量流速，kg/(m^2·s)；

Re_o——壳程雷诺系数(无因次)；

μ_{oD}——壳程物流定性温度下的黏度，Pa·s。

7.3.2 普兰特准数

1. 计算管程普兰特准数

根据《冷换设备工艺计算手册》P19，公式(1-2-18)，求管程物流普兰特准数：

$$Pr_i = C_{p\,iD} \times \mu_{iD} \div \lambda_{iD} = 2.405 \times 10^3 \times 0.2683 \times 10^{-3} \div 0.1432 = 4.59$$

式中 Pr_i——管程普兰特准数(无因次)；

$C_{p\,iD}$——管程物流定性温度下的比热容，J/(kg·℃)；

μ_{iD}——管程物流定性温度下的黏度，Pa·s；

λ_{iD}——管程物流定性温度下的导热系数，W/(m·℃)。

2. 计算壳程普兰特准数

根据《冷换设备工艺计算手册》P24，公式(1-2-43)，求壳程物流普兰特准数：

$$Pr_o = C_{p\,oD} \times \mu_{oD} \div \lambda_{oD} = 2.131 \times 10^3 \times 3.3773 \times 10^{-3} \div 0.1286 = 55.96$$

式中 Pr_o——壳程普兰特准数(无因次)；

$C_{p\,oD}$——壳程物流定性温度下的比热容，J/(kg·℃)；

μ_{oD}——壳程物流定性温度下的黏度，Pa·s；

λ_{oD}——壳程物流定性温度下的导热系数，W/(m·℃)。

7.3.3 膜传热系数

1. 计算管程膜传热系数

由于管程物流雷诺系数 $Re_i = 57465 > 10^4$，根据《冷换设备工艺计算手册》P20，公式(1-2-24)，管内传热因子为：

$$J_{Hi} = 0.023 \times Re_i^{0.8} = 0.023 \times 57465^{0.8} = 147.7$$

式中 J_{Hi}——管程传热因子；

Re_i——管程物流雷诺系数。

黏度校正系数暂时按 $\Phi_i \approx 1$ 计算，则管程的膜传热系数为：

$$h'_{io} = \frac{\lambda_{iD}}{d_o} \cdot J_{Hi} \cdot Pr_i^{\frac{1}{3}} \cdot \Phi_i = \frac{0.14320}{0.019} \times 147.7 \times 4.59^{\frac{1}{3}} \times 1 = 1848.9\,\text{W/(m}^2\cdot\text{K)}$$

式中 h'_{io}——以管外面积为基准的管程传热系数，W/(m^2·K)；

λ_{iD}——管程物流定性温度下的导热系数，W/(m·℃)；

d_o——换热管外径，m。

2. 计算壳程膜传热系数

该换热器换热管为正方形45°排列，且壳程 $Re_o=1660>10^3$，根据《冷换设备工艺计算手册》P24，公式(1-2-47)，壳程传热因子为：

$$J_{Ho}=0.378Re_o^{0.554}\cdot\left(\frac{Z-15}{10}\right)+0.41Re_o^{0.5634}\cdot\left(\frac{25-Z}{10}\right)$$

$$=0.378\times1660^{0.554}\times\left(\frac{25-15}{10}\right)+0.41\times1660^{0.5634}\times\left(\frac{25-25}{10}\right)=22.98$$

式中 J_{Ho}——壳程传热因子；

Re_o——壳程物流雷诺系数；

Z——折流板弓缺，取25,%。

根据《冷换设备工艺计算手册》P24，表1-16《旁路挡板传热与压力降校正系数》查得该换热器旁路挡板传热校正系数为：$\varepsilon_h=1.14$。

根据《冷换设备工艺计算手册》P24，公式(1-2-44)，黏度校正系数暂时按 $\Phi_o\approx1$ 计算，则壳程膜传热系数为：

$$h'_o=\frac{\lambda_{oD}}{d_e}\cdot J_{Ho}\cdot Pr_O^{\frac{1}{3}}\cdot\Phi_o\cdot\varepsilon_h=\frac{0.1286}{0.0229}\times22.98\times55.96^{\frac{1}{3}}\times1\times1.14=562.8\text{W/(m}^2\cdot\text{K)}$$

式中 h'_o——壳程传热系数，W/(m²·K)；

d_e——壳程当量直径，m；

λ_{OD}——壳程物流定性温度下的导热系数，W/(m·℃)

J_{Ho}——壳程传热因子；

Pr_o——壳程普兰特准数；

ε_h——旁路挡板传热校正系数；

ϕ_o——壳程黏度校正系数。

3. 黏度校正系数

(1) 管程黏度校正系数计算

该换热器热流在管程，根据《冷换设备工艺计算手册》P21，公式(1-2-26)，则换热器管壁温为：

$$t_W=\frac{h_{io}}{h_o+h_{io}}\cdot(T_D-t_D)+t_D=\frac{1845.0}{562.8+1845.0}\times(115.4-83)+83=107.8℃$$

式中 t_w——换热器壁温,℃；

h_{io}——管程传热系数，W/(m²·K)；

h_o——壳程传热系数，W/(m²·K)；

T_D——管程物流定性温度,℃；

t_D——壳程物流定性温度,℃。

由于顶循未分析运动黏度，因此此处动力黏度数据使用流程模拟数据107.8℃时的动力黏度，为0.2758mPa·s。

根据《冷换设备工艺计算手册》P20，公式(1-2-21)，管程黏度校正系数为：

$$\phi_i=(\mu_{iD}/\mu_{iW})^{0.14}=(0.2683/0.2758)^{0.14}=0.9961$$

式中 ϕ_i——管程黏度校正系数；

μ_{iD}——管程物流定性温度下的动力黏度，mPa·s；

μ_{iW}——管程物流壁温下的动力黏度，mPa·s。

(2) 管程黏度校正系数计算

壳程物流管壁温度下的运动黏度为：

$$V_{oW}=\exp\{\exp[a+b\ln(t_W+273)]\}-C$$
$$=\exp\{\exp[14.30-2.358\times\ln(107.8+273)]\}-0.66$$
$$=3.1120\text{mm}^2/\text{s}$$

壳程物流管壁温度下的密度为：

$$\rho_{OW}=t_W\cdot(1.307d_4^{20}-1.817)+973.86d_4^{20}+36.34$$
$$=107.8(1.307\times0.8702-1.817)+973.86\times0.8702+36.34$$
$$=810.5\text{kg/m}^3$$

壳程物流管壁温度下动力黏度为：

$$\mu_{oW}=\rho_{oW}\cdot V_{oW}\cdot10^{-3}=810.5\times3.112\times10^{-3}=2.5223\text{mPa}\cdot\text{s}$$

式中 μ_{oW}——壳程物流管壁温度下的动力黏度，mPa·s；

ρ_{oW}——壳程物流管壁温度下的密度，kg/m³；

V_{oW}——壳程物流管壁温度下的运动黏度，mm²/s。

根据《冷换设备工艺计算手册》P20，公式(1-2-44)，壳程黏度校正系数为：

$$\Phi_o=(\mu_{oD}/\mu_{oW})^{0.14}=(2.5223/3.3773)^{0.14}=1.0417$$

式中 Φ_o——壳程黏度校正系数；

μ_{oD}——壳程物流定性温度下的动力黏度，mPa·s；

μ_{oW}——壳程物流壁温下的动力黏度，mPa·s。

4. 校正传热系数

(1) 管程传热系数校正

$$h_{io}=h_{io'}\times\Phi_i=1848.9\times0.9961=1841.8\text{W/(m}^2\cdot\text{K)}$$

式中 h_{io}——以管外面积为基准的管程传热系数，W/(m²·K)；

Φ_i——管程黏度校正系数；

$h_{io'}$——以管外面积为基准的管程传热系数，W/(m²·K)。

(2) 壳程传热系数校正

$$h_o=h_{o'}\times\Phi_o=562.8\times1.0417=586.2\text{W/(m}^2\cdot\text{K)}$$

式中 h_o——壳程传热系数，W/(m²·K)；

Φ_o——壳程黏度校正系数；

$h_{o'}$——壳程传热系数，W/(m²·K)。

7.3.4 总传热系数

1. 总传热系数计算

根据《冷换设备工艺计算手册》P9，公式(1-2-3)，将公式管程传热系数计算由以管内面积为基准转换为以管外面积为基准：

$$\frac{1}{K}=\frac{1}{h_o}+r_o+\frac{1}{h_{io}}+r_i+r_p$$

式中 K——总传热系数，W/(m²·K)；

h_o——壳程传热系数，W/(m²·K)；

h_{io}——管程传热系数，W/(m^2·K)；

r_o——壳程物流污垢热阻系数，(m^2·K)/W；

r_i——管程物流污垢热阻系数，(m^2·K)/W；

r_p——金属热阻，(m^2·K)/W。

根据《冷换设备工艺计算手册》P10，表1-10，该换热器材质为碳钢，金属热的导热系数为46.7W/(m·K)，则金属热阻为：

$$r_P=\frac{d_o}{2\lambda_i}\ln\left(\frac{d_o}{d_i}\right)=\frac{0.019}{2\times46.7}\times\ln\left(\frac{0.019}{0.013}\right)=0.000077(m^2\cdot K)/W$$

式中 r_p——金属热阻，(m^2·K)/W；

λ_i——金属热的导热系数，W/(M·k)；

d_o——管外径，m；

d_i——管内径，m。

根据《冷换设备工艺计算手册》P17，表1-14(b)，壳程原油结垢热阻 r_o 为0.00053(m^2·K)/W。根据《冷换设备工艺计算手册》P18，表1-14(c)管程常顶循油结垢热阻 r_i=0.00017(m^2·K)/W。

则换热器的总传热系数为：

$$K=\frac{1}{\frac{1}{586.2}+0.00053+\frac{1}{1841.8}+0.00017+0.000077}=330.48W/(m^2\cdot K)$$

总传热系数即为结垢总传热系数。

2. 清洁总传热系数计算

清洁总传热系数即不考虑物流结垢热阻的总传热系数：

$$K_0=\frac{1}{\frac{1}{h_0}+\frac{1}{h_i}+r_p}=\frac{1}{\frac{1}{586.2}+\frac{1}{1841.8}+0.000077}=429.93W/(m^2\cdot K)$$

式中 K_o——清洁状态总传热系数，W/(m^2·K)；

h_o——壳程传热系数，W/(m^2·K)；

h_i——管程传热系数，W/(m^2·K)；

r_p——金属热阻，(m^2·K)/W。

3. 标定总传热系数

已知换热器的单台换热面积为405m^2，则标定期间换热器的实际传热系数需要的换热面积为：

$$K_b=\frac{Q}{S\Delta t}=\frac{3995.4\times1000}{405\times24.5}=327.05W/(m^2\cdot K)$$

式中 K_b——标定总传热系数，W/(m^2·K)；

Q_h——热流热负荷，W；

Δt——有效平均温差,℃；

S——换热器有效面积，m^2。

目前，传热系数为327.05W/(m^2·K)，小于结垢总传热系数330.24W/(m^2·K)，故现在该换热器已有严重结垢现象，说明顶循换热器结垢速度快。此台常顶循换热器E102/2管束为19年1月更换的，只运行了10余月就已经有比较严重的结垢，不及时处理影响装置长周期运行。

7.4 换热器热压降

7.4.1 管程压力降

1. 管内摩擦系数计算

根据《冷换设备工艺计算手册》P27，公式(1-2-35)，管程雷诺系数 $10^3<Re_h=57465<10^5$，则管内摩擦系数为：

$$f_i=0.4513Re_i^{-0.2653}=0.4513\times57465^{-0.2653}=0.0246$$

式中 f_i——管内摩擦系数；

Re_i——管程雷诺系数。

2. 管内流动压力降计算

根据《冷换设备工艺计算手册》P27，公式(1-2-33)，则管内流动压力降为：

$$\Delta P_i=\frac{G_i^2}{2\rho_{iD}}\cdot\frac{L\cdot N_{tp}}{d_i}\cdot\frac{f_i}{\Phi_i}=\frac{1186.0^2}{2\times688.2}\times\frac{6\times4}{0.013}\times\frac{0.0246}{0.9961}=46684\text{Pa}$$

式中 ΔP_i——管程直管压力降，Pa；

f_i——管内摩擦系数(无因次)；

G_i——管程物流质量流速，kg/(m²·s)；

L——换热管长度，m；

N_{tp}——管程数；

ρ_{iD}——管程物流定性温度下的密度，kg/m³；

Φ_i——管程物流黏度校正系数。

3. 回弯压力降计算

根据《冷换设备工艺计算手册》P27，公式(1-2-40)，回弯压力降为：

$$\Delta P_r=\frac{G_i^{\ 2}}{2\rho_{iD}}\cdot(4N_{tp})=\frac{1186.0^2}{2\times688.2}\times(4\times4)=16351\text{Pa}$$

式中 ΔP_r——管程物流回弯压力降，Pa；

G_i——管程物流质量流速，kg/(m²·s)；

N_{tp}——管程数；

ρ_{iD}——管程物流定性温度下的密度，kg/m³。

4. 进出口管嘴压力降计算

根据《冷换设备工艺计算手册》P28，公式(1-2-41)，管程进出口管嘴质量流速为：

$$G_{Ni}=\frac{W_i}{\frac{\pi}{4}D_i^2}=\frac{163128\div3600}{0.785\times0.252}=923.6\text{kg/(m}^2\cdot\text{s)}$$

式中 G_{Ni}——管程物流进出口管嘴质量流速，kg/(m²·s)；

W_i——管程物流质量流速，kg/s；

D_i——管程进出口管嘴直径，m。

管程出入口管嘴相同，则管程进出口管嘴压力降为：

$$\Delta P_{Ni}=\frac{1.5G_{Ni}^2}{2\rho_{iD}}=\frac{1.5\times923.6^2}{2\times688.2}=930\text{Pa}$$

式中　ΔP_{Ni}——管程物流进出口管嘴压力降，Pa；

G_{Ni}——管程物流进出口管嘴质量流速，kg/(m²·s)；

ρ_{iD}——管程物流定性温度下的密度，kg/m³。

5. 管程压力将计算

根据管程物流污垢热阻系数0.00017，根据《冷换设备工艺计算手册》P22表1-15，管程压力降结构校正系数为：$F_o=1.2$。

根据《冷换设备工艺计算手册》P22，公式(1-2-32)，管程压力降为：

$$\Delta P_t=(\Delta P_i+\cdot P_r)\Delta F_o+\Delta P_{Ni}=(46684+16351)\times1.2+930=76572\text{Pa}$$

式中　ΔP_t——管程总压力降，Pa；

ΔP_i——管程流动压力降，Pa；

ΔP_r——管程物流回弯压力，Pa；

ΔP_{Ni}——管程物流进出口管嘴压力降，Pa；

F_o——管程压力降结构校正系数。

7.4.2　壳程压力降

1. 壳程摩擦系数计算

该换热器换热管为正方形45°排列，且壳程雷诺系数$1500<Re_o=1660<15000$，为弓缺为25%，根据根据《冷换设备工艺计算手册》P27，公式(1-2-60)，壳程摩擦系数为：

$$f_o=0.731\,Re_o^{-0.0774}=0.731\times1660^{-0.0774}=0.412$$

式中　f_o——壳程摩擦系数；

Re_o——壳程雷诺系数。

2. 壳程流动压力降

根据《冷换设备工艺计算手册》P24，表1-16《旁路挡板传热与压力降校正系数》查得该换热器壳程内径为1.0m时旁路挡板传热校正系数为：$\varepsilon_{\Delta P}=1.51$。

根据根据《冷换设备工艺计算手册》P27，公式(1-2-57)，壳程流动压力降：

$$\Delta P_o=\frac{G_0^2}{2\rho_{oD}}\cdot\frac{D_s\cdot(N_b+1)}{d_e}\cdot\frac{f_o}{\phi_o}\cdot\varepsilon_{\Delta P}$$

$$=\frac{244.73^2}{2\times827.4}\times\frac{0.45\times(12+1)}{0.0229}\times\frac{0.412}{1.0417}\times1.15=5518\text{Pa}$$

式中　ΔP_o——壳程流动压力降，Pa；

f_o——壳程物流摩擦系数(无因次)；

$\varepsilon_{\Delta P}$——壳程挡板压力降校正系数(无因次)；

G_O——壳程质量流速，kg/(m²·s)；

ρ_{oD}——壳程物流定性温度下的密度，kg/m³；

D_s——壳程折流板间距，m；

N_b——壳程折流板数量，个；

d_e——壳程当量直径，m；

Φ_o——壳程黏度校正系数(无因次)。

3. 壳程进出口管嘴压力降

根据根据《冷换设备工艺计算手册》P29，公式(1-2-87)，壳程进出口管嘴质量流速为：

$$G_{NO}=\frac{W_O}{\frac{\pi}{4}\cdot D_o^2}=\frac{215674\div3600}{0.785\times0.25^2}=1221.1\text{kg/(m}^2\cdot\text{s)}$$

式中 G_{NO}——壳程物流进出口管嘴质量流速，kg/(m²·s)；

W_O——壳程物流质量流速，kg/s。

壳程进出口管嘴直径相同，进出口管嘴压力降为：

$$\Delta P_{NO}=\frac{1.5G_{NO}^2}{2\rho_{oD}}=\frac{1.5\times1221.1^2}{2\times827.4}=1352\text{Pa}$$

式中 ΔP_{NO}——壳程进出口管嘴压力降，Pa；

G_{NO}——壳程物流进出口管嘴质量流速，kg/(m²·s)；

ρ_{oD}——壳程物流定性温度下的密度，kg/m³。

4. 壳程导流筒压力降

根据根据《冷换设备工艺计算手册》P29，公式(1-2-86)，取导流板压力降系数$\varepsilon_{IP}=6$(经验一般取5~7)，则壳程导流筒压力降为：

$$\Delta P_{rO}=\frac{G_{NO}^2}{2\rho_{oD}}\cdot\varepsilon_{IP}=\frac{1221.1^2}{2\times827.4}\times6=5406\text{Pa}$$

5. 壳程压力将计算

根据壳程物流污垢热阻系数0.00053，根据《冷换设备工艺计算手册》P22表1-15。壳程压力降结构校正系数为：$F_O=1.45$。

根据根据《冷换设备工艺计算手册》P27，公式(1-2-56)，壳程总压力降为：

$$\Delta P_S=\Delta P_O\Delta F_O+\cdot P_{rO}+\Delta P_{NO}=5518\times1.45+5406+1352=14759\text{Pa}$$

式中 ΔP_S——壳程总压力降，Pa；

ΔP_O——壳程流动压力降，Pa；

ΔP_{RO}——壳程导流筒压力降，Pa；

ΔP_{NO}——壳程进出口管嘴压力降，Pa；

F_O——壳程压力降结构校正系数。

8 电脱盐

本装置电脱盐采用高速电脱盐，为二级脱盐流程，一级和二级电脱盐罐各参数都一致，故本次以二级电脱盐罐V101/3相关计算为例。已知电脱盐罐V101/3参数见表2-117。

表2-117 电脱盐罐V101/3参数

项目	数值	单位
高速电脱盐的罐体尺寸	ϕ4276×38×27176	mm
电脱盐内径长度	4.2	m
电脱盐筒体长度	25	m
电脱盐总长度	27.176	m
电脱盐筒体容积	346.2	m³
电脱盐两个封头容积	21.9	m³
电脱盐罐总容积	268.1	m³
变压器高压输出电压①	19	kV

①：变压器高压输出有5个档位可调，分别为：13kV、16kV、19kV、22kV、25kV，实际使用19kV档位。

已知电脱盐工艺及物性数据见表2-118。

表 2-118 电脱盐罐 V101/3 工艺及物性数据

项目	数值	单位
原油加工量	914630	kg/h
原油密度(20℃)	870.2	kg/m^3
原油 d_4^{20}	0.8702	—
电脱盐温度	129.0	℃
电脱盐罐压力	1.24	MPa
电脱盐界位	35.6	%
运动黏度 50℃	6.423	mm^2/s
运动黏度 80℃	4.233	mm^2/s

已知电脱盐罐内部结构及电场分布见图2-32。

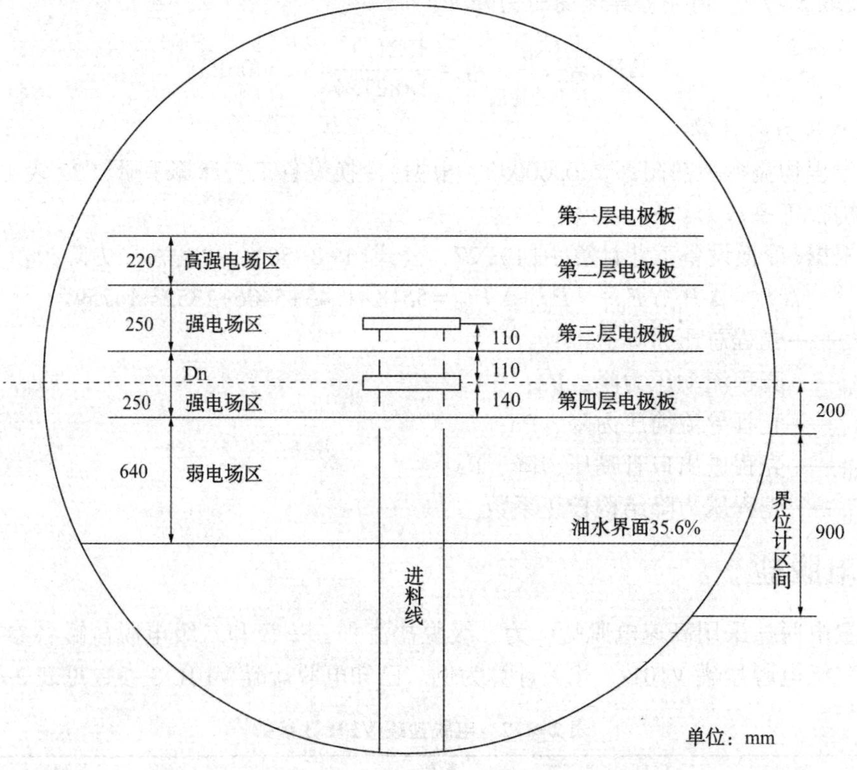

图 2-32 电脱盐罐 V101/3 内部结构及电场分布图

1. 相关物性

(1) 实际温度下密度计算

1) 实际温度下原油密度计算

根据《冷换设备工艺计算手册》P75，附表1-7 油品性质计算公式，密度计算公式为：

$$\rho_o = T(1.307d_4^{20} - 1.817) + 973.86d_4^{20} + 36.34$$

$$= 129\times(1.307\times0.8702 - 1.817) + 973.86\times0.8702 + 36.34 = 796.1kg/m^3$$

式中 ρ_o——原油在电脱盐温度下密度，kg/m^3；

T——电脱盐原油温度,℃；

d_4^{20}——原油相对密度。

2）实际温度下水密度计算

根据课件《电脱盐补充》P7，公式：

$$\rho_w = 1.000837 - 0.000108 \times T - 0.000003 \times T^2$$

$$= 1.000837 - 0.000108 \times 129 - 0.000003 \times 129^2 = 0.9370\text{kg/L} = 937.0\text{kg/m}^3$$

式中 ρ_w——水在电脱盐温度下密度，kg/m^3；

T——电脱盐原油温度,℃。

（2）实际温度下原油黏度计算

由于已经分析了原油50℃和80℃的运动黏度，根据《冷换设备工艺计算手册》P75，附表1-7油品性质计算公式，定性温度83℃的黏度计算公式为：

由于原油 d_4^{20} 为0.8702，大于0.8小于0.9；

则：$C = 2.4 \sim 2.0d_4^{20} = 2.4 - 2.0 \times 0.8702 = 0.66$

$$b = \frac{\ln[\ln(V_1 + C)] - \ln[\ln(V_2 + C)]}{\ln(T_1 + 273) - \ln(T_2 + 273)}$$

$$= \frac{\ln[\ln(6.423 + 0.66)] - \ln[\ln(4.233 + 0.66)]}{\ln(50 + 273) - \ln(80 + 273)} = -2.358$$

$$a = \ln[\ln(V_1 + C)] - b[\ln(T_1 + 273)]$$

$$= \ln[\ln(6.423 + 0.66)] + 2.358[\ln(50 + 273)] = 14.30$$

壳程物流原油特性温度下的运动黏度为：

$$v = \exp\{\exp[a + b\ln(T + 273)]\} - C$$

$$= \exp\{\exp[14.30 - 2.358 \times \ln(129 + 273)]\} - 0.66$$

$$= 2.558\text{mm}^2/\text{s}$$

则壳程物流原油特性温度下的动力黏度为：

$$\mu = \rho_o \times v \times 10^{-3} = 796.1 \times 2.558 \times 10^{-3} = 2.036\text{mPa} \cdot \text{s}$$

式中 v——电脱盐温度下原油的运动黏度，mm^2/s；

V_1——原油50℃时运动黏度，mm^2/s；

V_2——原油80℃时运动黏度，mm^2/s；

T_1——50℃；

T_2——80℃；

T——电脱盐温度,℃；

$a/b/C$——常数。

μ——原油在电脱盐温度下动力黏度，mPa·s；

ρ_o——原油在电脱盐温度下密度，kg/m^3。

2. 电场梯度

（1）高强电场梯度计算

根据《原油蒸馏工艺与工程》P191，公式(3-2-1)，高强电场位于第一层电极板与第二层电极板，强电场梯度为：

$$E = U/b_{12} = 19000/22 = 863.6\text{V/cm}$$

式中 U——两电极间电压，V；

b_{12}——第一层电极板与第二层电极板间距，cm。

(2) 强电场梯度计算

根据《原油蒸馏工艺与工程》P191，公式(3-2-1)，强电场位于第二层电极板与第三层电极板间，两层极板间距相同都为25cm，则以第二层电极板与第三层电极板间强电场梯度计算为例，电场梯度计算公式为：

$$E = U/b_{23} = 19000/25 = 760.0\text{V/cm}$$

式中 U——两电极间电压，V；

b_{23}——第二层电极板与第三层电极板间距，cm。

(3) 弱电场梯度计算

根据《原油蒸馏工艺与工程》P192，公式(3-2-5)，弱电场位于第四层电极板与油水界位间，不考虑乳化层厚度，则弱电场梯度为：

$$E = \frac{U}{\sqrt{3}b} = \frac{19000}{\sqrt{3}\times 64} = 171.5\text{V/cm}$$

式中 U——两电极间电压，V；

b——第四层电极板与油水界位间距，cm。

3. 停留时间

(1) 强电场原油停留时间计算

强弱电场在罐内容积计算。电场截面如图2-33所示。

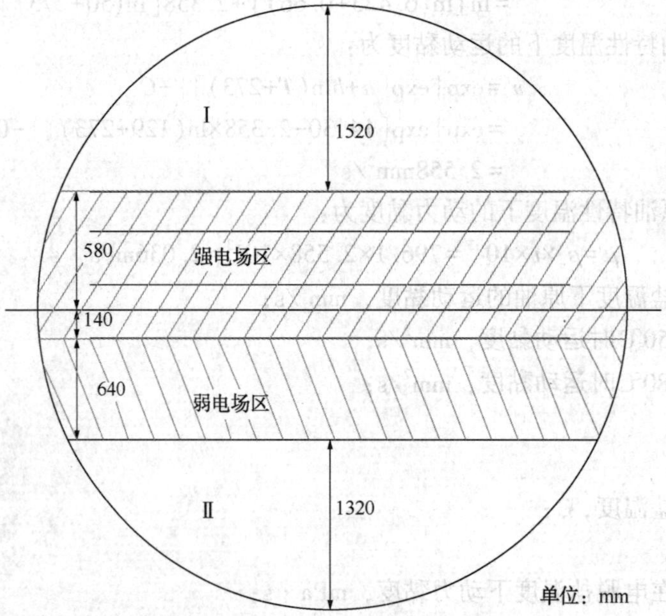

图2-33 电脱盐罐V101/3电场截面图

为了便于计算，将高强电场和强电场区合并为强电场区。高电场截面积为整个截面积减去Ⅰ区圆缺和第四块极板以下圆缺面积，计算的截面积为2.992m²。则强电场在罐内容积为截面积与电脱盐筒体长度(电极板的长度等于筒体长度)25m相乘，为74.80m³。

弱电场截面积为整个截面积减去Ⅰ区圆缺和强电场面积及油水界面以下圆缺面积，计算得截面积为2.611m²。则弱电场在罐内容积为截面积与电脱盐筒体长度(电极板的长度等于筒体长度)25m 相乘，为 65.27m^3。

(2) 根据《原油蒸馏工艺与工程》P192，公式(3-2-4)，在强电场区停留时间为：

$$t=\frac{\rho_o \times V \times 60}{G}=\frac{796.1 \times 74.80 \times 60}{914630}=3.91\mathrm{min}$$

式中 t——强电场区停留时间，min；

V——强电场在罐内容积，m^3；

G——经过电脱盐罐的原油加工量，kg/h；

ρ_o——原油在电脱盐温度下密度，kg/m^3。

在弱电场区停留时间为：

$$t=\frac{\rho_o \times V \times 60}{G}=\frac{796.1 \times 65.27 \times 60}{914630}=3.41\mathrm{min}$$

式中 t——强电场区停留时间，min；

V——强电场在罐内容积，m^3；

G——经过电脱盐罐的原油加工量，kg/h；

ρ_o——原油在电脱盐温度下密度，kg/m^3。

4. 水最小可沉降粒径

由于重力沉降是油水分离的基本方法，当水滴的上升速度(即原油的速度)和沉降速度相等时的水的直径，即为最小可沉降水滴直径。低于该粒径的水滴，将随原油带入系统而无法沉降。根据《原油蒸馏工艺与工程》P183，公式(3-1-2)：

$$u=\frac{d^2 \times (\rho_w-\rho) \times g}{18 \times \mu}$$

由于电脱盐罐在中间时横向截面积最大为 105m^3，此时 u 最小。

$$u=\frac{G}{\rho_o \times S \times 3600}=\frac{914630}{796.1 \times 105 \times 3600}=0.00304\mathrm{m/s}$$

式中 u——原油通过电盐罐中间速度，m/s；

S——电盐罐中间时横向截面积，m^2；

G——经过电脱盐罐的原油加工量，kg/h；

ρ_o——原油在电脱盐温度下密度，kg/m^3。

根据《原油蒸馏工艺与工程》P183，公式(3-1-2)推导出以下公式计算水最小可沉降粒径：

$$d=\sqrt{\frac{18 \times \mu \times u}{(\rho_w-\rho_o) \times g}}=\sqrt{\frac{18 \times 0.002036 \times 0.00304}{(937.0-796.1) \times 9.81}}=0.00028\mathrm{mm}$$

式中 u——水滴沉降速度，m/s；

d——水滴直径，mm；

ρ_w——水在电脱盐温度下密度，kg/m^3；

ρ_o——原油在电脱盐温度下密度，kg/m^3；

g——重力加速度，9.81m/s^2；

μ——原油在电脱盐温度下黏度，Pa·s。

9　装置能耗

9.1　基准能耗

根据《原油蒸馏工艺与工程》P1151，公式(12-4-11~15)，由于装置不设轻烃回收时，根据书中第一部分表1-7-2-1得知总拔为75.8%，常顶瓦斯气收率为1.22%，因此基准能耗为：

$$K_1=6.365L+11.351=6.365\times1.22+11.351=19.15$$

$$E=3.5132\times C+206.68-K_1=3.5132\times75.8+206.68-19.15=453.83\text{MJ/t}$$

式中　E——能耗，MJ/t；

C——常减压总拔出率，%

K_1——校正系数，MJ/t；

L——瓦斯气收率(占原油)，%。

加工负荷影响：

根据第一部分表1-7-2-1数据，装置加工负荷率：

$$R=914.63/952.4=96.03\%$$

负荷率变化时的能耗相对百分数为：

$$F=134.74-0.3384R=134.74-0.3384\times96.03=102.24\%$$

式中　F——负荷率变化时能耗相对百分数，%；

R——负荷率，%。

基准能耗校正后为：

$$E=453.83\times102.24\%=464.01\text{MJ/t}=11.10\text{kgEO/t}^{[1]}$$

注[1]：1kgEO等于4.18×10^7J。

经计算，在标定工况下，装置基准能耗为11.10 kgEO/t

9.2　标定能耗

1. 标定时公用工程消耗

标定时公用工程消耗见表2-119。

表2-119　标定时公用工程消耗表

项目	数据	单位
循环水	1544	t/h
除氧水	12.8	t/h
电	5491	kW·h
1.0MPa蒸汽	7.58	t/h

转化为能耗kgEO/t(千克标油/吨)，根据第一部分表1-7-2-1数据标定时加工量为914.63t/h。以循环水为例计算能耗。

根据《原油蒸馏工艺与工程》P1148，表12-4-2，每吨循环水的折标系数为0.1，则：

$$E_{循环水}=W_{循环水}\times\Phi/W_{原油}=1544\times0.1/914.63=0.17\text{kgEO/t}$$

式中　$E_{循环水}$——循环水单耗，kgEO/t；

$W_{循环水}$——循环水用量，t/h；

$W_{原油}$——加工量，t/h；

Φ——折标系数。

用上述方法计算其他公用工程单耗结果见表 2-120。

表 2-120 标定时公用工程单耗表

项目	消耗	折标系数	单耗/(kgEO/t)
循环水	1544 t/h	0.1	0.17
除氧水	12.8 t/h	9.2	0.13
电	5491kWh	0.23	1.38
1.0MPa 蒸汽	7.58 t/h	76	0.63

2. 标定时燃料消耗

在本部分第五节加热炉相关计算时，推算出现有的和理论标定出的燃料气都不准，通过反平衡计算的热效率来推算常压炉实际燃料消耗量为 4611kg/h。从计算结果来看，与公司校正方法即实际生产统计的流量增加了 3.66%，而标定时减压炉统计的燃料消耗为 2208kg/h，则以与常压炉相同增加量为 3.66%，则此处减压炉燃料消耗为 2208×1.0366=2289kg/h。

在加热炉计算的 5.2.2 步计算出燃料有效地发热值为 45808.9kJ/kg 燃料。而 1kgEO 热量为 42000kJ，所以每吨燃料气的折标系数 $\Phi=45808.9/42000=1.09$。则：

$$E_{燃料}=W_{燃料}\times\Phi/W_{原油}=(4611+2208)\times1.09/914.63=8.13\text{kgEO/t}$$

式中 $E_{燃料}$——燃料单耗，kgEO/t；

$W_{燃料}$——燃料用量，kg/h；

$W_{原油}$——加工量，t/h；

Φ——折标系数。

3. 标定时热输出

标定时热输出见表 2-121。

表 2-121 标定时热输出量

项目	输出情况
0.3MPa 蒸汽去精制	1.7t/h①
减二线、减四线催化原料(掺渣)加热	催化掺渣加热吸热 1612kW②
常三线 160℃热输出	为催化加热软化水

注：①流量由产汽 12.6t/h，自用 10.9t/h，剩余 1.7t/h 的热输出精制。②减二线、减四线催化原料(掺渣)加热在本部分换热网络计算时已计算，按催化掺渣加热吸热为准计算热输出。

(1) 0.3MPa 蒸汽去精制热输出计算

根据《原油蒸馏工艺与工程》P1148，表 12-4-2，每吨 0.3MPa 蒸汽的折标系数为 66，则：

$$E_{蒸汽}=W_{蒸汽}\times\Phi/W_{原油}=1.7\times66/914.63=0.12\text{kgEO/t}$$

式中 $E_{蒸汽}$——蒸汽热输出，kgEO/t；

$W_{蒸汽}$——蒸汽热输出流量，t/h；

$W_{原油}$——加工量，t/h；

Φ——折标系数。

(2) 减二线、减四线催化原料(掺渣)加热热输出计算

$$E_{催}=Q\times1000\times3600/W_{原油}/(4.18\times10^{7})^{[1]}$$
$$=1612\times1000\times3600/914.63/(4.18\times10^{7})=0.15\text{kgEO/t}$$

注:[1]1kgEO 等于 4.18×10^{7}J。

式中 $E_{催}$——减二线、减四线催化原料(掺渣)加热热输出,kgEO/t;

Q——催化掺渣加热吸热,kW;

$W_{原油}$——加工量,t/h。

(3) 常三线 160℃热输出计算

焓值由石油馏分纳尔逊图拟合式计算得常三线 160℃时焓值为 378.1kJ/kg,120℃时焓值为 383.5kJ/kg,常三线流量为 91637kg/h。则

$$E_{常三线}=W\times(h_{1}-h_{2})\times1000/W_{原油}/(4.18\times10^{7})^{[1]}$$
$$=91637\times(378.1-283.5)\times1000/914.63/(4.18\times10^{7})=0.23\text{kgEO/t}$$

注:[1]1kgEO 等于 4.18×10^{7}J。

式中 $E_{常三线}$——常三线 160℃热输出热输出,kgEO/t;

Q——催化掺渣加热吸热,kW;

W——常三线流量,kg/h;

$W_{原油}$——加工量,t/h;

h_1——常三线 160℃时焓值,kJ/kg;

h_2——常三线 120℃时焓值,kJ/kg。

4. 标定能耗

经计算,将各能耗数据汇总见表 2-122。

表 2-122 标定时公用工程单耗表

项目		单耗/(kgEO/t)
循环水		0.17
除氧水		0.13
电		1.38
1.0MPa 蒸汽		0.63
燃料		8.13
热输出	0.3MPa 蒸汽去精制热输出	-0.12①
	减二线、减四线催化原料(掺渣)加热热输出	-0.15①
	常三线 160℃热输出	-0.23①
合计		9.94

①"-"表示热输出。

5. 能耗分析

标定能耗与设计能耗对比见表 2-123。

表 2-123 标定能耗与设计能耗对比

项目	单耗/(kgEO/t)	设计能耗/(kgEO/t)
循环水	0.17	0.2
除氧水	0.13	0.17
电	1.38	1.37

续表

<table>
<tr><th colspan="2">项目</th><th>单耗/(kgEO/t)</th><th>设计能耗/(kgEO/t)</th></tr>
<tr><td colspan="2">1.0MPa 蒸汽</td><td>0.63</td><td>0.62</td></tr>
<tr><td colspan="2">燃料</td><td>8.13</td><td>8.24</td></tr>
<tr><td rowspan="3">热输出</td><td>0.3MPa 蒸汽去精制热输出</td><td>-0.12①</td><td rowspan="3">-1.26</td></tr>
<tr><td>减二线、减四线催化原料(掺渣)加热热输出</td><td>-0.15①</td></tr>
<tr><td>常三线 160℃热输出</td><td>-0.23③</td></tr>
<tr><td colspan="2">合计</td><td>9.94</td><td>9.46</td></tr>
</table>

(1) 循环水单耗和设计小，主要标定时间为冬天，气温低，循环水温度为 30.52℃，比设计的 32℃低 1.48℃。

(2) 除氧水单耗比设计小，主要是由于压产柴油常三线流量比设计低 24t/h，发汽量比设计少。

(3) 电和蒸汽消耗与设计偏差不大。

(4) 燃料消耗比设计低，但偏差不大。

(5) 热输出比设计低，主要由于部分设计的热输出未实现，比如减压蜡油热输出等。

(6) 装置整体能耗与设计能耗大，主要热输出比设计少，设计的自发 1.0MPa 蒸汽系统由于发汽少改为自发 0.35MPa 蒸汽，热输出减少。但均低于基准能耗，整体运行状况良好。为进一步降低能耗，可适当优化换热网络，提高换热终温。

第三部分　装置检修改造建议

1　加热炉燃料增加质量流量计

从加热炉正平衡两种校正方法计算得加热炉热效率，理论校正方法加热炉热效率只有 60.89%，偏小；而采用公司现有的方法(不考虑实际密度与设计密度)热效率为 97.28，偏大。与反平衡计算的加热炉热效率 93.72%相比都偏差较大，从数据看平衡计算热效率与不符合实际，而反平衡计算的热效率与实际基本符合。通过反平衡计算的热效率来推算常压炉实际燃料消耗量为 4611kg/h。从计算结果来看，与公司校正方法即实际生产统计的流量相差 3.66%，偏差不大，与理论校正的偏差达 54.91%，相差较大，所以认定公司此方法校正燃料流量更接近准确值，主要是因为由于燃料结构的变化，实际密度与偏设计密度差过大，设计密度为 19.4kg/m^{3}是实际密度 0.76kg/m^{3}的 2.55 倍，差别过大导致按理论方法校正偏差较大，另经咨询公司计量部门专业人员告知密度偏差大理论校正偏大，偏差较大，需重新核算孔板。

因此建议利用检修改造机会增上质量流量计，提高燃料计量的准确性，为装置节能提供基础。

2　常压塔上段系统分离效果优化

2.1　现状及问题

2018 年以来，装置常压塔压降由 20kPa 逐步提高至 40kPa 以上，导致常顶一级油和常一线指标控制困难，操作上为了公司整体平衡考虑，保证常顶质量合格的前提下常一线指标用足。9 月 18 日以后随常压塔塔顶负荷情况间断出现常一线干点连续不合格，10 月 18 日后常顶一级油干点波动较大。I 常二线初馏点低，重叠度高。具体见图 3-1 及图 3-2。

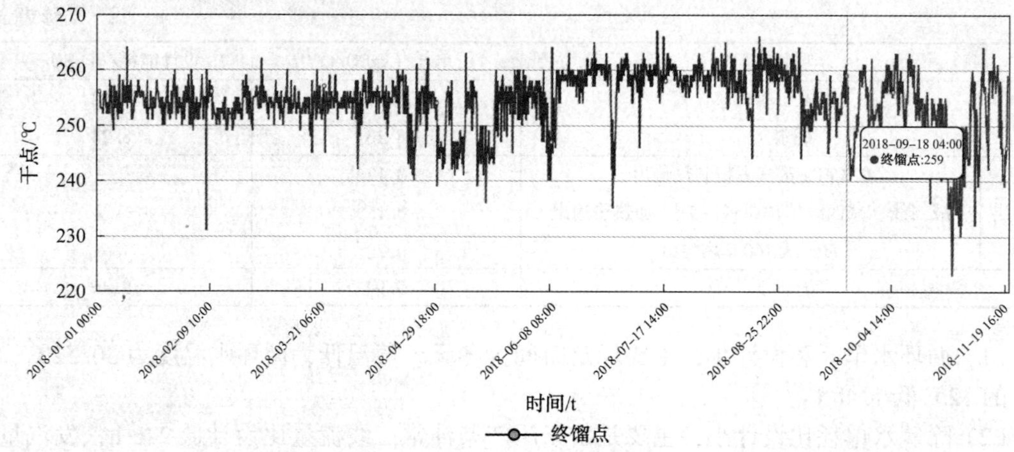

图 3-1　2018 年常一线干点分布

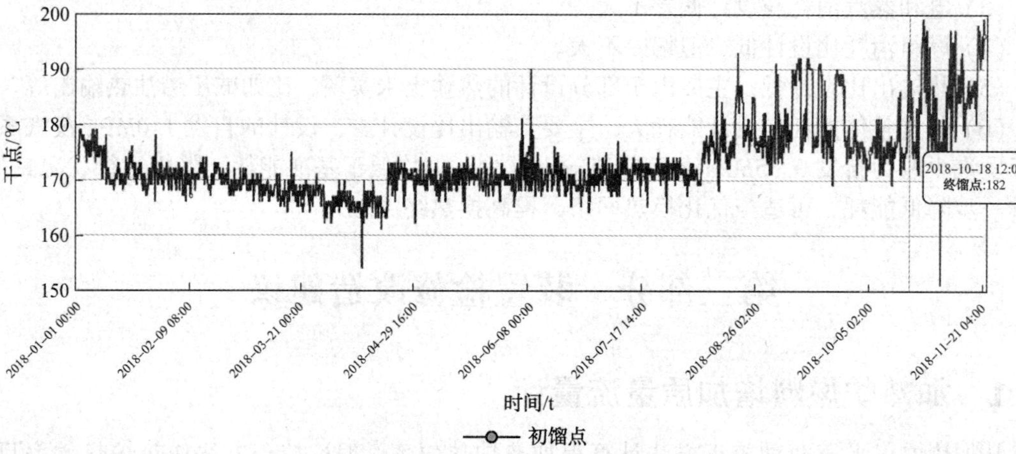

图 3-2　2018 年常顶一级油干点分布

2.2　原因分析

2.2.1　氯化铵形成

氯化铵形成原理如图 3-3 所示。

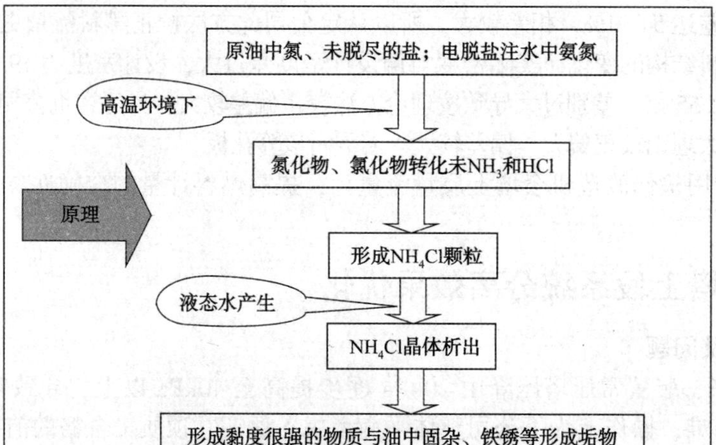

图 3-3　氯化铵等垢物形成原理图

只有形成液态水，才会形成 NH_4Cl 晶体，常一线以上塔段形成液态水主要来源两处，一是顶循系统内由于换热后温度64℃，因此在常顶循系统内的常顶循油内的 NH_4Cl 会与冷却的液态水形成 NH_4Cl 晶体。二是在常顶循返回层常压塔4层塔板局部部位可能会形成液态水，所以下面计算常压塔4层塔板处水蒸气的露点温度。

1. 计算4层塔板的水蒸气分压

前面第二部分常压塔计算3.3节时已计算常压塔4层塔板汽相负荷见表3-1。

表3-1 常压塔4层汽相流量计算表

物料		分子量/(kmol/kg)	质量/(kg/h)	摩尔流量/(kmol/h)	摩尔流量分率/%
产品	常顶二级油	86.86	74123	853.36	31.66
	常顶一级油	109.31	112126	1025.76	38.05
内回流量 L_3		131.88	32734	248.21	9.21
水蒸气量		18.00	10227	568.17	21.08
合计 V_4				2695.5	100

常压塔4层塔板压力为269.2kPa，所以水蒸气分压为：$P_{水} = 269.2 \times 21.08\% = 56.74kPa$。

2. 计算4层塔板的水蒸气分压下露点温度

通过安托尼方程计算见表3-2。

表3-2 常压塔4层水蒸气分压下露点温度计算表

项目	公式	A	B	C	P/kPa	露点温度/℃
水蒸气	$\lg P = A - \frac{B}{T+C}$	7.07406	1657.46	227.02	56.74	84.5

计算得出4层塔板的水蒸气分压下露点温度为84.5℃。比常顶循返回塔温度64℃高20.5℃，存在局部会有液态水产生的可能性。

2.2.2 塔内堵塞影响

经计算，常压塔第四层塔板存在液态水的可能及常顶循内的氯化铵结晶形成黏度很强的物质与油中固态杂质、铁锈等形成垢物在塔内造成塔内件堵塞。由于常顶循抽出层在此段塔板中气液相负荷最大，所以以常顶循第6层塔板为例计算塔内堵塞对各参数的影响。

常压塔第6层塔板相关工艺及塔板参数见表3-3。

表3-3 常压塔第6层塔板相关工艺及塔板参数

参数	单位	6层塔板
液体流量	kg/h	391197
液体密度	kg/m^3	652.0
液体体积流量	m^3/h	600.0
液体表面张力	kg/m^2	0.00153
气体流量	kg/h	388005
气体密度	kg/m^3	7.38
气体体积流量	m^3/h	52561
气体黏度	$kg \cdot s/m^2$	9.49×10^{-7}

续表

参数	单位	6层塔板
塔径	m	6
塔截面积	m^2	28.26
塔板间距	m	0.8
液体程数	—	四溢流
溢流堰长	m	17.59
出口堰高	m	0.05
进口溢流堰底隙	m	0.02
开孔率	%	13.5
降液管面积	m^2	3.36
塔盘面积	m^3	22.77

1. 塔板堵塞影响

塔板堵塞等同于开孔率变小，根据第二部分第六节常压塔18层塔板水力学计算方法(F1型塔板计算模型)计算常压塔第6层塔板在其他参数不变时由实际的13.5%不断降低开孔率时各项水力学参数见表3-4。制作趋势图见图3-4；实际开孔率时和开孔率为5.86%时的塔板负荷性能对比见图3-5。

表3-4　不同开孔率时的水力学参数

项目	单位	开孔率/%				
		13.5	12.5	11.5	10.5	5.86
阀孔动能因子	$m/[s\cdot(m^3/kg)^{0.5}]$	10.395	11.227	12.203	13.365	23.964
气体通过塔盘总压降	m液柱	0.090	0.098	0.107	0.120	0.286
堰流强度	$m^3/(m\cdot h)$	34.111	34.111	34.111	34.111	34.111
板上清液层高度	mm	79.871	79.871	79.871	79.871	79.871
雾沫夹带量	kg/kg	0.010	0.010	0.010	0.010	0.010
泄漏量	%	3.762	3.762	3.762	3.762	3.800
液体通过塔盘总压降	m液柱	0.204	0.212	0.221	0.234	0.400
降液管负荷	m/s	0.050	0.050	0.050	0.050	0.064
降液管液泛率	%	51.07	52.96	55.36	58.48	100.00

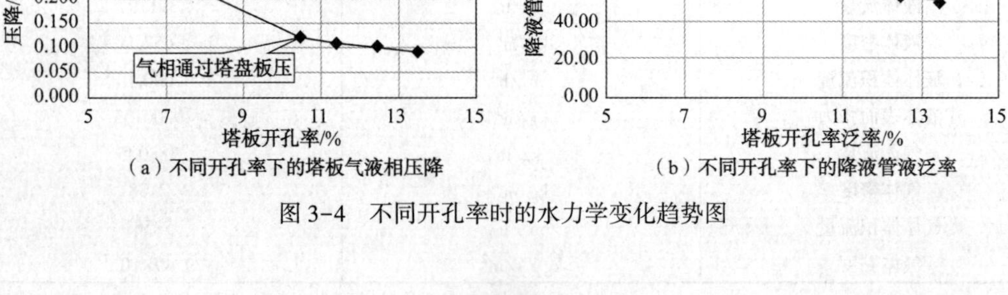

(a) 不同开孔率下的塔板气液相压降　　(b) 不同开孔率下的降液管液泛率

图3-4　不同开孔率时的水力学变化趋势图

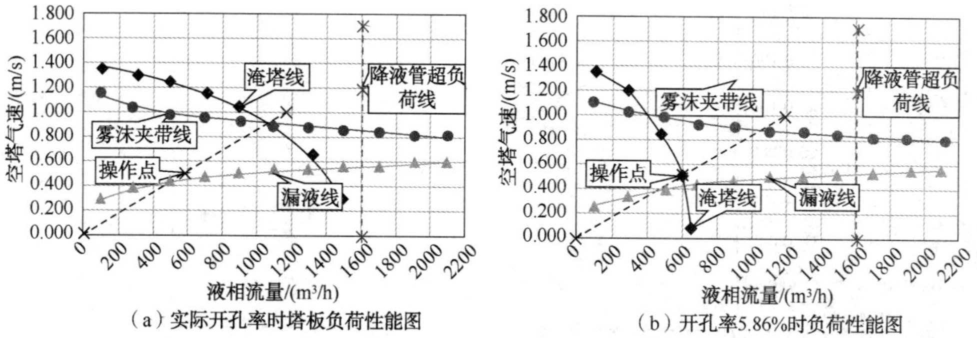

图 3-5　实际开孔率时和开孔率为 5.86%时的塔板负荷性能对比图

从上述计算可以看出，在塔板堵塞开孔率变小后，气体通过塔板的压降和液相通过塔板的压降直接上升，在实际操作中就是全塔压降上升，另外降液管液泛率也随之上升，当塔板开孔率只剩下 5.86%，降液管液泛率达到 100%。

从不同开孔率塔板负荷性能图可以看出，随开孔率下降时，淹塔线不断往操作点靠拢，当开孔率只有 5.86%时，操作点达到淹塔线，发生淹塔，而其他负荷性能图无变化。所以塔板堵塞后，全塔压降随之上升，发生淹塔概率随塔板堵塞严重性上升。

2. 降液管堵塞影响

降液管堵塞，根据第二部分第六节常压塔 18 层塔板水力学计算方法(F1 型塔板计算模型)，计算常压塔第 6 层塔板在其他参数不变时，降液管面积由实际的 3.36m^2不断变小时各项水力学参数见表 3-5。降液管负荷趋势图见图 3-6。实际降液管面积时和降液管面积为 1.26m^2时的塔板负荷性能对比见图 3-7。

表 3-5　不同降液管面积时的水力学参数

项目	单位	降液管面积/m^2				
		3.36	3	2.7	2.4	1.26
阀孔动能因子	m/[s·$(m^3/kg)^{0.5}$]	10.395	10.395	10.395	10.395	10.395
气体通过塔盘总压降	m 液柱	0.090	0.090	0.090	0.090	0.090
堰流强度	$m^3/(m·h)$	34.111	34.111	34.111	34.111	34.111
板上清液层高度	mm	79.871	79.871	79.871	79.871	79.871
雾沫夹带量	kg/kg	0.010	0.010	0.010	0.010	0.010
泄漏量	%	3.762	3.762	3.762	3.762	3.762
液体通过塔盘总压降	m 液柱	0.204	0.204	0.204	0.204	0.204
降液管负荷	m/s	0.050	0.056	0.062	0.069	0.132
降液管液泛率	%	51.07	51.07	51.07	51.07	51.07

从上述计算可以看出，在降液管堵塞变小后，降液管负荷也随之上升，当降液管面积为 1.26m^2时，降液管将超负荷，如继续变小，则塔板上液相下流不通畅，导致塔板上液层增厚，塔板压降上升，引起雾沫夹带甚至淹塔，传质效率降低。

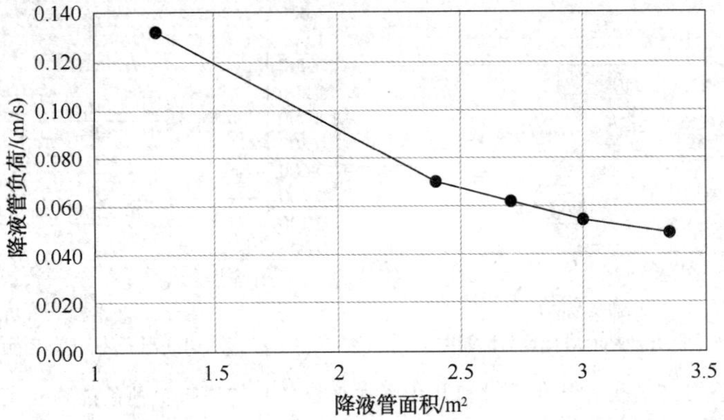

图 3-6　不同降液管面积时降液管负荷变化图

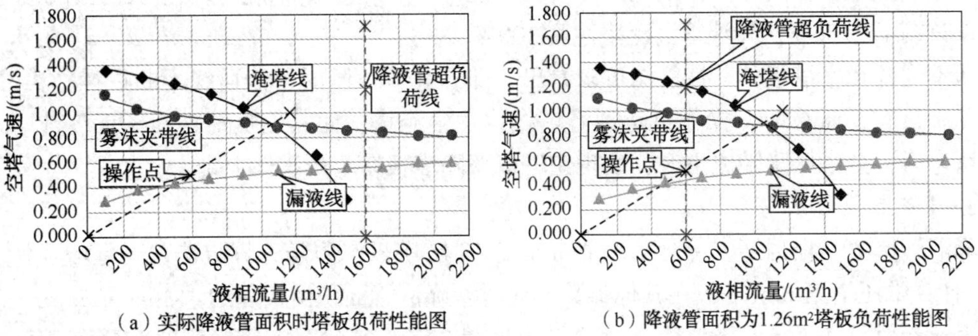

图 3-7　实际降液管面积时和降液管面积为 1.26m²时的塔板负荷性能对比图

从不同降液管面积塔板负荷性能图可以看出，随降液管面积下降时，降液管超负荷线不断往操作点靠拢，当降液管面积为 1.26m²时，降液管将超负荷，而其他负荷性能图无变化。所以降液管堵塞后，降液管将超负荷，再严重将引起雾沫夹带甚至淹塔。

3. 进口溢流堰底隙堵塞影响

进口溢流堰底隙堵塞堵塞，根据第二部分第六节常压塔 18 层塔板水力学计算方法（F1型塔板计算模型）计算常压塔第 6 层塔板在其他参数不变时进口溢流堰底隙堵塞由实际的 20mm 不断变小时各项水力学参数见表 3-6。降液管液泛趋势见图 3-8。实际进口溢流堰底隙时和进口溢流堰底隙为 8mm 时的塔板负荷性能对比见图 3-9。

表 3-6　不同进口溢流堰底隙时的水力学参数

项目	单位	进口溢流堰底隙/mm			
		20	15	10	8
阀孔动能因子	m/[s·(m³/kg)^0.5]	10.395	10.395	10.395	10.395
气体通过塔盘总压降	m 液柱	0.090	0.090	0.090	0.090
堰流强度	m³/(m·h)	34.111	34.111	34.111	34.111
板上清液层高度	mm	79.871	79.871	79.871	79.871
雾沫夹带量	kg/kg	0.010	0.010	0.010	0.010
泄漏量	%	3.762	3.762	3.762	3.762
液体通过塔盘总压降	m 液柱	0.204	0.231	0.307	0.400
降液管负荷	m/s	0.050	0.050	0.050	0.050
降液管液泛率	%	51.07	57.75	76.83	100.00

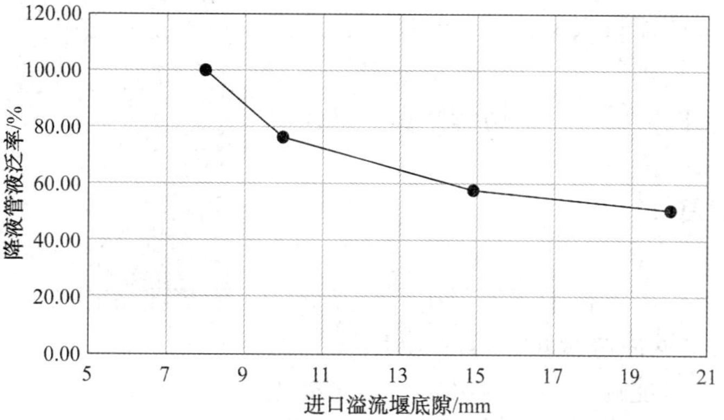

图 3-8　不同进口溢流堰底隙时降液管液泛率势图

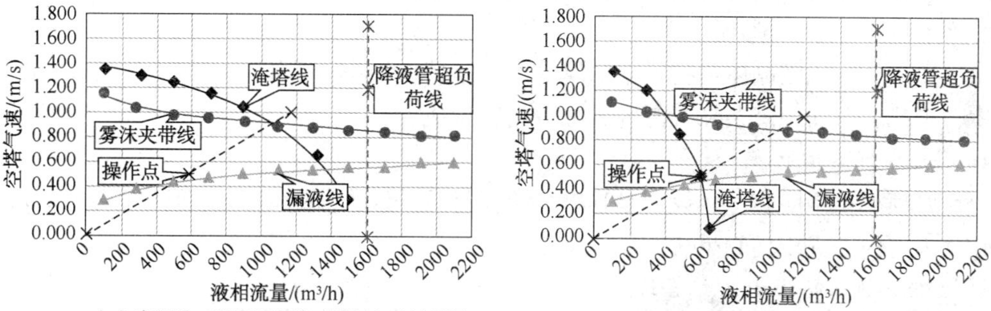

（a）实际进口溢流堰底隙时塔板负荷性能图　　（b）进口溢流堰底隙8mm时塔板负荷性能图

图 3-9　实际进口溢流堰底隙时和进口溢流堰底隙为 8mm 时的塔板负荷性能对比图

从上述计算可以看出，在进口溢流堰底隙变小后，降液管液泛率也随之上升，当进口溢流堰底隙为 8mm 时，降液管液泛率达到 100%。

从不同进口溢流堰底隙塔板负荷性能图可以看出，随进口溢流堰底隙下降时，淹塔线不断往操作点靠拢，当进口溢流堰底隙只有 8mm 时，操作点达到淹塔线，发生淹塔。而其他负荷性能图无变化。所以溢流堰底隙堵塞后，发生淹塔概率随溢流堰底隙堵塞严重性上升。

经过上述计算，降压管堵塞降低了降液管面积或使溢流堰底隙变小和塔板堵塞，将导致压降上升，淹塔概率增加，影响塔的负荷和分离效果，导致侧线产品质量不合格，组分重叠严重。

2.2.3　常顶循换热系统结垢

结垢原因是顶循油中的氯化铵随顶循油换热温度降低析出黏性很强的氯化铵晶体，与换热器内的腐蚀产物及其他油中杂质形成垢物，引起换热器堵塞，导致换热系数降低。另外因为顶循系统是一个闭环系统，系统内的垢物除带入塔内以外不能通过其他途径带离系统，带入塔内造成塔内件堵塞，另会造成系统氯化铵等垢物积累，因此运行至一段时间后越来越严重。通过第二部分第 7 节换热器传热系数计算常顶循换热器 E102/2 管束 19 年 1～11 月传热系数情况，结果为目前传热系数为 327.05W/(m^2·K)小于结垢总传热系数 330.24W/(m^2·K)，故该换热器已有严重结垢现象，说明顶循换热器结垢速度快，此台常顶循换热器 E102/2 管束为 19 年 1 月更换的，只运行了 10 余月就已经有比较严重的结垢，说明常顶循系统结垢速率快。在实际生产中，在检修常顶循换热器时打开后发现结垢严重，见图 3-10。

常顶循换热系统结垢，取热量下降。而顶回流由于设计本较小，受泵的流量限制，无法再提高，从全塔热平衡考虑，只能增加一中、二中的取热量，导致常一线 KK 和二线 HK 偏低，为了两者平衡，操作上只能降低装置负荷来平衡。

图 3-10 常顶循换热器结垢情况

2.3 检修改造建议

1. 提高顶循换热返塔温度

上述计算得出 4 层塔板在水蒸气分压下露点温度为 84.5℃。比常顶循返回塔温度 64℃ 高 20.5℃，存在局部液态水产生的可能性。因此需将常压塔顶循返回温度提至此处水蒸气的露点温度以上，最好控制在 90℃ 以上。减少此处氯化铵结晶的可能，减少结垢源。对常压塔上段系统压降的控制有较好的效果。

2. 做好电脱盐反冲洗

结垢原因是氯化铵晶体与物料中的腐蚀产物及其他油中杂质形成垢物。因此做好电脱盐反冲洗，可减少原油中固杂带入塔内，减少垢物生成。

3. 做好顶循系统防腐

要做好顶循系统防腐，建议一是顶循换热器材质升级，二是增加注缓蚀剂系统，减少腐蚀产物带入塔内，减少垢物生成。

4. 顶循换热系统增上脱盐系统

建议顶循换热系统增加在线脱氯化铵系统，设置开路，消除氯盐累积。增加此系统后，将减少顶循系统的氯化铵含量，也减少了氯化铵的垢下腐蚀。将减少结垢的速率，有利于顶循系统的取热效果，另也减少了顶循系统的氯化铵带入常压塔内的量，将减少常压塔内结垢的速率。对常压塔上段系统压降的控制有较好的效果。

5. 常压塔塔内件改造

(1) 已计算塔盘堵塞后，开孔率减小，导致压降上升，严重时发生淹塔。建议在满足塔板性能范围内增加塔板的开孔率，提高余量，减少塔板堵塞对分离效果的影响。

(2) 已计算溢流堰底隙堵塞后，降液管液泛率也随之上升，严重时发生淹塔。建议在满足塔板性能范围内增加溢流堰底隙，提高余量，减少溢流堰底隙堵塞对分离效果的影响。

附　　录

附表 1　标定操作参数

序号	项目	单位	设计值	标定期间操作参数
1	原油温度	℃	32	23.3
2	原油加工量	t/h	952.38	914.93
3	脱前原油 1	t/h	190.48	157.7
4	脱前原油 2	t/h	190.48	195.7

续表

序号	项目	单位	设计值	标定期间操作参数
5	脱前原油 3	t/h	190.48	257.5
6	脱前原油 4	t/h	190.48	112.6
7	脱前原油 5	t/h	190.48	184.9
8	脱前原油换热后温度 1	℃	142.4	130.7
9	脱前原油换热后温度 2	℃	142.4	135.6
10	脱前原油换热后温度 3	℃	139.1	135.7
11	脱前原油换热后温度 4	℃	139.8	128.2
12	脱前原油换热后温度 5	℃	138.7	135.4
13	V101/2 罐脱盐温度	℃	140.4	132.5
14	2#混合阀压降	MPa		0.12
15	2#压力	MPa	1.42	1.43
16	2#界位	%		41.30
17	一级电脱盐注水量	t/h	59047	52.8
18	V101/3 罐脱盐温度	℃	135	129
19	3#混合阀压降	MPa		0.12
20	3#压力	MPa	1.12	1.24
21	3#界位	%		35.6
22	二级电脱盐注水量	t/h	57143	50.8
23	脱后原油温度	℃	135	129.0
24	脱后原油压力	MPa	1.12	1.2
25	点脱盐污水出装置温度	℃	50	52.1
26	脱后原油流量 1	t/h	238.10	211.2
27	脱后原油流量 2	t/h	238.10	197.6
28	脱后原油流量 3	t/h	238.10	268.1
29	脱后原油流量 4	t/h	238.10	245.6
30	脱后原油温度 1	℃	230	231.6
31	脱后原油温度 2	℃	234.8	235.3
32	脱后原油温度 3	℃	230.6	219.2
33	脱后原油温度 4	℃	234.7	219.7
34	进闪蒸塔温度	℃	208	223.7
35	闪蒸塔顶部温度	℃	208	208.1
36	闪蒸塔底部温度	℃	208	223.6
37	闪蒸塔顶压力	MPa	0.15	0.199
38	闪蒸塔液位	%		35.4
39	E112 路换热终温	℃	298.7	282.7
40	E113 路换热终温	℃	295.2	283.5
41	换热终温	℃	297	283.9

续表

序号	项目	单位	设计值	标定期间操作参数
42	进常压炉总压力	MPa	1.32	0.99
43	常压炉八路进料量 1	t/h	95.479	87.60
44	常压炉八路进料量 2	t/h	95.479	94.51
45	常压炉八路进料量 3	t/h	95.479	91.35
46	常压炉八路进料量 4	t/h	95.479	92.12
47	常压炉八路进料量 5	t/h	95.479	84.13
48	常压炉八路进料量 6	t/h	95.479	87.98
49	常压炉八路进料量 7	t/h	95.479	81.98
50	常压炉八路进料量 8	t/h	95.479	84.64
51	常压炉进料量(总)	t/h	763.833	704.31
52	常压炉八路出口温度 1	℃		366.77
53	常压炉八路出口温度 2	℃		367.10
54	常压炉八路出口温度 3	℃		364.67
55	常压炉八路出口温度 4	℃		366.15
56	常压炉八路出口温度 5	℃		362.04
57	常压炉八路出口温度 6	℃		364.14
58	常压炉八路出口温度 7	℃		363.98
59	常压炉八路出口温度 8	℃		365.28
60	常压炉出口温度	℃	363	364.97
61	常压炉氧含量	%		2.78
62	常压炉炉膛温度 1	%	803	675.25
63	常压炉炉膛温度 2	%	803	662.57
64	常压炉炉膛温度 3	%	803	644.42
65	常压炉炉膛温度 4	%	803	690.89
66	常压炉炉膛温度 5	%	803	658.08
67	常压炉炉膛温度 6	%	803	637.42
68	对流室入口温度 1	℃		492.84
69	对流室入口温度 2	℃		402.13
70	对流室温度 1	℃	345	299.95
71	对流室温度 2	℃	345	296.82
72	常压炉热效率	%	91.5	92.77
73	常压炉瓦斯量	Nm^3/h	5669kg/h	5365.26
74	V603 压力	MPa		0.49
75	常顶循抽出温度	℃	140	155.29
76	常顶循流量	t/h	509.21	202.03
77	常顶循返回温度	℃	95	64.05
78	常一中抽出温度	℃	210	203.23

续表

序号	项目	单位	设计值	标定期间操作参数
79	常一中流量	t/h	420	247.63
80	常一中返回温度	℃	141	111.83
81	常二中抽出温度	℃	279	274.97
82	常二中流量	t/h	480	250.90
83	常二中返回温度	℃	209	194.06
84	常顶温度	℃	125	136.99
85	常压塔 7 层温度	℃		170.11
86	常压塔 15 层温度	℃		195.33
87	常压塔 19 层温度	℃		217.64
88	常压塔 27 层温度	℃		264.06
89	常压塔 31 层温度	℃		299.01
90	常压塔 35 层温度	℃		330.64
91	常压塔 39 层温度	℃		343.44
92	常压塔进料段温度	℃	361.5	353.09
93	常压塔底温度	℃	355	350.75
94	常压塔顶压力	MPa	0.11	0.166
95	常压塔进料段压力	MPa	0.14	0.18867
96	顶回流流量	t/h	29.977	22.402
97	常一线抽出温度	℃	177	182.51
98	常一线汽提蒸汽流量	t/h	1.8	1.30
99	常一线冷后温度	℃	45	42.15
100	常一线出装置流量	t/h	132	88.12
101	常二线抽出温度	℃	255	263.24
102	常二线汽提蒸汽流量	t/h		1.10
103	常二线冷后温度	℃	60	51.15
104	常二线出装置流量	t/h	95	67.29
105	常三线抽出温度	℃	321	319.49
106	常三线流量	t/h	116.39	92.27
107	常三线 SG101 后温度	℃	280	243.00
108	SG101 进水量	t/h		5.15
109	SG101 发汽量	t/h		4.33
110	SG101 发汽温度	℃		147.25
111	SG101 发汽压力	MPa	1.000	0.38
112	SG102 进水量	t/h		8.49
113	SG102 发汽量	t/h		8.28
114	SG102 发汽温度	℃		152.86
115	SG102 发汽压力	MPa	0.3	0.40

续表

序号	项目	单位	设计值	标定期间操作参数
116	常三线 SG102 后温度	℃	152	159.99
117	塔底吹汽流量	t/h	6200	7.00
118	常顶油气换热后温度	℃	82	93.62
119	V102 顶压力	kPa	80	136.42
120	常顶油气空冷后温度	℃	50	71.57
121	常顶瓦斯压力	MPa	0.06	0.08
122	常顶瓦斯流量	Nm^3/h	3354	4611.3
123	V103 顶压力	MPa	0.06	0.08
124	常顶一级油流量	t/h	119435	116.54
125	常顶一级油空冷后温度	℃	50	84.29
126	常顶一级油出装置温度	℃	40	38.87
127	常顶二级油流量	t/h	56.049	66.15
128	常顶二级油出装置温度	℃	40	41.91
129	常顶污水流量	t/h		10.14
130	减压炉进料温度	℃	355	351.17
131	减压炉进料压力	MPa	1.46	1.62
132	减压炉进料流量 1	t/h	53.769	57.83
133	减压炉进料流量 2	t/h	53.769	60.20
134	减压炉进料流量 3	t/h	53.769	57.44
135	减压炉进料流量 4	t/h	53.769	61.31
136	减压炉进料流量 5	t/h	53.769	61.42
137	减压炉进料流量 6	t/h	53.769	61.90
138	减压炉进料流量 7	t/h	53.769	61.83
139	减压炉进料流量 8	t/h	53.769	59.97
140	减压炉进料合计	t/h	430.152	481.892
141	减压炉炉管注汽 1	kg/h		34.27
142	减压炉炉管注汽 2	kg/h		50.08
143	减压炉炉管注汽 3	kg/h		49.00
144	减压炉炉管注汽 4	kg/h		59.92
145	减压炉炉管注汽 5	kg/h		51.50
146	减压炉炉管注汽 6	kg/h		32.98
147	减压炉炉管注汽 7	kg/h		23.53
148	减压炉炉管注汽 8	kg/h		33.85
149	减压炉出口温度 1	℃	395	389.30
150	减压炉出口温度 2	℃	395	383.50
151	减压炉出口温度 3	℃	395	382.93
152	减压炉出口温度 4	℃	395	388.83

续表

序号	项目	单位	设计值	标定期间操作参数
153	减压炉出口温度 5	℃	395	394.51
154	减压炉出口温度 6	℃	395	397.37
155	减压炉出口温度 7	℃	395	397.57
156	减压炉出口温度 8	℃	395	390.76
157	减压炉出口温度	℃		365.85
158	减压炉瓦斯流量	Nm^3/h	2177kg/h	2514.31
159	减压炉炉膛温度 1	℃	678	581.04
160	减压炉炉膛温度 2	℃	678	639.89
161	减压炉炉膛温度 3	℃	678	681.02
162	减压炉氧含量	%		2.61
163	减压炉对流式入口烟气	℃		688.35
164	减压炉对流室烟气	℃	381	347.69
165	减压炉对流室烟气	℃	381	293.93
166	减压炉对流室烟气	℃	381	316.83
167	减压炉热效率	%	91.5	92.93
168	减压塔顶温度	℃	65	65.04
169	减顶循返塔温度	℃	50	47.24
170	减顶循流量	t/h	131.76	173.11
171	减一线出装置流量	t/h	42.1	36.85
172	减一线抽出温度	℃	137.5	151.67
173	减一线下返塔流量	t/h	12	15.13
174	减一线出装置温度	℃	60	56.09
175	减压塔顶压力	kPa	20mmHg(绝)	-100.51
176	减一中流量	t/h	210	357.46
177	减一中返回温度	℃	182.8	179.63
178	减二线抽出温度	℃	253.8	230.08
179	减二线出装置温度	℃	130/90	107.15
180	减二线出装置流量	t/h	100.22	88.82
181	减二中流量	t/h	336	435.33
182	减二中返回温度	℃	234.3	234.42
183	减三线抽出温度	℃	317.2	294.71
184	减三线出装置温度	℃	148/90	87.93
185	减三线出装置流量	t/h	105.6	131.0
186	减三线下返塔流量	t/h	76.993	73.16
187	减四线抽出温度	℃	369.8	362.82
188	减四线流量	t/h	20.249	12.1
189	减四线出装置温度	℃	160	145.76

续表

序号	项目	单位	设计值	标定期间操作参数
190	进料段温度	℃	376	366.93
191	进料段压力	kPa	30mmHg(绝)	-97.79
192	常底油进减压塔温度	℃	376	370.14
193	减压塔底吹汽流量	t/h	1.5	1.02
194	减压塔底液位	%		54.83
195	减底温度	℃	365	352.83
196	急冷油流量	t/h	7.2	20.49
197	渣油冷后温度	℃	160/130	151.03
198	渣油流量	t/h	160.057	205.1
199	抽真空蒸汽流量	t/h	9.974	7.46
200	抽真空蒸汽温度	℃	250	287.93
201	抽真空蒸汽压力	MPa	1	1.00
202	抽真空循环水流量	t/h		691.53
203	V105 顶压力	kPa	870mmHg(绝)	-1.25
204	减顶污水流量	t/h	11.979	9.28
205	减顶污油流量	t/h	1.291	1.93
206	烟气进预热器温度	℃		296.24
207	排烟温度	℃	120	117.84
208	鼓风机出口压力	kPa		3.86
209	循环水总流量	t/h	1697.84	1536.12
210	循环水压力	MPa	0.4	0.36
211	循环水进温度	℃	32	30.52
212	循环水出温度	℃	41	35.34
213	1.0MPa 蒸汽压力	MPa	1	1.07
214	1.0MPa 蒸汽温度	℃	250	275.68
215	电脱盐污水出装置流量	t/h		50.3
216	常压炉炉膛负压	Pa		-67.3

参 考 文 献

[1] 李志强．原油蒸馏工艺与工程．北京：中国石化出版社，2010.

[2] 李少萍，徐心茹．石油加工过程设备．上海：华东理工出版社，2009.

[3] 林世雄．石油炼制工程．3 版．北京：石油工业出版社，2007.

[4] 徐春明．杨朝合．石油炼制工程．4 版．北京：石油工业出版社，2009.

[5] 王松汉．石油化工设计手册．1 版(第 3 卷)．北京：化学工艺出版社，2002.

[6] 王松汉．石油化工设计手册．1 版(第 1 卷)．北京：化学工艺出版社，2002.

[7] 刘巍，邓方毅．冷换设备工艺计算手册．2 版．北京：中国石化出版社，2008.

[8] 钱家麟．管式加热炉．2 版．北京：中国石化出版社，2002.

[9] 赵日峰．原油蒸馏技术进展与应用．北京：中国石化出版社．

长岭炼化8.0Mt/a常减压蒸馏装置工艺计算

完成人：陆晓青
单　位：中石化广州工程有限公司

目　　录

第一部分　装置标定报告

1　装置概况

1.1　装置简况

8.0Mt/a 常减压装置是“中国石化长岭炼化公司油品质量升级改扩建项目”的关键装置之一，是公司新的Ⅱ套生产线关键的一次加工装置。3#常减压蒸馏装置由电脱盐部分、常压部分、减压部分、瓦斯脱硫部分、加热炉以及烟气余热回收部分组成，原油在本装置内经过脱盐脱水、常压蒸馏、减压蒸馏和瓦斯脱硫后被分为自产瓦斯、重整料、航煤、柴油馏分、蜡油馏分和减压渣油等，为后续加工装置提供合格原料。装置由中石化洛阳石化工程公司设计，中国石化第四建设公司施工，装置的设计规模加工管输混合原油 8.0Mt/a，其中：胜利油占 40%，进口油(以阿曼类原油为代表)占 60%。设计混合原油硫含量 1.16%(质)，酸值为 0.92mgKOH/g，为高硫高酸原油，年开工时数为 8400h。装置于 2010 年 11 月建成，一次开车成功。

1.2　装置改造情况

1.2.1　第一次停工检修

2014 年 4 月进行了首次停工检修，对装置进行了检修消缺，并新上了多项节能技措和改造项目，装置于 2014 年 5 月再次开工，运行至 2017 年 4 月停工大检修。2014 年 4 月份大检修主要改造项目如下：

(1) 电脱盐纤维膜流程改造。将原电脱盐技术改为纤维膜脱盐技术，在传质过程中，水中的脱钙剂与原油中的钙离子反应生成水溶性的化合物溶入水相，两相始终保持没有分散，当传质完成之后其中密度较大的水相沿着纤维丝直接流到罐底，而密度较轻的油相则浮在上面，两相得以分离，避免了传统混合工艺中存在的乳化现象。

(2) 高压瓦斯热水加热流程改造，增加主瓦斯/低温热水换热流程。

(3) 初顶二级冷凝流程改造。初顶改为二级冷凝流程，实现轻重石脑油的分离，降低重整预分馏负荷。

(4) 渣油与油浆换热器调整改造。E-145A~F(初底油—催化油浆换热器)与 E-126A~D(初底油—减压渣油换热器)位置互换，其他换热器不动。初底油一股经过 E-125AB 换热后进入 E-145A~F 与催化油浆换热，另一股与 E-123A~D 换热，两股合流进入 E-126A~D 与减压渣油换热至常压加热炉。

(5) 过汽化油流程完善改造。将过汽化油改造作航煤加氢进料热源，后路改在进渣油加氢装置。

(6) 1.0MPa 蒸汽流程改造；新增一条 1.0MPa 蒸汽专线作减压抽真空蒸汽。

1.2.2　第二次停工检修

2017 年 4~5 月份进行了第二次停工检修，大检修主要改造项目如下：

(1) 管线更换。

① 初常顶系统管线更换；

② V-101ABC 原油线、切水线管线更换。

(2) 塔内部构件更换。

① 减压塔第一段填料更新，第二段、三段填料翻身清洗，第四段填料清洗并做 CTS 处理，第五段填料更新并做 CTS 处理；

② 板式塔塔盘浮阀补缺。

(3) 流程完善。

① 初常顶瓦斯进减压炉；

② 常减压三剂系统完善；

③ E128 入口阀后至轻烃回收管线改造；

④ 高压瓦斯质量流量计移位；

⑤ 减顶抽真空系统真空泵拆除检修；

⑥ 塔顶气-低温热水换热器 E128 管束更换。

2 主要工艺流程

装置的主要工艺流程见图 1-1~图 1-5。

3 主要标定情况

3.1 标定时间

标定时间定于 2019 年 6 月 26 日 06：00~6 月 28 日 6：00，标定时间为 48h。

3.2 标定目的

本次标定是长岭炼化公司自 1999 年以来第二次全厂范围内的大标定，所有炼油装置、化工装置、储运部、热电作业部、公用工程等装置都参与了标定，是长炼建设效益优化、节能环保、模拟工厂、绿企创建的先行之举。通过全厂标定，在常减压装置大负荷运行下，发现各自装置存在的问题及不足，包括各装置加工能力、产品分布、能量及辅材消耗。全面而准确地计算出装置间平衡后的物料移动、化验分析、相关物性数据，搭建 R-Sim 模型，全面掌握并高效优化装置运行。常减压装置为全厂标定的龙头，所有的产品最终归一与常减压原油平衡。因此做好常减压标定工作对全厂其他装置意义重大。另外本次标定为常减压装置运行至第三次大检修后期，通过标定充分暴露装置存在的腐蚀、能耗、分离度差等方面的问题，为第四次大检修提供数据基础。本次物料标定同时，开展了能源标定，希望通过标定提出下一步节能改造的方向。

4 标定原始数据

4.1 装置主要操作参数

装置主要操作参数见表 1-1。

4.2 电机数据

装置内电机运行数据见表 1-2。

4.3 加热炉数据

装置内加热炉主要数据见表 1-3。

4.4 环保监测数据

4.4.1 环境监测数据

标定期间的环境监测数据见表 1-4。

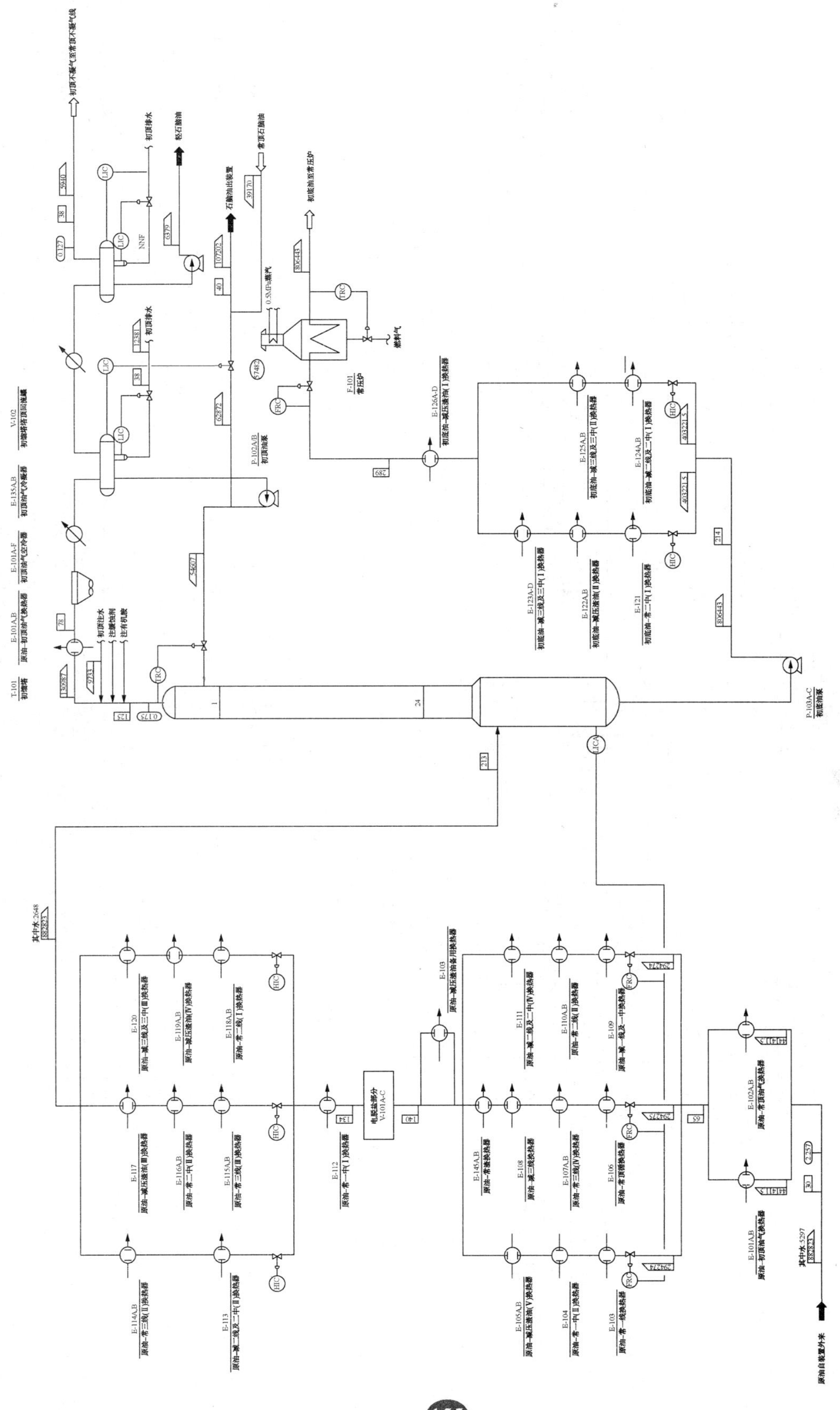

图1-1　换热部分及初馏塔部分流程示意图

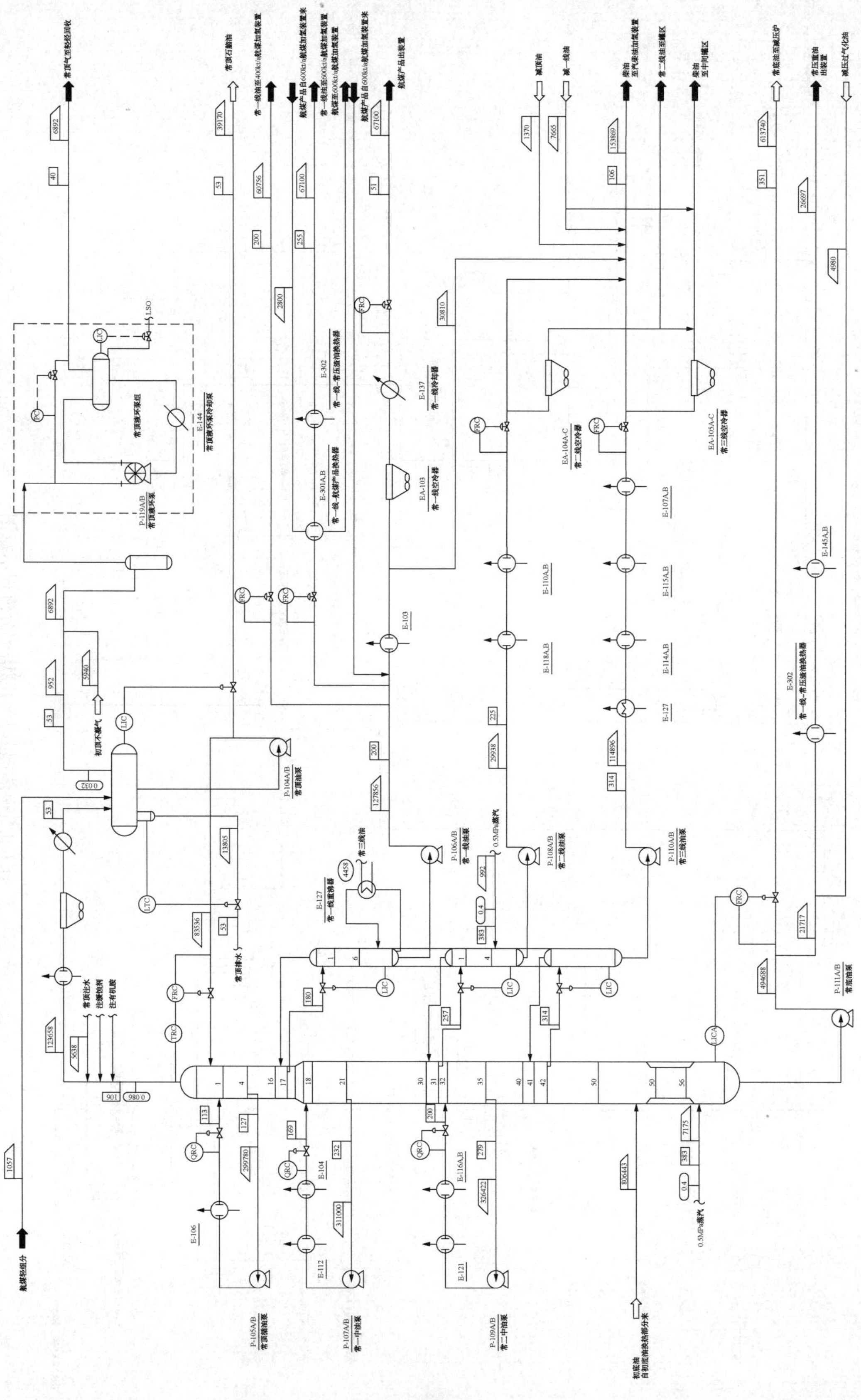

图1-2　常压塔流程示意图

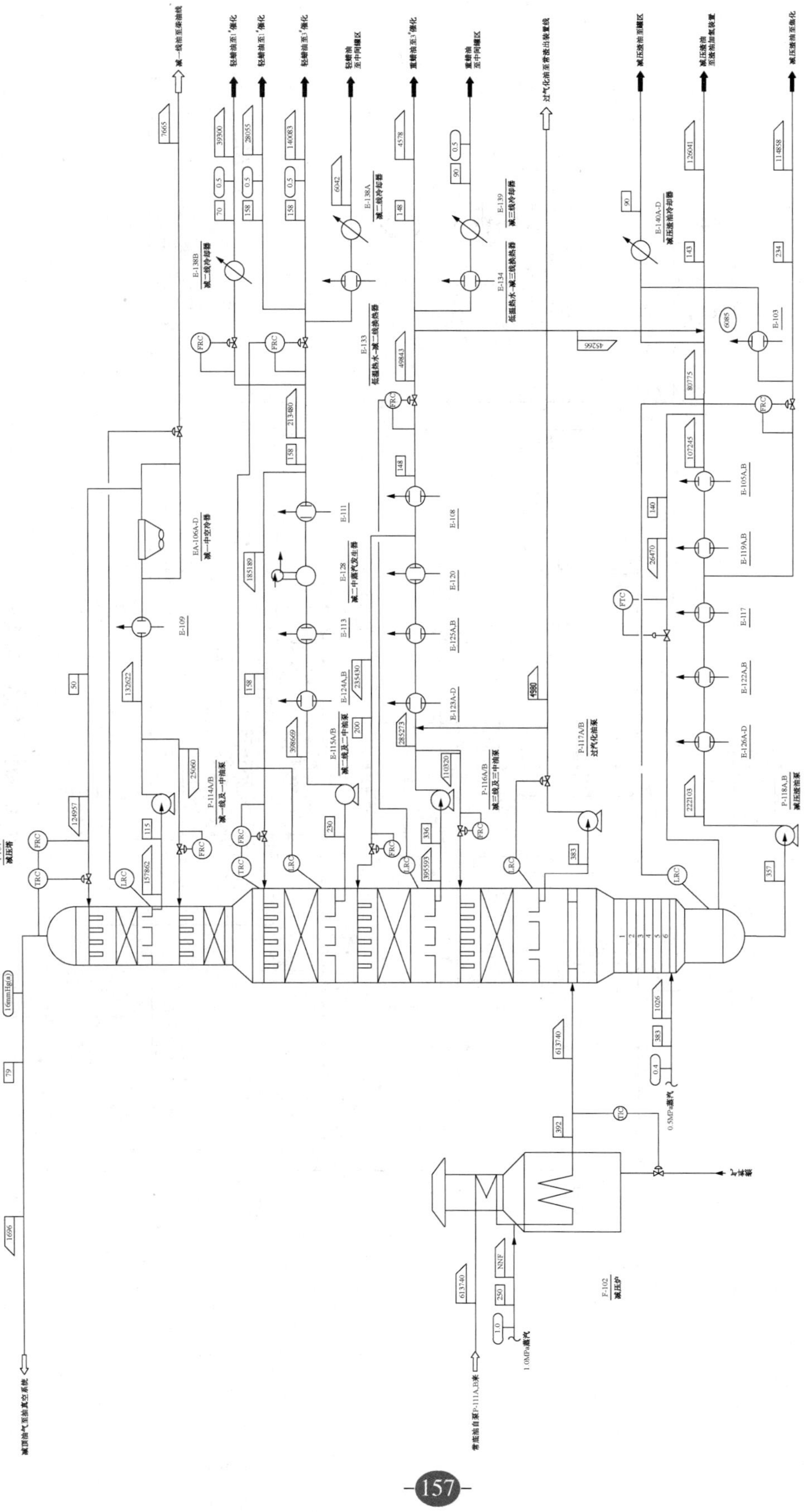

图1-3 减压塔部分流程示意图

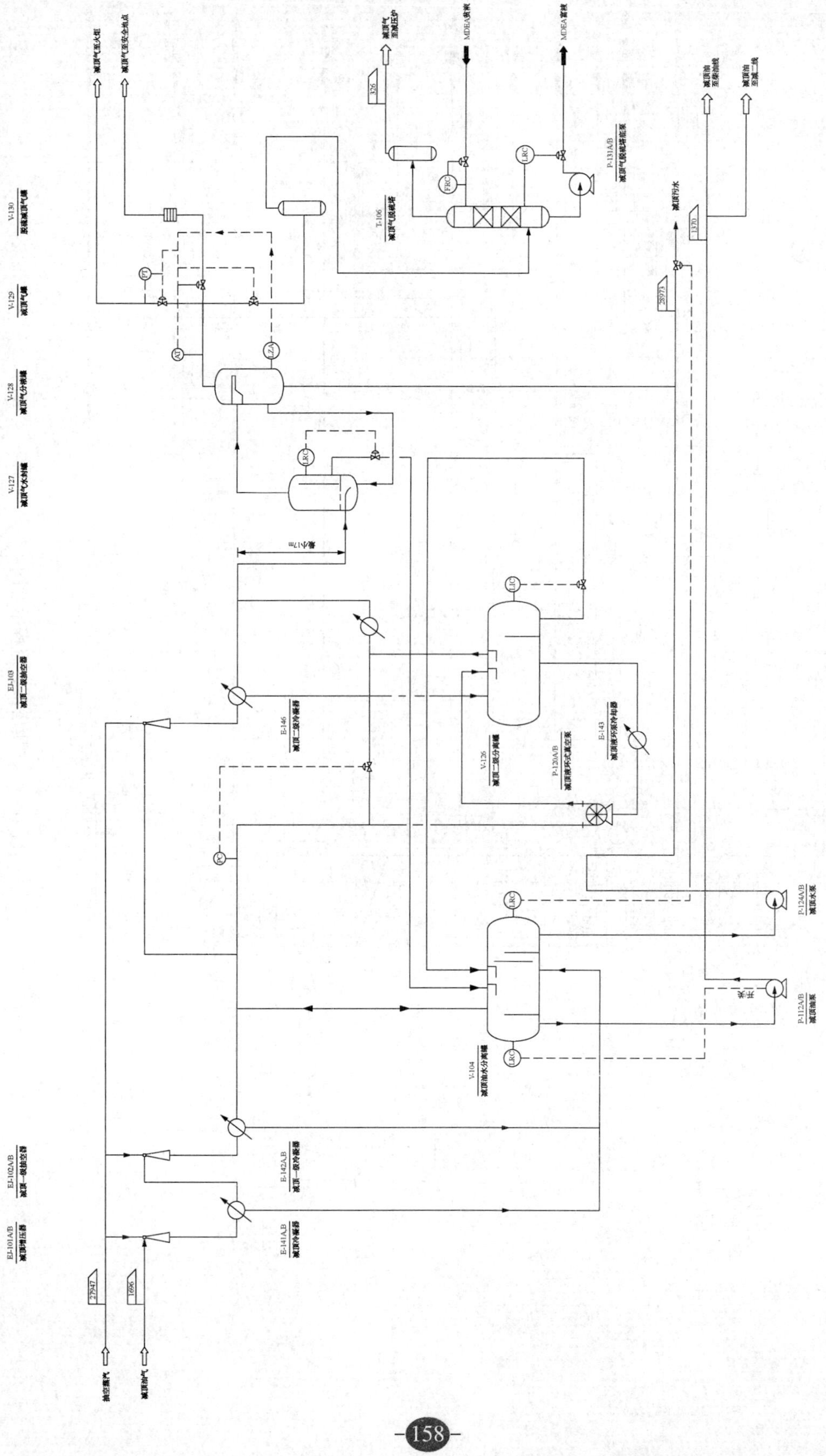

图1-4 减顶系统流程示意图

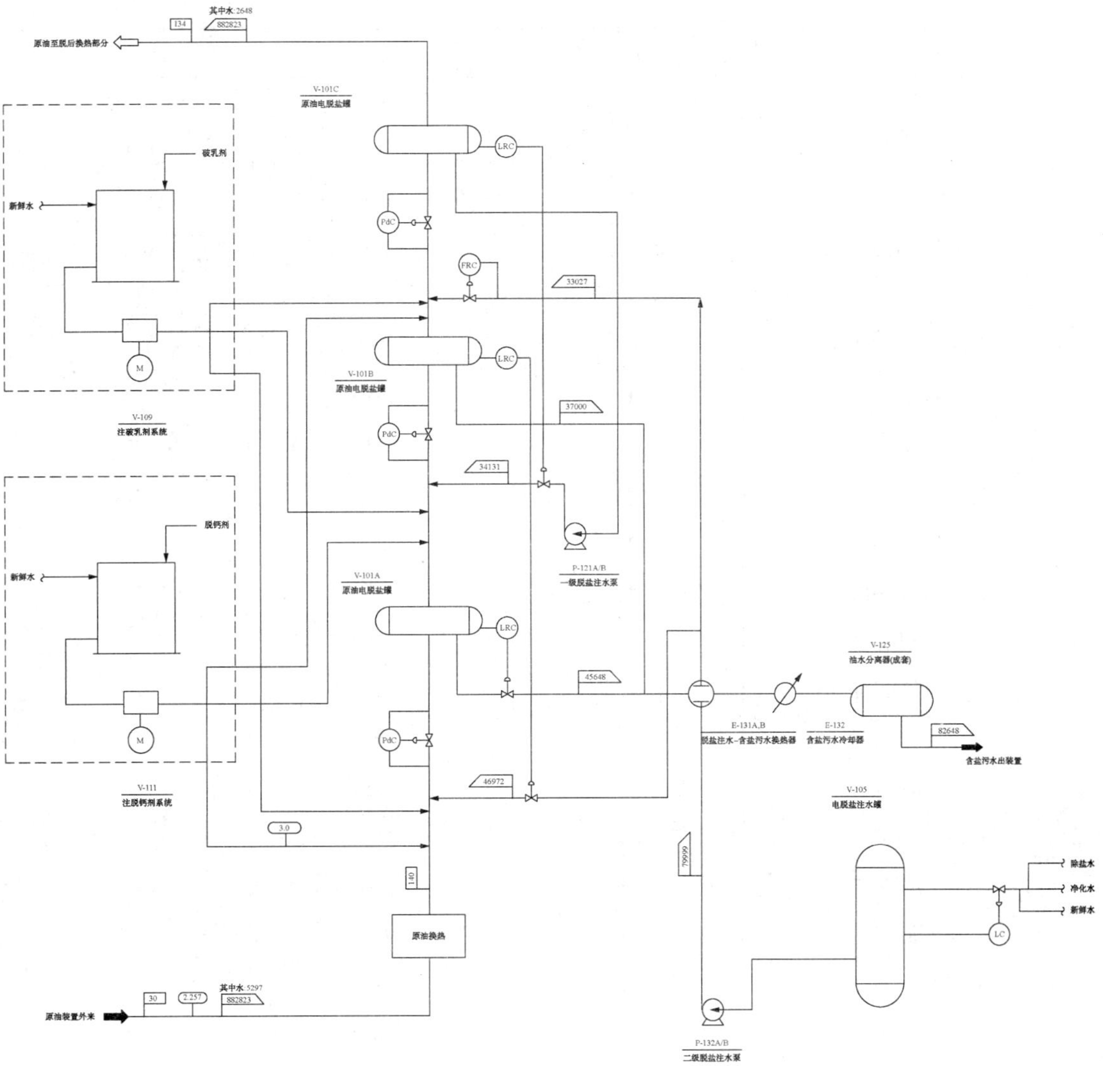

图 1-5　电脱盐系统流程示意图

表 1-1　主要工艺操作参数

项目	单位	26 日	27 日
原油进装置温度	℃	28	30
进电脱盐罐前温度	℃	137	140
初馏塔进料温度	℃	212	213
初顶温度	℃	125	125
初顶压力	%	0. 175	0. 175
初馏塔塔顶回流温度	℃	38	39
初馏塔塔底温度	t/h	210	210
常压炉入口温度	℃	290	289

续表

项目	单位	26 日	27 日
常压炉出口温度	℃	361	361
常压炉出口压力	MPa(表)	0.124	0.122
常压塔进料温度	℃	350	352
常压塔塔顶压力	MPa(表)	0.091	0.096
常压塔塔顶温度	℃	107	114
常压塔塔顶回流温度	℃	52	53
常一线抽出温度	℃	198	200
常二线抽出温度	℃	224	225
常三线抽出温度	℃	315	314
常顶循抽出温度	℃	121	127
常顶循返回温度	℃	108	113
常一中抽出温度	℃	235	232
常一中返回温度	℃	162	169
常二中抽出温度	℃	279	279
常二中返回温度	℃	192	200
常压塔塔底温度	℃	351	351
常二线汽提塔注气量	t/h	993	992
常压塔塔底注气量	t/h	7158	7175
减压炉出口温度	℃	393	392
减压塔塔顶温度	℃	79	79
减压塔塔顶压力	kPa(绝)	2.133	1.921
抽空蒸汽流量	t/h	14.55	14.43
减一线及一中抽出温度	℃	114	115
减一中返回温度	℃	48	50
减二线及二中抽出温度	℃	229	230
减二中返回温度	℃	155	158
减三线及三中抽出温度	℃	335	336
减三中返回温度	℃	200	200
过气化油抽出温度	℃	382	383
减压塔塔底温度	℃	357	357
减压塔底汽提蒸汽量	t/h		

表 1-2　装置内电机运行数据

标定日期	6月26日			6月27日		
设备编号	电流/A	实时功率/kW	功率因素	电流/A	实时功率/kW	功率因素
EA-101A	31.36	15.09	0.731	33.12	16.57	0.76
EA-101B	35.68	17.49	0.745	34.24	16.34	0.725
EA-101C	29.6	13.46	0.691	29.44	13.45	0.694
EA-101D	30.56	14.76	0.734	34.88	16.76	0.73
EA-101E	34.04	17.56	0.784	34.24	16.83	0.747
EA-101F				34.24	17.01	0.755
EA-102A	33.12	15.91	0.73	32.32	15.95	0.75
EA-102B	29.76	13.51	0.69	28.8	13.14	0.963
EA-102C	34.4	17.91	0.791	34.24	16.79	0.745
EA-102D	34.28	17.69	0.784	38.72	19.42	0.762
EA-102E	34.88	17.03	0.742	34.88	18	0.784
EA-104A	30.88	12.3	0.605			
EA-104B				29.92	11.95	0.607
EA-105A	30.4	11.64	0.582	30.72	13.97	0.691
EA-105B	31.84	12.34	0.589	30.56	12.59	0.626
EA-106A	28	10.84	0.588	27.16	12.03	0.673
EA-106B	30.24	12.44	0.625	31.52	13.11	0.632
EA-106C	28.8	12.47	0.658	28.32	10.48	0.562
EA-106D	38.52	20	0.769	39.2	19.89	0.771
K102A 鼓风机	173	85	0.82	175	89.13	0.847
K102A 鼓风机散热风机	1.9	0.76	0.605	1.9	0.76	0.609
K102B 鼓风机	162	78	0.83	173	89.81	0.871
K102B 鼓风机散热风机	2.04	0.78	0.582	2	0.77	0.582
P102A	94.4	57.9	0.93	104	63.8	93
P103A	42.3	364	0.85	41	369	0.85
P103C	45.5	407	0.86	44.4	397	0.86
P104A	107.2	66	0.92	115.2	70.4	0.93
P105A	160	90.88	0.863	162	91.27	0.856
P106B	127.2	52.49	0.627	128.8	74.43	0.878
P107A	161	89.01	0.84	182.4	110.44	0.92
P108B	126	61.2	0.738	132.6	68.07	0.78
P109A	191	104.34	0.83	219.2	128.4	0.89
P110B	248	151.6	0.94	256	155.6	0.92

续表

标定日期	6月26日			6月27日		
设备编号	电流/A	实时功率/kW	功率因素	电流/A	实时功率/kW	功率因素
P111A	40.2	349	0.89	38.9	344	0.84
P114A	207	103	0.756	210	114.03	0.825
P115B	55.9	524	0.87	56.1	505	0.87
P116A	49.9	450	0.86	49.4	430	0.85
P117A	69	41.83	0.921	73.8	4.58	0.886
P118B	31.2	301	0.92	28.3	279	0.91
P-119B	21	181	0.81	21.7	191	0.82
P-120A	20.2	167	0.8	19.6	159	0.78
P-120B	21.9	188	0.81	21.2	179	0.8
V101A	35.7	216	0.59	37.2	207	0.54
V101B	6.4	42	0.77	7.6	49	0.77
V101C	7.9	78	0.72	8.7	75	0.71
P121B	40.64	21.8	0.815	41.28	13.71	0.812
P123B	46.2	26.27	0.864	27.84	13.71	0.748
P123C	45.44	26.35	0.881	24.32	11.62	0.726
P-124B	36.8	19.86	0.82			
P125A	37.6	22.8	0.93			
P-131A	24.16	13.61	0.856	24.64	13.72	0.846
P132A	171	67.53	0.6	174	97.57	0.852
P133A	36.96	21.75	0.894	36.48	21.46	0.894
P135	303	175.5	0.88			
P140B	24.48	11.73	0.728	23.36	11.3	0.735
永磁调速水泵1	6.92	4.05	0.89	3.08	1.72	0.848
引风机K101	21.9	145	0.65	23.6	171	0.71

表1-3 加热炉主要数据

项目	单位	6月26日	6月27日
常压炉			
入口温度	℃	290	289
出口温度	℃	362	361
出口压力	MPa(表)	0.124	0.122
对流室顶部平均温度	℃	373	374
对流室底部平均温度	℃	729	735
辐射室顶部平均温度	℃	721	728

续表

项目	单位	6月26日	6月27日
辐射室底部平均温度	℃	538	543
燃料消耗	kg/h		5569
减压炉			
入口温度	℃	350	350
出口温度	℃	410	410
对流室顶部平均温度	℃	369	368
对流室底部平均温度	℃	731	723
辐射室顶部平均温度	℃	745	738
辐射室底部平均温度	℃	504	501
燃料消耗	kg/h		2874
余热回收			
热空气进加热炉温度	℃	259	258
烟气进空气预热器温度	℃	320	320
排烟温度	℃	123	125

表1-4 标定期间环境数据

环境监测点位置		常压炉F101		减压炉F102		混合烟道	
日期		26日	27日	26日	27日	26日	27日
气温	℃	30	32	30	32	30	32
气压	kPa	100.68	100.49	100.68	100.49	100.68	100.49
风速	m/s	1.4	1.7	1.4	1.7	1.7	2
相对湿度	%	65	72	65	72	65	72

4.4.2 废气监测数据

标定期间的废气监测数据见表1-5。

表1-5 加热炉烟气分析数据

加热炉监测点		常压炉F101	减压炉F102	混合烟道气
监测日期		6.26	6.26	6.26
SO_2	mg/m^3	<3	<3	<3
NO_x	mg/m^3	19	23	34
CO	mg/m^3	0	0	0
CO_2	%(体)	15.6	14.8	17.5
O_2	%(体)	3.2	3	3.6

4.4.3 废水监测数据

装置内废水的监测数据见表1-6。

表 1-6 装置废水监测数据

监测点	监测日期	pH 值	石油类 mg/L	硫化物 mg/L	挥发酚 mg/L	COD mg/L	氨氮 mg/L	悬浮物 mg/L
V135 含硫污水	26 日	6	16000.00	0.42	160	28200.00	78.8	154
	27 日	7	313.00	0.87	58.2	6820.00	32.4	235
V102 含硫污水	26 日	5	40100.00	0.65	161	42000.00	23.5	124
	27 日	7	2930.00	4.5	119	46300.00	47.6	144
V103 含量污水	26 日	5	无法测定	0.95	256	11000.00	50.1	68
	27 日	7	14900.00	2.04	110	7600.00	18.3	60
V104 含量污水	26 日	5	19200.00	13.0	197	57900.00	19.4	60
	27 日	6	16700.00	16.9	256	41000.00	92.8	75
总含硫污水出装置	26 日	10	8720.00	0.33	128	25100.00	78.8	28
	27 日	7	3140.00	1.2	89.9	16300.00	86.3	325
脱硫净化水(V105)	26 日	8	40.10	1.83	75.2	1890.00	17.2	18
	27 日	8	6.34	0.95	70.3	942.00	18.3	16
进装置低温热水	26 日	6	17.30	0.20	0.94	175.00	2.6	23
	27 日	7	15.90	0.17	0.78	206.00	2.29	23
出装置低温热水	26 日	7	17.10	0.08	0.94	124.00	2.56	52
	27 日	7	12.40	0.28	0.8	157.00	2.51	22
含油总污水	26 日	8.01	14.20	0.21	58.5	800.00	14.4	13
	27 日	7.82	10.80	0.59	56.9	706.00	16.2	29
电脱盐总切水	26 日	7	870.00	2.83	11.9	2440.00	26.9	556
	27 日	7.90	69.50	1.42	10	2480.00	26	226
V101A 切水	26 日	8	297.00	2.17	9.94	1990.00	23.7	144
	27 日	7	124.00	29.7	10.3	1840.00	19.7	16
V101B 切水	26 日	7	4200.00	0.07	6.81	1940.00	28.4	28
	27 日	7	97.50	1.57	6.69	1950.00	28.6	60
V101C 切水	26 日	7	49.70	0.19	13	1600.00	25.8	43
	27 日	7	59.20	0.48	9.07	1400.00	23.5	13
边沟水	26 日	无水	无水	无水	无水	无水	无水	无水
	27 日	无水	无水	无水	无水	无水	无水	无水

5 原料及产品

5.1 原料

装置加工原料性质见表 1-7~表 1-10。

表 1-7　加工原油性质

分析项目	26 日分析数据	27 日分析数据	设计数据
密度/(kg/m³, 20℃)	0.8932	0.8855	0.8828
API			28.04
黏度/(mm²/s, 50℃)			24.5
凝点/℃			-10
残炭/%(质)			4.67
灰分/%(质)			0.014
硫含量/%(质)	0.872	0.857	1.16
氮含量/%(质)	0.347	0.343	0.42
酸值/(mgKOH/g)			0.92
含盐/(mg/L)	183.3	168.5	15.2
水分/%(质)	0.4	0.6	0.20
胶质/%(质)			13.6
沥青质/%(质)			0.6
Fe 含量/(μg/g)	4.99 *	4.99 *	5.1
Ni 含量/(μg/g)	15.4 *	15.4 *	13.4
Cu 含量/(μg/g)	0.04 *	0.04 *	
V 含量/(μg/g)	10.3 *	10.3 *	6.2
Ca 含量/(μg/g)	7.69 *	7.69 *	29.8
Na 含量/(μg/g)	8.27 *	8.27 *	3.5
特性因素 *K*			12.1
碳含量/%(质)	85.26	85.38	
氢含量/%(质)	11.94	12.11	
ASTM D86/%(液体体积)			
初馏点	133①	133①	
100℃			
120℃			
140℃	1.5①	1.5①	
160℃	4.0①	4.0①	
180℃	7.5①	7.5①	
200℃	11.5①	11.5①	
220℃	15.0①	15.0①	
240℃	19.0①	19.0①	
260℃	24.0①	24.0①	
280℃	26.5①	26.5①	

续表

分析项目	26日分析数据	27日分析数据	设计数据
300℃	30.0①	30.0①	
简易蒸馏/%(质)			
HK~200℃	13.81①	13.81①	12.90
200~350℃	24.72①	24.72①	23.16
350~500℃	27.63①	27.63①	29.10
HK~500℃	66.55①	66.55①	65.16

① 此部分数据为8月份补测的数据，所测样品为26日和27日的混合样。

表1-8 原油各切割段性质

项目	IBP~100℃	100~250℃	250~400℃	400~550℃	>550℃
收率/%(质)	5.91	20.08	24.71	22.39	25.54
API	74.6	48.5	31	20.1	11.6
*K*值	12.4	11.8	11.7	11.7	0
密度(20℃)/(kg/m^3)	682.0	782.0	866.9	929.6	985.5
水分/%(质)	—	—	—	—	—
酸度/(mgKOH/100mL)	0.49	11.06	—	—	—
酸值/(mgKOH/g)	—	—	0.56	0.85	1.94
运动黏度(20℃)/(mm^2/s)	—	1.198	11.66	—	—
运动黏度(40℃)/(mm^2/s)	—	1.056	6.132	—	—
运动黏度(100℃)/(mm^2/s)	—	—	—	16.02	2914
凝固点/℃	—	—	2.0	—	—
S含量/(mg/L)	87.6	585	5469	10487mg/kg	16427mg/kg
N含量/(mg/L)	1.0	57.6	396	2893mg/kg	8355mg/kg
C含量/%(质)	—	—	86.40	86.55	86.11
H含量/%(质)	—	—	12.93	12.18	10.83
饱和烃含量/%(质)				59.90	16.49
芳香烃含量/%(质)				30.30	46.25
胶质含量/%(质)				7.43	31.71
沥青质含量/%(质)				0.28	3.53
ASTM D86初馏点/℃	37	103	270	326	—
10%(液体体积)/℃	51	129	280	415	—
20%(液体体积)/℃	—	—	287	433	—
30%(液体体积)/℃	63	149	295	442	—
40%(液体体积)/℃	—	—	304	449	—
50%(液体体积)/℃	74	174	315	455	—

续表

项目	IBP～100℃	100～250℃	250～400℃	400～550℃	>550℃
60%(液体体积)/℃	—	—	327	466	—
70%(液体体积)/℃	83	197	340.5	481	—
80%(液体体积)/℃	—	—	353.5	494	—
90%(液体体积)/℃	98	222	—	—	—
350℃馏出量/mL				0.5	—
365℃馏出量/mL			87.5		—
500℃馏出量/mL				83	—

表 1-9　航煤汽提塔尾气性质

采样时间	单位	26 日	27 日
CH_4含量	%(体)	3.77	3.70
C_2H_6含量	%(体)	4.01	3.80
C_2H_4含量	%(体)	0.00	0.00
C_3H_8含量	%(体)	2.79	3.06
C_3H_6含量	%(体)	0.00	0.00
iC_4H_{10}含量	%(体)	0.80	1.08
nC_4H_{10}含量	%(体)	0.60	1.19
nC_4H_8含量	%(体)	0.00	0.00
iC_4H_8含量	%(体)	0.00	0.00
tC_4H_8含量	%(体)	0.00	0.00
cC_4H_8含量	%(体)	0.00	0.00
iC_5H_{12}含量	%(体)	0.55	1.04
nC_5H_{12}含量	%(体)	0.76	1.36
$>C_5$ 含量	%(体)	4.79	5.10
CO_2含量	%(体)	0.00	0.00
CO 含量	%(体)	0.00	0.00
O_2含量	%(体)	0.16	0.23
N_2含量	%(体)	2.19	2.87
H_2含量	%(体)	77.67	74.67
总硫含量	mg/m^3	27390	27100
H_2S 含量	mg/m^3	26980	26980

表 1-10　航煤轻组分性质

采样时间	26 日	27 日
密度/(kg/m^3)	738.6	721.2
ASTM D86 初馏点/℃	58.0	55.8
10%(液体体积)/℃	78.8	78.3

续表

采样时间	26日	27日
20%(液体体积)/℃	83.9	83.7
30%(液体体积)/℃	87.6	87.7
40%(液体体积)/℃	91.0	91.3
50%(液体体积)/℃	94.4	94.9
60%(液体体积)/℃	98.2	98.6
70%(液体体积)/℃	103.2	103.3
80%(液体体积)/℃	110.6	110.5
90%(液体体积)/℃	122.5	122.0
终馏点/℃	146.2	146.3
全馏/%	97.3	97.3
总硫/(mg/kg)	293.7	543.6
溴值/(gBr/100g)	0.80	0.39

5.2 产品

装置的主要产品为气体(初顶瓦斯、常顶瓦斯、减顶瓦斯)、初顶石脑油、常顶石脑油、航煤、柴油、轻蜡油、重蜡油和减压渣油。其性质见表1-11。

表1-11 主要产品性质

样品名称	单位	初顶瓦斯		常顶瓦斯		减顶瓦斯脱硫前	
采样时间		26日	27日	26日	27日	26日	27日
CH_4含量	%(体)	2.58	3.37	5.28	3.65	26.36	25.38
C_2H_6含量	%(体)	6.47	6.26	6.34	6.43	11.15	9.85
C_2H_4含量	%(体)	0.00	0.00	3.32	0.05	1.87	2.01
C_3H_8含量	%(体)	30.62	30.08	24.00	30.34	5.96	8.07
C_3H_6含量	%(体)	0.00	0.01	0.65	0.03	2.84	3.82
iC_4H_{10}含量	%(体)	10.60	10.28	8.77	10.29	0.66	0.76
nC_4H_{10}含量	%(体)	26.39	26.91	23.33	26.87	3.39	4.33
tC_4H_8含量	%(体)	0.09	0.05	0.06	0.01	1.01	1.41
nC_4H_8含量	%(体)	0.00	0.04	0.09	0.09	1.12	1.54
iC_4H_8含量	%(体)	0.00	0.08	0.07	0.01	0.35	0.48
cC_4H_8含量	%(体)	0.00	0.04	0.03	0.01	0.17	0.12
iC_5H_{12}含量	%(体)	6.26	7.27	7.25	7.31	1.17	1.35
nC_5H_{12}含量	%(体)	6.20	6.93	7.80	6.91	2.09	2.58
$>C_5$组分含量	%(体)	2.60	3.68	3.70	3.48	6.26	7.50

续表

样品名称	单位	初顶瓦斯		常顶瓦斯		减顶瓦斯脱硫前	
采样时间		26日	27日	26日	27日	26日	27日
CO_2含量	%(体)	2.02	2.17	1.70	1.46	1.73	2.06
CO 含量	%(体)	0.00	0.00	0.00	0.00	3.45	4.92
O_2含量	%(体)	0.52	0.22	0.27	0.22	0.86	0.70
N_2含量	%(体)	5.65	2.07	3.10	2.18	11.10	8.68
H_2含量	%(体)	0.00	0.54	2.34	0.48	12.26	4.94
总硫含量	mg/m^3	300	363	28530	2860	92800	136800
H_2S 含量	mg/m^3	100	284	26980	2556	88040	134900

样品名称	初顶一级油		常顶油		初顶二级油	
采样时间	26日	27日	26日	27日	26日	27日
密度/(kg/m^3)	702.0	698.6	709.0	725.2	671.0	659.0
ASTM D86 初馏点/℃	32.5	32.2	49.1	41.6	25.0	25.0
10%(液体体积)/℃	55.1	54.9	73.3	65.1	34.3	32.8
20%(液体体积)/℃	69.1	69.4	80.2	75.3	42.2	39.8
30%(液体体积)/℃	79.9	80.7	85.3	82.3	49.5	46.2
40%(液体体积)/℃	89.3	90.4	89.8	87.8	56.5	52.3
50%(液体体积)/℃	97.9	99.3	93.8	92.6	63.8	58.4
60%(液体体积)/℃	106.2	107.8	97.7	97.1	72.0	65.2
70%(液体体积)/℃	115.5	117.5	102.0	101.9	83.4	74.8
80%(液体体积)/℃	126.4	128.8	107.4	107.8	98.5	87.5
90%(液体体积)/℃	139.3	142.0	114.1	115.3	122.3	107.5
95%(液体体积)/℃	148.0	151.0	119.3	121.2	144.7	131.6
终馏点/℃	153.2	156.0	123.9	125.8	148.9	133.5
全馏/%(液体体积)	96.6	96.5	97.4	96.9	95.4	95.0
N 含量/(mg/L)	1.4	0.8	0.6	1.3	1.6	1
正构烷烃含量/%(质)	31.58	33.49	30.61	25.78	46.65	47.63
异构烷烃含量/%(质)	30.97	34.07	31.85	27.28	34.9	33.73
烯烃含量/%(质)	0	0.03	0.01	0	0	0.04
环烷烃含量/%(质)	28.46	23.69	30.43	33.08	15.46	15.43
芳烃含量/%(质)	8.99	8.66	7.09	13.83	2.99	3.18
按碳数加和含量/%(质)	100	99.94	100	99.98	100	100
蒸气压/kPa	79.6	86.8	57.9	55.6		
硫醇含量/(mg/kg)	107	47	149	90	85	173
总硫含量/(mg/kg)	227.2	134.2	323.1	176.5	218.6	198.8

续表

样品名称	常一线		常二线		常三线	
采样时间	26 日	27 日	26 日	27 日	26 日	27 日
密度/kg/m^3	800.4	795.4	832.1	831.1	856.2	851.0
ASTM D86 初馏点/℃	140.8	140.8	225.4	221.6	216.0	208.0
10%(液体体积)/℃	164.8	167.1	244.9	242.8	275.0	267.0
20%(液体体积)/℃	173.4	174.8	250.2	248.0	291.0	284.0
30%(液体体积)/℃	181.1	181.7	254.4	252.5	299.0	293.0
40%(液体体积)/℃	188.9	188.1	257.6	255.7	306.0	300.0
50%(液体体积)/℃	196.8	195.0	260.4	258.4	312.5	306.0
60%(液体体积)/℃	205.2	203.0	262.8	261.0	320.0	312.0
70%(液体体积)/℃	214.5	212.1	265.6	263.5	330.0	320.0
80%(液体体积)/℃	224.4	221.7	268.7	266.4	341.5	330.0
90%(液体体积)/℃	235.4	232.8	273.3	270.7	358.0	343.0
95%(液体体积)/℃	242.8	240.5	278.4			357.0
365℃含量(液体体积)/%					91.5	96.5
终馏点/℃	250.7	245.7	284.2	280.7		
全馏/%	98.0	97.6	98.0	98.0		
水分/%		0.0170				
硫醇含量/(mg/kg)	74	58				
总硫含量/(mg/kg)	899.7	775.2	2672.8	2604.8	4489.7	4329.2
冰点/℃	-52.5	-52.6				
比色	19	20				
冷滤点/℃			<-15	<-15	4	0
凝固点/℃			<-20	<-20	-1	-5
闪点/℃	35.5	36.5	97.5	95.5	84.0	83.0
酸度/(mgKOH/100mL)			15.99	16.92	43.23	33.28
总酸值/(mgKOH/g)	0.104	0.117				
烟点/mm	24.6	25.1				
胶质/(mg/100mL)	1.0	1.0				
黏度(-20℃)/(mm^2/s)	3.613	3.635				
黏度(20℃)/(mm^2/s)	1.590	1.570	3.925	3.878	9.930	8.646
黏度(40℃)/(mm^2/s)			2.447	2.402	5.454	5.177
碱氮含量/(mg/kg)	6.40	5.8	48.1	76.86	171.0	155.6
芳烃含量/%(质)	14.6	13.9				
烯烃含量/%(质)	1.5	1.6				

续表

样品名称	常一线		常二线		常三线	
采样时间	26 日	27 日	26 日	27 日	26 日	27 日
十六烷值			51.5		52.0	
十六烷指数			50.6	50.5	51.9	52.7
溴值/(gBr/100g)	1.74	1.00				
磨痕直径/mm	0.59	0.58				

样品名称	混合柴油		减顶油		减一线	
采样时间	26 日	27 日	26 日	27 日	26 日	27 日
密度/(kg/m^3)	835.1	842.0	826.3	828.4	863.0	863.4
ASTM D86 初馏点/℃	157.0	174.0	<100	<100	237.0	242.0
10%(液体体积)/℃	198.5	220.0	153.3	165.0	255.0	260.5
20%(液体体积)/℃	220.0	247.0	185.9	186.0	259.5	265.5
30%(液体体积)/℃	239.0	262.0	205.3	201.5	264.5	270.5
40%(液体体积)/℃	258.5	275.5	218.7	213.5	269.0	274.5
50%(液体体积)/℃	273.5	285.5	228.9	224.0	273.0	278.5
60%(液体体积)/℃	286.0	296.0	237.1	230.0	277.0	281.5
70%(液体体积)/℃	300.0	307.0	244.9	242.0	281.0	285.5
80%(液体体积)/℃	317.0	322.0	253.9	252.0	286.0	291.5
90%(液体体积)/℃	343.0	344.5	264.4	262.0	292.5	297.5
95%(液体体积)/℃	362.0	361.5	271.9	272.0	299.0	305.5
365℃含量(液体体积)/%		95.5				
终馏点/℃	363.0		279.9	280.5	307.0	312.5
全馏(液体体积)/%	98.0		97.8	98.0	98.0	98.0
总硫含量/(mg/kg)	3708.7	4001.0	4648.9	4838.8	5514.7	5254.5
冷滤点/℃	-4	-3			<-15	<-15
凝固点/℃	-16	-14			-20	<-20
闪点/℃	58.5	67.0			114.0	114.0
酸度/(mgKOH/100mL)	25.60	23.75			16.21	43.52
黏度(20℃)/(mm^2/s)	4.357	5.174			5.236	5.589
黏度(40℃)/(mm^2/s)	2.818	3.090			3.252	3.463
碱氮含量/(mg/kg)	102.3	79.43	559.3	26.3	81.1	88.6
十六烷值	50.4				44.9	
十六烷指数	52.4	52.4			43.4	44.4

续表

样品名称	减二线		减三线		重油至加氢		渣油	
采样时间	26 日	27 日	26 日	27 日	26 日	27 日	26 日	27 日
密度/(kg/m^3)	912.0	910.7	941.2	939.2	945.0	940.3	1003.5	1016.2
ASTM D86 初馏点/℃	308	310	405	408	265	257	443	442
10%(液体体积)/℃	363	367	477	484	348	353	538(5%)	534(5%)
20%(液体体积)/℃	387	390	497	501	400	402		
30%(液体体积)/℃	407	408		513	440	438		
40%(液体体积)/℃	424	424		522	475	471		
50%(液体体积)/℃	438	437		534	516	506		
60%(液体体积)/℃	451	451						
70%(液体体积)/℃	465	465						
80%(液体体积)/℃	483	481						
90%(液体体积)/℃	509	508						
95%(液体体积)/℃	533	532						
350℃含量(液体体积)/%	6.0	5.0	0.0	0.0	10.5	9.5	0.0	0.0
500℃含量(液体体积)/%	87.0	87.5	21.0	19.0	47.0	48.0	1.5	1.5
520℃含量(液体体积)/%	92.5	92.5		38.0	51.0	53.0	2.5	3.0
538℃含量(液体体积)/%				42.0	55.0	57.0	5.0	6.0
总硫含量/(mg/kg)	0.88%	0.85%	1.07%	1.07%	1.10%	1.12%	1.48%	1.48%
残碳/%(质)	0.15	0.15	1.83	1.68	6.83	7.07	18.74	19.19
黏度(50℃)/(mm^2/s)	33.27	30.58						
黏度(80℃)/(mm^2/s)	11.42	11.47	61.58	59.64	77.60	59.86	—	—
黏度(100℃)/(mm^2/s)			28.6	27.59	35.25	29.31	2068	1921

5.3 燃料气性质

装置燃料气的见表 1-12。

表 1-12 燃料气性质

样品名称	单位	燃料气	
采样时间		26 日	27 日
CH_4含量	%(体)	27.88	27 日
C_2H_6含量	%(体)	14.25	30.32
C_2H_4含量	%(体)	1.16	14.69
C_3H_8含量	%(体)	0.53	0.40
C_3H_6含量	%(体)	0.39	0.45

续表

样品名称	单位	燃料气	
采样时间		26 日	27 日
iC_4H_{10}含量	%(体)	0.23	0.35
nC_4H_{10}含量	%(体)	0.46	0.22
tC_4H_8含量	%(体)	0.04	0.34
nC_4H_8含量	%(体)	0.04	0.04
iC_4H_8含量	%(体)	0.03	0.04
cC_4H_8含量	%(体)	0.02	0.05
iC_5H_{12}含量	%(体)	0.16	0.04
nC_5H_{12}含量	%(体)	0.15	0.28
$>C_5$ 组分含量	%(体)	0.32	0.12
CO_2含量	%(体)	0.90	0.88
CO 含量	%(体)	0.59	0.39
O_2含量	%(体)	0.97	1.16
N_2含量	%(体)	14.10	15.82
H_2含量	%(体)	37.77	33.88
总硫含量	mg/m^3	80.0	159.0
H_2S 含量	mg/m^3	57	50

5.4 装置中间产品性质

装置主要中间产品性质见表 1-13、表 1-14。

表 1-13 装置中间产品性质

样品名称	常顶循		样品名称	常顶循	
采样时间	26 日	27 日	采样时间	26 日	27 日
密度/(kg/m^3)	743.2	743.5	95%(液体体积)/℃	118.9	134.4
初馏点/℃	43.3	89.2	终馏点/℃	123.1	139.3
10%(液体体积)/℃	68.5	107.4	全馏(液体体积)/%	97.1	97.7
20%(液体体积)/℃	76.7	110.8	N 含量/(mg/L)	5.8	5.8
30%(液体体积)/℃	82.9	113.3	正构烷烃含量/%(质)	22.28	22.18
40%(液体体积)/℃	88.2	115.4	异构烷烃含量/%(质)	27.29	27.98
50%(液体体积)/℃	92.9	117.4	烯烃含量/%(质)	0	0
60%(液体体积)/℃	97.1	119.6	环烷烃含量/%(质)	34.83	34.15
70%(液体体积)/℃	101.5	122.2	芳烃含量/%(质)	15.54	15.63
80%(液体体积)/℃	106.7	125.9	按碳数加和含量/%(质)	99.94	99.94
90%(液体体积)/℃	113.5	130.7			

表 1-14 装置中间产品性质

样品名称	常一中		常二中		初底油		常底油		过汽化油	
采样时间	26 日	27 日	26 日	27 日	26 日	27 日	26 日	27 日	26 日	27 日
密度/(kg/m^3)	824.0	817.0	834.5	831.9	902.3	897.9		946.5	910.7	900.3
初馏点/℃	161.0	168.0	203.0	201.5	188	203		272	231	223
10%(液体体积)/℃	213.0	208.0	246.0	242.0	262	264		383	299	296
20%(液体体积)/℃	223.5	218.5	254.0	251.0	317	315		423	316	314
30%(液体体积)/℃	230.0	225.0	259.0	256.0	369	367		453	330	326
40%(液体体积)/℃	234.0	229.5	262.0	259.5	426	422		482	347	339
50%(液体体积)/℃	238.0	233.0	266.0	264.0	474	469			371	357
60%(液体体积)/℃	241.0	237.5	270.5	267.5	538	533			424	381
70%(液体体积)/℃	244.5	240.0	273.0	269.0						
80%(液体体积)/℃	248.0	245.0	277.0	273.0						
90%(液体体积)/℃	252.5	250.5	283.0	278.0						
95%(液体体积)/℃	256.0	254.0	288.0	282.0						
终馏点/℃	260.0	262.0	295.0	289.5						
全馏/%	98.0	98.0	98.0	98.0						
350℃含量(液体体积)/%					26.0	27.0		5.0	41.5	46.5
500℃含量(液体体积)/%					54.0	55.0		45.5	62.5	67.5
520℃含量(液体体积)/%					57.5	58.0			63.0	
538℃含量(液体体积)/%					60.0	60.5			65.0	
总硫/(mg/kg)	1756.2	1657.5	2996.3	2635.2	0.85%(质)	0.84%(质)	1.22%(质)	1.21%(质)	0.90%(质)	0.87%(质)
残炭/%(质)					5.61	5.21	5.94	7.70	7.02	5.76
黏度(50℃)/mm^2/s					34.38	28.92			45.99	27.35
黏度(80℃)/mm^2/s					11.51	9.466		80.23	15.86	10.58
黏度(100℃)/mm^2/s								37.70		

6 装置平衡

本节及以后数据均根据计算得到，由于计算时选取 6 月 27 日的平均值，因此本节及之后的所有数据均以 6 月 27 日标定数据作为基础。

6.1 装置物料平衡

6.1.1 装置物料平衡取量表位号

标定期间装置的物料平衡取量表位号信息见表 1-15。

表 1-15　装置物料平衡取量表位号

	介质	介质流向	计量位号	仪表类型	单位
原料	原油	王伦坡原油	罐区付量(除水后量)	检尺	t
	航煤轻组分	航煤轻组分返 V103	YXJH_ 0201FIQ80601. OUT	孔板	t
	航煤尾气	航煤塔顶气返 V133	无计量，与航煤对量		t
产品	瓦斯	初常顶气	YXJH_ 0201FIQ70807	孔板	Nm^3/h
		减顶气	CJY3_ 0201FI40105	孔板	Nm^3/h
	重整料	初顶油	CJY3_ 0201FIQ30201. out	孔板	t
		轻石脑油	CJY3_ 0201FIQ30205	孔板	t
		常顶油	CJY3_ 0201FIQ30701. out	孔板	t
	直馏航煤	常一线至 600kt 航煤	CJY3_ 0201FIQ11001	孔板	t
		常一线至 400kt 航煤	CJY3_ 0201FIQ80401. OUT	孔板	t
	柴油	常二线	CJY3_ 0201_ FIQ11005A	质量流量计	t
		常三线	CJY3_ 0201_ FIQ11004A	质量流量计	t
		减顶油	CJY3_ 0201FIQ40402. OUT	孔板	t
		减一线	CJY3_ 0201FIQ11003. OUT	孔板	t
	轻蜡油	轻蜡油热路至 $1^{\#}$催化	CJY3_ 0201FIQ11102	楔式流量计	t
		轻蜡油冷路至 $1^{\#}$催化	CJY3_ 0201FIQ10402	楔式流量计	t
		轻蜡油至 $3^{\#}$催化	CJY3_ 0201FIQ11103	楔式流量计	t
		轻蜡油置换渣油至 $3^{\#}$催化	CJY3_ 0201FIQ10211. OUT	楔式流量计	t
	重蜡油	减三线至渣油加氢	CJY3_ 0201FIQ10303	楔式流量计	t
		减三线至 $3^{\#}$催化	CHLH3_ 0202FIQ20205A	质量流量计	t
	减渣	减渣至渣油加氢	CJY3_ 0201FIQ10203	孔板	t
		减渣至焦化	CJY3_ 0201FIQ10502	孔板	t
	常底油	常底油至渣油加氢	CJY3_ 0201FIQ80404. OUT	孔板	t
	过气化油	过汽化油至渣油加氢	CJY3_ 0201FIQ40304	孔板	t
	总切水	电脱盐切水石油类	CJY3_ 0201FIQ50201	孔板	t
	含硫污水	含硫污水出装置	CJY3_ 0201FIQ31003	孔板	t

6.1.2　装置粗物料平衡

装置粗物料平衡见表 1-16。

表 1-16　装置粗物料平衡表

序号	物　料	收率	流　速			备注
	名　称	%(质)	kg/h	t/d	$\times10^4$t/a	
一	原料					
1	王伦坡原油	99. 78	882823	21188	741. 57	
2	航煤轻组分	0. 12	1057	25	0. 89	

续表

序号	物料名称	收率%(质)	流速 kg/h	流速 t/d	流速 ×10^4t/a	备注
3	航煤塔塔顶气	0.10	869	21	0.73	
	合计	100.00	884749	21234	743.19	
二	产品					
1	初顶气	0.75	6801	163	5.71	
2	常顶气	0.16	1486	36	1.25	
3	减顶气	0.04	326	8	0.27	
4	初顶油	7.33	66587	1598	55.93	
5	轻石脑油	0.70	6379	153	5.36	
6	常顶油	4.74	42988	1032	36.11	
7	常一线至600kt航煤	7.46	67771	1627	56.93	
8	常一线至400kt航煤	6.21	56380	1353	47.36	
9	常二线	3.30	29938	719	25.15	
10	常三线	12.66	114896	2758	96.51	
11	减顶油	0.15	1346	32	1.13	
12	减一线	0.85	7729	186	6.49	
13	轻蜡油热路至1#催化	2.52	22848	548	19.19	
14	轻蜡油冷路至1#催化	3.44	31214	749	26.22	
15	轻蜡油至3#催化	17.93	162792	3907	136.75	
16	轻蜡油置换渣油至3#催化	0.67	6042	145	5.08	
17	减三线至渣油加氢	5.72	51885	1245	43.58	
18	减三线至3#催化	0.50	4578	110	3.85	
19	减渣至渣油加氢	9.58	87000	2088	73.08	
20	减渣至焦化	12.84	116542	2797	97.90	
21	常底油至渣油加氢	2.39	21717	521	18.24	
22	过汽化油至渣油加氢	0.07	607	15	0.51	
	合计	100.00	906600	21758	761.54	
	误差		-23101			

6.1.3 孔板校正后的物料平衡

孔板校正后装置的物料平衡见表1-17。

表1-17 装置流量经孔板校正后的物料平衡

序号	物料名称	收率%(质)	流速 kg/h	流速 t/d	流速 ×10^4t/a	备注
一	原料					
1	王伦坡原油	99.78	882823	21188	741.57	
2	航煤轻组分	0.12	1057	25	0.89	

续表

序号	物料	收率	流速			备注
	名称	%(质)	kg/h	t/d	$\times10^4$t/a	
3	航煤塔塔顶气	0.10	869	21	0.73	
	合计	100.00	884749	21234	743.19	
二	产品					
1	初顶气	0.65	5941	143	4.99	
2	常顶气	0.20	1822	44	1.53	
3	减顶气	0.04	326	8	0.27	
4	初顶油	7.59	69001	1656	57.96	
5	轻石脑油	0.70	6379	153	5.36	
6	常顶油	4.73	42989	1032	36.11	
7	常一线至600kt航煤	7.48	68032	1633	57.15	
8	常一线至400kt航煤	6.04	54929	1318	46.14	
9	常二线	3.29	29938	719	25.15	
10	常三线	12.64	114896	2758	96.51	
11	减顶油	0.15	1370	33	1.15	
12	减一线	0.84	7665	184	6.44	
13	轻蜡油热路至1#催化	2.53	23021	552	19.34	
14	轻蜡油冷路至1#催化	3.55	32249	774	27.09	
15	轻蜡油至3#催化	18.05	164024	3937	137.78	
16	轻蜡油置换渣油至3#催化	0.67	6087	146	5.11	
17	减三线至渣油加氢	5.77	52465	1259	44.07	
18	减三线至3#催化	0.50	4578	110	3.85	
19	减渣至渣油加氢	9.47	86096	2066	72.32	
20	减渣至焦化	12.63	114837	2756	96.46	
21	常底油至渣油加氢	2.39	21717	521	18.24	
22	过汽化油至渣油加氢	0.06	573	14	0.48	
	合计	100.00	908934	21814	763.50	
	误差		-24185			

6.1.4 装置细物料平衡

装置细物料平衡见表1-18。

表1-18 装置细物料平衡

序号	物料	收率	流速			备注
	名称	%(质)	kg/h	t/d	$\times10^4$t/a	
一	原料					
1	王伦坡原油	99.78	882823	21188	741.57	
2	航煤轻组分	0.12	1057	25	0.89	

续表

序号	物料名称	收率 %(质)	流速 kg/h	流速 t/d	流速 ×10⁴t/a	备注
3	航煤塔塔顶气	0.10	869	21	0.73	
	合计	100.00	884749	21234	743.19	
二	产品					
1	初顶气	0.67	5941	143	4.99	
2	常顶气	0.21	1822	44	1.53	
3	减顶气	0.04	326	8	0.27	
4	初顶油	7.11	62872	1509	52.81	
5	轻石脑油	0.72	6379	153	5.36	
6	常顶油	4.43	39170	940	32.90	
7	常一线至600kt航煤	7.69	68032	1633	57.15	
8	常一线至400kt航煤	6.76	59824	1436	50.25	
9	常二线	3.38	29938	719	25.15	
10	常三线	12.99	114896	2758	96.51	
11	减顶油	0.15	1370	33	1.15	
12	减一线	0.87	7665	184	6.44	
13	轻蜡油热路至1#催化	3.17	28054	673	23.57	
14	轻蜡油冷路至1#催化	4.44	39301	943	33.01	
15	轻蜡油至3#催化	15.83	140083	3362	117.67	
16	轻蜡油置换渣油至3#催化	0.68	6042	145	5.08	
17	减三线至渣油加氢	5.12	45266	1086	38.02	
18	减三线至3#催化	0.52	4578	110	3.85	
19	减渣至渣油加氢	9.13	80775	1939	67.85	
20	减渣至焦化	12.98	114858	2757	96.48	
21	常底油至渣油加氢	2.45	21717	521	18.24	
22	过汽化油至渣油加氢	0.56	4980	120	4.18	
23	损耗	0.10	863	21	0.72	
	合计	100.00	884749	21234	743.19	
	原油轻拔	43.75%				
	原油总拔	77.57%				

本次标定原料组成为罐区原油及600kt航煤副反应产物，返回常减压装置常顶油罐及初常顶气脱硫前罐。27日原油标定负荷为92.70%(质)。标定负荷相对较低，能耗相对偏高。27日轻拔、总拔分别为43.75%(质)和77.57%(质)，处于较好水平。产品分布方面如下：

初常顶气收率0.88%(质)，减顶气收率0.04%(质)，气体收率总计0.92%(质)。初常顶气体收率主要受原油性质影响，减顶气收率主要受减压炉温影响较大，降低低附加值气体收率，有利于降低轻烃回收负荷，降低塔顶冷却系统及抽真空系统负荷，有利于降低能耗。

初常顶汽油、常顶二级冷凝油总收率为12.25%(质)，主要为重整提供原料及乙烯裂解料。初顶油收率受原油性质变轻时收率明显提高，增产航煤压低初顶干点，使初顶油收率降低，且影响重整BTX操作。

常一线直馏航煤收率为14.45%(质)，远超常一线设计收率。受航煤销售市场利好影响，标定期间全部执行增产航煤方案。其中600kt航煤常一线收率为7.69%(质)，400kt航煤常一线收率为6.76%(质)。

混合柴油至2.4Mt汽柴油加氢主要为常二线、常三线、减顶油、减一线，总收率为17.39%(质)。其中常三线收率最高为12.99%(质)，

轻蜡油总收率为24.13%(质)，一催轻蜡油收率为7.61%(质)，三催轻蜡油收率为16.52%(质)。

减三线收率为5.64%(质)，主要做为渣油加氢原料为5.12%(质)，其余0.52%(质)由三催化掺重。

减渣收率为22.11%(质)，至渣油加氢原料为9.13%(质)，至焦化原料为12.98%(质)。

航煤热源常底油及过气化油收率为3.02%(质)。

6.2 装置热平衡

装置内热源利用情况见表1-19。

表1-19 装置内热源利用表

物流名称	总负荷/(MJ/h)	换热负荷/(MJ/h)	重沸器热源负荷/(MJ/h)	热输出负荷/(MJ/h)	热出料负荷/(MJ/h)	冷却负荷/(MJ/h)
常二线	11437	9050			2387	
常三线	73554	48448	16049		9057	
常顶循	10498	10498				
常一中	53125	53125				
常二中	73562	73562				
减一线及一中	18173	2066				16107
减二线及二中	72482	56255		16227		
减二线	6814	6242			572	
减二线	30197	0			32147	
减三线及三中	108461	106830		1631		
减三线	13655	6270			7385	
减渣及急冷油1	75595	75595				
减渣及急冷油2	23685	23685				
减压渣油1	30258	0			30258	
减压渣油2	3440	0			3440	
初顶油气	57473	30427				27046
常顶油气	56348	30427				25921

续表

物流名称	总负荷/(MJ/h)	换热负荷/(MJ/h)	重沸器热源负荷/(MJ/h)	热输出负荷/(MJ/h)	热出料负荷/(MJ/h)	冷却负荷/(MJ/h)
常压渣油	16080	11143			4937	
航煤 1	7599	7599				
航煤 2	33112	17669				15442
常一线 2	19529	0			19529	
总和	795077	568893	16049	17858	107762	84516
占比	100%	71.6%	2.0%	2.3%	13.5%	10.6%

由上表可以看出，装置换热网络的热回收率为 71.6%，重沸器热源负荷占 2.0%，热输出如何占 2.3%，热出料负荷占 13.5%，冷却负荷占 10.6%。

6.3 装置水平衡

6.3.1 装置含硫污水平衡

装置含硫污水平衡见表 1-20。

表 1-20 装置含硫污水平衡

项目		27 日	
		产量/(t/h)	收率/%(质)
入方	抽真空蒸汽	13.94	51.36
	常压塔塔底吹汽	7.18	26.43
	常二线汽提蒸汽	0.99	3.65
	减压塔吹汽	1.03	3.78
	膜分离水洗水	1.35	4.96
	原油含水	2.66	9.81
	合计	27.15	100.00
出方	外甩含硫污水	25.43	
误差/%(质)		0.07	

6.3.2 装置含盐污水平衡

装置内含盐污水平衡表见表 1-21。

表 1-21 装置原始含盐污水平衡见表

项目	单位	27 日	项目	单位	27 日
脱前原油带入水	t/h	5.33	电脱盐罐 V101A 切水	t/h	62.66
脱硫净化水	t/h	111.71	电脱盐罐 V101B 切水	t/h	37.00
电脱盐注水补新鲜水	t/h	0.04	电脱盐罐 V101C 切水	t/h	39.54
合计	t/h	117.08	电脱盐总切水	t/h	82.65

由表 1-21 数据可以看出，装置计量的含盐污水存在严重的不平衡，其中注入的脱硫净

化水总量明显大于装置外送含盐污水量，这是由于在实际操作时，电脱盐注水罐一直保持溢流状态，因此注水总量大于排水总量。

在流程上电脱盐总排水是有一级电脱盐罐排水和二级电脱盐罐排水混合而来，但计量得到一级排水和二级排水总和明显与总排水有差别，其中，27日一级排水数据明显大于26日数据，且一、二级排水总和明显大于电脱盐总排水。假设总排水量和二级排水量计量准确，以此为基础计算得到装置含盐污水平衡数据见表1-22。

表1-22　重新平衡后含盐污水数据

项目		单位	27日
入方	脱前原油含水量	kg/h	5297
	一级罐注水	kg/h	46975
	二级罐注水	kg/h	34128
	三级罐注水	kg/h	33024
	总计	kg/h	119424
出方	脱后原油含水量	kg/h	2648
	一级罐排水	kg/h	45651
	二级罐排水	kg/h	36997
	三级罐排水	kg/h	34128
	总计	kg/h	119424

6.4　装置硫平衡

装置硫元素平衡及硫分布见表1-23。

表1-23　装置硫元素平衡及硫分布

项目		流量/(t/h)	S含量/%(质)	S分布/(kg/h)	S分布/%(质)
原料	王伦坡原油	882823	0.86	7570.2	99.42
	航煤轻组分返V103	1057	0.05	0.5	0.01
	航煤塔顶气返V133	869	4.99	43.4	0.57
	合计	884749		7614.0	100.00
产品	初常顶气	7762	0.47	36.3	0.56
	减顶气	326	9.91	32.3	0.50
	初顶油	62872	0.01	8.4	0.13
	轻石脑油	6379	0.02	1.3	0.02
	常顶油	39170	0.01	5.3	0.08
	常一线至600kt航煤	68032	0.08	52.7	0.81
	常一线至400kt航煤	59824	0.08	46.4	0.71
	常二线	29938	0.26	78.0	1.20
	常三线	114896	0.43	497.4	7.66
	减顶油	1370	0.48	6.6	0.10

续表

项目		流量/(t/h)	S含量/%(质)	S分布/(kg/h)	S分布/%(质)
产品	减一线	7665	0.53	40.3	0.62
	轻蜡油热路至1#催化	28054	0.85	238.5	3.67
	轻蜡油冷路至1#催化	39301	0.85	334.1	5.14
	轻蜡油至3#催化	140083	0.85	1190.7	18.34
	轻蜡置换渣油至3#催化	6042	0.85	51.4	0.79
	减三线至渣油加氢	45266	1.07	484.3	7.46
	减三线至3#催化	4578	1.07	49.0	0.75
	减渣至渣油加氢	80775	1.48	1195.5	18.41
	减渣至焦化	114858	1.48	1699.9	26.18
	常底油至渣油加氢	21717	1.21	262.8	4.05
	过汽化油至渣油加氢	4980	0.87	43.3	0.67
	含硫污水出装置	25425	0.55	139.8	2.15
	合计			6494.1	100.00
	原料-产品			1119.9	

从表1-23可以看出，产品中的总硫含量小于原料中的总硫含量。硫元素无法平衡，可能是由于原油中的硫含量为8月份补测，从而导致测量数据出现偏差。

6.5 装置氮分布

装置氮分布见表1-24。

表1-24 装置氮分布

项目		流量/(t/h)	氮含量/%(质)	氮分布/t	氮分布/%(质)
原料	王伦坡原油	882823	0.34	3027.20	100.00
	航煤轻组分返V103	1057	0.00	0.00	0.00
	航煤塔顶气返V133	869	0.00	0.00	0.00
	合计	884749		3027.20	100.00
产品	初常顶气	7762	1.12	86.94	3.29
	减顶气	326	8.00	26.04	0.99
	初顶油	62872	0.0001	0.07	0.00
	轻石脑油	6379	0.0002	0.01	0.00
	常顶油	39170	0.0002	0.07	0.00
	常一线至600kt航煤	68032	0.001	0.83	0.03
	常一线至400kt航煤	59824	0.001	0.73	0.03
	常二线	29938	0.0045	1.35	0.05
	常三线	114896	0.02	26.73	1.01
	减顶油	1370	0.005	0.06	0.00

续表

项目		流量/(t/h)	氮含量/%(质)	氮分布/t	氮分布/%(质)
产品	减一线	7665	0.01	1.07	0.04
	轻蜡油热路至1#催化	28054	0.19	53.70	2.03
	轻蜡油冷路至1#催化	39301	0.19	75.22	2.85
	轻蜡油至3#催化	140083	0.19	268.12	10.16
	轻蜡油置换渣油至3#催化	6042	0.19	11.56	0.44
	减三线至渣油加氢	45266	0.36	164.40	6.23
	减三线至3#催化	4578	0.36	16.63	0.63
	减渣至渣油加氢	80775	0.91	736.18	27.89
	减渣至焦化	114858	0.91	1046.81	39.66
	常底油至渣油加氢	21717	0.49	105.63	4.00
	过汽化油至渣油加氢	4980	0.30	14.91	0.56
	含硫污水出装置	25425	0.01	2.19	0.08
	合计			2639.26	100.00
	原料-产品			387.95	

由表1-24可知，原料中的总氮含量大于产品中的总氮含量。可能是由于原油中的氮含量为8月份补测，从而导致测量数据出现偏差。

6.6 主要单元平衡

6.6.1 常压塔

常压塔物料平衡见表1-25，热量平衡表见1-26。

表1-25 常减压装置物料平衡表

序号	物料名称	收率/%(质)	流率			注汽/(kg/h)	备注
			kg/h	t/d	$\times 10^4$t/a		
一	进料						
1	初底油	100.00	806443	19355	677.41		
	合计	100.00	806443	19355	677.41		
二	产品						
1	常顶瓦斯	0.12	953	23	0.80		
2	常顶油	4.73	38113	915	32.01		
3	常一线	15.85	127856	3069	107.40		航煤
4	常二线	3.71	29938	719	25.15	992	
5	常三线	14.25	114896	2758	96.51		
6	常压渣油	61.34	494688	11873	415.54	7175	
	合计	100.00	806443	19355	677.41		

表 1-26 常减压热量平衡

项目		流量/(kg/h)	温度/℃	焓/(kJ/kg)		热量/(MJ/h)
				气相	液相	
进料	初底油		352	967.003		779832
	汽提蒸汽	8167	383	3242.07		26478
	重沸器					16049
	合计					822359
出料	常顶瓦斯	953	116	147.45		140
	常顶油	38113	116	609.90		23245
	常顶回流	83536	116/53			38694
	常顶循	299780	127/113			10500
	常一中	311000	232/169			53124
	常二中	326422	279/200			73561
	常一线油	127856	200		497.52	63612
	常二线油	29938	225		553.58	16573
	常三线油	114896	314		809.80	93043
	常渣	494688	351		861.94	426393
	汽提蒸汽	8167	116	2701.02		22059
	散热损失					1416
	合计					822359

6.6.2 减压塔

减压塔物料平衡表见表 1-27。

表 1-27 减压塔物料平衡

序号	物料名称	收率/%(质)	流速			注汽/(kg/h)	备注
			kg/h	t/d	10^4t/a		
一	进料						
1	常底油	100.00	473296	11359	397.57		
	合计	100.00	473296	11359	397.57		
二	产品						
1	减顶瓦斯	0.07	325	8	0.27		
2	减顶油	0.29	1370	33	1.15		
3	减一线油	1.62	7665	184	6.44		
4	减二线油	45.10	213480	5124	179.32		
5	减三线油	10.53	49844	1196	41.87		
6	过气化油	1.05	4980	120	4.18		
7	减压渣油	41.33	195632	4695	164.33	1026	
	合计	100.00	473296	11359	397.57		

7 主要设备运行情况

7.1 常压塔

常压塔各塔段塔盘水力学结果见表 1-28。

表 1-28 常压塔各塔段塔盘水力学

项目	单位	常顶循段第 4 层	常一线段第 16 层	常一中段第 21 层	常二线段第 30 层	常二中段第 35 层	常三线段第 41 层
液体流量	kg/h	459177	163899	455248	110024	700214	296094
液体密度	kg/m^3	653	669	658	658	643	644
液体表面张力	mN/m	13.48	14.76	11.90	11.89	10.26	10.32
气体流量	kg/h	205678	210188	318403	283187	576893	499195
气体密度	kg/m^3	4.98	5.437	5.974	5.794	7.0355	6.979
气体黏度	$10^{-3}Pa\cdot s$	0.0087	0.0094	0.009	0.0095	0.008	0.0087
塔径	m	5.8	5.8	6.4	6.4	6.4	6.4
板间距	m	0.7	0.65	0.8	0.7	0.8	0.8
溢流程数		2	2	4	2	4	2
降液管面积百分数	%	15.0	10.0	15.0	10.0	15.0	10.0
开孔率	%	9.2	10.8	11.6	13.5	15.0	17.5
溢流堰长度	m	5.759	5.782	5.657	6.38	5.657	6.38
空塔气速	m/s	0.43	0.41	0.46	0.42	0.71	0.62
阀孔气速	m/s	4.7	3.8	4.0	3.1	4.7	3.5
阀孔动能因子	$m/[s\cdot(kg/m^3)^{0.5}]$	10.54	8.78	9.70	7.53	12.53	9.33
堰上溢流强度 L	$m^3/(h\cdot m)$	61.1	21.2	30.6	13.1	48.1	36.0
出口堰高度 h_w	mm	50	50	50	50	50	50
堰上清液层高度	mm	44	22	28	16	38	31
板上清液层高度 h_l	mm	94	72	78	66	88	81
降液管停留时间 τ	s	14.2	25.2	20.1	48.5	12.8	20.1
降液管底隙流速 w_b	m/s	0.21	0.10	0.12	0.05	0.19	0.13
降液管底隙 h_b	mm	80	60	70	80	70	80
雾沫夹带率 e	kg 液/kg 气	0.001	0.000	0.000	0.000	0.083	0.000
泄漏 N_w	%	0.008	0.002	0.001	0.001	0.000	0.000
单板总压降	mm 液柱	0.204	0.143	0.162	0.123	0.211	0.166

由表 1-28 可以看出，常压塔各塔段的运行情况较好，均在合适的操作范围内，各项水力学计算结果均符合要求。

7.2 加热炉

由于主要计算了常压炉，因此仅列出常压炉主要运行参数，见表 1-29。

表 1-29 常压炉主要运行参数

项目	单位	数值
正效率	%	92.29
反效率	%	92.96
辐射炉管平均表面热强度	W/m^2	19882
最高油膜温度	℃	386

7.3 电脱盐

电脱盐主要运行参数见表 1-30。

表 1-30 电脱盐主要运行参数

电脱盐罐	一级	二级	三级	单位
原油上升速度	0.0018	0.0014	0.0014	m/s
最小沉降液滴直径	0.171	0.148	0.150	mm
脱后原油含盐量	11.2	2.8	0.8	mgNaCl/L
脱后原油含水量	0.75	0.425	0.3	%(质)
脱盐率	93.39	75.00	71.43	%
高强电场停留时间	2.71			min
强电场 1 停留时间	2.53			min
强电场 2 停留时间	2.71			min

从表 1-30 可以看出，电脱盐整体运行良好，脱后含盐量能满足要求，脱后含水量较高。

8 装置消耗及能耗

8.1 辅助材料消耗

装置辅助材料消耗见表 1-31。

表 1-31 装置 27 日辅助材料消耗

注剂	27 日		
	流量/(mL/min)	日注入量/t	注入比例/(mg/kg)
V101A 破乳剂	190	0.25	11.6
V101B 脱钙剂	800	1.32	62.39
V101C 脱钙剂	800	1.32	62.39
初顶 1 缓蚀剂	40	0.05	2.44
初顶 2 缓蚀剂	20	0.03	1.22
常顶缓蚀剂	60	0.08	3.66
减顶 1 缓蚀剂	20	0.03	1.22
减顶 2 缓蚀剂	20	0.03	1.22

续表

注剂	27 日		
	流量/(mL/min)	日注入量/t	注入比例/(mg/kg)
初顶中和剂	75	0.11	5.09
常顶中和剂	75	0.11	5.09
减顶 1 中和剂	20	0.03	1.36
减顶 2 中和剂	20	0.03	1.36

8.2 公用工程消耗

装置公用工程消耗见表 1-32。

表 1-32 装置 27 日公用工程消耗表

	单位	27 日		单位	27 日
新鲜水	t/h	0.04	1.0MPa 蒸汽	t/h	13.9
循环水	t/h	2038	凝结水	t/h	0.08
除盐水	t/h	7.95	0.5MPa 蒸汽进装置	t/h	9.19
低温热水至加热炉/空气预热器	t/h	57	电	kW · h/h	6693.47
高压瓦斯	t/h	8.44			

8.3 热输出与热输入

装置 27 日的热输出与热输入见表 1-33。

表 1-33 装置热输出与热输入表

序号	物流名称	流量/(kg/h)	温度范围/℃	入口焓值/(kJ/kg)	出口焓值/(kJ/kg)	热负荷/(MJ/h)	计算标准能源量/(MJ/h)	备 注
一	热输出							
1	常一线 1	67100	255→120	655.35	291.13	24439	24439	
			120→70	291.13	176.08	7720	3860	
2	常一线 2	60756	200→120	497.52	291.13	12539	12539	
			120→70	291.13	176.08	6990	3495	
3	常二线	29938	106→70	251.29	171.57	2387	1193	
4	常三线	114896	106→70	248.45	169.62	9057	4529	
5	减二线	39301	84→80	197.28	182.73	572	286	
6	减二线	174179	158→120	356.1	268.57	15246	15246	
			120→80	268.57	182.73	14952	7476	
7	减三线	49843	148→120	328.77	265.52	3153	3153	
			120→80	265.52	180.61	4232	2116	
8	常压渣油	26697	200→120	444.55	259.64	4937	4937	

续表

序号	物流名称	流量/(kg/h)	温度范围/℃	入口焓值/(kJ/kg)	出口焓值/(kJ/kg)	热负荷/(MJ/h)	计算标准能源量/(MJ/h)	备注
9	减压渣油	114858	234→120	515.08	251.64	30258	30258	
10	减压渣油	80775	140→120	294.23	251.64	3440	3440	
11	轻蜡油轻烃回收	173832	196→158	449.45	356.1	16227	16227	
12	重蜡油至航煤	7268	336→259	834.77	610.41	1631	1631	
	小计							
	≥120℃					111870	111870	
	<120℃					45909	22955	
二	热输入							
1	航煤1	67100	255→216	655.35	542.1	7599	7599	
			246→120	628.64	291.13	22647	22647	
2	航煤2	67100						
			120→70	291.13	176.08	7720	3860	
3	热水	57000				5966	2983	
	小计							
	≥120℃					30246	30246	
	<120℃					7720	3860	

8.4 能耗

装置27日的能耗见表1-34。

表1-34 装置能耗

序号	项目	消耗量		能源折算值		设计能耗	单位能耗	备注
		单位	数量	单位	数量	kg/h	kg/t	
1	电	kW	6693	kg/(kW·h)	0.22	1472.56	1.654	
2	燃料							
	燃料气	kg/h	8443	kg/kg	0.888	7497.37	8.423	
3	蒸汽							
	1.0MPa	t/h	13.9	kg/t	76	1059.65	1.191	
	0.5MPa	t/h	9.2	kg/t	66	606.72	0.682	
4	水							
	循环水	t/h	2038	kg/t	0.06	122.28	0.137	
	除盐水	t/h	8.0	kg/t	6.5	51.70	0.058	
	凝结水	t/h	0.1	kg/t	6	0.48	0.001	
	污水	t/h	25.4	kg/t	1.1	27.97	0.031	
5	热交换							

续表

序号	项目	消耗量		能源折算值		设计能耗	单位能耗	备注
		单位	数量	单位	数量	kg/h	kg/t	
6	热输出	MJ/h	-134824		0.024	-3220.23	-3.618	
	热输入	MJ/h	35478		0.024	847.39	0.952	
	热水	MJ/h	2983		0.024	71.25	0.080	
	气体							
	净化空气	m^3/h	180	kg/m^3	0.038	6.84	0.008	
	合计						9.599	

装置总能耗为9.599kg/t，高于2018年中国石化常减压装置的平均能耗的8.66kg/t，但低于《基准能耗》所规定的基准能耗值11.468kg/t，说明装置的操作水平相对较差，装置还有进一步降低能耗的潜力和空间。

9　装置存在问题分析

通过计算分析，目前装置存在的主要问题有以下两个。

9.1　装置换热终温较低

目前装置换热终温约289℃，装置换热网络主要存在以下问题：

① 部分热源热出料温位偏高：减压渣油至催化装置热输出温度为234℃，高于网络的夹点226.8℃，导致影响装置换热终温。

② 部分热源热输出温位偏高：减三线及三中作航煤重沸器热源的温度为336~259℃，高于夹点温度，导致影响装置换热终温。

③ 重沸器热源温位偏高：常三线油作常一线重沸器热源的温度为314~268℃，高于夹点温度，导致影响换热终温。

建议对换热网络进行改造，减小夹点温差，提高换热终温。

9.2　常压塔顶循部位结盐问题

通过计算发现常压塔顶循部位结垢较严重，导致换热器结垢，常顶循泵出口堵塞。因此建议：

① 加强监控原油-常顶循换热器的压降，并增加水冲洗流程，定期对常顶循部位进行水冲洗或者在顶循压降增大的时候进行水冲洗，以减少结盐。

② 控制电脱盐注水的氨氮含量，尽量减少带入系统中的氨氮量。

③ 增大顶循取热量，减小冷回流量，以避免塔顶回流局部温度过低，导致局部铵盐析出结垢。

第二部分　装置工艺计算及分析

本次标定共6月26~27日两天，本节主要单元平衡数据涉及相对较复杂的热平衡，因此选用其中一天的平均数据作为计算的输入条件，该部分所有计算均选用6月27日数据作为基础数据。

1 流量校正

由于装置内部分流量测量仪表为孔板，因此需对所测量仪表进行校正，对于液相，测量值与实际值之间有如下关系：

$$m_{实际}=m_{测量}\sqrt{\rho_{实}/\rho_{设}}$$

式中 $m_{实际}$——实际质量流量，t/d；

$m_{测量}$——测量流量，t/d；

$\rho_{实}$——实际液体密度，kg/m^3；

$\rho_{设}$——设计液体密度，kg/m^3。

以常一线至600kt/a航煤加氢的流量为进行液相流量的校正。

已知实际常一线出装置温度为51℃，常一线的相对密度为$d_4^{20}=0.7954$。

查设计资料常一线出装置温度为40℃，常一线的相对密度为$d_4^{20}=0.7813$

根据《冷换设备工艺计算手册》[1]（第二版）P75附表1-7中密度计算公式，计算常一线实际密度和设计密度。

$$\rho_{实}=t_{实}\times(1.307d_4^{20}-1.817)+973.86d_4^{20}+36.34$$

$$=51\times(1.307\times0.7954-1.817)+973.86\times0.7954+36.34=771.3kg/m^3$$

$$\rho_{设}=t_{设}\times(1.307d_4^{20}-1.817)+973.86d_4^{20}+36.34$$

$$=40\times(1.307\times0.7813-1.817)+973.86\times0.7813+36.34=765.4kg/m^3$$

则常一线实际流量：

$$m_{实际}=m_{测量}\sqrt{\frac{\rho_{实}}{\rho_{设}}}=1626\times\sqrt{\frac{771.3}{765.4}}\approx1633t/d$$

以初顶气为例校正气相流量：

根据《催化裂化工艺计算与技术分析》[2] P156的公式校正气相流量：

$$V_{实}=V_{测}\times\sqrt{\frac{\rho_{设}\times P_{实}\times T_{设}}{\rho_{实}\times P_{设}\times T_{实}}}$$

式中 $P_{实}$——实际操作条件下气体绝对压力，kPa(绝)；

$T_{实}$——实际操作条件下气体温度，K；

$\rho_{实}$——标准条件下的密度，kg/m^3；

$P_{设}$——设计条件下气体绝对压力，kPa(绝)；

$T_{设}$——设计条件下气体温度，K；

$\rho_{设}$——设计条件气体标准条件下的密度，kg/m^3；

$V_{测}$——校正前混合干气的标准状态条件下体积流量，Nm^3/h；

$V_{实}$——校正后混合干气的标准状态条件下体积流量，Nm^3/h。

根据标定测量数据，已知初顶气的测量值$V_{测}=2.91knm^3/h$，$P_{实}=0.127MPa$（表）=0.227MPa(绝)=227kPa(绝)，$T_{实}=32℃=305.15K$。

且根据分析化验数据已知初顶气的组成见表2-1。

表2-1 初顶气组成

组成	相对分子质量 M	含量/%(体)	组成	相对分子质量 M	含量%(体)
CH_4	16.04	3.37	cC_4H_8	56.11	0.04
C_2H_6	30.07	6.26	iC_5H_{12}	72.15	7.27
C_2H_4	28.05	0.00	nC_5H_{12}	72.15	6.93
C_3H_8	44.1	30.07	$>C_5(C_6)$	86.18	3.68
C_3H_6	42.08	0.01	CO_2	44.01	2.17
iC_4H_{10}	58.12	10.28	CO	28	0.00
nC_4H_{10}	58.12	26.90	O_2	32	0.22
tC_4H_8	56.11	0.05	N_2	28.01	2.07
nC_4H_8	56.11	0.04	H_2	2.02	0.54
iC_4H_8	56.11	0.08	H_2S	34.08	0.019

根据公式 $M=\sum V_iM_i$ 求得初顶气的平均相对分子质量，其中 M 为初顶气的平均相对分子质量，V_i 为某一组分的体积分数，M_i 为某一组分的相对分子质量。

$$
\begin{aligned}
M &= \sum V_iM_i = V_{CH_4}M_{CH_4}+V_{C_2H_6}M_{C_2H_6}+V_{C_2H_4}M_{C_2H_4}+V_{C_3H_8}M_{C_3H_8}+V_{C_3H_6}M_{C_3H_6}+V_{iC_4H_{10}}M_{iC_4H_{10}}+\\
&\quad V_{nC_4H_{10}}M_{nC_4H_{10}}+V_{tC_4H_8}M_{tC_4H_8}+V_{nC_4H_8}M_{nC_4H_8}+V_{iC_4H_8}M_{iC_4H_8}+V_{cC_4H_8}M_{cC_4H_8}+V_{iC_5H_{12}}M_{iC_5H_{12}}+\\
&\quad V_{nC_5H_{12}}M_{nC_5H_{12}}+V_{C_6H_{14}}M_{C_6H_{14}}+V_{CO_2}M_{CO_2}+V_{CO}M_{CO}+V_{O_2}M_{O_2}+V_{N_2}M_{N_2}+V_{H_2}M_{H_2}+V_{H_2S}M_{H_2S}\\
&=(3.37\times16.04+6.26\times30.07+30.07\times44.1+0.01\times42.08+10.28\times58.12+26.90\times\\
&\quad 58.12+0.05\times56.11+0.04\times56.11+0.08\times56.11+0.04\times56.11+7.27\times72.15+\\
&\quad 6.93\times72.15+3.68\times86.18+2.17\times44.01+0.22\times32+2.07\times28.01+0.52\times2.02+\\
&\quad 0.019\times34.08)/100\\
&=52.35
\end{aligned}
$$

于是初顶气的标准密度：

$$\rho_{实}=\frac{M}{V_m}=\frac{52.35}{22.4}=2.337\text{kg/m}^3$$

式中 V_m——理想气体摩尔体积，22.4L/mol。

查设计资料已知 $P_{设}$ = 0.08MPa(表) = 0.18MPa(绝) = 180kPa(绝)，$T_{设}$ = 40℃ = 313.15K，可得设计初顶气标准密度。

$$\rho_{设}=\frac{M_{设}}{V_m}=\frac{30.86}{22.4}=1.378\text{kg/m}^3$$

于是初顶气的实际流量为：

$$V_{实}=V_{测}\times\sqrt{\frac{\rho_{设}\times P_{实}\times T_{设}}{\rho_{实}\times P_{设}\times T_{实}}}=2.91\times\sqrt{\frac{1.378\times227\times313.15}{2.237\times180\times305.15}}=2.542\text{knm}^3/\text{h}$$

于是初顶气的实际质量流量为：

$$W_{实}=V_{实}\times\rho_{实}=2.542\times1000\times2.237=5940\text{kg/h}$$

经孔板校正后的装置物料平衡见表2-2。

表 2-2 孔板校正后的装置物料平衡

序号	物料名称	收率		流率		备 注
		%(质)	kg/h	t/d	10^4t/a	
一	原料					
1	王伦坡原油	99.78	882823	21188	741.57	
2	航煤轻组分	0.12	1057	25	0.89	
3	航煤塔顶气	0.10	869	21	0.73	
	合计	100.00	884749	21234	743.19	
二	产品					
1	初顶气	0.65	5941	143	4.99	
2	常顶气	0.20	1822	44	1.53	
3	减顶气	0.04	326	8	0.27	
4	初顶油	7.59	69001	1656	57.96	
5	轻石脑油	0.70	6379	153	5.36	
6	常顶油	4.73	42989	1032	36.11	
7	常一线至600kt航煤	7.48	68032	1633	57.15	
8	常一线至400kt航煤	6.04	54929	1318	46.14	
9	常二线	3.29	29938	719	25.15	
10	常三线	12.64	114896	2758	96.51	
11	减顶油	0.15	1370	33	1.15	
12	减一线	0.84	7665	184	6.44	
13	轻蜡油热路至1#催化	2.53	23021	552	19.34	
14	轻蜡油冷路至1#催化	3.55	32249	774	27.09	
15	轻蜡油至3#催化	18.05	164024	3937	137.78	
16	轻蜡油置换渣油至3#催化	0.67	6087	146	5.11	
17	减三线至渣油加氢	5.77	52465	1259	44.07	
18	减三线至3#催化	0.50	4578	110	3.85	
19	减渣至渣油加氢	9.47	86096	2066	72.32	
20	减渣至焦化	12.63	114837	2756	96.46	
21	常底油至渣油加氢	2.39	21717	521	18.24	
22	过汽化油至渣油加氢	0.06	573	14	0.48	
	合计	100.00	908934	21814	763.50	
	误差		-24185			

由表 2-2 可知，装置物料经孔板校正后仍然存在不平衡，经与上下游装置对量后修正部分流量数据，同时有部分物料随装置含盐污水、含硫污水、含油污水等排走，此部分量计入损耗，得到装置细物料平衡，见表 2-3。

表 2-3 装置细物料平衡表

序号	物料名称	收率		流率		备 注
		%(质)	kg/h	t/d	10^4t/a	
一	原料					
1	王伦坡原油	99.78	882823	21188	741.57	
2	航煤轻组分	0.12	1057	25	0.89	
3	航煤塔顶气	0.10	869	21	0.73	
	合计	100.00	884749	21234	743.19	
二	产品					
1	初顶气	0.67	5941	143	4.99	
2	常顶气	0.21	1822	44	1.53	
3	减顶气	0.04	326	8	0.27	
4	初顶油	7.11	62872	1509	52.81	
5	轻石脑油	0.72	6379	153	5.36	
6	常顶油	4.43	39170	940	32.90	
7	常一线至600kt航煤	7.69	68032	1633	57.15	
8	常一线至400kt航煤	6.76	59824	1436	50.25	
9	常二线	3.38	29938	719	25.15	
10	常三线	12.99	114896	2758	96.51	
11	减顶油	0.15	1370	33	1.15	
12	减一线	0.87	7665	184	6.44	
13	轻蜡油热路至1#催化	3.17	28054	673	23.57	
14	轻蜡油冷路至1#催化	4.44	39301	943	33.01	
15	轻蜡油至3#催化	15.83	140083	3362	117.67	
16	轻蜡油置换渣油至3#催化	0.68	6042	145	5.08	
17	减三线至渣油加氢	5.12	45266	1086	38.02	
18	减三线至3#催化	0.52	4578	110	3.85	
19	减渣至渣油加氢	9.13	80775	1939	67.85	
20	减渣至焦化	12.98	114858	2757	96.48	
21	常底油至渣油加氢	2.45	21717	521	18.24	
22	过汽化油至渣油加氢	0.56	4980	120	4.18	
	损耗	0.10	863	21	0.72	
	合计	100.00	884749	21234	743.19	
	原油轻拔	43.75%				
	原油总拔	77.57%				

2 蒸馏曲线补全

由于分析化验得到的部分产品的恩氏蒸馏曲线(ASTM D86)数据不全，因此，先将缺失的 ASTM D86 数据补全。根据《石油炼制工程》[3](第四版)P187 描述，对于不太宽的馏分油，其 ASTM D86 数据在正态概率坐标纸上十分接近于一条直线，正态概率坐标纸的横坐标为正态概率坐标，纵坐标为算术坐标，因此可以在其上标绘出不完整的 ASTM D86 数据并作出直线，从而内插和外推，求出其他各点的馏出温度。因此对 ASTM D86 数据不全的初底油，常底油和减三线油采用此种方法得到完整的 ASTM D86 数据。

2.1 初底油蒸馏数据补全

根据化验室数据，已知初底油的 ASTM D86 数据见表 2-4。

表 2-4 初底油分析得到的 D86 数据

馏出量/%(液体体积)	10	30	50	70	90
D86 温度/℃	264	367	469	—	—

其中 70%点和 90%点数据缺失，因此在恩氏蒸馏坐标纸上画出已知点，并通过外推法得到其余两个点数据，作图结果见图 2-1。

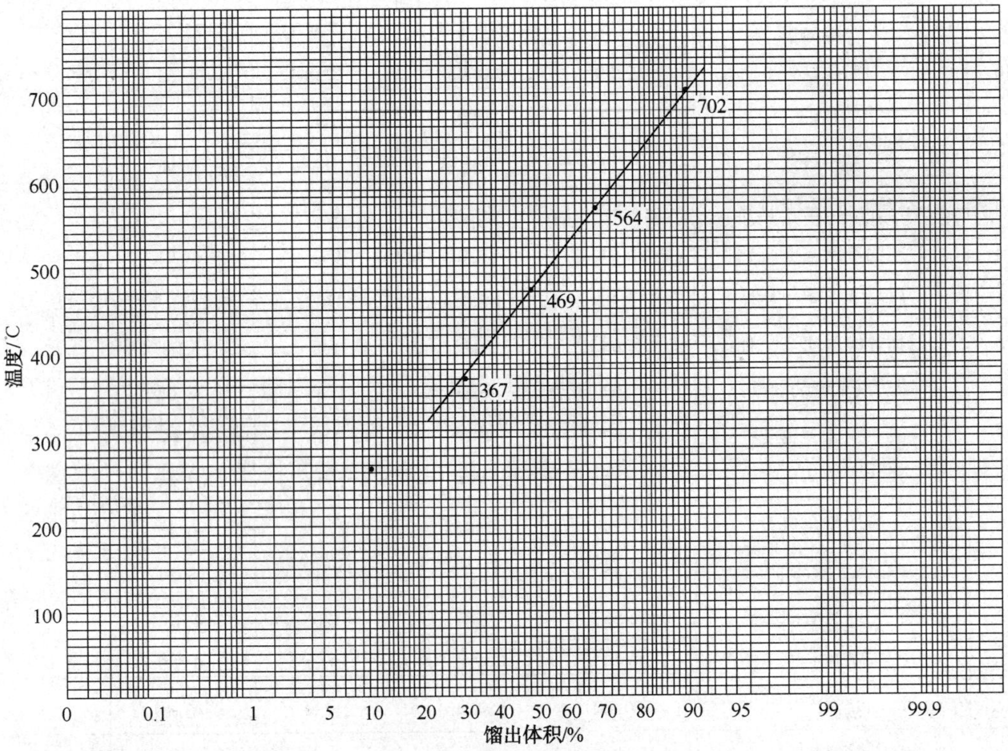

图 2-1 初底油在恩氏蒸馏坐标纸直线

将初底油的 ASTM D86 数据补全如表 2-5 所示。

表 2-5　初底油分析得到的 D86 数据

馏出量/%(液体体积)	10	30	50	70	90
D86 温度/℃	264	367	469	564	702

2.2　常底油蒸馏数据补全

根据化验室数据，已知常底油的 ASTM D86 数据见表 2-6。

表 2-6　常底油分析得到的 D86 数据

馏出量/%(液体体积)	10	20	30	50	70	90
D86 温度/℃	383	423	453	—	—	—

其中 50%点、70%点和 90%点数据缺失，因此在恩氏蒸馏坐标纸上画出已知点，并通过外推法得到其余点数据，作图结果见图 2-2。

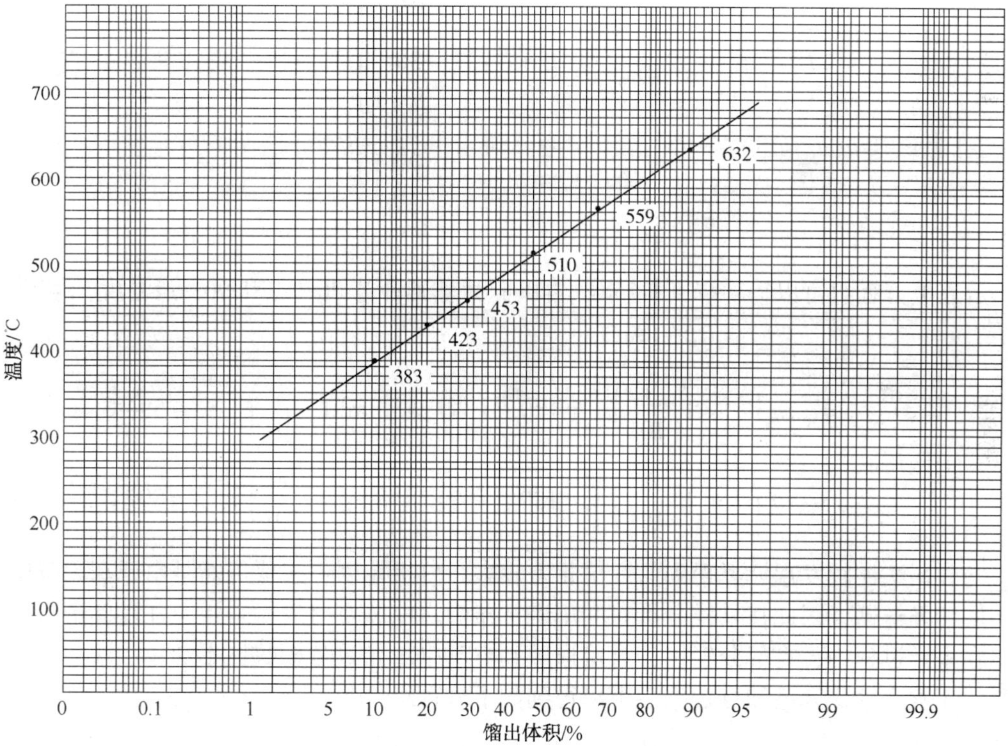

图 2-2　初底油在恩氏蒸馏坐标纸直线

将常底油的 ASTM D86 数据补全见表 2-7。

表 2-7　常底油分析得到的 D86 数据

馏出量/%(液体体积)	10	20	30	50	70	90
D86 温度/℃	383	423	453	510	559	632

2.3　数据模型法计算补全恩氏蒸馏曲线

《石油炼制工程》[3](第四版)P187 提到的另一种方法就是采用恩氏蒸馏曲线的数学模型来计算，其公式如下：

$$
\begin{cases}
t=t_0+a\left[-\ln\left(1-\dfrac{V}{101}\right)\right]^b,\ V\in(0,\ 100)\\
\text{或}\\
V=101\times\left[1-\exp\left(-\dfrac{t-t_0}{a}\right)^{\frac{1}{b}}\right],\ V\in(0,\ 100)
\end{cases}
$$

式中　a，b——模型待定参数；

t_0——初馏点的温度，K；

V——液体的体积百分数；

T——某一体积百分数对应的温度点，K。

通过已知的 3 个温度点数据回归出待定参数 a 和 b，再利用公式计算其余的点。分别以初底油和常底油的已知点数据计算。对于初底油，代入已知点数据后可以得到如下方程组：

$$
\begin{cases}
264=t_0+a\left[-\ln\left(1-\dfrac{10}{101}\right)\right]^b\\
367=t_0+a\left[-\ln\left(1-\dfrac{30}{101}\right)\right]^b\\
469=t_0+a\left[-\ln\left(1-\dfrac{50}{101}\right)\right]^b
\end{cases}
$$

解以上方程组可以得，$\begin{cases}a=371.1\\ b=0.658\\ t_0=180.1\end{cases}$，再以此为基础计算 70%点和 90%点温度，得到

$$
t_{D86,70}=t_0+a\left[-\ln\left(1-\frac{V}{101}\right)\right]^b=180.1+371.1\left[-\ln\left(1-\frac{70}{101}\right)\right]^{0.658}=594℃
$$

$$
t_{D86,90}=t_0+a\left[-\ln\left(1-\frac{V}{101}\right)\right]^b=180.1+371.1\left[-\ln\left(1-\frac{90}{101}\right)\right]^{0.658}=807℃
$$

与作图法比较发现计算得到的数值相差较大，分析原因，主要可能是由于在装置中未设置初底油采样器，因此在采样分析时利用进常压炉之前放空口进行采样，并以此进行化验分析，在采样过程中，有部分轻组分直接逸散到空气中，导致分析数据不准。

对于常底油代入已知点数据后可以得到如下方程组：

$$
\begin{cases}
383=t_0+a\left[-\ln\left(1-\dfrac{10}{101}\right)\right]^b\\
423=t_0+a\left[-\ln\left(1-\dfrac{20}{101}\right)\right]^b\\
453=t_0+a\left[-\ln\left(1-\dfrac{30}{101}\right)\right]^b
\end{cases}
$$

解以上方程组可以得，$\begin{cases}a=311.1\\ b=0.303\\ t_0=226.1\end{cases}$，再以此为基础计算 50%点、70%点和 90%点温度，

得到

$$t_{D86,50}=t_0+a\left[-\ln\left(1-\frac{V}{101}\right)\right]^b=2261+311.1\left[-\ln\left(1-\frac{50}{101}\right)\right]^{0.303}=503℃$$

$$t_{D86,70}=t_0+a\left[-\ln\left(1-\frac{V}{101}\right)\right]^b=226.1+311.1\left[-\ln\left(1-\frac{70}{101}\right)\right]^{0.303}=553℃$$

$$t_{D86,90}=t_0+a\left[-\ln\left(1-\frac{V}{101}\right)\right]^b=226.1+311.1\left[-\ln\left(1-\frac{90}{101}\right)\right]^{0.303}=622℃$$

将常底油利用模型公式计算得到的数据与作图法得到的数据相比较，发现其差距较小。

3 物性计算

利用分析化验得到的各产品及中间产品的d_4^{20}数据以及补全的蒸馏曲线数据，分别计算各物流的其余物性。下面以常一线油为例，列出计算步骤，其余物流的计算过程与常一线油相同。

已知常一线油$d_4^{20}=0.7954$℃。

根据杨朝合[《石油炼制工程》[3]（第四版）P59]给出的拟合公式可以计算得到：

$$\Delta d=\frac{1.598-d_4^{20}}{176.1-d_4^{20}}=\frac{1.598-0.7954}{176.1-0.7954}=0.0046℃$$

因此，可以得到$d_{15.6}^{15.6}=d_4^{20}+\Delta d=0.7954+0.0046=0.8000$℃

已知常一线油的 D86 数据（标定时化验室分析数据）如表 2-8 所示。

表 2-8 常一线油分析得到的 D86 数据

馏出量/%（液体体积）	10	30	50	70	90
D86 温度/℃	167.1	181.7	195	212.1	232.8

通过表 2-8 数据可以计算得到蒸馏恩氏曲线斜率以及体积平均沸点：

$$S=\frac{T_{90}-T_{10}}{90-10}=\frac{(232.8-167.1)}{90-10}=0.821$$

$$T_v=\frac{T_{10}+T_{30}+T_{50}+T_{70}+T_{90}}{5}=\frac{167.1+181.7+195+212.1+232.8}{5}=197.7℃$$

体积平均沸点经换算单位得到$T_v=197.7℃=387.9℉=847.6°R$。

根据《石油炼制工程》[3]（第四版）P64 公式可得到常一线油的相关指数 *BMCI* 如下：

$$BMCI=\frac{48640}{T_v+273}+473.7\times d_{15.6}^{15.6}-456.8=\frac{48640}{197.7+273}+473.7\times0.7088-456.8=25.48$$

式中 T_v——体积平均沸点，℃。

根据《石油炼制工程》[3]（第四版）P57 公式可以得到：

$$\begin{aligned}\ln\Delta ME&=-1.53181-0.012800\ T_v^{0.6667}+3.64678\ S^{0.3333}\\&=-1.53181-0.012800\times197.7^{0.6667}+3.64678\times0.821^{0.3333}\\&=1.4488\end{aligned}$$

$$\Delta ME=e^{\ln\Delta ME}=e^{1.5588}=4.2℃$$

所以，常一线油的中平均沸点为：

$$T_{ME}=T_v-\Delta ME=197.7-4.2=193.5℃$$

式中　T_{ME}——中平均沸点,℃。

$$T_{ME}=193.5℃=466.6K=939.9°R=380.3℉$$

根据《石油炼制工程》[3](第四版)P63 公式可得到常一线油的特性因数：

$$K=\frac{1.216\times T_{ME}^{\frac{1}{3}}}{d_{15.6}^{15.6}}=\frac{1.216\times 466.6^{\frac{1}{3}}}{0.7088}=12.23$$

式中　T_{ME}——中平均沸点，K。

根据《API Technical Data Book》[4] P4~55 公式 $T_c=186.16+1.6667\Delta-0.7127\times10^{-3}\Delta^2$，先计算得到 $\Delta=d_{15.6}^{15.6}\times(T_v+100)=0.7088\times(387.9+100)=390.3350$

然后可以计算得到常一线油的临界温度 T_c。

$T_c=186.16+1.6667\Delta-0.7127\times10^{-3}\Delta^2$

$=186.16+1.6667\times390.3350-0.7127\times10^{-3}\times390.3350^2=728.1℉$。

上两式中的温度单位均为℉。

经单位换算得到：$T_c=728.1℉=386.7℃=1187.8°R$

根据公式《API Technical Data Book》[4] P4~59 计算常一线油假临界温度，其中 T_{ME} 单位为°R：

$$\begin{aligned}T_{pc}&=10.6443\times\exp(-5.1747\times10^{(-4)}T_{ME}-0.54444\,d_{15.6}^{15.6}+3.5995\times10^{-4}T_{ME}d_{15.6}^{15.6})\times\\&\quad T_{ME}^{0.81067}(d_{15.6}^{15.6})^{0.53691}\\&=10.6443\times\exp(-5.1747\times10^{-4}\times939.9-0.54444\times0.8000+3.5995\times\\&\quad 10^{-4}\times939.9\times0.8000)\times939.9^{0.81067}\times0.8000^{0.53691}\\&=1182.5°R\end{aligned}$$

根据《API Technical Data Book》[4] P4~66 公式计算常一线油假临界压力。

$$\begin{aligned}P_{pc}&=6.162\times10^6\times\exp(-4.725\times10^{-3}T_{ME}-4.8014\,d_{15.6}^{15.6}+3.1939\times\\&\quad 10^{-3}T_{ME}d_{15.6}^{15.6})T_{ME}^{-0.4844}(d_{15.6}^{15.6})^{4.0846}\\&=6.162\times10^6\times\exp(-4.725\times10^{-3}\times939.9-4.8014\times0.8000+3.1939\times\\&\quad 10^{-3}\times939.9\times0.8000)\times939.9^{-0.4844}\times0.8000^{4.0846}=329.34\text{psi(绝)}\end{aligned}$$

式中　T_{ME}——中平均沸点,°R;

　　P_{pc}——假临界压力，psi(绝)。

根据《API Technical Data Book》[4] P4~70 公式得到：

$$\ln P_c=0.050052+5.656282\ln\left(\frac{T_c}{T_{pc}}\right)+1.001047\ln P_{pc}$$

$$=0.050052+5.656282\times\ln\left(\frac{1187.8}{1182.5}\right)+1.001047\times\ln329.34=5.8786$$

由此可得：

$$P_c=e^{\ln P_c}=e^{5.8785}=357.29\text{psi(绝)}=2.46\text{MPa(绝)}$$

根据《青岛科技大学学报》[5] vol 25 No 5 上石油馏分焦点温度图的数学关联式和焦点压力图的数学关联式：

$$\Delta T_e=a_1\times\left(\frac{S+a_2}{a_3\times S+a_4}+a_5\times S\right)\times\left(\frac{a_6}{a_7\times T_v+a_8}+a_9\right)+a_{10}$$

$$\Delta P_e = \frac{a_1 \times (S-0.3) + a_2}{S+a_3} \times \frac{a_4}{a_5 \times (T_v + a_6 \times S) + a_7} + a_8$$

$$\Delta T_e = T_e - T_c$$

$$\Delta P_e = P_e - P_c$$

式中　ΔT_e——焦点温度与临界温度差值,℃;

ΔP_e——焦点压力与临界压力差值，MPa;

T_e——焦点温度,℃;

T_c——临界温度,℃;

P_e——焦点压力，MPa(绝);

P_c——临界压力，MPa(绝);

T_v——体积平均沸点。℃。

系数 $a_1 \sim a_{10}$的值见表 2-9。

表 2-9　临界温度和临界压力公式系数

序号	项目	关联式(1)	关联式(2)
1	给定值	S, t_v	S, t_v
2	预测值	ΔT_e	ΔP_e
3	公式系数 a_1	0. 14608029648	59. 527860086
4	a_2	0. 050887086388	13. 22730898
5	a_3	0. 00025280271884	0. 73484872053
6	a_4	0. 00048370492139	0. 15246953667
7	a_5	1. 9936695083	0. 015463010895
8	a_6	13. 19556507	-16. 389020471
9	a_7	0. 081472347484	0. 23392534874
10	a_8	18. 47914514	0. 014367666592
11	a_9	-0. 1585402804	0. 0
12	a_{10}	-4. 8588379673	0. 0

将系数代入上述公式可以得到

$$\Delta T_e = a_1 \times \left(\frac{S+a_2}{a_3 \times S + a_4} + a_5 \times S\right) \times \left(\frac{a_6}{a_7 \times T_v + a_8} + a_9\right) + a_{10}$$

$$= 0.14608029648 \times \left(\frac{0.821 + 0.050887086388}{0.00025280271884 \times 0.821 + 0.00048370492139} + 1.9936695083 \times 0.821\right) \times$$

$$\left(\frac{13.19556507}{0.081472347484 \times 197.7 + 18.49714514} + (-0.1585402804)\right) + (-4.8588379673)$$

$$= 36.3℃$$

常一线油焦点温度为:

$$T_e = T_c + \Delta T_e = 386.7 + 36.3 = 423.0℃$$

$$\Delta P_e = \frac{a_1 \times (S-0.3) + a_2}{S+a_3} \times \frac{a_4}{a_5 \times (T_v + a_6 \times S) + a_7} + a_8$$

$$=\frac{59.527860086\times(0.821-0.3)+13.22730898}{0.821+0.73484872053}\times$$

$$\frac{0.15246953667}{0.015463010895\times(197.7+(-16.389020471)\times0.821)+0.23392534874}+$$

$$(-0.014367666592)$$

$$=1.00\text{MPa}$$

常一线油的焦点压力为：

$$P_e=P_c+\Delta P_e=2.46+1.00=3.46\text{MPa(绝)}$$

根据《API Technical Data Book》[4] P2~21 中相对分子质量计算公式常一线油的相对分子质量：

$$M=20.486\exp(1.165\times10^{-4}T_{ME}-7.78712\,d_{15.6}^{15.6}+1.1582\times10^{-3}T_{ME}d_{15.6}^{15.6})\,T_{ME}^{1.26007}(d_{15.6}^{15.6})^{4.98308}$$

式中，T_{ME}的单位为°R，且公式的适用范围为相对分子质量 70~700，中平均沸点 90~1050℉，API 为 14.4~93.1，$d_{15.6}^{15.6}$为 0.63~0.97。

因此，常一线油的相对分子质量为：

$$M=20.486\exp(1.165\times10^{-4}T_{ME}-7.78712\,d_{15.6}^{15.6}+1.1582\times10^{-3}T_{ME}d_{15.6}^{15.6})\,T_{ME}^{1.26007}(d_{15.6}^{15.6})^{4.98308}$$

$$=20.486\times\exp(1.165\times10^{-4}\times939.9-7.78712\times0.8000+1.1582\times10^{-3}\times939.9\times0.8000)\times 939.9^{1.26007}\times0.8000^{4.98308}$$

$$=154.3$$

由于常一线油的$d_{15.6}^{15.6}=0.8000$，$T_{ME}=380.3$℉，$M=154.3$，满足上述公式的适用范围，因此，常一线油的相对分子质量 $M=154.3$。

同理，分别计算出其余产品及中间产品的物性，并将结果列于表 2-10。

表 2-10 各产品及中间产品的物性表

项目	M	K	P_c/MPa(绝)	T_c/℃	P_e/MPa(绝)	T_e/℃	$BMCI$ 值
初顶油	81.0	11.95	454.4	3.83	309.6	8.11	20.91
常顶油	94.8	11.86	513.7	3.38	316.9	5.49	22.55
常顶循	109.3	11.87	568.7	3.00	321.2	3.78	22.04
常一中	178.4	11.76	792.3	2.20	444.4	2.78	28.77
常二中	202.2	11.79	845.6	1.98	468.3	2.39	30.29
常一线	154.3	11.79	728.1	2.46	423.0	3.46	25.48
常二线	199.0	11.77	839.1	2.00	461.5	2.34	30.64
常三线	238.0	11.82	916.2	1.73	515.8	2.28	32.37
混合柴油	214.6	11.76	882.0	1.96	509.9	2.80	31.46
初底油	358.4	11.88	1103.9	1.30	622.2	1.84	35.61
常底油	461.0	11.68	1138.5	0.82	632.5	1.12	55.65
减顶油	164.3	11.48	779.5	2.54	458.3	3.63	36.57
减一线	211.8	11.48	886.8	2.01	490.3	2.39	42.37
减二线	378.6	11.81	1083.4	1.06	603.6	1.41	44.96
减三线	544.0	11.99	1147.1	0.60	627.8	0.76	50.11

4 蒸馏曲线换算

在后续计算中主要用到平衡气化温度，因此在本节曲线换算中主要计算了将恩氏蒸馏数据换算成平衡气化数据。

以常三线油为例，将常三线油的恩氏蒸馏 ASTM D86 数据换算成常压平衡汽化温度 *EFV*。已知常三线油的 ASTM D86 数据如表 2-11 所示。

表 2-11 常三线 ASTM D86 数据

馏出量/%(液体体积)	0	10	30	50	70	90
D86 温度/℃	208.0	267.0	293.0	306.0	320.0	343.0
D86 温度/K	481.2	540.2	566.2	579.2	593.2	616.2

因此，可以得到常三线油恩氏蒸馏 10%~70%斜率为：

$$S=\frac{t_{D86,70}-t_{D86,10}}{70-10}=\frac{320-267}{70-10}=0.76$$

查常压恩氏蒸馏 50%点与平衡汽化 50%点换算图[《石油炼制工程》[3]（第四版）P190]得到常三线油平衡汽化 50%点温度与常压恩氏蒸馏 50%点之差为 10℃，见图 2-3。因此常三线油平衡汽化 50%点温度为：

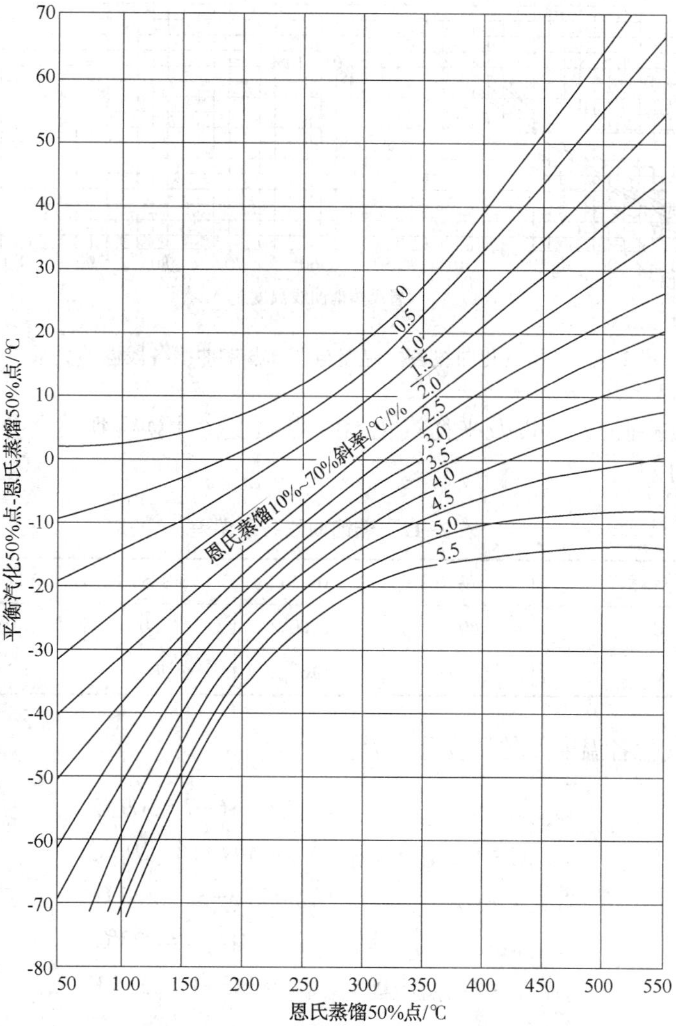

图 2-3 常压恩氏蒸馏 50%点与平衡汽化 50%点换算图

$$t_{EFV,50\%}=t_{EFV,50\%}+\Delta t=306+10=316℃$$

查平衡气化曲线各段温差与恩氏蒸馏曲线各段温差关系图[《石油炼制工程》[3](第四版)P191]得到平衡气化各段温差，见图2-4。

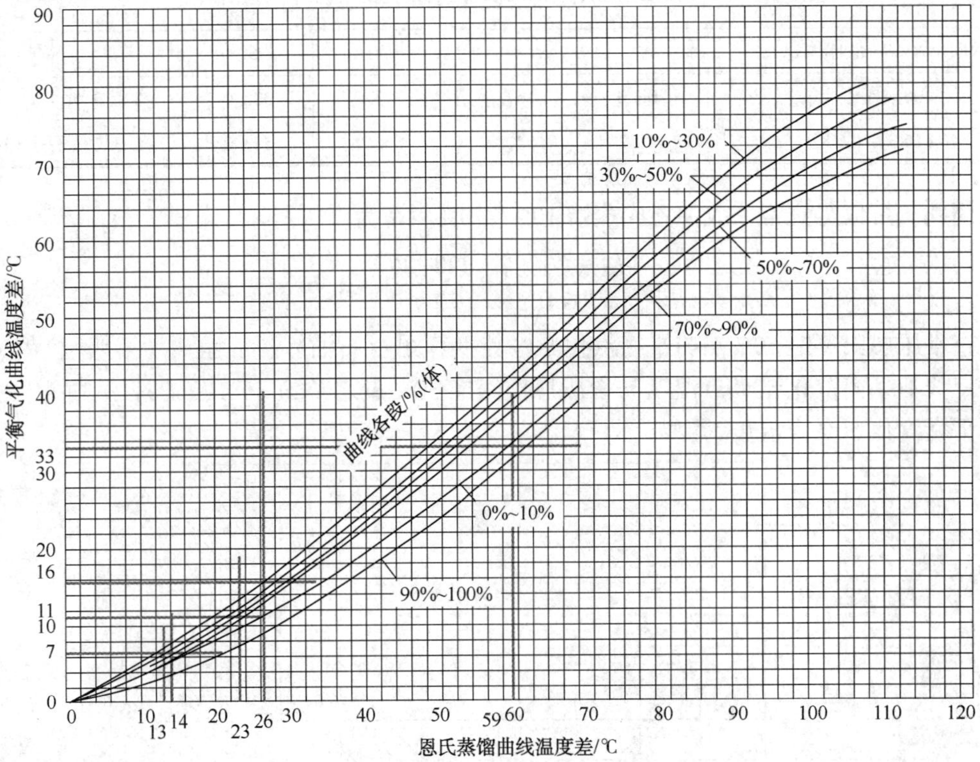

图2-4　平衡气化曲线各段温差与恩氏蒸馏曲线各段温差关系图

根据图2-4得到温差，以及平衡汽化50%点温度，计算得到其余各平衡汽化点温度，温差结果见表2-12。

表2-12　蒸馏曲线各段温差

馏出量/%(液体体积)	0~10	10~30	30~50	50~70	70~90
D86温差/℃	59.0	26.0	13.0	14.0	23.0
*EFV*温差/℃	33	16	7	7	11

因此，平衡气化各温度点的温度分别为：

$$t_{EFV,30\%}=t_{EFV,50\%}-\Delta\ t_{30\%\sim50\%}=316-7=309℃$$

$$t_{EFV,10\%}=t_{EFV,30\%}-\Delta\ t_{10\%\sim30\%}=309-16=293℃$$

$$t_{EFV,0\%}=t_{EFV,10\%}-\Delta\ t_{0\%\sim10\%}=293-33=260℃$$

$$t_{EFV,70\%}=t_{EFV,50\%}+\Delta\ t_{50\%\sim70\%}=316+7=323℃$$

$$t_{EFV,90\%}=t_{EFV,70\%}-\Delta\ t_{70\%\sim90\%}=323+11=334℃$$

因此，常三线油的平衡汽化温度如表2-13所示。

表 2-13　常三线油平衡汽化温度

馏出量/%(液体体积)	0	10	30	50	70	90
常压 *EFV* 温度/℃	260	293	309	316	323	334

同理，可计算出其余各物流的平衡汽化温度，将结果列于表 2-14。

表 2-14　常压塔各产品平衡气化温度

馏出量%(液体体积)	0	10	30	50	70	90	100
常顶油/℃	60	70	79. 6	84. 6	88. 6	93. 6	110. 6
常一线/℃	168. 0	179. 0	187. 0	193. 0	201	210. 5	
常二线/℃	249. 8	258. 6	264. 4	267. 4	269. 4	272. 4	
常三线/℃	260	293	309	316	323	334	

5　物流焓值计算

5. 1　油品焓值计算

根据《催化裂化工艺计算与技术分析》[2] P182 焓值计算公式计算油品的焓值，其公式及说明如下。

(1) 以液相-17. 8℃(0℉)为 0 点。

(2) 液相焓计算公式：

$$h_{液}=4.1868\times(0.055\times K+0.35)\times[1.8\times(0.0004061-0.0001521\times d_4^{20})\times(t+17.8)^2+(0.06783-0.3063\times d_4^{20})\times(t+17.8)]\,\text{kJ/kg}$$

为求气相焓需先求-17. 8℃下汽化潜热：

$$q_{潜}=4.1868\times\left[50+5.27\times\left(\frac{140.32-130.76\times d_4^{20}}{0.009+0.9944\times d_4^{20}}\right)^{0.542}-11.1\times(K-11.8)\right]\text{kJ/kg}$$

(3) 气相焓计算公式：

$$h_{气}=q_{潜}+4.1868\times[0.556\times(0.045\times K-0.233)\times(1.8\times t+17.8)+0.556\times10^{-3}\times(0.22+0.00885\times K)\times(1.8\times t+17.8)^2-0.0283\times10^{-6}\times(1.8\times t+17.8)^3]\,\text{kJ/kg}$$

式中　K——特性因数；

t——温度，℃；

d_4^{20}——液体相对密度；

$h_{液}$——液相焓值，kJ/kg；

$q_{潜}$——液相汽化潜热，kJ/kg；

$h_{气}$——气相焓值，kJ/kg。

以常一线油为例计算其在 200℃时的气相焓和液相焓。

根据第二部分第 3 节物性计算，已知常一线油的$d_4^{20}=0.7954$，$K=11.79$。因此，可以得到常一线油在 200℃时的液相焓、气化潜热和气相焓分别为：

$$h_{液}=4.1868\times(0.055\times K+0.35)\times[1.8\times(0.0004061-0.0001521\times d_4^{20})\times(t+17.8)^2+(0.06783-0.3063\times d_4^{20})\times(t+17.8)]=4.1868\times(0.055\times11.79+0.35)\times[1.8\times(0.0004061-0.0001521\times0.7954)\times(200+17.8)^2+$$

$(0.06783-0.3063\times0.7954)\times(200+17.8)]$

$=497.52\text{kJ/kg}$

$$q_{潜}=4.1868\times\left[50+5.27\times\left(\frac{140.32-130.76\times d_4^{20}}{0.009+0.9944\times d_4^{20}}\right)^{0.542}-11.1\times(K-11.8)\right]$$

$$=4.1868\times\left[50+5.27\times\left(\frac{140.32-130.76\times0.7954}{0.009+0.9944\times0.7954}\right)^{0.542}-11.1\times(11.79-11.8)\right]$$

$=384.30\text{kJ/kg}$

$$h_{气}=q_{潜}+4.1868\times[0.556\times(0.045\times K-0.233)\times(1.8\times t+17.8)+0.556\times10^{-3}\times(0.22+0.00885\times K)\times(1.8\times t+17.8)^2-0.0283\times10^{-6}\times(1.8\times t+17.8)^3]$$

$$=384.30+4.1868\times[0.556\times(0.045\times11.79-0.233)\times(1.8\times200+17.8)+0.556\times10^{-3}\times(0.22+0.00885\times11.79)\times(1.8\times200+17.8)^2-0.0283\times10^{-6}\times(1.8\times200+17.8)^3]$$

$=747.37\text{kJ/kg}$

同理计算其余物流在不同温度时的气液相焓值，将结果列于表 2-15~表 2-29 中。

表 2-15　原油各温度点的焓值

温度 t/℃	d_4^{20}	特性因数 K	液相焓 $h_{液}$/(kJ/kg)	汽化潜热 $q_{潜}$/(kJ/kg)	气相焓 $h_{气}$/(kJ/kg)
30	0.8855	11.80	86.05	342.53	396.19
60	0.8855	11.80	144.83	342.53	441.52
134	0.8855	11.80	305.54	342.53	570.80
140	0.8855	11.80	319.56	342.53	582.34
220	0.8855	11.80	520.44	342.53	750.51

表 2-16　初油各温度点的焓值

温度 t/℃	d_4^{20}	特性因数 K	液相焓 $h_{液}$/(kJ/kg)	汽化潜热 $q_{潜}$/(kJ/kg)	气相焓 $h_{气}$/(kJ/kg)
38	0.6986	11.95	116.36	422.28	489.00
125	0.6986	11.95	326.05	422.28	637.57

表 2-17　初底油各温度点的焓值

温度 t/℃	d_4^{20}	特性因数 K	液相焓 $h_{液}$/(kJ/kg)	汽化潜热 $q_{潜}$/(kJ/kg)	气相焓 $h_{气}$/(kJ/kg)
60	0.8855	11.80	144.83	342.53	441.52
96	0.8855	11.80	220.22	342.53	501.37
210	0.8855	11.80	493.90	342.53	728.07
289	0.8855	11.80	714.70	342.53	915.89
310	0.8855	11.80	777.69	342.53	969.74
370	0.8855	11.80	967.00	342.53	1131.64

表 2-18　常顶油各温度点的焓值

温度 t/℃	d_4^{20}	特性因数 K	液相焓 $h_{液}$/(kJ/kg)	汽化潜热 $q_{潜}$/(kJ/kg)	气相焓 $h_{气}$/(kJ/kg)
53	0.7252	11.86	146.70	413.92	502.63
116	0.7252	11.86	296.06	413.92	609.90

续表

温度 t/℃	d_4^{20}	特性因数 K	液相焓 $h_{液}$/(kJ/kg)	汽化潜热 $q_{潜}$/(kJ/kg)	气相焓 $h_{气}$/(kJ/kg)
131	0. 7252	11. 86	334. 44	413. 92	638. 18
180	0. 7252	11. 86	465. 96	413. 92	736. 66
235	0. 7252	11. 86	625. 06	413. 92	857. 93
257	0. 7252	11. 86	694. 61	413. 92	911. 41
260	0. 7252	11. 86	704. 06	413. 92	918. 68
284	0. 7252	11. 86	781. 06	413. 92	978. 11
314	0. 7252	11. 86	880. 94	413. 92	1055. 36
318	0. 7252	11. 86	895. 32	413. 92	1066. 49
352	0. 7252	11. 86	1013. 22	413. 92	1157. 80
361	0. 7252	11. 86	1045. 49	413. 92	1182. 79

表 2-19　常顶循油各温度点的焓值

温度 t/℃	d_4^{20}	特性因数 K	液相焓 $h_{液}$/(kJ/kg)	汽化潜热 $q_{潜}$/(kJ/kg)	气相焓 $h_{气}$/(kJ/kg)
113	0. 7435	11. 87	285. 29	404. 75	595. 49
127	0. 7435	11. 87	320. 31	404. 75	621. 57
131	0. 7435	11. 87	330. 68	404. 75	629. 33

表 2-20　常一中油各温度点的焓值

温度 t/℃	d_4^{20}	特性因数 K	液相焓 $h_{液}$/(kJ/kg)	汽化潜热 $q_{潜}$/(kJ/kg)	气相焓 $h_{气}$/(kJ/kg)
169	0. 817	11. 76	407. 67	375. 64	672. 07
190	0. 817	11. 76	462. 74	375. 64	716. 03
232	0. 817	11. 76	578. 49	375. 64	809. 28
235	0. 817	11. 76	585. 61	375. 64	815. 05

表 2-21　常二中油各温度点的焓值

温度 t/℃	d_4^{20}	特性因数 K	液相焓 $h_{液}$/(kJ/kg)	汽化潜热 $q_{潜}$/(kJ/kg)	气相焓 $h_{气}$/(kJ/kg)
200	0. 8319	11. 79	485. 32	367. 70	730. 70
279	0. 8319	11. 79	710. 68	367. 70	915. 29
284	0. 8319	11. 79	725. 82	367. 70	927. 77

表 2-22　常一线油各温度点的焓值

温度 t/℃	d_4^{20}	特性因数 K	液相焓 $h_{液}$/(kJ/kg)	汽化潜热 $q_{潜}$/(kJ/kg)	气相焓 $h_{气}$/(kJ/kg)
70	0. 7954	11. 79	176. 08	384. 30	499. 17
110	0. 7954	11. 79	267. 26	384. 30	567. 75
120	0. 7954	11. 79	291. 13	384. 30	586. 00
150	0. 7954	11. 79	365. 31	384. 30	643. 36
176	0. 7954	11. 79	432. 52	384. 30	696. 00

续表

温度 t/℃	d_4^{20}	特性因数 K	液相焓 $h_液$/(kJ/kg)	汽化潜热 $q_潜$/(kJ/kg)	气相焓 $h_气$/(kJ/kg)
180	0.7954	11.79	443.35	384.30	704.53
200	0.7954	11.79	497.52	384.30	747.37
216	0.7954	11.79	542.10	384.30	782.79
235	0.7954	11.79	595.01	384.30	825.02
246	0.7954	11.79	628.64	384.30	851.94
255	0.7954	11.79	655.35	384.30	873.36
257	0.7954	11.79	661.34	384.30	878.16
260	0.7954	11.79	670.34	384.30	885.40
284	0.7954	11.79	743.80	384.30	944.46
314	0.7954	11.79	839.09	384.30	1021.27
318	0.7954	11.79	852.81	384.30	1032.33
352	0.7954	11.79	965.33	384.30	1123.12
361	0.7954	11.79	996.14	384.30	1147.97

表 2-23 常二线油各温度点的焓值

温度 t/℃	d_4^{20}	特性因数 K	液相焓 $h_液$/(kJ/kg)	汽化潜热 $q_潜$/(kJ/kg)	气相焓 $h_气$/(kJ/kg)
70	0.8311	11.77	171.57	368.85	483.43
106	0.8311	11.77	251.29	368.85	544.70
225	0.8311	11.77	553.58	368.85	786.83
255	0.8311	11.77	637.73	368.85	855.71
257	0.8311	11.77	645.03	368.85	861.70
260	0.8311	11.77	653.83	368.85	868.92
284	0.8311	11.77	725.54	368.85	927.88
314	0.8311	11.77	818.59	368.85	1004.56
318	0.8311	11.77	831.99	368.85	1015.61
352	0.8311	11.77	941.88	368.85	1106.25
361	0.8311	11.77	971.97	368.85	1131.06

表 2-24 常三线油各温度点的焓值

温度 t/℃	d_4^{20}	特性因数 K	液相焓 $h_液$/(kJ/kg)	汽化潜热 $q_潜$/(kJ/kg)	气相焓 $h_气$/(kJ/kg)
70	0.851	11.82	169.62	357.50	472.84
106	0.851	11.82	248.45	357.50	534.46
268	0.851	11.82	670.12	357.50	879.78
309	0.851	11.82	794.19	357.50	983.46
314	0.851	11.82	809.80	357.50	996.52

续表

温度 t/℃	d_4^{20}	特性因数 K	液相焓 $h_液$/(kJ/kg)	汽化潜热 $q_潜$/(kJ/kg)	气相焓 $h_气$/(kJ/kg)
318	0.851	11.82	823.06	357.50	1007.61
352	0.851	11.82	931.85	357.50	1098.64
361	0.851	11.82	961.63	357.50	1123.55

表 2-25 常压渣油各温度点的焓值

温度 t/℃	d_4^{20}	特性因数 K	液相焓 $h_液$/(kJ/kg)	汽化潜热 $q_潜$/(kJ/kg)	气相焓 $h_气$/(kJ/kg)
120	0.9465	11.68	259.64	318.63	517.58
348	0.9465	11.68	852.10	318.63	1037.75
351	0.9465	11.68	861.94	318.63	1046.48
352	0.9465	11.68	865.01	318.63	1049.20
361	0.9465	11.68	892.74	318.63	1073.82

表 2-26 减一线油各温度点的焓值

温度 t/℃	d_4^{20}	特性因数 K	液相焓 $h_液$/(kJ/kg)	汽化潜热 $q_潜$/(kJ/kg)	气相焓 $h_气$/(kJ/kg)
80	0.8634	11.48	185.74	367.62	493.54
108	0.8634	11.48	246.08	367.62	540.29
115	0.8634	11.48	261.66	367.62	552.52

表 2-27 减二线油各温度点的焓值

温度 t/℃	d_4^{20}	特性因数 K	液相焓 $h_液$/(kJ/kg)	汽化潜热 $q_潜$/(kJ/kg)	气相焓 $h_气$/(kJ/kg)
80	0.9107	11.81	182.73	330.21	461.90
87	0.9107	11.81	197.29	330.21	473.72
120	0.9107	11.81	268.57	330.21	532.42
158	0.9107	11.81	356.10	330.21	605.88
185	0.9107	11.81	421.83	330.21	661.78
196	0.9107	11.81	449.45	330.21	685.41
230	0.9107	11.81	537.91	330.21	761.52

表 2-28 减三线油各温度点的焓值

温度 t/℃	d_4^{20}	特性因数 K	液相焓 $h_液$/(kJ/kg)	汽化潜热 $q_潜$/(kJ/kg)	气相焓 $h_气$/(kJ/kg)
80	0.9392	11.99	180.61	308.00	442.84
120	0.9392	11.99	265.52	308.00	514.83
148	0.9392	11.99	328.77	308.00	569.41
200	0.9392	11.99	454.57	308.00	679.57
259	0.9392	11.99	610.41	308.00	817.79
336	0.9392	11.99	834.77	308.00	1017.97

表 2-29 减压渣油各温度点的焓值

温度 t/℃	d_4^{20}	特性因数 K	液相焓 $h_{液}$/(kJ/kg)	汽化潜热 $q_{潜}$/(kJ/kg)	气相焓 $h_{气}$/(kJ/kg)
120	1.016	12.10	251.64	260.33	469.97
140	1.016	12.10	294.23	260.33	509.07
234	1.016	12.10	515.08	260.33	715.38
357	1.016	12.10	855.44	260.33	1037.15

5.2 气体的焓值计算

根据《石油炼制设计数据图表集》[6] P231 第七章焓值中的说明，纯烃的理想气体的焓值可以按下式计算。

$$h^0=h_0^0+A\left(\frac{t}{100}\right)+1.8B\left(\frac{t}{100}\right)^2+3.24C\left(\frac{t}{100}\right)^3+0.3087D\left(\frac{100}{t}\right)+0.5556E$$

式中 h^0——气体焓值，kcal/kg；

h_0^0——为基准焓值，kcal/kg；

t——温度，K。

对于烃类，h_0^0取-129℃时饱和液相的焓值为0kcal/kg；对于非烃类，以0K时的理想气体的焓为0。由于计算油品组分焓值时的0值为-17.8℃时液相的焓值，因此在计算气体的焓值时也将其转换以为-17.8℃时液相的焓为0的数。则烃类以-17.8℃时的液相的焓为0点的焓值可以用下式表示。

$$h_t^0=A\left(\frac{t}{100}\right)+1.8B\left(\frac{t}{100}\right)^2+3.24C\left(\frac{t}{100}\right)^3+0.3087D\left(\frac{100}{t}\right)-A\left(\frac{255.35}{100}\right)-$$
$$1.8B\left(\frac{255.35}{100}\right)^2-3.24C\left(\frac{255.35}{100}\right)^3-0.3087D\left(\frac{100}{255.35}\right)-q_{潜,-17.8}$$

混合气体的焓则按下式计算。

$$h=\sum_{i=1}^{n}x_i h_i$$

式中 h_i——某组分的焓值，kJ/kg；

x_i——某组分的质量分数。

以计算常顶气在116℃(常压塔顶温度)时的焓值计算为例，计算过程如下。

根据化验室分析结果，已知常顶气的组成如表 2-30 所示。

表 2-30 常顶气组成

组分	相对分子质量	摩尔百分数/%	质量百分数/%
CH_4	16.04	5.29	1.70
C_2H_6	30.07	6.35	3.83
C_2H_4	28.05	3.32	1.87
C_3H_8	44.1	24.03	21.28
C_3H_6	42.08	0.65	0.55
iC_4H_{10}	58.12	8.78	10.25

续表

组分	相对分子质量	摩尔百分数/%	质量百分数/%
nC_4H_{10}	58.12	23.36	27.26
tC_4H_8	56.11	0.06	0.07
nC_4H_8	56.11	0.09	0.10
iC_4H_8	56.11	0.07	0.08
cC_4H_8	56.11	0.03	0.03
iC_5H_{12}	72.15	7.26	10.52
nC_5H_{12}	72.15	7.81	11.31
$>C_5$	86.18	3.70	6.41
CO_2	44.01	1.70	1.50
O_2	32	0.27	0.17
N_2	28.01	3.10	1.75
H_2	2.02	2.34	0.10
H_2S	34.08	1.78	1.22
混合	49.80	100.00	100.00

由表2-30可以发现，在常顶气中丁烯的含量很小，因此，在计算过程中忽略此部分。

通过查《石油炼制设计数据图表集》[6] P235页得到常顶气中各组分计算焓值的参数，列于表2-31。

表2-31 气体焓值计算参数

组成	*A*	*B*	*C*	*D*	*E*
CH_4	36.81703	2.00616	-0.003825	46.13815	74
C_2H_6	14.00854	3.1357	-0.030512	43.45345	160.8
C_2H_4	15.98819	2.49064	-0.025935	38.01414	150.5
C_3H_8	8.0382	3.49075	-0.039606	27.5298	166.17
C_3H_6	9.6891	2.91098	-0.033155	40.47336	164.2
nC_4H_{10}	8.29348	3.46	-0.040211	30.35096	153.044
iC_4H_{10}	6.52586	3.59274	-0.043014	2.02569	155.695
iC_5H_{12}	6.3752	3.56081	-0.042319	9.98274	145.71
nC_5H_{12}	8.02314	3.4488	-0.040567	21.82802	149.209
C_6H_{14}	7.81747	3.4444	-0.040883	18.71184	143.979
CO_2	14.00137	0.67027	-0.008751	-8.57364	0
O_2	19.75583	0.24852	-0.002711	18.86205	0
N_2	23.69959	0.09764	0.0005949	15.60296	0
H_2	341.3455	-0.17541	0.023314	-129.5659	0
H_2S	20.84396	0.33672	-0.000941	19.442	0

再根据《石油炼制设计数据图表集》[6] P360、P362 图表，查到各组分在-17.8℃时的气化潜热，如图 2-5、图 2-6 所示。

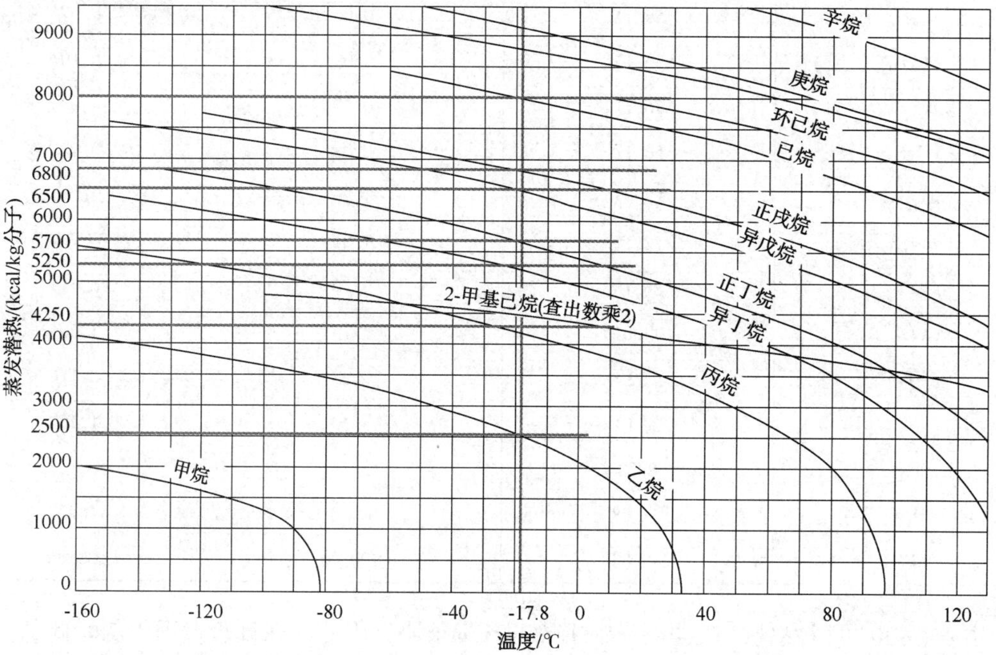

图 2-5　烷烃气化潜热图

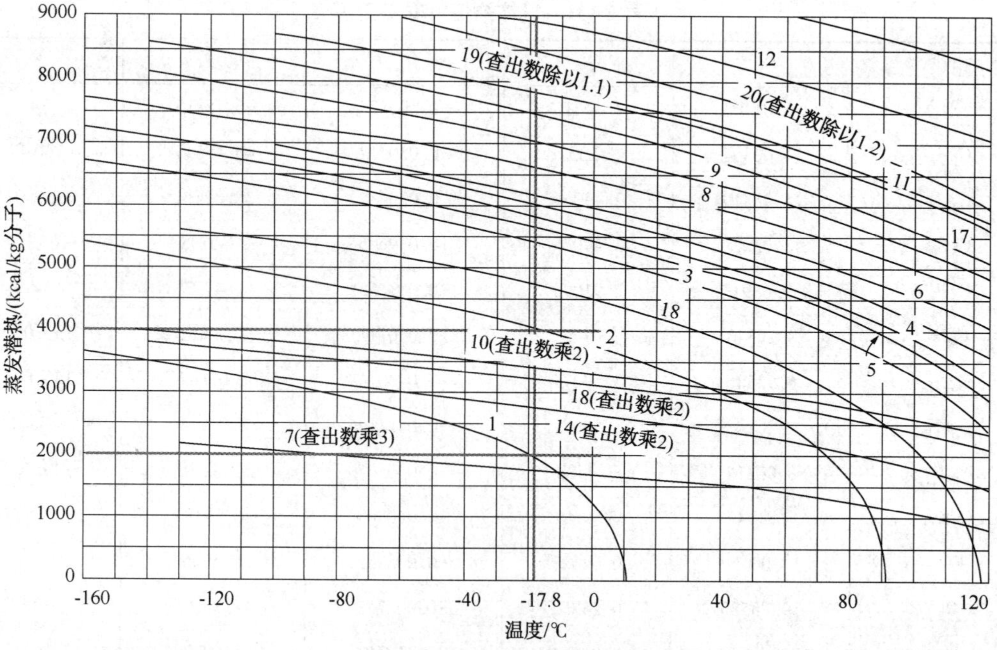

图 2-6　烯烃气化潜热图

1—乙烯；2—丙烯；3—1-丁烯；4—2-顺丁烯；5—2-反丁烯

根据上两图查得的结果见表 2-32。

表 2-32 烷烃、烯烃气化潜热值

组成	汽化潜热/(kcal/kg 分子)	(查图)相对分子质量	汽化潜热/(kcal/kg)
C_2H_6	2500	30.07	83.14
C_2H_4	2000	28.05	71.30
C_3H_8	4250	44.1	96.37
C_3H_6	4000	42.08	95.06
nC_4H_{10}	5700	58.12	98.07
iC_4H_{10}	5250	58.12	90.33
iC_5H_{12}	6500	72.15	90.09
nC_5H_{12}	6800	72.15	94.25
C_6H_{14}	8000	86.18	92.83

由于甲烷、氢气、氧气、氮气的临界温度均小于-17.8℃，因此甲烷、氢气、氧气、氮气在-17.8℃时的汽化潜热为 0kcal/kg。

查《NIST Chemistry WebBook，SRD 69》可以得到 CO_2 和 H_2S 在-17.8℃时的汽化潜热分别为 66.19kcal/kg 和 117.34kcal/kg。

计算常顶气中各组分在 116℃时的焓值，以甲烷为例。

$$
\begin{aligned}
h^0_{甲烷} =& A\left(\frac{t}{100}\right)+1.8B\left(\frac{t}{100}\right)^2+3.24C\left(\frac{t}{100}\right)^3+0.3087D\left(\frac{100}{t}\right)-A\left(\frac{255.35}{100}\right)- \\
& 1.8B\left(\frac{255.35}{100}\right)^2-3.24C\left(\frac{255.35}{100}\right)^3-0.3087D\left(\frac{100}{255.35}\right)-q_{潜,-17.8} \\
=& 31.81703\times\left(\frac{389.15}{100}\right)+1.8\times2.00616\times\left(\frac{389.15}{100}\right)^2+3.24\times(-0.003825)\times\left(\frac{389.15}{100}\right)^3+ \\
& 0.3087\times46.13815\times\left(\frac{100}{389.15}\right)-31.81703\times\left(\frac{255.35}{100}\right)-1.8\times2.00616\times\left(\frac{255.35}{100}\right)^2+ \\
& 3.24\times(-0.003825)\times\left(\frac{255.35}{100}\right)^3+0.3087\times46.13815\times\left(\frac{100}{255.35}\right)-0 \\
=& 326.4\text{kJ/kg}
\end{aligned}
$$

同理依次计算其余组分的焓值，得到结果列于表 2-33。

表 2-33 常顶气中各组分在 116℃时的焓值

组分	相对分子质量	百分含量/%(质)	116℃焓值/(kJ/kg)
CH_4	16.04	1.70	326.40
C_2H_6	30.07	3.83	605.28
C_2H_4	28.05	1.87	528.46
C_3H_8	44.1	21.28	647.87
C_3H_6	42.08	0.55	615.38
iC_4H_{10}	58.12	10.25	623.21
nC_4H_{10}	58.12	27.26	653.58

续表

组分	相对分子质量	百分含量/%(质)	116℃焓值/(kJ/kg)
iC_5H_{12}	72.15	0.07	618.30
nC_5H_{12}	72.15	0.10	636.61
$>C_5$	86.18	0.08	629.59
CO_2	44.01	0.03	395.60
O_2	32	10.52	121.98
N_2	28.01	11.31	136.73
H_2	2.02	6.41	1936.72
H_2S	34.08	1.50	625.98

则常顶气在116℃时的焓值为：

$$h_{116} = \sum_{i=1}^{n} x_i h_i = 0.017 \times 326.40 + 0.0383 \times 605.28 + 0.0187 \times 528.46 + 0.2128 \times 647.87 + 0.0055 \times 615.38 + 0.1025 \times 623.21 + 0.2726 \times 653.58 + 0.0007 \times 618.30 + 0.0010 \times 636.61 + 0.0008 \times 629.59 + 0.0003 \times 395.60 + 0.1052 \times 121.98 + 0.1131 \times 136.73 + 0.0641 \times 1938.72 + 0.0150 \times 625.98 = 617.33\text{kJ/kg}$$

同理，计算常顶气在其他不同温度下的焓值，得到结果并列于表2-34。

表2-34 常顶气在不同温度下的焓值

温度/℃	焓值/(kJ/kg)	温度/℃	焓值/(kJ/kg)
116	617.33	284	1015.81
131	648.74	314	1097.13
180	757.25	318	1108.19
235	889.36	352	1204.21
257	945.14	361	1230.22
260	952.87		

同理，根据化验室分析结果，已知燃料气的组成，根据《石油炼制设计数据图表集》[6] P231的公式可以计算得到燃料气在15℃和90℃时候的焓值。

由于在计算加热炉热效率的时候需要计算燃料的显热校正，此时只需要计算的是燃料气在90℃和基准温度15℃之间的焓差即可，因此在计算燃料的焓值的时候采用以-129℃时饱和液相的焓值为0值的焓即可，计算结果见表2-35。

表2-35 燃料气焓值

组成	体积分数	相对分子质量	质量分数	15℃焓值/(kJ/kg)	90℃焓值/(kJ/kg)
氢气(H_2)	0.3777	2.02	0.0477	4056.6	5141.5
二氧化碳(CO_2)	0.0090	44.01	0.0248	204.2	270.8
一氧化碳(CO)	0.0059	28.01	0.0103	299.3	376.1
硫化氢(H_2S)	0.0000	34.08	0.0000	281.0	356.7

续表

组成	体积分数	相对分子质量	质量分数	15℃焓值/(kJ/kg)	90℃焓值/(kJ/kg)
甲烷(CH_4)	0.2788	16.04	0.2797	761.3	945.2
乙烷(C_2H_6)	0.1425	30.07	0.2680	748.9	894.3
乙烯(C_2H_4)	0.0116	28.06	0.0204	707.5	837.4
丙烷(C_3H_8)	0.0053	44.1	0.0146	701.4	839.8
丙烯(C_3H_6)	0.0039	42.08	0.0103	688.4	811.5
丁烷(C_4H_{10})	0.0069	58.12	0.0251	673.1	810.7
丁烯(C_4H_8)	0.0013	56.11	0.0046	664.5	790.5
戊烷(C_5H_{12})	0.0031	72.15	0.0140	656.3	793.3
戊烯(C_5H_{10})	0.0032	70.13	0.0140	647.3	775.9
氧气(O_2)	0.0097	32	0.0194	261.5	330.0
氮气(N_2)	0.1410	28.01	0.2470	299.2	376.0
燃料气	1.0000	15.99	1.0000	764.3	943.0

5.3 蒸汽的焓值计算

蒸汽的焓值采用以下公式计算：

$$h_{汽}=592.46-2.1693\times P+(0.48+4.6485\times10^{-3}\times P)T\text{kJ/kg}$$

式中 P——压力，atm(绝)；

T——温度，℃。

以116℃，1.85atm(绝)条件为例计算水蒸气在该条件下的焓值。

$$h_{汽}=592.46-2.1693\times P+(0.48+4.6485\times10^{-3}\times P)t$$
$$=592.46-2.1693\times1.85+(0.48+4.6485\times10^{-3}\times1.85)\times116$$
$$=2701.01\text{kJ/kg}$$

将不同温度压力下水蒸气的焓值列于表2-36。

表2-36 不同温度压力下水蒸气的焓值

温度/℃	压力/atm(绝)	水蒸气焓值/(kJ/kg)	温度/℃	压力/atm(绝)	水蒸气焓值/(kJ/kg)
116	1.85	2701.02	260	2.01	2994.95
131	1.87	2731.72	284	2.04	3044.02
158	6.00	2761.99	314	2.07	3105.40
180	1.96	2831.34	318	2.07	3114.04
180	1.93	2831.46	344	2.12	3166.79
235	1.96	2942.92	383	5.00	3242.07
257	2.01	2988.80	383	6.00	3240.44

6 常压塔热平衡计算

6.1 常压塔基本情况

6.1.1 常压塔示意图

首先根据现场实际情况，画出常压塔的示意图，如图2-7所示。

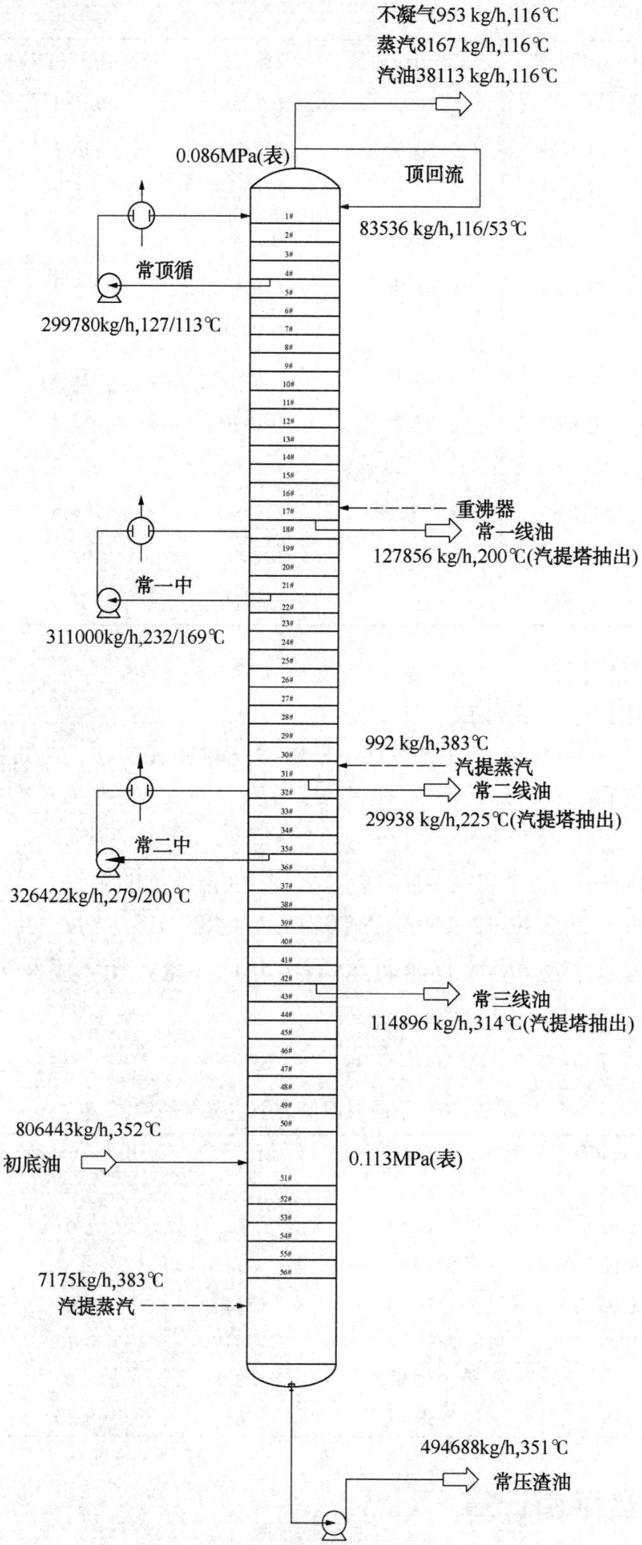

图 2-7　常压塔示意图

6.1.2　常压塔物料平衡

列出常压塔物料平衡表，见表 2-37。

表 2-37　常压塔物料平衡表

序号	物料名称	收率/%(质)	流率			注汽	
			kg/h	kmol/h	$\times 10^4$t/a	kg/h	kmol/h
一	进料						
1	初底油	100.00	806443		677.41		
	合计	100.00	806443		677.41		
二	产品						
1	常顶瓦斯	0.12	953	19.13	0.80		
2	常顶油	4.73	38113	401.93	32.01		
3	常一线	15.85	127856	828.80	107.40		
4	常二线	3.71	29938	150.46	25.15	992	55.11
5	常三线	14.25	114896	482.73	96.51		
6	常压渣油	61.34	494688	1073.18	415.54	7175	398.61
	合计	100.00	806443	2956.22	677.41		

6.1.3　常压塔温度压力分布

根据已知测量数据，列出常压塔各塔盘段的温度和压力条件以及各塔盘上液相的相对分子质量，其中无测量值的塔盘，取相邻的两个点的值，采用内插法估算。

以常二线抽出板与常一中抽出板之间的低 26 层塔盘为例计算各塔盘的温度、压力以及液相相对分子质量。已知常二线抽出温度$t_{31}=257℃$，常一中抽出温度$t_{21}=232℃$，因此两者之间第 26 层塔盘的抽出温度为$t_{26}=t_{21}+\frac{26-21}{31-21}\times(t_{31}-t_{21})=232+\frac{26-21}{31-21}\times(257-232)\approx 245℃$

同理，已知常二线相对分子质量为 199，常一中相对分子质量为 178.4，因此第 26 层塔盘上的液相相对分子质量为$M_{26}=M_{21}+\frac{26-21}{31-21}\times(M_{31}-M_{21})=178.4+\frac{26-21}{31-21}\times(199-178.4)=188.7$。

但是进料层及以下塔盘由于有未气化的常压渣油，因此，进料板上到常三线抽出板之间的塔盘无法用内插法计算，在计算时，将这些塔盘的液相相对分子质量近似取常三线的相对分子质量。各中段循环取热进出口之间的塔盘的相对分子质量均按中段抽出板的相对分子质量考虑。

由于已知塔顶压力为 0.086MPa(表)，进料段压力为 0.113MPa(表)，近似认为每层板压降相同，因此每层板的压降为 $\Delta P=\frac{P_{51}-P_1}{51-1}=\frac{0.113-0.0860}{51-1}=0.00054\text{MPa}$。

因此第 26 层塔盘的压力为$P_{26}=P_1+(26-1)\times\Delta P=0.086+(26-1)\times 0.00054=0.100\text{MPa}$(表)。

同理其余各层塔盘的温度、压力以及液相相对分子质量，得到计算结果见表 2-38。

表 2-38　常压塔温度压力分布

塔盘数	温度/℃	压力/MPa(表)	压力/mmHg(绝)	液相相对分子质量
1	116	0.086	1405	109.3
4	127	0.088	1417	109.3
5	131	0.088	1421	112.8

续表

塔盘数	温度/℃	压力/MPa(表)	压力/mmHg(绝)	液相相对分子质量
6	135	0.089	1425	116.2
7	139	0.089	1429	119.7
8	143	0.090	1433	123.1
9	147	0.090	1437	126.6
10	151	0.091	1442	130.1
11	156	0.091	1446	133.5
12	160	0.092	1450	137.0
13	164	0.092	1454	140.4
14	168	0.093	1458	143.9
15	172	0.094	1462	147.4
16	176	0.094	1466	150.8
17	180	0.095	1470	154.3
18	180	0.095	1474	178.4
21	232	0.097	1486	178.4
22	235	0.097	1490	180.4
23	237	0.098	1494	182.5
24	240	0.098	1498	184.6
25	242	0.099	1502	186.6
26	245	0.100	1506	188.7
27	247	0.100	1510	190.7
28	250	0.101	1514	192.8
29	252	0.101	1518	194.9
30	255	0.102	1523	196.9
31	257	0.102	1527	199.0
32	260	0.103	1531	202.2
35	279	0.104	1543	202.2
36	284	0.105	1547	207.3
37	289	0.105	1551	212.4
38	294	0.106	1555	217.5
39	299	0.107	1559	222.6
40	304	0.107	1563	227.8
41	309	0.108	1567	232.9
42	314	0.108	1571	238.0
43	318	0.109	1575	
44	322	0.109	1579	
45	327	0.110	1583	
46	331	0.110	1587	
47	335	0.111	1591	
48	339	0.111	1595	

续表

塔盘数	温度/℃	压力/MPa(表)	压力/mmHg(绝)	液相相对分子质量
49	344	0.112	1599	
50	348	0.112	1604	238.0
51	352	0.113	1608	
56	351	0.115	1623	461.0

6.2 取热量计算

以塔顶取热为例计算常压塔塔顶以及中段取热。

已知塔顶回流量为83536kg/h，回流温度为53℃，塔顶温度为116℃，由于塔顶回流离开常压塔时为气相，返回常压塔时为液相，因此塔顶取热量计算如下：

$$Q_{顶回流}=q_{顶回流}\times(h^{V}_{顶回流,116}-h^{L}_{顶回流,53})=83536\times(609.90-146.70)\approx38693775\text{kJ/h}\approx38694\text{MJ/h}$$

同理分别计算常顶循、常一中、常二中的取热量，并将结果列于表2-39。

表2-39　取热量计算表

项目	输出				返回			热量/(MJ/h)	占全塔余热比例/%
	流量/(kg/h)	温度/℃	焓/(kJ/kg)		温度/℃	焓/(kJ/kg)			
			气相	液相		气相	液相		
常顶回流	83536	116	609.90		53		146.70	38694	22.0
常顶循	299780	127		320.31	113		285.29	10500	6.0
常一中	311000	232		578.49	169		407.67	53124	30.2
常二中	326422	279		710.68	200		485.32	73561	41.8

6.3 常压塔散热计算

根据GB/T8175—2008《设备及管道绝热设计导则》[7] P4，第5.1.1条，管道和圆通设备外径大于1000mm者，可按平面计算保温层厚度。因此按平面散热公式计算常压塔的散热损失，根据GB/T8175—2008《设备及管道绝热设计导则》[7] P4，第5.2.2条，平面散热损失计算公式为：

$$q=\frac{T-T_a}{\dfrac{\delta}{\lambda}+\dfrac{1}{\alpha}}$$

式中　q——单位面积散热损失，W/m^2；

T——设备或管道的外表面温度,℃；

T_a——环境温度,℃；

δ——保温层厚度，m；

λ——保温材料制品的导热系数，W/(m·℃)；

α——保温材料对大气的放热量，一般取定值，约为11.63W/(m^2·℃)。

已知环境温度为32℃，保温厚度为120mm，保温材料为玻璃纤维保温材料，导热系数按0.174W/(m·℃)，常压塔外表面平均温度按250℃考虑，因此常压塔的散热损失为：

$$q=\frac{T-T_a}{\dfrac{\delta}{\lambda}+\dfrac{1}{\alpha}}=\frac{250-32}{\dfrac{0.12}{0.174}+\dfrac{1}{11.63}}\approx280.8\text{W/m}^2$$

查设备图纸，可得设备保温层外表面积为1400.6m²，则常压塔总的散热损失为：

$$Q_{散}=q\times S_{表}=280.8\times1400.6=393304\text{W}=1416\text{MJ/h}$$

此时的保温层外表面温度：

$$T_s=\frac{q}{\alpha}+T_a=\frac{280.8}{11.63}+32=56.1℃$$

式中　T_s——保温层外表面温度，℃。

6.4　过气化率计算

利用全塔热平衡计算过气化率，以整个塔(包括汽提塔)为一个隔离体，作图如图2-8所示。

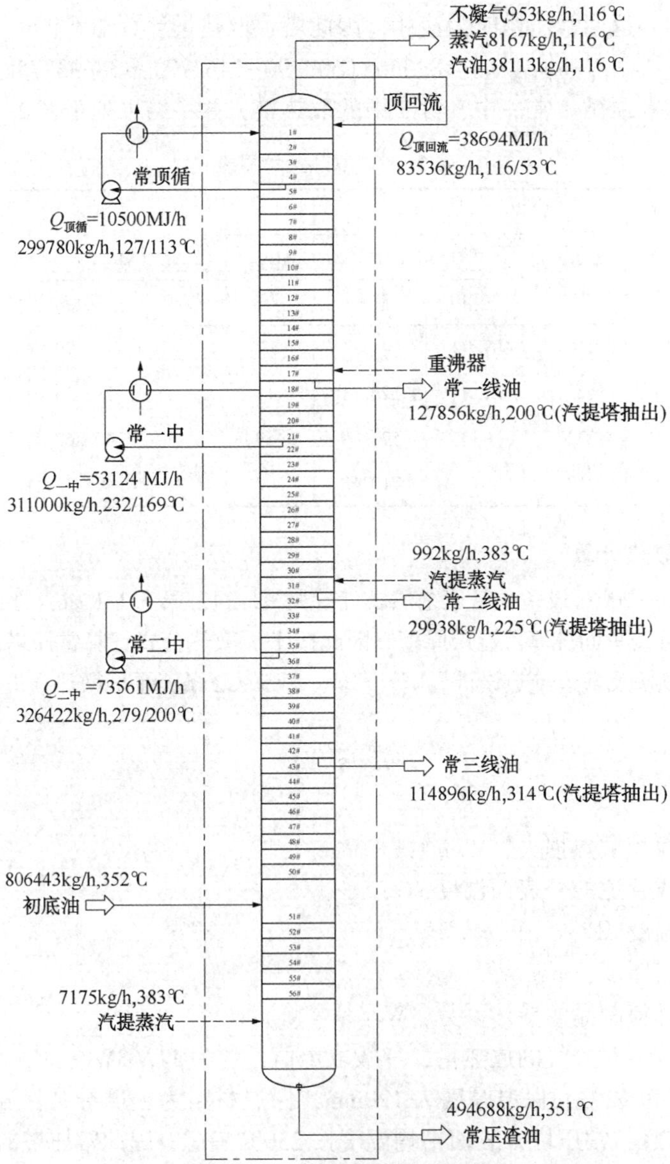

图2-8　全塔隔离体示意图

将整个塔作为一个隔离体进行热平衡计算确定过气化率，结果见表2-40。

表 2-40　全塔热平衡计算表

项目		流量/(kg/h)	温度/℃	焓/(kJ/kg)		总焓/(MJ/h)
				气相	液相	
进料	常顶瓦斯	953	352	1024.21		976
	常顶油	38113	352	1157.80		44127
	常一线油	127856	352	1123.12		143598
	常二线油	29938	352	1106.25		33119
	常三线油	114896	352	1098.64		126229
	过汽化油	e	352	1049.20		$1.0492e$
	常渣	$494688-e$	352		865.01	$427908-0.86501e$
	汽提蒸汽	8167	383	3242.07		26478
	重沸器					16049
	合计					$818483+0.18419e$
出料	常顶瓦斯	953	116	617.33		588
	常顶油	38113	116	609.90		23245
	常顶回流	83536	116/53			38694
	常顶循	299780	127/113			10500
	常一中	311000	232/169			53124
	常二中	326422	279/200			73561
	常一线油	127856	200		497.52	63612
	常二线油	29938	225		553.58	16573
	常三线油	114896	314		809.80	93043
	常渣	494688	351		861.94	426393
	汽提蒸汽	8167	116	2701.02		22059
	散热损失					1416
	合计					822807

过汽化热量 $\Delta Q_{过}=Q_{出}-Q_{入}=822807-818483=4324\text{MJ/h}$

因此过汽化量为 $\Delta E=\dfrac{\Delta Q}{h_e^V-h_e^L}=\dfrac{4324\times1000}{1049.20-865.01}=23474\text{kg/h}$

则常压塔进料的过汽化率为 $e=\dfrac{\Delta E}{F_{初底}}\times100\%=\dfrac{23474}{806443}\times100\%=2.91\%$（质）。

初底油进塔时的平均焓为：

$$h_{初底油}=\frac{Q_{出}-Q_{重沸器}-Q_{蒸汽}}{F_{初底}}=\frac{(822807-16049-26478)\times1000}{806443}=967.56\text{kJ/kg}$$

忽略常压转油线的散热损失，可以认为从常压炉出口到常压塔进料段为绝热闪蒸，是等焓过程，因此，$h_{炉出口}=h_{初底油}=967.56\text{kJ/kg}$。已知常压炉出口温度为 361℃，因此可以求得常压炉出口气化率，列于表 2-41。

表 2-41　常压炉出口气化率计算表

项目	流量/(kg/h)	温度/℃	焓/(kJ/kg)		热量/(MJ/h)
			气相	液相	
常顶瓦斯	953	361.00	1230.22		1172
常顶油	38113	361.00	1182.79		45079
常一线油	127856	361.00	1147.97		146775
常二线油	29938	361.00	1131.06		33862
常三线油	V	361.00	1123.55		
常三线油	114896-V	361.00		961.63	
常渣	494688	361.00		892.74	441630
合计					668517
平均焓			967.56		780280

$$\Delta Q=Q_{初底油}-Q_{炉出口}=780280-779005=1275\text{MJ/h}$$

则常三线油汽化的量 $L=\dfrac{\Delta Q}{h^{V}_{常三}-h^{L}_{常三}}=\dfrac{1275\times1000}{1123.55-961.63}=7874\text{kg/h}$

则常压炉出口汽化率为:

$$e_{炉出口}=\frac{W_{常顶气}+W_{常顶油}+W_{常一线}+W_{常二线}+V}{F_{初底}}\times100\%$$

$$=\frac{953+38113+127856+29938+7874}{806443}\times100\%=25.39\%(质)$$

6.5　侧线及塔顶温度校核

6.5.1　常三线抽出温度校核

常三线抽出板为第 42 层板，以塔底至第 42 层板上部做隔离体，示意图如图 2-9 所示。

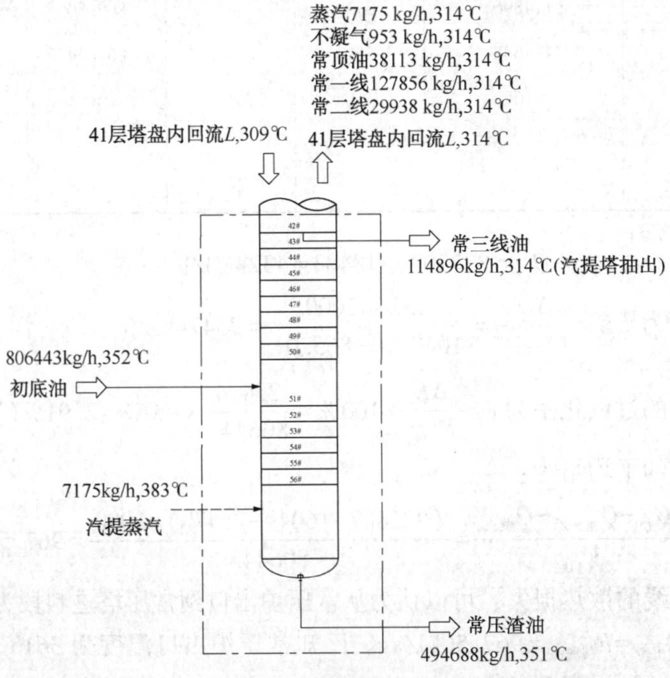

图 2-9　塔底至第 42 层塔盘上部隔离体示意图

对上述隔离体做热平衡计算确定第41层塔盘内回流量，见表2-42。

表2-42　第41层塔盘内回流热量计算表

项目		流量/(kg/h)	温度/℃	焓/(kJ/kg)		总焓/(MJ/h)
				气相	液相	
进料	内回流	L	309		794.19	$0.79419L$
	初底油					780280
	汽提蒸汽	7175	383	3242.07		23262
	合计					$803542+0.79419L$
出料	常顶气	953	314	1097.13		1045
	常顶油	38113	314	1055.36		40222
	常一线油	127856	314	1021.27		130575
	常二线油	29938	314	1004.56		30074
	常三线油	114896	314		809.80	93043
	内回流	L	314	996.52		$0.99652L$
	常渣	494688	351		861.94	426393
	汽提蒸汽	7175	314	3105.40		22281
	合计					$743634+0.99652L$

第41层塔盘内回流热 $\Delta Q_{L,41}=Q_{入}-Q_{出}=803542-743633=59908\text{MJ/h}$

则第41层塔盘的内回流量为$L_{41}=\dfrac{\Delta Q_{L,41}}{h_{41}^{V}-h_{41}^{L}}=\dfrac{59908\times1000}{996.52-794.19}=296094\text{kg/h}$

前面已经计算得到常二中和常三线油的相对分子质量，利用内插法得到第41层内回流的相对分子质量为232.9，因此第41层塔盘内回流的摩尔流率为：

$$N_{41}=\frac{L_{41}}{M_{41}}=\frac{296094}{232.9}=1271.39\text{kmol/h}$$

内回流的油气分压为：

$$P_{L41}=P_{41}\times\frac{N_{41}}{N_{不凝气}+N_{常顶油}+N_{常一线}+N_{常二线}+N_{41}+N_{蒸汽}}$$

$$=1571.1\times\frac{1271.39}{19.13+401.93+828.80+150.46+1271.39+398.61}=650.58\text{mmHg(绝)}$$

查图2-10常压与减压平衡气化50%点或30%点的温度换算图，得到常三线油在650.58mmHg(绝)时，$t_{EFV,50\%}=310℃$。

假设常三线油常压下平衡气化0%点和50%点温差与减压条件下平衡气化0%点和50%点温差相同，由于在常压时常三线油平衡汽化0%点和50%点的温差为56℃，因此常三线油在650.58mmHg(绝)时的泡点温度$t_{EFV,0\%}=t_{EFV,50\%}-\Delta t=310-56=254℃$

通过以上计算，我们可以发现计算的常三线泡点温度与常三线抽出温度相差较大。

6.5.2　常二线抽出温度校核

常二线抽出板为第31层，以塔底至第31层板上部做隔离体，示意见图2-11。

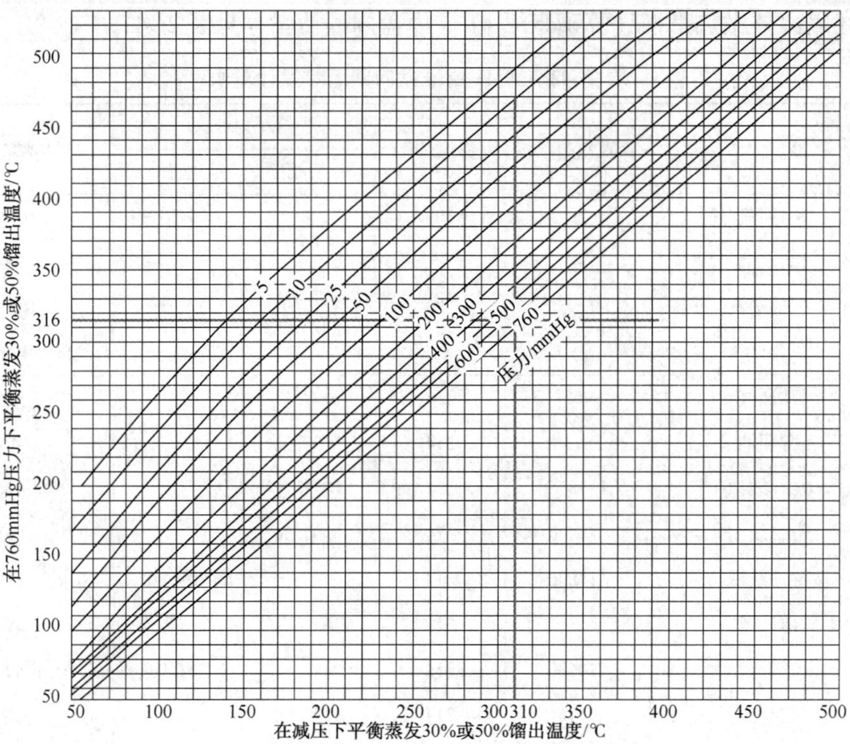

图 2-10　常压与减压平衡气化 50%点或 30%点的温度换算图

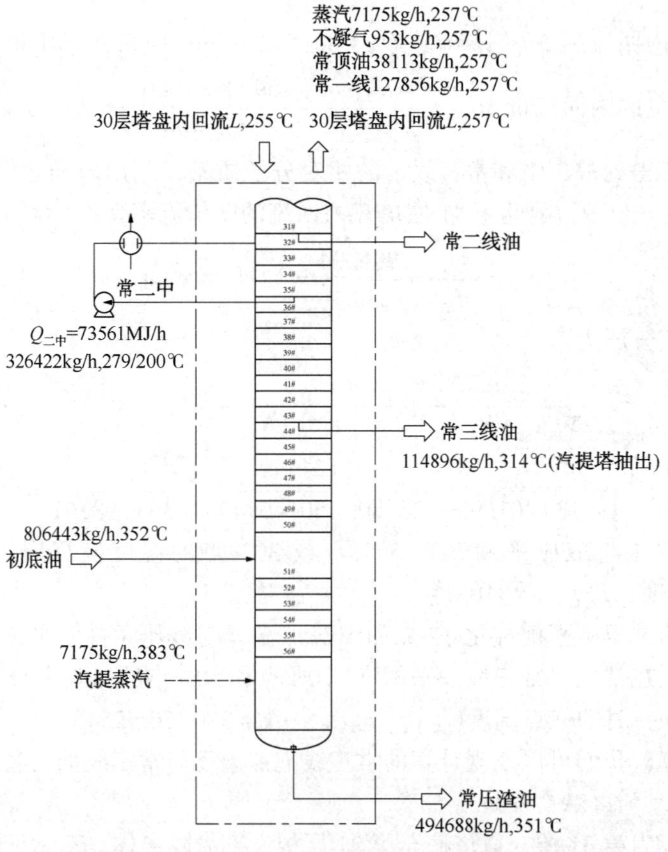

图 2-11　塔底至第 31 层塔盘上部隔离体示意图

对上述隔离体做热平衡计算确定第30层塔盘内回流量，见表2-43。

表2-43　第30层塔盘内回流热量计算表

项目		流量/(kg/h)	温度/℃	焓/(kJ/kg)		总焓/(MJ/h)
				气相	液相	
进料	内回流	L	255		637.73	$0.63773L$
	初底油					780280
	汽提蒸汽	7175	383	3242.07		23262
	合计					$803542+0.63773L$
出料	常顶气	953	257	914.14		871
	常顶油	38113	257	911.41		34736
	常一线油	127856	257	878.16		112279
	常二线油	29938	225		553.58	16573
	常二中	326422	279/200			73561
	常三线油	114896	314		809.80	93043
	内回流	L	257	861.70		$0.86170L$
	常渣	494688	351		861.94	426393
	汽提蒸汽	7175	257	2988.80		21445
	合计					$778900+0.86170L$

第30层塔盘内回流热 $\Delta Q_{L,30}=Q_{入}-Q_{出}=803542-778900=24642\text{MJ/h}$

则第30层塔盘的内回流量为$L_{30}=\dfrac{\Delta Q_{L,30}}{h_{30}^{V}-h_{30}^{L}}=\dfrac{24642\times1000}{861.70-637.73}=110024\text{kg/h}$

利用内插法得到第30层内回流的相对分子质量为196.9，因此第30层塔盘内回流的摩尔流率为：

$$N_{30}=\frac{L_{30}}{M_{30}}=\frac{110024}{196.9}=558.75\text{kmol/h}$$

内回流的油气分压为：

$$P_{L30}=P_{30}\times\frac{N_{30}}{N_{不凝气}+N_{常顶油}+N_{常一线}+N_{30}+N_{蒸汽}}$$

$$=1526.6\times\frac{558.75}{19.13+401.93+828.80+558.75+398.61}$$

$$=471.62\text{mmHg(绝)}$$

查图2-12常压与减压平衡汽化50%点或30%点的温度换算图，得到常三线油在471.62mmHg(绝)时，$t_{EFV,50\%}=243℃$。

假设常二线油常压下平衡汽化0%点和50%点温差与减压条件下平衡汽化0%点和50%点温差相同，由于在常压时常二线油平衡汽化0%点和50%点的温差为17.6℃，因此常二线油在471.62mmHg(绝)时的泡点温度$t_{EFV,0\%}=t_{EFV,50\%}-\Delta t=243-17.6=225.4℃$。

计算常二线泡点温度与常二线抽出温度相近。

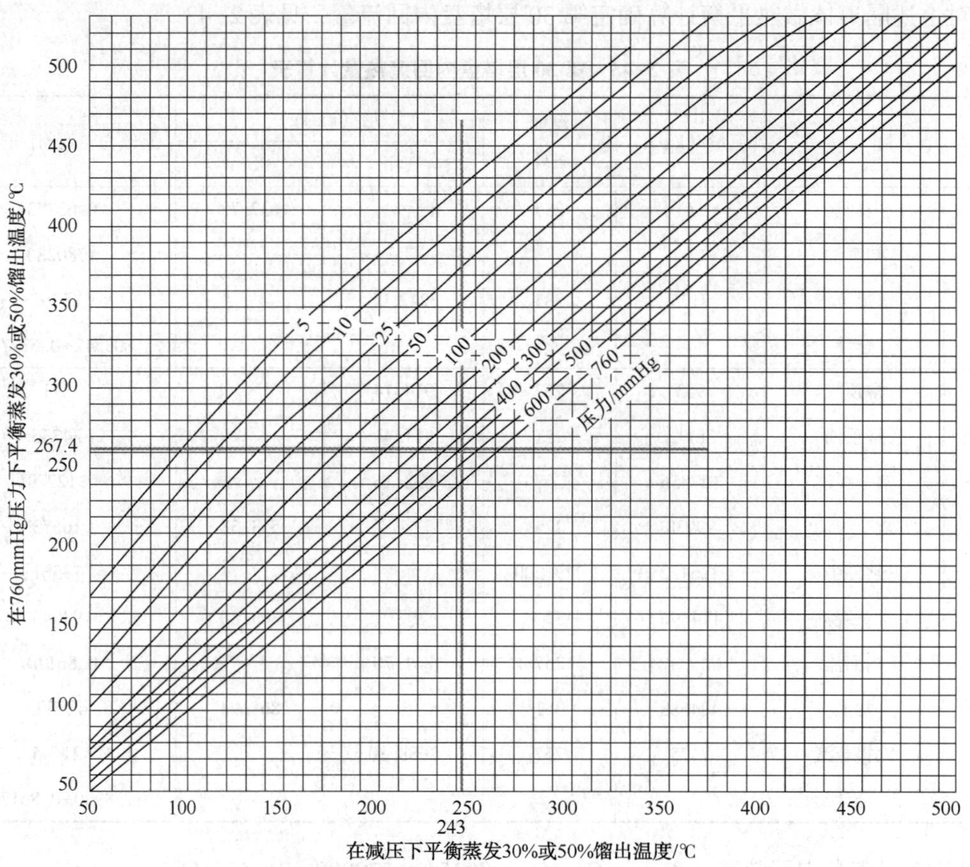

图 2-12　常压与减压平衡汽化 50%点或 30%点的温度换算图

6.5.3　常一线抽出温度校核

常一线抽出板为第 17 层塔盘，以塔底至第 17 层板上部做隔离体，示意如图 2-13 所示。对上述隔离体作热平衡计算确定第 16 层塔盘内回流量，见表 2-44。

表 2-44　第 16 层塔盘内回流热量计算表

项目		流量/(kg/h)	温度/℃	焓/(kJ/kg)		总焓/(MJ/h)
				气相	液相	
进料	内回流	L	176		432.52	$0.43252L$
	初底油					780280
	重沸器					16049
	汽提蒸汽	8167	383	3242.07		26478
	合计					$822807+0.43252L$
出料	常顶气	953	180	757.25		721
	常顶油	38113	180	736.66		28076
	常一线油	127856	200		497.52	63612
	常二线油	29938	225		553.58	16573

续表

项目		流量/(kg/h)	温度/℃	焓/(kJ/kg)		总焓/(MJ/h)
				气相	液相	
出料	常一中	311000	232/169			53124
	常二中	326422	279/200			73561
	常三线油	114896	314		809.80	93043
	内回流	L	180	704.53		$0.70453L$
	常渣	494688	351		861.94	426393
	汽提蒸汽	8167	180	2831.46		23125
	合计					$777227+0.70453L$

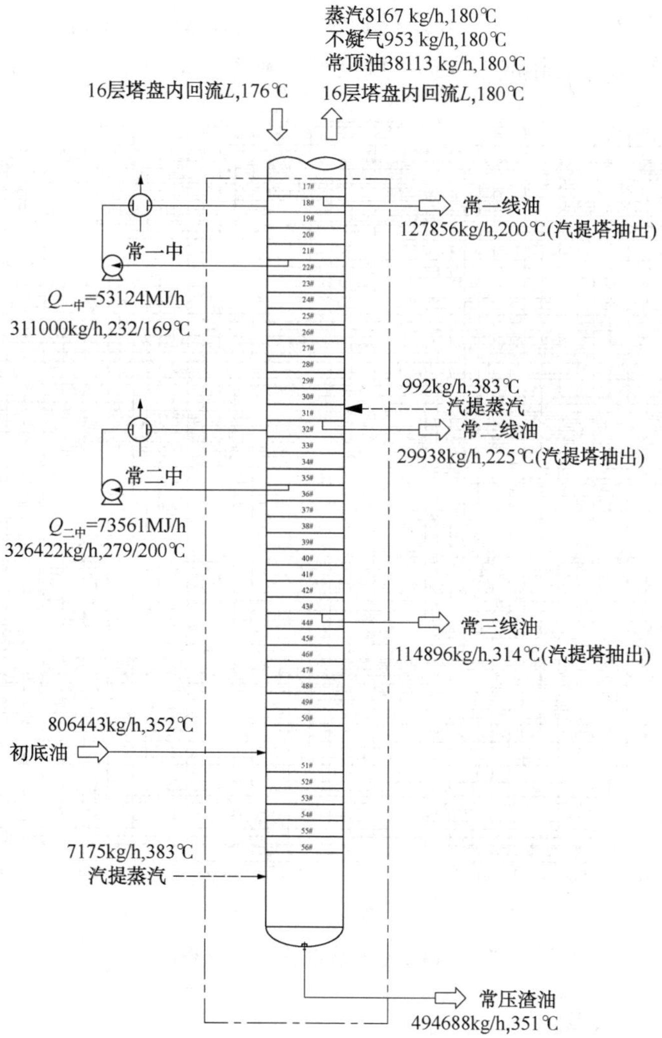

图 2-13　塔底至第 17 层塔盘上部隔离体示意图

第 30 层塔盘内回流热 $\Delta Q_{L,16}=Q_{入}-Q_{出}=822807-777227=44579MJ/h$

则第 41 层塔盘的内回流量为 $L_{16}=\dfrac{\Delta Q_{L,16}}{h_{16}^{V}-h_{16}^{L}}=\dfrac{44579\times1000}{704.53-432.52}=163889kg/h$

利用内插法得到第 16 层内回流的相对分子质量为 150. 8，因此第 16 层塔盘内回流的摩尔流率为：

$$N_{16}=\frac{L_{16}}{M_{16}}=\frac{163889}{150.8}=1086.73kmol/h$$

内回流的油气分压为：

$$P_{L16}=P_{16}\times\frac{N_{316}}{N_{不凝气}+N_{常顶油}+N_{16}+N_{蒸汽}}=1469.9\times\frac{1086.73}{19.13+401.93+1086.73+453.72}$$
$$=814.34mmHg(绝)=1.07atm(绝)$$

根据常一线油的焦点温度、焦点压力和平衡汽化数据(第二部分第 3 节和第 4 节计算得到)，查常一线油的 $P-T-e$ 相图，可以得到常一线油在 814. 34mmHg(绝)时的泡点温度为 $t_{EFV,0\%}=170℃$，此结果与实际常一线抽出温度相差较大。常一线油的 $P-T-e$ 相图见图 2-14。

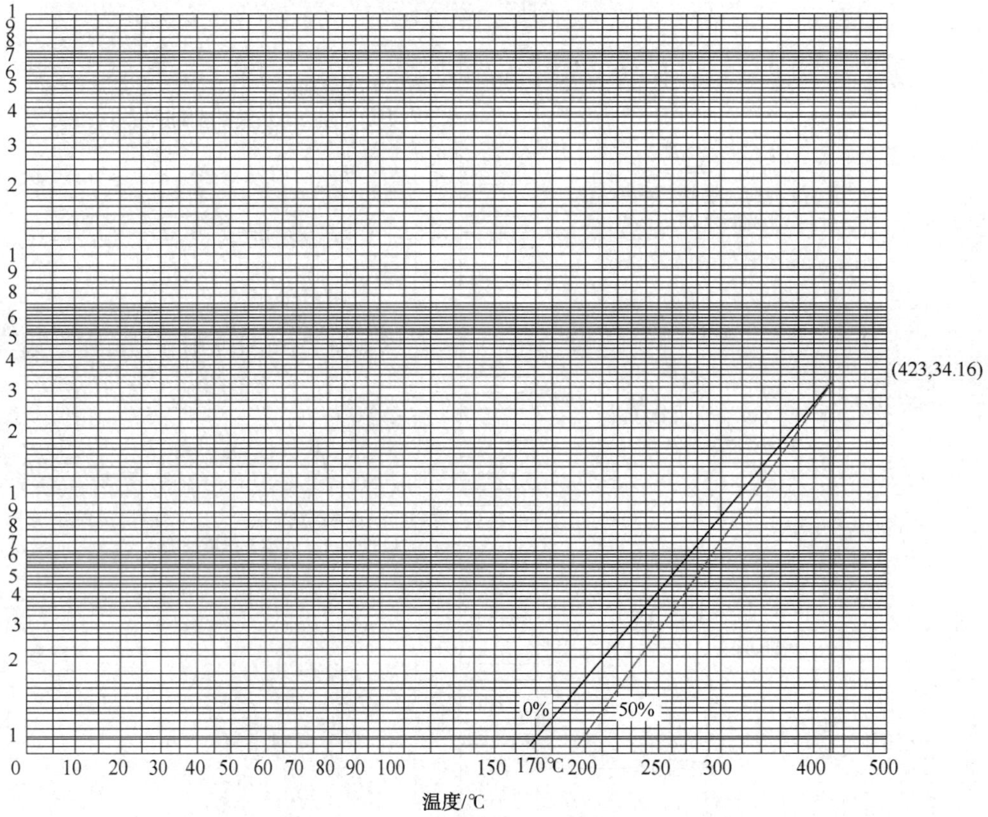

图 2-14　常一线油的 $P-T-e$ 相图

6. 5. 4　常顶温度校核

常压塔塔顶常顶油的油气分压为 $P_{常顶油}=P_{顶}\times\dfrac{N_{常顶油}+N_{顶回流}}{N_{不凝气}+N_{常顶油}+N_{顶回流}+N_{蒸汽}}=1405.1\times$

$$\frac{401.93+881}{19.13+401.93+881+453.73}=1026.7\text{mmHg(绝)}=1.25\text{atm(绝)}。$$

查常顶油的 $P-T-e$ 相图，可以得到常顶油在 1026.7mmHg(绝)时的露点温度为 $t_{EFV,100\%}$ = 122℃，此结果与实际塔顶温度相近。常顶油的 $P-T-e$ 相图见图 2-15。

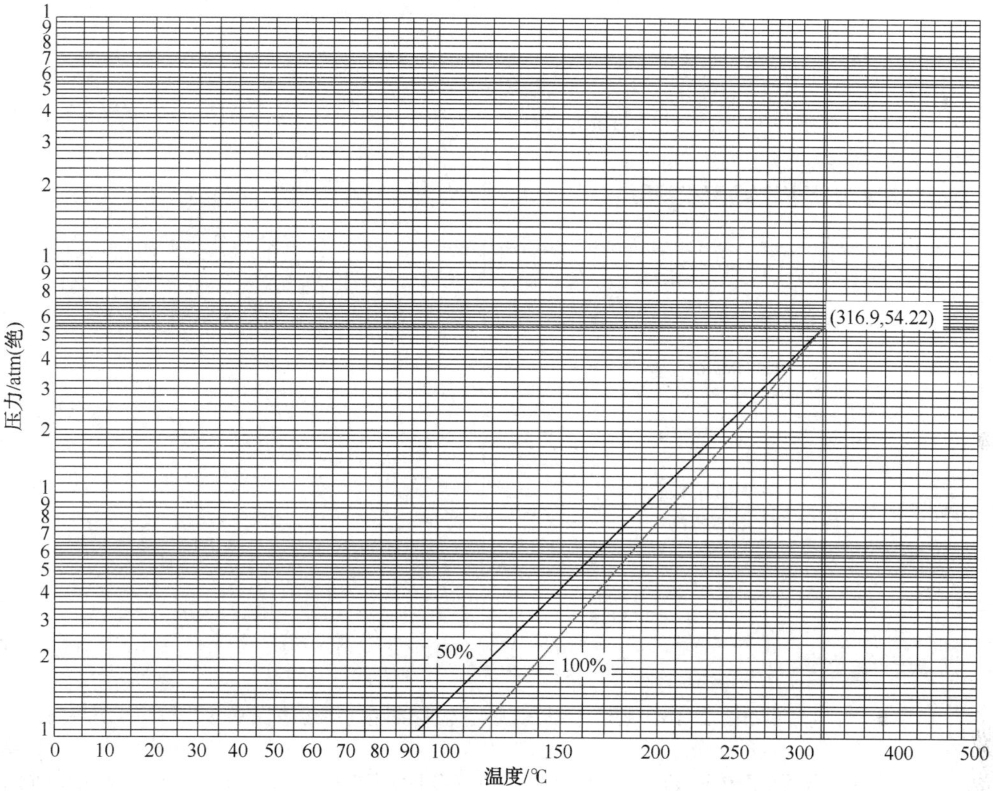

图 2-15　常顶油的 $P-T-e$ 相图

常压塔顶水蒸气的分压为

$$P_{蒸汽}=P_{顶}\times\frac{N_{蒸汽}}{N_{不凝气}+N_{常顶油}+N_{顶回流}+N_{蒸汽}}$$

$$=1405.1\times\frac{453.73}{19.13+401.93+881+453.73}$$

$$=363\text{mmHg(绝)}$$

查得此压力条件下水蒸气的露点压为 80.5℃，低于常压塔塔顶温度，因此水蒸气在常压塔塔顶不会冷凝。

6.6　中段取热占内回流比例计算

6.6.1　常二中取热比例

常二中返回板为第 32 层踏板，因此，以塔底至第 32 层板上部做隔离体，示意图 2-16。

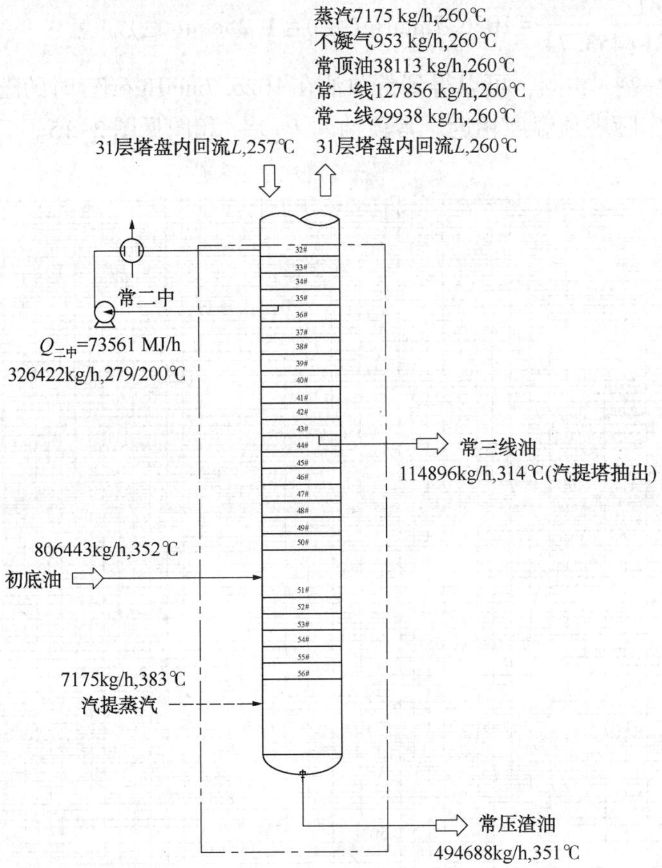

图 2-16　塔底至第 32 层塔盘上部隔离体示意图

对上述隔离体做热平衡计算，求得第 31 层塔盘内回流热，得到结果如表 2-45 所示。

表 2-45　第 31 层塔板内回流热计算表

项目		流量/(kg/h)	温度/℃	焓/(kJ/kg)		总焓/(MJ/h)
				气相	液相	
进料	内回流	*L*	257		645. 03	0. 64503*L*
	初底油					780280
	汽提蒸汽	7175	383	3242. 07		23262
	合计					803542+0. 64503*L*
出料	常顶气	953	260	952. 87		908
	常顶油	38113	260	918. 68		35013
	常一线油	127856	260	885. 40		113203
	常二线油	29938	260	868. 92		26014
	常二中	326422	279/200			73561
	常三线油	114896	314		809. 80	93043
	内回流	*L*	260	868. 92		0. 86892*L*
	常渣	494688	351		861. 94	426393
	汽提蒸汽	7175	260	2994. 95		21489
	合计					789623+0. 86892*L*

因此，第 32 层塔盘的内回流热：$\Delta Q_{L32}=Q_{入}-Q_{出}=803542-789623=13918\text{MJ/h}$。

则常二中占总内回流热比例为：$\dfrac{Q_{二中}}{Q_{二中}+\Delta Q_{L32}}\times100\%=\dfrac{73561}{73561+13918}\times100\%\approx84.1\%$。

第 32 层塔盘的内回流量为$L_{32}=\dfrac{\Delta Q_{L,32}}{h_{32}^{V}-h_{32}^{L}}=\dfrac{13918\times1000}{868.92-645.03}=62167\text{kg/h}$。

由此可以看出，常二中取热比例较合适。

6.6.2 常一中取热比例

常一中返回板为第 18 层踏板，因此，以塔底至第 18 层板上部做隔离体，示意图如图 2-17所示。

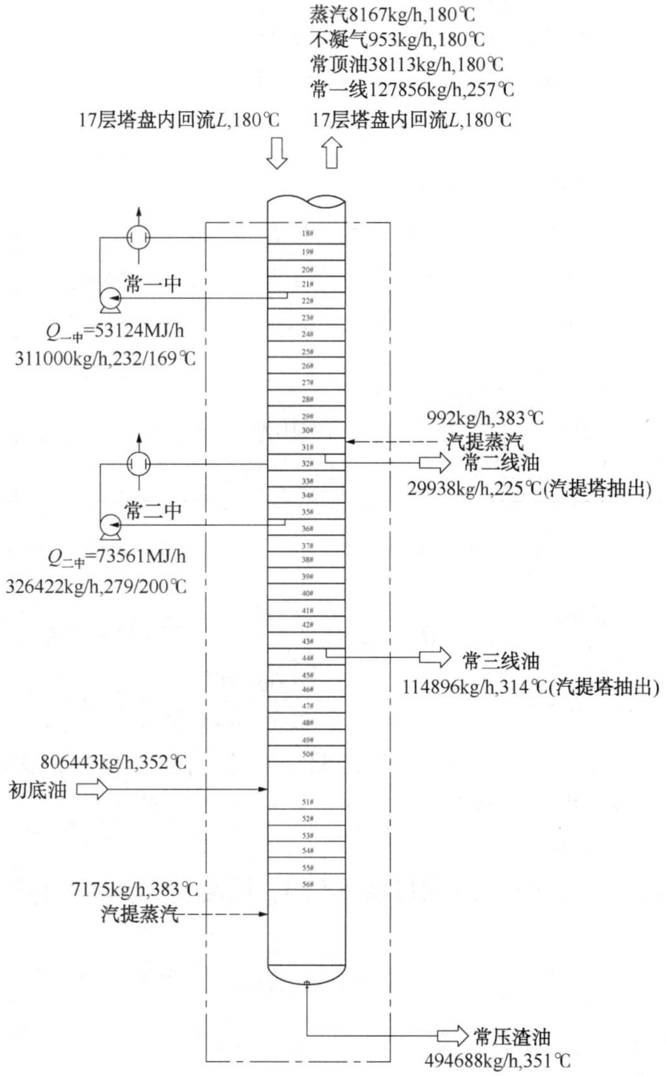

图 2-17　塔底至第 18 层塔盘上部隔离体示意图

对上述隔离体进行热平衡计算，求得第17层塔盘内回流热，结果见表2-46。

表2-46 第17层塔盘内回流热计算表

项目		流量/(kg/h)	温度/℃	焓/(kJ/kg)		总焓/(MJ/h)
				气相	液相	
进料	内回流	L	180		443.35	0.44335L
	初底油					780280
	汽提蒸汽	8167	383	3242.07		26478
	合计					806758+0.44335L
出料	常顶气	953	180	757.25		721
	常顶油	38113	180	736.66		28076
	常一线油	127856	180	704.53		90078
	常二线油	29938	225		553.58	16573
	常一中	311000	232/169			53124
	常二中	326422	279/200			73561
	常三线油	114896	314		809.80	93043
	内回流	L	180	704.53		0.70453L
	常渣	494688	351		861.94	426393
	汽提蒸汽	8167	180	2831.34		23124
	合计					804693+0.70453L

因此，第17层塔盘的内回流热：$\Delta Q_{L17}=Q_{入}-Q_{出}=806758-804693=2066\text{MJ/h}$。

则常一中占总内回流热比例为：$\dfrac{Q_{一中}}{Q_{一中}+\Delta Q_{L32}}\times100\%=\dfrac{53124}{53124+2066}\times100\%\approx96.2\%$。

第17层塔盘的内回流量为$L_{17}=\dfrac{\Delta Q_{L,17}}{h_{17}^{V}-h_{17}^{L}}=\dfrac{2066\times1000}{704.53-443.35}=7906\text{kg/h}$。

通过以上计算可以发现，常一中取热比例偏高，已经接近100%，这导致常一线抽出板内回流偏小，引起干板，影响分离效率。

6.6.3 常顶循取热比例

由于常顶循返回塔顶，内回流热为塔顶回流热，因此，常顶循取热比例为：

$$\frac{Q_{顶循}}{Q_{顶循}+Q_{顶回流}}\times100\%=\frac{10500}{10500+38694}\times100\%=21.3\%$$

6.7 其他各主要塔盘内流量计算

6.7.1 常三线抽出板内回流量计算

以塔底至第43层板上部作隔离体，示意如图2-18所示。

对上述隔离体作热平衡计算，得到第42层塔盘内回流量，计算结果见表2-47。

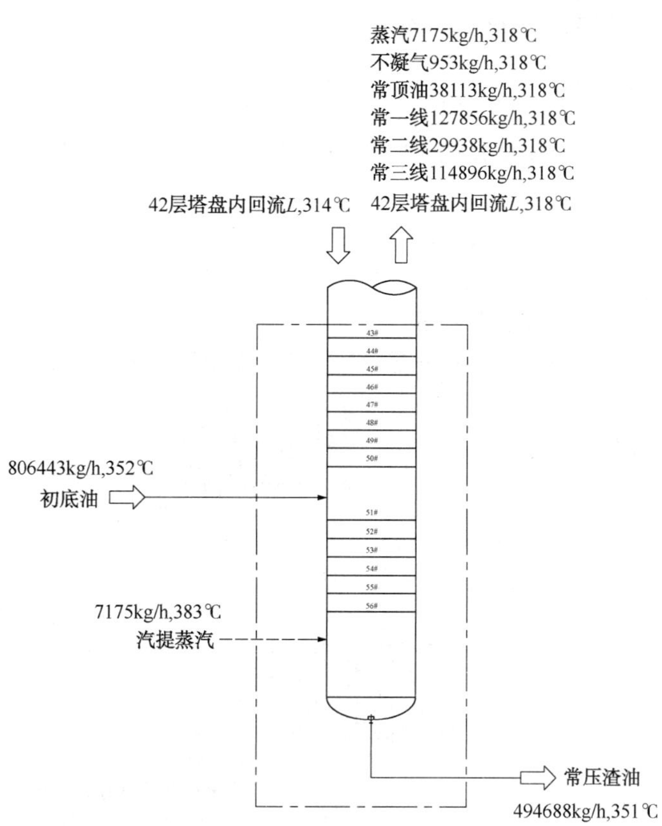

图 2-18　塔底至第 43 层塔盘上部隔离体示意图

表 2-47　第 42 层塔盘内回流量计算表

项目		流量/(kg/h)	温度/℃	焓/(kJ/kg)		总焓/(MJ/h)
				气相	液相	
进料	内回流	L	314		809.80	0.80980L
	初底油					780280
	汽提蒸汽	7175	383	3242.07		23262
	合计					803542+0.80980L
出料	常顶气	953	318	1108.19		1056
	常顶油	38113	318	1066.49		40647
	常一线油	127856	318	1032.33		131990
	常二线油	29938	318	1015.61		30405
	常三线油	114896	318	1007.61		115771
	内回流	L	318	1007.61		1.00761L
	常渣	494688	351		861.94	426393
	汽提蒸汽	7175	318	3114.04		22343
	合计					768605+1.00761L

第 42 层塔盘内回流热为：$\Delta Q_{L,42}=Q_入-Q_出=803542-768605=34937MJ/h$。

则第 42 层塔盘的内回流量为：$L_{42}=\dfrac{\Delta Q_{L,42}}{h_{42}^V-h_{42}^L}=\dfrac{34937\times1000}{1007.61-809.80}=176615kg/h$。

第 42 层内回流的相对分子质量与常三线相同按 238 计算，因此第 42 层塔盘内回流的摩尔流率为：

$$N_{42}=\frac{L_{42}}{M_{42}}=\frac{176615}{238}=742.04kmol/h$$

6.7.2　常二中抽出板内回流量计算

常二中抽出板为第 35 层，以塔底至第 36 层板上部作隔离体，示意图如图 2-19 所示。

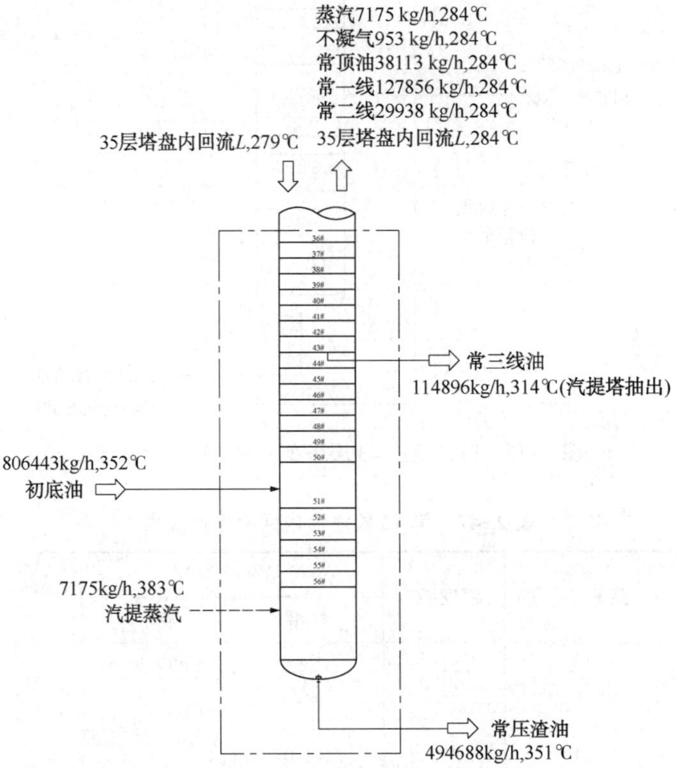

图 2-19　塔底至第 36 层板上部作隔离体示意图

对上述隔离体作热平衡计算，得到第 35 层塔盘内回流量，计算结果见表 2-48。

表 2-48　第 35 层塔盘内回流量计算表

项目		流量/(kg/h)	温度/℃	焓/(kJ/kg)		总焓/(MJ/h)
				气相	液相	
进料	内回流	L	279		725.82	0.72582L
	初底油					780280
	汽提蒸汽	7175	383	3242.07		23262
	合计					803542+0.72582L

续表

项目		流量/(kg/h)	温度/℃	焓/(kJ/kg)		总焓/(MJ/h)
				气相	液相	
出料	常顶气	953	284	1015.81		968
	常顶油	38113	284	978.11		37278
	常一线油	127856	284	944.46		120756
	常二线油	29938	284	927.88		27779
	常三线油	114896	314		809.80	93043
	内回流	L	284	927.77		$0.92777L$
	常渣	494688	351		861.94	426393
	汽提蒸汽	7175	284	3044.02		21841
	合计					$728057+0.92777L$

第35层塔盘内回流热为：$\Delta Q_{L,35}=Q_{入}-Q_{出}=803542-728057=75485\text{MJ/h}$。

则第35层塔盘的内回流量为：$L_{35}=\dfrac{\Delta Q_{L,35}}{h_{35}^{V}-h_{35}^{L}}=\dfrac{75485\times1000}{927.77-725.82}=373792\text{kg/h}$。

第35层内回流的相对分子质量与常二中相同按202.2计算，因此第35层塔盘内回流的摩尔流率为：

$$N_{35}=\frac{L_{35}}{M_{35}}=\frac{373792}{202.2}=1849.04\text{kmol/h}$$

6.7.3 常一中抽出板内回流量计算

常一中抽出板为第21层塔盘，以塔底到第22层塔盘上部作隔离体，示意图如图2-20所示。

对上述隔离体作热平衡计算，得到第22层塔板的内回流量，并将结果列于表2-49。

表2-49　第22层塔板内回流量计算表

项目		流量/(kg/h)	温度/℃	焓/(kJ/kg)		总焓/(MJ/h)
				气相	液相	
进料	内回流	L	232		578.49	$0.57849L$
	初底油					780280
	汽提蒸汽	8167	383	3242.07		26478
	合计					$806758+0.57849L$
出料	常顶气	953	235	889.36		847
	常顶油	38113	235	857.93		32698
	常一线油	127856	235	825.02		105484
	常二线油	29938	225		553.58	16573
	常二中	326422	279/200			73561
	常三线油	114896	314		809.80	93043

续表

项目		流量/(kg/h)	温度/℃	焓/(kJ/kg)		总焓/(MJ/h)
				气相	液相	
出料	内回流	L	235	815.05		$0.81505L$
	常渣	494688	351		861.94	426393
	汽提蒸汽	8167	235	2942.92		24035
	合计					$772634+0.81505L$

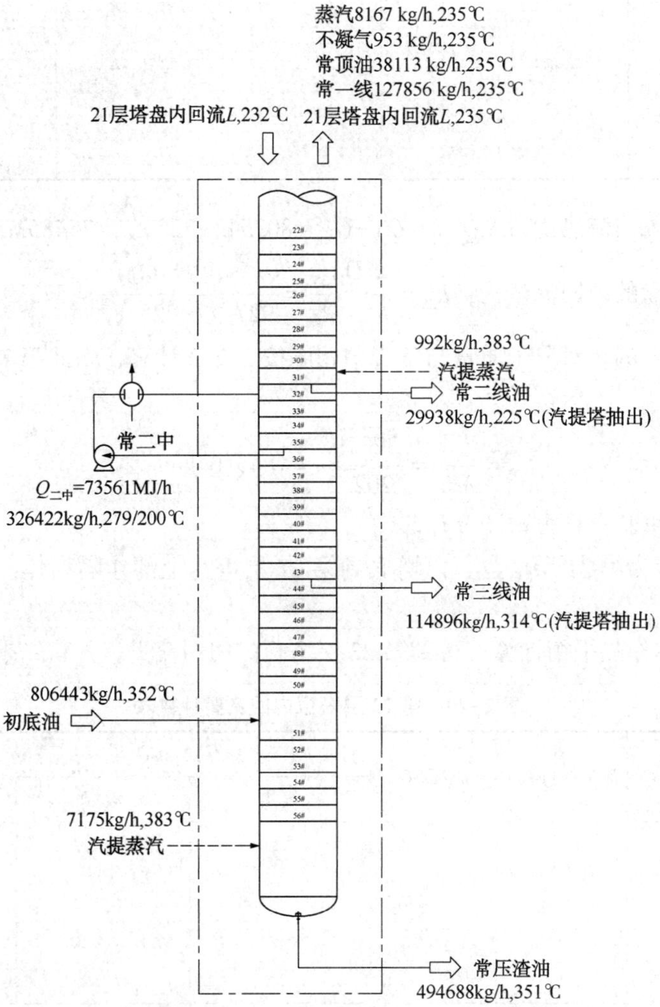

图 2-20　塔底至第 22 层板上部作隔离体示意图

第 21 层塔盘内回流热为：$\Delta Q_{L,21}=Q_{入}-Q_{出}=806758-772634=34124\text{MJ/h}$。

则第 21 层塔盘的内回流量为：$L_{21}=\dfrac{\Delta Q_{L,21}}{h_{21}^{V}-h_{21}^{L}}=\dfrac{34124\times1000}{815.05-578.49}=144248\text{kg/h}$。

第 21 层内回流的相对分子质量与常一中相同按 178.4 计算，因此第 21 层塔盘内回流的摩尔流率为：

$$N_{21}=\frac{L_{21}}{M_{21}}=\frac{144248}{178.4}=808.66\text{kmol/h}$$

6.7.4 常顶循抽出板内回流计算

常顶循抽出板为第4层塔板，以塔底至第5层塔板上部作隔离体，示意图如图2-21所示。

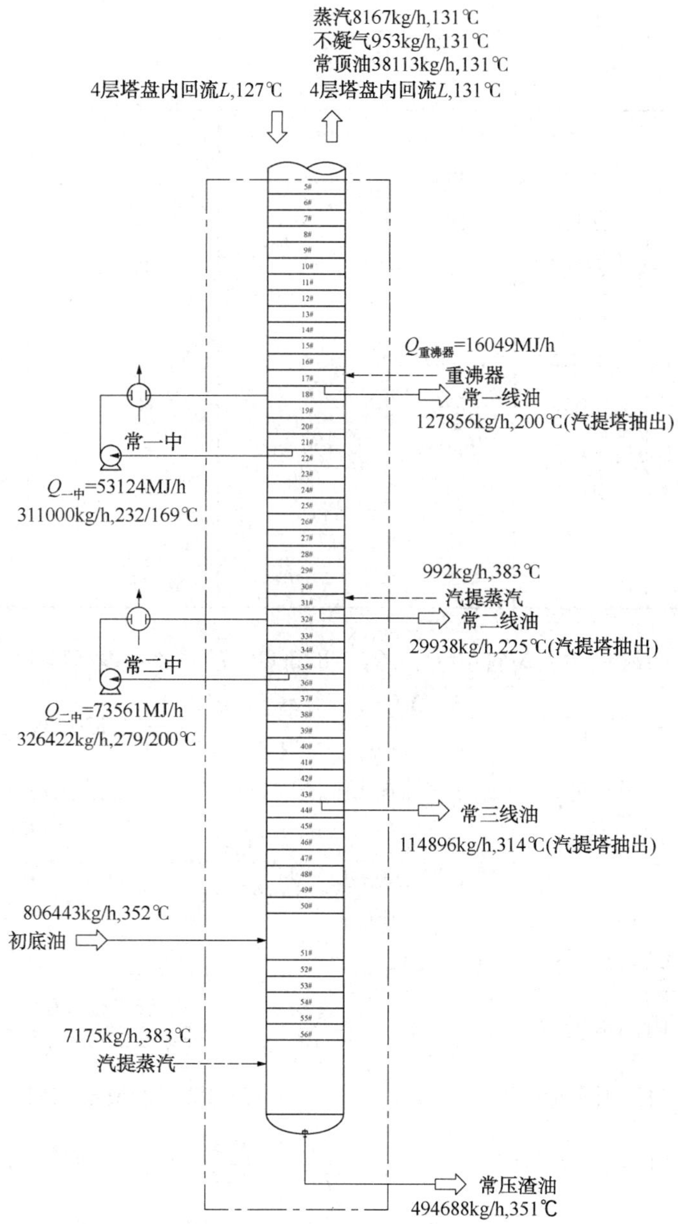

图2-21　塔底至第5层板上部作隔离体示意图

对上述隔离体进行热平衡计算，得到第4层塔板内回流量，并将结果列于表2-50。

表 2-50　第 4 层塔板内回流量计算表

项目		流量/(kg/h)	温度/℃	焓/(kJ/kg)		总焓/(MJ/h)
				气相	液相	
进料	内回流	L	127		320.31	0.32031L
	初底油					780280
	重沸器					16049
	汽提蒸汽	8167	383	3242.07		26478
	合计					822807+0.32031L
出料	常顶气	953	131	648.74		618
	常顶油	38113	131	638.18		24323
	常一线油	127856	200		497.52	63612
	常二线油	29938	225		553.58	16573
	常一中	311000	232/169			53124
	常二中	326422	279/200			73561
	常三线油	114896	314		809.80	93043
	内回流	L	131	629.33		0.62933L
	常渣	494688	351		861.94	426393
	汽提蒸汽	8167	131	2731.72		22310
	合计					773556+0.62933L

第 4 层塔盘内回流热为：$\Delta Q_{L,4}=Q_{入}-Q_{出}=822807-773556=49251\text{MJ/h}$。

则第 4 层塔盘的内回流量为：$L_4=\dfrac{\Delta Q_{L,4}}{h_4^V-h_4^L}=\dfrac{49251\times1000}{629.33-320.31}=159379\text{kg/h}$。

第 4 层内回流的相对分子质量与常顶循相同按 109.3 计算，因此第 4 层塔盘内回流的摩尔流率为：

$$N_{21}=\frac{L_{21}}{M_{21}}=\frac{159379}{109.3}=1458.01\text{kmol/h}$$

6.7.5　中段取热上、下内回流的变化

常二中上、下内回流的变化量为：$\Delta L_{二中}=\dfrac{Q_{二中}}{h_{31}^V-h_{31}^L}=\dfrac{73561\times1000}{868.92-645.03}=328564\text{kg/h}$。

因此，第 32 层板内回流量为：$L_{32}=L_{35}-\Delta L_{二中}=373792-328564=45229\text{kg/h}$。

第 32 层塔板内回流的摩尔流量为：$N_{32}=\dfrac{L_{32}}{M_{二中}}=\dfrac{45229}{202.2}=223.7\text{kmol/h}$。

常一中上、下内回流变化量为：$\Delta L_{一中}=\dfrac{Q_{一中}}{h_{17}^V-h_{17}^L}=\dfrac{53124\times1000}{704.53-443.35}=203403\text{kg/h}$。

因此，第 18 层板内回流为：$L_{18}=L_{21}-\Delta L_{一中}=144248-203403=-59155\text{kg/h}$。

通过计算，发现第 18 层板内回流为负数，说明常一中取热偏多，实际不可能出现负值，因此在此将此值取为 0。

常顶循上、下内回流的变化量为：$\Delta L_{顶循}=\dfrac{Q_{顶循}}{h^{V}_{常顶油}-h^{L}_{常顶油}}=\dfrac{10500\times1000}{609.9-296.06}=49100\text{kg/h}$。

因此第1层板上内回流量为：$L_1=L_4-\Delta L_{顶循}=159379-49100=110279\text{kg/h}$。

第1层班上内回流摩尔量为：$N_1=\dfrac{L_1}{M_{顶循}}=\dfrac{110279}{109.3}=1008.8\text{kmol/h}$。

6.7.6　进料板的液相量和进料板上一层的液相量

自塔底都进料段作隔离体，示意图如图2-22所示。

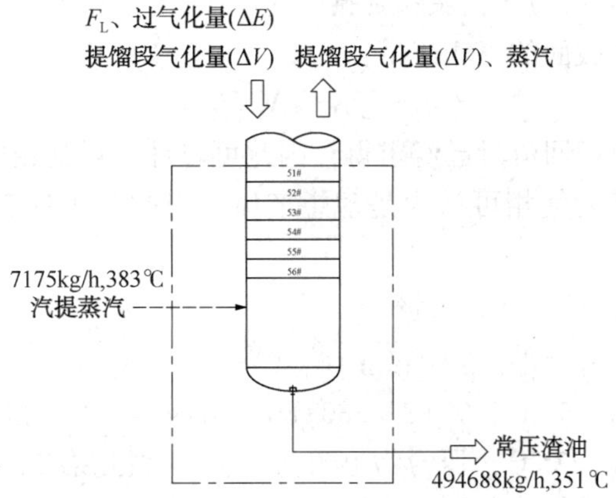

图2-22　塔底至进料段隔离体示意图

可以通过对隔离体进行物料衡算和热量衡算的方法确定流量。对于进料段以下的油品物料平衡关系为：

$$F_L+L_{上}=W+\Delta V$$

$$L_{上}=\Delta E+\Delta V$$

则$F_L=W-\Delta E=494688-23474=471214\text{kg/h}$

对隔离体进行热平衡计算，并得到提馏段气化量，并将结果列于表2-51。

表2-51　提馏段热量计算表

项目		流量/(kg/h)	温度/℃	焓/(kJ/kg)		总焓/(MJ/h)
				气相	液相	
进料	提馏段气化量	L	348		852.10	0.85210L
	过气化油	23474	348		852.10	20002
	F_L	471214	352		865.01	407603
	汽提蒸汽	7175	383	3242.07		23262
	合计					450867+0.85210L
出料	提馏段气化量	L	352	1049.20		1.04920L
	常渣	494688	351		861.94	426393
	汽提蒸汽	7175	352	3166.79		22722
	合计					449115+1.04920L

$$\Delta V=\frac{Q_{入}-Q_{出}}{h_{\Delta V}^{V}-h_{\Delta V}^{L}}=\frac{450867-449115}{1.04920-0.8510}=8890\text{kg/h}$$

因此,

$$L_{上}=\Delta E+\Delta V=23474+8890=32364\text{kg/h}$$

进料层上一层板上液相相对分子质量近似取常三线相对分子质量，因此，

$$N_{上}=\frac{L_{上}}{M_{上}}=\frac{32364}{238}=564.73\text{kmol/h}$$

6.7.7　塔内各主要界面的气、液相负荷

对任一截面，通过该截面的气相流量：

$$N=\sum N_{产}+N_{L}+N_{汽}$$

由于各主要截面的液相回流量已经求得，因此可以计算得到相应截面的气相流量。由于塔内操作压力为常压，塔内气相可认为是理想气体，因此采用理想气体状态方程 $PV=n\text{R}T$ 计算气相的体积流量。

以第22层塔盘为例，计算气相流量：

$$\begin{aligned}N_{22}^{V}&=N_{不凝气}+N_{常顶油}+N_{常一线}+N_{21}+N_{蒸汽}\\&=19.13+401.93+828.80+808.66+453.72=2493.11\text{kmol/h}\end{aligned}$$

第22层塔盘的温度为235℃，压力为197kPa(绝)，因此第22层塔盘的气相体积流率为

$$V=\frac{n\times R\times T}{P}=\frac{2493.11\times8.31\times(235+273.15)}{197}=37579\ \text{m}^3/\text{h}=375.79\times10^2\text{m}^3/\text{h}$$

采用内差法求得每层塔板上液相的相对密度，再根据公式[《冷换设备工艺计算手册》[1](第二版)P75]求液相在塔板温度下的密度，从而求得液相的体积流量，密度计算公式如下：

$$\rho_{t}=t\times(1.307\times d_4^{20}-1.817)+973.86\times d_4^{20}+36.34$$

式中　t——温度,℃;

ρ——温度 t 时的液相密度，kg/m³。

以第16层塔盘为例计算塔盘上液相的体积流量。

第4层塔盘常顶循油和第17层塔盘上常一线油的相对密度分别为0.7435和0.7954，通过内插法可以得到第16层塔盘上的液相相对密度为：

$$\begin{aligned}d_4^{20},\ 16&=d_4^{20},\ 4+\frac{(16-4)}{17-4}\times(d_4^{20},\ 17-d_4^{20},\ 4)\\&=0.7535+\frac{12}{13}\times(0.7954-0.7435)=0.7914\end{aligned}$$

又由于假设第16层塔盘的温度为175.9℃，则第16层塔盘上的液相密度为：

$$\begin{aligned}\rho_{15}&=t\times(1.307\times d_4^{20}-1.817)+973.86\times d_4^{20}+36.34\\&=175.9\times(1.307\times0.7914-1.817)+973.86\times0.7914+36.34\\&=669\text{kg/m}^3\end{aligned}$$

则第16层板的液相体积流量为：

$$V_{16}^{L}=\frac{L_{16}}{\rho_{16}}=\frac{163889}{669}=244.8\ \text{m}^3/\text{h}$$

同理计算塔内其余各主要截面的气液相负荷并将结果列于表2-52。为了表示侧线抽出层塔盘的突变，在表中增加一行抽出层塔盘上总液相负荷的数据。

表 2-52　塔内各主要截面气液相负荷数据

塔盘	液相			气相			
	内回流/（kg/h）	密度/（kg/m³）	体积流量/（m³/h）	摩尔流率/（kmol/h）	温度/℃	压力/kPa(绝)	体积流量/（×10²m³/h）
0	83535	688	121. 4		63		
1	110279	662	166. 5	1736. 60	116	186. 0	301. 9
4	159379	653	244. 0		127	187. 6	
5				2313. 657	131. 1	188. 2	413. 0
16	163889	669	244. 8		175. 9	194. 1	
17 *	135762	671	202. 3		180. 0	194. 6	
17	7906	671	11. 8	1942. 38	180	194. 6	375. 8
18	0		0. 0	1735. 70	180	195. 2	334. 9
21	144248	658	219. 1		232	196. 8	
22				2493. 11	234. 5	197. 3	533. 0
30	110024	658	167. 2		254. 5	201. 7	
31 *	92105	658	140. 0			202. 2	
31	62167	658	94. 5	2243. 20	257	202. 2	488. 7
32	45229	657	68. 9	2092. 25	260	202. 7	457. 2
35	373792	643	581. 4		279	204. 4	
36				3628. 84		204. 9	820. 0
41	296094	644	460. 0		309. 0	207. 6	
42 *	291511	644	452. 8			208. 1	
42	176615	644	274. 3	3051. 19	314	208. 1	715. 3
43				3004. 57		208. 7	707. 6
50	32364	948	34. 1			212. 5	
51	503577	754	667. 9	564. 73	352	213. 0	137. 7
56	494688	755	655. 6	398. 61	351	215. 0	96. 2

6. 8　塔内各主要截面气液相负荷图

将表 2-52 数据作图，得到沿塔气、液相负荷分布图如图 2-23 所示。

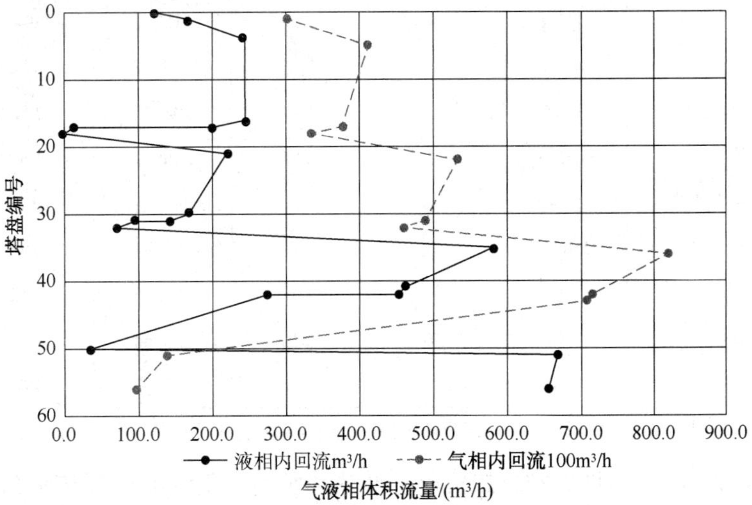

图 2-23　气液相负荷图

7 换热网络计算

7.1 现有网络热量统计

根据装置实际操作情况，整理装置内各物流的数据，包括流量、初始温度，目标温度以及相应温度下的焓值，将结果列于表2-53。

表2-53 装置内各冷热物流数据

物流		流量/(kg/h)	入口温度/℃	出口温度/℃	入口焓值/(kJ/kg)	出口焓值/(kJ/kg)	
冷流	脱前原油	890078	30	140	86.05	319.56	
	脱后原油	890078	134	213	305.54	520.44	
	初底油	806433	210	352	493.9	967.56①	
	常一线1	67100	200	255	497.52	655.35	
热流	常二线	29938	225	106	553.58	251.29	热出料
	常三线	114896	314	106	809.80	248.45	热出料/重沸器
	常顶循	299780	127	113	320.31	285.29	
	常一中	311000	232	169	578.49	407.67	
	常二中	326422	279	200	710.68	485.32	
	减一线及一中	132622	115	50	261.66	124.63	
	减二线及二中	398669	230	158	537.91	356.1	重沸器
	减二线1	174179	158	158	356.1	356.1	热出料
	减二线2	39301	158	87	356.1	178.61	
	减三线及三中	285273	336	200	834.77	454.57	重沸器
	减三线	49843	200	150	454.57	333.41	热出料
	减渣及急冷油1	222103	357	234	855.44	515.08	
	减渣及急冷油2	107245	234	140	515.08	294.23	
	减压渣油1	114858	234	234	515.08	515.08	热出料
	减压渣油2	80775	140	140	294.23	294.23	热出料
	初顶油气	110268	125	38	546.31	100.91	冷却
	常顶油气	121649	116	53	609.9	146.7	冷却
	常压渣油	26697	351	200	861.94	444.55	热出料
	航煤1	67100	255	216	655.35	542.1	热出料
	航煤2	67100	246	51	628.64	135.17	冷却
	常一线2	60756	200	200	497.52	487.52	热出料

① 初底油目标温度时的焓值为根据上一节常压塔热平衡计算时得到的初底油在该温度下气液相的平均焓。

分别统计表2-53中热物流的总热负荷、换热热负荷、重沸器热源热负荷、热出料热负荷、空冷负荷、水冷负荷并计算装置热回收率。

上述热物流中，作重沸器热源的分别有常三线、减二线及二中、减三线及三中；热出料的有常二线、常三线、减二线1、减三线、减压渣油1、减压渣油2和航煤1；冷却的有减一线及一中、减二线、初顶油气、常顶油气及航煤2。分别选取1股物流计算三种负荷。

以常三线为例计算重沸器热源热负荷，常三线作为重沸器热源，进出口温度分别为314℃和268℃，又根据第5节焓值计算中的结果得到这两个点的焓值分别为809.8kJ/kg和670.12kJ/kg。因此，常三线作为重沸器热源的热负荷为：

$$Q_{常三、重沸}=q_{常三}\times(h_{常三,314}-h_{常三,268})=114896\times(890.8-670.12)\approx16049\text{MJ/h}$$

以常二线油为例计算热出料热负荷。根据GB/T 50441—2016《石油化工设计能耗计算标准》[8]，柴油的规定温度为70℃，因此常二线油热出料热负荷为出装置温度106℃与规定温度之间的热量，根据第5节计算的焓值，得到常二线的热出料热负荷为：

$$Q_{常二、热出料}=q_{常二}\times(h_{常二,104}-h_{常三,70})=29938\times(251.29-171.57)\approx2299\text{MJ/h}$$

以初顶油气为例计算冷却负荷，由于油气在冷凝过程中的气相分率对冷凝负荷影响很大，且无法准确得到油气冷凝过程中的气相分率，因此，在计算冷却负荷时首先通过冷流的负荷来计算换热负荷，再将总热负荷减去换热负荷即可得到冷却负荷。此处空冷负荷和水冷负荷合在一起考虑。

初顶油气初始温度为125℃，目标温度为38℃，在此过程中，主要热负荷为初顶油的冷凝冷却，因此，在计算过程中忽略初顶不凝气的显热部分，只计算初顶油的冷凝冷却部分热负荷。根据第2节计算，在此两种状态下初顶油的焓值分别为637.57kJ/kg和116.36kJ/kg。可计算得到初顶油气的总热负荷为：

$$Q_{初顶}=q_{初顶}\times(h^{V}_{初顶,125}-h^{L}_{初顶,38})=110268\times(637.57-116.36)\approx57473\text{MJ/h}$$

初顶油气与脱前原油换热，原油在换热前后的温度分别为30℃和60℃，因此初顶油气的换热负荷与原油的负荷相同，即：

$$Q_{初顶,换热}=q_{原油}\times(h_{原油,65}-h_{原油,30})=441411\times(154.99-86.05)\approx30427\text{MJ/h}$$

因此初顶油气的冷却负荷为：

$$Q_{初顶,冷却}=Q_{初顶}-Q_{初顶,换热}=57473-25945=31528\text{MJ/h}$$

同理计算其余物流的各项负荷并将结果列于表2-54。

表2-54　装置内热源利用表

物流名称	总负荷/(MJ/h)	换热负荷/(MJ/h)	重沸器热源负荷/(MJ/h)	热输出负荷/(MJ/h)	热出料负荷/(MJ/h)	冷却负荷/(MJ/h)
常二线	11437	9050			2387	
常三线	73554	48448	16049		9057	
常顶循	10498	10498				
常一中	53125	53125				
常二中	73562	73562				
减一线及一中	18173	2066				16107
减二线及二中	72482	56255		16227		
减二线2	6814	6242			572	
减二线1	30197	0			32147	

续表

物流名称	总负荷/(MJ/h)	换热负荷/(MJ/h)	重沸器热源负荷/(MJ/h)	热输出负荷/(MJ/h)	热出料负荷/(MJ/h)	冷却负荷/(MJ/h)
减三线及三中	108461	106830		1631		
减三线	13655	6270			7385	
减渣及急冷油 1	75595	75595				
减渣及急冷油 2	23685	23685				
减压渣油 1	30258	0			30258	
减压渣油 2	3440	0			3440	
初顶油气	57473	30427				27046
常顶油气	56348	30427				25921
常压渣油	16080	11143			4937	
航煤 1	7599	7599				
航煤 2	33112	17669				15442
常一线 2	19529	0			19529	
总和	795077	568893	16049	17858	107762	84516
占比	100%	71.6%	2.0%	2.3%	13.5%	10.6%

由表 2-54 可以看出，装置换热网络的热回收率为 71.6%，重沸器热源负荷占 2.0%，热输出负荷占 2.3%，热出料负荷占 13.5%，冷却负荷占 10.6%。

7.2 冷热负荷曲线

先整理装置内冷热物流，其中热出料物流的目标温度取油品的规定温度，根据 GB/T 50441—2016《石油化工设计能耗计算标准》[8]，柴油、蜡油和渣油的规定温度分别为 70℃、80℃和 120℃，整理并得到物流的数据如表 2-55 所示。

表 2-55　装置内冷热物流统计表

序号	物流名称	流量/(kg/h)	入口温度/℃	出口温度/℃	入口焓值/(kJ/kg)	出口焓值/(kJ/kg)	热容流率/(kW/℃)
	冷流						
1	脱前原油	890078	30	140	86.05	319.56	524.854
2	脱后原油	890078	134	213	305.54	520.44	617.822
3	初底油 2①	806433	289	352	714.7	967.56	897.114
4	初底油 1①	806433	210	289	493.9	714.7	626.091
5	常一线 1	67100	200	255	497.52	655.35	53.487
	热流						
1	常二线	29938	225	70	553.58	171.57	20.496
2	常三线	114896	314	70	809.80	169.62	83.736
3	常顶循	299780	127	113	320.31	285.29	208.300

续表

序号	物流名称	流量/(kg/h)	入口温度/℃	出口温度/℃	入口焓值/(kJ/kg)	出口焓值/(kJ/kg)	热容流率/(kW/℃)
4	常一中	311000	232	169	578.49	407.67	234.237
5	常二中	326422	279	200	710.68	485.32	258.658
6	减一线及一中	132622	115	50	261.66	124.63	77.663
7	减二线及二中	398669	230	158	537.91	356.1	279.637
8	减二线	213855	158	80	356.1	182.73	132.037
9	减三线及三中	285273	336	200	834.77	454.57	221.529
10	减三线	49843	200	80	454.57	180.61	31.609
11	减渣及急冷油 1	222103	357	234	855.44	515.08	170.720
12	减渣及急冷油 2	107245	234	140	515.08	294.23	69.991
13	减压渣油 1	114858	234	120	515.08	251.64	73.729
14	减压渣油 2	80775	140	120	294.23	251.64	47.781
15	初顶油气	110268	125	38	637.57	116.36	183.502
16	常顶油气	121649	116	53	609.9	146.7	269.836
17	常压渣油	26697	351	120	861.94	259.64	25.169
18	航煤 1	67100	255	216	655.35	542.1	54.124
19	航煤 2	67100	246	51	628.64	135.17	47.927
20	常一线 2	60756	200	70	497.52	176.08	41.730

①为了较准确地将热公用工程消耗与常压炉负荷相对应，且装置实际换热终温已知，在统计冷物流时，将初底油以换热终温为节点，分成两股物流，其中初底油 1 按全液相考虑，初底油 2 在升温过程中有气化，由于该气化过程在加热炉中发生，对整个网络分析没有影响，因此，初底油 2 的热容流率(C_P)按进出口的平均值考虑。

由表2-55数据，将20股热物流的初始温度和目标温度作为热公用工程曲线上各温度段的节点，并去掉其中重复的温度点，可以得到27个温度节点，从而可以得到26个温度段，将其中一个温度段内的热物流的热容流率(C_P)相加，得到该温度段内热容流率总和$\sum C_P$，并乘以该温度段的温差，即可得到该温度段内热物流的总热负荷，再计算温度从低到高各温度段的累加热负荷。

以169~200℃温度段为例，计算该温度段内的热物流总负荷。

根据表2-55可以知道，169~200℃温度段内的热物流有常二线、常三线、常一中、减二线及二中、减三线、减渣及急冷油2、减压渣油1、常压渣油、航煤1和航煤2共10股物流，因此该温度段的热容流率总和如下：

$$\begin{aligned}\sum_{169}^{200} C_{P热} &= C_{P常二线} + C_{P常三线} + C_{P常一中} + C_{P减二线及二中} + C_{P减三线} + C_{P减渣及急冷油2} + \\ &\quad C_{P减压渣油1} + C_{P常压渣油} + C_{P航煤1} + C_{P航煤2} \\ &= 20.5 + 83.7 + 234.2 + 279.6 + 31.6 + 70.0 + 73.7 + 25.2 + 47.9 + 39.4 \\ &= 905.2\text{kW/℃}\end{aligned}$$

因此169~200℃温度段内的热物流的总热负荷为：

$$Q_{169\sim200}=\Delta t_{169\sim200}\times\sum_{169}^{200}C_{P热}=(200-169)\times905.2\approx28061\text{kW}$$

同理依次计算其余各温度段内的总热负荷，并按照温度从低到高将各温度段的总热负荷累加，得到累加的热负荷，并将结果列于表2-56。

表2-56 热负荷曲线各温度段累加负荷

温度段初始温度/℃	温度段目标温度/℃	$\sum C_P$/(kW/℃)	各温度段热量/kW	累加热量/kW
	38.0	0	0	0
38.0	50.0	156.8	1882	1882
50.0	51.0	234.5	234	2116
51.0	53.0	281.6	563	2679
53.0	70.0	551.5	9375	12055
70.0	80.0	695.1	6951	19006
80.0	113.0	858.8	28340	47346
113.0	115.0	1067.1	2134	49480
115.0	116.0	989.4	989	50469
116.0	120.0	719.6	2878	53347
120.0	125.0	866.3	4331	57679
125.0	127.0	709.4	1419	59098
127.0	140.0	501.1	6515	65612
140.0	158.0	523.4	9420	75033
158.0	169.0	671.0	7380	82413
169.0	200.0	905.2	28061	110474
200.0	216.0	1314.4	21030	131504
216.0	225.0	1356.1	12205	143709
225.0	230.0	1335.6	6678	150386
230.0	232.0	1055.9	2112	152498
232.0	234.0	821.7	1643	154142
234.0	246.0	848.7	10185	164326
246.0	255.0	801.5	7214	171540
255.0	279.0	759.8	18236	189776
279.0	314.0	501.2	17540	207316
314.0	336.0	417.4	9183	216499
336.0	351.0	195.9	2938	219438
351.0	357.0	170.7	1024	220462

以表2-56中累加热负荷为横坐标，温度段目标温度为纵坐标作图，并用直线将各节点相连，即可得到热负荷曲线，如图2-24所示。

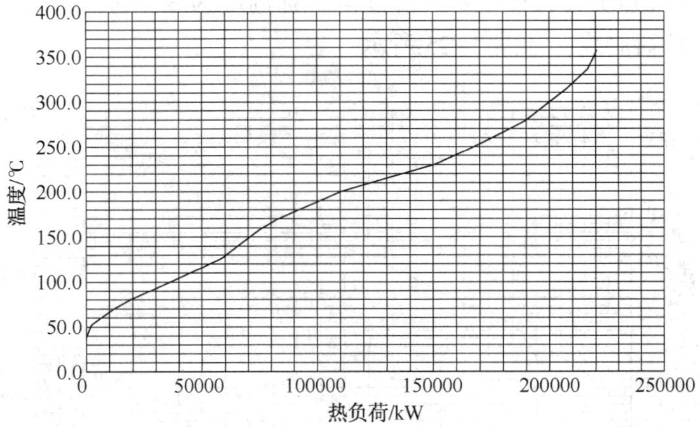

图 2-24 热负荷曲线

同理将表 2-55 中 5 股冷物流的初始温度和目标温度作为冷公用工程曲线上各温度段的节点，并去掉其中重复的温度点，可以得到 9 个温度节点，从而可以得到 8 个温度段，将其中一个温度段内冷物流的热容流率(C_P)相加，得到该温度段内热容流率总和$\sum C_P$，并乘以该温度段的温差，即可得到该温度段内冷物流的总热负荷，再计算温度从低到高各温度段的累加热负荷。

以 210~220℃温度段为例，计算该温度段内冷物流的总负荷。

根据表 2-55 可以知道，210~220℃温度段内冷物流有脱后原油、初底油 1 和常一线共 3 股物流，因此该温度段内冷物流的热容流率总和如下：

$$\sum_{210}^{220} C_{P冷} = C_{P脱后原油} + C_{P初底油1} + C_{P常一线} = 617.8 + 626.6 + 53.5 = 1297.4\text{kW/℃}$$

因此 210~220℃温度段内的冷物流的总的热负荷为：

$$Q_{210\sim220,\ 冷} = \Delta t_{210\sim220} \times \sum_{210}^{220} C_{P冷} = (220 - 210) \times 1297.4 = 12974\text{kW}$$

同理依次计算其余各温度段内的总热负荷，并按照温度从低到高将各温度段的总热负荷累加，得到累加的热负荷，并将结果列于表 2-57。

表 2-57 冷负荷曲线各温度段累加热负荷

温度段初始温度/℃	温度段目标温度/℃	$\sum C_P$/(kW·℃)	各温度段热量/kW	累加热量/kW
	30	0	0	0
30	134	524.9	54585	54585
134	140	1197.4	7185	61769
140	200	672.6	40354	102123
200	210	726.1	7261	109384
210	213	1352.1	4056	113440
220.0	255	679.6	28542	141982
255.0	289	626.1	21287	163269
289.0	352	899.1	56643	219912

以表 2-57 中累加热负荷为横坐标，温度段目标温度为纵坐标作图，并用直线将各节点相连，即可得到冷负荷曲线，如图 2-25 所示。

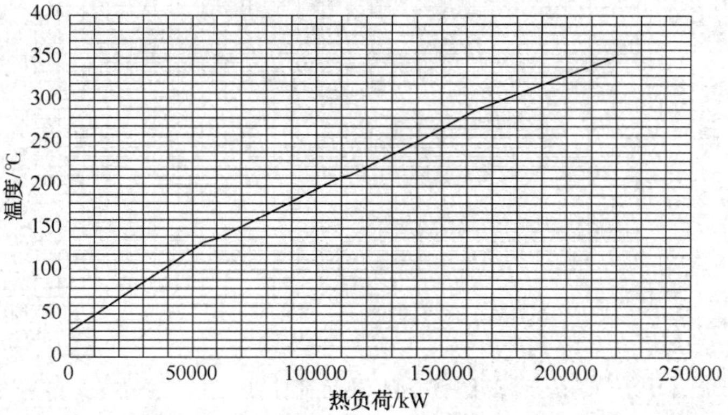

图 2-25　冷负荷曲线

将冷热负荷曲线放在同一坐标轴内，并通过平移冷负荷曲线，将换热终温所对应的坐标点(163270，289)平移到(220462，289)使之与热负荷曲线中最大的温度节点所对应的坐标点(220462，357)在同一横坐标处，需要平移的量 $\Delta Q = Q_{热,357} - Q_{冷,289} = 220462 - 163270 = 57192$kW，即在冷负荷曲线各温度段的累加负荷上均增加 57192kW，经平移后冷负荷曲线各累加负荷列于表 2-58。

表 2-58　平移后冷负荷曲线各温度段累加热负荷

温度段初始温度/℃	温度段目标温度/℃	累加热量/kW	温度段初始温度/℃	温度段目标温度/℃	累加热量/kW
	30	57192	210	213	170633
30	134	111777	220.0	255	199175
134	140	118962	255.0	289	220462
140	200	159316	289.0	352	277105
200	210	166576			

经平移后的冷热负荷曲线如图 2-26 所示。

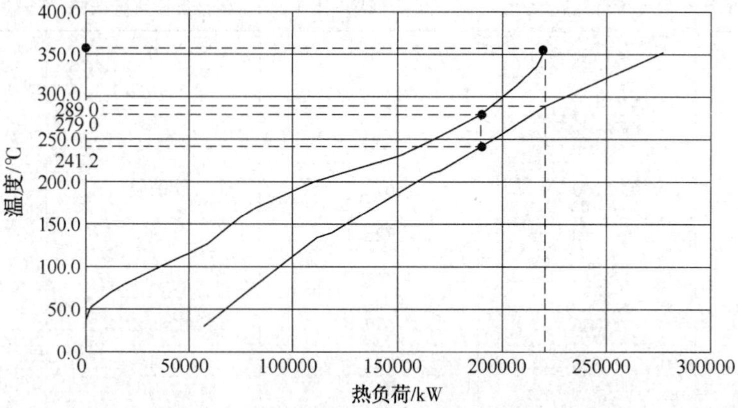

图 2-26　换热终温为 289℃时的冷热负荷曲线

由于冷热负荷曲线的最小温差通常会出现在热负荷曲线或者冷负荷曲线的温度节点处，通过观察图 2-26 可以发现，此时冷热负荷曲线温差最小的点出现在热负荷曲线的温度节点 279℃处(初步确认，将在下一部分用解题表法验证)，因此 279℃即为热窄点温度，该点的热负荷为 189776kW，其相对应的冷窄点温度在温度区间 213~255℃内，冷窄点的热负荷同样为 189776kW。由于该温度区间使用直线连接，因此可以通过内插法计算得到冷夹点温度，计算如下。

$$t_{冷夹点}=t_{213}+(Q_{冷夹点}-Q_{213})\times\frac{t_{255}-t_{213}}{Q_{255}-Q_{213}}$$

$$=213+(189776-170633)\times\frac{255-213}{199175-170633}$$

$$\approx 241.2℃$$

因此可以得到网络夹点温差和夹点温度分别为：

$$\Delta t_{夹点}=t_{热夹点}-t_{冷夹点}=279-241.2=37.8℃$$

$$t_{夹点}=\frac{t_{热夹点}+t_{冷夹点}}{2}=\frac{279+241.2}{2}\approx 260.1℃$$

常压炉负荷即热公用工程消耗量等于此时冷负荷曲线温度最高点与热负荷曲线温度最高点热负荷之差，计算如下：

$$Q_{常压炉}=Q_{冷,352}-Q_{热,357}=277105-220462=56643\text{kW}$$

而冷负荷曲线平移的量则等于冷公用工程消耗量：

$$Q_{冷公用工程}=Q_{289,2}-Q_{289,1}=220462-163270=57192\text{kW}$$

通过分析我们可以得到装置换热网络的夹点温差为 37.8℃，该值与常规夹点温差(18℃)相比偏大，导致装置的换热终温较低。因此，可以通过对换热网络进行改造，减小夹点温差，来提高换热终温，降低装置的热公用工程消耗和冷公用工程消耗。

7.3 总综合曲线

采用解题表法验证之前计算得到的冷热夹点温度是否正确，并作出总综合曲线。将热物流的初始温度和目标温度各减去$\frac{\Delta t_{夹点}}{2}$，并将冷物流的初始温度和目标温度各加上$\frac{\Delta t_{夹点}}{2}$，得到共 36 个温度节点，将各节点温度从高到低排序，并划分温度段，可以得到 35 个温度段，并计算各温度段内的$\sum C_{PC}-\sum C_{PH}$和ΔH。

以温度段 236.1~260.1℃为例计算该温度段内的热量。

根据表 2-52 可以得到，温度段 236.1~260.1℃之间的热物流有常三线、常二中、减三线及三中、减渣及急冷油 1 和常压渣油，冷物流有初底油 1 和常一线，因此，可以得到：

$$\sum C_{PC}-\sum C_{PH}=C_{P初底油1}+C_{P常一线}-C_{P常三线}-C_{P常二中}-C_{P减三线及三中}-C_{P减渣及急冷油1}-C_{P常压渣油}$$

$$=626.1+53.5-83.7-258.7-221.5-170.7-25.2=-80.2\text{kW/℃}$$

$$\Delta H=(\sum C_{PC}-\sum C_{PH})\times(t_2-t_1)=-104.7\times(260.1-236.1)\approx -1926\text{kW}$$

同理，计算其余各温度段内的$\sum C_{PC}-\sum C_{PH}$和ΔH，并计算各温度节点间的热量平衡，即从 0 开始，依次减去各温度段间的ΔH，并将结果列于表 2-59。

表 2-59　各温度段间热量计算

温度节点/℃	$\sum C_{PC}-\sum C_{PH}$/(kW/℃)	ΔH/kW	计算节点间热量平衡/kW	调整注入热量消除热量流动中的负值/kW
370.9			0	56642
338.1	899.1	29517.8	-29518	27125
332.1	728.4	4370.2	-33888	22754
317.1	703.2	10548.0	-44436	12206
307.9	481.7	4416.5	-48852	7790
295.1	208.7	2677.5	-51530	5113
273.9	124.9	2644.8	-54175	2468
260.1	178.4	2467.7	-56642	0
236.1	-80.2	-1925.7	-54717	1926
231.9	-122.0	-508.5	-54208	2434
228.9	550.6	1651.8	-55860	782
227.1	-75.5	-138.2	-55722	921
218.9	-122.7	-1002.0	-54720	1923
215.1	-176.1	-674.8	-54045	2597
213.1	-149.1	-298.3	-53747	2896
211.1	-383.4	-766.8	-52980	3662
206.1	-663.0	-3315.1	-49665	6977
197.1	-683.5	-6151.6	-43513	13129
181.1	-641.8	-10268.6	-33245	23398
158.9	-232.6	-5157.1	-28088	28555
152.9	292.2	1753.4	-29841	26801
150.1	-380.3	-1076.7	-28764	27878
139.1	-146.1	-1607.1	-27157	29485
121.1	1.5	27.0	-27184	29458
108.1	23.7	308.2	-27492	29150
106.1	-184.6	-369.2	-27123	29519
101.1	-341.4	-1707.0	-25416	31226
97.1	-194.7	-778.9	-24637	32005
96.1	-464.6	-464.6	-24173	32470
94.1	-542.2	-1084.4	-23088	33554
61.1	-333.9	-11019.4	-12069	44573
51.1	-170.3	-1702.8	-10366	46276
48.9	-26.6	-57.8	-10309	46334
34.1	-551.5	-8178.9	-2130	54513
32.1	-281.6	-563.3	-1566	55076
31.1	-234.5	-234.5	-1332	55311
19.1	-156.8	-1881.7	550	57192

通过表 2-59 可以发现，在计算热平衡的过程中，热量出现了负值，其中最大的负值出现在节点 226.9℃时，其值为-56642kW，为了消除热量流动过程中的负值，在 369.9℃处注入 56642kW 热量，可以得到在 226.9℃时出现热量为 0 的点，此时的温度 226.9℃即为网络的夹点温度。注入的热量即为网络热公用工程消耗量(常压炉负荷)56642kW，最低温度节点处的热量即为网络冷公用工程消耗量 57192kW。这与之前计算得到的结果一致，因此可以认为之前计算得到的夹点温差、夹点温度以及冷热公用工程消耗是正确的。

消除负值后的热量结果同样列于表 2-57。

以表 2-57 中消除负值后的热量为横坐标，以温度节点为纵坐标作图，可以得到网络的总综合曲线，如图 2-27 所示。

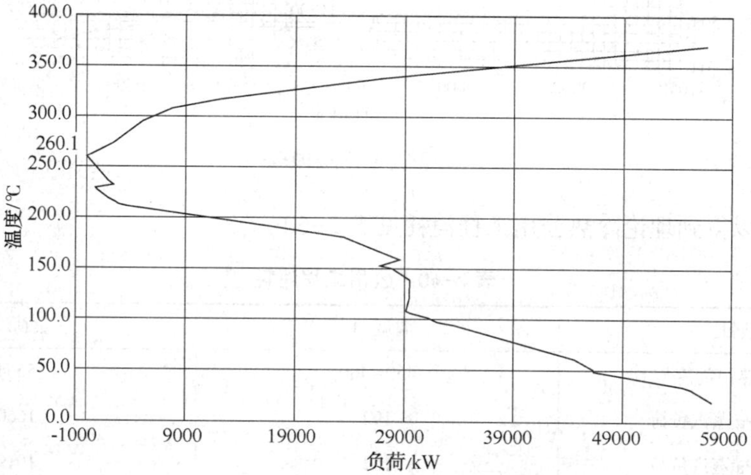

图 2-27　总综合曲线

对总综合曲线进行分析，计算得到理论上各冷公用工程消耗量，可选用的冷公用工程有产 3.5MPa 蒸汽、产 1.0MPa 蒸汽、产 0.3MPa 蒸汽、产热水(70~90℃)和循环水加空冷。其中 3.5MPa 蒸汽、1.0MPa 蒸汽、0.3MPa 蒸汽的饱和温度分别为 243℃、183℃和 143℃。

由于是理论上分析各等级冷公用工程的最大用量，因此按照常规的 18℃最小温差考虑，因此产 3.5MPa 蒸汽、产 1.0MPa 蒸汽、产 0.3MPa 蒸汽和产热水(70~90℃)需要的热源温位应为其饱和温度加上最小温差的一半，分别为 252℃、192℃、152℃、79℃，剩余部分全部采用循环水加空冷冷却。将公用工程曲线添加到总组成曲线中，得到总平衡组成曲线，如图 2-28 所示。

总综合曲线上 192℃的点位于温度段 181.1~197.1℃之间，利用内差法求得 192℃对应的热负荷。

$$Q_{192}=Q_{199.1}+\frac{Q_{181.1}-Q_{197.1}}{197.1-181.1}\times(192-181.1)$$

$$=13129+\frac{23398-13129}{197.1-181.1}\times(192-181.1)$$

$$=16604\text{kW}$$

同理分别求得产 0.3MPa 蒸汽、产热水的公用工程线与总综合曲线的交点，相邻交点之间的差值即为相应的冷公用工程负荷。

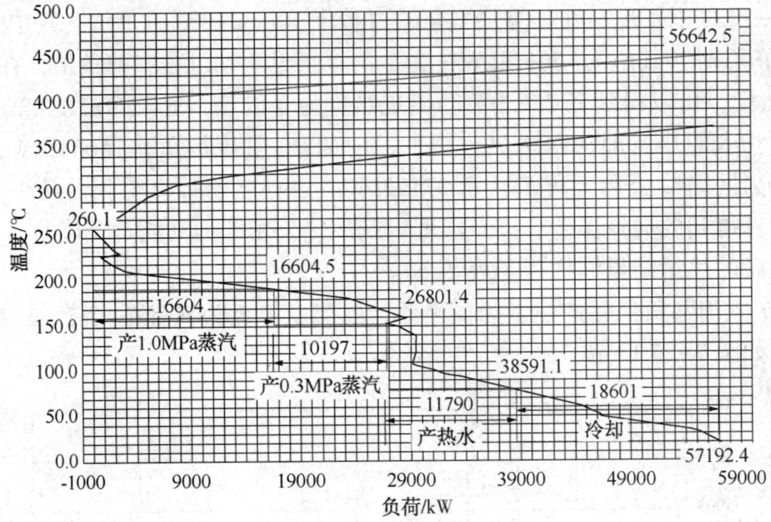

图 2-28　总平衡曲线

由此，可以得到理论冷热公用工程消耗见表 2-60。

表 2-60　公用工程消耗

项目	温度/℃	负荷/kW
最低加热炉负荷①	450~400	56643
产 1.0MPa 蒸汽负荷	192	16604
产 0.3MPa 蒸汽负荷	152	10197
产热水(70~90℃)负荷	79	11790
最低循环水冷却负荷	20	18601

① 此处将加热炉温度定为 450~400℃，主要是为了作图时使总平衡曲线不至于变形太大，看不清楚，实际加热炉温度应较高。

通过分析可以得到，理论上装置可以用于产 1.0MPa 蒸汽的负荷为 16604kW，可以产 0.3MPa 蒸汽的负荷为 10197kW，产热水的负荷为 11790kW。但是装置在实际生产中没有产蒸汽和热水，原因主要是由于装置热出料及热输出较多，总共约 39352kW。热出料的负荷与装置理论上可产蒸汽和热水的总负荷(38591kW)几乎相等，因此装置内几乎没有多余热量再用于产蒸汽和热水。

同时装置内部分热源用作重沸器热源，且其中常三线作为常一线重沸器热源(324~268℃)以及重蜡油作为航煤加氢重沸器热源(336~259℃)均有部分热量位于夹点温度(260.1℃)以上，这不合理，且对换热终温有较大影响。

通过分析可以得到，换热网络的夹点温差较大，换热终温较低，同时有部分夹点以上的热源用作重沸器热源，建议对换热网络进行改造，降低夹点温差，同时选取另外温位合适且低于夹点温度的热量作为重沸器热源，从而提高换热终温，降低加热炉消耗。

7.4　换热网络网格图

根据装置实际情况画出换热网络网格示意图，见图 2-29。由于缺少装置内各换热器进出口温度数据，无法对整个换热网络作更细致的分析，找到瓶颈并提出可行的改造建议。

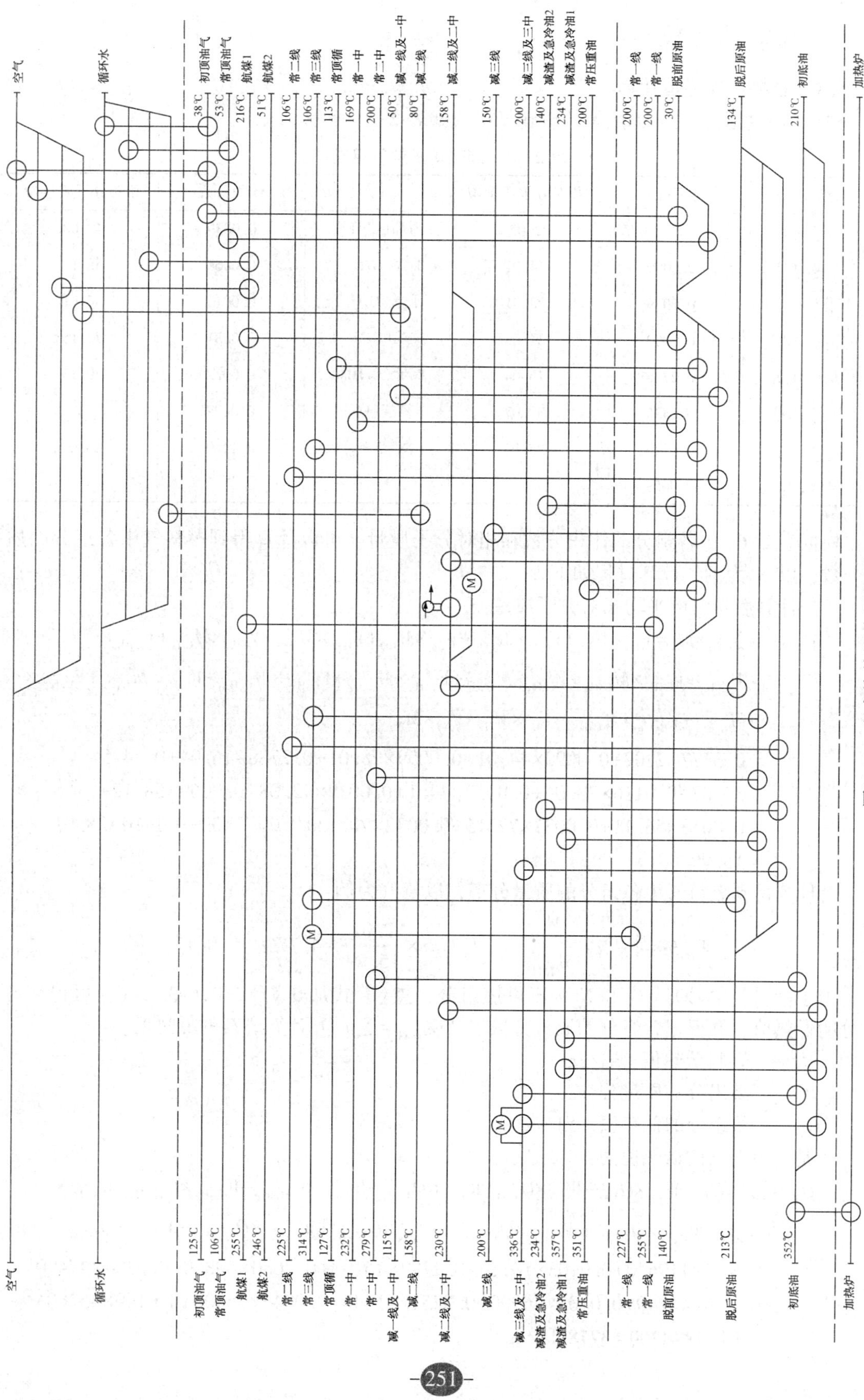

图2-29　现有换热网络网格图

8　加热炉计算

8.1　燃料低发热值计算

根据标定数据，已知加热炉的燃料气组成如表 2-61 所示。

表 2-61　加热炉燃料气组成

组成	体积分数	相对分子质量 M	组成	体积分数	相对分子质量 M
氢气(H_2)	0.3777	2.02	丙烯(C_3H_6)	0.0039	42.08
二氧化碳(CO_2)	0.0090	44.01	丁烷(C_4H_{10})	0.0069	58.12
一氧化碳(CO)	0.0059	28.01	丁烯(C_4H_8)	0.0013	56.11
硫化氢(H_2S)	0.0000	34.08	戊烷(C_5H_{12})	0.0031	72.15
甲烷(CH_4)	0.2788	16.04	戊烯(C_5H_{10})	0.0032	70.13
乙烷(C_2H_6)	0.1425	30.07	氧气(O_2)	0.0097	32
乙烯(C_2H_4)	0.0116	28.06	氮气(N_2)	0.1410	28.01
丙烷(C_3H_8)	0.0053	44.1			

根据表 2-61 中各组分的体积分数和相对分子质量，可以计算得到燃料气中各组分的质量分数，以 H_2为例，计算过程如下。

首先计算燃料气的平均相对分子质量：

$$M_{燃料气}=\sum V_i\times M_i=V_{H_2}\times M_{H_2}+V_{CO_2}\times M_{CO_2}+V_{CO}\times M_{CO}+V_{H_2S}\times M_{H_2S}+V_{CH_4}\times M_{CH_4}+V_{C_2H_6}\times M_{C_2H_6}+V_{C_2H_4}\times M_{C_2H_4}+V_{C_3H_8}\times M_{C_3H_8}+V_{C_3H_6}\times M_{C_3H_6}+V_{C_4H_{10}}\times M_{C_4H_{10}}+V_{C_4H_8}\times M_{C_4H_8}+V_{C_5H_{12}}\times M_{C_5H_{12}}+V_{C_5H_{10}}\times M_{C_5H_{10}}+V_{O_2}\times M_{O_2}+V_{N_2}\times M_{N_2}$$

$$=0.3777\times2.02+0.0090\times44.01+0.0059\times28.01+0.2788\times16.04+0.1425\times30.07+0.0116\times28.06+0.0053\times44.1+0.0039\times42.08+0.0069\times58.12+0.0013\times56.11+0.0031\times72.15+0.0032\times70.13+0.0097\times32+0.1410\times28.01$$

$$=15.99$$

再计算得到燃料气中各组分的质量分率，以氢气为例：

$$W_{H_2}\%=V_{H_2}\%\times\frac{M_{H_2}}{M_{燃料气}}=37.77\%\times\frac{2.02}{15.99}=4.77\%=0.0477$$

由于燃料气中 CO_2、O_2和 N_2为不可燃组分，查《管式加热炉》[9] P26 表 2-6，可得到各组分的低热值，并根据各组分的质量分数以及$Q_{1燃料}=\sum w_iQ_{1i}$计算燃料的低热值。

式中　Q_1——燃料低热值，kJ/kg；

W_i——某组分的质量分数；

Q_{1i}——某组分的低热值，kJ/kg。

于是，燃料气的低热值为：

$$Q_1=\sum W_iQ_{1i}=W_{H_2}\times Q_{1H_2}+W_{CO}\times Q_{1CO}+W_{CH_4}\times Q_{1CH_4}+W_{C_2H_6}\times Q_{1C_2H_6}+W_{C_2H_4}\times Q_{1C_2H_4}+W_{C_3H_8}\times Q_{1C_3H_8}+W_{C_3H_6}\times Q_{1C_3H_6}+W_{C_4H_{10}}\times Q_{1C_4H_{10}}+W_{C_4H_8}\times Q_{1C_4H_8}+W_{C_5H_{12}}\times Q_{1C_5H_{12}}+W_{C_5H_{10}}\times Q_{1C_5H_{10}}$$

$$=0.0477\times119640+0.0103\times10110+0.2797\times15190+0.2680\times49860+0.0204\times47490+0.0146\times46240+0.0103\times46000+0.0251\times45640+0.0046\times45400+0.0140\times45260+0.0140\times44200=37180\text{kJ/kg}$$

将计算结果列于表2-62：

表2-62　加热炉燃料气低热值

组成	质量分数	低热值/(kJ/kg)	组成	质量分数	低热值/(kJ/kg)
氢气(H_2)	0.0477	119640	丙烯(C_3H_6)	0.0103	46000
二氧化碳(CO_2)	0.0248		丁烷(C_4H_{10})	0.0251	45640
一氧化碳(CO)	0.0103	10110	丁烯(C_4H_8)	0.0046	45400
硫化氢(H_2S)	0.0000	15190	戊烷(C_5H_{12})	0.0140	45260
甲烷(CH_4)	0.2797	49860	戊烯(C_5H_{10})	0.0140	44200
乙烷(C_2H_6)	0.2680	47370	氧气(O_2)	0.0194	
乙烯(C_2H_4)	0.0204	47490	氮气(N_2)	0.2470	
丙烷(C_3H_8)	0.0146	46240	燃料气	1.0000	37180

8.2　燃料气空气消耗量计算

以甲烷为例，计算燃料气各组分的理论空气消耗量、CO_2生成量、H_2O生成量和N_2生成量。由于已知甲烷完全燃烧的化学方程式为：

$$CH_4+2\ O_2 \xrightarrow{\text{完全燃烧}} CO_2+2H_2O$$

则CH_4的理论氧气消耗量为：

$$\frac{W_{O_2}}{W_{CH_4}}=\frac{m_{O_2}}{m_{CH_4}}\times\frac{M_{O_2}}{M_{CH_4}}=\frac{2}{1}\times\frac{32}{16.04}=3.99\text{kg/kg 燃料}$$

假设干空气中O_2和N_2的体积分数为21%：79%，不考虑空气中其余组分的影响，于是理论干空气消耗量为：

$$\frac{W_{\text{干空气}}}{W_{CH_4}}=\frac{\dfrac{W_{O_2}}{W_{CH_4}}}{0.21\times\dfrac{M_{O_2}}{M_{\text{干空气}}}}=\frac{3.99}{0.21\times\dfrac{32}{28.85}}=17.129\text{kg/kg 燃料}$$

理论CO_2生成量为：

$$\frac{W_{CO_2}}{W_{CH_4}}=\frac{m_{CO_2}}{m_{CH_4}}\times\frac{M_{CO_2}}{M_{CH_4}}=\frac{1}{1}\times\frac{44.01}{16.04}=2.744\text{kg/kg 燃料}$$

理论H_2O生成量：

$$\frac{W_{H_2O}}{W_{CH_4}}=\frac{m_{H_2O}}{m_{CH_4}}\times\frac{M_{H_2O}}{M_{CH_4}}=\frac{2}{1}\times\frac{18.02}{16.04}=2.247\text{kg/kg 燃料}$$

理论N_2生成量：

$$\frac{W_{N_2}}{W_{CH_4}}=\frac{W_{\text{干空气}}}{W_{CH_4}}-\frac{W_{O_2}}{W_{CH_4}}=17.129-3.99=13.139\text{kg/kg 燃料}$$

同理求出燃料气中其余组分的理论干空气消耗量、理论CO_2生成量、理论H_2O生成量和理论N_2生成量并根据$X=\sum w_iX_i$计算总燃料气的理论干空气消耗量、理论CO_2生成量、理论H_2O生成量和理论N_2生成量，其中X和X_i分别指燃料气和燃料气中某一组分的理论干空气消耗量、理论CO_2生成量、理论H_2O生成量和理论N_2生成量等，并将结果列于表2-63。

表 2-63 燃料气中各组分

组成	质量分数	理论干空气消耗量/(kg/kg 燃料)	CO_2生成量/(kg/kg 燃料)	H_2O 生成量/(kg/kg 燃料)	N_2生成量/(kg/kg 燃料)
氢气(H_2)	0.0477	34.003		8.921	26.082
二氧化碳(CO_2)	0.0248		1.000		
一氧化碳(CO)	0.0103	2.452	1.571		1.881
硫化氢(H_2S)	0.0000	6.046		0.529	4.638
甲烷(CH_4)	0.2797	17.129	2.744	2.247	13.139
乙烷(C_2H_6)	0.2680	15.989	2.927	1.798	12.265
乙烯(C_2H_4)	0.0204	14.687	3.137	1.284	11.266
丙烷(C_3H_8)	0.0146	15.575	2.994	1.634	11.947
丙烯(C_3H_6)	0.0103	14.690	3.138	1.285	11.268
丁烷(C_4H_{10})	0.0251	15.363	3.029	1.550	11.784
丁烯(C_4H_8)	0.0046	14.689	3.137	1.285	11.268
戊烷(C_5H_{12})	0.0140	15.232	3.050	1.499	11.684
戊烯(C_5H_{10})	0.0140	14.691	3.138	1.285	11.269
氧气(O_2)	0.0194	-4.293			-3.293
氮气(N_2)	0.2470				1
燃料气	1.0000	12.191	1.910	1.683	9.598

过剩空气量计算：

由于环境温度$t_e=32℃$，环境压力$P_e=100.49kPa$(绝)，空气相对湿度 $U=72\%$，查得水蒸气在环境温度下的饱和蒸气压$P_s=4.76kPa$(绝)

根据公式 $U=\frac{P_水}{P_s}=\frac{P_e\times m_摩}{P_s}$，其中 $m_摩$ 指水蒸气在空气中的摩尔百分数,%，$m_质$ 指质量百分数,%；可以求得水蒸气在空气中的百分数：

$$m_摩=U\times\frac{P_s}{P_e}=72\%\times\frac{4.76}{100.49}=3.4\%$$

此时，湿空气的相对分子质量为：

$$M_{湿空气}=m_质\times M_{H_2O}+(1-m_摩)\times M_{干空气}=3.4\%\times18.01+(1-3.4\%)\times28.85=28.48$$

因此，湿空气中水的含量为：

$$\frac{W_{H_2O}}{W_{湿空气}}=m_摩\times\frac{M_{H_2O}}{M_{湿空气}}=3.4\%\times\frac{18.02}{28.48}=0.022\text{kg/kg 湿空气}$$

因此，燃料燃烧的理论湿空气消耗量为：

$$\frac{W_{湿空气}}{W_{燃料}}=\frac{\frac{W_{干空气}}{W_{燃料}}}{1-W_{H_2O}}=\frac{12.191}{1-0.022}=12.460\text{kg/kg 燃料}$$

空气湿度 72%条件下，燃料燃料的理论水生成量：

$$\frac{W'_{H_2O}}{W_{燃料}}=\frac{W_{H_2O}}{W_{燃料}}+\left(\frac{W_{湿空气}}{W_{燃料}}-\frac{W_{干空气}}{W_{燃料}}\right)=1.683+(12.460-12.191)=1.952\text{kg/kg 燃料}$$

根据烟气中的氧含量计算过剩空气量，湿空气中氧气的含量为：

$$W_{O_2}=\frac{W_{干空气}}{W_{湿空气}}\times\left(0.21\times\frac{M_{O_2}}{M_{干空气}}\right)=\frac{12.191}{12.460}\times\left(0.21\times\frac{32}{28.85}\right)=0.228$$

假设过剩空气总量为 Akg，根据烟气中氧气含量为3.2%，并根据以下关系：

$$剩余氧气量=过剩湿空气中氧气总含量-理论氧气消耗量$$

$$=A\times湿空气中氧气含量-理论干空气消耗量\times\frac{0.21\times M_{O_2}}{M_{空气}}$$

$$烟气量=过剩湿空气量-理论湿空气消耗量+理论水生成量(湿空气)+理论二氧化碳生成量+理论氮气生成量$$

可以得到以下方程：

$$\frac{\dfrac{A\times W_{O_2}-\dfrac{W_{干空气}}{W_{燃料}}\times 0.21\times\dfrac{M_{O_2}}{M_{干空气}}}{M_{O_2}}}{\dfrac{A-\dfrac{W_{湿空气}}{W_{燃料}}}{M_{湿空气}}+\dfrac{\dfrac{W'_{H_2O}}{W_{燃料}}}{M_{H_2O}}+\dfrac{\dfrac{W_{CO_2}}{W_{燃料}}}{M_{CO_2}}+\dfrac{\dfrac{W_{N_2}}{W_{燃料}}}{M_{N_2}}}\times 100\%=3.2\%$$

代入之前的数值得到：

$$\frac{\dfrac{A\times 0.228-12.191\times 0.21\times\dfrac{32}{28.85}}{32}}{\dfrac{A-12.460}{28.48}+\dfrac{1.952}{18.02}+\dfrac{1.910}{44.01}+\dfrac{0.598}{28}}\times 100\%=3.2\%$$

解上述方程，得到 $A=15.097$kg/kg 燃料

可以得到，过剩空气系数为：

$$\alpha=\frac{A}{\dfrac{W_{湿空气}}{W_{燃料}}}=\frac{15.097}{12.460}=1.21$$

8.3 加热炉反平衡热效率计算

8.3.1 显热校正

已知燃料经预热后温度为90℃，空气经热水预热器预热后温度为45℃，基准温度按15℃。根据第二部分第5.3节计算，可以得到燃料气在15℃和90℃时的焓值分别为764.3kJ/kg和943.0kJ/kg(焓的基准为-129℃，液体)。

查SH/T 3045—2003《石油化工管式炉热效率设计计算》[10] P9图A.2，得到空气在45℃时的焓值30kJ/kg(焓的基准温度为15℃，气体)，如图2-30所示。此次计算采用了不同基准的焓值，但是由于在显热校正时计算的热量是同一种介质的焓差，因此基准不同不影响计算得到的热量。

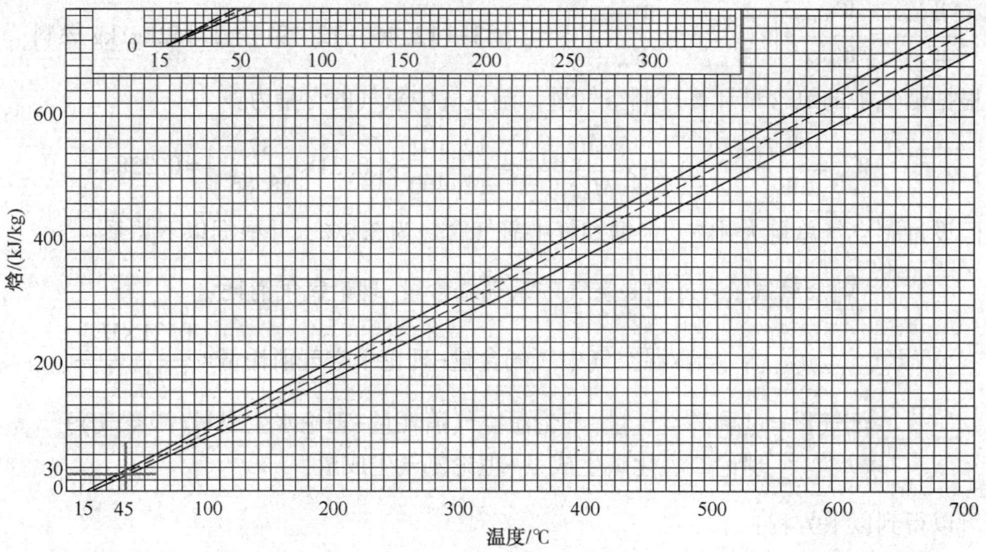

图 2-30　空气、O_2和N_2的焓值

单位燃料的显热热量为：

$$\Delta h_f = h_{燃料,90} - h_{燃料,15} = 943.0 - 764.3 \approx 178\text{kJ/kg 燃料}$$

单位湿空气的显热热量为：

$$\Delta h_\alpha = (h_{湿空气,45} - h_{湿空气,15}) \times A = (30-0) \times 15.097 = 453\text{kJ/kg 燃料}$$

8.3.2　排烟损失

查 SH/T 3045—2003《石油化工管式炉热效率设计计算》[10] P9 图 A.1，得到 H_2O 和 CO_2 在排烟温度为 125℃的焓值(焓的基准温度为 15℃，气体)，如图 2-31 所示。

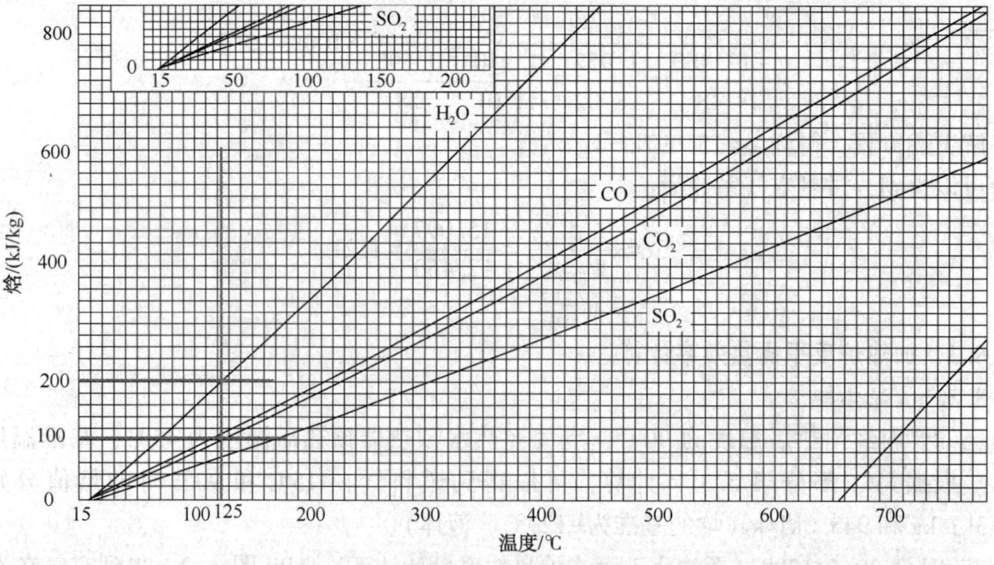

图 2-31　烟气中 H_2O、CO、CO_2和SO_2的焓值

查 SH/T 3045—2003 P9《石油化工管式炉热效率设计计算》[10] 图 A.2，得到空气、O_2 和 N_2 在排烟温度为 125℃的焓值(焓的基准温度为 15℃，气体)，如图 2-32 所示。

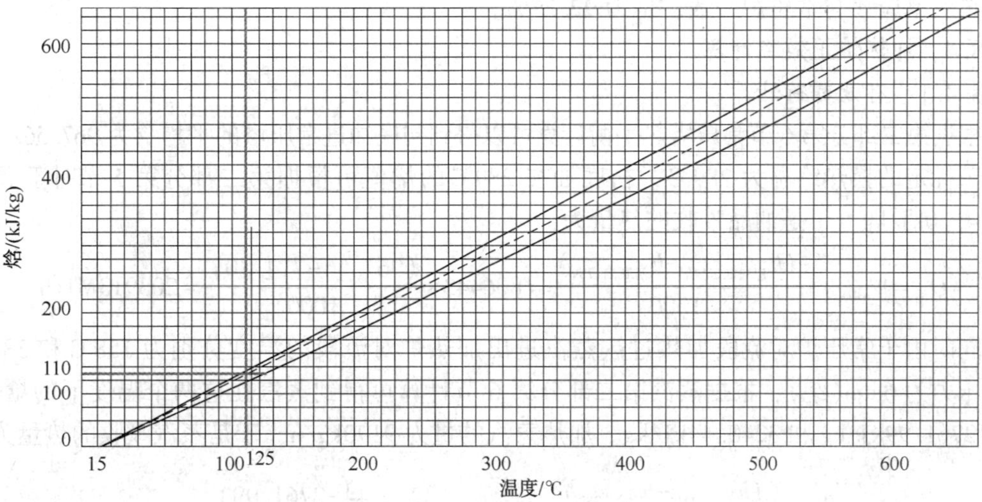

图 2-32　空气、O_2和 N_2的焓值

根据所查得数据计算单位燃料排烟损失，并将结果列于表 2-64。

表 2-64　排烟损失

组分	单位燃料产生量/(kg/kg 燃料)	排烟温度/℃	焓值/(kJ/kg)	排烟损失/(kJ/kg 燃料)
CO_2	1.910	125	100	191
H_2O	1.952	125	200	390
N_2	9.598	125	110	1056
O_2	0.601	125	100	60
过剩湿空气	2.637	125	110	290
烟气	16.699	125		1987

8.3.3　加热炉反平衡热效率

加热炉的散热损失按燃料低发热值的 2.5%考虑，因此根据 SH/T 3045—2003《石油化工管式炉热效率设计计算》[10] P2 公式计算加热炉反平衡热效率。

$$e=\left(1-\frac{h_s+Q_1\times\eta_r}{Q_1+\Delta h_f+\Delta h_\alpha}\right)\times100\%=\left(1-\frac{1987+37180\times2.5\%}{37180+178+453}\right)\times100\%=92.29\%$$

式中　h_s——单位燃料的排烟损失，kJ/kg 燃料；

Q_1——燃料低发热值，kJ/kg 燃料；

η_r——单位燃料散热损失，kJ/kg 燃料；

Δh_f——单位燃料显热热量，kJ/kg 燃料；

Δh_α——单位燃料燃烧所需空气显热热量，kJ/kg 燃料。

通过计算可以得到加热炉反平衡热效率约 92.29%，由于反平衡热效率计算的时候散热损失按燃料低发热值的 2.5%考虑，由于没有详细计算加热炉的散热值，该估算数值可能与实际情况不符，导致计算的反平衡热效率与实际效率有些偏差，但由于反平衡热效率计算时用到的测量数据仅为燃料气组成以及烟气组成，而组成的测量相对准确，因此反平衡热效率的计算结果较准确。且由于常压炉减压炉共用一套余热回收系统，因此计算得到的减压炉反平衡热效率应该与常压炉一致，也为92.29%。

8.4 加热炉正效率计算

8.4.1 有效负荷计算

根据第二部分第6节常压塔热平衡计算可以得到初底油进常压塔的平均焓为967.56kJ/kg。又由于标定的换热终温为289℃，初底油在289℃的焓值可根据第二部分第5节计算得到，为714.70kJ/kg。于是油品吸收的热量为：

$$Q_{油}=W_{初底油}\times\frac{(h_{初底油,进塔}-h_{初底油,289})}{1000}=806443\times\frac{(967.56-714.70)}{1000}=203913\text{MJ/h}$$

同时由于常压炉对流段加热过热蒸汽进出加热炉对流段的温度分别为158℃和383℃，蒸汽压力为6atm(绝)，根据蒸汽第二部分第6节计算可得到蒸汽在这两个温度下的焓值分别为2761.99kJ/kg和3240.44kJ/kg。加热蒸汽的量为9190kg/h，于是蒸汽吸收的热量为：

$$Q_{蒸汽}=W_{蒸汽}\times\frac{(h_{蒸汽,158}-h_{蒸汽,383})}{1000}=9190\times\frac{(3240.44-2761.99)}{1000}=4397\text{MJ/h}$$

则加热炉有效热负荷为：

$$Q_{\mathrm{d}}=Q_{油}+Q_{蒸汽}=208310\text{MJ/h}$$

8.4.2 加热炉正平衡热效率

已知常压炉燃料的消耗量为5962kg/h。根据SH/T 3045—2003《石油化工管式炉热效率设计计算》[10] P2公式计算加热炉正平衡热效率。

$$e=\frac{Q_{\mathrm{d}}}{B(Q_1+\Delta h_{\mathrm{f}}+\Delta h_{\alpha})}\times100\%=\frac{208310}{5569\times(37180+178+453)}\times100\%=98.93\%$$

式中，B代表燃料消耗量，kg/h。

通过计算可以发现，计算得到的加热炉正效率达到98.93%，这个数值明显不合理。分析加热炉正平衡热效率的计算公式，可以发现，其中有效热负荷和燃料气消耗量两部分是容易产生误差的地方，其中有效热负荷中油品吸收热量部分更容易出现误差。

其可能的原因有：

(1) 油品吸收热量计算出现误差，由于油品吸收热量是通过常压塔热平衡，在进行热平衡的计算时候由于测量仪表较多，且有部分温位较高，导致测得的物料温度出现偏差(此处主要是偏高)，因此计算得到的加热炉有效负荷计算偏大，从而使加热炉正平衡计算的热效率偏高。

(2) 燃料气消耗量计算不准确(偏小)，导致计算所得到的加热炉热效率偏高。

因此在考虑加热炉热效率的时候应以加热炉反平衡热效率为准。

8.5 辐射炉管表面热强度计算

查原设计文件，可知常压炉的炉型采用立管立式炉，底烧燃烧器，辐射室四周排管为单排单面辐射，中间排管为双排双面辐射，炉管受热面与火焰面平行。且辐射段炉管规格为ϕ219.1mm×8.2mm，炉管有效长度为12m，管程数为6，炉管根数为204根，管心距为438mm。辐射炉膛尺寸按14.88m×13.64m×13m初底油进入加热炉温度为289℃，加热炉出口温度为361℃。

常压炉基本参数列于表2-65。

表 2-65　常压炉基本参数

项目	代号	数值	单位
辐射管外径	D_o	0.2191	m
辐射管壁厚	δ	0.0082	m
辐射管有效长度	L_a	12	m
管程数		6	
辐射管根数	n	204	
辐射管管心距	S	0.438	m
辐射炉膛长	L	14.88	m
辐射炉膛宽	W	13.64	m
辐射炉膛高	H	13	m
对流室入口温度	τ_1	289	℃
辐射室出口温度	τ_2	361	℃
过剩空气系数		1.21	

根据以上参数计算辐射炉管表面热强度。

$$\frac{管心距}{管外径}=\frac{S}{D_o}=\frac{438}{219.1}=2$$

根据《管式加热炉》[9] P84 页图 4-1 可查得管排的有效吸收因数 α。根据图 2-33 结果，可以得到管排的有效吸收因数 $\alpha=0.88$(按曲线 2-对双排管的直接辐射或单排管受直接辐射及反射)。

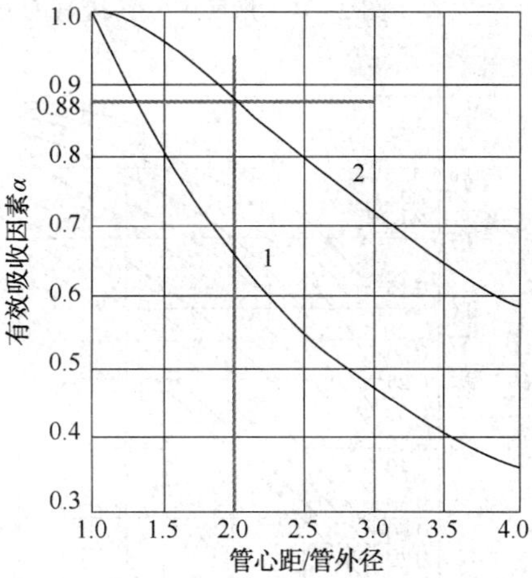

图 2-33　管排的有效吸收因数

1—对单排管的直接辐射；2—对双排管的直接辐射或单排管受直接辐射及反射

由于炉管较多，冷平面面积可以按：$A_{cp}=nLaS$ 计算[《管式加热炉》[9] P84 公式(4-2)]。

式中　n——辐射管根数；

La——辐射管有效长度，m；

S——辐射管管心距，m。

因此，冷平面 $A_{cp}=nLaS=204\times12\times0.438=1072.2\ m^2$

于是当量冷平面为：$\alpha A_{cp}=0.88\times1072=943.6\ m^2$

炉膛内表面的总面积为：$A_t=2\times(L\times H+W\times H+L\times W)=2\times(14.88\times13+13.64\times13+14.88\times13.64)=1147.4\ m^2$

于是根据《管式加热炉》[9] P86 公式(4-17)：

$$\psi=\frac{\alpha A_{cp}}{A_t}=\frac{943.6}{1147.4}=0.82$$

根据《管式加热炉》[9] P87 表 4-1，计算得到气体辐射长度：

$$L=\frac{2}{3}\sqrt[3]{V_{炉膛}}=\frac{2}{3}\times\sqrt[3]{L\times W\times H}=\frac{2}{3}\times\sqrt[3]{14.88\times13.64\times13}=9.2\text{m}$$

根据空气过剩系数查《管式加热炉》[9] P87 图 4-3 可得烟气中 CO_2 和 H_2O 分压。根据

图 2-34，可得，烟气中 CO_2 和 H_2O 的分压 $P=0.13atm$。

$$P\times L=0.13\times 9.2=1.20$$

根据 $P\times L$ 的值查《管式加热炉》[9] P87 图 4-4，可得气体辐射率，根据图 2-35，可得，气体辐射率为 0.54。

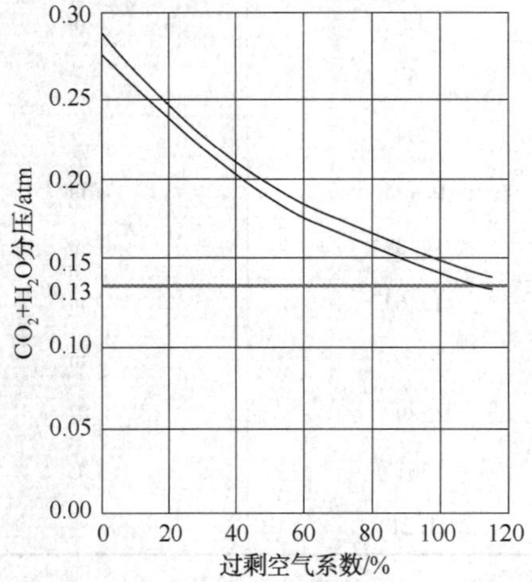

图 2-34 烟气中 CO_2 和 H_2O 的分压

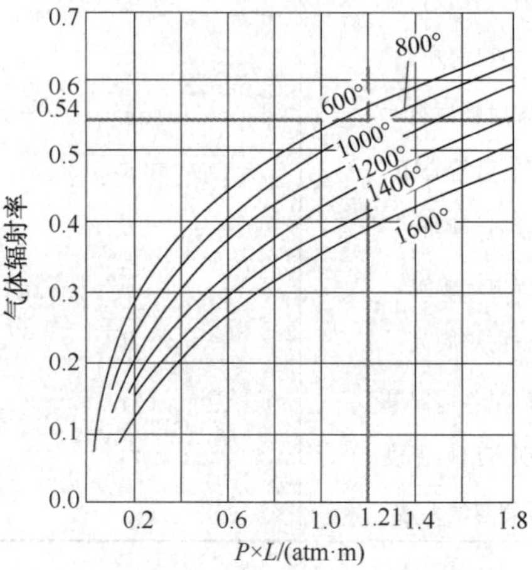

图 2-35 气体辐射率

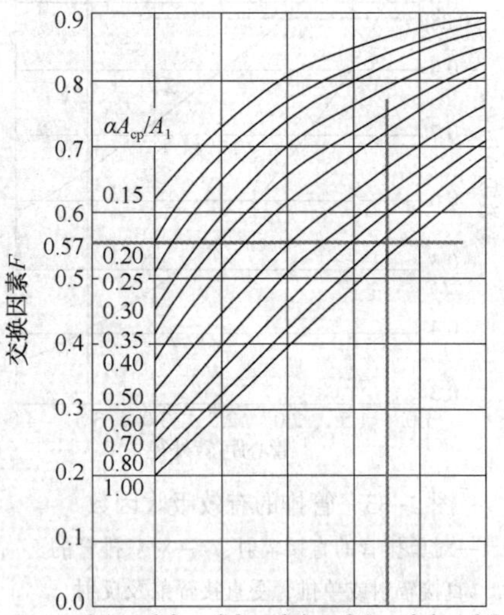

图 2-36 总交换因数

根据查得的气体辐射率，由《管式加热炉》[9] P87 图 4-2 得到总交换因数。根据图 2-36 结果可得，总交换因数 $F=0.57$。

根据 Wimpress 的建议，对横截面积近似于方形，且炉墙不受火焰直接冲刷的箱式炉，可以求出辐射室烟气的温度作为有效辐射温度，于是根据标定的辐射室顶部温度，烟气温度 $T_g=738.3℃=1011.45K$。

由于原料先进入对流室再进入辐射室，原料进入辐射室的温度可按下式计算(《管式加热炉》[9] P88)：

$$\tau_1'=\tau_2-(\tau_2-\tau_1)\times(70\%\sim80\%)$$

计算时，上式中范围值取 80%，可得原料进入辐射室温度：

$$\begin{aligned}\tau_1'&=\tau_2-(\tau_2-\tau_1)\times80\%\\&=361-(361-289)\times80\%\\&=303.4℃\end{aligned}$$

于是管内流体的平均温度：

$$\tau_{cp}=\frac{1}{2}(\tau_1'+\tau_2)=\frac{1}{2}(303.4+361)=332.2℃$$

当管外表面温度低于 500℃时，管外表面的温度对辐射传热速率的影响不大，通常可以将管内流体的平均温度再加上 50℃作为管外表面的平均温度进行计算。

于是，管外表面的平均温度为：

$$T_w=\tau_{cp}+50=332.2+50=382.2℃=655.35K$$

根据《管式加热炉》[9] P83 公式(4-5)，$Q_{Rr}=\sigma\alpha A_{cp}F(T_g^4-T_w^4)$ 和公式(4-6)，$Q_{Rc}=h_{Rc}A_R(T_g-T_w)$ 可分别计算烟气以辐射方式对炉管的传热速率和烟气以对流方式对炉管的传热速率。

式中 σ——Stefan-bolzman 常数，Wimpress 建议取 5.72×10^{-8}W/(m^2·K^4)；

h_{Rc}——辐射室内烟气对炉管表面的对流传热膜系数，Wimpress 建议取 11.63W/(m^2·K)；

T_g——烟气温度，K；

T_w——管外表面平均温度，K。

$$Q_{Rr}=\sigma\alpha A_{cp}F(T_g^4-T_w^4)=5.72\times10^{-8}\times943.6\times0.57\times(1011.45^4-655.35^4)=2.65\times10^7\text{W}$$

$$A_R=n\pi D_oLa=204\times\pi\times0.2191\times12=1685\text{ m}^2$$

$$Q_{Rc}=h_{Rc}A_R(T_g-T_w)=11.63\times1685\times(1011.45-655.35)=6.98\times10^6\text{W}$$

辐射室总的传热速率：

$$Q_R=Q_{Rc}+Q_{Rr}=2.65\times10^7+6.98\times10^6=3.35\times10^7\text{W}$$

所以，辐射管表面热强度为：

$$q_R=\frac{Q_R}{A_R}=\frac{3.35\times10^7}{1685}=19881\text{W/m}^2$$

8.6 油膜温度计算

8.6.1 管内壁流体传热系数计算

根据 SH/T 3037—2016《炼油厂加热炉炉管壁厚计算方法》[11] P20 描述，液相和气相传热系数 K_l 和 K_V，应按混相的质量流速进行计算，但分别采用液相和气相的物理性质。因此，计算混相的质量流速。

根据表 2-65，可以计算得到辐射管内径和辐射管截面积：

$$D_i=D_o-2\delta=0.2191-2\times8.2=0.2027\text{m}$$

$$S_{截面}=\frac{\pi}{4}\times D_i^2=\frac{\pi}{4}\times0.2027^2=0.0323\text{m}^2$$

已知初底油流量为 $W_{初底油}=806443$kg/h，因此，管内混相的质量流速为：

$$q_{mA}=\frac{W_{初底油}}{n\times S_{截面}}=\frac{806443}{6\times0.0323}=1157\text{kg/(m}^2\cdot\text{s)}$$

分别计算气液相在流体平均温度下的物性，根据之前计算，流体平均温度按 $\tau_{cp}=332.2$℃。

根据《冷换设备工艺计算手册》[1]（第二版）P75 附表 1-7 中比热容、密度和黏度计算公式，计算液相在流体平均温度时的比热容和黏度。

$$\begin{aligned}C_{PL}&=4.1855\times10^3\times[0.6811-0.308d_{15.6}^{15.6}+(1.8\tau_{cp}+32)\times(0.000815-0.000306d_{15.6}^{15.6})]\times\\&\quad(0.055K+0.35)=4.1855\times10^3\times[0.6811-0.308\times0.9019+(1.8\times332.2+32)\times\\&\quad(0.000815-0.000306\times0.9019)]\times(0.055\times11.88+0.35)\\&=3.120\text{kJ/(kg·℃)}\\&=3120\text{J/(kg·℃)}\end{aligned}$$

液相的性质近似取初底油性质，根据标定数据，已知初底油的 50℃ 和 80℃ 两点的黏度分别为，$\nu_1=28.92$mm^2/s 和 $\nu_2=9.466$mm^2/s，求初底油在油品平均温度下的黏度。

先求得参数 a，参数 b 和参数 C。因为 $0.8<d_4^{20}<0.9$，所以：

参数 $C=2.4-2.0d_4^{20}=2.4-2.0\times0.8979=0.604$

$$b=\frac{\ln[\ln(\nu_1+C)]-ln[\ln(\nu_2+C)]}{\ln(t_1+273)-\ln(t_2+273)}$$

$$=\frac{\ln[\ln(28.92+0.604)]-\ln[\ln(9.466+0.604)]}{\ln(50+273)-\ln(80+273)}$$

$$=-4.307$$

$$a=\ln[\ln(\nu_1+C)]-b\ln(t_1+273)=\ln[\ln(28.92+0.604)]-(-4.307)\times\ln(50+273)$$
$$=26.105$$

液相在油品平均温度下的导热系数：

$$\lambda_L=0.0199-0.0000656\,\tau_{cp}+\frac{0.098}{d_{15.6}^{15.6}}$$

$$=0.0199-0.0000656\times332.2+\frac{0.098}{0.9019}$$

$$=0.1068\text{W/(m}\cdot℃)$$

再求得液相在油品平均温度下的运动黏度。

$$\nu_L=\exp\{\exp[a+b\times\ln(\tau_{cp}+273)]\}-C$$
$$=\exp\{\exp[26.105+(-4.307)\times\ln(332.2+273)]\}-0.604=0.65\text{mm}^2/\text{s}$$

液相在油品平均温度下的密度为：

$$\rho_L=\tau_{cp}\times(1.307d_4^{20}-1.817)+973.86d_4^{20}+36.34$$
$$=332.2\times(1.307\times0.8979-1.817)+973.86\times0.8979+36.34=697.0\text{kg/m}^3$$

液相在油品平均温度下的动力黏度为：

$$\mu_L=\rho_L\times\nu_L\times10^{-3}=697.0\times0.65\times10^{-3}=0.453\text{cP}=0.000453\text{Pa}\cdot\text{s}$$

由 SH/T 3037—2016《炼油厂加热炉炉管壁厚计算方法》[11] P19 公式 B.2-1～B.2-3 可以得到液相在油品平均温度下雷诺数 Re、普朗克准数 Pr 和液相传热系数 K_L，分别如下：

$$Re=\frac{D_i\times q_{mA}}{\mu_L}=\frac{0.2027\times1157}{0.000453}=5.17\times10^5$$

$$Pr=\frac{C_{PL}\times\mu_L}{\lambda_L}=\frac{3120\times0.000453}{0.1068}=13.25$$

因为 $Re>10000$，液相传热系数可按以下公式计算：

$$K_L=0.023\left(\frac{\lambda_L}{D_i}\right)Re^{0.8}Pr^{0.33}\left(\frac{\mu_L}{\mu_{L,T_w}}\right)^{0.14}$$

式中 λ_L——流体在平均温度下的导热系数，W/(m·℃)；

μ_L——流体在平均温度下的动力黏度，Pa·s；

C_{PL}——流体在平均温度下的比热容，J/(kg·℃)；

q_{mA}——流体混相的质量流速，kg/(m² ·s)；

μ_{L,T_w}——流体在管壁温度下的动力黏度，Pa·s。

假定 $\left(\frac{\mu_L}{\mu_{L,T_w}}\right)^{0.14}=1.1$，于是液相传热系数为：

$$K_L=0.023\left(\frac{\lambda_L}{D_i}\right)Re^{0.8}Pr^{0.33}\left(\frac{\mu_L}{\mu_{L,T_w}}\right)^{0.14}$$

$$=0.023\times\left(\frac{0.1068}{0.2027}\right)\times(5.17\times10^5)^{0.8}\times13.25^{0.33}\times1.1=927.2\text{W/(m}^2\cdot\text{K)}$$

取加热炉出口处为计算油膜温度的点，根据第二部分第6节全塔热平衡计算得到的常压炉出口处油品的气化率25.39%(质)以及常三线油气化量为7874kg/h，计算气相相对分子质量。

$$M=\frac{W_{常顶气}+W_{常顶油}+W_{常一线}+W_{常二线}+V}{N_{常顶气}+N_{常顶油}+N_{常一线}+N_{常二线}+N_V}$$

$$=\frac{953+38113+127856+29938+7874}{19.13+401.93+828.80+150.46+33.08}=142.8$$

查《石油炼制设计数据图表集》[6] P448，图11-2-5可以得到气相在流体平均温度下的黏度，$\mu_V=0.0095\text{cP}=0.0000095\text{Pa}\cdot\text{s}$。

根据《石油炼制工程》[3]（第四版）P96，对于石油馏分低压蒸汽，可近似看作是理想气体，其导热系数可按下式计算。

$$\lambda=A+\frac{B}{M}+\frac{C}{M^2}+(T-255.37)\left(D+\frac{E}{M}+\frac{F}{M^2}\right)$$

式中 λ——导热系数，W/(m·℃)；

T——温度，K；

M——相对分子质量；

A——0.0023103；

B——0.42624；

C——1.9891；

D——1.0208×10^{-4}；

E——1.3047×10^{-4}；

F——0.0057405。

因此，气相在油品平均温度下的导热系数为：

$$\lambda_V=A+\frac{B}{M}+\frac{C}{M^2}+(\tau_{cp}+273.15-255.37)\left(D+\frac{E}{M}+\frac{F}{M^2}\right)$$

$$=0.0023103+\frac{0.42624}{142.8}+\frac{1.9891}{142.8^2}+(332.3+273.15-255.37)\left(1.0208\times10^{-4}+\frac{1.3047\times10^{-4}}{142.8}+\frac{0.0057405}{142.8^2}\right)$$

$$=0.0415\text{W/(m}\cdot℃)$$

查《石油炼制工程》[3]（第四版）P88图3-16，得到气相比热容。由图2-37可得$C_{PV}=0.63\text{kcal/(kg}\cdot℃)=2638\text{J/(kg}\cdot℃)$

$$Re=\frac{D_i\times q_{mA}}{\mu_V}=\frac{0.2027\times1157}{0.0000095}=2.47\times10^7$$

$$Pr=\frac{C_{PV}\times\mu_V}{\lambda_V}=\frac{2638\times0.0000095}{0.0415}=0.60$$

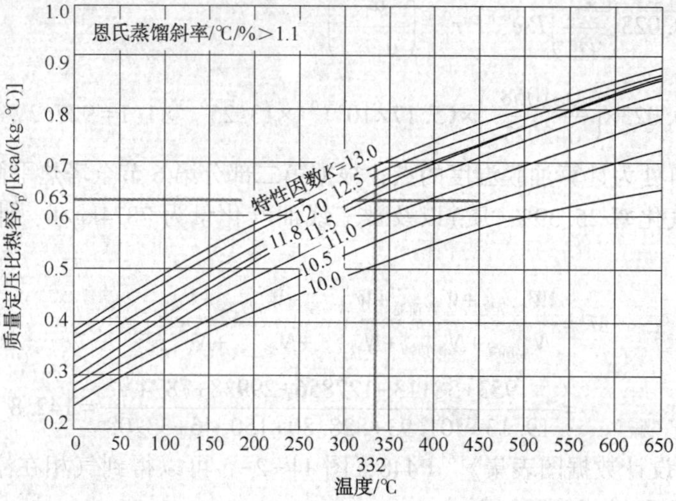

图 2-37　气相石油馏分常压质量热容图

由于 $Re>15000$，因此可根据 SH/T 3037—2016《炼油厂加热炉炉管壁厚计算方法》[11] P19 公式(B.2-4)计算得到气相在油品平均温度下的传热系数。

$$K_V = 0.021\left(\frac{\lambda_V}{D_i}\right) Re^{0.8} Pr^{0.4}\left(\frac{T_b}{T_w}\right)^{0.5}$$

式中　T_b——气相的绝对平均温度，K；

T_w——气相的绝对管壁温度，K。

假设$\left(\frac{T_b}{T_w}\right)^{0.5}=0.91$，则气相在油品平均温度下的传热系数为：

$$K_V = 0.021\left(\frac{\lambda_V}{D_i}\right) Re^{0.8} Pr^{0.4}\left(\frac{T_b}{T_w}\right)^{0.5} = 0.021\times\left(\frac{0.0415}{0.2027}\right)\times(2.47\times10^7)^{0.8}\times0.60^{0.4}\times0.91$$
$$=2624\text{W/(m}^2\cdot\text{K)}$$

根据 SH/T 3037—2016《炼油厂加热炉炉管壁厚计算方法》[11] P20 B.2-5 可计算得到油品的总传热系数：

$$K = K_L\times(1-e_{炉出口})+K_V\times e_{炉出口}$$
$$=972.2\times(1-0.2539)+2624\times0.2539=1358\text{W/(m}^2\cdot\text{K)}$$

8.6.2　最高局部热强度及最高油膜温度计算

根据 SH/T 3037—2016《炼油厂加热炉炉管壁厚计算方法》[11] P20，最高局部热强度可按下式估算：

$$q_{Rmax} = F_{cir}F_T F_L q_{Rr} + q_{Rc}$$

式中　F_{cir}——周向强度不均匀系数；

F_T——纵向强度不均匀系数；

F_L——管子金属温度对辐射热强度的影响系数；

q_{Rr}——外表面平均辐射热强度，W/m²；

q_{Rc}——外表面平均对流热强度，W/m²；

q_{Rmax}——最高局部热强度，W/m²。

查 SH/T 3037—2016《炼油厂加热炉炉管壁厚计算方法》[11] P21 图 B. 3 可得到周向强度不均匀系数，根据图 2-38 所示结果，$F_{cir}=1.81$。

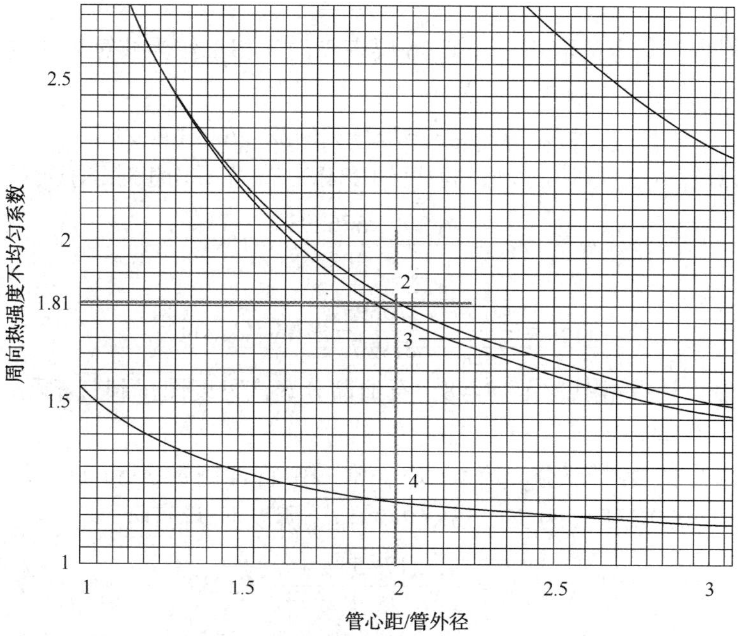

图 2-38　周向强度不均匀系数

在热强度分布很均匀的炉膛内，$F_L=1$。

根据《炼油厂加热炉炉管壁厚计算方法》[11] SH/T 3037—2016 P20，在大多数场合下，纵向强度不均匀系数可按下式估算：

$$F_T=(T_g^4-T_{tm}^4)/(T_g^4-T_w^4)$$

式中　T_{tm}——所考虑点的管子金属温度，K。

由于考虑点为炉子出口处，此处的流体温度约 361℃，管子金属温度按流体温度加 50℃考虑。因此$T_{tm}=T_{bf}+50=361+50=411℃=684.15K$

$$F_T=\frac{T_g^4-T_{tm}^4}{T_g^4-T_w^4}=\frac{1011.45^4-684.15^4}{1011.45^4-655.35^4}=0.96$$

$$q_{Rmax}=F_{cir}F_TF_Lq_{Rr}+q_{Rc}=\frac{F_{cir}F_TF_LQ_{Rr}}{A_R}+\frac{Q_{Rc}}{A_R}$$

$$=\frac{1.81\times1\times0.96\times2.65\times10^7}{1685}+\frac{6.98\times10^6}{1685}=31487W/m^2$$

$$\Delta T_f=\frac{q_{Rmax}}{K}\left(\frac{D_o}{D_i}\right)=\frac{31487}{1358}\times\left(\frac{0.2191}{0.2027}\right)=25.1℃$$

于是常压炉出口处的最高油膜温度为：

$$T_{fm}=T_{bf}+\Delta T_{fm}=361+25.1=386.1℃$$

9　常压塔水力学计算

本节计算所用到的公式，如无特别说明，均来源于《炼油设备工艺设计资料-塔的工艺计算》[12]。

9.1 物流数据准备

由于常压塔中气液相负荷最大量经常出现在常二中段，因此选择常二中段第35层塔盘进行水力学核算。

分别采用第35层塔盘的液相量和第36层塔盘的气相量作为核算第35层塔盘的气液相负荷，且液相量应为塔盘上液相量的总和。

$$q_{L,36}=L_{35}+q_{二中}=373792+326422=700214\text{kg/h}$$

根据第7节计算可以得到第36层的温度约284℃，气相平均相对分子质量和密度分别为

$$M_{36}=\frac{q_{V,36}}{N_{V,36}}=\frac{576893}{3628.8}\approx 159$$

$$\gamma_V=\frac{q_{V,36}}{V_{V,36}}=\frac{576893}{81997}\approx 7.036\text{kg/m}^3$$

查《石油炼制设计数据图表集》P448，石油馏分蒸汽黏度图得到气相黏度，可以得到气相的黏度为 8.5×10^{-6}Pa·s

由之前计算已知(第二部分，第3节)，常二中特性因数 K 为11.79，临界温度 t_c 为725.17K，第35层操作温度 t 为552.15K(279℃)，所以可以得到：

$$\frac{t_c-t}{t_c}=\frac{725.17-552.15}{725.17}=0.239$$

查《石油炼制设计数据图表集》P570，原油及石油馏分动态表面张力图可以得到 $\sigma K=121$，于是可以得到液相的表面张力为

$$\sigma=\frac{\sigma K}{K}=\frac{121}{11.79}=10.26\text{mN/m}$$

式中 σ——表面张力，mN/m；

K——特性因数。

系统因数 Ks 按0.95，由于塔体直径>0.9m，因此体系安全系数 K 取0.82。

将第35层塔板负荷数据列于表2-66：

表2-66 第35层塔盘气液相负荷数据

项目	代号	单位	数值
液体流量	q_L	kg/h	700214
液体密度	γ_L	kg/m^3	643
液体体积流量	V_L	m^3/h	1089
液体体积流量	v_L	m^3/s	0.30
液体表面张力	σ	mN/m	10.26
气体流量	q_V	kg/h	576893
气体密度	γ_V	kg/m^3	7.0355
气体体积流量	V_V	m^3/h	81997
气体体积流量	v_V	m^3/s	22.8
气体黏度	μ_V	10^{-3}Pa·s	0.008
系统因数	K_s		0.95
安全系数	K		0.82

9.2 塔内件相关数据准备

查塔内件的设计资料，得到塔内件相关参数，见表2-67。

表2-67 塔内件相关设计参数

项目	代号	单位	数值
塔径	D	m	6.4
板间距	H_t	m	0.8
溢流程数	n		4
降液管面积百分数		%	15
开孔率	Φ	%	15
平均堰长	l	m	5.657
出口堰高	h_w	mm	50
降液管底隙高度	h_b	mm	70

9.3 塔盘水力学计算

根据表2-67数据，可求得塔的截面积：

$$F=0.785D^2=0.785\times6.4^2=32.2\text{m}^2$$

阀孔面积为：

$$F_h=F\times\Phi\%=32.2\times15\%=4.82\text{m}^2$$

降液管面积为：

$$F_d=F\times15\%=32.2\times15\%=4.82\text{m}^2$$

式中 F——塔截面积，m^2；

F_h——阀孔面积，m^2；

F_d——降液管面积，m^2。

最大允许气速：

$$w_{max}=\frac{0.055\sqrt{gH_t}}{1+\frac{2v_L}{v_V}\sqrt{\frac{\gamma_L}{\gamma_V}}}\times\sqrt{\frac{\gamma_L-\gamma_V}{\gamma_V}}=\frac{0.055\sqrt{9.81\times0.8}}{1+\frac{2\times0.3}{22.8}\sqrt{\frac{643}{7.0355}}}\times\sqrt{\frac{643-7.0355}{7.0355}}=1.52\text{m/s}$$

空塔气速为

$$W=\frac{v_V}{F}=\frac{22.8}{32.2}=0.71\text{m/s}$$

临界阀孔气速为

$$(W_h)_c=\left(\frac{72.8}{\gamma_v}\right)^{0.548}=\left(\frac{72.8}{22.8}\right)^{0.548}=1.89\text{m/s}$$

阀孔气速为

$$W_h=\frac{v_V}{F_h}=\frac{22.8}{4.82}=4.7\text{m/s}$$

式中 W_{max}——最大允许气速，m/s；

W——空塔气速，m/s；

$(W_h)_c$——临界阀孔气速，m/s；

W_h——阀孔气速，m/s。

由于$W_h>(W_h)_c$，因此可以判断，阀已全开。

阀孔动能因子为：

$$F_0=W_h\cdot\sqrt{\gamma_V}=4.7\times\sqrt{7.0355}=12.53\text{m}/[\text{s}\cdot(\text{kg/m}^3)^{0.5}]$$

式中 F_0——阀孔动能银子，m/[s·(kg/m³)^0.5]。

堰上平均溢流强度：

$$L=\frac{v_L}{n\times l}=\frac{1089}{4\times5.657}=48.1\text{m}^3/(\text{h}\cdot\text{m})$$

式中 L——堰上溢流强度，$m^3/(h\cdot m)$。

一般允许的最大溢流强度为110~130m^3/(m.h)，溢流强度宜不高于70~90m^3/(m.h)，因此，平均溢流强度满足要求。

由于液体收缩系数E一般取1，因此堰上清液层高度：

$$h_{ow}=2.84E\left(\frac{V_l}{n\times l}\right)^{\frac{2}{3}}=2.84\times1\times\left(\frac{1089}{4\times5.657}\right)^{\frac{2}{3}}=38\text{mm}$$

则板上清液层高度为：

$$h_l=h_w+h_{ow}=50+38=88\text{mm}=0.088\text{m}$$

式中 h_{ow}——堰上清液层高度，mm；

h_l——板上清液层高度，mm。

降液管内停留时间为：

$$\tau=\frac{F_d\times H_t}{v_L}=\frac{4.82\times0.8}{0.30}=12.8\text{s}>5\text{s}$$

因此，降液管停留时间满足要求。

式中 τ——降液管内停留时间，s。

降液管内流速为：

$$v_d=\frac{v_l}{F_d}=\frac{0.30}{4.82}=0.06\text{m/s}$$

降液管底隙流速为：

$$W_b=\frac{v_L}{n\times l\times h_b}=\frac{0.3}{4\times5.657\times0.07}=0.19\text{m/s}<0.3\text{m/s}$$

因此，降液管底隙流速满足要求。

式中 v_d——降液管内流速，m/s；

W_b——降液管底隙流速，m/s。

采用以下公式计算气体通过塔板的压力降。

$$\Delta P_t=\Delta P_d+\Delta P_0+\Delta P_{vl}$$

由于阀已全开，因此干板压降为：

$$\Delta P_d=5.37\cdot\frac{W_h^2}{2g}\cdot\frac{\gamma_v}{\gamma_l}=5.37\times\frac{4.7^2}{2\times9.81}\times\frac{7.0355}{643}=0.067\text{m 液柱}$$

气体通过板上液层压力降为：

$$\Delta P_{vl}=0.4h_w+2.35\times10^{-3}\left(\frac{3600v_l}{l}\right)^{\frac{2}{3}}=0.4\times0.05+2.35\times10^{-3}\times\left(\frac{3600\times0.3}{4\times5.657}\right)^{\frac{2}{3}}=0.051\text{m 液柱}$$

由于气体克服表面张力的压降很小，可忽略，因此气体通过塔板的压力降为：

$$\Delta P_t=\Delta P_d+\Delta P_0+\Delta P_{vl}\approx\Delta P_d+\Delta P_{vl}=0.067+0.051=0.118\text{m 液柱}$$

式中　ΔP_t——气体通过塔板的压力将，m 液柱；

ΔP_d——干板压降，m 液柱；

ΔP_{vl}——气体通过板上液层压力降，m 液柱；

ΔP_0——气体克服表面张力的压降，m 液柱。

雾沫夹带计算：

$$\varepsilon=\frac{F-2F_d}{F}=\frac{32.2-2\times4.82}{32.2}=0.7$$

$$m=5.63\times10^{-5}\left(\frac{\sigma_l}{\gamma_v}\right)^{0.295}\left(\frac{\gamma_l-\gamma_v}{\mu_v}\right)^{0.425}$$

$$=5.63\times10^{-5}\times\left(\frac{10.3}{7.0355}\right)^{0.295}\times\left(\frac{643-7.3055}{0.085}\right)^{0.425}=0.378$$

由于$H_t=0.8\text{m}>0.35\text{m}$，因此 $A=0.159$，$b=0.95$，又由于$\frac{W}{W_{max}}=\frac{0.71}{1.52}=0.47$，$\Phi'$取0.6，因此，雾沫夹带率为：

$$e=\frac{A(0.052h_l-1.72)}{H_t^b\cdot\Phi'^2}\cdot\left(\frac{W}{\varepsilon\cdot m}\right)^{3.7}=\frac{0.159\times(0.052\times88-1.72)}{0.8^{0.95}\times0.6^2}\times\left(\frac{0.71}{0.7\times0.378}\right)^{3.7}$$

$$=0.083\text{kg 液体/kg 气体}<10\%$$

式中　ε——除去降液管面积后的塔板面积与塔截面积之比；

m——计算雾沫夹带所用参数；

e——雾沫夹带量，kg(液体)/kg(气体)；

A、b——系数，当 $H_t<350\text{mm}$ 时，$A=9.87\times10^7$，$b=4.36$；当 $H_t\geqslant350\text{mm}$ 时，$A=0.159$，$b=0.95$；

Φ'——系数，取 0.6~0.8. 当 $W=0.5W_{max}$时，取小值，当 $W=W_{max}$时取大值。

因此塔的雾沫夹带满足要求。

泄漏情况判断：

泄漏时阀下限孔动能因子 $F_0=5\text{m/[s}\cdot(\text{kg/m}^3)^{0.5}]$ 考虑，由于阀孔动能因子 $F_0=12.53\text{m/[s}\cdot(\text{kg/m}^3)^{0.5}]>5\text{m/[s}\cdot(\text{kg/m}^3)^{0.5}]$，因此可以认为塔的泄漏满足要求。

淹塔情况(back up)计算：

该塔盘不设进口堰，液相流过降液管的压降：

$$\Delta P_{dk}=0.153W_b^2=0.153\times0.19^2=0.006\text{m 液柱}$$

所以，液相流过一层板时的压降为：

$$\Delta P_l=\Delta P_t+h_l+\Delta P_{dk}=0.118+0.088+0.006=0.212\text{m 液柱}<0.5(H_t+h_w)=0.425\text{m}$$

因此，该层塔盘未出现淹塔情况。

式中　ΔP_{dk}——不设进口堰时，液相流过降液管的压降，m 液柱；

ΔP_l——液相流过一层板时的压降，m 液柱。

降液管超负荷(chock):

由于板间距$H_t=0.8m$，由以下两式计算降液管内允许的最大流速：

$$v_d=0.17K_s=0.17\times0.95=0.16m/s$$

$$v_d=6.79\times10^{-3}\cdot K_s\cdot\sqrt{\gamma_L-\gamma_V}=6.79\times10^{-3}\times0.95\times\sqrt{643-7.0355}=0.16m/s$$

式中 v_d——降液管内液体流速，m/s。

取两者中的较小值，因此降液管允许最大流速为$v_d=0.16m/s$。

设计降液管流速为$v_d=0.06m/s$，小于允许最大流速，因此降液管未超负荷。

9.4 塔板上的适宜操作区和负荷上下限

9.4.1 雾沫夹带线

取$e=10\%$为雾沫夹带上限，根据公式：

$$e=\frac{A(0.052h_l-1.72)}{H_t^b\cdot\Phi'^2}\cdot\left(\frac{W}{\varepsilon\cdot m}\right)^{3.7}=10\%$$

变换公式得到：

$$W=\varepsilon\cdot m\cdot\left(\frac{e\cdot H_t^b\cdot\Phi'^2}{A(0.052h_L-1.72)}\right)^{\frac{1}{3.7}}$$

分别计算不同液相量对应的空塔气速。

以液相流量$V_L=389m^3/h$为例，计算过程如下。

板上清液层高度为：

$$h_l=h_w+h_{ow}=h_w+2.84E\left(\frac{V_L}{n\times l}\right)^{\frac{2}{3}}=50+2.84\times1\times\left(\frac{389}{4\times5.657}\right)^{\frac{2}{3}}=69mm$$

则对应的空塔气速为：

$$W=\varepsilon\cdot m\cdot\left(\frac{e\cdot H_t^n\cdot\Phi'^2}{A(0.052h_l-1.72)}\right)^{\frac{1}{3.7}}$$

$$=0.7\times0.378\times\left(\frac{0.1\times0.8^{0.95}\times0.6^2}{0.159\times(0.052\times69-1.72)}\right)^{\frac{1}{3.7}}=0.97m/s$$

同理，计算不同液相量时雾沫夹带$e=10\%$所对应的空塔气速，并将结果列于表2-68。

表2-68 雾沫夹带线数据点

项目	单位	1	2	3	4	5	6
液相负荷	m^3/h	31	389	622	855	1089	2877
空塔气速	m/s	1.13	0.97	0.93	0.90	0.87	0.76

以表2-68中液相负荷为横坐标，空塔气速为纵坐标，即可得到该塔盘的雾沫夹带线。

9.4.2 淹塔线

淹塔线的控制条件如下：

$$\Delta P_l=\Delta P_t+h_l+\Delta P_{dk}=0.5(h_t+h_w)=0.5\times(0.8+0.05)=0.425m$$

以液相负荷$V_L = 778\ m^3/h(0.22\ m^3/s)$为例，计算淹塔线所对应的空塔气速。

降液管底隙流速为：

$$W_b = \frac{v_L}{n \times l \times h_b} = \frac{0.22}{4 \times 5.657 \times 0.07} = 0.14 m/s$$

该塔盘不设进口堰，液相流过降液管的压降：

$$\Delta P_{dk} = 0.153\ W_b^2 = 0.153 \times 0.14^2 = 0.003 m \text{ 液柱}$$

板上清液层高度为：

$$h_l = h_w + h_{ow} = h_w + 2.84E\left(\frac{V_l}{n \times l}\right)^{\frac{2}{3}} = 50 + 2.84 \times 1 \times \left(\frac{778}{4 \times 5.657}\right)^{\frac{2}{3}} = 80mm = 0.08m$$

气体通过板上液层压力降为：

$$\Delta P_{vl} = 0.4\ h_w + 2.35 \times 10^{-3}\left(\frac{3600\ v_l}{l}\right)^{\frac{2}{3}}$$

$$= 0.4 \times 0.05 + 2.35 \times 10^{-3} \times \left(\frac{3600 \times 0.22}{4 \times 5.657}\right)^{\frac{2}{3}} = 0.045m \text{ 液柱}$$

克服表面张力的压降很小，可忽略，则，

$$\Delta P_l = \Delta P_t + h_l + \Delta P_{dk} \approx \Delta P_d + \Delta P_{vl} + h_l + \Delta P_{dk}$$

$$\Delta P_d = \Delta P_l - (\Delta P_{vl} + h_l + \Delta P_{dk}) = 5.37 \cdot \frac{W_h^2}{2g} \cdot \frac{\gamma_v}{\gamma_l}$$

所以相对应的阀孔气速：

$$W_h = \left(\frac{\Delta P_l - (\Delta P_{vl} + h_l + \Delta P_{dk}) \times 2g \times \gamma_l}{5.37\ \gamma_v}\right)^{0.5}$$

$$= \left(\frac{0.425 - (0.045 + 0.08 + 0.003) \times 2 \times 9.81 \times 643}{5.37 \times 7.0355}\right)^{0.5} = 9.96 m/s$$

则空塔气速为：

$$W = W_h \times \Phi = 9.96 \times 0.15 = 1.49 m/s$$

同理，计算不同液相量时满足$\Delta P_l = 0.425m$的空塔气速，并将结果列于表2-69。

表2-69　淹塔线数据点

项目	单位	1	2	3	4	5
液相负荷	m^3/h	31	467	778	1089	2955
空塔气速	m/s	1.62	1.54	1.49	1.45	1.16

以表2-69中的液相负荷为横坐标，空塔气速为纵坐标，即可得到淹塔线。

9.4.3　降液管超负荷线

根据计算，降液管允许最大流速$v_d = 0.15m/s$，因此对应的液相负荷为：

$$V_1=v_d\times F_d\times3600=0.15\times4.82\times3600=2804m^3/h$$

因此降液管超负荷线为 $x=2804m^3/h$

9.4.4 漏液线

取阀孔动能因子$F_0=5m/[s\cdot(kg/m^3)^{0.5}]$为下限，根据以下公式可求得此时的阀孔气速。

$$F_0=W_h\cdot\sqrt{\gamma_V}$$

$$W_h=\frac{F_o}{\sqrt{\gamma_v}}=\frac{5}{\sqrt{7.0355}}=1.89m/s$$

对应的空塔气速为：

$$W=\Phi\times W_h=0.15\times1.89=0.28m/s$$

因此该塔的漏液线为 $y=0.28m/s$。

9.4.5 液相负荷下限

取堰上清液层高度$h_{ow}=6mm$作为液相负荷下限，根据公式可以得到液相负荷。

$$h_{ow}=2.84E\left(\frac{V_L}{n\times l}\right)^{\frac{2}{3}}$$

$$V_L=\left(\frac{h_{ow}}{2.84E}\right)^{\frac{3}{2}}\times n\times l=\left(\frac{6}{2.84\times1}\right)^{\frac{3}{2}}\times4\times5.657=69.5m^3/h$$

因此，液相负荷下限为 $x=69.5m^2/h$。

9.4.6 操作线

连接坐标原点和设计点($1089m^3/h$，$0.71m/s$)的线为操作线。

9.4.7 适宜操作区示意图

将以上6条线在同一坐标系中作图得到适宜操作区示意图，如图2-39所示。

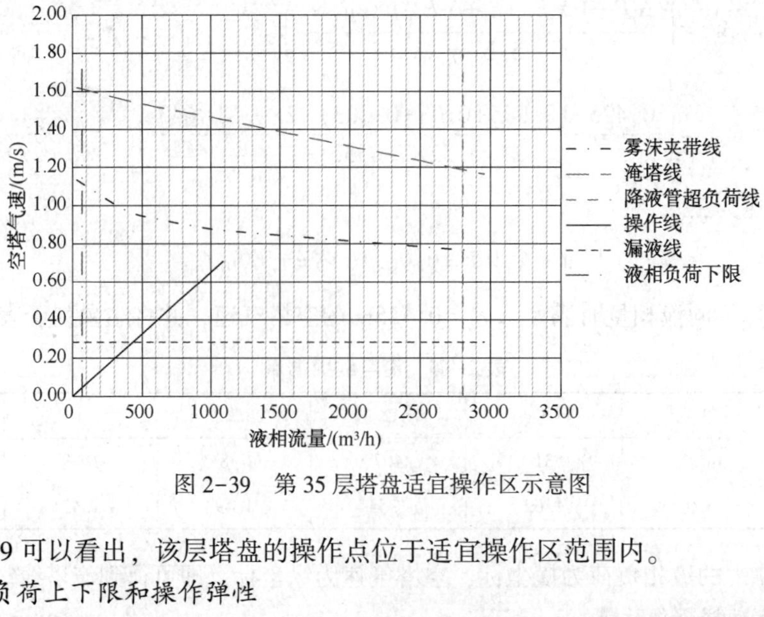

图2-39 第35层塔盘适宜操作区示意图

从图2-39可以看出，该层塔盘的操作点位于适宜操作区范围内。

9.4.8 负荷上下限和操作弹性

由图2-39可以看出，延长操作线，与雾沫夹带线相交，通过方程组可以得到操作线与雾沫夹带线的交点坐标。

$$\begin{cases} h_1 = h_w + 2.84E\left(\dfrac{V_L}{n \times l}\right)^{\frac{2}{3}} \\ W = \varepsilon \cdot m \cdot \left(\dfrac{e \cdot H_t^n \cdot \Phi'^2}{A(0.052h_1 - 1.72)}\right)^{\frac{1}{3.7}} \\ \dfrac{V_L}{W} = \dfrac{1089}{0.71} \end{cases}$$

代入数据并解方程组即可得到交点的坐标。

$$\begin{cases} h_1 = 50 + 2.84 \times 1 \times \left(\dfrac{V_L}{4 \times 5.657}\right)^{\frac{2}{3}} \\ W = 0.7 \times 0.378 \times \left(\dfrac{0.1 \times 0.8^{0.95} \times 0.6^2}{0.159 \times (0.052h_1 - 1.72)}\right)^{\frac{1}{3.7}} \\ \dfrac{V_l}{W} = \dfrac{1089}{0.71} \end{cases} \xRightarrow{\text{解方程}} \begin{cases} V_L = 1306\ \mathrm{m^3/h} \\ W = 0.85\mathrm{m/s} \end{cases}$$

因此，操作线与雾沫夹带线的交点坐标为(1306m³/h，0.85m/s)，即为负荷上限。

同理可得操作线与漏液线的交点坐标。

$$\begin{cases} \dfrac{V_L}{W} = \dfrac{1089}{0.71} \\ W = 0.28 \end{cases} \xRightarrow{\text{解方程}} \begin{cases} V_L = 429\mathrm{m^3/h} \\ W = 0.28\mathrm{m/s} \end{cases}$$

操作线与漏液线的交点坐标为(429m³/h，0.28m/s)，即为负荷下限。

因此，可以得到常二中段塔盘的操作弹性。

$$\text{操作弹性} = \frac{0.85}{0.28} \approx 3$$

9.5 其余塔段塔盘水力学计算结果

同理计算其余主要塔段塔盘水力学，计算结果见表2-70：

表2-70 常压塔其他塔段水力学计算结果

项目	单位	常顶循段 第4层	常一线段 第16层	常一中段 第21层	常二线段 第30层	常三线段 第41层
液体流量	kg/h	459177	163899	455248	110024	296094
液体密度	kg/m^3	653	669	658	658	644
液体表面张力	mN/m	13.48	14.76	11.90	11.89	10.32
气体流量	kg/h	205678	210188	318403	283187	499195
气体密度	kg/m^3	4.98	5.437	5.974	5.794	6.979
气体黏度	$10^{-3}Pa \cdot s$	0.0087	0.0094	0.009	0.0095	0.0087
塔径	m	5.8	5.8	6.4	6.4	6.4
板间距	m	0.7	0.65	0.8	0.7	0.8

续表

项目	单位	常顶循段 第4层	常一线段 第16层	常一中段 第21层	常二线段 第30层	常三线段 第41层
溢流程数		2	2	4	2	2
降液管面积百分数	%	15.0	10.0	15.0	10.0	10.0
开孔率	%	9.2	10.8	11.6	13.5	17.5
溢流堰长度	m	5.759	5.782	5.657	6.38	6.38
空塔气速	m/s	0.43	0.41	0.46	0.42	0.62
阀孔气速	m/s	4.7	3.8	4.0	3.1	3.5
阀孔动能因子	$m/[s\cdot(kg/m^3)^{0.5}]$	10.54	8.78	9.70	7.53	9.33
堰上溢流强度 L	$m^3/(h\cdot m)$	61.1	21.2	30.6	13.1	36.0
出口堰高度 h_w	mm	50	50	50	50	50
堰上清液层高度	mm	44	22	28	16	31
板上清液层高度 h_l	mm	94	72	78	66	81
降液管停留时间 τ	s	14.2	25.2	20.1	48.5	20.1
降液管底隙流速 w_b	m/s	0.21	0.10	0.12	0.05	0.13
降液管底隙 h_b	mm	80	60	70	80	80
雾沫夹带率 e	kg液/kg气	0.001	0.000	0.000	0.000	0.000
泄漏 N_w	%(质)	0.008	0.002	0.001	0.001	0.000
单板总压降	mm液柱	0.204	0.143	0.162	0.123	0.166

从表2-70可以看出，常压塔其余各塔段的运行情况较好，均在合适的操作范围内，各项水力学计算结果均符合要求。

10 换热器计算

本节中所用到的计算公式，若无特别注明，均来源于《冷换设备工艺计算手册》[1](第二版)。

10.1 基础数据准备

以原油-常顶循换热器(E-106)为例核算换热器，选取理由如下。

(1)由于装置换热器进、出口无热电偶，导致装置内绝大部分换热器没有准确的进、出口温度数据，而常顶循只有一个台位换热器，能较准确地得到换热器进、出口温度。

(2)常减压装置顶循部位容易发生结盐，导致换热器结垢严重，影响换热效果。

由于常顶循油没有分析其黏度值，因此采用设计的黏度值。

由于脱前原油的出口温度无法准确测得，因此根据热流的热负荷来计算脱前原油的出口温度(散热损失按3%考虑)，冷热流的焓值均按第二部分第5节计算方法得到。

$$Q_{热}=q_{顶循}\times(h_{顶循,127}-h_{顶循,113})=299780\times(320.31-285.89)=10500\text{MJ/h}$$

于是，脱前原油的出口焓为：

$$h_{原油,出}=h_{原油,65}+\frac{0.97\,Q_{热}}{q_{原油}}=154.99+\frac{0.97\times10500\times1000}{294274}=185.59\text{kJ/kg}$$

式中 $Q_{热}$——热流体的热负荷，MJ/h；

$q_{顶循}$——常顶循流量，kg/h；

$h_{顶循,127}$——127℃时常顶循的焓值，kJ/kg；

$h_{原油,出}$——原油出口温度时的焓值，kJ/kg；

$q_{原油}$——原油流量，kg/h。

根据原油出口焓值，可以得到脱前原油出口温度约82℃。

整理物流数据并列于表2-71。

表2-71 原油-常顶循换热器物流数据

项目	数值		单位
物流名称	常顶循	脱前原油	
冷、热流状态	热流	冷流	
流量	299780	294274	kg/h
入口温度	127	65	℃
出口温度	113	82	℃
入口焓值	320.31	285.89	kJ/kg
出口焓值	154.99	185.59	kJ/kg
热负荷	10500	10183	MJ/h
特性因数	11.87	11.80	
d_4^{20}	0.7435	0.8855	
$d_{15.6}^{15.6}$	0.7483	0.8895	
API	57.6	27.6	
第一点温度	128	50	℃
第一点黏度	0.5336	8.6040	mm^2/s
第二点温度	152	100	℃
第二点黏度	0.4600	2.3290	mm^2/s
结垢热阻	0.000344	0.000688	$m^2 \cdot K/W$

查原设计资料，可知换热器的型号为BES 1500—2.5—635—6/25-4I，$B=300$，其详细机械参数见表2-72。

表2-72 换热器机械参数

项目	参数	项目	参数
换热器型式	BES	压力等级	2.5
热流走	管程	换热管类型	光管
换热管根数	1400	管长/m	6
换热管外径/mm	25	换热管壁厚/mm	2.5
管心距/mm	32	换热管内径/mm	20
壳径/mm	1500	布管角度	45
管程数	4	壳程数	1

续表

项目	参数	项目	参数
折流板型式	单弓板	折流板间距/mm	300
折流板数量	18	折流板弓缺/%	25
管程入口管径/mm	300	壳程入口管径/mm	300
管程出口管径/mm	300	壳程出口管径/mm	300

10.2 有效传热温差计算

已知热流入口温度$T_1=127℃$，出口温度$T_2=113℃$，冷流入口温度$t_1=65℃$，出口温度$t_2=82℃$。

于是 $\Delta t_h=T_1-t_2=127-82=45℃$，$\Delta t_c=T_2-t_1=113-65=48℃$

由于 $\left|\left(\dfrac{\Delta t_h}{\Delta t_c}\right)-1\right|=\left|\left(\dfrac{45}{48}\right)-1\right|=0.0625<0.1$

因此，$\Delta t_m=\dfrac{\Delta t_h+\Delta t_c}{2}=\dfrac{45+48}{2}=46.5℃$

$$R=\frac{T_1-T_2}{t_2-t_1}=\frac{127-113}{82-65}=0.824$$

$$P=\frac{t_2-t_1}{T_1-t_1}=\frac{82-65}{127-65}=0.274$$

由于$|R-1|=|0.824-1|=0.176>10^{-3}$，且壳程数$N_s=1$，因此

$$P_N=\frac{1-\left(\dfrac{1-P\times R}{1-P}\right)^{\frac{1}{N_s}}}{R-\left(\dfrac{1-P\times R}{1-P}\right)^{\frac{1}{N_s}}}=\frac{1-\left(\dfrac{1-0.274\times 0.824}{1-0.274}\right)^{\frac{1}{1}}}{0.824-\left(\dfrac{1-0.274\times 0.824}{1-0.274}\right)^{\frac{1}{1}}}=0.274$$

$$F_T=\frac{\dfrac{\sqrt{R^2+1}}{R-1}\ln\left(\dfrac{1-P_N}{1-P_N\times R}\right)}{\ln\left(\dfrac{2/P_N-1-R+\sqrt{R^2+1}}{2/P_N-1-R-\sqrt{R^2+1}}\right)}=\frac{\dfrac{\sqrt{0.824^2+1}}{0.824-1}\ln\left(\dfrac{1-0.274}{1-0.274\times 0.824}\right)}{\ln\left(\dfrac{2/0.274-1-0.824+\sqrt{0.824^2+1}}{2/0.274-1-0.824-\sqrt{0.824^2+1}}\right)}=0.9814$$

于是，有效平均温差为：

$$\Delta t_e=\Delta t_m\times F_T=46.5\times 0.9814=45.6℃$$

式中 T_1，T_2——热流进出口温度，℃；

t_1，t_2——冷流进出口温度，℃；

Δt_h——热端温差，℃；

Δt_c——冷端温差，℃；

Δt_m——对数平均温差，℃；

R——温度相关因数；

P——温度效率；

N_s——壳程数；

F_T——对数平均温差校正系数；

Δt_e——有效平均温差，℃。

10.3 定性温度及其条件下的物性计算

由于热流（常顶循）走管程，假设常顶循油的雷诺数$Re_i>2100$，因此，管程定性温度为$t_{Di}=0.4t_h+0.6t_c=0.4\times127+0.6\times113=118.6$℃

则常顶循油在定性温度下的密度：

$$\rho_i=t_{Di}\times(1.307d_4^{20}-1.817)+973.86d_4^{20}+36.34$$
$$=118.6\times(1.307\times0.7435-1.817)+973.86\times0.7435+36.34$$
$$=660.2\text{kg/m}^3$$

常顶循油在定性温度下的比热容为：

$$C_{ti}=4.1855\times10^3\times[0.6811-0.308d_{15.6}^{15.6}+(1.8t_{Di}+32)\times(0.000815-0.000306d_{15.6}^{15.6})]\times(0.055K+0.35)$$
$$=4.1855\times10^3\times[0.6811-0.308\times0.7483+(1.8\times118.6+32)\times(0.000815-0.000306\times0.7483)]\times(0.055\times11.87+0.35)$$
$$=2.495\text{kJ/(kg·℃)}=2495\text{J/(kg·℃)}$$

常顶循油在定性温度下的导热系数：

$$\lambda_i=0.0199-0.0000656t_{Di}+\frac{0.098}{d_{15.6}^{15.6}}$$
$$=0.0199-0.0000656\times118.6+\frac{0.098}{0.7483}=0.1431\text{W/(m·℃)}$$

根据已知的两点黏度，求常顶循油在定性温度下的黏度。

先求得参数a，参数b和参数C。因为$d_4^{20}\leqslant0.8$，所以参数$C=0.8$

$$b=\frac{\ln[\ln(\nu_1+C)]-\ln[\ln(\nu_2+C)]}{\ln(t_1+273)-\ln(t_2+273)}=\frac{\ln[\ln(0.5336+0.8)]-\ln[\ln(0.46+0.8)]}{\ln(128+273)-\ln(152+273)}=-3.779$$

$$a=\ln[\ln(\nu_1+C)]-b\ln(t_1+273)=\ln[\ln(0.5336+0.8)]-(-3.779)\times\ln(128+273)=21.405$$

再求得常顶循油在定性温度下的运动黏度和动力黏度。

$$\nu_i=\exp\{\exp[a+b\times\ln(t_{Di}+273)]\}-C$$
$$=\exp\{\exp[21.405+(-3.779)\times\ln(118.6+273)]\}-0.8=0.57\text{mm}^2/\text{s}$$
$$\mu_i=\rho_i\times\nu_i\times10^{-3}=660.2\times0.57\times10^{-3}=0.376\text{cP}=0.000376\text{Pa·s}$$

式中 Re_i——管内流体雷诺准数（无因次数）；

t_{Di}——管内流体定性温度，℃；

t_{hi}——管内流体热端温度，℃；

t_{ci}——管内流体冷端温度，℃；

ρ_i——管内流体定性温度下密度，kg/m^3；

C_{ti}——管内流体定性温度下比热容，kJ/(kg·℃)；

λ_i——管内流体定性温度下导热系数，W/(m·℃)；

ν_i——管内流体定性温度下运动黏度，mm^2/s；

μ_i——管内流体定性温度下动力黏度，Pa·s。

同理，假设原油的雷诺数$Re_o>2100$，则壳程定性温度为$t_{Do}=0.4t_h+0.6t_c=0.4\times82+0.6\times$

65=71.8℃

原油在定性温度下的密度为：

$$\rho_o = t_{Do}\times(1.307d_4^{20}-1.817)+973.86d_4^{20}+36.34$$

$$=71.8\times(1.307\times0.8855-1.817)+973.86\times0.8855+36.34=851.3\text{kg/m}^3$$

原油在定性温度下的比热容为：

$$C_{to}=4.1855\times10^3\times[0.6811-0.308d_{15.6}^{15.6}+(1.8\,t_{Do}+32)\times(0.000815-0.000306\,d_{15.6}^{15.6})]\times(0.055K+0.35)$$

$$=4.1855\times10^3\times[0.6811-0.308\times0.8895+(1.8\times71.8+32)\times(0.000815-0.000306\times0.8895)]\times(0.055\times11.8+0.35)$$

$$=2.068\text{kJ/(kg·℃)}=2068\text{J/(kg·℃)}$$

原油在定性温度下的导热系数：

$$\lambda_o=0.0199-0.0000656\,t_{Do}+\frac{0.098}{d_{15.6}^{15.6}}$$

$$=0.0199-0.0000656\times71.8+\frac{0.098}{0.8895}=0.1254\text{W/(m·℃)}$$

根据已知的两点黏度，求原油在定性温度下的黏度。

先求得参数 a，参数 b 和参数 C。因为 $0.8<d_4^{20}<0.9$，所以参数 $C=2.4-20d_4^{20}=2.4-20\times0.8855=0.629$。

$$b=\frac{\ln[\ln(\nu_1+C)]-\ln[\ln(\nu_2+C)]}{\ln(t_1+273)-\ln(t_2+273)}$$

$$=\frac{\ln[\ln(8.604+0.629)]-\ln[\ln(2.329+0.629)]}{\ln(50+273)-\ln(100+273)}=-4.988$$

$$a=\ln[\ln(\nu_1+C)]-b\ln(t_1+273)$$

$$=\ln[\ln(8.604+0.629)]-(-4.988)\times\ln(50+273)=29.621$$

再求得原油在定性温度下的运动黏度和动力黏度。

$$\nu_o=\exp\{\exp[a+b\times\ln(t_{Do}+273)]\}-C=$$

$$\exp\{\exp[29.621+(-4.988)\times\ln(71.8+273)]\}-0.629=4.345\text{mm}^2/\text{s}$$

$$\mu_o=\rho_o\times\nu_o\times10^{-3}=851.3\times4.345\times10^{-3}=3.702\text{cP}=0.003702\text{Pa·s}$$

式中 Re_o——管外流体雷诺准数(无因次数)；

t_{Do}——管外流体定性温度,℃；

t_{ho}——管外流体热端温度,℃；

t_{co}——管外流体冷端温度,℃；

ρ_o——管内流体定性温度下密度，kg/m^3；

C_{to}——管外流体定性温度下比热容，kJ/(kg·℃)；

λ_o——管外流体定性温度下导热系数，W/(m·℃)；

ν_o——管外流体定性温度下运动黏度，mm^2/s；

μ_o——管外流体定性温度下动力黏度，Pa·s。

10.4 膜传热系数计算

10.4.1 管内膜传热系数计算

计算管程流通面积：

$$S_i=\frac{N_t}{N_{tp}}\times\frac{\pi}{4}d_i^2=\frac{1400}{4}\times\frac{\pi}{4}\times\left(\frac{20}{1000}\right)^2=0.11\text{m}^2$$

管内流体质量流速：

$$G_i=\frac{W_i}{S_i}=\frac{299780}{3600\times0.11}=757.32\text{kg/(m}^2\cdot\text{s)}$$

于是管内流体雷诺数为：

$$Re_i=G_i\times\frac{d_i}{\mu_i}=757.32\times\frac{0.02}{0.000376}=40249>2100$$

因此，计算管内流体定性温度时对雷诺数的假设成立。

式中 S_i——管程流通面积，m^2；

N_t——管子总数；

N_{tp}——管程数；

d_i——管内径，m；

G_i——管内流体质量流速，kg/(m^2·s)；

W_i——管内流体流率，kg/h。

管内流体普朗克准数为：

$$Pr_i=C_{pi}\times\frac{\mu_i}{\lambda_i}=2495.21\times\frac{0.000376}{0.1431}=6.563$$

式中 Pr_i——管内流体普兰特准数(无因次数)。

因为$Re_i>10000$，且换热管为光管，因此管内传热因子为：

$$J_{Hi}=0.023\times Re_i^{0.8}=0.023\times40249^{0.8}=111.05$$

根据$h_{io}=\frac{\lambda_i}{d_o}\times J_{Hi}\times Pr_i^{\frac{1}{3}}\times\phi_i$，假设$\phi_i=1$，可以得到以管外表面为基准的管内膜传热系数为：

$$h'_{io}=\frac{\lambda_i}{d_o}\times J_{Hi}\times Pr_i^{\frac{1}{3}}=\frac{0.1431}{0.025}\times111.05\times6.563^{\frac{1}{3}}=1189.9\text{W/(m}^2\cdot\text{K)}$$

式中 J_{Hi}——管内传热因子，无因次；

h_{io}——以管外表面积为基准的管内膜传热系数，W/(m^2·K)；

d_o——管外径，m；

Φ_i——管程壁温校正系数，无因次。

10.4.2 管外膜传热系数的计算

由于布管角度为45°，因此管子呈正方形排列，于是管子的当量直径为：

$$d_e=\frac{4\left(p_t^2-\frac{\pi}{4}d_o^2\right)}{\pi d_o}=\frac{4\left(0.032^2-\frac{\pi}{4}\times0.025^2\right)}{\pi\times0.025}=0.02715\text{m}$$

式中 d_e——管子当量直径，m；

P_t——管心距，m。

查《冷换设备工艺计算手册》[1]（第二版）P59~P60，可得当折流板间距为200mm时，壳程流通面积为0.1488m^2，因此，折流板间距为300mm时的壳程流程面积为：

$$S_o = S_{o,200} \times \frac{B-\delta}{200-\delta} = 0.1488 \times \frac{300-10}{200-10} = 0.2271\text{m}^2$$

于是，壳程流体质量流速为：

$$G_o = \frac{W_o}{S_o} = \frac{294274}{3600 \times 0.2271} = 359.92\text{kg/(m}^2 \cdot \text{s)}$$

壳程流体雷诺数为：

$$Re_o = d_e \times \frac{G_o}{\mu_o} = 0.02715 \times \frac{359.92}{0.003702} = 2639 > 2100$$

因此，计算管外流体定性温度时对雷诺数的假设成立。

式中　S_o——壳程流通面积，m^2；

G_o——壳程流体质量流速，$\text{kg/(m}^2 \cdot \text{s)}$；

W_o——壳程流体流率，kg/h。

壳程流体的普朗克准数为：

$$Pr_o = C_{to} \times \frac{\mu_o}{\lambda_o} = 2068 \times \frac{0.003702}{0.1254} = 61.082$$

式中　Pr_o——壳程流体普兰特准数(无因次数)。

由于$Re_o \geqslant 1000$，且换热管为45°排列，因此管外传热因子为：

$$J_{Ho} = 0.378\, Re_o^{0.554} \times \frac{Z-15}{10} + 0.41\, Re_o^{0.5634} \times \frac{25-Z}{10}$$

$$= 0.378 \times 2639^{0.554} \times \frac{25-15}{10} + 0.41 \times 0.378^{0.5634} \times \frac{25-25}{10} = 29.7$$

根据$h_o = \lambda_{oD}/d_e \times J_{Ho} \times Pr^{\frac{1}{3}} \times \phi_o \times \varepsilon_h$，假设$\phi_o = 1$，并查《冷换设备工艺计算手册》[1]（第二版）P24 表1-16，得到$\varepsilon_h = 1.09$，则可以得到以光管外表面积为基准的管外膜传热系数为：

$$h'_o = \frac{\lambda_{oD}}{d_e} \times J_{Ho} \times Pr^{\frac{1}{3}} \times \phi_o \times \varepsilon_h = \frac{0.1254}{0.02715} \times 29.7 \times 61.082^{\frac{1}{3}} \times 1 \times 1.09 = 589\text{W/(m}^2 \cdot \text{K)}$$

式中　J_{Ho}——壳程传热因子，无因次；

h_o——以光管外表面积为基准的管外膜传热系数，$\text{W/(m}^2 \cdot \text{K)}$；

ϕ_o——壳程壁温校正系数，无因次；

ε_h——旁路挡板传热校正系数。

10.5　校正的膜传热系数

由于热流走管程，因此金属壁温为：

$$t_w = \frac{h'_{io}}{h'_o + h'_{io}} \times (t_{Di} - t_{Do}) + t_{Do} = \frac{1189.9}{589 + 1189.9} \times (118.6 - 71.8) + 71.8 = 103.1℃$$

因此，管内介质在金属壁温条件下的密度、运动黏度和动力黏度分别为：

$$\rho_{wi} = t_{wi} \times (1.307 d_4^{20} - 1.817) + 973.86 d_4^{20} + 36.34$$

$$= 103.1 \times (1.307 \times 0.7435 - 1.817) + 973.86 \times 0.7435 + 36.34 = 673.3\text{kg/m}^3$$

$$\nu_{wi} = \exp\{\exp[a + b \times \ln(t_{wi} + 273)]\} - C$$

$$= \exp\{\exp[21.405 + (-3.779) \times \ln(103.1 + 273)]\} - 0.8 = 0.643\text{mm}^2/\text{s}$$

$$\mu_{wi} = \rho_{wi} \times \nu_{wi} \times 10^{-3} = 673.3 \times 0.643 \times 10^{-3} = 0.433\text{cP} = 0.000433\text{Pa} \cdot \text{s}$$

管外介质在金属壁温条件下的密度、运动黏度和动力黏度分别为：

$$\rho_{wo}=t_{wo}\times(1.307d_4^{20}-1.817)+973.86d_4^{20}+36.34$$

$$=103.1\times(1.307\times0.8855-1.817)+973.86\times0.8855+36.34=830.7\text{kg/m}^3$$

$$\nu_{wi}=\exp\{\exp[a+b\times\ln(t_{wi}+273)]\}-C$$

$$=\exp\{\exp[21.405+(-3.779)\times\ln(101.3+273)]\}-0.8=2.202\text{mm}^2/\text{s}$$

$$\mu_{wo}=\rho_{wo}\times\nu_{wo}\times10^{-3}=851.3\times4.345\times10^{-3}=3.702\text{cP}=0.002202\text{Pa}\cdot\text{s}$$

于是，管内膜传热系数和管外膜传热系数的校正系数分别为：

$$\phi_i=\left(\frac{\mu_i}{\mu_{wi}}\right)^{0.14}=\left(\frac{0.000376}{0.000433}\right)^{0.14}=0.9806$$

$$\phi_o=(\mu_o/\mu_{wo})^{0.14}=\left(\frac{0.003702}{0.002202}\right)^{0.14}=1.1038$$

校正后的管内膜传热系数和管外膜传热系数分别为：

$$h_i=\phi_i h_i'=0.9806\times1189.9=1166.8\text{W/(m}^2\cdot\text{K)}$$

$$h_o=\phi_o h_o'=1.1038\times589=650.1\text{W/(m}^2\cdot\text{K)}$$

式中 t_w——金属壁温，℃；

ρ_{wi}——管内流体金属壁温下密度，kg/m^3；

ν_{wi}——管内流体金属壁温下运动黏度，mm^2/s；

μ_{wo}——管内流体金属壁温下动力黏度，Pa·s；

ρ_{wo}——壳程流体金属壁温下密度，kg/m^3；

ν_{wo}——壳程流体金属壁温下运动黏度，mm^2/s；

μ_{wo}——壳程流体金属壁温下动力黏度，Pa·s。

10.6 总传热系数

由于换热管外径为25mm，材质为碳钢，因此查《冷换设备工艺计算手册》[1]（第二版）P10，表1-10，可以得到管壁金属热阻$r_p=0.0006\ \text{m}^2\cdot\text{K/W}$

根据公式 $K=\dfrac{1}{\dfrac{A_o}{A_i}\times\left(\dfrac{1}{h_i}+r_i\right)+\left(\dfrac{1}{h_o}+r_o\right)+r_p}$ 计算该台位换热器的总传热系数，由于 h_i 和 r_i 均以管外表面为基准，因此在计算时应省略$\dfrac{A_o}{A_i}$项，于是得到结垢状态下的传热系数为：

$$K_{结垢}=\frac{1}{\left(\frac{1}{h_i}+r_i\right)+\left(\frac{1}{h_o}+r_o\right)+r_p}$$

$$=\frac{1}{\left(\frac{1}{1166.8}+0.000344\right)+\left(\frac{1}{650.1}+0.000688\right)+0.0006}$$

$$=286.8\text{W/(m}^2\cdot\text{K)}$$

清洁状态下，结垢热阻为0，于是，清洁状态下的传热系数为：

$$K_{清洁}=\frac{1}{\left(\frac{1}{h_i}+r_i\right)+\left(\frac{1}{h_o}+r_o\right)+r_p}$$

$$=\frac{1}{\left(\frac{1}{1166.8}+0\right)+\left(\frac{1}{650.1}+0\right)+0.0006}=407.3\text{W/(m}^2\cdot\text{K)}$$

根据公式 $Q=K\cdot\Delta t_e\cdot A$，已知热负荷 Q，换热器面积 A 和有效传热温差，可以得到实际传热系数：

$$K_{实际}=\frac{Q_{热}}{\Delta t_e\cdot A}=\frac{2916193}{45.6\times635}=100.6\text{W/(m}^2\cdot\text{K)}$$

于是可以得到$K_{实际}<K_{结垢}$，因此可以推断，该台位换热器结垢较严重，这与现场实际情况相吻合。

式中 K——总传热系数，W/(m²·K)；

A_i——管内表面积，m²；

A_o——管外表面积，m²；

r_i——管内流体结垢热阻，m²·K/W；

r_o——管外流体结垢热阻，m²·K/W；

r_p——管壁金属热阻，m²·K/W；

A——换热面积(以管外表面积为基准)，m²。

10.7 管壳程压降计算

10.7.1 管程压降

由于管程流体雷诺数 $1000<Re_i<100000$，因此管内摩擦系数为：

$$f_i=0.4513\times Re_i^{-0.2653}=0.4513\times40249^{-0.2653}=0.027$$

于是，管程直管压力降为：

$$\Delta P_i=\frac{G_i^2}{2\rho_i}\times\frac{L\times N_{tp}}{d_i}\times\frac{f_i}{\phi_i}=\frac{757.32}{2\times660.2}\times\frac{6\times4}{0.020}\times\frac{0.027}{0.9805}=14.4\text{kPa}$$

式中 f_i——管内摩擦系数，无因次；

ΔP_i——管程直管压力降，kPa；

L——管长，m。

回弯压力降为：

$$\Delta Pr=\frac{G_i^2}{2\rho_i}\times(4N_{tp})=\frac{757.32}{2\times660.2}\times4\times4=7.0\text{kPa}$$

式中 ΔP_i——回弯压力降，kPa；

流体流经进出口管嘴的质量流速分别为：

$$G_{Ni1}=\frac{4W_i}{\pi d_{Ni1}}=\frac{4\times299780}{3600\times\pi\times0.3}=1178\text{kg/(m}^2\cdot\text{s)}$$

$$G_{Ni2}=\frac{4W_i}{\pi d_{Ni2}}=\frac{4\times299780}{3600\times\pi\times0.3}=1178\text{kg/(m}^2\cdot\text{s)}$$

进出口管嘴压力降为：

$$\Delta P_{Ni}=\frac{G_{Ni1}^2+0.5G_{Ni2}^2}{2\rho_i}=\frac{1178^2+0.5\times1178^2}{2\times660.2}=1.6\text{kPa}$$

式中 d_{Ni1}——管程进口管嘴直径，m；

d_{Ni2}——管程进口管嘴直径，m；

ΔP_i——进出口管嘴压力降，kPa。

查《冷换设备工艺计算手册》[1]（第二版）P22 表 1-15 可得，管程压力降结垢校正系数 $F_i=1.35$，于是管程压力降可通过下式计算得到：

$$\Delta P_t=(\Delta P_i+\Delta P_r)\times F_i+\Delta P_{Ni}=(14.4+7.0)\times1.35+1.6=30.4\text{kPa}$$

式中 ΔP_t——管程压力降，kPa；

F_i——管程压力降结垢校正系数，与结垢热阻有关。

10.7.2 壳程压降

由于管程按 45°排列，且壳程雷诺数 $1500<Re_o<15000$，因此壳程摩擦系数为：

$$f_o'=0.731Re_o^{-0.0774}=0.731\times2667^{-0.0774}=0.397$$

由于弓缺为 25%，因此 $f_o=f_o'=0.397$

查《冷换设备工艺计算手册》[1]（第二版）P24 表 1-16，得到 $\varepsilon_{\Delta P}=1.3$，则管束压力降为：

$$\Delta P_o=\frac{G_o^2}{2\rho_{oD}}\times\frac{D_s\times(N_b+1)}{d_e}\times\frac{f_o}{\phi_o}\times\varepsilon_{\Delta P}$$

$$=\frac{363.71}{2\times851.3}\times\frac{1.5\times(18+1)}{0.2715}\times\frac{0.397}{1.1036}\times1.3=38.1\text{kPa}$$

式中 f_o——壳程摩擦系数，无因次；

$\varepsilon_{\Delta P}$——旁路挡板压力降校正系数；

D_s——壳径，m；

N_b——折流板块数。

流体流经进出口管嘴的质量流速分别为：

$$G_{No1}=G_{No2}=\frac{4W_o}{\pi d_{No}^2}=\frac{4\times294274}{3600\times\pi\times0.03^2}=1156\text{kg/(m}^2\cdot\text{s)}$$

式中 G_{No1}——流体流经壳程进口管嘴的质量流速，kg/(m²·s)；

G_{No2}——流体流经壳程出口管嘴的质量流速，kg/(m²·s)；

d_{No1}——壳程进口管嘴直径，m；

d_{No2}——壳程出口管嘴直径，m；

根据《冷换设备工艺计算手册》[1]（第二版）P30 说明，导流筒的压力降系数一般取 5~7，本次计算按 $\varepsilon_{Ip}=7$，于是导流筒压力降为：

$$\Delta P_{ro}=\frac{G_{No}^2}{2\rho_o}\times\varepsilon_{IP}=\frac{1156^2}{2\times851.3}\times7=0.5\text{kPa}$$

进出口管嘴压力降为：

$$\Delta P_{No}=\frac{1.5G_{No}^2}{2\rho_o}=\frac{1.5\times1156^2}{2\times851.3}=1.2\text{kPa}$$

查《冷换设备工艺计算手册》[1]（第二版）P27 表 1-17，得到壳程压力降结垢校正系数 $F_o=1.45$，于是壳程压力降为：

$$\Delta P_s=\Delta P_o \times F_o+\Delta P_{ro}+\Delta P_{No}=38.1\times1.45+0.5+1.2=57.0\text{kPa}$$

式中 ΔP_{ro}——导流筒压降，kPa；

ε_{IP}——导流板或导流筒的压力降系数，一般取5~7；

ΔP_{No}——进出口管嘴压力降，kPa；

ΔP_s——壳程压力降，kPa；

F_o——壳程压力降结垢校正系数，与结垢热阻有关。

由于在该台位换热器管壳程的进出口没有压力表，无法得到实际的换热器管壳程压力降，无法与计算所得的压力降比较。但是根据前面传热系数的比较，可以得到换热器结垢较严重，因此实际管程和壳程的压力降结垢系数应大于查表得到的数值，因此可以判断，换热器实际的管壳程压力降要大于计算值。

11 电脱盐计算

11.1 原油上升速度和最小水滴沉降直径计算

长岭8.0Mt/a常减压装置设三级电脱盐，其中第一级为高速电脱盐，罐体尺寸为ϕ4400mm×32000mm(切)，第二级和第三级为低速电脱盐，罐体尺寸均为ϕ5600mm×34000mm(切)。

将电脱盐的基本参数列于表2-73。

表2-73 电脱盐基本参数

电脱盐罐	一级	二级	三级	单位
直径①D	4.4	5.6	5.6	m
切线长①L	32	34	34	m
封头高度①h	1.757	1.849	1.849	m
操作温度t	140	138	136	℃
原油相对密度	0.8855	0.8855	0.8855	
原油质量流量W	882823	882823	882823	kg/h
脱前含盐量N_0	169.5	11.2	2.8	mgNaCl/L
脱后含盐量N	11.2	2.8	0.8	mgNaCl/L

①注：电脱盐罐尺寸为查原设计文件得到。

根据表2-77中电脱盐罐的尺寸数据计算原油最大上升截面积。由于电脱盐罐采用椭圆封头，因此，各级电脱盐罐原油最大上升截面积为：

$$S_1=S_{矩形1}+2S_{封头1}=D_1\times L_1+2\times\pi\times D_1\times h_1$$
$$=4.4\times32+2\times\pi\times4.4\times1.757=165.1\text{m}^2$$
$$S_3=S_2=S_{矩形2}+2S_{封头2}=D_2\times L_2+2\times\pi\times D_2\times h_2$$
$$=5.6\times34+2\times\pi\times5.6\times1.849=222.9\text{m}^2$$

式中 S——电脱盐罐截面积(下标数字分别表示各级电脱盐)，m^2；

$S_{矩形}$——筒体段截面积(下标数字分别表示各级电脱盐)，m^2；

$S_{封头}$——封头截面积(下标数字分别表示各级电脱盐)，m^2。

根据《冷换设备工艺计算手册》[1](第二版)P75附表1-7中密度和黏度计算公式，分别计算原油在各级电脱盐罐操作温度条件下的密度和黏度，由于在第二部分第10节中已计算过原油黏度，其参数分别为 $a=29.621$，$b=-4.988$，$C=0.629$。

$$\rho_1=t_1\times(1.307d_4^{20}-1.817)+973.86d_4^{20}+36.34$$
$$=140\times(1.307\times0.8855-1.817)+973.86\times0.8855+36.34=806.3\mathrm{kg/m^3}$$
$$\nu_1=\exp\{\exp[a+b\times\ln(t_1+273)]\}-C$$
$$=\exp\{\exp[29.621+(-4.988)\times\ln(140+273)]\}-0.629=1.292\mathrm{mm^2/s}$$
$$\mu_1=\rho_1\times\nu_1\times10^{-3}=806.3\times1.292\times10^{-3}=1.041\mathrm{cP}=0.001041\mathrm{Pa\cdot s}$$
$$\rho_2=t_2\times(1.307d_4^{20}-1.817)+973.86d_4^{20}+36.34$$
$$=138\times(1.307\times0.8855-1.817)+973.86\times0.8855+36.34=807.7\mathrm{kg/m^3}$$
$$\nu_2=\exp\{\exp[a+b\times\ln(t_2+273)]\}-C$$
$$=\exp\{\exp[29.621+(-4.988)\times\ln(138+273)]\}-0.629=1.322\mathrm{mm^2/s}$$
$$\mu_2=\rho_2\times\nu_2\times10^{-3}=807.7\times1.322\times10^{-3}=1.068\mathrm{cP}=0.001068\mathrm{Pa\cdot s}$$
$$\rho_3=t_3\times(1.307d_4^{20}-1.817)+973.86d_4^{20}+36.34$$
$$=136\times(1.307\times0.8855-1.817)+973.86\times0.8855+36.34=809.0\mathrm{kg/m^3}$$
$$\nu_3=\exp\{\exp[a+b\times\ln(t_3+273)]\}-C$$
$$=\exp\{\exp[29.621+(-4.988)\times\ln(136+273)]\}-0.629=1.355\mathrm{mm^2/s}$$
$$\mu_3=\rho_3\times\nu_3\times10^{-3}=809.0\times1.355\times10^{-3}=1.096\mathrm{cP}=0.001096\mathrm{Pa\cdot s}$$

式中 ρ——原油在操作温度下密度(下标数字分别表示各级电脱盐)，$\mathrm{kg/m^3}$；

ν——原油在操作温度下运动黏度(下标数字分别表示各级电脱盐)，$\mathrm{mm^2/s}$；

μ——管内流体定性温度下动力黏度(下标数字分别表示各级电脱盐)，Pa·s。

所以每级罐的原油上升速度分别为：

$$u_1=\frac{W_1}{\rho_1\times S_1}=\frac{882823}{806.3\times165.1\times3600}=0.0018\mathrm{m/s}=1.8\mathrm{mm/s}$$
$$u_2=\frac{W_2}{\rho_2\times S_2}=\frac{882823}{807.7\times222.9\times3600}=0.0014\mathrm{m/s}=1.4\mathrm{mm/s}$$
$$u_3=\frac{W_3}{\rho_3\times S_3}=\frac{882823}{809.0\times222.9\times3600}=0.0014\mathrm{m/s}=1.4\mathrm{mm/s}$$

式中 u——原油上升速度(下标数字分别表示各级电脱盐)，mm/s。

根据公式 $\rho_w=1.000837-0.000108\times t-0.000003\times t^2$ 计算每级罐操作温度条件下水的密度。

$$\rho_{w1}=1.000837-0.000108\times140-0.000003\times140^2=926.9\mathrm{kg/m^3}$$
$$\rho_{w2}=1.000837-0.000108\times138-0.000003\times138^2=928.8\mathrm{kg/m^3}$$
$$\rho_{w3}=1.000837-0.000108\times136-0.000003\times136^2=930.7\mathrm{kg/m^3}$$

根据斯托克斯沉降公式：

$$d=\sqrt{\frac{u\cdot18\mu}{(\rho_w-\rho_o)g}}$$

式中 u——水滴沉降速度，m/s；

D——水滴直径，m；

ρ_w——水(或盐水)密度，$\mathrm{kg/m^3}$；

ρ_o——原油的密度，kg/m³；

g——重力加速度，9.81m/s²；

μ——油的黏度，Pa·s。

水滴的沉降速度按原油在电脱盐罐最大平面处的上升速度计算，因此每级罐的最小水滴沉降直径为：

$$d_1=\sqrt{\frac{u_1\cdot 18\mu_1}{(\rho_{w1}-\rho_{o1})g}}=\sqrt{\frac{0.0018\times18\times0.001041}{(926.9-806.3)\times9.81}}=0.000171\text{m}=0.171\text{mm}$$

$$d_2=\sqrt{\frac{u_2\cdot 18\mu_2}{(\rho_{w2}-\rho_{o2})g}}=\sqrt{\frac{0.0014\times18\times0.001068}{(928.8-807.7)\times9.81}}=0.000148\text{m}=0.148\text{mm}$$

$$d_3=\sqrt{\frac{u_3\cdot 18\mu_3}{(\rho_{w3}-\rho_{o3})g}}=\sqrt{\frac{0.0014\times18\times0.001096}{(930.7-809.0)\times9.81}}=0.000150\text{m}=0.150\text{mm}$$

以温度为横坐标，相应温度下的原油密度、水密度以及$\frac{\mu}{\rho_w-\rho_o}$作为纵坐标作图，如图2-40所示。

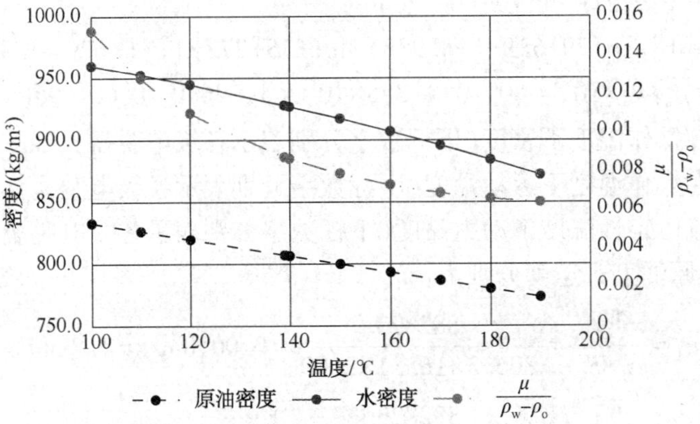

图2-40 油密度，水密度以及$\frac{\mu}{\rho_w-\rho_o}$随温度变化趋势

由图2-40可以知道，随着电脱盐罐操作温度的升高、油密度，水密度以及$\frac{\mu}{\rho_w-\rho_o}$均变小，其中$\frac{\mu}{\rho_w-\rho_o}$随着温度变化的趋势由快变缓，到温度150℃以后变化趋于平缓。

11.2 电脱盐的脱盐效率计算

每级电脱盐的脱盐效率和总脱盐效率分别为：

$$\eta_1=\frac{(N_{01}-N_1)}{N_{01}}\times100\%=\frac{196.5-11.2}{196.5}\times100\%=93.4\%$$

$$\eta_2=\frac{(N_{02}-N_2)}{N_{02}}\times100\%=\frac{11.2-2.8}{11.2}\times100\%=75.0\%$$

$$\eta_3=\frac{(N_{03}-N_3)}{N_{03}}\times100\%=\frac{2.8-0.8}{2.8}\times100\%=71.4\%$$

$$\eta=\frac{(N_{01}-N_3)}{N_{01}}\times100\%=\frac{196.5-0.8}{196.5}\times100\%=99.5\%$$

式中 η——脱盐效率(下标数字分别表示各级电脱盐),%。

由脱盐效率可知，电脱盐的脱盐效果良好。

11.3 电场强度及原油在电场中的停留时间计算

由于只查到第一级电脱盐罐内部极板的相关数据，因此以第一级电脱盐罐为例计算原油在电场中的停留时间。

一级电脱盐罐(V-101A)为高速电脱盐，其内部极板布置示意图如图 2-41 所示：

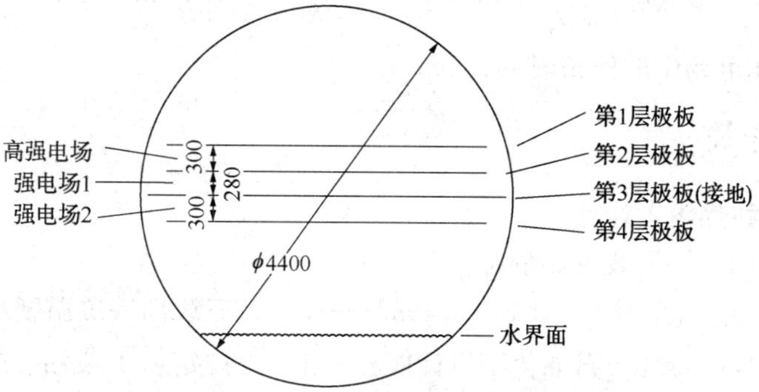

图 2-41 一级电脱盐罐极板布置示意图

根据以下公式计算各电场的电场强度：

$$E=U/b$$

式中 U——两电极板间电压，V；

E——电场强度，V/cm；

b——两极板间距，cm。

已知电极电压为 22kV，各电场的电场强度计算如下：

$$E_{高强电场}=\frac{U}{b_{1,2}}=\frac{22000}{30}=733\text{V/cm}$$

$$E_{强电场1}=\frac{U}{b_{2,3}}=\frac{22000}{28}=786\text{V/cm}$$

$$E_{强电场2}=\frac{U}{b_{3,4}}=\frac{22000}{30}=733\text{V/cm}$$

由于电极板分布在电脱盐罐最大截面附近，因此高强电场和两个强电场的体积近似的用下式计算：

$$V=S\times b/1000$$

式中 V——为强电场容积，m^3。

因此三个电场的体积分别为：

$$V_{高强电场}=S_1\times\frac{b_{1,2}}{1000}=165.1\times\frac{300}{1000}=49.5\text{m}^3$$

$$V_{强电场1}=S_1\times\frac{b_{2,3}}{1000}=165.1\times\frac{280}{1000}=46.2\text{m}^3$$

$$V_{强电场2}=S_1\times\frac{b_{3,4}}{1000}=165.1\times\frac{300}{1000}=49.5\text{m}^3$$

于是原油在三个电场中的停留时间分别为：

$$\tau_{高强电场}=\frac{V_{高强电场}}{W_1/\rho_1}\times60=\frac{49.5}{882823/806.3}\times60=2.71\text{min}$$

$$\tau_{强电场1}=\frac{V_{强电场1}}{W_1/\rho_1}\times60=\frac{46.2}{882823/806.3}\times60=2.53\text{min}$$

$$\tau_{强电场2}=\frac{V_{强电场2}}{W_1/\rho_1}\times60=\frac{49.5}{882823/806.3}\times60=2.71\text{min}$$

式中　τ——原油在电场中的停留时间，min。

12　能耗计算

12.1　热输出和热输入计算

以减三线油为例，计算装置热输出。

根据表2-53，已知减三线流量$W_{减三}=49843\text{kg/h}$，减三线出装置温度$T_L=148$℃。

根据GB/T 50441—2016《石油化工设计能耗标准》[8]规定：①柴油、蜡油和渣油的规定温度分别为70℃、80℃和120℃；②油品的热进料或热出料热量温度等于或大于120℃时，高于120℃的热量按1：1比例计算标准能源量，油品规定温度与120℃之间的热量折半计算标准能源量，规定温度以下的热量不计算标准能源量。

因此，减三线规定温度$T_s=80$℃，且减三线热输出的热量可分成两部分，148~120℃之间的热量全部计入能耗，80~120℃的热量折半计入能耗。

减三线在148℃、120℃、80℃的焓值已在第二部分第5节计算得到，于是：

$$Q_{\geq120,减三线}=W_{减三线}\times(h_{减三线,148}-h_{减三线,120})=49843\times\frac{328.77-265.52}{1000}=3153\text{MJ/h}$$

$$Q_{<120,减三线}=W_{减三线}\times(h_{减三线,120}-h_{减三线,80})=49843\times\frac{265.52-180.61}{1000}=4232\text{MJ/h}$$

同理计算其余热输出及热输入物流的热量，并列入表2-74：

表2-74　装置热输出和输入表

序号	物流名称	流量/(kg/h)	温度范围/℃	入口焓值/(kJ/kg)	出口焓值/(kJ/kg)	热负荷/(MJ/h)	计算标准能源量/(MJ/h)	备　注
一	热输出							
1	常一线1	67100	255→120	655.35	291.13	24439	24439	
			120→70	291.13	176.08	7720	3860	
2	常一线2	60756	200→120	497.52	291.13	12539	12539	
			120→70	291.13	176.08	6990	3495	
3	常二线	29938	106→70	251.29	171.57	2387	1193	
4	常三线	114896	106→70	248.45	169.62	9057	4529	

续表

序号	物流名称	流量/(kg/h)	温度范围/℃	入口焓值/(kJ/kg)	出口焓值/(kJ/kg)	热负荷/(MJ/h)	计算标准能源量/(MJ/h)	备注
5	减二线	39301	84→80	197.28	182.73	572	286	
6	减二线	174179	158→120	356.1	268.57	15246	15246	
			120→80	268.57	182.73	14952	7476	
7	减三线	49843	148→120	328.77	265.52	3153	3153	
			120→80	265.52	180.61	4232	2116	
8	常压渣油	26697	200→120	444.55	259.64	4937	4937	
9	减压渣油	114858	234→120	515.08	251.64	30258	30258	
10	减压渣油	80775	140→120	294.23	251.64	3440	3440	
11	轻蜡油轻烃回收	173832	196→158	449.45	356.1	16227	16227	
12	重蜡油至航煤	7268	336→259	834.77	610.41	1631	1631	
	小计							
	其中≥120℃					111870	111870	
	其中<120℃					45909	22955	
二	热输入							
1	航煤1	67100	255→216	655.35	542.1	7599	7599	
2	航煤2	67100	246→120	628.64	291.13	22647	22647	
			120→70	291.13	176.08	7720	3860	
3	热水	57000				5966	2983	
	小计							
	其中≥120℃					30246	30246	
	其中<120℃					7720	3860	

12.2 基准能耗计算

根据中国石化《基准能耗》中装置能耗与总拔出率的关系：

$$E=3.5132C+206.68-K_1$$

式中 E——能耗，MJ/t 原油；

C——总拔出率，%(质)；

K_1——校正系数，MJ/t 原油。

校正系数 K_1 与原油中液化气收率关系式如下：

$$K_1=6.3652L+11.351$$

式中 L——液化石油气收率(占原油)，%(质)。

上式适用于液化石油气收率 $L\geqslant 0.58\%$。如小于 0.58%，则校正系数 K_1 按 15MJ/t 考虑。由于装置的液化石油气收率无法得到，因此本次计算时 K_1 暂按 15MJ/t 考虑。则装置能耗为：

$$E=3.5132C+206.68-K_1=3.5132\times77.57-15=464.21\text{MJ/t 原油}=11.087\text{kg/t}$$

装置负荷率与能耗的关系如下：

$$F=134.74-0.3384R$$

式中 F——负荷率变化时能耗相对百分数,%；

R——负荷率,%(质)。

因此，负荷率变化时能耗相对百分数为：

$$F=134.74-0.3384R=134.74-0.3384\times92.70=103.37\%$$

因此本装置的最终基准能耗为：

$$E'=E\times F=11.087\times103.37\%=11.461\text{kg/t}$$

12.3 能耗计算

根据装置内公用工程消耗以及热输入和热输出情况，并根据 GB/T 50441—2016《石油化工设计能耗标准》[8] 中能耗折算值，计算装置能耗。

以蒸汽消耗为例，已知装置 1.0MPa 蒸汽消耗量为 13.9t/h，1.0MPa 蒸汽折算值为 76kg/t，因此装置设计能耗为：

$$1.0\text{MPa 蒸汽设计能耗}=1.0\text{MPa 蒸汽消耗量}\times\text{折算值}=13.9\times76=1059.65\text{kg/h}$$

因此 1.0MPa 蒸汽单位能耗为：

$$1.0\text{MPa 蒸汽单位能耗}=\frac{1.0\text{MPa 蒸汽设计能耗}}{\text{原油处理量}}=\frac{1059.65}{890.078}=1.191\text{kg/t}$$

同理计算其余能耗并列入表 2-75：

表 2-75 设计装置能耗

序号	项目	消耗量		能源折算值		设计能耗	单位能耗	备注
		单位	数量	单位	数量	kg/h	kg/t	
1	电	kW	6693	kg/(kW·h)	0.22	1472.56	1.654	
2	燃料							
	燃料气	kg/h	8443	nm³/t	0.888	7497.37	8.423	
3	蒸汽							
	1.0MPa	t/h	13.9	kg/t	76	1059.65	1.191	
	0.5MPa	t/h	9.2	kg/t	66	606.72	0.682	
4	水							
	循环水	t/h	2038	kg/t	0.06	122.28	0.137	
	除盐水	t/h	8.0	kg/t	6.5	51.70	0.058	
	凝结水	t/h	0.1	kg/t	6	0.48	0.001	
	污水	t/h	25.4	kg/t	1.1	27.97	0.031	
5	热交换							
	热输出	MJ/h	-134824		0.024	-3220.23	-3.618	
	热输入	MJ/h	35478		0.024	847.39	0.952	
	热水	MJ/h	2983		0.024	71.25	0.080	

续表

序号	项目	消耗量		能源折算值		设计能耗	单位能耗	备注
		单位	数量	单位	数量	kg/h	kg/t	
6	气体							
	净化空气	m^3/h	180	kg/m^3	0.038	6.84	0.008	
	合计						9.599	

注：根据 GB/T 50441—2016《石油化工设计能耗计算标准》[8]，油品的规定温度：柴油为 70℃，蜡油为 80℃，渣油为 120℃；规定温度~120℃之间的低温位热量折半计入能耗，120℃以上中高温位热量全部计入能耗。燃料的折算值为燃料低发热值与标准燃料油低发热值的比值。装置新鲜水的能耗小于 0.001kg/t，因此在表中忽略

12.4 能耗分析

装置总能耗为 9.599kg/t，用能分析如下。

（1）燃料。装置燃料单耗为 8.423kg/t，相对较高。主要因为：装置总拔出率较高，达到 77.57%，且装置换热终温较低为 289℃。

（2）装置热输出。装置热输出能耗为-3.618kg/t，相对较低，装置内部分热源热出料温度较高，如减压渣油至催化，热出料温度为 234℃，且有较高温位热源热输出，如重蜡油作航煤加氢重沸器热源(336→259)。这些热源作为热输出，降低了热输出能耗的同时，又由于高于换热网络的夹点温度，影响换热终温，导致装置燃料消耗增加。

（3）与基准能耗比较。装置总能耗为高于 2018 年中国石化常减压装置的平均能耗 8.66kg/t，但低于《基准能耗》所规定的基准能耗值，因此，说明装置的操作水平相对较差，装置还有进一步节能降耗的潜力和空间。

第三部分　装置检修改造建议

1　换热终温偏低问题

通过第二部分第 7 节换热网络计算，可以知道，现有换热网络夹点温差约 33.7℃，换热终温约 289℃，夹点温差偏大，换热终温偏低，且网络中存在几处不合理的地方，主要有：

（1）部分热源热出料温位偏高。减压渣油至催化装置热输出温度为 234℃，高于网络的夹点 226.8℃，导致影响装置换热终温。

（2）部分热源热输出温位偏高。减三线及三中作航煤重沸器热源的温度为 336~259℃，高于夹点温度，导致影响装置换热终温。

（3）重沸器热源温位偏高。常三线油作常一线重沸器热源的温度为 314~268℃，高于夹点温度，导致影响换热终温。

改造建议：由于网络不合理，建议对换热网络进行改造，减小夹点温差，利用冷热负荷曲线法和解题表法计算换热网络(具体计算过程同第二部分第 7.2 冷热负荷曲线，7.3 总综合曲线)，采用目前设计中常采用的最经济夹点温差 18℃，计算冷热负荷曲线和总综合曲线，如图 3-1 和图 3-2 所示。

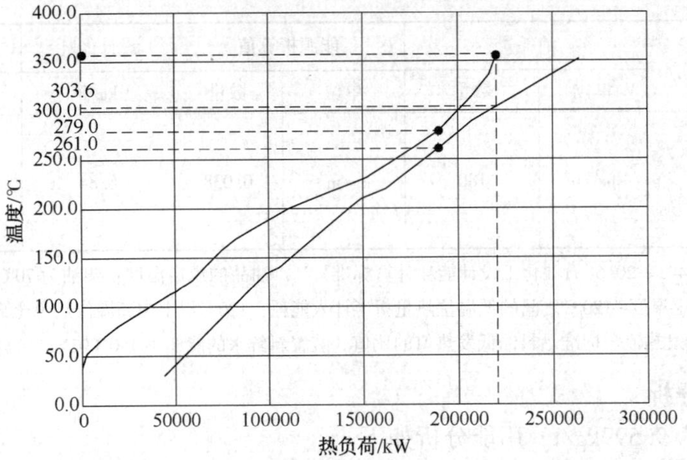

图 3-1　夹点温差为 18℃的冷热负荷曲线

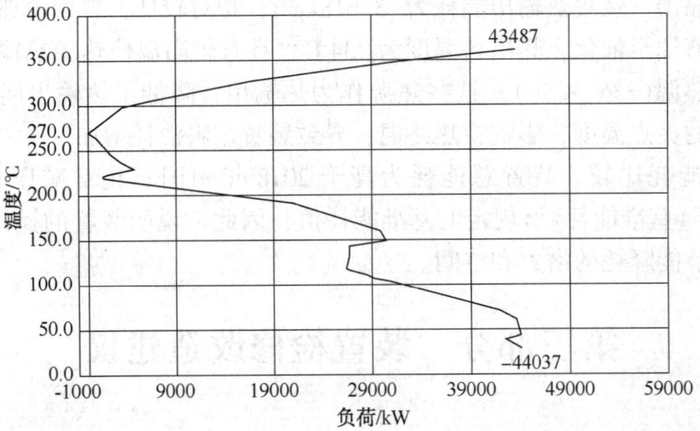

图 3-2　夹点温差为 18℃时的总综合曲线

由图 3-1 及图 3-2 可以发现，当夹点温差为 18℃时，换热网络的夹点温度变为 270℃，相应的热公用工程消耗变为 43487kW，冷公用工程消耗编为 44037kW。将之与现有网络进行对比，对比结果列于表 3-1。

表 3-1　减小夹点温差前后换热网络对比结果

项目	单位	现有网络	改造网络	差值
夹点温差	℃	33.7	18	-16
夹点温度	℃	226.9	270	43.1
换热终温	℃	289	303.6	14.6
热公用工程消耗	kW	56643	43487	-13156
冷公用工程消耗	kW	57193	44037	-13156

通过对比可以发现，当把网络的夹点温差降低至 18℃时，换热终温能提高 14.6℃，冷热公用工程消耗均降低 13156kW。

2 常压塔顶循部位结盐问题

根据第二部分第10节的计算结果，$K_{实际}<K_{结垢}$，可以得知常压塔顶循部位结垢较严重，该部位结垢通常是由于铵盐结盐引起的。

由于常压塔塔顶采用冷回流，常顶回流的温度较低，可能造成常顶油返回常压塔塔顶的位置局部温度过低，从而使铵盐在此部位析出，并造成顶循系统结垢，常顶循泵入口过滤器堵塞。

因此建议：（1）加强监控原油-常顶循换热器的压降，并增加水冲洗流程，定期对常顶循部位进行水冲洗或者在顶循压降增大的时候进行水冲洗，以减少结盐。

（2）控制电脱盐注水的氨氮含量，尽量减少带入系统中的氨氮量。

（3）增大顶循取热量，减小冷回流量，以避免塔顶回流局部温度过低，导致局部铵盐析出结垢。

参 考 文 献

[1] 刘巍，邓方义. 冷换设备工艺计算手册[M]. 2版. 北京：中国石化出版社，2008.

[2] 曹汉昌，郝希仁，张韩. 催化裂化工艺计算与技术分析[M]. 北京：中国石化出版社，2000.

[3] 徐春明，杨朝合. 石油炼制工程[M]. 4版. 北京：石油化工出版社，2009.

[4] 美国石油协会. API © TECHNICAL DATA BOOK 10th Edition[M]. 2016.

[5] 王庆华，仇汝臣，王洛春，等. 石油馏分焦点温度和焦点压力的数学关联式[J]. 青岛科技大学学报（自然科学版），2004，(05)：412-414.

[6] 上海化工学院炼油教研组. 石油炼制设计数据图表集[M]. 上海：上海化工学院出版社，1978.

[7] GB/T 8175. 设备及管道绝热设计导则[S]. 2008.

[8] GB/T 50441. 石油化工设计能耗计算标准[S]. 北京：中国计划出版社，2016.

[9] 钱家麟. 管式加热炉[M]. 北京：中国石化出版社，2003.

[10] SH/T 3045. 石油化工管式炉热效率设计计算[S]. 2003.

[11] SH/T 3037. 炼油厂加热炉炉管壁厚计算方法[S]. 北京：中华人民共和国工业和信息化部，2016.

[12] 石油化学工业部化工规划设计院. 炼油设备工艺设计资料-塔的工艺计算[M]. 北京：石油工业出版社，1977.

高桥石化5.0Mt/a常减压蒸馏装置工艺计算

完成人：项悦文
单　位：中国石化高桥石化公司

目　　录

第一部分　装置标定报告

1　装置概述

中国石化高桥石化公司5.0Mt/a常减压蒸馏装置由SEI设计，于2010年6月建成投产。装置设计加工低硫石蜡基原油，属燃料-润滑油型常减压蒸馏装置，采用初馏-常压-减压流程，配套轻烃系统，采用吸收-解吸-稳定以及吸收塔塔顶气再吸收流程。

装置由电脱盐部分、初馏部分、常压部分、减压部分、蒸汽发生器部分、原油换热网络部分、塔顶气压缩部分、轻烃部分、液态烃脱硫部分组成。原油电脱盐采用二级电脱盐。为了减少电脱盐投资和操作费用，减少占地，同时保证脱盐脱水效果，原油一级电脱盐选用技术成熟的高速电脱盐技术，二级电脱盐仍选用对原油适应性较强、技术成熟的高效交直流电脱盐专利技术。原油蒸馏采用成熟的三级蒸馏(即初馏、常压蒸馏和减压蒸馏)方法。常压塔内件选用板式塔，塔内件采用国内目前先进、高效浮阀塔盘。通过系统化的减压蒸馏技术(减压炉、转油线、减压塔、减压汽提塔和抽真空系统)，使装置在生产高质量润滑油馏分油的同时，达到深拔的目的。减压塔选取全填料塔，采用先进的液体分布器。减压塔技术和内件全部采用国内开发的先进、成熟技术。生产方式按湿式操作考虑，即塔底、炉管注入蒸汽。减压塔塔顶系统采用两级抽空系统：第一级为传统的蒸汽抽空方式，第二级采用蒸汽抽空方式和机械抽空方式并联，以节约能量。为了满足环保要求，减顶气采用胺液(MDEA水溶液)脱硫技术处理后的作为装置自用燃料气送入常压炉烧掉。原油换热采用原油3-3-2路方式，在充分保证换热和向轻烃单元提供热量的情况下，装置富余热量发生蒸汽自用，节能降耗。初顶气和常顶气通过压缩机增压送入轻烃单元。轻烃单元采用吸收-解吸-稳定以及吸收塔顶气再吸收流程。吸收剂采用初顶油和常顶油，再吸收剂采用部分常一中油循环使用。液化气采用胺液(MDEA水溶液)脱硫。

装置将石脑油作为重整原料，航煤作为航煤精制原料，柴油作为柴油加氢精制原料，蜡油作为老三套润滑油装置、润滑油加氢或催化裂化原料，渣油作为延迟焦化或催化裂化原料。

2　主要工艺流程

2.1　常减压系统工艺流程说明

原油自装置外原油罐区来，经原油泵(P101A/B)后，在原油计量表前分一路可通过原油管线返回原油罐区，另一路经过计量表后分二路分别与原油-初顶油气换热器(E109A/B)和原油-常顶油气换热器(E110A/B)换热后合并，再分成三路进入脱前原油换热系统与侧线产品及中段回流换热。

脱前换热一路原油先后进入E1-101A/B、E1-102、E1-103A/B，分别与减一(2)、减四(4)、常顶循(1)换热；脱前换热二路原油先后进入E2-101A/B、E2-102A/B、E2-103A/B，分别与常一(2)、常顶循(2)、常三(3)换热；脱前换热三路原油先后进入E3-101A/B、E3-102A/B、E3-103A/B，分别与常顶循(3)、减一(1)、常二(2)换热；脱前换热后合并的三路原油进入电脱盐，经一级电脱盐罐(D101)、二级电脱盐罐(D102)两级电脱盐罐后，原油再分三路进入脱后原油换热系统与侧线产品及中段回流换热。脱后换热一路脱后原油先后进入E4-101A/B、E4-102A/B、E4-103A/B、E4-104A/B、E4-105A/B、E4-

106A/B，分别与减二(3)、常一(1)、常一中(1)、常三(2)、常二中(2)、减渣(3)换热；脱后换热二路脱后原油先后进入E5-101A/B、E5-102A/B、E5-103、E5-104A/B、E5-105A/B、E5-106A/B、E5-107A/B、E5-108A/B，分别与减三(3)、常一中(2)、减渣(5)、减五(3)、减二(2)、减渣(4)、减三(2)、减四(2)换热；脱后换热三路脱后原油先后进入E6-101、E6-102A/B、E6-103、E6-104A/B、E6-105A/B、E6-106A/B、E6-107A/B，分别与减五(4)、减渣(6)、常四(2)、减四(3)、常二(1)、减一中、减五(2)换热；脱后换热后合并的三路脱后原油进入初馏塔(C101)分馏。

在初馏塔顶部馏出的油气与E109A/B换热后再经初顶空冷器(A101A~H)冷凝冷却后进入初顶回流罐(D103)，初顶回流由初顶回流泵(P103A/B)打回初馏塔塔顶，初顶油汽再经初顶后冷器(E126A~D)冷却后进入初顶产品罐(D104)，在初顶产品罐中油气分离。初顶油经初顶产品泵(P104A/B)抽出后与常顶油合并进入轻烃吸收塔(C201)顶部；初顶气与常顶气合并进入轻烃压缩机入口分液罐(D201)。初顶水作为含硫污水排入初常顶含硫污水罐(D114)，经初常顶含硫污水泵(P132A/B)泵出与减顶含硫污水和轻烃含硫污水合并送出装置。

初馏塔共26层塔盘(从下往上)，共设一根侧线。

初侧油经初一线泵(P105A/B)抽出后一部分返回至初馏塔，另一部分作为侧线进入常一中返塔线上与常一中一起进常压塔(C102)。初底油由初底油泵(P102A/B)抽出后分成两路再次进入初底换热系统，与侧线产品及中段回流换热。初底换热一路初底油先后进入E7-101A/B、E7-102A/B、E7-103、E7-104A/B、E7-105A/B，分别与减二(1)、常二中(1)、减三(1)、减二中(1)、减四(1)换热；初底换热二路初底油先后进入E8-101A/B、E8-102A/B、E8-103、E8-104A/B、E8-105A/B，分别与减二中(2)、常三(1)、常四(1)、减渣(2)、减五(1)换热；初底换热后两路合并进入初底油-减渣(1)换热器(E8-106)，经换热后进入常压炉(F101)，在常压炉加热后进入常压塔。

在常压塔顶部馏出的油气与E110A/B换热后再经常顶空冷器(A102A~F)冷凝冷却后进入常顶回流罐(D105)，常顶回流由常顶回流泵(P106A/B)打回常压塔塔顶，常顶油汽再经常顶后冷器(E127A~D)冷却后进入常顶产品罐(D106)，在常顶产品罐中油气分离。常顶油经常顶产品泵(P107A/B)抽出后与初顶油合并进入轻烃吸收塔顶部；常顶气与初顶气合并进入轻烃压缩机入口分液罐。常顶水作为含硫污水排入初常顶含硫污水罐，经初常顶含硫污水泵泵出与减顶含硫污水和轻烃含硫污水合并送出装置。

常压塔共54层塔盘(从下往上)，共设四个侧线和三个中段回流，底部设汽提。

常一线从常压塔第41层塔盘抽出进入常一、三线汽提塔(C103)上段后，经常一线重沸器(E111)蒸出轻组分后由常一线泵(P108A/B)抽出经与脱盐油(E4-102A/B)、原油(E2-101A/B)换热，热出料作为航煤加氢原料出装置，或经常一线空冷器(A103)、常一线水冷器(E116)冷却后出装置至罐区。

常二线从常压塔第31层塔盘抽出进入常二、四线汽提塔(C104)上段，经汽提后用常二线泵(P109)抽出，经换热与脱盐油(E6-105A/B)、原油(E3-103A/B)换热，热出料作为柴油加氢原料与常三线热出料混合出装置，或经常二线空冷器(A104A/B)、常二线水冷器(E117)冷却后出装置至罐区。

常三线从常压塔第23层塔盘抽出进入常一、三线汽提塔下段，经汽提后用常三线泵(P110A/B)抽出，经常一线重沸器(E111)，再与初底油(E8-102A/B)、脱盐油(E4-104A/B)、原油(E2-103A/B)换热，热出料作为柴油加氢原料与常二线热出料混合出装置，或经常三线空冷器(A105A/B)、常三线水冷器(E118)冷却后出装置至罐区。部分常三线作为低负荷循环线从其换热后出装置控制阀阀前引出，与低负荷减二线、减四线循环线合并后进入初底泵入口线。

常四线从常压塔第15层(或第15层、或第13层)塔盘抽出进入常二、四线汽提塔下段，经汽提后用常四线泵(P111A/B)抽出，经与初底油(E8-103)、脱盐油(E6-103)、除氧水(E114A/B)换热，热出料作为润滑油原料和催化裂化原料出装置，或经常四线水冷器(E119)冷却后出装置至罐区。

常顶循回流由常顶循泵(P112A/B)从常压塔第51层塔盘抽出，经与原油(E1-103A/B、E2-102A/B、E3-101A/B)换热后，再返回到常压塔第53层塔盘。

常一中回流由常一中泵(P113A/B)从常压塔第37层塔盘抽出，经与脱盐油(E4-103A/B、E5-102A/B)换热后，分成两支：一支直接返回到常压塔第39层塔盘，另一支作为再吸收剂经贫再吸收油泵(P207A/B)泵出，经贫-富再吸收油换热器(E207A/B)、贫吸收油冷却器(E206A/B)进入再吸收塔(C203)对干气再吸收后，再返回常减压单元与第一支合并后返回常压塔第39层塔盘。

常二中回流由常二中泵(P114A/B)从常压塔第27层塔盘抽出，经与初底油(E7-102A/B)、稳定塔底重沸器(E205)、脱盐油(E4-105A/B)换热后，再返回到常压塔第29层塔盘。

常底油用常底泵(P115A/B)抽出，进减压炉(F102)加热后入减压塔(C105)。

减压塔为全填料塔，共7层填料，进料段下方设6层固舌塔盘，共设五个侧线和两个中段循环回流，湿式操作，底部设汽提。

减顶油气先后经减顶预湿空冷器(A107A~H)、一级抽空器(EJ101A~C)、减顶一级湿空冷器(A108A~D)、减顶真空泵(P145)或二级抽空气(EJ102A/B)、减顶二级湿空冷器(A109)后，不凝气经减顶分水罐(D107)分液后经减顶气脱硫塔(C108)脱硫进常压炉作燃料。冷凝油和水经大气腿进入减顶分水罐，减顶油由减顶油泵(P116A/B)送至原油泵进口。减顶水经减顶含硫污水泵(P133A/B)抽出与初常顶含硫污水和轻烃含硫污水合并出装置去污水汽提。

减一线从第Ⅰ段填料下集油箱用减一线泵(P117A/B)抽出，经与原油(E3-102A/B、E1-101A/B)换热后，分成两路：一路作为催化裂化料或柴油组分送出装置，另一路与软化水(E115A/B)换热，经减顶循空冷器(A106A/B)、减顶循水冷器(E120A/B)冷却后作为减顶回流返回减压塔。

减二线自第Ⅲ段填料下集油箱自流入减二、四线汽提塔(C106)上段，经汽提后，用减二线泵(P118A/B)抽出，再经与初底油(E7-101A/B)、脱盐油(E5-105A/B、E4-101A/B)换热[或经减二线水冷器(E121)冷却]后作为润滑油料或加氢裂化料出装置。部分减二线作为低负荷循环线从其换热后出装置控制阀阀前引出，与低负荷常三线、减四线循环线合并后进入初底泵入口线。

减三线自第Ⅳ段填料下集油箱自流入减三、五线汽提塔(C107)上段，经汽提后，用减三线泵(P119)抽出，再经与初底油(E7-103)、脱盐油(E5-107A/B、E5-101A/B)换热后[或经减三线水冷器(E122)冷却后]作为润滑油料或加氢裂化料出装置。

减四线自第Ⅵ段填料下集油箱自流入减二、四线汽提塔中段，经汽提后，用减四线泵(P120A/B)抽出，再经与初底油(E7-105A/B)、脱盐油(E5-108A/B、E6-104A/B)、原油(E1-102)换热后[或经减四线水冷器(E123)冷却后]作为润滑油料或加氢裂化料出装置。低负荷减四线循环线从其换热后出装置控制阀阀前引出，与低负荷常三线、减二线循环线合并后进入初底泵入口线。

为保证减四线油的质量，减压塔还设置过汽化段(第Ⅶ段)，即减五线。减五线经泵(P121A/B)抽出，经与初底油(E8-105A/B)、脱盐油(E6-107A/B、E5-104A/B、E6-101)换热后[或经减五线水冷器(E124)冷却后]作为重油催化原料出装置。

减一中从减压塔第Ⅱ段填料下集油箱用减一中泵(P122A/B)抽出，经与脱盐油(E6-106A/B)、脱吸塔底重沸器(E204)、减一中蒸汽发生器(E112)换热后返回第Ⅱ段填料上部。减二中从减压塔Ⅴ段填料下集油箱用减二中泵(P123A/B)抽出，经与初底油(E7-104A/B、E8-101A/B)换热后返回第Ⅴ段填料上部。轻洗油从减压塔第Ⅵ段填料下集油箱用轻洗油泵(P124A/B)抽出打到第Ⅶ段填料上部，作为过汽化段的洗涤油。

减压渣油用减底泵(P125A/B)抽出，经与初底油(E8-106、E8-104A/B)换热后，分成两路：一路返回减压塔底作为急冷油，另一路继续与脱盐油(E4-106A/B、E5-106A/B、E5-103、E6-102A/B)换热后分成两部分，一部分作热渣油出装置，另一部分经减渣水冷器(E125A~F)冷却后作冷渣油出装置。

为了减少设备的腐蚀，设计采用“一脱三注”措施，除了两级电脱盐外(电脱盐注破乳剂)，在初馏塔、常压塔塔顶馏出线和减压塔塔顶馏出线分别注中和剂、缓蚀剂和水。为了减少污水排放，提高水的循环利用率，电脱盐注水和塔顶注水采用净化水。装置内设置了破乳剂、缓蚀剂和中和剂配制系统。通过缓蚀剂泵(P141A/B)抽取缓蚀剂配剂站中缓蚀剂送至初馏塔塔顶馏出线、常压塔塔顶馏出线和减压塔顶馏出线，通过中和剂泵(P141B/C)抽取中和剂桶中中和剂经过原注氨水管线送至初馏塔、常压塔塔顶馏出线和减压塔塔顶馏出线，水通过注水泵(P131A/B)送至初馏塔塔顶馏出线、常压塔塔顶馏出线和减压塔顶馏出线。另外，装置还设有注阻垢剂系统，以减缓减压渣油换热器减渣侧结垢，保证换热效果，降低能耗。

2.2 轻烃系统工艺流程说明

从常减压系统来的初、常顶油作为吸收剂，进入吸收塔(C201)上部，吸收经塔顶气压缩机(K201A/B)加压后进入吸收塔下部的初、塔顶气中的轻组分。从吸收塔出来的塔顶气再进入再吸收塔(C203)下部，经进入塔顶的常一中油的吸收，成为干气从再吸收塔塔顶出来出装置，送入1#气体脱硫装置脱硫。

吸收塔底油经吸收塔底泵(P203A/B)抽出与石脑油(E203A ~D)换热后进入脱吸塔(C202)，解吸后的气体从脱吸塔塔顶出来，与从压缩机出口出来的塔顶气合并进入压缩机出口水冷器(E201A/B)，经冷却后返回吸收塔。脱吸后的塔塔底油经脱吸塔底泵(P205A/B)抽出送入稳定塔(C204)进行稳定。脱吸塔塔底重沸器(E204)采用减一中作为热源。

稳定塔塔顶气经稳定塔塔顶湿空冷器(A201A ~D)冷凝冷却后，成为液化气进入稳定塔塔顶回流及产品罐(D203)。液化气经稳定塔塔顶回流及产品泵(P206A/B)抽出，一部分作为回流返回稳定塔塔顶，另一部分进入液化气脱硫塔(C205)经胺液脱硫。经脱硫后的液化气，液化气聚集器后一部分送出装置，另一部分经汽化器汽化后进入加热炉作为燃料气使用。稳定塔底油经脱吸塔中间重沸器(E210)、吸收塔底油换热，再经石脑油空冷器(A202)、石脑油冷却器(E208A/B)冷却后作为重整料出装置去罐区，也可直接去2#重整装置。稳定塔塔底重沸器(E205)采用常二中作为热源。

2.3 工艺流程图

装置工艺流程图见图1-1~图1-3。

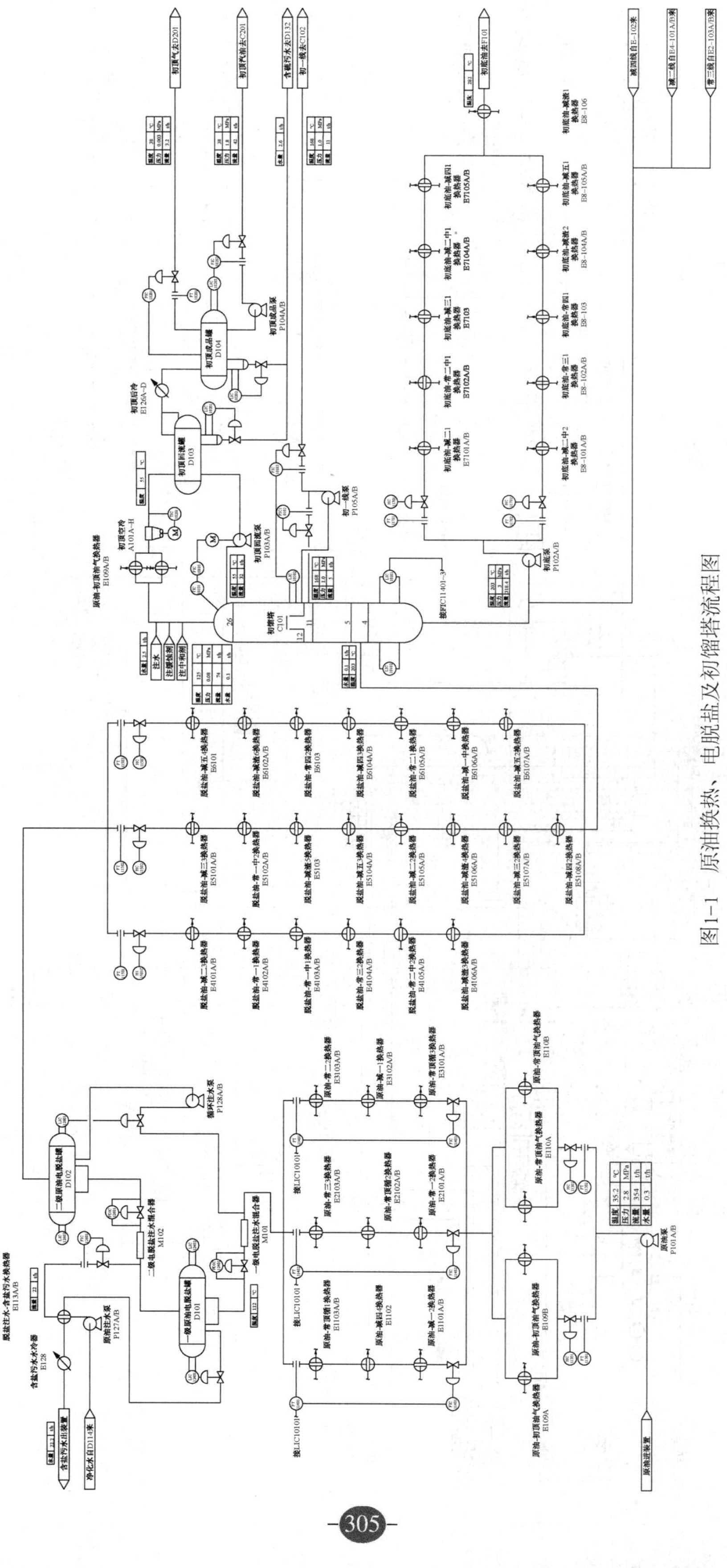

图1-1 原油换热、电脱盐及初馏塔流程图

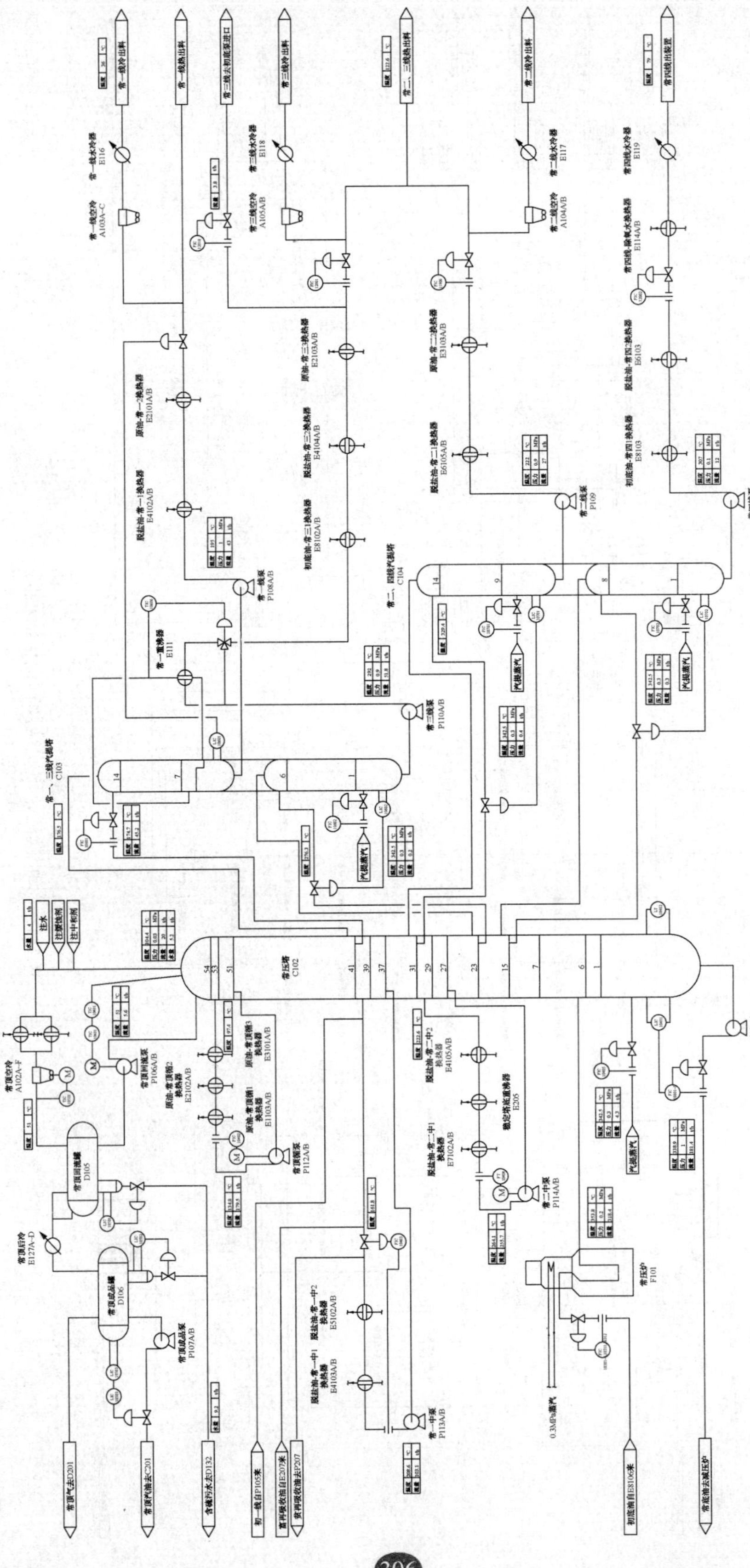

图1-2　常压炉及常压塔流程图

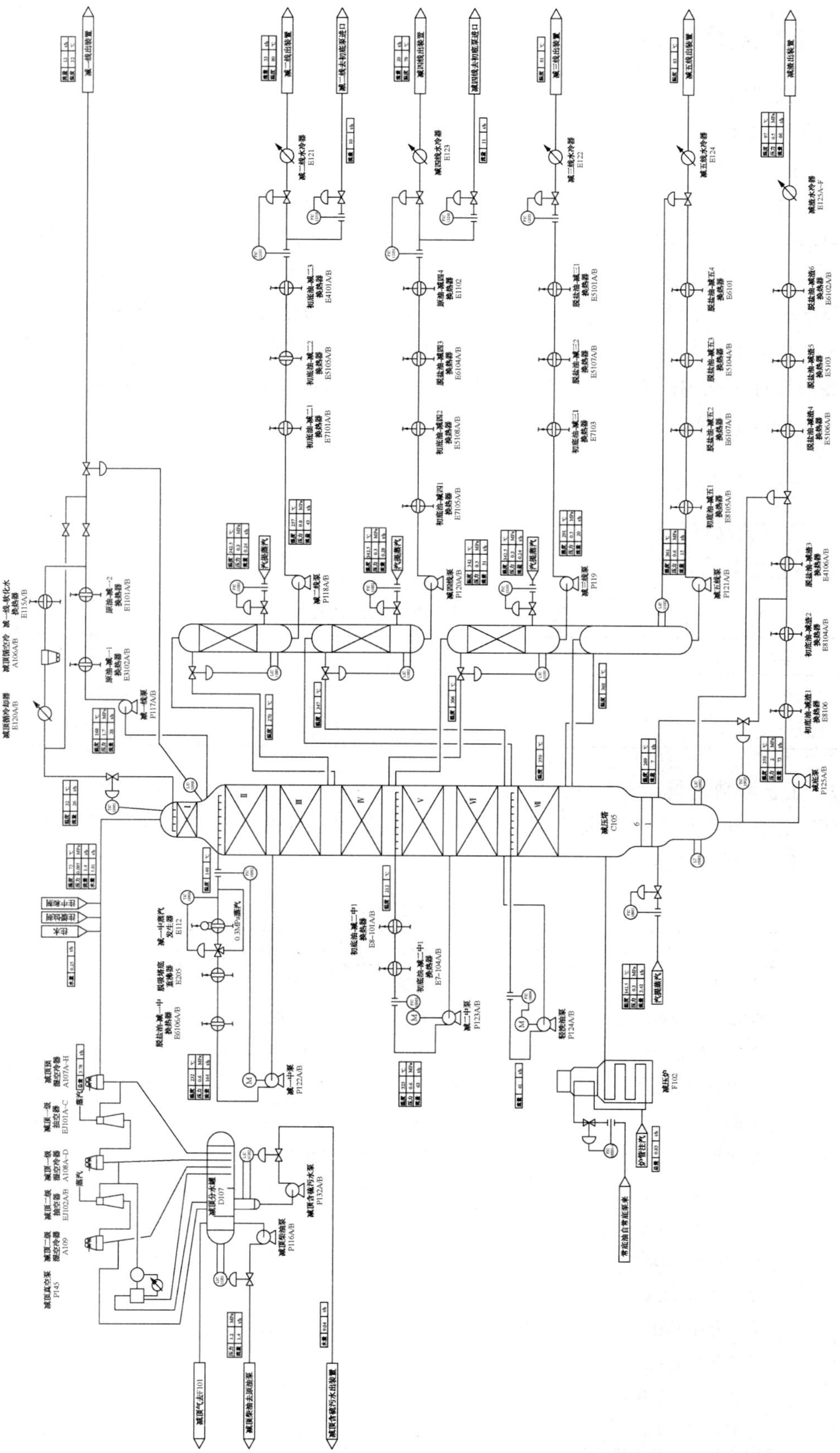

图1-3 减压炉及减压塔流程图

3 标定基本情况

3.1 标定时间

2019 年 8 月 12 日 8 点~13 日 8 点。

3.2 标定目的

5.0Mt/a1#常减压蒸馏装置于 2010 年 6 月 20 日开工正常。自 2013 年起，装置降低负荷运行，目前装置负荷长期处于 60%的状态，且加工原油性质与设计油种发生了较大变化。为了对装置在目前实际运行情况下，操作处理能力、产品质量情况、主要设备运行情况、能耗物耗等技术经济指标等内容进行全面、详细、具体、量化的了解，现决定按实际生产情况和工艺卡片要求的工艺条件对装置进行一次全面标定。将根据标定结果，指导装置实际生产，将装置设计和国内同类装置相对比，找出存在问题的根源和影响装置生产的瓶颈点，提出解决方案和改造措施。

4 标定原始数据

4.1 环境数据记录

标定环境数据见表 1-1。

表 1-1 标定环境数据记录表

日期	2019.8.12	天气	晴转多云
气温	30	湿度	56%
风向	西南风	风力	3~4 级

4.2 工艺参数记录

标定工艺条件：加工奥朗班都 5，萨里尔 3，阮东 2，日处理量 8500t(相当于加工负荷 59.5%)，工艺参数数据见表 1-2。

表 1-2 工艺参数记录表

序号	描述	单位	位号	工艺指标范围	设计值	平均值
1	常压炉出口温度	℃	TE10304	≤370	365	353.8
2	减压炉出口温度	℃	TE10826	≤400	395	384.4
3	原油进装置温度	℃	TE11301	15~50	40	35.2
4	初顶压力	MPa	PT10101	0~0.15	0.08	0.07
5	初馏塔塔顶温度	℃	TIC10101	85~155	125	125
6	初一线抽出温度	℃	TE10107	150~200	178	168
7	常压塔塔顶压力	MPa	PT10401	0~0.15	0.065	0.035
8	常压塔塔顶温度	℃	TE10402	80~160	119	104.4
9	常一线抽出温度	℃	TE10428	130~250	192	174.1
10	常二线抽出温度	℃	TE10425	190~280	253	231
11	常三线抽出温度	℃	TE10424	250~350	310	276.3
12	常四线抽出温度	℃	TE10422	300~370	335	329.4
13	常一线出装置温度	℃	TE11901	≤45	45	36
14	常二线出装置温度	℃	TE11903	≤50(冷)	50	122.6

续表

序号	描述	单位	位号	工艺指标范围	设计值	平均值
15	常三线出装置温度	℃	TE12001	≤50(冷)	50	122.6
16	常四线出装置温度	℃	TE12003	55~70(70~98)	80	79
17	减顶压力	MPa	PT10901	≤-0.092	-0.0946	-0.095
18	减顶温度	℃	TE10902	45~100	65	73.0
19	减一线抽出温度	℃	TE10907	100~200	152	168.9
20	减二线抽出温度	℃	TE10929	240~320	284	270.1
21	减三线抽出温度	℃	TE10915	270~350	313	305.5
22	减四线抽出温度	℃	TE10920	320~380	352	346.9
23	减五线抽出温度	℃	TE10925	≤400	375	367.9
24	减一线出装置温度	℃	TE12101	≤60	50	32.0
25	减二线出装置温度	℃	TE12102	60~85(80~98)	—	80
26	减三线出装置温度	℃	TE12103	65~85(80~98)	—	81
27	减四线出装置温度	℃	TE12201	65~85(80~98)	—	79
28	减五线出装置温度	℃	TE12202	75~98	—	83
29	减渣出装置温度	℃	TE12203	95~100(冷)	—	131.6
30	吸收塔塔顶温度	℃	TE20302	30~55	46	42.5
31	吸收塔塔底温度	℃	TE20312	30~55	50	50.2
32	脱吸塔塔顶温度	℃	TE20404	40~75	82	72.3
33	脱吸塔塔底温度	℃	TE20409	120~205	162	137.2
34	再吸收塔塔底温度	℃	TE20504	30~55	42	31.6
35	稳定塔塔顶温度	℃	TE20601	55~80	40	63.6
36	稳定塔塔底温度	℃	TE20608	160~220	205	181.7
37	吸收塔塔顶压力	MPa	PT20301	0.6~1.1	1	0.7
38	吸收塔塔底压力	MPa	PT20302	0.6~1.1	—	0.7
39	脱吸塔塔顶压力	MPa	PIC20401	0.8~1.3	1.15	0.9
40	脱吸塔塔底压力	MPa	PT20402	0.8~1.3	—	1.0
41	再吸收塔塔顶压力	MPa	PIC20501	0.6~1.0	0.95	0.7
42	再吸收塔塔底压力	MPa	PT20502	0.6~1.0	—	0.7
43	稳定塔塔顶压力	MPa	PIC20601	0.7~1.0	0.9	1.0
44	液化气脱硫塔塔顶压力	MPa	PIC20701	0.7~1.2	1	0.8
45	液化气脱硫塔塔底温度	℃	TE20704	30~50	40	33.6
46	液化气出装置温度	℃	TE20705	30~50	43	34.9
47	石脑油出装置温度	℃	TE20611	≤40	40	34.3
48	常压炉辐射段温度	℃	TE10301	≤800	—	705.2
49	常压炉辐射段温度	℃	TE10302	≤800	—	704.3
50	常压炉辐射段温度	℃	TE10319	≤800	—	713.5
51	常压炉辐射段温度	℃	TE10320	≤800	—	716.0
52	常压炉辐射段温度	℃	TE10321	≤800	—	689.8
53	常压炉辐射段温度	℃	TE10322	≤800	—	678.0

续表

序号	描述	单位	位号	工艺指标范围	设计值	平均值
54	常压炉辐射段温度	℃	TE10323	≤800	—	694.7
55	常压炉辐射段温度	℃	TE10324	≤800	—	696.1
56	减压炉辐射段温度	℃	TE10802	≤820	—	692.9
57	减压炉辐射段温度	℃	TE10803	≤820	—	692.9
58	减压炉辐射段温度	℃	TE10804	≤820	—	679.4
59	减压炉辐射段温度	℃	TE10805	≤820	—	677.9
60	减压炉辐射段温度	℃	TE10806	≤820	—	736.5
61	减压炉辐射段温度	℃	TE10807	≤820	—	738.5
62	减压炉辐射段温度	℃	TE10808	≤820	—	680.8
63	减压炉辐射段温度	℃	TE10809	≤820	—	681.0
64	过热蒸汽温度	℃	TE10311	300~500	380	379.9
65	常压塔进料流量	℃	FT10313	≥330	—	332.5
66	减压塔进料流量	℃	FT10821	≥203	—	395.1
67	一级电脱盐注水混合器出口管	℃	TE12401	95~135	129	112.0
68	电脱盐2#罐原油入口温度	℃	TE12601	95~136	127	108.7
69	电脱盐1#罐混合阀压差	kPa	PDIC12402	≤0.15	—	124.9
70	电脱盐2#罐混合阀压差	kPa	PDIC12602	≤0.15	—	76.9

4.3 原料分析记录

原料分析数据见表1-3。

表1-3 原料分析数据表

项目		单位	实际加工	设计值
油种		—	奥朗班都5：萨里尔3：阮东2	卡宾达2.4：普鲁托尼奥2.4：阿曼1.5：西江2：涠州1：萨里尔0.2：尼尔0.5
馏程	初馏点	℃	—	
	10%	℃	153.7	
	30%	℃	281.2	
	50%	℃	364.1	
	70%	℃	505.8	
	90%	℃	608.1	
	终馏点	℃	—	
密度	d_4^{20}	g/cm³	0.8411	
	$d_{15.6}^{15.6}$	g/cm³	—	0.8614
硫含量	S	%	0.199	<0.365
水分	H_2O	%	0.09	—
酸值	*TAN*	mg KOH/100mL	0.17	<0.2
运动黏度	50℃	mm²/s	4.6	8.9
	40℃	mm²/s	—	11.7
含盐量		mg NaCl /L	10.1	<50

4.4 产品分析记录

4.4.1 电脱盐分析记录

电脱盐分析数据见表 1-4。

表 1-4 电脱盐分析数据表

项目	单位	原油	一级脱盐	二级脱盐
含盐量	mg NaCl/L	10.1	2.4	1.4
水分	%	0.09	0.03	0.03

4.4.2 常压产品分析记录

常压产品分析数据见表 1-5。

表 1-5 常压产品分析数据表

油品	分析项目		单位	设计值	2019.8.12 8点	2019.8.13 8点
初顶油	馏程	初馏点	℃		33	31.5
		10%	℃		52.5	
		30%	℃		79.2	
		50%	℃		98.1	
		70%	℃		114.9	
		90%	℃		136.8	
		96.7%	℃		155	154
	密度	d_4^{20}	g/cm^3	0.6991	0.7092	
	硫含量	S	%		<0.015	
	氮含量	N	%		—	
	水分	H_2O	%		99.1	
	酸值	*TAN*	mgKOH/100mL		0.34	
初一线	馏程	初馏点	℃		110	
		10%	℃		149	
		30%	℃		79.2	
		50%	℃		186	
		70%	℃		114.9	
		90%	℃		214	
		终馏点	℃		251	
	密度	d_4^{20}	g/cm^3	0.7887	0.7864	
	硫含量	S	%		0.0302	
	氮含量	N	%		—	
	水分	H_2O	%		707.22	
	酸值	*TAN*	mgKOH/100mL		1.36	

续表

油品	分析项目		单位	设计值	2019. 8. 12 8 点	2019. 8. 13 8 点
常顶油	馏程	初馏点	℃		47. 5	49
		10%	℃		81. 3	
		30%	℃		102. 6	
		50%	℃		114. 5	
		70%	℃		125	
		90%	℃		140. 3	
		96. 7%	℃		159. 2	161. 1
	密度	d_4^{20}	g/cm^3	0. 7392	0. 7337	
	硫含量	S	%		<0. 015	
	氮含量	N	%		—	
	水分	H_2O	%		156. 39	
	酸值	*TAN*	mgKOH/100mL		0. 17	
常一线	馏程	初馏点	℃		149. 2	150. 1
		10%	℃		168. 4	167. 9
		30%	℃		—	
		50%	℃		192. 6	190. 8
		70%	℃		—	
		90%	℃		221. 4	218. 6
		98%	℃		238. 2	234. 2
	密度	d_4^{20}	g/cm^3	0. 7973	0. 7909	0. 7886
	冰点				-53	-52. 5
	硫含量	S	%		0. 0177	
	氮含量	N	%		—	
	水分	H_2O	%		78. 19	
	酸值	*TAN*	mgKOH/100mL		2. 03	
	闪点	闪点	℃		43	
常二线	馏程	初馏点	℃		218. 3	221. 2
		10%	℃		238. 4	241. 4
		30%	℃		—	
		50%	℃		251. 1	256. 4
		70%	℃		—	
		90%	℃		274. 3	279
		终馏点	℃		291. 5	293. 3
	密度	d_4^{20}	g/cm^3	0. 8302	0. 8093	
	硫含量	S	%		0. 061	
	氮含量	N	%		—	
	水分	H_2O	%		548. 19	
	酸值	*TAN*	mgKOH/100mL		3. 79	
	凝固点	凝固点	℃		<-15	
	闪点	闪点	℃		92	94

续表

油品	分析项目		单位	设计值	2019.8.12 8点	2019.8.13 8点
常三线	馏程	初馏点	℃		247.2	244.8
		10%	℃		277.6	277.6
		30%	℃		—	
		50%	℃		304	305.8
		70%	℃		—	
		90%	℃		334.8	336.6
		95%	℃		347.6	350.4
	密度	d_4^{20}	g/cm^3	0.8487	0.8216	
	硫含量	S	%		0.121	0.115
	氮含量	N	%		—	
	水分	H_2O	%		87.36	
	酸值	*TAN*	mgKOH/100mL		8.46	
	凝固点	凝固点	℃		4	4
	闪点	闪点	℃		116	
常四线	馏程	2%	℃		300	298
		10%	℃		314	312
		30%	℃		336	333
		50%	℃		359	358
		70%	℃		377	375
		90%	℃		394	392
		97%	℃		404	401
	密度	d_4^{20}	g/cm^3	0.8651	0.8610	
	硫含量	S	%		0.157	
	氮含量	N	%		302.97	
	水分	H_2O	%		痕迹	
	酸值	*TAN*	mgKOH/100mL		0.26	
	黏度	50℃黏度	mm^2/s		8.219	8.654
		100℃黏度	mm^2/s		2.627	
	残炭	残炭	%		—	
初底油	馏程	初馏点	℃		—	
		10%	℃		199.8	
		30%	℃		281.8	
		50%	℃		356.9	
		70%	℃		444.3	
		90%	℃		652.1	
		终馏点	℃		—	
	密度	d_4^{20}	g/cm^3	0.8846	0.9711	
	硫含量	S	%		0.25	

续表

油品	分析项目		单位	设计值	2019.8.12 8点	2019.8.13 8点
常底油	馏程	初馏点	℃		—	
		10%	℃		385.2	
		30%	℃		426.8	
		50%	℃		466.7	
		70%	℃		533.9	
		90%	℃		690.3	
		终馏点	℃		—	
	密度	d_4^{20}	g/cm^3	0.9236	0.9226	
	硫含量	S	%		0.375%	
	黏度	50℃黏度	mm^2/s		199.5	
		100℃黏度	mm^2/s		21.42	
	凝固点	凝固点	℃		39	

4.4.3　减压产品分析记录

减压产品分析数据见表1-6。

表1-6　减压产品分析数据表

油品	分析项目		单位	设计值	2019.8.12 8点	2019.8.13 8点
减顶油	馏程	初馏点	℃		64	
		10%	℃		92.5	
		30%	℃		—	
		50%	℃		181.5	
		70%	℃		—	
		90%	℃		294.5	
		终馏点	℃		307	
	密度	d_4^{20}	g/cm^3	0.8097	0.8182	
	硫含量	S	%		0.0974	
	氮含量	N	%		88.92	
	水分	H_2O	%		痕迹	
	酸值	*TAN*	mgKOH/100mL		2.82	
减一线	馏程	初馏点	℃		295	298
		10%	℃		317	315.5
		30%	℃		—	
		50%	℃		341	343.5
		70%	℃		—	
		90%	℃		358.5	368
		95%	℃		363.5	372
	密度	d_4^{20}	g/cm^3	0.8636	0.8589	

续表

油品	分析项目		单位	设计值	2019.8.12 8点	2019.8.13 8点
减一线	硫含量	S	%		0.223	
	氮含量	N	%		279.65	
	水分	H_2O	%		痕迹	
	酸值	*TAN*	mgKOH/100mL		15.5	
减二线	馏程	2%	℃		379	377
		10%	℃		394	391
		30%	℃		401	401
		50%	℃		411	407
		70%	℃		416	414
		90%	℃		435	434
		97%	℃		442	441
	密度	d_4^{20}	g/cm^3	0.8821	0.8724	
	硫含量	S	%		0.216	
	氮含量	N	%		544.57	
	水分	H_2O	%		痕迹	
	酸值	*TAN*	mgKOH/100mL		0.21	
	黏度	50℃黏度	mm^2/s		14.04	15.07
		100℃黏度	mm^2/s	5.32	4.034	
	残炭	残炭	%		0.04	
减三线	馏程	2%	℃		431	434
		10%	℃		448	450
		30%	℃		456	461
		50%	℃		465	469
		70%	℃		474	479
		90%	℃		480	484
		97%	℃		489	493
	密度	d_4^{20}	g/cm^3	0.8965	891.7	
	硫含量	S	%		0.225	
	氮含量	N	%		819.97	
	水分	H_2O	%		痕迹	
	酸值	*TAN*	mgKOH/100mL		0.34	
	黏度	100℃黏度	mm^2/s	8.26	7.086	7.066
	残炭	残炭	%		0.12	
减四线	馏程	2%	℃		455	450
		10%	℃		487	485
		30%	℃		507	504
		50%	℃		513	513
		70%	℃		518	518
		90%	℃		529	538
		97%	℃		550	549

续表

油品	分析项目		单位	设计值	2019.8.12 8点	2019.8.13 8点
减四线	密度	d_4^{20}	g/cm^3	0.9106	0.8987	
	硫含量	S	%		0.233	
	氮含量	N	%		1076.42	
	水分	H_2O	%		痕迹	
	酸值	*TAN*	mgKOH/100mL		0.35	
	黏度	50℃黏度	mm^2/s		118.4	
		100℃黏度	mm^2/s	12.36	11.09	11.54
	残炭	残炭	%		0.32	0.31
减五线	馏程	2%	℃		420.3	
		10%	℃		425.4	
		30%	℃		450.2	
		50%	℃		485.3	
		70%	℃		549.6	
		90%	℃		697.8	
		终馏点	℃		——	
	密度	d_4^{20}	g/cm^3	0.9275	0.9093	
	硫含量	S	%		0.281	
	氮含量	N	%		——	
	水分	H_2O	%		痕迹	
	酸值	*TAN*	mgKOH/100mL		2.42	
	黏度	100℃黏度	mm^2/s	36.4	18.12	
	残炭	残炭	%		1.37	1.41
渣油	馏程	初馏点	℃		—	
		10%	℃		446.6	
		30%	℃		475.5	
		50%	℃		513.5	
		70%	℃		573.3	
		90%	℃		—	
		终馏点	℃		—	
	密度	d_4^{20}	g/cm^3	0.9729	0.9876	
	硫含量	S	%		0.403	
	氮含量	N	%		—	
	水分	H_2O	%		痕迹	
	酸值	*TAN*	mgKOH/100mL		—	
	黏度	100℃黏度	mm^2/s		840	
	残炭	残炭	%		18.78	

4.4.4 气体产品分析记录

气体产品分析数据见表 1-7。

表 1-7 气体产品分析数据表

气体	项目		2019. 8. 12 8 点	2019. 8. 13 8 点
初顶气	总硫	mg/Nm³	16. 50	
	氢气	%(体)	0. 03	0. 02
	甲烷	%(体)	4. 25	3. 46
	乙烷	%(体)	9. 69	9. 11
	乙烯	%(体)	0. 00	0. 00
	乙炔	%(体)	0. 00	0. 00
	丙烷	%(体)	36. 03	34. 65
	丙烯	%(体)	0. 01	0. 00
	正丁烷	%(体)	20. 05	24. 54
	异丁烷	%(体)	10. 85	10. 74
	正丁烯	%(体)	0. 01	0. 01
	顺丁烯	%(体)	0. 00	0. 00
	反丁烯	%(体)	0. 01	0. 01
	异丁烯	%(体)	0. 01	0. 01
	正戊烷	%(体)	2. 87	3. 87
	异戊烷	%(体)	4. 49	5. 15
	C_6 及以上	%(体)	1. 56	1. 98
	一氧化碳	%(体)	0. 01	0. 01
	二氧化碳	%(体)	2. 57	2. 24
	氮气	%(体)	6. 39	3. 24
	氧气	%(体)	1. 15	0. 96
	硫化氢	%(体)	0. 00	0. 00
常顶气	采不到样			
减顶气	总硫	mg/Nm³	13. 78	
	氢气	%(体)	3. 84	3. 15
	甲烷	%(体)	16. 47	14. 45
	乙烷	%(体)	6. 81	6. 26
	乙烯	%(体)	2. 69	2. 25
	乙炔	%(体)	0. 00	0. 00
	丙烷	%(体)	14. 43	13. 08
	丙烯	%(体)	1. 59	1. 79
	正丁烷	%(体)	15. 61	18. 83
	异丁烷	%(体)	6. 88	6. 46
	正丁烯	%(体)	0. 35	0. 51
	顺丁烯	%(体)	0. 02	0. 04

续表

气体	项目		2019.8.12 8点	2019.8.13 8点
减顶气	反丁烯	%(体)	0.07	0.12
	异丁烯	%(体)	0.31	0.42
	正戊烷	%(体)	3.29	6.78
	异戊烷	%(体)	5.24	7.65
	C_6及以上	%(体)	1.54	2.84
	一氧化碳	%(体)	0.46	0.25
	二氧化碳	%(体)	0.07	0.01
	氮气	%(体)	16.95	12.47
	氧气	%(体)	3.38	2.63
	硫化氢	%(体)	0.00	0.00
干气	总硫	mg/Nm^3	19.08	
	氢气	%(体)	0.23	0.36
	甲烷	%(体)	12.80	15.87
	乙烷	%(体)	50.98	43.74
	乙烯	%(体)	0.54	0.39
	乙炔	%(体)	0.00	0.00
	丙烷	%(体)	4.79	4.48
	丙烯	%(体)	0.01	0.01
	正丁烷	%(体)	2.53	2.78
	异丁烷	%(体)	1.26	1.28
	正丁烯	%(体)	0.00	0.00
	顺丁烯	%(体)	0.01	0.00
	反丁烯	%(体)	0.00	0.00
	异丁烯	%(体)	0.00	0.01
	正戊烷	%(体)	0.45	0.59
	异戊烷	%(体)	0.67	0.76
	C_6及以上	%(体)	0.39	0.47
	一氧化碳	%(体)	0.05	0.30
	二氧化碳	%(体)	11.07	10.91
	氮气	%(体)	13.55	16.86
	氧气	%(体)	0.67	1.19
	硫化氢	%(体)	0.00	0.00
液化气	总硫	mg/Nm^3	21.04	13.67
	氢气	%(体)	0.04	
	甲烷	%(体)	0.00	0.00
	乙烷	%(体)	0.04	0.09
	乙烯	%(体)	0.00	0.00
	乙炔	%(体)	0.00	0.00
	丙烷	%(体)	17.01	18.07
	丙烯	%(体)	0.01	0.00

续表

气体	项目		2019.8.12 8点	2019.8.13 8点
液化气	正丁烷	%(体)	57.38	57.78
	异丁烷	%(体)	24.27	23.52
	正丁烯	%(体)	0.01	0.01
	顺丁烯	%(体)	0.01	0.00
	反丁烯	%(体)	0.01	0.00
	异丁烯	%(体)	0.01	0.01
	C_5及以上	%(体)	0.00	0.00
	一氧化碳	%(体)	0.00	0.00
	二氧化碳	%(体)	0.04	0.00
	氮气	%(体)	0.96	0.31
	氧气	%(体)	0.21	0.21
	硫化氢	%(体)	0.00	0.00

5 标定结果

5.1 原料、产品及收率

原油酸值和硫含量均在设防值内。但是原油变轻，实际加工原油*API*°为35.9(设计值为32.77)，较设计值大。总拔为81.26%(设计值为76.46%)，较设计值高4.8%。反映在装置产品稳定汽油、常一线航煤和混合柴油收率上均较设计值高，蜡油和渣油部分较设计值低。产品质量均满足现行指标要求。

5.2 能耗

标定能耗为能耗为13.42kgEO/t，较基准能耗高1.27kgEO/t。主要原因是常三、减二和减四线返回线重复消耗燃料气，燃料气计量表存在误差，热输出、热出料少和减压塔高温段取热量小，具体分析见9.3。

5.3 换热网络

由于原油变化较大，且加工负荷仅为59.49%，导致换热网络面积过大，换热器传热系数k降低，换热网络夹点温差为29℃，偏高，部分换热器存在跨夹点换热情况，换热终温偏低，换热网络有调整的余地。

5.4 电脱盐操作

由于标定原油脱前含盐量偏低，脱后含盐量在一个较低水平，但电场强度偏低，需提高电压。同时电脱盐进罐温度偏低，与最佳进罐温度偏差约20℃，与换热网络面积过大相关。

5.5 常压塔操作

常压塔各项操作参数均在指标范围内，常二线抽出温度表与计算结果偏差10℃，其余均在可接受范围内。全塔热量平衡误差2.89%，在可接受范围内。取热比例：冷回流：常顶循：常一中：常二中=3.35：26.47：20.83：49.35，与设计值相比，常一中和常二中取热比例上升，冷回流基本持平，常顶循取热比例下降，在满足质量要求的前提下，提高常二中取热比例对装置取热优化是有利的。但是常顶循热量减少，导致了电脱盐进罐温度偏低(常顶循全部与脱前原油进行换热)，对电脱盐造成了一定程度的影响。全塔气液相负荷在常二中处最大，这也与常二中取热量能对应。根据塔盘水力学计算，在目前条件下，常二中塔盘操作点在适宜操作区内，液泛率为18.95%，阀孔动能因子为10.62(m/s)(kg/m^3)$^{0.5}$，塔盘能满足目前操作需求。

根据塔顶露点计算结果，常顶露点温度为94.4℃，位于原油-常顶油气换热器内，露点位置控制正常。

5.6 加热炉

本次标定，常压炉正平衡效率为86.34%，反平衡效率为92.57%。正平衡效率较反平衡效率低，分析认为燃料气计量表存在偏差，约为6.74%。散热损失为3%，达到了设计条件上限，炉墙耐火材料性能偏低，需更换或更换新型材料。由于加工负荷低，常压炉负荷为25.7MW，加上加热炉效率，加热炉负荷为设计值的75%，辐射室炉管表面热强度为19484W/m^2(<20000W/m^2)，最高油膜温度为403.5℃。

第二部分 装置工艺计算及分析

1 物性计算

1.1 恩氏蒸馏数据校正

由于部分油品恩氏蒸馏数据不全，且化验分析数据存在偏差，因此对恩氏蒸馏数据进行校验，使用《原油蒸馏工艺与工程》[1] P308对恩氏蒸馏数据进行内插和外推。

以常顶油为例，常顶油化验恩氏蒸馏数据见表2-1，恩氏蒸馏数据校正 D_{86} 见图2-1。

表2-1 常顶油 D_{86} 分析数据表

收率/%(体)	0%	10%	30%	50%	70%	90%	98%
常顶油/℃	47.5	81.3	102.6	114.5	125	140.3	159.2

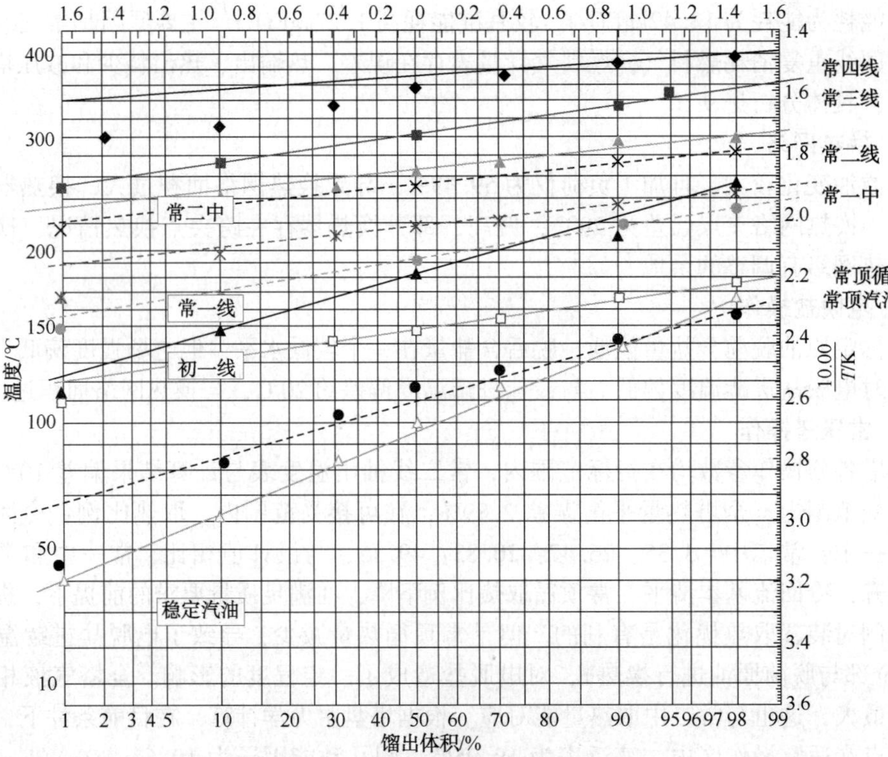

图2-1 常压产品 D_{86} 数据校核图

从图 2-1 来看，0%和 10%点与其他点偏差较大，因此使用 30%、50%、70%、90%和 98%点外推 0%和 10%点，结果如下：

点 0%为 76℃，点 10%为 92℃

其他油品校正过程同上，常压产品 D_{86}数据校核结果汇总见表 2-2。

表 2-2 常压产品 D_{86}数据校核结果汇总表 ℃

介质	IBP	10%	30%	50%	70%	90%	DBP
初一线	141	149	166	186	198	222	251
常顶油	76	92	102.6	114.5	125	140.3	159.2
常顶循	121	134.6	141	147.8	155.6	169.6	179.6
常一线	158	177	188	196	206	221.4	238.2
常一中	190.00	202.00	211.30	219.90	227.90	239.20	245.60
常二线	218.30	238.40	245.00	251.10	263.00	274.30	291.50
常二中	232.0	241.5	253.8	266.8	277.4	293.8	302.5
常三线	247.2	277.6	292.0	304.0	320.0	334.8	347.6
常四线	340.0	358.0	364.0	374.0	377.0	394.0	404.0
稳定汽油	40.2	63.9	85.6	102.7	117.9	138.4	156.5

1.2 相对密度

相对密度 $d_{15.6}^{15.6}/SG$ 使用杨朝合拟合公式：

$$d_{15.6}^{15.6} = d_4^{20} + (1.598 - d_4^{20})/(176.1 - d_4^{20})$$

式中 $d_{15.6}^{15.6}$——油品在 15.6℃ 下密度相对于水在 15.6℃ 下密度的比值(SG)，无量纲；

d_4^{20}——油品 20℃ 下密度相对于水在 4℃ 下密度的比值，无量纲。

已知原油 d_4^{20} = 0.8411，代入上述公式：

$$d_{15.6}^{15.6} = d_4^{20} + (1.598 - d_4^{20})/(176.1 - d_4^{20}) = 0.8411 + (1.598 - 0.8411)/(176.1 - 0.8411) = 0.8454$$

1.3 原油相对密度指数

使用美国石油协会提供的公式，相对密度指数 $API°$：

$$API° = 141.5/d_{15.6}^{15.6} - 131.5$$

式中 $API°$——相对密度指数，无量纲；

$d_{15.6}^{15.6}$——油品在 15.6℃下密度相对于水在 15.6℃下密度的比值(同 SG)，无量纲。

已知原油 $d_{15.6}^{15.6}$ = 0.8454，代入上述公式：

$$API° = 141.5/d_{15.6}^{15.6} - 131.5 = 141.5/0.8454 - 131.5 = 35.9$$

1.4 斜率

使用 API 手册[10] P2～P15，Procedure 2B1.1 中 Procedure Step2 描述计算斜率 S：

$$S = (T_{90} - T_{10})/(90 - 10)$$

式中 S——斜率，无量纲；

T_{90}——D86 分析 90%点温度,℃；

T_{10}——D86 分析 10%点温度,℃。

以初顶油为例：

已知初顶油馏程数据，如表 2-3 所示。

表 2-3　初顶油 D_{86} 数据表

馏程/%(体)	0%	10%	30%	50%	70%	90%	100%
温度/℃	33	52.5	79.2	98.1	114.9	136.8	155

斜率：$S=(T_{90}-T_{10})/(90-10)=\dfrac{136.8-52.5}{90-10}=1.1$

1.5　体积平均沸点

使用 API 手册[10] P2~P15，Procedure 2B1.1 中 Procedure Step1 描述计算，体积平均沸点 T_v：

$$T_v=(T_{10}+T_{30}+T_{50}+T_{70}+T_{90})/5$$

式中　T_v——体积平均沸点，℃；

T_{10}——D_{86}分析 10%点温度，℃；

T_{30}——D_{86}分析 30%点温度，℃；

T_{50}——D_{86}分析 50%点温度，℃；

T_{70}——D_{86}分析 70%点温度，℃；

T_{90}——D_{86}分析 90%点温度，℃。

以初顶油为例：

体积平均沸点：

$$T_v=(T_{10}+T_{30}+T_{50}+T_{70}+T_{90})/5=\frac{52.5+79.2+98.1+114.9+136.8}{5}=96.3℃$$

1.6　中平均沸点

使用 API 手册[10] P2~P15，公式(2B1.1-4)和公式(2B1.1-8)计算，中平均沸点 T_{me}/*MeABP*：

$$T_{me}=T_v-\Delta4$$

$$\ln\Delta4=-0.94402-0.00865\times(T_v-32)^{0.6667}+2.99791\times S^{0.333}$$

式中　T_{me}——中平均沸点(同 *MeABP*)，℉；

T_v——体积平均沸点，℉；

$\Delta4$——中平均沸点计算系数；

S——斜率，无量纲。

以初顶油为例：

已知初顶油 $T_v=96.3℃$，$S=1.1$

中平均沸点：$T_{me}=T_v-\exp(-1.53181-0.012800\times T_v^{0.6667}+3.64678\times S^{0.3333})=96.3-\exp(-1.53181-0.012800\times96.3^{0.6667}+3.64678\times1.1^{0.3333})=95.4℃$

1.7　Woston K 值

使用 API 手册[10] P2~P21 中 Procedure 2B2.1 中公式计算 WostonK 值：

$$K=T_{me}{}^{1/3}/SG$$

式中　K——特性因素，无量纲；

T_{me}——中平均沸点(同 MeABP)，°R；

SG——油品在 15.6℃ 下密度相对于水在 15.6℃ 下密度的比值($d_{15.6}^{15.6}$)，无量纲。

以初顶油为例：

已知初顶油 $T_{me}=89.5℃$，$d_{15.6}^{15.6}=0.8454$，

$$\text{WostonK 值：} K=(1.216\times T_{me}^{1/3})/(d_{15.6}^{15.6})=\frac{1.216\times 89.5^{\frac{1}{3}}}{0.8454}=12.1$$

1.8 分子量

使用 API 手册[10] P2～P21 公式(2B2.1-1)计算，分子量 M：

$$M=20.486\times[\exp(1.165\times 10^{-4}\times MeABP-7.78712\times SG+1.1582\times 10^{-3}\times MeABP\times SG)]\times MeABP^{1.26007}\times SG^{4.98308}$$

式中 M——相对分子量，无量纲；

$MeABP$——中平均沸点(同 T_{me})，°R；

SG——油品在 15.6℃下密度相对于水在 15.6℃下密度的比值($d_{15.6}^{15.6}$)，无量纲。

以初顶油为例：

已知初顶油 $T_{me}=MeABP=89.5℃=652.9°R$，$d_{15.6}^{15.6}=SG=0.8454$

分子量：$M=20.486\times[\exp(1.165\times10^{-4}\times MeABP-7.78712\times SG+1.1582\times10^{-3}\times MeABP\times SG)]\times MeABP^{1.26007}\times SG^{4.98308}=20.486\times[\exp(1.165\times10^{-4}\times652.9-7.78712\times0.8454+1.1582\times10^{-3}\times652.9\times0.8454)]\times652.9^{1.26007}\times0.8454^{4.98308}=96.0$

1.9 临界温度

使用 API 手册[10] P4～P55 中合并公式(4D1.1-1)和公式(4D1.1-2)计算，临界温度 T_{cm}(℉)：

$$T_{cm}=186.16+1.6667\times SG\times(T_v+100)-0.7127\times10^{-3}\times[SG\times(T_v+100)]^2$$

式中 T_{cm}——临界温度，℉；

SG——油品在 15.6℃下密度相对于水在 15.6℃下密度的比值($d_{15.6}^{15.6}$)，无量纲；

T_v——体积平均沸点，℉。

以初顶油为例：

已知初顶油 $d_{15.6}^{15.6}=SG=0.8454$，$T_v=96.3℃=205.34℉$

临界温度：$T_{cm}=186.16+1.6667\times SG\times(T_v+100)-0.7127\times10^{-3}\times[SG\times(T_v+100)]^2=186.16+1.6667\times0.8454\times(205.34+100)-0.7127\times10^{-3}\times[0.8454\times(205.34+100)]^2=515.8℉$

1.10 临界压力

以初顶油为例：

① 假临界温度 T_{pc}

使用 API 手册[10] P4～P59 中公式(4D3.1-1)计算，假临界温度：

$$T_{pc}=10.6443\times[\exp(-5.1747\times10^{-4}\times T_{me}-0.54444\times SG+3.5995\times10^{-4}\times T_{me}\times SG)]\times T_{me}^{0.81067}\times SG^{0.53691}$$

式中 T_{pc}——假临界温度，°R；

T_{me}——中平均沸点(同 $MeABP$)，°R；

SG——油品在 15.6℃ 下密度相对于水在 15.6℃ 下密度的比值($d_{15.6}^{15.6}$)，无量纲。

已知初顶油 $d_{15.6}^{15.6}=SG=0.8454$，$T_{me}=89.5℃=652.9°R$

假临界温度：$T_{pc}=10.6443\times[\exp(-5.1747\times10^{-4}\times T_{me}-0.54444\times SG+3.5995\times10^{-4}\times T_{me}\times SG)]\times T_{me}^{0.81067}\times SG^{0.53691}=10.6443\times[\exp(-5.1747\times10^{-4}\times652.9-0.54444\times$

$0.8454+3.5995\times10^{-4}\times652.9\times0.8454)]\times652.9^{0.81067}\times0.8454^{0.53691}=972.4°R$

② 假临界压力 P_{pc}：

使用 API 手册[10] P4～P66 中公式(4D4.1-1)计算，假临界压力：

$$P_{pc}=6.162\times10^{6}\times[\exp(-4.725\times10^{-3}\times T_{me}-4.8014\times SG+3.1939\times10^{-3}\times T_{me}\times SG)]\times T_{me}^{-0.4844}\times SG^{4.0846}$$

式中 P_{pc}——假临界压力，psia，1psi=6.895kPa；

T_{me}——中平均沸点(同 MeABP)，°R；

SG——油品在 15.6℃ 下密度相对于水在 15.6℃ 下密度的比值($d_{15.6}^{15.6}$)，无量纲。

已知初顶油 $d_{15.6}^{15.6}=SG=0.8454$，$T_{me}=89.5℃=652.9°R$

假临界压力：$P_{pc}=6.162\times10^{6}\times[\exp(-4.725\times10^{-3}\times T_{me}-4.8014\times SG+3.1939\times10^{-3}\times T_{me}\times SG)]\times T_{me}^{-0.4844}\times SG^{4.0846}=6.162\times10^{6}\times[\exp(-4.725\times10^{-3}\times652.9-4.8014\times0.8454+3.1939\times10^{-3}\times652.9\times0.8454)]\times652.9^{-0.4844}\times0.8454^{4.0846}=443.7\text{psia}$

③ 临界压力 P_c

使用 API 手册[10] P4～P70 中转换公式(4D4.3-1)计算，临界压力：

$$P_c=\exp\left[0.050052+5.656282\ln\left(\frac{T_{cm}}{T_{pc}}\right)+1.001047\ln P_{pc}\right]$$

式中 P_c——临界压力，psia；

T_{cm}——临界温度，°R；

T_{pc}——假临界温度，°R；

P_{pc}——假临界压力，psia。

已知初顶油 $T_{cm}=515.8℉=975.4°R$，$T_{pc}=972.4°R$，$P_{pc}=443.7\text{psia}$

临界压力：$P_c=\exp\left[0.050052+5.656282\ln\left(\frac{T_{cm}}{T_{pc}}\right)+1.001047\ln P_{pc}\right]=\exp\left[0.050052+5.656282\ln\left(\frac{975.4}{972.4}\right)+1.001047\ln 443.7\right]=477.8\text{psia}$

1.11 焦点温度和焦点压力

焦点温度 T_e(℃)和焦点压力 P_e(MPa)使用《石油馏分焦点温度和焦点压力的数学关联式》中公式(1)和公式(2)计算：

$$\Delta Te=a_1\times[(S+a_2)\div(a_3\times S+a_4)+a_5\times S]\times[a_6\div(a_7\times T_v+a_8)+a_9]+a_{10}$$

$$\Delta Pe=\{[a_1\times(S-0.3)+a_2]\div(S+a_3)\}\times\{a_4\div[a_5\times(T_v+a_6\times S)+a_7]+a_8\}$$

上式，参数值见表 2-4。

表 2-4 焦点温度和焦点压力计算参数表

序号	项目	关联式(1)	关联式(2)
1	给定值	S，T_v	S，T_v
2	预测值	ΔT_e	ΔP_e
3	a_1	0.14608	59.52786
4	a_2	0.050887	13.22731
5	a_3	0.000253	0.734849
6	a_4	0.000484	0.15247

续表

序号	项目	关联式(1)	关联式(2)
7	a_5	1.99367	0.015463
8	a_6	13.19557	-16.389
9	a_7	0.081472	0.233925
10	a_8	18.47915	-0.01437
11	a_9	-0.15854	0
12	a_{10}	-4.85884	0

焦点温度：　$T_e = T_{cm} + \Delta T_e$

焦点压力：　$P_e = P_c + \Delta P_e$

式中　ΔT_e——焦点温度计算辅助系数，℃；

ΔP_e——焦点压力计算辅助系数，MPa；

T_e——焦点温度，℃；

P_e——焦点压力，MPa。

以初顶油为例

已知初顶油 $S=1.1$，$T_v=96.3$℃，$T_{cm}=515.8$℉$=268.8$℃，$P_c=477.8$psia$=3.3$MPa

$\Delta T_e = a_1 \times [(1.1 + a_2) \div (a_3 \times 1.1 + a_4) + a_5 \times 1.1] \times [a_6 \div (a_7 \times 96.3 + a_8) + a_9] + a_{10} = 68.9$℃

$\Delta Pe = \{[a_1 \times (1.1 - 0.3) + a_2] \div (1.1 + a_3)\} \times \{a_4 \div [a_5 \times (96.3 + a_6 \times 1.1) + a_7] + a_8\} = 2.9$MPa

焦点温度：　$T_e = T_{cm} + \Delta T_e = 268.8 + 68.9 = 337.7$℃

焦点压力：　$P_e = P_c + P_e = 3.3 + 2.9 = 6.2$MPa

1.12　物性计算结果汇总

其他油品物性计算过程同上，油品物性计算汇总结果见表2-5~表2-7。

表2-5　油品物性计算汇总表(一)

项目	密度			API°	斜率	体积平均沸点	中平均沸点
符号	D_{420}	Δd	$D_{15.6}/SG$		S	T_v	T_{me}
SI单位			SG			℃	℃
介质		0.0037~0.0051					
原油	0.8411	0.0043	0.8454	35.9	5.7	382.6	308.9
初顶油	0.7092	0.0051	0.7143	66.6	1.1	96.3	89.5
初一线	0.7864	0.0046	0.7910	47.4	0.8	183.0	178.7
初底	0.8711	0.0042	0.8753	30.2	5.7	387.0	314.4
常顶油	0.7337	0.0049	0.7386	60.1	0.6	114.9	111.4
常顶循	0.7656	0.0048	0.7704	52.2	0.4	149.7	147.3
常一线	0.7909	0.0046	0.7955	46.4	0.6	197.7	194.9
常一中	0.7999	0.0046	0.8045	44.4	0.5	220.1	217.8
常二线	0.8093	0.0045	0.8138	42.4	0.4	254.4	252.3

续表

项目	密度			API°	斜率	体积平均沸点	中平均沸点
常二中	0.8199	0.0044	0.8243	40.2	0.7	266.7	263.6
常三线	0.8216	0.0044	0.8260	39.8	0.7	305.7	302.5
常四线	0.8610	0.0042	0.8652	32.0	0.5	373.4	371.6
常渣	0.9226	0.0039	0.9265	21.2	3.8	538.1	510.5
减顶油	0.8182	0.0045	0.8227	40.5	2.5	189.7	169.4
减一线	0.8589	0.0042	0.8631	32.4	0.5	345.4	343.3
减一中	0.8612	0.0042	0.8654	32.0	0.7	302.4	299.1
减二线	0.8724	0.0041	0.8765	29.9	0.5	411.4	409.4
减二中	0.8824	0.0041	0.8865	28.1	0.6	379.6	377.3
减三线	0.8917	0.0040	0.8957	26.5	0.4	464.6	463.1
减四线	0.8987	0.0040	0.9027	25.3	0.5	510.8	509.0
轻洗油	0.8987	0.0040	0.9027	25.3	0.5	510.8	509.0
减五线	0.9093	0.0039	0.9132	23.4	3.4	521.7	498.9
渣油	0.9876	0.0035	0.9911	11.3	3.3	616.5	596.9
稳定汽油	0.7174	0.0050	0.7224	64.4	0.9	101.7	95.9

表 2-6 油品物性计算汇总表(二)

项目	Wast°K	相对分子量	真临界温度	假临界温度	假临界压力	真临界压力	真临界压力
符号	$WK^{\cdot}$	M	T_{mc}	T_{pc}	P_{pc}	P_c	P_c
SI 单位		g/mol	°F	°R	pisa	pisa	MPa
介质		Riazi					
原油	12.0	247.3	999.5	1378.7	221.1	322.2	2.2
初顶油	12.1	96.0	515.8	972.4	443.7	477.8	3.3
初一线	11.8	144.8	699.5	1154.7	345.2	373.3	2.6
初底	11.6	247.2	1020.0	1405.6	238.2	336.9	2.3
常顶油	12.0	106.9	558.6	1020.2	421.8	441.5	3.0
常顶循	11.8	126.1	633.5	1094.2	381.6	401.4	2.8
常一线	11.9	155.6	725.6	1182.4	322.7	346.1	2.4
常一中	11.9	171.7	765.6	1222.3	296.4	317.8	2.2
常二线	12.1	198.6	822.0	1278.8	258.6	277.0	1.9
常二中	12.0	207.3	845.6	1301.5	253.6	272.6	1.9
常三线	12.2	243.7	899.1	1357.4	213.0	226.5	1.6
常四线	12.1	314.4	1000.8	1476.9	180.1	178.7	1.2
常渣	12.1	513.0	1144.6	1700.8	130.3	98.9	0.7
减顶油	11.3	135.7	727.2	1154.6	395.4	488.9	3.4
减一线	12.0	281.1	968.8	1437.7	202.0	205.9	1.4
减一中	11.7	233.8	917.5	1377.5	246.6	260.5	1.8

续表

项目	Wast°K	相对分子量	真临界温度	假临界温度	假临界压力	真临界压力	真临界压力
减二线	12.2	362.0	1044.0	1534.2	160.1	151.0	1.0
减二中	11.9	316.6	1018.5	1499.9	189.8	184.7	1.3
减三线	12.3	438.9	1095.6	1616.4	138.4	117.6	0.8
减四线	12.4	518.8	1126.0	1677.0	118.7	91.4	0.6
轻洗油	12.4	518.8	1126.0	1677.0	118.7	91.4	0.6
减五线	12.2	496.1	1134.5	1674.8	129.0	103.1	0.7
渣油	11.7	669.8	1157.9	1867.7	125.6	58.8	0.4
稳定汽油	12.1	99.1	528.6	986.8	438.3	467.5	3.2

表 2-7　油品物性计算汇总表(三)

项目			焦点温度	焦点压力
符号	ΔT_e	ΔP_e	T_e	P_e
单位 SI			℃	MPa
介质				
原油	42.1	0.9	579.5	3.2
初顶油	68.9	2.9	337.7	6.2
初一线	38.5	1.1	409.3	3.7
初底	41.2	0.9	590.1	3.2
常顶油	42.6	1.6	335.1	4.6
常顶循	27.8	0.9	361.9	3.6
常一线	26.8	0.7	412.1	3.1
常一中	20.7	0.6	428.3	2.7
常二线	16.9	0.4	455.8	2.3
常二中	22.1	0.5	474.1	2.4
常三线	19.7	0.5	501.4	2.0
常四线	8.8	0.2	547.0	1.4
常渣	15.9	0.3	634.1	1.0
减顶油	72.5	2.1	458.7	5.4
减一线	12.0	0.3	532.5	1.7
减一中	20.6	0.5	512.6	2.3
减二线	7.9	0.2	570.1	1.2
减二中	11.2	0.3	559.2	1.5
减三线	3.7	0.1	594.6	0.9
减四线	3.5	0.1	611.3	0.7
轻洗油	3.5	0.1	611.3	0.7
减五线	16.9	0.3	629.4	1.0
渣油	7.6	0.1	633.1	0.5
稳定汽油	61.9	2.5	337.8	5.7

2 装置物料平衡

2.1 粗物料平衡(计量表数据)及产品收率

粗物料平衡以2019年8月12日8点~8月13日8点各进出装置计量表累计值(见表2-8)计算。

表2-8 进出装置物料平衡表(粗平衡)

项目	质量/t	收率/%	设计收率	差值
进料				
原油	8498.24	—	—	—
出料				
干气	0.25	0.003	0.08	0.08
液化气	83.2	0.98	0.91	-0.07
稳定汽油	1278.1	15.04	11.85	-3.19
常一线	1032.9	12.15	9.21	-2.94
常二线	615.8	7.25	9.52	2.27
常三线	1111.7	13.08	9.69	-3.39
常四线	290.1	3.41	1.85	-1.56
减顶气	无流量计		0.06	--
减顶油	30.3	0.36	0.15	-0.21
减一线	277.5	3.27	7.44	4.17
减二线	804.8	9.47	8.6	-0.87
减三线	477.1	5.61	5.97	0.36
减四线	487.5	5.74	6.89	1.15
减五线	367.7	4.33	4.24	-0.09
渣油	1596.4	18.79	23.54	4.75
损失	44.89	0.52		
合计	8498.24	100.00	100.00	

2.2 水平衡

根据原油含水量，分析结果为0.09%(质)，流量为354t/h，则原油带水量为0.32t/h，各水进入装置点和排水点见表2-9。

表2-9 水平衡表(校正前)

水入		水出	
项目	流量/(t/h)	项目	流量/(t/h)
原油	0.32	电脱盐排水	22
电脱盐注水	22	初顶排水	18.5
初顶注水	2.5	常顶排水	
常底汽提	4	减顶排水	
常二线汽提	0.4	吸收稳定排水	

续表

水入		水出	
项目	流量/(t/h)		流量/(t/h)
常三线汽提	0.16		
常四线汽提	0.3		
常顶注水	4		
减压炉炉管注汽	0.86		
减底汽提	3.3		
减二线汽提	0.23		
减三线汽提	0.23		
减四线汽提	0.27		
减顶注水	0.25		
抽空器蒸汽	4.2		
合计	43.02	合计	40.5

由于表2-9中蒸汽均使用孔板流量计进行测量，因此对孔板流量计进行校正，以常底汽提校正为例如下。

已知：过热蒸汽设计密度为1.31kg/m^3，实际过热蒸汽压力为0.3MPa，温度为380℃。

假设为理想气体，根据理想气体状态方程$PV=nRT$推导得$\rho=MP/RT$。将实际过热蒸汽温度和压力代入上述方程，得$\rho=MP/RT=18\times(300+100)\div8.314\div(338+273.15)=1.41$kg/m^3。

孔板流量计校正：

$$m_{实}=m_{测}\times\sqrt{\rho_{实}/\rho_{设}}=4\times\sqrt{1.3/1.31}=4\text{t/h}$$

式中 $m_{测}$——孔板流量计测量流量，t/h；

$\rho_{设}$——孔板流量计测量介质设计密度，g/cm^3；

$\rho_{实}$——孔板流量计测量介质实际密度，g/cm^3。

其他蒸汽流量校正过程如上，蒸汽流量校核汇总见表2-10。

表2-10 蒸汽流量校核汇总表

项目	计量表流量/(t/h)	设计密度/(kg/m^3)	蒸汽温度/℃	蒸汽压力/MPa(表)	实际密度/(kg/m^3)	实际流量/(t/h)
常底汽提	4	1.31	338.9	0.3	1.41	4.16
常二线汽提	0.4	1.31	338.9	0.3	1.41	0.42
常三线汽提	0.16	1.31	338.9	0.3	1.41	0.17
常四线汽提	0.3	1.31	338.9	0.3	1.41	0.31
减压炉炉管注汽	0.86	4.23	284	0.91	3.92	0.83
减底汽提	3.3	1.31	338.9	0.3	1.41	3.43
减二线汽提	0.23	1.31	338.9	0.3	1.41	0.24
减三线汽提	0.23	1.31	338.9	0.3	1.41	0.24
减四线汽提	0.27	1.31	338.9	0.3	1.41	0.28
抽空器蒸汽	4.2	4.23	284	0.78	3.42	3.78

流量计校正后各水进入装置点和排水点见表2-11。

表2-11　水平衡表(校正后)

水入		水出	
项目	流量/(t/h)		流量/(t/h)
原油	0.32	电脱盐排水	22.2
电脱盐注水	22	初顶排水	18.5
初顶注水	2.5	常顶排水	
常底汽提	4.3	减顶排水	
常二线汽提	0.4	吸收稳定排水	
常三线汽提	0.2		
常四线汽提	0.3		
常顶注水	4		
减压炉炉管注汽	0.83		
减底汽提	3.42		
减二线汽提	0.24		
减三线汽提	0.24		
减四线汽提	0.28		
减顶注水	0.25		
抽空器蒸汽	3.78		
合计	42.9		40.7

从表2-11可知，进入装置水量共42.9t/h，出装置水量共40.7t/h，排水比进水少2.2t/h，主要原因如下：

① 计量表误差，三顶排水总量=2.6+9.2+9.04=20.84t/h，实际上加上吸收稳定排水仅为18.5t/h，偏差2.34t/h；

② 部分水由产品携带出装置，由于分析数据不全，无法有效进行计算。

2.3　流量校正

2.3.1　质量流量计

原油计量表采用质量流量计，无需计量。

2.3.2　涡街流量计

(1) 干气流量计校正

根据分析结果(表1-7)，计算平均分子量 $M = \sum_{i=1}^{n} M_i x_i = 31.85\text{g/mol}$

根据理想气体状态方程 $PV=nRT$ 和 $n=m/M$ 可推导出 $\rho=m/V=PM/RT$，因此可得出标准状态下干气密度=101.3×31.85÷8.314÷273.15=1.42kg/Nm^3。

由于涡街流量计测量体积流量时，不受被测介质的组成和状态的影响，因此在对干气计量表进行校正计算时，通过干气计量表实测体积流量乘以干气实际密度，即可得到干气产量，如下。

$$干气产量=264.4\text{Nm}^3\times1.42\text{kg/Nm}^3=375.62\text{kg}=0.4\text{t}$$

（2）液化气流量计校正

根据分析结果(表1-7)，计算平均分子量 $M = \sum_{i=1}^{n} M_i x_i = 55.23\text{g/mol}$

计算密度 $\rho = \dfrac{\sum_{i=1}^{n} M_i x_i}{\sum_{i=1}^{n} M_i x_i / \rho_i} = 55.23 \div 9828.75 = 0.562\text{g/cm}^3$

液化气温度为30℃，该温度下对应的密度：

$$\gamma = 0.002876 - 0.00398\rho_{20} + 0.001632\rho_{20}^2 = 0.002876 - 0.00398 \times 0.562 + 0.001632 \times 0.562^2 = 0.00115$$

$$\rho_T = \rho_{20} - \gamma(T - 20) = 0.562 - 0.00115 \times (30 - 20) = 0.55\text{g/cm}^3$$

由于涡街流量计测量体积流量时，不受被测介质的组成和状态影响，因此在对液化气计量表进行校正计算时，通过液化气计量表实测质量流量乘以液化气实际密度和设计密度的比值，即可得到液化气产量，如下。

$$液化气产量 = 87.53 \times 0.55 \div 0.523 = 92\text{t}$$

2.3.3 *超声波流量计*

各产品计量表采用超声波流量计，需使用实际密度对其进行校正，以常一线计量表为例：

已知常一线实际密度 $d_4^{20} = 0.7909\text{g/cm}^3$，温度为40.3℃，该温度下对应的密度：

$$\gamma = 0.002876 - 0.00398\rho_{20} + 0.001632\rho_{20}^2 = 0.002876 - 0.00398 \times 0.7909 + 0.001632 \times 0.7909^2 = 0.00075$$

$$\rho_T = \rho_{20} - \gamma(T - 20) = 0.7909 - 0.00075 \times (40.3 - 20) = 0.7757\text{g/cm}^3$$

其他油品密度折算如上，超声波流量计介质密度校正汇总见表2-12。

表2-12 超声波流量计介质密度校正汇总表

项目	d_4^{20}/ρ_{20}	计量表处温度 T	γ	计量表处密度 ρ_T
单位	g/cm³	℃		g/cm³
常一线	0.7909	40.343	0.00075	0.7757
常二线	0.8093	30.618	0.00072	0.8016
常三线	0.8216	31.58	0.00071	0.8134
常四线	0.861	91.317	0.00066	0.8140
减顶油	0.8182	30	0.00071	0.8111
减一线	0.8589	42.44	0.00066	0.8441
减二线	0.8724	78.837	0.00065	0.8344
减三线	0.8917	80.428	0.00062	0.8540
减四线	0.8987	79.402	0.00062	0.8620
减五线	0.9093	80.49	0.00061	0.8726
渣油	0.9876	131.796	0.00054	0.9276
稳定汽油	0.7174	35	0.00086	0.7045

由于超声波流量计测量体积流量时，不受被测介质的组成和状态影响，因此在对各产品计量表进行校正计算时，通过各产品计量表实测质量流量乘以各产品实际密度和设计密度的

比值，即可得到各产品产量，以常一线为例如下：

$$常一线产量 = 1087 \times 0.7757 \div 0.7909 = 1085t$$

其他产品计量表校正过程如上，超声波流量计校正汇总见表2-13。

表2-13　超声波流量计校正汇总表

项目	计量表处密度/ρ_T	实测量	计量表原始密度	校正量
单位	g/cm^3	t	g/cm^3	t
常一线	0.7757	1032.9	0.777	1031
常二线	0.8016	615.8	0.7643	646
常三线	0.8134	1111.7	0.7862	1150
常四线	0.8140	290.1	0.8236	287
减顶油	0.8111	30.3	0.75	33
减一线	0.8441	277.5	0.8499	276
减二线	0.8344	804.8	0.8409	799
减三线	0.8540	477.1	0.8555	476
减四线	0.8620	487.5	0.8698	483
减五线	0.8726	367.7	0.8801	365
渣油	0.9276	1596.4	0.931	1590
稳定汽油	0.7045	1278.1	0.7075	1273

2.4　干基校正

由于侧线产品含水量分析数据不全，且根据现有数据来看，含水量较低，对流量测量影响误差基本可以忽略，因此不在此做干基校正。

2.5　细物料平衡

经过干基校正和流量校正后的物料平衡，根据第二部分第二章第三节和第四节校正结果，物料平衡(细平衡)见表2-14。

表2-14　物料平衡表(细平衡)

项目	标定值		设计值	
进料	量/t	收率/%	设计收率	差值
原油	8497.92	—	—	—
出料				
干气	0.390	0.005	0.08	0.08
液化气	88	1.03	0.91	-0.12
稳定汽油	1273	14.98	11.85	-3.13
常一线	1031	12.13	9.21	-2.92
常二线	646	7.60	9.52	1.92
常三线	1150	13.53	9.69	-3.84
常四线	287	3.37	1.85	-1.52
减顶气	无计量表		0.06	—
减顶油	33	0.39	0.15	-0.24

续表

项目	标定值		设计值	
进料	量/t	收率/%	设计收率	差值
减一线	276	3.24	7.44	4.20
减二线	799	9.40	8.6	-0.80
减三线	476	5.60	5.97	0.37
减四线	483	5.69	6.89	1.20
减五线	365	4.29	4.24	-0.05
渣油	1590	18.72	23.54	4.82
损失	1.89	0.02	—	—
合计	8497.920	100.00	100.00	—

从表2-14可知，装置加工负荷59.49%，气体收率为1.035%，轻收为51%，常压总拔为52.66%，减压总拔为60.45%，装置总拔为81.26%。

2.6 预测的产品分布

根据原油TBP馏程分析数据，作收率-温度图见图2-2。

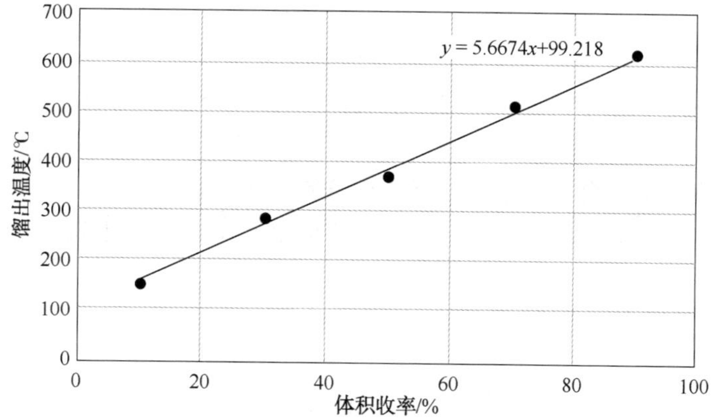

图2-2 原油实沸点曲线图

根据曲线拟合方程如下：

$$y=5.6674x+99.218$$

假设稳定汽油馏程范围为30~160℃，根据上述拟合方程：

160℃体积收率=(160-99.218)÷5.6674=10.7%=汽油体积收率

240℃体积收率=(240-99.218)÷5.6674=14.1%=航煤体积收率

360℃体积收率=(360-99.218)÷5.6674=21.2%=柴油体积收率

530℃体积收率=(530-99.218)÷5.6674=30%=蜡油体积收率

530℃以上体积收率=100-10.7-14.1-21.2-30=24%=渣油体积收率

实际渣油收率为18.72%，对应切割温度为560℃。

2.7 硫平衡

根据第一部分第四章第四节产品分析，整理数据，硫平衡见表2-15。

表 2-15　硫平衡表

项目	标定值	含硫量	硫含量
进料	质量/t	百分数/%	质量/t
原油	8498	0.199	16.91
出料			
干气	0.39	19.08	0.00
液化气	88	21.04	0.80
稳定汽油	1273	0.015	0.19
常一线	1031	0.0177	0.18
常二线	646	0.061	0.39
常三线	1150	0.121	1.39
常四线	287	0.157	0.45
减顶气			
减顶油	33	0.0974	0.03
减一线	276	0.223	0.61
减二线	799	0.216	1.72
减三线	476	0.225	1.07
减四线	483	0.233	1.13
减五线	365	0.281	1.02
渣油	1590	0.403	6.41
损失	2		
合计	8498		15.42

由表 2-15 可知，进装置含硫总量为 16.91t，出装置含硫总量为 15.42t，偏差为 1.49t，主要原因：

① 减顶气和损失部分含硫量未知，无法计算其中硫含量；

② 设置液化气脱硫塔，液化气中硫化氢随富胺液带出装置，此部分未纳入计算中。

2.8　氮平衡

由于氮含量分析数据不全，无法完成氮平衡计算。

2.9　酸分布

根据第一部分第四章第四节产品分析数据整理侧线酸值，见表 2-16。

表 2-16　酸分布表

项目	标定值	酸值	项目	标定值	酸值
进料	质量/t	mgKOH/100mL	减顶油		2.82
原油	8498	0.17	减一线	33	15.5
出料			减二线	276	0.21
干气	0.39		减三线	799	0.34
液化气	88		减四线	476	0.35
稳定汽油	1273	0.29	减五线	483	2.42
常一线	1031	2.03	渣油	365	
常二线	646	3.79	损失	1590	
常三线	1150	8.46	合计	2	
常四线	287	0.26			

3　分馏塔物料平衡热平衡工艺计算

3.1　常压塔流程图

选取常压塔进行工艺计算常压塔流程图见图 2-3。

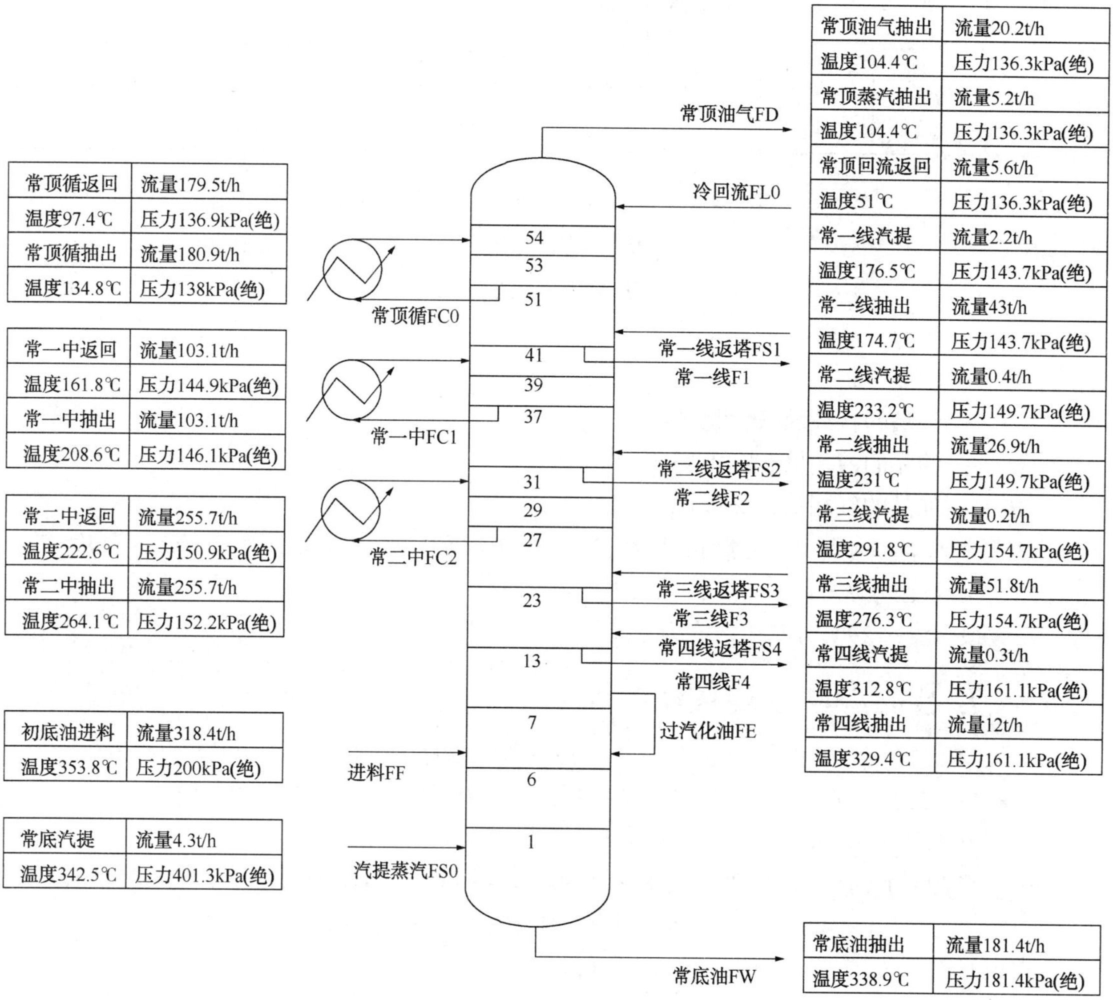

图 2-3　常压塔示意图

3.2　物质的焓值计算

物质焓值计算均需以焓差的形式呈现，本文中焓值出现部分需计算焓值 0 点，若未进行计算，则代表使用焓差进行计算。

3.2.1　油品焓值计算

根据《延迟焦化工艺与工程》[2]第 563 页所列 API 的石油馏分纳尔逊图(已拟合成计算式)来计算油品的焓值，计算的焓值是以-129℃下的饱和液体为基准状态。拟合公式如下：

$Z = \sum_{i=0}^{2}\sum_{j=0}^{2} A_{ij} X^{i} Y^{j} (i + j \leqslant 2)$，公式中 Z、X、Y、A_{ij} 见表 2-17。

表 2-17 纳尔逊油品焓值拟合公式参数表

Z	X	Y	A_{00}	A_{01}	$A_{02}\times10^2$	A_{10}	$A_{11}\times10^2$	$A_{20}\times10^3$
H_{L*}	T	API	3.8192	0.2483	-0.2706	0.3718	0.1972	0.4754
$H_V^{\#}$	T	API	78.12202	0.3927	-0.1654	0.3059	0.0996	0.463
$H_V^{=}$	T	K	24.2206	-20.5618	158.57	0.8623	-7.55	0.0672
G_{V1}	$H_V{}^*$	K	-1557.44	408.4433	-1906.32	4.666	34.826	0.101
G_{V2}	G_{V1}	API	512.06	-8.6401	3.016	-0.2497	1.872	0.5582
H_V^-	G_{V2}	P	24.47	-0.3327	0.0128	-0.1578	0.1762	0.2387

$$H_L = H_L^* \times (0.0533 \times K + 0.3604)$$

$$H_V^* = H_V^{\#} - H_V^{=}$$

$$H_V = H_V^* - H_V^-$$

式中 P——压力，kgf/cm^2(绝)；

T——温度，℃；

K——油品的特性因数，无量纲；

H_L——油品的液相焓，kcal/kg；

H_V——油品的气相焓，kcal/kg。

以常顶汽油为例，已知常顶压力 $P=135kPa$(绝)$=1.377kgf/cm^2$(绝)，温度 $T=104.4℃$，特征因素 $K=11.9$，$API°=60.1$，则：

以常顶回流-129℃时液相焓值为0。

$$H_L^* = \sum_{i=0}^{2}\sum_{j=0}^{2} A_{ij} T^i API^{\circ j} (i+j \leqslant 2)$$
$$= 3.8192 \times (-129)^0 \times 60.1^0 + 0.2483 \times (-129)^0 \times 60.1^1 - 0.002706 \times (-129)^0 \times 60.1^2 + 0.3718 \times (-129)^1 \times 60.1^0 + 0.001972 \times (-129)^1 \times 60.1^1 + 0.0004754 \times (-129)^2 \times 60.1^0 = -46.4$$

$$H_L(-129℃) = H_L^* \times (0.0533 \times K + 0.3604) = -46.4 \times (0.0533 \times 11.97 + 0.3604)$$
$$= -46.3kcal/kg = -46.3 \times 4.168 = -193kJ/kg$$

常顶回流51℃时液相焓值为 $H_L(51℃)$：

$$H_L^* = \sum_{i=0}^{2}\sum_{j=0}^{2} A_{ij} T^i API^{\circ j} (i+j \leqslant 2)$$
$$= 3.8192 \times 51^0 \times 60.1^0 + 0.2483 \times 51^0 \times 60.1^1 - 0.002706 \times 51^0 \times 60.1^2 + 0.3718 \times 51^1 \times 60.1^0 + 0.001972 \times 51^1 \times 60.1^1 + 0.0004754 \times 51^2 \times 60.1^0 = 35.2$$

$$H_L(51℃) = H_L^* \times (0.0533 \times K + 0.3604) = 35.2 \times (0.0533 \times 11.97 + 0.3604)$$
$$= 35.1kcal/kg = 35.1 \times 4.168 = 146.3kJ/kg$$

$$H_L(51℃) = H_L(51℃) - H_L(-129℃) = 146.3 - (-193) = 339.3kJ/kg$$

常顶汽油104.4℃时气相焓值为 $H_V(104.4℃)$：

$$H_V^{\#} = \sum_{i=0}^{2}\sum_{j=0}^{2} A_{ij} T^i API^{\circ j} (i+j \leqslant 2)$$
$$= 78.12202 \times 104.4^0 \times 60.1^0 + 0.3927 \times 104.4^0 \times 60.1^1 - 0.001654 \times 104.4^0 \times 60.1^2 + 0.3059 \times 104.4^1 \times 60.1^0 + 0.000996 \times 104.4^1 \times 60.1^1 + 0.000463$$

$\times 104.4^2 \times 60.1^0 = 139$

$$H_V^{=} = \sum_{i=0}^{2}\sum_{j=0}^{2} A_{ij} T^i K^j (i+j \leqslant 2)$$

$= 24.2206 \times 104.4^0 \times 11.97^0 - 20.5617 \times 104.4^0 \times 11.97^1 + 1.5857 \times 104.4^0 \times 11.97^2 + 0.8623 \times 104.4^1 \times 11.97^0 - 0.0755 \times 104.4^1 \times 11.97^1 + 0.0000672 \times 104.4^2 \times 11.97^0 = 1.4$

$$H_V^{*} = H_V^{\#} - H_V^{=} = 139 - 1.4 = 137.6$$

$$G_{V1} = \sum_{i=0}^{2}\sum_{j=0}^{2} A_{ij} H_V^{*\,i} K^j (i+j \leqslant 2)$$

$=- 1557.437 \times 137.6^0 \times 11.97^0 + 408.4433 \times 137.6^0 \times 11.97^1 - 19.0632 \times 137.6^0 \times 11.97^2 - 4.666 \times 137.6^1 \times 11.97^0 + 0.34826 \times 137.6^1 \times 11.97^1 + 0.0001010 \times 137.6^2 \times 11.97^0 = 533.7$

$$G_{V2} = \sum_{i=0}^{2}\sum_{j=0}^{2} A_{ij} G_{V1}^i API^{\circ j} (i+j \leqslant 2)$$

$= 512.06 \times 533.7^0 \times 60.1^0 - 8.6401 \times 533.7^0 \times 60.1^1 + 0.03016 \times 533.7^0 \times 60.1^2 - 0.2497 \times 533.71 \times 60.1^0 + 0.01872 \times 533.7^1 \times 60.1^1 + 0.0005582 \times 533.7^2 \times 60.1^0 = 510.1$

$$H_V^{-} = \sum_{i=0}^{2}\sum_{j=0}^{2} A_{ij} G_{V2}^i P^j (i+j \leqslant 2)$$

$= 24.47 \times 510.1^0 \times 1.377^0 - 0.3327 \times 510.1^0 \times 1.377^1 + 0.000128 \times 510.1^0 \times 1.377^2 - 0.1578 \times 510.1^1 \times 1.377^0 + 0.001762 \times 510.1^1 \times 1.377^1 + 0.0002387 \times 510.1^2 \times 1.377^0 = 14.6$

$H_V(104.4℃) = H_V^{*} - H_V^{-} = 137.6 - 14.6 = 123\text{kcal/kg} = 123 \times 4.168 = 512.2\text{kJ/kg}$

$H_V(104.4℃) = H_V(104.4℃) - H_L(-129℃) = 512.2 - (-193) = 705.2\text{kJ/kg}$

3.2.2 蒸汽焓值计算

拟合公式如下：

$$H_S = 4.184 \times [592.46 - 2.1693 \times P + (0.48 + 4.6485 \times 10^{-3} \times P) \times T]$$

式中 H_s——蒸汽焓值，kJ/kg；

P——蒸汽压力，atm(表)；

T——蒸汽温度,℃。

以0.3MPa(表)、342.5℃低低压蒸汽为例：

$H_S = 4.184 \times [592.46 - 2.1693 \times P + (0.48 + 4.6485 \times 10^{-3} \times P) \times T]$

$= 4.184 \times \{592.46 - 2.1693 \times (0.3 + 0.1) \div 101.3 + [0.48 + 4.6485 \times 10^{-3} \times (0.3 + 0.1) \div 101.3] \times 342.5\} = 3167\text{kJ/kg}$

3.3 常压塔参数数据

3.3.1 进料数据

对孔板流量计和V型锥流量计进行校核，若已知孔板流量计和V型锥流量计测量的质量流量$m_{测}$、流量计设计密度$\rho_{设}$和介质在流量计处实际密度$\rho_{实}$，使用以下公式计算出实际质量流量$m_{实}$：

$$m_{实} = m_{测} \times \sqrt{\rho_{实}/\rho_{设}}$$

以常顶成品流量为例，已知测量的常顶成品质量流量 $m_{测}$ 为 14.5t/h、流量计设计密度 $\rho_{设}$ 为 0.7205g/cm³ 和介质实际密度 $\rho_{实}$ 为 0.7229g/cm³，则：

$$m_{实} = m_{测} \times \sqrt{\rho_{实}/\rho_{设}} = 14.5 \times \sqrt{0.7229/0.7205} = 14.6\text{t/h}$$

其他流量计计算过程同上，常压塔相关流量计校正汇总见表 2-18。

表 2-18 常压塔相关流量计校正汇总表(一)

流量计校核	实际密度 $\rho_{实}$/(g/cm³)	测量流量 $m_{测}$/(t/h)	计量表设计密度 $\rho_{设}$/(g/cm³)	实际流量 $m_{实}$/(t/h)
常顶回流流量	0.7078	5.6	0.7069	5.6
常顶循流量	0.7048	180.9	0.7105	179.5
常一中流量	0.6954	105.2	0.7096	103.1
常二中流量	0.6761	265.6	0.7022	255.7
过汽化油流量	—	0.0	0.6508	0.0
常顶气相流量	—	0.0(Nm³/h)	1.455	0.0(Nm³/h)
常顶成品流量	0.7229	14.5	0.7205	14.6
常一线抽出流量	0.6750	44.3	0.6621	45.2
常底流量	0.7334	394.9	0.7336	394.8
常三线返回流量	0.7565	4.0	0.7862	3.8
常压塔进料流量	0.6556	332.6	0.6848	318.4
初一线流量	0.6746	11.0	0.6639	11.2

从表 2-18 中可以看出，常底流量计 FT10821 显示常底流量为 394.8t/h，不符合实际情况，因此需对常底流量进行核算。

常底流量=常压塔进料量+初一线流量-常顶气流量-常顶成品流量-常一线泵出口流量-常二线泵出口流量-常三线泵出口流量-常四线泵出口流量-常三线返回量=181.4t/h

对常底流量校正后，常压塔相关流量计校正汇总见表 2-19。

表 2-19 常压塔相关流量计校正汇总表(二)

项目	进料板	温度/℃	压力/kPa(绝)	流量/(t/h)	流量/(kmol/h)
初底油	6	352.8	—	318.4	1288
初一线	39	168	—	11.2	77
常底汽提	—	338.9	183	4.3	238
常二线汽提	31	233.2	149.5	0.43	24
常三线汽提	23	291.8	160.8	0.17	9.6
常四线汽提	17	312.8	170.7	0.32	17.9

3.3.2 常压塔温度和压力数据

常压塔温度和压力数据见表 2-20。

表 2-20　常压塔温度和压力数据表(一)

项目	温度/℃	压力/kPa(绝)	项目	温度/℃	压力/kPa(绝)
常顶	104.4	136.3	22 层塔盘(常三线抽出下)	317.2	155.3
53 层塔盘	107.9		16 层塔盘(常四线抽出下)	335.5	159.3
40 层塔盘(常一线抽出下)	196.1	144.3	6 层塔盘(进料段)	349.0	165.3
39 层塔盘(常一中返塔)	198.4		常底	338.9	
30 层塔盘(常二线抽出下)	246.2	150.3			

根据常压塔各段温度和压力测点及相邻测点平均压降和温降，计算各个塔盘温度和压力，常压塔温度和压力数据见表 2-21。

表 2-21　常压塔温度和压力数据表(二)

塔盘编号	位置	温度/℃	压力/kPa(绝)	塔盘编号	位置	温度/℃	压力/kPa(绝)
54	塔顶，冷回流入口	104.4	136.3	26		267.6	152.8
53	顶循返塔	107.87	136.9	25		271.1	153.4
52		121.3	137.4	24		274.5	154.1
51	顶循抽出	134.8	138.0	23	三线抽出返塔	278.0	154.7
50		138.7	138.6	22		317.2	155.3
49		142.7	139.2	21		318.5	156.0
48		146.7	139.7	20		319.8	156.6
47		150.7	140.3	19		321.1	157.3
46		154.7	140.9	18		322.4	158.0
45		158.7	141.4	17		323.8	158.6
44		162.7	142.0	16		325.1	159.3
43		166.7	142.6	15		326.4	159.9
42		170.7	143.2	14		327.7	160.5
41	一线抽出返塔	174.7	143.7	13	四线抽出返塔	329.0	161.1
40		196.1	144.3	12		331.9	161.7
39	一中返塔	198.4	144.9	11		334.7	162.3
38		203.5	145.5	10		337.6	162.9
37	一中抽出	208.6	146.1	9		340.4	163.5
36		210.8/212.4	146.7	8		343.3	164.1
35		213.0/216.1	147.3	7	过汽化油抽出	346.1	164.7
34		215.2/219.8	147.9	6	进料，过汽化油返塔	349.0	165.3
33		217.4/223.5	148.5	5		347.3	165.9
32		219.6/227.3	149.1	4		345.6	166.5
31	二线抽出返塔	221.8/310	149.7	3		343.9	167.1
30		246.2	150.3	2		342.3	167.7
29	二中返塔	252.2	150.9	1		340.6	168.3
28		258.2	151.6	塔底	汽提进	338.9	168.9
27	二中抽出	264.1	152.2				

注：“/”后为核算修改值

3.3.3 常压塔塔顶回流和中段回流数据

常压塔塔顶回流和中段回流数据见表2-22。

表2-22 常压塔回流数据表

项目	抽出板	抽出温度/℃	抽出压力/kPa(绝)	返塔板	返塔温度/℃	返塔压力/kPa(绝)	流量/(t/h)
常顶回流	54	104.4	136.3	54	51	136.3	5.6
常顶循	51	134.8	138	53	97.4	136.9	179.5
常一中	37	208.6	146.1	39	161.8	144.9	103.1
常二中	27	264.1	152.2	29	222.6	150.9	255.7

3.3.4 常压塔侧线和初一线数据

常压塔侧线数据见表2-23。

表2-23 常压塔侧线数据表

项目	抽出板	抽出温度/℃	抽出压力/kPa(绝)	流量/(t/h)	流量/(kmol/h)
塔顶蒸汽	54	104.4	136.3	5.2	290.2
常顶汽油	54	104.4	136.3	14.6	136.5
常一线	41	174.7	143.7	43	276
常二线	31	221.8	149.7	26.9	135.5
常三线	23	276.3	154.7	51.8	212.4
常四线	13	329.4	161.1	12	38
常底油	—	338.9	168.9	181.4	353.6

注：1. 塔顶蒸汽=塔底汽提+常二线汽提+常三线汽提+常四线汽提=5.2t/h。

2. 常三线=常三线泵出口+常三线返回=48+3.8=51.8t/h。

初一线入常压塔流量为11.2t/h，根据初一线D86流程数据，其18%点以前进入常顶汽油组分作为常压塔常顶汽油产品，10%点以后进入常一线组分作为常压塔常一线产品。因此需要对初底油实际分馏产品进行折算。

根据初一线M=145.2g/mol，则初一线摩尔流量=11.2÷144.8=77kmol/h，根据初一线D_{86}流程数据，初一线进入常顶汽油组分中摩尔流量=77.2×18%=13.9kmol/h，进入常一线组分中体积流量=77.2×82%=63.1 kmol/h，根据常顶汽油M=106.9 g/mol，常一线M=155.6 g/mol，可近似计算初一线进入常顶汽油中流量=7.7×106.9=1.5 t/h，进入常一线中流量=11.2-1.5=9.7t/h。

因此实际初底油中汽油产量=14.6-1.5=13.1t/h，常一线产量=43-9.7=33.2t/h。初底油物料平衡见表2-24。

表2-24 常压塔数据表

项目	抽出板	抽出温度/℃	抽出压力/kPa(绝)	流量/(t/h)	流量/(kmol/h)
塔顶蒸汽	54	104.4	136.3	5	279
常顶汽油	54	104.4	136.3	13.1	122.8
常一线	41	174.7	143.7	33.2	213.6

续表

项目	抽出板	抽出温度/℃	抽出压力/kPa(绝)	流量/(t/h)	流量/(kmol/h)
常二线	31	221.8/231	149.7	26.9	135.5
常三线	23	276.3	154.7	51.8	212.4
常四线	17	329.4	161.1	12.0	38.0
常底油	塔底	338.9	168.9	181.4	353.6

3.3.5 常压塔各物料性质

使用《石油加工过程设备》[3] P152 所列查图法计算 D_{86}转 EFV 数据。

已知常顶油 D_{86}数据：

1）根据图 2-4 确定常压恩氏蒸馏 50%点和平衡汽化 50%的关系：$t_{EFV,50\%}-t_{D86,50\%}=-8℃$，$t_{EFV,50\%}=t_{D86,50\%}-8=114.5-8=106.5℃$

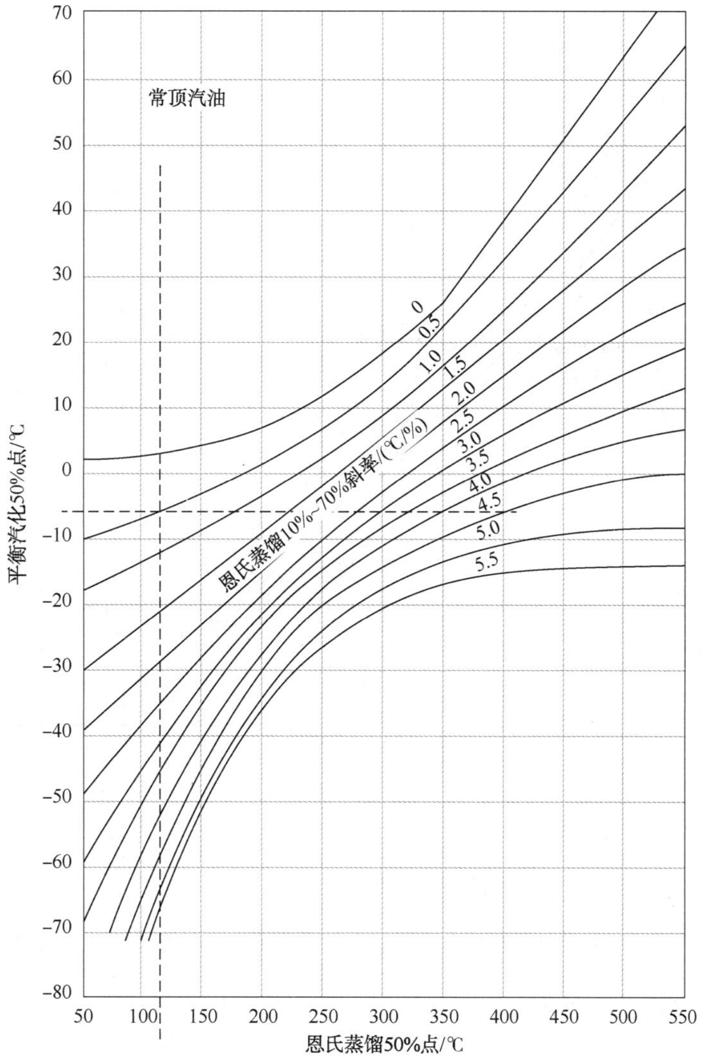

图 2-4　常顶油常压恩氏蒸馏 50%点和平衡汽化 50%点换算图

2）计算恩氏蒸馏各温度段温差：

$t_{D86,10\%}-t_{D86,0\%}=92-76=16℃$

$t_{D86,30\%}-t_{D86,10\%}=102.6-92=10.6℃$

$t_{D86,50\%}-t_{D86,30\%}=114.5-102.6=11.9℃$

$t_{D86,70\%}-t_{D86,50\%}=125-114.5=10.5℃$

$t_{D86,90\%}-t_{D86,70\%}=140.3-125=15.3℃$

$t_{D86,98\%}-t_{D86,90\%}=159.2-140.3=18.9℃$

3）根据恩氏蒸馏各段温差在图 2-5 求解平衡汽化各段温差：

$t_{EFV,10\%}-t_{EFV,0\%}=7℃$

$t_{EFV,30\%}-t_{EFV,10\%}=5.5℃$

$t_{EFV,50\%}-t_{EFV,30\%}=5℃$

$t_{EFV,70\%}-t_{EFV,50\%}=4.5℃$

$t_{EFV,90\%}-t_{EFV,70\%}=5.5℃$

$t_{EFV,98\%}-t_{EFV,90\%}=5.5℃$

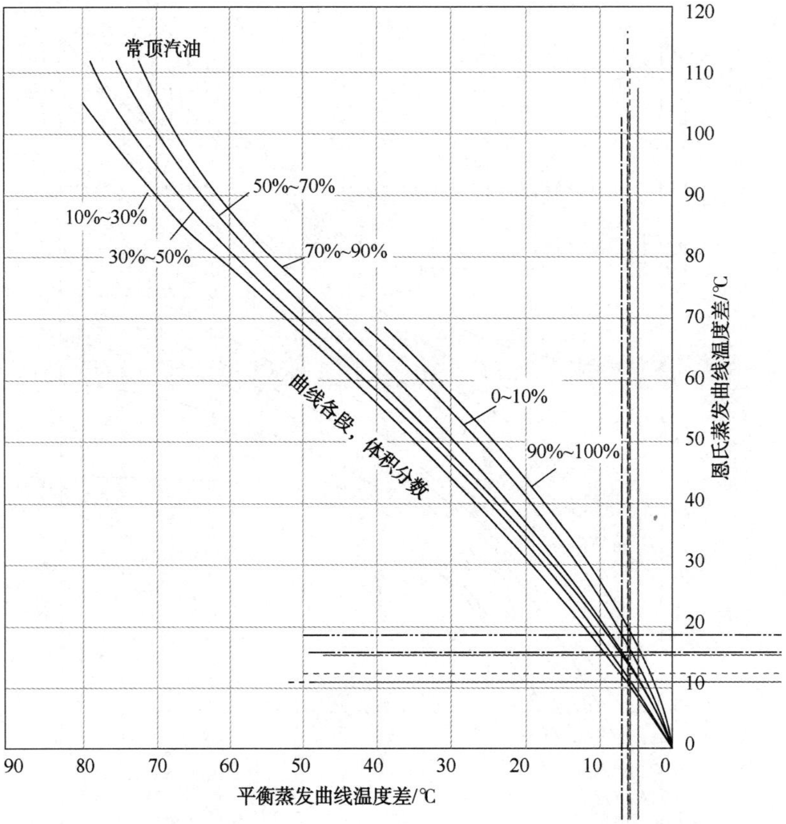

图 2-5　常顶油平衡汽化各段温差与恩氏恒流曲线各段温差关系图

4）根据平衡汽化 50%点温度和平衡汽化各段温差求得平衡汽化各点温度：

$t_{EFV,30\%}=t_{EFV,50\%}-5=106.5-5=101.5℃$

$t_{EFV,10\%}=t_{EFV,30\%}-5.5=101.5-5.5=96℃$

$t_{EFV,0\%}=t_{EFV,10\%}-7=96-5=89℃$

$t_{EFV,70\%}=t_{EFV,50\%}+4.5=106.5+4.5=111℃$

$t_{EFV,90\%}=t_{EFV,70\%}+5.5=111+5.5=116.5℃$

$t_{EFV,98\%}=t_{EFV,90\%}+5.5=116.5+5.5=122℃$

其他油品计算过程如上，平衡汽化收率汇总见表 2-25。

表 2-25　平衡汽化收率汇总表

体积收率	IBP	10%	30%	50%	70%	90%	DBP
初底油		229.9	293.9	348.9	411.4		
常顶油	89	96	101.5	106.5	111	116.5	122
常一线	179.5	187	193	198	199	210.5	215
常二线	244.1	252.1	257.1	259.1	264.1	267.1	271.6
常三线	286.5	299.5	309	314	324	328	331
常四线	351	356	369	381	389	394	397

3.4　计算常压塔过汽化率

根据初底油 $P-T-e$ 图(图 2-6)显示，在常压炉出口 352.8℃，200kPa(绝)的条件下，汽化率为 39.5%。

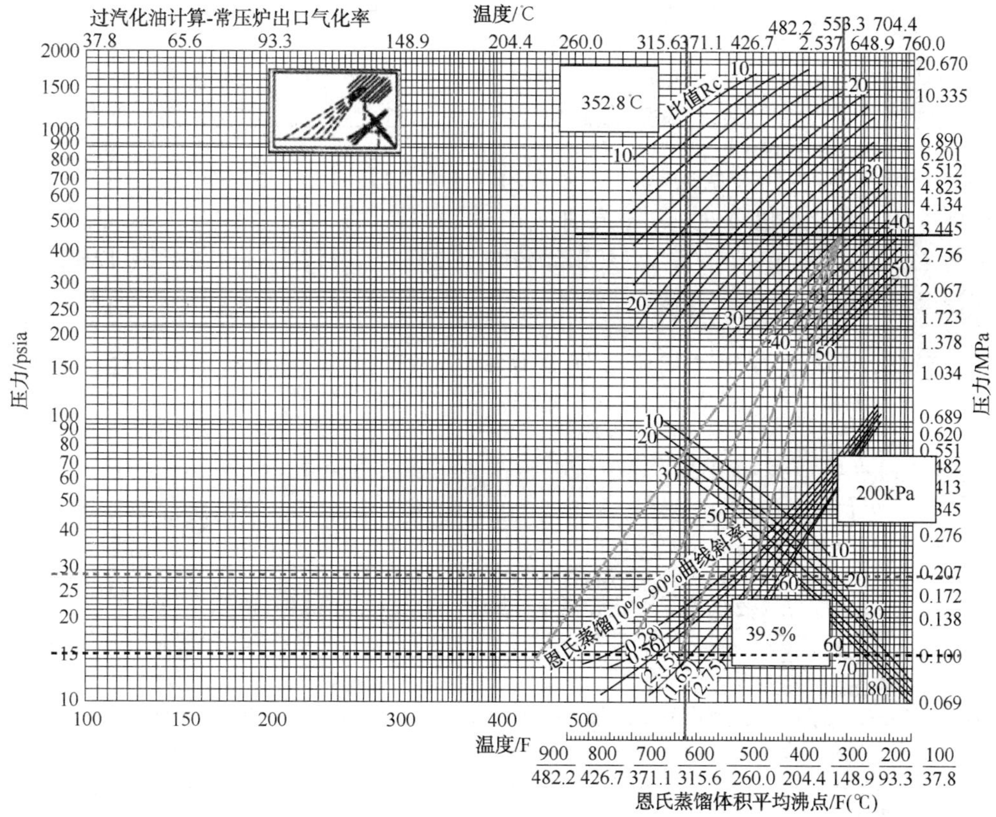

图 2-6　初底油 $P-T-e$ 图(炉出口汽化率计算，352.8℃)

根据常压塔产品质量收率(M)，产品和原料的相对密度(SG)，使用下列公式计算各产品体积收率(V)：

$$V\% = M\% \cdot \frac{SG_{原料}}{SG_{产品}}$$

式中　V——体积收率,%;

M——产品收率,%

$SG_{原料}$——原料相对密度，无量纲;

$SG_{产品}$——产品相对密度，无量纲。

以常一线为例，常一线质量收率 M 为 11.01%，常一线相对密度 SG 为 0.7955，初底油相对密度为 0.8753，常一线体积收率 V:

$$V = M \cdot \frac{SG_{初底油}}{SG_{常一线}} = 10.44 \times 0.7955 \div 0.8753 = 11.49\%$$

其他油品计算过程如上，由于计算误差，体积收率总和=100.31%，因此做归一化，常压产品收率数据计算结果见表2-26。

表2-26　常压产品收率数据表

项目	SG	M%	V%
初底油	0.8753		
常顶汽油	0.7386	4.12	4.87
常一线	0.7955	10.44	11.45
常二线	0.8138	8.45	9.06
常三线	0.8260	16.26	17.17
常四线	0.8652	3.75	3.78
常底油	0.9265	56.98	53.66

由表2-16可知，常压塔各产品总体积收率=4.87+11.45+9.06+17.17+3.78=46.34%

由此可知，常压炉出口处，常顶汽油、常一线和常二线全为气相，常三线中液相部分体积收率为42.55%-39.5%=3.05%，气相部分体积收率为17.17%-3.05%=14.12%，常四线和常底油全部为液相。

常压炉出口处，常三线液相质量收率 $M = V \cdot \frac{SG_{常三线}}{SG_{初底油}} = 3.05\% \times 0.8652 \div 0.8753 = 2.88\%$，常三线气相质量收率 $M = 16.26 - 2.88 = 13.38\%$。对应常三线液相质量流量=12.9×2.88%=9.2t/h，常三线气相质量流量=51.8-9.2=42.6t/h

在常压炉出口温度为352.8℃，压力为200kPa(绝)条件下，做初底油热量计算表，见表2-27。

表2-27　常压炉出口热量计算表[352.8℃，200kPa(绝)]

项目	相态	流量/(t/h)	温度/℃	压力/[kg/cm²(绝)]	焓值	热量/(MJ/h)
常顶汽油	气态	13.12	352.85	2.039	1144	15015
常一线	气态	33.25	352.85	2.039	1093	36327
常二线	气态	26.91	352.85	2.039	1081	29096
常三线	气态	42.58	352.85	2.039	1075	45786
常三线	液态	9.18	352.85	2.039	961	8817
常四线	液态	11.95	352.85	2.039	931	11124
常底油	液态	181.42	352.85	2.039	893	161938
合计						308104

在常压塔气化段温度349℃，压力165.3kPa(绝)条件下，做初底油热量计算表，见表2-28。

表 2-28　常压塔汽化段热量计算表[349℃，165.3kPa(绝)]

项目	相态	流量/(t/h)	温度/℃	压力/[kg/cm²(绝)]	焓值	热量/(MJ/h)
常顶汽油	气态	13.12	349.00	1.686	1139	14944
常一线	气态	33.25	349.00	1.686	1089	36194
常二线	气态	26.91	349.00	1.686	1078	29000
常三线	气态	51.76	349.00	1.686	1072	55482
常四线	气态	11.95	349.00	1.686	1045	12493
过汽化油	气态	m	349.00	1.686	1043	$1043m$
常底油	液态	$181.42-m$	349.00	1.686	881	$159754-881m$
合计						307867

忽略常压炉出口到常压塔入口的转油线散热损失，常压炉炉出口至常压塔进料段内的压降汽化过程可以视为绝热闪蒸过程，则初底油在常压塔汽化段气液相的总焓与常压炉出口油品的总焓相等，即：

$307867+162m=308104$

则：$m=(308104-307867)\div162=1.5\text{t/h}=1.5\div290.3=4.7\text{kmol/h}$

过汽化率%(质) $=1.5\div318.3\times100=0.46\%$

过汽化率%(体) $=0.46\%\times0.8753\div0.8652=1.4\%$

3.5　常压炉出口温度核算

进料段汽化率 $e_{\text{f}}=e_{\text{常顶汽油}}+e_{\text{常一线}}+e_{\text{常二线}}+e_{\text{常三线}}+e_{\text{常四线}}+e_{\text{过汽化油}}=4.87+11.45+9.06+17.17+3.78+1.38=47.72\%$

进料段油气摩尔流量 $=n_{\text{常顶汽油}}+n_{\text{常一线}}+n_{\text{常二线}}+n_{\text{常三线}}+n_{\text{常四线}}+n_{\text{过汽化油}}=106.9+155.6+198.6+243.7+314.4+4.66=1024\text{kmol}$

进料段油气分压：

$P_{\text{油气}}=P_{\text{进料板}}\times N_{\text{油气}}/(N_{\text{油气}}+N_{\text{水}})=165.3\times1024\div(1024+290.2)=126.6\text{kPa(绝)}$

根据初底油 P-T-e 图(图 2-7)，在压力 126.6kPa，汽化率=47.72%下，进料段温度为 348℃。

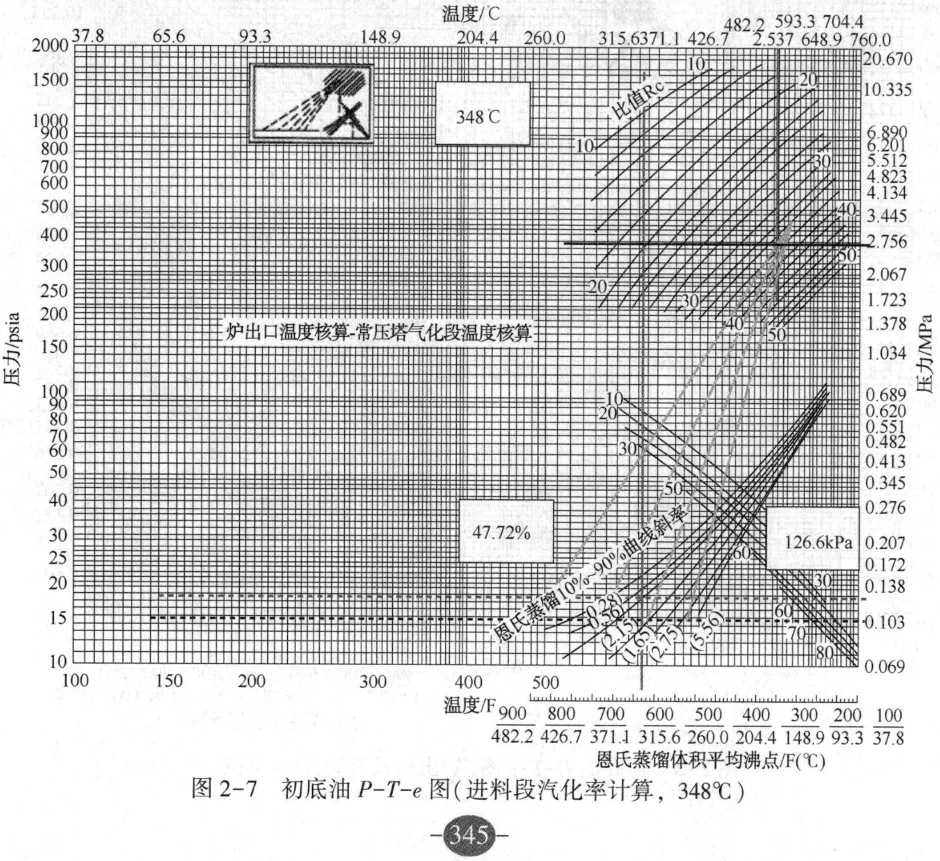

图 2-7　初底油 P-T-e 图(进料段汽化率计算，348℃)

上述计算过程得到的进料段温度是否合理，还需要通过用等焓节流过程的计算方法求得常压炉出口温度来进行校验，油品带入进料段的热量列表如下：

在汽化段压力为126.6kPa，温度为348℃的条件下计算汽化段热量，见表2-29。

表2-29　常压塔汽化段热量计算表[(348℃，126.6kPa(绝)]

项目	相态	流量/(t/h)	温度/℃	压力/[kg/cm²(绝)]	焓值/(kJ/kg)	热量/(MJ/h)
常顶汽油	气态	13.1	348	1.291	1143	14995
常一线	气态	33.2	348	1.291	1094	36365
常二线	气态	26.9	348	1.291	1083	29153
常三线	气态	51.8	348	1.291	1078	55795
常四线	气态	12.0	348	1.291	1049	12537
过汽化油	气态	1.5	348	1.291	1012	1482
常底油	液态	187.9	348	1.291	877	157903
合计						308229

进料初底油的平均焓 $h_F = 308228.8 \div 318.4 = 968$kJ/kg，常压炉出口压力为200kPa。

假设常压炉出口温度为348℃，在常压炉出口压力为200kPa的条件下，根据初底油 p-T-e图(图2-8)，求得汽化率为36%。

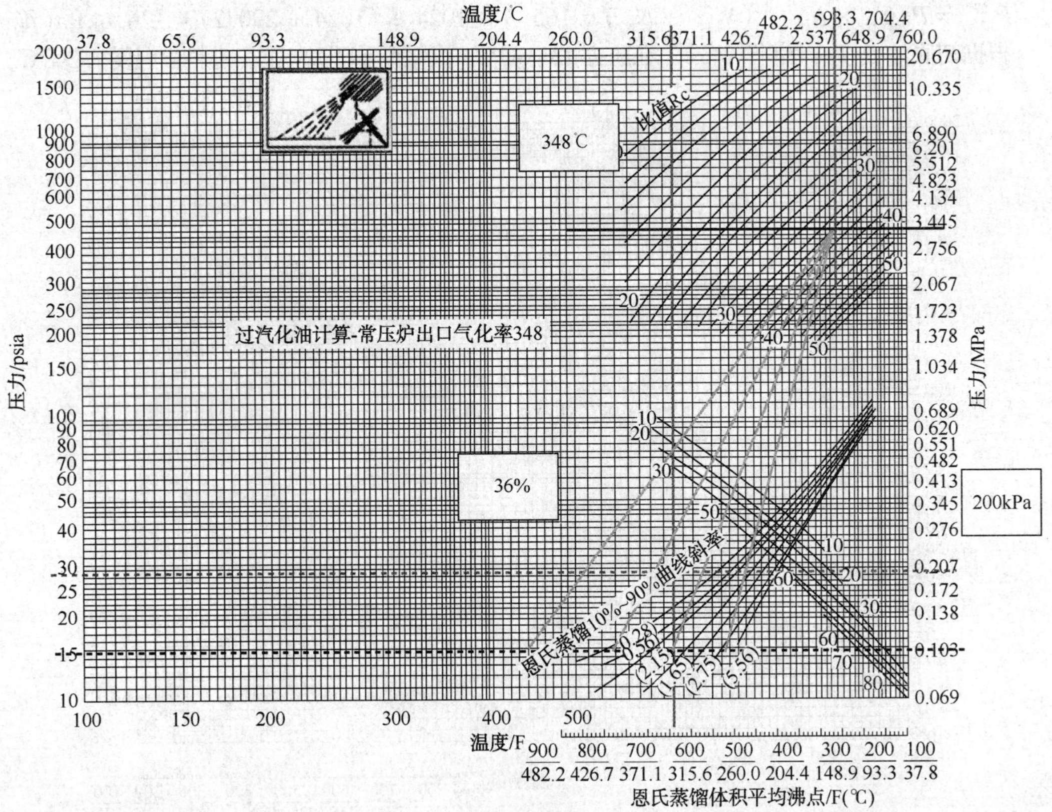

图2-8　初底油 P-T-e 图(炉出口汽化率计算348℃)

则常压炉出口常一线、常二线全为气相，常三线液相＝4.87＋11.45＋9.06＋17.17－36＝6.55%，常三线气相＝17.17－6.55＝10.62%，对应常三线液相质量收率＝常三线液相体积收率×常三线密度(15.6℃)÷初底油密度(15.6℃)＝6.55×0.8652÷0.8753＝6.48%，常三线气相质量收率＝常三线收率－常三线液相收率＝16.26－6.48＝9.78%，因此常三线气相流量＝318.4×9.78%＝31.1t/h，常三线液相流量＝318.4×6.48%＝20.7t/h。常四线和常底油均为液相。以常压炉出口温度348℃，压力200kPa的条件做热量平衡，见表2-30。

表2-30　常压炉出口热量计算表[348℃，200kPa(绝)]

项目	相态	流量/(t/h)	温度/℃	压力/[kg/cm^2(绝)]	焓值/(kJ/kg)	热量/(MJ/h)
常顶汽油	气态	13.1	348	2.039	1130	14825
常一线	气态	33.2	348	2.039	1079	35858
常二线	气态	26.9	348	2.039	1067	28713
常三线	气态	31.1	348	2.039	1061	33026
常三线	液态	20.6	348	2.039	945	19486
常四线	液态	12.0	348	2.039	915	10937
常底油	液态	180.0	348	2.039	877	157903
合计						300747

常压炉出口初底油平均焓＝300747÷318.4＝945kJ/kg

假设常压炉出口温度为355℃，在常压炉出口压力为200kPa的条件下，根据初底油P-T-e图(图2-9)，求得汽化率为42%。

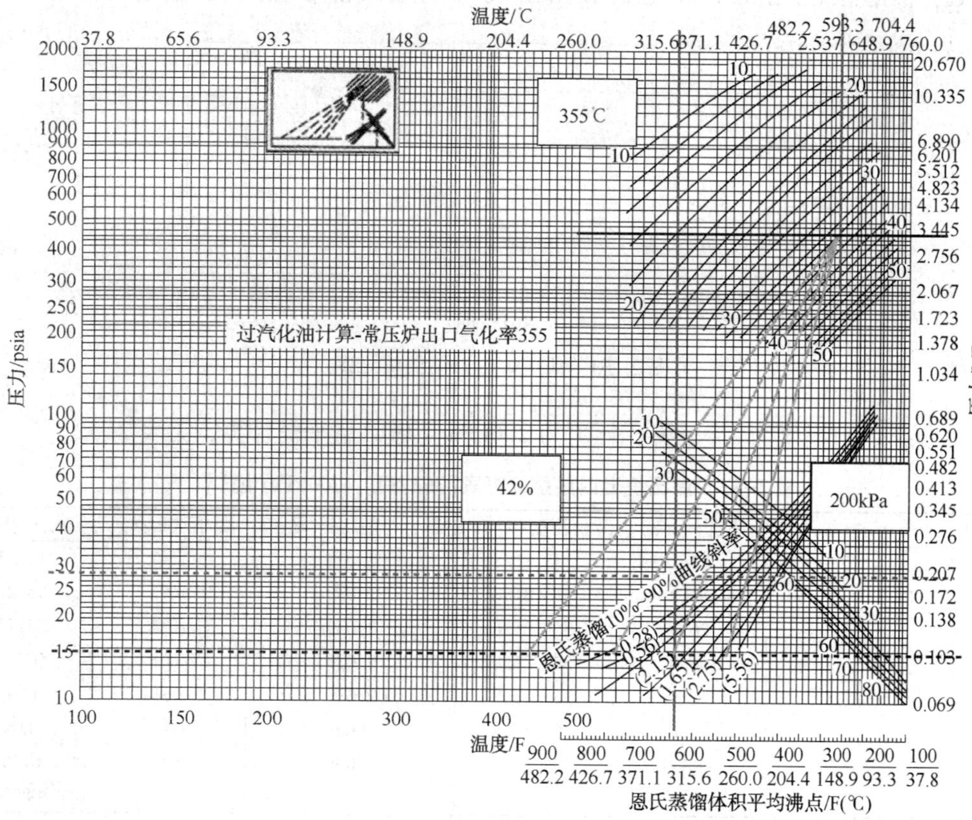

图2-9　初底油P-T-e图(炉出口汽化率计算，355℃)

则常压炉出口常一线、常二线全为气相，常三线液相=4.87+11.45+9.06+17.17-42=0.55%，常三线气相=17.17-0.55=16.62%，对应常三线液相质量收率=常三线液相体积收率×常三线密度(15.6℃)÷初底油密度(15.6℃)=0.55×0.8652÷0.8753=0.55%，常三线气相质量收率=常三线收率-常三线液相收率=16.26-0.55=15.71%，因此常三线气相流量=318.4×15.71%=50t/h，常三线液相流量=318.4×0.55%=1.8t/h。常四线和常底油均为液相。

以常压炉出口温度355℃，压力200kPa的条件做热量平衡计算，见表2-31。

表2-31 常压炉出口热量计算表[355℃，200kPa(绝)]

项目	相态	流量/(t/h)	温度/℃	压力/[kg/cm^2(绝)]	焓值/(kJ/kg)	热量/(MJ/h)
常顶汽油	气态	13.1	355	2.039	1151	15100
常一线	气态	33.2	355	2.039	1099	36537
常二线	气态	26.9	355	2.039	1088	29267
常三线	气态	50.0	355	2.039	1082	54101
常三线	液态	1.7	355	2.039	968	1689
常四线	气态	12.0	355	2.039	938	11207
常底油	液态	180.0	355	2.039	899	161850
合计						309752

常压炉出口初底油平均焓=309752÷318.4=973kJ/kg

常压炉出口温度348℃，压力200kPa时，常压炉出口初底油平均焓=945kJ/kg，常压炉出口温度为355℃，压力200kPa时，常压炉出口初底油平均焓=973kJ/kg和汽化段初底油平均焓=968kJ/kg，根据常压炉出后焓值校核图(图2-10)，图解求得常压炉出口温度=353.8℃。

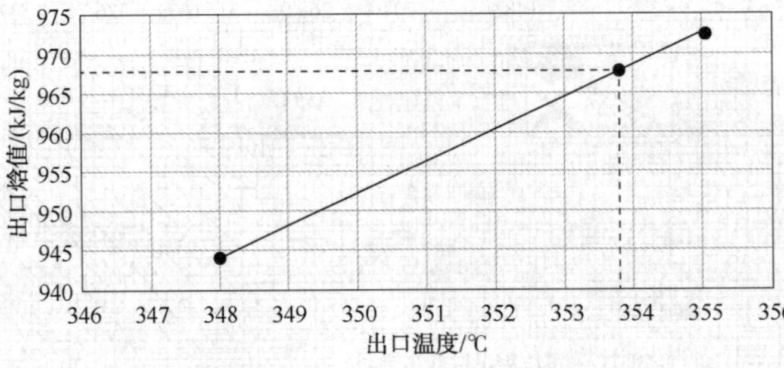

图2-10 常压炉出口焓值核对图

在常压炉出口温度为353.8℃，压力为200kPa下做热量平衡计算，见表2-32。

表2-32 常压炉出口热量计算表[353.8℃，200kPa(绝)]

项目	相态	流量/(t/h)	温度/℃	压力/[kg/cm^2(绝)]	焓值/(kJ/kg)	热量/(MJ/h)
常顶汽油	气态	13.1	353.8158	2.039	1147	15053
常一线	气态	33.2	353.8158	2.039	1095	36422
常二线	气态	26.9	353.8158	2.039	1084	29173
常三线	气态	46.9	353.8158	2.039	1078	50531
常三线	液态	4.9	353.8158	2.039	964	4716
常四线	气态	12.0	353.8158	2.039	934	11162
常底油	液态	180.0	353.8158	2.039	896	161180
合计						308236

常压炉出口初底油平均焓 $h_0 = 308596 \div 318.4 = 968$kJ/kg

由于 $h_F = h_0$，所以常压炉出口温度 = 353.8℃符合要求。

实际常压炉出口温度 = 352.8℃，较核算值低 1℃。实际进料段温度 = 349℃，较核算值高 1℃。两者基本接近无需修正。

3.6 常压塔侧线和塔顶温度核算

3.6.1 常四线抽出温度核算

根据操作数据可得常四线抽出板温度 $T_{13} = 329.4$℃，抽出板压力 $P_{13} = 161.1$kPa，设 14 层塔盘向下流的内回流量 Lt/h，自塔底至 13 层塔板上部进行热量平衡，隔离体示意图见图 2-11。

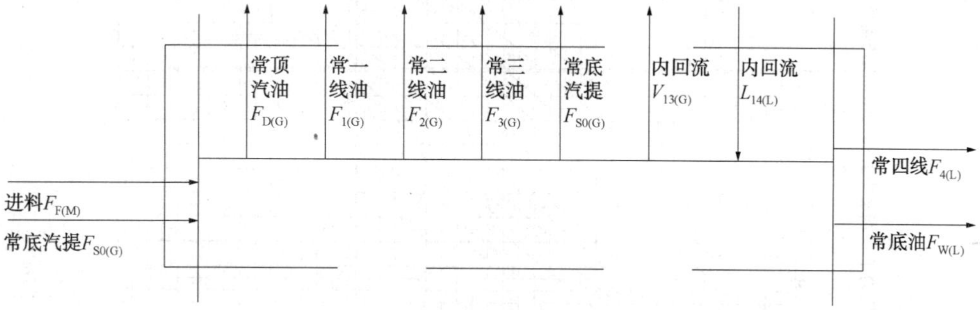

图 2-11 常四线热量平衡隔离体示意图

根据热量平衡计算确定内回流量，热量平衡见表 2-33。

表 2-33 常四线热量平衡计算表

项目		相态	流量	分子量	流量	温度	压力	压力	焓值	热量
			t/h	g/mol	kmol/h	℃	kPa(绝)	kg/cm^2(绝)	kJ/kg	MJ/h
进料	初底油	混合	318.4	247.2	1288.0	353.8	200.0	2.04	968	308236
	内回流	液态	L			327.7	160.5	1.64	851	851L
	常底汽提	气态	4.3	18.0	238.8	342.5	401.3	4.09	3167	13612
	合计									321848
出料	常顶汽油	气态	13.1	106.9	122.8	329.0	161.1	1.64	1081	14181
	常一线	气态	33.2	155.6	213.6	329.0	161.1	1.64	1032	34317
	常二线	气态	26.9	198.6	135.5	329.0	161.1	1.64	1021	27466
	常三线	气态	51.8	243.7	212.4	329.0	161.1	1.64	1014	52500
	常四线	液态	12.0	314.4	38.0	329.0	161.1	1.64	855	10216
	常底油	液态	181.4	513.0	353.6	338.9	168.9	1.72	849	154062
	内回流	气态	L	314.4		329.0	161.1	1.64	986	986L
	常底汽提	气态	4.3	18.0	238.8	329.0	161.1		3141	13498
	合计									306240

内回流热量 $Q = 321848 - 306240 = 15609$MJ/h

内回流量 $V_{13} = L_{14} = 15609 \div (986 - 851) = 115$t/h

内回流量 $n_{V13} = n_{L14} = 115 \div 314.4 \times 1000 = 366$kmol/h

内回流油气分压=P13×[n_{V13}÷($n_{油气}$+$n_{水蒸气}$)]=161.1×[366÷(366+122.8+213.6+135.5+212.4+238.8)]=45.7kPa=343mmHg

已知常四线常压下 $t_{EFV,2\%}$=351℃，$t_{EFV,30\%}$=369℃，温差为18℃，根据图2-12查得343mmHg下 $t_{EFV,30\%}$=345℃，根据减压下各段温差和常压下相等的假设，求得343mmHg下 $t_{EFV,2\%}$=327℃，与实际常四线抽出温度329.4℃相近。因此常四线抽出温度为329.4℃。

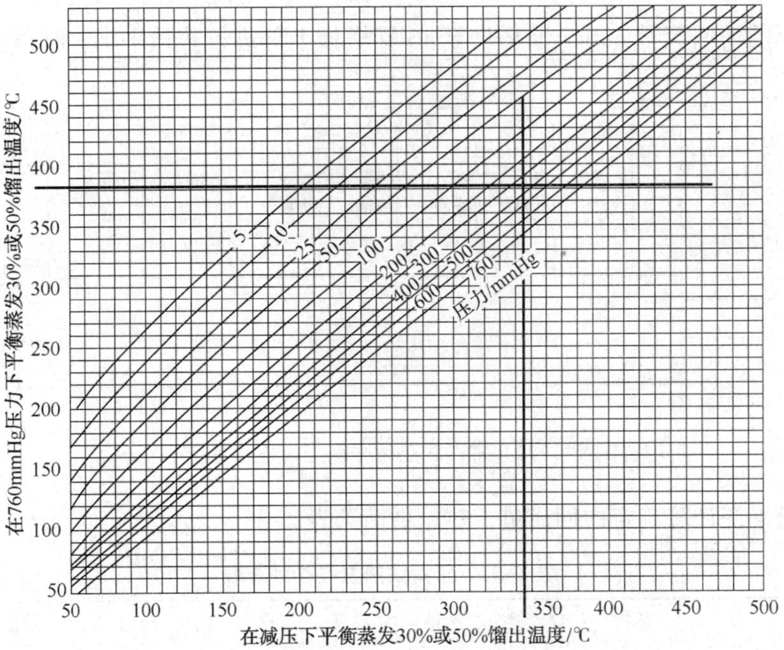

图2-12 常四线平衡汽化常压50%点和减压50%点转换图

3.6.2 常三线抽出温度核算

根据操作数据可得常三线抽出板温度 T_{23}=278℃，抽出板压力 P_{23}=154.7kPa，设24层塔盘向下流的内回流量 Lt/h，自塔底至23层塔板上部进行热量平衡计算确定内回流量，隔离体示意图见图2-13。

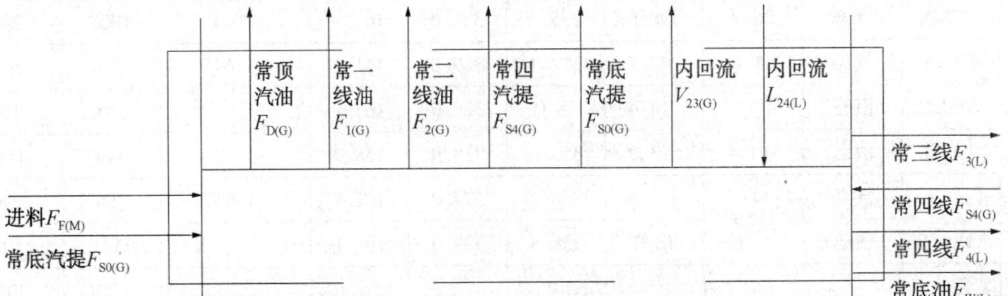

图2-13 常三线热量平衡隔离体示意图

根据热量平衡计算确定内回流量，热量平衡见表2-34。

表 2-34 常三线热量平衡计算表

项目		相态	流量 t/h	分子量 g/mol	流量 kmol/h	温度 ℃	压力 kPa(绝)	压力 kg/cm^2(绝)	焓值 kJ/kg	热量 MJ/h
进料	初底油	混合	318.4	247.2	1288.0	353.8	200.0	2.04	968	308236
	内回流	液态	L			274.5	154.1	1.57	713	713L
	常底汽提	气态	4.3	18.0	238.8	342.5	401.3		3167	13612
	常四汽提	气态	0.3	18.0	17.9	312.8	161.1		3108	1002
	合计									322850
出料	常顶汽油	气态	13.1	106.9	122.8	278.0	154.7	1.58	937	12299
	常一线	气态	33.2	155.6	213.6	278.0	154.7	1.58	893	29694
	常二线	气态	26.9	198.6	135.5	278.0	154.7	1.58	880	23688
	常三线	液态	51.8	243.7	212.4	278.0	154.7	1.58	723	37449
	常四线	液态	12.0	314.4	38.0	329.0	161.1	1.64	855	10216
	常底油	液态	181.4	513.0	353.6	338.9	168.9	1.72	849	154062
	内回流	气态	L	243.7		278.0	154.7	1.58	872	872L
	常底汽提	气态	4.3	18.0	238.8	278.0	154.7		3038	13057
	常四汽提	气态	0.3	18.0	17.9	278.0	154.7		3038	979
	合计									281444

内回流热量 $Q=322850-281444=41406$MJ/h

内回流量 $V_{23}=L_{24}=41406\div(872-713)=260$t/h

内回流量 $n_{V23}=n_{L24}=260\div243.7\times1000=1067$kmol/h

内回流油气分压$=P_{23}\times[n_{V23}\div(n_{油气}+n_{水蒸气})]=154.7\times[1067\div(1067+122.8+213.6+135.5+17.9+238.8)]=91.9\text{kPa}=689\text{mmHg}$

已知常三线常压下 $t_{EFV,0\%}=286.5$℃，$t_{EFV,30\%}=309$℃，温差为 22.5℃，根据图 2-14 查得 689mmHg 下 $t_{EFV,30\%}=301$℃，根据减压下各段温差和常压下相等的假设，求得 689mmHg 下 $t_{EFV,0\%}=278.5$℃，与实际常三线抽出温度 278℃相近。因此常三线抽出温度为 278℃。

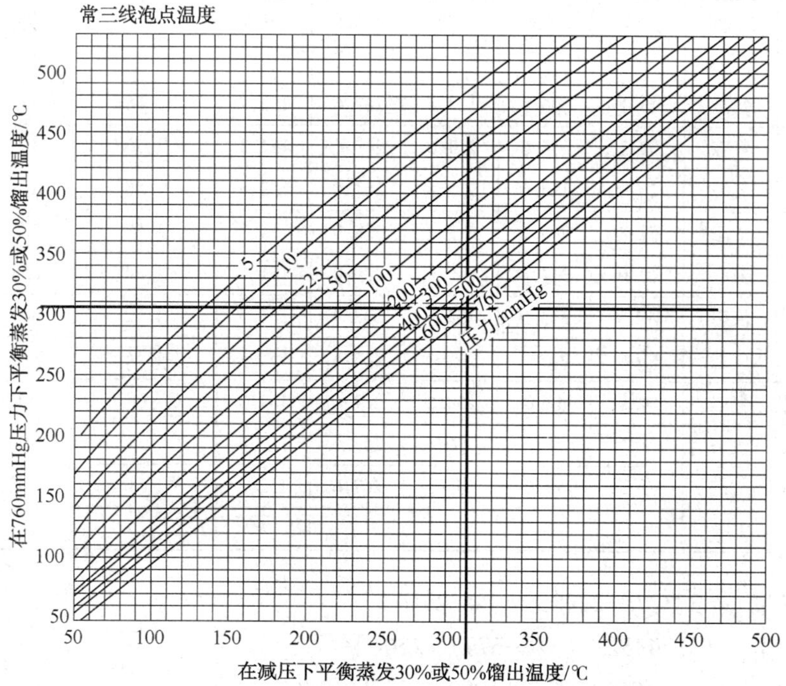

图 2-14 常三线平衡汽化常压 50%点和减压 50%点转换图

3.6.3 常二中核算

常二中在第27板抽出，以抽出板下方塔板第26板上部进行热量平衡计算确定内回流量，第26板温度 $T_{26}=267.6℃$，压力 $P_{26}=152.8kPa$，隔离体示意图见图2-15。

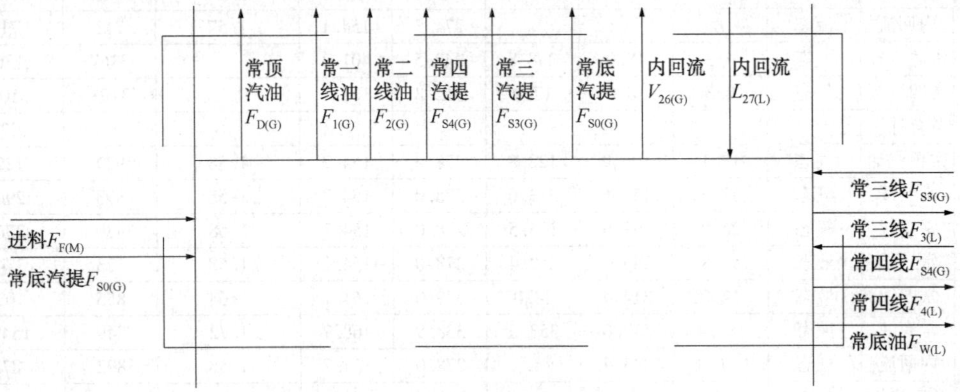

图2-15 常二中下热量平衡隔离体示意图

根据热量平衡计算确定内回流量，热量平衡见表2-35。

表2-35 常二中下热量平衡计算表

项目		相态	流量	分子量	流量	温度	压力	压力	焓值	热量
			t/h	g/mol	kmol/h	℃	kPa（绝）	kg/cm²（绝）	kJ/kg	MJ/h
进料	初底油	混合	318.4	247.2	1288.0	353.8	200.0	2.04	968	308236
	内回流	液态	L			264.1	152.2	1.55	674	674L
	常底汽提	气态	4.3	18.0	238.8	342.5	401.3		3167	13612
	常四汽提	气态	0.3	18.0	17.9	312.8	161.1		3108	1002
	常三汽提	气态	0.2	18.0	9.6	291.8	154.7		3066	528
	合计									323378
出料	常顶汽油	气态	13.1	106.9	122.8	267.6	152.8	1.56	909	11930
	常一线	气态	33.2	155.6	213.6	267.6	152.8	1.56	866	28790
	常二线	气态	26.9	198.6	135.5	267.6	152.8	1.56	853	22950
	常三线	液态	51.8	243.7	212.4	278.0	154.7	1.58	723	37449
	常四线	液态	12.0	314.4	38.0	329.0	161.1	1.64	855	10216
	常底油	液态	181.4	513.0	353.6	338.9	168.9	1.72	849	154062
	内回流	气态	L	207.3		267.6	152.8	1.56	846	846L
	常底汽提	气态	4.3	18.0	238.8	267.6	152.8		3017	12967
	常四汽提	气态	0.3	18.0	17.9	267.6	152.8		3017	973
	常三汽提	气态	0.2	18.0	9.6	267.6	152.8		3017	520
	合计									279856

内回流热量 $Q=323378-279856=43522MJ/h$

内回流量 $V_{26}=L_{27}=43522\div(846-674)=256t/h$

内回流量 $n_{V26}=n_{L27}=256\div207.3\times1000=1235kmol/h$

常二中在第 29 板返塔，以第 29 板上部进行热量平衡计算确定内回流量，第 29 板温度 T_{29}=252.2℃，压力 P_{29}=150.9kPa，隔离体示意图见图 2-16。

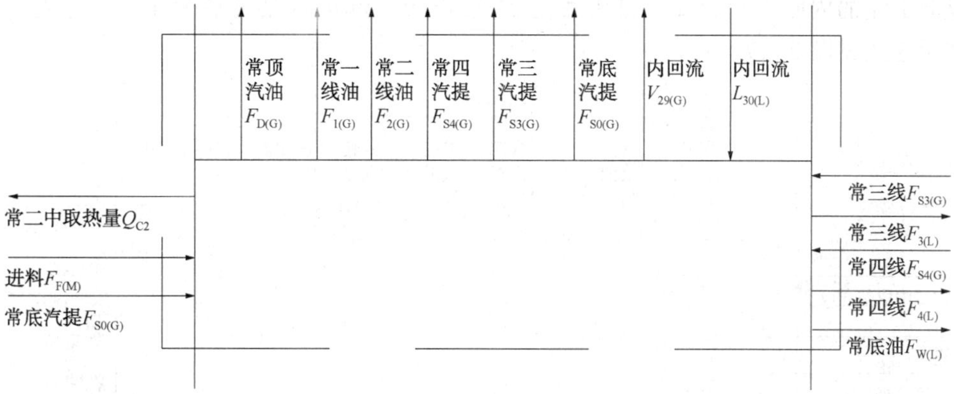

图 2-16 常二中上热量平衡隔离体示意图

常二中取热量 Q_{C2} = ($H_{常二中抽出}$ − $H_{常二中返塔}$) × 常二中流量 = (673.6 − 555.6) × 256 = 30187MJ/h

根据热量平衡计算确定内回流量，热量平衡见表 2-36。

表 2-36 常二中上热量平衡计算表

项目		相态	流量	分子量	流量	温度	压力	压力	焓值	热量
			t/h	g/mol	kmol/h	℃	kPa(绝)	kg/cm²(绝)	kJ/kg	MJ/h
进料	初底油	混合	318.4	247.2	1288.0	353.8	200.0	2.04	968	308236
	内回流	液态	L			246.2	150.3	1.53	622	622L
	常底汽提	气态	4.3	18.0	238.8	342.5	401.3		3167	13612
	常四汽提	气态	0.3	18.0	17.9	312.8	161.1		3108	1002
	常三汽提	气态	0.2	18.0	9.6	291.8	154.7		3066	528
	合计									323378
出料	常顶汽油	气态	13.1	106.9	122.8	252.2	150.9	1.54	868	11389
	常一线	气态	33.2	155.6	213.6	252.2	150.9	1.54	826	27467
	常二线	气态	26.9	198.6	135.5	252.2	150.9	1.54	813	21868
	常三线	液态	51.8	243.7	212.4	278.0	154.7	1.58	723	37449
	常四线	液态	12.0	314.4	38.0	329.0	161.1	1.64	855	10216
	常底油	液态	181.4	513.0	353.6	338.9	168.9	1.72	849	154062
	内回流	气态	L	207.3		252.2	154.7	1.58	806	806L
	汽提	气态	4.8	18.0	266.2	252.2	154.7		2986	14311
	常二中	液态	255.7	抽出温度：264.1℃			返塔温度：222.6℃			30187
	合计									306950

内回流热量 Q=323378−306950=16429MJ/h

内回流量 $V_{29}=L_{30}$=16429÷(806−622)=89t/h

内回流量 $n_{V29}=n_{L30}$=89÷207.3×1000=430kmol/h

3.6.4 常二线抽出温度核算

根据操作数据可得常二线抽出板温度 $T_{31}=221.8$℃，抽出板压力 $P_{31}=149.7$kPa，设 32 层塔盘向下流的内回流量 Lt/h，自塔底至 31 层塔板上部进行热量平衡计算确定内回流量，隔离体示意图见图 2-17。

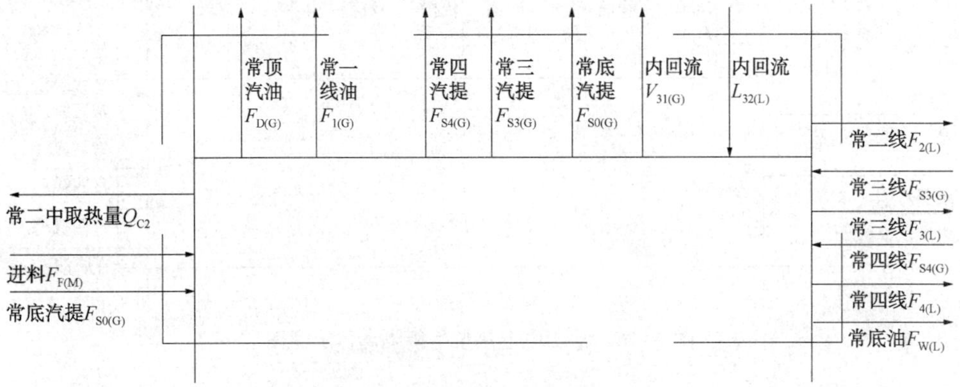

图 2-17 常二线热量平衡隔离体示意图

根据热量平衡计算确定内回流量，热量平衡见表 2-37。

表 2-37 常二线热量平衡计算表

项目		相态	流量	分子量	流量	温度	压力	压力	焓值	热量
			t/h	g/mol	kmol/h	℃	kPa(绝)	kg/cm²(绝)	kJ/kg	MJ/h
进料	初底油	MIX	318.4	247.2	1288.0	353.8	200.0	2.04	968	308236
	内回流	液态	L			219.6	149.1	1.52	554	554L
	常底汽提	气态	4.3	18.0	238.8	342.5	401.3		3167	13612
	常四汽提	气态	0.3	18.0	17.9	312.8	161.1		3108	1002
	常三汽提	气态	0.2	18.0	9.6	291.8	154.7		3066	528
	合计									323378
出料	常顶汽油	气态	13.1	106.9	122.8	221.8	149.7	1.53	788	10344
	常一线	气态	33.2	155.6	213.6	221.8	149.7	1.53	749	24909
	常二线	液态	26.9	198.6	135.5	221.8	149.7	1.53	560	15061
	常三线	液态	51.8	243.7	212.4	278.0	154.7	1.58	723	37449
	常四线	液态	12.0	314.4	38.0	329.0	161.1	1.64	855	10216
	常底油	液态	181.4	513.0	353.6	338.9	168.9	1.72	849	154062
	内回流	气态	L	198.6		221.8	149.7	1.53	735	735L
	常底汽提	气态	4.3	18.0	238.8	221.8	149.7		2925	12571
	常四汽提	气态	0.3	18.0	17.9	221.8	149.7		2925	943
	常三汽提	气态	0.2	18.0	9.6	221.8	149.7		2925	504
	常二中	液态	255.7	抽出温度：264.1℃			返塔温度：222.6℃			30187
	合计									296246

内回流热量 $Q=323378-296246=27132$MJ/h

内回流量 $V_{31}=L_{32}=27132\div(735-554)=149.6$t/h

内回流量 $n_{V31}=n_{L32}=149.6\div198.6\times1000=753\text{kmol/h}$

内回流油气分压 $=P_{31}\times[n_{V31}\div(n_{油气}+n_{水蒸气})]=149.7\times[753\div(753+122.8+213.6+9.6+17.9+238.8)]=83\text{kPa}=623\text{mmHg}$

已知常二线常压下 $t_{EFV,0\%}=244.1$℃，$t_{EFV,30\%}=259.1$℃，温差为 15℃，根据图 2-18 查得 623mmHg 下 $t_{EFV,30\%}=246$℃，根据减压下各段温差和常压下相等的假设，求得 623mmHg 下 $t_{EFV,0\%}=231$℃，与实际常二线抽出温度相差 10℃，偏差大需校正。因此，常二线抽出温度为 231℃。

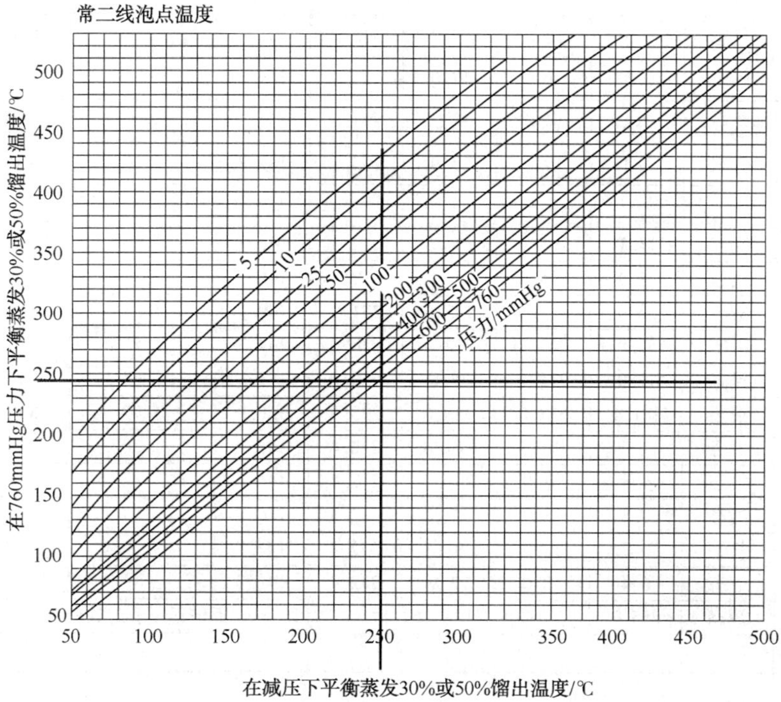

图 2-18 常二线平衡汽化常压 50%点和减压 50%点转换图

3.6.5 常一中核算

常一中在第 37 板抽出，以抽出板下方塔板第 36 板上部进行热量平衡计算确定内回流量，第 36 板温度 $T_{36}=210.8$℃，压力 $P_{36}=146.7\text{kPa}$，隔离体示意图见图 2-19。

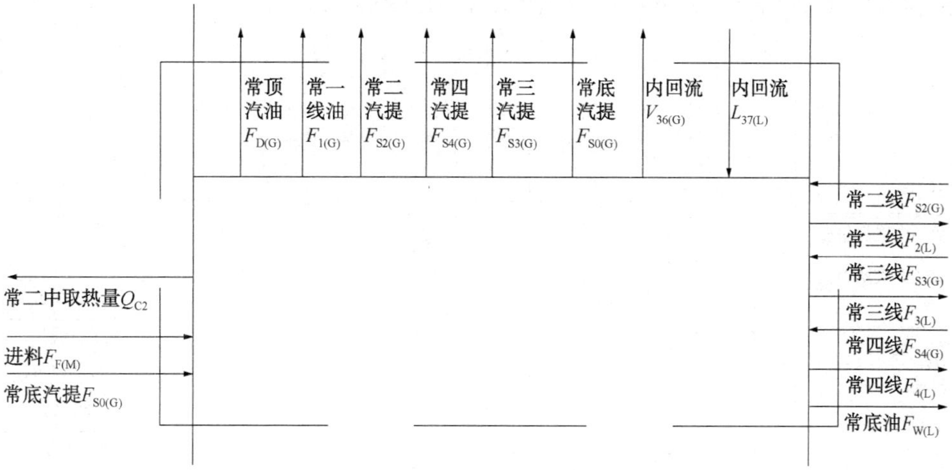

图 2-19 常一中下热量平衡隔离体示意图

根据热量平衡计算确定内回流量，热量平衡见表2-38。

表2-38　常一中下热量平衡计算表

项目		相态	流量 t/h	分子量 g/mol	流量 kmol/h	温度 ℃	压力 kPa(绝)	压力 kg/cm²(绝)	焓值 kJ/kg	热量 MJ/h
进料	初底油	液态	318.4	247.2	1288.0	353.8	200.0	2.04	968	308236
	内回流	气态	L			208.6	146.1	1.49	523	
	常底汽提	气态	4.3	18.0	238.8	342.5	401.3		3167	13612
	常四汽提	气态	0.3	18.0	17.9	312.8	161.1		3108	1002
	常三汽提	气态	0.2	18.0	9.6	291.8	154.7		3066	528
	常二汽提	气态	0.4	18.0	23.9	233.2	149.7		2948	1271
	合计									323378
出料	常顶汽油	气态	13.1	106.9	136.5	212.4	146.7	1.50	765	10035
	常一线	气态	33.2	155.6	276.0	212.4	146.7	1.50	727	24156
	常二线	液态	26.9	198.6	135.5	231.0	149.7	1.53	585	15755
	常三线	液态	51.8	243.7	212.4	278.0	154.7	1.58	723	37449
	常四线	液态	12.0	314.4	38.0	329.0	161.1	1.64	855	10216
	常底油	液态	181.4	513.0	353.6	338.9	168.9	1.72	849	154062
	内回流	气态		171.7		212.4	146.7	1.50	720	
	常底汽提	气态	4.3	18.0	290.2	212.4	146.7		2906	12489
	常四汽提	气态	0.3	18.0	17.9	212.4	146.7		2906	937
	常三汽提	气态	0.2	18.0	9.6	212.4	146.7		2906	501
	常二汽提	气态	0.4	18.0	23.9	212.4	146.7		2906	1253
	常二中	液态	255.7		抽出温度：264.1℃			返塔温度：222.6℃		30187
	合计									297040

内回流热量 $Q=323378-297040=263389\text{MJ/h}$

内回流量 $V_{36}=L_{37}=263389\div(720-523)=134\text{t/h}$

内回流量 $n_{V36}=n_{L37}=168\div171.7\times1000=780\text{kmol/h}$

常一中在第39板返塔，以第39板上部进行热量平衡计算确定内回流量，第39板温度 $T_{39}=198.4℃$，压力 $P_{39}=144.9\text{kPa}$，隔离体示意图见图2-20。

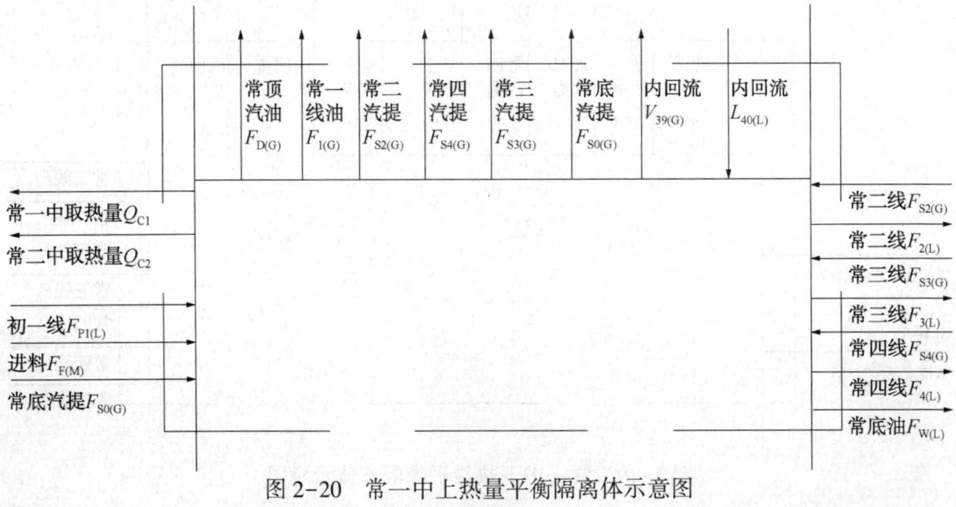

图2-20　常一中上热量平衡隔离体示意图

常一中取热量 $Q_{C1}=(H_{常一中抽出}-H_{常一中返塔})\times$常一中流量$=(523-400)\times103=12741$MJ/h

根据热量平衡计算确定内回流量，热量平衡见表 2-39。

表 2-39　常一中上热量平衡计算表

项目		相态	流量	分子量	流量	温度	压力	压力	焓值	热量
			t/h	g/mol	kmol/h	℃	kPa(绝)	kg/cm²(绝)	kJ/kg	MJ/h
进料	初底油	液态	318.4	247.2	12880.0	353.8	200.0	2.04	968	308236
	内回流	气态	*L*			196.1	144.3	1.47	489	489L
	常底汽提	气态	4.3	18.0	238.8	342.5	401.3		3167	13612
	常四汽提	气态	0.3	18.0	17.9	312.8	161.1		3108	1002
	常三汽提	气态	0.2	18.0	9.6	291.8	154.7		3066	528
	常二汽提	气态	0.4	18.0	23.9	233.2	149.7		2948	1271
	初一线	液态	11.2	145.2	77.0	168.0	144.9	1.48	417	4659
	合计									329308
出料	常顶汽油	气态	14.6	106.9	136.5	198.4	144.9	1.48	730	10645
	常一线	气态	43.0	155.6	276.0	198.4	144.9	1.48	693	29770
	常二线	液态	26.9	198.6	135.5	231.0	149.7	1.53	585	15755
	常三线	液态	51.8	243.7	212.4	278.0	154.7	1.58	723	37449
	常四线	液态	12.0	314.4	38.0	329.0	161.1	1.64	855	10216
	常底油	液态	181.4	513.0	353.6	338.9	168.9	1.72	849	154062
	内回流	气态		171.7		198.4	144.9	1.48	686	
	汽提	气态	5.2	18.0	290.2	198.4	144.9		2878	15033
	常二中	液态	255.7		抽出温度：264.1℃			返塔温度：222.6℃		30187
	常一中	液态	103.1		抽出温度：208.6℃			返塔温度：161.8℃		12741
	合计									315859

内回流热量 $Q=329308-315859=13450$MJ/h

内回流量 $V_{39}=L_{40}=13450\div(689-489)=68$t/h

内回流量 $n_{V39}=n_{L40}=72\div171.7\times1000=397$kmol/h

3.6.6　常一线抽出温度核算

根据操作数据可得常一线抽出板温度 $T_{41}=174.7$℃，抽出板压力 $P_{41}=143.7$kPa，设 42 层塔盘向下流的内回流量 $L_{t/h}$，自塔底至 41 层塔板上部进行热量平衡计算确定内回流量，隔离体示意图见图 2-21。

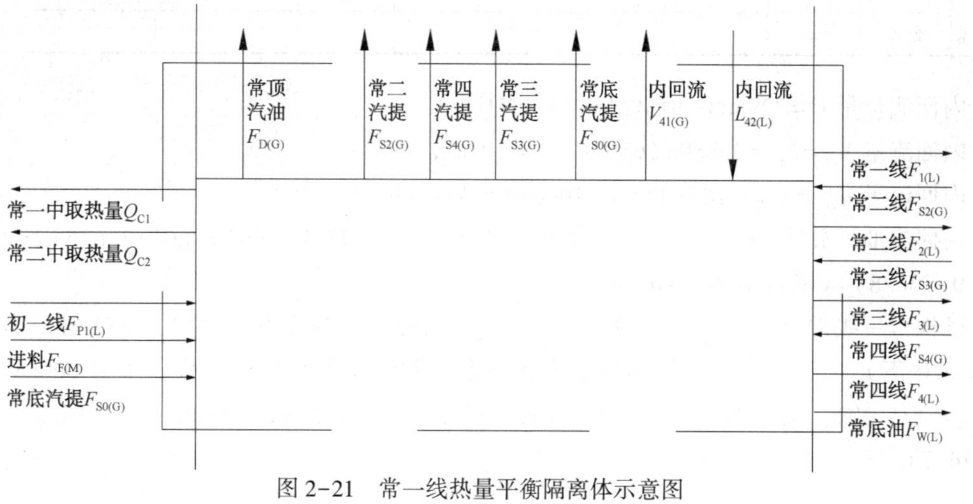

图 2-21　常一线热量平衡隔离体示意图

根据热量平衡计算确定内回流量，热量平衡见表 2-40。

表 2-40　常一线热量平衡计算表

项目		相态	流量	分子量	流量	温度	压力	压力	焓值	热量
			t/h	g/mol	kmol/h	℃	kPa(绝)	kg/cm²(绝)	kJ/kg	MJ/h
进料	初底油	液态	318.4	247.2	1288.0	353.8	200.0	2.04	968	308236
	内回流	液态	*L*			170.7	143.2	1.46	424	424L
	常底汽提	气态	4.3	18.0	238.8	342.5	401.3		3167	13612
	常四汽提	气态	0.3	18.0	17.9	312.8	161.1		3108	1002
	常三汽提	气态	0.2	18.0	9.6	291.8	154.7		3066	528
	常二汽提	气态	0.4	18.0	23.9	233.2	149.7		2948	1271
	初一线	液态	11.2	145.2	77.0	168.0	144.9	1.48	417	4659
	合计									329308
出料	常顶汽油	气态	12.4	106.9	115.8	174.7	143.7	1.47	672	8310
	常一线	液态	45.2	155.6	290.2	174.7	143.7	1.47	434	19618
	常二线	液态	26.9	198.6	135.5	221.8	149.7	1.53	560	15061
	常三线	液态	51.8	243.7	212.4	278.0	154.7	1.58	723	37449
	常四线	液态	12.0	314.4	38.0	329.0	161.1	1.64	855	10216
	常底油	液态	181.4	513.0	353.6	338.9	168.9	1.72	849	154062
	内回流	气态	*L*	155.6		174.7	143.7	1.47	685	
	常底汽提	气态	4.3	18.0	238.8	174.7	143.7		2830	12163
	常四汽提	气态	0.3	18.0	17.9	174.7	143.7		2830	912
	常三汽提	气态	0.2	18.0	9.6	174.7	143.7		2830	488
	常二汽提	气态	0.4	18.0	23.9	174.7	143.7		2830	1220
	常二中	液态	255.7	抽出温度：264.1℃				返塔温度：222.6℃		30187
	常一中	液态	103.1	抽出温度：208.6℃				返塔温度：161.8℃		12741
	合计									302428

内回流热量 $Q=329308-302428=26880$MJ/h

内回流量 $V_{41}=L_{42}=26880\div(685-424)=103$t/h

内回流量 $n_{V41}=n_{L42}=103\div155.6\times1000=661$kmol/h

内回流油气分压 $=P_{41}\times[n_{V41}\div(n$ 油气$+n$ 水蒸气$)]=143.7\times[661\div(661+136.5+23.9+9.6+17.9+238.8)]=89kPa=668$mmHg

已知常一线常压下 $t_{EFV,0\%}=179.5$℃，$t_{EFV,30\%}=193$℃，温差为 13.5℃，根据图 2-22 查得 668mmHg 下 $t_{EFV,30\%}=189$℃，根据减压下各段温差和常压下相等的假设，求得 668mmHg 下 $t_{EFV,0\%}=175.5$℃，与实际常一线抽出温度 174.7℃ 基本相近。因此，常一线抽出温度为 174.7℃。

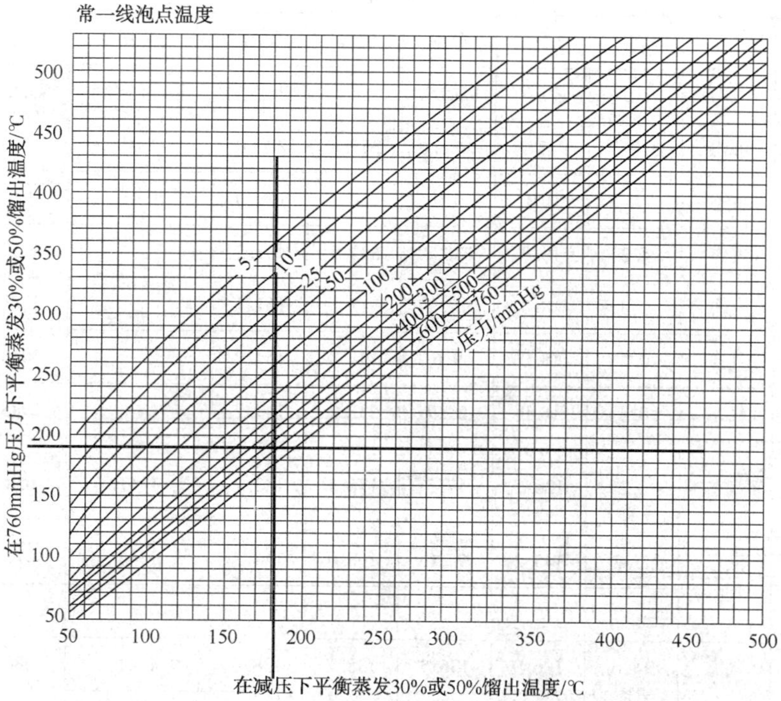

图 2-22 常一线平衡汽化常压 50%点和减压 50%点转换图

3.6.7 常顶循核算

常一中在第 51 板抽出，以抽出板下方塔板第 50 板上部进行热量平衡计算确定内回流量，第 50 板温度 $T_{50}=138.7℃$，压力 $P_{50}=138.6kPa$，隔离体示意图见图 2-23。

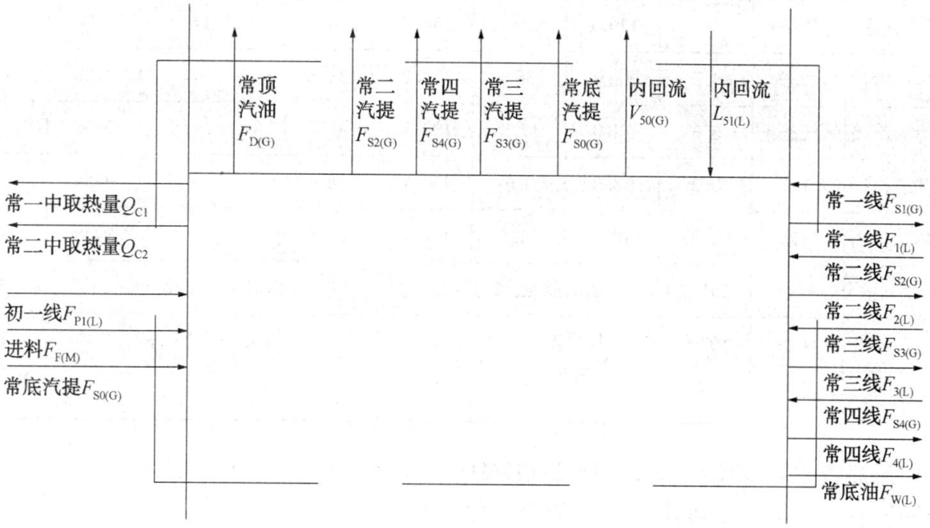

图 2-23 常顶循下热量平衡隔离体示意图

根据热量平衡计算确定内回流量，热量平衡见表 2-41。

表 2-41　常顶循下热量平衡计算表

项目		相态	流量	分子量	流量	温度	压力	压力	焓值	热量
			t/h	g/mol	kmol/h	℃	kPa(绝)	kg/cm²(绝)	kJ/kg	MJ/h
进料	初底油	液态	318.4	247.2	1288.0	353.8	200.0	2.04	968	308236
	内回流	液态	*L*	0.0	0.0	134.8	138.0	1.41	339	339L
	常底汽提	气态	4.3	18.0	238.8	342.5	401.3		3167	13612
	常四汽提	气态	0.3	18.0	17.9	312.8	161.1		3108	1002
	常三汽提	气态	0.2	18.0	9.6	291.8	154.7		3066	528
	常二汽提	气态	0.4	18.0	23.9	233.2	149.7		2948	1271
	常一线汽提	气态	2.2	126.1	17.5	176.5	143.7	1.47	658	1456
	初一线	液态	11.2	145.2	77.0	168.0	144.9	1.48	417	4659
	合计									330764
出料	常顶汽油	气态	14.6	106.9	136.5	138.7	138.6	1.41	586	8542
	常一线	液态	45.2	155.6	290.2	174.7	143.7	1.47	434	19618
	常二线	液态	26.9	198.6	135.5	221.8	149.7	1.53	560	15061
	常三线	液态	51.8	243.7	212.4	278.0	154.7	1.58	723	37449
	常四线	液态	12.0	314.4	38.0	329.0	161.1	1.64	855	10216
	常底油	液态	181.4	513.0	353.6	338.9	168.9	1.72	849	154062
	内回流	气态	*L*	126.1		138.7	138.6	1.47	573	573*L*
	常底汽提	气态	4.3	18.0	238.8	138.7	138.6		2758	11853
	常四汽提	气态	0.3	18.0	17.9	138.7	138.6		2758	889
	常三汽提	气态	0.2	18.0	9.6	138.7	138.6		2758	475
	常二汽提	气态	0.4	18.0	23.9	138.7	138.6		2758	1189
	常二中	液态	255.7	抽出温度：264.1℃			返塔温度：222.6℃			30187
	常一中	液态	103.1	抽出温度：208.6℃			返塔温度：161.8℃			12741
	合计									302283

内回流热量 $Q=330764-302283=28481\text{MJ/h}$

内回流量 $V_{50}=L_{51}=28481\div(573-339)=122\text{t/h}$

内回流量 $n_{V50}=n_{L51}=122\div126.1\times1000=965\text{kmol/h}$

常顶循在第 53 板返塔，以第 53 板上部进行热量平衡计算确定内回流量，第 53 板温度 $T_{53}=107.9℃$，压力 $P_{53}=136.9\text{kPa}$，隔离体示意图见图 2-24。

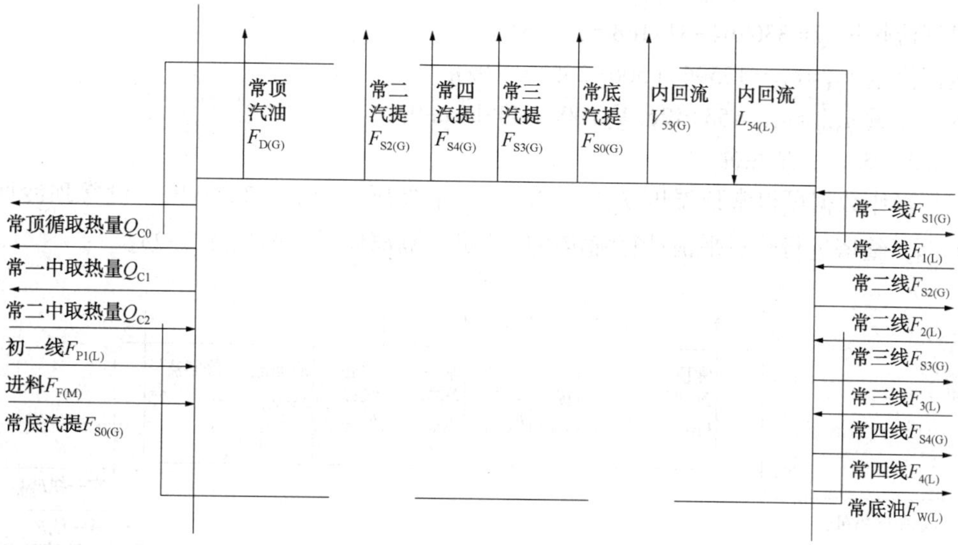

图 2-24　常顶循上热量平衡隔离体示意图

常顶循取热量 $Q_{C0}=(H_{常顶循抽出}-H_{常顶循返塔})\times$常顶循流量$=(339-248)\times179=16194$MJ/h

根据热量平衡计算确定内回流量，热量平衡见表 2-42。

表 2-42　常顶循上热量平衡计算表

项目		相态	流量	分子量	流量	温度	压力	压力	焓值	热量
			t/h	g/mol	kmol/h	℃	kPa(绝)	kg/cm²(绝)	kJ/kg	MJ/h
进料	初底油	液态	318.4	247.2	1288.0	353.8	200.0	2.04	968	308236
	内回流	液态	L			104.4	136.3	1.39	265	265L
	常底汽提	气态	4.3	18.0	238.8	342.5	401.3		3167	13612
	常四汽提	气态	0.3	18.0	17.9	312.8	161.1		3108	1002
	常三汽提	气态	0.2	18.0	9.6	291.8	154.7		3066	528
	常二汽提	气态	0.4	18.0	23.9	233.2	149.7		2948	1271
	常一线汽提	气态	2.2	126.1	17.5	176.5	143.7	1.47	658	1456
	初一线	液态	11.2	145.2	77.0	168.0	144.9	1.48	417	4659
	合计									330764
出料	常顶汽油	气态	14.6	106.9	136.5	107.9	136.9	1.40	518	7557
	常一线	液态	45.2	155.6	290.2	174.7	143.7	1.47	434	19618
	常二线	液态	26.9	198.6	135.5	221.8	149.7	1.53	560	15061
	常三线	液态	51.8	243.7	212.4	278.0	154.7	1.58	723	37449
	常四线	液态	12.0	314.4	38.0	329.0	161.1	1.64	855	10216
	常底油	液态	181.4	513.0	353.6	338.9	168.9	1.72	849	154062
	内回流	气态	L	126.1		107.9	136.9	1.40	506	506L
	常底汽提	气态	4.3	18.0	238.8	107.9	136.9		2696	11586
	常四汽提	气态	0.3	18.0	17.9	107.9	136.9		2696	869
	常三汽提	气态	0.2	18.0	9.6	107.9	136.9		2696	465
	常二汽提	气态	0.4	18.0	23.9	107.9	136.9		2696	1162
	常二中	液态	255.7	抽出温度：264.1℃				返塔温度：222.6℃		30187
	常一中	液态	103.1	抽出温度：208.6℃				返塔温度：161.8℃		12741
	常顶循	液态	179.5	抽出温度：134.8℃				返塔温度：97.4℃		16194
	合计									317168

内回流热量 $Q=330764-317168=13596$MJ/h

内回流量 $V_{53}=L_{54}=13596\div(506-265)=57$t/h

内回流量 $n_{V50}=n_{L51}=56\div126.1\times1000=448$kmol/h

3.6.8　常顶温度核算

根据操作数据可得常顶温度 $T_{54}=104.4$℃，常顶压力 $P_{54}=136.3$kPa，设常顶冷回流回流量 Lt/h，整塔进行热量平衡计算确定冷回流量，隔离体示意图见图 2-25。

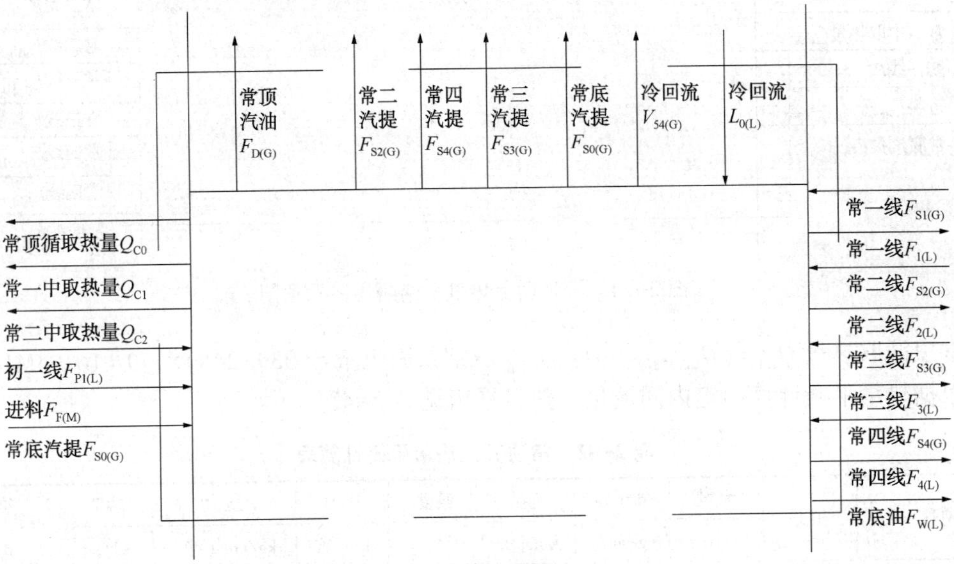

图 2-25　常压塔热量平衡隔离体示意图

根据热量平衡计算确定内回流量，热量平衡见表 2-43。

表 2-43　常压塔热量平衡计算表

项目		相态	流量	分子量	流量	温度	压力	压力	焓值	热量
			t/h	g/mol	kmol/h	℃	kPa(绝)	kg/cm²(绝)	kJ/kg	MJ/h
进料	初底油	液态	318.4	247.2	1288.0	353.8	200.0	2.04	968	308236
	内回流	液态	L			51.0	136.3	1.39	147	$147L$
	常底汽提	气态	4.3	18.0	238.8	342.5	401.3		3167	13612
	常四汽提	气态	0.3	18.0	17.9	312.8	161.1		3108	1002
	常三汽提	气态	0.2	18.0	9.6	291.8	154.7		3066	528
	常二汽提	气态	0.4	18.0	23.9	233.2	149.7		2948	1271
	常一线汽提	气态	2.2	126.1	17.5	176.5	143.7	1.47	658	1456
	初一线	液态	11.2	145.2	77.0	168.0	144.9	1.48	417	4659
	合计									330764

续表

项目		相态	流量	分子量	流量	温度	压力	压力	焓值	热量
			t/h	g/mol	kmol/h	℃	kPa(绝)	kg/cm^2(绝)	kJ/kg	MJ/h
出料	常顶汽油	气态	14.6	106.9	136.5	104.4	136.3	1.39	511	7448
	常一线	液态	45.2	155.6	290.2	174.7	143.7	1.47	434	19618
	常二线	液态	26.9	198.6	135.5	221.8	149.7	1.53	560	15061
	常三线	液态	51.8	243.7	212.4	278.0	154.7	1.58	723	37449
	常四线	液态	12.0	314.4	38.0	329.0	161.1	1.64	855	10216
	常底油	液态	181.4	513.0	353.6	338.9	168.9	1.72	849	154062
	内回流	气态	0.0	106.9	0.0	104.4	136.3	1.39	511	511*L*
	常底汽提	气态	4.3	18.0	238.8	104.4	136.3		2689	11556
	常四汽提	气态	0.3	18.0	17.9	104.4	136.3		2689	867
	常三汽提	气态	0.2	18.0	9.6	104.4	136.3		2689	463
	常二汽提	气态	0.4	18.0	23.9	104.4	136.3		2689	1159
	常二中	液态	255.7	抽出温度：264.1℃			返塔温度：222.6℃			30187
	常一中	液态	103.1	抽出温度：208.6℃			返塔温度：161.8℃			12741
	常顶循	液态	179.5	抽出温度：134.8℃			返塔温度：97.4℃			16194
	合计									317023

内回流热量 $Q=330764-317023=13741\text{MJ/h}$

内回流量 $V_{54}=L_0=13741\div(511-147)=38\text{t/h}$

内回流量 $n_{V54}=n_{L0}=38\div106.9\times1000=353\text{kmol/h}$

内回流油气分压 $=P_{54}\times[n_{V54}\div(n_{油气}+n_{水蒸汽})]=136.3\times[353\div(353+136.5+23.9+9.6+17.9+238.8)]=62\text{kPa}=463\text{mmHg}$

已知常顶汽油常压下 $t_{EFV,98\%}=122℃$，$t_{EFV,50\%}=106.5℃$，温差为 15.5℃，根据图 2-26 查得 463mmHg 下 $t_{EFV,50\%}=89℃$，根据减压下各段温差和常压下相等的假设，求得 463mmHg 下 $t_{EFV,98\%}=104.5℃$，与实际常顶温度 104.4℃ 相近。因此常顶温度为 104.4℃。

实际塔顶冷回流量为 5.6t/h，与计算偏差较大，由于在全塔热平衡中未计入散热损失，分析为计算误差以及散热损失。

3.6.9 进料段核算

常压塔第 6 板进料，$T_6=349℃$，$P_6=165.3\text{kPa}$，对进料段以下油品进行物料平衡：

进料液相量 F_L+第 6 板内回流量 $L_7=V6$=塔底产品量 F_W+提馏段汽化量 ΔV

第 6 板内回流量 $L_7(=V_6)$= 过汽化量 ΔE+提馏段汽化量 ΔV

进料段液相量 F_L=塔底产品量 F_W−过汽化量 $\Delta E=181.4-1.5=179.9\text{t/h}$

自塔底至进料段进行热量平衡计算，隔离体示意图见图 2-27。

热量平衡计算见表 2-44。

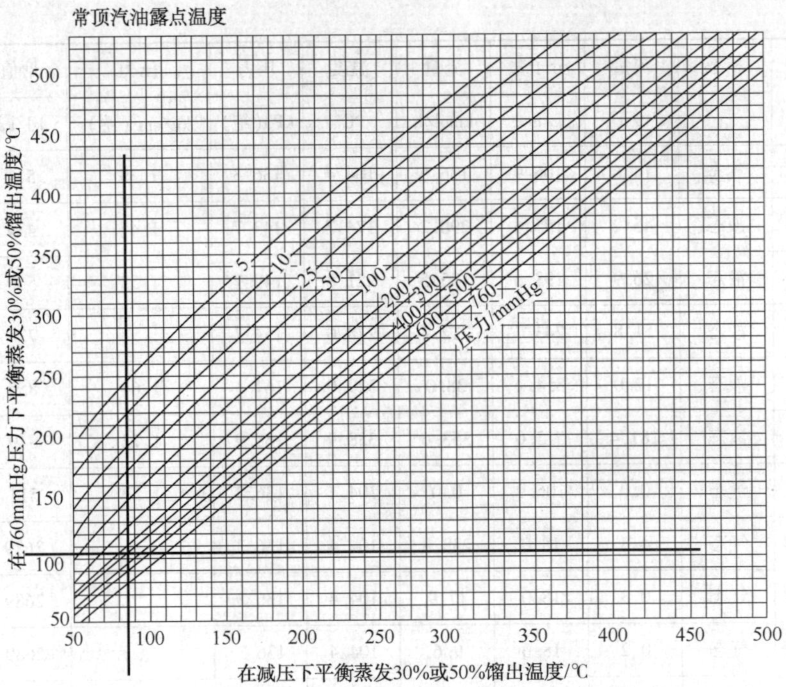

图 2- 26　常顶油平衡汽化常压 50%点和减压 50%点转换图

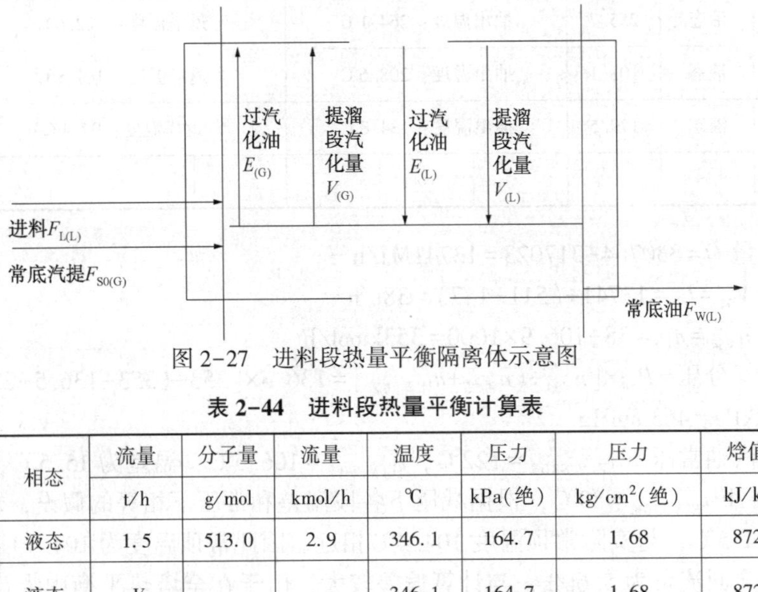

图 2-27　进料段热量平衡隔离体示意图

表 2-44　进料段热量平衡计算表

项目		相态	流量 t/h	分子量 g/mol	流量 kmol/h	温度 ℃	压力 kPa(绝)	压力 kg/cm²(绝)	焓值 kJ/kg	热量 MJ/h
进料	过汽化油	液态	1.5	513.0	2.9	346.1	164.7	1.68	872	1277
	提溜段汽化量	液态	V			346.1	164.7	1.68	872	872V
	进料液相	液态	179.9	513.0	350.8	349.0	165.3	1.69	881	158462
	常底汽提	气态	4.3	18.0	238.8	342.5	401.3		3167	13612
	合计									173351
出料	提溜段汽化量	气态	V			349.0	165.3	1.69	1005	1005V
	常底	液态	181.4	513.0	353.6	338.9	168.9	1.72	849	154062
	常底汽提	气态	4.3	18.0	238.8	349.0	165.3	1.69	3181	13671
	合计									167733

进出板热量差 $Q=173351-167733=5618$MJ/h

提溜段汽化量 $V=5618\div(1005-872)=42$t/h

提馏段汽化量 $n_V=42\div513\times1000=82$kmol/h

3.6.10 进料段上层塔盘

根据操作数据可得第 7 板 $T_7=346$℃，塔盘压力 $P_7=164.7$kPa，设内回流量 Lt/h，整塔进行热量平衡计算确定冷回流量，隔离体示意图见图 2-28。

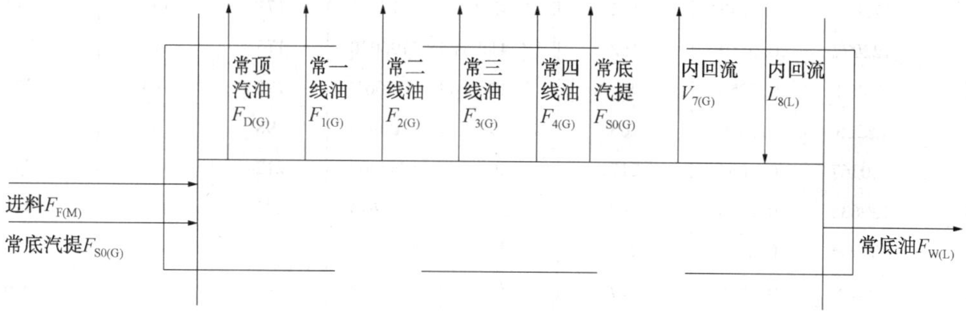

图 2-28 进料段上热量平衡隔离体示意图

根据热量平衡计算确定内回流量，热量平衡见表 2-45。

表 2-45 进料段上热量平衡计算表

项目		相态	流量	分子量	流量	温度	压力	压力	焓值	热量
			t/h	g/mol	kmol/h	℃	kPa(绝)	kg/cm^2(绝)	kJ/kg	MJ/h
进料	初底油	混合	318.4	247.2	1288.0	353.8	200.0	2.04	968	308236
	内回流	液态	L			343.3	164.1	1.67	900	900L
	常底汽提	气态	4.3	18.0	238.8	342.5	401.3	4.09	3167	13612
	合计									321848
出料	常顶汽油	气态	13.1	106.9	122.8	346.1	164.7	1.68	1130	14834
	常一线	气态	33.2	155.6	213.6	346.1	164.7	1.68	1080	35923
	常二线	气态	26.9	198.6	135.5	346.1	164.7	1.68	1069	28778
	常三线	气态	51.8	243.7	212.4	346.1	164.7	1.68	1064	55052
	常四线	气态	12.0	314.4	38.0	346.1	164.7	1.68	1035	12363
	常底油	液态	181.4	513.0	353.6	338.9	168.9	1.72	849	154062
	内回流	气态	L	314.4		346.1	164.7	1.68	1035	1035L
	常底汽提	气态	4.3	18.0	238.8	346.1	164.7		3175	13646
	合计									314657

内回流热量 $Q=321848-314657=7191$MJ/h

内回流量 $V_7=L_8=7191\div(1035-13612)=53.5$t/h

内回流量 $n_{V7}=n_{L8}=53.5\div314.4\times1000=170$kmol/h

3.6.11 气液负荷图

整理所得数据，常压塔气液相负荷汇总数据见表 2-46。

表 2-46　常压塔气液相负荷汇总表

项目	液相			项目	气相			
板号	质量流量/(t/h)	相对密度	体积流量/(1000m³/h)	板号	摩尔流量/(kmol/h)	温度 K/℃	压力/kPa(绝)	体积流量/(100m³/h)
55	58832	0.6633	89	54	804639	104	136	185
54	53668	0.6633	81	53	852099	108	137	197
51	118697	0.6755	176	50	1367604	139	139	338
43	123021	0.6749	182	42	1217041	171	143	314
42	122972	0.6750	182	41	1196030	175	144	310
41	54498	0.6750	81	40	977061	196	144	264
40	68226	0.6646	103	39	1100019	198	145	298
37	140367	0.6609	212	36	1444062	212	147	397
33	139635	0.6580	212	32	1329615	227	149	371
32	137904	0.6573	210	31	1296951	231	150	363
31	83165	0.6566	127	30	1079305	246	150	310
30	89137	0.6524	137	29	1168185	252	151	338
27	252525	0.6466	391	26	1956513	268	153	576
25	262622	0.6428	409	24	1815553	275	154	537
24	259967	0.6409	406	23	1795084	278	155	532
23	76539	0.6390	120	22	1184316	317	155	374
15	117925	0.6483	182	14	1315941	328	161	410
14	115039	0.6529	176	13	1288853	329	161	401
13	92497	0.6574	141	12	1255168	332	162	390
8	54	0.6579	81	13	1289	602	161	401
7	42	0.6580	64	7	1131	619	165	354
6	224	0.6581	340	6	321	622	165	100
0	181	0.7334	247	0	239	612	169	72

常压塔气液相负荷图，见图 2-29。

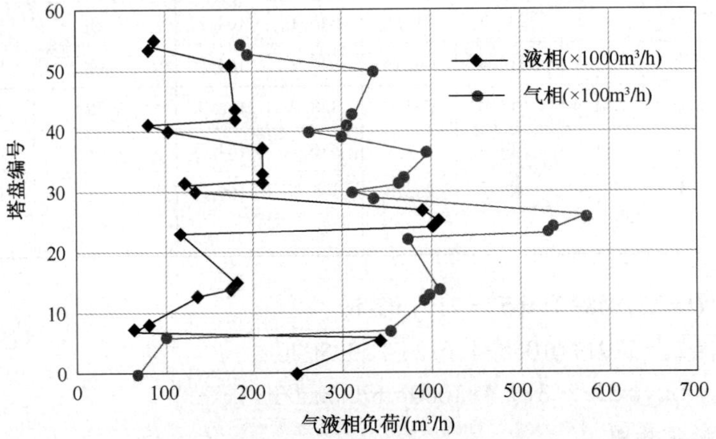

图 2-29　常压塔气液相负荷图

3.6.12 散热损失

根据《炼油厂设备加热炉设计手册(上)》[4] P212 中 LQ-800 炉墙散热损失计算塔外壁散热损失：

塔外壁散热损失：
$$Q=k\times(t_n-t_a)\times S$$

式中 Q——外壁散热量，kcal/h；

k——总传热系数，kcal/(m²·h·℃)；

S——塔体表面积，m²；

t_n——塔体表面温度,℃；

t_a——大气温度,℃。

总传热系数：
$$k=\alpha_{nr}+\alpha_{nc}$$

式中 k——总传热系数，kcal/(m²·h·℃)；

α_{nr}——外壁对空气的辐射放热系数，W/(m²·K)；

α_{nc}——外壁对空气的对流放热系数，W/(m²·K)。

$$A_{nc}=C\times\sqrt{t_n-t_a}$$

式中 α_{nc}——外壁对空气的对流放热系数，W/(m²·K)；散热面竖直 $C=2.2$，散热面向上 $C=2.8$，散热面向下 $C=1.4$；

t_n——塔体表面温度,℃；

t_a——大气温度,℃。

$$a_{nr}=\frac{3.9\times[((t_n+273.15)/100)^4-((t_a+273.15)/100)^4]}{t_n-t_a}$$

式中 α_{nr}——外壁对空气的辐射放热系数，W/(m²·K)；

t_n——塔体表面温度,℃；

t_a——大气温度,℃。

常压塔各高度外表面温度数据见表2-47。

表2-47 常压塔各高度外表面温度汇总表

项目	高度	外径	外表面积 S/m²	温度 t_n/℃	室温 t_a/℃
0~10	10	5.31	166.7	54	30
10~20	10	5.31	166.7	54	30
20~30	10	5.31	166.7	58	30
30~40	10	5.31	166.7	62	30
40~50	10	5.31	166.7	65	30
顶部		5.31	44.3	48	30
底部		5.31	44.3	134	30

以0~10m为例：

$$C=2.2$$

$$a_{nc}=2.2\times(54-30)^{0.5}=10.78$$

$$a_{nr}=\frac{3.9\times[((54+273.15)/100)^4-((30+273.15)/100)^4]}{54-30}=4.88$$

$$k=10.78+4.88=15.66$$

$$Q=15.66\times(54-30)\times166.7=62668\text{kcal/h}$$

其他部位计算过程同上，常压塔各高度外表面散热量计算结果见表2-48。

表2-48　常压塔各高度外表面散热量汇总表

项目	a_{nc}	a_{nr}	k	Q/(kcal/h)
0~10	10.78	4.88	15.66	62668
10~20	10.78	4.88	15.66	62668
20~30	11.64	4.98	16.62	77593
30~40	12.45	5.08	17.52	93488
40~50	13.02	5.15	18.17	106014
顶部	11.88	4.74	16.62	13244
底部	14.28	7.13	21.41	98551
合计				514227

总散热损失为514227kcal/h=514227×4.168=2143MJ/h

3.7　常压塔热平衡

根据表2-43常压塔热量平衡计算表补充散热损失后，进行常压塔热平衡，见表2-49。

表2-49　常压塔热量平衡表(补充散热损失)

项目		热量/(MJ/h)	项目		热量/(MJ/h)	取热比例/%	设计取热比例%
进料	初底油	308236	出料	常顶汽油	7448		
	初一线	4659		常一线	19618		
	常一线汽提	1456		常二线	15061		
	常二线汽提	1271		常三线	37449		
	常三线汽提	528		常四线	10216		
	常四线汽提	1002		常底	154062		
	常底汽提	13612		常顶回流	2049	3.35	3.87
	合计	330764		常顶循	16194	26.47	34.87
				常一中	12741	20.83	16.3
				常二中	30187	49.35	44.96
				蒸汽	14045		
				散热损失	2143		
				合计	321215		

从上表可知：

进塔热量=330764MJ/h，出塔热量=321215MJ/h

误差=(330764-321215)÷330764×100=2.89%，小于5%，在可接受范围内。

4　换热网络及热平衡

4.1　物料数据

根据装置原油、初底油、自发蒸汽、重沸器和各产品进出换热网络初始和目标温度，计算过程吸收或放出的热量，得到冷热流股 C_P，计算示例如下。

已知脱前原油进装置温度=35.24℃，进电脱盐罐温度=111.03℃，温差 $\Delta t=111.03-35.24=75.79$℃，脱前原油在该温度段内全为液相，流量 $F=354$t/h，API°=35.2，$K=12.01$。

根据第二部分第三章第二节焓值计算方法，分别计算脱前原油在35.24℃和111.03℃计算液相焓值为：$H35.24=106$kJ/kg，$H111.03=268$kJ/kg。

该温度段内脱前原油吸收热量 $Q=(H111.03-H35.24)\times F=(268-106)\times354=57304$MJ/h $=57304\div3600=15.92$MW

$$C_P=Q\div\Delta t=15.92\div75.79=210\text{MW/℃}$$

其他物料计算过程如上，整理如下。

(1) 冷流股

冷流股热通量计算数据见表2-50。

表2-50 冷流股热通量计算汇总表

物料流股	进口温度/℃	出口温度/℃	温差/℃	热负荷/MW	C_P/(kJ/kg)
除盐水	39	73		0.36	11
自发蒸汽	73	137		6.65	103
过热蒸汽	137	381		1.30	5
脱前原油	35	111	76	15.92	210
脱后原油150℃前	109	150	41	9.56	305
脱后原油150℃后	150	205	55	16.84	360
初底油进炉前	203	283	81	19.35	239
初底油进炉后	283	353	69	24.43	353
常一线重沸器	192	200	8	0.400	48
脱吸塔底重沸器	121	130	9	0.42	45
稳定塔底重沸器	180	185	5	0.228	47

冷流股计算过程说明。

① 自发蒸汽。

除盐水进装置39℃，升温至73℃进入汽包，产0.3MPa(表)蒸汽后，进入常压炉对流段进行过热至381℃，发汽量 $m=9.25$t/h。

该过程吸收热量 $Q=Q_1$(除盐水自39~73℃显热)$+Q_2$(除盐水在汽包内73~100℃显热)$+Q_3$(除盐水汽化潜热)$+Q_4$(蒸汽100~137℃显热)$+Q_5$(蒸汽137~381℃显热)

则：

$Q_1=Cm\Delta t=4.2\times9.25\times(73-39)=1305$MJ/h

$Q_2=Cm\Delta \text{t}=4.2\times9.25\times(100-73)=1057$MJ/h

$Q_3=qm=2396.8\times9.25=22170$MJ/h

$Q_4=m(H137-H100)\times m=(2730-2651)\times9.25=722$MJ

$Q_5=m(H381-H137)\times m=(3237-2729)\times9.25=4692$MJ

$Q=Q_1+Q_2+Q_3+Q_4+Q_5=1305+1057+22170+722+4692=29947$MJ/h

② 假定脱后原油150℃开始汽化。

③ 脱后原油进初馏塔前热量等于初馏塔汽化段热量，忽略过汽化油，ΔH 汽化段=ΔH 初顶汽油+ΔH 初一线+ΔH 初底油=531kJ/kg。

④ 初底油出常压炉热量使用 3.5 常压炉出口温度核算中计算所得数据=968kJ/kg。

⑤ 常一线重沸器汽化率使用 3.6.6 常一线抽出温度核算中计算所得数据=2.2÷45=4.9%，稳定塔底重沸器汽化率=(稳定塔进料-稳定塔底出料)/稳定塔进料×100%=(61-56)/61×100%=8.4%，脱吸塔底重沸器汽化率假设为 4%。重沸器全部液相进料，出口焓值=液相焓值×(1-汽化率)+气相焓值×汽化率。

(2) 热流股

热流股热通量计算数据见表 2-51。

表 2-51　热流股热通量计算汇总表

物料流股	进口温度/℃	出口温度/℃	热负荷/MW	温差/℃	C_P/(kJ/kg)
初顶油气	125	38	5.10	87	59
初顶回流	125	55	3.62	70	52
常顶油气	104	32	1.64	72	23
常顶回流	104	51	0.57	53	11
常一线	195	36	4.51	159	28
常二线	222	44	3.24	178	18
常三线	292	45	9.14	247	37
常四线	307	79	1.97	228	9
常顶循	135	97	4.50	37	120
常一中	209	162	3.54	47	76
常二中	264	223	8.38	42	202
减一线及减顶循	168	32	3.15	136	23
减二线	257	80	4.08	177	23
减三线	291	81	2.94	210	14
减四线	342	79	3.89	263	15
减五线	361	83	3.11	278	11
渣油	350	97	11.58	253	46
急冷油	350	269	0.44	81	5
减一中	232	146	9.82	86	115
减二中	323	212	5.43	111	49

热流股计算过程说明：

① 初、常顶油气分为回流及产品两股热物流分别计算，假定其均为气相采出，全部冷凝为液相。

② 急冷油返塔温度为 E8-104A/B 出口温度，现场温度计读取为 269℃，流量根据设计流量的一半进行估算。

4.2　冷热流股曲线

根据冷、热流股进出温度，按降序罗列温度段，计算温差，分别计算冷、热流股每个温度段内 $\sum C_P$ 和该温度段内热量和累积热量，见表 2-52。

4.2.1　*热流股数据*

热流股各温度段热量计算数据见表 2-52。

表 2-52 热流股各温度段热量计算表

项目			热流股		初顶油气	初顶回流	常顶油气	常顶回流	常一线	常二线	常三线	常四线	常顶循	常一中	常二中	减一线及减顶循	减二线	减三线	减四线	减五线	渣油	急冷油	减一中	减二中
			进口温度/℃		125	125	104	104	195	222	292	307	135	209	264	168	257	291	342	361	350	350	232	323
			出口温度/℃		38	55	32	51	36	44	45	79	97	162	223	32	80	81	79	83	97	269	146	212
			C_P/(kW/℃)		59	52	23	11	28	18	37	9	120	76	202	23	23	14	15	11	46	5	115	49
温度/℃	温度段	温差/℃	ΣC_{PH}/(kW/℃)	热量 kW	累积热量/kW																			
361					90675	0	0	0	0	0	0	0	0	0	0	0	0	0	0	0	0	0	0	0
350	361.1~349.8	11	11	126	90548	0	0	0	0	0	0	0	0	0	0	0	0	0	0	0	11	0	0	0
342	349.8~341.74	8	63	504	90045	0	0	0	0	0	0	0	0	0	0	0	0	0	0	0	11	46	5	0
323	341.74~322.7	19	77	1472	88573	0	0	0	0	0	0	0	0	0	0	0	0	0	0	15	11	46	5	0
307	322.7~307.43	15	126	1929	86644	0	0	0	0	0	0	0	0	0	0	0	0	0	0	15	11	46	5	0
292	307.43~291.58	16	135	2139	84505	0	0	0	0	0	0	0	9	0	0	0	0	0	0	15	11	46	5	0
291	291.58~291.38	0	172	34	84470	0	0	0	0	0	0	37	9	0	0	0	0	0	0	15	11	46	5	0
283	291.38~283.41	8	186	1482	82988	0	0	0	0	0	0	37	9	0	0	0	0	0	14	15	11	46	5	0
269	283.41~269	14	186	2680	80307	0	0	0	0	0	0	37	9	0	0	0	0	0	14	15	11	46	5	0
264	269~264.1	5	181	885	79423	0	0	0	0	0	0	37	9	0	0	0	0	0	14	15	11	46	0	0
257	264.1~257.28	7	382	2608	76815	0	0	0	0	0	0	37	9	0	0	202	0	0	14	15	11	46	0	0
232	257.28~231.54	26	405	10436	66379	0	0	0	0	0	0	37	9	0	0	202	0	23	14	15	11	46	0	0
223	231.54~222.6	9	520	4649	61729	0	0	0	0	0	0	37	9	0	0	202	0	23	14	15	11	46	0	115
222	222.6~221.99	1	318	194	61535	0	0	0	0	0	0	37	9	0	0	0	0	23	14	15	11	46	0	115
212	221.99~211.86	10	336	3407	58128	0	0	0	0	0	18	37	9	0	0	0	0	23	14	15	11	46	0	115
209	211.86~208.6	3	287	937	57191	0	0	0	0	0	18	37	9	0	0	0	0	23	14	15	11	46	0	115

续表

项目			热流股		初顶油气	初顶回流	常顶油气	常顶回流	常一线	常二线	常三线	常四线	常顶循	常一中	常二中	减一线及减顶循	减二线	减三线	减四线	减五线	渣油	急冷油	减一中	减二中
			进口温度/℃		125	125	104	104	195	222	292	307	135	209	264	168	257	291	342	361	350	350	232	323
			出口温度/℃		38	55	32	51	36	44	45	79	97	162	223	32	80	81	79	83	97	269	146	212
			C_P/(kW/℃)		59	52	23	11	28	18	37	9	120	76	202	23	23	14	15	11	46	5	115	49
温度/℃	温度段	温差/℃	ΣC_{PH}/(kW/℃)	热量 kW	累积热量/kW																			
195	208.6~195.4	13	363	4790	52401	0	0	0	0	0	18	37	9	0	76	0	0	23	14	15	11	46	0	115
168	195.4~167.66	28	391	10852	41549	0	0	0	0	28	18	37	9	0	76	0	0	23	14	15	11	46	0	115
162	167.66~161.8	6	414	2429	39120	0	0	0	0	28	18	37	9	0	76	0	23	23	14	15	11	46	0	115
146	161.8~145.86	16	339	5402	33718	0	0	0	0	28	18	37	9	0	0	0	23	23	14	15	11	46	0	115
135	145.86~134.8	11	224	2481	31238	0	0	0	0	28	18	37	9	0	0	0	23	23	14	15	11	46	0	0
125	134.8~125	10	345	3378	27859	0	0	0	0	28	18	37	9	120	0	0	23	23	14	15	11	46	0	0
104	125~104.4	21	455	9376	18483	59	52	0	0	28	18	37	9	120	0	0	23	23	14	15	11	46	0	0
97	104.4~97.4	7	489	3420	15064	59	52	23	11	28	18	37	9	120	0	0	23	23	14	15	11	46	0	0
97	97.4~97	0	368	147	14917	59	52	23	11	28	18	37	9	0	0	0	23	23	14	15	11	46	0	0
83	97~83	14	322	4512	10405	59	52	23	11	28	18	37	9	0	0	0	23	23	14	15	11	0	0	0
81	83~81	2	311	622	9783	59	52	23	11	28	18	37	9	0	0	0	23	23	14	15	0	0	0	0
80	81~80	1	297	297	9485	59	52	23	11	28	18	37	9	0	0	0	23	23	0	15	0	0	0	0
79	80~79	1	274	274	9211	59	52	23	11	28	18	37	9	0	0	0	23	0	0	15	0	0	0	0
55	79~55.15	24	251	5977	3234	59	52	23	11	28	18	37	0	0	0	0	23	0	0	0	0	0	0	0
51	55.15~51.08	4	199	809	2425	59	0	23	11	28	18	37	0	0	0	0	23	0	0	0	0	0	0	0
45	51.08~45	6	188	1144	1281	59	0	23	0	28	18	37	0	0	0	0	23	0	0	0	0	0	0	0
44	45~44	1	151	151	1130	59	0	23	0	28	18	0	0	0	0	0	23	0	0	0	0	0	0	0
38	44~38	6	133	797	332	59	0	23	0	28	0	0	0	0	0	0	23	0	0	0	0	0	0	0
36	38~36	2	74	149	184	0	0	23	0	28	0	0	0	0	0	0	23	0	0	0	0	0	0	0
32	36~32	4	46	184	0	0	0	23	0	0	0	0	0	0	0	0	23	0	0	0	0	0	0	0

4.2.2 冷流股数据

冷流股各温度段热量计算数据见表2-53。

表2-53 冷流股各温度段热量计算表

项目					冷流股	除盐水	自发蒸汽	过热蒸汽	脱前原油	脱后原油150前	脱后原油150后	初底油进炉前	初底油进炉后	常一线重沸器	脱吸塔塔底重沸器	稳定塔塔底重沸器
					出口温度/℃	73	137	381	111	150	205	283	353	200	130	185
					进口温度/℃	39	73	137	35	109	150	203	283	192	121	180
					C_P/(kW/℃)	11	103	5	210	232	306	239	353	48	45	47
温度/℃	温度段	温差/℃	ΣC_{PC}/(kW/℃)	热量/kW	累积热量/kW											
381					95464	4789										
353	380.67~352.53	28	5	151	95313	0	0	5	0	0	0	0	0	0	0	0
283	352.53~283.41	69	359	24803	70511	0	0	5	0	0	0	0	353	0	0	0
264	283.41~264.1	19	245	4727	65784	0	0	5	0	0	0	239	0	0	0	0
205	264.1~205.12	59	245	14438	51346	0	0	5	0	0	0	239	0	0	0	0
203	205.12~202.6	3	550	1387	49959	0	0	5	0	0	306	239	0	0	0	0
200	202.6~200.3	2	311	715	49244	0	0	5	0	0	306	0	0	0	0	0
192	200.3~192	8	359	2981	46263	0	0	5	0	0	306	0	0	48	0	0
185	192~185.1	7	311	2145	44118	0	0	5	0	0	306	0	0	0	0	0
180	185.1~180.3	5	358	1720	42398	0	0	5	0	0	306	0	0	0	0	47
150	180.3~150	30	311	9420	32977	0	0	5	0	0	306	0	0	0	0	0
137	150~137.42	13	237	2985	29992	0	0	5	0	232	0	0	0	0	0	0
130	137.42~130	7	335	2485	27507	0	103	0	0	232	0	0	0	0	0	0
121	130~120.78	9	380	3503	24004	0	103	0	0	232	0	0	0	0	45	0
111	120.78~111.03	10	335	3265	20739	0	103	0	0	232	0	0	0	0	0	0
109	111.03~108.78	2	545	1226	19513	0	103	0	210	232	0	0	0	0	0	0
73	108.78~72.78	36	313	11265	8247	0	103	0	210	0	0	0	0	0	0	0
39	72.78~39.2	34	221	7416	832	11	0	0	210	0	0	0	0	0	0	0
35	39.2~35.24	4	210	832	0	0	0	0	210	0	0	0	0	0	0	0

4.2.3 根据冷、热流股数据表和换热终温做冷热流股曲线

换热终温为 283.41℃，平移冷流股，冷流股 283.41℃位置的热量应为热流股最高热量，作冷热流股曲线图，如图 2-30 所示。

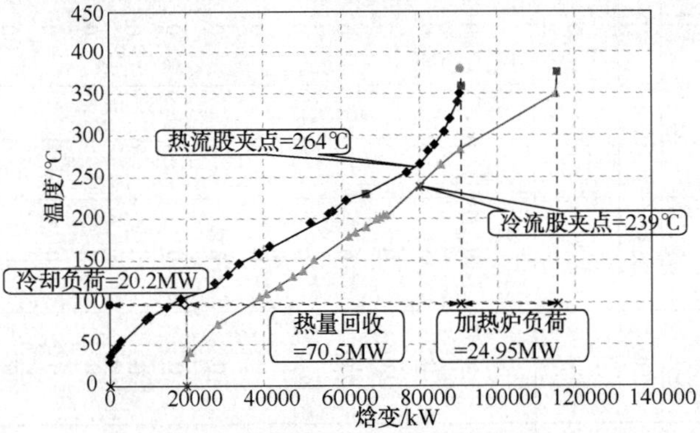

图 2-30 冷热流股曲线(换热终温为基准)

从图 2-30 可知：

① 热流股与冷流股最接近点出现在热流股 264℃处，因此热流股夹点温度为 264℃，垂直向下对应冷流股夹点温度为 239℃，夹点温差为 25℃。

② 加热炉负荷为 24.95KW，冷却负荷为 20.2MW，热量回收为 70.5MW，热量回收率=热量回收÷热流股温度最高点热量×100%=70.5÷90.7×100%=78%。

4.2.4 冷热流股曲线

加热炉负荷由第二部分第五章第二节计算所得，为 25.7MW，平移冷流股，冷、热流股最高温度位置相差的热量为加热炉负荷，作冷热流股曲线图，如图 2-31 所示。

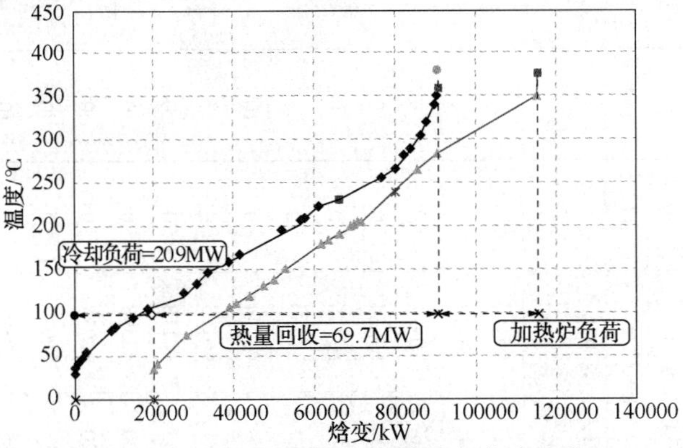

图 2-31 冷热流股曲线(加热炉负荷为基准)

从图 2-31 可知：

① 热流股与冷流股最接近点出现在热流股 264℃处，因此热流股夹点温度为 264℃，垂直向下对应冷流股夹点温度为 235℃，夹点温差为 29℃。

② 加热炉负荷为 25.7KW，冷却负荷为 20.9MW，热量回收为 69.7MW，热量回收率=热量回收÷热流股温度最高点热量×100%=69.7÷90.7×100%=77%。

4.2.5 冷、热流股曲线对比

由换热终温计算所得的加热炉负荷为 24.95MW，较实际加热炉负荷 25.7MW 小 0.8MW，误差在可接受范围内。两者换热终温相差 1.84℃，误差在可接受范围内。

4.3 总组成曲线

根据夹点温差为 29℃，将冷、热流股分别向上和向下平移 14.5℃，作总组成曲线图，问题表见表 2-54。

表2-54　问题表

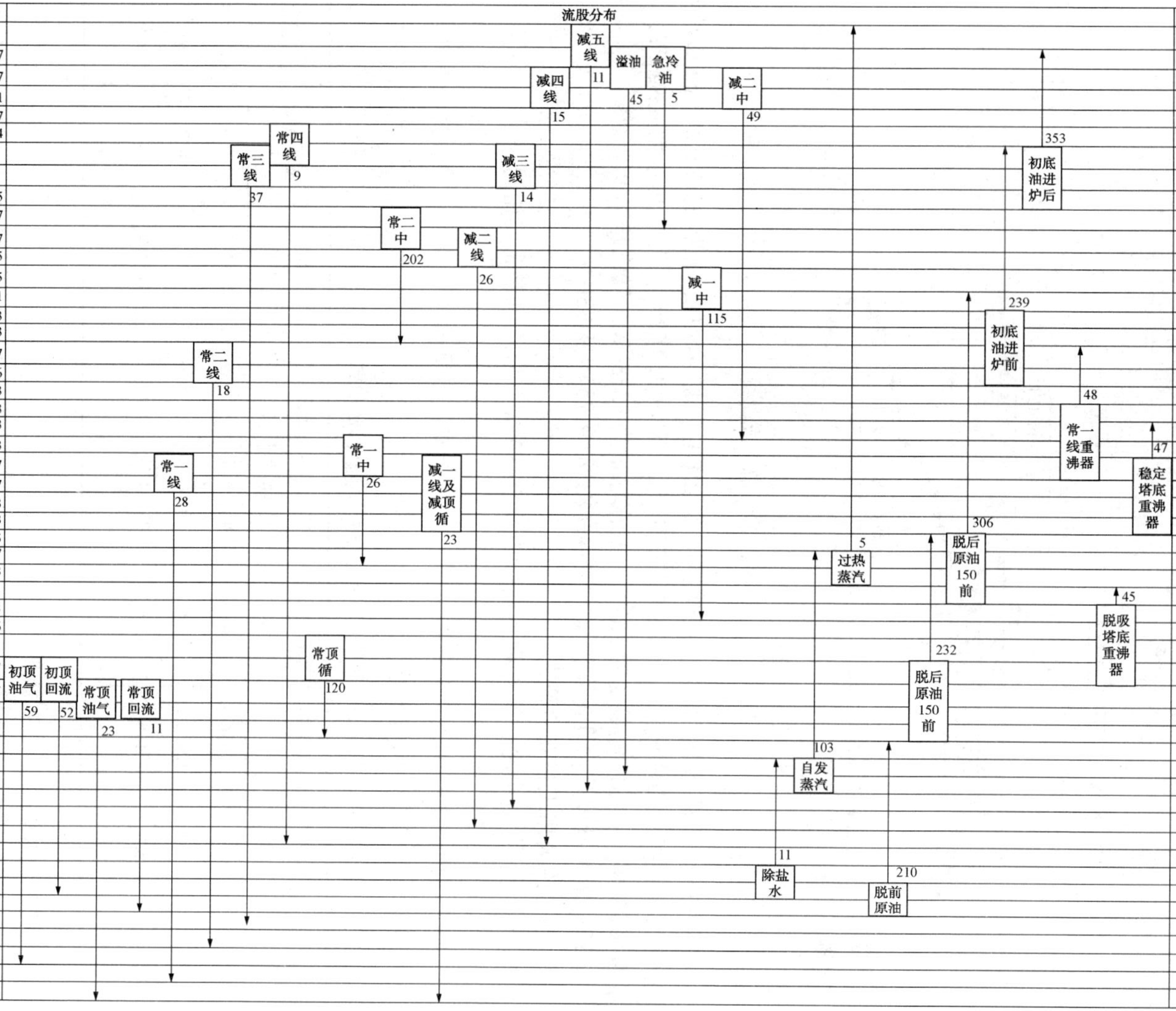

温度	温度段	Δt	∑CPC-∑CPH	ΔHkW	过剩/不足
395	395~366.86	28	5	151	不足
367	366.86~346.77	20	359	7211	不足
347	346.77~335.47	11	348	3928	不足
335	335.47~327.41	8	296	2388	不足
327	327.41~308.37	19	282	5360	不足
308	308.37~297.74	11	233	2470	不足
298	297.74~293.1	5	118	550	不足
293	293.1~277.25	16	110	1741	不足
277	277.25~277.05	0	73	15	不足
277	277.05~254.67	22	59	1316	不足
255	254.67~249.77	5	64	315	不足
250	249.77~242.95	7	-138	-939	过剩
243	242.95~219.45	23	-161	-3774	过剩
219	219.45~217.21	2	145	325	不足
217	217.21~216.93	0	30	8	不足
217	216.93~214.63	2	-209	-481	过剩
215	214.63~208.27	6	-161	-1024	过剩
208	208.27~207.66	1	41	25	不足
208	207.66~206.33	1	23	30	不足
206	206.33~199.43	7	-25	-176	过剩
199	199.43~197.53	2	22	42	不足
198	197.53~194.63	3	71	206	不足
195	194.63~194.27	0	24	9	不足
194	194.27~181.07	13	-52	-686	过剩
181	181.07~164.33	17	-80	-1344	过剩
164	164.33~153.33	11	-154	-1694	过剩
153	153.33~151.75	2	-177	-279	过剩
152	151.75~147.47	4	-80	-341	过剩
147	147.47~144.33	3	-4	-13	过剩
144	147.33~135.11	9	41	378	不足
135	135.11~131.53	4	-4	-14	过剩
132	131.53~125.36	6	111	682	不足
125	125.36~123.11	2	321	721	不足
123	123.11~120.47	3	89	235	不足
120	120.47~110.67	10	-32	311	过剩
111	110.67~90.07	21	-142	-2929	过剩
90	90.07~87.12	3	-176	-518	过剩
87	87.12~83.07	4	-268	-1084	过剩
83	83.07~82.67	0	-147	-59	过剩
83	82.67~68.67	14	-101	-1420	过剩
69	68.67~66.67	2	-90	-181	过剩
67	66.67~65.67	1	-76	-76	过剩
66	65.67~64.67	1	-53	-53	过剩
65	64.67~53.53	11	-30	-332	过剩
54	53.53~49.57	4	-41	-161	过剩
50	49.57~40.82	9	-251	-2194	过剩
41	40.82~36.75	4	-199	-809	过剩
37	36.75~30.67	6	-188	-1144	过剩
31	30.67~29.67	1	-151	-151	过剩
30	29.67~23.67	6	-133	-797	过剩
24	23.67~21.67	2	-74	-149	过剩
22	21.67~17.67	4	-46	-184	过剩

总组成图见图 2-32。

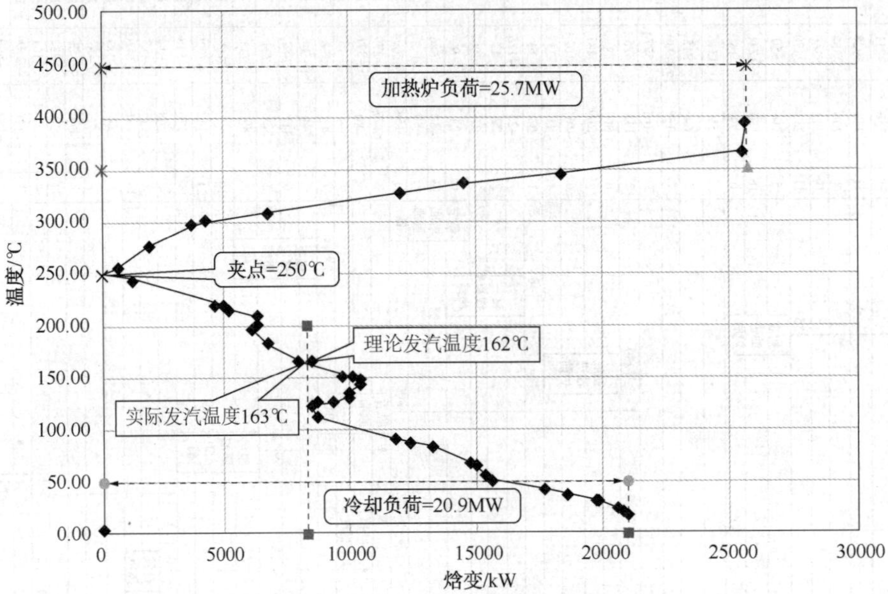

图 2-32　总组成曲线

根据总组成曲线图可知，夹点温度为 250℃，加热炉负荷为 25.7MW，冷却负荷为 20.9MW。根据口袋位置，0.3MPa 蒸汽理论发汽温度为 162℃，发汽热量为 8394kW，发汽量为 9.33t/h。实际发汽温度为 163℃，发汽热量为 8318kW，发汽量为 9.25t/h。

理论发汽量计算：理论发汽量=8394÷(8318÷9.25)= 9.33t/h

4.4　冷公用工程热负荷

冷热流股曲线中冷公用工程热负荷总计 20.9MW，与总组成曲线相同。

4.4.1　热出料负荷

装置目前热出料侧线有常二线、常三线和渣油，热负荷计算过程同第二部分第四章第一节物料数据，热出料负荷见表 2-55。

表 2-55　热出料负荷表

物料流股	流量/(t/h)	进口温度/℃	出口温度/℃	入口焓值/(kJ/kg)	出口焓值/(kJ/kg)	热量/(MJ/h)	热量/MW	温差/℃
常二线	26.9	122.6	44.0	302.9	127.3	4727.0	1.3	78.6
常三线	51.8	122.6	45.0	303.0	129.4	8988.9	2.5	77.6
渣油	66.3	131.6	97.0	272.4	201.0	4730.9	1.3	34.6
合计							5.1	

4.4.2　预热冷公用工程热负荷

预热冷公用工程为除盐水，用于自发蒸汽，计算过程和结果包含着 4.1 物料数据中的自发蒸汽内。

4.4.3　空冷负荷

空冷器计算过程同第二部分第四章第一节物料数据，见表 2-56。

表 2-56 空冷负荷表

物料流股	流量/(t/h)	进口温度/℃	出口温度/℃	入口焓值/(kJ/kg)	出口焓值/(kJ/kg)	热量/(MJ/h)	热量/MW	温差/℃
初顶油气	41.6	93.0	55.2	403.0	157.7	10212.9	2.8	37.9
初顶回流	32.4	93.0	55.2	403.0	157.7	7957.9	2.2	37.9
常顶油气	14.6	88.0	51.1	292.9	146.7	2132.0	0.6	36.9
常顶回流	5.6	88.0	51.1	292.9	146.7	822.7	0.2	36.9
常一线	43.0	103.0	43.0	257.7	125.5	5682.3	1.6	60.0
减一线及减顶循	37.9	56.0	40.0	145.5	113.4	1215.2	0.3	16.0
合计							8.2	
减顶空冷 1	1.4	75.0	33.0	478.1	115.1	497.2	0.1	42.0
减顶空冷 2	4.2	282	41.0			11108.7	3.1	8.0
减顶空冷 3	4.1	75.0	41.0			9707.3	2.7	241.0

注：1. 减顶空冷 1 代表减顶油气冷却负荷，假设减顶油气进冷却系统前全为气相，出冷却系统后全为液相。
2. 减顶空冷 2 代表一级蒸汽抽空气蒸汽冷却负荷。
3. 减顶空冷 3 代表减压塔及其汽提塔汽提蒸汽冷却负荷。

4.4.4 水冷负荷

水冷器计算过程同第二部分第四章第一节物料数据，见表 2-57。

表 2-57 水冷负荷表

物料流股	流量/(t/h)	进口温度/℃	出口温度/℃	入口焓值/(kJ/kg)	出口焓值/(kJ/kg)	热量/(MJ/h)	热量/MW	温差/℃
初顶油气	41.6	55.2	38.0	157.7	118.2	1641.1	0.46	17.2
常顶油气	14.6	51.1	32.0	146.7	104.6	613.6	0.17	19.1
常一线	43.0	43.0	36.0	125.5	110.9	623.3	0.2	7.0
常四线	12.0	97.0	79.0	233.8	194.6	468.5	0.1	18.0
减一线及减顶循	37.9	40.0	32.0	113.4	97.7	593.2	0.2	8.0
减二线	33.3	113.0	80.0	268.0	195.3	2419.0	0.7	33.0
减三线	19.8	106.0	81.0	248.4	194.2	1075.1	0.3	25.0
减四线	20.1	107.0	79.0	251.0	190.1	1224.5	0.3	28.0
减五线	15.2	107.0	83.0	245.9	194.5	781.3	0.2	24.0
合计							2.6	

4.5 换热网络热平衡

4.5.1 换热网络热平衡

换热网络热平衡数据见表2-58。

表2-58 换热网络热平衡表

设备位号	介质		管程		壳程		流量		热负荷	
	管程	壳程	进口	出口	进口	出口	管程	壳程	管程	壳程
			℃	℃	℃	℃	t/h	t/h	kW	kW
E1-101A/B	减一	原油	120	73	52	72	38	118	1087	1371
E1-102	原油	减四	80	84	212	107	118	30	705	536
E1-103A/B	常顶循	原油	135	121	82	103	179	118	1694	1538
E2-101A/B	原油	常一	62	85	159	103	118	43	1611	1626
E2-102A/B	常顶循	原油	121	115	85	95	179	118	725	722
E2-103A/B	常三	原油	180	130	93	119	52	118	1814	1801
E3-101A/B	常顶循	原油	115	97	60	90	179	118	2086	2108
E3-102A/B	减一	原油	168	120	90	108	38	118	1196	1321
E3-103A/B	常二	原油	149	118	108	119	27	118	740	820
E4-101A/B	脱盐油	减二	98	118	157	113	109	43	1376	1247
E4-102A/B	常一	脱盐油	195	159	118	133	43	109	1136	1064
E4-103A/B	常一中	脱盐油	209	180	133	165	103	109	2191	2359
E4-104A/B	脱盐油	常三	165	187	226	180	109	52	1693	1797
E4-105A/B	脱盐油	常二中	187	200	228	223	109	256	1028	2852
E4-106A/B	脱盐油	碱渣	200	227	269	225	109	66	2167	2091
E5-101A/B	脱盐油	减三	95	115	190	106	91	20	1139	1105
E5-102A/B	脱盐油	常一中	115	140	180	162	91	103	1480	1346
E5-103	脱盐油	碱渣	140	150	192	168	91	66	610	1025
E5-104A/B	脱盐油	减五	150	155	178	155	91	15	309	236
E5-105A/B	减二	脱盐油	187	157	155	170	43	91	904	941
E5-106A/B	脱盐油	碱渣	170	193	225	192	91	66	1486	1477
E5-107A/B	脱盐油	减三	193	203	231	190	91	20	662	596
E5-108A/B	脱盐油	减四	203	218	230	190	91	30	1026	886
E6-101	脱盐油	减五	98	104	155	107	154	15	578	680
E6-102A/B	脱盐油	碱渣	104	120	168	132	154	66	1572	1475
E6-103	脱盐油	常四	120	129	250	140	154	12	903	951

续表

设备位号	介质		管程		壳程		流量		热负荷	
	管程	壳程	进口	出口	进口	出口	管程	壳程	管程	壳程
			℃	℃	℃	℃	t/h	t/h	kW	kW
E6-104A/B	脱盐油	减四	127	138	190	130	154	30	917	1130
E6-105A/B	常二	脱盐油	222	149	138	152	27	154	1441	1454
E6-106A/B	减一中	脱盐油	232	210	152	178	164	154	2591	2788
E6-107A/B	脱盐油	减五	178	188	240	178	154	15	1103	680
E7-101A/B	初底油	减二	203	222	257	187	166	43	2317	2287
E7-102A/B	常二中	初底油	264	253	222	240	256	166	2288	2210
E7-103	初底油	减三	240	248	291	231	166	20	1001	945
E7-104A/B	初底油	减二中	248	260	323	241	166	63	1523	1347
E7-105A/B	初底油	减四	260	284	342	230	166	30	3057	2762
E8-101A/B	初底油	减二中	203	215	241	194	152	63	1350	1347
E8-102A/B	初底油	常三	215	238	283	226	152	52	2571	2773
E8-103	初底油	常四	238	243	307	250	152	12	570	560
E8-104A/B	初底油	减渣	243	256	288	269	152	73	1502	1046
E8-105A/B	初底油	减五	256	270	361	240	152	15	1649	1516
E8-106	初底油	减渣	270	283	350	288	318	73	3366	3599
E109A	初顶油气	原油	125	93	35	67	37	89	1608	1599
E109B	初顶油气	原油	125	93	35	67	37	89	1608	1599
E110A	常顶油气	原油	104	88	35	48	10	89	611	631
E110B	常顶油气	原油	104	88	35	48	10	89	611	631
E111	常三	常一	292	283	193	201	52	45	399	400
E112	减一中	水、水蒸气	206	146	73	137	164	9	6757	6653
E114A/B	除氧水	常四	56	73	140	97	9	12	660	328
E115A/B	除盐水	减一	40	56	73	56	9	118	622	1617
E204	减一中	脱收塔底油	210	206	126	137	164	154	189	415
E205	常二中	稳定塔底油	253	228	181	185	256	46	1295	228

从表2-58可知，管壳程热负荷存在不匹配现象，并且差距较大，分析认为换热器进、出口温度测量误差较大，从而导致此类现象出现。

4.5.2 换热网络图

换热网络见图2-33。

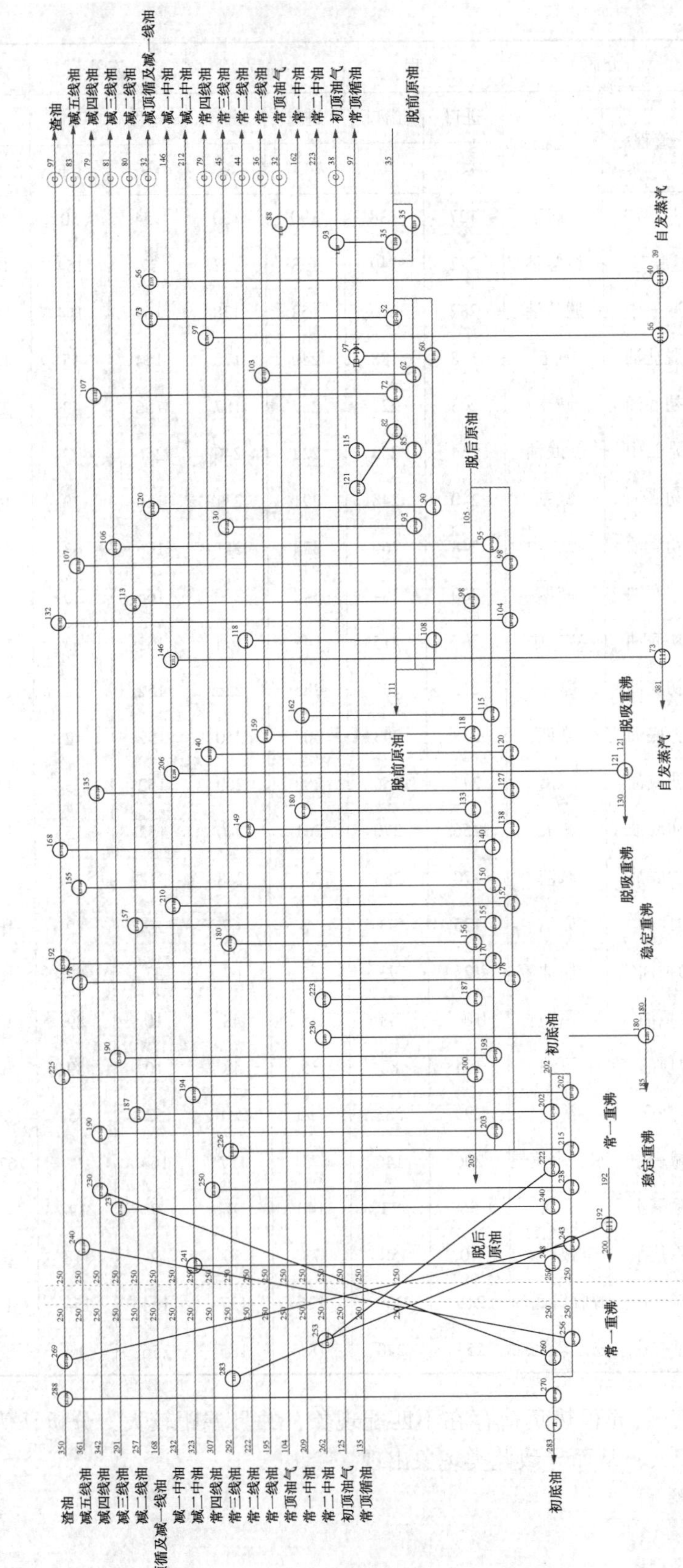
渣油
减五线油
减四线油
减三线油
减二线油
减顶循及减一线油
减一中油
减二中油
常四线油
常三线油
常二线油
常一线油
常顶油气
常一中油
常二中油
初顶油气
常顶循油
脱前原油
脱后原油
初底油
常一重沸
稳定重沸
脱吸重沸
自发蒸汽

图2-33 换热网络图

从图 2-33 可知，除去常一线重沸器 E111 之外，共有五组换热器跨夹点换热，分别是：初底油-常二中(1)换热器 E7-102A/B，初底油-减四(1)换热器 E7-105A/B，初底油-常四(1)换热器 E8-103，初底油-减渣(2)换热器 E8-104A/B，初底油-减五(1)换热器 E8-105A/B，后续建议优化换热网络。

5　加热炉计算

5.1　常压炉相关数据

加热炉基础数据见表 2-59。

表 2-59　加热炉基础数据表

项目	符号	数值	单位
常压炉进口温度	t_1	283	℃
常压炉出口温度	t_2	353	℃
辐射段烟气平均温度	T_g	973. 15	K
辐射段炉管外壁平均温度	T_w	651. 65	K
辐射室进口温度	t	304	℃
辐射管根数	n	96	根
辐射管有效长度	L_a	12. 5	m
炉管外径	d	0. 141	m
辐射管心距	S	0. 282	m
炉膛数量		2	个
单个炉膛长	l_0	16	m
单个炉膛宽	d_0	6. 1	m
单个炉膛高	h_0	16. 2	m
炉墙衬里厚度	δ	0. 21	m
对流室单排炉管根	n_w	8	根
对流室炉管有效长度	L_c	15. 8	m
对流室炉管管心距	S_c	0. 241	m
炉膛氧含量		2. 6	
风速	u	5. 55	m/s
常压炉瓦斯耗量		2433	kg/h

注：① 辐射室进口温度 $t = t_2 - (t_2 - t_1) \times (0.7 \sim 0.8) = 353 - (353 - 283) \times 0.7 = 304$℃

② 辐射段炉管外壁平均温度 $T_w = (t+t_2)/2+50+273.15 = (304+353)/2+50+273.15 = 651.65$K[《炼油厂设备加热炉设计手册(上)》[4] P42]

③ 辐射段烟气平均温度 T_g = (辐射室底部温度+辐射室顶部温度)/2 = (609+700)/2+273.15 = 927.65K

5.2　加热炉热负荷

常压加热炉热负荷 Q=炉出口热量-炉入口热量+过热蒸汽出口热量-自发蒸汽进口热量 =85.6-61.2+1.3=25.7MW

5.3　辐射炉管表面热强度

以下计算公式来自《管式加热炉》[5] P83 起。辐射炉管表面热强度 q_R(W/m^2)选取常压炉北炉膛进行计算。

5.3.1 当量冷平面 $\alpha AcP(m^2)$

(1) 当量平面 $AcP(m^2)$

已知辐射管根数 $n=96$ 根，辐射管有效长度 $L_a=12.5m$，辐射管心距 $S=0.282m$

$$AcP = n \times L_a \times S = 96 \times 12.5 \times 0.282 = 338.4m^2$$

(2) 有效吸收因数 α

1) 火焰和烟气对单排单面辐射有效吸收因数 α_D

已知辐射管外径 $d=0.141m$，管心距 $S=0.282m$

$$\alpha_D = 1 + \frac{d}{s} \times \arccos\frac{d}{s} - \sqrt{1-\left(\frac{d}{s}\right)^2} = 1 + \frac{0.141}{0.282} \times \arccos\frac{0.141}{0.282} - \sqrt{1-\left(\frac{0.141}{0.282}\right)^2} = 0.66$$

2) 反射墙对管排的发射辐射能有效吸收因数 α_r

$$\alpha_r = (1-\alpha_D) \times \alpha_D = (1-0.66) \times 0.66 = 0.22$$

3) 有效吸收因数 α

$$\alpha = \alpha_r + \alpha_D = 0.66 + 0.22 = 0.88$$

(3) 当量冷平面 $\alpha AcP(m^2)$

对流室遮蔽段每排炉管根数 $n_w=8$ 根，对流室遮蔽段炉管有效长度 $L_c=15.8m$，对流室遮蔽段炉管管心距 $S_c=0.241m$

$$\alpha AcP = \alpha \times AcP + n_w \times L_c \times S_c = 0.88 \times 338.4 + 8 \times 15.8 \times 0.241 = 329m^2$$

5.3.2 交换因数 F

(1) 炉膛总内表面积 $\sum F(m^2)$ 和反射面积 $\sum F_w(m^2)$

$$\sum F = (l_0 \times d_0 + d_0 \times h_0 + l_0 \times h_0) \times 2 = 870m^2$$

$$\sum F_w = l_0 \times h_0 \times 2 = 498m^2$$

(2) 耐火砖墙到炉管表面交换因数 FRC

$\sum F_w/\alpha AcP = 498/329 = 1.5 \in (0, 3)$，因此：$FRC = \alpha \times AcP/\sum F = 329/870 = 0.38$

(3) 炉膛有效辐射率 ε_s

1) 炉膛空间体积 $V = l_0 \times d_0 \times h_0 = 1467m^3$

2) 烟气平均辐射长度 $L = 3.6 \times V \div \sum F = 3.6 \times 1467 \div 870 = 6.1m$

3) 过剩空气系数 $a = 21/(21-O_2\%) = 21/(21-2.6) = 1.14\%$

4) 烟气中 CO_2+H_2O 分压 P 根据过程空气系数 a，由图 2-34 查得，$P=0.14atm$

5) 烟气辐射率 ε_g 根据烟气中 CO_2+H_2O 分压 $P\times$烟气平均辐射长度 $L=0.85$，烟气温度=650℃，由图 2-35 查得，$\varepsilon_g=0.48$

6) 炉膛有效辐射率 ε_s

$$\varepsilon_s = \varepsilon_g \times \left[1 + \left(\frac{\sum F}{\alpha \times AcP} - 1\right) \Big/ \left(1 + \frac{\varepsilon_g}{1-\varepsilon_g} \times \frac{1}{FRC}\right)\right]$$

$$= 0.48 \times \left[1 + \left(\frac{870}{329} - 1\right) \Big/ \left(1 + \frac{0.48}{1-0.48} \times \frac{1}{0.38}\right)\right] = 0.71$$

(4) 交换因数 F

由于常压炉炉管材质为铬钼钢管和不锈钢管，带有氧化层，因此炉管表面辐射率 ε_f 取 0.9，$F = 1 \div (1/\varepsilon_f + 1/\varepsilon_s - 1) = 1 \div (1/0.9 + 1/0.71 - 1) = 0.66$

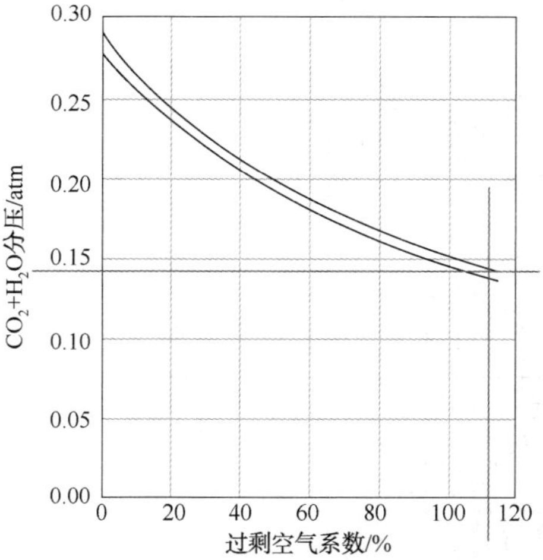

图 2-34　烟气中 CO_2 和 H_2O 分压换算图

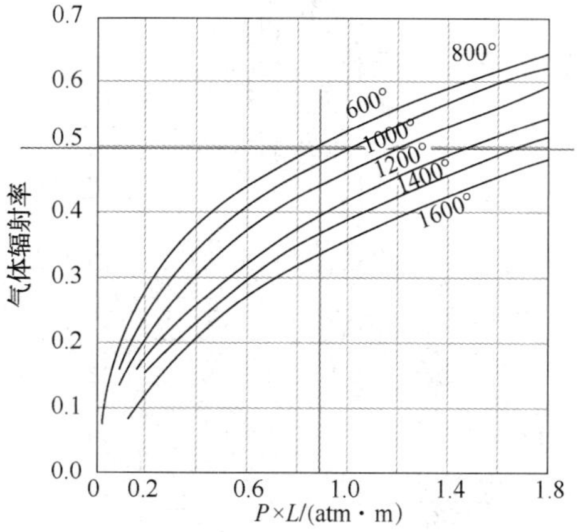

图 2-35　气体辐射率换算图

5.3.3　辐射炉管表面热强度 q_R(W/m^2)

(1) 辐射传热吸收的热量 Q_{Rr}(W)

$$Q_{Rr} = 5.72 \times \alpha \times AcP \times F \times \left[\left(\frac{T_g}{100}\right)^4 - \left(\frac{T_w}{100}\right)^4\right]$$

$$= 5.72 \times 0.88 \times 338 \times 0.66 \times \left[\left(\frac{927.65}{100}\right)^4 - \left(\frac{651.65}{100}\right)^4\right] = 6935185\text{W}$$

(2) 对流传热吸收的热量 Q_{Rc}(W)

辐射管外部面积 A_R=π×辐射管外径 d×辐射管有效长度 L_a×辐射管根数 n=3.15×0.141×12.5×96=531m^2

由于采用高强燃烧器，辐射段的对流传热系数 h_{Rc}=23.3W/(m^2·℃)

$$Q_{Rc} = h_{Rc} \times A_R \times (T_g - T_w) = 23.3 \times 531 \times (927.65 - 651.65) = 3416607\text{W}$$

(3) 火焰及烟气传给炉管的热量 Q_R(W)

$$Q_R = Q_{Rr} + Q_{Rc} = 6935185 + 3416607 = 10351792\text{W}$$

(4) 辐射炉管表面热强度 q_R(W/m^2)

$$q_R = Q_R \div A_R = 10351792 \div 531 = 19484\text{W/m}^2$$

5.4　辐射室最高油膜温度

(1) 轴向不均匀系数 F_{cir}

根据《SHT 3037—2016 炼油厂加热炉炉管壁厚计算方法》[6] P21 图 B.3 中 3#曲线(单排靠墙，一面辐射一面反射)(见图 2-36)，由管心距和管外径比值进行换算：

管心距/管外径=S/d=0.282/0.141=2，由图 2-36 查得 F_{cir}=1.55

(2) 纵向不均匀系数 F_L

考虑火嘴燃烧情况，一般取 1~1.5，火嘴燃烧不均匀则越大。根据现场实际情况，炉膛内火嘴投用分布均匀，考虑弹性，F_L 取 1.1。

(3) 考虑点金属壁温 T_{tm}(℃)

考虑炉出口为温度最高点，因此，将炉出口作为考虑点，该点金属壁温=炉出口温度+50=352+50+273.15=675.15K

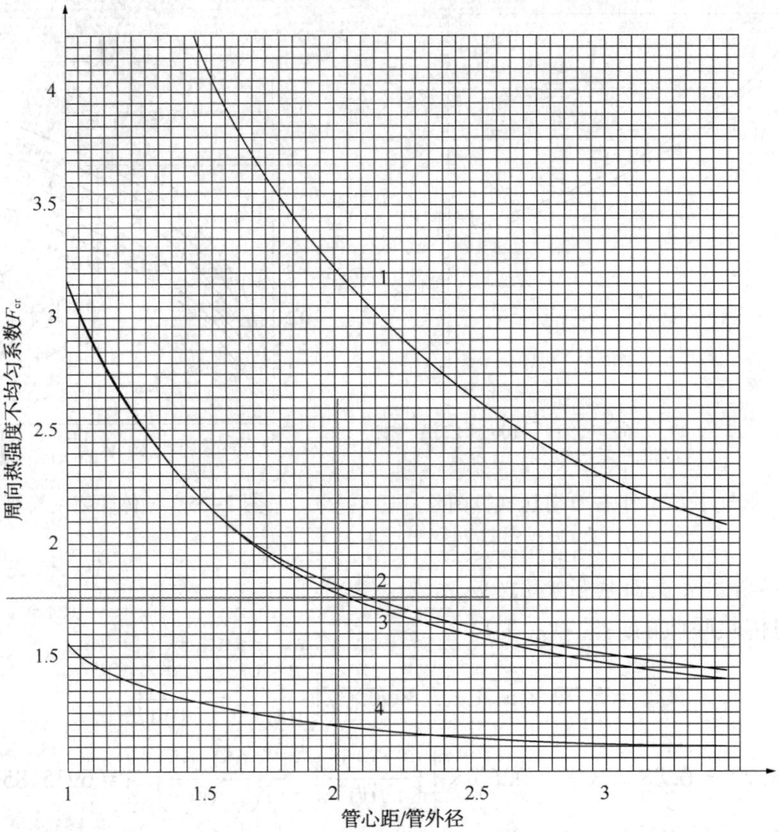

图 2-36 管心距/管外径和周向不均匀系数换算图

(4) 炉管金属温度对辐射热强度影响系数 F_T

辐射室烟气平均温度 $T_g=927.65K$，考虑点金属壁温 $T_{tm}=675.15K$，辐射段炉管外壁平均温度 $T_w=651.65K$(金属温度)，则：

$$F_T=\frac{T_g^4-T_{tm}^4}{T_g^4-T_w^4}=\frac{927.65^4-675.15^4}{927.65^4-651.65^4}=0.95$$

(5) 辐射表面热强度 q_{Rr}(W/m^2)

$$q_{Rr}=Q_{Rr}\div A_R=6935185\div531=13054W/m^2$$

(6) 对流表面热强度 q_{Rc}(W/m^2)

$$q_{Rc}=Q_{Rc}\div A_R=3416607\div531=6431W/m^2$$

(7) 表面最高辐射强度 q_{Rmax}(W/m^2)

$$q_{Rmax}=F_{cir}\times F_L\times F_T\times q_{Rr}+q_{Rc}=1.55\times1.1\times0.95\times13054+6431=27596W/m^2$$

(8) 最高油膜温度 T_f(℃)

$$t_b=352℃(\text{取炉出口温度})$$

辐射管内径 d_i=辐射管外径 d_0-壁厚×2=0.141-0.008×2=0.125m

辐射管内介质流速=初底油流量÷辐射管截面积=318.4×1000÷3600÷($3.14\times0.125^2\div4$)=901kg/($m^2\cdot s$)

根据辐射管内介质流速和辐射管内径使用《石油加工过程设备》[3] P71 图 1-46 管内为石

油液体时内膜传热系数，查得内膜传热系数 $K_f = 520\text{kcal}/(\text{m}^2\cdot\text{h}\cdot℃) = 520\times4.186\div3.6 = 604.6\text{W}/(\text{m}^2\cdot℃)$，见图 2-37。

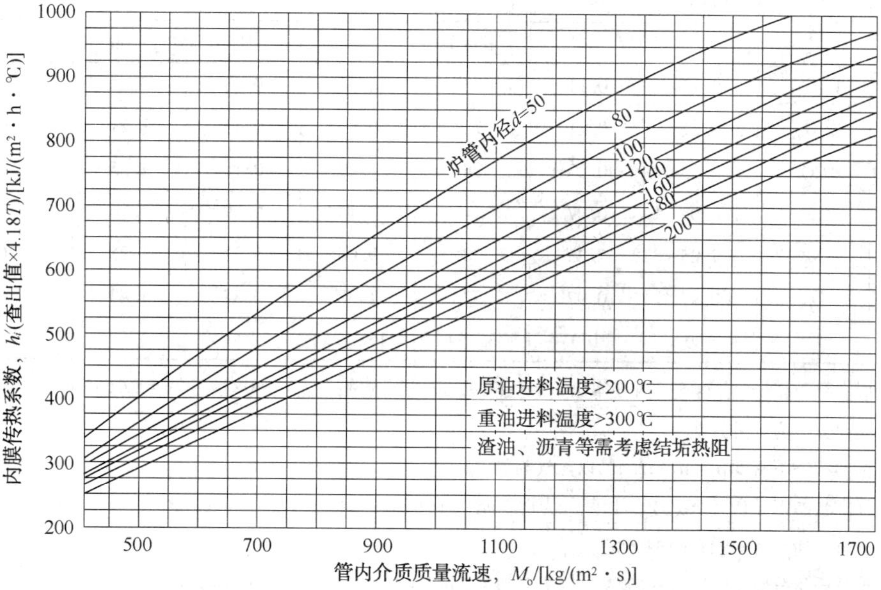

图 2-37 内膜传热系数换算图

辐射管最高油膜温度 $T_f = T_b + \frac{q_R}{K_f}\times\left(\frac{d}{d_i}\right) = 352 + \frac{27596}{604.6}\times\left(\frac{0.141}{0.125}\right) = 403.5℃$

5.5 燃料低发热值

5.5.1 燃料分析数据和组成计算

燃料组成计算数据见表 2-60。

表 2-60 燃料组成计算表

组分	项目	体积分数	体积	相对分子量	质量	质量分数	密度	物质的量
		$V_i\%$	V_i	M_i	m_i	ω	ρ	n
		%	Nm^3	g/mol	g	%	g/Nm^3	mol
氢气	H_2	19.54	19.54	2	1.74	1.10	0.09	0.872
甲烷	CH_4	9.86	9.86	16	7.04	4.44	0.71	0.440
乙烷	C_2H_6	5.44	5.44	30	7.28	4.59	1.34	0.243
丙烷	C_3H_8	23.17	23.17	44	45.52	28.69	1.96	1.034
丙烯	C_3H_6	0.86	0.86	42	1.60	1.01	1.88	0.038
正丁烷	C_4H_{10}	16.63	16.63	58	43.05	27.13	2.59	0.742
异丁烷	C_4H_{10}	15.07	15.07	58	39.02	24.59	2.59	0.673
正丁烯	C_4H_8	0.42	0.42	56	1.04	0.66	2.50	0.019
顺丁烯	C_4H_8	0.04	0.04	56	0.10	0.06	2.50	0.002
反丁烯	C_4H_8	0.06	0.06	56	0.15	0.10	2.50	0.003
异丁烯	C_4H_8	0.08	0.08	56	0.20	0.13	2.50	0.004

续表

组分	项目	体积分数	体积	相对分子量	质量	质量分数	密度	物质的量
		$V_i\%$	V_i	M_i	m_i	ω	ρ	n
		%	Nm^3	g/mol	g	%	g/Nm^3	mol
正戊烷	C_5H_{12}	0.11	0.11	72	0.36	0.23	3.21	0.005
异戊烷	C_5H_{12}	0.21	0.21	72	0.69	0.43	3.21	0.010
一氧化碳	CO	0.23	0.23	28	0.29	0.18	1.25	0.010
二氧化碳	CO_2	0.07	0.07	44	0.14	0.09	1.96	0.003
氮气	N_2	7.25	7.25	28	9.06	5.71	1.25	0.324
氧气	O_2	0.97	0.97	32	1.38	0.87	1.43	0.043
合计		100	100	35.54	158.68	100	1.59	4.464

注：1. 假定有 $100Nm^3$ 燃料气，组分体积 $V_i=V\times V_i\%$，以氢气为例：$V_{H_2}=100\times 19.54\%=19.54Nm^3$

2. 体积分数为分析数据

3. 标准状态下密度 $\rho_i=M_i\div 22.4$，以氢气为例：$\rho_{H_2}=2\div 22.4=0.09g/Nm^3$

4. 标准状态下质量 $m_i=\rho_i\times V_i$，以氢气为例：$m_{H_2}=0.09\times 19.54=1.74g$

5. 燃料气质量 $m=\sum m_i=158.68g$

6. 组分质量分数 $\omega_i=m_i\div m\times 100\%$，以氢气为例：$\omega_{H_2}=1.74\div 158.68\times 100\%=1.1\%$

7. 燃料气密度 $\rho=m\div V=158.68\div 100=1.59g/Nm^3$

8. 物质的量 $n_i=m_i\div M_i$，以氢气为例：$n_{H_2}=1.74\div 2=0.872mol$

9. 燃料气物质的量 $n=\sum n_i=4.464mol$

10. 燃料气相对分子量 $M=\rho\times 22.4=m\div n=1.59\times 22.4=158.68\div 4.464=35.54g/mol$

5.5.2 燃料的低热值 Q_l

纯组分低热值查《管式加热炉》[5] P26，见表 2-61，单一气体的部分性质及系数 a、b，见表 2-61：

表 2-61 燃料低热值计算表

组分	项目	质量分数	低放热量	
		ω	Q_{li}	ωQ_{li}
		%	MJ/kg 燃料	
氢气	H_2	1.10	119.64	1.32
甲烷	CH_4	4.44	49.86	2.21
乙烷	C_2H_6	4.59	47.37	2.17
丙烷	C_3H_8	28.69	46.24	13.26
丙烯	C_3H_6	1.01	46.00	0.46
正丁烷	C_4H_{10}	27.13	45.64	12.38
异丁烷	C_4H_{10}	24.59	45.64	11.22
正丁烯	C_4H_8	0.66	45.40	0.30
顺丁烯	C_4H_8	0.06	45.40	0.03
反丁烯	C_4H_8	0.10	45.40	0.04
异丁烯	C_4H_8	0.13	45.40	0.06

续表

组分	项目	质量分数	低放热量	
		ω	Q_{li}	ωQ_{li}
		%	MJ/kg 燃料	
正戊烷	C_5H_{12}	0.23	45.26	0.10
异戊烷	C_5H_{12}	0.43	45.26	0.20
一氧化碳	CO	0.18	10.11	0.02
二氧化碳	CO_2	0.09	0.00	0.00
氮气	N_2	5.71	0.00	0.00
氧气	O_2	0.87	0.00	0.00
合计		100.00		43.78

表2-61中：燃料低热值 $Q_1=\sum\omega Q_{li}=43.78$MJ/kg 燃料 = 10504kcal/kg 燃料

5.5.3　空气和烟气计算

燃料燃烧生成烟气组成计算数据见表2-62。

表2-62　燃料燃烧生成烟气组成计算表

组分	项目	质量分数	相对分子质量	碳数	氢数	理论空气量	CO_2生成量	H_2O生成量	N_2生成量
		ω	M_i	nC_i	nH_i	L_{0i}	ωm_{CO_2g}	ωm_{H_2Og}	ωm_{N_2g}
		%	g/mol			kg 干空气/kg 燃料	kg/kg 燃料	kg/kg 燃料	kg/kg 燃料
氢气	H_2	1.10	2	0	2	0.380	0.000	0.099	0.29
甲烷	CH_4	4.44	16	1	4	0.766	0.122	0.100	0.59
乙烷	C_2H_6	4.59	30	2	6	0.739	0.135	0.083	0.57
丙烷	C_3H_8	28.69	44	3	8	4.502	0.861	0.469	3.46
丙烯	C_3H_6	1.01	42	3	6	0.150	0.032	0.013	0.11
正丁烷	C_4H_{10}	27.13	58	4	10	4.199	0.823	0.421	3.23
异丁烷	C_4H_{10}	24.59	58	4	10	3.805	0.746	0.382	2.92
正丁烯	C_4H_8	0.66	56	4	8	0.097	0.021	0.008	0.07
顺丁烯	C_4H_8	0.06	56	4	8	0.009	0.002	0.001	0.01
反丁烯	C_4H_8	0.10	56	4	8	0.014	0.003	0.001	0.01
异丁烯	C_4H_8	0.13	56	4	8	0.019	0.004	0.002	0.01
正戊烷	C_5H_{12}	0.23	72	5	12	0.035	0.007	0.003	0.03
异戊烷	C_5H_{12}	0.43	72	5	12	0.066	0.013	0.006	0.05
一氧化碳	CO	0.18	28	1	0	0.009	0.003	0.000	0.01
二氧化碳	CO_2	0.09	44	0	0	0.000	0.000	0.000	0.00
氮气	N_2	5.71	28	0	0	0.000	0.000	0.000	0.00
氧气	O_2	0.87	32	0	0	0.000	0.000	0.000	0.00
合计		100	35.54			14.75	2.77	1.59	11.42

注：1. 假设燃料的组成为 $C_xH_yO_z$，理论空气量 $l_0=(\sum((x_i+0.25y_i-0.5z_i)\times m_i\div M_i\times32)-m_iO_2)\div0.232=14.75$kg 干空气/kg 燃料

2. 假设燃料的组成为 $C_xH_yO_z$，二氧化碳生成量 $\omega m_{CO_2g}=\sum(x_i\times m_i\div M_i\times44)+m_{iCO_2}=2.77kgCO_2$/kg 燃料

3. 假设燃料的组成为 $C_xH_yO_z$，水生成量 $\omega m_{H_2Og}=\sum(0.25y_i\times m_i\div M_i\times18)=1.59kgH_2O$/kg 燃料

4. 假设燃料的组成为 $C_xH_yO_z$，烟气中氮气量 $\omega m_{N_2g}=0.76810+mi_{N_2}=11.42kgN_2$/kg 燃料

5.5.4 空气量湿基校正和过剩空气量 α(%)

(1) 标定环境数据

标定环境数据见表2-63。

表 2-63 标定环境数据表

项目	符号	数值	单位
大气压	P	101.30	kPa
环境温度	T_{aa}	30.00	℃
相对湿度	RH	56.00	%

大气压下水蒸气饱和蒸气压 $P_{vap}=(203.98\times T_{aa}-1942.5)\div 1000=(203.98\times 30-1942.5)\div 1000=4.18\text{kPa}$

空气中水含量 $m\,H_2Oa=\dfrac{P_{vap}}{P}\times\dfrac{RH}{100}\times\dfrac{M_{H_2O}}{M_{air}}=\dfrac{4.18}{101.3}\times\dfrac{56}{100}\times\dfrac{18}{29}=0.014\text{kg } H_2O/\text{kgAir}$

燃烧理论湿空气量 l_0'=理论干空气量 l_0/(1-空气中含水量 $m\,H_2Oa$)=14.7/(1-0.014)=14.96kg 湿空气/kg 燃料

湿空气中含水量 ωm_{H_2Oa}=理论湿空气量 l_0'-理论干空气量 l_0=14.96-14.75=0.21kgH_2O/kg 燃料

烟气中水含量 $\omega m_{H_2O}=\omega m_{H_2Oa}+\omega m_{H_2Og}=1.59+0.21=1.8kgH_2O$/kg 燃料

(2) 过剩空气

由第二部分第五章第三节炉膛有效辐射率 ε_s 中计算所得过剩空气系数 $\alpha=1.14$

实际空气量 l=燃烧理论湿空气量 $l_0'\times$过剩空气系数 $\alpha=14.96\times 1.14=17.08$kg 湿空气/kg 燃料

过剩空气量=$l-l_0'=17.08-14.96=2.12$kg 湿空气/kg 燃料

5.6 输入热量

5.6.1 燃料低发热量 Q_1(kJ/kg 燃料)

$$Q_1=43.782\times 1=43.782\text{MJ/kg 燃料}=43782\text{kJ/kg 燃料}$$

5.6.2 燃料入炉显热 Q_f(kJ/kg 燃料)

燃料入炉温度为52℃，以15℃基准进行计算：

纯组分焓值使用API手册[10] P7~P8，公式(7A1.1-1)计算：

纯组分焓值 $H_{(T)}=A+BT+CT^2+DT^3+ET^4+FT^5$

式中 H——焓值，kJ/kg；

T——温度，°R；

A、B、C、D、E、F——纯组分焓值计算系数(查表)。

以氢气为例：

已知氢气计算相关系数见表2-64。

表 2-64 氢气焓值计算系数表

系数	A	B	C	D	E	F
氢气	12.32674	3.199617	3.93×10^{-4}	-2.93×10^{-7}	1.09×10^{-10}	-1.39×10^{-14}

计算氢气自15℃升温至52℃的焓变：

15℃ = 518.67°R，52℃ = 585.27°R

$$H_{(15)} = A+BT+CT^2+DT^3+ET^4+FT^5 = 12.32674+3.199617\times518.67+3.93\times10^{-4}\times518.67^2$$
$$-2.93\times10^{-7}\times518.67^3+1.09\times10^{-10}\times518.67^4-1.39\times10^{-14}\times518.67^5 = 1744\text{Btu/lb}$$
$$= 1744\times2.326 = 4056.5\text{kJ/kg}$$

$$H_{(52)} = A+BT+CT^2+DT^3+ET^4+FT^5 = 12.32674+3.199617\times585.27+3.93\times10^{-4}\times585.27^2-2.93$$
$$\times10^{-7}\times585.27^3+1.09\times10^{-10}\times585.27^4-1.39\times10^{-14}\times585.27^5 = 1744\text{Btu/lb}$$
$$= 1972.5\times2.326 = 4588.1\text{kJ/kg}$$

$$\Delta H = H_{(52)} - H_{(15)} = 4588.1-4056.5 = 531.6\text{kJ/kg}$$

其他组分计算过程如上，结果如下。

15℃燃料组分焓值(基准温度下)计算结果见表2-65。

表2-65　燃料焓值计算表(15℃)

项目	*A*	*B*	*C*	*D*	*E*	*F*	温度/℃	温度/°R	焓值/(Btu/lb)	焓值/(kJ/kg)
氢气	12.32674	3.199617	3.93×10^{-4}	-2.93×10^{-7}	1.09×10^{-10}	-1.39×10^{-14}	15.00	518.67	1744.0	4056.5
甲烷	-2.83857	0.538285	-2.11×10^{-4}	3.39×10^{-7}	-1.16×10^{-10}	1.39×10^{-14}	15.00	518.67	258.9	602.2
乙烷	-0.01422	0.264612	-2.46×10^{-5}	2.91×10^{-7}	-1.28×10^{-10}	1.81×10^{-14}	15.00	518.67	162.7	378.4
丙烷	0.68715	0.160304	1.26×10^{-4}	1.81×10^{-7}	-9.19×10^{-11}	1.35×10^{-14}	15.00	518.67	136.9	318.5
丙烯	13.11935	0.10463	2.33×10^{-4}	4.02×10^{-8}	-3.37×10^{-11}	5.24×10^{-15}	15.00	518.67	133.4	310.4
正丁烷	7.28814	0.099687	2.67×10^{-4}	5.41×10^{-8}	-4.29×10^{-11}	6.70×10^{-15}	15.00	518.67	135.4	314.9
异丁烷	1.45956	0.09907	2.39×10^{-4}	9.16×10^{-8}	-5.94×10^{-11}	9.10×10^{-15}	15.00	518.67	125.9	292.8
正丁烯	0.0211	0.150654	1.06×10^{-4}	1.74×10^{-7}	-9.08×10^{-11}	1.38×10^{-14}	15.00	518.67	125.0	290.7
顺丁烯	15.37186	0.087036	2.03×10^{-4}	7.77×10^{-8}	-4.83×10^{-11}	7.20×10^{-15}	15.00	518.67	122.6	285.2
反丁烯	0.42056	0.116378	2.51×10^{-4}	-1.35×10^{-9}	-9.49×10^{-12}	9.45×10^{-16}	15.00	518.67	127.6	296.8
异丁烯	17.10119	0.034046	3.57×10^{-4}	-4.97×10^{-8}	-4.04×10^{-12}	1.67×10^{-15}	15.00	518.67	123.8	287.9
正戊烷	9.04209	0.111829	2.29×10^{-4}	8.63×10^{-8}	-5.45×10^{-11}	8.18×10^{-15}	15.00	518.67	136.9	318.5
异戊烷	17.69412	0.015946	3.82×10^{-4}	-2.76×10^{-8}	-1.43×10^{-11}	2.96×10^{-15}	15.00	518.67	124.1	288.6
一氧化碳	-0.35591	0.252843	-1.54×10^{-5}	1.61×10^{-8}	-3.43×10^{-12}	1.76×10^{-16}	15.00	518.67	128.6	299.2
二氧化碳	0.0968	0.158843	-3.37×10^{-5}	1.48×10^{-7}	-9.66×10^{-11}	2.07×10^{-14}	15.00	518.67	87.9	204.4
氮气	-0.65665	0.254098	-1.66×10^{-5}	1.53×10^{-8}	-3.10×10^{-12}	1.52×10^{-16}	15.00	518.67	128.6	299.1
氧气	-0.34466	0.221724	-2.0517×10^{-5}	3.0639×10^{-8}	-1.08606×10^{-11}	1.3061×10^{-15}	15.00	518.67	112.7	262.1

52℃燃料组分焓值(进炉温度下)计算结果见表2-66：

表 2-66　燃料焓值计算表(52℃)

项目	A	B	C	D	E	F	温度/℃	温度/°R	焓值/(Btu/lb)	焓值/(kJ/kg)
氢气	12.32674	3.199617	3.93×10^{-4}	-2.93×10^{-7}	1.09×10^{-10}	-1.39×10^{-14}	52.00	585.27	1972.5	4588.1
甲烷	-2.83857	0.538285	-2.11×10^{-4}	3.39×10^{-7}	-1.16×10^{-10}	1.39×10^{-14}	52.00	585.27	295.1	686.4
乙烷	-0.01422	0.264612	-2.46×10^{-5}	2.91×10^{-7}	-1.28×10^{-10}	1.81×10^{-14}	52.00	585.27	191.1	444.4
丙烷	0.68715	0.160304	1.26×10^{-4}	1.81×10^{-7}	-9.19×10^{-11}	1.35×10^{-14}	52.00	585.27	164.2	382.0
丙烯	13.11935	0.10463	2.33×10^{-4}	4.02×10^{-8}	-3.37×10^{-11}	5.24×10^{-15}	52.00	585.27	158.6	369.0
正丁烷	7.28814	0.099687	2.67×10^{-4}	5.41×10^{-8}	-4.29×10^{-11}	6.70×10^{-15}	52.00	585.27	163.2	379.6
异丁烷	1.45956	0.09907	2.39×10^{-4}	9.16×10^{-8}	-5.94×10^{-11}	9.10×10^{-15}	52.00	585.27	153.2	356.4
正丁烯	0.0211	0.150654	1.06×10^{-4}	1.74×10^{-7}	-9.08×10^{-11}	1.38×10^{-14}	52.00	585.27	149.8	348.4
顺丁烯	15.37186	0.087036	2.03×10^{-4}	7.77×10^{-8}	-4.83×10^{-11}	7.20×10^{-15}	52.00	585.27	146.1	339.8
反丁烯	0.42056	0.116378	2.51×10^{-4}	-1.35×10^{-9}	-9.49×10^{-12}	9.45×10^{-16}	52.00	585.27	153.4	356.7
异丁烯	17.10119	0.034046	3.57×10^{-4}	-4.97×10^{-8}	-4.04×10^{-12}	1.67×10^{-15}	52.00	585.27	149.2	347.0
正戊烷	9.04209	0.111829	2.29×10^{-4}	8.63×10^{-8}	-5.45×10^{-11}	8.18×10^{-15}	52.00	585.27	164.2	382.0
异戊烷	17.69412	0.015946	3.82×10^{-4}	-2.76×10^{-8}	-1.43×10^{-11}	2.96×10^{-15}	52.00	585.27	151.0	351.3
一氧化碳	-0.35591	0.252843	-1.54×10^{-5}	1.61×10^{-8}	-3.43×10^{-12}	1.76×10^{-16}	52.00	585.27	145.2	337.7
二氧化碳	0.0968	0.158843	-3.37×10^{-5}	1.48×10^{-7}	-9.66×10^{-11}	2.07×10^{-14}	52.00	585.27	101.3	235.6
氮气	-0.65665	0.254098	-1.66×10^{-5}	1.53×10^{-8}	-3.10×10^{-12}	1.52×10^{-16}	52.00	585.27	145.1	337.5
氧气	-0.34466	0.221724	-2.0517×10^{-5}	3.0639×10^{-8}	-1.08606×10^{-11}	1.3061×10^{-15}	52.00	585.27	127.4	296.2

燃料自 15~52℃焓变 $\Delta H=\sum\omega_i\Delta H_i$，计算结果见表 2-67。

表 2-67　燃料热量计算表(15~52℃)

项目	ΔH_i	ω_i	$\omega_i\Delta H_i$	ΔH_i	ω_i	$\omega_i\Delta H_i$
	kJ/kg	%(质)	kJ/kg	kJ/kg	%(质)	kJ/kg
	15℃			52℃		
氢气	4056.5	1.10	4476.17	4588.1	1.10	5062.80
甲烷	602.2	4.44	2673.54	686.4	4.44	3047.15
乙烷	378.4	4.59	1736.91	444.4	4.59	2039.91
丙烷	318.5	28.69	9137.08	382.0	28.69	10958.43
丙烯	310.4	1.01	313.63	369.0	1.01	372.85
正丁烷	314.9	27.13	8543.93	379.6	27.13	10298.95
异丁烷	292.8	24.59	7200.22	356.4	24.59	8764.19
正丁烯	290.7	0.66	191.14	348.4	0.66	229.08
顺丁烯	285.2	0.06	18.30	339.8	0.06	21.80
反丁烯	296.8	0.10	28.56	356.7	0.10	34.33
异丁烯	287.9	0.13	36.94	347.0	0.13	44.51
正戊烷	318.5	0.23	72.26	382.0	0.23	86.67

续表

项目	ΔH_i kJ/kg	ω_i %(质)	$\omega_i \Delta H_i$ kJ/kg	ΔH_i kJ/kg	ω_i %(质)	$\omega_i \Delta H_i$ kJ/kg
	15℃			52℃		
异戊烷	288.6	0.43	125.00	351.3	0.43	152.15
一氧化碳	299.2	0.18	55.09	337.7	0.18	62.17
二氧化碳	204.4	0.09	18.11	235.6	0.09	20.88
氮气	299.1	5.70	1704.45	337.5	5.70	1923.15
氧气	262.1	0.87	227.99	296.2	0.87	257.69
合计		100	32083.1		100	38313.9

燃料自 15~52℃焓变 $\Delta H=\sum\omega_i\Delta H_i(52℃)-\sum\omega_i\Delta H_i(15℃)=383-321=62$kJ/kg

$$Q_f=m\Delta H=62\times1=62\text{kJ/kg 燃料}$$

5.6.3 空气入炉显热 Q_a(kJ/kg 燃料)

(1) 实际空气各组分质量分数计算

实际空气=实际氮气+实际氧气+实际水=实际干空气+实际水

实际水=实际空气×空气含水量=17.08×0.014=0.24kgH_2O/kg 燃料

实际氮气=实际干空气×干空气氮气含量=(17.08-0.24)×0.768=12.94kgN_2/kg 燃料

实际氧气=实际干空气×干空气氧气含量=(17.08-0.24)×0.232=3.9kgO_2/kg 燃料

水在实际空气中质量分数=实际水÷实际空气×100%=0.24÷17.08×100%=1.43%

氮气在实际空气中质量分数=实际氮气÷实际空气×100%=12.94÷17.08×100%=75.73%

氧气在实际空气中质量分数=实际氧气÷实际空气×100%=3.9÷17.08×100%=22.84%

(2) 空气入炉显热 Q_a(kJ/kg 燃料)

空气入空气预热器温度=30℃，计算空气自基准温度 15~30℃焓变。

空气焓值计算同第二部分第五章第七节中纯组分焓值计算方法，计算结果如下：

15℃空气组分焓值(基准温度下)计算见表 2-68。

表 2-68 空气焓值计算表(15℃)

组成	A	B	C	D	E	F	温度/℃	温度/°R	焓值/(Btu/lb)	h/(kJ/kg)
N_2	-0.65665	0.254098	-1.66×10^{-5}	1.53×10^{-8}	-3.10×10^{-12}	1.52×10^{-16}	15	518.67	128.6	299.1
O_2	-0.34466	0.221724	-2.05×10^{-5}	3.06×10^{-8}	-1.09×10^{-11}	1.31×10^{-15}	15	518.67	112.7	262.1
H_2O	-1.93001	0.447642	-2.19×10^{-5}	3.05×10^{-8}	-5.66×10^{-12}	2.77×10^{-16}	15	518.67	228.2	530.8

30℃空气组分焓值(进炉温度下)计算结果见表 2-69：

表 2-69 空气焓值计算(30℃)

组成	A	B	C	D	E	F	温度/℃	温度/°R	焓值/(Btu/lb)	h/(kJ/kg)
N_2	-0.65665	0.254098	-1.66×10^{-5}	1.53×10^{-8}	-3.10×10^{-12}	1.52×10^{-16}	30	545.67	135.3	314.6
O_2	-0.34466	0.221724	-2.05×10^{-5}	3.06×10^{-8}	-1.09×10^{-11}	1.31×10^{-15}	30	545.67	118.6	275.9
H_2O	-1.93001	0.447642	-2.19×10^{-5}	3.05×10^{-8}	-5.66×10^{-12}	2.77×10^{-16}	30	545.67	240.3	558.9

空气自 15~30℃焓变 $\Delta H=\sum\omega_i\Delta H_i$，计算结果见表 2-70。

表 2-70　空气热量计算表(15~30℃)

项目	ΔH_i	ω_i	$\omega_i\Delta H_i$	ΔH_i	ω_i	$\omega_i\Delta H_i$
	kJ/kg	%(质)	kJ/kg	kJ/kg	%(质)	kJ/kg
	15℃			196℃		
N_2	299.1	75.73	22648.18	314.6	75.73	23825.71
O_2	262.1	22.84	5986.07	275.9	22.84	6301.49
H_2O	530.8	1.43	760.78	558.9	1.43	801.01
空气		100.00	294		100	309

空气自 15~30℃焓变 $\Delta H=\sum\omega_i\Delta H_i(30℃)-\sum\omega_i\Delta H_i(15℃)=309-294=15$kJ/kg

$$Q_a=m\Delta H=15\times17.08=262\text{kJ/kg 燃料}$$

5.6.4　输入热量 Q_{in}(kJ/kg 燃料)

输入热量 Q_{in}=燃料低发热量 Q_l+燃料入炉显热 Q_f+空气入炉显热 Q_a=43782+62+262=44106(kJ/kg 燃料)

5.7　有效利用热量

5.7.1　烟气组成计算

实际烟气量=理论烟气中二氧化碳量+理论烟气中水量+理论烟气中氮气量+过剩空气量=2.77+1.8+11.42+2.12=18.11kg/kg 燃料

氮气在过剩空气中量=过剩空气×氮气在湿空气中质量分数=2.12×75.73%=1.6kgN_2/kg 燃料

氧气在过剩空气中量=过剩空气×氧气在湿空气中质量分数=2.12×22.84%=0.49kgN_2/kg 燃料

水在过剩空气中量=过剩空气×水在湿空气中质量分数=2.12×1.43%=0.03kgN_2/kg 燃料

因此：

实际烟气中二氧化碳量=理论烟气中二氧化碳量=2.77kg/kg 燃料

实际烟气中氮气量=理论烟气中氮气量+氮气在过剩空气中量=11.42+1.6=13.02kg/kg 燃料

实际烟气中氧气量=氧气在过剩空气中量=0.49kg/kg 燃料

实际烟气中水量=理论烟气中水量+水在过剩空气中量=1.8+0.03=1.83kg/kg 燃料

实际烟气中二氧化碳质量分数=实际烟气中二氧化碳量÷实际烟气量×100%=2.77÷17.08×100%=15.31%

实际烟气中氮气质量分数=实际烟气中氮气量÷实际烟气量×100%=13.02÷17.08×100%=71.9%

实际烟气中氧气质量分数=实际烟气中氧气量÷实际烟气量×100%=0.48÷17.08×100%=2.67%

实际烟气中水质量分数=实际烟气中水量÷实际烟气量×100%=1.83÷17.08×100%=10.12%

5.7.2 排烟损失热量 Q_1(kJ/kg 燃料)

排烟温度=118.2℃，计算烟气自基准温度 15~118.2℃焓变。

烟气焓值计算同第二部分第五章第七节中纯组分焓值计算方法，计算结果如下：

15℃烟气组分焓值(基准温度下)，计算结果见表 2-71。

表 2-71 烟气焓值计算表(15℃)

组成	*A*	*B*	*C*	*D*	*E*	*F*	温度/℃	温度/°R	焓值/(Btu/lb)	焓值/(kJ/kg)
N_2	-0.65665	0.254098	-1.66×10^{-5}	1.53×10^{-8}	-3.10×10^{-12}	1.52×10^{-16}	15	518.67	128.6	299.1
O_2	-0.34466	0.221724	-2.05×10^{-5}	3.06×10^{-8}	-1.09×10^{-11}	1.31×10^{-15}	15	518.67	112.7	262.1
H_2O	-1.93001	0.447642	-2.19×10^{-5}	3.05×10^{-8}	-5.66×10^{-12}	2.77×10^{-16}	15	518.67	228.2	530.8
CO_2	0.0968	0.158843	-3.37×10^{-5}	1.48×10^{-7}	-9.66×10^{-11}	2.07×10^{-14}	15.00	518.67	87.9	204.4

118.2℃烟气组分焓值(排烟温度下)计算结果见表 2-72：

表 2-72 烟气焓值计算表(118.2℃)

组成	*A*	*B*	*C*	*D*	*E*	*F*	温度/℃	温度/°R	焓值/(Btu/lb)	焓值/(kJ/kg)
N_2	-0.65665	0.254098	-1.66×10^{-5}	1.53×10^{-8}	-3.10×10^{-12}	1.52×10^{-16}	118.2	704.43	174.7	406.4
O_2	-0.34466	0.221724	-2.05×10^{-5}	3.06×10^{-8}	-1.09×10^{-11}	1.31×10^{-15}	118.2	704.43	153.9	358.0
H_2O	-1.93001	0.447642	-2.19×10^{-5}	3.05×10^{-8}	-5.66×10^{-12}	2.77×10^{-16}	118.2	704.43	311.9	725.4
CO_2	0.0968	0.158843	-3.37×10^{-5}	1.48×10^{-7}	-9.66×10^{-11}	2.07×10^{-14}	118.20	704.43	126.8	295.0

烟气自 15℃至 118.2℃焓变 $\Delta H=\sum\omega_i\Delta H_i$，计算结果见表 2-73：

表 2-73 烟气热量计算表(118.2~15℃)

项目	ΔH_i	ω_i	$\omega_i\Delta H_i$	ΔH_i	ω_i	$\omega_i\Delta H_i$
	kJ/kg	%(质)	kJ/kg	kJ/kg	%(质)	kJ/kg
	15℃			196℃		
N_2	406.4	71.9	29216.0	299.1	71.9	21503.2
O_2	358.0	2.7	955.2	262.1	2.7	699.2
H_2O	725.4	10.1	7343.9	530.8	10.1	5374.3
CO_2	295.0	15.3	4516.7	204.4	15.3	3128.9
烟气			420.3			307.1

烟气自 15~18.2℃焓变 $\Delta H=\sum\omega_i\Delta H_\text{i}(118.2℃)-\sum\omega_i\Delta H_\text{i}(15℃)=420.3-307.1=113.2\text{kJ/kg}$

$$Q_1=m\Delta H=113.2\times18.11=2051\text{kJ/kg 燃料}$$

5.7.3 炉壁散热损失热量 Q_2(kJ/kg 燃料)

计算公式来自《管式加热炉》[5] P308。

耐火砖导热系数 λ：查《管式加热炉》[5] P323 表 8-20，按陶纤密度：128kg/m^3，λ = 0.16W/(m·K)

风速 u=5.55m/s

风系数：$\xi = \sqrt{(u + 0.348)/0.348} = \sqrt{(5.55 + 0.348)/0.348} = 4.12$

竖直面散热损失计算 Q_{21}(kJ/kg 燃料)

竖直面散热：C=2.2

竖直面外表面积 F_1=2×(16+6.1)×16.2=716m^2

炉墙外壁对空气的对流放热系数：$\alpha_{nc} = c \times \xi \times \sqrt[4]{t_w - t_a} = 2.2 \times 4.12 \times \sqrt[4]{52 - 30}$ = 19.6W/(m^2·K)

炉墙外壁对空气辐射放热系数：$\alpha_{nr} = m \times \left[\left(\frac{t_w + 273}{100}\right)^4 - \left(\frac{t_a + 273}{100}\right)^4\right] \div (t_w - t_a) = 4.9 \times 0.8 \times \left[\left(\frac{52 + 273}{100}\right)^4 - \left(\frac{30 + 273}{100}\right)^4\right] \div (52 - 30) = 16.1$W/(m^2·K)

炉墙外壁对空气的放热系数 $\alpha_n = \alpha_{nc} + \alpha_{nr} = 19.6 + 16.1 = 35.7$W/(m^2·K)

竖直面总传热系数：$k = 1 \div \left[\sum(\delta/\lambda) + 1/\alpha_n\right]$ $k = 1 \div (0.21/0.14 + 1/35.7)$ = 0.73W/(m^2·K)

竖直面散热量 $Q_{21} = k \times (t_1 - t_a) \times F = 0.73 \times ((700 + 610)/2 - 30) \times 716 \times 3.6 \div 2433 \times 2 = 964$kJ/kg 燃料

上表面和下表面计算过程同上，结果见表 2-74。

表 2-74 加热炉散热损失计算汇总表

项目	符号	单位	竖直面 21	上表面 22	下表面 23
炉墙外壁温度	t_w	℃	52	41	64
与炉墙散热面有关的系数	C		2.8	2.2	1.4
炉墙面积	F	m^2	716	98	98
炉墙外壁对空气的对流放热系数	a_{nc}	W/(m^2·K)	19.6	21	13.9
炉墙外壁对空气辐射放热系数	a_{nr}	W/(m^2·K)	16.05	26.98	12.39
炉墙外壁对空气的放热系数	a_n	W/(m^2·K)	35.7	487	26.31
总传热系数	k	W/(m^2·K)	0.73	0.73	0.72
炉壁散热损失热量	Q_2	kJ/kg 燃料	964	132	130

$$Q_2 = Q_{21} + Q_{22} + Q_{23} = 964 + 132 + 130 = 1226\text{kJ/kg 燃料}$$

5.7.4 有效利用热量 Q_e(kJ/kg 燃料)

假定完全燃烧。

$$Q_{in} = Q_{out} = Q_e + Q_1 + Q_2$$

$$Q_e = Q_{in} - Q_1 - Q_2 = 44807 - 2051 - 1226 = 40829(\text{kJ/kg 燃料})$$

散热损失占比 = Q_2/Q_e = 1226/40829 = 3%，属正常范围。

5.8 炉效率

5.8.1 正平衡 η(%)

η = 有效热÷供给热×100% = $Q \div Q_{in}$×100% = 25.7÷2433×3600×1000÷44106×100% = 86.34%

5.8.2 反平衡 η(%)

η = (1−损失热÷供给热)×100% = $Q_e \div Q_{in}$×100% = 40829÷44807×100% = 92.57%

5.8.3 加热炉效率对比

根据上述计算所得正平衡和反平衡效率结果，正平衡炉效率明显比反平衡低，分析为燃料气计量偏差。若以反平衡计算炉效率倒推燃料气耗量，则：

燃料气用量 = 加热炉负荷 ÷ 反平衡 $\eta \div Q_{in}$ × 3600 = 25.7 × 1000 ÷ 92.57% ÷ 44106 × 3600 = 2269kg/h

计算所得燃料气用量为2269kg/h，计量燃料燃料气用量为2433kg/h，两者相差164kg/h，约为6.74%。

6 分馏塔内件水力学计算

6.1 物料数据

6.1.1 塔盘物料平衡和热量平衡

选取常一线抽出板上段，第42板进行计算。

以第42板以下作为隔离体，进行物料平衡和热量平衡计算。

根据操作数据可得常一线抽出板温度 T_{42} = 170.7℃，抽出板压力 P_{42} = 143.2kPa，设43层塔盘向下流的内回流量 Lt/h，自塔底至42层塔板上部进行热量平衡计算确定内回流量，隔离体示意图见图2-38。

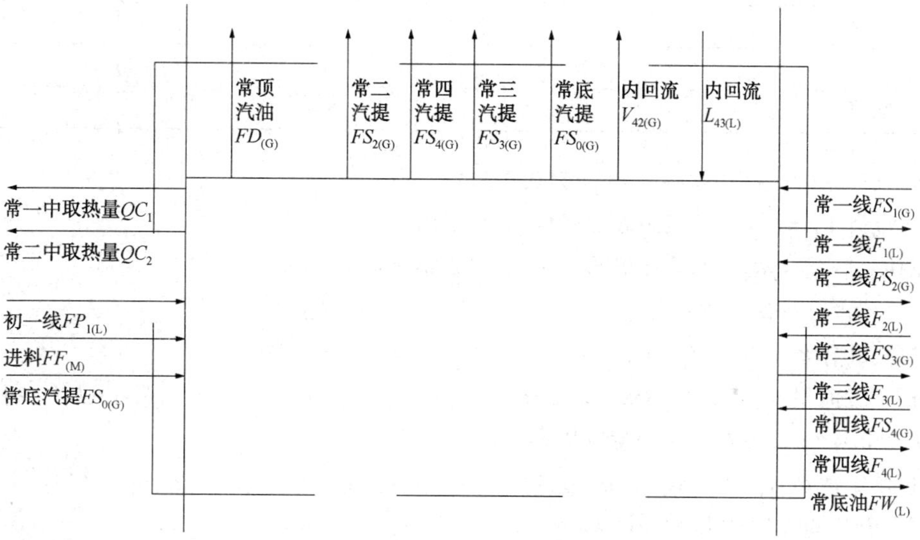

图2-38　42#塔盘热量平衡隔离体示意图

根据热量平衡计算确定内回流量，热量平衡见表2-75。

表 2-75　42# 塔盘热量平衡计算表

项目		相态	流量	分子量	流量	温度	压力	压力	焓值	热量
			t/h	g/mol	kmol/h	℃	kPa(绝)	kg/cm²(绝)	kJ/kg	MJ/h
进料	初底油	液态	318.4	247.2	1288.0	353.8	200.0	2.04	968	308236
	内回流	液态	L	155.6		166.7	142.6	1.45	414	414L
	常底汽提	气态	4.3	18.0	238.8	342.5	401.3		3167	13612
	常四汽提	气态	0.3	18.0	17.9	312.8	161.1		3108	1002
	常三汽提	气态	0.2	18.0	9.6	291.8	154.7		3066	528
	常二汽提	气态	0.4	18.0	23.9	233.2	149.7		2948	1271
	常一线汽提	气态	2.2	126.1	17.5	176.5	143.7	1.47	658	1456
	初一线	液态	11.2	145.2	77.0	168.0	144.9	1.48	417	4659
	合计									330764
出料	常顶汽油	气态	14.6	106.9	136.5	170.7	143.2	1.46	662	9656
	常一线	液态	45.2	155.6	290.2	174.7	143.7	1.47	434	19618
	常二线	液态	26.9	198.6	135.5	221.8	149.7	1.53	560	15061
	常三线	液态	51.8	243.7	212.4	278.0	154.7	1.58	723	37449
	常四线	液态	12.0	314.4	38.0	329.0	161.1	1.64	855	10216
	常底油	液态	181.4	513.0	353.6	338.9	168.9	1.72	849	154062
	内回流	气态	L	155.6		170.7	143.2	1.47	628	628L
	常底汽提	气态	4.3	18.0	238.8	170.7	143.2		2822	12129
	常四汽提	气态	0.3	18.0	17.9	170.7	143.2		2822	910
	常三汽提	气态	0.2	18.0	9.6	170.7	143.2		2822	486
	常二汽提	气态	0.4	18.0	23.9	170.7	143.2		2822	1217
	常二中									30187
	常一中									12741
	合计									303733

内回流热量 $Q = 330764 - 303733 = 27032\text{MJ/h}$

内回流量 $V_{41} = L_{42} = 27032 \div (628 - 414) = 126\text{t/h}$

内回流量 $n_{V41} = n_{L42} = 126 \div 155.6 \times 1000 = 811.2\text{kmol/h}$

6.1.2　物料参数和物性计算

(1) 汽液相密度 $\rho(\text{kg/m}^3)$

气相质量流量 $m_v = m_{v内回流} + m_{v常顶汽油} + m_{v常底汽提} + m_{v常四汽提} + m_{v常三汽提} + m_{v常二汽提} = 126 + 14.6 + 4.3 + 0.3 + 0.2 + 0.4 = 146.0698\text{t/h} = 146069.8\text{kg/h}$

气相摩尔流量 $n_v = n_{v内回流} + n_{v常顶汽油} + n_{v常底汽提} + n_{v常四汽提} + n_{v常三汽提} + n_{v常二汽提} = 811.2 + 136.5 + 238.8 + 17.9 + 9.6 + 23.9 = 1237.9\text{kmol/h}$

气相体积流量 $V_v = nRT/P = 1237.9 \times 8.314 \times (170.7 + 273.15) \div 143.2 = 31899.9\text{m}^3/\text{h} = 8.86\text{m}^3/\text{s}$

气相密度 $\rho_v = m_{v气相} / V_{v气相} = 146069.8 \div 3600 \div 8.86 = 4.58\text{kg/m}^3$

气相相对分子量 M_v = 气相质量流量 m_v ÷ 气相摩尔流量 n_v = 118g/mol

液相质量流量 m_l = 第 41 板上升的气相内回流量 V_{41} = 102925kg/h

液相密度近似等于常一线密度，经温度校核后，液相密度 ρ_l = 683.6kg/m³

液相体积流量 V_l = 液相流量 m_l ÷ 液相密度 ρ_l = 102925÷3600÷683.6 = 0.04m³/s

(2) 表面张力 σ(mN/m)

使用 API 手册[10] P10~P24 公式(10A3.2-1)计算。

将液相近似视为常一线，则：液相临界温度 T_c = 1185.3°R，特性因素 K = 11.87，体系温度 = 170.7℃ = 798.9°R

$$\sigma = 673.7\ [(T_c - T)/T_c]^{1.232}/K = 673.7\ [(1185.3 - 798.9)/1185.3]^{1.232}/11.87 = 14.26\text{mN/m}$$

(3) 动力黏度 μ(mPa·s)

使用 API 手册[10] P11-79 公式(11B3.1-1)计算

气相相对分子质量 M_v = 118g/mol，体系温度 T = 170.7℃ = 798.9°R，计算系数 A = -0.0092696，B = 0.001031，C = 4.45×10⁻⁵，D = 1.12×10⁻⁵

$$\mu = A + \sqrt{T}\left(B - C\sqrt{M}\right) + D \times M$$
$$= -0.0092696 + \sqrt{798.9}\left(0.001031 - 4.45 \times 10^{-5} \times \sqrt{118}\right) + 1.12 \times 10^{-5} \times 118$$
$$= 0.0075\text{mPa}\cdot\text{s}$$

6.1.3 数据整理

42#塔盘物料数据见表 2-76。

表 2-76 42#塔盘物料数据表

参数	符号	单位	塔段		
			下限	正常	上限
液体流量	m_l	kg/h	61755.02	102925.04	113217.54
液体密度	ρ_l	kg/m³	683.61	683.6	683.61
液体体积流量	V_l	m³/s	0.02	0.04	0.04
液体表面张力	σ	mN/m		14.26	
气体流量	m_v	kg/h	87641.88	146069.80	160676.78
气体密度	ρ_v	kg/m³	4.58	4.58	4.58
气体体积流量	V_v	m³/s	5.32	8.86	9.75
气体相对分子量	M_v			118	
气体黏度	μ	mPa·s		0.01	

6.2 塔盘数据

本节所使用的公式均来自于《炼油设备工艺设计资料 塔的工艺计算》[7] P129 起。

6.2.1 塔盘规格

42#塔盘结构数据见表 2-77。

表 2-77　42#塔盘结构数据表

项目	符号	单位	数据	备注
塔径	D_0	m	5.00	设计
塔截面积	F	m^2	19.635	设计
板间距	H_t	m	0.7	40#~54#
浮阀			F1	按照 F1 计算
浮阀重量		g	44	
降液管形式			双溢流	
浮阀直径	d_h	m	0.050	浮阀总数倒推
浮阀总数	N	个	1288	设计
开孔率	Φ	%	12.28	设计
降液管面积	F_d	m^2	1.6936	设计
溢流堰长	l	m	2.428	设计
出口堰高	h_w	mm	40	设计
降液管底缘距塔板的距离	h_b	mm	123	设计
降液管高度	h	mm	740	设计

6.2.2　塔盘参数

(1) 流动参数 F_{lv}

42#塔盘流动参数：$F_{lv}=\dfrac{m_l}{m_v}\times\sqrt{\dfrac{\rho_v}{\rho_l}}=\dfrac{102925}{146069.8}\times\sqrt{\dfrac{4.58}{683.6}}=0.058$

(2) 最大允许气速 W_{max}(m/s)

最大允许气速：$W_{max}=\dfrac{0.055\sqrt{g\cdot H_t}}{1+2\cdot V_l/V_v\sqrt{\rho_l/\rho_v}}\cdot\sqrt{(\rho_l-\rho_v)/\rho_v}=\dfrac{0.055\sqrt{9.8\times0.7}}{1+2\times\dfrac{0.04}{8.86}\times\sqrt{\dfrac{683.6}{4.58}}}$

$\times\sqrt{(683.6-4.58)/4.58}=1.57\text{m/s}$

(3) 空塔气速 W(m/s)

空塔气速：$W=V_v\div F=8.86\div19.63=0.45\text{m/s}$

(4) 空塔 C 因子

空塔 C 因子：$C=w\sqrt{\rho_v/(\rho_l-\rho_v)}=0.45\times\sqrt{4.58/(683.6-4.58)}=0.037$

(5) 空塔 F 因子

空塔 F 因子：$F=w\times\rho_v^{1/2}=0.45\times4.581/2=0.966$

6.3　塔盘水力学计算

6.3.1　阀孔全开气速 Wh_c(m/s)

$$Wh_c=W/\phi\times100\%=0.45/12.28\times100\%=3.68\text{m/s}$$

6.3.2　阀孔动能因子 F_0

$$F_0=Wh\sqrt{\rho_v}=3.68\sqrt{4.58}=7.86(\text{m/s})(\text{kg/m}^3)^{0.5}>6(\text{m/s})(\text{kg/m}^3)^{0.5}$$

6.3.3　溢流强度 $L[\text{m}^3/(\text{h}\cdot\text{m})]$

$$L=V_l\div(l\times2)=0.04\div(2.428\times2)\times3600=31.01\text{m}^3/(\text{h}\cdot\text{m})$$

6.3.4 堰上清液层高度 h_{ow}(mm)

液体收缩系数 $E=1$(一般取 1)

$$h_{ow}=2.84E\,(V_l/l)^{2/3}=2.84\times1\times[0.04/(2.428\times2)]^{2/3}=28.03\text{mm 液柱}$$

6.3.5 板上清液层高度 h_1(mm)

出口堰高 $h_w=40$mm

$$h_1=h_w+h_{ow}=40+28.03=68.03\text{mm}$$

6.3.6 塔盘压降 ΔP_t(m 液柱)

(1) 干板压降(阀全开前) ΔP_{d1}(m 液柱)

$$\Delta P_d=19.9(W^{0.175}{}_h)/\rho_l=19.9(3.68^{0.175})/683.6=0.037\text{m 液柱}$$

(2) 干板压降(阀全开后) ΔP_{d2}(m 液柱)

$$\Delta P_d=5.37(W_h^2)/(2g)\cdot\rho_v/\rho_l=5.37(3.68^2)/(2\times9.81)\times4.58\div683.6=0.025\text{m 液柱}$$

(3) 气体克服表面张力的压降 ΔP_0(m 液柱)

ΔP_0 较小，可忽略。

(4) 气体通过塔板上液层的压力降 ΔP_{vl}(m 液柱)

$$\Delta P_{vl}=0.4h_w+2.35\times10^{-3}[(3600V_l)/l]^{2/3}$$
$$=0.4\times0.04+2.35\times10^{-3}[(3600\times0.04)/(2.428\times2)]^{2/3}=0.039\text{m 液柱}$$

(5) 气体通过一块板的总压降 ΔP_t(m 液柱)

$$\Delta P_t=\Delta P_d+\Delta P_{vl}+\Delta P_0\approx0.025+0.039=0.064\text{m 液柱}$$

6.3.7 雾沫夹带率 e(%)

(1) 雾沫夹带计算参数 m

$$m=5.63\times10^{-5}\,(\sigma_l/\rho_v)^{0.295}\,[(\rho_l-\rho_v)/\mu_v]^{0.425}$$
$$=5.63\times10^{-5}\,(14.26/4.58)^{0.295}\,[(683.6-4.58)/0.0075]^{0.425}=0.5$$

(2) 除去降液管面积后的塔板面积与塔横截面之比 ε

$$\varepsilon=(F-F^d)/F=1.69/19.635=0.91$$

(3) 雾沫夹带 e

对于 H_t>350mm，$A=0.159$，$n=0.95$

由于 $W/W_{max}=0.45/1.71=0.26$，因此 $\Phi'=0.6$(一般取 0.6~0.8，与 W/W_{max} 呈正比)

$$e=\frac{A(0.052h_l-1.72)}{H^n{}_t\phi'^2}\cdot\left(\frac{W}{\varepsilon m}\right)^{3.7}$$

$$=\frac{0.159\times(0.052\times65.33-1.72)}{700^{0.95}\times0.6^2}\times\left(\frac{0.45}{0.91\times0.5}\right)^{3.7}=0.0015<0.1$$

取 $e=0.1$，上式整理后得雾沫夹带线：

$$W=\frac{A\{0.052[h_w+2.84E(V_l/2l)^{2/3}]-1.72\}}{e\cdot H^n{}_t\phi'^2}\cdot\left(\frac{1}{\varepsilon m}\right)^{3.7-1/3.7}$$

式中 W 为气速，m/s；V_l 为液相体积流量，m^3/h。

6.3.8 泄漏率 N_w(%)

近似按照 $h_w=50$mm 计算：

$$N_w\times10^4=2.09\,(W\rho_v^{0.5})^{-5.95}\times\left(\frac{L}{3600}\rho_l\right)^{1.43}$$

$$= 2.09\,(0.45 \times 4.58^{0.5})^{-5.95} \times \left(\frac{26.64}{3600} \times 683.6\right)^{1.43} = 32.44$$

$N_w = 0.003\% < 10\%$，不会产生漏液现象。

取 $N_w = 10\%$，上式整理后得泄漏线：

$$W = \left(\frac{2.09\,(V_1/2l \times \rho_1)^{1.43}}{N_w \times 10^4}\right)^{1/5.95} \div \rho_v^{0.5}$$

式中，W 为气速，m/s，V_1 为液相体积流量，m^3/h。

6.3.9 淹塔 ΔP_1(m 液柱)

(1) 降液管底隙出口处流速 W_b(m/s)

降液管底缘距塔板的距离 $h_b = 123$mm，

$$W_b = V_1/(2l \times h_b) = 0.04/(2 \times 2.43 \times 0.123) = 0.07\text{m/s}$$

(2) 设进口堰液相通过降液管的压降 $\Delta P'_{dk}$(m 液柱)

$$\Delta P'_{dk} = 0.2W_b^2 = 0.2 \times 0.07^2 = 0.001\text{m 液柱}$$

(3) 液相流过一层塔板所需克服的压降

$$\Delta P_1 = \Delta P_t + h_1 + \Delta P_{dk} = 0.06 + 0.07 + 0.001 = 0.14\text{m 液柱}$$

(4) 判断标准

为了防止淹塔，必须满足 $\Delta P_1 \leqslant (0.4 \sim 0.6)(H_t + h_w)$

取 $0.5(H_t + h_w) = 0.5 \times (0.7 + 0.04) = 0.37$

因此 $\Delta P_1 \leqslant 0.5(H_t + h_w)$，不会产生淹塔现象。

液泛率 $\Delta P_1\% = \Delta P_1 \div$ 降液管高度 $h = 0.14 \div 0.74 \times 100\% = 19\%$

(5) 淹塔线

取 $0.5(H_t + h_w) = 0.37$，整理得淹塔线：

$$W = \frac{\phi}{100} \times \left\{\frac{2g \times \rho_1}{5.37\rho_v} \times \left[0.37 - \frac{5.19\left(\frac{3600V_1}{2l}\right)^{\frac{2}{3}}}{1000} - 1.4h_w - 0.2\left(\frac{V_1}{2l \times h_b}\right)^2\right]\right\}^{0.5}$$

式中，W 为气速，m/s；V_1 为液相体积流量，m^3/h。

6.3.10 超负荷 V_d(m/s)

对于常压塔，系统因素 K_s 取 0.95，

(1) $V_d = 0.17 \times K_s = 0.17 \times 0.95 = 0.16$m/s

(2) 由于 $H_t \leqslant 0.75$m，$V_d = 7.98 \times 10^{-3} \times K_s \times \sqrt{H_t(\rho_1 - \rho_v)} = 7.98 \times 10^{-3} \times 0.95 \times \sqrt{0.7 \times (683.6 - 4.58)} = 0.165$

(3) 取(1)和(2)中较小值为计算结果：$V_d = 0.16$m/s，

(4) 超负荷线：$V_1 = V_d \times F_d = 0.16 \times 1.69 \times 3600 = 984.7\text{m}^3/\text{h}$。

6.3.11 适宜操作区和操作线

根据雾沫夹带曲线、泄漏率曲线、淹塔曲线和超负荷曲线中所列方程和实际操作点 $V_1 = 0.04\text{m}^3/\text{s} = 150.6\text{m}^3/\text{h}$，$W = 0.45$m/s，做塔盘适宜操作区和操作线图，见图 2-39。

6.4 26#塔盘

塔盘计算过程同上，结果汇总如下。

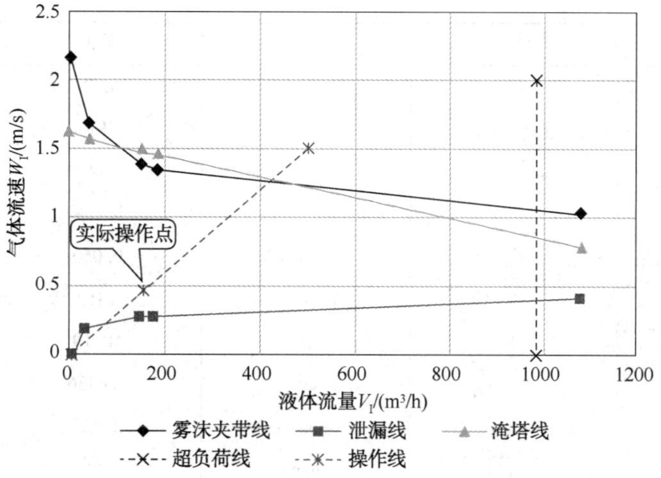

图 2-39　42#塔盘适宜操作区和操作线图

6.4.1　物料数据

26#塔盘物料数据见表 2-78。

表 2-78　26#塔盘物料数据表

参数	符号	单位	塔段		
			下限	正常	上限
液体流量	m_l	kg/h	205967.40	343279.00	377606.90
液体密度	ρ_l	kg/m³	644.70	644.70	644.70
液体体积流量	V_l	m³/s	0.09	0.15	0.16
液体黏度		10^{-3}Pa·s	0.00	0.01	0.01
液体表面张力		mN/m		14.26	
气体流量	m_v	kg/h	198357.78	330596.30	363655.93
气体密度	ρ_v	kg/m³	5.86	5.86	5.86
气体体积流量	V_v	m³/s	9.40	15.66	17.23
气体相对分子质量	M_v			169	
气体黏度		10^{-3}Pa·s	0.00	0.0054	0.01

6.4.2　塔盘数据

26#塔盘结构数据见表 2-79。

表 2-79　26#塔盘结构数据表

项目	符号	单位	数据	备注
塔径	D_0	m	5.00	设计
塔截面积	F	m²	19.635	设计

续表

项目	符号	单位	数据	备注
板间距	H_t	m	0.7	40#~54#
浮阀			F1	按照F1计算
浮阀重量		g	44	
降液管形式			双溢流	
浮阀直径	d_h	m	0.050	浮阀总数倒推
浮阀总数	N	个	1819	设计
开孔率	Φ	%	18.19	设计
降液管面积	F_d	m^2	1.6936	设计
溢流堰长	l	m	2.428	设计
出口堰高	h_w	mm	40	设计
降液管底缘距塔板的距离	h_b	mm	123	设计
降液管高度	h	mm	1240	设计

6.4.3 塔盘水力学计算

26#塔盘水力学计算数据见表2-80。

表2-80 26#塔盘水力学计算汇总表

项目	符号	单位	数据
流动参数F_{lv}	F_{lv}		0.10
最大允许气速	W_{max}	m/s	1.26
空塔气速	W	m/s	0.80
空塔C因子	C		0.08
空塔F因子	F		1.93
阀孔全开气速	$(Wh)_c$	m/s	4.38
阀孔动能因子	F_0	$(m/s)(kg/m^3)^{0.5}$	10.62
溢流强度	L	$m^3/h/m$	109.65
堰上清液层高度	h_{ow}	mm	65.06
板上清液层高度	h_l	mm	105.06
塔盘压降	ΔP_{d2}	m液柱	0.05
雾沫夹带率	e	kg(l)/kg(v)	0.02
泄漏率	N_w	%	2.94
淹塔	ΔP_l	m液柱	0.24
超负荷	V_d	m/s	0.16
液泛率	$\Delta P_l\%$	%	18.95

6.4.4　适宜操作区和操作线

根据雾沫夹带曲线、泄漏率曲线、淹塔曲线和超负荷曲线中所列方程和实际操作点 $V_1=0.09m^3/s=540m^3/h$，$W=0.08m/s$，作塔盘适宜操作区和操作线图，见图 2-40。

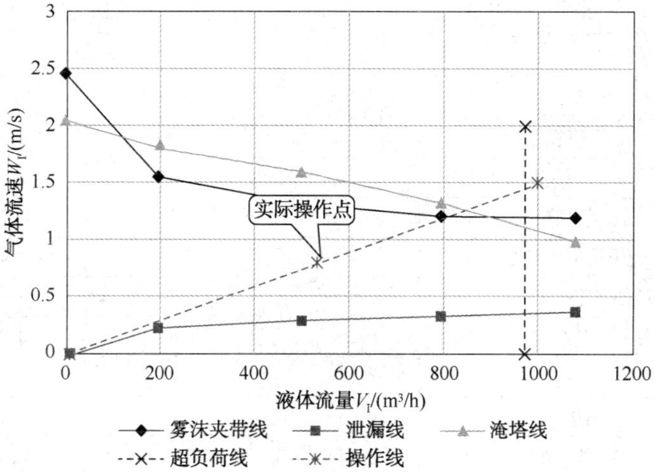

图 2-40　26#塔盘适宜操作区和操作线图

7　换热器计算

选取原油-减四(4)换热器 E1-102，作为计算示例，该换热器处于脱前原油换热中，属温位较高的换热器，但属于油品偏重，计算 K，查看是否存在结构状况导致电脱盐进罐温度偏低。

该换热器基础数据见表 2-81。

表 2-81　E1-102 物料数据表

项目名称		单位	符号	管程 i 脱前原油		壳程 o 减四线	
				进口 i	出口 o	进口 i	出口 o
操作条件	流体质量流率	kg/h	W	118026.7		30131.1	
	入口温度	℃	T	80	84	121	107
	压力	kPa	P				
	允许压降(设计值)	kPa	Δp	100		100	
	结垢热阻(设计值)	$m^2\cdot K/W$	r	0.000603		0.000688	
物理性质	油品：相对密度 d_4^{20}			0.8411	0.8411	0.8987	0.8987
	特性因数 K			12.25	12.25	12.01	12.01
	中平均沸点	°R	T_{me}	1047.67		1407.86	
	测试第一点黏度的温度	℃		50	50	50	50
	第一点黏度(运动黏度)	mm^2/s	ν	8.9	8.9	118.4	118.4
	测试第二点黏度的温度	℃		100	100	100	100
	第二点黏度(运动黏度)	mm^2/s	ν	4.6	4.6	11.1	11.1
换热器负荷		kW	Q	386(见 4.5.1)			

该换热器型号：BES700-4.0-125-6/25-2I　$B=100$

具体结构见表 2-82。

表 2-82　E1-102 结构数据表

项目名称				管程 i	壳程 o
换热器形式	BES700-4.0-125-6/25-2I　$B=100$				
几何参数	结构	单位	符号	BES	
	壳径	m	D_i	——	0.7
	壳程数	个	N_s	——	1
	管程数	个	N_t	2	——
	管子类型 1 - 光管	—	—	√	——
	管束支撑类型 1 - 单弓板	—	—	——	√
	换热管 - 外径(25 或 19)	m	d_o	0.025	——
	- 内径	m	d_i	0.02	——
	当量直径	m	d_e	0.02718	——
	管心距	m	p_t	0.032	——
	管子数	根	n_i	——	268
	中心管排数	根	n_x	——	
	管子排列方式	度		——	45
	管子材质导热系数	W/(m·K)	λ_p	46.7	——
	管长	m	L	6	——
	传热面积	m^2	A	125	——
	折流板(圈)间距	m	B	——	0.1
	弓形板缺圆高度（数据无，按照设计值反推）	%	Z	——	10
	流通面积	m^2	S	0.042	0.07
	进出口管嘴直径	m	d_N	0.15	0.25

7.1　物性计算

7.1.1　导热系数

使用 API 手册[10] P12~P20，12A3.2-1 低压下液态石油组分导热系数 λ[W/(m·℃)]公式计算。

已知管程原油进口温度 $T=80℃=176℉$，中平均沸点 $T_{me}=1047.67°R$，则：

导热系数 $\lambda=T_{me}^{\ 0.2904}\times(9.961\times10^{-3}-5.364\times10^{-6}\times T)=1047.67^{0.2904}\times(9.961\times10^{-3}-5.364\times10^{-6}\times176)=0.068Btu/(h\cdot ft\cdot ℉)=0.117W/(m\cdot ℃)$

7.1.2　动力黏度

动力黏度 μ(Pa·s)使用《冷换设备工艺计算手册(第二版)》[8] P75 页公式计算：

已知管程原油 50℃黏度=8.9mm²/s，100℃黏度=4.6mm²/s，相对密度 $d_4^{20}=0.8411$：

由于 $0.8<d^{20}{}_4<0.9$，因此 $C=2.4-2\times d_4^{20}=2.4-2\times0.8411=0.7$

$$b=\frac{\ln[\ln(v_1+C)]-\ln[\ln(v_2+C)]}{\ln(T_1+273)-\ln(T_2+273)}=\frac{\ln[\ln(8.9+0.7)]-\ln[\ln(4.6+0.7)]}{\ln(50+273)-\ln(100+273)}=-2.1$$

$$a=\ln[\ln(v_1+C)]-b\times\ln(T_1+273)=\ln[\ln(8.9+0.7)]-(-2.1)\times\ln(50+273)=13$$

在进口温度=78℃处：

$$v = \exp\{\exp[a + b \times \ln(T + 273)]\} - C$$
$$= \exp\{\exp[13 + (-2.1) \times \ln(80 + 273)]\} - 0.7 = 5.8\text{mm}^2/\text{s}$$
$$\rho = T \times (1.307 \times d_4^{20} - 1.817) + 973.86 \times d_4^{20} + 36.34$$
$$= 80 \times (1.307 \times 0.8411 - 1.817) + 973.86 \times 0.8411 + 36.34 = 0.798$$
$$\mu = \rho \times v = 0.798 \times 5.8 = 4.64\text{mPa} \cdot \text{s}$$

7.1.3 比热容

使用API手册[10] P7~P98，7D2.2-1液态石油组分等压比热容 C_p[kJ/(kg·℃)]公式计算。

已知管程原油进口温度 T=80℃=635.7°R，特性因素 K=12.01，SG=0.8454，假临界温度 T_{pc}=1378.74°R，T/T_{pc}=635.7/1378.74=0.46<0.85，可使用该公式计算。

$$A_1 = -1.17126 + (0.023722 + 0.024907SG) \times K + \frac{1.14982 - 0.046535K}{SG}$$
$$= -1.17126 + (0.023722 + 0.024907 \times 0.8454) \times 12.01 + \frac{1.14982 - 0.046535 \times 12.01}{0.8454} = 0.066$$
$$A_2 = 10^{-4} \times (1 + 0.82463K)\left(1.12172 - \frac{0.27634}{SG}\right)$$
$$= 10^{-4} \times (1 + 0.82463 \times 12.01)\left(1.12172 - \frac{0.27634}{0.8454}\right) = 0.0009$$
$$A_3 = 10^{-8} \times (1 + 0.82463K)\left(2.9027 - \frac{0.70958}{SG}\right)$$
$$= 10^{-8} \times (1 + 0.82463 \times 12.01)\left(2.9027 - \frac{0.70958}{0.8454}\right)$$
$$= 2 \times 10^{-7}$$
$$C_p = A_1 + A_2 \times T + A_3 \times T^2 = 0.066 + 0.0009 \times 635.7 + 2 \times 10^{-7} \times 635.7$$
$$= 0.707\text{btu}/(\text{lb} \cdot {}^\circ\text{R}) = 0.707/0.24 = 2.947\text{kJ}/(\text{kg} \cdot ℃)$$

7.1.4 物性计算汇总

其他温度(下部计算所得，在此统一列表)计算过程如上，计算结果见表2-83~表2-85。

表2-83 E1-102物性数据计算汇总表(导热系数)

导热系数计算 λ	符号	单位	管程 i 脱前原油		壳程 o 减四线	
			进口 i	出口 o	进口 i	出口 o
中平均沸点	T_{me}	°R	1047.67		1407.86	
温度性质(进、出口温度下)	T	℃	80	84	121	107
		℉	176	183.2	249.8	224.6
	λ	Btu/(h·ft·℉)	0.068	0.068	0.071	0.072
		W/(m·℃)	0.118	0.117	0.122	0.124
自定义性质(定性温度)	T	℃	82.4		114	
		℉	180.32		237.2	
	λ	Btu/(h·ft·℉)	0.068		0.071	
		W/(m·℃)	0.117		0.123	

续表

导热系数计算 λ	符号	单位	管程 i 脱前原油		壳程 o 减四线	
			进口 i	出口 o	进口 i	出口 o
壁温性质	T	℃	98.755		98.755	
		℉	209.758		209.758	
	λ	Btu/(h·ft·℉)	0.067		0.073	
		W/(m·℃)	0.115		0.125	

表 2-84　E1-102 物性数据计算汇总表(密度和黏度)

密度、黏度计算 ρ、μ	单位	符号	管程 i 脱前原油		壳程 o 减四线	
			进口 i	出口 o	进口 i	出口 o
温度性质(进、出口温度下)	℃	T	80	84	121	107
	计算参数	a	13.0006	13.0006	28.2265	28.2265
		b	-2.1088	-2.1088	-4.6147	-4.6147
		C	0.7178	0.7178	0.6026	0.6026
	mm^2/s	ν	5.8160	5.5343	6.1534	8.9571
	kg/m^3	ρ	798.0391	795.1683	833.8177	842.8113
	mPa·s	μ	4.6414	4.4007	5.1308	7.5492
自定义性质(定性温度)	℃	T	82.4		114	
	计算参数	a	13.0006		28.2265	
		b	-2.1088		-4.6147	
		C	0.7178		0.6026	
	mm^2/s	ν	5.6444		7.3634	
	kg/m^3	ρ	796.3166		838.3145	
	mPa·s	μ	4.4947		6.1729	
壁温性质	℃	T	98.7545		98.7545	
	计算参数	a	13.3178		28.2299	
		b	-2.1646		-4.6153	
		C	0.6000		0.6000	
	mm^2/s	ν	4.6627		11.5563	
	kg/m^3	ρ	784.5793		848.1082	
	mPa·s	μ	3.6582		3.1505	

表 2-85　E1-102 物性数据计算汇总表(比热容)

比热容计算 C_p	符号	单位	管程 i 脱前原油		壳程 o 减四线	
			进口 i	出口 o	进口 i	出口 o
假临界温度	T_{pc}	°R	1378.742		1676.956	
特性因素	K		12.009		12.411	
相对密度	$d_{15.6}$		0.845		0.903	

续表

比热容计算 C_p	符号	单位	管程 i 脱前原油		壳程 o 减四线	
			进口 i	出口 o	进口 i	出口 o
计算参数	A_1		0.066		0.036	
	A_2		8.666×10^{-4}		9.163×10^{-4}	
	A_3		2.250×10^{-7}		2.378×10^{-7}	
温度性质（进、出口温度下）	T	℃	80	84	121	107
		°R	635.67	642.87	709.47	684.27
对比温度	T/T_{pc}		0.4611	0.4663	0.4231	0.4080
比热容	C_p	Btu/lb(°R)	0.7073	0.7156	0.8059	0.7745
		kJ/(kg·℃)	2.9472	2.9818	3.3581	3.2271
自定义性质（定性温度）	T	℃	82.400		114.000	
		°R	639.990		696.870	
	T/T_{pc}		0.464		0.416	
	C_p	Btu/lb(°R)	0.712		0.779	
		kJ/(kg·℃)	2.968		3.245	
壁温性质	T	℃	98.755		98.755	
		°R	669.428		669.428	
	T/T_{pc}		0.486		0.486	
	C_p	Btu/lb(°R)	0.746		0.756	
		kJ/(kg·℃)	3.110		3.151	

7.2 计算传热系数

使用《冷换设备工艺计算手册（第二版）》[8] P33 公式计算传热系数 k。

7.2.1 计算有效平均温差 ΔT_e

（1）辅助参数 ΔT_h（℃）

ΔT_h = 热流股 进口温度－冷流股出口温度 = 121－80 = 37℃

（2）辅助参数 ΔT_c（℃）

ΔT_c = 热流股出 口温度－冷流股进口温度 = 107－80 = 27℃

（3）对数平均温差 ΔT_m（℃）

$$\text{由于}\left|\frac{\Delta T_h}{\Delta T_c}-1\right|=\left|\frac{37}{27}-1\right|>0.1$$

$$\text{因此：}\Delta T_m=(\Delta T_h-\Delta T_c)\div\ln\left(\frac{\Delta T_h}{\Delta T_c}\right)=(37-27)\div\ln\left(\frac{37}{27}\right)=31.7℃$$

（4）温差校正参数/温度效率 P

$$P=\left|\frac{\text{冷流体的温升}}{\text{两流体的最初温度差}}\right|=\left|\frac{T_{ci}-T_{co}}{T_{ci}-T_{hi}}\right|=\left|\frac{84-80}{121-80}\right|=0.0976$$

（5）温差校正参数/温度相关因数 R

$$R=\left|\frac{\text{热流体的温降}}{\text{冷流体的温升}}\right|=\left|\frac{T_{hi}-T_{ho}}{T_{ci}-T_{co}}\right|=\left|\frac{121-107}{84-80}\right|=3.5$$

（6）温度效率计算参数 P_n

由于 ｜$R-1$｜＝｜$3.5-1$｜＝2.5 > 0.001，壳程数 $N_s=1$

$$\text{因此：}P_n = 1 - \left(\frac{1-P\times R}{1-P}\right)^{\frac{1}{N_s}} \div R - \left(\frac{1-P\times R}{1-P}\right) = 1 - \left(\frac{1-0.0976\times 3.5}{1-0.0976}\right)^{\frac{1}{1}} \div R - \left(\frac{1-0.0976\times 3.5}{1-0.0976}\right)^{\frac{1}{1}} = 0.0976$$

（7）对数平均温差校正系数 F_T

由于 ｜$R-1$｜＝｜$3.5-1$｜＝2.5 > 0.001

$$\text{因此：}F_T = \frac{\sqrt{R^2+1}}{R-1} \times \ln\left(\frac{1-P_n}{1-P_n\times R}\right) \div \ln\left(\frac{2\div P_n - 1 - R + \sqrt{R^2+1}}{2\div P_n - 1 - R - \sqrt{R^2+1}}\right)$$

$$= \frac{\sqrt{3.5^2+1}}{3.5-1} \times \ln\left(\frac{1-0.0976}{1-0.0976\times 3.5}\right) \div \ln\left(\frac{2\div 0.0976 - 1 - 3.5 + \sqrt{3.5^2+1}}{2\div 0.0976 - 1 - 3.5 - \sqrt{3.5^2+1}}\right) = 0.99$$

（8）有效平均温差 ΔT_e（℃）

$$\Delta T_e = F_T \times \Delta T_m = 31.7 \times 0.99 = 31.44$$

7.2.2　管内、外膜传热系数 h_{io}、h_o［W/(m²·K)］

（1）流体质量流速 G［kg/(m²·s)］

$$G = W \div S$$

已知管程流通面积 S_i＝0.042m²，S_o＝0.07m²

管程 G_i＝118026.7÷0.042÷3600＝779.2kg/(m²·s)

壳程 G_o＝30131.1÷0.07÷3600＝119.6kg/(m²·s)

（2）壳程当量直径 d_e（m）

管束成45°正方形排列，管束外径 d_o＝0.025m，管心距 p_t＝0.032m，因此

$$d_e = 4 \times \left(p_t^2 - \frac{\pi \times d_o^2}{4}\right) \div (\pi \times d_o) = 4 \times \left(0.032^2 - \frac{\pi \times d0.025^2}{4}\right) \div (\pi \times 0.025) = 0.027\text{m}$$

（3）定性温度 T_D（℃）

假设管内雷诺数 Re_i>2100，管外雷诺数<2100，则：

管内定性温度 T_{Di}＝0.4T_h+0.6T_c＝0.4×80+0.6×84＝82.4℃

管外定性温度 T_{Do}＝(121+107)×0.5＝114℃

（4）雷诺数 Re［kg/(m²·s)］

$$Re = d \times G \div \mu$$

已知管程 d_i＝0.02m：

$$R_{ei} = d \times G \div \mu = 0.02 \times 779.2 \times 4.495 = 3467\text{kg/(m}^2\cdot\text{s)}$$

Re_i>2100，满足定性温度假设要求。

已知壳程当量直径 d_e＝0.027m：

$$Re_o = d \times G \div \mu = 0.027 \times 119.6 \times 6.173 = 526\text{kg/(m}^2\cdot\text{s)}$$

Re_i<2100，满足定性温度假设要求。

（5）管内、外普兰特准数 Pr

$$Pr = \left(\frac{C_p \times \mu}{\lambda}\right)_d$$

在定性温度下：

管内： $P_{ri} = \left(\frac{C_{pi} \times \mu_i}{\lambda_i}\right)_d = 2.968 \times 4.495 \div 0.117 = 113.8$

管外： $P_{ro} = \left(\frac{C_{po} \times \mu_o}{\lambda_o}\right)_d = 3.245 \times 6.173 \div 0.123 = 162.3$

(6) 管内外传热因子 JH

已知弓缺 $Z = 10\%$

管内，由于 $2100 < R_{ei} < 10^4$，$J_{Hi} = 0.116 \times (Re_i^{\frac{2}{3}} - 125) \times \left[1 + \left(\frac{d_i}{L}\right)^{\frac{2}{3}}\right] = 0.116 \times (3467^{\frac{2}{3}} - 125) \times \left[1 + \left(\frac{0.02}{L}\right)^{\frac{2}{3}}\right] = 12.34$

管外，由于 $200 < R_{eo} < 5000$，$J_{Ho} = 0.491 \times Re_o^{0.51} \times \left(\frac{Z - 15}{10}\right) + 0.673 \times Re_o^{0.49} \times \left(\frac{25 - Z}{10}\right) = 0.491 \times 526^{0.51} \times \left(\frac{25 - 15}{10}\right) + 0.673 \times 526^{0.49} \times \left(\frac{25 - 10}{10}\right) = 15.76$

(7) 管程、壳程壁温校正系数 Φ，管内、外膜传热系数 h_{io}、h_o，壁温 T_w(℃)需进行迭代计算求取，迭代过程见图 2-41。

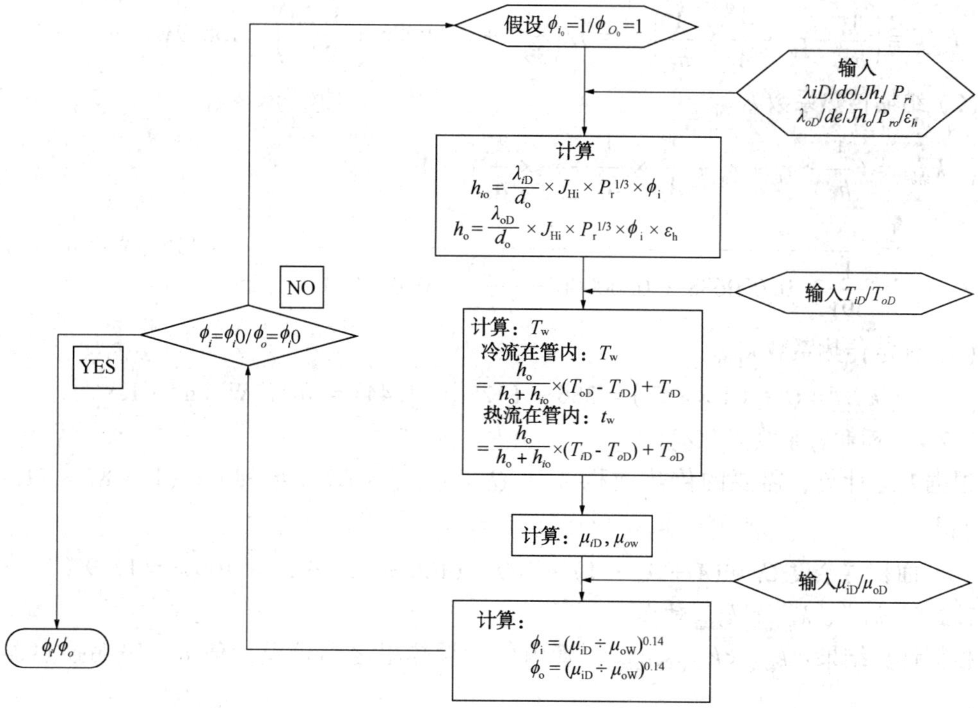

图 2-41　管内、外壁温校正系数 ϕ，膜传热系数 h_{io}、h_o，壁温 T_w 迭代计算流程图

其中，旁路挡板传热校正系数 $\varepsilon_h = 1.18$

最终求取结果见表 2-86。

表 2-86 管内、外壁温校正系数 Φ，膜传热系数 h_{io}、h_o，壁温 t_w 迭代计算汇总表

项目	单位	符号	数值
壁温	℃	t_w	101.01
管内壁温下黏度	mPa·s	μ_{iw}	4.34
管外壁温下黏度	mPa·s	μ_{ow}	10.16
管程壁温校正系数		ϕ_i	0.97
管内膜传热系数	W/(m²·K)	h_{io}	273
壳程壁温校正系数		ϕ_o	0.85
管外传热因子		J_{Ho}	15.76
管外膜传热系数	W/(m²·K)	h_o	391

7.2.3 总传热系数 k[W/(m²·K)]

$$A_o/A_i = d_o/d_i = 0.025/0.02 = 1.25$$

管束为20#钢，金属热阻 $r_p=0.00006(m^2 \cdot K)/W$。

(1) 清洁传热系数 $k_{清洁}$

$$k_{清洁} = \left(\frac{1}{h_o} + r_p + \frac{A_o}{A_i} \times \frac{1}{h_i}\right)^{-1} = 1/\left(\frac{1}{391} + 0.00006 + \frac{1.25}{273}\right) = 138.9W/(m^2 \cdot K)$$

(2) 结垢传热系数 $k_{结垢}$

$$k_{结垢} = (\frac{1}{h_o} + r_o + r_p + \frac{A_o}{A_i} \times \frac{1}{h_i} + r_i \times \frac{A_o}{A_i}) - 1$$

$$= \frac{1}{\frac{1}{391} + 0.000688 + 0.00006 + \frac{1.25}{273} + 0.000603 \times 1.25} = 115.7W/(m^2 \cdot K)$$

(3) 标定传热系数 $k_{标定}$

$$k_{标定} = Q \div (A \times \Delta T_e) = 386 \div (125 \times 31.44) = 98.17W/(m^2 \cdot K)$$

7.2.4 面积富余度 C_f(%)

根据 $k_{结垢}$ 计算，需要的传热面积 $A_d = Q \div (k_{结垢} \times \Delta T_e) = 386 \div (114.87 \times 31.44) = 106.8m^2$

$$面积富余度\ C_f = (A \div A_d - 1) \times 100 = (106 \div 125 - 1) \times 100\% = 17.9\%$$

7.2.5 $k_{标定}$、$k_{清洁}$、$k_{结垢}$ 对比

根据计算结果：$k_{结垢}<k_{标定}<k_{清洁}$，管内外污垢热阻之和较设计值大，表明换热器结垢严重。

实际运行过程中，管、壳程内流速较设计值小，从计算过程看，管内、外雷诺数均比设计值大幅减小，在黏度变化不大的前提下，符合雷诺数减小的规律，进而导致管内外膜传热系数减小，造成传热系数比设计值大幅降低，实际热负荷也仅为设计值的40.4%，换热面积富余度大，这是造成传热系数小的主要原因。

设计值、设计计算值和标定实际情况数据对比结果见表2-87。

表 2-87　E1-102 设计和实际运行情况对比表

项目	单位	设计		设计计算		实际标定	
		管程	壳程	管程	壳程	管程	壳程
		原油	减四	原油	减四	原油	减四
流量	kg/h	200394	41000	200394	41000	118026.7	30131.1
进口温度	℃	94	161	94	161	80	121
出口温度	℃	102	124	102	124	84	107
热负荷	kW	955.5				386	
有效温差	℃	41.8		41.7		31.4	
雷诺数	$kg/(m^2 \cdot s)$	—	—	7032	1057	3467	526
膜传热系数	$W/(m^2 \cdot K)$	611	492.5	602.2617	509.0617	272.90	391.01
污垢热阻	$m^2 \cdot K/W$	0.000603	0.000688	0.000603	0.000688	—	—
污垢热阻和	$m^2 \cdot K/W$	0.001442		0.001442		0.002988	
结垢传热系数	$W/(m^2 \cdot K)$	184.7		180.5		98.2	
需要的传热面积	m^2	123.8		127.1		106.0	
面积富余度	%	99.0		-1.6(计算误差)		17.9	

7.3　管、壳程压降计算

7.3.1　管内压降计算 ΔP_t(Pa)

(1) 管内流动压力降 ΔP_i(Pa)

由于 $10^3 \leqslant Re_i \leqslant 10^5$，因此 $f_i = 0.4513 \times Re_i^{-0.2653} = 0.4513 \times 3467^{-0.2653} = 0.052$

$$\Delta P_i = \frac{G_i^2}{2 \times \rho_{iD}} \times \frac{L \times N_t}{d_i} \times \frac{f_i}{\phi_i} = \frac{799^2}{2 \times 796} \times \frac{6 \times 2}{0.02} \times \frac{0.052}{0.97} = 12204\text{Pa}$$

(2) 回弯管压力降 ΔP_r(Pa)

$$\Delta P_r = \frac{G_i^2}{2 \times \rho_{iD}} \times 4 \times N_t = \frac{799^2}{2 \times 796} \times 4 \times 2 = 3050\text{Pa}$$

(3) 进出口嘴子压力降 ΔP_{Ni}(Pa)

管程流体经进出口管嘴的质量流速 $G_{Ni} = W_i \div \left(\frac{\pi \times d_{Ni}^2}{4}\right) = 118027 \div \left(\frac{\pi \times 0.15^2}{4}\right) = 1856\text{kg}/(\text{m}^2 \cdot \text{s})$

$$\Delta P_{Ni} = \frac{1.5 \times G_{Ni}^2}{2 \times \rho_{iD}} = \frac{1.5 \times 1856^2}{2 \times 796} = 3245\text{Pa}$$

(4) 管程压力降 ΔP_t(Pa)

管程压降结垢校正系数 F_i，查表 1-15，$F_i = 1.5$

$$\Delta P_t = (\Delta P_i + \Delta P_r) \times F_i + \Delta P_{Ni} a = (12204 + 3050) \times 1.5 + 3245 = 26126\text{Pa}$$

7.3.2　壳程压力降计算 ΔP_s(Pa)

(1) 壳程流体压降 ΔP_o(Pa)

当 $100 < Re_o \leqslant 1500$ 时，壳程摩擦因数系数 $f'_0 = 0.402 + 3.1Re_o^{-1} + 3.51 \times 10^4 Re_o^{-2} - 6.85 \times 10^6 Re_o^{-3} + 4.175 \times 10^8 Re_o^{-4} = 0.402 + 3.1 \times 526^{-1} + 3.51 \times 10^4 \times 526^{-2} - 6.85 \times 10^6 \times 526^{-3}$

$+4.175\times10^{8}\times526^{-4}=0.981$

$$f_o=f'_o\times\frac{35}{Z+10}=0.981\times\frac{35}{10+10}=1.72$$

旁路挡板压力降校正系数 $\varepsilon\Delta p=1.64$（查表1-16）

壳程流体压降 $\Delta P_o=\frac{G_o^2}{2\times\rho_{oD}}\times\frac{D_s\times(N_b+1)}{d_e}\times\frac{f_o}{\phi_o}\times\varepsilon_{\Delta p}=\frac{119.6^2}{2\times838}\times\frac{0.7\times(58+1)}{0.027}\times\frac{1.72}{0.85}\times1.64=42975\text{Pa}$

（2）导流板压力降 ΔP_{ro}(Pa)

导流板或导流筒压降系数 ε_{Ip} 取6（一般取5~7）

壳程流体经进出口管嘴的质量流速 $G_{No}=W_o\div\left(\frac{\pi\times d_{N_o}^2}{4}\right)=30131\div\left(\frac{\pi\times0.25^2}{4}\right)=171\text{kg/(m}^2\cdot\text{s)}$

导流板或导流筒压降 $\Delta P_{ro}=\frac{G_{No}^2}{2\times\rho_{oD}}\times\varepsilon_{Ip}=\frac{171^2}{2\times838}\times6=104\text{Pa}$

（3）进出口管嘴压降 ΔP_{NO}(Pa)

$$\Delta P_{No}=\frac{1.5\times G_{No}^2}{2\times\rho_{oD}}=\frac{1.5\times171^2}{2\times838}=57\text{Pa}$$

（4）壳程压力降 ΔP_s(Pa)

壳程压降结垢校正系数 F_o，查表1-17，$F_o=1.45$

$$\Delta P_s=\Delta P_o\times F_o+\Delta P_{ro}+\Delta P_{No}=42975\times1.45+104+57=62474\text{Pa}$$

7.3.3 压力降说明

计算所得管、壳程压力降均在可接受范围内。

8 电脱盐计算

8.1 电脱盐罐数据

8.1.1 进料数据

电脱盐操作数据见表2-88。

表2-88 电脱盐操作数据表

项目	符号	单位	一级罐数据	二级罐数据
原油流量	G_o	t/h	354	354
注水量	G_w	t/h	22	22
进罐温度	T_{in}	℃	111.15	107.88
界位	L	%	55	55
输入电压	U	kV	19	19
乳化层厚度	H_e	mm	50	50

8.1.2 电脱盐罐结构和内件数据

电脱盐罐结构数据见表2-89。

表 2-89　电脱盐罐结构数据表

项目	符号	单位	一级罐	二级罐	备注
类型			高速	交直流	
直径	Φ	mm	4000	4200	设计值
长度	l	mm	20000	28000	设计值
最大横截面积	S_{max}	m^2	84	122.01	设计值
体积	V	m^3	268.96	408.2	设计值
电极板			水平	垂直	设计值
一层			正极		设计值
二层			负极		设计值
三层			正极		设计值
四层			负极		设计值
一二层间距	d_{1-2}	mm	220		设计值
二三层间距	d_{2-3}	mm	250		设计值
三四层间距	d_{3-4}	mm	250		设计值
第四层距罐底高度	h_4	mm	1770		设计值
第三层距罐底高度	h_3	mm	2030		设计值
第二层距罐底高度	h_2	mm	2290		设计值
第一层距罐底高度	h_1	mm	2520		设计值
上喷嘴距罐底高度	$h_上$	mm	2170		设计值
下喷嘴距罐底高度	$h_下$	mm	1908		设计值
电极板上部距罐底高度	$h_上$			2600	设计
电极板下部距罐底高低	$h_下$			2200	设计
电极间距	d			250	

8.1.3　电脱盐罐示意图

一级罐示意图见图 2-42(比例 1 : 10)。

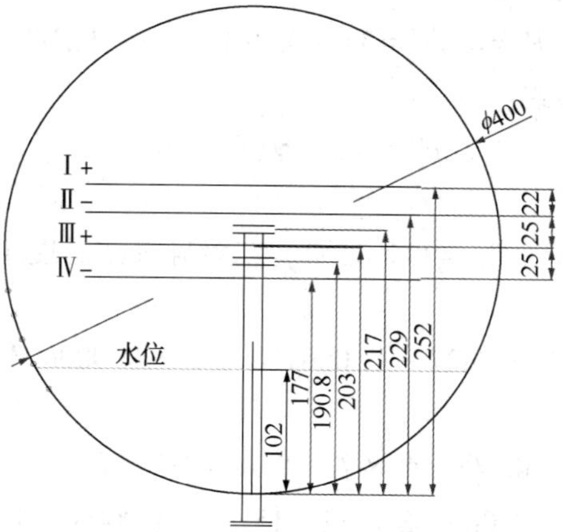

图 2-42　电脱盐一级罐示意图

二级罐示意图见图 2-43(比例 1∶10)。

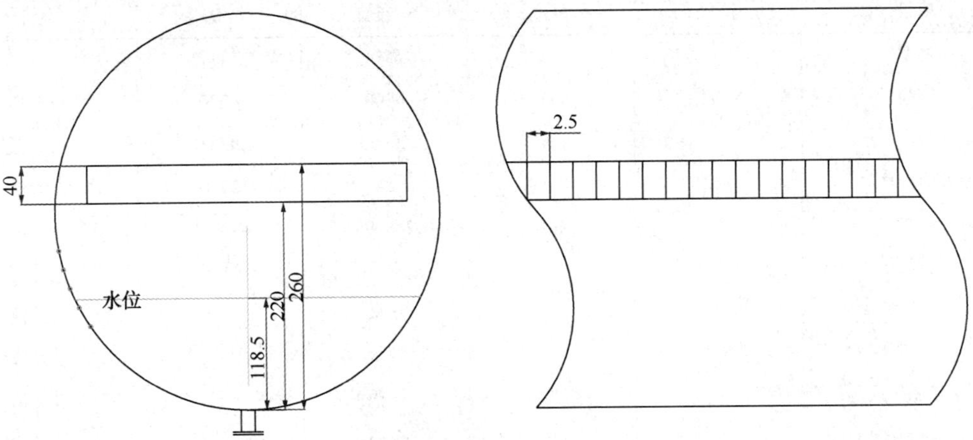

图 2-43　电脱盐二级罐示意图

8.2　物性计算

8.2.1　密度和体积流量

(1) 原油密度

已知原油一级罐进罐温度 $T_{in1}=111.15$℃，二级罐进罐温度 $T_{in2}=107.88$℃，原油 $D_{420}=0.8411$，则

$$\gamma = 0.002876 - 0.00398\rho_{20} + 0.001632\rho_{20}^2$$
$$= 0.002876 - 0.00398 \times 0.8411 + 0.001632 \times 0.8411^2 = 0.0007$$

一级罐进罐处原油密度：

$$\rho_{o1} = \rho_{20} - \gamma(T_1 - 20) = 0.8411 - 0.0007 \times (111.15 - 20) = 0.7788$$

一级罐进罐处原油体积流量：

$$F_o = G_o \div \rho_o = 354 \div 0.7788 = 454.5\text{m}^3/\text{h}$$

二级罐进罐处原油密度：

$$\rho_{o2} = \rho_{20} - \gamma(T_2 - 20) = 0.8411 - 0.0007 \times (107.88 - 20) = 0.7811$$

二级罐进罐处原油体积流量：

$$F_o = G_o \div \rho_o = 354 \div 0.7811 = 453.2\text{m}^3/\text{h}$$

原油密度与温度的关系式：

$$\rho_T = \rho_{20} - \gamma(T - 20)$$

(2) 水密度

已知原油一级罐进罐温度 $T_{in1}=111.15$℃，二级罐进罐温度 $T_{in2}=107.88$℃，水的密度与温度的关系式：

$$\rho_w = 1.000837 - 0.000108 \times T - 0.000003 \times T^2$$

一级罐进罐处水密度：

$$\rho_w = 1.000837 - 0.000108 \times T - 0.000003 \times T^2$$
$$= 1.000837 - 0.000108 \times 111.15 - 0.000003 \times 111.15^2 = 0.9518$$

一级罐进罐处水体积流量：

$$F_w = G_w \div \rho_w = 22 \div 0.9518 = 23.1\text{m}^3/\text{h}$$

二级罐进罐处水密度：

$$\rho_w = 1.000837 - 0.000108 \times T - 0.000003 \times T^2$$
$$= 1.000837 - 0.000108 \times 107.88 - 0.000003 \times 107.88^2 = 0.9543$$

一级罐进罐处水体积流量：

$$F_w = G_w \div \rho_w = 22 \div 0.9543 = 23.1 m^3/h$$

8.2.2 黏度 μ(mPa·s)

使用7.1.2动力黏度计算过程进行计算，结果汇总见表2-90。

表2-90 电脱盐原油动力黏度计算汇总表

项目	单位	符号	一级罐	二级罐
油品：相对密度 d_4^{20}		ρ_o	0.8411	0.8411
测试第一点黏度的温度	℃	T_1	50	50
第一点黏度(运动黏度)	mm^2/s	ν	8.9	8.9
测试第二点黏度的温度	℃	T_2	100	100
第二点黏度(运动黏度)	mm^2/s	ν	4.6	4.6
温度性质(进罐温度下)	℃	T_{in}	111.15	107.88
黏度	mPa·s	μ	3.19	3.3
密度	kg/m^3	ρ_o	778.85	781.08
黏度计算参数		a	13.0	13.0
		b	-2.1	-2.1
	mm^2/s	ν	4.1	4.2
		C	0.7	0.7

8.3 电脱盐罐结构计算

8.3.1 一级罐内各点体积 $V(m^3)$

以水位为例：

一级罐界面 $L_1=55\%$，界面计测量范围∈(250，1650)mm(距离罐底)，则水位高度 $h_w=(1650-250)\times55\%+250=1020mm$

$$半径\ R-水位高\ h_w=2000-1020=980mm$$

圆弧弦长 $2a=[R^2-(R-h_w)^2]^{0.5}\times2=[2000^2-(2000-980)^2]^{0.5}\times2=3487mm$

扇形圆心角 $\alpha=\arccos(a/R)=\arccos(1743.5/2000)=1.1$(弧度)$=1.1\times180\times2\div\pi=121.4°$

扇形面积 $S_1=\alpha\pi R^2\div360=121.4\times3.14\times2^2\div360=4.2m^2$

扇形对应三角形面积 $S_2=2a\times(R-h_w)\div2=3487\times980\div1000000=1.7m^2$

弧形面积 $S=S_1-S_2=4.2-1.7=2.5m^2$

水位高度体积 $V_w=2.5\times21=53.1m^3$

其他点位计算过程同上，结果汇总如下：

水位高度至罐底体积 $V_w=53.1m^3$

下层进油口至罐底体积 $V_{下}=124.2m^3$

上层进油口至罐底体积 $V_{上}=146.2m^3$

一层电极板至罐底体积 $V_1=175.1m^3$

二层电极板至罐底体积 $V_2=156.2m^3$

三层电极板至罐底体积 $V_3=134.5m^3$

四层电极板至罐底体积 $V_4=112.7m^3$

一层电极板和上层进油口之间体积 $V_{1\sim上}=V_1-V_{上}=175.1-146.2=28.9m^3$

一层电极板和下层进油口之间体积 $V_{1\sim下}=V_1-V_{下}=175.1-124.2=50.9m^3$

8.3.2 二级罐内各点体积 $V(m^3)$

计算过程同第二部分第八章第三节一级罐内各点体积 $V(m^3)$，结果汇总如下：

水位高度至罐底体积 $V_w=93.2m^3$

电极板下部至罐底体积 $V_{下}=213.4m^3$

电极板上部至罐底体积 $V_{上}=261.7m^3$

电极板上部至下部体积 $V_{上\sim下}=V_{上}-V_{下}=48.23m^3$

电极板下部至水位体积 $V_{下\sim w}=V_{下}-V_w=120.2m^3$

8.4 电场强度

8.4.1 一级罐

(1) 一/二层电极板间(强电场)：电场强度 $E_{1\text{-}2}$ = 电压 U÷电极板间距 $d_{1\sim2}=19\div22=0.86kV/cm$

(2) 二/三/四层电极板间(强电场)：电场强度 $E_{2\sim3\sim4}$ = 电压 U÷电极板间距 $d_{1\sim2}=19\div25=0.76kV/cm$

(3) 四层电极板和水位间(弱电场)：电场强度 $E_{4\text{-}w}$ = 电压 U÷四层电极板和水位间距 $d_{4\sim w}=19\div80=0.24kV/cm$

(四层电极板和水位间距 $d_{4\sim w}$ = 四层电极板高度 h_4 - 水位高度 h_w + 乳化层厚度 $h_e=177-102+5=80cm$)

8.4.2 二级罐

(1) 电极板部位(强电场)：电场强度 $E_{强}$ = 电压 U÷电极板间距 $d=19\div25=0.8kV/cm$

(2) 电极板下部和水位间(弱电场)：电场强度 $E_{弱}$ = 电压 U÷电极板下部和水位间距 $d_{下\text{-}w}=19\div106.5=0.178kV/cm$

(电极板下部和水位间距 $d_{下\sim w}$ = 电极板下部高度 $h_{下}$ - 水位高度 h_w + 乳化层厚度 $h_e=220-118.5+5=106.5cm$)

8.4.3 电场强度问题

根据《电脱水设计规范 2008 版》[9]，强电场建议在 1kV/cm 左右，弱电场在 0.3～0.5kV/cm。而根据计算结果，一级罐和二级罐弱电场和强电场均为达到标准建议值。其中，弱电场与水位高度和电场电压呈正比关系，而强电场与电场电压呈正比关系，因此综合考虑，可将电场电压提高至 21kV，并将油水界位提高至 60%控制，一级罐弱电场电场强度将提高至 0.29kV/cm，强电场强度将提高至 0.84kV/cm，高强电场强度将提高至 0.95kV/cm，二级罐弱电场强度将提高至0.22kV/cm，强电场强度将提高至0.84kV/cm，基本达到设计规范建议值。可在原基础上提高脱盐脱水的效率。

8.5 原油在电场中停留时间

8.5.1 一级罐

（1）上层油进口电场停留时间 $t_{上}$(min)

$$t_{上}=V_{1\sim上}\div F_{o}=28.9\div454.5\times60=3.8\text{min}$$

（2）下层油进口电场停留时间 $t_{下}$(min)

$$t_{下}=V_{1\sim下}\div F_{o}=50.9\div454.5\times60=6.7\text{min}$$

8.5.2 二级罐

$$t=V_{上\sim下}\div F_{o}=48.23\div453.2\times60=6.4\text{min}$$

8.6 原油上升速度

8.6.1 一级罐

$$u=F_{o}\div S_{max}=454.5\div84\times1000\div3.6=1.5\text{mm/s}$$

8.6.2 二级罐

$$u=F_{o}\div S_{max}=453.2\div122.01\times1000\div3.6=1.03\text{mm/s}$$

8.7 水的停留时间

8.7.1 一级罐

$$t_{w}=V_{w}\div F_{w}\times60=53.1\div23.1\times60=137.7\text{min}$$

8.7.2 二级罐

$$t_{w}=V_{w}\div F_{w}\times60=93.2\div23.1\times60=315\text{min}$$

8.8 理论最小可沉降的水滴直径

使用Stocks沉降公式进行计算。

8.8.1 一级罐

已知原油最大截面上升速度 $u=1.5\text{mm/s}$，原油在一级罐黏度 $\mu=3.19\text{mPa}\cdot\text{s}$，密度 $\rho_{o}=778.85\text{kg/m}^3$，水密度 $\rho_{w}=951.8\text{kg/m}^3$，重力加速度 $g=9.81\text{m/s}^2$

理论最小可沉降的水滴直径 d(mm)：

$$d=\sqrt{\frac{18\mu u}{(\rho_{w}-\rho_{o})g}}=\sqrt{\frac{18\times3.19\div1000\times1.5\div1000}{(951.8-778.85)\times9.81}}\times1000=0.225\text{mm}$$

8.8.2 二级罐

已知原油最大截面上升速度 $u=1.03\text{m/s}$，原油在一级罐黏度 $\mu=3.3\text{mPa}\cdot\text{s}$，密度 $\rho_{o}=781.08\text{kg/m}^3$，水密度 $\rho_{w}=954.3\text{kg/m}^3$，重力加速度 $g=9.81\text{m/s}^2$。

理论最小可沉降的水滴直径：

$$d=\sqrt{\frac{18\mu u}{(\rho_{w}-\rho_{o})g}}=\sqrt{\frac{18\times3.3\div1000\times1.03\div1000}{(954.3-781.08)\times9.81}}\times1000=0.19\text{mm}$$

8.9 理论最佳进罐温度

根据油水密度差，原油黏度和原油黏度比密度差，作与温度之间的关系曲线图，如图2-44所示。

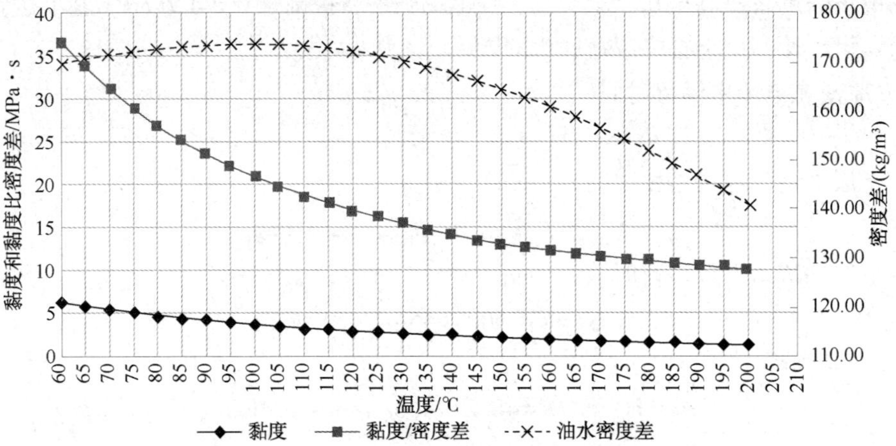

图 2-44　黏度-温度、密度差-温度和黏度/密度差-温度曲线图

从图 2-44 油水密度差曲线来看，温度在 96℃时，油水密度差最大。从黏度曲线来看，在 130℃以后，黏度随温度下降趋势较 130℃之前减缓。从黏度和密度差比值曲线来看，在 150℃以后，曲线随温度下降趋势较 150℃之前减缓。综合考虑油水性质、设备本身耐温性能和实际操作，标定原油最佳进罐温度为 130~135℃。

9　装置能耗计算

9.1　装置基准能耗

根据中国石化 2005 年制定的常减压装置基准能耗：

$$E=0.084\times C+3.7-K_1+K_2$$

式中，E 为基准能耗，kgEO/t；C 为常减压总拔出率，%(质)；K_1 为轻烃回收的能耗校正值；K_2 为润滑油型常减压装置的校正值，0.5kgEO/t。

由第二部分第二章第五节细物料平衡可知，装置总拔为 81.26%。

轻烃回收能耗校正值根据《原油蒸馏工艺与工程》[1]第十二章、第四节、四(三)基准能耗公式(12-4-12)进行计算，已知液化气收率为 1.03%(见 2.5)，轻烃回收校正值为：$K_1=(6.3652L+11.351)\div41.868=(6.3652\times1.03+11.351)\div41.868=0.43$kgEO/t

基准能耗：$E=0.84\times81.26+3.7-0.43+0.5=10.6$kgEO/t

已知装置加工负荷为 59.49%(见 2.5)根据《原油蒸馏工艺与工程》[1]第十二章、第四节、四(三)基准能耗中，加工负荷对能耗的校正：

$$F=134.74-0.3384R=134.74-0.3384\times59.49=114.6\%$$

负荷校正后的基准能耗：$E=10.6\times114.6\%=12.15$kgEO/t

9.2　装置实际能耗

9.2.1　燃料气能耗折算值

燃料气能耗折算值以低热值进行计算，燃料气低热值=43.78MJ/kg 燃料(见 5.4 燃料低发热值 Q_l)，燃料气能耗折算值=43.78÷41.868=1.046kg/kgEO

9.2.2　热出料能耗

热出料产品有混合柴油(常二、常三线)和渣油，出装置温度分别为 122.6℃和 131.6℃，柴油热出料规定温度为70℃，渣油热出料规定温度为120℃，且热出料高于120℃的热量按100%计入能耗，120℃至规定温度的热量按照50%计入能耗，规定温度以下的不计入能耗。因此，热出料能耗见表2-91。

表2-91 热出料热量计算表

项目	流量	出装置温度	中间温度	基准温度	出装置焓值	120℃焓值	基准温度	焓值	高于120℃焓差	120℃至基准温度焓差	热量
单位	t/h	℃	℃	℃	kJ/kg	kJ/kg	kJ/kg	kJ/kg	kJ/kg	MJ	
柴油	48	122.6	120	70	303	297	183	6	114	3042	
渣油	66.3	131.6	120	—	272	248	—	24	—	1621	
合计										4663	

柴油热出料出装置热量=出装置温度至120℃热量+120～70℃热量÷2=48×[(297−303)+(183−297)÷2]=−3042MJ/h

渣油热出料出装置热量=出装置温度至120℃热量=66.3×(248−272)=−1621MJ/h

9.2.3 热输出能耗

常减压系统向吸收稳定系统输出两台重沸器热源，分别是脱吸塔塔底重沸器以减一中为热源和稳定塔塔底重沸器以常二中为热源。其热量=0.42+0.23=0.65MW=2316MJ(见4.1物料数据)。

9.2.4 实际能耗

(1) 公用工程单项能耗以电耗为例

已知原油量 $G_{原油}$=354t/h，用电量 $G_{电}$=2538kW·h/h，电能耗折算值C电=0.22kW·h/kgEO，则：

$$电能耗\ E_{电}=G_{电}\times C_{电}=2538\times 0.22=558.4\text{kgEO/h}$$

$$电单位能耗\ e_{电}=E_{电}\div G_{原油}=558.4\div 354=1.58\text{kgEO/t}$$

(2) 热出料和热输出折算，以柴油热出料为例

已知柴油热出料出装置热量 $Q_{柴油}$=−3042MJ/h，标油低热值=41.868MJ/kg，则：

柴油出装置能耗 $E_{柴油}$=−3042÷41.868=−72.6kgEO/h

柴油出装置单位能耗 $e_{柴油}=E_{柴油}\div G_{原油}$=−72.6÷354=−0.21kgEO/t

渣油和轻烃回收能耗 E 和单位能耗 e 折算同上。

(3) 装置实际能耗

实际能耗按下式进行计算：

$$E=\sum_{i=1}^{n}(G_i\times C_i)+\sum_{j=1}^{n}E_j$$

式中 E——能耗，kgEO/h，消耗为正值，输出为负值；

G_i——能源消耗量，单位时间的消耗量，消耗为正值，输出为负值；

C_i——能耗折算值，不同能源该值不同，消耗单位标油量；

E_j——耗能体系与外界交换热量所消耗的标油量，消耗为正值，输出为负值。

$E=2538\times 0.22+3664\times 1.05+5.5\times 76+2.8\times 0.15+544\times 0.06+11.5\times 1$

$+40.5\times1.1+3042\div(-41.868)+1621\div(-41.868)+2316\div(-41.868)$

$+56.6\times0.038+7.1\times0.15=4804\text{kgEO/h}$

单位能耗按下式进行计算:

$$e=E/G$$

式中 e——单位能耗，kgEO/t;

E——能耗，kgEO/h;

G——耗能体系的原料量或产品量，t/h。

$$e=\frac{E}{G}=\frac{4751}{354}=13.57\text{kgEO/t}$$

实际能耗计算汇总见表 2-92。

表 2-92 实际能耗计算汇总表

项目	消耗量		能耗折算值		能耗	单位能耗
	单位	数量	单位	数量	kgEO/h	kgEO/t
电	kW·h/h	2538	kW·h/kg	0.22	558.4	1.58
燃料气	kg/h	3664	kg/kg	1.0504	3848.7	10.87
1.0MPa 蒸汽	t/h	5.5	t/kg	76	418.0	1.18
新鲜水	t/h	2.8	t/kg	0.15	0.4	0.001
循环水	t/h	544	t/kg	0.06	32.6	0.09
除盐水	t/h	11.5	t/kg	1	11.5	0.03
污水	t/h	40.5	t/kg	1.1	44.6	0.13
热出料柴油	MJ/h	3042	MJ/kg	-41.868	-72.6	-0.21
热出料渣油	MJ/h	1621	MJ/kg	-41.868	-38.7	-0.11
热输出至轻烃回收	MJ/h	2316	MJ/kg	-41.868	-55.3	-0.16
净化风	Nm^3/h	56.6	Nm^3/kg	0.038	2.2	0.01
氮气	Nm^3/h	7.1	Nm^3/kg	0.15	1.1	0.003
合计					4751	13.42

9.2.5 设计能耗

设计能耗计算方法同实际能耗，采用新版能耗折算值，结果见表 2-93。

表 2-93 设计能耗计算汇总表

项目	消耗量		能耗折算值		能耗	单位能耗
	单位	数量	单位	数量	kg/h	kg/t
电	kW·h/h	4186	kW·h/kg	0.22	921.0	1.55
燃料气	kg/h	5034	kg/kg	1	5033.9	8.46
1.0MPa 蒸汽	t/h	11	t/kg	76	846.0	1.42

续表

项目	消耗量		能耗折算值		能耗	单位能耗
	单位	数量	单位	数量	kg/h	kg/t
新鲜水	t/h	0	t/kg	0.15	0	0
循环水	t/h	363	t/kg	0.06	21.8	0.04
除盐水	t/h	23	t/kg	1	23.2	0.04
污水	t/h	33	t/kg	1.1	36.0	0.06
热出料	MJ/h	26690	MJ/kg	-41.868	-637.5	-1.07
热输出至轻烃回收	MJ/h	19883	MJ/kg	-41.868	-474.9	-0.80
净化风	Nm^3/h	200	Nm^3/kg	0.038	7.6	0.01
氮气	Nm^3/h	0	Nm^3/kg	0.15	0	0
合计					5777.1	9.71

9.3 能耗高分析

9.3.1 基准能耗、设计能耗和实际能耗对比

基准能耗为 12.15kgEO/t，设计能耗为 9.71kgEO/t，实际能耗为 13.42kgEO/t，较基准能耗高 1.27kgEO/t。

9.3.2 原因一：返回线消耗能耗

由于装置负荷偏低，为提高加热炉负荷保护炉管，装置常三线、减二线和减四线部分产品经换热后返回至初底泵进口循环，该部分消耗能耗计算如下。

常三线返回量共 4t/h，换热后温度为 130℃，该温度下焓值为 321kJ/kg，常三线在常压炉出口汽相收率占初底油的 13.38%(质)，液相收率占初底油 2.88%(质)(见 3.5 计算常压塔过汽化率)，因此，常三线返回量中汽相流量为 3.3t/h，液相流量为 0.7t/h，常压炉出口温度为 353℃，该温度下汽相焓值为 1075kJ/kg，液相焓值为 961kJ/kg。常三线返回吸收热量=(1075−321)×3.3+(961−321)×0.7=2936MJ/h。

减二线返回流量为 10t/h，换热后温度为 113℃，该温度下焓值为 268kJ/kg，减二线在常压炉出口为液相，常压炉出口温度为 353℃，该温度下焓值为 928℃，该段减二线吸收热量=(928−268)×10=6600MJ/h。减二线随常底油进入减压炉，常底油温度为 339℃，该温度下减二线焓值为 883kJ/kg，假设减压炉出口处减二线全部为气相，减压炉出口温度为 388℃，该温度下减二线焓值为 1189kJ/kg，该段减二线吸收热量=(1189−883)×10=3065MJ/h。总计减二线返回吸收热量=6600+3065=9665MJ。

减四线返回流量为 11t/h，换热后温度为 107℃，该温度下焓值为 251kJ/kg，减四线在常压炉出口为液相，常压炉出口温度为 353℃，该温度下焓值为 922℃，该段减四线吸收热量=(922−251)×11=7380MJ/h。减四线随常底油进入减压炉，常底油温度为 339℃，该温度下减四线焓值为 877kJ/kg，假设减压炉出口处减四线全部为液相，减压炉出口温度为 388℃，该温度下减四线焓值为 1044kJ/kg，该段减四线吸收热量=(1044−877)×11=1835MJ/h。总计减四线返回吸收热量=7380+1835=9215MJ。

汇总结果见表 2-94。

表 2-94 常三、减二和减四线返回线消耗热量计算表

项目	流量	起始温度	终点温度	起始焓值	终点焓值	进出口焓差	热量
单位	t/h	℃	℃	kJ/kg	kJ/kh	kJ/kg	MJ
常三线返回初底泵 G	3.3	130	353	321	1075	754	2482
常三线返回初底泵 L	0.7	130	353	321	961	640	454
减二线返回初底泵 L	10	113	353	268	928	660	6600
减四线返回初底泵 L	11	107	353	251	922	671	7380
减二线返回初底泵 G	10	339	388	883	1189	306	3065
减四线返回初底泵 L	11	339	388	877	1044	167	1835
合计							21816

常三线、减二线和减四线返回总计吸收热量＝2936+9665+9215＝21816MJ/h。

按照燃料气低热值＝43.78MJ/kg 燃料(见 5.4 燃料低发热值 Q_1)，加热炉效率 92.57%(见 5.9.2 反平衡 η)计算，多消耗燃料气量＝21816÷43.78÷92.57%＝538kg/h

对应能耗＝21816÷(41.868)＝521.1kgEO/h

对应单位能耗＝521.1÷354＝1.5kgEO/t

9.3.3 原因二：轻烃回收热输出小

基准能耗中，轻烃回收校正值为 0.43kgEO/t。由于目前轻烃系统需求热量小，装置实际向轻烃回收热输出仅为 0.16kgEO/t，并且该部分热量属夹点以下热量，对装置换热终温无贡献，导致在计算能耗时，校正偏小 0.27kgEO/t。

9.3.4 原因三：热出料负荷小

设计值中，装置热出料单位能耗为 1.07kgEO/t，实际热出料单位能耗为 0.32kgEO/t，较设计值小 0.75kgEO/t。

若常一线改热出料，则可增加热量输出＝(257.7－183.2)×43÷2＝3935.7kJ/h，折合能耗＝94kgEO/h，单位能耗＝0.27kgEO/t

9.3.5 原因四：减压塔高温位取热少

减顶循取热量＝(抽出温度－返塔温度)×(抽出焓－返塔焓)×流量＝(168－32)×(397.63－97.22)×26＝7909MJ，减一中和减二中取热量计算同上，结果汇总见表 2-95。

表 2-95 减压塔中段取热量计算表

项目	流量/(t/h)	抽出温度/℃	返塔温度/℃	抽出焓/(kJ/kg)	返塔焓/(kJ/kg)	取热量/MJ
减顶循	26	168	32	397.63	97.72	7909
减一中	164	232	146	553	338	35353
减二中	63	323	212	812	499	19561

减压塔取热比例见表 2-96。

表 2-96 减压塔中段取热比例计算表

项目	取热量/MJ	取热比例/%	设计取热比例/%
减顶循	7909	12.59	20.19
减一中	35353	56.27	45.17
减二中	19561	31.14	34.64

对比设计值，实际运行中，减二中的取热比例下降 3.5%，减一中取热比例上升 11.1%，而减二中抽出温度为 322℃，在夹点以上，减一中抽出温度为 232℃，在夹点以下。夹点以上取热量的减少，使得装置换热终温降低，导致加热炉负荷上升，能耗上升。

若减二中取热量上升至设计值，则取热量上升=19561÷(100−3.5)×100−19561=710MJ，能耗下降=710÷41.868=17kgEO/h，单位能耗下降=17÷354=0.05kgEO/t。

9.3.6 原因五：燃料气计量表偏差大

根据第二部分第五章第三节计算结果，燃料气计量偏大 6.74%，偏大 247kg/h，折合能耗=247×1.05=259.4kgEO/h，折合单位能耗=259.4÷354=0.73kgEO/t

9.4 综合结果

结合第二部分第九章第三节，装置基准能耗应为：

$$E=(0.084\times C+3.7-K_1+K_2)F=(0.084\times 81.26+3.7-0.16+0.5)\times 114.6\%=12.45\text{kgEO/t}$$

结合第二部分第九章第二节和第二部分第九章第六节，装置实际能耗=13.42−1.5−0.73=11.19kgEO/t

实际能耗较基准值低 1.26kgEO/t。

10 减压塔洗涤段喷淋密度

轻洗油流量 $F_{cwo}=41\text{t/h}$

由于轻洗油同减四线同一高度抽出，可将减四线物性视为轻洗油物性，因此，轻洗油相对密度 $\rho_{20}=0.8987$，在轻洗油段填料温度为 353℃的环境下，轻洗油的相对密度为：

$$\gamma = 0.002876 - 0.00398\times\rho_{20} + 0.001632\times\rho_{20}^2$$
$$= 0.002876 - 0.00398\times 0.8987 + 0.001632\times 0.8987^2 = 0.00062$$

密度 $\rho_{353}=\rho_{20}-\gamma\times(T-20)=0.8987-0.00062\times(353-20)=0.6931$

轻洗油流量 $V_{cwo}=F_{cwo}\div\rho 353=41\times 1000\div 0.6931\div 1000=59.2\text{m}^3/\text{h}$

减压塔轻洗油段直径 $D=8400\text{mm}$

喷淋密度 $L=\dfrac{Vcwo}{0.25\times\pi\times D^2}=\dfrac{59.2}{0.25\times 3.14\times 8.4^2}=1.07\ \text{m}^3/(\text{m}^2\cdot\text{h})$

11 常顶露点温度

常顶油气量常顶汽油+常顶回流=5.6+14.6=20.2t/h，常顶汽油相对分子量为 106.9g/mol，则常顶油气流量为 20.2÷106.9=189kmol/h，常顶蒸汽流量为 290.2kmol/h。根据表 2-20，常顶压力为 136.3kPa(绝)，则常顶水蒸气的分压 P=136.3×290.2÷(290.2+189)=82.55kPa=0.8255bar。

根据安托因方程(《The Properties of Gases and Liquids》[11] P74，公式 7-3.1)：

$$\lg P = A - \frac{B}{T+C}$$

式中　P——饱和蒸气压，bar；

T——温度，℃；

A，B，C——安托因常数。

查《The Properties of Gases and Liquids》[11] P59，水的安托因常数 $A=5.11564$，$B=$

1687.537，$C=230.17$，改变安托因方程求解 T：

$$T=\frac{B}{A-\lg P}-C=\frac{1687.537}{5.11564-\lg 0.8255}-230.17=94.4℃$$

实际常顶温度为104.4℃，处于露点以上。实际原油-常顶油气换热器E110出口温度为88℃，处于露点以下。可得出常顶露点位于原油-常顶油气换热器E110内。

第三部分　装置检修改造建议

1　装置换热网络不匹配

由于目前装置实际加工油种，操作参数和质量控制均与设计偏差较大，导致换热网络冷热物流换热温位不匹配，夹点温差为29℃，偏大，且存在跨夹点换热情况(见4.5.2换热网络图)，导致热回收率仅为77%，较设计值89.7%低12.7%。少回收热量=90.7×89.7%-69.7=11.6MW=41785MJ/h，对应能耗998kgEO/h，对应单位能耗2.82kgEO/t(此部分能耗应包含轻烃回收和减压塔取热比例能耗)。但由于换热器进出口温度测量误差较大(详见4.4.1)，同时由于加工负荷低，换热器内介质流量低，由换热器计算数据得出，换热器换热面积过大，换热器传热系数 k 偏小(详见7.2.5)，建议重新测量换热器进出口温度数据，并调整换热网络，降低夹点温差。

2　电脱盐进罐温度低

第二部分第八章第九节推导出的理论最佳进罐温度为130℃，目前实际进罐温度为111℃，较最佳值低19℃。这与换热网络不匹配和常顶循取热量小有关系。因此，调整换热网络除了提高换热终温降低能耗以外，还应同步提高电脱盐进罐温度。

3　电脱盐电场强度偏低

根据《电脱水设计规范2008版》[9]，强电场建议在1kV/cm左右，弱电场在0.3~0.5kV/cm。而根据计算结果，一级罐和二级罐弱电场和强电场均为达到标准建议值。其中，弱点场与水位高度和电场电压呈正比关系，而强电场与电场电压呈正比关系，因此综合考虑，可将电场电压提高至21kV，并将油水界位提高至60%控制，一级罐弱电场电场强度将提高至0.29kV/cm，强电场电场强度将提高至0.84kV/cm，高强电场电场强度将提高至0.95kV/cm，二级罐弱电场电场强度将提高至0.22kV/cm，强电场电场强度将提高至0.84kV/cm，基本达到设计规范建议值。可在原基础上提高脱盐脱水的效率。

4　燃料气计量表偏差大

根据前文计算结果，燃料气偏差6.74%，使得装置单位能耗计算上升0.32kgEO/t，建议进行校验。

5　加热炉散热损失偏大

根据前文计算结果，散热损失为3%，达到了设计条件上限，炉墙耐火材料性能偏低，建议更换或更换新型材料。

参 考 文 献

[1] 李志强．原油蒸馏工艺与工程[M]．北京：中国石化出版社，2010.

[2] 瞿国华．延迟焦化工艺与工程[M]．2版．北京：中国石化出版社，2018.

[3] 李少萍．石油加工过程设备[M]．上海：华东理工大学出版社，2009.

[4] 中国石油化工总公司石油化工规划院．炼油厂设备加热炉设计手册 上册[M]．北京：中国石油化工总公司，1986.

[5] 钱家麟．管式加热炉[M]．北京：中国石化出版社，2003.

[6] SH/T 3037. 炼油厂加热炉炉管壁厚计算方法[S]．北京：中华人民共和国工业和信息化部，2016.

[7] 石油化学工业部化工规划设计院．炼油设备工艺设计资料-塔的工艺计算[M]．北京：石油工业出版社，1977.

[8] 刘巍，邓方义．冷换设备工艺计算手册[M]．2版．北京：中国石化出版社，2008.

[9] SY/T 0045-2008. 原油电脱水设计规范[S]．北京：国家发展和改革委员会，2008.

[10] 美国石油协会．API® TECHNICAL DATA BOOK 10th Edition[M]．2016.

[11] Bruce E. Poling J M P，John M. O´Connell. The Properties of Gases and Liquids[M]．Unknow：McGraw-Hill Education，Unknow.

广西石化10.0Mt/a常减压蒸馏装置工艺计算

完成人：亓仁东
单　位：中国石油广西石化公司

目　　录

第一部分　标定报告

1　装置简介

中国石油广西石化 10.0Mt/a 常减压蒸馏装置，设计采用美国 UOP/PCS 公司提供的工艺包，材质选择按原油的硫含量为 2%(表)、酸值 1mgKOH/g 考虑。一期工况下装置所加工原料为苏丹 1/2/4 区混合原油，混合原油硫含量为 0.05%，常压拔出率为 35.0%，减压拔出率为 32.4%；二期工况下装置所加工原料为沙轻、沙中混合原油，而硫含量为 2.2%，常压拔出率为 47.9%，减压拔出率为 28.9%。两种工况原料油性质差异较大，产品性质也有较大差别。一期工况装置的主要产品有直馏石脑油、航煤馏分、柴油馏分、减压蜡油、减压渣油、燃料油等。二期工况装置的主要产品有直馏石脑油、航煤馏分、柴油馏分、减压蜡油和减压渣油等。

由于装置一、二期两种工况下原油性质差异较大，原油处理量也有较大差别。装置的流程设计、设备选型及控制方案等均以二期工况为设计条件，同时兼顾一期工况操作，装置对原料硫含量及原油性质等的变化具有较高的适应能力。

2　标定目的和主要内容

本次标定时间：2019 年 8 月 1 日 06：00~8 月 3 日 06：00，其目的是：

1. 全面了解技术、经济、能耗指标的实际数据，掌握装置运行情况，为考核装置提供依据；
2. 为装置处理量的提高、技术改造、节能降耗等措施提供基础数据；
3. 为装置优化操作提供技术数据

标定项目及主要内容：

1. 全装置物料平衡、热平衡；
2. 全装置的综合能耗；
3. 常减压加热炉热平衡、炉效率计算；
4. 常压系统核算：物料平衡、全塔热平衡、关键塔盘的水力学计算；
5. 换热系统热负荷、传热系数核算。

3　标定数据

3.1　原油性质

混合原油性质见表 1-1、实沸点馏程数据见表 1-2(实沸点数据来源于 Aspen Hysys)。混合原油比例为：沙中 52%、沙轻 18%、达尔 4%、瓦萨那 6%、杰诺 18%、卡塔尔 2%。

表 1-1　广西石化混合原油性质

项　目		质量指标	项　目	质量指标
密度(20℃)/(g/cm^3)		0.8702	原油盐含量/(mgNaCl/L)	3.17
API°		30.38	原油酸值/(mgKOH/g)	0.46
运动黏度/(mm^2/s)	50℃	7.364	硫含量/%	1.927
	80℃	3.210	氮含量/(μg/g)	547
原油水含量%(质)		未检出		

表 1-2　混合原油实沸点馏程

馏出量/%(质)	温度/℃	相对分子质量	密度/(kg/m³)	馏出量/%(质)	温度/℃	相对分子质量	密度/(kg/m³)
0	-161	16	299.5	50	379	325	885.3
1	-4	58	574.0	55	413	352	921.0
2	23	72	615.0	60	453	387	940.2
4	53	77	651.5	65	494	470	908.5
5	78	88	683.2	70	530	551	948.2
8	103	99	726.4	75	562	500	937.5
10	124	110	735.7	80	595	543	975.2
13	141	120	749.2	85	633	612	1009.9
15	157	129	764.0	90	681	729	1044.6
18	174	140	776.9	93	714	824	1063.4
20	190	150	787.8	95	758	993	1081.6
25	224	175	808.4	97	798	1161	1090.8
30	256	201	821.2	98	852	1445	1095.5
35	288	226	852.1	99	867	1681	1103.4
40	315	255	869.1	100	972	1881	1111.3
45	346	287	877.8				

3.2　主要产品性质及操作条件

标定期间主要产品性质见表 1-3，气体主要性质见表 1-4，标定期间主要参数见表 1-5。

表 1-3　主要产品性质

项　　目	常顶油	常一线	常二线	常三线	减顶油	减一线	减二线	减三线	减压渣油	闪底油	常底油
初馏点/℃	36.6	139.6	188.4	194.3	64.1	220.0	250	379	465	236	306
5%	49.2	162.2	217.4	247.8	104.5	245.1					
10%	60.6	169.7	227.4	264.4	115.1	256.1	299	415	525	273	380
30%	88.4	186.9	247.6	291.4	142.8	277.3	340	442		341	447
50%	108.4	199.0	259.9	309.2	173.8	291.6	374	468		410	510
70%	126.6	211.1	271.5	327.9	231.7	309.4	413	497		481	
90%	150.2	228.8	291.3	356.4	300.9	342.6	472	541			
95%			301.9	371.2	325.3	359.1	505				
终馏点	172.1	247.8									
密度	704.3	789.6	824.6	853.0	789.5	853.4	886.8	928.2	1009.7	878.4	959.3
硫含量/%	0.1616	0.2004	0.760	1.169		1.244	1.87	2.376	3.954	2.025	
氮含量/(μg/g)	0.8	3.2	20.8	167.8	30.4	115.3	430.8	1072.5	2793.3	547.1	1609.1
运动黏度(50℃)/(mm²/s)		1.013	2.014	3.878				75.65		9.261	
闪点/℃		41.4	75.4	84.5		94.5					
运动黏度(80℃)/(mm²/s)		0.7285	1.300	2.19				20.72	5195	4.694	

表 1-4 气体性质

%

项目	H_2	C_6	CO_2	丙烷	丙烯	异丁烷	正丁烷	正丁烯	异戊烷	顺-丁烯	正戊烷	氧	氮	甲烷	一氧化碳	乙烯	乙烷	C_3以上	总
常顶气	7.37	0.65	5.46	15.8	0.07	4.35	10.3	0.07	2.18	0.02	1.9	1.16	13.7	25.2	0.1	0.07	11.3	0.4	100
减顶气	8.12	1.14	0.01	12.9	4.35	1.21	5.54	3.26	1.17	0.24	1.7	9.11	21.1	9.46	0	20.5	0.13	14.4	100
燃料气	32	0.07	0.59	2.99	1.04	0.5	0.34	0.36	0.21	0.15	0.05	0.54	12.4	21.2	1.36	13.8	12.5		100

表 1-5 标定期间主要操作参数

项　　目	单　　位	操作参数	
		标定值	设计值
原油进装置流量	t/h	1150.3	1196
原油进装置温度	℃	37.7	40
电脱盐脱前温度	℃	130	142
电脱盐脱后温度	℃	131.5	136
脱后一路换热后温度	℃	148.7	161
脱后二路换热后温度	℃	150.6	161
闪底一路流量	t/h	554.2	594
闪底二路流量	t/h	568.3	594
闪蒸罐罐顶压力(表)	MPa	0.32	0.31
闪蒸罐罐底温度	℃	147	158
常压塔			
塔顶压力(表)	MPa	0.142	0.14
塔顶温度	℃	154.6	157
塔顶回流温度	℃	122.8	118
常一抽出温度	℃	192.7	192
常一中流量	t/h	563	502.5
常二中抽出温度	℃	249.9	251
常二中返回温度	℃	207.5	219
常三中流量	t/h	533.2	565
常三中抽出温度	℃	297.8	307
常三中返回温度	℃	278.9	276
一线馏出温度	℃	192.7	192
一线出 E-118 温度	℃	234.6	227
二线馏出温度	℃	249.9	251
三线馏出温度	℃	297.8	307
常三热油流量	t/h	154.9	185
炉出口温度	℃	350.5	358
闪蒸段温度	℃	348.5	
塔底温度	℃	342	350

续表

项　目	单　位	操作参数	
		标定值	设计值
汽提蒸汽压力	MPa	0.480	0.689
汽提蒸汽温度	℃	302.2	331
二线汽提蒸汽量	kg/h	706.2	2722
三线汽提蒸汽量	kg/h	201.4	5443
塔底汽提蒸汽量	t/h	7.12	14.969
常一线热虹吸温度	℃	223.3	227
常顶油气入回流罐温度	℃	121.3	119
常顶油气入产品罐温度	℃	39.7	40
常顶油外送流量	t/h	190.2	90.8
常顶油外送温度	℃	39.2	40
减压塔			
塔顶压力(绝压)	kPa	1.41	1.4665
塔顶温度	℃	43	63
减一中回流返塔温度	℃	40	49
减一中回流流量	t/h	250	283
减一中馏出口温度	℃	78	122
减一中热回流流量	t/h	25	66.4
减二中二线馏出温度	℃	208.8	233
减三中三线馏出温度	℃	284.8	309
减二中返回温度	℃	167	198
减二中流量	t/h	532.1	710
减三中返回温度	℃	241.4	264
减三中流量	t/h	1023.7	983
减三热回流流量	t/h	159.2	222
进料温度	℃	364.3	399
塔底温度	℃	360	357
炉管注汽蒸汽量	kg/h	2125	3992
塔底汽提蒸汽量	t/h	0	4.5
常压炉			
换热终温	℃	293	290
A出辐射室温度(一路)	℃	351.9	358
A出辐射室温度(二路)	℃	351.5	358
A出辐射室温度(三路)	℃	351.6	358
A出辐射室温度(四路)	℃	350.7	358
A出辐射室温度(五路)	℃	351.2	358
A出辐射室温度(六路)	℃	352.2	358

续表

项目	单位	操作参数	
		标定值	设计值
B 出辐射室温度(一路)	℃	352.2	358
B 出辐射室温度(二路)	℃	352.6	358
B 出辐射室温度(三路)	℃	352	358
B 出辐射室温度(四路)	℃	353.5	358
B 出辐射室温度(五路)	℃	353.3	358
B 出辐射室温度(六路)	℃	353	358
总出口温度	℃	352.5	358
1.0MPa 蒸汽过热前温度	℃	195.3	250
1.0MPa 蒸汽过热后温度	℃	317.3	330
燃料油量	t/h	0.4	6.798
雾化蒸汽温度	℃	229.3	250
雾化蒸汽混合压差	MPa	0.2363	0.3
高压瓦斯温度	℃	77.5	120
高压瓦斯量	kg/h	7175.2	

4　标定结果及分析

4.1　全装置物料平衡

通过流量校正后的常减压装置物料衡算结果见表 1-6。

表 1-6　常减压装置校正后物料平衡

物料名称		2019.8.1 统计值		校正后流量	
		收率/%(质)	流量/(t/h)	收率/%(质)	流量/(t/h)
入方	脱前原油	100	1148.637	100.00	1148.637
	水含量	痕量	0		
	合计		1148.637		
出方	常顶不凝气	0.18	2.08	0.22	1.897
	常顶油	15.62	179.41	15.62	179.41
	常一线	10.49	120.45	10.49	120.45
	常二线	6.02	65.09	6.02	65.09
	常三线	11.14	128.00	11.14	128
	减顶瓦斯	0.00	0.001	0.00	0.001
	减顶油	0.10	1.18	0.10	1.18
	减一线	1.72	19.75	1.72	19.75
	减二线	15.14	173.92	15.14	173.92
	减三线	12.02	138.06	11.59	133.16
	减渣	27.92	320.71	28.31	325.21
	损失	0	0	0	0
	合计		1148.64	100	1148.637

原油化验数据含水量为痕量，不需进行干基校正。

4.2 水平衡

全装置进出水平衡表见表1-7。

表1-7 常减压装置水平衡

物料名称		水收率/%(质)	流量/(kg/h)
入方	脱后原油含水	0.9	573
	一级电脱盐注水	64.0	42000
	常压塔汽提蒸汽	10.9	7120
	常二线汽提蒸汽	1.1	706
	常三线汽提蒸汽	0.3	201
	抽真空蒸汽	22.9	15000
	合计	100.0	65600
出方	常顶产品罐切水	15.2	10000
	减顶水封罐切水	23.3	15300
	电脱盐脱水	61.4	40300
	合计	100	65600

水平衡情况较好，进出装置水达到平衡。

4.3 硫平衡

常减全装置硫平衡计算值见表1-8。

表1-8 常减压装置硫平衡

物料名称		硫含量/%	流量/(t/h)	硫/(t/h)
入方	脱前原油	1.927	1148.06	22.123
	合计			22.123
出方	常顶不凝气	0.4	2.47	0.010
	常顶油	0.1616	179.41	0.290
	常一线	0.2004	120.45	0.241
	常二线	0.76	65.09	0.495
	常三线	1.169	128	1.496
	减顶瓦斯	4	0.001	0.000
	减顶油	1.2	1.18	0.014
	减一线	1.244	19.75	0.246
	减二线	1.87	173.92	3.252
	减三线	2.376	133.16	3.164
	减渣	3.954	325.21	12.859
	常顶产品罐切水	0.004	10	0.000
	减顶产品罐切水	0.011	15	0.002
	合计			22.069

从计算结果看出，脱后原油总硫为22.123t/h，各侧线加切水总硫为22.069kg/h，有部分损失，基本平衡。

4.4 氮平衡

全装置氮平衡计算值见表1-9，减压部分氮平衡见表1-10。

表1-9 常减压装置氮平衡

物料名称		氮含量/(mg/kg)	流量/(t/h)	氮含量/(kg/h)
入方	脱前原油	547	1148.06	627.989
	电脱盐注水	120	42	5.040
	合计			633.029
出方	常顶不凝气	0	2.47	0.000
	常顶油	0.8	179.41	0.144
	常一线	3.2	120.45	0.385
	常二线	20.8	65.09	1.354
	常三线	167.8	128	21.478
	减顶瓦斯	0	0.001	0.000
	减顶油	30.4	1.18	0.036
	减一线	115.3	19.75	2.277
	减二线	430.8	173.92	74.925
	减三线	1072.5	133.16	142.814
	减渣	2793.3	325.21	908.409
	常顶产品罐切水	70	10	0.700
	减顶产品罐切水	60	15	0.900
	电脱盐排水	210	40.2	8.442
	合计			1161.864

从计算结果看出，脱后原油总氮为633kg/h，各侧线总氮为1161.8kg/h，氮平衡较差。

表1-10 常减压装置减压部分氮平衡

物料名称		氮含量/(mg/kg)	流量/(t/h)	氮含量/(kg/h)
入方	常底油	1609	653	1050.677
	合计			1050.677
出方	减顶瓦斯	0	0.001	0.000
	减顶油	30.4	1.18	0.036
	减一线	115.3	19.75	2.277
	减二线	430.8	173.92	74.925
	减三线	1072.5	133.16	142.814
	减渣	2793.3	325.21	908.409
	常顶产品罐切水	70	10	0.700
	减顶产品罐切水	60	15	0.900
	电脱盐排水	210	40.2	8.442
	合计			1138

从计算结果看出，常底总氮为 1050kg/h，各侧线总氮为 1138kg/h，氮平衡较好。经过分析，全装置氮平衡中原油的氮含量分析存在较大误差。

4.5 常压塔的核算

常压塔示意图见图 1-1。

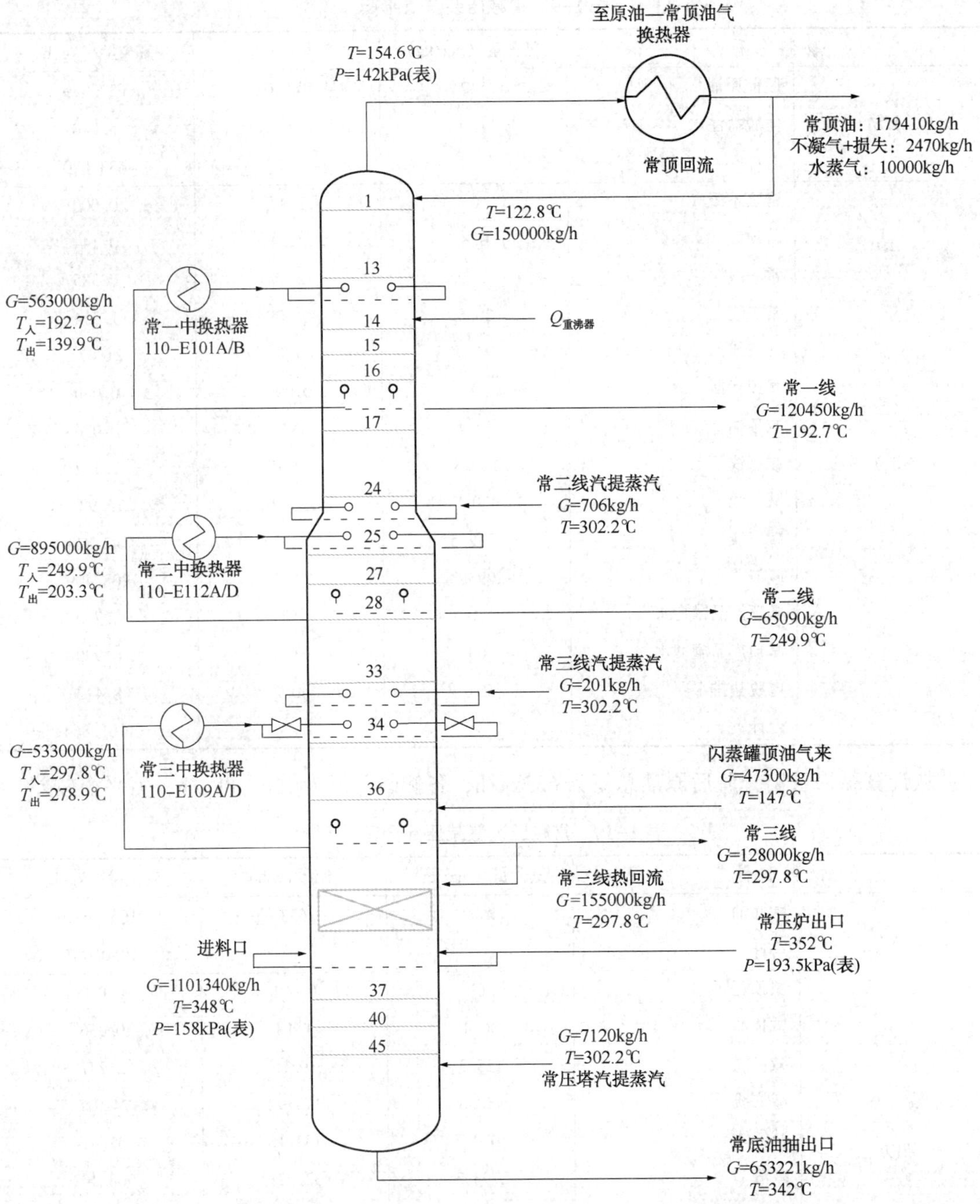

图 1-1 常压塔示意图

常压塔部分物料平衡结果见表 1-11。

表 1-11 常压塔物料平衡

物料名称		收率/%(质)	流量/(kg/h)	密度/(kg/m^3)	体积流量/(m^3/h)	收率/%(体)
入方	闪底油	100.00	1100740	878.4	1253.12	100.00
	合计	100.00	1100740	878.4	1253.12	100.00
出方	常顶油	12.17	134007	704.3	190.27	15.19
	常一线	10.94	120450	789.6	152.55	12.18
	常二线	5.91	65090	824.6	78.94	6.30
	常三线	11.63	128000	853	150.06	11.98
	常渣油	59.34	653221	959.3	680.94	54.36
	合计	100.00	1100768		1252.74	100.00

全塔的热平衡计算见表 1-12。

表 1-12 常压塔全塔热平衡

物料		流量/(kg/h)	密度(r_{20})/(g/cm^3)	操作条件		焓/(kJ/kg)		热量/(MJ/h)
				压力/MPa	温度/℃	气相	液相	
入方	进料							1067312
	汽提蒸汽	8116		0.5789	302	3069		24908
	闪顶油气	47300	0.678	0.4	147	646		30556
	$Q_{重沸器}$							11288
	常顶热回流	210647	0.7043	0.5	122		312	65722
	合计							1199786
出方	常顶油气	390057	0.7043	0.242	154	661		257828
	水蒸气	8116	—	0.211	154	2776		22530
	常一线	120450	0.7896	0.254	192.7		483	58177
	常二线	65090	0.8246	0.256	249.9		627	40811
	常三线	128000	0.853	0.258	297.2		752.5	96317
	$Q_{三中}$							29848
	$Q_{二中}$							83828
	$Q_{一中}$							76568
	常渣	653221	0.9593	0.26	340		823	537601
	$Q_{热损失}$							4607
	合计							1208115

经计算进出热量相差 0.7%，进出热量平衡。

常压塔余热分配比例见表 1-13。

表 1-13 常压塔余热分配

名称	取热量/(MJ/h)	比例/%	名称	取热量/(MJ/h)	比例/%
常三中取热量 $Q_{三中}$	29848	11	常一中取热量 $Q_{一中}$	76568	29
常二中取热量 $Q_{二中}$	83828	32	常顶回流取热量	73516	28

全塔主要截面气液相负荷见表 1-14。

表 1-14 主要截面气液相负荷

项目	液相负荷/(kmol/h)					气相负荷/(kmol/h)			
板号	中段量	侧线抽出量	内回流减少量	内回流量	总液相负荷量	内回流量	产品量	水蒸汽量	总气相负荷
49				2085	2085	2085	1843	451	4379
48				2789	2789	2789	1843	451	5083
36	3609		2150	548	4157	548	1834	451	2833
34	3609	772		2698	5535	2698	1834	451	4983
25	4483		2581	549	5032	549	2606	412	3567
24	4483	326		3130	7287	3130	2606	412	6148
15	2216			1344	3560	1343	2932	400	4675
13	2216	532	618	1961	3645	1961	2932	400	5293
10				521	521	521	2932	400	3853
9				1281	1281	470		400	870
0				1338	1338			400	400

全塔气液相负荷图见图 1-2。

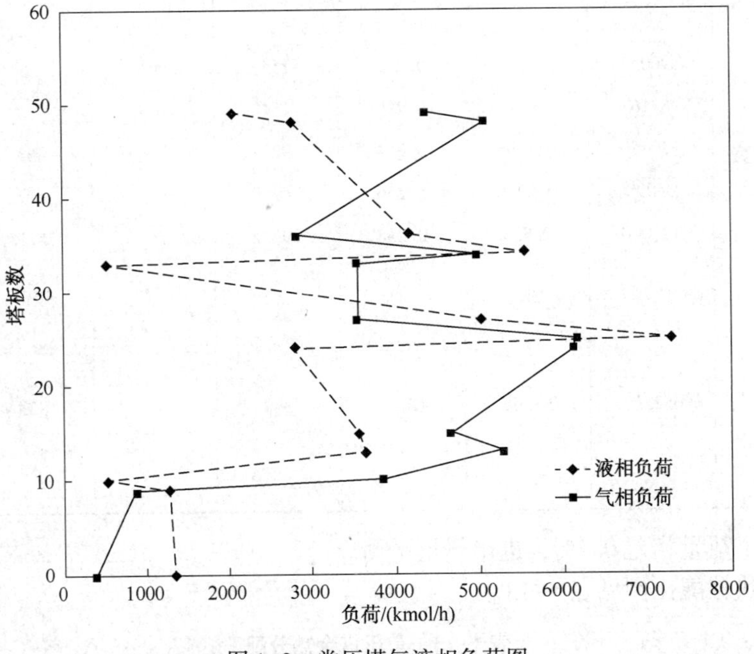

图 1-2 常压塔气液相负荷图

4.6 常压塔运行工况分析

4.6.1 常压塔侧线抽出温度计算值较实际值偏低分析

侧线抽出温度校核计算时，发现在使用化验室分析数据时与实际值均相差较大，普遍为

10℃负偏差。采用外延法对恩氏蒸馏数据进行外延后计算数据与实际值基本一致。

分析认为造成计算值与实际值相差较大的原因为：①与中段回流设置有关，广西石化常减压采用中段与侧线抽出在相同抽出口，且使用大流量、小温差的方式，中段回流对侧线产品质量影响较大，造成产品的初馏点与单独设置中段回流的塔相比变低。②侧线抽出温度计算的基础是建立在离开塔盘的内回流蒸汽与抽出液相达到相平衡，实际大流量的中段回流存在破坏了相平衡，计算方法不适用的问题。③从上述结果看，常二中取热量及回流量最大，对结果影响最大，常三中取热量较小，对产品影响较小。

4.6.2 常压塔热平衡分析

常压塔全塔热平衡进出基本吻合，但在全塔余热校核时发现计算值与模拟数值偏差较大，经过分析发现原油/常二中换热器原油侧吸收的热量与常二中侧放出的热量两者相差20%。经检查发现常二中返塔温度热电偶，因套筒内存水存在指示温度偏低的情况。

以原油侧吸收的热量重新校核全塔热平衡，则全塔余热为79MW与模拟数值相差1.5%，基本吻合。

4.6.3 常压塔取热比例分析

常压塔低温位热量占比较大，常压塔余热分布不理想，常三中高温(处于窄点以上)热量取用比例较小，不利于热量的回收利用。

4.7 常压塔水力学核算

从全塔气、液相负荷分布看出常二中及二线抽出板(27层)处气相、液相负荷最大。因此选择常二中及二线抽出板进行核算，计算结果见表1-15。

表1-15 常压塔27[#]塔板水力学参数

项目	气相负荷	液相负荷	空塔实际气速	阀孔动能因子	雾沫夹带量	塔板压力降 ΔP_p	液体在降液管中停留时间 τ	降液管最大流速	泄漏点空塔气速
单位	m^3/h	m^3/h	m/s	(m/s)·$(kg/m^3)^{0.5}$	kg(液体)/kg(气体)	m液柱	s	m/s	m/s
27层	105048	2224	0.503	9.59	0.02587	0.1088	10.86	0.1666	0.2621

27层塔盘性能曲线图见图1-3。

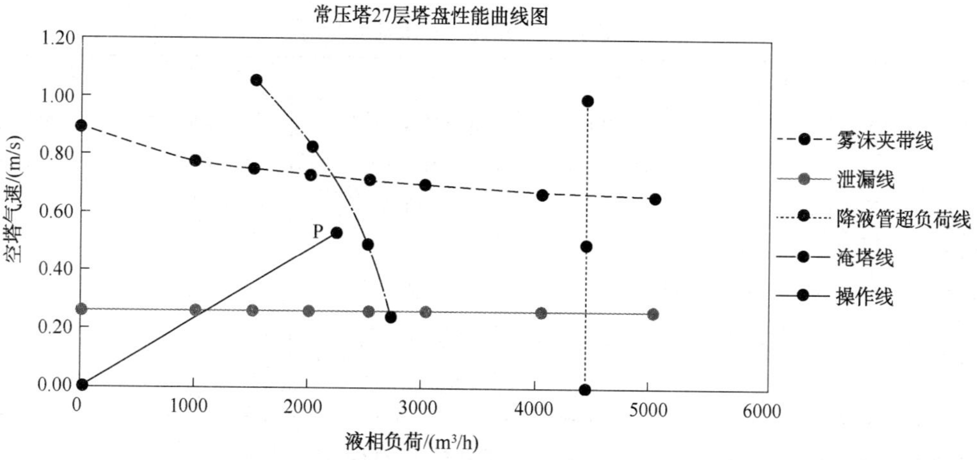

图1-3 27[#]塔板负荷性能图

4.8 常压塔水力学分析

从 27 层最大气液相负荷塔板的水力学数据看，操作点在合适的操作区间内。但进一步提高处理量时，操作点靠近淹塔线，可通过调整中段取热分配，适当降低常二中的循环量来保证操作点远离淹塔线。

4.9 换热器核算

以常一中/原油换热器 E101A/B 为例进行换热器相关计算。因 E101A/B 换热器存在结盐影响换热的情况，故对其换热情况进行核算计算结果见表 1-16。

表 1-16 原油/常一中换热器计算结果

设备名称	原油/常一中换热器	型号	BESD1200-3.75/3.0-405-6/25-2I	
结构	管程(原油)		壳程(常一中油)	
	设计	计算值	设计	计算值
允许压降计算/允许/MPa	0.08	0.093	0.07	0.042
污垢系数/(m^2·K/W)	0.00068	0.00068	0.00053	0.0046
膜传热系数/[W/(m^2·K)]	1559.92	956	1554.2	1852
有效温差/对数平均温差/℃	112.95/114.51	125.75/126.01	112.95/114.5	125.75/126.01
总传热系数[W/(m^2·K)](结垢)	350.54	333	350.54	333
总换热器面积/m^2	405			
接管尺寸/mm	400	400	300	300

4.10 换热器运行分析

常一中/原油换热器 E101A/B 壳程存在较严重的铵盐结垢影响换热效果的问题。通过计算发现换热器 E101A/B 的实际传热系数 147W/(m^2·K)远低于设计 350.54W/(m^2·K)，计算壳程污垢热阻为 r_0=0.0046(m^2·K)/W 远远大于设计的结垢热阻[r_0=0.00053(m^2·K)/W]。

换热效果不佳还造成原油的实际定性温度较低，导致黏度较大，管程压降升高的问题。需要定期对换热器进行清理。

4.11 加热炉核算

常压炉热负荷计算结果见表 1-17。

表 1-17 常压炉热负荷

项目	单位	数值	项目	单位	数值
闪底油流量	kg/h	1100740	过热蒸汽流量	kg/h	8116
入炉温度	℃	293	入炉温度	℃	195
入炉焓值	kJ/kg	723	入炉焓值	kJ/kg	2845
入炉热量	MJ/h	795835	出炉温度	℃	302
出炉热量	MJ/h	1067312	出炉焓值	kJ/kg	3069
吸收热量	MJ/h	271477	吸收热量	MJ/h	1818
	kW	75410	常压炉热负荷	MJ/h	273295
				MW	75.9

加热炉反平衡计算热效率见表 1-18，正平衡计算热效率见表 1-19。

计算基本以 15℃焓值为准，散热损失取燃料发热值的 2%。

表 1-18　加热炉反平衡热效率

项目	瓦斯燃料低发热值	燃料油燃料低发热值	过剩空气量	排烟热损失	显热计算		
					燃料	空气显热	雾化蒸汽显热
单位	kJ/kg 燃料	kJ/kg 燃料	kJ/kg 燃料	kJ/kg 燃料	kJ/kg 燃料	kJ/kg 燃料	kJ/kg 燃料
数值	39553. 53	34551. 80	2. 2484	1990. 17	137	355. 92	39. 2
热效率	93. 04%						

表 1-19　加热炉正平衡热效率

项目	瓦斯燃料低发热值	燃料油燃料低发热值	燃料显热	空气显热	介质吸收热量	
					闪底油	蒸汽
单位	kJ/kg 燃料	kJ/kg 燃料	kJ/kg 燃料	kJ/kg 燃料	MJ/h	MJ/h
数值	39553. 53	34551. 80	137	355. 92	271477	1818
热效率	90. 45%					

4. 12　加热炉运行分析

通过计算加热炉的热效率较高为 93. 04%，燃料的单位质量热值为 39396kJ/kg，加热炉的实际负荷为 82MW，加热炉设计负荷为 120MW。

但当前加热炉运行过程中，加热炉负荷提高困难，经计算燃烧器设计燃料气热值为 49264kJ/kg，实际值与设计值相差 20%。燃料气热值偏低是造成加热炉负荷提高困难的主要原因。

因离催化裂化装置较近燃料气的组成中氮气含量达到 15%，造成燃料气热值较低。

4. 13　换热网络计算

通过调整窄点温差使热公用工程负荷与加热炉负荷，冷公用工程与实际冷却负荷相匹配，得到常减压装置热流股窄点温度 $T_{\text{Pinch (Hot)}} = 293℃$；冷流股窄点 $T_{\text{Pinch (cold)}} = 273℃$，窄点温差为 20℃。通过组合组成曲线图 1-4 可以读出此时换热终温为 295℃，加热炉负荷为 75MW，冷却负荷为 93000kW，与实际数据基本一致。

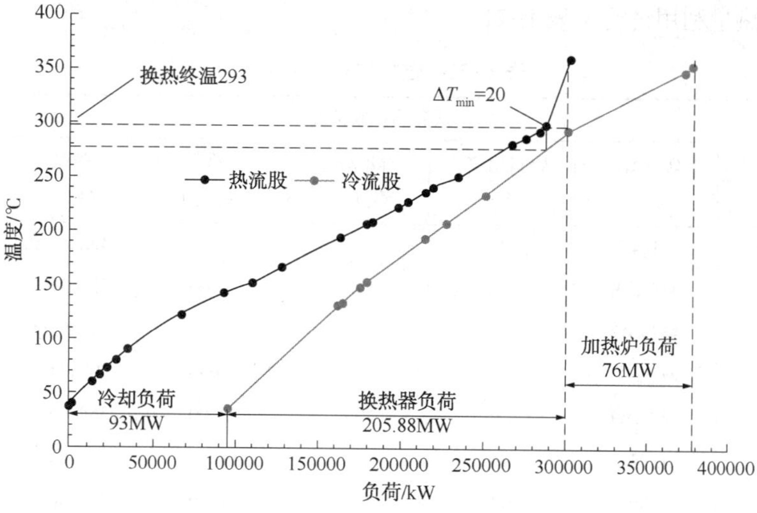

图 1-4　组合组成曲线

4.14 全装置换热负荷计算

全装置热负荷情况见表1-20。

表1-20 全装置换热器负荷计算情况

项目				管程				壳程			
序号	工艺编号	设备名称	数量/台	流量/(kg/h)	入口温度/℃	出口温度/℃	负荷/kW	流量/(kg/h)	入口温度/℃	出口温度/℃	负荷/kW
1	110-E101 A/B	原油-常一中油换热器	2	1148000	37	59	14988	560000	193	156	14778
2	110-E102 A/D	原油-常顶油气换热器	4	1148000	59	89	19771				19771
3	110-E103 A/B	原油-常二线油换热器	2	1148000	89	103	9248	109000	236	117	9204
4	110-E104 A/B	原油-常三线油换热器	2	1148000	103	119	11161	128000	293	133	15076
5	110-E106 A/D	原油-减压渣油换热器	4	1148000	119	133	10523	323000	206	156	10318
6	110-E108 A/F	闪底油-减压渣油换热器	6	1100740	199	217	14065	323000	272	206	15163
7	110-E109 A/D	闪底油-常三中油换热器	4	1100740	261	270	7950	533000	298	279	10808
8	110-E110 A/D	闪底油-减二中油换热器	4	1100740	149	169	14677	532000	209	167	15517
9	110-E112 A/D	闪底油-常二中油换热器	4	1100740	169	199	23238	895000	250	208	29585
10	110-E113 A/B	原油-减三线油换热器	2	641000	133	149	6588	148000	226	140	8592
11	110-E114 A/B	原油-减二线油换热器	2	507000	133	151	5915	174000	209	144	7733
12	110-E115 A/H	闪底油-减三中油换热器	8	1100740	217	261	36080	1024000	285	241	34133
13	110-E116 A/H	闪底油-减压渣油换热器	8	1100740	270	293	20486	323000	360	272	22431
14	合计						194689				213109

从全装置换热器负荷看，热流放热量为213.11MW，冷流吸热量为194.7MW，相差8.6%，在误差范围内。

装置过剩热量利用情况见表1-21。

表1-21 过剩热量利用情况

低温热回收情况						
项目	实物量/d	物料温度/℃	标准外送温度/℃	比热容/[J/(kg·℃)]	热量/(kJ/d)	热量/kW
产低压蒸汽	144				422049600	4884.8
混柴热出料	3164.78	119	40	2100	525037002	6076.8
轻蜡油热出料	4629.47	130	70	2080	577757856	6687.0
重蜡油热出料	2736.00	135	80	2050	308484000	3570.4
减渣热出料	6677.69	155	90	2000	868099700	10047.5
热媒水	15941	84	68	4200	1071235200	12398.6
电脱盐注水	960	130	40	4200	362880000	4200.0
合计						47865

续表

项　　目	实物量/d	物料温度/℃	标准外送温度/℃	比热容/[J/(kg·℃)]	热量/(kJ/d)	热量/kW
冷公用工程情况						
循环水	137450	33.6	30.4	4200	1847328000	21381.1
常顶空冷负荷						26125.0
合计						47506
全部冷却负荷合计	95371kW					

过剩热量为95.37MW，其中回收热量为47.87MW，冷公用工程冷却47.51MW。

4.15　换热网络分析

（1）总换热网格图分析：现有网络不存在跨夹点换热现象，换热网络布置合理。

（2）从总组成曲线看，理论可回收热量为79000kW，经过计算实际回收热量为47865kW。

热量未充分回收利用，同时造成冷公用工程使用负荷较高。热量未充分回收的主要原因：①常三中汽包未投用，减三中汽包发气量较低，发汽量总计6t/h，可进一步提高产汽量；②常顶二段冷凝部分120℃的低温热直接空冷冷却造成部分热量损失。

（3）从组合曲线分析：加热炉负荷为75MW与实际值75.9MW接近，冷却负荷为93462kW与实际冷却负荷为95371kW接近，换热终温为295℃与实际值293℃接近，换热量205.88MW与实际平均换热量203MW接近，相应的窄点温差为20℃。

（4）换热器换热效果良好，换热温差未明显下降。

（5）装置窄点以上热源较少，建议加大常三中的取热量提高热量的利用率。

4.16　能耗分析

装置能耗计算见表1-22。

表1-22　装置能耗一览表

名　　称	单位	系数	实物量	标定能耗				设计值
				实物单耗		单位能耗		
				单位	数量	单位	数量	数量
电	kW·h	0.22	225769	kW·h/t	8.19	kgEO/t	1.80	2.12
1.0MPa蒸汽	t	76	182	t/t	0.01	kgEO/t	0.50	4.21
燃料气	t	950	256	kg/t	9.29	kgEO/t	8.77	8.93
燃料油	t	1000	12	kg/t	0.44	kgEO/t	0.36	
循环水	t	0.06	137450	t/t	4.99	kgEO/t	0.30	0.40
3.5MPa蒸汽	t	88	56	t/t	0.00	kgEO/t	0.18	0.29
除氧水	t	6.5	143	t/t	0.01	kgEO/t	0.03	0.04
净化水	t	0.13	1308	t/t	0.05	kgEO/t	0.0062	0.01
新鲜水	t	0.15	0	t/t	0.00	kgEO/t	0.0000	0.01
凝结水	t	6.5	39	t/t	0.00	kgEO/t	-0.01	
热出料							-1.37	-1.73
热输出							-0.46	-1.89
能耗							10.11	12.50

广西石化常减压装置的基准能耗为 9.75kgEO/t。

装置能耗分析：

装置能耗低于设计能耗主要是由于蒸汽消耗较低。抽真空系统停用大部分，节约蒸汽约 20t/h。

但装置能耗高于基准能耗主要是由于①常压塔中段设置不合理，高温热量较少，导致换热终温较低，加热炉负荷较大。②电耗较高。装置设计时采用大流量小温差换热方式，同时采用了较高的操作压力导致电耗比国内其他装置高出 30%以上。

5 结论

通过分析，广西石化 10.0Mt/a 常减压装置产品质量达到设计要求，装置运行平稳，能耗达标。同时建议对常压塔操作进行优化，适当加大常三中的取热比例，这样既可以提高换热终温，有利于降低装置能耗，又可以改善常二中段处塔的水力学数据，减少常一线与常二线重叠度，提高航煤的产量。

第二部分 装置工艺流程

广西石化常减压流程图见图 2-1。

第三部分 工艺计算及分析

1 物性计算

通过标定数据，在已知油品的蒸馏分析方法及数据情况下，可以通过公式进行恩氏蒸馏、实沸点蒸馏、平衡汽化之间的相互转化。

在已知油品恩氏蒸馏数据及密度情况下，由公式可以推导出油品的 *API*、中平均沸点、体积平均沸点、相对分子质量、真假临界性质、焦点温度、焦点压力等物性。下面以原油为例进行计算。

1.1 原油性质计算

1.1.1 原油恩氏蒸馏馏程换算

方法一：根据《原油技术与发展》P126 实沸点蒸馏曲线与恩氏蒸馏曲线相互换算公式(3-1)进行原油恩氏馏程计算。

$$t_{D86}=a^{(-1/b)}(t_{\mathrm{TBP}})^{(1/b)} \tag{3-1}$$

式中 t_{D86}——ASTM D86 各馏出体积下的温度，K；

t_{TBP}——常压各馏出体积下的 TBP 温度，K；

a、b、c——与馏出体积有关的关联系数，数值见表 3-1。

表 3-1 关联系数 *a*、*b* 的值

系数 \ 馏出量/%(体)	0~5	10	30	50	70	90	95~100
a	0.917675	0.5564	0.7617	0.90230	0.88215	0.955105	0.8167
b	1.001868	1.090011	1.042533	1.017560	1.02259	1.010955	1.03549

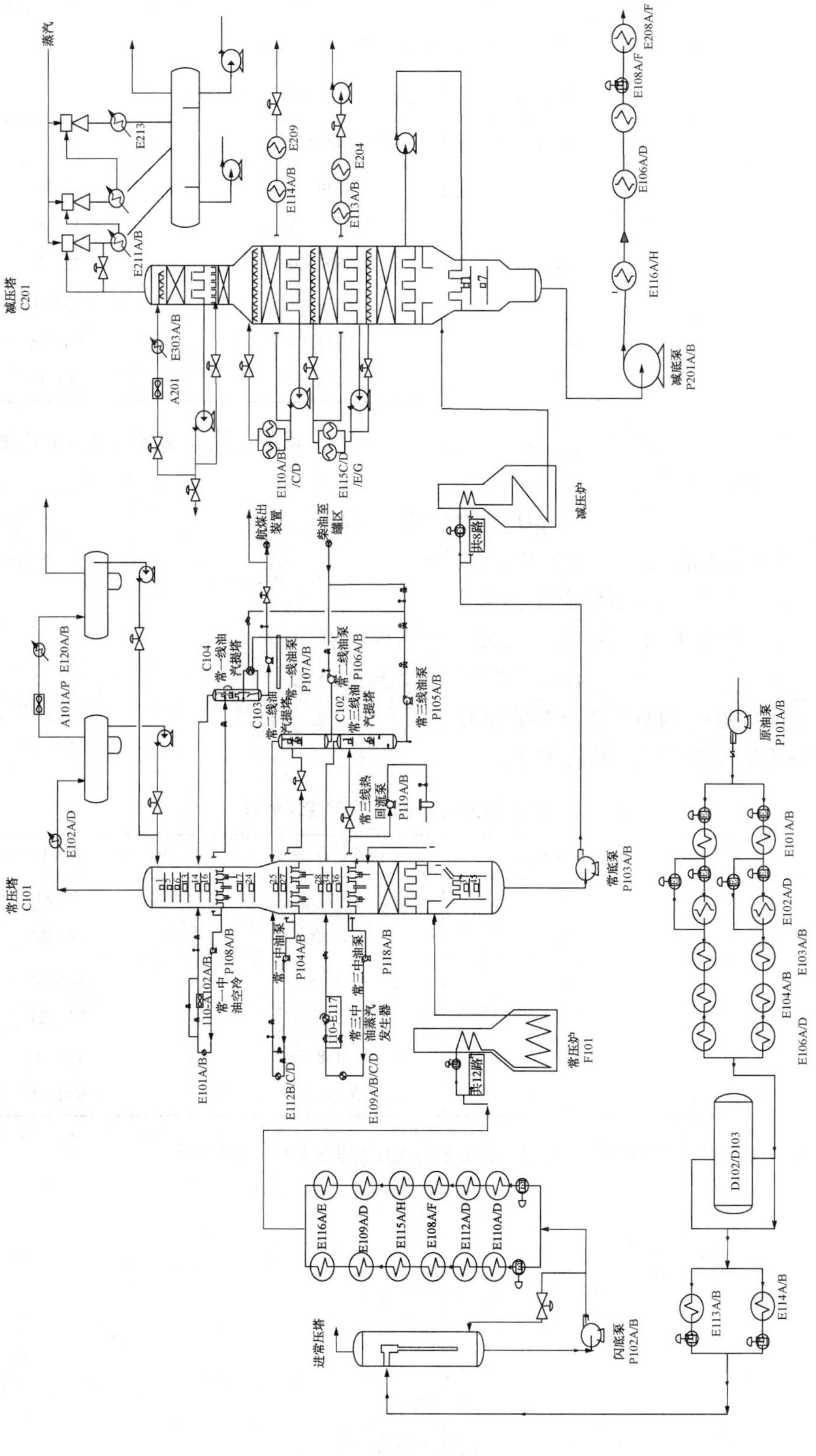

图2-1 广西石化常减压流程图

根据公式(3-1)计算混合原油恩氏蒸馏馏程。

在实沸点馏程52℃时对应恩氏蒸馏温度计算如下：

$t_{D86}=a^{(-1/b)}(t_{TBP})^{(1/b)}=0.917675^{(-1/1.001868)}\times(52+273.15)^{(1/1.001868)}=350.46K=77.3℃$

同理计算其余10%、30%、50%、70%、90%馏程结果见表3-2。

表3-2　广西石化混合原油实沸点转换恩氏蒸馏馏程

体积总收率/%	实沸点馏程 t_{TBP}/℃	恩氏蒸馏馏程 t_{D86}/K	恩氏蒸馏馏程 t_{D86}/℃
5	52	350.46	77.3
10	102	393.75	120.6
30	225	502.00	228.9
50	343	610.13	337.0
70	497	751.73	478.58
90	657	903.89	630.74

当恩氏蒸馏温度超过246℃时，需考虑热裂化作用，根据《原油蒸馏工艺与工程》P285使用式(3-2)进行温度校正。

$$\lg D=0.00852t-1.691 \tag{3-2}$$

式中　D——温度校正值(加至 t 上)，℃；

t——超过246℃恩氏蒸馏温度，℃。

从换算恩氏蒸馏温度看，50%为343℃，计算校正值。

$$D=e^{(0.00852\times343-1.691)}=3.25℃$$

裂化校正后温度 $t=343+3.25=346.25℃$

同理校正恩氏蒸馏温度，见表3-3。

表3-3　校正后的混合原油恩氏蒸馏馏程

总收率/%	实沸点馏程 t_{TBP}/℃	恩氏蒸馏馏程 t_{D86}/℃	校正后恩氏蒸馏馏程 t_{D86}/℃
5	52	77.3	77.31
10	102	120.6	120.60
30	225	228.9	228.85
50	343	337.0	340.24
70	497	478.58	489.46
90	657	630.74	670.51

根据计算结果获得广西石化混合原油恩氏蒸馏曲线如图3-1所示。

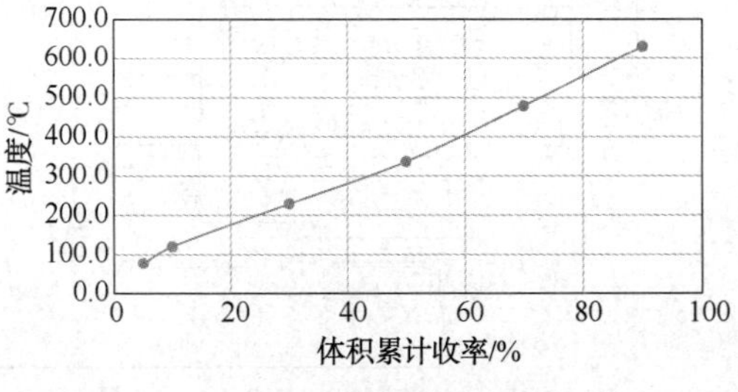

图3-1　广西石化混合原油恩氏蒸馏曲线

1.1.2　原油体积平均沸点计算

根据《石油炼制工程》（第四版）P57 体积平均沸点计算公式（3-14）进行广西石化原油体积平均沸点计算。

体积平均沸点 t_V：

$$t_V=\frac{t_{10}+t_{30}+t_{50}+t_{70}+t_{90}}{5}=\frac{120+228+340+489+670}{5}=369.9 \tag{3-3}$$

式中　　　　t_V——油品的体积平均沸点，℃；

t_{10}、t_{30}、t_{50}、t_{70}、t_{90}——油品 10%、30%、50%、70%、90%馏出点温度，℃。

1.1.3　原油 $API°$ 计算

根据《原油蒸馏工艺与工程》P323（4-7-1）进行原油及其馏分 $API°$ 计算。

计算原油 $API°$

$$API°=\frac{141.5}{SG}-131.5=\frac{141.5}{0.8741}-131.5=30.37 \tag{3-4}$$

式中　SG——原油及其馏分在 15.6℃的相对密度。

1.1.4　原油 15.6℃下的相对密度计算

根据《石油炼制工程》（第四版）P59d_4^{20} 和 $d_{15.6}^{15.6}$换算公式（3-23）和（3-24）换算相对密度。

计算原油相对密度 $d_{15.6}^{15.6}$

$$\Delta d=\frac{1.598-d_4^{20}}{176.1-d_4^{20}}=\frac{1.598-0.8702}{176.1-0.8702}=0.0039 \tag{3-5}$$

$$d_{15.6}^{15.6}=d_4^{20}+\Delta d=0.8702+0.0039=0.8741$$

1.1.5　原油中平均沸点计算

根据《石油炼制工程》（第四版）P57 蒸馏曲线斜率计算公式（3-13）进行原油馏分斜率计算，P58 体积平均沸点与中平均沸点关联公式（3-22）进行原油中平均沸点计算。

计算原油的馏程斜率、中平均沸点：

馏程斜率 S：

$S_{原油}$=（90%馏出温度-10%馏出温度）/（90-10）=（670-120）/（90-10）=6.87℃/%

中平均沸点 t_{Me}的校正值：

$$\begin{aligned}\ln\Delta t_{Me}&=-1.53181-0.012800t_V^{0.667}+3.64678S^{0.3333}\\&=-1.53181-0.012800\times369.9^{0.667}+3.64678\times6.87^{0.3333}=4.74\end{aligned} \tag{3-6}$$

$$\Delta t_{Me}=e^{4.74}=114.7℃$$

中平均沸点 t_{Me}：

$$t_{Me}=t_V-\Delta t_{Me}=369.9-114.7=255.2℃$$

1.1.6　原油特性因子 K 值计算

根据《原油蒸馏工艺与工程》P324 石油及其馏分的特性因数 Watson K 值计算公式（3-7）进行原油 Watson K 值计算。

石油及其馏分的特性因数 Watson K 值：

计算广西石化混合原油的特性因数 Watson K 值：

$$K_{WAT}=1.216\frac{t_{Me}^{1/3}}{d_{15.6}^{15.6}}=1.216\times\frac{(255.2+273.15)^{1/3}}{0.8741}=11.25 \tag{3-7}$$

计算广西石化混合原油的特性因数 UOP K 值：

$$K_{UOP}=1.216\frac{t_V^{1/3}}{d_{15.6}^{15.6}}=1.216\times\frac{(369.9+273.15)^{1/3}}{0.8741}=12.01 \tag{3-8}$$

1.1.7 原油相对分子质量近似计算

根据《石油炼制工程》(第四版)P66 石油馏分平均相对分子质量计算公式(3-38)、进行原油及其馏分相对分子质量计算。

Riazi 关联式：

$$M=42.965[\exp(2.097\times10^{-4}T-7.7812S+2.0848\times10^{-3}TS)]T^{1.26007}S^{4.98308} \tag{3-9}$$

式中 M——相对分子质量，g/mol；

T——石油馏分的中平均沸点，K；

S——15.6℃的相对密度。

通过公式(3-9)计算广西石化混合原油相对分子质量：Riazi 关联式计算结果为 191.85。

方法二：根据《石油炼制工程(第三版)》P76 石油馏分特性因数和相对分子质量图由 $API°$ 和中平均沸点查图得原油的相对分子质量和特性因数 K。

查图得广西石化混合原油 Waston K 值为 11.25，相对分子质量为 190。

对比方法一与方法二结果，可得 Waston K 值与计算值一致，相对分子质量 Riazi 关联式计算结果与查图法所得结果基本接近，本次标定选取 Riazi 关联式作为最终计算结果。

1.1.8 原油临界压力、临界温度近似计算

根据《API Technical Data Book》石油馏分真、假临界温度计算公式，进行原油及其馏分中真、假临界温度计算。

计算原油的真临界温度，假临界温度，真临界压力，假临界压力：

$$T_{CM}=186.16+1.6667\Delta-0.7127(10^{-3})\Delta^2;\ \Delta=SG\times(VABP+100.0);\ SG=d_{15.6}^{15.6} \tag{3-10}$$

式中 T_{CM}——油品真临界温度,℉；

SG——油品 15.6℃的相对密度；

VABP——油品体积平均沸点,℉。

$$\Delta=SG\times(1.8\times VABP+132.0)=0.8702\times(1.8\times369.9+132)=697℉$$

原油的真临界温度 $T_{CM}=186.16+1.6667\times\Delta-0.7127\times10^{-3}\times\Delta^2=538.8℃$

原油的假临界压力

$$P_{PC}=6.162\times10^6[\exp(-4.725\times10^{-3}T_b-4.8014S+3.1939\times10^{-3}T_bS)]T_b^{-0.4844}S^{4.0846} \tag{3-11}$$

$$T_b=1.8\times(t_{ME}+273.15);\ S=d_{15.6}^{15.6}$$

式中 S——油品 15.6℃的相对密度；

T_{ME}——油品中平均沸点,℃；

T_b——油品中平均沸点，R；

P_{pc}——假临界压力，psia，1psi=6.895kPa。

代入公式求得：$P_{pc}=307$psia

原油的假临界温度

$$T_{PC}=10.6443[\exp(-5.1747\times10^{-4}T_b-0.54444S+3.5995\times10^{-4}T_bS)]T_b^{0.81067}S^{0.53691} \tag{3-12}$$

$$T_b=1.8\times(t_{ME}+273.15);\ S=d_{15.6}^{15.6}$$

式中 S——油品 15.6℃的相对密度；

T_{ME}——油品中平均沸点,℃;

T_b——油品中平均沸点,°R;

T_{pc}——假临界温度,°R。

求得假临界温度：$T_{pc}=1317°R$

原油的真临界压力

$$\ln P_C=0.050052+5.656282\ln(T_{CM}/T_{PC})+1.001047\ln P_{PC} \quad (3-13)$$

式中 P_C——油品临界压力，pisa，1psi=6.895kPa；

T_{PC}——油品假临界温度,°R；

P_{PC}——油品假临界压力，pisa；

T_{CM}——油品真临界温度,°R。

求得临界压力：$P_c=4.03MPa$

1.1.9 原油焦点压力、焦点温度近似计算

根据青岛科技大学学报，vol 25 No 5 中石油馏分焦点温度的数学关联式(1)计算原油及其馏分焦点温度。

$$\Delta T_e=a_1\times[(S+a_2)/(a_3\times S+a_4)+a_5\times S]\times[a_6/(a_7\times t_V+a_8)+a_9]+a_{10} \quad (3-14)$$

式中 ΔT_e——焦点温度-临界温度,℃;

S——恩氏蒸馏 10%~90%馏分的曲线斜率,℃/%;

t_V——恩氏蒸馏体积平均沸点,℃;

a_i——常数，$i=1$，2，…，10，见表3-4。

表3-4 常 数 表

a_i	1	2	3	4	5	6	7	8	9	10
数值	0.14608029648	0.050887086388	0.00025280271884	0.00048370492139	1.9936695083	13.19556507	0.081472347484	18.74914514	−0.1585402804	−4.8588379673

根据青岛科技大学学报，vol 25 No 5 中石油馏分焦点压力的数学关联式(2)计算原油及其馏分焦点压力。

$$\Delta P_e=\{[a_1\times(S-0.3)+a_2]/(S+a_3)\}\times\{a_4/[a_5\times(t_V+a_6\times S)+a_7]+a_8\} \quad (3-15)$$

式中 ΔP_e——焦点压力-临界压力，MPa；

S——恩氏蒸馏 10%~90%馏分的曲线斜率,℃/%;

t_V——恩氏蒸馏体积平均沸点,℃;

a_i——常数，$i=1$，2，…，8，见表3-5。

表3-5 常 数 表

a_i	1	2	3	4	5	6	7	8
数值	59.527860086	13.22730898	0.73484872053	0.15246953667	0.015463010895	−16.389020471	0.23392534874	−0.014367666592

计算原油的焦点温度：

$$\Delta T_e=0.14608029648\times\left[(6.87+0.050887086388)/\begin{pmatrix}0.00025280271884\times6.87\\+0.00048370492139\end{pmatrix}+1.9936695083\times6.87\right]$$

$$\times[13.19556507/(0.081472347484\times369.9+18.74914514)-0.1585402804]-4.8588379673$$

$$=46.8℃$$

$$t_e=t_c+\Delta T_e=538.8+46.8=585.6℃$$

计算原油的焦点压力：

$$\Delta p_e = \{[59.527860086\times(6.87-0.3)+13.22730898]/(6.87+0.73484872053)\}\times\{0.15246953667/[0.015463010895\times(369.9-16.389020471\times6.87)+0.23392534874]-0.014367666592\}=1.16\text{MPa}$$

$$P_e=P_c+\Delta P_e=4.03+1.16=5.19\text{MPa}$$

1.2 其他油品性质

同理，可求得常顶汽油、常一线、常二线、常三线、常压渣油、减顶油、减一线、减二线、减三线、闪底油、常底油、减压渣油的油品特性，见表3-6及表3-7。

表3-6 油品性质

名称	*API*°	体积平均沸点/℃	中平均沸点/℃	临界温度/℃	焦点温度/℃	相对密度 $d_{15.6}^{15.6}$	假临界温度/°R	假临界压力/psi
原油	30.37	369.9	255	538.8	585.6	0.87	1317.25	307.00
常顶油	67.97	106.8	100	277.7	345.9	0.71	987.47	412.42
常一线油	46.66	199.1	195	386.2	419.5	0.79	1182.43	320.72
常二线油	39.19	259.5	255	447.9	474.7	0.83	1292.71	267.11
常三线油	33.56	309.9	298	494.7	522.4	0.86	1379.93	234.70
减顶油	46.69	192.9	150	380.6	449.6	0.79	1150.68	354.51
减一线	33.56	295.4	270	484.3	512.6	0.86	1359.68	249.86
减二线	27.34	379.1	350	549.0	574.6	0.89	1494.08	198.12
减三线	20.32	471.7	450	601.3	613.2	0.93	1652.24	157.09
闪底油	28.91	393.6	258.91	554.5	597.3	0.88	1327.17	309.21
常底油	15.44	540.4	520	622.6	639.0	0.96	1728.72	153.26
减渣	8.18	636.4	610	620.8	627.2	1.01	1910.97	130.78

表3-7 油品性质(续)

名　称	真临界压力/MPa	焦点压力/MPa	相对分子质量 *M*	UOP *K*	WATSON *K*
原油	4.03	5.19	191.85	12.01	11.25
常顶油	3.08	5.78	101.01	12.42	12.34
常一线油	2.39	3.31	155.97	11.92	11.89
常二线油	1.99	2.64	199.61	11.89	11.86
常三线油	1.73	2.33	240.43	11.85	11.81
减顶油	2.94	4.84	142.16	11.87	11.72
减一线	1.85	2.49	226.54	11.75	11.72
减二线	1.37	1.86	306.91	11.84	11.79
减三线	0.87	1.10	432.69	11.83	11.80
闪底油	4.3	5.4	193.4	12.0	11.2
常底油	0.75	1.05	488.49	11.79	11.62
减渣	0.36	0.47	696.78	11.63	11.53

1.3 恩氏蒸馏曲线和平衡汽化曲线的相互换算

方法一：根据《原油蒸馏工艺与工程》P287恩氏蒸馏曲线与平衡汽化曲线相互换算公式

进行各侧线平衡汽化馏程计算。

$$t_{EFV}=a(t_{D86})^b S^c \tag{3-16}$$

式中 t_{D86}——ASTM D86各馏出体积下的温度，K；

t_{EFV}——常压平衡汽化曲线各馏出体积下的温度，K；

S——相对密度(15.6℃/15.6℃)；当缺少数据时可用公式 $S=0.083423(T_{D86,10})^{0.10731}(T_{D86,50})^{0.26288}$ 估算；

a、b、c——与馏出体积有关的关联系数，数值见表3-8。

表3-8 关联系数 a、b 和 c 的值

系数 \ 馏出量/%(体)	0~5	10	30	50	70	90	95~100
a	2.97481	1.44594	0.85060	3.26805	8.28734	10.62656	7.99502
b	0.8466	0.9511	1.0315	0.8274	0.6871	0.6529	0.6949
c	0.4208	0.1287	0.0817	0.6214	0.9340	1.1025	1.0737

本换算方法适用的温度范围见表3-9，偶尔在端点处会发生严重误差。使用文献数据评价平衡汽化估算值和实验值之间的温度偏差见表3-9。

表3-9 式(3-16)适用温度范围和EFV测试温度偏差

馏出量/%(体)	适用温度范围/℃		测试EFV偏差温度/℃
	ASTM D86	EFV	
0	10~265.6	48.9~298.9	10.0
10	62.8~322.2	79.4~348.9	4.4
30	93.3~340.6	97.8~358.9	4.4
50	112.8~354.4	106.7~366.7	6.1
70	131.1~399.4	118.3~375.6	7.2
90	162.8~465.0	133.9~404.4	5.6
100	187.8~484.4	146.1~433.3	6.1(95%)

该方法使用温度范围简单地可分别认为ASTM D86在22.8~398.9℃之间，TBP在-45.6~423.3℃之间。当恩氏蒸馏温度超过246℃时，换算时需考虑热裂化作用，需要使用式(3-17)进行温度校正。

$$\lg D=0.00852t-1.691 \tag{3-17}$$

式中 D——温度校正值(加至 t 上),℃；

t——超过246℃的恩氏蒸馏温度,℃。

按上式裂化修正后的常压侧线油品恩氏蒸馏馏程见表3-10。

表3-10 裂化校正后常压侧线油品恩氏蒸馏馏程

D86/℃	0	10%	30%	50%	70%	90%	终馏点
常顶汽油	36.6	60.6	88.4	108.4	126.6	150.2	172.1
常一线	139.6	169.7	186.9	199	211.1	228.8	247.8
常二线	188.4	227.4	250.2	263.2	275.7	297.5	309.5
常三线	194.3	268.0	297.6	318.0	340.6	378.6	400.8

计算原油平衡汽化馏程数据。

10%点：

$$t_{EFV}=a(t_{D86})^{b}S^{c}=1.44594\times(120.6+273.15)^{0.9511}\times0.87^{0.1287}=144.63℃$$

同理求得原油平衡汽化馏程数据得表3-11：

表3-11　原油平衡汽化馏程

体积收率/%	10	30	50	70	90
恩氏蒸馏馏程/℃	120.6	228.9	340.2	489.5	670
平衡汽化馏程/℃	144.6	240.6	335.8	425.5	529.0

原油恩氏蒸馏70%馏程、90%馏程均超过式(3-16)适用范围。

同理，运用公式(3-17)求得常顶汽油、常一线、常二线、常三线、减顶油、减一线、闪底油、常底油的平衡汽化馏程，得表3-12。

表3-12　其他油品平衡汽化馏程

项　目	原油	常顶油	常一线	常二线	常三线	减顶油	闪底油	常底油
初馏点/℃		57.68	169.23	230.2	284	99.67	97	365.90
10%	144.63	74.37	188.30	250.2	298	134.01	159.6	411.39
30%	240.58	86.84	192.69	263.2	318	146.69	254.0	478.16
50%	335.77	87.93	188.85	270.2	328	168.32	345.7	518.38
70%	425.54	95.69	194.44	274.2	339	207.96	446.7	558.22
90%	528.99	104.40	204.75	284.2	360	248.44	571.0	682.01
100%		109.82	209.11					

方法二：图表法

根据《原油蒸馏工艺与工程》第四章图4-6-4(见图3-2)和图4-6-5(见图3-3)进行常压恩氏蒸馏曲线和平衡汽化曲线的相互换算。先采用图4-6-4，由ASTM D86 50%点温度和10%与70%之间的斜率求得平衡汽化50%点温度的换算，再将ASTM D86蒸馏曲线分为若干线段(如0%~10%，10%~30%，30%~50%，50%~70%，70%~90%和90%~100%)，以两种蒸馏曲线50%点温度或温差为基点，然后采用图4-6-5进行相应温差的换算。得常压下常一线平衡汽化曲线50%点馏程=199-2=197℃，然后根据温差求得常一线常压下平衡汽化馏程得表3-13。

表3-13　常一线平衡汽化馏程

常一线	初馏点	10%	30%	50%	70%	90%	100%
D86/℃	139.6	169.7	186.9	199	211.1	228.8	247.8
D86馏程差值/℃		30.1	17.2	12.1	12.1	17.7	19
EFV馏程差值/℃		15	11.5	6.3	6	8	7
EFV/℃	164.2	179.2	190.7	197	203	211	218

根据同样方法可以求得常二线、常三线的平衡汽化曲线。

常二线50%点馏程=263.2+7=270.2℃，然后根据温差求得常二线常压下平衡汽化馏程得表3-14。

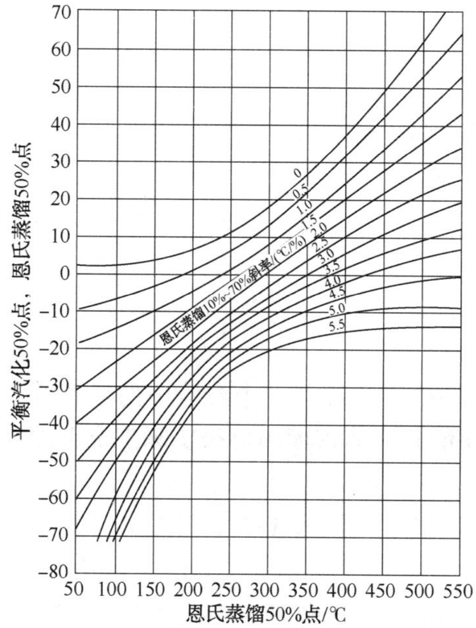

图 3-2　恩氏蒸馏图线

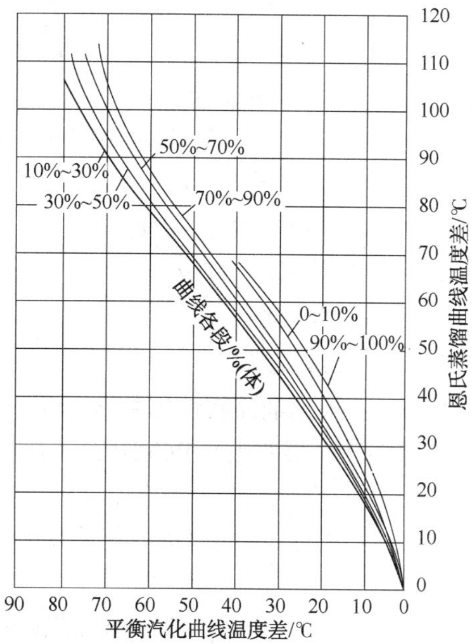

图 3-3　平衡汽化曲线

表 3-14　常二线平衡汽化馏程

常二线	初馏点	10%	30%	50%	70%	90%
D86/℃	188.4	227.4	250.2	263.2	275.7	297.5
D86 馏程差值/℃		39	22.8	13	12.5	21.8
EFV 馏程差值/℃		20	13	7	4	10
EFV/℃	230.2	250.2	263.2	270.2	274.2	284.2

常三线 50%点馏程 = 318 + 10 = 328℃，然后根据温差求得常三线常压下平衡汽化馏程得表 3-15。

表 3-15　常三线平衡汽化馏程

常三线	初馏点	10%	30%	50%	70%	90%
D86/℃	237	268	297.6	318	340.6	378.6
D86 馏程差值/℃		31	29.6	20.4	22.6	38
EFV 馏程差值/℃		13	18	10	11	21
EFV/℃	287	300	318	328	339	360

2　物料平衡

2.1　液体流量校正

2.1.1　密度的计算

针对孔板流量计，需根据实际工况密度进行测量流量校正，密度校正公式如下。

方法一：根据《石油化工设计手册》第 1 卷 P949 低压下石油馏分的液体密度计算公式(7-65)计算实际工况下的油品密度：

$$\frac{1}{\rho}=\frac{RT_{\mathrm{Pc}}}{p_{\mathrm{Pc}}}Z_{\mathrm{RA}}^{[1+(1-T_{\tau})^{2/7}]}$$

式中　ρ——密度，$kmol/m^3$；

R——气体常数，$8.3145\times10^{-3}m^3\cdot MPa/(mol\cdot K)$；

T_{Pc}——假临界温度，K；

P_{Pc}——假临界压力，MPa；

T_{τ}——对比温度，T/T_{Pc}；

T——温度，K；

Z_{RA}——经验常数。

方法二：根据油品特性因数 K、相对密度 $d_{15.6}^{15.6}$和中平均沸点三个参数中的任意两者查《石油炼制工程(第四版)》P60 图 3-3 常压下的石油馏分液体密度图可得实际工况下的油品密度。

方法三：根据《冷换设备工艺计算手册》(第二版)P75 页附表 1-7 计算公式计算实际工况下的油品密度。

$$\rho=T\cdot(1.307\gamma_4^{20}-1.817)+973.86\gamma_4^{20}+36.34 \tag{3-18}$$

方法四：Aspen Hysys 流程模拟软件模拟。

物料中减三线、减压渣油计量表为孔板流量计，需要对测量流量进行密度校正，校正过程如下：

计算减压渣油在出装置时的密度。

方法一：

减压渣油出装置温度为 158℃，$d_4^{20}=1.0097g/cm^3$，相对分子质量为 696kg/kmol，假临界压力为 0.902MPa，假临界温度为 1061K；计算减压渣油出装置 158℃时密度。

$$\rho=\frac{1009.7kg/m^3}{696kg/kmol}=1.457kmol/m^3$$

$$T_{\tau20℃}=(20+273.15)/1061=0.276$$

经验常数：

$$Z_{\mathrm{RA}}=\left(\frac{p_{\mathrm{Pc}}}{\rho RT_{\mathrm{Pc}}}\right)^{1/[1+(1-T_{\tau})^{2/7}]}$$

$$=\left(\frac{0.902}{1.475\times8.314\times10^{-3}\times1061}\right)^{1/[1+(1-0.276)^{2/7}]}=0.2476 \tag{3-19}$$

$$T_{\tau60℃}=(158+273.15)/1061=0.406$$

$$\frac{1}{\rho}=\frac{RT_{\mathrm{Pc}}}{p_{\mathrm{Pc}}}Z_{\mathrm{RA}}^{[1+(1-T_{\tau})^{2/7}]}=\frac{8.314\times1061}{0.902}\times0.2476^{[1+(1-0.406)^{2/7}]}=0.727m^3/kmol$$

$$\rho=1/0.727\times696=957kg/m^3=0.957g/cm^3$$

方法二：根据《石油炼制工程(第四版)》P60 图 3-4 常压下的石油馏分液体密度图查出 158℃下的减渣密度。减渣中平均沸点 $T_{\mathrm{me}}=610$，相对密度 $d_{15.6}^{15.6}=1.013$，查图得减渣密度为 $0.93g/cm^3$。

方法三：

$\rho=T\cdot(1.307\gamma_4^{20}-1.817)+973.86\gamma_4^{20}+36.34$

$= 158 \times (1.307 \times 1.009 - 1.817) + 973.86 \times 1.009 + 36.34 = 940.2\text{kg/m}^3$

方法四：通过 Aspen Hysys 模拟 158℃ 密度为：940kg/m³

由于查图法人为误差较大，方法三和方法四得出减渣相对密度接近，因此本次流量校正采用方法四，158℃下减渣密度为 0.940g/cm³

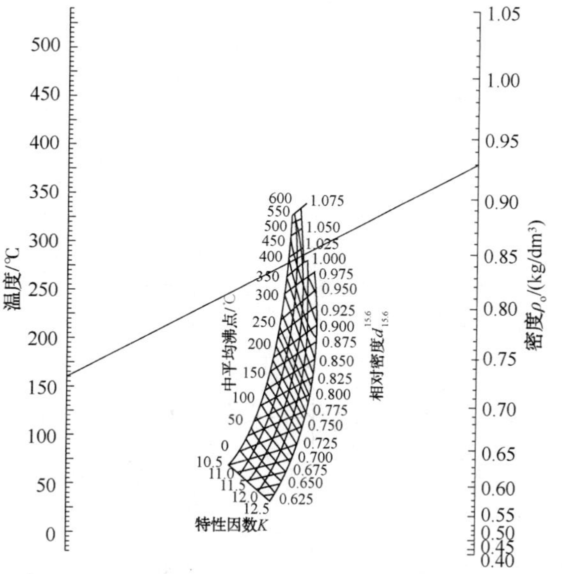

图 3-4　减渣密度图

2.1.2　孔板流量计流量校正

减渣热料孔板流量计的设计密度 $d_4^{20} = 0.91\text{g/cm}^3$，流量计测量质量流量为 273.9t/h。

差压式流量计质量流量与差压关系式：

$$q_m = \frac{C}{\sqrt{1-\beta^4}} \varepsilon \frac{\pi n}{4} d^2 \sqrt{2\Delta p \cdot \rho_1} \tag{3-20}$$

式中　q_m——流体的质量流量，kg/s；

C——流出系数；

ε——可膨胀系数，对于液体，$\varepsilon = 1$；

d——截留件开孔尺寸；

Δp——差压，Pa；

β——直径比；

ρ——被测流体密度，kg/m³。

孔板流量校正：

$$\frac{q_{实}}{q_{设}} = \left(\frac{C}{\sqrt{1-\beta^4}} \varepsilon \frac{\pi n}{4} d^2 \sqrt{2\Delta p \cdot \rho_{实}}\right) \Bigg/ \left(\frac{C}{\sqrt{1-\beta^4}} \varepsilon \frac{\pi n}{4} d^2 \sqrt{2\Delta p \cdot \rho_{设}}\right) = \sqrt{\frac{\rho_{实}}{\rho_{设}}} \tag{3-21}$$

式中　$q_{实}$——流体实际工况下的质量流量，kg/s；

$q_{设}$——流体计测量的质量流量，kg/s。

$$q_{实} = \sqrt{\frac{\rho_{实}}{\rho_{设}}} q_{设} = \sqrt{\frac{0.940}{0.91}} \times 273.9 = 278.4\text{t/h}$$

同理，对减三线进行流量校正，具体结果见表 3-16。

表 3-16　流量校正表

物料名称	d_3^{20}	工况温度/℃	ρ/(g/cm³)	流量计设计密度/(g/cm³)	校正前流量/(t/h)	校正后流量/(t/h)
减三线热料	0.9282	132	853	928	118.8	113.9

2.2　气体流量校准

常顶不凝气组分计算见表 3-17。

表 3-17 常顶不凝气组分计算

组分含量/%	组成/%(体)	相对分子质量	平均相对分子质量
氢气	7.37	2	0.1
C_{6+}组分	0.65		0.0
二氧化碳	5.46	44	2.4
丙烷	15.75	44	6.9
丙烯	0.07	42	0.0
异丁烷	4.35	58	2.5
正丁烷	10.28	58	6.0
正丁烯	0.02	56	0.0
异丁烯	0.03	56	0.0
反丁烯	0.02	56	0.0
异戊烷	2.18	72	1.6
顺丁烯	0.02	56	0.0
正戊烷	1.90	72	1.4
1,3-丁二烯	0	54	0.0
氧	1.16	32	0.4
氮	13.69	28	3.8
甲烷	25.16	16	4.0
一氧化碳	0.1	28	0.0
乙烯	0.07	28	0.0
乙烷	11.32	30	3.4
C_3 以上			0.0
总含量			0.0
H_2S	0.40	34	0.1
平均相对分子质量			32.8

计算得常顶不凝气平均相对分子质量为 32.8,

标况下密度 $\rho_{标}=\dfrac{32.8\text{kg/kmol}}{22.4\text{L/mol}}=1.464\text{kg/m}^3$

常顶不凝气 V 形锥流量计设计介质标况密度为 1.45kg/m^3。

根据理想气体状态方程 $PV=nRT$,推导出气体在非标况下密度的计算公式:

$$\rho_{实}=\frac{\rho_{标}\times T_{标}\times P_{实}}{T_{实}\times P_{标}}$$

通过以上公式计算出常顶不凝气在设计温度压力下的密度和实际温度压力下的密度,结果如表 3-18 所示。

表 3-18 常顶不凝气密度换算

项　目	标况密度	标况温度	标况压力	实际温度	实际压力	真实密度
单位	kg/m^3	K	Pa	K	Pa	kg/m^3
实际工况	1.464	273.15	101325	311.35	210300	2.64

常顶不凝气流量计测量质量流量为2.08t/h。

校正后流量

$$q_{实}=\sqrt{\frac{\rho_{实}}{\rho_{设}}}q_{设}=\sqrt{\frac{2.64}{1.45}}\times 2.08=2.59\mathrm{t/h}$$

同理，进行减顶瓦斯进行流量校正。

减顶不凝气组分计算见表3-19：

表3-19 减顶不凝气组分计算

组分含量/%	组成/%(体)	相对分子质量	平均相对分子质量
氢气	8.12	2	0.1624
C_{6+}组分	1.14		0
二氧化碳	0.01	44	0.0044
丙烷	12.85	44	5.654
丙烯	4.35	42	1.827
异丁烷	1.21	58	0.7018
正丁烷	5.54	58	3.2132
正丁烯	1.38	56	0.7728
异丁烯	1.43	56	0.8008
反丁烯	0.54	56	0.3024
异戊烷	1.17	72	0.8424
顺丁烯	0.24	56	0.1344
正戊烷	1.7	72	1.224
1,3-丁二烯	0	54	0
氧	9.11	32	2.9152
氮	21.1	28	5.908
甲烷	9.46	16	1.5136
一氧化碳	0	28	0
乙烯	20.52	28	5.7456
乙烷	0.13	30	0.039
C_3以上	14.35		0
总含量	100		0
H_2S	0	34	0
平均相对分子质量			31.761

减顶不凝气设计介质标况密度为5.45kg/m³。

根据理想气体状态方程 $PV=nRT$，推导出气体在非标况下密度的计算公式：

$$\rho_{实}=\frac{\rho_{标}\times T_{标}\times P_{实}}{T_{实}\times P_{标}}$$

$$标况下密度\ \rho_{标}=\frac{31.76\mathrm{kg/kmol}}{22.4\mathrm{L/mol}}=1.418\mathrm{kg/m^3}$$

减顶气密度换算见表3-20。

表3-20　减顶不凝气密度换算

项　目	标况密度	标况温度	标况压力	温度	压力	真实密度
单位	kg/m^3	K	Pa	K	Pa	kg/m^3
实际工况	1.42	273.15	101325	313	557287	5.57

校正后流量：

$$q_{实}=\sqrt{\frac{\rho_{实}}{\rho_{设}}}q_{设}=\sqrt{\frac{5.57}{5.45}}\times 0.001=0.001\mathrm{t/h}$$

2.3　原油实沸点切割法校核物料平衡

已知原油的实沸点数据和切割点温度可以计算出侧线的准确收率，以此来校核物料平衡数据。根据《原油蒸馏工程与工艺》第四章P308页恩氏蒸馏曲线的外延和内插方法见图3-5。对化验分析数据进行校核，由此推出新的恩氏蒸馏数据。

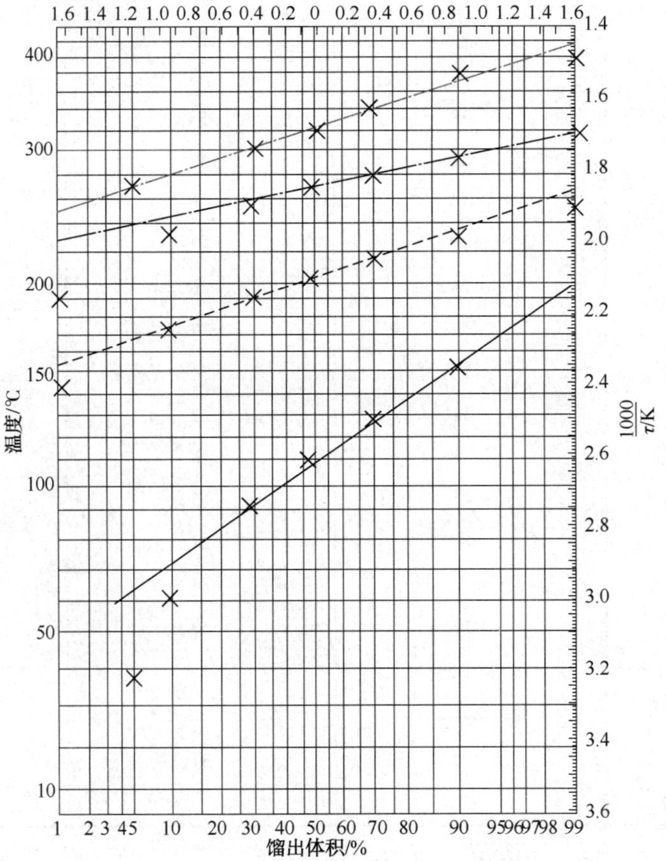

图3-5　外延内插法修正恩氏蒸馏数据

实验分析数据与采用外延内插法获得的恩氏蒸馏数据对比见表3-21。

将外延内插法恩氏蒸馏数据换算为实沸点数据见表3-22。

表 3-21　恩氏蒸馏数据对比表

实验室数据					恩氏蒸馏外延法数据				
项目	常顶汽油	常一线	常二线	常三线	项目	常顶油	常一线	常二线	常三线
0%	36.6	139.6	188.4	194.3	0%	44	150	220	248
10%	60.6	169.7	227.4	268	10%	70	169.7	227.4	268
30%	88.4	186.9	250.2	297.6	30%	88.4	186.9	250.2	297.6
50%	108.4	199	263.2	318	50%	108.4	199	263.2	318
70%	126.6	211.1	275.7	340.6	70%	126.6	211.1	275.7	340.6
90%	150.2	228.8	297.5	378.6	90%	150.2	228.8	297.5	378.6
终馏点	172.1	247.8	309.5	400.8	终馏点	198	268	309.5	420

表 3-22　恩氏蒸馏数据外延法换算为实沸点数据表

项　　目	常顶汽油	常一线	常二线	常三线
0%	21	120	184.7	211
10%	50	153	214	257
30%	81	182	247	296
50%	109	202	267	324
70%	131	218	285	353
90%	159	240	311	395
终馏点	206	280.1	324	442

取$(t_0^H+t_{100}^L)/2$为实沸点切割温度，其中t_0^H和t_{100}^L分别是重馏分的实沸点初馏点和轻馏分实沸点终馏点，在原油的实沸点曲线上即可查得相应的产品收率。

可得汽油组份切割点 162.86℃；常一线组分切割点 232.4℃；常二线组分切割点 267.4℃。

做原油实沸点蒸馏曲线，在图中各实沸点切割点温度处作一水平线，与原油实沸点曲线交于一点，由此点读出各侧线的收率。

使用原油实沸点曲线进行切割得到收率见图 3-6。

汽油组分切割点 162.9℃ 质量收率 = 15.88%

常一线组分切割点 232.4℃ 质量收率 = 26.35 − 15.88 = 10.47%

同理求得常二线组分切割点 267.4℃ 质量收率为 5.39%。

与实际数据基本吻合。

2.4　细物料平衡

经过孔板流量计的密度校核和原油实沸点切割法校核，可得装置的细物料平衡见表 3-23。

原油化验数据含水量为痕量，不需进行干基校正。

2.5　水平衡

按照标定数据表中汽提蒸汽、酸性水量及相关分析数据，对全装置做水平衡见表 3-24。

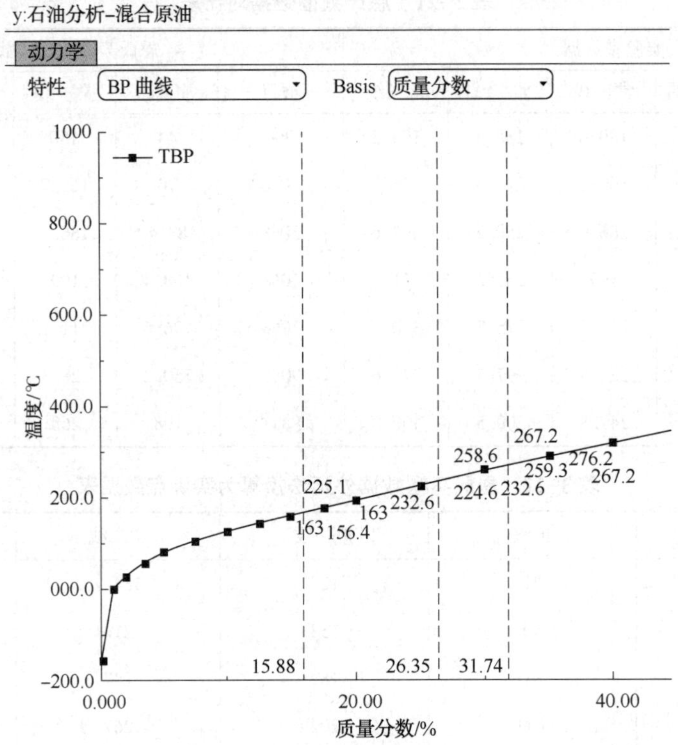

图 3-6　原油实沸点切割线图

表 3-23　常减压装置校正后物料平衡

项　　目		2019.8.1 流量计统计值		校正后流量	
	物料名称	收率/%(质)	流量/(t/h)	收率/%(质)	流量/(t/h)
入方	脱前原油	100	1148.637	100.00%	1148.637
	水含量	痕量	0		
	合计		1148.637		
出方	常顶不凝气	0.18	2.08	0.22	1.897
	常顶油	15.62	179.41	15.62	179.41
	常一线	10.49	120.45	10.49	120.45
	常二线	6.02	65.09	6.02	65.09
	常三线	11.14	128.00	11.14	128
	减顶瓦斯	0.00	0.001	0.00	0.001
	减顶油	0.10	1.18	0.10	1.18
	减一线	1.72	19.75	1.72	19.75
	减二线	15.14	173.92	15.14	173.92
	减三线	12.02	138.06	11.59	133.16
	减渣	27.92	320.71	28.31	325.21
	损失	0	0	0	0
	合计		1148.64	100	1148.637

表 3-24 常减压装置水平衡

物料名称		水收率/%(质)	流量/(kg/h)
入方	脱后原油含水	0.9	573
	一级电脱盐注水	64.0	42000
	常压塔汽提蒸汽	10.9	7120
	常二线汽提蒸汽	1.1	706
	常三线汽提蒸汽	0.3	201
	抽真空蒸汽	22.9	15000
	合计	100.0	65600
出方	常顶产品罐切水	15.2	10000
	减顶水封罐切水	23.3	15300
	电脱盐脱水	61.4	40300
	合计	100	65600

水平衡情况较好，进出装置水达到平衡。

2.6 硫平衡

根据物料平衡数据和分析数据做硫平衡。常减压装置各侧线硫含量=流量×硫含量，计算值见表 3-25。

表 3-25 常减压装置硫平衡

物料名称		硫含量/%	流量/(t/h)	硫/(t/h)
入方	脱前原油	1.927	1148.06	22.123
	合计			22.123
出方	常顶不凝气	0.4	2.47	0.010
	常顶油	0.1616	179.41	0.290
	常一线	0.2004	120.45	0.241
	常二线	0.76	65.09	0.495
	常三线	1.169	128	1.496
	减顶瓦斯	4	0.001	0.000
	减顶油	1.2	1.18	0.014
	减一线	1.244	19.75	0.246
	减二线	1.87	173.92	3.252
	减三线	2.376	133.16	3.164
	减渣	3.954	325.21	12.859
	常顶产品罐切水	0.004	10	0.000
	减顶产品罐切水	0.011	15	0.002
	合计			22.069

从计算结果看出，脱后原油总硫 22.123t/h，各侧线加切水总硫为 22.069kg/h，有部分损失，基本平衡。

2.7 氮平衡

根据物料平衡数据和化验分析数据做全装置氮平衡。常减压装置各侧线氮含量=流量×氮含量，计算值见表3-26。

表3-26 常减压装置氮平衡

物料名称		氮含量/(mg/kg)	流量/(t/h)	氮含量/(kg/h)
入方	脱前原油	547	1148.06	627.989
	电脱盐注水	120	42	5.040
	合计			633.029
出方	常顶不凝气	0	2.47	0.000
	常顶油	0.8	179.41	0.144
	常一线	3.2	120.45	0.385
	常二线	20.8	65.09	1.354
	常三线	167.8	128	21.478
	减顶瓦斯	0	0.001	0.000
	减顶油	30.4	1.18	0.036
	减一线	115.3	19.75	2.277
	减二线	430.8	173.92	74.925
	减三线	1072.5	133.16	142.814
	减渣	2793.3	325.21	908.409
	常顶产品罐切水	70	10	0.700
	减顶产品罐切水	60	15	0.900
	电脱盐排水	210	40.2	8.442
	合计			1161.864

从计算结果看出，脱后原油总氮为633kg/h，各侧线总氮为1161.8kg/h，氮平衡较差。对减压部分做氮平衡见表3-27。

表3-27 常减压装置减压部分氮平衡

物料名称		氮含量/(mg/kg)	流量/(t/h)	氮含量/(kg/h)
入方	常底油	1609	653	1050.677
	电脱盐注水	120	42	5.040
	合计			1055.717
出方	减顶瓦斯	0	0.001	0.000
	减顶油	30.4	1.18	0.036
	减一线	115.3	19.75	2.277
	减二线	430.8	173.92	74.925
	减三线	1072.5	133.16	142.814
	减渣	2793.3	325.21	908.409
	常顶产品罐切水	70	10	0.700
	减顶产品罐切水	60	15	0.900
	电脱盐排水	210	40.2	8.442
	合计			1138

从计算结果看出，常底总氮为1055kg/h，各侧线总氮为1138kg/h，氮平衡较好。

经过以上分析全装置氮平衡中原油的氮含量分析存在较大误差。

3 常压塔计算

常压塔简图见图3-7。

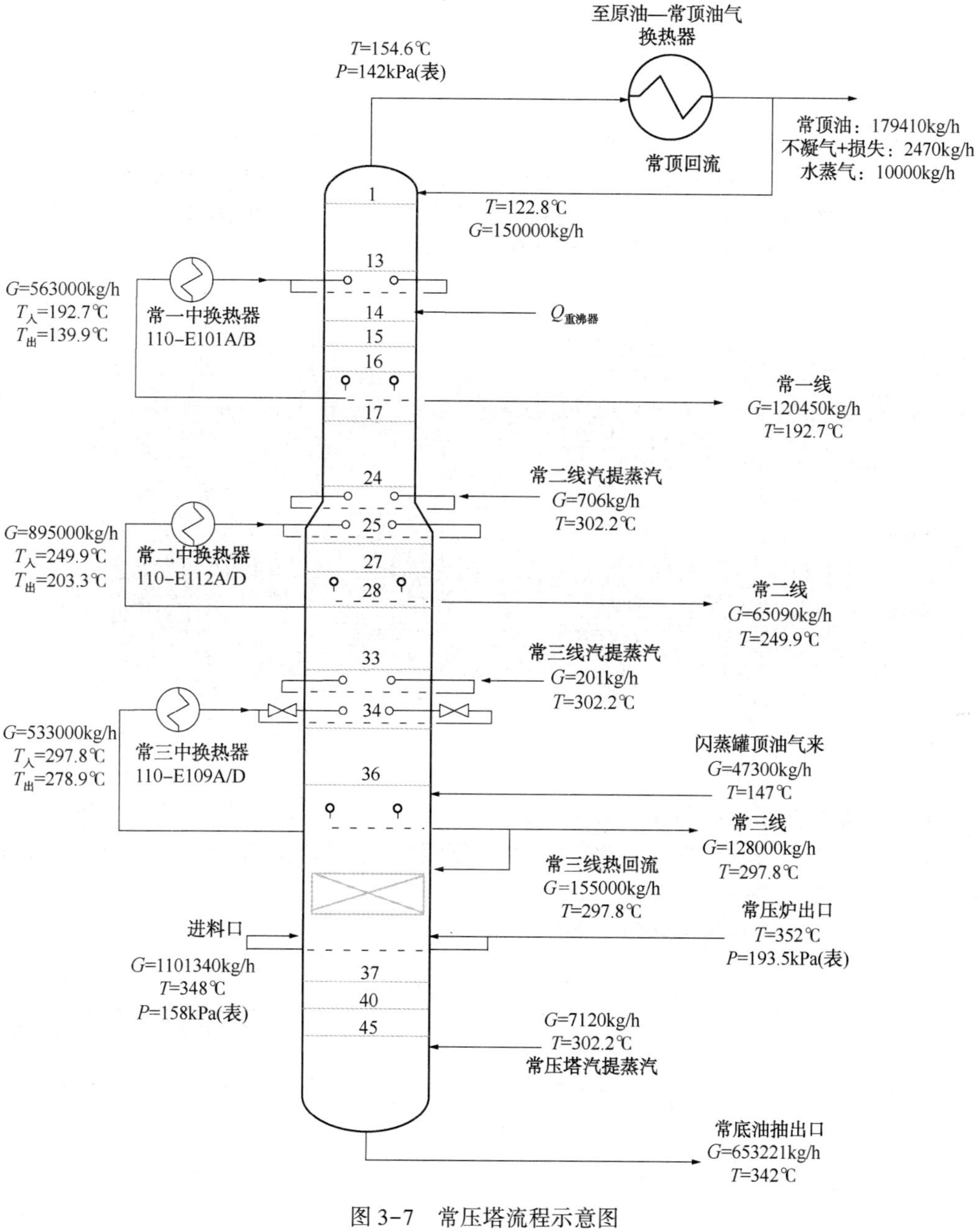

图3-7 常压塔流程示意图

3.1 塔板压降计算

由标定数据可得：常压塔塔顶压力为142kPa，进料闪蒸段压力为158kPa。

塔顶压力=142+101.33=243.33kPa(绝)

进料段(36层板下)压力=158+101.33=259.33kPa(绝)

计算每层塔板平均压降为(259.33-243.33)/36=0.444kPa

3.2 加热炉出口焓值计算

由 Aspen Hysys 软件根据工况模拟闪蒸罐后，得到闪底油恩氏蒸馏曲线，闪底油恩氏馏程见表 3-28。

表 3-28 闪底油恩氏蒸馏馏程

恩氏蒸馏馏程/℃	1%	10%	30%	50%	70%	90%
闪底油	44	134.9	241.2	347.9	513.0	731
平衡汽化数据	97	159.6	254	345.7	446.7	571

根据现场压力表数据取转油线压力降为0.035MPa，则加热炉出口压力=259.33+35=294.33kPa。

计算闪底油在加热炉出口温度为352℃，压力为294.33kPa时的热量。

闪底油焦点温度为597.2℃，焦点压力为5.41MPa，在炉出口为294.33kPa、352℃时按照闪底油的 $p-T-e$ 图(图 3-8)，求得闪底油的汽化分率为43%。

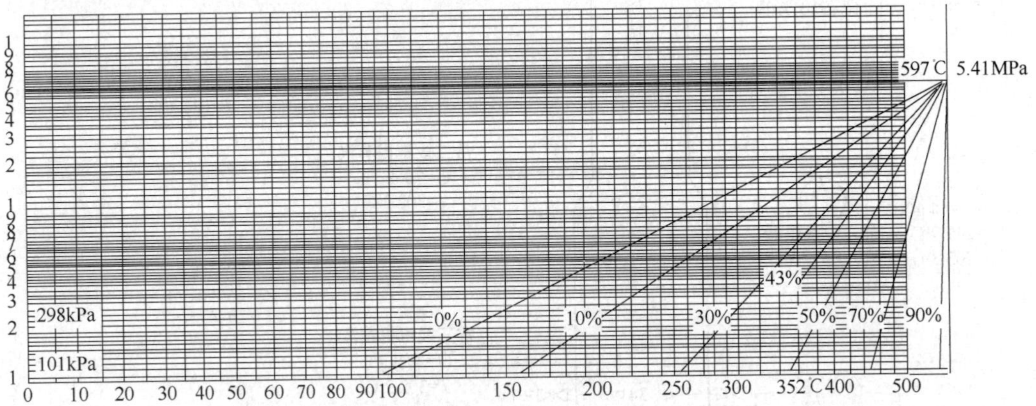

图 3-8 闪底油在常压炉出口 $p-T-e$ 图

闪底油在常压炉出口的焓 h_0 计算如下：

假设闪顶气组分在常压塔内为常顶油+常顶气组分，则闪底油中常顶油组分应为 179410+1897-47300=134007kg/h。

则相应闪底油在常压塔内物料平衡见表 3-29。

表 3-29 常压塔物料平衡

物料名称		收率/%(质)	流量/(kg/h)	密度/(kg/m³)	体积流量/(m^3/h)	收率/%(体)
入方	闪底油	100.00	1100740	878.4	1253.12	100.00
	合计	100.00	1100740	878.4	1253.12	100.00
出方	常顶油	12.17	134007	704.3	190.27	15.19
	常一线	10.94	120450	789.6	152.55	12.18
	常二线	5.91	65090	824.6	78.94	6.30
	常三线	11.63	128000	853	150.06	11.98
	常渣油	59.34	653221	959.3	680.94	54.36
	合计	100.00	1100768		1252.74	100.00

闪底油在常压炉出口处汽化率为43%，根据物料平衡体积收率，常顶汽油、常一线、常二线气相，常三线61.22%(体)为气相，38.78%(体)为液相，常渣组分为液相。

石油馏分焓值的求定。

方法一：用查图法求石油馏分的焓值。通过查《石油炼制工程(第四版)》P84图3-14石油馏分焓值图得石油馏分得焓值，然后通过特性因数、体系压力进行校正。

方法二：用计算法求石油馏分的焓值。

根据《延迟焦化工程与工艺》P564页API°的石油馏分纳尔逊焓图进行石油馏分的焓值计算。

$$Z = \sum_{i=0}^{2} \sum_{j=0} A_{ij} X^i Y^j (i + j < 2) \tag{3-22}$$

X、Y、Z、A_{ij}的意义见表3-30。

表3-30 常 数 表

Z	X	Y	A_{00}	A_{01}	A_{02}	A_{10}	A_{11}	A_{20}
$H_L{}^*$	T	$API°$	3.8192	0.2483	-0.00271	0.3718	0.001972	0.000475
$H_V{}^\#$	T	$API°$	78.122	0.3927	-0.00165	0.3059	0.000996	0.000463
$H_V{}^=$	T	K_{uop}	24.2206	-20.5617	1.5857	0.8623	-0.0755	6.73E-05
G_{V1}	$H_V{}^*$	K_{uop}	-1557.44	408.4433	-19.0632	-4.666	0.34826	0.000101
G_{V2}	G_{V1}	$API°$	512.06	-8.6401	-0.03016	-0.2497	0.01872	0.000558
$H_V{}^-$	G_{V2}	P	24.4708	-0.3327	0.000129	-0.1578	0.001762	0.000239

$$H_L = H_L{}^* \times (0.0533 \times K_{uop} + 0.3604) \tag{3-23}$$

$$H_V{}^* = H_V{}^\# - H_V{}^= \tag{3-24}$$

$$H_V = H_V{}^* - H_V{}^- \tag{3-25}$$

式中 H_L、H_V——液相、气相焓值，kcal/kg；

T——温度，℃

p——压力，kgf/cm^2(绝)；

K_{uop}——油品的UOP特性因数。

方法一：以常顶油查图为例，常顶汽油 $d_4^{20}=0.7034$，特性因数 $K=12.42$(图中红线所示)。

由石油馏分焓图查得 $d_4^{20}=0.7034$，特性因数 $K=12.42$ 的气相焓值在352℃时焓值为280kcal/kg；由气相的焓值对 K 的校正图可查得 $K=12.42$ 时的校正因子为-6kcal/kg，再由气相的焓对压力的校正图查得压力为2.9atm时的校正因子为1kcal/kg，校正后常顶汽油在352℃，2.92atm时的焓值为280-6+1=275kcal/kg。

闪底油中常顶汽油组分焓=1167.75kJ/kg×29750kg/h=34740.69MJ/h。

方法二：经过代入计算，方法二计算求的常顶油焓值285.7kcal/kg。为了保证本次标定数据的准确性，本次标定焓值计算采用方法二。

用方法二计算在352℃，2.91atm时，闪底油在常压炉出口的焓 h_0 见表3-31。

表 3-31 闪底油在常压炉出口焓值

项 目	d_4^{20}	特性因数 K	流量/(kg/h)		焓/(kJ/kg)		热量/(MJ/h)
			气相	液相	气相	液相	
常顶油	0.7043	12.42	134007		1213		162509
常一线	0.7896	11.92	120450		1135		136660
常二线	0.8246	11.89	65090		1109		72178
常三线(气相)	0.853	11.85	99740.8		1089		108607
常三线(液相)	0.853	11.85		28259.2		920	26002
常渣	0.9593	11.79		653221		859	561355
合计							1067312

3.3 过汽化率计算

已知闪底油进常压塔汽化段温度为 348.5℃，压力为 259.33kPa，汽提蒸汽流量 7200kg/h。

在进料段常顶油、常一线、常二线、常三线和过汽化油为汽相。过汽化油密度、相对分子质量近似取常三线值。

忽略炉出口到塔入口的转油线散热损失，炉出口至进料段内的降压汽化过程视为绝热闪蒸过程，即闪底油在汽化段气液相的平均焓与炉出口油料的平均焓相等。

$$h_F = h_{塔}$$

式中 h_F——原料在加热炉出口焓值；

$h_{塔}$——原料在塔汽化段焓值。

计算闪底油在常压塔汽化段的焓值见表 3-32。

表 3-32 闪底油在塔汽化段的焓值

项目	d_4^{20}	特性因数 K	温度/℃	压力/kPa	流量/(kg/h)		焓/(kJ/kg)		热量/(MJ/h)
					气相	液相	气相	液相	
常顶油	0.7043	12.42	348.5	259.33	134007		1202.4		161134.2
常一线	0.7896	11.92	348.5	259.33	120450		1125.2		135526.7
常二线	0.8246	11.89	348.5	259.33	65090		1099.7		71577.3
常三线	0.853	11.85	348.5	259.33	128000		1079.8		138219.2
过汽化油	0.853	11.85	348.5	259.33	$G_{\Delta E}$		1079.8		$G_{\Delta E}\times1079.8$
常渣	0.9593	11.79	348.5	259.33		$653221-G_{\Delta E}$		848.7	$554393.6-848.7\times G_{\Delta E}$
合计									$1060851+G_{\Delta E}\times231$

由 $h_F = h_{塔}$

则 $1067312 = 1060851 + G_{\Delta E}\times231$

求得：$G_{\Delta E} = (1067312-1060851)\times1000/231 = 27955.3$kg/h

式中 $G_{\Delta E}$——过汽化油量。

所以常压塔过汽化率为 2.54%。

方法二：通过 Aspen Hysys 模拟得到过汽化量为 34.57t/h，过汽化率为 3.13%

两者基本一致。

3.4 常三线抽出温度校核

自塔底至 36 层板上部做隔离体系，做热量平衡，如图 3-9 所示。

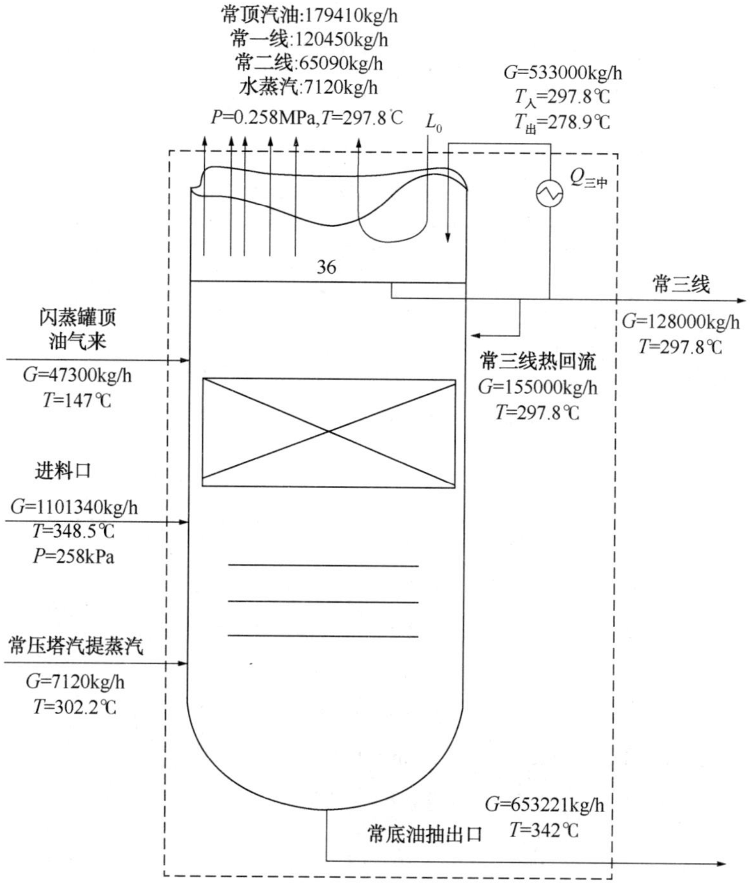

图 3-9　36#塔板上部隔离体系

对常三中负荷计算见表 3-33。

表 3-33　常三中进出焓值表

物　料	流率/(kg/h)	密度(ρ_{20})/(g/cm^3)	操作条件		焓/(kJ/kg)		热量/(MJ/h)
			压力/kPa	温度/℃	气相	液相	
常三中自 36 层塔板出	533000	0.853	258	297.8	—	752	400816
常二中自 34 层塔板返塔	533000	0.853	257	278.9	—	696	370968

常三中回流热 $Q_{三中}=400816-370968=29848\text{MJ/h}$

假设自 36 层至 28 层塔板各塔板间密度、温度、相对分子质量平均分布，采用内插法计算，求得：

35#塔板内回流 L 的密度$=0.853-(0.853-0.8246)/(36-28)=0.849\text{g/cm}^3$

内回流 L 自 35 层塔板来液相温度$=297.8-(297.8-249.9)/(36-28)=291.8$℃

内回流 L 相对分子质量$=240.43-(240.43-199.61)/(36-28)=235.32\text{kg/kmol}$

蒸汽焓值可以查蒸汽温度焓值对照表，也可以采用关联公式求得。

$$H_s=592.46-2.1693P+(0.48+4.6485\times10^{-3}P)T$$

式中　H_s——水蒸气的焓值，kcal/kg；

T——蒸汽温度,℃；

P——蒸汽压力，atm。

汽提蒸汽进常压塔温度为302.2℃，压力为0.579MPa，汽提蒸汽焓值：

$$H_s=592.46-2.1693\times5.7+(0.48+4.6485\times10^{-3}\times5.7)\times302.2=3069\text{kJ/kg}$$

做36#塔板热平衡得表3-34。

表3-34　36#塔板热平衡

物料		流率/(kg/h)	密度(r_{20})/(g/cm³)	操作条件		焓/(kJ/kg)		热量/(MJ/h)
				压力/MPa	温度/℃	气相	液相	
入方	进料							1067312
	汽提蒸汽	7200		0.5789	302	3069		22096.8
	内回流	L	0.849	0.258	291.8		736.7	$0.7367L$
	闪顶油气	47300	0.678	0.4	147	646		30555.8
	合计							$1119964.6+0.737L$
出方	常顶汽油	179410	0.7043	0.258	297.8	1050		188323
	常一线	120450	0.7896	0.258	297.8	983		118399
	常二线	65090	0.8246	0.258	297.8	960		62457
	常三线	128000	0.853	0.258	297.8		752.5	96317
	水蒸汽	7200		0.258	297.8	3070		22104
	常渣	653221	0.9593	0.26	340		823	537601
	内回流	L	0.8508	0.258	297.8	942		$0.942L$
	合计							$1025202+0.942L$

内回流热量：

$$\Delta Q=(1119964.6-1025202)\times1000=94763000\text{kJ/h}$$

内回流量：

$$L=94763000/(942-736.7)=461581\text{kg/h}$$

$$N_L=L/M_L=461581/235.32=1961\text{kmol/h}$$

内回流量的油气分压：

$$P_L=P_{36}\times\frac{N_L}{N_水+N_油}$$

$$=258\times\frac{1961}{1834+772.3+326.1+400+1961}=95.57\text{kPa}$$

$$=0.94\text{atm}$$

根据《原油蒸馏工程与工艺》第四章P104页，常压下平衡汽化50%点与减压平衡汽化50%点温度换算图，由常压下常三线50%点平衡汽化温度为328℃求得717mmHg下平衡汽化50%点温度为328℃，见图3-10。

常压下50%点与0%点的温差=328-287=41℃。按常压、减压各段温度相等的假设，求得泡点温度为=328-41=287℃，与常三线抽出温度297.8℃相差10℃。

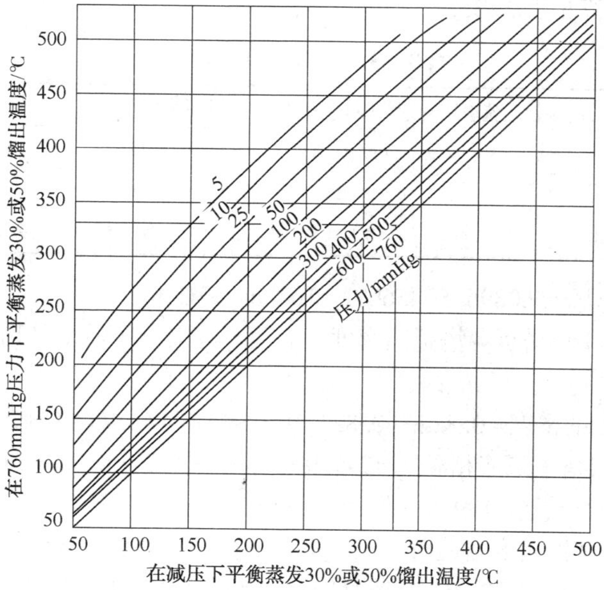

图 3-10　常三线减压下平衡汽化 50%点温度

3.5　常二线抽出温度校核

自塔底至 27 层板上部做隔离体系，做热量平衡，如图 3-11 所示。

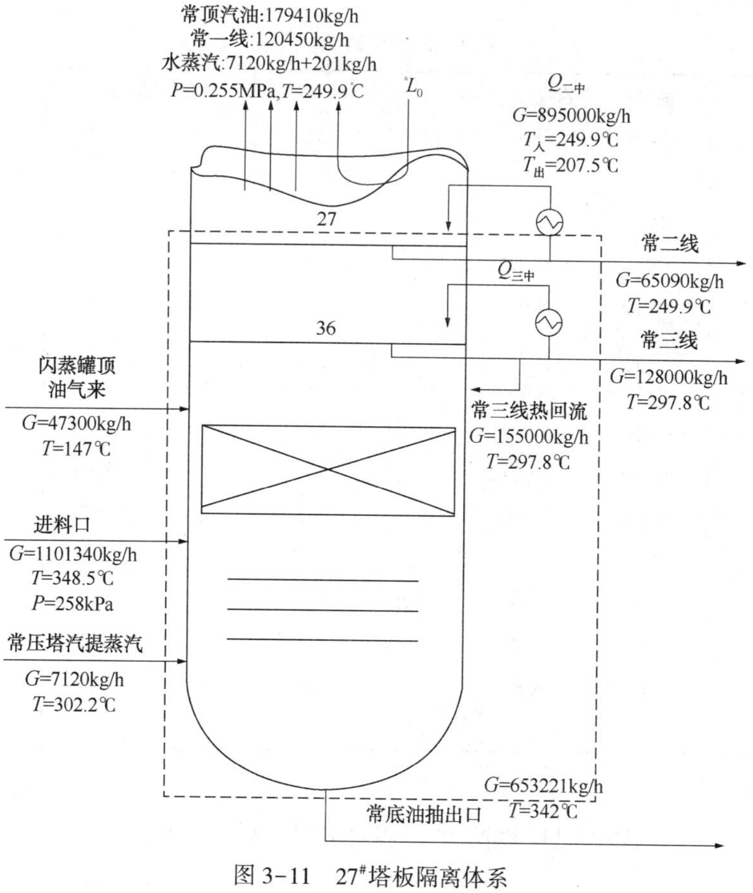

图 3-11　27#塔板隔离体系

对常二中负荷计算见表3-35。

表3-35 常二中进出焓值表

物料	流率/(kg/h)	密度(ρ_{20})/(g/cm³)	操作条件		焓/(kJ/kg)		热量/(MJ/h)
			压力/kPa	温度/℃	气相	液相	
常二中自27层塔板出	895000	0.824	255	249.9	—	626.7	560896.5
常二中自25层塔板返塔	895000	0.824	254	207.5	—	509.6	456092

常二中回流热 $Q_{二中}=560896.5-456092=104804.5$MJ/h

假设自27层至17层塔板各塔板间密度、温度、相对分子质量平均分布，采用内插法计算，求得：

27#塔板内回流L的密度=0.824-(0.824-0.7896)/(27-17)=0.821g/cm³

内回流L自26层塔板来液相温度=249.9-(249.9-192.7)/(27-17)=244.2℃

内回流L相对分子质量=199.61-(199.61-155.97)/(27-17)=195.24kg/kmol

蒸汽焓值可以查蒸汽温度焓值对照表，也可以采用关联公式求得。

$$H_s=592.46-2.1693P+(0.48+4.6485\times10^{-3}P)T$$

式中 H_s——水蒸气的焓值，kcal/kg；

T——蒸汽温度，℃；

P——蒸汽压力，atm。

做27#塔板热平衡得表3-36。

表3-36 27#塔板热平衡

物料		流率/(kg/h)	密度(r_{20})/(g/cm³)	操作条件		焓/(kJ/kg)		热量/(MJ/h)
				压力/MPa	温度/℃	气相	液相	
入方	进料							1067312
	汽提蒸汽	7410		0.5789	302	3069		22741.29
	内回流	L	0.821	0.255	249.9		627	0.627L
	闪顶油气	47300	0.678	0.4	147	646		30555.8
	合计							1120609+0.627L
出方	常顶汽油	179410	0.7043	0.255	249.9	913		163801
	常一线	120450	0.7896	0.255	249.9	856		103105
	常二线	65090	0.8246	0.254	249.9		627	40811
	常三线	128000	0.853	0.258	297.8		752	96317
	$Q_{三中}$							29848
	水蒸气	7410		0.255	249.9	2971		22015
	常渣	653221	0.9593	0.26	340		823	537601
	内回流	L	0.821	0.255	249.9	835		0.835L
	合计							993499+0.835L

内回流热量：

$$\Delta Q=(1120609-993499)\times1000=127110000\text{kJ/h}$$

内回流量：

$$L=127110/(823-627)=611106\text{kg/h}$$

$$N_L=L/M_L=611106/195.24=3130\text{kmol/h}$$

内回流量的油气分压：

$$P_L=P_{36}\times\frac{N_L}{N_{水}+N_{油}}$$

$$=255\times\frac{3130}{1834+772.3+412+3130}=129.8\text{kPa} \tag{3-26}$$

$$=1.28\text{atm}$$

根据《原油蒸馏工程与工艺》第四章P305页，高于常压的压力下平衡汽化曲线可通过由常压恩氏蒸馏曲线和常压平衡汽化曲线得到。

具体步骤为：

① 计算ASTM D86的10%至90%馏出点的斜率式(3-27)和体积平均沸点式(3-28)；

$$S_L=(t_{D86,90\%}-t_{D86,10\%})/(90-10) \tag{3-27}$$

$$t_V=(t_{D86,90\%}+t_{D86,70\%}+t_{D86,50\%}+t_{D86,30\%}+t_{D86,10\%})/5 \tag{3-28}$$

式中 S_L——ASTM D86的10%至90%馏出点的斜率，℃/%；

$t_{D86,x\%}$——ASTM D86 x%馏出点温度，℃；

t_V——ASTM D86体积平均沸点，℃。

求得：$S_L=0.799$℃/%

$$t_V=259.5℃$$

② 由式(3-29)计算ASTM D86的体积平均沸点对斜率的比值；

$$R_{tS}=(1.8t_V+32)/(1.8S_L+16) \tag{3-29}$$

式中 R_{tS}——ASTM D86的体积平均沸点对斜率的比值。

求得： $R_{tS}=28.62$

③ 由图3-12确定该馏分的焦点位置：从ASTM D86体积平均沸点开始，水平向左与API°重度线相交，由此焦点垂直向上(或下)与ASTM D86的10%~90%馏出点的斜率线相交。然后，再次从交点水平向左与R_{tS}相交，相交点即为该馏分的焦点。

④ 由图3-12左面，在常压(或某恒定压力)线上标绘出常压平衡汽化各个馏出点温度。

⑤ 直线连接焦点与常压平衡汽化各个馏出点，获得等体积百分数汽化线，完成该馏分平衡汽化的温度-压力关系图的制备。在等体积百分数汽化线上，得到所要换算压力下的平衡汽化温度。

⑥ 在已知焦点温度、焦点压力情况下，可以直接定位焦点压力、焦点温度。

常二线0%点常压下平衡汽化温度为230℃，已知焦点温度、焦点压力、常压下0%点温度情况下，可以直接定位0%点汽化曲线，高于常压下的汽化温度可以通过纵坐标压力向右作直线与汽化线交于一点，其横坐标便为高于常压下的汽化温度见图3-12。

求得：常二线抽出温度为240.2℃，与实际抽出温度249.9℃相差较大。

3.6 常一线温度校核

自塔底至16层板上部做隔离体系，做热量平衡，如图3-13所示。

对常一中负荷计算见表3-37。

常一中回流热 $Q_{一中}=271929-195361=76568$MJ/h

重沸器进入热量以常三线放热量计算见表3-38。

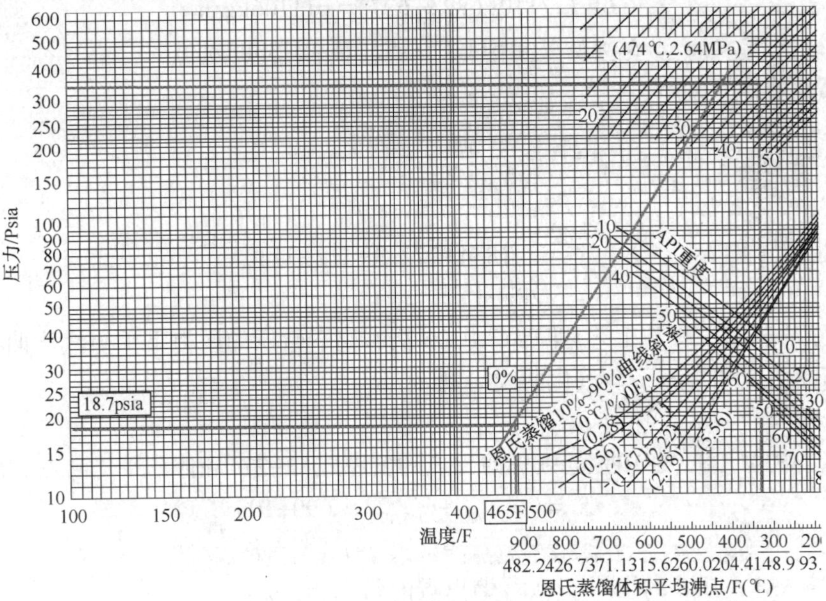

图 3-12　常压与高于常压下平衡汽化数据换算图

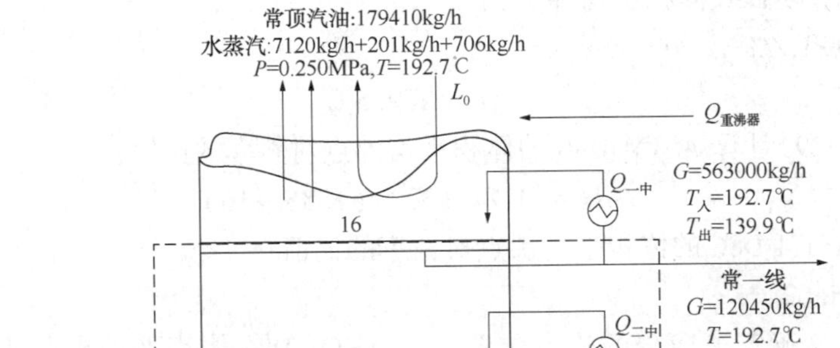

图 3-13　16[#]塔板隔离体系

表 3-37　常一中进出焓值表

物　料	流率/(kg/h)	密度(ρ_{20})/(g/cm^3)	操作条件		焓/(kJ/kg)		热量/(MJ/h)
			压力/kPa	温度/℃	气相	液相	
常一中自 16 层塔板出	563000	0. 7896	250	192. 7	—	483	271929
常一中自 13 层塔板返塔	563000	0. 7896	248. 5	139. 9	—	347	195361

表 3-38　常三线进出重沸器焓值表

物　料	流率/(kg/h)	密度(ρ_{20})/(g/cm^3)	操作条件		焓/(kJ/kg)		热量/(MJ/h)
			压力/kPa	温度/℃	气相	液相	
常三线进重沸器	68000	0. 853	1500	293	—	738	50184
常三线出重沸器	68000	0. 853	1500	234. 6	—	572	38896

$$Q_{重沸器}=50184-388961=11288\text{MJ/h}$$

假设自 16 层至 13 层塔板各塔板间密度、温度、相对分子质量平均分布，采用内插法计算，求得：

16#塔板内回流 L 的密度 = 0. 7896-(0. 7896-0. 7043)/16 = 0. 784g/cm^3

内回流 L 自 15 层塔板来液相温度 = 192. 7-(192. 7-153. 4)/16 = 190. 2℃

内回流 L 相对分子质量 = 155. 97-(155. 97-101. 1)/16 = 152. 54kg/kmol

蒸汽焓值可以查蒸汽温度焓值对照表，也可以采用关联公式求得。

$$H_s=592.46-2.1693P+(0.48+4.6485\times10^{-3}P)T$$

式中　H_s——水蒸气的焓值，kcal/kg；

T——蒸汽温度，℃；

P——蒸汽压力，atm。

做 16#塔板热平衡得表 3-39：

表 3-39　16#塔板热平衡

	物　料	流率/(kg/h)	密度(ρ_{20})/(g/cm^3)	操作条件		焓/(kJ/kg)		热量/(MJ/h)
				压力/MPa	温度/℃	气相	液相	
入方	进料							1067312
	汽提蒸汽	8116		0. 5789	302	3069		24908
	内回流	L	0. 784	0. 25	192. 7		484. 6	0. 4846L
	闪顶油气	47300	0. 678	0. 4	147	646		30555. 8
	合计							1122775. 8+0. 4846L
出方	常顶汽油	179410	0. 7043	0. 25	192. 7	759		136172
	常一线	120450	0. 7896	0. 250	192. 7		483	58177
	常二线	65090	0. 8246	0. 254	249. 9		627	40811
	常三线	128000	0. 853	0. 258	297. 2		752. 5	96317
	$Q_{三中}$							29848
	$Q_{二中}$							104805
	水蒸气	8116		0. 25	192. 7	2852		23147
	常渣	653221	0. 9593	0. 26	340		823	537601
	内回流	L	0. 784	0. 25	192. 7	718		0. 718L
	合计							1026878+0. 718L

内回流热量：

$$\Delta Q = (1134064 - 1122775.8) \times 1000 = 95898000\text{kJ/h}$$

内回流流量：

$$L = 95898000/(718-485) = 411577\text{kg/h}$$

$$N_L = L/M_L = 411477/152.54 = 2698\text{kmol/h}$$

内回流量的油气分压：

$$P_L = P_{36} \times \frac{N_L}{N_水 + N_油} = 250 \times \frac{2698}{1834+451+2698} = 135.4\text{kPa}$$

$$= 1.335\text{atm}$$

根据《原油蒸馏工程与工艺》第四章 P305 页，高于常压的压力下平衡汽化曲线可通过由常压恩氏蒸馏曲线和常压平衡汽化曲线得到，见图 3-14。

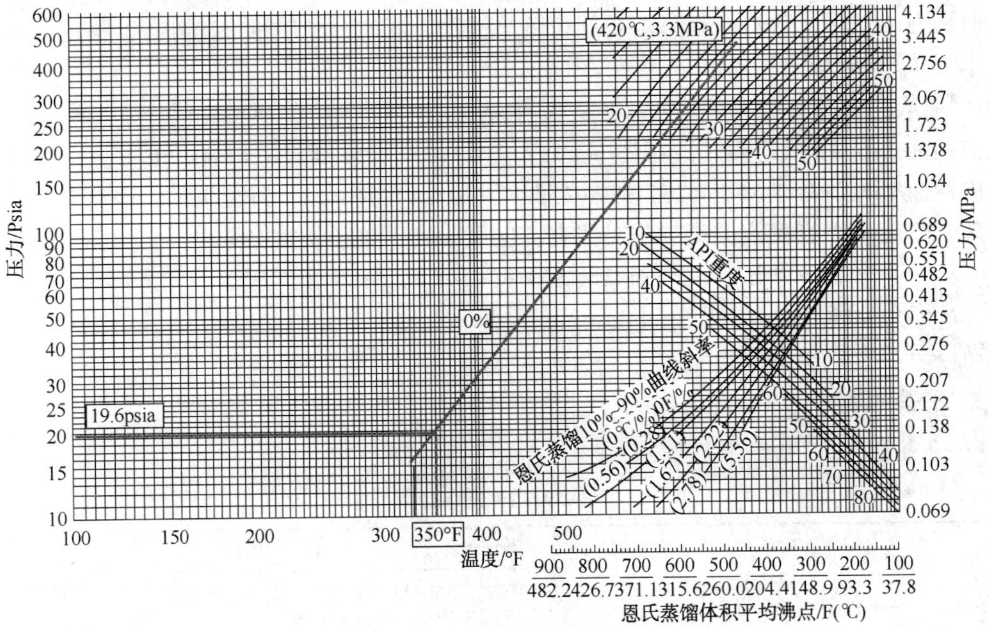

图 3-14　常压与高于常压下平衡汽化数据换算图

常一线平衡汽化 0%点温度为 164℃由图表查得常一线抽出温度 175℃与实际抽出温度 192.7 相差较大。

3.7　恩氏蒸馏数据（内插外延法）校正

侧线抽出温度计算值偏差分析：

根据《原油蒸馏工程与工艺》第四章 P308 页恩氏蒸馏曲线的外延和内插方法，对化验分析数据轻端进行校核，由此推出新的恩氏蒸馏数据见表 3-40。

表 3-40　恩氏蒸馏数据对比

实验室数据					恩氏蒸馏外延法数据				
项目	常顶汽油	常一线	常二线	常三线	项目	常顶油	常一线	常二线	常三线
0%	36.6	139.6	188.4	194.3	0%	44	150	220	248
10%	60.6	169.7	227.4	268	10%	70	169.7	227.4	268

续表

实验室数据					恩氏蒸馏外延法数据				
项目	常顶汽油	常一线	常二线	常三线	项目	常顶油	常一线	常二线	常三线
30%	88.4	186.9	250.2	297.6	30%	88.4	186.9	250.2	297.6
50%	108.4	199	263.2	318	50%	108.4	199	263.2	318
70%	126.6	211.1	275.7	340.6	70%	126.6	211.1	275.7	340.6
90%	150.2	228.8	297.5	378.6	90%	150.2	228.8	297.5	378.6
终馏点	172.1	247.8	309.5	400.8	终馏点	198	268	309.5	420

由查图法和换算法求得平衡汽化数据见表3-41。

表3-41　恩氏蒸馏数据换算为两种方法平衡汽化数据表

平衡汽化数据换算法				平衡汽化数据查图法			
项目	常一线	常二线	常三线	项目	常一线	常二线	常三线
0%	199	264	290	0%	174	246	293
10%	195	252	293	10%	182	249	301
30%	197	264	314	30%	191	262	319
50%	220	275	321	50%	196	267	329
70%	243	289	334	70%	201	272	341
90%	264	311	363	90%	209	281	362
终馏点	281	311	385	终馏点	226	284	380

从表3-41数据看查图法平衡汽化数据准确度较高，以下计算采用查图法数据计算。

根据《原油蒸馏工程与工艺》第四章P305页，高于常压的压力下平衡汽化曲线可通过由常压恩氏蒸馏曲线和常压平衡汽化曲线得到，见图3-15。

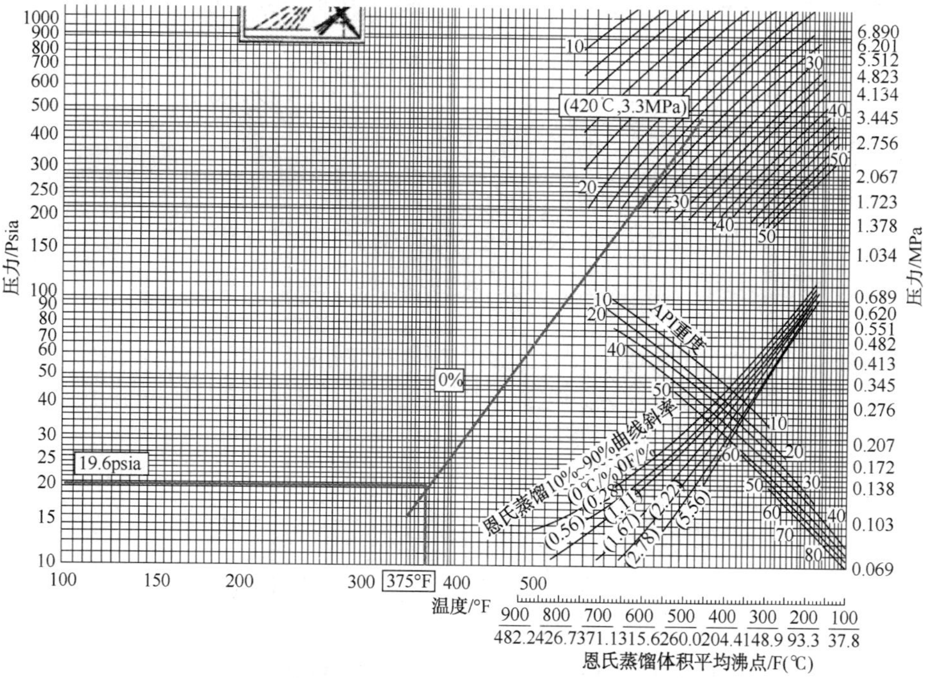

图3-15　常一线常压与高于常压下平衡汽化数据换算图

常一线校核：常一线平衡汽化初馏点为174℃。由图3-15求得常一线抽出温度191℃与常一线实际抽出温度192℃基本吻合。

常二线校核：常二线初馏点0%线为246℃。由图3-16求得常二线抽出温度254℃与常二线实际抽出温度249.9℃基本吻合。

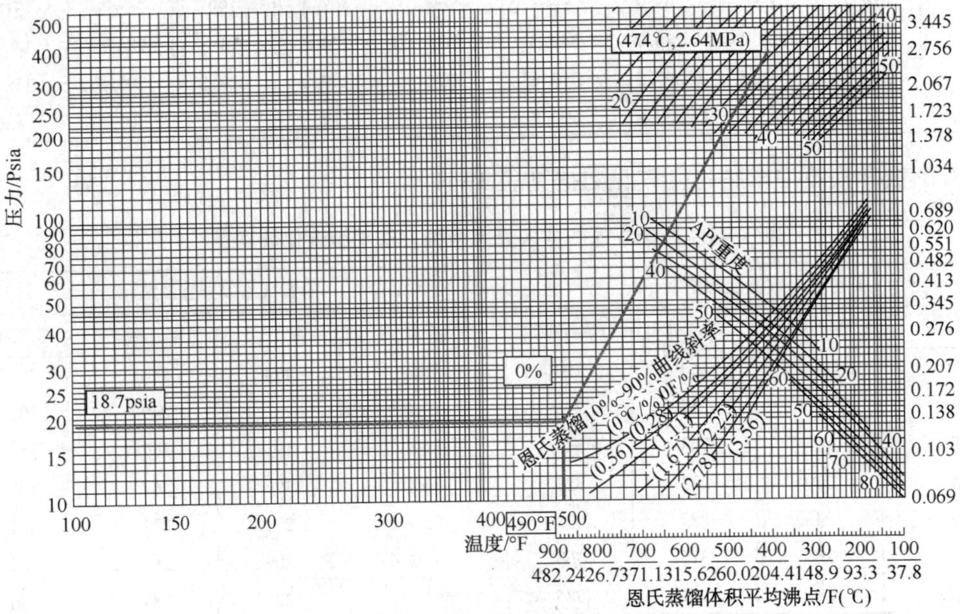

图3-16 常二线常压与高于常压下平衡汽化数据换算图

常三线校核：由常压下常三线50%点平衡汽化温度为329℃求得717mmHg下平衡汽化50%点温度为335℃，见图3-17。

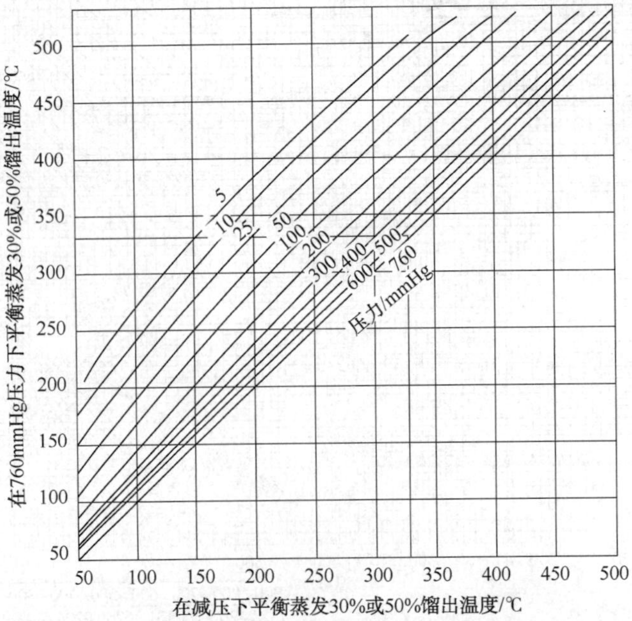

图3-17 常三线低于常压下平衡汽化数据换算图

常压下50%点与0%点的温差=329-293=36℃。按常压、减压各段温度相等的假设，求得泡点温度为=335-36=299℃，与常三线抽出温度297.8℃吻合。

两种分析数据结果对比见表3-42。

表3-42 侧线校核数据结果对比

侧线校核	实际值/℃	使用实验室恩氏蒸馏数据	使用恩氏蒸馏数据(外延法)
常一线抽出温度	192.7	175	191
常二线抽出温度	249.9	240.2	254
常三线抽出温度	297.8	287	299

侧线抽出温度计算值在使用化验室分析数据时与实际值均相差较大，最大偏差10℃。采用外延法对恩氏蒸馏数据进行外延后计算数据与实际值基本一致。

3.8 常压塔温度校核分析

综合分析以上结果认为造成计算值与实际值相差较大的原因为：①与中段回流设置有关，广西石化常减压采用中段与侧线抽出在相同抽出口，且使用大流量、小温差的方式，中段回流对侧线产品质量影响较大，造成产品的初馏点与单独设置中段回流的塔相比变低。②侧线抽出温度计算的基础建立在离开塔盘的内回流蒸汽与抽出液相达到相平衡，而实际大流量的中段回流存在破坏了相平衡，存在计算方法不适用的问题。③从上述结果看，常二中取热量及回流量最大，结果影响最大，常三中取热量较小，对产品影响较小。

3.9 常顶回流热负荷计算

方法一：由于常顶回流流量计失灵，采用原油侧取热负荷进行反算。计算得原油进出常顶换热器的焓值见表3-43。

表3-43 原油进出常顶换热器进出焓值表

物　　料	流率/(kg/h)	密度(ρ_{20})/(g/cm³)	操作条件		焓/(kJ/kg)		热量/(MJ/h)
			压力/MPa	温度/℃	气相	液相	
原油进常顶换热器A/C	571400	0.8702	3.5	59.9		150.8	86167.12
原油出常顶换热器A/C	571400	0.8702	3.5	99.3		233.6	133479.04
原油进常顶换热器B/D	573300	0.8702	3.5	58.8		148.6	85192.38
原油出常顶换热器B/D	573300	0.8702	3.5	79.4		191	109500.3

常顶回流热 Q=133479.04-86167.12+109500.3-85192.38=71619.84MJ/h

方法二：做全塔热量衡算求常顶回流热负荷，得表3-44。

表3-44 全塔热量平衡表

物　　料		流率/(kg/h)	密度(ρ_{20})/(g/cm³)	操作条件		焓/(kJ/kg)		热量/(MJ/h)
				压力/MPa	温度/℃	气相	液相	
入方	进料							1067312
	汽提蒸汽	8116		0.5789	302	3069		24908
	闪顶油气	47300	0.678	0.4	147	646		30555.8
	$Q_{重沸器}$							11288
	合计							1134064

续表

物料		流率/(kg/h)	密度(ρ_{20})/(g/cm³)	操作条件		焓/(kJ/kg)		热量/(MJ/h)
				压力/MPa	温度/℃	气相	液相	
出方	常顶油(气)	153180	0.7043	0.243	122.3	558		85474
	常顶油(液)	26230	0.7043	0.243	122.3		312	8184
	常一线	120450	0.7896	0.254	192.7		483	58177
	常二线	65090	0.8246	0.256	249.9		627	40811
	常三线	128000	0.853	0.258	297.2		752.5	96317
	$Q_{三中}$							29848
	$Q_{二中}$							104805
	$Q_{一中}$							76568
	水蒸汽	8116		0.25	122.3	2701		21921
	常渣	653221	0.9593	0.26	340		823	537601
	$Q_{常顶回流}$							Q
	合计							1059707+Q

常顶回流取热:

$$\Delta Q=1134064-1059707=74357\text{MJ/h(未考虑热损失)}$$

方法一与方法二数据基本一致。

常顶回流量:

$$L=71619.84\times103/(659-319)=210647\text{kg/h}$$

$$N_L=L/M_L=210647/101.01=2085\text{kmol/h}$$

油气分压:

$$P_L=P_{顶}\times\frac{N_L}{N_{水}+N_{油}}=243\times\frac{2085+1843}{1843+451+2085}=218\text{kPa}$$

$$=2.15\text{atm}$$

根据《原油蒸馏工程与工艺》第四章P305页,高于常压的压力下平衡汽化曲线可通过由常压恩氏蒸馏曲线和常压平衡汽化曲线得到,见图3-18。

求得:100%点2.15atm下平衡汽化温度为138℃,与实际相差较大,原因分析为本次计算露点温度采用的为常顶石脑油,而实际此处样品应该采用常顶回流罐内油品,造成了100%点温度偏低。

验证塔顶条件下,水蒸气是否会发生冷凝现象。

塔顶水蒸气分压为:

$$P_L=P_{顶}\times\frac{N_L}{N_{水}+N_{油}}=243\times\frac{451}{1843+451+2085}=25\text{kPa}$$

$$=0.247\text{atm}$$

相应于此压力下的饱和水蒸气的温度为65℃,远低于塔顶温度154℃,故塔顶水蒸气仍处于过热状态,不会冷凝。

3.10 全塔热损失计算

由塔外壁热损失 $$Q=K\times(t_n-t_a)\times S \quad (3-30)$$

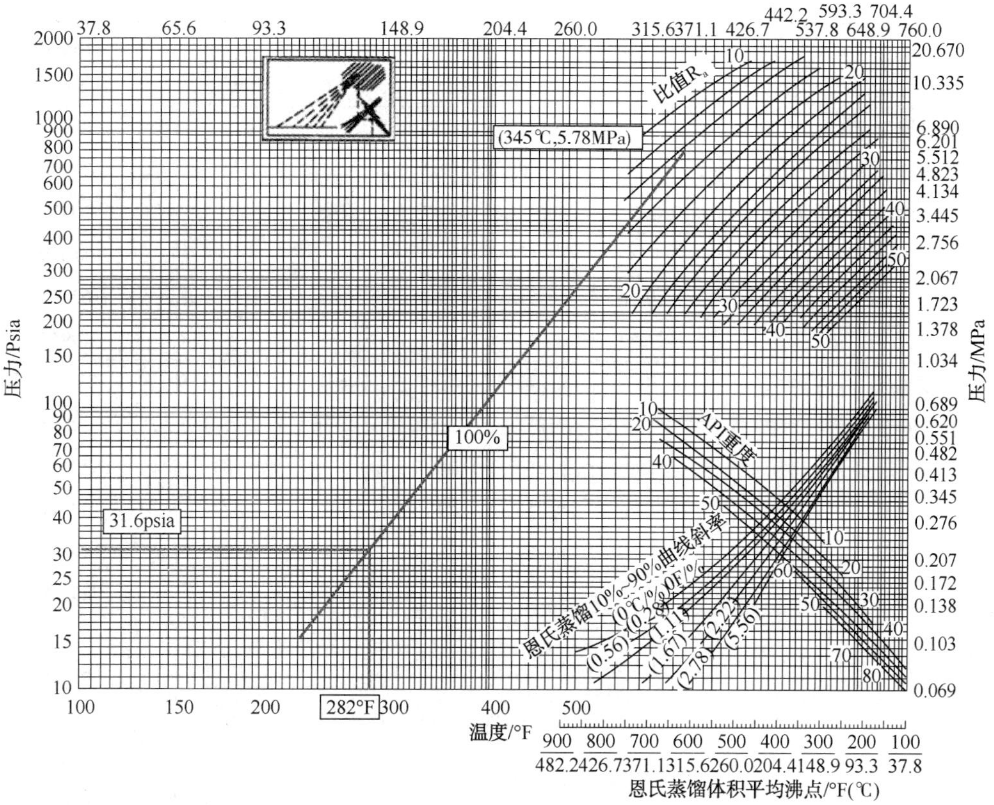

图 3-18　常压与高于常压下平衡汽化数据换算图

式中　K——总传热系数，kcal/m^{2}h℃；

S——塔体表面积，m^2；

t_n——塔体外表温度，℃；

t_a——大气温度，℃。

总传热系数：

$$K=\alpha_{nr}+\alpha_{nc} \tag{3-31}$$

$$\alpha_{nc}=2.2\sqrt[4]{t_n-t_a}$$

$$\alpha_{nr}=\frac{3.9\left[\left(\frac{t_n+273}{100}\right)^4-\left(\frac{t_a+273}{100}\right)^4\right]}{t_n-t_a}$$

式中　α_{nr}——塔外壁对空气的对流放热系数；

α_{nc}——塔外壁对空气的辐射放热系数。

塔外表温度平均为68℃，空气温度为35℃，塔外表面积按1800m^{2}计算

求得：$K=5.27+13.25=18.53$kcal/(m^2·h·℃)

$Q=18.53\times(68-35)\times1800=4607$MJ/h

3.11　全塔热平衡一览表

全塔热平衡表见表 3-45。

表 3-45　全塔热平衡一览表

物料		流率/(kg/h)	密度(ρ_{20})/(g/cm^3)	操作条件		焓/(kJ/kg)		热量/(MJ/h)
				压力/MPa	温度/℃	气相	液相	
入方	进料							1067312
	汽提蒸汽	8116		0.5789	302	3069		24908
	闪顶油气	47300	0.678	0.4	147	646		30556
	$Q_{重沸器}$							11288
	常顶热回流	210647	0.7043	0.5	122		312	65722
	合计							1199786
出方	常顶油气	390057	0.7043	0.242	154	661		257828
	水蒸气	8116		0.211	154	2776		22530
	常一线	120450	0.7896	0.254	192.7		483	58177
	常二线	65090	0.8246	0.256	249.9		627	40811
	常三线	128000	0.853	0.258	297.2		752.5	96317
	$Q_{三中}$							29848
	$Q_{二中}$							104805
	$Q_{一中}$							76568
	常渣	653221	0.9593	0.26	340		823	537601
	$Q_{热损失}$							4607
	合计							1229092

常压塔进出热量基本平衡，偏差为-2.4%。全塔热量分布见表 3-46。

表 3-46　全塔热平衡一览表

名　称	取热量/(MJ/h)	比例/%	名　称	取热量/(MJ/h)	比例/%
常三中取热量 $Q_{三中}$	29848	11	常一中取热量 $Q_{一中}$	76568	29
常二中取热量 $Q_{二中}$	83828	32	常顶回流取热量	73516	28

全塔热量分布图见图 3-19。

全塔的余热为：79.1MW。通过 Aspen Hysys 软件模拟热平衡情况见图 3-20。

Aspen Hysys 软件计算全塔余热为：70.83MW。两种计算方法误差为 7%，误差较大。

3.12　全塔热平衡校正分析

对原油/常二中换热器 E112A/D 进行热量计算见表 3-47。

表 3-47　常二中/原油换热器热负荷计算

物料	流率/(kg/h)	密度(ρ_{20})/(g/cm^3)	操作条件		焓/(kJ/kg)		热量/(MJ/h)
			压力/kPa	温度/℃	气相	液相	
原油进 E112A/D	1103000	0.8784	2300	168.9	—	392	432376
原油出 E112A/D	1103000	0.8784	2300	199.3	—	468	516204

换热器原油侧吸收的热量 $\Delta H_{吸收}=83828$MJ/h

常二中侧放出的热量 $\Delta H_{放出}=104805$MJ/h，两者相差 20%。

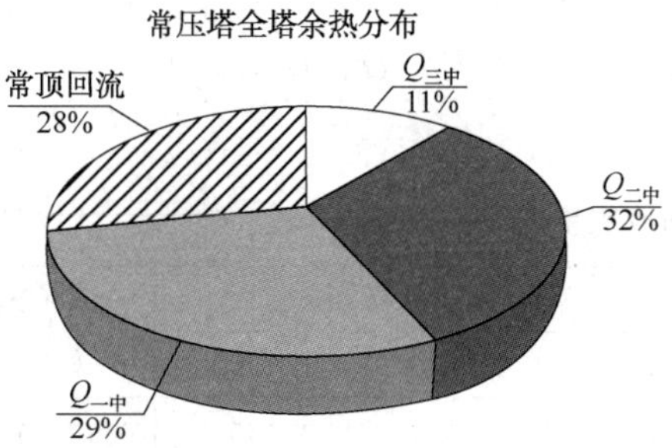

图 3-19　常压塔全塔热量分布图

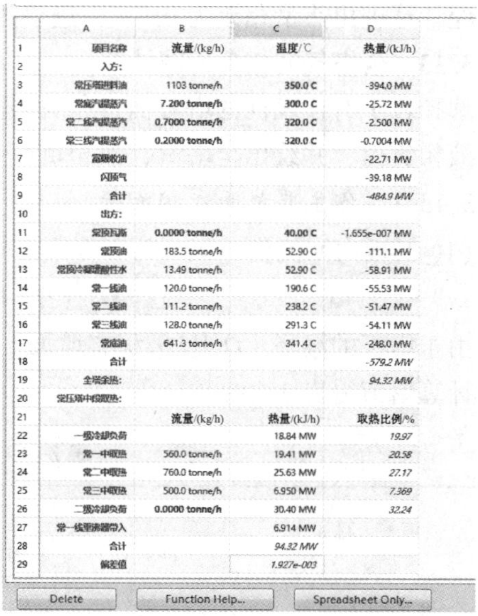

	A	B	C	D
1	项目名称	流量/(kg/h)	温度/℃	热量/(kJ/h)
2	入方:			
3	常压塔进料油	1103 tonne/h	350.0 C	-394.0 MW
4	常底汽提蒸汽	7.200 tonne/h	300.0 C	-25.72 MW
5	常二线汽提蒸汽	0.7000 tonne/h	320.0 C	-2.500 MW
6	常三线汽提蒸汽	0.2000 tonne/h	320.0 C	-0.7004 MW
7	富吸收油			-22.71 MW
8	闪顶气			-39.18 MW
9	合计			-484.9 MW
10	出方:			
11	常顶瓦斯	0.0000 tonne/h	40.00 C	-1.655e-007 MW
12	常顶油	183.5 tonne/h	52.90 C	-111.1 MW
13	常顶冷凝酸性水	13.49 tonne/h	52.90 C	-58.91 MW
14	常一线油	120.0 tonne/h	190.6 C	-55.53 MW
15	常二线油	111.2 tonne/h	238.2 C	-51.47 MW
16	常三线油	128.0 tonne/h	291.3 C	-54.11 MW
17	常底油	641.3 tonne/h	341.4 C	-248.0 MW
18	合计			-579.2 MW
19	全塔余热:			94.32 MW
20	常压塔中段取热:			
21		流量/(kg/h)	热量/(kJ/h)	取热比例/%
22	一级冷却负荷		18.84 MW	19.97
23	常一中取热	560.0 tonne/h	19.41 MW	20.58
24	常二中取热	760.0 tonne/h	25.63 MW	27.17
25	常三中取热	500.0 tonne/h	6.950 MW	7.369
26	二级冷却负荷	0.0000 tonne/h	30.40 MW	32.24
27	常一线重沸器带入		6.914 MW	
28	合计		94.32 MW	
29	偏差值		1.927e-003	

图 3-20　常压塔全塔热量平衡表

以原油侧吸收的热量重新校核全塔热平衡，则全塔余热为 73MW 与模拟数值相差 3%，基本吻合。

经检查常二中返塔温度热电偶，因套筒内存水存在指示温度偏低的情况。经校正后的全塔热平衡见表 3-48。

表 3-48　校正后的全塔热平衡一览表

物　料		流率/(kg/h)	密度(ρ_{20})/(g/cm^3)	操作条件		焓/(kJ/kg)		热量/(MJ/h)
				压力/MPa	温度/℃	气相	液相	
入方	进料							1067312
	汽提蒸汽	8116		0.5789	302	3069		24908
	闪顶油气	47300	0.678	0.4	147	646		30556
	$Q_{重沸器}$							11288
	常顶热回流	210647	0.7043	0.5	122		312	65722
	合计							1199786
出方	常顶油气	390057	0.7043	0.242	154	661		257828
	水蒸气	8116		0.211	154	2776		22530
	常一线	120450	0.7896	0.254	192.7		483	58177
	常二线	65090	0.8246	0.256	249.9		627	40811
	常三线	128000	0.853	0.258	297.2		752.5	96317
	$Q_{三中}$							29848
	$Q_{二中}$							83828
	$Q_{一中}$							76568
	常渣	653221	0.9593	0.26	340		823	537601
	$Q_{热损失}$							4607
	合计							1208115

经计算进出热量相差为0.7%，进出热量平衡。

3.13 全塔气液相负荷图计算

选择若干有代表性的塔截面进行计算(塔顶、中段及侧线抽出板、汽化段)，求出各处汽、液相负荷，并绘出全塔汽、液相负荷分布图。

3.13.1 各主要截面液相负荷

(1) 1#板内回流量

$$L_2=Q_2/(H_2-h_1)\text{；}L_1=Q_1/(H_1-h_0)$$

由于塔板的温降，Q_1比Q_2稍有增加，但增量不大，近似认为$Q_1=Q_2$。

计算焓值得表3-49。

表3-49 1#板内回流热量

项　目	流量/(kg/h)	操作条件		焓/(kJ/kg)		热量/(MJ/h)
		压力/MPa	温度/℃	气相	液相	
热回流	210647	0.243	122		319	67196.39
回流蒸汽	210647	0.243	153.2	659		138816.4
第一板内回流	L_1	0.244	153.2		410	$L_1\times410$
第一板内回流蒸汽	L_1	0.244	155.3	664		$L_1\times664$

$$L_1=L_0\times(H_1-h_0)/(H_2-h_1)=210647\times(659-319)/(664-410)=281968\text{kg/h}$$

(2) 各抽出侧线下方的液相量近似等于抽出侧线上方的液相量减去侧线抽出量。

(3) 中段回流上、下内回流量的变化：中段循环回流下部内回流量应当比中段循环回流上部内回流大ΔL。ΔL值计算如下：

$$\Delta L=Q_{中}/\Delta h \tag{3-32}$$

式中 $Q_{中}$——中段循环回流取热量，MJ/h；

Δh——中段循环回流抽出板下部塔板的气相焓与抽出板液相焓之差值，kJ/kg。

以常三中为例，常三中自36#板抽出，抽出温度为297.8℃。

内插法求得36#板压力为258kPa，34#板压力为257kPa，返塔温度为278.9。

常三中换热量$Q_{三中}=29848$MJ/h

计算求得36#板气相焓$H_{36}=942$kJ/kg

34#板液相焓$h_{34}=736.7$kJ/kg

常三中回流上下方回流变化的数量：

$$\Delta L_{三中}=Q_{三中}/(H_{36}-h_{34})=29848\times1000/(942-736.7)=145378\text{kg/h} \tag{3-33}$$

中段循环回流上、下方回流变化的数量见表3-50：

表3-50 中段循环回流上下方回流变化

中段名称	板数	气相焓值/(kJ/kg)	液相焓值/(kJ/kg)	中段换热量/(MJ/h)	抽出板上下内回流变化量/(kg/h)
常一中	14		484.6	76568	328054
	16	718			

续表

中段名称	板数	气相焓值/(kJ/kg)	液相焓值/(kJ/kg)	中段换热量/(MJ/h)	抽出板上下内回流变化量/(kg/h)
常二中	25		627	104804.5	503868
	27	835			
常三中	34		736.7	29848	145378
	36	942			

(4) 进料板的液流量和进料板上一层塔板的液流量：对于进料段以下油品的物料平衡关系，得出以下关系式。

$$F_L+L_{(上)}=W+\Delta V \tag{3-34}$$

$$L_{(上)}=\Delta E+\Delta V \tag{3-35}$$

式中 ΔE——过汽化量，kg/h；

ΔV——提馏段汽化量，kg/h；

F_L——进料液相量，kg/h；

W——塔底产品量，kg/h；

$L_{(上)}$——进料段上层塔板液流量，kg/h。

$\Delta E=27955.3$kg/h

$L_{(上)}=27955.3+\Delta V$kg/h

$F_L=W-\Delta E=653221-27955.3=625266$kg/h

自塔底至进料段进行热量计算列表见表3-51。

表3-51 塔底至进料段热平衡

项目		流量/(kg/h)	压力/kPa	温度/℃	焓/(kJ/kg) 气相	焓/(kJ/kg) 液相	热量/(MJ/h)
入方	ΔE	27955.3	258	348.5		908	25383
	ΔV	ΔV	258	348.5		908	908ΔV
	F_L	625266	258	352		859	537103
	汽提蒸汽	7200	0.5789	302	3069		22097
	合计						584584+908ΔV
出方	ΔV	ΔV	258	352	1089		1089ΔV
	水蒸气	7200	258	352	3181		22903
	常压渣油	653221	0.26	340		823	537601
	合计						560504+1089ΔV

$\Delta V=(584584-560504)\times1000/(1089-908)=113037$kg/h

$L_{(上)}=27955.3+113037=140992$kg/h

(5) 常三线抽出板下方汽液相负荷计算

常三线抽出板下方汽液相负荷见表3-52。

表 3-52 常三线抽出板下方汽液相负荷计算

物料		流率/(kg/h)	密度(ρ_{20})/(g/cm³)	操作条件		焓/(kJ/kg)		热量/(MJ/h)
				压力/MPa	温度/℃	气相	液相	
入方	进料							1067312
	汽提蒸汽	7200		0.5789	302	3069		22096.8
	内回流	L	0.853	0.258	297		750	0.750L
	闪顶油气	47300	0.678	0.4	147	646		30555.8
	合计							1119964.6+0.750L
出方	常顶汽油	179410	0.7043	0.258	325	1130		202733
	常一线	120450	0.7896	0.258	325	1058		127436
	常二线	65090	0.8246	0.258	325	1033		67238
	常三线	128000	0.853	0.258	325	1014		129792
	水蒸汽	7200		0.258	325	3070		22104
	常渣	653221	0.9593	0.26	340		823	537601
	内回流	L	0.88	0.258	325	1014		1.014L
	合计							1086904+1.014L

$L=125229$kg/h

3.13.2 各主要截面的气相负荷

对任一截面而言，通过该截面的气相流量：

$$N=\sum N_i+N_L+N_s \tag{3-36}$$

式中 N_i——产品量，kmol/h；

N_L——内回流量，kmol/h；

N_s——水蒸气量，kmol/h。

3.13.3 各主要截面的气液相负荷计算

工况下的液相密度采用模拟数据。据此主要截面气液相负荷计算结果(气、液相流量均指离开该板的数值)列表见表 3-53。

表 3-53 主要截面气液相负荷

项目	液相负荷/(kmol/h)					气相负荷/(kmol/h)			
板号	中段量	侧线抽出量	内回流减少量	内回流量	总液相负荷量	内回流量	产品量	水蒸汽量	总气相负荷
0				2085	2085	2085	1843	451	4379
1				2789	2789	2789	1843	451	5083
14	3609		2150	548	4157	548	1834	451	2833
16	3609	772		2698	5535	2698	1834	451	4983
25	4483		2581	549	5032	549	2606	412	3567
27	4483	326		3130	7287	3130	2606	412	6148
34	2216			1344	3560	1343	2932	400	4675
36	2216	532	618	1961	3645	1961	2932	400	5293
37				521	521	521	2932	400	3853
38				1281	1281	470		400	870
49				1338	1338			400	400

根据计算结果，做常压塔气液相负荷图见图 3-21。

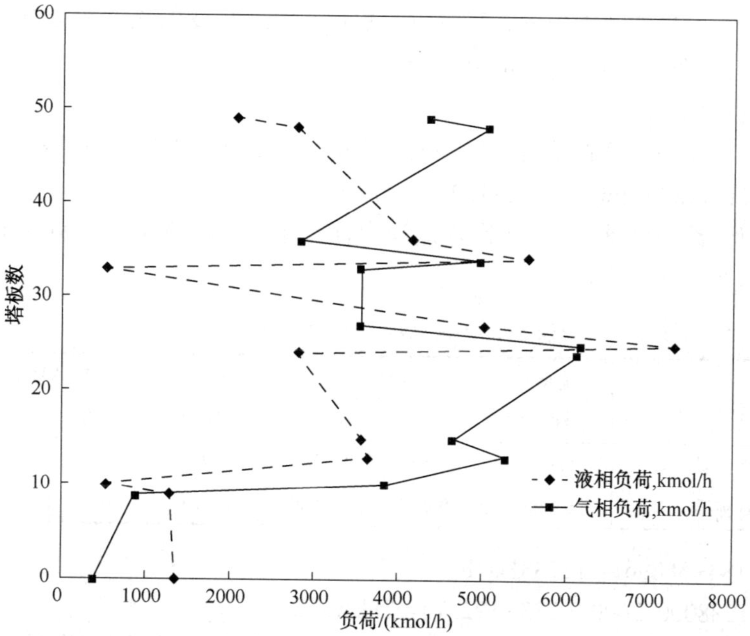

图 3-21　常压塔气液相负荷图

使用 Aspen Hysys 模拟获得的常压塔气液相负荷图见图 3-22。

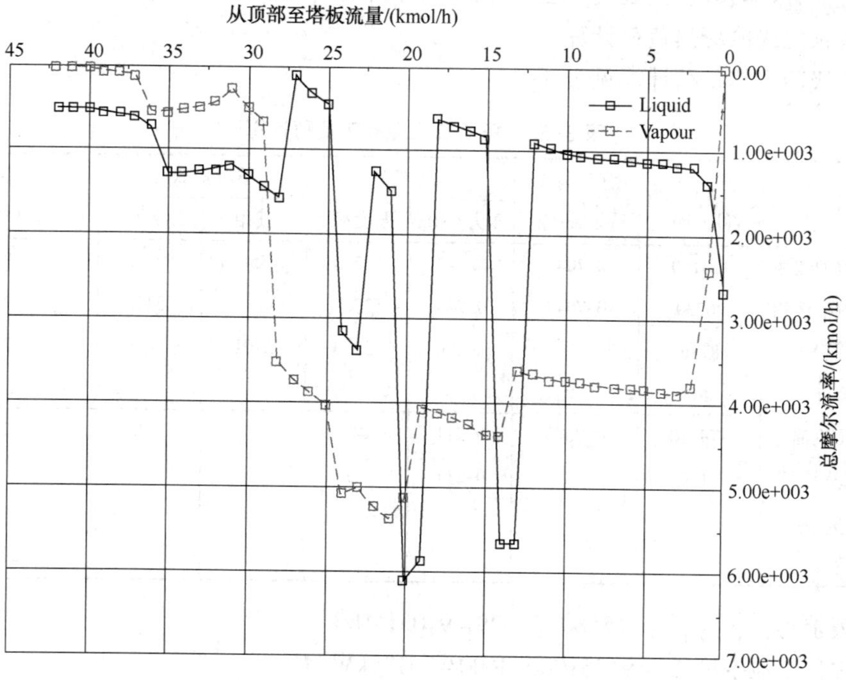

图 3-22　常压塔气液相负荷图

4 换热网络及热平衡计算

换热网络首先要理清装置内冷、热流股的数量，对有相变的流股要分开计算 C_P 值，获得冷热流股的 C_P 值然后进行换热网络的计算。

4.1 换热网络计算

(1) 由前章常压塔核算章节常压塔一段热负荷为71619.84MJ/h。求得：

$C_{P常顶一段}=71619800/3600/(152-122)=657kW/℃$

(2) 由于常一线重沸器E108在换热过程中存在相变，计算常一线重沸器 C_P 采用从换热器倒推的方法见表3-54。

表3-54 常三线进出重沸器焓值表

物料	流率/(kg/h)	密度(ρ_{20})/(g/cm³)	操作条件		焓/(kJ/kg)		热量(MJ/h)
			压力/kPa	温度/℃	气相	液相	
常三线进重沸器	68000	0.853	1500	293	—	738	50184
常三线出重沸器	68000	0.853	1500	234.6	—	572	38896

$Q_{重沸器}=50184-388961=11288MJ/h$

$C_{P重沸器}=11288000/3600/(233-192.7)=78kW/℃$

(3) 由于闪底油在目标温度(炉出口温度)处为两相流，计算闪底油 C_P 采用分段的方法。

已知常压塔进料焓值，因此计算闪底油进炉前至常压炉出口 C_P 值为：

$C_{P闪底油进常压炉后}=(1067312000-725\times1103000)/3600/(352-293)=1260kW/℃$

(4) 塔顶二级冷凝热负荷计算

塔顶二级冷凝热负荷计算见表3-55：

表3-55 塔顶二级冷凝热负荷计算

物料		流率/(kg/h)	密度(ρ_{20})/(g/cm³)	操作条件		焓/(kJ/kg)		热量/(MJ/h)
				压力/MPa	温度/℃	气相	液相	
入方	常顶汽油汽相	153180	0.7043	0.243	122.3	558		85474
	常顶汽油液相	26230	0.7043	0.243	122.3		312	8184
	水蒸气	8116		0.25	122.3	2701		21921
	合计							115580
出方	常顶汽油	179410	0.7043	0.211	40		120	21529
	水蒸气	8116		0.211	40		0	0
	$Q_{空冷负荷}$							$Q_{空冷负荷}$
	合计							$21529+Q_{空冷负荷}$

由上表求得：$Q_{空冷负荷}=115580-21529=94051MJ/h$

求得常顶二段空冷 $C_P=94051000/3600=26125kW/℃$

经计算汇总得各流股 C_P 值见表3-56。

表 3-56 各流股 C_P 数据表表

序号	流　股	物流流量/(kg/h)	初始温度 T_1/℃	目标温度 T_2/℃	温差 ΔT/℃	初始温度焓值 H_1/(kJ/kg)	目标温度焓值 H_2/(kJ/kg)	焓变 ΔH/kW	物流热量 C_P/(kW/℃)
					热流股				
1	常顶油气一段		152.3	122	30.3			19894	657
2	常顶油气二段		122	40	82			26125	319
3	常一中	560000	192.6	141.7	50.9	482	352	20222	397
4	常一线	120000	222	38	184	562	119	14767	80
5	常二中	895000	250	207.5	42.5	627	508	29585	696
6	常二线	109000	236	40	196	587	116	14261	73
7	常三中	533000	298	279	19	753	680	10808	569
8	常三线	128000	293	40	253	738	113	22222	88
9	减一中及一线	230000	68	40	28	170	113	3642	130
10	减一线	11000	68	60	8	170	153	52	6
11	减二中及二线	532000	208.8	167	41.8	490	385	15517	371
12	减二线	174000	208.8	70	138.8	490	169	15515	112
13	减三中及三线	1024000	284.8	241.4	43.4	678	558	34133	786
14	减三线	148000	226	80	146	518	181	13854	95
15	减压渣油及急冷油	323000	360	90	270	856	184	60293	223
					冷流股				
16	脱前原油	1150000	35.4	132.7	97.3	102	308	65806	676
17	脱后原油	1150000	131.5	149.5	18	306	347	13097	728
18	闪底油进炉前	1103000	148.7	293	144.3	343	725	117041	811
19	常一线重沸器		192.7	233	40.3			3135	78
20	闪顶油气	473000	147	348	201	671	1017	45461	226
21	循环柴油	35000	35	207.5	172.5	106	510	3928	23
22	闪底油进炉后	1103000	293	352	59			74343	1260.051

4.2 冷热组成曲线计算窄点温度

4.2.1 热组成曲线计算

(1) 画出温度梯度图。

热流股温度梯度图见图 3-23。

(2) 计算出每个梯度的焓值表。每个梯度的焓值见表 3-57。

表 3-57 热流股温度梯度焓值

序　号	温度/℃	温差/℃	$\sum C_{Ph}$/(kW/℃)	ΔH/kW
1	360			
2	298	62	223	13845
3	293	5	792	3961
4	285	8	880	7216

续表

序　号	温度/℃	温差/℃	$\sum C_{Ph}$/(kW/℃)	ΔH/kW
5	279	6	1666	9666
6	250	29	1098	31831
7	241	9	1794	15426
8	236	5	1007	5439
9	226	10	1080	10800
10	222	4	1175	4700
11	209	13	1255	16568
12	208	1	1738	2260
13	193	15	1042	15526
14	167	26	1439	36847
15	152	15	1068	15701
16	142	11	1725	18282
17	122	20	1327	26150
18	90	32	989	31662
19	80	10	766	7661
20	70	10	671	6712
21	68	2	559	1119
22	60	8	696	5568
23	40	20	690	13790
24	38	2	80	161

(3) 画出热流股的温焓图。热流股的温焓图见图3-24。

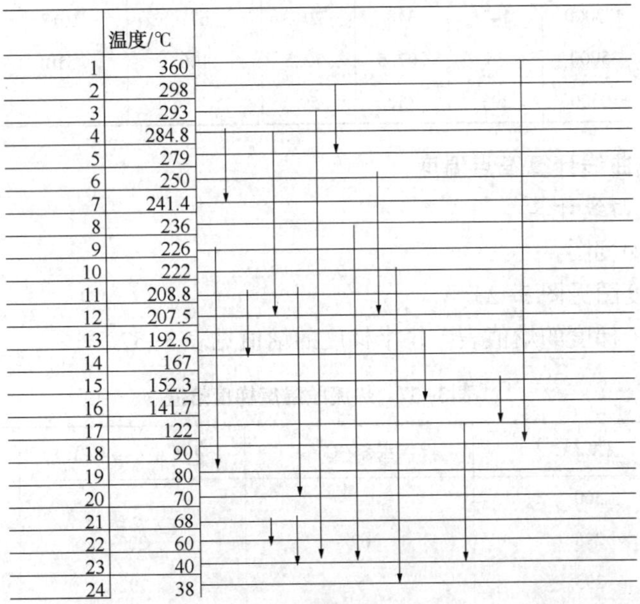

图3-23　热流股温度梯度图

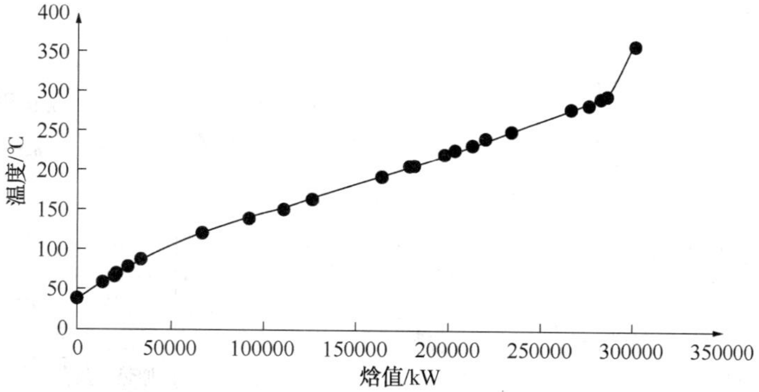

图 3-24　热组成曲线

4.2.2　冷组成曲线计算

冷流股组成见表 3-58。

表 3-58　冷流股温度梯度焓值

序　号	温度/℃	温差/℃	$\sum C_{Pc}$ /（kW/℃）	ΔH/kW
1	352	4	941	3764
2	348	115	964	110816
3	233	26	1041	26556
4	208	15	1064	15750
5	193	43	986	42612
6	150	1	1714	1371
7	149	2	773	1314
8	147	14	750	10731
9	133	1	1427	1712
10	132	96	699	67182
11	35	0	23	0

冷流股温焓图见图 3-25。

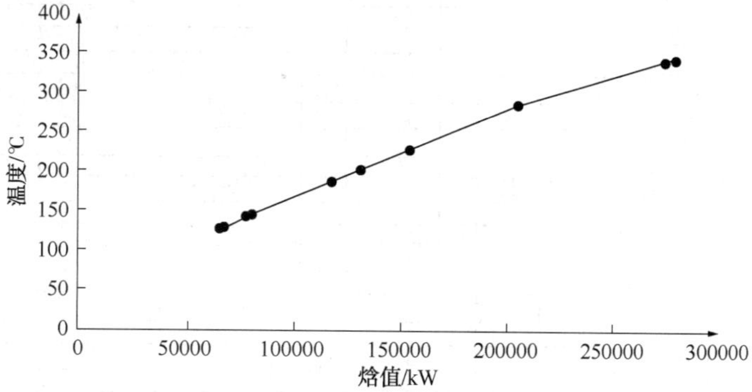

图 3-25　冷组成曲线

4.2.3　组合组成曲线计算

组合曲线见图 3-26。

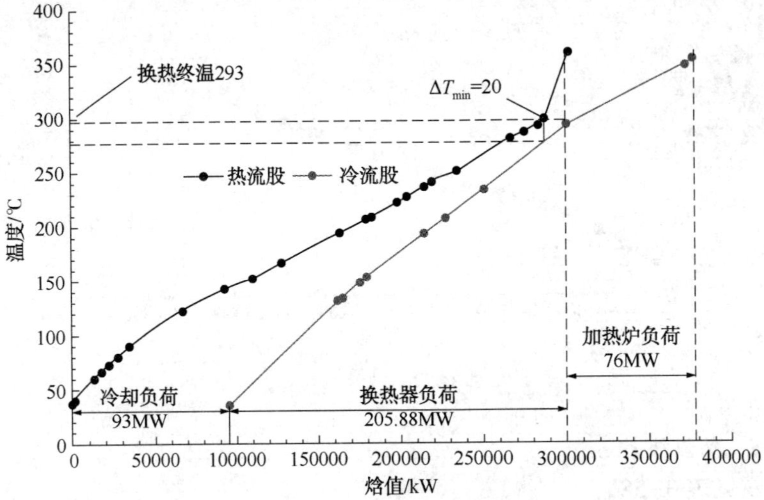

图 3-26　组合组成曲线

以加热炉负荷调整窄点温差得到，$T_{Pinch(Hot)}=293$℃；$T_{Pinch(cold)}=273$℃窄点温差为20℃。换热终温为295℃，加热炉负荷为75MW与实际加热炉负荷75.9MW基本一致。

4.3　问题表法求装置窄点温度

4.3.1　计算温度节点间的热量平衡

将热流股温度$-\Delta T_{min}/2$，将冷流股温度$+\Delta T_{min}/2$，调整后得图3-27。

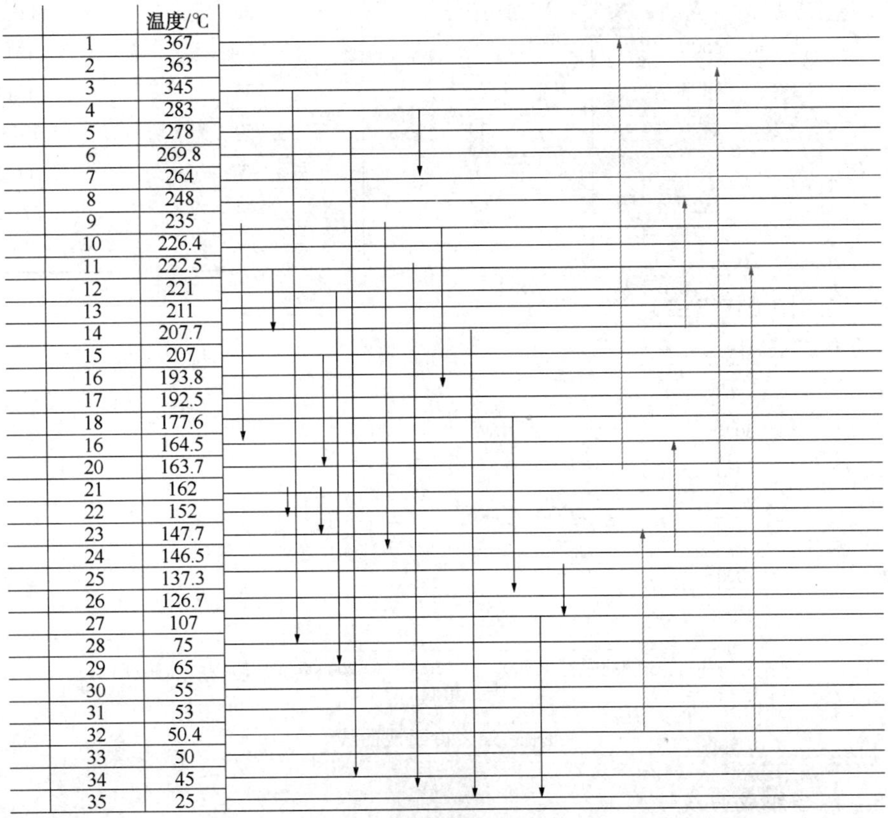

图 3-27　问题表能流图

温度节点间热量平衡见表 3-59。

表 3-59　温度节点间热量平衡

序号	调整后温度/℃	温差/℃	$\sum C_{Pc} - \sum C_{Ph}$/(kW/℃)	ΔH/kW	热量情况
1	362	4	1260	5040	热量不足
2	358	18	1283	10261	热量不足
3	350	62	1059	49788	热量不足
4	303	5	610	9155	热量不足
5	288	8. 2	41	207	热量不足
6	283	5. 8	-46	-380	热量过剩
7	275	16	-833	-4831	热量过剩
8	269	13	-264	-6864	热量过剩
9	243	8. 6	-186	-559	热量过剩
10	240	3. 9	-882	-7588	热量过剩
11	231	1. 5	-96	-518	热量过剩
12	226	10	-169	-1433	热量过剩
13	218	3. 3	-146	-219	热量过剩
14	216	0. 7	-241	-963	热量过剩
15	212	13. 2	-321	-2985	热量过剩
16	203	1. 3	-399	-1555	热量过剩
17	199	14. 9	-882	-1146	热量过剩
18	198	13. 1	-186	-2766	热量过剩
19	183	0. 8	-583	-13466	热量过剩
20	160	1. 7	145	116	热量不足
21	159	10	-666	-1133	热量过剩
22	157	4. 3	-318	-4544	热量过剩
23	143	1. 2	359	143	热量不足
24	142	9. 2	-298	-238	热量过剩
25	142	10. 6	-1026	-10051	热量过剩
26	132	19. 7	-628	-12378	热量过剩
27	112	32	-290	-9291	热量过剩
28	80	10	-67	-670	热量过剩
29	70	10	28	279	热量不足
30	60	2	140	279	热量不足
31	58	2. 6	3	25	热量不足
32	50	0. 4	10	44	热量过剩
33	45	5	-667	-267	热量过剩
34	45	20	-690	-10343	热量过剩
35	30	2	-80	-161	热量过剩

4.3.2 消除热量流动中的负值

过剩热量由高温段向低温段传递，通过问题表中的热量传递，并调整注入热流量消除热量流动中的负值，得表3-60。

表3-60 调整热量传递

温度节点	热公用工程/kW	问题表热量传递	增加热量消除流动负值
T/℃		热公用工程/kW	热公用工程/kW
362	5040	0	74450
358	10261	-5040	69410
350	49788	-10261	59149
303	9155	-49788	9362
288	207	-9155	207
283	-380	-207	0
275	-4831	380	380
269	-6864	4831	5211
243	-559	6864	12075
240	-7588	559	12634
231	-518	7588	20222
226	-1433	518	20739
218	-219	1433	22172
216	-963	219	22391
212	-2985	963	23354
203	-1555	2985	26339
199	-1146	1555	27894
198	-2766	1146	29041
183	-13466	2766	31807
160	116	13466	45273
159	-1133	-116	45157
157	-4544	1133	46290
143	143	4544	50834
142	-238	-143	50690
142	-10051	238	50929
132	-12378	10051	60980
112	-9291	12378	73358
80	-670	9291	82649
70	279	670	83319
60	279	-279	83040
58	25	-279	82761
50	44	-25	82736
45	-267	-44	82692
45	-10343	267	82959
30	-161	10343	93302
		161	93462

由表3-59可得：

$Q_{Hmin}=74450kW$

$Q_{Cmin}=93462kW$

$T_{Pinch(Hot)}=293℃$

$T_{Pinch(Cold)}=273℃$

4.3.3 画出总组成曲线

总组成曲线见图3-28。

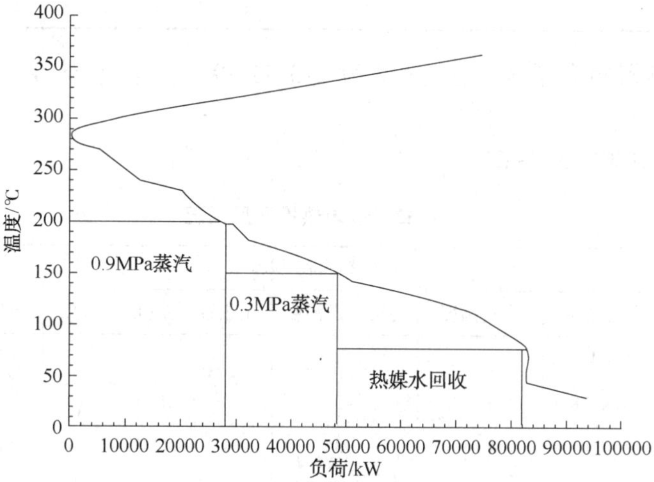

图3-28 总组成曲线

通过总组成曲线可以得出：最多可产低压蒸汽29000kW(37t/h)，可以产低低压蒸汽20000kW，热媒水回收30000kW。

4.4 换热器负荷计算

全装置换热器负荷计算见表3-61。

表3-61 全装置换热器负荷计算情况

项目				管程				壳程			
序号	工艺编号	设备名称	数量/台	流量/(kg/h)	入口温度/℃	出口温度/℃	负荷/kW	流量/(kg/h)	入口温度/℃	出口温度/℃	负荷/kW
1	110-E101 A/B	原油-常一中油换热器	2	1148000	37	59	14988	560000	193	156	14778
2	110-E102 A/D	原油-常顶油气换热器	4	1148000	59	89	19771				19771
3	110-E103 A/B	原油-常二线油换热器	2	1148000	89	103	9248	109000	236	117	9204
4	110-E104 A/B	原油-常三线油换热器	2	1148000	103	119	11161	128000	293	133	15076
5	110-E106 A/D	原油-减压渣油换热器	4	1148000	119	133	10523	323000	206	156	10318
6	110-E108 A/F	闪底油-减压渣油换热器	6	1100740	199	217	14065	323000	272	206	15163
7	110-E109 A/D	闪底油-常三中油换热器	4	1100740	261	270	7950	533000	298	279	10808
8	110-E110 A/D	闪底油-减二中油换热器	4	1100740	149	169	14677	532000	209	167	15517
9	110-E112 A/D	闪底油-常二中油换热器	4	1100740	169	199	23238	895000	250	208	29585
10	110-E113 A/B	原油-减三线油换热器	2	641000	133	149	6588	148000	226	140	8592

续表

序号	项目			管程				壳程			
	工艺编号	设备名称	数量/台	流量/(kg/h)	入口温度/℃	出口温度/℃	负荷/kW	流量/(kg/h)	入口温度/℃	出口温度/℃	负荷/kW
11	110-E114 A/B	原油-减二线油换热器	2	507000	133	151	5915	174000	209	144	7733
12	110-E115 A/H	闪底油-减三中油换热器	8	1100740	217	261	36080	1024000	285	241	34133
13	110-E116 A/H	闪底油-减压渣油换热器	8	1100740	270	293	20486	323000	360	272	22431
14	合计						194689				213109

从全装置换热器负荷看热流放热量为213.11MW，冷流吸热量为194.7MW，相差8.6%，在误差范围内。

过剩热量利用情况见表3-62。

表3-62　过剩热量利用情况

项　目	实物量/d	物料温度	标准外送温度	比热容/[J/(kg·℃)]	热量/(kJ/d)	负荷/kW
低温热回收情况						
产低压蒸汽	144				422049600	4884.8
混柴热出料	3164.78	119	40	2100	525037002	6076.8
轻蜡油热出料	4629.47	130	70	2080	577757856	6687.0
重蜡油热出料	2736.00	135	80	2050	308484000	3570.4
减渣热出料	6677.69	155	90	2000	868099700	10047.5
热媒水	15941	84	68	4200	1071235200	12398.6
电脱盐注水	960	130	40	4200	362880000	4200.0
合计						47865
冷公用工程情况						
循环水	137450	33.6	30.4	4200	1847328000	21381.1
常顶空冷负荷						26125.0
合计						47506
全部热量合计	95371					

经过以上计算，全装置热回收率=(194689+47865)/300890=80.6%

4.5　换热网格图

全装置换热网络图见图3-29。

4.6　换热网络分析

(1) 现有网络不存在跨夹点换热现象，换热网络布置合理。

(2) 从总组成曲线看，理论可回收热量为79000kW，经过计算实际回收热量47865kW。

热量未充分回收利用，同时造成冷公用工程使用负荷较高。热量未充分回收的主要原因：①常三中汽包未投用，减三中汽包发气量较低，发汽量总计6t/h，可进一步提高产汽量；②常顶二段冷凝部分120℃的低温热直接空冷冷却造成部分热量损失。

(3) 从组合曲线分析：加热炉负荷为75MW与实际值75.9MW接近，冷却负荷为

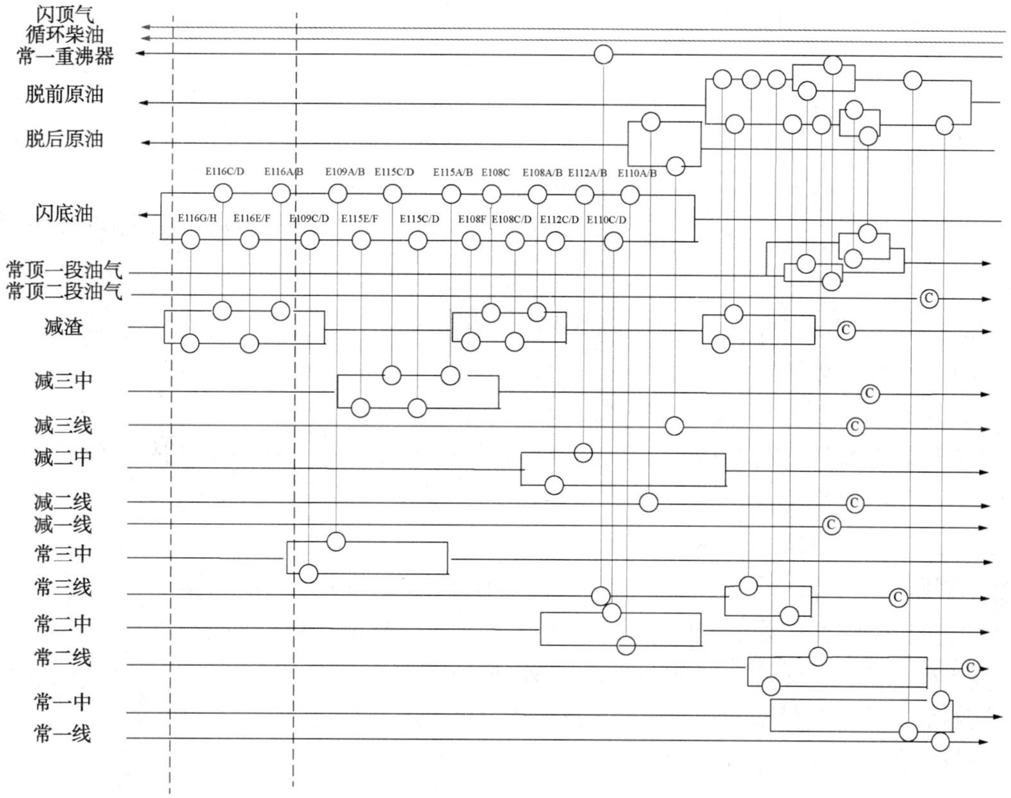

图 3-29　换热网格

93462kW 与实际冷却负荷 95371kW 接近，换热终温为 295℃与实际值 293℃接近，换热量 205.88MW 与实际平均换热量 203MW 接近，相应的窄点温差为 20℃。

（4）换热器换热效果良好，换热量与理论计算量基本一致。

（5）装置窄点以上热源较少，建议加大常三中的取热量提高热量的利用率

5　加热炉计算

5.1　加热炉负荷计算

常压炉热负荷见表 3-63。

表 3-63　常压炉热负荷

项　　目	单位	被加热介质	项　　目	单位	被加热介质
闪底油流量	kg/h	1100740	过热蒸汽流量	kg/h	8116
入炉温度	℃	293	入炉温度	℃	195
入炉焓值	kJ/kg	723	入炉焓值	kJ/kg	2845
入炉热量	MJ/h	795835	出炉温度	℃	302
出炉热量	MJ/h	1067312	出炉焓值	kJ/kg	3069
吸收热量	MJ/h	271477	吸收热量	MJ/h	1818
	kW	75410	常压炉热负荷	MJ/h	273295
				MW	75.9

5.2 反平衡法计算加热炉热效率

5.2.1 加热炉燃气分析

常压炉燃气为高压瓦斯性质见表3-64。

5.2.2 加热炉燃气低热值计算

常压炉燃料主要为高压瓦斯及少量燃料油(主要为C_9重芳烃)。

根据《SH/T 3045—2003 石油加工管式炉热效率设计计算》进行高压瓦斯低热值计算见表3-65。

1kg瓦斯低发热值 $Q_{L高压瓦斯}=39553.53$kJ/kg燃料

燃料油热值计算见表3-66。

1kg燃料油低发热值 $Q_{L燃料油}=34551.80$kJ/kg燃料

按常压炉燃料气消耗7175.2kg/h，燃料油消耗400kg/h进行核算，则混合燃料的低发热值 $Q_{L燃料}=39396$kJ/kg燃料

5.2.3 加热炉相对湿度修正和过剩空气系数修正

按常压炉燃料气消耗7175.2kg/h，燃料油消耗400kg/h进行核算。

折算成1kg燃料：其中包括了燃料气0.9472kg，燃料油0.0528kg。

雾化蒸汽量：消耗量为1500kg/h，0.198kg/kg燃料。

钦州市8月相对湿度(RH)为100%，环境温度38℃。

查蒸气表得38℃1atm下水蒸气的饱和蒸气压为6.63kPa。

$$空气中含水量=\frac{P_{vap}}{1013.3}\times\frac{RH}{100}\times\frac{18}{28.85}=\frac{66.3}{1013.3}\times\frac{100}{100}\times\frac{18}{28.85}=0.04082(kg水/kg空气)$$

$$每kg燃料需要的湿空气量=\frac{理论空气量}{1-空气中含水量}=\frac{12.844}{1-0.04082}=13.39kg$$

kg水分/kg燃料=每kg燃料需要的湿空气量-理论空气量=13.39-12.844=0.55kg

每kg燃料生成水量：kgH_2O/kg燃料=H_2O生成量+kg水分/kg燃料+雾化蒸汽量=1.565+0.55+0.198=2.313kg

过剩空气修正值：

烟气中氧含量为2.81%(湿基)。

$$每kg燃料过剩空气量=\frac{(28.85\times O_2\%)\left(\frac{N_2生成量}{28}+\frac{CO_2生成量}{44}+\frac{H_2O生成量}{28}\right)}{20.95-O_2\%\left[\left(1.6028\times\frac{H_2O含量}{理论空气量}\right)+1\right]}=2.2484kg$$

$$过剩空气百分含量=\frac{每kg燃料过剩空气量}{理论空气量}\times100=17.46\%$$

5.2.4 加热炉排烟损失q_s：

常压炉排烟损失q_s：

方法一：根据《SH/T 3045—2003 石油加工管式炉热效率设计计算》P8图A.1和P9图A.2查的常压炉排烟温度120℃下的烟气焓值，得表3-67。

表 3-64　瓦 斯 组 成

名称	氢气	氮气	甲烷	乙烷	乙烯	丙烷	丙烯	异丁烷	丁烯	戊烷	一氧化碳	氧	二氧化碳	合计
组成/%	31. 96	12. 38	21. 16	12. 48	13. 82	2. 99	1. 04	0. 84	0. 51	0. 33	1. 36	0. 54	0. 59	100

表 3-65　高压瓦斯低热值计算

燃料组分	组成/%	相对分子量	质量/kg	低发热值(15℃)/(kJ/kg)	总放热量/kJ	理论空气量/(kg/kg 燃料)	理论空气量/kg	CO_2 生成量/(kg/kg 燃料)	CO_2 生成量/kg	H_2O 生成量/(kg/kg 燃料)	H_2O 生成量/kg	N_2 生成量/(kg/kg 燃料)	N_2 生成量/kg
氢气	31. 96	2. 016	0. 0644	120000	7731. 8	34. 29	2. 209		0. 000	8. 940	0. 576	26. 360	1. 698
氮气	12. 38	28. 02	0. 3469		0. 0		0. 000		0. 000		0. 000		0. 347
甲烷	21. 16	16. 042	0. 3394	50000	16972. 4	17. 24	5. 852	2. 740	0. 930	2. 250	0. 764	13. 250	4. 498
乙烷	12. 48	30. 068	0. 3752	47790	17933. 1	16. 09	6. 038	2. 930	1. 099	1. 800	0. 675	12. 370	4. 642
乙烯	13. 82	28. 052	0. 3877	47190	18294. 6	14. 79	5. 734	3. 140	1. 217	1. 280	0. 496	11. 360	4. 404
丙烷	2. 99	44. 094	0. 1318	46360	6112. 2	15. 68	2. 067	2. 990	0. 394	1. 630	0. 215	12. 050	1. 589
丙烯	1. 04	42. 078	0. 0438	45800	2004. 3	14. 79	0. 647	3. 140	0. 137	1. 280	0. 056	11. 360	0. 497
丁烷	0. 84	58. 1	0. 0488	45750	2232. 8	15. 46	0. 755	3. 03	0. 148	1. 55	0. 076	11. 88	0. 580
丁烯	0. 51	56. 1	0. 0286	45170	1292. 4	14. 79	0. 423	3. 14	0. 090	1. 28	0. 037	11. 36	0. 325
戊烷	0. 33	72. 1	0. 0238	45360	1079. 3	15. 33	0. 365	3. 05	0. 073	1. 5	0. 036	11. 78	0. 280
一氧化碳	1. 36	28	0. 0381	10100	384. 6	2. 47	0. 094	1. 570	0. 060	0. 000	0. 000	1. 900	0. 072
氧含量	0. 54	32	0. 0173	0	0. 0	-4. 32	-0. 075	0. 000	0. 000	0. 000	0. 000	-3. 320	-0. 057
二氧化碳	0. 59	44	0. 0260	0	0. 0	0	0. 000	1. 000	0. 026	0. 000	0. 000	0. 000	0. 000
合计	100		1. 8718		74037. 3		24. 109		4. 175		2. 930		18. 875
每 kg 燃料合计					39553. 53		12. 880		2. 230		1. 565		10. 084

表 3-66　燃料油低热值计算

燃料组分	组成/%	相对分子量	质量/kg	低发热值(15℃)/(kJ/kg)	总放热量/kJ	理论空气量/(kg/kg 燃料)	理论空气量/kg	CO_2 生成量/(kg/kg 燃料)	CO_2 生成量/kg	H_2O 生成量/(kg/kg 燃料)	H_2O 生成量/kg	N_2 生成量/(kg/kg 燃料)	N_2 生成量/kg
碳	90. 00	12. 00	1. 08	33913. 00	36626. 04	11. 51	12. 431	3. 660	3. 953	0. 000	0. 000	8. 850	9. 558
氢	10. 00	1. 01	0. 01	102995. 00	1038. 19	34. 29	0. 346	0. 000	0. 000	8. 940	0. 090	26. 270	0. 265
合计			1. 09		37664. 23		12. 776		3. 953		0. 090		9. 823
每 kg 燃料合计					34551. 80		11. 72		3. 63		0. 08		9. 01

表 3-67　常压炉排烟组分热焓

组　分	每 kg 燃料生成组分量/kg	排烟温度下焓值/(kJ/kg 组分)	热焓/(kJ/kg 燃料)
二氧化碳	2.27	99	225
水蒸气	2.313	195	451
氮气	10.084	105	1059
空气	2.248	98	220
合计			1955

常压炉排烟损失 q_s 为 1955kJ/kg 燃料。

方法二：根据《管式加热炉》P21 烟气热焓和比热容计算公式计算常压炉排烟温度 140℃(基准温度 15℃)下的烟气焓值。

当基准温度为 t_h℃时，烟气各组分的热焓可用下式计算。

$$I_i = A\times10^{-2}(t_g-t_b)+1.8B\times10^{-4}[(t_g+273.16)^2-(t_b+273.16)^2]+3.24C\times10^{-6}[(t_g+273.16)^3-(t_b+273.16)^3]+0.3087D\times10^2\left[\frac{1}{t_g+273.16}-\frac{1}{t_b+273.16}\right]\text{kJ/kg} \tag{3-37}$$

式中的计算系数 A、B、C、D 列于表 3-68。烟气的热焓 I_g 为：

$$I_g = G_{CO_2}I_{CO_2}+G_{SO_2}I_{SO_2}+G_{H_2O}I_{H_2O}+G_{O_2}I_{O_2}+G_{N_2}I_{N_2}\text{kJ/kg}$$

表 3-68　计算系数 *A*、*B*、*C*、*D* 值

气　体	*A*	*B*	*C*	*D*
氧	82.714	1.041	−0.011	78.972
氢	1429.145	−0.734	0.098	−542.466
水蒸气	170.955	1.537	0.003	144.125
氮	99.225	0.409	0.002	65.326
二氧化碳	58.621	2.806	−0.037	−35.896
二氧化硫	46.499	1.772	−0.025	2.842

空气热焓 $I_k = 0.232\times I_{O_2}+0.768\times I_{N_2}$

计算得常压炉排烟温度 140℃(基准温度 15℃)下的烟气焓值见表 3-69。

表 3-69　常压炉排烟组分热焓

组　分	每 kg 燃料生成组分量/kg	排烟温度下焓值/(kJ/kg 组分)	热焓/(kJ/kg 燃料)
二氧化碳	2.27	94.29	214.05
水蒸气	2.313	195.53	452.26
氮气	10.084	107.82	1087.28
空气	2.248	105.24	236.58
合计	16.915		1990.17

常压炉排烟损失 q_s 为 1990.17kJ/kg 燃料。

5.2.5 燃料气显热 Q_f 计算

根据 SH/T 3045—2003《石油加工管式炉热效率设计计算》P6 表 A.4 氢及纯烃理想气体在不同温度下的焓内插求得在 77℃时高压瓦斯的显热见表 3-70。

表 3-70 高压瓦斯显热

组 分	质量分数	77℃焓值/(kJ/kg)	热焓/(kJ/kg 燃料)
氢气	0.06	895.54	54.65
氮气	0.33	67.00	22.01
甲烷	0.32	151.61	48.75
乙烷	0.36	119.84	42.59
乙烯	0.37	113.86	41.81
丙烷	0.12	113.18	14.13
丙烯	0.04	112.70	4.67
丁烷	0.05	107.02	4.95
丁烯	0.03	101.27	2.74
戊烷	0.02	103.71	2.34
一氧化碳	0.04	55.00	1.98
氧含量	0.02	57.00	0.93
二氧化碳	0.02	58.00	1.43
合计	1.77	895.54	243.00

加热炉燃料显热 $Q=137$kJ/kg 燃料。

5.2.6 加热炉空气显热 Q_a 计算

根据《管式加热炉》P21 烟气热焓和比热容计算公式计算空气温度 38℃(基准温度 15℃)下的空气焓值。

空气热焓 $I_k=0.232\times I_{O_2}+0.768\times I_{N_2}=0.232\times 20.76+0.768\times 23.36=22.76$kJ/kg (3-38)

常压炉空气显热：$Q_a=\Delta H_a\times$(每 kg 燃料所需空气质量)

$=\Delta H_a\times$(每 kg 燃料所需湿空气质量+每 kg 燃料过剩空气量)

$=22.76\times(13.39+2.248)=355.92$kJ/kg 燃料

5.2.7 雾化蒸汽显热 Q_m 计算

根据 SH/T 3045—2003《石油加工管式炉热效率设计计算》P7 过热蒸汽在不同温度下的焓值表。雾化蒸汽的压力为 0.8MPA，温度为 180℃。基本温度下水蒸气焓为 2530kJ/kg。查表得雾化蒸汽的 180℃焓值为 2728kJ/kg

$Q_m=\Delta H_m\times$(每 kg 燃料所需雾化蒸汽质量)$=(2728-2530)\times 0.198=39.2$kJ/kg

5.2.8 散热损失计算

根据《石油化工管式炉热效率设计计算》P23.8 介绍，加热炉散热损失，无空气预热系统时，不应大于燃料低发热量的 1.5%；有空气预热系统时，不应大于 2.5%。此外还应考虑炉型和设计热负荷的大小影响。纯辐射式管式炉应取较小的百分数；反之，应取较大的百分数。

本装置常压炉为采用空气预热器的辐射对流型管式加热炉，散热损失取燃料低发热值的2.0%。

5.2.9 加热炉热效率计算(反平衡法)

烟气中可燃物含量为零，完全燃烧。常压炉热效率：

$$\eta=\left(1-\frac{\eta_r Q_L+q_s}{Q_L+Q_f+Q_a+Q_m}\right)\times100=\left(1-\frac{0.02\times39396+1990.17}{39396+137+355.9+39.2}\right)\times100=93.04\% \quad (3-39)$$

5.3 正平衡法计算加热炉热效率

常压炉燃料气消耗7175.2kg/h，燃料油消耗400kg/h。

燃料的平均低发热值、燃料显热和空气显热见表3-71：

表3-71 高压瓦斯显热

项目	焓值/(kJ/kg)	项目	焓值/(kJ/kg)
燃料低发热值	39396	空气显热	355.92
燃料显热	137		

常压炉热效率：

$$\eta=\frac{Q_2-Q_1}{B(Q_D+Q_K)}=\frac{273295\times10^3}{7575.2\times(39396+137+355.92)}\times100=90.45\% \quad (3-40)$$

5.4 采用罗伯-伊万斯法计算加热炉炉管表面热强度

常压炉辐射室烟气平均温度由标定数据得 $T_g=740℃$

管内流体的平均温度=(原料入辐射室温度+原料出辐射室温度)/2=(310+352)/2=331℃

管壁表面平均温度 $T_w=331+50=381℃$

5.4.1 计算辐射室冷平面面积

根据《管式加热炉》P84公式(4-12)计算辐射室冷平面面积。

$$A_{cp}=n\times L_a\times S \quad (3-41)$$

式中 A_{cp}——冷平面面积，m^2；

n——辐射管管数；

L_a——辐射管有效长度，m；

S——辐射管管心距，m。

常压炉辐射室冷平面面积：$A_{cp}=nL_aS=132\times21.3\times0.3048=856.98m^2$

5.4.2 计算有效吸收因素 α

常压炉炉管管心距与外径图见图3-30。

常压炉管心距/管外径=0.3048/0.1683=1.81

由《管式加热炉》P84查图4-1(见图3-31)查图得有效吸收因素 $\alpha=0.905$

5.4.3 计算气体黑度

根据《管式加热炉》P87图4-3(见图3-32)查得常压炉、减压炉 CO_2+H_2O 分压，常压炉过剩空气系数为117%，因此求得常压炉 CO_2+H_2O 分压=(0.14+0.145)/2=0.142atm

由《管式加热炉》P87表4-1(见表3-72)，查的气体辐射长度 $L=13.259m$，由《管式加热炉》P87查图4-4(见图3-33)得常压炉气体黑度为0.64。

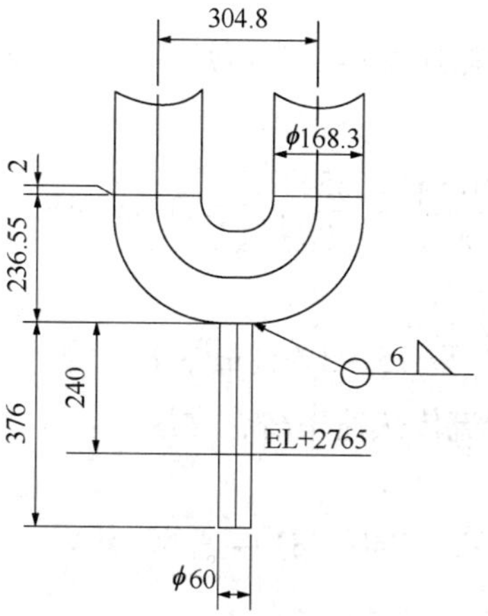

图 3-30　常压炉炉管管心距与外径图

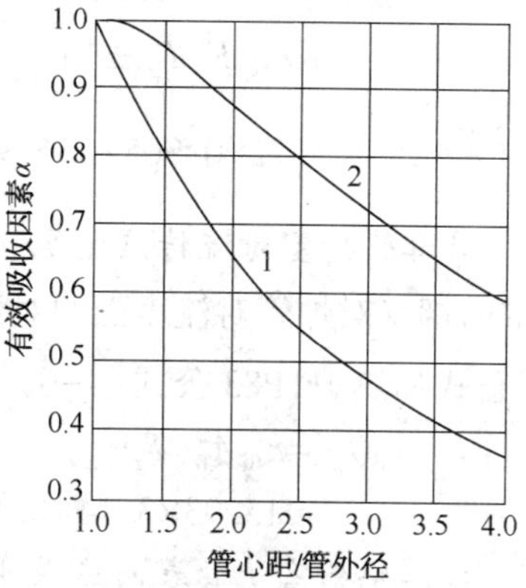

图 3-31　管排的有效吸收因素 α

1—对单排管的直接辐射；2—对双排管的直接辐射或单排管受直接辐射及反射

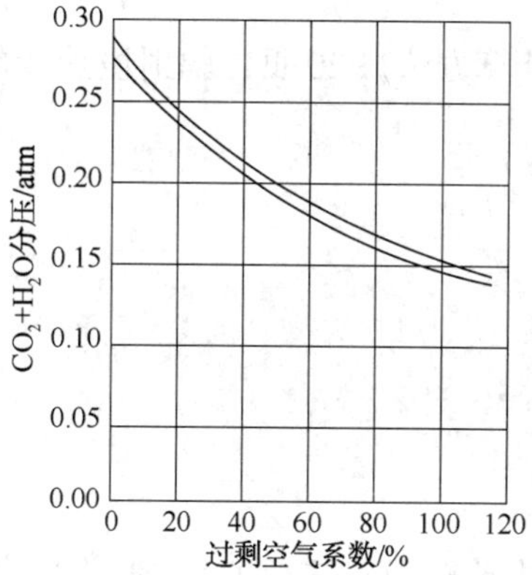

图 3-32　烟气中 CO_2 和 H_2O 的分压

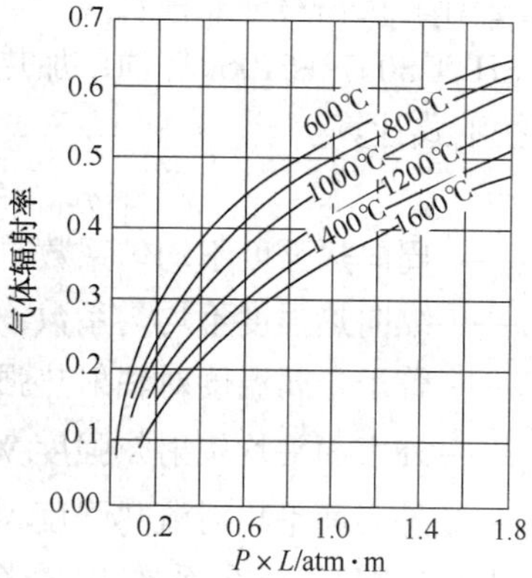

图 3-33　气体辐射率

表 3-72　气体辐射长度

尺寸比例/m	平均辐射长度 L/m	尺寸比例/m	平均辐射长度 L/m
长方形炉		圆筒炉型	
长-宽-高(任何顺序)		直径-长	
1-1-1~1-1-3	2/3 $\sqrt[3]{炉体积}$	1-1	2/3×直径
1-2-1~1-2-4		1-2~1-∞	1×直径
1-1-4~1-1-∞	1×最小尺寸		
1-2-5~1-2-∞	1.3×最小尺寸		
1-3-3~1-∞-∞	1.8×最小尺寸		

5.4.4　计算总交换因素

常压炉炉膛内的表面积 $A_t = 3.14 \times 13.259 \times 22.329 = 930.1 m^2$

$\varphi = \alpha A_{cp}/A_t = 0.905 \times 856.98/930.1 = 0.8338$

根据《管式加热炉》P87 图 4-2(见图 3-33)，计算总交换因素 $F = 0.62$。

5.4.5 计算辐射室辐射传热速率

根据《管式加热炉》P82 公式(4-5)计算辐射室传热速率得，常压炉辐射传热速率：

$$Q_{Rr}=\sigma\alpha A_{cp}F(T_g^4-T_w^4)$$
$$=5.72\times0.905\times856.98\times0.62\times\left[\left(\frac{1013}{100}\right)^4-\left(\frac{654}{100}\right)^4\right]=23.931\text{MW} \quad (3-42)$$

5.4.6 计算辐射室对流传热速率

辐射室内烟气对炉管对流表面的对流传热系数 h_{Rc}取 15.93W/(m^2·K)

根据《管式加热炉》P83 公式(4-6)计算辐射室对流传热速率得，常压炉：

$$Q_{Rc}=h_{Rc}A_R(T_g-T_w)$$
$$=15.93\times3.14\times0.1683\times21.3\times132\times(740-381)=8.501\text{MW} \quad (3-43)$$

5.4.7 计算辐射室炉管表面热强度

常压炉辐射室炉管表面热强度：

$q_R=(Q_{Rr}+Q_{Rc})/A_R=(26443340+8501292)/1486.5=23507\text{W/m}^2$

5.5 计算最高油膜温度和最高管壁金属温度

5.5.1 计算最高局部热强度

根据 SH/T 3037—2106《炼油厂加热炉炉管壁厚计算方法》P20 页，辐射段炉管的最高局部热强度按下式计算：

$$q_{R,max}=F_{cir}F_LF_Tq_{R,ave}+q_{conv} \quad (3-44)$$

式中 F_{cir}——周向热强度不均匀系数；

F_L——纵向热强度不均匀系数；

F_T——管子金属温度对辐射热强度的影响系数；

$q_{R,ave}$——外表面平均辐射热强度 W/m^2；

q_{conv}——外表面平均对流热强度 W/m^2。

式中周向热强度不均匀系数 F_{cir}查图 3-34 得单排单辐射对应管心距/管外径为 1.81 的情况下 F_{cir}=1.88；立管的纵向不均匀系数通常在 1~1.5 之间，本次选用 F_L=1.1；由于计算最高内膜温度，炉管金属温度对辐射热强度的影响系数在管壁温度较高处，选取 F_T=0.95。

根据上面计算结果，常压炉外表面平均辐射热强度：

$q_{R,ave}=Q_{Rr}/A_R=26443340/1486.5=17789.0\text{W/m}^2$

常压炉外表面平均对流热强度：

$q_{conv}=Q_{Rc}/A_R=8501292/1486.5=5719\text{W/m}^2$

得常压炉辐射段炉管的最高局部热强度：

$q_{R,max}=F_{cir}F_LF_Tq_{R,ave}+q_{conv}=1.88\times1.1\times0.95\times17789+5719=40667\text{W/m}^2$

5.5.2 计算内膜传热系数

根据 SH/T 3037—2106《炼油厂加热炉炉管壁厚计算方法》P19 页公式(B.2-1)(B.2-2)(B.2-3)(B.2-4)(B.2-5)(B.3-1)进行内膜传热系数计算。

常压炉分 12 路进料，单路质量流量=1103000/12=91916.67kg/h

炉管尺寸为 Φ=168.3×7.11

由公式(B.3-1)：则

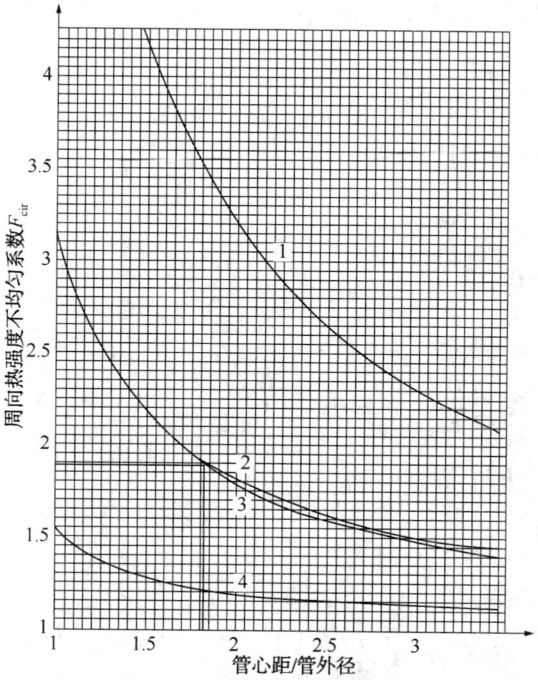

图 3-34　周向热强度不均匀系数

闪底油单路质量流率 $q_{mA}=\dfrac{91916.67/3600}{3.14\times0.15408^2/4}=1370\text{kg}/(\text{m}^2\cdot\text{s})$

管内介质的平均温度为 331℃；

通过 Aspen Hysys 软件获得该温度下闪底油液相性质见表 3-73。

表 3-73　油品在平均温度下的性质

油品在平均温度下的性质			
名　称	黏　度	导热系数	比　热　容
单位	mPa·s	W/(m·K)	J/(kg·K)
液相	1.009	0.09399	2805
气相	0.01259	0.03229	2547

由公式(B.2-2)(B.2-3)计算雷诺数和普朗特准数：

炉管内液相雷诺数 $Re=\dfrac{d_i\cdot G_i}{\mu_{iD}}=\dfrac{0.15408\times1370}{1.009/1000}=209211$　(3-45)

气相雷诺数 $Re=\dfrac{d_i\cdot G_i}{\mu_{iD}}=\dfrac{0.15408\times1370}{0.01259/1000}=16766797$

炉管内液相普朗特常数 $Pr=\dfrac{c_p\mu}{\lambda}=\dfrac{2805\times0.001}{0.094}=30.122$　(3-46)

炉管内气相普朗特常数 $Pr=\dfrac{c_p\mu}{\lambda}=\dfrac{2547\times0.00001}{0.032}=0.993$

对液体假设：取 $\left(\dfrac{\mu_{Tb}}{\mu'_{Tw}}\right)^{0.14}\approx1.1$　(3-47)

由公式(B.2-1)计算液相内膜传热系数:

$$K_l=0.023\left(\frac{\lambda}{d_i}\right)Re^{0.8}\cdot Pr^{0.33}\cdot\left(\frac{\mu}{\mu'}\right)^{0.14}$$

$$=0.023\times\left(\frac{0.094}{0.154}\right)\times209211^{0.8}\times30.112^{1/3}\times1.1$$

$$=856\text{W}/(\text{m}^2\cdot\text{K}) \tag{3-48}$$

对气体假设$\left(\frac{T_b}{T_w}\right)^{0.5}=0.9$

气相内膜传热系数:

$$K_v=0.021\left(\frac{\lambda}{d_i}\right)Re^{0.8}Pr^{0.4}\left(\frac{T_b}{T_w}\right)^{0.5}=0.021\times\left(\frac{0.03229}{0.154}\right)\times16766797^{0.8}\times0.993^{0.4}\times0.9$$

$$=2377.6\text{W}/(\text{m}^2\cdot\text{K})$$

根据炉出口汽化分率0.3809,求得双相流体得内膜传热系数:

$K_{2P}=K_l\times w_l+K_v\times w_v=1436\text{W}/(\text{m}^2\cdot\text{K})$

5.5.3 计算最高内膜温度

由(B.4-2)计算油膜温差 $\Delta T_{ff}=\frac{q_{R,max}}{K_{ff}}\left(\frac{D_o}{D_i}\right)$ (3-49)

式中 $q_{R,max}$——外表面最高热强度,W/m²;

K_{ff}——流体膜传热系数,W/(m²K);

ΔT_{ff}——油膜温差,℃;

D_o,D_i——炉管内、外径,m。

$$\Delta T_{ff}=\frac{q_{R,max}}{K_{ff}}\left(\frac{D_o}{D_i}\right)=\frac{40667}{1436}\times\left(\frac{0.168}{0.154}\right)=30.93℃$$

最高油膜温度 $\Delta T_{fm}=\Delta T_{ff}+T_{bf}=30.39+331=361.93℃$

5.5.4 计算最高管壁金属温度

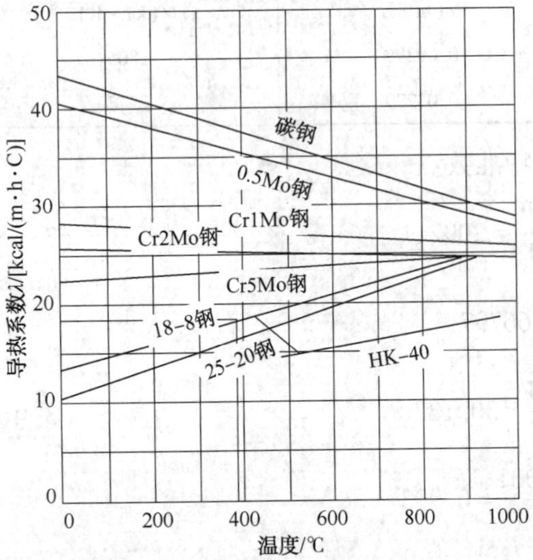

图3-35 炉管材料的导热系数

根据SH/T 3037—2106《炼油厂加热炉炉管壁厚计算方法》P22页公式(B.4-1):

$$\Delta T_{max}=T_{bf}+\Delta T_{ff}+\Delta T_f+\Delta T_{tw} \tag{3-50}$$

式中 T_{bf}——流体体积平均温度,℃;

ΔT_{ff}——油膜温差,℃;

ΔT_f——通过垢层的温差,℃;

ΔT_{tw}——管壁温差,℃。

由公式(B.4.4)计算管壁温差:

$$\Delta T_{tw}=q_{R,max}\left[\frac{D_o\ln\left(\frac{D_o}{D_i}\right)}{2\lambda_{tm}}\right] \tag{3-51}$$

式中 λ_{tm}——管子金属导热系数,W/(m²·K)。

由图3-35查得平均管壁温度380℃下316L材质炉管的导热系 $\lambda_{tm}=20.35\text{W}/(\text{m}^2\cdot\text{K})$

求得 $\Delta T_{tw}=q_{R,max}\left[\dfrac{D_o\ln\left(\dfrac{D_o}{D_i}\right)}{2\lambda_{tm}}\right]=40667\left[\dfrac{0.168\ln\left(\dfrac{0.168}{0.154}\right)}{2\times20.35}\right]=14.84℃$

由公式(B.4.3)计算垢层温差：

$$\Delta T_f=q_{R,max}R_f\left(\frac{D_o}{D_i-\delta_f}\right) \tag{3-52}$$

式中 R_f——管内焦层或垢层的污垢系数，$m^2\cdot K/W$；

δ_f——焦层或垢层的厚度，m。

取常压炉典型的污垢系数为 $0.00052m^2\cdot K/W$；石油焦的导热系数取 5W/(m·K)

$\delta_f=R_f\times\lambda_f=0.00258m$

$$\Delta T_f=q_{R,max}R_f\left(\frac{D_o}{D_i-\delta_f}\right)=40667\times0.00052\left(\frac{0.168}{0.154-0.00258}\right)=23.32℃ \tag{3-53}$$

最高管壁温度：

$\Delta T_{max}=T_{bf}+\Delta T_{ff}+\Delta T_f+\Delta T_{tw}=331+30.39+23.32+14.84=400.1℃$

6 常压塔内件水力学计算

6.1 常压塔第 27 层塔板主要参数

从全塔气、液相负荷分布看出常二中及二线抽出板(27 层)处气相、液相负荷最大。因此选择常二中及二线抽出板进行核算见表 3-74。

表 3-74 常压塔 27 塔板主要参数

塔板编号	27#	27#	塔板编号	27#	27#
鼓泡区	C	D	底隙/侧隙/mm	100	100
塔内径/m	8.6	8.6	边降液管宽/mm	610	610
板间距/mm	915	915	中心降液管宽/mm	500	500
液流程数	4	4	偏心降液管宽/mm	480	480
A_d/A_t/%	6.31	6.31	进口堰长/mm	4.415	8.585
开孔率/%	15.5	15.5	降液管面积/m^2	3.6662	3.6662
堰长/m	7.377	7.873	塔盘板厚/mm	4	4
堰高/mm	76	62	浮阀形式	导向浮阀	导向浮阀

塔盘结构见图 3-36。

6.2 常压塔 27 层塔盘水力学计算基础数据

常压塔塔盘为导向浮阀塔盘，本次计算采用 F-1 浮阀进行类似计算，对塔板水力学影响不大，计算基础数据见表 3-75。

表 3-75 27 层塔盘水力学计算基础数据

参数	单位	27 层塔盘数据	参数	单位	27 层塔盘数据
液体流量	kg/h	1454558.07	气体流量	kg/h	918376.000
液体密度	kg/m^3	654.00	气体密度	kg/m^3	8.743
液体体积流量	m^3/s	0.6178	气体体积流量	m^3/s	29.180
液体表面张力	mN/m	11.93	气体黏度	Pa·s	0.00000110

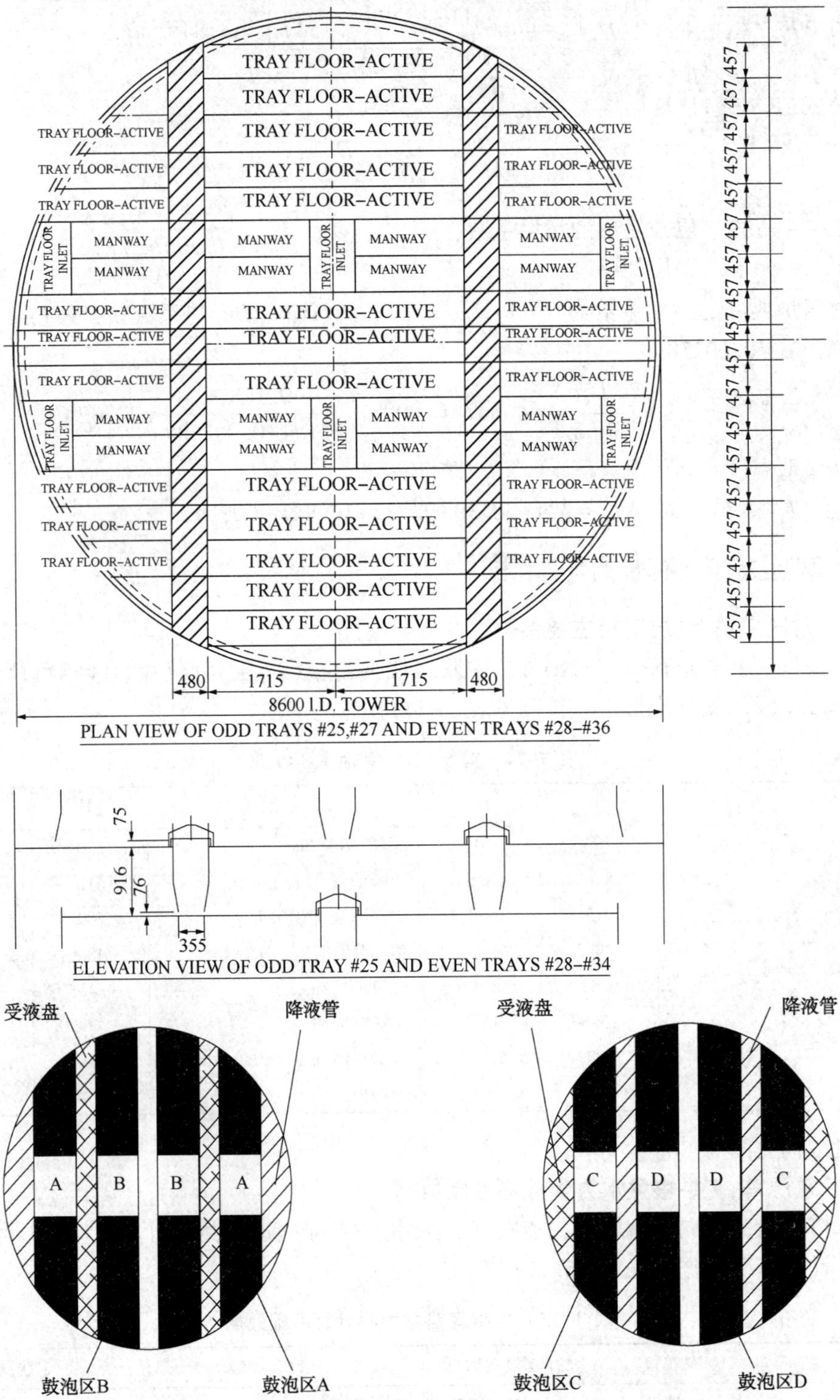

图 3-36　塔板结构图

其中液体的表面张力和气体的黏度通过 Aspen Hysys 软件模拟获得

6.3 27层塔盘水力学性能核算

6.3.1 阀孔气速及阀孔动能因数计算

根据《塔的工艺计算》(1977年版)P129页公式(5-1)计算最大允许气体速度 W_{max}。

$$W_{max}=\frac{0.055\sqrt{g\cdot H_t}}{1+2\dfrac{V_l}{V_v}\sqrt{\dfrac{\rho_l}{\rho_v}}}\sqrt{\frac{\rho_l-\rho_v}{\rho_v}}=1.04\text{m/s} \tag{3-54}$$

式中 W_{max}——塔板气相空间截面积上最大的允许气体速度，m/s；

H_t——板间距，m；

V_l——液体体积流率，m^3/s；

V_v——气体体积流率，m^3/s；

γ_l——液相密度，kg/m^3；

γ_v——气相密度，kg/m^3；

g——重力加速度，$9.81m/s^2$。

根据《塔的工艺计算》(1977年版)P133页公式(5-13)、《石油加工单元过程原理》(下册)P249式(12-8a)联立可知：

已知27层塔盘开孔率为15.5%，空塔气速为0.503m/s，则：

$$\text{阀孔气速 } W_h=\frac{\text{空塔气速}}{\text{开孔率}}=\frac{0.503}{15.5\%}=3.24\text{m/s} \tag{3-55}$$

根据《石油加工单元过程原理》(下册)P251式(12-12)计算阀孔动能因数 F_0。

阀孔动能因子：

$$F_0=W_h\times\sqrt{\gamma_v}=9.59 \tag{3-56}$$

式中 W_h——阀孔气速，m/s

6.3.2 塔盘溢流强度及降液管停留时间计算

根据《塔的工艺计算》(1977年版)P137页公式(5-26)、(5-30)

$$\text{堰流强度}=V_l/(4\times l)=72.92\text{m}^3/(\text{m}\cdot\text{h}) \tag{3-57}$$

$$\tau=F_d\cdot H_t/V_l=10.86\text{s 符合停留时间>5s 的要求} \tag{3-58}$$

式中 H_t——塔板间距，m；

F_d——降液管截面积，m^2。

6.3.3 塔板压降计算

根据《塔的工艺计算》(1977年版)P133页公式(5-29)、(5-30)、(5-34)

$$\text{干板压降 } \Delta p_d=5.37\frac{W_h^{\ 2}\gamma_v}{2g\ \gamma_l}=0.03847\text{m 液柱(阀全开后)} \tag{3-59}$$

$$\text{干板压降 } \Delta p_d=19.9\frac{W_h^{\ 0.175}}{\gamma_l}=0.03738\text{m 液柱(阀全开前)} \tag{3-60}$$

式中 γ_l——液相密度，kg/m^3；

γ_v——气相密度，kg/m^3；

W_h——阀孔气速，m/s。

$$\text{气体通过塔板上液层的压力降 } \Delta P_{vl}=0.4h_w+2.35\times10^{-3}\left(\frac{3600V_l}{l}\right)^{2/3}=0.07142\text{m 液柱} \tag{3-61}$$

式中 h_w——出口堰高，m；

V_l——液相流率，m^3/s；

l——溢流堰长度，m。

气体通过一层塔板的总压力降 ΔP_t：

$\Delta P_t = \Delta P_{vl} + \Delta P_d = 0.1088$m 液柱

6.3.4 降液管的负荷计算

根据《塔的工艺计算》(1977 年版) P141 页公式(5-44B)、公式(5-43)

$$V_d = 0.17K_s = 0.17 \times 0.98 = 0.1666\text{m/s} \tag{3-62}$$

$$V_d = 7.98 \times 10^{-3} \times K_s \sqrt{H_t(\gamma_l - \gamma_v)} = 0.1735\text{m/s} \quad H_t > 0.75\text{m 时} \tag{3-63}$$

降液管最大流速，选两式的最小者，$V_d = 0.1666$m/s

式中 K_s——系统因数；

H_t——塔板间距，m；

γ_l——液相密度，kg/m^3；

γ_v——气相密度，kg/m^3。

实际降液管流速 $V_d = \dfrac{V_l}{F_d} = \dfrac{0.6178}{7.33} = 0.0843$m/s 小于允许的最大流速符合要求。

6.3.5 雾沫夹带计算

根据《塔的工艺计算》(1977 年版) P139 页公式(5-36)、(5-36-1)

$$e = \frac{A(0.052h_l - 1.72)}{H_t^{\,n} \cdot \phi^2}\left(\frac{W}{\varepsilon \cdot m}\right)^{3.7} \tag{3-64}$$

$$\varepsilon = \frac{F - 2F_d}{F} \tag{3-65}$$

式中 e——雾沫夹带量，kg(液体)/kg(气体)；

ε——除去降液管面积后的塔板面积与塔横截面积之比；

ϕ——系数，取 0.6~0.8；

W——采用的空塔气速，m/s；

m——参数，可用，$m = 5.63 \times 10^{-5}\left(\dfrac{\sigma_l}{\gamma_v}\right)^{0.296}\left(\dfrac{\gamma_l - \gamma_v}{\mu_v}\right)^{0.425}$；

μ_v——气体黏度，kgs/m^2；

A、n——系数，$H_t \geq 350$mm 时，$A = 0.159$，$n = 0.95$；

σ_l——液体表面张力，dyn/cm；

h_l——塔板上液层高度，mm。

求得：$\varepsilon = 0.87$；$m = 0.32876$；$A = 0.159$；$n = 0.95$；$h_l = 125.57$mm；

$e = 0.02587$kg(液体)/kg(气体)，满足雾沫夹带小于等于 0.1kg(液体)/kg(气体)的要求。

6.3.6 泄露计算

由于出口堰高为 76mm，取泄露时阀孔动能因子为 $F_0 = 5$，小于实际的阀孔动能因数 9.59，符合要求。

6.3.7 淹塔计算

根据《塔的工艺计算》(1977 年版) P140 页公式(5-40)(5-40A)

$$\Delta P_1=\Delta P_t+h_1+\Delta P_{dk} \tag{3-66}$$

式中 ΔP_1——液相流过一层塔板需要克服的压力降，m 液柱；

ΔP_{dk}——进口堰时流体通过降液管的压力降，m 液柱；

ΔP_t——气体通过一块塔板的总压力降，m 液柱。

$\Delta P_{dk}=0.2W_b^2=0.2\times0.203^2=0.0082$m 液柱

$\Delta P_t=0.1088$m 液柱

$h_1=0.12557$m 液柱

求得：$\Delta P_1=0.1088+0.12557+0.0082=0.2426$m 液柱

$\Delta P_1<0.5(H_t+H_W)=0.4955$m 液柱，符合要求。

6.4 27 层塔板负荷性能图

6.4.1 过量雾沫夹带线

取 $e=0.1$ 为雾沫夹带的上限，由公式 $e=\dfrac{A(0.052h_l-1.72)}{H_t^n\cdot\varphi^2}\left(\dfrac{W}{\varepsilon\cdot m}\right)^{3.7}$ 可整理出空塔气速与液相流量的关系式：

$$V_v=\sqrt[3.7]{\frac{1.45}{\left\{0.052\times\left[2.84\times\left(\dfrac{V_1}{4\times7.63}\right)^{2/3}+76\right]\right\}-1.72}} \tag{3-67}$$

式中 V_v——空塔气速，m/s；

V_1——液相流率，m^3/h。

取值见表 3-76。

表 3-76 雾沫夹带线

$V_1/(m^3/h)$	0	1000	1500	2000	2500	3000	4000	5000
$V_v/(m/s)$	0.89	0.77	0.75	0.73	0.71	0.70	0.68	0.66

6.4.2 淹塔线

设定降液管内液面高度控制在 $0.5(H_t+h_W)=0.5\times(0.915+0.076)=0.4955$m 液柱

由公式 $\Delta P_1=\Delta P_t+h_1+\Delta P_{dk}$ 可推导出空塔气速与液相流量的关系式：

$$V_v=\sqrt{\frac{0.3981-0.3473\times V_1^{2/3}-0.16556\times V_1^2}{0.15}}$$

式中 V_v——空塔气速，m/s；

V_l——液相流率，m^3/s。

淹塔线计算结果见表 3-77。

表 3-77 淹 塔 线

$V_1/(m^3/h)$	0	1000	1500	2000	2500	2700
$V_v/(m/s)$	1.61	1.23	1.05	0.83	0.50	0.24

6.4.3 降液管超负荷线

根据《塔的工艺计算》(1977 年版)P141 页公式(5-44B)、式(5-43)

$$V_d=0.17K_s=0.17\times0.98=0.1666\text{m/s} \tag{3-68}$$

$V_d = 7.98\times10^{-3}\times K_s\sqrt{H_t(\gamma_l-\gamma_v)} = 0.1735\text{m/s}$　$H_t>0.75\text{m}$ 时，

降液管最大流速，选两式的最小者。

$$V_d = 0.1666\text{m/s}$$

式中　K_s——系统因数；

H_t——塔板间距，m；

γ_l——液相密度，kg/m³；

γ_v——气相密度，kg/m³。

降液管的最大流速式对应的体积流量：

$$V_l = V_d\times F_d\times3600 = 0.1666\times7.33\times3600 = 4398\text{m}^3/\text{h}$$

6.4.4　泄露线

根据《塔的工艺计算》(1977 年版)P140 页公式(5-39) $F_0 = W_h\sqrt{\gamma_v}$，

式中　F_0——阀孔动能因子 m/[s·(kg/m³)$^{1/2}$]；

γ_v——气相密度，kg/m³；

W_h——阀孔气速，m/s。

求得 $W_h = F_0/\sqrt{\gamma_v} = 5/\sqrt{8.7} = 1.69\text{m/s}$

根据《塔的工艺计算》(1977 年版)P133 页公式(5-13)

$$\phi = W/W_h\times100\% \tag{3-69}$$

式中　ϕ——开孔率，100%；

W_h——阀孔气速，m/s；

W——空塔气速，m/s。

由上述公式可求得泄漏点时空塔气速 $W=\dfrac{W_h\cdot\phi}{100}=0.2621\text{m/s}$

6.4.5　27#塔板负荷性能图

根据上述计算结果作出 27#塔板负荷性能图见图 3-37。

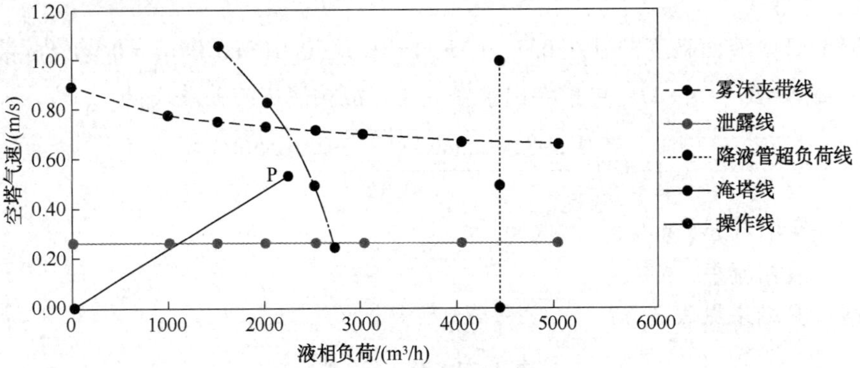

图 3-37　27#塔板负荷性能图

由塔板负荷性能图可以看出操作点处在适宜操作区内。

7　换热器计算

以常一中-原油换热器 *E*101*A*/*B* 换热器为例进行换热器相关计算。换热器型号为：*BESD*1200-3.75/3.0-405-6/25-2*I*，设计参数见表 3-78。

表 3-78 换热器设计参数表

工程名称		中国石油广西石化 1000 万吨/年炼油工程				设备名称	原油-常一中油换热器	
单元名称		第一联合装置常减压蒸馏装置				设备编号	110-E101A/B	数量 2
工艺操作数据								
项目		单位	管程		壳程		总体热负荷	18125.3kW
入口温度(最高/正常)		℃		44		194	有效温差	112.95℃
出口温度(最高/正常)		℃		66		146	对数平均温差	114.51℃
入口压力(最高/正常)		MPa(G)	3.722	2.924	1.387	1.207	总传热系数(清洁)	675.94W/(m^2·K)
介质	名称(主要成分)		原油		常一中油		总传热系数(结垢)	350.54W/(m^2·K)
	腐蚀成分含量	%(mol)						
	介质危害特性							
流量	总流量	kg/h	1458300		513154		总壳体台数	2 台
	液相(入口/出口)	%	100	100	100	100	串联台数	台
	气相(入口/出口)	%					并联台数	2 台
压力降(计算/允许)		MPa	0.0793	0.08	0.0112	0.07	总有效换热面积	804.78m^2
介质流速(计算/允许)		m/s					单台有效面积	402.39m^2
膜系数		W/(m^2·K)	1559.92		1554.02		总需要换热面积	457.79m^2
平均污垢热阻		(m^2·K)/W	0.00068		0.00053		面积裕度系数	75.8%

7.1 物料性质计算

7.1.1 换热器的基础数据

E101 换热器的基础数据见表 3-79。

表 3-79 E101A/B 换热器基础数据

工艺设计条件原始数据表					
序号	类 型	项 目 名 称	单 位	管 程	壳 程
1	操作条件	介质名称		原油	常一中
2		流体质量流率	kg/s	159.72	78.3
3		入口温度	℃	37.3	192.7
4		出口温度	℃	59.4	156.3
5		入口压力	MPa	3.8	1.4
6		允许压力降	kPa	80	70
7		结垢热阻	m^2·K/W	0.00068	0.00053
8	物理性质	油品：相对密度	γ_4^{20}	0.870	0.7896
9		特性因数 *K*	11.25	11.89	
10		测试第一点黏度温度	℃	50	50
11		第一点黏度	mPa·s mm^2/s	7.364	1.013
12		测试第二点黏度温度	℃	80	80
13		第二点黏度	mPa·s mm^2/s	3.210	0.7285

其中80℃原油黏度来源于 Aspen Hysys 模拟软件。

7.1.2 定性温度下的物性计算

(1) 定性温度的确定

流体在换热器一般处于湍流区，因此先根据湍流区公式确定定性温度，后面再进行验证。根据《冷换设备工艺计算手册》第二版 P19 式(1-2-15)流体定性温度计算，对两股物料的定性温度做计算。

$$t_D = 0.4t_h + 0.6t_c \tag{3-70}$$

式中 t_D——流体的定性温度,℃;

t_h——流体的热端温度,℃;

t_c——流体的冷端温度,℃。

$t_{D原油} = 0.4 \times 59.4 + 0.6 \times 37.3 = 46.14$℃

$t_{D常一中} = 0.4 \times 192.7 + 0.6 \times 156.3 = 170.86$℃

(2) 焓值计算

根据《延迟焦化工程与工艺)》P564 页 API 的石油馏分纳尔逊焓图进行石油馏分的焓值计算。

$\Delta H_{原油} = 149.9 - 106.1 = 43.8$kJ/kg；$\Delta H_{常一中} = 482.7 - 387.7 = 95.0$kJ/kg

根据《冷换设备工艺计算手册》(第二版)P75 页附表 1-7 计算公式计算定性温度下的密度、黏度、导热系数、比热容。

(3) 密度计算：

$$\rho = T \times (1.307\gamma_4^{20} - 1.817) + 973.86\gamma_4^{20} + 36.34 \tag{3-71}$$

式中 ρ——密度，kg/m^3；

$\gamma_4{}^{20}$——相对密度；

T——温度,℃。

则定性温度下两股物料的密度为：

$\rho_{原油} = 46.14 \times (1.307 \times 0.87 - 1.817) + 973.86 \times 0.870 + 36.34 = 852.23$kg/m^3

同理：$\rho_{常一中} = 671.18$kg/m^3

(4) 黏度计算

任意温度下的黏度由公式(3-72)~公式(3-74)计算。

$$\gamma = \exp\{\exp[a + b \cdot \ln(T + 273)]\} - C \tag{3-72}$$

$$b = \frac{\{\ln[\ln(\gamma_1 + C)] - \ln[\ln(\gamma_2 + C)]\}}{\{\ln[\ln(T_1 + 273)] - \ln[\ln(T_2 + 273)]\}} \tag{3-73}$$

$$a = \ln[\ln(\gamma_1 + C)] - b \cdot \ln(T_1 + 273) \tag{3-74}$$

$0.8 < \gamma_4^{20} < 0.9$ 时，$C = 2.4 - 2.0\gamma_4^{20}$；

$\gamma_4^{20} < 0.8$ 时，$C = 0.8$。

式中 γ_1——油品在 T_1℃时的运动黏度，mm^2/s；

γ_2——油品在 T_2℃时的运动黏度，mm^2/s；

μ——油品的动力黏度，mPa·S。

求得在定性温度下：$\mu_{冷流} = 7.187$mPa·S；$\mu_{热流} = 0.265$mPa·S。

(5) 导热系数的计算

$$\lambda = \frac{0.0199 - 0.0000656T + 0.098}{0.99417\gamma_4^{20} + 0.009181}$$

式中　λ——导热系数，W/(m·℃)。

求得定性温度下：$\lambda_{冷流}=0.129$W/(M·K)；$\lambda_{热流}=0.132$W/(M·K)

(6) 比热容 C_P计算

比热容计算由公式(3-75)：

$$C_P=4.1855\times\left\{\begin{array}{l}0.6811-0.308(0.99414\gamma_4^{20}+0.009181)+(1.8T+32)\\ \times[0.000815-0.00306(0.99417\gamma_4^{20}+0.009181)]\end{array}\right\}\times(0.055K_F+0.35) \tag{3-75}$$

式中　K_F——油品的特性因数；

C_P——油品比热容，kJ/(kg·K)；

T——温度,℃。

求得定性温度下：$C_{P冷流}=1.93$kJ/(kg·K)；$C_{P热流}=2.65$kJ/(kg·K)。

(7) 定性温度下物性表

定性温度下物性表见表3-80。

表3-80　定性温度下物性表

性质名称	单　位	原油侧	常一中侧
API		30.3791	46.6717
焓差	kJ/kg	43.80	95.00
定性温度	℃	46.140	170.860
密度	kg/m^3	852.227	671.176
$\gamma_{15.6}^{15.6}$		0.874	0.794
比热容	kJ/(kg·K)	1.9254	2.6503
导热系数	W/(M·K)	0.1290	0.1321
黏度			
参数 C		0.6600	0.8000
参数 b		-4.8530	-3.8070
参数 a		28.7727	21.4764
运动黏度	mm^2/s	8.4334	0.3941
动力黏度	Pa·s	0.0072	0.0003

7.2　热负荷计算

原油热负荷计算：

$Q_C=W_C\cdot\Delta H=159.72\times43.8=6995.7$kW

常一中热负荷计算：

$Q_h=W_h\cdot\Delta H=7438.58$kW

7.3　有效平均温差计算

根据《冷换设备工艺计算手册》(第二版)P11式(1-2-11)进行有效平均温差的计算。

$\Delta t_h=192.7-59.4=133.3$℃，$\Delta t_c=156.3-37.3=119$℃

有效平均温差：

$$\Delta T_m=\frac{\Delta t_h-\Delta t_c}{\ln(\Delta t_h/\Delta t_c)}=\frac{133.3-119}{\ln(133.3/119)}=126℃$$

对数平均温差校正：

令 $P=\frac{\text{冷流体的温升}}{\text{两流体的最初温度差}}=\frac{t_2-t_1}{T_1-t_1}=\frac{59.4-37.3}{192.7-37.3}=0.142$

$R=\frac{\text{热流体的温降}}{\text{冷流体的温升}}=\frac{T_1-T_2}{t_2-t_1}=\frac{192.7-156.3}{59.4-37.3}=1.647$

$|R-1|=0.647>10^{-3}$

壳程数 $N_s=2$

温度效率 $P_n=\frac{1-\left(\frac{1-P\cdot R}{1-P}\right)^{\frac{1}{N_s}}}{R-\left(\frac{1-P\cdot R}{1-P}\right)^{\frac{1}{N_s}}}=\frac{1-\left(\frac{1-0.142\times1.647}{1-0.142}\right)^{\frac{1}{2}}}{1.647-\left(\frac{1-0.142\times1.647}{1-0.142}\right)^{\frac{1}{2}}}=0.079$

对数平均温差校正系数 F_T：

$$F_T=\frac{\frac{\sqrt{R^2+1}}{R-1}\ln\left(\frac{1-P_n}{1-P_n\cdot R}\right)}{\ln\left(\frac{2/P_n-1-R+\sqrt{R^2+1}}{2/P_n-1-R-\sqrt{R^2+1}}\right)}=\frac{\frac{\sqrt{1.647^2+1}}{1.647-1}\ln\left(\frac{1-0.142}{1-0.142\times1.647}\right)}{\ln\left(\frac{2/0.142-1-1.647+\sqrt{1.647^2+1}}{2/0.142-1-1.647-\sqrt{1.647^2+1}}\right)}=0.998 \quad (3-76)$$

有效平均温差 $\Delta t=\Delta t_m\cdot F_T=126\times0.998=125.7$℃

7.4 雷诺数计算

E101A/B 换热器型号为 BESD1200-3.75/3.0-405-6/25-2I。根据《冷换设备工艺计算手册》(第二版)P60 附表 1-1(b)可知管子总数为 880 根，中心管排 22 个，管程流通面积为 0.1380m^2，折流板数为 12 块，折流板厚度为 10mm，折流板间距为 450mm，壳程流通面积为 0.289m^2。

根据《冷换设备工艺计算手册》(第二版)P19 式(1-2-17)计算雷诺数。

原油质量流速　　$G_i=W_i/S_i=159.72/0.138=1157.4\text{kg}/(\text{m}^2\cdot\text{s})$　　(3-77)

管内径 $d_i=0.025-0.0025\times2=0.020\text{m}$

原油雷诺数　　$Re=\frac{d_i\cdot G_i}{\mu_{iD}}=\frac{0.02\times1157.2}{0.007187}=3221$　　(3-78)

根据《冷换设备工艺计算手册》(第二版)P42 式(1-2-42)计算壳程当量直径。

$$d_e=\frac{4\left(p_t^2-\frac{\pi}{4}d_0^2\right)}{\pi d_0}=27.18\text{mm} \quad (3-79)$$

常一中质量流速 $G_0=W_0/S_0=78.3/0.289=270\text{kg}/(\text{m}^2\cdot\text{s})$

常一中雷诺数 $Re=\frac{d_i\cdot G_i}{\mu_{iD}}=\frac{0.02718\times270}{0.000265}=27836$

雷诺数均大于 2100，定性温度假设正确。

7.5 普兰特准数计算

根据《冷换设备工艺计算手册》(第二版)P19 式(1-2-18)计算普兰特准数。

$$P_r=C_p\cdot\mu/\lambda \quad (3-80)$$

原油普兰特准数 $P_{ri}=1925\times0.007187/0.129=107.25$

同理：常一中普兰特准数 $P_{ro}=5.307$

7.6 管程膜传热系数计算

管程原油 $12000>R_{ei}>2500$，根据《冷换设备工艺计算手册》(第二版)P21 式(1-2-29)计算波纹管换热器传热因子。

原油传热因子 $J_{Hi}=0.2475\cdot Re_i^{0.7747}=0.2475\times3221^{0.7747}=129$ (3-81)

假设管程壁温校准系数 $\Phi_i=1.0$。

根据《冷换设备工艺计算手册》(第二版)P7，选取波纹管的波高 ε 为 1.5mm；波距 s 为 18mm。

根据《冷换设备工艺计算手册》(第二版)P21，公式(1-2-27)计算原油的膜传热系数。

原油膜传热系数：

$$h_{i0}=\frac{\lambda_{iD}}{d_0}\cdot J_{Hi}\cdot Pr^{1/3}\cdot\left(\frac{\varepsilon}{d_i}\right)^{0.478}\cdot\left(\frac{s}{d_i}\right)^{-0.383}\Phi_i=956\text{W/(m}^2\cdot\text{K)} \tag{3-82}$$

7.7 壳程膜传热系数计算

根据《冷换设备工艺计算手册》(第二版)P24 式(1-2-44)、式(1-2-50)计算管外膜传热系数。

$Re=27836>1000$，$Z=25\%$，

传热因子：

$$J_{H0}=0.378Re_0^{0.554}\cdot\left(\frac{Z-15}{10}\right)+0.41Re_0^{0.5634}\cdot\left(\frac{25-Z}{10}\right)$$

$$=0.378\times27836^{0.554}\times\left(\frac{25-15}{10}\right)=110$$

流体的黏度随温度变化改动不大，假设 $\Phi_0=1.0$。

查《冷换设备工艺计算手册》(第二版)P24 表 1-16 旁路挡板传热与压降校正系数得壳程 1200mm 对应的校正系数 $\varepsilon_h=1.12$。

管外膜传热系数由《冷换设备工艺计算手册》(第二版)P26 波纹管管外膜传热系数公式：

$$h_0=C_b\cdot\frac{\lambda_0}{d_e}\cdot J_{H0}\cdot Pr^{1/3}\cdot\Phi_0\cdot\varepsilon_h=1852\text{W/(m}^2\cdot\text{K)} \tag{3-83}$$

其中 $Re>7000$ 时，$C_b=1.78$。

7.8 传热系数校正

上述对管内、外膜传热系数的计算中，均假设管程和壳程壁温校正系数 $\Phi=1$，现对内外膜传热系数进行修正：

根据《冷换设备工艺计算手册》第二版 P20 壁温校正系数计算式(1-2-21)，对壁温校正系数 Φ_i 做计算：

$$\Phi_i=(\mu_{iD}/\mu_W)^{0.14} \tag{3-84}$$

式中 μ_{iD}——定性温度下流体的黏度，Pa·s；

μ_W——壁温下流体的黏度，Pa·s。

管程壁温 t_w 计算按照 P20 式(1-2-25)当冷流走管内时的公式：

$$t_w=\frac{h_0}{h_0+h_{io}}\cdot(t_{oD}-t_{iD})+t_{iD} \tag{3-85}$$

则管程壁温 t_w 为 $t_w=128.4$℃

按照上述黏度计算公式，得在壁温 $t_w=128.4℃$ 时，流体黏度 $\mu_w=0.944mPa \cdot s$

则管程壁温校正系数 Φ_i 为：

$\Phi_i=(\mu_i/\mu_w)^{0.14}=(0.007187/0.000943)^{0.14}=1.329$

则内膜传热系数 h_{io} 修正后为：

$h_{io}=956\times1.329=1270W/(m^2 \cdot K)$

同理计算壳程壁温 $t_w=128.4℃$，$\mu_w=0.4236mPa \cdot s$，$\Phi_i=0.936$

则外膜传热系数修正后：

$h_0=1734W/(m^2 \cdot K)$

7.9 总传热系数及管程污垢热阻计算

根据《冷换设备工艺计算手册》(第二版)P9 式(1-2-2)得

$$Q=K \cdot A \cdot \Delta T \tag{3-86}$$

其中，$K=Q/(A \cdot \Delta T)=\dfrac{7438.6}{402.39\times125.7}=147W/(m^2 \cdot K)$

根据《冷换设备工艺计算手册》(第二版)P9 式(1-2-3)得，总传热系数 K 计算公式：

$$\frac{1}{K}=\frac{1}{h_0}+r_0+r_w+r_i \cdot \frac{A_0}{A_i}+\frac{1}{h_i} \cdot \frac{A_0}{A_i} \tag{3-87}$$

根据《冷换设备工艺计算手册》(第二版)P10 表 1-10 管壁金属热阻推荐值表查得换热管管壁热阻 $r_p=0.00006(m^2 \cdot K)/W$。

$$K=\frac{1}{\dfrac{A_0}{A_i} \cdot \left(\dfrac{1}{h_i}+r_i\right)+\left(\dfrac{1}{h_0}+r_0\right)+r_p}=\frac{1}{\dfrac{25}{20}\times\left(\dfrac{1}{1270}+0.00068\right)+\left(\dfrac{1}{1734}+0.00053\right)+0.00006}$$

$$=333W/(m^2 \cdot K)$$

计算换热器结垢时，总传热系数 $K=333W/(m^2 \cdot K)$ 与设计值 $350.54W/(m^2 \cdot K)$ 基本一致。

E101A/B 换热器实际运行中壳程存在严重的铵盐结垢，影响传热，根据实际传热系数 $147W/(m^2 \cdot K)$，计算壳程污垢热阻为 $r_0=0.0046(m^2 \cdot K)/W$ 远远大于设计的结垢热阻为 $r_0=0.00053(m^2 \cdot K)/W$。

7.10 管程压降计算

根据《冷换设备工艺计算手册》(第二版)P22 式(1-2-33)、式(1-2-37)、式(1-2-40)、式(1-2-41)计算管程压降。

管程压力降：

$$\Delta P_t=(\Delta P_i+\Delta P_r) \cdot F_i+\Delta P_{Ni} \tag{3-88}$$

$Re_i=3220<12000$

波纹管管内摩擦系数 $f_i=0.7282\times Re^{-0.1618}=0.7282\times3220^{-0.1618}=0.197$

管程直管压力降：

$$\Delta P_i=\frac{G_i^2}{2\rho_{iD}} \cdot \frac{L \cdot N_{tp}}{d_i} \cdot \frac{f_i}{\Phi_i}=\frac{1157^2}{2\times852.23}\times\frac{6\times2}{0.02}\times\frac{0.197}{1.329}=69.94kPa$$

回弯压力降 $\Delta P_r=\dfrac{G_i^2}{2\rho_{iD}} \cdot (4N_{tp})=\dfrac{1157^2}{2\times852.23}\times(4\times2)=6.287kPa$

进出口嘴子压降 $\Delta P_N=\dfrac{1.5G_{Ni}^2}{2\rho_i}=1.422kPa$

查《冷换设备工艺计算手册》(第二版)P22 表 1-15 管程压力降结垢校正系数得污垢热阻 0.00068(m² · K)/W，管程压降污垢校正系数 $F_0=1.50$，波纹管换热器由于自身的防垢性取 0.8 的校正系数。

管程压降：

$$\Delta P_t=(\Delta P_i+\Delta P_r)\cdot F_i+\Delta P_{Ni}=(69.94+6.287)\times1.5\times0.8+1.4223=92.89\text{kPa}$$

7.11 壳程压降计算

根据《冷换设备工艺计算手册》(第二版)P27 式(1-2-56)、(1-2-57)、(1-2-65)、(1-2-86)、(1-2-87)计算壳程压降。

$$\text{壳程压降}\ \Delta P_s=\Delta P_o F_o+\Delta P_{ro}+\Delta P_{No} \tag{3-89}$$

常一中雷诺数 $Re=27836>5500$

波纹管管束摩擦系数 $f_0=0.9715Re^{-0.0613}=0.9715\times27836^{-0.0613}=0.519$

查《冷换设备工艺计算手册》(第二版)P24 表 1-16 旁路挡板传热与压降校正系数得壳程 1200mm 对应的校正系数 $\varepsilon_{\Delta p}=1.45$，查换热器型号折流板为 12 块。

管束压力降：

$$\Delta P_0=\frac{G_0^2}{2\rho_0}\cdot\frac{D_s\cdot(N_b+1)}{d_e}\cdot\frac{f_0}{\Phi_0}\cdot\varepsilon_{\Delta p}=\frac{270.9^2}{2\times671}\times\frac{1.2\times(12+1)}{0.02718}\times\frac{0.519}{0.936}\times1.45=25.22\text{kPa}$$

流经进出口嘴的质量流速

$G_{N0}=78.3/(3.14/4\times0.3\times0.3)=1107\text{kg}/(\text{m}^2.\text{s})$

进出口嘴压降

$$\Delta P_{N0}=1.5\frac{G_N^2}{2\rho_0}=1.5\times\frac{1107^2}{2\times671}=1.371\text{kPa}$$

导流板的压降系数 ε_{IP} 取 6。

$$\text{导流板压力降}\ \Delta P_{r0}=\frac{G_N^2}{2\rho_0}\varepsilon_{IP}=\frac{1107^2}{2\times671}\times6=5.485\text{kPa}$$

查《冷换设备工艺计算手册》(第二版)P17 表 1-14(b)原油结垢系数参考数据表得常一中结垢系数为 0.00053(m² · K)/W。

查《冷换设备工艺计算手册》(第二版)P27 表 1-17 壳程压力降结垢校正系数得污垢系数 0.00053(m² · K)/W 壳程压降污垢校正系数 $F_0=1.40$。

壳程压降：

$$\Delta P_s=\Delta P_0F_0+\Delta P_{r0}+\Delta P_{N0}=25.22\times1.40+1.371+5.485=42.162\text{kPa}$$

7.12 E101A/B 换热器换热情况分析

E101A/B 换热器换热情况分析见表 3-81：

表 3-81 换热器设计与实际参数对比表

设备名称	原油/常一中换热器	型号	BESD1200-3.75/3.0-405-6/25-2I	
结构	管程		壳程	
	设计	计算值	设计	计算值
允许压降计算/允许/MPa	0.08	0.093	0.07	0.042
污垢系数(m² · K/W)	0.00068	0.00068	0.00053	0.0046

续表

设备名称	原油/常一中换热器	型号	BESD1200-3.75/3.0-405-6/25-2I
结构	管程		壳程	
	设计	计算值	设计	计算值
膜传热系数[W/(m²·K)]	1559.92	956	1554.2	1852
有效温差/对数平均温差/℃	112.95/114.51	125.75/126.01	112.95/114.51	125.75/126.01
总传热系数/W/(m²·K)(结垢)	350.54	333(147 实际值)	350.54	333(147 实际值)
总换热器面积/m²	405			
接管尺寸/mm	400	400	300	300

通过与设计值对比发现，管程压降超出允许压降，总传热系数远远低于设计结垢状态值。管程压降高分析：原油的实际定性温度较低，导致黏度较大，压降升高。

壳程污垢系数远远高于设计污垢系数分析：壳程侧介质存在较严重的结盐倾向导致换热系数远低于设计值，需加强对换热器的清理。

8 电脱盐计算

本装置采用高速电脱盐，本次标定选用一级电脱盐进行计算，示例见图 3-38。

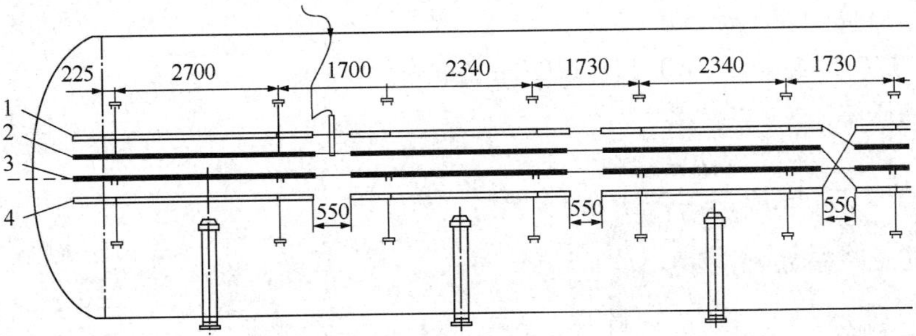

图 3-38 电脱盐结构示意图

电脱盐设置 4 层电极板，其中第 3 层电极板为接地板，1、2、4 电极板为带电板

8.1 电脱盐罐内强、弱电场梯度计算

电脱盐罐内强、弱电场梯度分布见图 3-39。

由于 1、2、4 为带电板，3 为接地板，因此形成 2 个强电场 1 个高强电场。

强电场梯度计算：计算根据《原油蒸馏与工艺》第三章式(3-2-1)计算电脱盐罐内强电场电场梯度。

$$U=E\times b \tag{3-90}$$

以 1、3 两板为例计算电场强度：

电脱盐电极板供电电压 $U=19\text{kV}$，两极板间距 $b=580\text{mm}$，

得强电场电位梯度 $E_{1-3}=U/b=19000/58=327.6\text{V/cm}$

同理可求得：2、3 两板的电场梯度 $E_{2-3}=678\text{V/cm}$；$E_{4-3}=633\text{V/cm}$

因此：$E_{强电场1}=E_{1-3}=327.6\text{V/cm}$；$E_{高强电场1}=E_{1-3}+E_{2-3}=960.6\text{V/cm}$；$E_{强电场2}=E_{4-3}=633\text{V/cm}$

弱电场强度根据《原油蒸馏与工艺》第三章式(3-2-5)计算实际的弱电场强度 E'

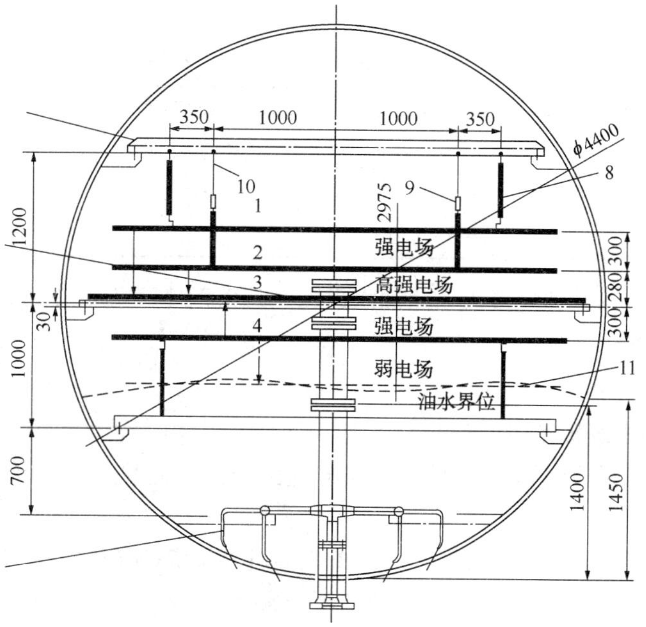

图 3-39　电脱盐电场示意图

$$E' = U_2/\sqrt{3}\,b' \tag{3-91}$$

式中　E'——实际弱电场强度，V/cm；

U_2——下电极板电压，V；

b'——实际弱电场高度，即弱电场区高度减去乳化层高度，cm。

根据探针 LDIA2001B 的位置可以判断出油水界面位置情况见图 3-40。

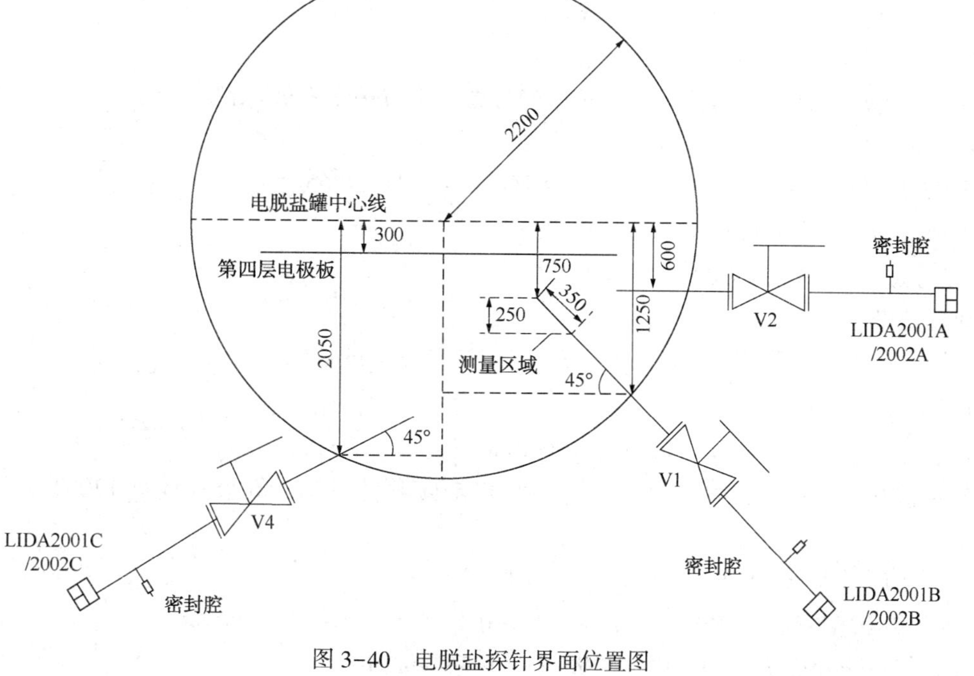

图 3-40　电脱盐探针界面位置图

电脱盐探针与界面对应关系见表3-82：

表3-82　电脱盐探针与界面对应关系

LDIA2001B/2002B 信号值/%	油水界位(距罐底起)/mm	LDIA2001B/2002B 信号值/%	油水界位(距罐底起)/mm
100	1450	70	1375
90	1425	60	1350
80	1400	50	1325

实际界面控制70%，则电极板4与油水界面的位置间距离为：525mm，乳化层厚度约为25mm，则弱电场的强度：

$E' = 19000/50/\sqrt{3} = 219\text{V/cm}$

8.2　原油在强电场停留时间计算

由于高速电脱盐原油油相进料不通过弱电场区域，因此只计算原油在强电场中的停留时间。

根据《原油蒸馏与工艺》第三章式(3-2-3)计算电脱盐罐强电场容积 $V(\text{m}^3)$。

$$V = F \times b/100 \tag{3-92}$$

式中　F——罐体最大横截面积，m^2；

V——强电场容积，m^3；

b——两极板间距，cm。

罐体最大横截面积 F 计算：

长方形面积 $= 32 \times 4.4 = 140.8\text{m}^2$

椭圆封头横截面积 $= 3.14 \times 2.2 \times 1.162 = 8.027\text{m}^2$

罐体最大横截面积 $F = 140.8 + 8.027 = 148.83\text{m}^2$

电脱盐罐强电场容积 $V_{强电场1-3} = F \cdot b = 148.83 \times 0.3 = 44.65\text{m}^3$

$V_{强电场4-3} = F \cdot b = 148.83 \times 0.3 = 44.65\text{m}^3$

$V_{高强电场2-3} = F \cdot b = 148.83 \times 0.28 = 41.67\text{m}^3$

由于高速电脱盐进油口位于电极板中间位置，可以得出有效容积。

对下部进油口：

电脱盐罐强电场容积 $V_{强电场1-3} = F \cdot b = 148.83 \times 0.3 = 44.65\text{m}^3$

$V_{强电场4-3} = F \cdot b = 148.83 \times 0.3/2 = 22.33\text{m}^3$

$V_{高强电场2-3} = F \cdot b = 148.83 \times 0.28 = 41.67\text{m}^3$

对于上部进油口：

电脱盐罐强电场容积 $V_{强电场1-3} = F \cdot b = 148.83 \times 0.3 = 44.65\text{m}^3$

$V_{强电场4-3} = F \cdot b = 148.83 \times 0.3 \times 0 = 0\text{m}^3$

$V_{高强电场2-3} = F \cdot b = 148.83 \times 0.28/2 = 20.84\text{m}^3$

根据《冷换设备工艺计算手册》(第二版)P75页附表1-7计算公式计算130℃下原油的密度。

$$\begin{aligned}\rho &= T \cdot (1.307\gamma_4^{20} - 1.817) + 973.86\gamma_4^{20} + 36.34 \\ &= 130 \times (1.307 \times 0.870 - 1.817) + 973.86 \times 0.870 + 36.34 = 795.21\text{kg/m}^3\end{aligned} \tag{3-93}$$

每台脱盐罐处理量 $G = 1148500/795.21 = 1444.4\text{m}^3/\text{h}$

根据《原油蒸馏与工艺》第三章式(3-2-4)计算原油通过强电场停留时间 τ(min)。

对于下部进油口：

$\tau_{强电场1-3}=V/G\times60=44.65/1444.4\times60=1.85\text{min}$

$\tau_{强电场4-3}=V/G\times60=44.65/1444.4\times60/2=0.925\text{min}$

$\tau_{高强电场2-3}=V/G\times60=41.67/1444.4\times60=1.73\text{min}$

$\tau_{强电场总}=1.85+0.925+1.73=4.505\text{min}$

同理对于上部进油口：

$\tau_{强电场1-3}=V/G\times60=44.65/1444.4\times60=1.85\text{min}$

$\tau_{高强电场2-3}=V/G\times60=41.67/1444.4\times60/2=0.865\text{min}$

$\tau_{强电场总}=2.715\text{min}$

假设原油通过上部、下部进油口的量为 1∶1，则 $\tau_{加权平均时间}=3.61\text{min}$

8.3 原油在电脱盐内的上升速度计算

一定流量的原油在电脱盐罐内的上升速度只与罐体的形状有关，电脱盐最大横截面积为 $F_{max}=148.83\text{m}^2$。

根据图 3-41 可求出原油在出电脱盐出口处横截面积最小为 $F_{mix}=100.43\text{m}^2$，因此，油流在电脱盐罐内最慢上升速度 $u_{min}=0.00270\text{m/s}$；$u_{max}=0.00400\text{m/s}$

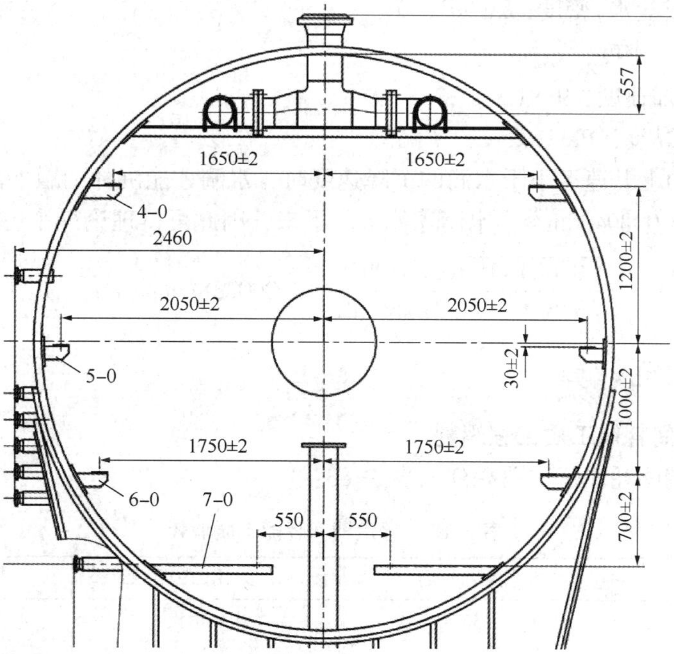

图 3-41　电脱盐罐截面图

8.4 理论最小可沉降的水滴直径计算

原油黏度计算：

根据《冷换设备工艺计算手册》(第二版) P75 页附表 1-7 计算公式计算 130℃下原油的黏度。

原油在 50℃时 $\upsilon_1=7.364\text{mm}^2/\text{s}$，80℃时 $\upsilon_2=3.21\text{mm}^2/\text{s}$

$0.8<\gamma_4^{20}<0.9$，$C=2.4-2.0\gamma_4^{20}=2.4-2.0\times0.8700=0.66$

$$b=\frac{\ln[\ln(v_1+C)]-\ln[\ln(v_2+C)]}{\ln(T_1+273)-\ln(T_2+273)}=\frac{\ln[\ln(7.364+0.66)]-\ln[\ln(3.21+0.66)]}{\ln(50+273)-\ln(80+273)}$$

$=-4.853$

$a=\ln[\ln(v_1+C)]-b\cdot\ln(T_1+273)=\ln[\ln(7.364+0.66)]+3.4468\cdot\ln(50+273)$

$=28.77$

运动黏度 $v=\exp\{\exp[a+b\times\ln(T+273)]\}-C$

$=1.377\text{mm}^2/\text{s}$

动力黏度 $\mu=\rho\cdot v\times10^{-3}=795.21\times1.377\times10^{-3}=0.001095\text{Pa}\cdot\text{s}$

水的密度计算：

$\rho_w=1.000837-0.000108\times T-0.000003\times T^2$

$=1.000837-0.000108\times130-0.000003\times130^2=\text{g/cm}^3=936.1\text{kg/m}^3$

根据《原油蒸馏与工艺》第三章斯托克斯公式(3-1-2)计算理论最小可沉降的水滴直径。

$$u=\frac{d^2\times(\rho_w-\rho)g}{18u} \tag{3-94}$$

式中 u——水滴沉降速度，m/s；

d——水滴直径，mm；

ρ_w——水(或盐水)密度，kg/m³；

ρ——原油的密度，kg/m³；

g——重力加速度，9.81m/s²；

μ——油的黏度，Pa·s。

只有当原油的上升速度小于水滴的沉降速度时，水滴才能沉降到罐下部而排出罐外。当沉降速度 $u\geqslant u_{max}=0.00400\text{m/s}$，水滴才能沉降下来，因此可得理论最小可沉降的水滴直径：

$$d=\sqrt{\frac{u\cdot18\mu}{(\rho_w-\rho_0)g}}=\sqrt{\frac{0.004\times18\times0.001095}{(936.1-795.21)\times9.81}}=0.0002388\text{mm}$$

9 装置能耗计算

9.1 标定期间耗能工质工程消耗

将装置标定期间耗能工质消耗列入表3-83：

表3-83 标定期间耗能工质消耗

公用工程	消耗量/(t/d)	公用工程	消耗量/(t/d)
燃料气	256	中压蒸汽	56
净化水	1308	净化风	14305
新鲜水	0	非净化风	5390
热媒水	15941	氮气	1357
除氧水	178	酸性水 FT1042	256
循环水	137450	酸性水 FT2039	415
凝结水	39	含盐污水	1013
消耗 1.0MPa 蒸汽	325	燃料油消耗	12
1.0MPa 蒸汽发汽	143		

9.2 燃料、热输出、热出料能耗计算

输出和热供料能耗计算见表3-84：

表3-84 热输出和热供料能耗计算

名　　称	数量/(t/d)	出装置温度/℃	基准温度/℃	比热容/[J/(kg·℃)]	热量/kJ	kgEO/t 原油
混柴热至加氢精制	3164.78	120	70	2100	325655862	0.28
热轻蜡油至下游装置	4629.47	130	80	2080	481464880	0.42
热重蜡油至下游装置	2736.00	135	80	2050	308484000	0.27
热减渣至下游装置	6677.69	155	120	2000	467438300	0.40
热媒水(低于120℃)	15941	84	68	4200	1071235200	0.46

燃料能耗计算见表3-85：

表3-85 燃料能耗将计算

名　　称	消耗量/(t/d)	低热值/(kJ/kg)	放热量/kJ	kgEO/t 原油
燃料气	256	39553.53	10125703680	8.77
燃料油	12	34551.8	414621600	0.36

9.3 装置实际能耗

常减压装置实际能耗消耗见表3-86。

表3-86 装置实际能耗表

名　　称	单位	系数	实物量	本月能耗				设计值
				实物单耗		单位能耗		
				单位	数量	单位	数量	数量
电	kW·h	0.22	225769	kW·h/t	8.19	kgEO/t	1.80	2.12
1.0MPa 蒸汽	t	76	182	t/t	0.01	kgEO/t	0.50	4.21
燃料气	t	950	256	kg/t	9.29	kgEO/t	8.77	8.93
燃料油	t	1000	12	kg/t	0.44	kgEO/t	0.36	
循环水	t	0.06	137450	t/t	4.99	kgEO/t	0.30	0.40
3.5MPa 蒸汽	t	88	56	t/t	0.00	kgEO/t	0.18	0.29
除氧水	t	6.5	143	t/t	0.01	kgEO/t	0.03	0.04
净化水	t	0.13	1308	t/t	0.05	kgEO/t	0.0062	0.01
新鲜水	t	0.15	0	t/t	0.00	kgEO/t	0.0000	0.01
凝结水	t	6.5	39	t/t	0.00	kgEO/t	-0.01	
热出料							-1.37	-1.73
热输出							-0.46	-1.89
能耗							10.11	12.50

9.4 基准能耗计算

根据中国石化2005年制定的常减压装置基准能耗公式：

$$E=0.084\times C+3.7-K_1+K_2$$

式中 E——基准能耗，kgEO/t；

C——常减压总拔出率,%(质)；

K_1——回收轻烃的能耗校正值，0.5~1.2kgEO/t；

K_2——润滑油型常减压装置的校正值，0.5kgEO/t。

求得 $E=0.084\times72.08+3.7=9.75$kgEO/t

9.5 能耗分析

装置能耗低于设计能耗主要是由于蒸汽消耗较低。抽真空系统停用大部分，节约蒸汽约20t/h。但装置能耗高于基准能耗主要是由于：①常压塔中段设置不合理，高温热量较少，导致换热终温过较低，加热炉负荷较大。②电耗较高。装置设计时采用大流量小温差换热方式，同时采用了较高的操作压力导致电耗比国内其他装置高出30%以上。

第四部分 检修改造建议

1 常减压装置多产轻蜡油方案

广西石化作为全加氢型炼油厂，加氢裂化装置满负荷运行对全厂效益影响较大，如何进一步提高轻蜡油收率对全厂意义重大。

(一) 全厂主要优化思路

(1) 常减压通过调整或改造使重蜡油满足加氢裂化料要求。

(2) 轻、重蜡油合并作为加氢裂化原料，加裂开满负荷。

(3) 轻、重柴油进入柴油改质，增加轻质油品的收率从而使石脑油加氢-重整装置能够达到较高负荷生产工况。

(4) 通过调整减渣的收率，使渣油-催化重油路线进一步重质化。

(二) 常减压多产轻蜡油方案

(1) 当前减压轻、重蜡油质量情况见表4-1。

表4-1 轻、重蜡油馏程情况 ℃

项 目	减二线馏程	减三线馏程	项 目	减二线馏程	减三线馏程
初馏点	250	379	70%	413	497
10%	299	415	90%	472	541
30%	340	442	95%	505	
50%	374	468	98%	541	

当前，轻重蜡油重叠度较大，尤其是重蜡油90%组分与轻蜡油相同。通过优化操作调整或改造使重蜡油满足加氢裂化原料的要求。

(2) 操作调整方案

减三线及三中流程图见图4-1。

通过降低减压炉出口温度和增大减三线热回流的量将控制重蜡油的95%点达到加氢裂化料的要求。同时可将减压过汽化油抽出作为重蜡油用于控制渣油加氢的掺渣比。通过流程模拟得到优化前后物料平衡见表4-2，产品质量变化情况见表4-3。

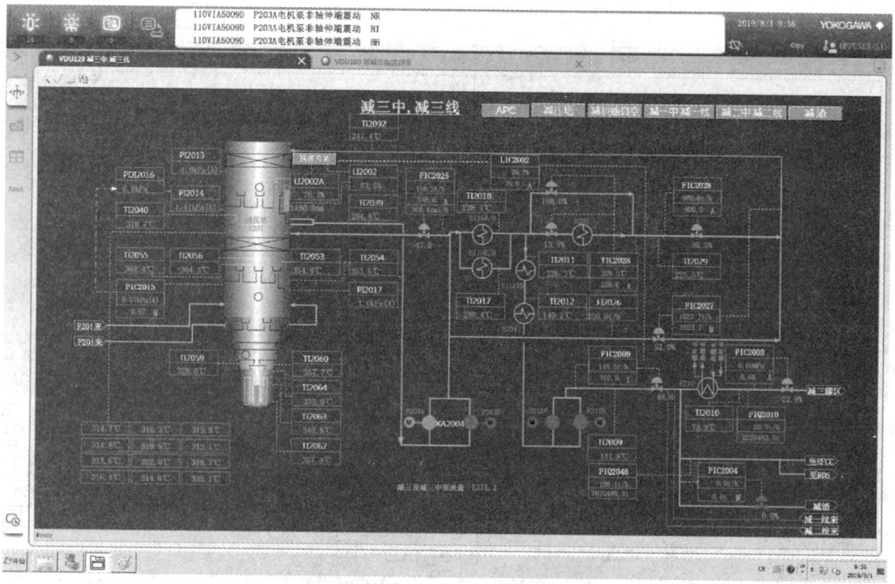

图 4-1　减三线及三中流程图

表 4-2　优化前后物料平衡变化情况

项　　目	当前工况		优化工况一		优化工况二	
工 况 条 件	热回流 50t/h，炉出口 390℃		热回流 100t/h，炉出口 385℃		热回流 150t/h，炉出口 385℃	
产品流量	质量流量/(t/h)	产品收率/%(质)	质量流量/(t/h)	产品收率/%(质)	质量流量/(t/h)	产品收率/%(质)
减二线	174. 98	15. 28	155. 90	20. 93	160. 29	18. 17
减三线	133. 28	11. 64	83. 87		47. 85	
减渣	322. 13	28. 12	373. 65	32. 61	403. 38	35. 20
合计	1145. 48		1145. 77		1145. 92	

表 4-3　优化后减三线终馏点变化情况

减三线馏程 D1160	当前工况 热回流 50t/h，炉出口 390℃	优化工况一 热回流 100t/h，炉出口 385℃	优化工况二 热回流 150t/h，炉出口 385℃
IBP	273. 6	278	280. 0
10%	445. 0	434	430. 9
50%	505. 3	486	477. 2
70%	530. 8	507	495. 0
90%	561. 0	537	521. 2
95%	575. 2	549	535. 4

优化后减三线产品质量满足加氢裂化原料要求，可提高轻蜡油收率 2. 5%以上，同时可进一步重质化渣油催化原料，利于催化运行。

2　常减压装置流程模拟的应用

通过 Aspen Hysys 流程模拟软件，搭建全装置的模型，可以对装置生产操作，全厂经营管理起到重大推动作用。目前广西石化常减压装置根据不同种原油已建立相应模型十几个。通过模型可以了解装置实时物料平衡、热量平衡、产品质量情况。见图 4-2。

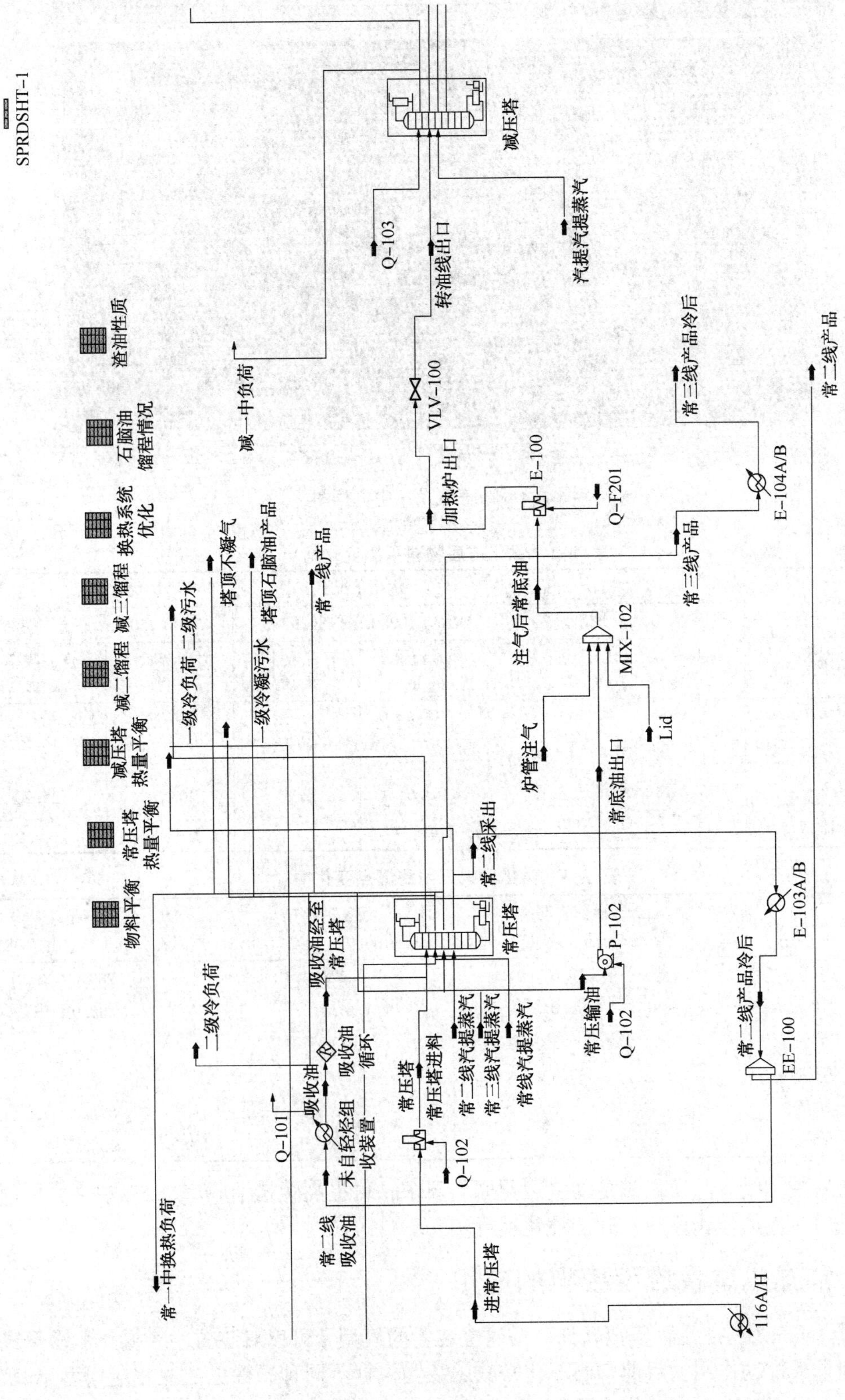

图4-2 广西石化常减压流程模拟

3　常减压装置常顶防腐控制

广西石化常减压装置在本生产周期(第三个检修周期)内，开始出现常顶管线的泄露情况，通过对不同部位，出现的不同腐蚀形态进行总结，分为三种腐蚀类型：

(1) 铵盐的冲刷腐蚀。常顶换热器出口减薄与常顶回流泵叶轮蜗壳减薄属于胺盐的冲刷腐蚀类型见图 4-3。常顶换热器出口存在气液相变化，温度变化较大，从此处开始有胺盐的生成。常顶回流泵流速较快，腐蚀介质易造成冲刷腐蚀。

图 4-3　铵盐冲刷腐蚀

(2) 铵盐的垢下腐蚀类型。垢下腐蚀部位主要集中于空冷入口管线上部见图 4-4，冲洗水无法洗到的部位，造成胺盐的垢下腐蚀类型。

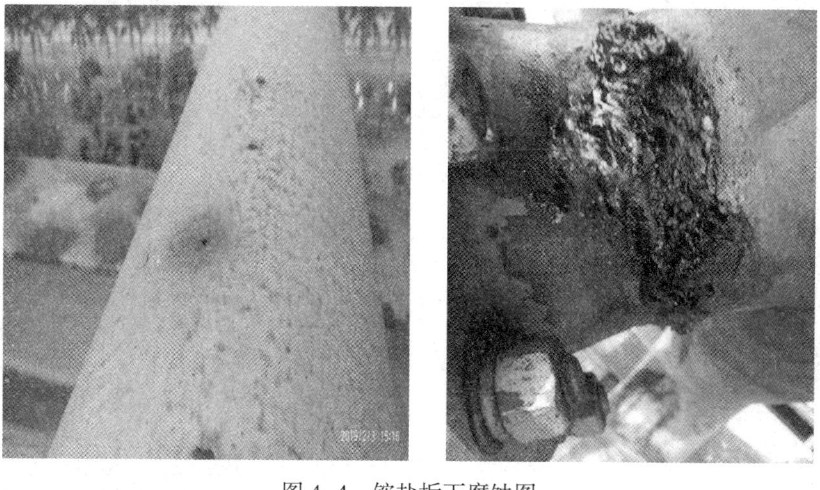

图 4-4　铵盐垢下腐蚀图

(3) 氯离子的腐蚀开裂

氯离子对奥氏体不锈钢存在较严重的腐蚀开裂问题，造成常顶控制阀阀芯合金钢断裂及机泵冲洗油管开裂见图 4-5。

图 4-5　铵盐的腐蚀开裂

通过对腐蚀类型的分析，常顶腐蚀问题的根源在于胺盐，因此如何控制和减少胺盐是常减压做好腐蚀管理的关键。提出以下五个方面的工作：

(1) 常顶铵盐类型分析。分析常顶结盐的具体类型，根据铵盐的类型，分析铵盐形成原因。

(2) 进一步开展原油氯平衡研究。对脱前原油总氯、脱后原油总氯、电脱盐注水氯含量、电脱盐排水总氯数据进行收集分析，进行电脱盐系统氯平衡分析。

(3) 开展原油注碱措施研究。目前国内采用此措施的较少，调查收集注碱资料。

(4) 对常顶易腐蚀部位做好监控排查。对易腐蚀部位进行涡流扫查，为大检修工作做好准备。

(5) 通过技改措施优化常顶工艺防腐。通过技改技措增加常顶注水、注剂喷嘴优化分布。增设常顶回流罐除盐设施，把大量胺盐在回流罐除去保证后续空冷设备的安全。

大连石化10.0Mt/a常减压蒸馏装置工艺计算

完成人：吴　昊
单　位：中国石油大连石化公司

目　　录

第一部分　装置标定报告

1　前言

1.1　装置情况简介

根据大连石化公司加工进口含硫原油技术改造工程总流程的规划，2005 年将大连石化公司原有的三蒸馏装置易地改造为加工进口含硫原油的 10.0Mt/a 常减压蒸馏联合装置。改造后的三蒸馏装置由 10.0Mt/a 常减压蒸馏、3.8Mt/a 石脑油加氢、4.2Mt/a 轻烃回收、1#变电所和溴化锂制冷站五部分组成。

常减压单元由电脱盐、初馏、常压、减压、三顶气回收、烟气脱硝六部分组成，现加工俄油、穆尔班、维亚兹、巴士拉、阿曼、恩菲尔德、冠军等混合原油，主要生产石脑油(重整原料)、柴油、蜡油(加裂原料)、减压渣油(渣油加氢)。

1.2　主要工艺流程

1.2.1　常压部分

原油分割成 4 个主要产品，即石脑油(包含轻烃)、煤油、柴油和常压渣油，具体流程如下。

(1) 原油预热流程

原油预热流程的作用是将原油在原油预热流程中加热到加热炉进口温度。

从储罐来的原油经原油泵升压后，经脱前原油换热器加热到 144℃。预热后的原油再进入三级电脱盐。经三级电脱盐脱除原油中的盐和水，经脱后原油换热器将原油加热到 190℃(沙轻工况)或 188℃(俄油工况)后进入初馏塔。

(2) 初馏塔

初馏塔有 25 层塔盘，进料位置在 20 和 21 层塔盘之间。塔底使用 1.0MPa 汽提蒸汽。初馏塔塔顶油气经初顶油气空冷器冷凝后进入初馏塔塔顶回流罐，初顶油经初馏塔塔顶泵抽出并经石脑油空冷器冷却后，与常顶石脑油合并进入石脑油加氢处理(NHT)单元。

初底油经初底油泵抽出后，首先与减三线及三中油进行换热，然后分为三路，分别于减压渣油、常二中油和过汽化油进行换热。换热后三路物流再次混合后进入常压炉 F1001 中进一步加热到炉出口温度 372℃(沙轻)或 363℃(俄轻)后进入常压塔 C1002。

(3) 常压塔

常压塔 C1002 有 51 层分馏塔盘，4 个部分抽出塔盘，2 个全抽出塔盘和 3 个循环回流。塔 C1002 的进料为初底油，进料位置在第 49 和 50 层塔盘之间，塔的闪蒸区条件按加工原油不同分别为 367℃，0.10MPa(表)(沙轻)和 356℃，0.10MPa(表)(俄轻)。

1) 塔顶部分

常压塔塔顶气相经过常顶油气空冷器 E1022A-H 和常顶油气后冷器 E1024A、B 冷凝冷却后进入常压塔塔顶产品罐 V1004。V1004 液相塔顶产品石脑油通过常压塔塔顶产品泵 P1010A、B 送到石脑油加氢处理单元 NHT；V1004 中正常没有不凝气排出，当操作波动时，排出的不凝气送到火炬系统。

常顶循 133℃(沙轻)或 129℃(俄轻)从 C1002 的第 5 层塔盘通过常顶循泵 P1004A-C 抽出，经换热、冷却到 133℃(沙轻)或 108℃(俄轻)返回到 C1002 的第 1 层塔盘上部。

2）常一线/塔顶石脑油分馏段

常一线和石脑油进行分馏，包括10层分馏塔盘(6~15)和1层全抽出塔盘16。所需的回流由常顶循环回流产生，常顶循环回流包括4层塔盘(1~4)和1层部分抽出板。

从16层抽出的常一线油送到常一线汽提塔C1003。正常操作下，常一线为全抽出，没有内回流。当需要调整产品质量时，内回流可从第16层板抽出，自流到20层塔盘上部，再通过常一中泵抽出返回到17层塔盘上。

3）常一线/常二线油分馏段

常一线/常二线分馏部分包括8层塔盘(22~29)，所需回流由常一中回流提供。常一线/常二线包括4层塔盘(17~20)和1层部分抽出塔盘(21)。

4）常二线

常二线油从C1002的第30层塔盘抽出，进入常二线汽提塔C1004中，使用低压过热蒸汽进行汽提。汽提出的气相返回到塔C1002的第30层塔盘。汽提后的常二线油在247℃(沙轻)或240℃(俄轻)作为塔底产品从C1004中抽出，经换热后，通过系统压力送到常二线真空干燥塔C1005。在C1005中，水分在100mbar的负压条件下被闪蒸出去。塔底产品一部分(80%)直接作为热出料送到柴油加氢精制装置，另一部分(20%)经冷却送到罐区。

5）常二线/常三线分馏段

常二线/常三线分馏部分有6层塔盘(31~36)，分馏通过第30层塔盘的内回流控制。

6）常三线

常三线从C1002的第37层塔盘自流进入常三线汽提塔C1006中，在此使用低压过热蒸汽进行汽提。并经常三线油泵P1006AB抽出，经换热后的常三线油分为两路，一部分(80%)直接作为热出料与常二线一起送到柴油加氢精制装置，另一部分(20%)经常三线油空冷器冷却到50℃送到储罐。

7）常三线/常压渣油分馏段

在这部分，常压渣油与常三线进行分离，该段有7层分馏塔盘(43~49)，所需回流由常二中产生，常二中包括4层塔盘(38~41)和1层部分抽出塔盘(42)。

8）常压汽提段(常压渣油)部分

汽提段有8个分离塔盘——第50~57层塔盘，使用过热LLP蒸汽汽提常压渣油中的柴油，以提高柴油收率。常压渣油作为塔底产品通过塔底泵P1008A-C从塔C1002中抽出，抽出温度为356℃(沙轻)或342℃(俄轻)。通过塔底泵P1008 A-C，常压渣油以热料送到高真空减压部分(HVU)。

1.2.2 减压部分

减压蒸馏HVU3包括一个减压炉，一个减压塔及相关循环回流，冲洗油处理，塔底和塔顶系统。减压塔是干式减压塔，没有塔底汽提部分，为减小结焦加热炉炉管注入蒸汽。

HVU3的目的是将常压渣油分割成两个主要物流，即：混合减压蜡油(包括减一线，减二线和减三线)和减压渣油。

(1) 减压炉

来自现有一蒸馏的常压渣油经常压渣油进料泵升压后，换热到268~269℃。然后与来自常底泵P1008A-C的常压渣油和来自洗涤段的洗涤油混合直接送到减压炉F1101中加热到408℃后送到减压塔C1101。

（2）减压塔

减压塔包括一个除沫填料床，三个回流喷射段，一个控制 LVGO 柴油 95%点的填料床和四个全抽出塔盘。

1）减一中(顶部回流)

如果减一线要送到柴油罐中，需满足柴油馏程规格要求。减一线填料床在减一中部分的底部，以满足提供减一线作为柴油的要求。

为了减小抽空器负荷，CFR 返回温度为 49℃。为了减小 TCR 和 CFR 的空冷面积，只有一部分的减一中取热负荷由 CFR 完成。CFR 在 E1103A-C 中冷却到 49℃，在返塔前，先经过滤器 S1101A/B。

减二线(MVGO)和减三线(HVGO)混合进到减压蜡油蒸汽发生器 E1106AB 换热到 170℃，然后式中 80%作为热出料送到加氢裂化(HCU)装置。另 20%经空冷 E1108C-F 冷却到 95℃送到储罐。E1108C-F 的冷却能力按全部产品可以冷出料考虑。

2）减二中(中间循环回流)

减二中部分包含一个全抽出塔盘 2 和位于其上的喷淋区。减二中从塔盘 2 抽出，送到 V1103 中。在此用泵 P1103 A-C 抽出，送到常压渣油-减二中换热器 E1101 中与来自一蒸馏的常压渣油换热冷却，并进一步在 E1006 A-D 和减二中蒸汽发生器 E1105AB 中换热。通过 E1006 A-D 来改变温度控制。减二中经过滤器 S1104 A/B 后返塔。从 E1105AB 出口抽出减二线作为一部分 VGO 产品输出，另一部分减二中返塔作为冲洗油使用。

3）减三中(底部循环回流)

在底循环回流部分，减三线(HVGO)被冷凝。这部分包含一个全抽出塔盘 3 和位于其上的喷淋区。用泵 P1104 A-C 抽出，送到 E1102 AB 中与来自一蒸馏(CDU1)的常压渣油换热冷却，并进一步在 E1010 A-I 和 E1008AB 中原油换热冷却到大约 212℃。冲洗油流到冲洗油床由其自己的侧线温度控制。因此，减三中单独的返塔温度控制可以对冲洗油床的湿度进行优化控制。除了减三中和冲洗油，减三线也可作为蜡油(VGO)的一部分出装置。减三中经过滤器 S1105 AB 后返塔。

4）洗涤段

在洗涤段，进行减压渣油和减三线(HVGO)的分离及从 VGO 中分离出夹带的减压渣油。这部分包括一个填料床和一个全抽出塔盘 4。

洗涤油在塔盘 4 以 366~376℃抽出进入洗涤油急冷罐 V1104，并在洗涤油急冷罐 V1104 中急冷到 330℃。急冷后的洗涤油用 P1105A-C 抽出分为两路，一路作为急冷油进入常压预热流程中的 E1014A-D 与原油换热被急冷，另一路送回减压炉前循环以回收其夹带的 VGO 组分。

5）闪蒸区和急冷

闪蒸区操作条件是 383℃，25mbar(绝)。在 C1101 塔底没有液相停留体积；减压渣油直接送到减压渣油急冷罐 V1105。急冷罐的作用是尽量防止裂化反应。

6）真空抽空器 A1131

真空系统的配置按 2 级抽空器+液环泵(备用第 3 级抽空器)进行配置。1 级和 2 级抽空器分别各按 1/3 和 2/3 的能力分配，液环泵和第三级抽空器的能力为 100%。正常操作时，第 3 级抽空采用液环泵，当液环泵出现故障时，启用备用第 3 级抽空器。

1.3 标定基本情况

1.3.1 标定目的

2017年3~5月对装置进行停工改造，主要涉及电脱盐、常压塔、烟气脱硝等项目，本次标定主要考察常减压单元改造后的运行情况、技术指标及装置能耗，验证生产运行能否达到改造的设计要求和标准，对比实施脱后含盐，常压塔的分馏精度及烟气氮氧化物等排放参数的变化。重点考察对比改造前后电脱盐的操作参数变化，侧线产品性质变化，烟气排放等变化。通过对新加设备运行状况的考察，考察装置整体运行情况。通过全面分析装置的技术经济状况，为装置进一步挖潜改造及优化提供依据。

1.3.2 标定时间

根据生产技术处安排，三蒸馏装置标定工作于2017年7月18日10：00开始，2017年7月20日10：00结束，标定时间为48h。期间两次采样(7月18日10：00采样，7月19日10：00采样)

1.4 标定主要内容

(1) 全装置物料平衡

(2) 装置热平衡

(3) 常压塔物料平衡、热平衡

(4) 常减压加热炉热平衡、炉效率计算

(5) 换热网络

(6) 常压塔水力学计算

(7) 换热器计算

(8) 电脱盐计算

(9) 全装置的综合能耗

1.5 标定实施计划

计划此次标定时间为3d，第一天做好标定准备工作，第二、三天进行装置数据采集及化验分析，标定过程中每天记录2组运行参数数据，每天取样1次。

标定前相关部门做好如下准备工作。

① 标定期间保证原料统一，操作平稳，标定前全面检查装置在电气、仪表、机动设备方面存在的问题，校正各部分仪表，保证数据准确，发现问题及时汇总上报至总厂生产技术处、机动设备处和生产运行处协调解决。

② 根据需要选择合适的采样点，准备好标定所需的流量计、温度计、压力表，保证现场有完备的测量手段。装置各流量测量表均应运行正常且经过校正；各压力测量点的压力表均应采用标准测压表进行测量或校正；无温度指示的点，采用测温枪，测定表面温度，并做相应的校正。

③ 因标定期间化验分析样品较多，提前统筹安排，联系化验，利用好每日常规、周分析和月分析化验数据。

④ 车间工艺组负责记录好装置标定期间各工艺运行条件及操作变化，如电脱盐切水是否返注，化工料使用情况，外输产品是否为热出料，各个空冷及水冷器的投用情况，各三通阀门的开度情况，塔底汽提蒸汽投用情况，抽真空冷却系统投用情况，空气预热器各蝶阀开度等。提前安排统筹，保证装置操作平稳运行，做好数据的采集和记录。

⑤ 车间提前做好升温过程的风险辨识分析及措施落实，组织班组人员学习，注意常顶

循系统换热流程的稳定，保证常顶石脑油和常压一线油外送流量平稳。

2 标定原始数据

具体见附表。

3 原料性质

本次标定所加工原油，其主要性质来源于大连石化公司化验室的原油评价报告。

3.1 原油种类及比例

本次标定原油为混合原油7月18日加工11#罐(俄油80%，穆尔班14%，巴士拉6%,)收12#罐(俄油69%，穆尔班10%，维亚兹8%，巴士拉8%，阿曼5%)，7月19日加工11#罐(俄油80%，穆尔班14%，巴士拉6%,)收22#罐(俄油66.8%，穆尔班13%，维亚兹8.7%，恩菲尔德9.1%，冠军2.4%)。

3.2 原油评价数据

原油模拟蒸馏及基本物性数据见表1-1和表1-2。

表1-1 原油模拟蒸馏馏程数据

沸点范围/℃	占原油/%(质)		沸点范围/℃	占原油/%(质)	
	每馏分	总收率		每馏分	总收率
<45	3.08	3.08	200~250	8.59	32.46
45~60	1.05	4.14	250~300	9.35	41.81
60~75	1.22	5.35	300~350	9.04	50.85
75~90	1.99	7.34	350~400	8.03	58.89
90~105	2.14	9.48	400~450	8.28	67.16
105~120	2.12	11.6	450~500	7.91	75.08
120~135	2.26	13.87	500~550	6.5	81.57
135~165	4.72	18.59	550~565	1.76	83.34
165~200	5.28	23.87	>565	16.66	100

表1-2 原油基本物性数据

项　目	数　值	项　目	数　值
API	36	密度	839kg/m³
硫含量	0.707%	凝点	-30℃
氯含量	0.62	酸值	0.08mgKOH/g
黏度(20℃)	17.23mm²/s	盐	23.56mg/L
特性因数	11.8	闪点	28℃

4 产品性质

4.1 常压产品物性数据表

4.1.1 石脑油产品物性表

石脑油产品物性见表1-3。

表 1-3 石脑油产品物性表

采样点		初顶石脑油			常顶石脑油		
日期		7.18	7.19	设计值	7.18	7.19	设计值
密度(20℃)/(kg/m³)		688.6	687.7	679	736.3	736.1	
馏程	初馏点/℃	28.2	31	26	47.8	48.7	—
	10%/℃	42.5	38.6	51	83.7	86.0	—
	50%/℃	81.6	82.4	99	119.4	122.7	—
	90%/℃	135.6	137.6	146	151.6	155.0	—
	干点/℃	168.4	178.2	173	171.1	174.7	—
	全馏出/mL	95.5	91.9	—	97.5	97.4	—
	残油/%	1	1	—	1	1	—
S 含量/%(质)		<0.015	0.016	0.035	0.0229	0.0251	—
N 含量/(μg/g)		无法分析	无法分析	—	1.62	1.60	—
Cl 含量/(μg/g)		无法分析	无法分析	—	<0.5	2.7	—
As 含量/(μg/kg)		<1	<1	—	4.62	4.54	—
Pb 含量/(μg/kg)		<10	<10	—	<10	<10	—
Cu 含量/(μg/g)		0	0	—	—	—	—
Hg 含量/(μg/kg)		1.8	1.7	—	1.7	1.7	—
水含量/%(质)		—	—	—	—	—	—
族组成/%(质)	环烷烃	22.1	20.31	—	29.27	28.45	—
	异构烷烃	34.79	34.58	—	30.07	30.80	—
	正构烷烃	35.22	38	—	25.22	26.30	—
	芳烃	7.85	6.90	—	15.36	14.19	—

4.1.2 初馏塔底油产品物性表

初馏塔底产品物性见表 1-4。

表 1-4 初馏塔底产品物性表

采样点		初底油						
采样时间		7.18	7.19	设计	采样时间	7.18	7.19	设计
密度/(kg/m³)	(20℃)	866.1	866.5	—	2%/℃	157.0	154.0	—
	(70℃)	—	—	—	5%/℃	176.0	173.0	—
黏度(20℃)/(mm²/s)		17.15	20.15	—	10%/℃	195.0	194.0	—
电炉残炭/%(质)		2.59	2.42	—	20%/℃	238.0	240.0	—
S 含量/%(质)		0.842	0.840	—	30%/℃	279.0	282.0	—
Cl 含量/(μg/g)		—	—	—	—	—	—	—
总氮/%(质)		—	—	—	40%/℃	317.0	314.0	—
盐含量/(mgNaCl/L)		3.07	4.39	—	50%/℃	362.0	360.0	—
碳氢比		—	—	—	60%/℃	411.0	409.0	—
Ni+V		10.51	10.34	—	70%/℃	460.0	456.0	—

续表

采样点		初底油						
族组成/%(质)	饱和烃	—	—	—	80%/℃	—	—	—
	芳香烃	—	—	—	90%/℃	—	—	—
	胶质	—	—	—	95%/℃	—	—	—
	沥青质	—	—	—	97%/℃	—	—	—

4.1.3 常压一线油产品物性表

常压一线油品物性见表1-5。

表1-5 常压一线产品物性表

采样点		常一线		
采样时间		7.18	7.19	设计值
密度(20℃)/(kg/m³)		794.6	793.8	718
馏程	初馏点	144.1	147.7	170
	10%/℃	171.6	173.6	177
	20%/℃	—	—	—
	50%/℃	197.3	199.1	196
	90%/℃	225.3	226.8	146
	98%/℃	241.4	243.6	240
	干点/℃	246.7	245.4	—
	全馏出/mL	98.6	98.2	—
	残油/mL	1.1	1	—
	损失/mL	0.3	0.8	—
冰点/℃		<-55.0	<-55.0	-56
实际胶质/(mg/100mL)		1	1	—
闪点/℃		42.5	42.5	43
运动黏度(-20℃)/(mm²/s)		3.742	3.756	—
运动黏度(20℃)/(mm²/s)		—	—	1.35
铜离子/(μg/g)		0.011	0.013	—
硫醇性硫/%(质)		0.0089	0.0114	—
S含量/%(质)		0.0738	0.0686	0.16
赛氏色/号		21	19	—
Cl含量/(μg/g)		<0.5	<0.5	—
银片腐蚀/级		1	1	—
铜片腐蚀/级		1a	1a	—
总酸值/(mgKOH/g)		0.014	0.014	—
芳烃/%(体)		15.3	15.3	—
烯烃/%(体)		2.5	2.5	—
饱和烃/%(体)		82.2	82.2	—

续表

采样点	常一线		
烟点/mm	22.0	22.0	—
净热值/(MJ/kg)	43.05	43.07	—
压力降/kPa	—	—	—
管壁评级	—	—	—
界面情况/级	1b	1b	—
分离程度/级	2	2	—
电导率(20℃)/(pS/m)	0	0	—
水分离指数(未加抗静电剂)	—	—	—
水分离指数(加抗静电剂)	—	—	—
磨痕直径/(WDS/mm)	0.70	0.69	—
固体颗粒污染物含量/(mg/L)	0.38	0.35	—

4.1.4 常压二线、三线油产品物性表

常压二线、三线油品物性见表1-6。

表1-6 常压二、三线产品物性表

采样点	常二线			常三线		
采样时间	7.18	7.19	设计值	7.18	7.19	设计值
密度(20℃)/(kg/m³)	840.0	838.4	785	863.5	862.3	—
十六烷值	—	—	—	—	—	—
十六烷指数	52	52	—	53	53	—
实际胶质/(mg/100mL)	10	8	—	153	151	—
闪点/℃	80.0	83.5	77	85.5	89.5	—
运动黏度(20℃)/(mm²/s)	5.184	5.124	5.74	14.50	14.61	—
冷滤点/℃	-14	-16	—	8	7	—
凝点/℃	-20	-21	—	4	5	—
S含量/%(质)	0.360	0.364	1.4	0.619	0.619	—
Cl含量/(μg/g)	<0.5	<0.5	—	<0.5	<0.5	—
水溶性酸碱	无	无	—	无	无	—
铜片腐蚀/级	1a	1a	—	1b	1a	—
灰分/%(质)	0.001	0.001	—	0.001	0.001	—
10%蒸余物残炭/%(质)	—	—	—	—	—	—
酸度/(mgKOH/100mL)	5.30	3.77	—	6.56	6.56	—
水分/%(体)	痕迹	痕迹	—	痕迹	痕迹	—
硫醇硫/%(体)	0.0086	0.0079	—			—
色度/号	<0.5	<0.5	—	<1.0	1.0	—
氧化安定性，总不溶物/(mg/100mL)	—	0.5	—	—	0.6	—
浊点/℃	+1	0	—	18	19	—

续表

采样点		常二线			常三线		
倾点/℃		—	—	0			—
固体颗粒污染物含量/(mg/L)		—	—	—	无法分析	无法分析	—
破乳化值/min		2.0	2.0	—	30.0	30.0	—
脂肪酸甲脂/%		—	—	—	—	—	—
校正磨斑直径/(60℃/μm)		—	—	—	—	—	—
机械杂质		—	—	—	—	—	—
馏程	初馏点/℃	201.3	207.6	—	229.5	228.3	—
	10%/℃	245.5	247.4	—	295.7	293.4	—
	50%/℃	277.4	276.4	—	349.4	349.0	—
	90%/℃	316.7	313.3	—	363.9	367.0	—
	95%/℃	329.0	326.0	—	378.4	376.0	—
	干点/℃	339.3	335.2	—	391.2	392.5	—

4.1.5 常压塔底油产品物性表

常压塔底油物性见表1-7。

表1-7 常压塔底油产品物性表

采样点		常压渣油						
采样时间		7.18	7.19	设计	采样时间	7.18	7.19	设计
密度 kg/m^3	(20℃)	936.5	941.7	—	2%(℃)	318.0	322.0	—
	(70℃)	—	—	—	5%(℃)	350.0	352.0	—
黏度(100℃)/(mm^2/s)		23.69	23.89	—	10%/℃	374.0	373.0	—
电炉残炭/%(质)		5.60	5.38	—	20%/℃	408.0	410.0	—
S含量/%(质)		1.49	1.50	—	30%/℃	432.0	434.0	—
Cl含量/(μg/g)		—	—	—	40%/℃	455.0	453.0	—
总氮/%(质)		—	—	—	50%/℃	483.0	482.0	—
盐含量/(mgNaCl/L)		5.13	3.59	—	60%/℃	516.0	514.0	—
碳氢比		—	—	—	70%/℃	—	—	—
Ni+V		23.13	23.82	—	80%/℃	—	—	—
铁含量/(mg/kg)		6.82	6.82	—	90%/℃	—	—	—
族组成%(质)	饱和烃	55.08	56.95	—	95%/℃	—	—	—
	芳香烃	32.04	30.06		97%/℃	—	—	—
	胶质	12.10	12.24	—	—	—	—	—
	沥青质	0.78	0.75	—	—	—	—	—

4.2 减压产品物性表

4.2.1 减压一线产品物性表

减压一线油物性见表1-8。

表 1-8　减压一线油产品物性表

采样点		减一线		
采样时间		7.18	7.19	设计值
密度(20℃)/(kg/m^3)		857.6	856.2	—
十六烷值		—	—	—
十六烷指数		47	48	—
实际胶质/(mg/100mL)		129	81	—
闪点/℃		87.5	88.5	—
运动黏度(20℃)/(mm^2/s)		5.914	5.947	—
冷滤点/℃		-13	-13	—
凝点/℃		-16	-16	—
S 含量/%(质)		0.527	0.524	—
Cl 含量/(μg/g)		4.4	3.0	—
水溶性酸碱		无	无	—
铜片腐蚀/级		1b	1a	—
灰分/%(质)		0.002	0.002	—
10%蒸余物残炭/%(质)		—	—	—
酸度/(mgKOH/100mL)		7.68	6.84	—
水分/%(体)		痕迹	痕迹	—
硫醇硫/%(质)		—	—	—
色度/号		<1.5	<1.5	—
氧化安定性，总不溶物/(mg/100mL)		—	4.7	—
浊点/℃		4	4	—
倾点/℃				—
固体颗粒污染物含量/(mg/L)		无法分析	无法分析	—
破乳化值/min		2.0	2.0	—
脂肪酸甲脂%		—	—	—
校正磨斑直径(60℃/μm)		—	—	—
机械杂质		—	—	—
馏程	初馏点/℃	205.9	207.1	—
	10%/℃	238.6	239.5	—
	50%/℃	283.9	283.6	—
	90%/℃	335.2	334.4	—
	95%/℃	350.7	350.0	—
	干点/℃	363.7	363.0	—

4.2.2　减压蜡油产品物性表

减压蜡油物性见表 1-9。

表 1-9　减压蜡油产品物性表

采样点		混合蜡油						
采样时间		7. 18	7. 19	设计	2%/℃	323	322	
密度/(kg/m³)	(20℃)	903. 3	901. 9	878	5%/℃	347	346	345
	(70℃)	—	—	—	10%/℃	367	366	375
黏度(50℃)/(mm²/s)		28. 41	30. 07	—	20%/℃	392	390	—
微量法残炭/%(质)		0. 10	0. 08	<0. 9	30%/℃	411	410	422
S 含量/%(质)		0. 957	0. 966	2. 6	40%/℃	424	423	—
Cl 含量/(μg/g)		—	—	—	50%/℃	437	436	454
总氮/%(质)		—	—	<0. 15	60%/℃	448	447	—
盐含量/(mgNaCl/L)		<0. 5	5. 00	—	70%/℃	462	460	496
碳氢比		—	—	—	80%/℃	477	478	—
Ni+V		0. 45	0. 41	<2	90%/℃	497	498	550
族组成/%(质)	饱和烃	70. 68	74. 60	—	95%/℃	510	513	572
	芳香烃	20. 90	19. 52	—	97%/℃	517	520	608
	胶质	8. 37	5. 83	—	—	—	—	—
	沥青质	0. 05	0. 05	<0. 05	—	—	—	—

4. 2. 3　减压渣油产品物性表

减压渣油物性见表 1-10。

表 1-10　减压渣油产品物性表

采样点		减压渣油						
采样时间		7. 18	7. 19	设计	2%/℃	503. 0	500. 0	设计
密度/(kg/m³)	(20℃)	974. 6	967. 6	—	5%/℃	525. 0	522. 0	—
	(70℃)	—	—	—	10%/℃	541. 0	538. 0	—
黏度(100℃)/(mm²/s)		256. 3	226. 7	—	20%/℃	—	—	—
电炉残炭/%(质)		12. 54	12. 17	—	30%/℃	—	—	—
S 含量/%(质)		2. 06	2. 05	—	40%/℃	—	—	—
Cl 含量/(μg/g)		—	—	—	50%/℃	—	—	—
总氮/%(质)		—	—	—	60%/℃	—	—	—
盐含量/(mgNaCl/L)		15. 38	4. 05	—	70%/℃	—	—	—
碳氢比		—	—	—	80%/℃	—	—	—
Ni+V		50. 60	53. 53	—	90%/℃	—	—	—
铁含量/(mg/kg)		9. 06	9. 24	—	95%/℃	—	—	—
族组成/%(质)	饱和烃	39. 16	40. 03	—	97%/℃	—	—	—
	芳香烃	39. 80	40. 47	—	全馏出/mL	18. 00	17. 00	—
	胶质	19. 51	17. 81	—	—	—	—	—
	沥青质	1. 53	1. 69	—	—	—	—	—

5　公用工程性质

燃料气组成见表1-11。

表1-11　燃料气组成

采样时间		7.18	7.19
H_2S/(mg/m^3)		45.0	42
组成/%(体)	氢气	35.21	35.26
	二氧化碳	0.83	1.01
	丙烷	3.17	2.83
	丙烯	0.93	0.89
	异丁烷	3.96	4.77
	正丁烷	2.48	2.47
	丁烯-1	0.48	1.16
	异丁烯	0.22	0.22
	反丁烯-2	0.55	1.26
	异戊烷	0.88	0.91
	顺丁烯-2	0.37	0.85
	正戊烷	0.48	0.48
	乙烯	7.71	8.77
	乙烷	8.01	7.72
	氧气	1.74	0.34
	氮气	16.31	11.71
	甲烷	16.67	19.23
	一氧化碳	0.00	0.12

6　装置物料平衡

6.1　粗物料平衡

粗物料平衡见表1-12和表1-13。

表1-12　粗物料常压平衡表

序号	名　称	收率/%(质)	流率/(t/h)	流率/(10^4t/a)
一	原　料			
1	原油	100.00	1013	850.92
二	产　品			
1	初顶石脑油	10.17	103	86.52
2	常顶石脑油	11.35	115	96.6
3	常一线	11.35	115	96.6
4	常二线	16.98	172	144.48
5	常三线	6.61	67	56.28
6	常压渣油	43.54	441	370.44
7	合计	100.00	1013	850.92

注：不凝气溶解在初顶石脑油中。

表 1-13 粗物料减压平衡表

序号	名 称	收率/%(质)	流率/(t/h)	流率/(10^4t/a)
一	原 料			
1	CDU3 常渣	75.00	441	370.44
	CDU1 常渣	25.00	145	121.8
	合计	100.00	586	492.24
二	产 品			
1	减压一线	1.02%	6	5.04
2	减压蜡油	54.61%	320	268.8
3	减压渣油	44.20%	259	217.56
4	减顶干气	0.03%	0.15	0.13
5	减顶轻污油	0.17%	1	0.84
	合计	100.03	586	492.37

6.2 流量校正

6.2.1 干基校正

通过化验分析数据，常压塔各侧线油品的水含量较少，化验结果为痕迹，因此仅用粗物料平衡数据即可，总体偏差较小，对计算影响不大。

6.2.2 液相流量校正

标定工况下各温度参数与设计情况存在偏差，因此需要对孔板流量计进行校核，公式如下：

$$\rho_T=\rho_{20}-\gamma(T-20)$$

$$\gamma=0.002876-0.00398\rho_{20}+0.001632\rho_{20}^2$$

式中，ρ_T为T℃下的油品密度，g/cm^3；ρ_{20}为20℃对4℃水的密度，g/cm^3；T为油品实际温度,℃。

$$m_{实}=m_{测}\times\sqrt{\frac{\rho_{实}}{\rho_{设}}}$$

式中，$m_{测}$为孔板测量流量，t/h；$m_{实}$为校核后流量，t/h；$\rho_{实}$为油品校核后的密度；$\rho_{实}$为孔板设计的密度。

以常压一线油为例，已知标定工况下，常压一线油外送孔板流量计处的温度为124.8℃，常压一线油的d_4^{20}数据为0.795，孔板流量计设定的密度为0.718，常压一线油孔板流量为115t/h(标定全天平均值)，根据以上公式计算得到校正后的常压一线流量为：

$$\begin{aligned}\gamma &=0.002876-0.00398\rho_{20}+0.001632\rho_{20}^2\\ &=0.002876-0.00398\times0.795+0.001632\times0.795^2\\ &=0.000743\end{aligned}$$

$$\rho_T=\rho_{20}-\gamma(T-20)=0.795-0.000743\times(124.8-20)=0.717\text{g/cm}^3$$

$$m_{实}=m_{测}\times\sqrt{\frac{\rho_{实}}{\rho_{设}}}=115\times\sqrt{\frac{0.717}{0.718}}=115\text{t/h}$$

其余油品校核后的流量数据见表1-14。

表 1-14 常压系统流量校正

项目	校正前流量/(t/h)	d_{20}密度/(g/cm³)	测点温度/℃	实际密度/(g/cm³)	设计密度/(g/cm³)	校正后流量/(t/h)
常压一线	115	0.794	124.8	0.716	0.718	115
常压二线	172	0.84	116	0.774	0.773	172
常压三线	67	0.862	88.7	0.817	0.811	67
常压渣油	441	0.937	347.9	0.747	0.769	434

注：原油、初顶、减压蜡油、减压渣油、一蒸馏来常压渣油、减压一线油均为质量流量计，不需校核

6.2.3 气相流量校核

本装置初馏塔采用提压操作，目的是将原油中的液化气压入初顶石脑油中，但因油品性质变化等因素，初馏塔塔顶压力仍保持在设计工况，造成初顶压力过高，大部分干气压入初顶石脑油系统中，因此初馏塔顶干气量极少，初顶回流罐顶不凝气外送控制阀开度仅为1%。因此不凝气流量忽略不计，简化计算。常压塔塔顶不凝气量极少，可以忽略不计。

已知初顶石脑油回流罐的压力0.593MPa(85.5psi)，罐内油品的温度为78℃，初顶石脑油的焦点温度331.5℃，焦点压力6.96MPa，初顶石脑油的P-T-e关系见图1-1。

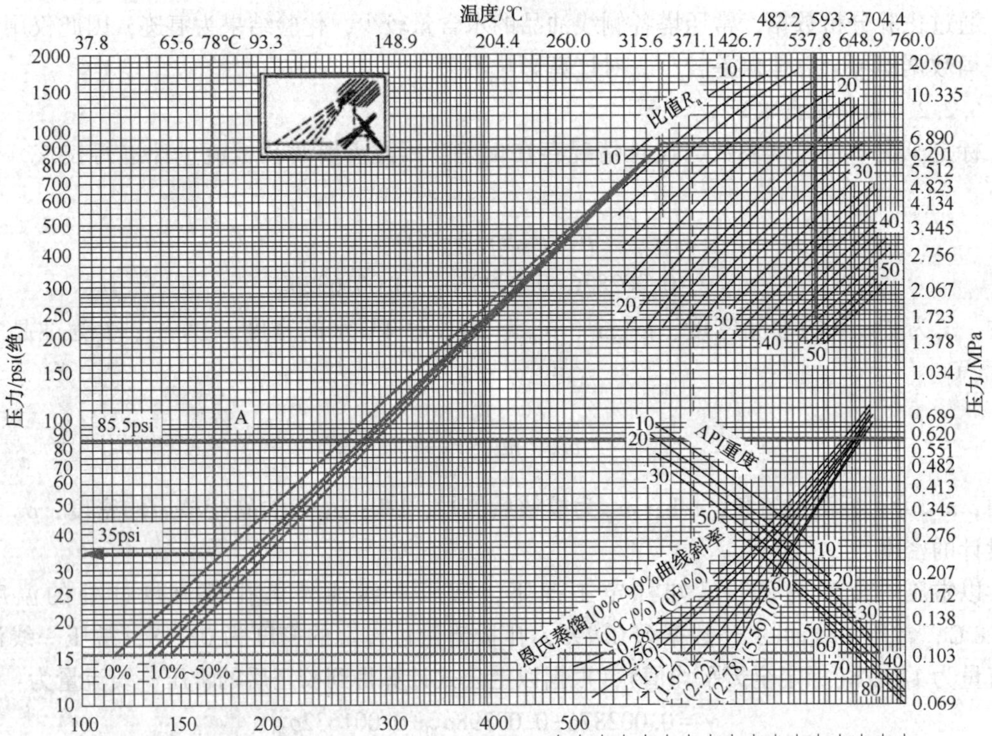

图1-1 初顶石脑油P-T-e图

根据图1-1可以看出根据初顶回流罐的温度及压力，初顶石脑油的气化率在A点，低于初顶石脑油0%的气化率，初顶回流罐的理论压力应该是35psi(0.24MPa)，因此根据标定的油品性质，初馏塔塔顶压力设置过高，造成干气压入石脑油中，因此塔顶干气流量较少。

6.3 细物料平衡

细物料平衡见表 1-15 和表 1-16。

表 1-15 校正后的常压系统物料平衡表

序号	名 称	收率/%(质)	流率/(t/h)	流率/(10^4t/a)
一	原 料			
1	原油	100.00	1013	850.92
二	产 品			
1	初顶石脑油	10.17%	103	86.52
2	常顶石脑油	11.35%	115	96.6
3	常一线	11.35%	115	96.6
4	常二线	16.98%	172	144.48
5	常三线	6.61%	67	56.28
6	常压渣油	42.84%	434	364.56
7	合计	99.31%	1006	845.04
8	偏差		0.69%	

表 1-16 校正后的减压系统物料平衡表

序号	名 称	收率/%(质)	流率/(t/h)	流率/(10^4t/a)
一	原 料			
1	CDU3 常渣	74.96	434	370.44
	CDU1 常渣	25.04	145	121.8
	合计	100.00	579	492.24
二	产 品			
1	减压一线	1.04%	6	5.04
2	减压蜡油	55.27%	320	268.8
3	减压渣油	44.73%	259	217.56
4	减顶干气	0.03%	0.15	0.13
5	减顶轻污油	0.17%	1	0.84
6	合计	101.21%	586	492.37
7	偏差		1.21%	

注：减压系统原料包含一蒸馏常压渣油，因此减压系统收率单独计算

6.4 水平衡

物料水平衡见表 1-17。

表 1-17 系统水平衡

物料名称		收率/%(质)	流量/(t/h)
入方	原油含水	0.13	0.2
	电脱盐注水	59.48	89.5
	初馏塔塔顶注水	5.06	7.62
	初馏塔汽提蒸汽	11.20	16.85
	常压塔塔顶注水	5.90	8.88
	常压二线汽提蒸汽	0.90	1.35

续表

物料名称		收率/%(质)	流量/(t/h)
入方	干燥塔塔顶抽真空蒸汽	0.29	0.43
	常压三线汽提蒸汽	0.00	0
	常压塔汽提蒸汽	9.11	13.7
	减压炉管注汽	0.62	0.93
	减顶抽真空注汽	7.31	11
	合计	100.00	150.46
出方	电脱盐排水	59.35	89.3
	初顶回流罐排水	12.61	18.98
	常顶回流罐排水	16.08	24.2
	干燥塔顶水罐排水	0.38	0.57
	减压塔顶水罐排水	7.44	11.2
	合计	95.87	144.25
偏差		4.13%	

表1-17为装置水平衡，其中偏差计算公式如下：

$$偏差=\frac{出口-入口}{入口}=\frac{144.25-150.46}{150.46}=-4.13\%$$

偏差原因分析：

① 以水平衡数据为7月18~19日两天的瞬时数据平均值，不能代表全天的平均值，存在一定的偏差；

② 根据数据分析，初顶回流罐排水量较初馏塔入口水量少5.58t/h，偏差较大，通过分析初顶注水有两块计量表，二者数据接近，失准可能性较小，另外通过核算1.0MPa蒸汽，计算结果可以达到平衡，因此初步怀疑是初顶回流罐外排酸性水计量表失准，计划下次停检后校验此表。

6.5　硫平衡

物料硫平衡见表1-18。

表1-18　常压系统硫平衡

硫平衡			7月18日		7月19日	
序号	项目	流量/(t/h)	硫含量/%	硫含量/(t/h)	硫含量/%	硫含量/(t/h)
入方	原油	1013	0.707	7.16	0.694	7.03
	合计	1013		7.16		7.03
出方	初馏塔塔顶油	103	0.015	0.02	0.016	0.02
	初馏塔塔底油	910	0.842	7.66	0.840	7.64
	合计	1013		7.68		7.66
偏差				-7.26%		-8.96%

硫平衡			7月18日		7月19日	
序号	项目	流量/(t/h)	硫含量/%	硫含量/(t/h)	硫含量/%	硫含量/(t/h)
入方	初馏塔塔底油	910	0.842	7.66	0.840	7.64
	合计			7.66		7.64

续表

硫平衡			7月18日		7月19日	
序号	项目	流量/(t/h)	硫含量/%	硫含量/(t/h)	硫含量/%	硫含量/(t/h)
出方	常顶石脑油	115.3	0.023	0.03	0.025	0.03
	常压一线	115.9	0.074	0.09	0.069	0.08
	常压二线	173.5	0.360	0.62	0.364	0.63
	常压三线	67.7	0.619	0.42	0.619	0.42
	常压渣油	437.5	1.490	6.52	1.500	6.56
	合计			7.68		7.72
偏差				-0.26%		-1.05%

通过硫平衡计算结果，基本与各侧线油品收率结果吻合。

6.6 氮平衡

本次标定对氮含量的测量结果为无法分析，因此不能计算氮平衡。

7 常压塔热量平衡

7.1 常压塔全塔热平衡

常压塔全塔热平衡见表 1-19。

表 1-19 常压塔全塔热平衡如下表

项目		流量/(t/h)	压力/kPa	温度/℃	焓/(kJ/kg)		热量/(10^6kJ/h)
					气相	液相	
进料	常顶油	115	228	351	1176		135
	常一线	115	228	351	1127		130
	常二线	172	228	351	1095		189
	常三线	67	228	351	1081		73
	过汽化油	57	228	351	1081		62
	常压渣油	377	228	351		869	328
	汽提蒸汽	15	611	256	2970		45
	合计	918.5					960
出料	常顶油	115	199	126	591		68
	常顶循	765		142/117			48
	常一线	115	206	182		453	52
	常一中	748		211/147			113
	常二线	172	212	267		668	115
	常三线	67	217	298		746	50
	常二中	918		320/284			98
	常压渣油	434		348		869	377
	汽提蒸汽	15	199	126	2720		41
	合计	918.5					963
	偏差						0.31%

7.2 常压塔各中段回流取热占比

常压塔各中段取热占比见表1-20。

表1-20 常压塔各中段回流取热占比

计算回流取热比例	常顶循	常一中	常二中
流量/(t/h)	765	748	918
抽出温度/℃	142	219	320
返塔温度/℃	117	147	284
焓差 ΔH/(kJ/kg)	63	151	107
取热量/($\times 10^6$kJ/h)	48.2	113.0	98.2
取热占比/%	19%	44%	38%
回流取热量合计/($\times 10^6$kJ/h)	261		
占入塔总热量/%	27%		

中段回流取热占全塔热量:

$$W=\frac{Q_{中段}}{Q_{进料}}=\frac{261}{960}=27\%$$

7.3 计算数据与标定数据对比

核算后常压塔各中段回流量见表1-21。

表1-21 核算后的常压各中段回流量

名称	标定数据/(t/h)	核算后数据/(t/h)
常顶循流量	1462	761
常一中流量	1033	742
常二中流量	866	918

经过换热器核算及常压塔热量平衡两种方法的核算，对常压塔各中段回流量的数据进行校正，校核后常压塔各侧线油品恩施蒸馏数据见表1-22。

表1-22 校核后的常压各侧线油品恩氏蒸馏数据

D86/℃	0%	10%	30%	50%	70%	90%	100%
常顶油	47.8	83.7	101.6	119.4	135.5	151.6	171.1
常一线油	155	175	184.5	197.3	211.3	225.3	246.7
常二线油	230	255	261.5	277.4	297.1	316.7	339.3
常三线油	320	325	335	349.4	363.9	378.4	391.2

通过蒸馏曲线的外延及各侧线抽出温度的校核计算，发现各侧线产品的恩氏蒸馏数据0%和10%点对应的馏出温度普遍偏低，经过计算校核后，更正了各侧线的恩氏蒸馏数据。

7.4 常压塔气液相负荷

常压塔气液相负荷见图1-2。

由常压塔气、液相负荷分布图可见，常压塔上部和下部塔板气、液相负荷分布较为均匀，常压塔中部气、液相负荷较大，其中第21层塔板（常一中抽出板）的气、液相负荷最大，建议增加常二中段循环取热量，进一步均衡全塔气、液相负荷，同时可以增加高温度位热源取热量，有利于提高加热炉换热终温。

常压塔塔顶和0层塔板（常压塔顶）的液相负荷为0t/h。主要原因是本装置常压塔无塔顶冷回流，因此塔顶液相内回流负荷为0t/h。常压一线抽出板（16层塔板）为全抽出塔板，该板的下回流控制阀开度为0%，即该板的内回流量为0t/h。

本装置常压塔采用壳牌干塔操作理念，因此塔顶不设冷回流，以达到工艺防腐并降低塔顶低温部位材质等级的目的。常压一线汽提塔抽出板的内回流量为0t/h，主要原因是本装置对常压一线产品的终馏点无指标要求，仅要求常压一线的冰点指标设限（≤-55℃），以追求常压一线的收率最大化。

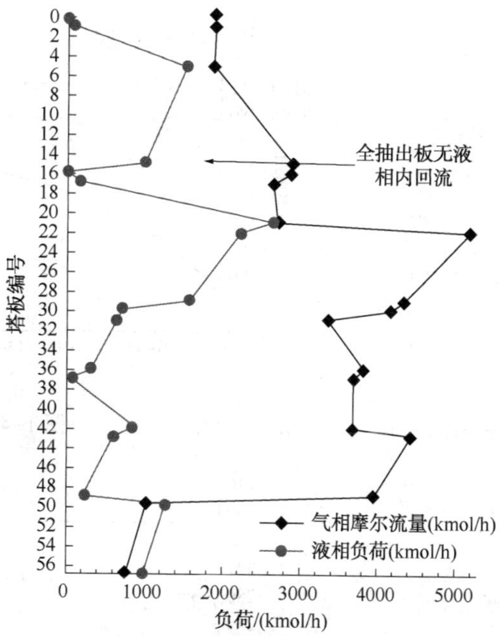

图1-2　常压塔气、液相负荷分布图

8　换热网络

8.1　冷热流股负荷曲线

冷热流股负荷曲线见图1-3。

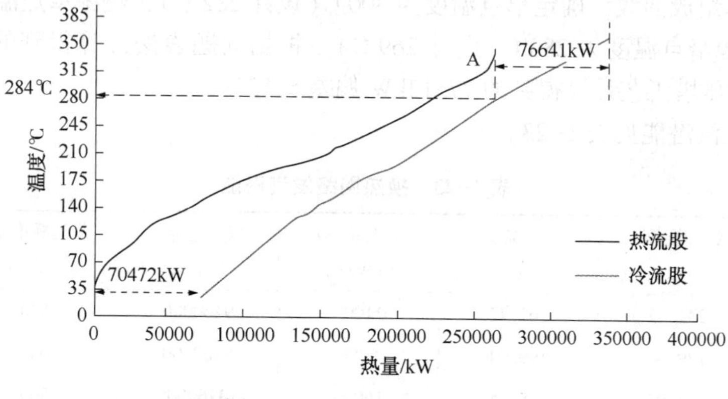

图1-3　冷热流股负荷曲线

通过计算换热网络的冷热流股负压，得到加热炉的负荷为76MW，与加热炉工艺计算中得到的加热炉负荷77MW吻合，最小冷公用工程的负荷为70MW。

8.2　夹点温差

夹点温差曲线见图1-4。

根据计算冷热负荷曲线，并结合装置实际的换热终温284℃，推测出夹点温差为40℃。

8.3　总综合曲线

冷热物流总组成曲线见图1-5。

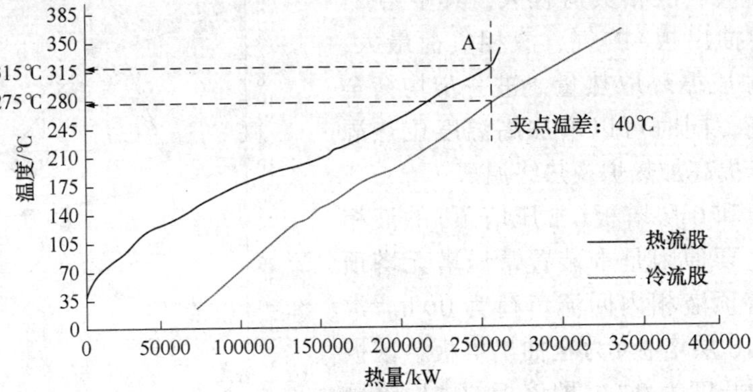

图 1-4 夹点温差曲线

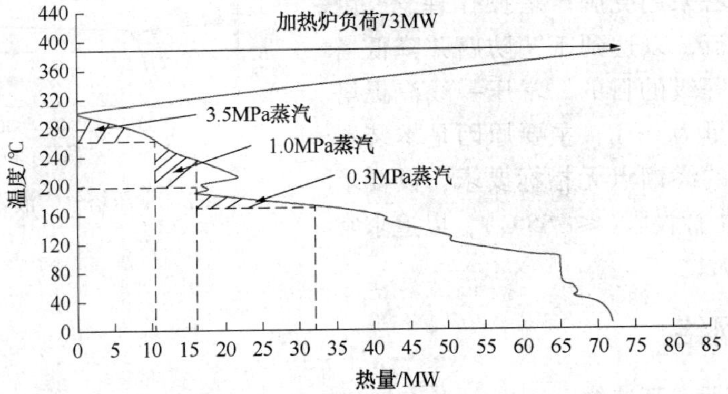

图 1-5 冷热物流总组成曲线(T_{min}=40℃)

根据计算总组成曲线，确定窄点温度为300℃(设计282℃)，热源窄点温度为320℃(设计294℃)，冷源窄点温度为280℃(设计269℃)。根据问题表法计算得到的加热炉负荷为73227kW，与常压塔工艺计算得到的77512kW偏差5.53%。

换热网络发汽潜能见表1-23。

表 1-23 换热网络发汽潜能

蒸汽压力/MPa	饱和温度/℃	发汽温度/℃	发汽总焓/(kW/h)	发汽总焓/(kcal/h)	蒸汽标准焓/(kcal/kg)	发气量/(t/h)
3.5	241.42	261.42	11000	9460000	670	14.13
1.0	179.04	199.04	6000	5160000	663	7.78
0.6	158.85	178.85	16000	13760000	660	20.84

根据总组成曲线图，发汽温度需要在图中标注的温度基础上加上窄点温差温度的一半，以1.0MPa为例，1.0MPa蒸汽的饱和温度是179℃，在总组成曲线上对应的温度是：

$$T_{发}=T_{饱和}+T_{min}=179.04+37.3/2=197.69℃$$

标定工况下装置0.6MPa蒸汽发汽量为6.5t/h，不发1.0MPa和3.5MPa蒸汽，则装置具备的最大发汽潜能为：

$$22.14-6.5=14.34t/h$$

最大发汽潜能见表1-24。

表 1-24　装置发汽潜能

项目	3.5MPa 蒸汽	1.0MPa 蒸汽	0.6MPa 蒸汽
发汽潜能/(t/h)	14.13	7.78	14.34

8.4　换热网络图

换热网络见图 1-6。

由换热网格图可以看出如下问题：

① 根据夹点理论，换热终温应该在夹点温度以上，而本装置实际换热终温在夹点温度以下，原因为根据夹点理论，高温位的热源不能跨夹点换热，而在标定工况下出现多股跨夹点换热情况，因而造成实际换热终温低于夹点温度。

② 在夹点温度以下热量是富裕的，不能使用热公用工程，本装置在夹点温度以下使用了热公用工程，违背夹点理论。

③ 出现较高温位的热源加热较低温位冷源的情况，从换热匹配上讲是不合适的，如常三线 E1004 换热器，但考虑到常压三线油收率较低，总体热量较少，这种换热匹配也是可以的。

④ 出现热量交叉换热，减二中热源首先与低温位的冷源换热，再与高温位的冷热源换热，从能量利用的角度讲是不合理的，需要从新进行匹配，减二中应先与高温位的冷源换热即先与脱后原油 E1006 换热器换热，再与一蒸馏常渣换热，此种流程改造较为合理，不需要新增换热器。

8.5　改进措施

① 装置换热网络的夹点温度过高，造成大量跨夹点换热，需要增加换热面积，提高换热终温，使换热终温高于夹点温度。

② 停用初馏塔进料加热器 E1009，禁止夹点温度以下使用热公用工程。停止使用 E1009 后初馏塔进料温度降低约 5℃，可将初底油换热器 E1010 移至脱后原油处，可以提高初馏塔进料温度，同时也可以降低初馏塔的汽提蒸汽用量，而且这样改造不需要新增换热器。

③ 改造减二中工艺流程，将减二中工艺流程上的 E1101 和 E1006 顺序颠倒，优化换热网络。

9　主要设备水力学计算

选择常压塔第 16 层塔板计算水力学，理由如下。

① 本装置常压塔在操作末期经常出现常压一线汽提塔液位波动大不易控制的异常情况，根据以往操作经验，需要降低常压一线油的抽出温度，即降低常压一线油收率才能稳定操作。

② 常压塔第 16 块塔板为全抽出塔板，而且该层塔板的下回流控制阀开度为 0%，造成 16 层塔板的液相内回流为 0t/h。

③ 常压塔在此处缩颈，由 8m 缩颈至 6.1m。

选择此该塔板进行水力学计算，可以更好地了解此层塔板的水力学性质，帮助分析问题以及设计缩颈的初衷，16 层塔盘适宜操作区见图 1-7。

根据计算结果，常压塔 16 层塔板的的水力学参数处于适宜的操作区域，另外通过计算常压塔气液相负荷分布，得到常压塔塔顶气相负荷较小，因此在塔顶 1~16 层塔板处进行缩颈设计，以降低采购成本。

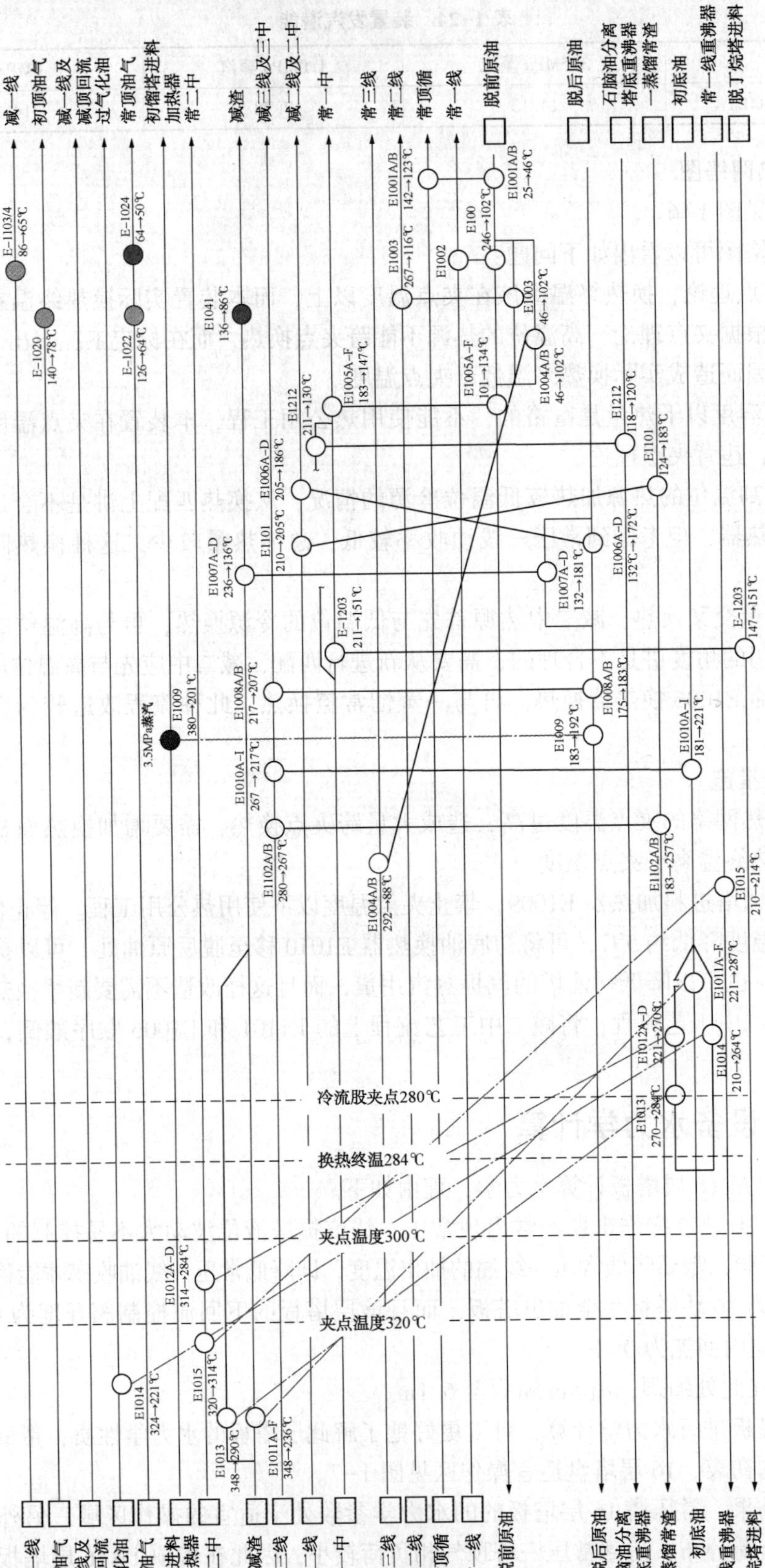
减一线
初顶油气
减一线及减顶回流
过气化油
常顶油气
初馏塔进料
加热器
常二中
减渣
减三线
减二线
常一中
常三线
常二线
常顶循
常一线
脱前原油
脱后原油
石脑油分离塔底重沸器
一蒸馏常渣
初底油
常一线重沸器
脱丁烷塔进料
冷流股夹点280℃
换热终温284℃
夹点温度300℃
夹点温度320℃

图1-6 换热网格图

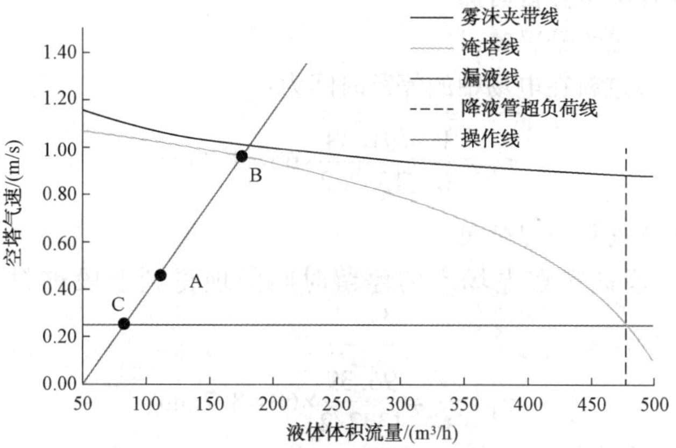

图 1-7　常压塔 16 层水力学计算

10　换热器计算

通过计算常一线/原油换热器 E1002，计算结果见表 1-25。

表 1-25　换热器传热系数计算结果

项　　目	传热系数/[W/(m² · K)]	项　　目	传热系数/[W/(m² · K)]
标定工况	201	清洁工况	258
设计工况	212		

根据计算结果，标定 *K*<结垢 *K*<清洁 *K*，换热器结垢严重，需要进行清理。

11　电脱盐计算

本套装置电脱盐采用三级电脱盐技术，流程一、二、三级电脱盐串联运行。其中三级电脱盐罐体尺寸为 ϕ4800×30000(切线)，罐内电场为 4 层水平电极板，1、2、4 级极板接电，3 层极板接地，标定期间输出电压为 19kV，罐内共计 8 处进料，每根进料管分上下两处进料，三级罐电场结构见图 1-8。

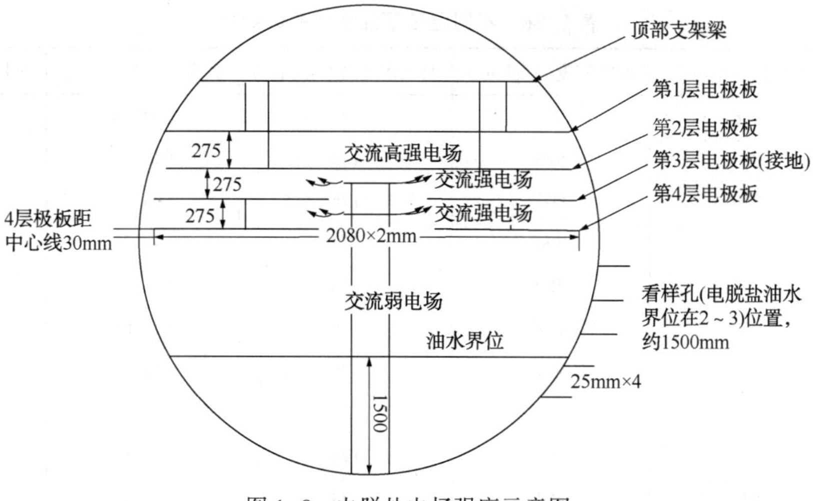

图 1-8　电脱盐电场强度示意图

11.1 原油在强电场中停留时间

11.1.1 原油上段进料停留时间

根据计算得到上段进料在电场中的停留时间为:

$$\tau_{上}=\frac{V}{G}=\frac{91.38}{1332/2}\times60=8.2\text{min}$$

11.1.2 原油下段进料停留时间

根据计算得到下段进料在电场中的停留时间同理得到上段进料在电场中的停留时间为:

$$\tau_{下}=\frac{V}{G}=\frac{96.39}{1332/2}\times60=8.7\text{min}$$

11.2 最大截面上升速度

根据计算最大截面上升速度为:

$$V=\frac{G}{S}=\frac{1332}{152\times3600}\times1000=2.43\text{mm/s}$$

11.3 最小可沉降水滴直径

根据计算理论最小可沉降的水滴直径 d 为:

$$d=\sqrt{\frac{18u\mu}{(\rho_{\omega}-\rho)g}}=\sqrt{\frac{18\times2.43\times1.75\times10^{-6}}{(936-760)\times9.8}}$$

$$=0.00021\text{mm}$$

11.4 水的停留时间计算

根据计算水的停留时间 t 为:

$$t=\frac{V_{水}}{G_2}=\frac{158.4}{95.6}=1.66\text{h}$$

11.5 电脱盐操作温度

电脱盐操作温度见表 1-26。

表 1-26 不同温度下油水的关联参数

温度/℃	水的密度/(kg/m³)	油的密度/(kg/m³)	油水密度差/(kg/m³)	黏度/(100mm²/s)	黏度/油水密度差
50	988	817	171	1128.06	6.61
60	984	810	173	948.16	5.47
70	979	803	176	808.29	4.60
80	973	796	177	697.70	3.94
90	967	789	178	608.91	3.42
100	960	781	179	536.66	3.00
110	953	774	178	477.14	2.67
120	945	767	178	427.56	2.41
130	936	760	176	385.85	2.19
140	927	753	174	350.44	2.01

续表

温度/℃	水的密度/(kg/m³)	油的密度/(kg/m³)	油水密度差/(kg/m³)	黏度/(100mm²/s)	黏度/油水密度差
150	917	745	172	320.12	1.86
160	907	738	169	293.97	1.74
170	896	731	165	271.25	1.65
180	884	724	160	251.40	1.57
190	872	717	155	233.93	1.50

根据表格 1-26 数据绘制图 1-9。

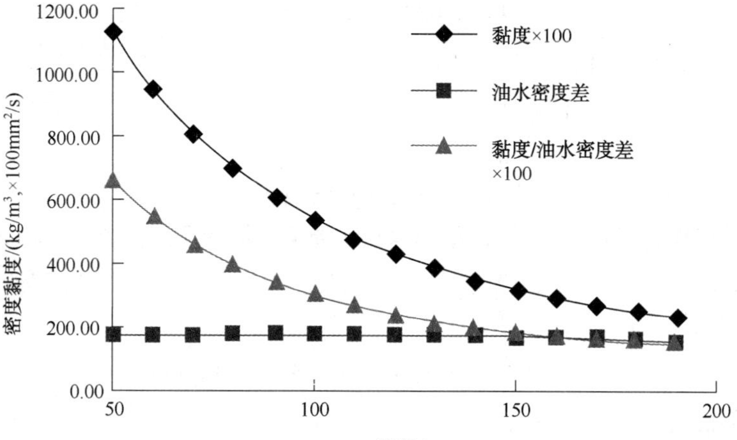

图 1-9　不同温度下油水的关联参数图

通过数据对比，随着操作温度的增加，黏度/油水密度差不断地减小，当温度超过 150℃以后变化不明显，比较经济的操作温度在 130℃左右，同时达到较理想的脱盐效果。

12　能耗计算

12.1　装置实际能耗

装置实际能耗见表 1-27。

表 1-27　装置实际能耗表

名称	单位	系数	实物量	实物单耗		单位能耗	
			7 月 18 日	计算单位	7 月 18 日	计算单位	7 月 18 日
电	kW·h	0.22	8250	kW·h/t	8.43	kgEO/t	1.85
1.0MPa 蒸汽	t	76	50	t/t	0.052	kgEO/t	3.92
燃料油	t	1000	5	kg/t	5.07	kgEO/t	5.07
燃料气	t	1000	3.6	kg/t	4.77	kgEO/t	3.68
淡水	t	0.15	4	kg/t	4.48	kgEO/t	0.00
循环水	t	0.06	700	t/t	0.72	kgEO/t	0.04
除盐水	t	1	73	t/t	0.075	kgEO/t	0.07

续表

名称	单位	系数	实物量	实物单耗		单位能耗	
			7月18日	计算单位	7月18日	计算单位	7月18日
热量	t	1	-1680	kgEO/t	-1.72	kgEO/t	-1.72
3.5MPa蒸汽	t	88	9	t/t	0.009	kgEO/t	0.81
能耗合计	kgEO		14505			kgEO/t	13.73

装置实际能耗为13.73kgEO/t(设计13.5kgEO/t)，实际能耗基本与设计能耗一致。

12.2 装置基准能耗

$$E=0.084\times C+3.7-K_1+K_2$$

式中 E——基准能耗，kgEO/t；

C——常压总拔出率，%(质)；

K_1——回收轻烃的能耗校正值，(0.5~1.2)kgEO/t；

K_2——润滑油型常减压装置的校正值，kgEO/t；

根据物料平衡得到常压总拔出率为56.45%(质)，本装置有轻烃回收单元，校正系数K_1取0.5kgEO/t；

则装置基准能耗为：

$$E=0.084\times 56.45+3.7-0.5=7.94\text{kgEO/t}$$

12.3 改进措施

(1) 2020年利用停检，采用组合式水热媒空预器解决烟气露点腐蚀问题，回收烟气余热，将排烟温度由165℃降至130℃，加热炉效率由当前的90.5%提至92%以上，降低燃料消耗；同时减少前置预热器加热蒸汽8t/h。

(2) 改造部分压降较大的机泵，通过叶轮切削或增上变频器控制，预计节约电耗1000kW。

(3) 采取措施，改造换热网络，提高换热终温，减少加热炉燃料消耗。进一步增加对下游装置的热供料比例，提高热输出量，进而降低装置能耗。

13 工艺流程图

流程图中的数据均为标定数据，原始设计数据已在1.2主要工艺流程中阐述，特此说明。

13.1 原油部分

原油-初馏塔部分工艺流程简图见1-10。

13.2 常压部分

常压炉-常压塔工艺流程简图见1-11。

13.3 减压部分

减压炉-减压塔工艺流程简图见1-12。

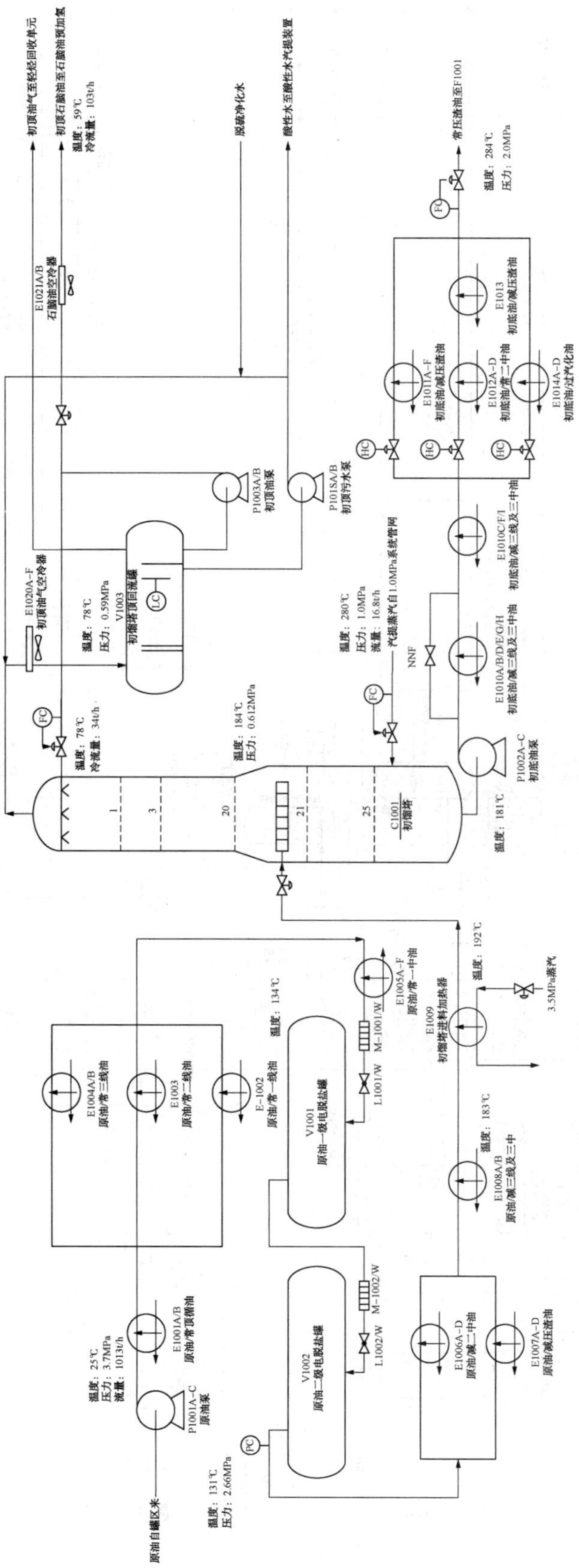

图1-10　原油-初馏塔PFD图

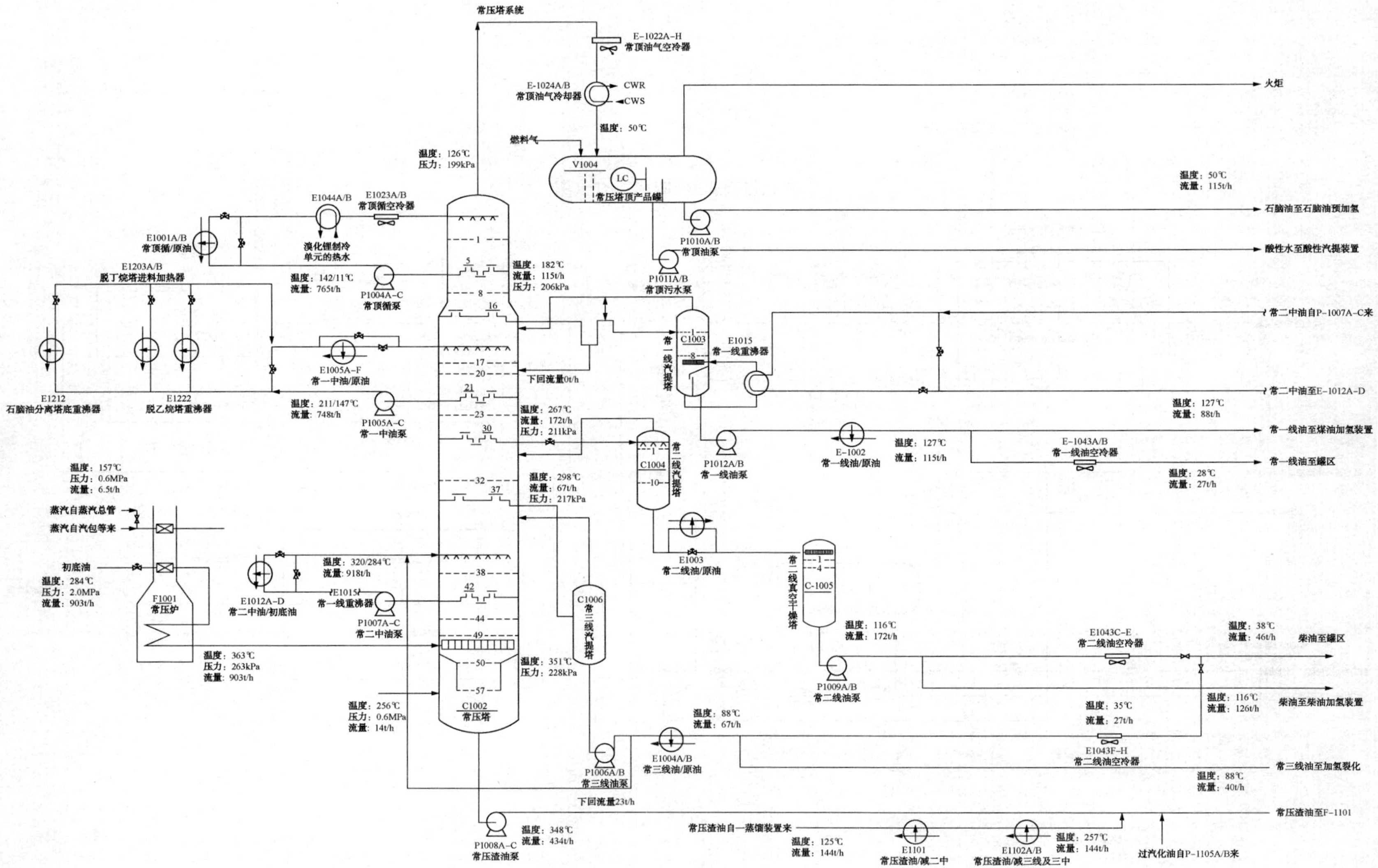

图1-11　常压炉-常压塔PFD图

减压塔系统

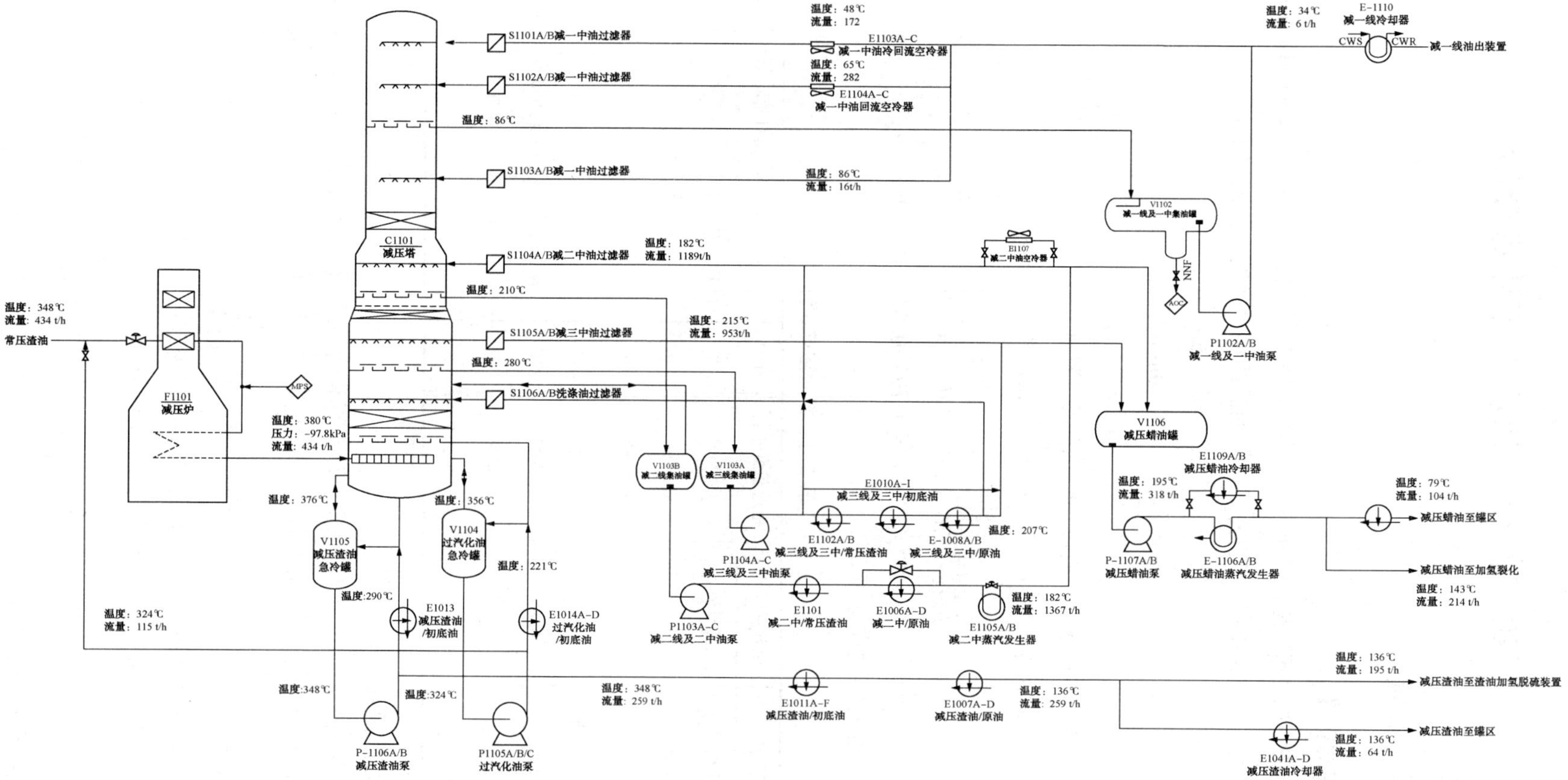

图1-12　减压炉-减压塔PFD图

第二部分　装置工艺计算分析

1　物性计算

1.1　相对密度

物质的相对密度 $d_{15.6}^{15.6}$是其密度与4℃下水的密度之比，其量纲为1。利用《石油炼制工程(第四版)》[1]中P59(3-23/24)的公式计算油品的相对密度，公式如下：

$$d_{15.6}^{15.6}=d_4^{20}+\Delta d$$

$$\Delta d=\frac{1.598-d_4^{20}}{176.1-d_4^{20}}$$

式中　$d_{15.6}^{15.6}$——油品在15.6℃相对4℃水的相对密度。

以常压一线油为例，已知常压一线油 d_4^{20} 密度为0.795g/cm³，

$$\Delta d=\frac{1.598-d_4^{20}}{176.1-d_4^{20}}=\frac{1.598-0.795}{176.1-0.795}=0.046$$

$$d_{15.6}^{15.6}=d_4^{20}+\Delta d=0.795+0.046=0.799$$

其余油品相对密度详见表2-1。

表2-1　相对密度 $d_{15.6}^{15.6}$

序号	产品名称	相对密度 d_4^{20}	相对密度 $d_{15.6}^{15.6}$	序号	产品名称	相对密度 d_4^{20}	相对密度 $d_{15.6}^{15.6}$
1	常顶油	0.736	0.7409	8	CDU1 常渣	0.938	0.9418
2	常一线油	0.795	0.7996	9	减一线油	0.858	0.8622
3	常二线油	0.84	0.8443	10	重石脑油	0.735	0.7399
4	常三线油	0.864	0.8682	11	轻烃进料料	0.706	0.7111
5	初底油	0.866	0.8702	12	减压蜡油	0.903	0.9070
6	常压渣油	0.937	0.9408	13	混合石脑油	0.706	0.7111
7	初顶油	0.689	0.6942				

1.2　比重指数

在欧美各国，对油品尤其是原油的相对密度还常用比重指数来表示，它又可表示为API°。利用《石油炼制工程(第四版)》中P59式(3-25)计算油品的API°，公式如下：

$$比重指数(API°)=\frac{141.5}{d_{15.6}^{15.6}}-131.5$$

式中　$d_{15.6}^{15.6}$——油品在15.6℃相对4℃水的相对密度；

以常压一线油为例，已知常压一线油相对密度为0.799，

$$比重指数(API°)=\frac{141.5}{d_{15.6}^{15.6}}-131.5=\frac{141.5}{0.799}-131.5=45.47$$

其余油品相对密度详见表2-2。

表 2-2 比重指数 API°

产品名称	API°	产品名称	API°
常顶油	59.48	CDU1 常渣	18.75
常一线油	45.47	减一线油	32.61
常二线油	36.09	重石脑油	59.74
常三线油	31.48	轻烃进料	67.49
初底油	31.11	减压蜡油	24.51
常压渣油	18.91	混合石脑油	67.49
初顶油	72.34		

1.3 平均沸点

根据《石油炼制工程(第四版)》中 P57 公式(3-13)计算油品蒸馏曲线的斜率 S，此斜率表示从馏出 10%到 90%之间，每馏出 1%的沸点平均升高值，公式如下：

$$斜率\ S=\frac{90\%馏出温度-10\%馏出温度}{90-10}$$

以常压一线油为例，已知常压一线油 $D86$ 90%温度为 225.3℃、$D86$ 10%温度为 171.6℃，

$$斜率\ S=\frac{90\%馏出温度-10\%馏出温度}{90-10}=\frac{225.3-171.6}{90-10}=0.67℃/\%$$

其余油品斜率详见表 2-3。

表 2-3 油品斜率

产品名称	S/(℃/%)	产品名称	S/(℃/%)
常顶油	0.85	CDU1 常渣	3.16
常一线油	0.67	减一线油	1.20
常二线油	0.89	重石脑油	0.71
常三线油	1.07	轻烃进料	0.67
初底油	4.69	减压蜡油	1.88
常压渣油	2.95	混合石脑油	0.66
初顶油	1.16		

(1) 体积平均沸点

体积平均沸点 T_V 由馏程测定过程中得到的 10%、30%、50%、70%、90%这五个恩氏蒸馏的馏出温度计算得到，公式如下：

$$T_V=\frac{T_{10}+T_{30}+T_{50}+T_{70}+T_{90}}{5}$$

式中 $T_{10}\sim T_{90}$为恩氏蒸馏对应馏出体积的温度,℃。

以常压一线油为例，计算得到：

$$T_V=\frac{T_{10}+T_{30}+T_{50}+T_{70}+T_{90}}{5}=\frac{171.6+184.5+197.3+211.3+225.3}{5}=197.99℃$$

(2) 中平均沸点

中平均沸点 T_{ME}及中平均沸点校正值 Δ_{ME}，公式如下：

$$\ln\Delta_{ME}=-1.53181-0.0128t_v^{0.6667}+3.64678S^{0.3333}$$

$$T_{ME}=t_v-\Delta_{ME}$$

式中，t_v为体积平均沸点,℃；S 为斜率,℃/%；Δ_{ME} 为中平均沸点校正值；T_{ME} 为中平均沸点,℃。

以常压一线油为例，常压一线油体积平均沸点为 197.99℃，计算得到：

$$\ln\Delta_{ME}=-1.53181-0.0128t_v^{0.6667}+3.64678S^{0.3333}$$

$$=-1.53181-0.0128\times197.99^{0.6667}+3.64678\times0.67^{0.3333}=1.23$$

$$\Delta_{ME}=e^{1.23}=3.41$$

$$T_{ME}=t_v-\Delta_{ME}=197.99-3.41=194.58℃$$

其余油品体积平均沸点和中平均沸点详见表 2-4。

表 2-4　平均沸点

产品名称	体积平均沸点/℃	中平均沸点/℃	产品名称	体积平均沸点/℃	中平均沸点/℃
常顶油	118.35	113.34	CDU1 常渣	488.80	468.18
常一线油	197.99	194.58	减一线油	281.00	274.99
常二线油	279.62	275.45	重石脑油	112.67	108.54
常三线油	335.01	330.16	轻烃进料	68.08	63.83
初底油	373.20	323.43	减压蜡油	430.80	427.26
常压渣油	487.80	469.54	混合石脑油	68.05	63.85
初顶油	86.07	78.27			

1.4　特性因素 *K*

特性因素 *K* 值又称 Waston K 值，它是油品的平均沸点和相对密度的函数，根据《石油炼制工程(第四版)》中 P63 公式(3-32)计算油品的特性因素 *K* 值，公式如下：

$$K=\frac{1.216T^{1/3}}{d_{15.6}^{15.6}}$$

式中　*K*——油品的 *K* 值；

T——油品的中平均沸点，K。

以常压一线油为例，计算得到：

$$K=\frac{1.216T_{ME}^{1/3}}{d_{15.6}^{15.6}}=\frac{1.216\times\sqrt[3]{194.58}}{0.799}=11.81$$

当计算 *UOP K* 值时，*T* 为体积平均沸点，计算得到：

$$K=\frac{1.216T^{1/3}}{d_{15.6}^{15.6}}$$

式中　*K*——油品的 *K* 值；

T——油品的体积平均沸点，K。

$$K=\frac{1.216T_{ME}^{1/3}}{d_{15.6}^{15.6}}=\frac{1.216\times\sqrt[3]{197.99}}{0.799}=11.83$$

其余油品 Waston K 和 UOP K 详见表 2-5。

表 2-5　特性因素 *K*

产品名称	Waston K	UOP K	产品名称	Waston K	UOP K
常顶油	11.95	12.01	CDU1 常渣	11.69	11.79
常一线油	11.81	11.83	减一线油	11.54	11.58
常二线油	11.79	11.82	重石脑油	11.92	11.96
常三线油	11.83	11.87	轻烃进料	11.90	11.95
初底油	11.76	12.08	减压蜡油	11.87	11.93
常压渣油	11.71	11.80	混合石脑油	11.90	11.95
初顶油	12.36	12.45			

1.5　真临界温度

根据公式 API Technical Data Book[2] 计算各主要产品临界温度，公式如下：

$$T_{cm}=186.16+1.6667\times\Delta-0.7127\times10^{-3}\times\Delta^2$$

$$\Delta=SG\times(T_V+100)$$

式中，SG 为相对密度 $d_{15.6}^{15.6}$；T_V为体积平均沸点，℉；T_{cm}为临界温度，℉。

以常压一线油为例，计算得到：

$$\Delta=SG\times(T_V+100)=0.799\times[(1.8\times197.99+32)+100]=390.5$$

$$T_{cm}=186.16+1.6667\times390.5-0.7127\times10^{-3}\times390.5^2=728.33\ ℉$$

1.6　假临界温度

根据公式 API Technical Data Book 计算各主要产品假临界温度，公式如下：

$$T_{pc}=10.6443\times[\exp(-5.1747\times10^{-4}\times T_{Me}-0.54444\times SG+3.5995\times10^{-4}\times T_{Me}\times SG)]\times T_{Me}{}^{0.81067}\times SG^{0.53691}$$

式中，SG 为相对密度 $d_{15.6}^{15.6}$；T_{ME}为中平均沸点，°R；T_{pc}为假临界温度，°R。

以常压一线油为例，计算得到：其余油品真临界温度和假临界温度详见表 2-6。

表 2-6　临界温度

产品名称	真临界温度/℉	假临界温度/°R	产品名称	真临界温度/℉	假临界温度/°R
常顶油	565.66	1024.46	CDU1 常渣	1127.22	1661.84
常一线油	728.33	1184.02	减一线油	887.19	1340.32
常二线油	875.13	1330.48	重石脑油	555.31	1015.90
常三线油	959.52	1423.16	轻烃进料	464.49	925.95
初底油	1003.23	1415.07	减压蜡油	1075.13	1573.39
常压渣油	1126.38	1662.74	混合石脑油	464.43	925.98
初顶油	489.86	944.31			

注：兰氏度=1.8×(273+摄氏度)，适用于以下换算

$$\begin{aligned}T_{pc}&=10.6443\times[\exp(-5.1747\times10^{-4}\times T_{Me}-0.54444\times SG+3.5995\times10^{-4}\times T_{Me}\times SG)]\times T_{Me}{}^{0.81067}\times SG^{0.53691}\\&=10.6443\times[\exp(-5.1747\times10^{-4}\times[1.8\times(273+194.58)]-0.54444\times0.799+3.5995\times10^{-4}\times[1.8\times(273+194.58)]\times0.799)]\times[1.8\times(273+194.58)]^{0.81067}\times0.799^{0.53691}\\&=1184.02°R\end{aligned}$$

1.7 假临界压力

根据公式 API Technical Data Book 计算各主要产品假临界压力，公式如下：

$$P_{pc}=6.162\times10^{6}\times[\exp(-4.725\times10^{-3}T_{Me}-4.8014SG+3.1939\times10^{-3}T_{Me}SG)]T_{Me}^{-0.4844}SG^{4.0846}$$

式中，SG 为相对密度 $d_{15.6}^{15.6}$；T_{ME} 为中平均沸点，°R；P_{pc} 为假临界压力，psi。

以常压一线油为例，计算得到：

$$\begin{aligned}P_{pc}&=6.162\times10^{6}\times[\exp(-4.725\times10^{-3}T_{Me}-4.8014SG+3.1939\times10^{-3}T_{Me}SG)]T_{Me}^{-0.4844}SG^{4.0846}\\&=6.162\times10^{6}\times\exp\{-4.725\times10^{-3}\times[1.8\times(194.58+273)]-4.8014\times0.799+3.1939\times10^{-3}\times\\&\quad[1.8\times(194.58+273)]\times0.799\}[1.8\times(194.58+273)]^{-0.4844}0.799^{4.0846}\\&=327.16\text{psi}\end{aligned}$$

1.8 临界压力

根据公式 API Technical Data Book 计算各主要产品假临界压力，公式如下：

$$\ln P_{c}=0.050052+5.656282\times\ln(T_{mc}/T_{pc})+1.001047\times\ln P_{pc}$$

式中，T_{mc} 为真临界温度，°R；T_{PC} 为假临界温度，°R；P_{PC} 为假临界压力，psi；P_{c} 为临界压力，psi。

兰氏度=华氏度+460，适用于以下计算。

以常压一线油为例，计算得到：

$$\begin{aligned}\ln P_{c}&=0.050052+5.656282\times\ln(T_{cm}/T_{pc})+1.001047\times\ln P_{pc}\\&=0.050052+5.656282\times\ln[(728.33+460)/1184.02]+1.001047\times\ln327.16\\&=353.23°R\end{aligned}$$

其余油品真临界压力和假临界压力详见表 2-7。

表 2-7 临界温度

产品名称	真临界压力/psi	假临界温度/psi	产品名称	真临界压力/psi	假临界温度/psi
常顶油	447.42	420.10	CDU1 常渣	132.35	162.38
常一线油	353.23	327.16	减一线油	295.57	271.54
常二线油	276.29	256.18	重石脑油	453.57	430.10
常三线油	226.63	217.48	轻烃进料	535.00	510.10
初底油	287.96	225.38	减压蜡油	157.02	170.75
常压渣油	130.39	160.94	混合石脑油	534.64	510.04
初顶油	487.28	445.54			

1.9 焦点温度

根据《青岛科技大学学报》[3]计算得到焦点温度，公式如下：

$$\Delta T_{e}=a_{1}\times\left[\frac{S+a_{2}}{a_{3}\times S+a_{4}}+a_{5}\times S\right]\times\left[\frac{a_{6}}{a_{7}\times t_{V}+a_{8}}+a_{9}\right]+a_{10}$$

$$T_{e}=\Delta T_{e}+T_{cm}$$

式中，T_{e} 为焦点温度，℃；t_{V} 为恩氏蒸馏体积平均沸点，℃；S 为恩氏蒸馏 10%~90%馏分的曲线斜率，℃/%；a 为常数；T_{cm} 为临界温度，℃。

以常压一线油为例，计算得到：

$$\Delta T_{e}=a_{1}\times\left[\frac{S+a_{2}}{a_{3}\times S+a_{4}}+a_{5}\times S\right]\times\left[\frac{a_{6}}{a_{7}\times t_{V}+a_{8}}+a_{9}\right]+a_{10}=31.14℃$$

$$T_e=\Delta T_e+T_{cm}=31.14+(728.32-32)/1.8=417.99℃$$

常数 a 见表 2-8，因常数小数点后位数较多，不详细代入公式，直接出结果。

1.10 焦点压力

根据青岛科技大学学报计算得到焦点压力，公式如下：

$$\Delta P_e=\frac{a_1\times(S-0.3)+a_2}{S+a_3}\times\left[\frac{a_4}{a_5\times(t_V+a_6\times S)+a_7}+a_8\right]$$

$$P_e=\Delta P_e+P_c$$

式中，P_e 为焦点压力，MPa；t_V 为恩氏蒸馏体积平均沸点，℃；S 为恩氏蒸馏 10%~90%馏分的曲线斜率，℃/%；a 为常数；P_c 为临界压力，℃

以常压一线油为例，计算得到：

$$\Delta P_e=\frac{a_1\times(S-0.3)+a_2}{S+a_3}\times\left[\frac{a_4}{a_5\times(t_v+a_6\times S)+a_7}+a_8\right]=0.86\text{MPa}$$

$$P_e=\Delta P_e+P_c=0.86+353.23\times6.895\times10^{-3}=3.30\text{MPa}$$

油品焦点温度和焦点压力的关联系数见表 2-8。

表 2-8 油品焦点温度和焦点压力的关联系数

公式系数	计算焦点温度的关联系数	计算焦点压力的关联系数	公式系数	计算焦点温度的关联系数	计算焦点压力的关联系数
a_1	0.14608029648	59.527860086	a_6	13.19556507	-16.389020471
a_2	0.050887086388	13.22730898	a_7	0.081472347484	0.23392534874
a_3	0.00025280271884	0.73484872053	a_8	18.47914514	-0.014367666592
a_4	0.00048370492139	0.15246953667	a_9	-0.1585402804	0
a_5	1.9936695083	0.015463010895	a_{10}	-4.8588379673	0

其余油品焦点温度和焦点压力详见表 2-9。

表 2-9 焦点温度和焦点压力

产品名称	焦点温度/℃	焦点压力/MPa	产品名称	焦点温度/℃	焦点压力/MPa
常顶油	350.17	5.06	CDU1 常渣	628.46	1.26
常一线油	417.99	3.30	减一线油	507.54	2.77
常二线油	494.86	2.52	重石脑油	339.20	4.96
常三线油	538.62	2.06	轻烃进料	298.49	6.75
初底油	581.07	2.86	减压蜡油	600.48	1.47
常压渣油	627.47	1.24	混合石脑油	297.99	6.72
初顶油	331.54	6.96			

1.11 相对相对分子量

根据公式 API Technical Data Book 计算各主要油品相对分子量，公式如下：

$$M=20.486\times[\exp(1.165\times10^{-4}T_{Me}-7.78712\times SG+1.1582\times10^{-3}T_{Me}\times SG)]\times T_{Me}^{1.26007}SG^{4.98308}$$

式中 M——相对相对分子量；

T_{Me}——中平均沸点，°R；

SG——相对密度 $d_{15.6}^{15.6}$。

以常压一线油为例，计算得到：

$$M=20.486\times[\exp(1.165\times10^{-4}T_{Me}-7.78712\times SG+1.1582\times10^{-3}T_{Me}\times SG)]\times T_{Me}^{1.26007}SG^{4.98308}$$

$$=20.486\times[\exp\{1.165\times10^{-4}[1.8\times(273+194.58)]-7.78712\times0.799+1.1582\times10^{-3}[1.8\times(273+194.58)]\times0.799\}\times[1.8\times(273+194.58)]^{1.26007}0.799^{4.98308}$$

$$=155$$

其余油品相对分子量详见表 2-10。

表 2-10 相对分子量

产品名称	相对分子量 M	产品名称	相对分子量 M
常顶油	108	CDU1 常渣	431
常一线油	155	减一线油	212
常二线油	215	重石脑油	105
常三线油	265	轻烃进料	84
初底油	258	减压蜡油	371
常压渣油	434	混合石脑油	84
初顶油	90		

1.12 焓值计算

(1) 石油馏分的焓值计算

根据《延迟焦化工艺与工程》[4]第二版第六章(P563~564)"API 的石油馏分纳尔逊焓图"拟合式，已知温度、压力及油品的特性因数和 API 重度即可求得石油馏分焓值，公式如下：

$$Z=\sum_{i=0}^{2}\sum_{j=0}^{2}A_{ij}X^iY^j(i+j\leqslant2)$$

X、Y、Z、A_{ij}值如表 2-11 所示。

表 2-11 纳尔逊焓图拟合式中常数

Z	X	Y	A_{00}	A_{01}	$A_{02\times10^2}$	A_{10}	$A_{11\times10^2}$	$A_{20\times10^3}$
H_L^*	T	API	3.8192	0.2483	−0.2706	0.3718	0.1972	0.4754
$H_V^\#$	T	API	78.1220	0.3927	−0.1654	0.3059	0.0996	0.4630
$H_V^=$	T	K_{UOP}	24.2206	−20.5617	158.5700	0.8623	−7.5500	0.0672
GV_1	H_V^*	K_{UOP}	−1557.4370	408.4433	−1906.3200	−4.6660	34.8260	0.1010
GV_2	GV_1	API	512.0600	−8.6401	−3.0160	−0.2497	1.8720	0.5582
H_V^-	GV_2	P	24.4708	−0.3327	0.0129	−0.1578	0.1762	0.2378

$$H_L=H_L^*\times(0.0533\times K_{UOP}+0.3604)$$

$$H_V^*=H_V^\#-H_V^=$$

$$H_V=H_V^*-H_V^-$$

式中 H_V、H_L——液相、气相热焓，kcal/kg；

P——压力(绝)，kgf/cm^2；

T——温度，℃；

K_{UOP}——油品的 UOP 特性因数。

在 Excel 中利用 VB 开发工具对上式进行编程计算，见图 2-1。

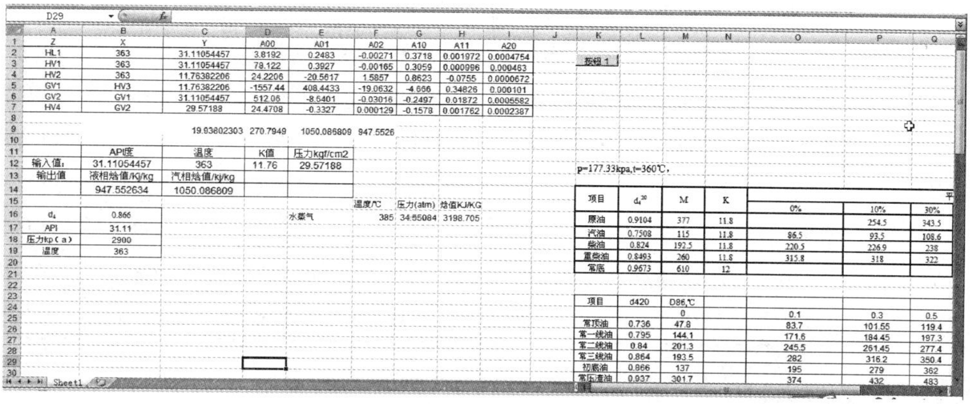

图 2-1　纳尔逊 VB 变成计算焓值

注：本作业中石油馏分的焓值如无特殊说明均采用纳尔逊方法计算

（2）水蒸气焓值计算

$$H_S = 592.46 - 2.1693P + (0.48 + 4.6485\times10^{-3}P)\times T$$

式中，H_S 为水蒸气的焓值，kJ/kg；P 为大气压，atm；T 为蒸汽的温度，℃。

（3）理想气体的焓值计算

根据《石油炼制设计数据图表集》[5] 中 P231 中公式（7-1-1）计算纯烃的理想气体焓值，计算公式如下：

$$h^\circ = h^\circ_o + A\left(\frac{T}{100}\right) + 1.8B\left(\frac{T}{100}\right)^2 + 3.24C\left(\frac{T}{100}\right)^3 + 0.3087D\left(\frac{100}{T}\right) + 0.55556E$$

式中　h°——理想气体在 T°K 时的焓，kcal/kg；

h°_o——基准焓值，对于烃类 h°_o = 0kcal/kg（-129℃时饱和液相的焓）；

A、B、C、D、E——模型参数，取值见表 2-12 所示。

在实际应用中，该公式是以-129℃为基准温度的焓，而油品焓值基准温度为-17.8℃。因此在实际应用中，先计算出某气体-17.8℃下的焓值，再计算实际温度下的焓值，实际温度下的焓值与-17.8℃下的焓差即为基准温度为-17.8℃的焓值，理想气体焓值计算系数见表 2-12。

表 2-12　理想气体焓值计算系数

项目	体积分数	$A\times10^2$	$B\times10^3$	$C\times10^5$	$D\times10$	C_{P0}	C_p
甲烷	0.1667	7.76543	-1.12162	-0.12072	7.98622	0.516886	0.086165
乙烷	0.0801	8.30087	-1.89188	1.47441	1.43728	0.393219	0.031497
乙烯	0.0771	7.73807	-2.33748	2.80498	1.01394	0.347767	0.026813
丙烷	0.0317	8.8012	-2.41553	2.55127	-0.33623	0.370347	0.01174
丙烯	0.0093	7.61423	-2.12824	2.3004	0.66058	0.338944	0.003152
氮气	0.1631	2.88541	-1.18902	1.85046	6.63371	0.250269	0.040819
氢气	0.3521	43.83729	-21.712	38.56489	86.29312	3.431704	1.208303
二氧化碳	0.0083	3.41628	-1.43219	2.19472	2.97697	0.196478	0.001631
2-甲基丙烯	0.0396	9.04328	-2.68123	3.10868	-0.72466	0.368584	0.014596

续表

项目	体积分数	$A\times10^2$	$B\times10^3$	$C\times10^5$	$D\times10$	C_{P0}	C_p
正丁烷	0.0248	8.73284	-2.44614	2.63297	0.00166	0.373222	0.009256
丁烯-1	0.0048	8.10215	-2.44194	2.89049	-0.21342	0.33826	0.001624
顺-2-丁烯	0.0059	7.55307	-1.99834	1.96653	-0.7493	0.309988	0.001829
反-2-丁烯	0.0055	7.65021	-2.10956	2.23466	1.12828	0.350603	0.001928
2-甲基丁烯	0.0088	8.86899	-2.55705	2.84866	-0.65796	0.364067	0.003204
正戊烷	0.0048	8.72614	-2.49277	2.74194	-0.04821	0.370881	0.00178
氧气	0.0174	2.86895	-1.21326	1.86119	5.18105	0.219326	0.003816

1.13 蒸馏曲线换算

将恩氏蒸馏转化成平衡气化数据，根据《原油蒸馏工艺与工程》[6]第四章 P287，公式(4-6-4)，利用恩氏蒸馏数据转换为平衡气化数据的公式为：

$$t_{EFV}=a(t_{D86})^bS^c$$

式中 t_{D86}——ASTM D86 各馏出体积下的温度,℃；

t_{EFV}——常压平衡气化曲线各馏出体积下的温度,℃；

S——相对密度 $d_{15.6}^{15.6}$；

a、b、c——与馏出体积有关的关联系数，数值列于表 2-13。

表 2-13 关联系数 a、b 和 c 的值

V/%	0~5%	10%	30%	50%	70%	90%	95%~100%
a	2.97481	1.44594	0.85060	3.26805	8.28734	10.62656	7.99502
b	0.8466	0.9511	1.0315	0.8274	0.6871	0.6529	0.6949
c	0.4208	0.1287	0.0817	0.6214	0.9340	1.1025	1.0737

公式法换算的结果，尤其在端点处，偶尔会有严重误差，该方法适用于以下温度区间，适用范围见表 2-14。

表 2-14 本方法适用范围

馏出体积/%	恩氏蒸馏温度范围/℃	实沸点蒸馏温度范围/℃	馏出体积/%	恩氏蒸馏温度范围/℃	实沸点蒸馏温度范围/℃
0%	10.0~265.6	48.9~298.9	70%	131.1~399.4	118.3~375.6
10%	62.8~322.2	79.4~348.9	90%	162.8~465.0	133.9~404.4
30%	93.3~340.6	97.8~358.9	100%	187.8~484.4	146.1~433.3
50%	112.8~354.4	106.7~366.7			

当恩氏蒸馏温度超过 246℃，考虑到存在裂解因素，需要进行温度校正，公式如下：

$$\lg D=0.00852t-1.691$$

式中，D 温度校正值；t 为超过 246℃的恩氏蒸馏温度,℃。

相关油品的 ASTM D86 数据见表 2-15。

恩氏蒸馏曲线外延见图 2-2。

表 2-15　常压油品的 ASTM D86 数据

$D86$/℃	$d_{15.6}$	0%	10%	30%	50%	70%	90%	100%
常顶油	0. 7409	47. 8	83. 7	101. 6	119. 4	135. 5	151. 6	171. 1
常一线油	0. 7996	155	175	184. 5	197. 3	211. 3	225. 3	246. 7
常二线油	0. 8443	230	255	261. 5	277. 4	297. 1	316. 7	339. 3
常三线油	0. 8682	320	335	349. 4	363. 9	363. 9	378. 4	391. 2
初底油	0. 8702	137. 0	195. 0	279. 0	362. 0	460. 0	559. 0	608. 3
常压渣油	0. 9408	301. 7	374. 0	432. 0	483. 0	553. 0	617. 0	654. 1
初顶油	0. 6942	28. 2	42. 5	62. 1	81. 6	108. 6	135. 6	168. 4

注：① 表中画线部分为化验空缺数据，使用 HYSIS 流程模拟软件得到；

② 初底油和常压渣油馏程数据为本公司化验室由减压蒸馏自动转换至 $D86$ 数据

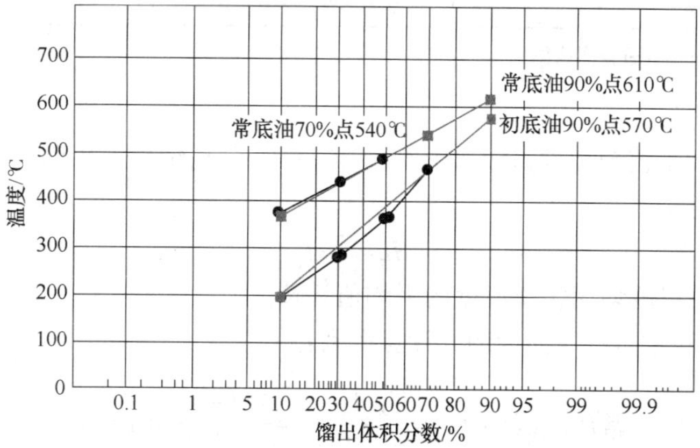

图 2-2　恩氏蒸馏曲线外延数据图

根据图 2-2 可以得到，初底油 90%点大约为 570℃，与流程模拟得到数据 559℃基本吻合。常底油 70%点外延数据约为 540℃，与流程模拟得到数据 553℃基本吻合，常底油 90%点外延数据约为 610℃，与流程模拟得到数据 617℃基本吻合。

以常压二线油 30%点为例，计算得到：

$$t_{EFV}=a(t_{D86})^{b}S^{c}=0.8506\times261.5^{1.0315}\times0.8443^{0.0817}=261.4℃$$

$$\lg D=0.00852t-1.691=0.00852\times261.4-1.691=0.536℃$$

$$D=10^{0.536}=3.4℃$$

常压二线油 30%的平衡气化数据：261. 4+3. 4＝264. 8℃

其余油品的平衡气化数据校正值见表 2-16。

表 2-16　恩氏蒸馏转换平衡气化校正值

$D86$/℃	校正值	0%	10%	30%	50%	70%	90%	100%
常顶油		0. 0	0. 0	0. 0	0. 0	0. 0	0. 0	0. 0
常一线油		0. 0	0. 0	0. 0	0. 0	0. 0	0. 0	2. 6
常二线油		0. 0	0. 0	3. 4	4. 7	6. 9	10. 2	15. 8
常三线油	D	0. 0	12. 0	15. 2	19. 3	25. 7	34. 1	43. 9
初底油		0. 0	0. 0	4. 9	24. 7			
常压渣油		7. 6	31. 3					
初顶油		0. 0	0. 0	0. 0	0. 0	0. 0	0. 0	0. 0

其余油品的平衡气化数据见表2-17。

表2-17 常压油品平衡气化温度

EFV/℃	$d_{15.6}$	0%	10%	30%	50%	70%	90%	100%
常顶油	0.7409	74	99	103	107	115	124	128
常一线油	0.7996	175	191	190	189	198	206	214
常二线油	0.8443	238	267	272	276	289	301	314
常三线油	0.8662	360	360	358	356	364	372	382
初底油	0.8702	184	219	299	304	401.0	469.0	498.0
常压渣油	0.9408	356	403	461	485	518	564	590
初顶油	0.6942	47	56	59	62	77	87	99

注：初底油70%~100%通过查图法得到

1.14 分离精度

根据《原油蒸馏工艺与工程》P262中式(4-4-4)，分离精确度用恩氏蒸馏的间隙来表示，公式如下：

$$HL=t_5^{H}-t_{95}^{L}$$

5%和95%馏出温度均用相邻温度的平均值计算。

以常顶石脑油和常压一线油为例，计算得到：

$$常压一线油\ T_{5\%}=\frac{T_{0\%}+T_{10\%}}{2}=\frac{155+175}{2}=165℃$$

$$常顶石脑油油\ T_{95\%}=\frac{T_{90\%}+T_{100\%}}{2}=\frac{151.6+171.1}{2}=161.4℃$$

$HL=t_5^{H}-t_{95}^{L}=165-161.4=3.7℃$，馏程脱空，塔盘分离效果较好。

其与油品分离精度见表2-18。

表2-18 油品分离精度

油　品	分离精度/℃	备　注
常顶油和常压一线油	3.7	馏程脱空
常压一线油和常压二线油	6.5	馏程重叠
常压二线油和常压三线油	-5.5	馏程重叠
常压三线油和常压渣油	-46.95	馏程重叠

一般而言，常顶石脑油和常压一线油可以做到脱空，常压一线油和常压二线油不易脱空，而常压二线油和常压三线油及常压三线油和常压渣油很难做到脱空。根据数据可以说明本装置常顶和常压一线之间的(1~15)塔盘分离效果较好，能够满足生产需要。

2 物料平衡

2.1 粗物料平衡

粗物料平衡见表2-19和表2-20。

表 2-19 粗物料常压平衡表

项目	名 称	收率/%(质)	流率/(t/h)	流率/(10^4t/a)
原料	原油	100.00	1013	850.92
产品	初顶石脑油	10.17	103	86.52
	常顶石脑油	11.35	115	96.6
	常一线	11.35	115	96.6
	常二线	16.98	172	144.48
	常三线	6.61	67	56.28
	常压渣油	43.54	441	370.44
	合计	100.00	1013	850.92

注：不凝气溶解在初顶石脑油中

表 2-20 粗物料减压平衡表

序号	名 称	收率/%(质)	流率/(t/h)	流率/(10^4t/a)
原料	CDU3 常渣	75.00	441	370.44
	CDU1 常渣	25.00	145	121.8
	合计	100.00	586	492.24
产品	减压一线	1.02	6	5.04
	减压蜡油	54.61	320	268.8
	减压渣油	44.20	259	217.56
	减顶干气	0.03	0.15	0.13
	减顶轻污油	0.17	1	0.84
	合计	100.03	586	492.37

(1) 干基校正

通过化验分析数据，常压塔各侧线油品的水含量较少，化验结果为痕迹，因此仅用粗物料平衡数据即可，总体偏差较小，对计算影响不大。

(2) 液相流量校正

标定工况下各温度参数与设计情况存在偏差，因此需要对孔板流量计进行校核，公式如下：

$$\rho_T = \rho_{20} - \gamma(T-20)$$

$$\gamma = 0.002876 - 0.00398\rho_{20} + 0.001632\rho_{20}^2$$

式中，ρ_T为T℃下的油品密度，g/cm^3；ρ_{20}为20℃对4℃水的密度，g/cm^3；T为油品实际温度,℃。

$$m_{实} = m_{测} \times \sqrt{\frac{\rho_{实}}{\rho_{设}}}$$

式中，$m_{测}$为孔板测量流量，t/h；$m_{实}$为校核后流量，t/h；$\rho_{实}$为油品校核后的密度，g/cm^3；$\rho_{实}$为孔板设计的密度，g/cm^3。

以常压一线油为例，已知标定工况下，常压一线油外送孔板流量计处的温度为124.8℃，常压一线油的d_4^{20}数据为0.795，孔板流量计设定的密度为0.718，常压一线油孔板流量为115t/h(标定全天平均值)，根据以上公式计算得到校正后的常压一线流量为：

$$\gamma = 0.002876 - 0.00398\rho_{20} + 0.001632\rho_{20}^2 = 0.002876 - 0.00398\times0.795 + 0.001632\times0.795^2$$
$$= 0.000743$$

$$\rho_T=\rho_{20}-\gamma(T-20)=0.795-0.000743\times(124.8-20)=0.717\mathrm{g/cm^3}$$

$$m_{实}=m_{测}\times\sqrt{\frac{\rho_{实}}{\rho_{设}}}=115\times\sqrt{\frac{0.717}{0.718}}=115\mathrm{t/h}$$

其余油品校核后的流量数据见表 2-21。

表 2-21　常压系统流量校正

项目	校正前流量(t/h)	d_4^{20}密度/(g/cm³)	测点温度/℃	实际密度/(g/cm³)	设计密度(g/cm³)	校正后流量/(t/h)
常压一线	115	0.794	124.8	0.716	0.718	115
常压二线	172	0.84	116	0.774	0.773	172
常压三线	67	0.862	88.7	0.817	0.811	67
常压渣油	441	0.937	347.9	0.747	0.769	434

注：原油、初顶、减压蜡油、减压渣油、一蒸馏来常压渣油、减压一线油均为质量流量计，不需校核

（3）气相流量校正

本装置初馏塔采用提压操作，目的是将原油中的液化气压入初顶石脑油中，但因油品性质变化等因素，初馏塔塔顶压力仍保持在设计工况，造成初顶压力过高，大部分干气压入初顶石脑油系统中，因此初馏塔塔顶干气量极少，初顶回流罐顶不凝气外送控制阀开度仅为1%。因此不凝气流量忽略不计，简化计算。常压塔顶不凝气量极少，可以忽略不计。

已知初顶石脑油回流罐的压力为 0.593MPa(85.5psi)，罐内油品的温度为 78℃，初顶石脑油的焦点温度为 331.5℃，焦点压力为 6.96MPa，初顶石脑油的 $P-T-e$ 见图 2-3。

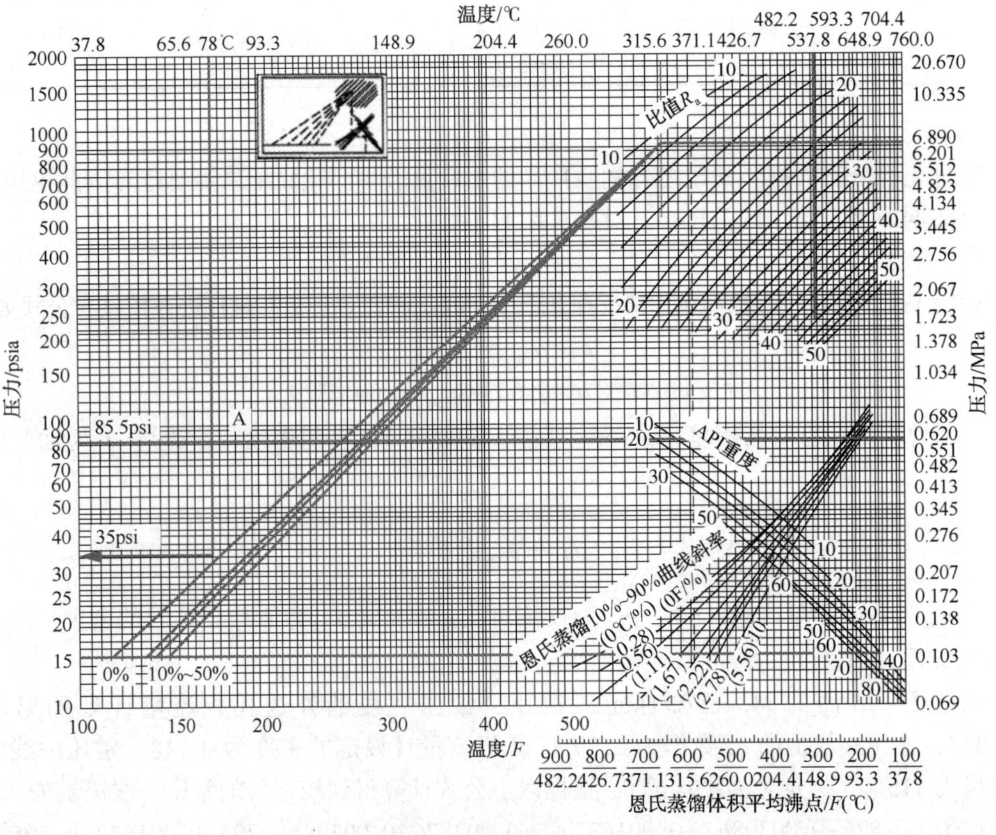

图 2-3　初顶石脑油 $P-T-e$ 图

根据图2-3可以看出，根据初顶回流罐的温度及压力，初顶石脑油的气化率在A点，低于初顶石脑油0%的气化率，初顶回流罐的理论压力应该是35psi(0.24MPa)，因此根据标定的油品性质，初馏塔塔顶压力设置过高，造成干气压入石脑油中，因此塔顶干气流量较少。

2.2 细物料平衡

细物料平衡见表2-22和表2-23。

表2-22 校正后的常压系统物料平衡表

序号	名 称	收率/%(质)	流率/(t/h)	流率/(10^4t/a)
原料	原油	100.00	1013	850.92
产品	初顶石脑油	10.17	103	86.52
	常顶石脑油	11.35	115	96.6
	常一线	11.35	115	96.6
	常二线	16.98	172	144.48
	常三线	6.61	67	56.28
	常压渣油	42.84	434	364.56
	合计	99.31	1006	845.04
	偏差		0.69	

表2-23 校正后的减压系统物料平衡表

序号	名 称	收率/%(质)	流率/(t/h)	流率/(10^4t/a)
原料	CDU3 常渣	74.96	434	370.44
	CDU1 常渣	25.04	145	121.8
	合计	100.00	579	492.24
产品	减压一线	1.04	6	5.04
	减压蜡油	55.27	320	268.8
	减压渣油	44.73	259	217.56
	减顶干气	0.03	0.15	0.13
	减顶轻污油	0.17	1	0.84
	合计	101.21	586	492.37
	偏差		1.21	

2.3 水平衡

水平衡见表2-24。

表2-24 常压系统水平衡

物料名称		收率/%(质)	流量/(t/h)
入方	原油含水	0.13	0.2
	电脱盐注水	59.48	89.5
	初馏塔塔顶注水	5.06	7.62
	初馏塔汽提蒸汽	11.20	16.85

续表

物料名称		收率/%(质)	流量/(t/h)
入方	常压塔塔顶注水	5.90	8.88
	常压二线汽提蒸汽	0.90	1.35
	干燥塔塔顶抽真空蒸汽	0.29	0.43
	常压三线汽提蒸汽	0.00	0
	常压塔汽提蒸汽	9.11	13.7
	减压炉管注汽	0.62	0.93
	减顶抽真空注汽	7.31	11
	合计	100.00	150.46
出方	电脱盐排水	59.35	89.3
	初顶回流罐排水	12.61	18.98
	常顶回流罐排水	16.08	24.2
	干燥塔塔顶水罐排水	0.38	0.57
	减压塔塔顶水罐排水	7.44	11.2
	合计	95.87	144.25
偏差		4.13%	

表2-24为装置水平衡，其中偏差计算公式如下：

$$偏差=\frac{出口-入口}{入口}=\frac{144.25-150.46}{150.46}=-4.13\%$$

偏差原因分析：

① 以上水平衡数据为7月18~19日两天的瞬时数据平均值，不能代表全天的平均值，存在一定的偏差；

② 根据数据分析，初顶回流罐排水量较初馏塔入口水量少5.58t/h，偏差较大，通过分析初顶注水有两块计量表，二者数据接近，失准可能性较小，另外通过核算1.0MPa蒸汽，计算结果可以达到平衡，因此初步怀疑是初顶回流罐外排酸性水计量表失准，计划下次停检后校验此表。

2.4 硫平衡

硫平衡见表2-25。

表2-25 常压系统硫平衡

硫平衡			7月18日		7月19日	
项目		流量/(t/h)	硫含量/%	硫含量/(t/h)	硫含量/%	硫含量/(t/h)
入方	原油	1013	0.707	7.16	0.694	7.03
	合计	1013		7.16		7.03
出方	初馏塔塔顶油	103	0.015	0.02	0.016	0.02
	初馏塔塔底油	910	0.842	7.66	0.840	7.64
	合计	1013		7.68		7.66
偏差				-7.26%		-8.96%

续表

硫平衡			7月18日		7月19日	
项目		流量/(t/h)	硫含量/%	硫含量/(t/h)	硫含量/%	硫含量/(t/h)
入方	初馏塔塔底油	910	0.842	7.66	0.840	7.64
	合计			7.66		7.64
出方	常顶石脑油	115.3	0.023	0.03	0.025	0.03
	常压一线	115.9	0.074	0.09	0.069	0.08
	常压二线	173.5	0.360	0.62	0.364	0.63
	常压三线	67.7	0.619	0.42	0.619	0.42
	常压渣油	437.5	1.490	6.52	1.500	6.56
	合计			7.68		7.72
偏差				-0.26%		-1.05%

2.5 预测的产品分布

因本次标定没有进行原油的实沸点蒸馏，因此使用流程模拟软件对原有进行表征，如图2-4所示。

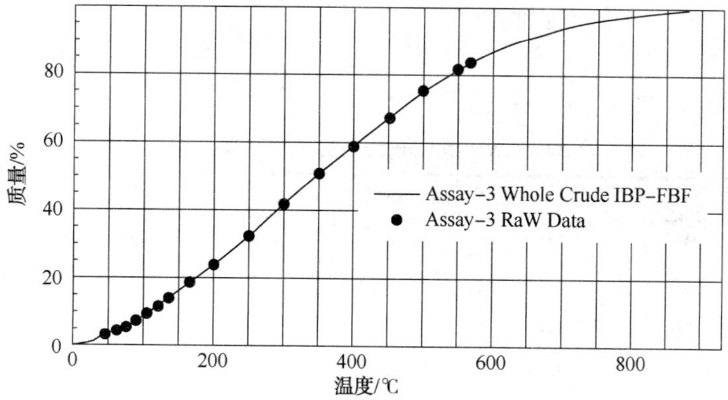

图2-4 原油实沸点蒸馏曲线

首先列出常压各侧线油的ASTM *D*86，如表2-26所示

表2-26 常压各侧线油品的恩氏蒸馏数据

项目	d_4^{20}	D86/℃						
		0%	10%	30%	50%	70%	90%	100%
常顶油	0.736	47.8	83.7	101.6	119.4	135.5	151.6	171.1
常一线油	0.795	155.0	175.0	184.5	197.3	211.3	225.3	246.7
常二线油	0.84	230.0	255.0	261.5	277.4	297.1	316.7	339.3
常三线油	0.864	320.0	325.0	335.0	349.4	363.9	378.4	391.2
常压渣油	0.937	301.7	374.0	432.0	483.0	553.0	617.0	654.1

以常压一线为例，将常压一线油的恩氏蒸馏数据转化成实沸点蒸馏数据，计算如下。

将常压一线恩氏蒸馏温度由摄氏度改为开尔文，详见表2-27和表2-28。

表 2-27 常压一线的恩氏蒸馏数据

1 atm ASTM $D86\rightarrow$TBP							
馏出量 V/%	0	10	30	50	70	90	100
$D86$/K	417.1	444.6	457.5	470.3	484.3	498.3	519.7

表 2-28 恩氏蒸馏转实沸点蒸馏转换系数表

馏出量 V/%	0~5	10	30	50	70	90	95~100
a	0.917675	0.5564	0.7617	0.9023	0.88215	0.955105	0.81767
b	1.001868	1.090011	1.042533	1.01756	1.02259	1.010955	1.03549

根据恩氏蒸馏转化为实沸点蒸馏公式：

$$T_{\mathrm{TBP},0}=a\times(t_{D86,0})^{b}=397.2\mathrm{K}$$

$$T_{\mathrm{TBP},10}=a\times(t_{D86,10})^{b}=431.8\mathrm{K}$$

$$T_{\mathrm{TBP},30}=a\times(t_{D86,30})^{b}=452.2\mathrm{K}$$

$$T_{\mathrm{TBP},50}=a\times(t_{D86,50})^{b}=472.8\mathrm{K}$$

$$T_{\mathrm{TBP},70}=a\times(t_{D86,70})^{b}=491.3\mathrm{K}$$

$$T_{\mathrm{TBP},90}=a\times(t_{D86,90})^{b}=509.4\mathrm{K}$$

$$T_{\mathrm{TBP},100}=a\times(t_{D86,100})^{b}=530.5\mathrm{K}$$

常压一线实沸点蒸馏数据见表 2-29。

表 2-29 常压一线的实沸点蒸馏数据

1 atm ASTM $D86\rightarrow$TBP							
馏出量 V/%	0	10	30	50	70	90	100
$D86$/℃	155	175	184.5	197.3	211.3	225.3	246.7
$D86$/K	428	448	457.5	470.3	484.3	498.3	519.7
TBP/K	397.2	431.8	452.2	472.8	491.3	509.4	530.5
TBP/℃	124.0	158.6	179.0	199.6	218.1	236.2	257.3

根据以上计算步骤，推出其余各油品的实沸点蒸馏数据如表 2-30 所示。

表 2-30 常压各侧线油品的实沸点蒸馏数据

项目	d_{420}	TBP/℃						
		0%	10%	30%	50%	70%	90%	100%
常顶油	0.736	74	99	102	107	117	124	128
常一线油	0.795	124.0	158.6	179.0	199.6	218.1	236.2	257.3
常二线油	0.84	193.8	243.3	258.6	281.6	307.2	330.8	355.5
常三线油	0.864	277.5	318.4	335.1	355.6	376.9	394.7	410.8
常压渣油	0.937	356	403	461	485	518	564	590

取$(t_0^{\mathrm{H}}+t_{100}^{\mathrm{L}})/2$为实沸点切割温度，其中 t_0^{H} 和 t_{100}^{L} 分别是重馏分的实沸点初馏点和轻馏分实沸点终馏点，在原油的实沸点曲线上即可查得相应的产品收率。

常顶石脑油和常压一线油的切割温度为：

$$(t_0^H+t_{100}^L)/2=(128+124)/2=126℃$$

常压一线油和常压二线油的切割温度为：

$$(t_0^H+t_{100}^L)/2=(257.3+193.8)/2=225℃$$

常压二线和常压三线油的切割温度为：

$$(t_0^H+t_{100}^L)/2=(355.5+277.5)/2=316.5℃$$

常压三线油和常压渣油的切割温度为：

$$(t_0^H+t_{100}^L)/2=(410.8+356)/2=383.4℃$$

原油实沸点分段切割曲线见图 2-5。

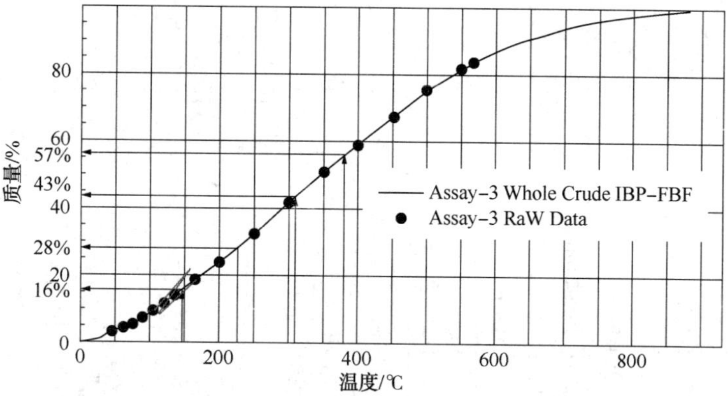

图 2-5　原油实沸点切割分段

根据流程模拟切割分段进行归纳，见表 2-31。

表 2-31　油品实际收率与理论收率对比表

名称/馏分	理论收率/%(质)(校核前)	理论收率/%(校核后)	实际收率/%(质)	偏差(理论-实际)
石脑油馏分	16	16	21.52	-5.52
常压一线油	10	12	11.35	0.65
常压二线油	9	15	16.98	-1.98
常压三线油	12	14	6.61	7.39
常压拔出率	47	57	57.16	-0.16

注：校核前的理论收率为各侧线原始的恩氏蒸馏数据得到，校核后的理论收率为校正各侧线恩氏蒸馏后的数据，校正过程见各侧线温度校核

根据表 2-31 可以看出，校核前的理论收率与实际收率偏差较大，主要原因为各侧线的原始恩氏蒸馏数据的初馏点普遍偏低，造成理论收率较低。校核后的常压拔出率与实际收率基本吻合。

3　常压塔物料平衡热平衡工艺计算

3.1　常压塔系统图

常压塔示意图如图 2-6 所示。

3.2　主要产品及操作数据

3.2.1　常压塔各层塔板工艺参数

常压塔各层塔板工艺参数见表 2-32。

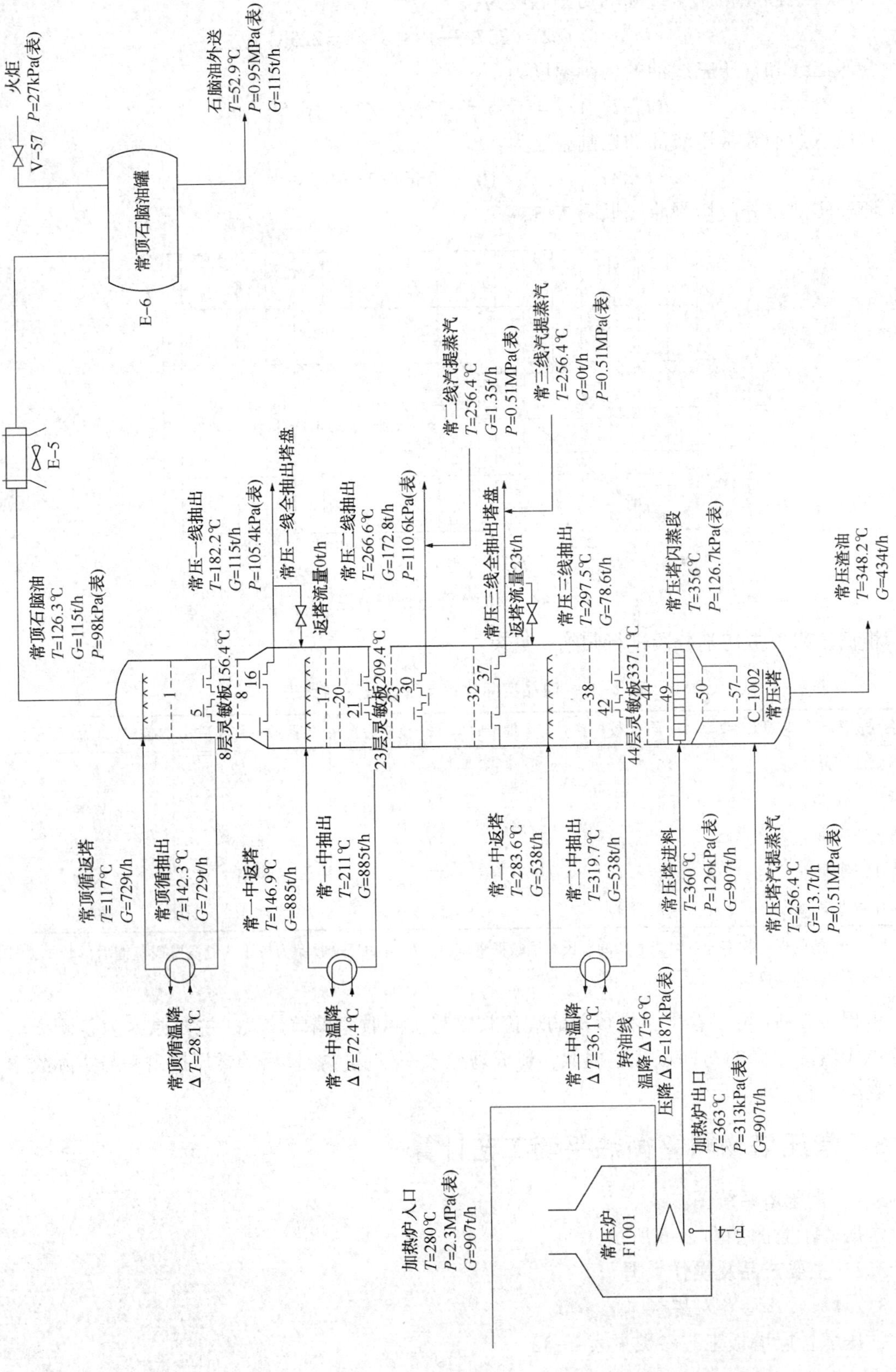
火炬
P=27kPa(表)
V-57
石脑油外送
T=52.9℃
P=0.95MPa(表)
G=115t/h
常顶石脑油罐
E-6
E-5
常顶石脑油
T=126.3℃
G=115t/h
P=98kPa(表)
常压一线抽出
T=182.2℃
G=115t/h
P=105.4kPa(表)
常压一线全抽出塔盘
常压一线返塔流量0t/h
常压二线抽出
T=266.6℃
G=172.8t/h
P=110.6kPa(表)
常二线汽提蒸汽
T=256.4℃
G=1.35t/h
P=0.51MPa(表)
常三线汽提蒸汽
T=256.4℃
G=0t/h
P=0.51MPa(表)
常压三线全抽出塔盘
返塔流量23t/h
常压三线抽出
T=297.5℃
G=78.6t/h
常压塔闪蒸段
T=356℃
P=126.7kPa(表)
常压渣油
T=348.2℃
G=434t/h
8层灵敏板156.4℃
23层灵敏板209.4℃
44层灵敏板337.1℃
1
5
8
16
17
20
21
23
30
32
37
38
42
44
49
50
57
C-1002
常压塔
常顶循返塔
T=117℃
G=729t/h
常顶循抽出
T=142.3℃
G=729t/h
常顶循温降
ΔT=28.1℃
常一中返塔
T=146.9℃
G=885t/h
常一中抽出
T=211℃
G=885t/h
常一中温降
ΔT=72.4℃
常二中返塔
T=283.6℃
G=538t/h
常二中抽出
T=319.7℃
G=538t/h
常二中温降
ΔT=36.1℃
转油线
温降ΔT=6℃
压降ΔP=187kPa(表)
常压塔进料
T=360℃
P=126kPa(表)
G=907t/h
常压塔汽提蒸汽
T=256.4℃
G=13.7t/h
P=0.51MPa(表)
加热炉出口
T=363℃
P=313kPa(表)
G=907t/h
加热炉入口
T=280℃
P=2.3MPa(表)
G=907t/h
常压炉
F1001
E-4

图2-6 常压塔示意图

表 2-32　常压塔操作参数

塔盘	温度/℃	压力/kPa(绝)	特性因素/K	API°	实际密度/(g/cm³)	密度/d_4^{20}	相对分子质量
塔顶	126.3	199.3	11.95	59.48	0.648	0.736	108
1	129.5	199.7	11.94	58.31	0.650	0.741	112
2	132.7	200.2	11.94	58.31	0.650	0.741	112
3	135.9	200.6	11.94	58.31	0.650	0.741	112
4	139.1	201.0	11.94	58.31	0.650	0.741	112
5	142.3	201.5	11.94	58.31	0.650	0.741	112
6	147.0	201.9	11.93	57.15	0.652	0.746	116
7	151.7	202.3	11.92	55.98	0.654	0.751	120
8	156.4	202.8	11.90	54.81	0.657	0.756	124
9	159.6	203.2	11.89	53.64	0.659	0.761	128
10	162.9	203.7	11.88	52.48	0.661	0.766	132
11	166.1	204.1	11.87	51.31	0.663	0.770	135
12	169.3	204.5	11.86	50.14	0.666	0.775	139
13	172.5	205.0	11.85	48.97	0.668	0.780	143
14	175.8	205.4	11.83	47.81	0.670	0.785	147
15	179.0	205.8	11.82	46.64	0.672	0.790	151
16	182.2	206.3	11.81	45.47	0.674	0.795	155
17	188.0	206.7	11.81	44.53	0.675	0.800	161
18	193.7	207.1	11.81	44.53	0.675	0.800	161
19	199.5	207.4	11.81	44.53	0.675	0.800	161
20	205.2	207.8	11.81	44.53	0.676	0.800	161
21	211.0	208.2	11.81	44.53	0.676	0.800	161
22	217.2	208.6	11.81	43.59	0.676	0.805	167
23	222.9	208.9	11.81	42.66	0.677	0.810	173
24	228.7	209.3	11.80	41.72	0.677	0.815	179
25	234.5	209.7	11.80	40.78	0.677	0.820	185
26	240.2	210.0	11.80	39.84	0.678	0.825	191
27	246.0	210.4	11.80	38.90	0.678	0.830	197
28	251.7	210.8	11.80	37.97	0.678	0.835	203
29	257.5	211.2	11.79	37.03	0.679	0.840	209
30	266.6	211.5	11.79	36.09	0.678	0.845	215
31	271.0	211.9	11.80	77.09	0.678	0.848	222
32	275.4	212.7	11.80	76.90	0.679	0.850	229
33	279.8	213.6	11.81	76.71	0.680	0.853	236
34	284.3	214.4	11.81	76.52	0.680	0.856	244
35	288.7	215.3	11.82	76.33	0.681	0.859	251
36	293.1	216.1	11.82	76.14	0.681	0.861	258

续表

塔盘	温度/℃	压力/kPa(绝)	特性因素/K	API°	实际密度/(g/cm³)	密度/d_4^{20}	相对分子质量
37	297.5	217.0	11.83	31.48	0.682	0.864	265
38	301.9	217.8	11.82	30.69	0.686	0.869	276
39	306.4	218.7	11.82	30.69	0.686	0.869	276
40	310.8	219.5	11.82	30.69	0.686	0.869	276
41	315.3	220.4	11.82	30.69	0.686	0.869	276
42	319.7	221.2	11.82	30.69	0.686	0.869	276
43	328.4	222.1	11.82	29.91	0.690	0.873	286
44	337.1	222.9	11.81	29.12	0.694	0.878	297
45	339.4	223.8	11.80	28.34	0.698	0.882	307
46	341.7	224.6	11.79	27.55	0.702	0.887	318
47	344.1	225.5	11.79	26.77	0.706	0.891	328
48	346.4	226.3	11.78	25.98	0.710	0.896	339
49	348.7	227.2	11.77	25.20	0.714	0.901	350
50	351.0	228.0	11.76	24.41	0.718	0.905	360
51	350.6	228.3	11.76	23.62	0.723	0.910	371
52	350.2	228.6	11.75	22.84	0.727	0.914	381
53	349.8	228.9	11.74	22.05	0.731	0.919	392
54	349.4	229.1	11.73	21.27	0.735	0.923	402
55	349.0	229.4	11.73	20.48	0.739	0.928	413
56	348.6	229.7	11.72	19.70	0.743	0.932	423
57	348.2	230.0	11.71	18.91	0.747	0.937	434

注：各塔板相关工艺参数部分数据根据已知的化验数据采用内插法计算得到

常压塔各层塔板参数根据已知的数据进行内插法得到，以 8~16 层塔板温度为例进行计算，已知第 8 块塔板为灵敏板，温度为 156.4℃，第 16 层塔板为常压一线抽出板，抽出温度 182.2℃，第 8 块板至第 16 块板之间共计 9 块塔板，则第 9 块板的温度为：

$$T_9=T_8+\frac{T_{16}-T_8}{9-1}=156.4+\frac{182.2-156.4}{8}=159.6℃$$

其他各层塔板参数均以此种方法计算，各中段回流塔板之间的参数近似。

各塔板油品实际密度根据《冷换设备工艺设计手册》[7]第二版，附表 1-7 油品密度校正公式进行计算，以 1 层塔板为例进行计算，密度校正公式如下：

$$\rho=T\times(1.307\gamma_4^{20}-1.817)+973.86\gamma_4^{20}+36.34$$

第 1 层塔板的 d_4^{20} 密度为 0.741，温度为 129.5℃，根据以上公式计算：

$$\begin{aligned}\rho&=T\times(1.307\gamma_4^{20}-1.817)+973.86\gamma_4^{20}+36.34\\&=129.5\times(1.307\times0.741-1.817)+973.86\times0.741+36.34\\&=648\text{kg/m}^3=0.648\text{g/cm}^3\end{aligned}$$

3.2.2 常压塔操作参数

常压塔操作参数见表 2-33。

表 2-33　常压塔操作参数(标定数据)

序号	操作条件	单位	标定工况	序号	操作条件	单位	标定工况
1	常压塔进料流量	t/h	903	18	常一中返塔温度	℃	147
2	常压炉出口温度	℃	363	19	常一中循环量	t/h	1033
3	常压炉出口压力	kPa	263	20	常二线抽出温度	℃	267
4	常压塔进料温度	℃	357	21	常二线抽出量	t/h	172
5	常压塔进料压力	kPa	228	22	常二线汽提蒸汽量	t/h	1
6	闪蒸段压力	kPa	228	23	常二线汽提蒸汽温度	℃	256
7	闪蒸段温度	℃	351	24	常三线抽出温度	℃	297
8	塔顶温度	℃	126	25	常三线抽出量	t/h	67
9	塔顶压力	kPa	199	26	常三线汽提蒸汽量	t/h	0
10	塔底温度	℃	348	27	常二中抽出温度	℃	320
11	常顶油出装置流量	t/h	115	28	常二中返塔温度	℃	284
12	常顶循回流量	t/h	1462	29	常二中循环量	t/h	866
13	常顶循抽出温度	℃	142	30	常压渣油抽出温度	℃	348
14	常顶循返塔温度	℃	117	31	常压渣油抽出量	t/h	434
15	常一线抽出温度	℃	182	32	汽提蒸汽温度	℃	256
16	常一线抽出流量	t/h	115	33	汽提蒸汽压力	MPa(表)	0.51
17	常一中抽出温度	℃	211	34	塔底汽提蒸汽用量	t/h	14

3.2.3　常压塔各侧线油品性质

根据物性计算，将各侧线油品相关物性参数如表 2-34 和表 2-35 所示。

表 2-34　常压塔油品性质表

项目	中平均沸/℃	Wasto/K	UOP/K	真临界温度/°F	假临界温度/°R	真临界压力/psi	假临界压力/psi	焦点温度/℃	焦点压力/MPa
初底油	323.4	11.76	12.08	1003	1415	288	225	581	2.86
常顶油	113.3	11.95	12.01	566	1024	447	420	350	5.06
常一线	194.6	11.81	11.83	728	1184	353	327	418	3.30
常二线	275.4	11.79	11.82	875	1330	276	256	495	2.52
常三线	330.2	11.83	11.87	960	1423	227	217	539	2.06
常压渣油	469.5	11.71	11.80	1126	1663	130	161	627	1.24

表 2-35　常压塔油品性质表

馏分	质量流量/(t/h)	密度/(d_4^{20})	相对分子质量	摩尔流量/(kmol/h)	体积流量/(m^3/h)
初底油	903	0.866	258	3516	1047
常顶油	115	0.736	108	1065	156
常一线油	115	0.795	155	742	145
常二线油	172	0.84	215	800	205
常三线油	67	0.864	265	253	78
常压渣油	434	0.937	434	1000	463

3.2.4　数据转换

将各侧线油品的恩氏蒸馏曲线转换成实沸点蒸馏曲线，详见表2-36和表2-37。

表2-36　常压各侧线油品的恩氏蒸馏数据

项目	d_4^{20}	D86/℃						
		0%	10%	30%	50%	70%	90%	100%
常顶油	0.736	47.8	83.7	101.6	119.4	135.5	151.6	171.1
常一线油	0.795	144.1	171.6	184.5	197.3	211.3	225.3	246.7
常二线油	0.84	193.5	245.5	261.5	277.4	297.1	316.7	339.3
常三线油	0.864	229.5	295.7	322.6	349.4	363.9	378.4	391.2
常压渣油	0.937	301.7	374.0	432.0	483.0	540.0	610.0	654.1
初底油	0.866	137.0	195.0	279.0	362.0	460.0	559.0	608.3

表2-37　常压各侧线油品的实沸点蒸馏数据

项目	$d_{15.6}$	TBP/℃						
		0%	10%	30%	50%	70%	90%	100%
常顶油	0.740	74	99	102	107	117	124	128
常一线油	0.799	175	191	190	189	198	206	214
常二线油	0.844	238	267	277	276	285	301	314
常三线油	0.868	269	312	334	356	364	372	382
常压渣油	0.940	356	403	461	485	518	564	590
初底油	0.870	184	219	293	352	404	462	494

3.3　常压塔工艺计算

3.3.1　过汽化率

(1) 方法一(绝热闪蒸等焓求过汽化率)

已知常压炉出口温度363℃，常压塔入口压力228kPa，则常压炉出口压力为：

常压炉出口压力=常压塔入口压力+转油线压降(转油线压降取35kPa)

$$P_{炉出口}=P_{分压}+P_{转油线}=228+35=263\text{kPa}=38\text{psi}$$

已知初底油在常压炉出口的温度和压力，绘制初底油在常压炉出口的 $P-T-e$ 见图2-7。

根据初底油的 $P-T-e$ 可以看出，在加热炉出口温度363℃、出口压力38psi条件下，初底油处于A点，根据坐标纸测量，初底油在加热炉出口的气化率为42%，常压塔各侧线油品体积收率见表2-38。

根据初底油在加热炉出口42%的气化率进行计算，则初底油中的常顶石脑油馏分和常压一线油馏分均为气相，常压二线油气相体积为：

$$V_{常二气相}=42\%-14.91\%-13.87\%=13.22\%$$

$$V_{常二液相}=19.66\%-13.22\%=6.44\%$$

根据计算常顶石脑油为气相[14.91%(体)]、常压一线油为气相[13.87%(体)]、常压二线油气相[13.22%(体)]、常二线油液相[6.44%(体)]，常压三线油为液相[7.46%(体)]、常压渣油为液相，初底油馏分在加热炉出口的热量如表2-39所示。

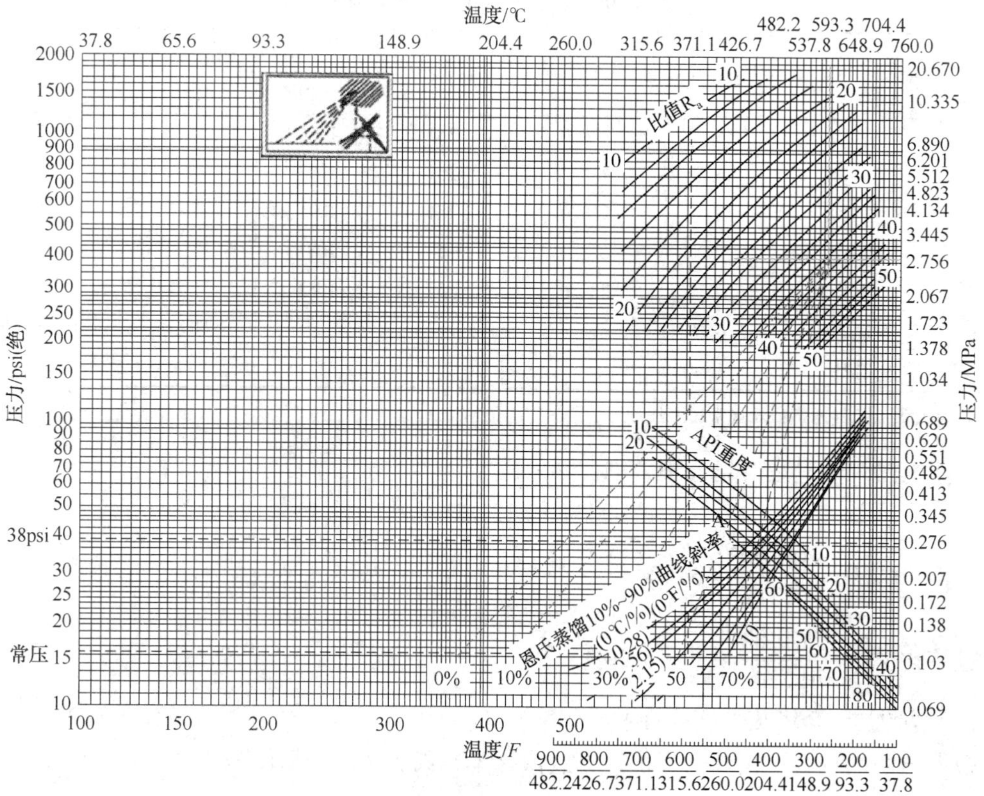

图 2-7　初底油在常压炉出口的 $P-T-e$ 图

表 2-38　常压各侧线油品体积收率

项　　目	常顶石脑油	常压一线油	常压二线油	常压三线油
体积收率/%	14.91	13.87	19.66	7.46

表 2-39　加热炉出口热值表

项目		流量/(t/h)	压力/kPa(绝)	温度/℃	焓/(kJ/kg)		热量/(10^6kJ/h)
					气相	液相	
加热炉出口	常顶油	115	262	363	1211		139
	常一线	115	262	363	1161		134
	常二线气相	116	262	363	1129		131
	常二线液相	56	262	363		964	54
	常三线液相	67	262	363		949	64
	常压渣油	434	262	363		906	394
	合计	903					915

注：焓值计算采用纳尔逊法

忽略炉出口到常压塔入口的转油线散热损失，炉出口至进料段内的降压气化过程可视为绝热闪蒸过程，则初底油在气化段气液相的总焓与炉出口油品的总焓相等，常压塔气化段热值表见表 2-40。

表 2-40　常压塔气化段热量计算表

项目		流量/(t/h)	压力/kPa(绝)	温度/℃	焓/(kJ/kg)		热量/(10^6kJ/h)
					气相	液相	
常压塔气化段	常顶油	115	228.0	351	1176		135
	常一线	115	228.0	351	1127		130
	常二线	172	228.0	351	1095		189
	常三线	67	228.0	351	1081		73
	过汽化油	$G\Delta E$	228.0	351	1081		$1.081 \cdot G\Delta E$
	常压渣油	$434-G\Delta E$	228.0	351		869	$377-0.869 \cdot G\Delta E$
	合计						$903+0.212 \cdot G\Delta E$

注：过汽化油的性质近似看成常压三线油

根据绝热闪蒸过程等焓原理，则：

$$903+0.212G\Delta E=915$$

解得：$G\Delta E=\dfrac{915-903}{0.212}=57\text{t/h}$

过汽化率$=\dfrac{\text{过气化油}}{\text{初底油}}=\dfrac{57}{903}=6.29\%$

(2) 方法二(全塔热平衡计算过汽化率)

根据全塔的物料平衡和热平衡计算过汽化率，如表 2-41 所示：

表 2-41　常压塔全塔热平衡表

项目		流量/(t/h)	压力/kPa(绝)	温度/℃	焓/(kJ/kg)		热量/(10^6kJ/h)
					气相	液相	
进料	常顶油	115	228	351	1176		135
	常一线	115	228	351	1127		130
	常二线	172	228	351	1095		189
	常三线	67	228	351	1081		73
	过汽化油	$G\Delta E$	228	351	1081		$1.081 \cdot G\Delta E$
	常压渣油	$434-G\Delta E$	228	351		869	$377-0.869 \cdot G\Delta E$
	汽提蒸汽	15	611	256	2970		45
	合计						$947+0.212 \cdot G\Delta E$
出料	常顶油	115	199	126	591		68
	常顶循	1462	202	142/117		63	92
	常一线	115	206	182		453	52
	常一中	1033	208	211/147		189	195
	常二线	172	212	267		668	115
	常三线	67	217	298		746	50
	常二中	866	221	320/284		108	93
	常压渣油	434		348		860	374
	汽提蒸汽	15	199	126	2720		41
	合计						1080

$$947+0.212 \cdot G\Delta E=1080$$

解得：$G\Delta E=(1080-947)/0.212=627\text{t/h}$

$$过汽化率=\frac{过气化油}{初底油}=\frac{627}{907}=69\%$$

通过表 2-41 全塔热平衡计算可以看出，全塔进、出热料热量偏差极大，造成过汽化油数据可信度较差，初步分析为常压塔中段回流量数据偏差较大，现对常压塔各中段回流数据进行校核，主要通过两种方式进行校核：①根据各中段回流的换热器热平衡；②根据常压塔分段建立隔离体进行热量平衡进行校核。

（1）常顶循流量校核

1）常顶循换热器热平衡

常顶循换热器热平衡见图 2-8。

将常顶循换热器进行热量核算，结果如表 2-42 所示。

根据换热器热量平衡，常顶循热源放出的热量等于与常顶循冷源（原油和热媒水）吸收的热量，则常顶循的流量校正见表 2-43。

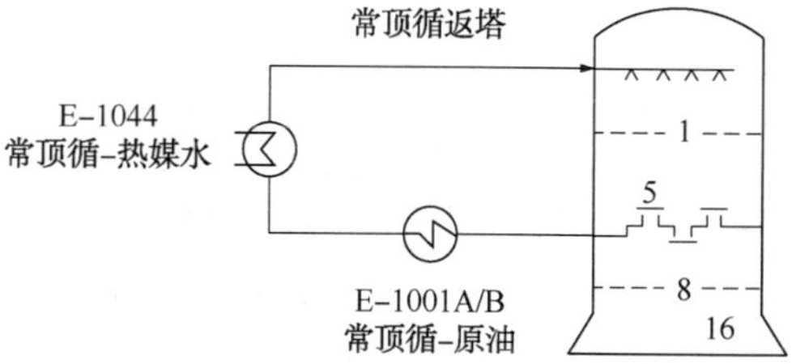

图 2-8　常顶循换热流程图

表 2-42　常顶循换热器冷源侧负荷核算

项目		流量/(t/h)	入口温度/℃	出口温度/℃	入口焓/(kJ/kg)	出口焓/(kJ/kg)	焓差/(kJ/kg)	热量/(10^6kJ/h)
原油	E-1001	1010	25	45	85	125	40	40.91
热媒水	E-1044	56	77	108	323	454	131	7.34
合计								48.25

注：热媒水的焓值根据《石油化工设计手册》[8]第一卷 P641

表 2-43　常顶循热源侧参数

项目	流量/(t/h)	抽出温度/℃	返塔温度/℃	入口焓/(kJ/kg)	出口焓/(kJ/kg)	焓差/(kJ/kg)	热量/(10^6kJ/h)
常顶循	G	142	117	363	300	63	48.25

$$常顶循流量\ G=\frac{冷源侧总热量}{常顶循出入口焓差}=\frac{48.25\times 1000}{63}=766\text{t/h}$$

2）常压塔分段建立常顶循隔离体

取 17 层塔板上方至塔顶做隔离体，建立物料及能量平衡，隔离体见图 2-9。

取 17 层塔板上方至塔顶做隔离体，建立物料及能量平衡，常顶循隔离体物料及热料平衡见表 2-44。

塔顶不设冷回流，因此常压塔塔顶无内回流，全塔余热即为常顶循取热量，得常顶循流量为：

$$常顶循流量=\frac{常顶循取热量}{常顶循出入口焓差}=\frac{47.95\times 1000}{63}=761\text{t/h}$$

常顶循流量校核见表 2-45。

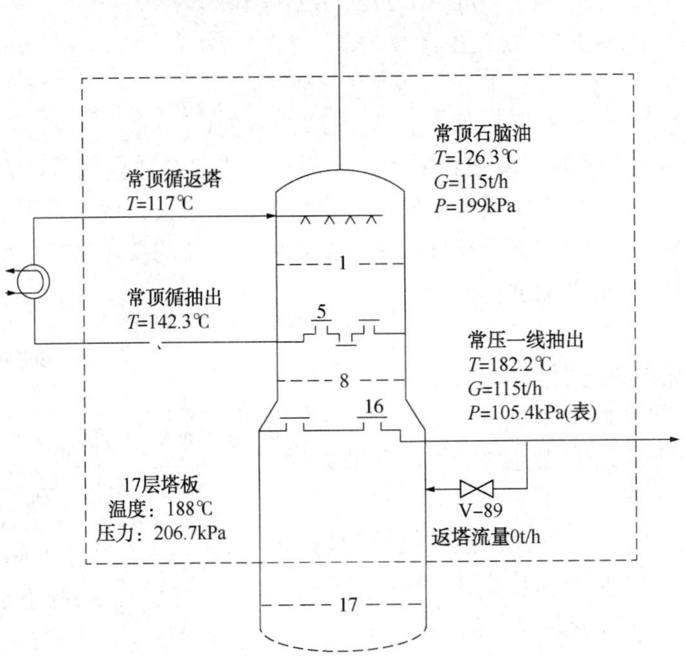

图 2-9　常顶循隔离体

表 2-44　常顶循隔离体物料及热料平衡表

项目		流量/(t/h)	压力/kPa(绝)	温度/℃	焓/(kJ/kg)		热量/(10^6kJ/h)
					气相	液相	
进料	常顶油	115	206.7	188	736		84.27
	常一线	115	206.7	188	703		80.87
	汽提蒸汽	15	206.7	188	2847		42.99
	合计						208.13
出料	常顶油	115	199.3	126.3	589		67.44
	常一线	115	206.3	182.2		449	51.65
	汽提蒸汽	15	199.3	126.3	2721		41.09
	合计						160.18
全塔余热	全塔余热						47.95
中段回流取热	常顶循	*G*	1101	142/117		63	47.95

表 2-45　常顶循流量校核结果表

名称	标定/(t/h)	换热器校核/(t/h)	塔隔离体校核/(t/h)
常顶循流量	1462	766	761

通过核算结果，换热器热量核算和塔的隔离体核算结果基本相近，考虑到换热器校核涉及的数据量较少，数据准确度相对较高，使用换热器数据作为最终数据，即常顶循流量取 761t/h。

(2) 常二中流量校核

1) 常二中换热器热平衡

常二中换热流程见图 2-10。

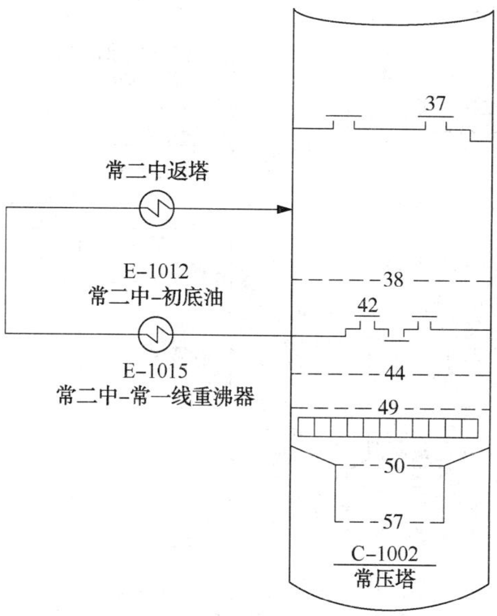

图 2-10　常二中换热流程图

将常二中换热器进行热量核算，结果如表 2-46 所示。

表 2-46　常二中换热器负荷核算

项目		流量/(t/h)	入口温度/℃	出口温度/℃	入口焓/(kJ/kg)	出口焓/(kJ/kg)	焓差/(kJ/kg)	热量/(10^6kJ/h)
常二中	E-1015	200	320	243	810	588	222	44.4
初底油	E-1012	405	221	270	530	667	133	53.87
合计								98.27

注：E1015 系常一线重沸器，无冷源侧流量计，因此使用热源进行校核。

常二中热源侧参数见表 2-47。

表 2-47　常二中热源侧参数

项目	流量/(t/h)	抽出温度/℃	返塔温度/℃	入口焓/(kJ/kg)	出口焓/(kJ/kg)	焓差/(kJ/kg)	热量/(10^6kJ/h)
常二中	G	320	284	811	704	107	98.27

根据常二中换热器的热平衡计算，求得常二中流量：

$$常二中流量\ G=\frac{总热量}{常二中出入口焓差}=\frac{98.27\times1000}{107}=918\text{t/h}$$

2）常压塔区段建立常二中隔离体

取常压塔底至 37 层塔盘下方做隔离体，建立物料及能量平衡，隔离体如图 2-11 所示。

常二中隔离体物料及能量平衡见表 2-48。

常压三线为全抽出塔盘，根据 DCS 数据显示，常压线的下回流量为 23t/h，即常压三线抽出板的内回流量为 23t/h。由常压塔进料至 37 层塔盘下方建立隔离体，通过物料及能量平衡，得到的全塔余热即为常二中取热量，因此常二中循环流量即为：

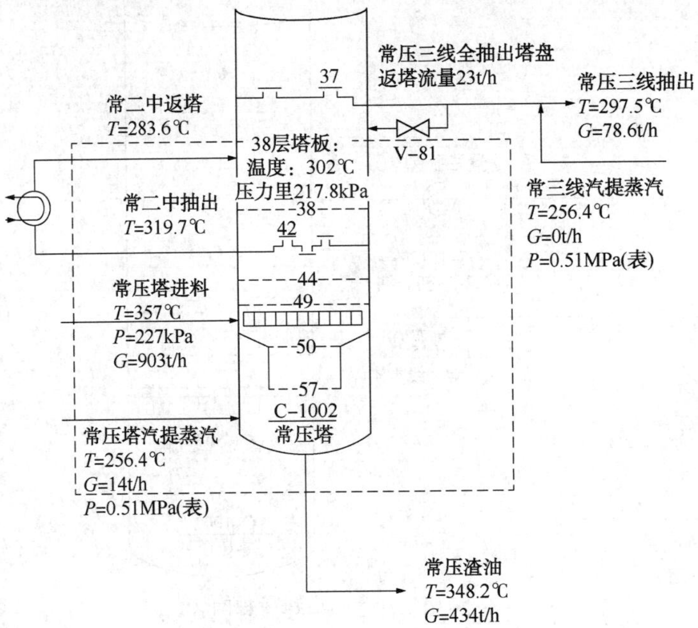

图 2-11　常二中隔离体

表 2-48　常二中隔离体物料及能量平衡表

项目		流量/(t/h)	压力/kPa(绝)	温度/℃	焓/(kJ/kg)		热量/(10^6kJ/h)
					气相	液相	
进料	初底油	903	227.3	351			919
	内回流	23	217.8	298		759	17
	汽提蒸汽	14	611.3	256	2970		41
	合计						977
出料	常顶油	115	217.8	302	1023		117
	常一线	115	217.8	302	987		114
	常二线	172	217.8	302	947		163
	常三线	67	217.8	302	937		63
	内回流热	23	217.8	302	937		22
	常压渣油	434	230.0	348		859	373
	汽提蒸汽	14	217.8	302	3080		42
	合计						894
全塔余热	全塔余热						84

$$常二中流量=\frac{常二中取热}{常二中抽出与返塔的焓差}=\frac{84\times1000}{811-704}=785\text{t/h}$$

常二中流量校核见表 2-49。

通过核算结果，换热器热量核算和塔的隔离体核算结果偏差较大，考虑到换热器校核涉及的数据量较少，数据准确度相对较高，使用换热器数据作为最终数据，即常二中流量取918t/h。

表 2-49　常二中流量校核结果表

名称	标定/(t/h)	换热器校核/(t/h)	塔隔离体校核/(t/h)
常二中流量	866	918	785

(3) 常一中流量校核

1) 常一中换热器热平衡

常一中换热流程见图 2-12。

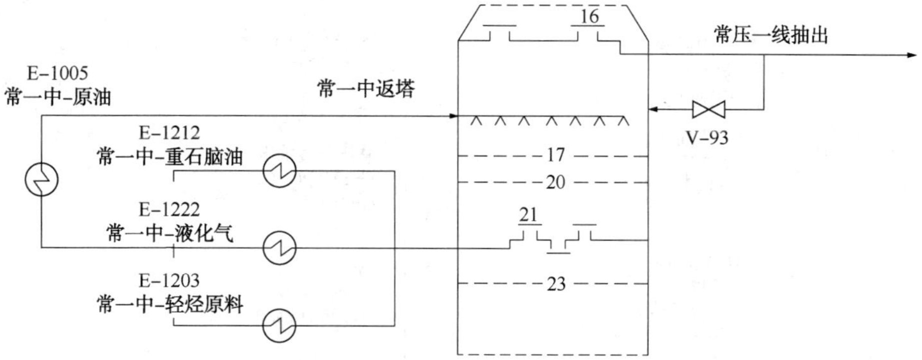

图 2-12　常一中换热流程图

将常一中换热器进行热量核算，结果如表 2-50 所示。

表 2-50　常一中换热器负荷核算

项目		流量/(t/h)	入口温度/℃	出口温度/℃	入口焓/(kJ/kg)	出口焓/(kJ/kg)	焓差/(kJ/kg)	热量/(10^6kJ/h)
轻烃进料	E-1203	380	147	151	384	395	11	4. 2
常一中	E-1212	140	211	130	523	325	209	29. 26
常一中	E-1222	63	211	153	529	376	153	9. 64
原油	E-1005	1012	102	134	241	309	68	68. 8
合计								112

常一中热源侧参数详见表 2-51。

表 2-51　常一中热源侧参数

项目	流量/(t/h)	抽出温度/℃	返塔温度/℃	入口焓/(kJ/kg)	出口焓/(kJ/kg)	焓差/(kJ/kg)	热量/(10^6kJ/h)
常一中	G	211	147	509	358	151	112

注：E1212、E1222 分别石脑油分离塔和脱乙烷塔塔底重沸器热源，因而冷源侧无流量数据，只能核算热源侧数据，E1005 冷源侧为质量流量计，可靠度较高，因此 E1005 选用冷源侧进行校核。

根据常一中换热器的核算结果，求得常一中流量：

$$常一中流量=\frac{总热量}{常一中出入口焓差}=\frac{112\times1000}{151}=742\mathrm{t/h}$$

2) 常压塔区段建立常一中隔离体

取常压塔底至 17 层塔盘上方做隔离体，建立物料及能量平衡，隔离体如图 2-13 所示。

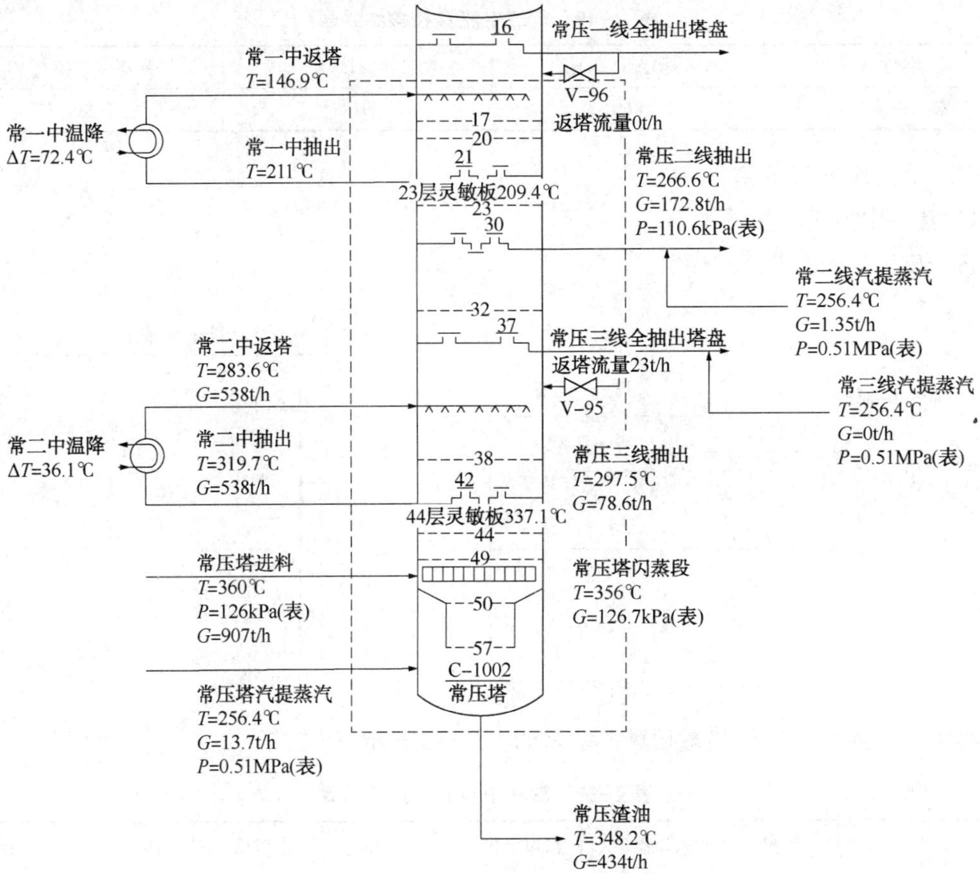

图 2-13　常一中隔离体

取常压塔底至 17 层塔盘上方做隔离体，建立物料及能量平衡，常一中物料及能量平衡见表 2-52。

表 2-52　常一中物料及能量平衡表

项目		流量/(t/h)	压力/kPa(绝)	温度/℃	焓/(kJ/kg)		热量/(10^6kJ/h)
					气相	液相	
进料	初底油	903	227	351	1202		919
	汽提蒸汽	15	611	256	2970		45
	合计						964
出料	常顶油	115	207	188	735		84
	常一线	115	207	188	703		81
	常二线	172	212	267		667	115
	常三线	67	217	298		746	50
	常二中			320/284			98
	常压渣油	434	230	348		860	374
	汽提蒸汽	15	207	182	2834		43
	合计						845
全塔余热	全塔余热						119

因常压一线为全抽出塔盘，因此由常一线至16层塔盘下方的回流即为16层塔盘的内回流，本装置常一线内回流控制阀处于关闭状态，因此16层塔盘的内回流量为0t/h。由常压塔进料至16层塔盘下方建立隔离体，通过物料及能量平衡，得到的全塔余热即为常一中取热量，因此常一中循环流量即为：

$$常一中流量=\frac{常一中取热}{常一中抽出与返塔的焓差}=\frac{119\times1000}{151}=788t/h$$

常一中流量校核见表2-53。

表2-53　常一中流量校核结果表

名称	标定/(t/h)	换热器校核/(t/h)	塔隔离体校核/(t/h)
常一中流量	1033	742	788

通过核算结果，换热器热量核算和塔的隔离体核算结果相近，考虑到换热器校核涉及的数据量较少，数据准确度相对较高，使用换热器数据作为最终数据，即常一中流量取742t/h。

通过校核后的常压各中段循环量如表2-54所示。

表2-54　核算后的常压各中段回流量

名称	标定数据/(t/h)	核算后数据/(t/h)
常顶循流量	1462	761
常一中流量	1033	742
常二中流量	866	918

经过校核后的全塔物料热量平衡见表2-55。

表2-55　校核后的全塔物料及能量平衡表

项目		流量/(t/h)	压力/kPa(绝)	温度/℃	焓/(kJ/kg)		热量/(10^6kJ/h)
					气相	液相	
进料	常顶油	115	228	351	1176		135
	常一线	115	228	351	1127		130
	常二线	172	228	351	1095		189
	常三线	67	228	351	1081		73
	过汽化油	$G\Delta E$	228	351	1081		$1.095\cdot G\Delta E$
	常压渣油	$434-G\Delta E$	228	351		869	$377-0.893\cdot G\Delta E$
	汽提蒸汽	15	611	256	2970		45
	合计						$947+0.212\cdot G\Delta E$
出料	常顶油	115	199	126	591		68
	常顶循	761		142/117			48
	常一线	115	206	182		453	52
	常一中	742		211/147			113
	常二线	172	212	267		668	115
	常三线	67	217	298		746	50

续表

项目		流量/(t/h)	压力/kPa(绝)	温度/℃	焓/(kJ/kg)		热量/(10^6kJ/h)
					气相	液相	
出料	常二中	918		320/284			98
	常压渣油	434		348		869	377
	汽提蒸汽	15	199	126	2720		41
	合计						963

$$947+0.212G\Delta E=963$$

解得：

$$G\Delta E=\frac{963-947}{0.212}=72.9\text{t/h}$$

$$\text{过汽化率}=\frac{\text{过汽化油量}}{\text{常压塔进料量}}=\frac{72.9}{907}=8.07\%$$

两种方案计算的过汽化油结果如表2-56所示。

表2-56　过汽化油计算结果

方法	炉出口与常压塔进料等焓	常压塔热平衡	偏差/%
过汽化油量	57t/h	72.9t/h	15.9
过汽化率	6.29%	8.07%	1.78

经过两种方法的计算，过汽化率计算分别为6.29%和8.07%，考虑到全塔热平衡中涉及的数据较多，相对偏差率较大，因此选择第一种方法计算，即过汽化油57t/h，过汽化率为6.29%。

3.3.2　常压塔散热损失

常压塔散热损失见表2-57。

表2-57　常压塔散热损失

项目	符号	数值	备注
环境温度	t_a	23.8℃	
塔体表面温度	t_n	43℃	塔顶部
		80℃	塔底部
		43℃	塔中间段
		46℃	
		68℃	
		72℃	
对流系数	C	2.8	散热面向上
		1.4	三热面向下
		2.2	竖直三热面
塔外壁对空气的对流放热系数	a_{nc}	5.86	塔顶部
		2.93	塔底部
		4.61	塔中部
塔外壁对空气的辐射散热系数	a_{nr}	4.82	

续表

项目	符号	数值	备注
总传热系数	K	10.68[kcal/(m^2·h·℃)] 7.75[kcal/(m^2·h·℃)] 9.43[kcal/(m^2·h·℃)]	
常压塔表面积	S	29.21m^2 50.24m^2 3125.30m^2	塔顶部 塔底部 6100×11370 6100-8000×1650 8000×34040
塔外壁散热损失	Q	5991kcal/h 21888kcal/h 985471kcal/h	塔顶部散热 塔底部散热 塔中部散热
塔外壁散热损失合计	Q	1.01×10^{6}kcal/h 4.24×10^{6}kcal/h	总散热损失
占全塔热量的百分数		0.44%	

总体说明：塔体温度为现场红外测温枪测量结果，将常压塔分为3部分，塔顶、塔中间段(根据实际情况对塔中间段分成四个区段进行测量，取平均温度计算)及塔底，分别计算塔顶、塔中间段及塔底的散热损失，并累计加和为塔的总散热损失，以常压塔中部散热损失为例进行计算，过程如下。

(1) 塔中间段表面温度

$$t_n=\frac{\text{塔中间区段温度}}{4}=\frac{43+46+68+72}{4}=57℃$$

(2) 塔中间段对空气的对流放热系数

$$a_{nc}=C\times\sqrt[4]{t_n-t_a}$$

式中，C为对流系数；t_n塔体表面温度，℃；t_a环境温度。

根据根据《炼油厂设备加热炉设计手册》[9] P212中LQ-800-5/6/7炉墙散热中规定，竖直散热表面对流系数$C=2.2$，散热面向上对流系数$C=2.8$，散热面向下对流系数$C=1.4$，则塔中间段对空气的对流放热系数计算：

$$a_{nc}=C\times\sqrt[4]{t_n-t_a}=2.8\times\sqrt[4]{57-24}=4.61$$

(3) 塔中间段对空气的辐射放热系数

根据《炼油厂设备加热炉设计手册》P212中LQ-800炉墙散热LQ-800-5/6/7，计算公式为：

$$a_{nr}=\frac{3.9\times\left[\left(\frac{t_n+273}{100}\right)^4-\left(\frac{t_a+273}{100}\right)^4\right]}{t_n-t_a}$$

则塔中间段对空气的辐射放热系数计算为：

$$a_{nr}=\frac{3.9\times\left[\left(\frac{t_n+273}{100}\right)^4-\left(\frac{t_a+273}{100}\right)^4\right]}{t_n-t_a}=\frac{3.9\times\left[\left(\frac{57+273}{100}\right)^4-\left(\frac{24+273}{100}\right)^4\right]}{57-24}=4.82$$

(4) 塔中间段总传热系数

$$k=a_{nr}+a_{nc}=4.61+4.82=9.43\text{kcal/(m}^2\cdot\text{h}\cdot℃)$$

(5) 塔中间段表面积

$$S=2\pi RL=3.14\times(6.1+(6.1+8)/2+8)\times(11.37+1.65+34.04)=3125\text{m}^2$$

(6) 塔中间段外壁散热损失

根据《炼油厂设备加热炉设计手册》P212 中 LQ-800 炉墙散热，近似作为常压塔的散热损失计算，计算公式如下：

$$Q=k\times(t_n-t_a)\times S$$

式中 k——总传热系数，kcal/(m^2·h·℃)；

S——塔体表面积，m^2。

则常压塔中部的散热损失计算为：

$$Q=k\times(t_n-t_a)\times S=9.43\times(57-24)\times3125=985471\text{kcal/h}$$

同理计算得到塔顶部及塔底部的散热损失分别为 5991kcal/h、21888kcal/h，因此整个常压塔的散热总损失为 1.01×10^6kcal/h，即 4.24×10^6kJ/h。

散热损失占全塔热量的百分数为：

$$散热损失占比=\frac{散热损失}{全塔热量}=\frac{4.24}{967}=0.44\%$$

3.3.3 中段取热占比

全塔热平衡见表 2-58。

表 2-58 全塔热平衡表

项目		流量/(t/h)	压力/kPa(绝)	温度/℃	焓/(kJ/kg)		热量/(10^6kJ/h)
					气相	液相	
进料	常顶油	115	228	351	1176		135
	常一线	115	228	351	1127		130
	常二线	172	228	351	1095		189
	常三线	67	228	351	1081		73
	过汽化油	57	228	351	1081		62
	常压渣油	377	228	351		869	328
	汽提蒸汽	15	611	256	2970		45
	合计	918.5					960
出料	常顶油	115	199	126	591		68
	常顶循	765		142/117			48
	常一线	115	206	182		453	52
	常一中	748		211/147			113
	常二线	172	212	267		668	115
	常三线	67	217	298		746	50
	常二中	918		320/284			98
	常压渣油	434		348		869	377
	汽提蒸汽	15	199	126	2720		41
	合计	918.5					963
	偏差						0.31%

根据全塔热平衡计算结果，刨除各中段回流取热后，全塔余热为：

$$Q=Q_{进料}-Q_{出料}=960-703=256\times10^{6}\text{kJ/h}$$

中段取热见表2-59。

表2-59　中段取热占比

计算回流取热比例	常顶循	常一中	常二中
流量	765t/h	748t/h	918t/h
抽出温度	142℃	219℃	320℃
返塔温度	117℃	147℃	284℃
焓差 ΔH	63kJ/kg	151kJ/kg	107kJ/kg
取热量	48.2×10^{6}kJ/h	113.0×10^{6}kJ/h	98.2×10^{6}kJ/h
取热占比	19%	44%	38%
回流取热量合计	261×10^{6}kJ/h		
占入塔总热量	27%		

中段回流取热占全塔热量：

$$W=\frac{Q_{中段}}{Q_{进料}}=\frac{261}{960}=27\%$$

3.4　常压塔各侧线温度校核

3.4.1　常压塔进出物料平衡表

常压塔全塔物料平衡见表2-60。

表2-60　常压塔进出物料平衡表

馏分	质量流量/(t/h)	质量收率/%	密度(d_4^{20})	相对相对分子量 M	摩尔流量/(kmol/h)	体积流量/(m³/h)	体积收率/%
入方							
初底油	903	100	0.866	258	3501	1043	100
合计	903						100
出方							
常顶石脑油	115	12.67	0.736	108	1060	156	14.91
常一线油	115	12.73	0.795	155	742	145	13.87
常二线油	172	19.07	0.84	215	801	205	19.66
常三线油	67	7.44	0.864	265	254	78	7.46
常压渣油	434	48.08	0.937	434	1001	464	44.44
合计	903	100.00				1047	100

3.4.2　校验常压三线馏出温度

常压三线(37层塔盘)抽出温度298℃，36层向下流的内回流液体流量为L，自塔底至37层板上部进行热量平衡计算，确定内回流量列入表2-61，根据常压塔底至37层塔板上方建立的隔离体见图2-14。

根据常压塔底至37层塔板上方建立的隔离体，建立常压三线物料及能量平衡表见表2-61。

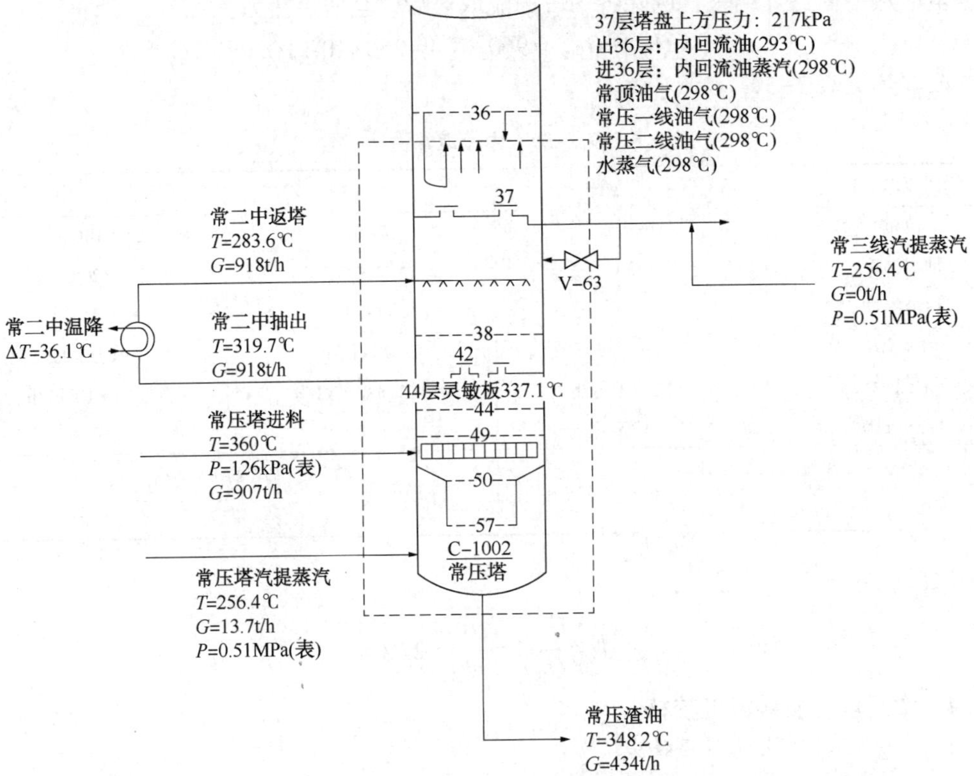

图 2-14　常压塔底至 37 层上方隔离体

表 2-61　常压三线热量计算表

项目		流量/(t/h)	压力/kPa(绝)	温度/℃	焓/(kJ/kg)		热量/(10^6kJ/h)
					气相	液相	
进料	初底油	903	228	351			919
	汽提蒸汽	14	611	256	2970		41
	内回流	L_0	216	293		735	$0.735L_0$
	合计	$917+L_0$					$960+0.735L_0$
出料	汽提蒸汽	14	217	298	3071		42
	内回流	L_0	217	298	895		$0.895L_0$
	常顶油	115	217	298	1013		116
	常一线	115	217	298	945		109
	常二线	172	217	298	913		157
	常三线	67	217	298		746	50
	常二中			320/284			98
	常底油	434	230	348		860	374
	合计	$917+L_0$					$946+0.895L_0$
内回流量							86

内回流热量：

$$\Delta Q=(960-946)=14\times10^6\text{kJ/h}$$

内回流量：

$$L=\frac{14}{0.895-0.735}=87.5\text{t/h}$$

内回流摩尔流量(近似常压三线油)：

$$n_L=\frac{m}{M}=\frac{87.5\times1000}{265}=330\text{kmol/h}$$

内回流分压计算见表 2-62。

表 2-62　37 层塔盘上方物流信息

项　　目	符　　号	数　　值	项　　目	符　　号	数　　值
核算常三线抽出温度			常二线摩尔数	$n_{二线}$	801kmol
36 层塔盘内回流量		87.5t/h	水蒸气摩尔数	$n_{水蒸气}$	760kmol
内回流摩尔数	n_L	330kmol	37 层塔盘上方压力	$P_{总}$	217kPa
常顶油摩尔数	$n_{常顶}$	1060kmol	常压三线油分压	$P_{分}$	20kPa
常一线摩尔数	$n_{一线}$	742kmol			150mmHg

37 层塔盘上方的气相流率：

$$n_{气}=n_{常顶油}+n_{一线油}+n_{二线油}+n_L+n_{水蒸气}=1060+742+801+330+760=3693\text{mol}$$

37 层塔盘上方内回流油的分压为：

$$P_{分}=P_{总}\times\frac{n_L}{n_{常顶油}+n_{常一线油}+n_{常二线油}+n_L+n_{水蒸气}}=217\times\frac{330}{3693}=20\text{kPa}=150\text{mmHg}$$

根据计算结果，37 层塔盘上方内回流油的分压为 150mmHg，低于一个标准大气压，因此需要将常压三线油的平衡气化温度由常压转化为负压下的温度，根据《原油蒸馏技术进展与应用》P145 中的图 4-1-23 常压及减压平衡闪蒸 30%或 50%馏出温度，将常压三线的馏出温度进行转化，详见图 2-15。

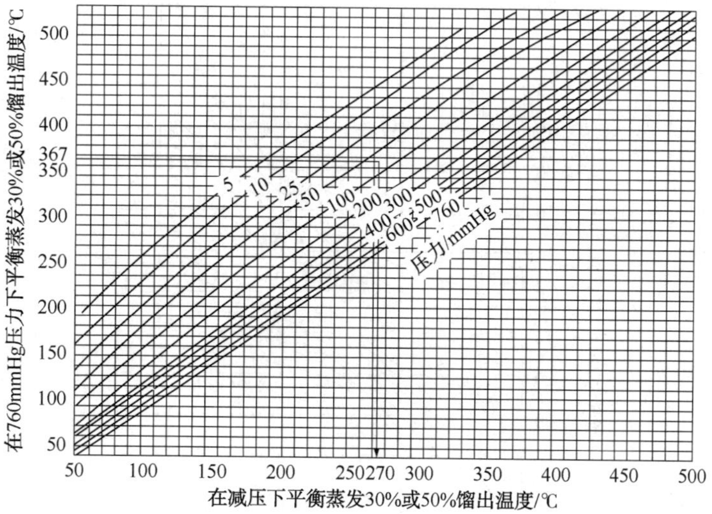

图 2-15　减压下平衡气化馏出温度转化图

已知，常压三线油常压平衡汽化曲线 0%点温度为 287℃（作图法），50%点温度为 369℃，差值为 82℃。根据常压三线油常压平衡汽化曲线 50%点温度，利用图 2-15，查得 150mmHg 条件下，50%点温度为 270℃。按照常压、减压各段温度相等的假设，计算得到常压三线油的泡点温度为 270℃－82℃＝157℃。与实际常压三线抽出温度 298℃偏差极大。

恩氏蒸馏数据的初馏点偏低，需要对常压三线油的初馏点进行校核，将恩氏蒸馏 10%、30%、50%、70%和 90%馏出温度绘制在恩氏蒸馏曲线坐标系内，外推得到校核后的恩氏蒸馏初馏点为 320℃，见图 2-16。

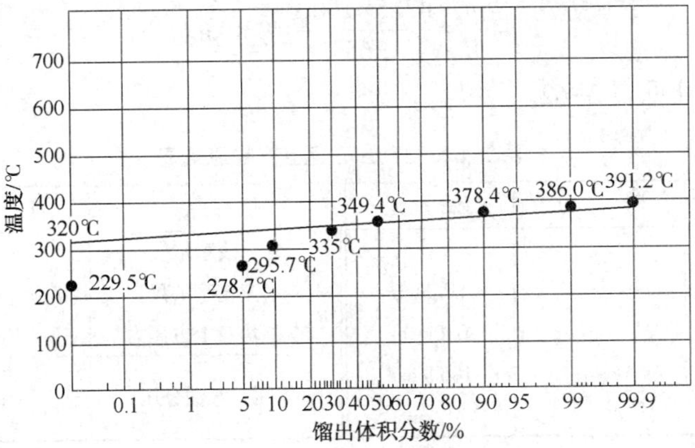

图 2-16　常压三线恩氏蒸馏曲线校核图

将常压三线油的恩氏蒸馏对应的馏出温度绘制在恩氏蒸馏坐标纸中，利用外延法推测到常压三线油 0%~10%的馏出温度偏差较大，根据曲线校核后常压三线的恩氏蒸馏温度如表 2-63 所示。

表 2-63　校核后常压三线的恩氏蒸馏温度

D86/℃	0%	10%	30%	50%	70%	90%	100%
常三线油	320.0	325.0	335	349.4	363.9	378.4	391.2

利用作图法将常压三线油的恩氏蒸馏数据转化为平衡气化数据，过程如图 2-17 所示。

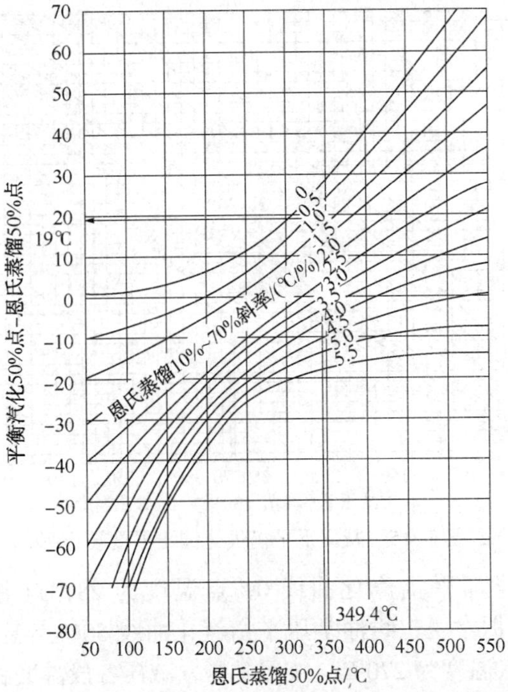

图 2-17　常压恩氏蒸馏 50%点与平衡气化 50%点换算图

根据图 3-12 换算后常压三线油平衡气化的 50%点温度为：349.4+19=368.4℃，常压三线油恩施蒸馏转化为平衡气化见表 2-64。

表 2-64 常压三线油恩氏蒸馏转化为平衡气化

1 atm ASTM D86→EFV(查图)							
馏出量/%(体)	0	10	30	50	70	90	100
*D*86/K	320	325	335	349.4	363.9	378.4	391.2
EFV/℃				368.4			
线段/%(体)	0~10	10~30	30~50	50	50~70	70~90	90~100
ASTM *D*86 温差/℃	5.0	10.0	14.4				
EFV 温差/℃	1	5	7				
EFV/℃	355.4	356.4	361.4	368.4			

已知，校核后常压三线油常压平衡汽化曲线 0%点温度为 286.4℃，50%点温度为 368.4℃，差值为 12℃。在 150mmHg 条件下，查得 50%点温度为 272℃。按照常压、减压各段温度相等的假设，计算得到轻蜡油的泡点温度为 272℃-12℃=260℃。与实际常压三线抽出温度 298℃相差 38℃。

造成偏差的原因主要有以下 3 点：①本装置对常压二线油和常压三线油分离精度没有要求，常压二线和常压三线油自常压塔分馏后再混合一起送至下游柴油加氢装置，因而装置常压塔在设计过程中常压二线和常压三线之间未设置中断回流，常压二线油和常压三线油分离精度不高，造成一部分轻组分混入常压三线油中，导致常压三线油初馏点较低；②装置为节能降耗，同时常压三线油无闪点工艺指标，装置将常压三线汽提蒸汽停用，导致部分轻组分无法馏出，这也造成了常压三线油初馏点较低；③常压三线抽出板为全抽出塔板(为达到柴油收率最大化目的设计)，而装置对常压三线油的终馏点指标设置较为宽泛(指标为 95%点≥395℃)，因此常压三线向下方塔板的下回流开度较小，造成常压三线油与常压渣油的分馏精度较低，部分重组分进入常压三线馏分中，常压三线油容易出现头轻脚重的情况。

根据校核后的计算结果，已更正物性分析中常压三线的恩氏蒸馏数据。

3.4.3 校验常压二线馏出温度

常压二线(30 层塔盘)抽出温度 267℃，29 层向下流的内回流液体流量为 L，自塔底至 30 层板上部进行热量平衡计算，确定内回流量列入表 2-65，隔离体见图 2-18。

根据常压塔底至 30 层塔板上方建立的隔离体，建立常压二线物料及能量平衡表见表 2-65。

内回流热量：

$$\Delta Q=(964-892)=73\times10^{6}\text{kJ/h}$$

内回流量：

$$L=\frac{73}{0.869-0.643}=330\text{t/h}$$

内回流摩尔流量(近似常压二线油)：

$$n_{\text{L}}=\frac{m}{M}=\frac{330\times1000}{215}=1535\text{kmol/h}$$

内回流分压计算见表 2-66。

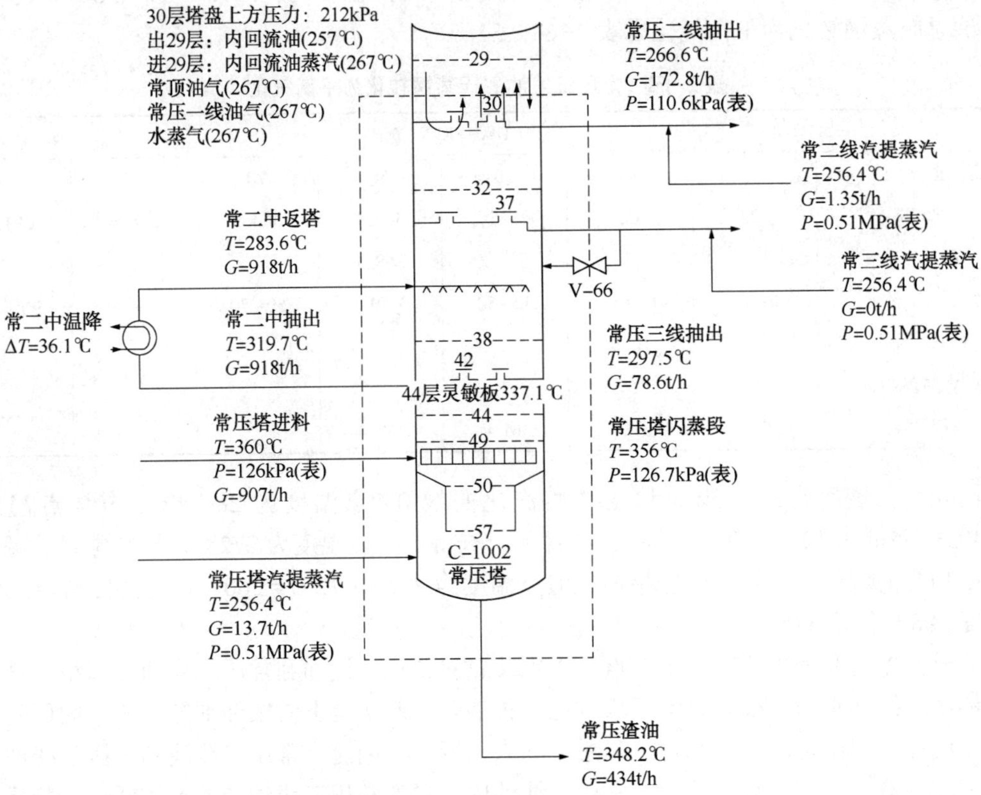

图 2-18　常压塔底至 30 层上方隔离体

表 2-65　常压二线物料及热量计算表

项目		流量/(t/h)	压力/kPa(绝)	温度/℃	焓/(kJ/kg)		热量/(10^6kJ/h)
					气相	液相	
进料	初底油	903	228	351			919
	汽提蒸汽	15	611	256	2970		45
	内回流	L_0	212	257		643	$0.643L_0$
	合计	$918+L_0$					$964+0.643L_0$
出料	汽提蒸汽	15	212	267	3008		45
	内回流	L_0	212	267	863		$0.863L_0$
	常顶油	115	212	267	937		107
	常一线	115	212	267	885		102
	常二线	172	212	267		667	115
	常三线	67	217	298		746	50
	常二中			320/284			98
	常底油	434	230	348		860	374
	合计	$918+L_0$					$891+0.869L_0$
内回流量							330

表 2-66 30 层塔盘上方物流信息

项　　目	符　　号	数　　值	项　　目	符　　号	数　　值
核算常二线抽出温度			水蒸气摩尔数	$n_{水蒸气}$	760kmol
29 层塔盘内回流量		330t/h	30 层塔盘上方压力	$P_{总}$	212kPa
内回流摩尔数	n_L	1535kmol	常压三线油分压	$P_{分}$	86kPa
常顶油摩尔数	$n_{常顶}$	1060kmol			645mmHg
常一线摩尔数	$n_{一线}$	742kmol			

30 层塔盘上方的气相流率：

$$n_{气}=n_{常顶油}+n_{一线油}+n_L+n_{水蒸气}=1060+742+1535+760=4097\text{mol}$$

37 层塔盘上方内回流油的分压为：

$$P_{分}=P_{总}\times\frac{n_L}{n_{常顶油}+n_{常一线油}+n_L+n_{水蒸气}}=212\times\frac{1769}{4097}=92\text{kPa}=687\text{mmHg}$$

根据计算结果，30 层塔盘上方内回流油的分压 687mmHg，低于一个标准大气压，因此需要将常压二线油的平衡气化温度由常压转化为负压下的温度，计算结果如图 2-19 所示。

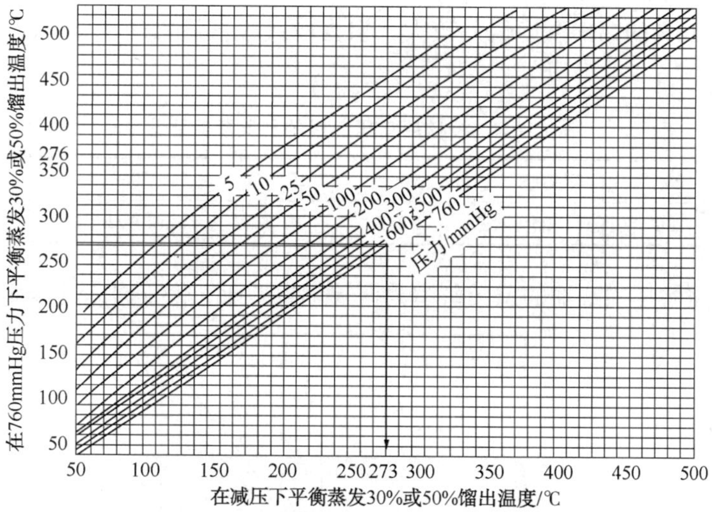

图 2-19 常压二线油减压下平衡气化馏出温度转化图

常压二线油平衡气化数据转化为负压平衡气化数据见表 2-67。

表 2-67 常压二线油平衡气化数据转化为负压平衡气化数据

687mmHg EFV→1 atm EFV						
常二线馏出量%(体)	0	10	30	50	70	90
1atm EFV	238	267	272	276	289	301
687mmHg EFV				273		
线段/%(体)	0~10	10~30	30~50	50	50~70	70~90
1atm EFV	29	5	4		13	13
687mmHg EFV	235	264	269	273		

根据转换数据可以得出，常压二线在 687mmHg 压力下的 0%点温度(泡点温度)为 235℃，与实际情况的 267℃偏差较大，恩氏蒸馏数据的初馏点偏低，需要对常压二线油的初馏点进行校核，将恩氏蒸馏 10%、30%、50%、70%和 90%馏出温度绘制在恩氏蒸馏曲线

坐标系内，如图 2-20 所示，外推得到校核后的恩氏蒸馏初馏点为 230℃。

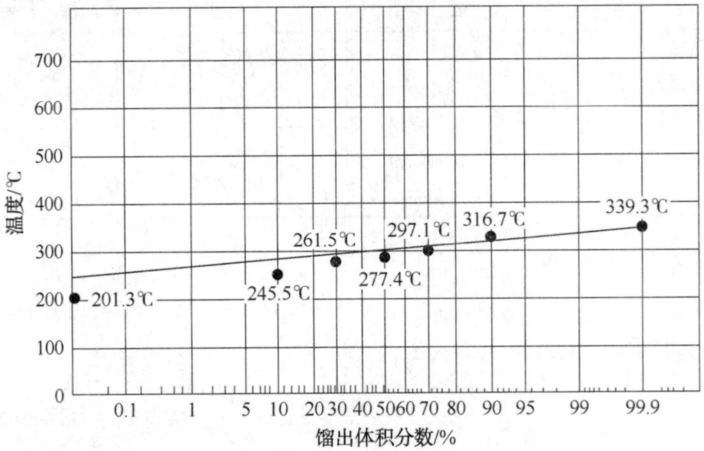

图 2-20　常压二线恩氏蒸馏曲线校核图

将常压二线油的恩氏蒸馏对应的馏出温度绘制在恩氏蒸馏坐标纸中，利用外延法推测到常压二线油 0%~10%的馏出温度偏差较大，根据曲线校核后常压二线的恩氏蒸馏温度如表 2-68 所示。

表 2-68　校核后常压二线的恩氏蒸馏温度

D86/℃	0%	10%	30%	50%	70%	90%	100%
常二线油	230	255	261.5	277.4	297.1	316.7	339.3

利用作图法将常压二线油的恩氏蒸馏数据转化为平衡气化数据，过程如图 2-21 所示。

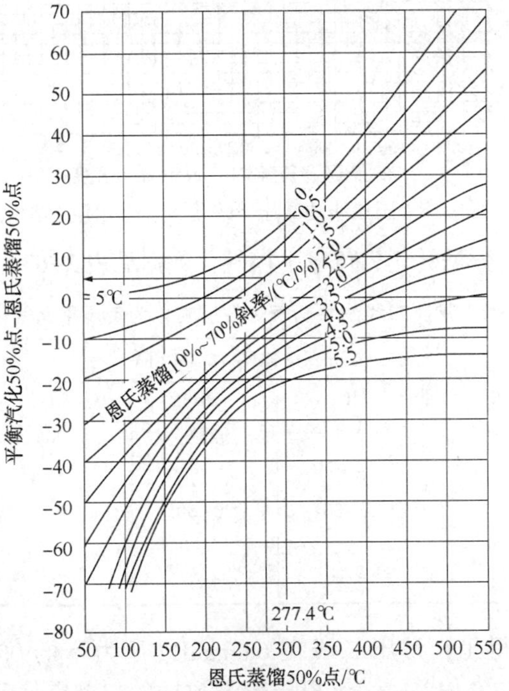

图 2-21　常压恩氏蒸馏 50%点与平衡气化 50%点换算图

根据图 3-16 换算后常压二线油平衡气化的 50%点温度为：277.4+5=282.4℃。常压二线油恩氏蒸馏转化为平衡气化见表 2-69。

表 2-69　常压二线油恩氏蒸馏转化为平衡气化

1 atm ASTM D86→EFV(查图)							
馏出量/%(体)	0	10	30	50	70	90	100
D86/K	230	255	261.5	277.4	297.1	316.7	339.3
EFV/℃				282.4			
线段/%(体)	0~10	10~30	30~50	50	50~70	70~90	90~100
ASTM D86 温差/℃	25	6.4	15.9				
EFV 温差/℃	15	3	9				
EFV/℃	255.5	270.5	273.5	282.4			

已知，校核后常压三线油常压平衡气化曲线 0%点温度为 255.5℃，50%点温度为 282.5℃，差值为 27℃。在 687mmHg 条件下，查得 50%点温度为 273℃。按照常压、减压各段温度相等的假设，计算得到轻蜡油的泡点温度为 272℃-27℃=246℃。与实际常压二线抽出温度 266℃相差 20℃，基本在误差允许的范围内。

3.4.4　校验常压一线馏出温度

常压一线(16 层塔盘)抽出温度为 182℃，15 层向下流的内回流液体流量为 L，自塔底至 16 层板上部进行热量平衡计算，建立隔离体见图 2-22，确定内回流量列入表 2-70。

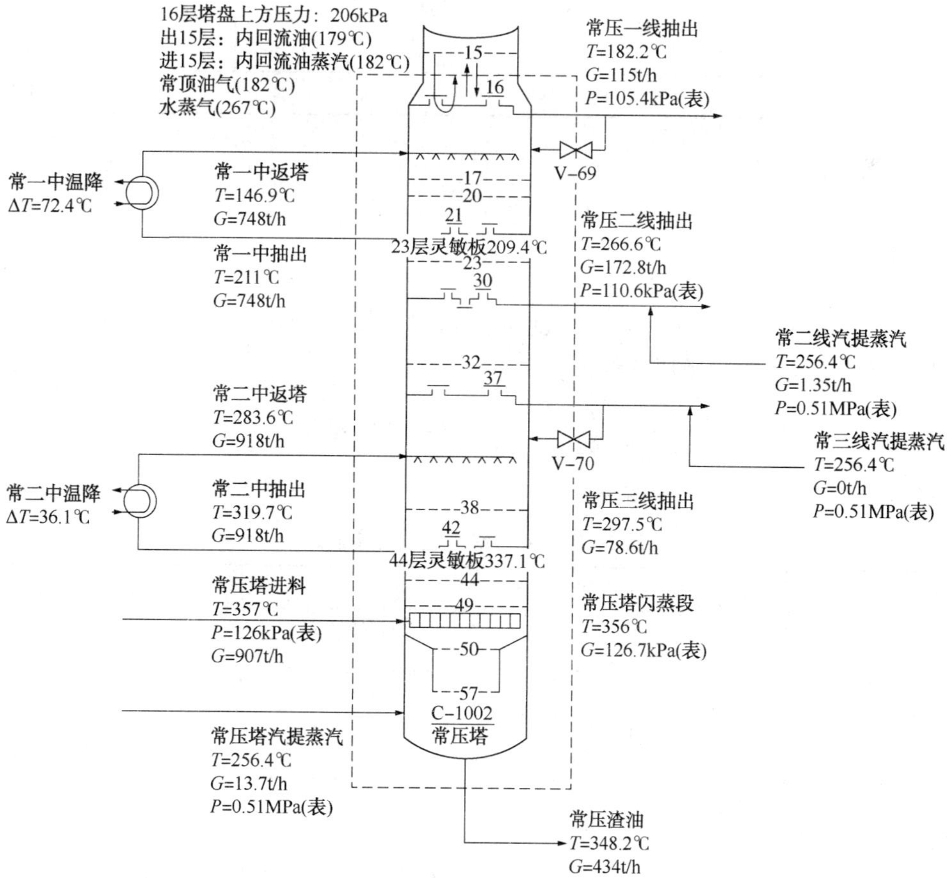

图 2-22　常压塔至 16 层塔板上方隔离体

根据常压塔底至37层塔板上方建立的隔离体，建立常压一线物料及能量平衡表如表2-70所示。

表2-70　常压一线热量计算表

项目		流量/(t/h)	压力/kPa(绝)	温度/℃	焓/(kJ/kg)		热量/(10^6kJ/h)
					气相	液相	
进料	初底油	903	228	351			919
	汽提蒸汽	15	611	256	2970		45
	内回流	L_0	206	179		446	$0.446L_0$
	合计	$918+L_0$					$964+0.446L_0$
出料	汽提蒸汽	15	206	182	2835		43
	内回流	L_0	206	182	690		$0.69L_0$
	常顶油	115	206	182	722		83
	常一线	115	206	182		453	52
	常一中	748		211/147			113
	常二线	172	212	267		667	115
	常三线	67	217	298		746	50
	常二中	918		320/284			98
	常底油	434	230	348		860	374
	合计	$918+L_0$					$927+0.69L_0$
内回流量							150

内回流热量：

$$\Delta Q=(964-927)=37\times10^6\text{kJ/h}$$

内回流量：

$$L=\frac{37}{0.69-0.446}=152\text{t/h}$$

内回流摩尔流量(近似常压一线油)：

$$n_L=\frac{m}{M}=\frac{152\times1000}{155}=980\text{kmol/h}$$

内回流分压计算如表2-71所示。

表2-71　16层塔盘上方物流信息

项　目	符　号	数　值	项　目	符　号	数　值
核算常一线抽出温度			水蒸气摩尔数	$n_{水蒸气}$	760kmol
15层塔盘内回流量		152t/h	16层塔盘上方压力	$P_{总}$	206kPa
内回流摩尔数	n_L	980kmol	常压三线油分压	$P_{分}$	54kPa
常顶油摩尔数	$n_{常顶}$	1060kmol			405mmHg

16层塔盘上方的气相流率：

$$n_{气}=n_{常顶油}+n_L+n_{水蒸气}=1060+980+760=2801\text{mol}$$

16层塔盘上方内回流油的分压为：

$$P_{分}=P_{总}\times\frac{n_L}{n_{常顶油}+n_L+n_{水蒸气}}=206\times\frac{980}{2801}=72\text{kPa}=541\text{mmHg}$$

根据计算结果，16 层塔盘上方内回流油的分压 541mmHg，低于一个标准大气压，因此需要将常压一线油的平衡气化温度由常压转化为负压下的温度，计算结果如图 2-23 所示。

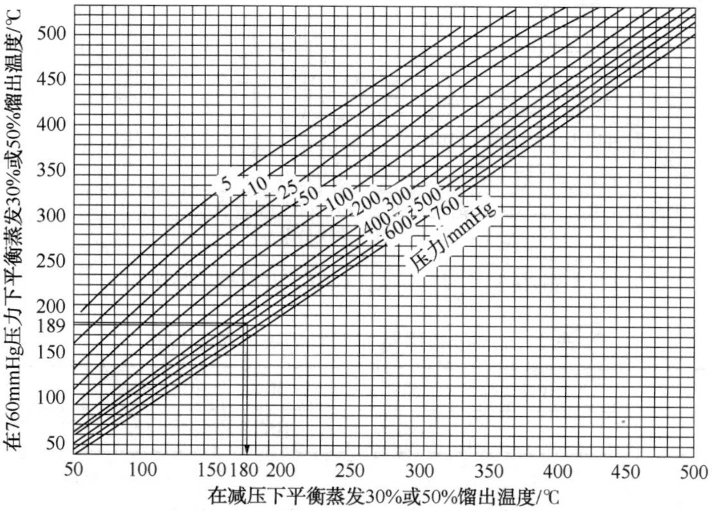

图 2-23　减压下平衡气化馏出温度转化图

常压平衡气化数据转化为负压平衡气化数据见表 2-72。

表 2-72　常压平衡气化数据转化为负压平衡气化数据

1atm EFV→405mmHg EFV						
常二线馏出量/%(体)	0	10	30	50	70	90
1atm EFV	164.3	181.3	188.3	195.3	198	206
405mmHg EFV				175		
线段/%(体)	0~10	10~30	30~50	50	50~70	70~90
1atm EFV	17	7	7		8	8
405mmHg EFV	144	161	168	175		

根据转换数据可以得出，常压一线在 541mmHg 压力下的 0%点温度(泡点温度)为 144℃，与实际情况的 182℃偏差较大，恩氏蒸馏数据的初馏点偏低，需要对常压一线油的初馏点进行校核，将恩氏蒸馏 10%、30%、50%、70%和 90%馏出温度绘制在恩氏蒸馏曲线坐标系内，如图 2-24 所示，外推得到校核后的恩氏蒸馏初馏点为 155℃。

将常压一线油的恩氏蒸馏对应的馏出温度绘制在恩氏蒸馏坐标纸中，利用外延法推测到常压一线油 0%~10%的馏出温度偏差较大，根据曲线校核后常压一线的恩氏蒸馏温度如表 2-73 所示。

利用作图法将常压一线油的恩氏蒸馏数据转化为平衡气化数据，过程如图 2-25 所示。

根据图 2-25 换算后常压一线油平衡气化的 50%点温度为：197.3+0=197.3℃。常压一线油恩氏蒸馏转化为平衡气化见表 2-74。

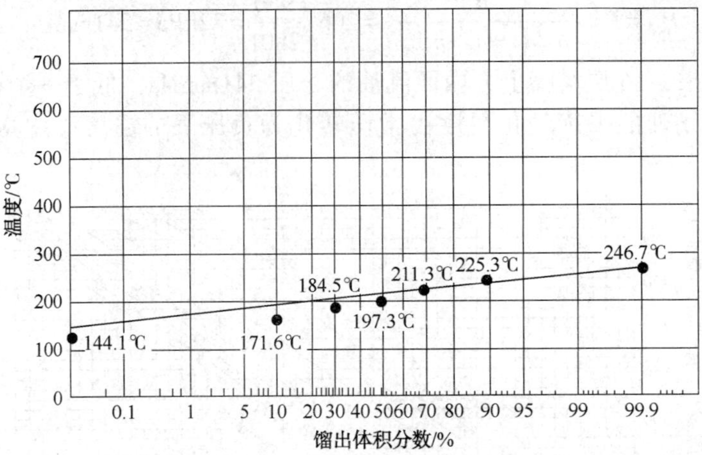

图 2-24　常压一线恩氏蒸馏曲线校核图

表 2-73　校核后常压二线的恩氏蒸馏温度

D86/℃	0%	10%	30%	50%	70%	90%	100%
常一线油	155	175	184.5	197.3	211.3	225.3	246.7

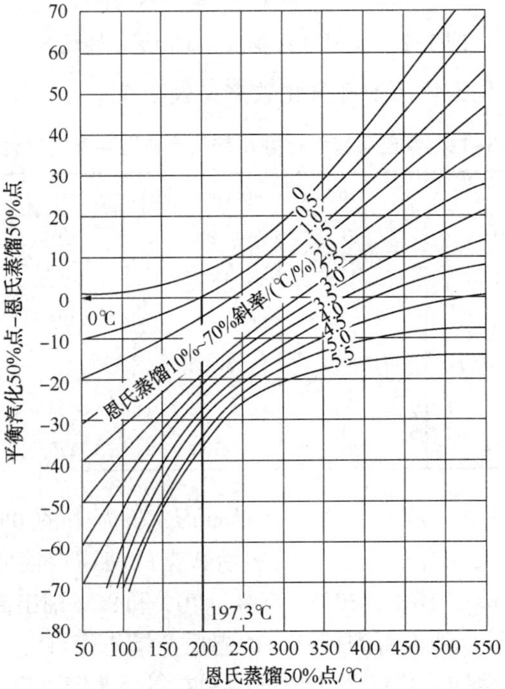

图 2-25　常压恩氏蒸馏 50%点与平衡气化 50%点换算图

已知，校核后常压三线油常压平衡汽化曲线 0%点温度为 173.3℃，50%点温度为 197.3℃，差值为 20℃。在 541mmHg 条件下，查得 50%点温度为 180℃。按照常压、减压各段温度相等的假设，计算得到轻蜡油的泡点温度为 180℃-20℃=160℃。与实际常压二线抽出温度 182℃相差 22℃，基本在误差允许的范围内。

表 2-74　常压一线油恩氏蒸馏转化为平衡气化

1atm ASTM D86→EFV(查图)							
馏出量/%(体)	0	10	30	50	70	90	100
D86/K	155	175	184.5	197.3	211.3	225.3	246.7
EFV/℃				197.3			
线段/%(体)	0~10	10~30	30~50	50	50~70	70~90	90~100
ASTM D86 温差/℃	20	9.5	12.8				
EFV 温差/℃	12	5	7				
EFV/℃	173.3	185.3	190.3	197.3			

3.4.5　校核常压顶馏出温度

常压塔塔顶馏出温度为126℃，本装置常压塔顶无冷回流，塔顶内回流量为0t/h。计算塔顶油气分压。

常压塔顶气相流率：

$$n_{气}=n_{常顶油}+n_{水蒸气}=1060+760=1820\text{mol}$$

常压塔塔顶压力：199kPa

常顶油气分压：

$$P_{分}=P_{总}\times\frac{n_{常顶油}}{n_{常顶油}+n_{水蒸气}}=199\times\frac{1060}{1060+760}=116\text{kPa}=870\text{mmHg}=16.82\text{psi}$$

根据计算结果，常压塔塔顶油气的分压为870mmHg，高于一个标准大气压，因此需要将常顶油的平衡气化温度由高压转化为常压下的温度，计算结果如图2-26所示。

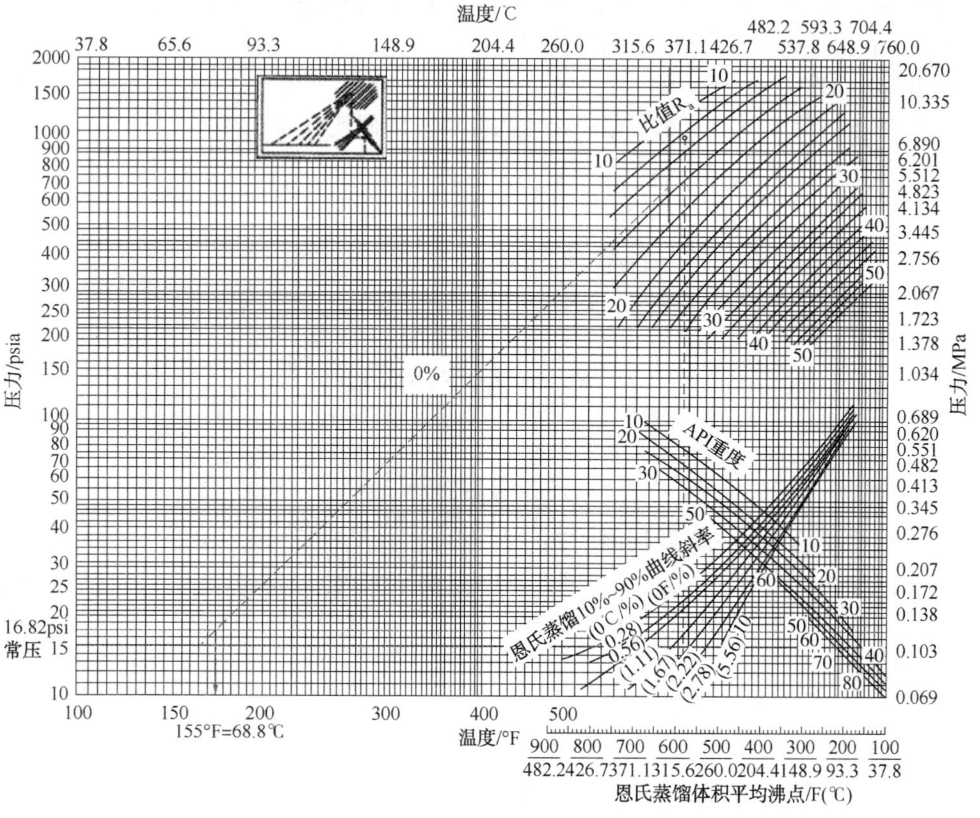

图 2-26　常顶石脑油 P-T-e 图

根据转换数据可以得出，常顶石脑油在 870mmHg 压力下的 0%点温度(露点温度)为 69℃，与实际常顶石脑油平衡气化 0%点温度 74℃偏差 5℃，基本在误差允许的范围内。

3.4.6　常压塔塔顶露点温度计算

通过计算常顶水蒸气的分压，分压条件下水蒸气的饱和温度即为塔顶水蒸气的露点温度，计算如下。

常压塔顶石脑油的摩尔数：

$$n_{油}=\frac{m_{常顶油}}{M_{常顶油}}=\frac{115\times1000}{108}=1065\text{mol/h}$$

常顶水蒸气摩尔数：

$$n_{水蒸气}=\frac{m_{水蒸气}}{M_{水蒸气}}=\frac{15\times1000}{18}=835\text{mol/h}$$

常压塔顶冷回流量：

本装置无塔顶冷回流。

常压塔塔顶压力：

$$98+101.3=199.3\text{kPa}$$

常顶水蒸气的分压：

$$P_{水蒸气}=P_{总}\times\frac{n_{水蒸气}}{n_{水蒸气}+n_{常顶油}}=199.3\times\frac{835}{835+1065}=88\text{kPa}$$

根据《石油化工设计手册》第一卷 P606，在 88kPa 情况下，水蒸气的饱和温度是 96℃，常压塔塔顶温度最低(常顶循返塔温度)117℃，高于水露点温度 21℃，不会形成露点腐蚀。

3.4.7　常压塔气液相负荷

(1) 塔顶内回流

本装置常压塔无塔顶冷回流工艺流程，因此塔顶内回流量为 0t/h。

(2) 常顶循抽出板内回流

常顶循自第 5 层塔板抽出，5 层向下的内回流液体量为 L，自塔底至 6 层塔板上方进行热量平衡计算确定内回流量列入表 2-75，建立隔离体如图 2-27 所示。

常顶循抽出板热量计算如表 2-75 所示。

内回流热量：

$$\Delta Q=(964-917)=47\times10^6\text{kJ/h}$$

内回流量：

$$L=\frac{47}{0.667-0.635}=173\text{t/h}$$

(3) 常压一线抽出板上方塔板内回流

常压一线抽出板上方塔板为 15 层塔板，15 层向下的内回流液体量为 L，自塔底至 16 层塔板上方进行热量平衡计算确定内回流量列入表 2-76，建立隔离体如图 2-28 所示。

内回流热量：

$\Delta Q=(964-927)=37\times10^6\text{kJ/h}$

内回流量：

$$L=\frac{37}{0.69-0.446}=150\text{t/h}$$

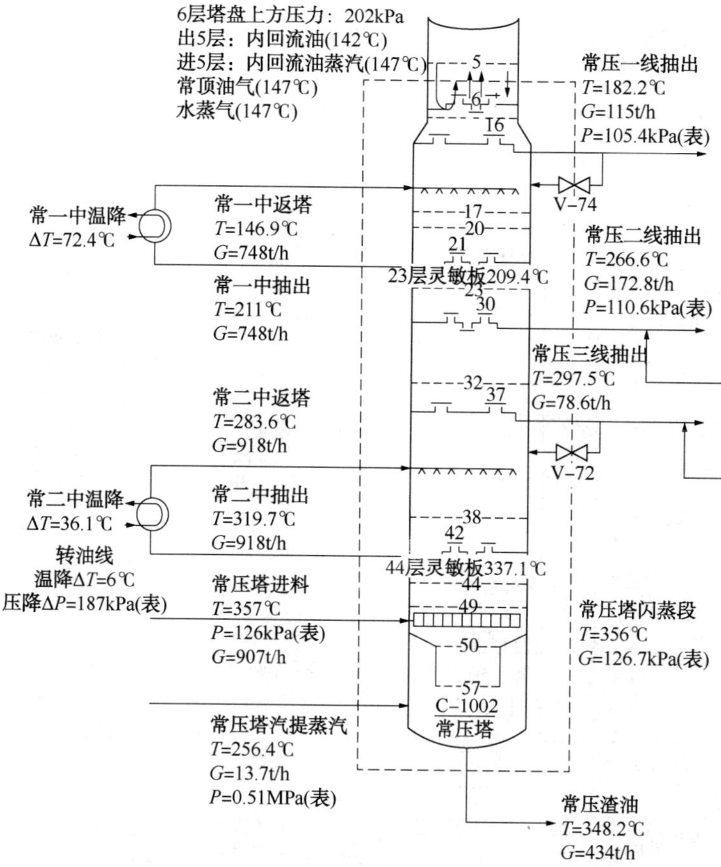

图 2-27　图常压塔底至 6 层塔板上方隔离体

表 2-75　常顶循抽出板热量计算表

5 层塔盘内回流计算							
项目		流量/(t/h)	压力/kPa(绝)	温度/℃	焓/(kJ/kg)		热量/(10^6kJ/h)
					气相	液相	
进料	初底油	903	228	351			919
	汽提蒸汽	15	611	256	2970		45
	内回流	L_0	202	142		364	0. 364L_0
	合计	918+L_0					964+0. 364L_0
出料	汽提蒸汽	15	202	147	2770		42
	内回流	L_0	202	147	635		0. 635L_0
	常顶油	115	202	147	639		73
	常一线	115	206	182		453	52
	常一中	748		211/147			113
	常二线	172	212	267		667	115
	常三线	67	217	298		746	50
	常二中	918		320/284			98
	常底油	434	230	348		860	374
	合计	918+L_0					917+0. 667L_0
内回流量							173

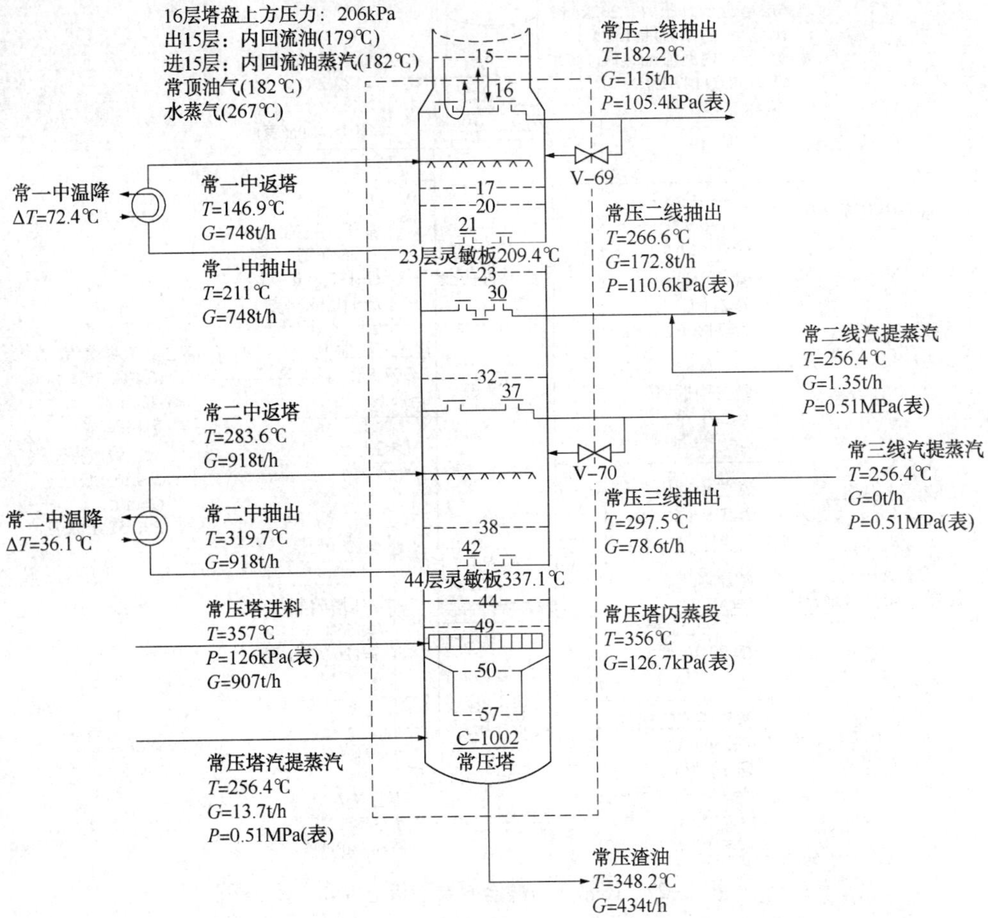

图 2-28　常压塔底至 16 层上方隔离体

表 2-76　常一线抽出板上方塔板热量计算表

15 层塔盘内回流计算							
项目		流量/(t/h)	压力/kPa(绝)	温度/℃	焓/(kJ/kg) 气相	焓/(kJ/kg) 液相	热量/(10^6kJ/h)
进料	初底油	903	228	351			919
	汽提蒸汽	15	611	256	2970		45
	内回流	L_0	206	179		446	$0.446L_0$
	合计	$918+L_0$					$964+0.446L_0$
出料	汽提蒸汽	15	206	182	2835		43
	内回流	L_0	206	182	690		$0.690L_0$
	常顶油	115	206	182	722		83
	常一线	115	206	182		453	52
	常一中	748		211/147			113
	常二线	172	212	267		667	115
	常三线	67	217	298		746	50

续表

15 层塔盘内回流计算							
项目		流量/(t/h)	压力/kPa(绝)	温度/℃	焓/(kJ/kg)		热量/(10^6kJ/h)
					气相	液相	
出料	常二中	918	230	320/284		860	98
	常底油	434		348			374
	合计	$918+L_0$					$927+0.690L_0$
内回流量							150

(4) 常压一线抽出板内回流

常压一线抽自第 16 层塔板抽出，16 层塔盘为全抽出塔板，详见图 2-29。

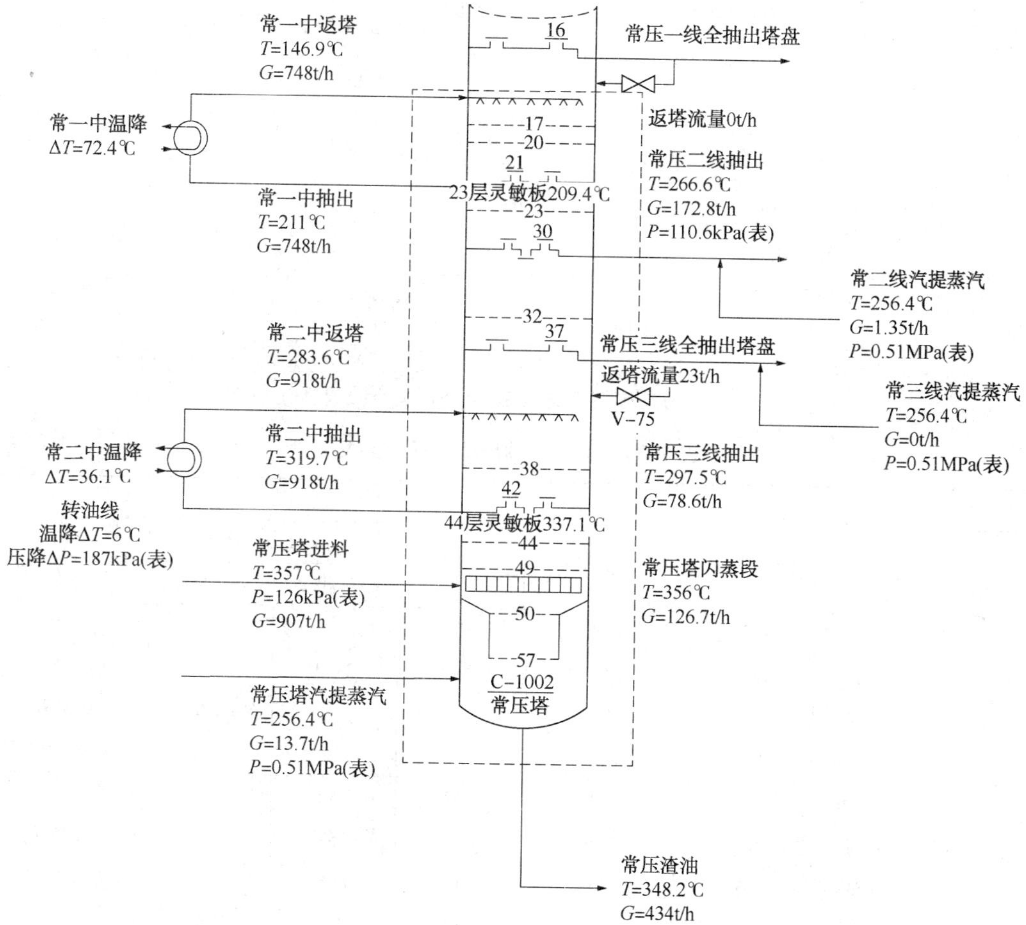

图 2-29　常压塔底至 17 层上方隔离体

常压一线为全抽出塔板(16 层)，塔板的下回流控制阀开度为 0，因此 16 层塔板内回流量为 0t/h。

(5) 常一中抽出塔板内回流

常一中自第 21 层塔板抽出，21 层向下的内回流液体量为 L，自塔底至 22 层塔板上方进行热量平衡计算确定内回流量列入表 2-77，建立隔离体如图 2-30 所示。

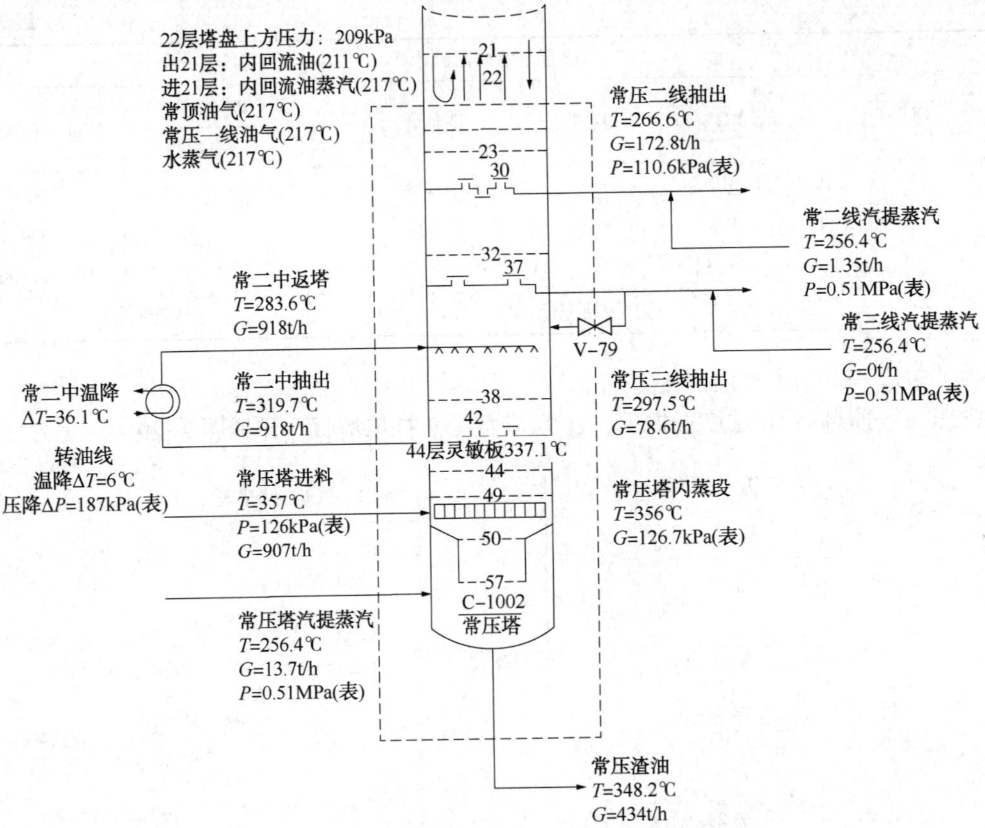

图 2-30　常压塔底至 22 层塔板上方隔离体

表 2-77　常一中抽出板热量计算表

21 层塔盘内回流计算							
项目		流量/(t/h)	压力/kPa(绝)	温度/℃	焓/(kJ/kg)		热量/(10^6kJ/h)
					气相	液相	
进料	初底油	903	228	351			919
	汽提蒸汽	15	611	256	2970		45
	内回流	L_0	209	211		529	$0.529L_0$
	合计	$918+L_0$					$964+0.529L_0$
出料	汽提蒸汽	15	209	217	2906		44
	内回流	L_0	209	217	768		$0.768L_0$
	常顶油	115	209	217	806		92
	常一线	115	209	217	773		89
	常二线	172	212	267		667	115
	常三线	67	217	298		746	50
	常二中	918		320/284			98
	常底油	434	230	348		860	374
	合计	$918+L_0$					$862+0.768L_0$
内回流量							427

内回流热量：

$$\Delta Q=(964-862)=102\times10^{6}\mathrm{kJ/h}$$

内回流量：

$$L=\frac{119}{0.768-0.529}=427\mathrm{t/h}$$

（6）常二线抽出板上方塔板内回流

常压二线抽出板上方塔板为29层塔板，29层向下的内回流液体量为 L，自塔底至30层塔板上方进行热量平衡计算确定内回流量列入表2-78，建立隔离体如图2-31所示。

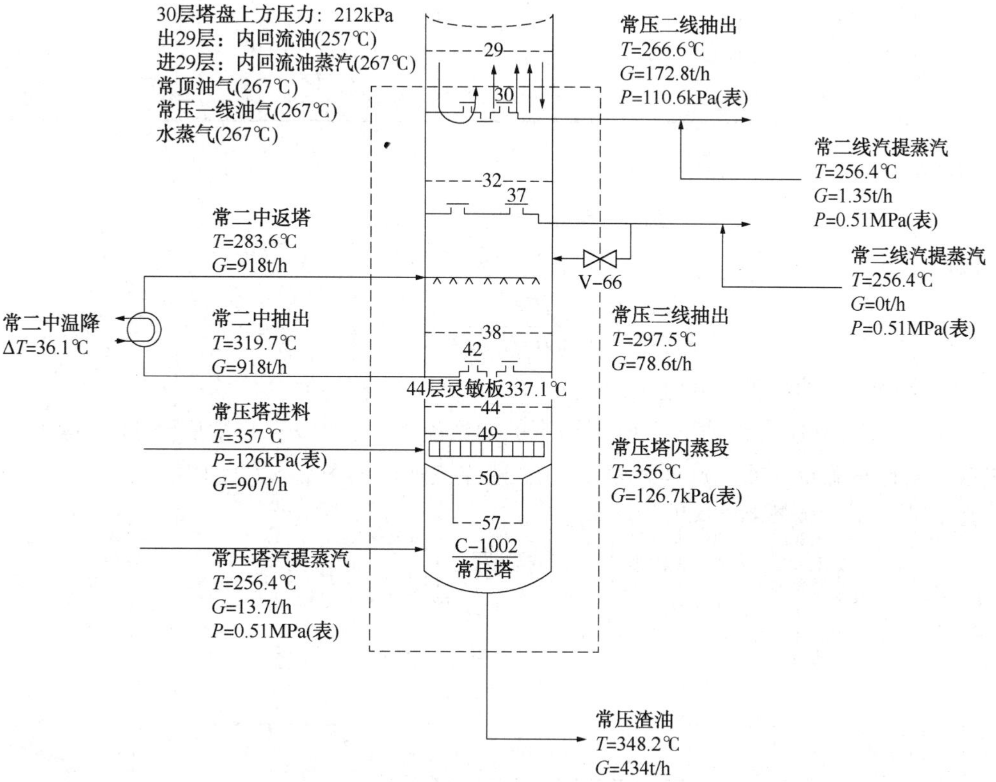

图2-31 常压塔底至30层上方隔离体

表2-78 常二线抽出板上方塔板热量计算表

29层塔盘内回流计算							
项目		流量/(t/h)	压力/kPa(绝)	温度/℃	焓/(kJ/kg) 气相	焓/(kJ/kg) 液相	热量/(10^6kJ/h)
进料	初底油	903	228	351			919
	汽提蒸汽	15	611	256	2970		45
	内回流	L_0	212	257		643	$0.643L_0$
	合计	$918+L_0$					$964+0.643L_0$
出料	汽提蒸汽	15	212	267	3008		45
	内回流	L_0	212	267	863		$0.863L_0$
	常顶油	115	212	267	937		107

续表

29层塔盘内回流计算							
项目		流量/(t/h)	压力/kPa(绝)	温度/℃	焓/(kJ/kg)		热量/(10^6kJ/h)
					气相	液相	
出料	常一线	115	212	267	885		102
	常二线	172	212	267		667	115
	常三线	67	217	298		746	50
	常二中	918		320/284			98
	常底油	434	230	348		860	374
	合计	$918+L_0$					$891+0.869L_0$
内回流量							330

内回流热量：

$$\Delta Q=(964-891)=73\times10^6\text{kJ/h}$$

内回流量：

$$L=\frac{73}{0.869-0.643}=330\text{t/h}$$

(7) 常压二线抽出板内回流

常压二线自30层塔盘抽出，30层向下的内回流液体量为L，自塔底至31层塔板上方进行热量平衡计算确定内回流量列入表2-79，建立隔离体如图2-32所示。

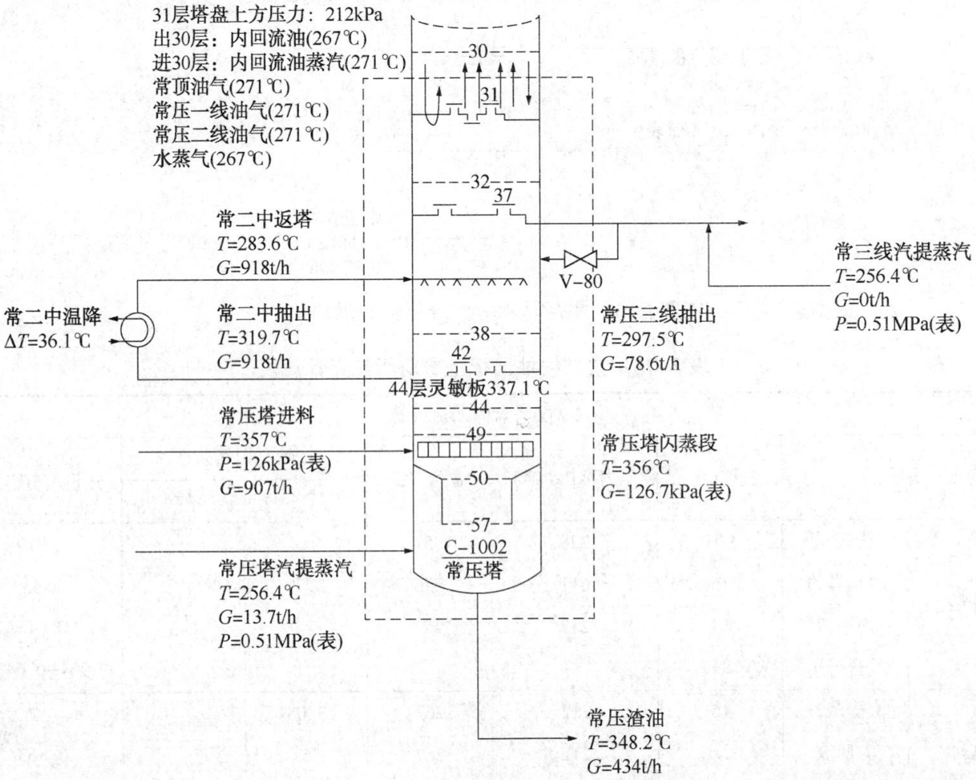

图2-32　常压塔底至31层上方隔离体

表 2-79　常二线抽出板热量计算表

30 层塔盘内回流计算							
项目		流量/(t/h)	压力/kPa(绝)	温度/℃	焓/(kJ/kg)		热量/(10^6kJ/h)
					气相	液相	
进料	初底油	903	228	351			919
	汽提蒸汽	15	611	256	2970		45
	内回流	L_0	212	267		667	$0.667L_0$
	合计	$918+L_0$					$964+0.667L_0$
出料	汽提蒸汽	15	212	271	3016		46
	内回流	L_0	212	271	874		$0.874L_0$
	常顶油	115	212	271	949		109
	常一线	115	212	271	908		104
	常二线	172	212	271	880		152
	常三线	67	217	298		746	50
	常二中	918		320/284			98
	常底油	434	230	348		860	374
	合计	$918+L_0$					$932+0.874L_0$
内回流量							156

内回流热量：

$$\Delta Q=(964-932)=32\times10^6\text{kJ/h}$$

内回流量：

$$L=\frac{32}{0.874-0.667}=156\text{t/h}$$

(8) 常三线抽出板上方塔板内回流

常压三线抽出板上方塔板为 36 层塔板，36 层向下的内回流液体量为 L，自塔底至 37 层塔板上方进行热量平衡计算确定内回流量列入表 2-80，建立隔离体如图 2-33 所示。

表 2-80　常三线抽出板上方塔板热量计算表

36 层塔盘内回流计算							
项目		流量/(t/h)	压力/kPa(绝)	温度/℃	焓/(kJ/kg)		热量/(10^6kJ/h)
					气相	液相	
进料	初底油	903	228	351			919
	汽提蒸汽	14	611	256	2970		41
	内回流	L_0	216	293		735	$0.735L_0$
	合计	$917+L_0$					$960+0.735L_0$
出料	汽提蒸汽	14	217	298	3071		42
	内回流	L_0	217	298	895		$0.895L_0$
	常顶油	115	217	298	1013		116
	常一线	115	217	298	945		109
	常二线	172	217	298	913		157

续表

36层塔盘内回流计算

项目		流量/(t/h)	压力/kPa(绝)	温度/℃	焓/(kJ/kg)		热量/(10^6kJ/h)
					气相	液相	
出料	常三线	67	217	298		746	50
	常二中	918		320/284			98
	常底油	434	230	348		860	374
	合计	917+L_0					946+0.895L_0
内回流量							86

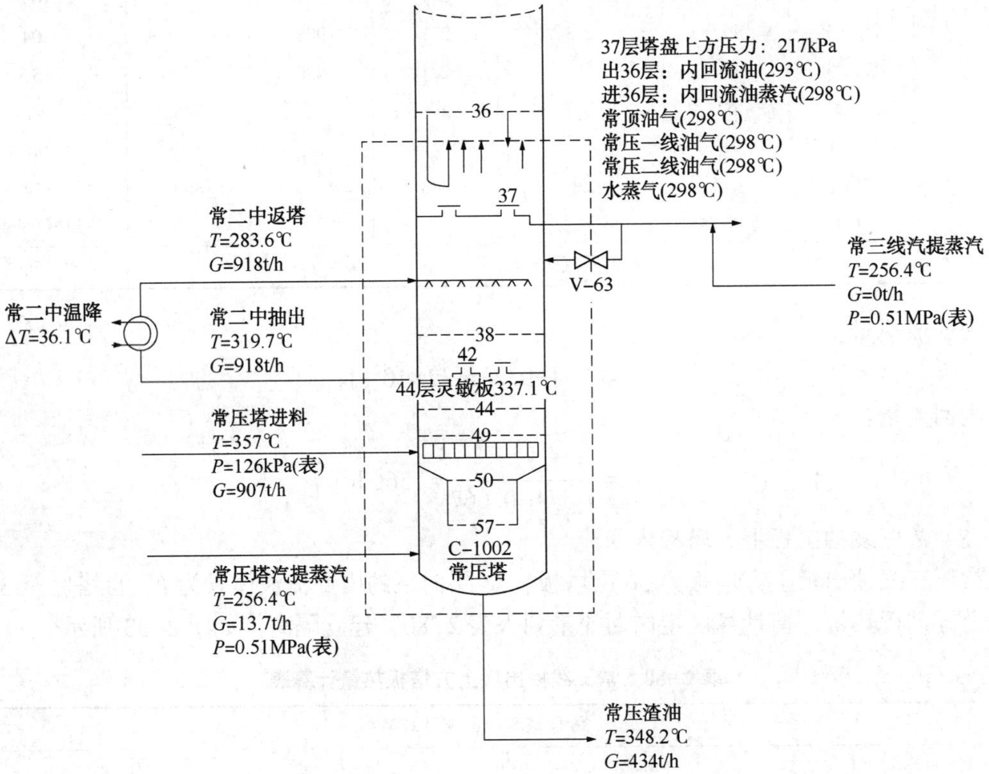

图2-33　常压塔底至37层上方隔离体

内回流热量：

$$\Delta Q=(960-946)=14\times10^6\text{kJ/h}$$

内回流量：

$$L=\frac{14}{0.895-0.735}=86\text{t/h}$$

(9) 常压三线抽出板内回流

常压三线自37层塔盘抽出，37层为全抽出塔盘。常压塔底至38层上方隔离体，如图2-34所示。

常压三线为全抽出塔板，即37层塔板，该塔板下回流量为23t/h，因此该塔板的内回流量即为23t/h。

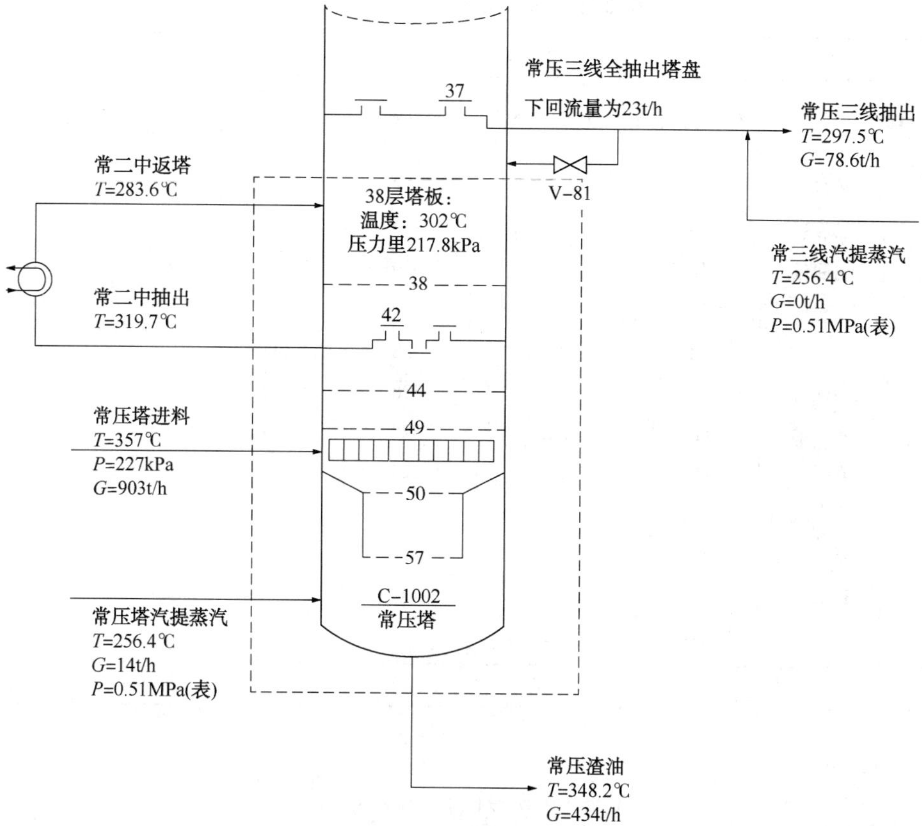

图 2-34　常压塔底至 38 层上方隔离体

（10）常二中抽出板内回流

常二中自 42 层塔板抽出，42 层向下的内回流液体量为 L，自塔底至 43 层塔板上方进行热量平衡计算确定内回流量列入表 2-81，如图 2-35 为隔离体。

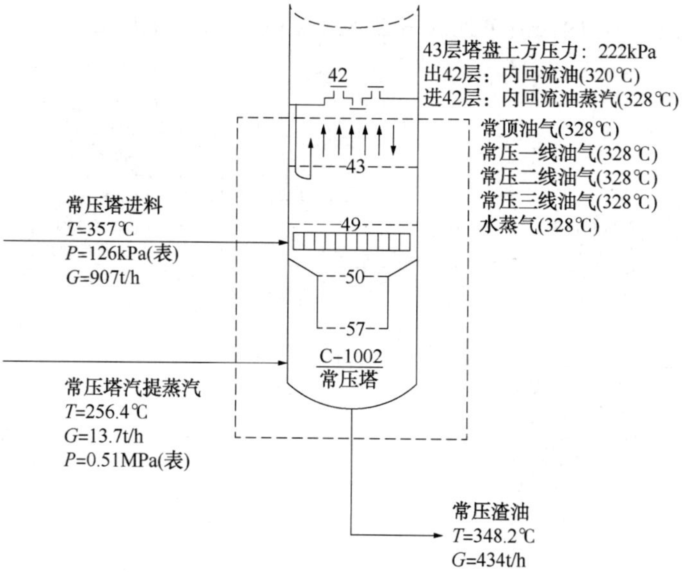

图 2-35　常压塔底至 43 层上方隔离体

表 2-81　常二中抽出板热量计算表

42 层塔盘内回流计算							
项目		流量/(t/h)	压力/kPa(绝)	温度/℃	焓/(kJ/kg)		热量/(10^6kJ/h)
					气相	液相	
进料	初底油	903	228	351			919
	汽提蒸汽	14	611	256	2970		41
	内回流	L_0	222	320		810	$0.81L_0$
	合计	$917+L_0$					$960+0.81L_0$
出料	汽提蒸汽	14	222	328	3134		43
	内回流	L_0	222	328	1012		$1.012L_0$
	常顶油	115	222	328	1109		127
	常一线	115	222	328	1063		122
	常二线	172	222	328	1032		178
	常三线	67	222	328	1018		68
	常底油	434	230	348		860	374
	合计	$917+L_0$					$912+1.012L_0$
内回流量							236

内回流热量：

$$\Delta Q=(960-912)=48\times10^6\text{kJ/h}$$

内回流量：

$$L=\frac{48}{1.012-0.81}=236\text{t/h}$$

(11) 常压塔 48 层塔板内回流

常压塔进料段上方为 48 层塔板，48 层向下的内回流液体量为 L，自塔底至 49 层塔板上方进行热量平衡计算确定内回流量列入表 2-82，建立隔离体如图 2-36 所示。

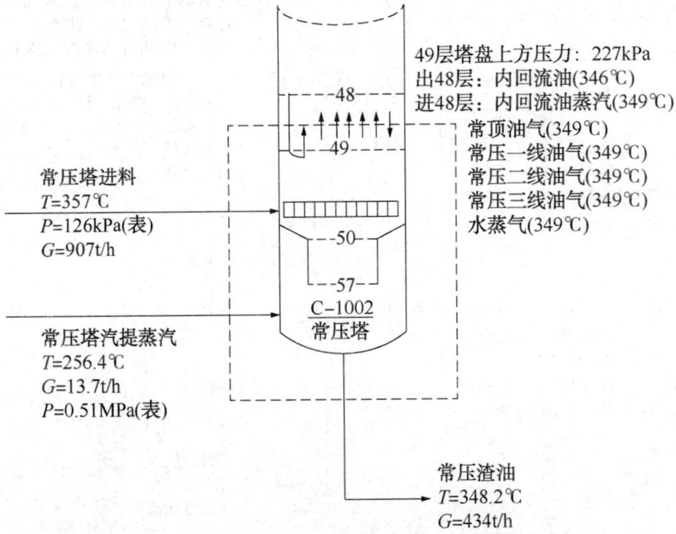

图 2-36　常压塔底至 49 层上方隔离体

表 2-82　常压塔 48 层热量计算表

48 层塔盘内回流计算							
项目		流量/(t/h)	压力/kPa(绝)	温度/℃	焓/(kJ/kg)		热量/(10^6kJ/h)
					气相	液相	
进料	初底油	903	228	351			919
	汽提蒸汽	14	611	256	2970		41
	内回流	L_0	227	346		880	0.88L_0
	合计	917+L_0					960+0.88L_0
出料	汽提蒸汽	14	227	349	3177		44
	内回流	L_0	227	349	1050		1.05L_0
	常顶油	115	227	349	1170		134
	常一线	115	227	349	1122		129
	常二线	172	227	349	1090		188
	常三线	67	227	349	1076		72
	常底油	434	230	348		860	374
	合计	917+L_0					940+1.05L_0
内回流量							115

内回流热量：

$$\Delta Q=(960-940)=20\times10^6\text{kJ/h}$$

内回流量：

$$L=\frac{20}{1.05-0.88}=115\text{t/h}$$

(12) 常压塔进料上方塔板内回流

常压塔进料上方 49 层塔板的内回流包含两部分，一部分是全塔的过汽化油，另一部分是提馏段气化量，常压塔过汽化油已在加热炉出口与常压塔气化段等焓过程中计算出来，即过汽化油量为 57t/h，图 2-37 为计算提馏段过汽化量。

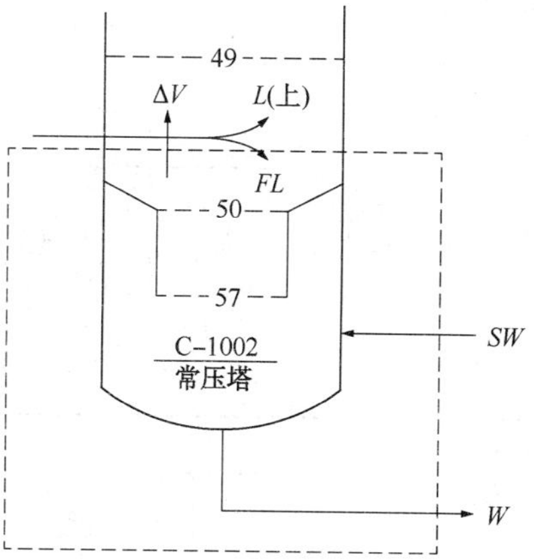

图 2-37　常压塔底至 50 层上方隔离体

根据物料进出平衡原理：

$$F_L+L_上=W+\Delta V$$

$$L_上=\Delta V+\Delta E$$

式中　ΔE——过气化量，t/h；

ΔV——提馏段汽提量，t/h；

W——塔底物流，t/h；

$L_上$——进料段上层塔板液流量，t/h。

$$F_L+\Delta E=W\rightarrow F_L=W-\Delta E=434-57=377\text{t/h}$$

进料段热量平衡计算如表 2-83 所示。

提馏段气化量：

$$420+0.883\Delta V=417+1.055\Delta V$$

$$\Delta V=\frac{420-417}{1.055-0.883}=18\mathrm{t/h}$$

进料段 49 层塔板的内回流:

49 层塔板内回流=过汽化油+提馏段气化量=37+14=51t/h

表 2-83 进料段热量平衡计算表

进料段热平衡计算							
项目		流量/(t/h)	压力/kPa(绝)	温度/℃	焓/(kJ/kg)		热量/(10^6kJ/h)
					气相	液相	
进料	F_L	377	228	351		869	328
	ΔE	57	228	349		904	52
	ΔV	ΔV	228	349		883	$0.883\Delta V$
	S_W	14	611	256	2970		41
	合计	$448+\Delta V$					$420+0.883\Delta V$
出料	S_W	14	228	351	3179		44
	W	434	230	348		860	374
	ΔV	ΔV	228	351	1055		$1.055\Delta V$
	合计	$448+\Delta V$					$417+1.055\Delta V$
提馏段汽化量							18

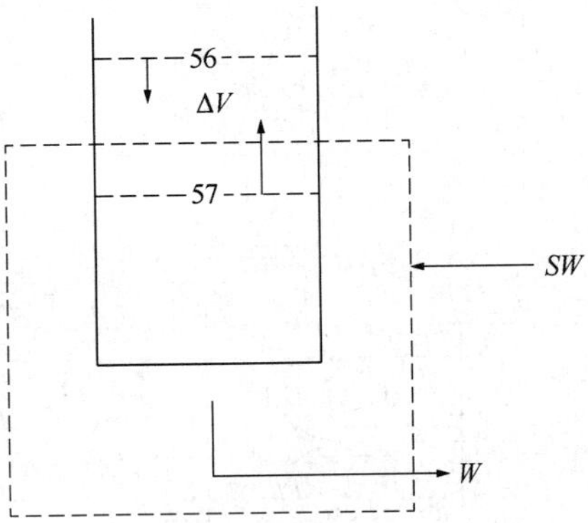

图 2-38 常压塔底至 57 层上方隔离体

(13) 50 层塔板内回流计算

进料板下方 50 层塔板，50 层塔板的内回流即:

50 层塔板内回流=进料液相量 F_L+过汽化油量 ΔE+提馏段气化量 ΔV=398+37+14=448t/h

(14) 56 层塔板内回流计算

自常压塔塔底至 57 层上方建立隔离体如图 2-38 所示。

56 层塔板内回流计算如表 2-84 所示。

内回流量:

$$\Delta V=\frac{436-41}{0.864}=436\mathrm{t/h}$$

表 2-84 56 层塔板热平衡计算

56 层塔盘内回流计算							
项目		流量/(t/h)	压力/kPa(绝)	温度/℃	焓/(kJ/kg)		热量/(10^6kJ/h)
					气相	液相	
进料	56 层内回流	ΔV	230	349		864	$0.864\Delta V$
	汽提蒸汽	14	611	256	2970		41
	合计	$13.7+\Delta V$					$41+0.864\Delta V$
出料	塔底物流	434	230	348		860	374
	汽提蒸汽	14	230	348	3175		43
	合计	$450+\Delta V$					417
内回流量							436

（15）57层塔板液相内回流

57层塔板液相内回流即为塔底常压渣油量：434t/h。

（16）常压塔液相负荷分布

常压塔主要截面的液相负荷见表2-85。

表2-85 常压塔主要截面液相负荷表

塔盘	液相内回流				
	液相流量/(t/h)	相对分子质量/(g/mol)	密度/(kg/m³)	液相体积流量/(m³/h)	摩尔流量/(kmol/h)
0	0	108	648	0	0
1	11	112	650	18	102
5	173	112	650	267	1549
15	150	151	672	223	990
16	0	155	674	0	0
17	27	161	675	41	171
21	427	161	676	631	2650
22	374	167	676	553	2240
29	330	209	679	486	1578
30	156	215	678	230	724
31	140	222	678	206	630
36	86	258	681	126	334
37	23	265	682	34	87
42	236	276	686	345	858
43	180	286	690	260	627
49	75	350	714	105	214
50	452	360	718	629	1255
57	434	434	747	582	1001

注：① 常压塔主要截面液相负荷仅为内回流液相负荷；②0和16块塔板的内回流量为0t/h，主要原因为塔顶无冷回流和常压一线的下回流量为0t/h

气相负荷主要包含三部分：

① 该层塔板下方入塔的全部汽提蒸汽；

② 通过该截面上升的全部产品油气；

③ 该截面上升的内回流蒸汽。

以常压塔第2块板为例进行说明：

① 第2块板下方的汽提蒸汽为15t/h；

② 通过第2块板上升的全部产品油气为常顶石脑油115t/h；

③ 该层板上升的内回流蒸汽等于第一块板的内回流油即11t/h。

第2块塔板的气相负荷即：15+115+11=141t/h

常压塔主要截面的气相负荷如表2-86所示。

表 2-86 常压塔主要截面气相负荷表

塔盘	气相负荷计算							
	气相摩尔流量/(kmol/h)	气相负荷/(t/h)	产品量/(t/h)	产品摩尔流量/(kmol/h)	内回流量/(t/h)	内回流摩尔流量/(kmol/h)	水蒸气质量/(t/h)	水蒸气摩尔量/(kmol/h)
0	1895	130	115	1060	0	0	15	835
1	1895	130	115	1060	0	0	15	835
5	1897	130	115	1060	0	2	15	835
15	2905	282	115	1060	153	1009	15	835
16	2860	279	115	1060	150	965	15	835
17	2637	245	230	1802	0	0	15	835
21	2710	256	230	1802	12	73	15	835
22	5193	671	230	1802	427	2555	15	835
29	4327	598	230	1802	353	1689	15	835
30	4171	574	230	1802	330	1534	15	835
31	3338	400	230	1802	156	701	15	835
36	3829	535	402	2603	120	465	14	760
37	3688	502	402	2603	86	325	14	760
42	3654	493	469	2857	10	36	14	760
43	4443	719	469	2857	236	826	14	760
49	3945	597	469	2857	115	328	14	760
50	1024	88	0	0	75	264	14	760
57	760	14	0	0	0	0	14	760

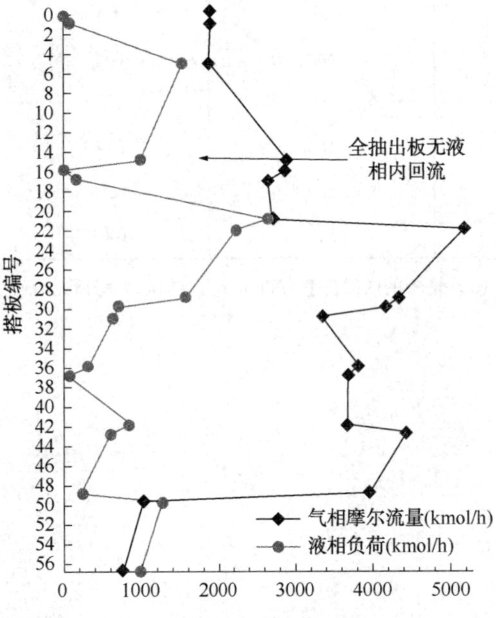

图 2-39 常压塔气液相负荷分布图

常压塔主要截面的气液相负荷分布见图 2-39。

由常压塔气液相负荷分布图可见，常压塔上部和下部塔板气、液相负荷分布较为均匀，常压塔中部气、液相负荷较大，其中第 21 层塔板(常一中抽出板)的气、液相负荷最大，建议增加常二中段循环取热量，进一步均衡全塔气、液相负荷，同时可以增加高温度位热源取热量，有利于提高加热炉换热终温。

常压塔塔顶和 0 层塔板(常压塔顶)的液相负荷为 0t/h。主要原因是本装置常压塔无塔顶冷回流，因此塔顶液相内回流负荷为 0t/h。常压一线抽出板(16 层塔板)为全抽出塔板，该板的下回流控制阀开度为 0，即该板的内回流量为 0t/h。

本装置常压塔采用壳牌干塔操作理念，因此塔顶不设冷回流，以达到工艺防腐并降低塔顶低温部位材质等级的目的。常压一线汽提塔抽出板的内回流量为 0t/h，主要原因是本装置对常压一线产品的终馏点无指标要求，仅要求常压一线的冰点指标设限(≤-55℃)，以追求常压一线的收率最大化。

4 常压塔塔板水力学计算

4.1 塔板水力学参数

选择常压塔第16层塔板计算水力学，原因如下。

① 本装置常压塔在操作末期经常出现常压一线汽提塔液位波动大不易控制的异常情况，根据以往操作经验，需要降低常压一线油的抽出温度，即降低常压一线油收率才能稳定操作。

② 常压塔第16块塔板为全抽出塔板，而且该层塔板的下回流控制阀开度为0%，造成16层塔板的液相内回流为0t/h。

③ 常压塔在此处缩颈，由8m缩颈至6.1m。

选择此该塔板进行水力学计算，可以更好地了解此层塔板的水力学性质，帮助分析问题以及设计缩颈的初衷。

根据常压塔相关计算结果，列出常压塔第16层塔板的相关水力学参数见表2-87。

表2-87 16层塔板水力学计算参数

序号	塔板项目	符号	数据
1	塔径	Dc	6.1m
2	塔板间距	Ht	0.6m
3	堰高	h_W	0.05m
4	溢流堰长	l	3.71m
5	浮阀开孔率	φ	11.19%
6	降液管底隙高度	h_b	0.04m
7	降液管面积	F_d	0.878m²
8	鼓泡区面积	S_g	83.04%
9	流程数	n	2
10	液体质量流量	L	149573kg/h
11	气体质量流量	G	244635kg/h
12	气体体积流量 m³/h	V_S	48976m³/h
13	液体体积流量 m³/h	V_L	223m³/h
14	液体密度	ρ_L	671kg/m³
15	气体密度	ρ_G	4.99kg/m³
16	特性因数	K	11.82
17	临界温度	Tc	660K
18	体系温度	T	452K
19	液体表面张力	σ_1	14.4mN/m
20	气体黏度	μ_0	0.011cP
21	16层板温度	t_{16}	182℃
22	16层板压力	P_{16}	206kPa

(1) 液体质量流量

液体质量流量为15层塔板的液相内回流量，即149573kg/h(常压塔能量平衡计算得到)

(2) 液体体积流量

$$液体体积流量=\frac{液体质量流量}{液体密度}=\frac{149573}{671\times3600}=0.06m^3/h$$

（3）液体密度

根据《冷换设备工艺计算手册》第二版附表 1-7，油品性质计算公式：

$$\rho = T\times(1.307\times\rho_1-1.817+973.86\times\rho_1+36.34)$$

$$\rho = 182\times(1.307\times0.79-1.817)+973.86\times0.79+36.34=671\text{kg/m}^3$$

式中：ρ_1 为 15 层塔盘回流密度，kg/m^3。

（4）气体质量流量

气体质量流量为 16 层塔板下方气体流量之和（内回流量为 0t/h）：

常顶石脑油+常压一线油+汽提蒸汽＝114500+115035+15100＝244635kg/h

（5）气体体积流量

气体体积采用理想气态方程进行计算，以常顶石脑油为例进行说明。

根据理想气态方程。

$$PV=n\text{R}T\rightarrow V=\frac{n\text{R}T}{P}$$

根据 16 层的温度为 182℃、压力为 206kPa 计算：

$$V=\frac{n\text{R}T}{P}=\frac{1060\times1000\times8.314\times(182+273)}{206\times1000\times3600}=5.46\text{m}^3/\text{s}$$

式中，P 为气体绝对压降，Pa；V 为气体的体积，m^3；T 为气体的热力学温度，K；n 为气体的物质的量，mol；R 为理想气体常数。

气体体积流量＝常顶油流量+常一线油流量+水蒸气流量＝5.46+4.32+3.82＝13.6m^3/s

（6）气体密度

$$\text{气体密度}=\frac{\text{气体质量流量}}{\text{气体体积流量}}=\frac{244635}{48976}=4.99\text{kg/m}^3$$

4.2 流动参数

根据《化工原理》[10]第二版（天大版）P163，流动参数根据计算公式：

$$F_{lv}=\frac{L}{G}\sqrt{\frac{\rho_G}{\rho_L}}=\frac{149573}{244635}\times\sqrt{\frac{4.99}{671}}=0.05$$

根据《蒸馏技术进展与应用》[11] P315 公式 2.1.3-1/2，空塔气速根据计算公式：

$$D_\text{C}=\sqrt{\frac{4V_\text{s}}{\pi u_\text{N}}}\rightarrow u_\text{N}=\frac{4V_\text{s}}{\pi\cdot D_\text{C}^2}=\frac{4\times13.6}{3.14\times6.1^2}=0.47\text{m/s}$$

4.3 空塔 C 因子

根据《蒸馏技术进展与应用》P329 公式 2.2.5-2，空塔 C 因子计算公式：

$$C_\text{S}=U_\text{N}\sqrt{\frac{\rho_\text{V}}{\rho_\text{L}-\rho_\text{V}}}$$

式中，U_N为基于全塔总截面积的操作气速。

$$C_\text{S}=U_\text{N}\sqrt{\frac{\rho_\text{V}}{\rho_\text{L}-\rho_\text{V}}}=0.47\times\sqrt{\frac{4.99}{671-4.99}}=0.04$$

4.4 空塔 *F* 因子

根据《蒸馏技术进展与应用》P329 公式 2.2.5-1，空塔 F 因子计算公式：

$$F_\text{N}=U_\text{N}\sqrt{\rho_\text{G}}=0.47\times\sqrt{4.99}=1.04$$

4.5 空塔临界气速

根据《蒸馏技术进展与应用》P316 公式 2.1.3-3，空塔气速的极限 U_{max} 计算公式：

$$U_{max}=C\sqrt{\frac{\rho_L-\rho_G}{\rho_G}}$$

式中，C 为负荷因子。

不同分离空间下负荷系数与动能参数的关系见图 2-40。

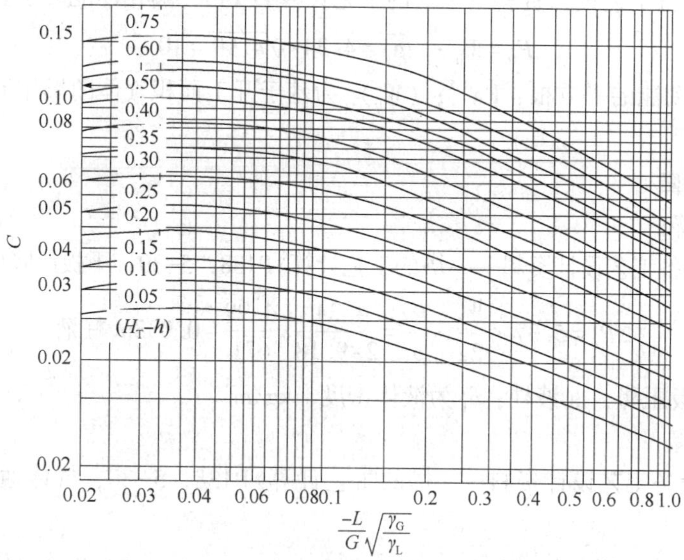

图 2-40 不同分离空间下负荷系数与动能参数的关系

经计算 $H_T-h_L=0.6-0.07=0.53$m

液气动能参数：

$$\frac{L}{G}\sqrt{\frac{\rho_G}{\rho_L}}=\frac{108446}{244635}\times\sqrt{\frac{4.99}{671}}=0.05$$

根据图 2-40 得到，表面张力 $\sigma=2\times10^{-4}$N/cm 时的 C 值为 0.12。

根据《蒸馏技术进展与应用》P316 公式 2.1.3-4，表面张力 C 值的计算公式：

$$\frac{C_{2\times10^{-4}}}{C_\sigma}=\left(\frac{2\times10^{-4}}{\sigma}\right)^{0.2}=\frac{0.12}{C_\sigma}=\left(\frac{2\times10^{-4}}{1.44\times10^{-4}}\right)^{0.2}\rightarrow C_\sigma=0.11$$

根据计算得到负荷因子 C，进而求得临界空塔气速：

$$U_{max}=C\sqrt{\frac{\rho_L-\rho_G}{\rho_G}}=0.11\times\sqrt{\frac{671-4.99}{4.99}}=1.30\text{m/s}$$

4.6 降液管液流强度

根据《蒸馏技术进展与应用》P329，2.2.5-8，溢流强度公式：

$$W_1=\frac{V_1}{l}$$

式中：W_1 为溢流强度，$m^3/(h\cdot m)$；V_1 为液体的体积流量，m^3/h；l 为出口堰长，m。

单溢流液体体积流量：

$$单溢流液体体积流量=\frac{液体体积流量}{流程数}=\frac{223}{2}=111.5m^3/h$$

$$液流强度=\frac{溢流液体体积}{溢流堰长}=\frac{111.5}{3.71}=30.04m^3/(m\cdot h)$$

4.7 阀孔 *F* 因子

根据《炼油设备工艺设计资料——塔的工艺计算》[12] P133，5-14，阀孔气速公式：

$$(W_h)_c=\left(\frac{72.8}{\rho_v}\right)^{0.548}=\left(\frac{72.8}{4.99}\right)^{0.548}=4.34m/s$$

根据《炼油设备工艺设计资料——塔的工艺计算》P143，阀孔动能因子公式：

$$F_0=W_h\cdot\sqrt{\rho_v}=4.34\times\sqrt{4.99}=10$$

式中，F_0 为气相动能的平方根，$Pa^{0.5}$；$(W_h)_c$ 为基于开工面积气体的操作流速，m/s；ρ_v 为气体密度，kg/m^3。

4.8 塔板压降

（1）干板压降

根据《炼油设备工艺设计资料——塔的工艺计算》P138，5-30，干板压降(阀全开后)公式：

$$\Delta P_d=5.37\cdot\frac{W_h^2}{2g}\cdot\frac{\rho_v}{\rho_l}=\frac{4.34^2}{2\times9.18}\times\frac{4.99}{671}=0.038m\ 柱液$$

式中，ΔP_d 为干板压降，m 液柱；ρ_l 为液体密度，kg/m^3。

（2）液层压降

根据《炼油设备工艺设计资料——塔的工艺计算》P138，5-30，气体通过塔板上液层的压力降公式：

$$\Delta P_{vl}=0.4h_w+2.35\times10^{-3}\left(\frac{3600V_l}{l}\right)^{\frac{2}{3}}=0.4\times0.05+2.35\times10^{-3}\left(\frac{3600\times111.5}{3.71}\right)^{\frac{2}{3}}$$

$$=0.043m\ 柱液$$

式中，ΔP_{vl}为液层压降，m 液柱；h_w 为堰高，m；l 为出口堰长，m。

（3）液层表面张力压降

根据《炼油设备工艺设计资料——塔的工艺计算》P138，5-33，液层表面张力造成的压力降公式：

$$\Delta P_0=\frac{2\cdot\sigma_L}{h_0\cdot r_1}\approx0$$

式中，ΔP_0 为液层表面张力压降，m 液柱；σ_L 为液体表面张力，kg/m；h_0 为浮阀最大开度，m。

（4）总压降

根据《炼油设备工艺设计资料——塔的工艺计算》P139，5-35，气体通过塔板总压降

$$\Delta P_t=\Delta P_d+\Delta P_0+\Delta P_{vl}=0.038+0.043+0=0.081m\ 柱液$$

4.9 降液管液泛百分数

4.9.1 Choke Flooding

$$Choke\ flooding=\frac{U_{top}}{U_{dct}}$$

$$U_{top}=\frac{降液管体积流量}{降液管面积}=\frac{111.5}{0.878}=127m/h=0.035m/s$$

$$气液密度差=液体密度-气体密度=671-4.99=666kg/m^3$$

降液管液体最大流量关系见图 2-41。

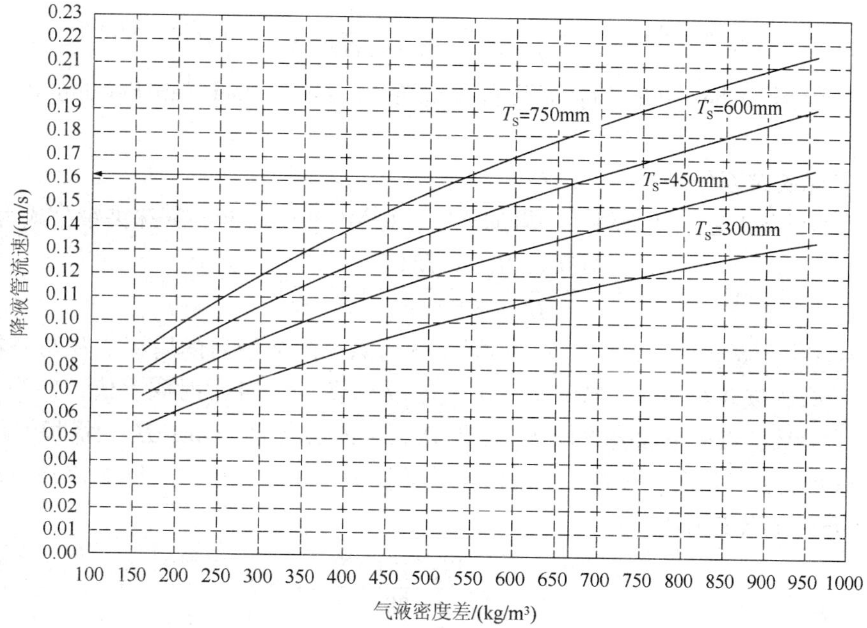

图 2-41　降液管液体最大流量

根据图 2-41 得到降液管液体最大流速为 $U_{dct}=0.16m/s$

$$\text{Choke Flooding}=\frac{U_{top}}{U_{dct}}=\frac{0.035}{0.16}=0.2188=21.88\%$$

4.9.2　Back-up Flooding

$$\text{Back-up Flooding}=\frac{h_{DC}}{0.5(H_T+h_w)}$$

(1) 塔板总压降(根据 4.8 计算结果)

$$\Delta P_t=\Delta P_d+\Delta P_0+\Delta P_{vl}=0.038+0.043+0=0.081\text{m 柱液}$$

(2) 液体经过降液管底隙产生的阻力降

方法一、课件资料

$$\Delta P_{dk}=16.51\times\left(\frac{Q_L}{1097A_{DCE}}\right)^2=16.51\times\left(\frac{111.5}{1097\times0.878}\right)^2=0.221\text{mm}$$

式中，ΔP_{dk}为降液管阻力降，mm；A_{DCE}为降液管底面积，m^3。

方法二、根据《炼油设备工艺设计资料——塔的工艺计算》P140，降液管底隙产生的阻力降

$$\Delta P_{dk}=0.153\ (W_b)^2=0.153\times0.26^2=0.007\text{m 柱液}=7\text{mm}$$

式中，ΔP_{dk}为降液管阻力降，mm；W_b 为降液管底缘出口处流速，一般取 0.1~0.3m/s(易发泡取小值)。

(3) 堰上清液层高度

$$h_{ow}=2.84\cdot E\cdot\left(\frac{V_l}{l}\right)^{\frac{2}{3}}=2.84\times1\times\left(\frac{111.5}{3.71}\right)^{\frac{2}{3}}=27.72\text{mm}$$

式中，E 为液流收缩系数，对圆形降液管 $E=1$，mm。

$$h_{DC}=\Delta P_t+\Delta P_{dk}+h_c=81+0.221+27.72=109\text{mm}$$

$$\text{Back-up Flooding}=\frac{h_{DC}}{0.5(H_T+h_w)}=\frac{109}{0.5\times(600+50)}=0.336=33.6\%$$

根据计算数据，Choke Flooding 液泛百分数为 21.88%，Back-up Flooding 液泛百分数为 33.6%。

4.10 雾沫夹带百分数

根据《炼油设备工艺设计资料——塔的工艺计算》P139，5-36，雾沫夹带公式为：

$$e=\frac{A(0.052h_l-1.72)}{H_t^n\cdot\phi'^2}\cdot\left(\frac{W}{\varepsilon\cdot m}\right)^{3.7}$$

式中，e 为雾沫夹带量，kg(液体)/kg(气体)；ε 为除去降液管后的塔板面积与塔横截面积之比；ϕ'为系数，取0.6~0.8，当 $W=0.5W_{max}$ 时取小值，$W=W_{max}$ 时取大值；W 为采用的空塔气速；m 为参数，按照下面公式计算；h_l 为塔板上液层高度，mm；H_t 为塔板间距，mm。

根据《炼油设备工艺设计资料——塔的工艺计算》P139，5-36-1，除去降液管面积后的塔板面积与塔截面积之比公式：

$$\varepsilon=\frac{F-n\cdot F_d}{F}=\frac{29-2\times0.878}{29}=0.94$$

$$\text{空塔气速/空塔临界气速}=\frac{U_N}{U_{max}}=\frac{0.47}{1.30}=0.36<0.5$$，因此 φ 取 0.6。

根据《炼油设备工艺设计资料——塔的工艺计算》P139，5-36-2，参数 m 的计算公式为：

$$m=5.63\times10^{-5}\times\left(\frac{\sigma_1}{\rho_1}\right)^{0.296}\times\left(\frac{\rho_1-\rho_G}{\mu_0}\right)^{0.425}$$

式中，μ_0 为气体黏度，kg·s/m^2；A、n 为系数，当 $H_t<350$mm，$A=9.48\times10^7$，$n=4.36$；$H_t\geqslant350$mm，$A=0.159$，$n=0.95$。

板间距为 610mm>350mm，因此系数 A 取 0.159，n 取 0.95，

$$e=\frac{A(0.052h_l-1.72)}{H_t^n\cdot\phi'^2}\cdot\left(\frac{W}{\varepsilon\cdot m}\right)^{3.7}$$

$$=\frac{0.159(0.052\times0.07\times1000-1.72)}{(6.1\times1000)^{0.95}\cdot0.6^2}\cdot\left(\frac{0.47}{0.94\cdot0.44}\right)^{3.7}=0.465\%$$

4.11 漏液

根据要求设定阀孔动能因子下限 $F_0=5$，阀孔气速下限为：

$$W_h=\frac{F_0}{\sqrt{\rho_G}}=\frac{5}{\sqrt{4.99}}=2.24\text{m/s}$$

实际阀孔气速为：

$$(W_h)_c=\left(\frac{72.8}{\rho_G}\right)^{0.548}=\left(\frac{72.8}{4.99}\right)^{0.548}=4.34\text{m/s}$$

实际的阀孔气速高于阀孔气速下限，因此未发生漏液情况。

4.12 塔板适宜操作区和负荷上下限

(1) 雾沫夹带线

取 $e=10\%$ 作为雾沫夹带的上限，即

$$10\% = \frac{A(0.052h_1 - 1.72)}{H_t^n \cdot \phi'^2} \cdot \left(\frac{W}{\varepsilon \cdot m}\right)^{3.7}$$

$$0.1 = \frac{0.159 \times (0.052h_1 - 1.72)}{610^{0.95} \cdot 0.6^2} \cdot \left(\frac{W}{0.97 \cdot 0.44}\right)^{3.7} \rightarrow \frac{2.96}{W^{3.7}} = 0.052h_1 - 1.72 \qquad (式 1)$$

$$h_{ow} = 2.84 \cdot E \cdot \left(\frac{V_l}{l}\right)^{\frac{2}{3}} \qquad (式 2)$$

根据(式 1)和(式 2)可以表示在任意液相流量下，对应的临界空塔气速见表 2-88。

表 2-88　液相体积流量与空塔气速关联表

液体流量/(m^3/h)	堰长/m	堰上清液层高度/mm	出口堰高/mm	板上清液层高度/mm	空塔气速/(m/s)
V_l	l	h_{ow}	h_w	h_l	W
50	3.71	16.24	50	66.24	1.157
100	3.71	25.79	50	75.79	1.080
150	3.71	33.79	50	83.79	1.031
200	3.71	40.93	50	90.93	0.995
250	3.71	47.50	50	97.50	0.967
300	3.71	53.64	50	103.64	0.943
350	3.71	59.44	50	109.44	0.923
400	3.71	64.98	50	114.98	0.906
450	3.71	70.29	50	120.29	0.891
500	3.71	75.40	50	125.40	0.877

根据表 2-88 作出雾沫夹带线，如图 2-42 所示。

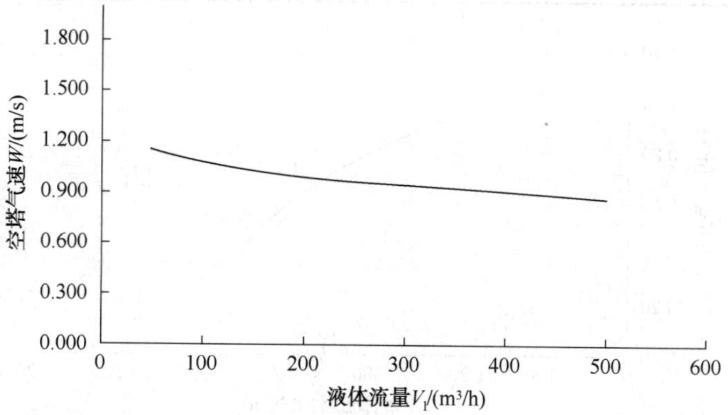

图 2-42　雾沫夹带线

(2) 淹塔界限

设降液管内液面高度控制上限在 $0.5(H_t+h_w)$，作为液相流过一层塔板克服的压力降，列出如下计算式：

$$0.5(H_t+h_w) = \Delta P_t + \Delta P_{dk} + h_{ow}$$

$$0.5 \times (0.6+0.05) = 0.325 = \Delta P_t + \Delta P_{dk} + h_{ow}$$

整理如下：

$$0.325=5.37\cdot\frac{W_h^2}{2g}\cdot\frac{r_v}{r_l}+0.4h_w+2.35\times10^{-3}\left(\frac{3600V_l}{l}\right)^{\frac{2}{3}}+h_{ow}+h_w+0.153\,(W_b)^2$$

根据《炼油设备工艺设计资料——塔的工艺计算》P133，5-13，浮阀开孔率公式：

$$\phi=\frac{W}{W_h}\times100\%$$

式中，ϕ 为开孔率,%；W_h 为阀孔气速，m/s。

已知浮阀开孔率为 11.19%，代入上面公式整理得到如下关联式：

$$0.325=0.0002V_v^2+0.001V_l^{\frac{2}{3}}+h_{ow}+6.95V_l^2+0.07$$

关联式可以表示在任意液相流量下，对应的临界空塔气速，见表 2-89。

根据表 2-89 作出淹塔线，如图 2-43 所示。

表 2-89 液相流量与空塔气速关联表

液体流量/(m^3/h)	堰长/m	堰上清液层高度/mm	气体流量/(m^3/s)	空塔气速/(m/s)
V_l	l	h_{ow}	V_v	W
50	3.71	16.24	31.344	1.07
100	3.71	25.79	30.185	1.03
150	3.71	33.79	28.877	0.99
200	3.71	40.93	27.333	0.94
250	3.71	47.50	25.481	0.87
300	3.71	53.64	23.230	0.80
350	3.71	59.44	20.437	0.70
400	3.71	64.98	16.826	0.58
450	3.71	70.29	11.648	0.40

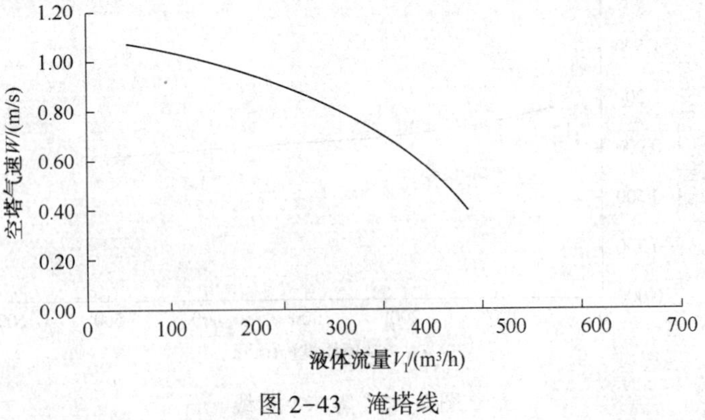

图 2-43 淹塔线

(3) 降液管超负荷线

根据《炼油设备工艺设计资料——塔的工艺计算》P141，5-43 和 5-44A。

$$V_d=0.17K_S=0.17\times0.95=0.16\text{m/s}$$

塔径 $H_T=0.61\text{m}<0.75\text{m}$，应用下面公式

$$V_d=7.98\times10^{-3}\times K_S\sqrt{H_t(\rho_l-\rho_v)}=7.98\times10^{-3}\times0.95\times\sqrt{0.6\times(671-4.99)}=0.152\text{m/s}$$

根据计算结果，选择二者数据较小者 0.152m/s 作为降液管内允许的最大流速，实际降液管内的流速 0.04m/s，没有超过降液管内允许的最大流速。

因降液管内允许的最大流速为0.16m/s，则降液管内允许的最大液相体积流量为：

$$V_l = V_d \times F_d = 0.152 \times 0.878 = 0.133\text{m}^3/\text{s} = 479\text{m}^3/\text{h}$$

式中，V_d 为降液管内液体流速，m/s；K_S 为系统轻微起泡，$K=0.95$。

(4) 泄漏线

根据《炼油设备工艺设计资料-塔的工艺计算》P147，设定阀孔动能因子下限 $F_0=5$

阀孔气速下限为：

$$W_h = \frac{F_0}{\sqrt{\rho_G}} = \frac{5}{\sqrt{4.99}} = 2.24\text{m/s}$$

根据《炼油设备工艺设计资料-塔的工艺计算》P133，5-13，浮阀开孔率公式：

$$\phi = \frac{W}{W_h} \longrightarrow W = W_h \times \phi = 2.24 \times 0.1119 = 0.25\text{m/s}$$

根据 $W=0.25$m/s 可作出泄漏界线。

根据以上数据作出适宜操作曲线见表2-90。

根据表2-90，做出适宜的操作曲线，详见图2-44。

表2-90　适宜的操作曲线表

液体流量/(m^3/h)	雾沫夹带/(m/s)	淹塔线/(m/s)	降液管超负荷线/(m^3/h)	漏液线/(m/s)
V_l	W	W	W	W
50	1.157	1.07	479	0.25
100	1.080	1.03	479	0.25
150	1.031	0.99	479	0.25
200	0.995	0.94	479	0.25
250	0.967	0.87	479	0.25
300	0.943	0.80	479	0.25
350	0.923	0.70	479	0.25
400	0.906	0.58	479	0.25
450	0.891	0.40	479	0.25
500	0.877	0.10	479	0.25

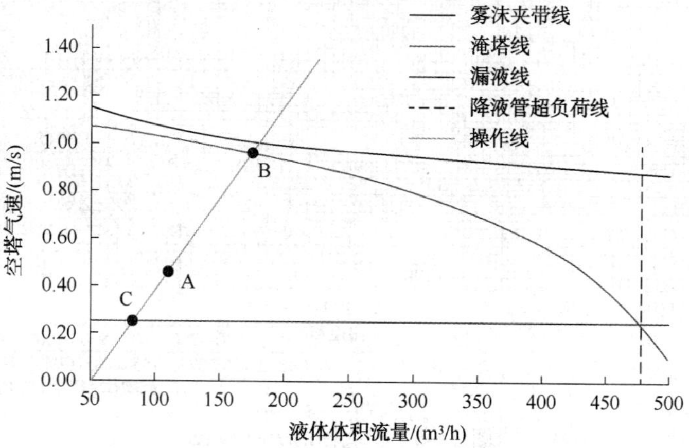

图2-44　适宜操作曲线图

根据图2-44塔板的操作曲线可以看出，当前的操作点位于图中的A点，处于塔的适宜操作区内，该层塔板的水力学参数良好。

5 加热炉计算

5.1 加热炉负荷

根据《管式加热炉》[13]第二版 P4，公式(1-1)，对简单管式加热炉(管内介质入炉状态为纯液相，出炉状态为气、液混相)，其热负荷计算公式可采用以下公式：

$$Q' = W_F[eI_V + (1-e)I_L - I_i]10^{-3} + Q''$$

式中 Q'——加热炉计算总热负荷 MW；

W_F——管内介质流量，kg/s；

e——管内介质炉出口气化率,%；

I_V——炉出口温度下介质气相焓，kJ/kg；

I_L——炉出口温度下介质液相焓，kJ/kg；

I_i——炉入口温度下介质液相焓，kJ/kg；

Q''——其他热负荷，MW。

根据常压塔物料及能量平衡计算结果，可知初底油在加热炉出口的气化率 $e=42\%$。加热炉入口介质温度为280℃，出口介质温度为363℃，加热炉对流室入口 0.6MPa 蒸汽温度157℃，过热后蒸汽温度256℃，初底油的 $P-T-e$ 见图 2-45。

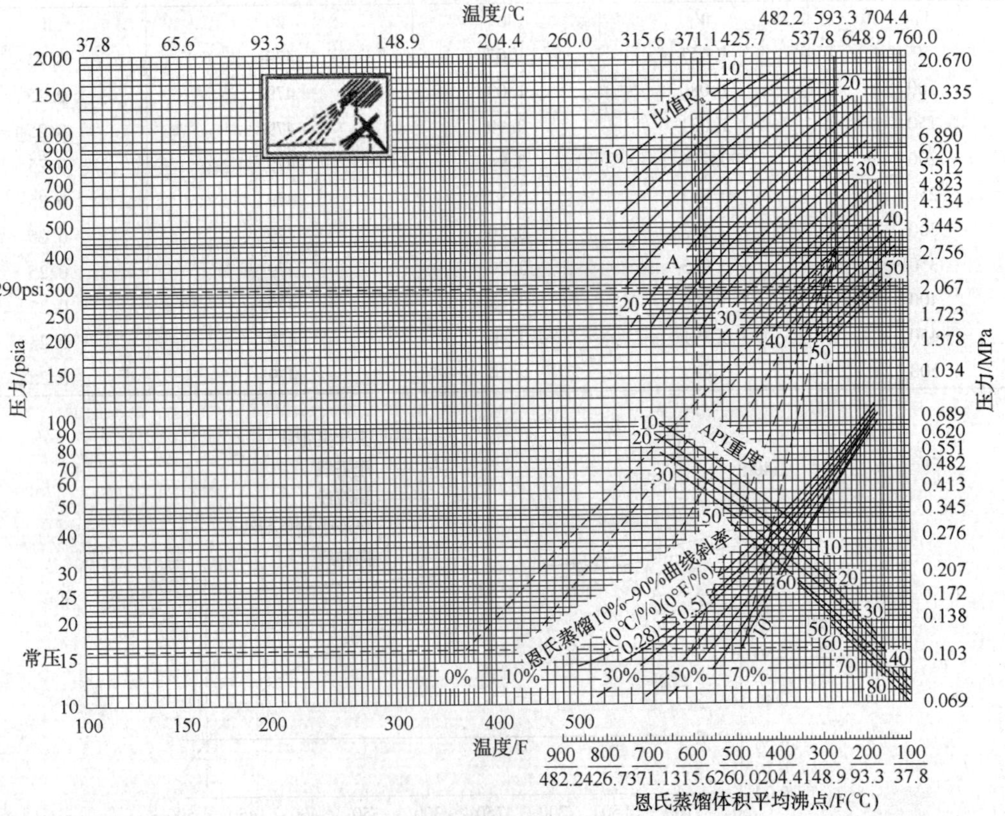

图 2-45 初底油的 $P-T-e$ 图

加热炉入口温度280℃、压力2.0MPa(290psi)，根据2-45初底油的 $P-T-e$ 图可以看出，初底油在加热炉入口处的气化率为0%，即全为液相，本装置初底泵出口压力普遍较国内同行业高，主要原因是防止油品在初底流程内出现气化，可以减缓换热器结盐结垢，进而确保长周期运行，加热炉焓值计算见表2-91。

加热炉入口热量：

$$Q_{入}=WH_{入}=903\times1000\times705=637\times10^{6}\mathrm{kJ/h}$$

加热炉出口热量：

根据常压塔物料及能量平衡计算得到结果：915×10^{6}kJ/h

加热炉负荷为：

加热炉负荷=加热炉出口油品热量-加热炉入口油品热量+蒸汽吸收的热量，即：

加热炉负荷=(915-637)/3.6+0.34=77.51MW

表2-91　加热炉入口焓值计算表

项　目	符　号	数　值	项　目	符　号	数　值
热负荷	Q'	77.51MW	加热炉出口热量	$Q_{出}$	915(10^6kJ/h)
加热炉入口流量	W	903t/h	加热炉出入口热量差值	Q_1	77.17MW
加热炉入口温度	$t_{入}$	284℃	0.5MPa蒸汽过热前温度	$t_{前}$	157℃
加热炉入口压力	$P_{入}$	2.0MPa	0.5MPa蒸汽进炉前焓值	H_1	2759kJ/kg
加热炉入口焓值	$H_{入}$	705kJ/kg	0.5MPa蒸汽过热后温度	$t_{后}$	256℃
加热炉入口热量	$Q_{入}$	637(10^6kJ/h)	0.5MPa蒸汽进炉后焓值	H_2	2963kJ/kg
加热炉出口气化率	e	42.0%	0.5MPa蒸汽流量	F_1	6t/h
加热炉出口温度	$t_{出}$	363℃	蒸汽吸收热量	Q_2	1.224(10^6kJ/h)
加热炉出口压力	$P_{出}$	0.262MPa			0.34MW

5.2　炉管表面热强度

5.2.1　辐射室炉管表面热强度

5.2.1.1　经验法

根据《管式加热炉》第二版P80，4-1，加热炉炉管表面热强度公式如下：

$$q_{\mathrm{R}}=\frac{Q_{\mathrm{R}}}{A_{\mathrm{R}}}$$

式中　A_{R}——炉管外表面积，$\mathrm{m^2}$；

Q_{R}——加热炉负荷，W；

q_{R}——辐射热强度，$\mathrm{W/m^2}$。

常压炉管表面积见表2-92。

表2-92　本装置常压加热炉管表面积

项　目	辐射室炉管面积/$\mathrm{m^2}$	对流室光管面积/$\mathrm{m^2}$	对流室翅片管面积/$\mathrm{m^2}$
常压炉	1887.3	153.4	5481
合计		7521.7	

根据以上公式解得：

$$q_{\mathrm{R}}=\frac{Q_{\mathrm{R}}}{A_{\mathrm{R}}}=\frac{77.51\times10^{6}}{7521.7}=10305\mathrm{W/m^2}$$

纯经验法缺点：

① 经验数据都是在一定的具体条件下得到的，当设计的条件与所得经验数据的条件不一致时，往往有很大的误差；

② 纯经验法不反应影响传热过程各因素之间的联系；

③ 在具体运用经验法时，由于文献所载经验数据的范围较宽，需要设计者有丰富的经验，才能选出较为恰当的数值。

5.2.1.2 罗波-伊万斯法

罗波-伊万斯法把管式加热炉辐射室内复杂的传热简化为一个受热面和一个反射面的传热模型。其基本假设为：辐射室内的气体是一个温度均匀的气体放热源，即炉膛平均烟气温度 T_g 与辐射段烟气出口温度 T_p 相等，烟气为灰体，吸热面为表面。

根据《原油蒸馏技术进展与应用》P454，8-3-45/46/47，火焰及烟气传给辐射炉管的热量 Q_R 由两部分组成，一是直接辐射和间接反射给炉管的热量 Q_{Rr}；二是以对流的方式传给炉管的热量 Q_{Rc}：

$$Q_R = Q_{Rr} + Q_{Rc}$$

$$Q_{Rr} = 5.72\alpha A_{cp} F\left[\left(\frac{T_g}{100}\right)^4 - \left(\frac{T_w}{100}\right)^4\right]$$

$$Q_{Rc} = h_{Rc} A_R (T_g - T_w)$$

式中，Q_R 为辐射段吸热量，W；Q_{Rr}为通过辐射传热吸收的热量，W；Q_{Rc}为通过对流传热吸收的热量，W；α 为管排有效吸收因数；A_{cp}为当量平面积，m^2；αA_{cp}为当量冷平面积，m^2；F 为交换因数；T_g 为辐射段烟气平均温度，K；T_w 为辐射炉管外壁平均温度，K；h_{Rc}辐射段的对流传热系数，W/(m^2·h)；A_R为辐射管外部面积，m^2。

(1) 辐射段烟气平均温度 T_g

根据 DCS 记录，当日常压炉辐射段烟气平均温度为 700℃，即 $T_g = 973$K

(2) 辐射段炉管外壁平均温度 T_w

根据《管式加热炉》第二版 P88，4-21 得到原料入辐射室的温度公式：

$$\tau' = \tau_2 - (\tau_2 - \tau_1) \times (70\% - 80\%)$$

式中，τ_1为原料入对流室的温度,℃；τ_2为原料离开辐射室的温度,℃；τ'为原料入辐射室的温度,℃。

根据公式解得：

$$\tau' = \tau_2 - (\tau_2 - \tau_1) \times 0.75 = 363 - (363 - 284) \times 0.75 = 304℃$$

根据《管式加热炉》第二版 P88，4-20 管内流体的平均温度公式：

$$\tau_{cp} = 0.5 \times (\tau' + \tau_2)$$

式中，τ_{cp}为管内流体平均温度,℃。

根据公式计算得到：

$$\tau_{cp} = 0.5 \cdot (\tau' + \tau_2) = 0.5 \times (304 + 363) = 333℃$$

根据《管式加热炉》第二版 P88，当炉管表面温度低于 500℃时，管外表面的温度对辐射传热速率影响不大，通常将管内流体温度再加上 50℃作为管壁外表面的温度进行计算[5]，本装置常压炉炉管表面温度均低于 500℃，因此炉管外壁温度：

$$T_W = \tau_{cp} + 50 = 333 + 50 = 383℃$$

(3) 当量平面

根据《原油蒸馏技术进展与应用》P455，8-3-48，当量冷平面面积计算公式：

$$A_{cp} = n \cdot L_a \cdot S$$

式中，A_{cp}为当量平面面积，m^2；n 为辐射管根数；S 为辐射管管心距，m；L_a 辐射管有效长度，m。

已知辐射管管心距为0.336m，辐射管的有效长度为10.625m，辐射管根数分为两类，一类是单排单面炉管，一类是单排双面管。每根炉管有16根单面受火管和12根双面受火管，常压炉共计12根炉管，因此单排单面炉管有16×12共计192根，单排双面炉管共有12×12共计144根炉管，计算得到冷平面：

$$A_{cp-单}=n\cdot L_a\cdot S=192\times10.625\times0.336=685\text{m}^2$$

$$A_{cp-双}=n\cdot L_a\cdot S=144\times10.625\times0.336=514\text{m}^2$$

（4）有效吸收因数 α

根据《原油蒸馏技术进展与应用》P455，8-3-52，有效吸收因数计算公式：

$$\alpha=\alpha_D+\alpha_r$$

根据《原油蒸馏技术进展与应用》P455，8-3-50，火焰和烟气对单排管直接单面辐射的有效吸收因素计算公式：

$$\alpha_D=1+\frac{d}{s}\arccos\frac{d}{s}-\sqrt{1-\left(\frac{d}{s}\right)^2}$$

式中，d 为辐射管外径，m；S 为辐射管管心距，m。

已知辐射管外径为0.168m，辐射管管心距为0.45m，因此计算得到：

$$\alpha_D=1+\frac{d}{s}\arccos\frac{d}{s}-\sqrt{1-\left(\frac{d}{s}\right)^2}=1+\frac{0.168}{0.45}\arccos\frac{0.168}{0.45}-\sqrt{1-\left(\frac{0.168}{0.45}\right)^2}=0.52$$

根据《原油蒸馏技术进展与应用》P455，8-3-51，炉管吸收反射墙反射出来的反射能计算公式：

$$\alpha_r=(1-\alpha_D)\cdot\alpha_D$$

计算得到：

$$\alpha_r=(1-\alpha_D)\cdot\alpha_D=(1-0.52)\times0.52=0.25$$

因此，单排单面的有效吸收因数：

$$\alpha_{单}=\alpha_D+\alpha_r=0.52+0.25=0.77$$

因此，单排双面的有效吸收因数：

$$\alpha_{双}=2\alpha_D=0.52\times2=1.03$$

根据原油蒸馏技术进展与应用》P457，8-3-54，当量冷平面计算公式：

$$\alpha A_{cp}=\alpha\cdot n\cdot L_a\cdot S+n_w\cdot L_c\cdot S_c$$

式中，n_w 为遮蔽段每排炉管根数；L_c 为遮蔽段炉管有效长度，m；S_c 为遮蔽段管心距，m。

已知遮蔽段每排炉管根数为12×3（3个辐射室）共计36根管子，遮蔽段炉管有效长度为9.6m，遮蔽段炉管有效长度是9.6m，管心距为0.28m。

当量冷平面计算为：

$$\alpha A_{cp}=\alpha\cdot n\cdot L_a\cdot S+n_w\cdot L_c\cdot S_c=1.03\times514+0.77\times685+12\times9.6\times0.28=1087\text{m}^2$$

（5）交换因数

根据《原油蒸馏技术进展与应用》P458，8-3-56，交换因数计算公式：

$$F=\frac{1}{\frac{1}{\varepsilon_f}+\frac{1}{\varepsilon_s}-1}$$

式中，F 为交换因数，ε_f 为炉膛有效辐射率，ε_s 烟气辐射率。

已知加热炉长、宽、高分别为9.5×10.088×14.957m，经计算炉膛内表面积为：

$$\sum F=(9.5\times14.957\times2+10.088\times14.957\times2)\times3=1758\text{m}^2$$

$$\frac{\sum F}{\alpha A_{cp}}=\frac{2333}{1152}=1.62$$

当$\frac{\sum F}{\alpha A_{cp}}$在 1.5~5 之间时，选择$\frac{\sum F}{\sum F-\alpha A_{cp}}$和$\frac{\sum F}{\alpha A_{cp}}$的中间值作为交换系数

根据《原油蒸馏技术进展与应用》P458，8-3-56，耐火砖墙到炉管表面的交换因数计算公式为：

$$F_{RC}=\left(\frac{\alpha A_{cp}}{\sum F-\alpha A_{cp}}+\frac{\alpha A_{cp}}{\sum F}\right)/2=\left(\frac{1087}{1758-1087}+\frac{1087}{1758}\right)=1.12$$

（6）烟气辐射率

过剩空气系数与烟气中 CO_2和 H_2O 的分压见图 2-46。

根据《管式加热炉》第二版 P88，图 4-3 过剩空气系数与 CO_2和 H_2O 的分压，常压炉过剩空气系数为 1.16，根据以上得到 CO_2和 H_2O 的分压为 0.135atm，烟气辐射率与烟气中 CO_2和 H_2O 的分压 P_r 和烟气辐射室长度 L 的乘积及烟气的温度有关，

$$P_r\times L=0.135\times14.957=2.02\text{atm}$$

辐射室烟气平均温度为 700℃。根据《常减压蒸馏技术进展与应用》P520，烟气辐射速率见图 2-47。

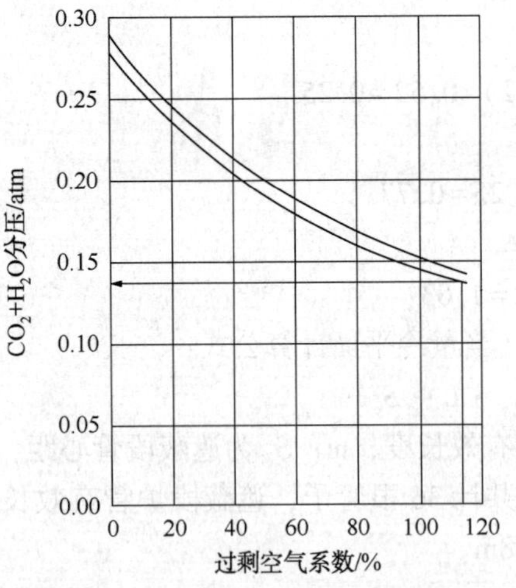

图 2-46　烟气中 CO_2和 H_2O 的分压

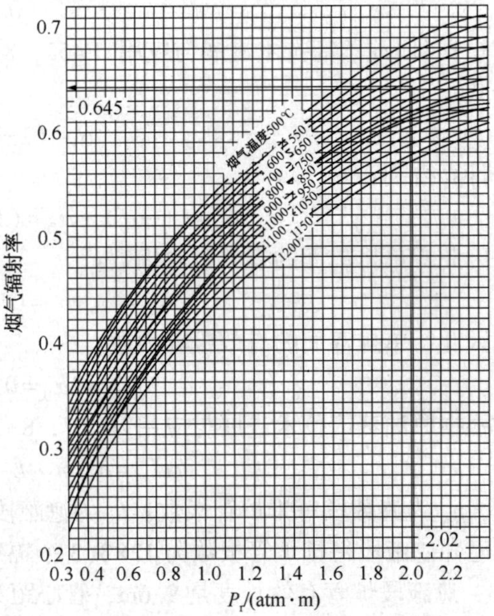

图 2-47　烟气辐射率

根据图 5-3 得到烟气的辐射率 $\varepsilon_g=0.645$

（7）炉膛有效辐射率

根据《原油蒸馏技术进展与应用》P458，8-3-57，加热炉炉膛有效辐射率计算公式为：

$$\varepsilon_s=\varepsilon_g\left[1+\left(\frac{\sum F}{\alpha A_{cp}}-1\right)\Big/\left(1+\frac{\varepsilon_g}{1-\varepsilon_g}\times\frac{1}{F_{RC}}\right)\right]$$

$$=0.645\times\left[1+(1.62-1)\Big/\left(1+\frac{0.645}{1-0.645}\times\frac{1}{1.12}\right)\right]=0.8$$

常压炉炉管材质为5Cr-1Mo，因此根据炉管材质，炉管表面辐射率ε_f取0.85。

1. 辐射段的对流传热系数

根据《原油蒸馏技术进展与应用》P459，辐射段的对流传热系数根据经验取值，本装置常压炉采用高强度燃烧器，辐射段的对流传热系数取经验值为23.3W/(m²·℃)

2. 烟气通过对流传热吸收的热量

根据《原油蒸馏技术进展与应用》P454，8-3-47，加热炉烟气通过对流传热吸收的系数计算公式为：

$$Q_{RC}=h_{RC}A_R(T_g-T_w)$$

已知辐射管外部面积为1887m²，则计算结果为：

$$Q_{RC}=h_{RC}A_R(T_g-T_w)=23.3\times1887\times(973-656)=13.9\text{MW}$$

3. 烟气通过辐射传热吸收的热量

根据《原油蒸馏技术进展与应用》P454，8-3-47，加热炉烟气通过辐射传热吸收的系数计算公式为：

$$Q_{Rr}=5.72\alpha A_{cp}F\left[\left(\frac{T_g}{100}\right)^4-\left(\frac{T_w}{100}\right)^4\right]=5.72\times1087\times0.7\times\left[\left(\frac{973}{100}\right)^4-\left(\frac{656}{100}\right)^4\right]=34\text{MW}$$

4. 辐射段热负荷

根据《原油蒸馏技术进展与应用》P454，8-3-45，加热炉辐射段热负荷计算公式：

$$Q_R=Q_{Rr}+Q_{Rc}=34.33+13.92=48.25\text{MW}$$

常压炉辐射段炉管表面热强度：

$$q_R=\frac{Q_R}{A_R}=\frac{48.25\times10^6}{1887.3}=25569\text{W/m}^2$$

5.2.2　*对流段炉管表面热强度*

对流段炉管表面热强度采用简化计算方法，对流段的热负荷计算：

对流段热负荷=加热炉总负荷-辐射室热负荷-过热蒸汽负荷

=76.31-48.25-0.34=28.05MW

对流段的炉管外表面积为1381m²。

因此对流段炉管表面热强度为：

$$q_R=\frac{Q_R}{A_R}=\frac{28.05\times10^6}{1381}=20317\text{W/m}^2$$

5.3　油膜温度计算

根据《原油蒸馏技术进展与应用》P447，“油品温度高时，内膜温度高，故最高内膜温度大都发生在炉管出口部位”，因此，选择常压炉出口处作为最高油膜温度进行计算。

根据《原油蒸馏技术进展与应用》P447，8-2-2，最高油膜温度计算公式：

$$T_{fmax}=T_b+\frac{q_{R,max}}{K_f}\times\left(\frac{D_0}{D_i}\right)$$

式中　T_b——油品温度；

$q_{R,max}$——辐射段最高局部热强度，W/m²；

K_f——内膜传热系数；

D_0——管子外径，m；

D_i——管子内径，m。

5.3.1　盘管外表面最高辐射热强度

根据SH/T 3037—2016《炼油厂加热炉炉管壁厚计算方法》P20，B.3-1，盘管外表面最高辐射热强度公式为：

$$q_{R,max}=F_{cir}\times F_L\times F_T\times q_{R,ave}+q_{conv}$$

式中　F_{cir}——周向热强度不均匀系数；

F_L——纵向热强度不均匀系数；

F_T——管子金属温度对辐射热强度的影响系数；

$q_{R,ave}$——外表面平均辐射热强度，W/m^2；

q_{conv}——外表面平均对流热强度，W/m^2；

(1) 周向热强度不均匀系数

根据《炼油厂加热炉炉管壁厚计算方法》P21，图B.3(最高局部热强度与平均热强度的比值)，查图得到单排单面管的周向热强度不均匀系数为1.75，单排双面管的周向热强度不均匀系数为1.20，按照炉管根数单排单面16根、单排双面12根，计算得到周向热强度不均匀系数为：

$$F_{cir}=1.2\times\frac{12}{12+16}+1.75\times\frac{16}{12+16}=1.51$$

(2) 纵向热强度不均匀系数

根据《炼油厂加热炉炉管壁厚计算方法》P20，“纵向不均匀系数通常在1.0~1.5之间，在热强度分布很均匀的炉膛内，该值可取1.0，热强度分布不均匀的炉膛内，该系数取大于1.5的值”。本装置常压炉热强度分布较均匀，因此纵向不均匀系数选1.0。

(3) 金属管子温度对辐射热强度的影响因数

根据《炼油厂加热炉炉管壁厚计算方法》[14]P20，B.3-2，金属管子温度系数计算公式：

$$F_T=\left(\frac{T_{g,ave}^{*4}-T_{tm}^{*4}}{T_{g,ave}^{*4}-T_{tm,ave}^{*4}}\right)$$

式中　$T_{g,ave}^*$——辐射段烟气平均温度，K；

T_{tm}^*——所考虑点的金属管子温度，K；

$T_{tm,ave}^*$——辐射段金属管子平均温度，K。

根据辐射段表面热强度计算结果，辐射段烟气平均温度为973K，加热炉出口炉金属管温度即为加热炉出口处温度673K(现场测温枪测量结果)，辐射段管子金属平均温度为656K，因此，金属管子温度系数计算结果为：

$$F_T=\left(\frac{T_{g,ave}^{*4}-T_{tm}^{*4}}{T_{g,ave}^{*4}-T_{tm,ave}^{*4}}\right)=\left(\frac{973^4-673^4}{973^4-656^4}\right)=0.97$$

平均辐射强度和平均对流强度已在炉管表面热强度计算中得到，因此盘管外表面最高辐射热强度：

$$q_{R,max}=F_{cir}\times F_L\times F_T\times q_{R,ave}+q_{conv}=1.51\times1\times0.97\times34168+7377=34168W/m^2$$

5.3.2　内膜传热系数

根据《石油加工过程设备》P71，管内为石油液体时的内膜传热系数见图5-4。

常压炉管内介质流速为：

$$介质流速=\frac{质量流量}{炉管截面积}=\frac{903\times1000}{3600\times0.019\times12}=1122kg/(m^2\cdot s)$$

根据图2-48查得管内膜传热系数为：$580\times4.187=2428kJ/(m^2\cdot h\cdot ℃)=675W/(m^2\cdot K)$

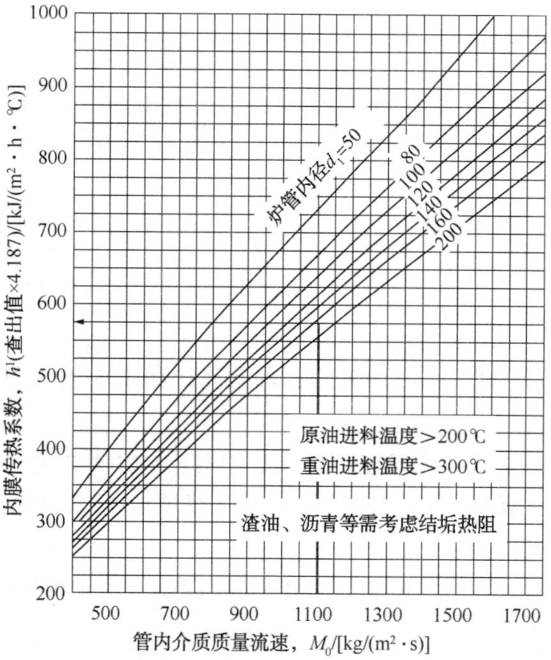

图 2-48　管内为石油液体时的内膜传热系数

可以计算最高内膜温度：

$$T_{\mathrm{fmax}}=T_{\mathrm{b}}+\frac{q_{\mathrm{R,max}}}{K_{\mathrm{f}}}\times\left(\frac{D_0}{D_{\mathrm{i}}}\right)=363+\frac{34168}{675}\times\left(\frac{0.168}{0.154}\right)=418℃$$

5.4　燃料发热值

燃料气热值计算见表 2-93，燃料气组成详见第一部分表 1-11。

表 2-93　常压炉燃料气低发热值计算表

组分	1	2	3(1×2)	4	5(3×4)
	体积分数/%	相对分子量质量/M	质量/kg	低发热值/(kJ/kg)	热值/kJ
甲烷	16.67	16	266.72	50035	13345335
乙烷	8.01	30	240.30	47520	11419056
乙烯	7.71	28	215.88	47170	10183060
丙烷	3.17	44	139.48	46340	6463503
丙烯	0.93	42	39.06	45770	1787776
氮气	16.31	28		—	—
氢气	35.21	2	70.42	119910	8444062
二氧化碳	0.83	44		—	—
2-甲基丙烷	3.96	58	229.68	45570	10466518
正丁烷	2.48	58	143.84	45720	6576365
丁烯-1	0.48	56	26.88	45290	1217395
顺-2-丁烯	0.59	56	33.04	45170	1492417
反-2-丁烯	0.55	56	30.80	45100	1389080
2-甲基丁烷	0.88	72	63.36	45250	2867040

续表

组分	1	2	3(1×2)	4	5(3×4)
	体积分数/%	相对分子量质量/M	质量/kg	低发热值/(kJ/kg)	热值/kJ
正戊烷	0.48	72	34.56	45350	1567296
氧气	1.74	32		—	—
合计			1534.02	674195	77218903
每千克燃料合计					50338

以甲烷为例进行计算说明：

加热炉实际的排烟温度普遍高于100℃，因此无法利用水蒸气的汽化潜热，故以上燃料仅适用低发热值进行计算。

根据GB/T 11062《天然气、发热量、密度、相对密度和沃伯指数的计算方法》表4天然气各组分在不同燃烧参比条件下的理想气体质量发热值取15℃低位热值，甲烷的低发热值为50035kJ/kg。

根据SH/T 3036—2012《一般燃油装置用火焰加热炉》[15] P160，表G.7-1燃烧计算表，甲烷的热值计算方法：

甲烷的质量=甲烷的体积×甲烷的相对分子质量=16.67×16=266.72kg

甲烷的热值=甲烷的质量×甲烷的低发热值=266.72×50035=13345335kJ

将以上燃料气的各组分的热值累加即为燃料气的总低发热值：

$$\text{燃料气低发热值}\ h_L = \sum_{i=1}^{i=n} h_i = 77218903\text{kJ}$$

每千克燃料的低发热值h_L：

$$\text{燃料气低发热值}\ h_L = \sum_{i=1}^{i=n} \frac{h_i}{m_i} = \frac{77218903}{1534} = 50338\text{kJ/kg}$$

5.5 加热炉效率(反平衡)

加热炉计算反平衡主要是计算加热炉系统的各项损失，通过计算损失率反推出加热炉的效率，加热炉相关基础信息参数见表2-94。

表2-94 加热炉基础信息参数

项　目	符　号	数　值	备　注
燃料放热低热值	h_L	50338kJ/kg	5.4计算结果
燃料油雾化蒸汽量	W_h	3235kg/h 0.90kg/kg燃料	
燃料气用量	f_g	3602kg/h	
环境温度	T_a	27℃	
风速	V	7.9m/s	
蒸汽加热空气后温度	Ta_a	67℃	前置预热器后温度
烟气进烟囱温度	T_e	162℃	
燃料气温度	T_r	47℃	
烟气氧含量	W_o	2.8%	
空气相对湿度	R_s	78%	2017.7.18
环境温度下的饱和压力	P_{VAP}	25kPa	

5.5.1 散热损失

加热炉外壁对空气的放热系数见表2-95。

表2-95为加热炉热损失计算表，以炉墙上表面积热损失为例进行计算。

根据《原油蒸馏技术进展及应用》P476，8-4-1，炉墙散热损失公式：

$$Q=qF$$

式中 q——炉墙散热强度，W/m^2；

F——炉墙面积，m^2。

表2-95 加热炉外壁对空气的放热系数

项目	符号	数值
有效吸收因素	α	0.67
平均管壁温度	T_w	383℃
炉膛烟气温度	T_g	700℃
炉墙内壁平均温度	T_1	640℃
陶瓷纤维导热系数	λ	0.156W/(m·℃)
衬里厚度	δ	200mm
热阻	δ/λ	1.28m^2·℃/W
风速	u	7.90m/s
环境温度	T_a	26.50℃
炉墙外壁温度	$Tw_{上}$	70℃
	$Tw_{中}$	65℃
	$Tw_{下}$	55℃
炉墙外壁对大气的散热系数	$\alpha_{n上}$	46.81W/(m^2·K)
	$\alpha_{n中}$	36.95W/(m^2·K)
	$\alpha_{n下}$	23.96W/(m^2·K)
炉墙外壁对空气的对流放热系数	$\alpha_{nc上}$	41W/(m^2·K)
	$\alpha_{nc中}$	31W/(m^2·K)
	$\alpha_{nc下}$	18W/(m^2·K)
炉墙外壁对空气的辐射放热系数	$\alpha_{nr上}$	6.05W/(m^2·K)
	$\alpha_{nr中}$	5.90W/(m^2·K)
	$\alpha_{nr下}$	5.62W/(m^2·K)
炉墙面积	$F_{上}$	288m^2
	$F_{中}$	1758m^2
	$F_{下}$	288m^2
炉墙散热强度	$q_{上}$	470W/m^2
	$q_{中}$	468W/m^2
	$q_{下}$	463W/m^2
炉墙散热量	$Q_{上}$	135220W
	$Q_{中}$	823153W
	$Q_{下}$	133138W
	合计	3.93(10^6kJ)
散热损失占比		1.31%

(1) 平壁炉墙散热强度

根据《原油蒸馏技术进展及应用》P477，8-4-4，平壁炉墙散热强度计算公式：

$$q=\frac{t_1-t_a}{\frac{\delta}{\lambda}+\frac{1}{\alpha_n}}$$

式中　t_1——炉墙内壁温度,℃;

t_a——环境温度,℃;

δ——衬里厚度，mm;

λ——衬里导热系数，W/(m·C);

α_n——炉墙外壁对空气的放热系数，W(m·C)。

(2) 炉墙外壁对空气的放热系数

根据《原油蒸馏技术进展及应用》P477，8-4-5，炉墙外壁对空气的放热系数计算公式:

$$\alpha_n=\alpha_{nc}+\alpha_{nr}$$

式中　α_{nc}——炉墙外壁对空气的对流放热系数，W/(m^2·K);

α_{nr}——炉墙外壁对空气的辐射放热系数，W/(m^2·K)。

(3) 炉墙外壁对空气的对流放热系数

根据《原油蒸馏技术进展及应用》P477，8-4-6，炉墙外壁对空气的对流放热系数计算公式:

$$\alpha_{nc}=c\xi\sqrt[4]{t_w-t_a}$$

式中，c 为与炉墙表面散热形式有关的系数，竖直三热面 $c=2.56$、三热面向上 $c=3.26$、三热面向下 $c=1.63$；ξ 为风速系数。

根据《原油蒸馏技术进展及应用》P477，8-4-7，风速系数计算公式:

$$\xi=\sqrt{\frac{u+0.348}{0.348}}=\sqrt{\frac{7.9+0.348}{0.348}}=4.87$$

以炉墙上表面为例进行计算，根据公式计算得到:

$$\alpha_{nc}=c\xi\sqrt[4]{t_w-t_a}=3.26\times4.87\times\sqrt[4]{70-27}=41\ \text{W/(m}^2\cdot\text{K)}$$

(4) 炉墙外壁对空气的辐射放热系数

根据《原油蒸馏技术进展及应用》P477，8-4-8，炉墙外壁对空气的辐射放热系数计算公式:

$$\alpha_{nr}=\frac{m\left[\left(\frac{t_w+273}{100}\right)^4-\left(\frac{t_a+273}{100}\right)^4\right]}{t_w-t_a}$$

m 为系数，$m=4.54$。

以炉墙上表面为例进行计算，根据公式计算得到:

$$\alpha_{nr}=\frac{m\left[\left(\frac{t_w+273}{100}\right)^4-\left(\frac{t_a+273}{100}\right)^4\right]}{t_w-t_a}=\frac{4.54\times\left[\left(\frac{70+273}{100}\right)^4-\left(\frac{27+273}{100}\right)^4\right]}{75-27}=6.05\ \text{W/(m}^2\cdot\text{K)}$$

炉墙外壁对空气的散热系数(以炉墙上表面为例)计算得到:

$$\alpha_n=\alpha_{nc}+\alpha_{nr}=41+6.05=46.05\ \text{W/(m}^2\cdot\text{K)}$$

(5) 炉墙内壁平均温度

根据《管式加热炉》P307，8-57，炉墙内壁平均温度计算公式:

$$T_1=\sqrt[4]{2(1-\alpha)T_g^4+(2\alpha-1)T_w^4}$$

式中　α——有效吸收因数，W/(m·K);

T_g——为炉膛烟气温度,℃;

T_w——为平均炉管外壁温度,℃。

(6) 有效吸收因数

根据《管式加热炉》P307，8-58 当关心距等于 2 倍管径时，有效吸收因数 $\alpha=0.67$

(7) 平均管壁温度

根据 2.5.2 炉管表面热强度计算结果得到平均管壁温度 383℃，因此计算得到炉墙内壁平均温度：

$$T_1=\sqrt[4]{2(1-\alpha)T_g^4+(2\alpha-1)T_w^4}=\sqrt[4]{2\times(1-0.67)\times700^4+(2\times0.67-1)\times383^4}=640℃$$

(8) 热阻

衬里采用陶瓷纤维，衬里厚度为 200mm，根据以上材料性质查 GB/T 16400—2015《绝热用硅酸铝棉及其制品》陶瓷纤维导热系数为 0.156W/(m·℃)，则热阻为 1.28m²·℃/W

根据以上数据计算平壁炉墙的散热强度，以炉墙上表面为例进行计算：

$$q=\frac{t_1-t_a}{\frac{\delta}{\lambda}+\frac{1}{\alpha_n}}=\frac{640-27}{\frac{0.2}{0.156}+\frac{1}{46.05}}=470\text{W/m}^2$$

炉墙的散热损失，以炉墙上表面为例进行计算：

$$Q=qF=470\times288=135220\text{W}$$

5.5.2 燃料气燃烧计算

(1) 反应方程式

$$CH_4+2O_2 = CO_2+2H_2O$$
$$C_2H_6+3.5O_2 = 2CO_2+3H_2O$$
$$C_2H_4+3O_2 = 2CO_2+2H_2O$$
$$C_3H_8+5O_2 = 3CO_2+4H_2O$$
$$C_3H_6+4.5O_2 = 3CO_2+3H_2O$$
$$H_2+0.5O_2 = H_2O$$
$$C_4H_{10}+6.5O_2 = 4CO_2+5H_2O$$
$$C_4H_8+6O_2 = 4CO_2+4H_2O$$
$$C_5H_{12}+8O_2 = 5CO_2+6H_2O$$

(2) 燃料相关计算

燃料质量(3)= 体积分数×相对分子量

燃料热值(5)= 燃料低发热值×燃料质量(3)

$$理论空气量(kg 空气/kg 燃料)(6)=\frac{\left(\frac{m}{4}+n\right)\cdot\left(M_{O_2}+\frac{79}{21}\cdot M_{N_2}\right)}{M_{C_nH_m}}$$

$$C_nH_m+\left(\frac{m}{4}+n\right)O_2\longrightarrow nCO_2+\frac{m}{2}H_2O$$

理论空气量(kg)(7)= 理论空气量(kg 空气/kg 燃料)(6)×燃料质量(3)

$$CO_2生成量(kg\ CO_2/kg 燃料)(8)=\frac{n\cdot M_{CO_2}}{M_{C_nH_m}}$$

CO_2生成量(kg)(9)= CO_2生成量(kg 空气/kg 燃料)(8)×燃料质量(3)

$$H_2O\text{ 生成量}(kgH_2O/kg\text{ 燃料})(10)=\frac{\frac{m}{2}\cdot M_{H_2O}}{M_{C_nH_m}}$$

H_2O 生成量(kg)(11)=H_2O 生成量(kgH_2O/kg 燃料)(10)×燃料质量(3)

$$N_2\text{生成量}(kg\ N_2/kg\text{ 燃料})(12)=\frac{\left(\frac{m}{4}+n\right)\cdot\frac{79}{21}\cdot M_{N_2}}{M_{C_nH_m}}$$

N_2生成量(kg)(13)=N_2生成量(kg N_2/kg 燃料)(12)×燃料质量(3)

计算统计如表 2-96 和表 2-97 所示。

表 2-96 燃料计算表

燃料组分	1 体积分数/%	2 相对分子量质量 M	3(1×2) 质量/kg	4 低发热值/(kJ/kg)	5(3×4) 热值/kJ	6 理论空气量/(kg/kg 燃料)
甲烷	16.67	16	266.72	50035	13345335	17.17
乙烷	8.01	30	240.30	47520	11419056	16.02
乙烯	7.71	28	215.88	47170	10183060	14.71
丙烷	3.17	44	139.48	46340	6463503	15.61
丙烯	0.93	42	39.06	45770	1787776	14.71
氮气	16.31	28		—	—	—
氢气	35.21	2	70.42	119910	8444062	34.33
二氧化碳	0.83	44		—	—	—
2-甲基丙烷	3.96	58	229.68	45570	10466518	31.88
正丁烷	2.48	58	143.84	45720	6576365	31.88
丁烯-1	0.48	56	26.88	45290	1217395	29.43
顺-2-丁烯	0.59	56	33.04	45170	1492417	29.43
反-2-丁烯	0.55	56	30.80	45100	1389080	29.43
2-甲基丁烷	0.88	72	63.36	45250	2867040	39.24
正戊烷	0.48	72	34.56	45350	1567296	39.24
氧气	1.74	32		—	—	
合计			1534.02	674195	77218903	343.08
每千克燃料合计					50338	

表 2-97 燃料计算表(续)

燃料组分	7(3×6) 理论空气量/kg	8 CO_2生成量/(kg/kg 燃料)	9(8×3) CO_2生成量/kg	10 H_2O 生成量/(kg/kg 燃料)	11(10×3) H_2O 生成量/kg	12 N_2生成量/(kg/kg 燃料)	13(12×3) N_2生成量/kg
甲烷	4578.69	2.75	733.48	2.25	600.12	13.17	3511.81
乙烷	3850.14	2.93	704.88	1.80	432.54	12.29	2953.02
乙烯	3176.52	3.14	678.48	1.29	277.56	11.29	2436.36
丙烷	2176.73	3.00	418.44	1.64	228.24	11.97	1669.53
丙烯	574.74	3.14	122.76	1.29	50.22	11.29	440.82
氮气	—	—	—	—	—	—	456.68
氢气	2417.75	—	—	9.00	633.78	26.33	1854.39
二氧化碳			36.52				
2-甲基丙烷	7322.42	3.03	696.96	1.55	356.40	11.80	2711.28

续表

燃料组分	7(3×6)	8	9(8×3)	10	11(10×3)	12	13(12×3)
	理论空气量/kg	CO_2生成量/(kg/kg 燃料)	CO_2生成量/kg	H_2O 生成量/(kg/kg 燃料)	H_2O 生成量/kg	N_2生成量/(kg/kg 燃料)	N_2生成量/kg
正丁烷	4585.76	3.03	436.48	1.55	223.20	11.80	1697.97
丁烯-1	791.04	3.14	84.48	1.29	34.56	11.29	303.36
顺-2-丁烯	972.32	3.14	103.84	1.29	42.48	11.29	372.88
反-2-丁烯	906.40	3.14	96.80	1.29	39.60	11.29	347.60
2-甲基丁烷	2486.13	3.06	193.60	1.50	95.04	11.70	741.55
正戊烷	1356.07	3.06	105.60	1.50	51.84	11.70	404.48
氧气							
合计	35194.71		4412.32		3065.58		19901.74
每千克燃料合计	22.94		2.88		2.00		12.97

5.5.3　排烟损失计算

烟气热损失如表 2-98 所示。

表 2-98　排烟热损失

组　　分	每 kg 燃料生成量合计	温度 T_e 时的焓值/(kJ/kg 组分)	热焓/(kJ/kg 燃料)
二氧化碳	2.88	128	368
水蒸气	2.00	256	512
氮	12.97	152	1972
空气	2.54	140	356
合计	20.39	676	3207

排烟温度为 162℃时，烟气各组分的焓值查 SH/T 3036—2012(一般炼油装置用火焰加热炉 G.5-1；G.5-2)，详见图 2-49 和图 2-50。

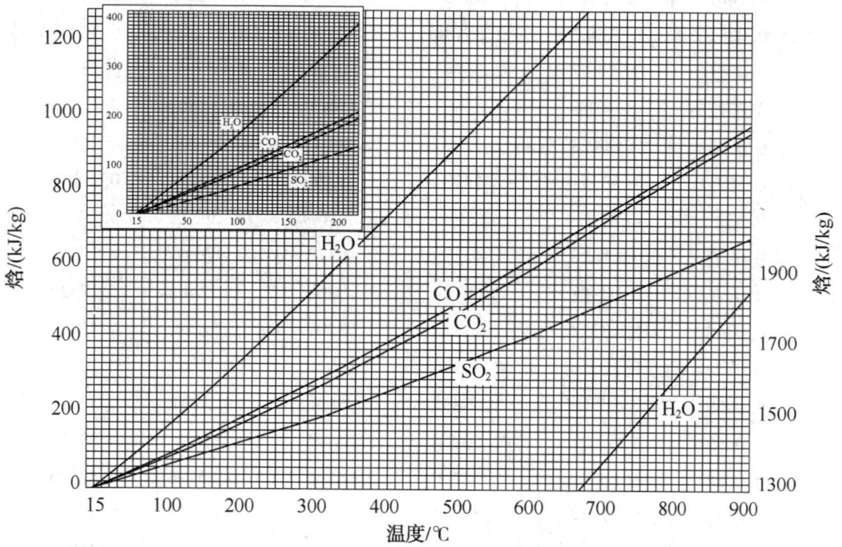

图 2-49　二氧化碳、水蒸气焓图

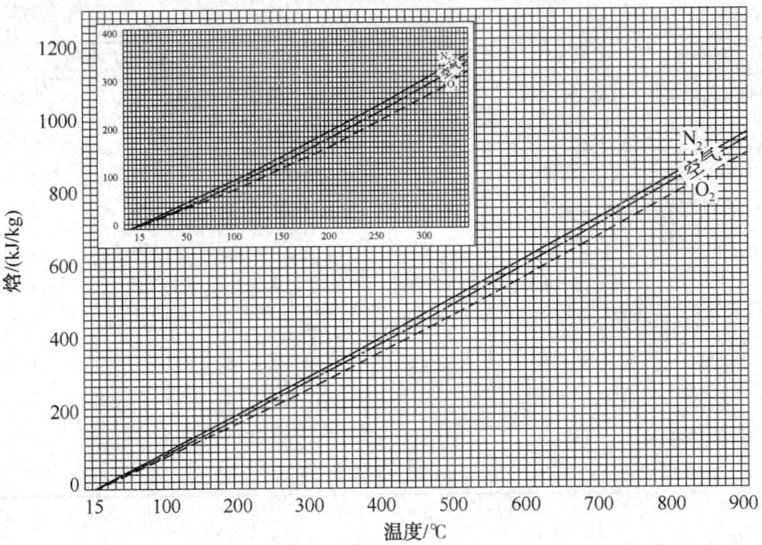

图 2-50　氮气、空气焓图

排烟热损失 $h_s = 3207kJ/kg$

5.5.4　燃料带入显热

根据《石油炼制图表集》P313 和 P317，公式(8-2-1)和表 8-2-2 理想气体的恒压比热容公式：

$$\Delta h_f = C_P(T_r - T_d)$$

纯组分比热容计算

$$C_p^0 = A\left(\frac{1.8T}{100}\right) + B\left(\frac{1.8T}{100}\right)^2 + C\left(\frac{1.8T}{100}\right)^3 + D\left(\frac{100}{1.8T}\right)$$

组分燃料的计算系数见表 2-99。

表 2-99　燃料气比热容系数

项目	体积分数	$A\times10^2$	$B\times10^3$	$C\times10^5$	$D\times10$	C_{P0}	C_p
甲烷	0.1667	7.76543	-1.12162	-0.12072	7.98622	0.548495	0.086165
乙烷	0.0801	8.30087	-1.89188	1.47441	1.43728	0.443132	0.031497
乙烯	0.0771	7.73807	-2.33748	2.80498	1.01394	0.391124	0.026813
丙烷	0.0317	8.8012	-2.41553	2.55127	-0.33623	0.425846	0.01174
丙烯	0.0093	7.61423	-2.12824	2.3004	0.66058	0.383834	0.003152
氮气	0.1631	2.88541	-1.18902	1.85046	6.63371	0.245456	0.040819
氢气	0.3521	43.83729	-21.712	38.56489	86.29312	3.376519	1.208303
二氧化碳	0.0083	3.41628	-1.43219	2.19472	2.97697	0.205139	0.001631
2-甲基丙烷	0.0396	9.04328	-2.68123	3.10868	-0.72466	0.425296	0.014596
正丁烷	0.0248	8.73284	-2.44614	2.63297	0.00166	0.426915	0.009256
丁烯-1	0.0048	8.10215	-2.44194	2.89049	-0.21342	0.387485	0.001624
顺-2-丁烯	0.0059	7.55307	-1.99834	1.96653	-0.7493	0.359506	0.001829
反-2-丁烯	0.0055	7.65021	-2.10956	2.23466	1.12828	0.394521	0.001928
2-甲基丁烷	0.0088	8.86899	-2.55705	2.84866	-0.65796	0.420038	0.003204
正戊烷	0.0048	8.72614	-2.49277	2.74194	-0.04821	0.424324	0.00178
氧气	0.0174	2.86895	-1.21326	1.86119	5.18105	0.218504	0.003816
合计							1.448152

以甲烷为例进行计算：

$$C_p^0=7.76543\times10^{-2}\times\left[\frac{1.8(273+47)}{100}\right]-1.12162\times10^{-3}\times\left[\frac{1.8(273+47)}{100}\right]^2$$
$$-0.12072\times10^{-5}\times\left[\frac{1.8(273+47)}{100}\right]^3+7.98622\times10^{-1}\times\left[\frac{100}{1.8(273+47)}\right]$$
$$=0.548495$$

$$C_P=C_{P0}\times V=0.548495\times0.1667=0.086165$$

燃料带入的显热计算结果：

烟气组分比热容：$C_p=1.448\text{kcal/kg}=6.06\text{kJ/kg}$

$$\Delta h_f=C_P(T_r-T_d)=6.06\times(47-15)=194\text{kJ/kg}$$

5.5.5　空气带入显热

$$\Delta h_a=WC_P(T_{aa}-T_d)$$

式中　W——理论湿空气量+过剩空气量，kg/kg；

T_{aa}——环境温度，℃；

T_d——基准温度，℃。

根据《石油化工设计手册》第一卷基础数据篇 P605，当温度为 67℃（前置蒸汽预热器加热后的温度），查表得水的饱和蒸气压为 28kPa＝280mbar

根据 SH/T 3036—2012《一般炼油装置用火焰加热炉》P165，G.8 采用外部热源预热空气的燃气加热炉计算：

$$\text{空气中含水量}=\frac{P_{VAP}}{1013.3}\times\frac{RH}{100}\times\frac{18}{28.85}=\frac{280}{1013.3}\times\frac{50}{100}\times\frac{18}{28.85}=0.13\ \text{kg}_{水}/\text{kg}_{空气}$$

$$\text{每 kg 燃料需要的湿空气量}=\frac{\text{理论空气量}}{1-\text{空气中含水量}}=\frac{22.94}{1-0.13}=26.51\text{kg}$$

$$\frac{\text{kg}_{水分}}{\text{kg}_{燃料}}=\text{每千克燃料需要的湿空气量}-\text{理论空气量}=26.51-22.94=3.56$$

$$\text{kg}_{H_2O}/\text{kg}_{燃料}=H_2O\ \text{生成量}+\text{kg}_{水分}/\text{kg}_{燃料}+\text{雾化蒸汽}=2.0+3.56+0.9=6.46$$

$$\text{每 kg 燃料过剩空气量}=\frac{(28.85\times O_2\%)\left(\frac{N_2\text{生成量}}{28}+\frac{CO_2\text{生成量}}{44}+\frac{H_2O\text{生成量}}{18}\right)}{20.95-O_2\%\left[\left(1.6028\times\frac{H_2O\text{量(kg)}}{\text{理论空气量(kg)}}\right)+1\right]}=2.55\text{kg}$$

$$\text{过剩空气}=\frac{\text{每 kg 燃料过剩空气量(kg)}}{\text{理论空气量}}\times100\%=\frac{2.55}{22.94}\times100\%=11.12\%$$

每 kg 燃料产物的含水总量（过剩空气修正后）：

$$\text{每 kg 燃料燃烧产物的含 }H_2O\text{ 总量(过剩空气修正后)}=\left(\frac{\text{过剩空气}}{100}\times\text{kg}_{水分}/\text{kg}_{燃料}\right)+\text{kg}_{H_2O}/\text{kg}_{燃料}=\left(\frac{11.12}{100}\times3.56\right)+6.46=6.86$$

$$\Delta h_a=WC_P(T_{aa}-T_d)=(2.55+26.51)\times1.005\times(67-15)=1530\text{kJ/kg}$$

5.5.6　雾化蒸汽带入显热

雾化蒸汽温度为 277℃、压力为 1.0MPa，

$$\Delta h_m = 2976\text{kJ/kg}$$

5.5.7 不完全燃烧损失

$$\Delta h_u = 0$$

加热炉效率：

$$e = \left(1 - \frac{h_u + h_s + h_L \cdot \eta_r}{h_L + \Delta h_\alpha + \Delta h_f + \Delta h_m}\right) \times 100 = \left(1 - \frac{0+3209+2562}{50338+1530+194+2976}\right) \times 100 = 89.52\%$$

5.6 加热炉效率(正平衡)

加热炉热效率正平衡是通过计算油品吸收的热量占燃料放热量的百分数得到的，需要计算燃料的放热量及油品吸收的热量和过热蒸汽吸收的热量。

5.6.1 油品吸收的热量

通过本部分 5.1 计算加热炉负荷时得到加热炉出入口焓差为 273×10^6kJ/h。

5.6.2 蒸汽过热吸收的热量

通过本部分 5.1 计算加热炉负荷时得到 0.5MPa 蒸汽过热吸收的热量为 1.224×10^6kJ/h。

5.6.3 气燃烧放出的热量

燃料燃烧放热 = 燃料消耗量×燃料热值 = 50338×3.96×1000 = 199×10^6kJ/h。

5.6.4 燃料气显热

通过计算加热炉效率(反平衡)得到燃料气的显热为 194kJ/h。

5.6.5 燃料油燃烧放出的热量

燃料油燃烧放热 = 燃料油消耗量×燃料油热值 = 43×1000×2.35×1000 = 101×10^6kJ/h

5.6.6 燃料油显热

本装置燃料油采用加氢裂化尾油，近似按照常压三线柴油性质比照，燃料油的比热容为 2.13kJ/(kg·℃)，燃料油的温度为 105℃，燃料油流量为 2.35t/h，则燃料油带入的显热为：

$$Q_{燃料油} = 2.35 \times 1000 \times 2.13 \times (105-20) = 0.425 \times 10^6 \text{kJ/h}$$

5.6.7 雾化蒸汽显热

通过计算加热炉效率(反平衡)得到燃料气的显热为 2976kJ/h。

加热炉效率(正效率)：

$$e = \frac{油品吸收的热量+蒸汽过热吸收的热量}{燃料油燃烧放热+燃料气燃烧放热+燃料显热+雾化蒸汽显热+空气带入热量}$$

$$= \frac{273+1.224}{199+101+6.06+0.77} = 89.42\%$$

6 换热网络及热平衡

6.1 换热负荷计算

6.1.1 物流总热负荷

物流总热负荷见表 2-100。

6.1.2 换热热负荷

流股的换热负荷采用计算采用流量×焓差的方式计算，计算公式如下：

$$Q = W \times \Delta h$$

式中 Q——换热负荷，kJ/h；

Δh——出入口焓差，kJ/kg。

表 2-100　物流总热负荷

序号	流股名称	总热负荷				工艺介质换热			非工艺介质换热部分			公用工程冷却部分						
															蒸汽	热水	空冷	水冷
		流量/(kg/h)	进口温度/℃	出口温度/℃	热负荷/kW	进口温度/℃	出口温度/℃	热负荷/kW	进口温度/℃	出口温度/℃	热负荷/kW	进口温度/℃	出口温度/℃	热负荷/kW	>160℃/kW	160~90℃/kW	90~60℃/kW	<60℃/kW
1	常顶循	765000	142	117	13435	142	124	9569	124	118	3190	118	117	0				
2	常一中	748000	211	147	31412	211	147	31412				147	147	0				
3	常二中	918000	320	284	27298	320	284	27298				284	284	0				
4	常一线	115000	182	127	4412	182	127	4412				127	127	0				
5	常二线	172000	267	116	18648	267	116	18648				116	116	0				
6	常三线	67000	298	88	10002	298	88	10002				88	88	0				
7	减一线	6000	86	34	177	86	34	177				34	34	0				
8	减一中	470000	86	66	5488	86	86	0				86	66	5488			5488	
9	减二线及二中	1189000	210	182	23463	210	182	23463				182	182	0				
10	减三线及三中	953000	280	215	46982	280	215	46982				215	215	0				
11	减压蜡油	319000	195	143	11085	195	195	0				195	143	11085	7427	3658		
12	过气化油急冷油	28000	324	221	2187	324	221	2187				221	221	0				
13	减压渣油急冷油	122000	348	291	5630	348	291	5630				291	291	0				
14	减压渣油外送	259000	348	136	39673	348	136	39673				136	136	0				
	热流总计				239892			219453			3190			16573				
热量回收率(工艺介质换热负荷+非工艺介质换热负荷)/热流总负荷：92.81%																		

(1) 冷物流换热负荷

冷流股换热负荷以脱前原油为例进行计算。

脱前原油的换热负荷=脱前原油的流量×脱前原油出入口焓差，即：

$$Q_{脱前}=W\Delta h=1013\times234\times1000=237.04\times10^{6}\text{kJ/h}$$

其他冷流股的换热负荷计算结果统计表，见表 2-101。

表 2-101 冷流股换热负荷

流股	起点温度/℃	终点温度/℃	流量(t/h)	入口焓值/(kJ/kg)	出口焓值/(kJ/kg)	焓值差/(kJ/kg)	换热负荷/(10^6kJ/h)
脱前原油	25	134	1013	86	320	234	237.04
脱后原油	132	192	1013	315	463	148	149.92
初底油	180	284	903	424	705	281	253.74
CDU1 常渣	124	257	144	271	596	325	46.80
脱丁烷塔进料	147	151	385	384	395	11	4.24
分离塔重沸器	118	121	158	304	311	7	1.11
初底油至加热炉炉	284	363	903	705	1008	303	273.61
常一线重沸器	210	214	158	528	539	11	1.74
合计							968

(2) 热物流换热负荷

热流股换热负荷以常一线热料为例进行计算。

常一线热料换热负荷=常一线热料的流量×常一线热料出入口焓差，即：

$$Q_{常一线热料}=W\Delta h=115\times234\times1000=15.99\times10^{6}\text{kJ/h}$$

其他热流股的换热负荷计算结果统计表，见表 2-102。

表 2-102 热流股换热负荷

流股	起点温度/℃	终点温度/℃	流量(t/h)	入口焓值/(kJ/kg)	出口焓值/(kJ/kg)	焓值差/(kJ/kg)	换热负荷/(10^6kJ/h)
初顶油气进罐前	142	78	137	374	210	164	22.47
初顶油气外送罐区	78	58	103	210	162	48	4.94
常顶油气	126	52	115	324	148	176	20.24
常顶循	142	117	765	363	300	63	48.20
常一线热料	182	127	115	453	314	139	15.99
常一线冷料	127	28	27	314	94	220	5.94
常一中油	211	147	838	529	362	167	139.95
初馏塔前进料加热器	385	202	13	3199	2811	388	5.04
常二线热料	267	116	173	668	278	390	67.47
常二线冷料	116	38	47	278	111	167	7.85
常三线热料	298	88	67	747	210	537	35.98
常三线冷料	88	35	27	210	102	108	2.92
常二中油	320	284	678	811	704	107	72.55

续表

流股	起点温度/℃	终点温度/℃	流量(t/h)	入口焓值/(kJ/kg)	出口焓值/(kJ/kg)	焓值差/(kJ/kg)	换热负荷/(10^6kJ/h)
减一中顶回流	86	48	172	207	129	78	13.42
减一中冷回流	86	65	282	207	163	44	12.41
减一线	86	34	5	207	101	106	0.53
减二中油	210	182	1179	488	418	70	82.53
减三中油	280	215	957	667	492	175	167.48
减压蜡油热料	196	143	214	451	323	128	27.39
减压蜡油冷料	143	80	106	323	186	137	14.52
过气化油急冷油	321	221	28	721	487	234	6.55
减压渣油急冷油	348	291	100	839	673	166	16.60
减压渣油热料	348	138	195	839	292	547	106.67
减压渣油冷料	136	86	64	292	184	108	6.91
合计							905

6.1.3 发生蒸汽热负荷

1.0MPa 蒸汽：装置当前未发 1.0MPa 蒸汽。

0.6MPa 蒸汽：0.6MPa 蒸汽发汽量为 6.5t/h，根据《石油化工设计手册》第一卷基础数据 P607，0.6MPa 饱和蒸汽的焓值为 660kcal/kg，按照发汽量为 6.5t/h 计算，则发生蒸汽的热负荷为：

$$Q=Wh=6.5\times1000\times660=4.29\times10^6\text{kcal}$$

6.1.4 重沸器热源热负荷

大连石化 10.0Mt/a 常减压蒸馏装置重沸器有常压一线塔底重沸器 E1015、石脑油分离塔塔底重沸器 E1212、脱乙烷塔塔底重沸器 E1222，其中，常压一线汽提塔 E1015 重沸器采用常二中作为热源，石脑油分离塔塔底重沸器 E1212 采用常一中作为热源、脱乙烷塔塔底重沸器 E1222 采用常一中作为热源，该换热器的相关数据参数见表 2-103。

表 2-103 装置重沸器信息参数表

项 目	流量/(t/h)	入口温度/℃	出口温度/℃	入口焓/(kJ/kg)	出口焓/(kJ/kg)	焓差/(kJ/kg)
E1015 热源	85	321	243	814	588	226
E1212 热源	208	211	130	529	320	209
E1222 热源	72	211	153	529	377	152

热负荷计算：

常压一线汽提塔重沸器 E1015

$$Q_h=W_h\times\Delta h=85\times1000\times226=19.21\times10^6\text{kJ/h}$$

石脑油分离塔塔底重沸器 E1212

$$Q_h=W_h\times\Delta h=208\times1000\times209=43.47\times10^6\text{kJ/h}$$

脱乙烷塔塔底重沸器 E1222

$$Q_h=W_h\times\Delta h=72\times1000\times152=10.94\times10^6\text{kJ/h}$$

6.1.5 热出料热负荷

大连石化 10.0Mt/a 常减压蒸馏装置采用与下游进行热联合的方式进行供料，常压一线油去煤油加氢装置，常压二线及常压三线混合后去柴油加氢装置，减压蜡油去加氢裂化装置，减压渣油去渣油加氢装置，各侧线油品至下游热出料数据参数，见表 2-104。

表 2-104 热出料相关参数

项目	流量/(t/h)	热出料温度/℃	规定温度/℃	热出料焓值/(kJ/kg)	规定温度焓值/(kJ/kg)	焓差/(kJ/kg)
常压一线	88	127	60	314	161	153
常压二线	126	116	70	278	176	102
常压三线	40	88	70	210	173	37
减压蜡油	214	143	80	323	186	137
减压渣油	195	136	120	288	253	35

热负荷计算：

根据 GB/T 50441—2016《石油化工设计能耗计算标准》[17]，规定油品的热进料、热出料的温度等于或大于 120℃时，高于 120℃的热量按 1∶1 比例计算标准能源量；有关油品的规定温度：汽油 60℃，柴油 70℃，蜡油 80℃，渣油 120℃。

常压一线汽热出料：

$$Q_{h1}=W_h\times h=88\times1000\times153=13.46\times10^6\text{kJ/h}$$

常压二线汽热出料：

$$Q_{h2}=W_h\times\Delta h=126\times1000\times102=12.85\times10^6\text{kJ/h}$$

常压三线汽热出料：

$$Q_{h3}=W_h\times\Delta h=40\times1000\times37=1.48\times10^6\text{kJ/h}$$

减压蜡油热出料：

$$Q_{h4}=W_h\times\Delta h=214\times1000\times137=29.32\times10^6\text{kJ/h}$$

减压渣油热出料：

$$Q_{h5}=W_h\times\Delta h=195\times1000\times35=6.83\times10^6\text{kJ/h}$$

因此，热出料热负荷总计：

$$Q=\sum_{i=1}^{i=5}h_i=13.46+12.85+1.48+29.32+6.83=63.94\times10^6\text{kJ/h}$$

6.1.6 预热冷公用工程热负荷

本装置没有给冷公用工程余热的工艺流程，此项不涉及。

6.1.7 空冷负荷

空冷负荷主要由被冷却的介质出入口焓差得到，装置详细空冷数据如表 2-105 所示。

表 2-105 空冷负荷统计表

项目	流量/(t/h)	入口温度/℃	出口温度/℃	入口焓/(kJ/kg)	出口焓/(kJ/kg)	焓差/(kJ/kg)	热量/(10^6kJ/h)
初顶空冷	137	141	78	630	210	420	98.39
常顶空冷	130	126	64	589	175	414	99.03
常一线空冷	27	127	35	314	109	205	5.54

续表

项目	流量/(t/h)	入口温度/℃	出口温度/℃	入口焓/(kJ/kg)	出口焓/(kJ/kg)	焓差/(kJ/kg)	热量/(10^6kJ/h)
常二线空冷	47	116	38	278	111	167	7.85
常三线空冷	27	88	45	210	122	88	2.38
减一线空冷	172	87	48	209	129	80	13.76
减一线空冷	282	87	65	209	163	46	26.73
合计							253.68

注：减压一线有两台空冷分别是顶回流-1 和顶回流-2

以初顶空冷为例进行计算：

初顶空冷内介质与其他空冷稍有区别，主要原因是初顶物流总含有部分水蒸气，需要考虑水蒸气的热量。

（1）初顶石脑油经空冷冷却的负荷

已知初顶石脑油 103t/h，塔顶冷回流 34t/h，空冷入口初顶油为 137t/h，

$$Q_{h1}=W_h \times h=137\times1000\times420=57.54\times10^6\text{kJ/h}$$

（2）初顶水蒸气冷却负荷

计算初顶水蒸气的分压

初顶石脑油的摩尔数：

$$n=\frac{m_{油}}{M_{油}}=\frac{103\times1000}{90}=1144\text{kmol/h}$$

初顶水蒸气的摩尔数：

$$n=\frac{m_{水}}{M_{水}}=\frac{16.85\times1000}{18}=936\text{kmol/h}$$

水蒸气的分压：

$$P_{水}=P_{总}\times\frac{n_{水}}{n_{水}+n_{油}}=0.59\times\frac{936}{936+1144}=0.266\text{MPa}$$

根据《石油化工设计手册》第一卷基础数据 P607 查得，水蒸气在此分压下的饱和温度是 129.37℃，空冷前的温度是 141℃，因此，在空冷前水蒸气是过热蒸气。水蒸气由过热蒸气变成饱和蒸气的热量为：

$$Q_1=W\Delta h=16.85\times1000\times(2720-2694)=0.438\times10^6\text{kJ/h}$$

由 129.37℃的过热蒸气变为饱和蒸气，汽化潜热为：2181kJ/kg

根据《石油化工设计手册》第一卷基础数据 P607 查得，汽化潜热为 2181kJ/kg

$$Q_2=W\Delta h=16.85\times1000\times2181=36.75\times10^6\text{kJ/h}$$

饱和蒸气再由 129.37℃降至 78℃，放出的热量为：

$$Q_3=cm\Delta t=4.2\times16.85\times1000\times(129.73-78)=3.66\times10^6\text{kJ/h}$$

水蒸气经过空冷出入口损失的热量合计为：

$$Q=Q_1+Q_2+Q_3=0.438+36.75+3.66=40.85\times10^6\text{kJ/h}$$

初顶空冷负荷为：57.54+40.85＝98.39×10^6kJ/h

6.1.8 水冷器负荷

水冷器主要是常顶石脑油水冷器 E1024，水冷器负荷计算如表 2-106 所示。

表 2-106 装置水冷器

项目	流量/(t/h)	入口温度/℃	出口温度/℃	入口焓/(kJ/kg)	出口焓/(kJ/kg)	焓差/(kJ/kg)
E1024	115	64	50	177	144	33

水冷器的负荷利用热源侧进行计算:

E1024 采用循环水和常顶石脑油换热，计算结果如下:

$$Q_h = W_h \times h = 115\times1000\times33 = 3.80\times10^6 \text{kJ/h}$$

6.1.9 装置换热回收率

装置的热回收率采用冷源吸收的热量与热源放出的热量占比计算得到，计算结果如下:

(1) 冷源吸收的热量

根据 6.2.1 冷流股吸收的热量为:

吸收的热量=脱前原油吸热+脱后原油吸热+初底油至加热炉入口吸热+CDU1 常渣吸热+脱丁烷塔进料吸热+石脑油分离塔底吸热+常压一线重沸器吸热=695×10^6kJ/h

(2) 热源放出的热量

根据 6.2.2 热流股热负荷计算得到，热流股放出的热量合计为 905×10^6kJ/h

(3) 换热回收率

$$\text{换热回收率}=\frac{\text{冷源吸收的热量}}{\text{热源放出的热量}}=\frac{695}{905}=76.80\%$$

6.1.10 装置热回收率

根据表 2-100 物流总换热负荷计算结果:

$$\text{热回收率}=\frac{\text{工艺介质换热}+\text{非工艺介质换热}}{\text{热流总负荷}}=\frac{219453+3190}{239892}=92.81\%$$

6.2 综合曲线

6.2.1 冷物流综合曲线

通过统计冷流股的初始温度和目标温度的相对应的 C_p 值，通过对冷流股的温度进行排序累计求和计算，利用问题表法绘制冷物流曲线，见表 2-107。

表 2-107 冷物流各温度区间焓差计算表

冷物流	初底油至加热炉	初底油	CDU1 常压渣油	常一线重沸器	脱后原油	脱丁烷塔进料	脱前原油	石脑油重沸器
初始温度/℃	284	180	124	210	132	147	25	118
目标温度/℃	363	284	257	214	192	151	134	121
比热容/[kJ/(kg·℃)]	3.84	2.71	2.44	2.75	2.47	2.75	2.15	2.33
流量/(t/h)	903	903	144	187	1013	385	1013	158
焓变/(kW/℃)	970	684	99	144	702	296	610	103
温度节点								
363	970							
284		684						
257		684	99					
214		684	99	144				

续表

冷物流	初底油至加热炉	初底油	CDU1常压渣油	常一线重沸器	脱后原油	脱丁烷塔进料	脱前原油	石脑油重沸器
210		684	99					
192		684	99		702			
180			99		702			
151			99		702	296		
147			99		702			
134			99		702		610	
132			99				610	
124							610	
121							610	103
118							610	
25								

表2-107中与温度节点对应的是各物流的区间焓变，以初底油为例进行说明，初底油的温度区间为180~284℃，因此，初底油在此温度区间180~284℃的对应的焓变为684kW/℃，将每股冷物流对应的焓变填写在相应的温度区间内，再将每一个温度节点的焓变值进行累计加和，以温度节点192℃为例进行说明：192℃节点焓变=684+99+702=1485kW/℃。

根据表2-107冷物流各温度区间焓差计算表，将各温度节点的焓变累计加和，再乘以每两个温度节点之间的差值，即为区间分段焓值。以192℃的区间分段焓为例进行说明：

192℃区间焓=(684+99+702)×(192−180)=17816kW

区间累计焓即将区间分段焓由温度最低的节点开始累积加和，各温度节点的区间累积焓见表2-108。

表2-108　问题表法绘制冷物流

温度节点	区间热容 C_p	ΔT	区间分段焓/kW	区间累计焓/kW
363	970	79	76641	271541
284	684	27	18479	194900
257	783	43	33666	176422
214	844	4	3374	142756
210	783	18	14093	139050
192	1485	12	17816	124957
180	800	29	23207	107141
151	1097	4	4387	83934
147	800	13	10403	79547
134	1410	2	2820	69144
132	708	8	5665	66324
124	610	3	1829	60659
121	713	3	2138	58830
118	610	93	56692	56692

根据以上求解数据画出冷物流曲线，详见图 2-51。

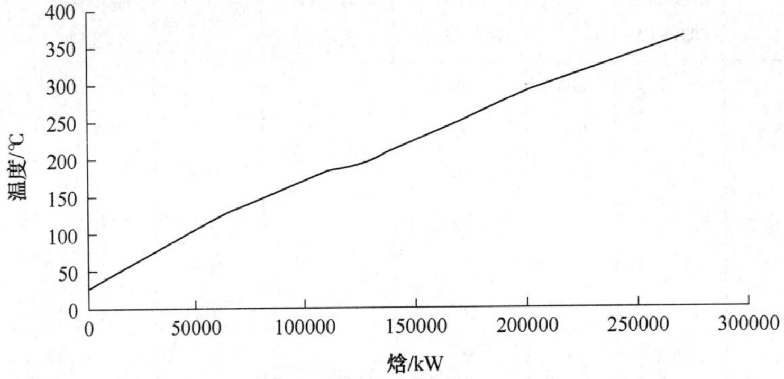

图 2-51　冷流股温焓图

6.2.2　热物流综合曲线

根据 GB/T 50441—2016《石油化工设计能耗计算标准》油品的规定温度：汽油为 60℃，柴油为 70℃，蜡油为 80℃，渣油为 120℃。通过统计热流股的初始温度和目标温度的相对应的 C_p 值，通过对热流股的温度进行排序累计求和计算，利用问题表法绘制热物流曲线，见表 2-109。

热物流区间累积焓值的计算方法与冷物流区间累积焓值计算方法一致，热物流区间累积焓统计见表 2-110。

根据以上求解数据画出热物流曲线见图 2-52。

6.2.3　窄点温差

冷热流股负荷曲线见图 2-53 和图 2-54。

根据冷热负荷曲线特征，热物流曲线的终点向下作竖直线与冷物流相交点的纵坐标即为加热炉换热终温。已知加热炉换热终温为 284℃，即冷物流在 284℃对应的焓值应该与热物流右侧端点的焓值一致，通过计算冷热物流曲线负荷得知，表 2-110 热物流的右侧端点焓值为 265372kW，表 2-108 冷物流在 284℃的焓值为 194900kW，二者的差值即为最小冷公用工程负荷，即 266763-194900＝70472kW，将此值添加到冷物流负荷最下方作为最小冷公用工程，如表 2-111 所示。

增加最小公用工程负荷后，冷物流 284℃的区间累积焓值为 265372kW，与热物流对应端点的区间累积焓值相同，再根据表 2-111 绘制冷热负荷曲线图即为图 2-53 冷热流股负荷曲线图，从图中可以得知，加热炉的最小负荷为：342013-265372＝76641kW，与 5.1 章节中加热炉负荷计算的 77512kW 基本吻合。

根据图 2-54 所示，热流股在 A 点位置出现明显的拐点，此处冷热物流负荷曲线的距离最小，经测量冷热物流的最小温度间距为 40℃，因此，确定窄点温度为 40℃。

6.2.4　窄点温度

以换热最小温差 40℃为准，热物流起始温度：热流股$-\Delta t_{min/2}$，冷物流起始温度：冷流股$+\Delta t_{min/2}$，同问题表算法计算每一股物流热量，根据确定的窄点温差，将冷热物流按照温度梯度自高到至低建立温度和 C_p 值表格，通过问题表法计算窄点温度，计算表格如表 2-112 所示。

表 2-109　热物流各温度区间焓差计算表

热物流	减压渣油急冷油	减压渣油热料	过气化油急冷油	常二中油	常三线热料	减三中油	常二线热料	常一中油	减二中油	减压蜡油热料	常一线油热料	初顶油气进罐前	常顶循	常顶油气	减压渣油冷料	减一中顶回流	减一中冷回流	减一线	减压蜡油冷料	初顶油气外送罐区	常二线冷料	常三线冷料	常一线冷料
初始温度/℃	348	348	321	320	298	280	267	211	210	196	182	142	142	126	120	86	86	86	80	78	70	70	65
目标温度/℃	291	120	221	284	70	215	70	147	182	80	65	78	117	52	86	48	65	34	79	58	38	35	28
比热容/[kJ/(kg·℃)]	2.91	2.60	2.34	3.00	2.56	2.69	2.59	2.36	2.50	2.42	2.52	2.56	2.49	2.38	2.16	2.05	2.10	2.04	2.17	2.40	2.14	2.04	2.22
流量/(t/h)	100	195	28	918	67	957	173	748	1179	214	115	137	767	115	64	172	282	5	106	103	47	27	27
焓变/(kW/℃)	82	142	18	770	48	721	125	494	825	145	81	98	535	77	39	99	165	5	65	69	28	15	17
温度节点/℃	C_{PH}																						
348	82	142																					
321	82	142	18																				
320	82	142	18	770																			
298	82	142	18	770	48																		
291		142	18	770	48																		
284		142	18		48																		
280		142	18		48	721																	
267		142	18		48	721	125																
221		142			48	721	125																
215		142			48		125																
211		142			48		125	494															
210		142			48		125	494	825														
202		142			48		125	494	825														
196		142			48		125	494	825	145													

续表

热物流	减压渣油急冷油	减压渣油热料	过气化油急冷油	常二中油	常三线热料	减三中油	常二线热料	常一中油	减二中油	减压蜡油热料	常一线油热料	初顶油气进罐前	常顶循	常顶油气	减压渣油冷料	减一中顶回流	减一中冷回流	减一线	减压蜡油冷料	初顶油气外送罐区	常二线冷料	常三线冷料	常一线冷料
182		142			48		125	494		145	81												
147		142			48		125			145	81												
142		142			48		125			145	81	98	535										
126		142			48		125			145	81	98	533										
120					48		125			145	81	98	533		39								
117					48		125			145	81	98			39								
86					48		125			145	81	98				99	165	5					
80					48		125				81	98		77		99	165	5	65				
79					48		125				81	98		77		99	165	5					
78					48		125				81			77		99	165	5		69			
70											81			77		99	165	5		69	28	15	
65														77		99		5		69	28	15	17
58														77		99		5			28	15	17
52														77		99		5			28	15	17
48														77				5			28	15	17
38														77				5				15	17
35																		5					17
34																							17
28																							

表 2-110 问题表法绘制热物流

区间热容 C_p/(kW/℃)	ΔT/℃	区间分段焓/kW	区间累计焓/kW
224	27	6042	265372
242	1	315	259331
1012	22	22472	259016
1060	7	6892	236544
979	7	6852	229652
209	4	835	222800
930	13	12463	221966
1056	46	48132	209503
1037	6	6223	161371
316	4	1263	155148
810	1	810	153885
1635	8	13083	153075
1635	6	9812	139992
1780	14	24565	130179
1036	35	36463	105614
542	5	2545	69151
1175	16	19147	66605
1173	6	7040	47458
1070	3	3209	40418
536	31	16626	37208
767	6	4602	20582
763	1	763	15981
699	1	699	15217
670	8	5358	14519
540	5	2699	9161
310	7	2170	6462
241	6	1445	4292
241	4	963	2847
142	10	1420	1884
114	3	341	464
22	1	22	123
17	6	101	101

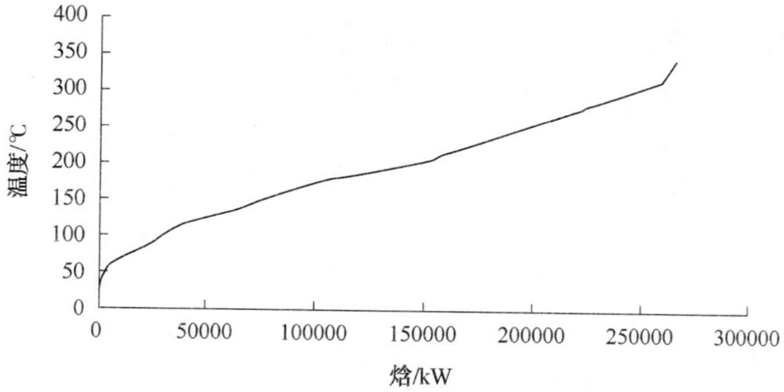

图 2-52 热流股温焓图

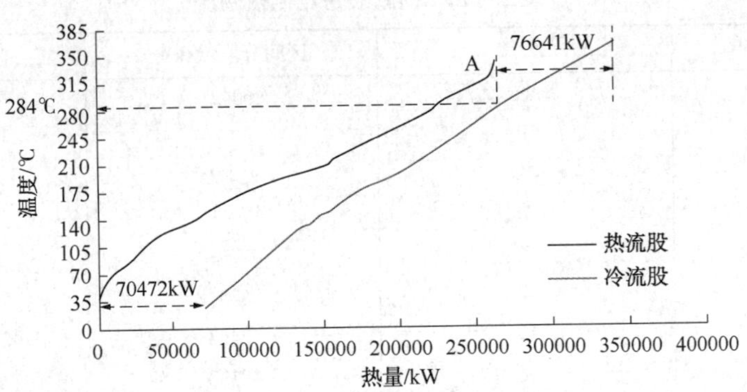

图 2-53　冷热流股的负荷曲线

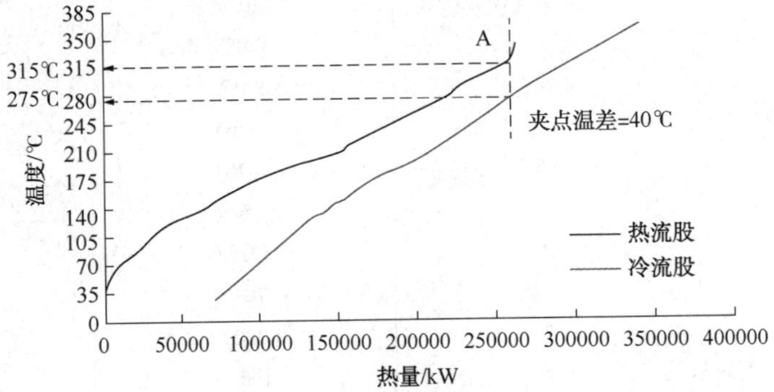

图 2-54　冷热流股负荷曲线

表 2-111　冷负荷表

温度节点	区间热容 C_p/(kW/℃)	ΔT/℃	区间分段焓/kW	区间累计焓/kW
363	970	79	76641	342013
284	684	27	18479	265372
257	783	43	33666	246894
214	927	4	3706	213228
210	783	18	14093	209522
192	1485	12	17816	195429
180	800	29	23207	177613
151	1097	4	4387	154406
147	800	13	10403	150019
134	1410	2	2820	139616
132	708	8	5665	136796
124	610	3	1829	131131
121	713	3	2138	129302
118	610	93	56692	127164
25	最小冷公用工程		70472	

表 2-112 冷热流股温度节点与焓变关系表

冷热物流	初底油至加热炉	初底油	一蒸馏来常压渣油	常一线重沸器	脱后原油	脱丁烷塔进料	脱前原油	石脑油底重沸器		减压渣油急冷油	减压渣油热料	过气化油急冷油	常二中油	常三线热料	减三中油	常二线热料	常一中油	减二中油	减压蜡油热料	常一线油热料	初顶油气进罐前	常顶循	常顶油气	减压渣油冷料	减一中顶回流	减一中冷回流	减一线	减压蜡油冷料	初顶油气外送罐区	常二线冷料	常三线冷料	常一线冷料
初始温度/℃	284	180	124	210	132	147	25	118		348	348	321	320	298	280	267	211	210	196	182	142	142	126	120	86	86	86	80	78	70	70	65
目标温度/℃	363	284	257	214	192	151	134	121		291	120	221	284	70	215	70	147	182	80	65	78	117	52	86	48	65	34	79	58	38	35	28
比热容/[kJ/(kg·℃)]	3.84	2.71	2.44	2.75	2.47	2.75	2.15	2.33		2.91	2.60	2.34	3.00	2.56	2.69	2.59	2.36	2.50	2.42	2.52	2.56	2.49	2.38	2.16	2.05	2.10	2.04	2.17	2.40	2.14	2.04	2.22
流量/(t/h)	903	903	144	187	1013	385	1013	158		100	195	28	918	67	957	173	748	1179	214	115	137	767	115	64	172	282	5	106	103	47	27	27
焓变/(kW/℃)	970	684	99	144	702	296	610	103		82	142	18	770	48	721	125	494	825	145	81	98	535	77	39	99	165	5	65	69	28	15	17
温度节点/℃	CP_C									CP_H																						
383																																
328	970																															
304	970									82	142																					
301		684							界	82	142																					
300		684							限	82	142	18																				
278		684								82	142	18	770																			
277		684								82	142	18	770	48																		
271		684	99							82	142	18	770	48																		
264		684	99								142	18	770	48																		
260		684	99								142	18		48	721																	
247		684	99								142	18		48	721																	
234		684	99								142	18		48	721	125																
230		684	99	144							142	18		48	721	125																
212		684	99								142	18		48	721	125																
201		684	99		702						142	18		48	721	125																
200		684	99		702						142			48	721	125																
195			99		702						142			48	721	125																
191			99		702						142			48		125																
190			99		702						142			48		125	494															

续表

冷热物流	初底油至加热炉	初底油	一蒸馏来常压渣油	常一线重沸器	脱后原油	脱丁烷塔进料	脱前原油	石脑油底重沸器		减压渣油急冷油	减压渣油热料	过气化油急冷油	常二中油	常三线热料	减三中油	常二线热料	常一中油	减二中油	减压蜡油热料	常一线油热料	初顶油气进罐前	常顶循	常顶油气	减压渣油冷料	减一中顶回流	减一中冷回流	减一线	减压蜡油冷料	初顶油气外送罐区	常二线冷料	常三线冷料	常一线冷料
176			99		702						142			48		125	494	825														
171			99		702						142			48		125	494	825	145													
167			99		702	296					142			48		125	494	825	145													
162			99		702						142			48		125	494	825	145													
154			99		702						142			48		125	494		145	81												
152			99		702		610				142			48		125	494		145	81												
144			99				610				142			48		125	494		145	81												
141							610				142			48		125	494		145	81												
138							610	103			142			48		125	494		145	81												
127							610		界		142			48		125	494		145	81												
122							610		限		142			48		125			145	81												
106							610				142			48		125			145	81	535	98										
100							610				142			48		125			145	81	535	98	77									
97							610							48		125			145	81	535	98	77	39								
66							610							48		125			145	81		98	77	39								
60							610							48		125			145	81		98	77		99	165	3					
59							610							48		125				81		98	77		99	165	3	65				
58							610							48		125				81		98	77		99	165	3					
50							610							48		125				81			77		99	165	3		69			
45							610													81			77		99	165	3		69	28	15	
38																							77		99		3		69	28	15	17
32																							77		99		3			28	15	17
28																									99		3			28	15	17
18																											3			28	15	17
15																											3				15	17
14																											3					17
8																																17

问题表法计算窄点温度如表 2-113 所示。

表 2-113 问题表法求窄点温度

温度节点/℃	温差/℃	$C_{Pc}-C_{PH}$/(kW/℃)	$\Delta H_{interval}$/kW	过剩/不足	热量传递/kW		热能补充/kW
383						0	73227
328	55	970	53358	不足	-53358	-53358	19869
304	24	746	17913	不足	-17913	-71270	1957
301	3	461	1382	不足	-1382	-72652	575
300	1	442	575	不足	-575	-73227	0
278	22	-328	-7278	过剩	7278	-65949	7278
277	1	-376	-188	过剩	188	-65761	7466
271	6	-278	-1667	过剩	1667	-64094	9133
264	7	-196	-1371	过剩	1371	-62723	10504
260	4	-147	-589	过剩	589	-62134	11093
247	13	-147	-1972	过剩	1972	-60162	13065
234	13	-273	-3435	过剩	3435	-56727	16500
230	4	-129	-516	过剩	516	-56212	17015
212	18	-273	-4907	过剩	4907	-51305	21922
201	11	429	4720	不足	-4720	-56025	17202
200	1	447	447	不足	-447	-56473	16754
195	5	-237	-1185	过剩	1185	-55288	17939
191	4	485	1938	过剩	-1938	-57226	16001
190	1	-10	-10	不足	10	-57216	16011
176	14	-835	-11692	过剩	11692	-45524	27703
171	5	-980	-4899	过剩	4899	-40625	32602
167	4	-683	-2734	过剩	2734	-37891	35336
162	5	-980	-4702	过剩	4702	-33190	40037
154	8	-236	-1932	过剩	1932	-31257	41970
152	2	374	748	不足	-748	-32005	41222
144	8	-328	-2622	过剩	2622	-29383	43844
141	3	-426	-1279	不足	1279	-28104	45123
138	3	-323	-969	过剩	969	-27135	46092
127	11	-426	-4689	过剩	4689	-22446	50781
122	5	68	320	不足	-320	-22766	50461
106	16	-565	-9211	过剩	9211	-13554	59673
100	6	-642	-3850	过剩	3850	-9704	63523
97	3	-538	-1615	过剩	1615	-8090	65137
66	31	-3	-103	过剩	103	-7987	65240
60	6	-232	-1392	过剩	1392	-6595	66632
59	1	-152	-152	过剩	152	-6443	66784

续表

温度节点/℃	温差/℃	$C_{Pc}-C_{PH}$/(kW/℃)	$\Delta H_{interval}$/kW	过剩/不足	热量传递/kW		热能补充/kW
58	1	-87	-87	过剩	87	-6356	66871
50	8	-58	-464	过剩	464	-5892	67335
45	5	72	360	不足	-360	-6252	66975
38	7	-308	-2155	过剩	2155	-4097	69130
32	6	-239	-1432	过剩	1432	-2665	70562
28	4	-162	-648	过剩	648	-2016	71211
18	10	-63	-632	过剩	632	-1384	71843
15	3	-35	-105	过剩	105	-1279	71948
14	1	-20	-20	过剩	20	-1259	71968
8	6	-17	-101	过剩	101	-1158	72069

确定窄点温度为300℃(设计282℃),热源窄点温度为320℃(设计294℃),冷源窄点温度为280℃(设计269℃)。根据问题表法计算得到的加热炉负荷为73227kW,与常压塔物料及能量平衡计算得到的77512kW偏差5.53%,最小冷公用工程为72069kW,与表2-111中实际的冷负荷70472kW基本吻合。

6.2.5 总综合曲线

根据问题表法确定的窄点温度,做出总综合曲线,如图2-55所示:

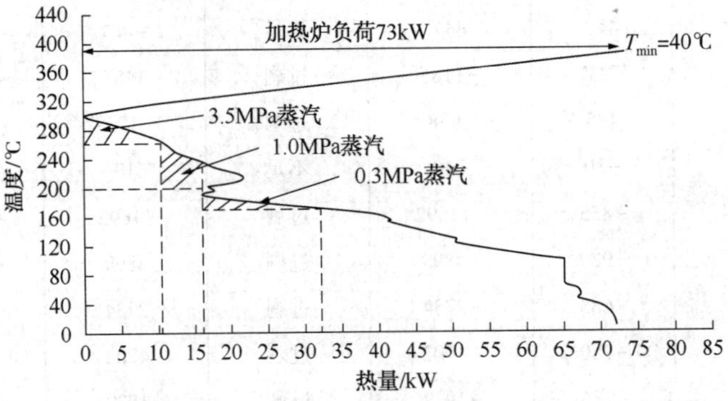

图2-55 冷热物流总组成曲线

发汽的潜能见表2-114和表2-115。

表2-114 换热网络发汽潜能

蒸汽压力/MPa	饱和温度/℃	发汽温度/℃	发汽焓/(kW/h)	发汽焓/(kcal/h)	蒸汽标准焓/(kcal/kg)	发汽量/t
3.5	241.42	261.42	11000	9460000	670	14.13
1.0	179.04	199.04	6000	5160000	663	7.78
0.6	158.85	178.85	16000	13760000	660	20.84

根据总组成曲线图,发汽温度需要在图中标注的温度基础上加上窄点温差温度的一半,以1.0MPa为例,1.0MPa蒸汽的饱和温度是179℃,在总组成曲线上对应的温度是:

$$T_{发}=T_{饱和}+T_{min}=179.04+37.3/2=197.69℃$$

标定工况下，装置 0.6MPa 蒸汽发汽量为 6.5t/h，不发 1.0MPa 和 3.5MPa 蒸汽，则装置具备的最大发汽潜能为：

$$0.6MPa：22.14-6.5=14.34t/h$$

表 2-115　装置发汽潜能

项　　目	3.5MPa 蒸汽	1.0MPa 蒸汽	0.6MPa 蒸汽
发汽潜能/(t/h)	14.13	7.78	14.34

6.2.6　换热网格图

换热网格见图 2-56。

由换热网格图可以看出如下问题：

① 根据夹点理论，换热终温应该在夹点温度以上，而本装置实际换热终温在夹点温度以下，原因为根据夹点理论，高温位的热源不能跨夹点换热，而在标定工况下出现多股跨夹点换热情况，因而造成实际换热终温低于夹点温度。

② 在夹点温度以下热量是富裕的，不能使用热公用工程，本装置在夹点温度以下使用了热公用工程，违背夹点理论。

③ 出现较高温位的热源加热较低温位冷源的情况，从换热匹配上讲是不合适的，如常三线 E-1004 换热器，但考虑到常压三线油收率较低，总体热量较少，这种换热匹配也是可以的。

④ 出现热量交叉换热，减二中热源首先与低温位的冷源换热，再与高温位的冷热源换热，从能量利用的角度讲是不合理的，需要从新进行匹配，即减二中应先与高温位的冷源换热即先与脱后原油 E1006 换热器换热，再与一蒸馏常渣换热，此种流程改造较为合理，不需要新增换热器。

6.2.7　改进措施

① 装置换热网络的夹点温度过高，造成大量跨夹点换热，需要增加换热面积，提高换热终温，使换热终温高于夹点温度。

② 停用初馏塔进料加热器 E1009，禁止夹点温度以下使用热公用工程。停止使用 E1009 后初馏塔进料温度后降低约 5℃，可将初底油换热器 E1010 移至脱后原油处，可以提高初馏塔进料温度，同时也可以降低初馏塔的汽提蒸汽用量，而且这样改造不需要新增换热器。

③ 改造减二中工艺流程，将减二中工艺流程上的 E1101 和 E1006 顺序颠倒，优化换热网络。

6.3　换热器的热平衡表

换热器换热平衡见表 2-116。

7　换热器计算

7.1　换热器数据处理

选择脱前原油换热器 E1002 进行核算，换热器详细数据，见表 2-117。

(1) 密度校核

已知油的 d_{420}密度，换算成计算温度下的密度：

根据《冷换设备工艺计算手册》第二版附表 1-7，油品性质计算公式。

$$\rho=T\times(1.307\gamma_4^{20}-1.817)+973.86\gamma_4^{20}+36.34$$

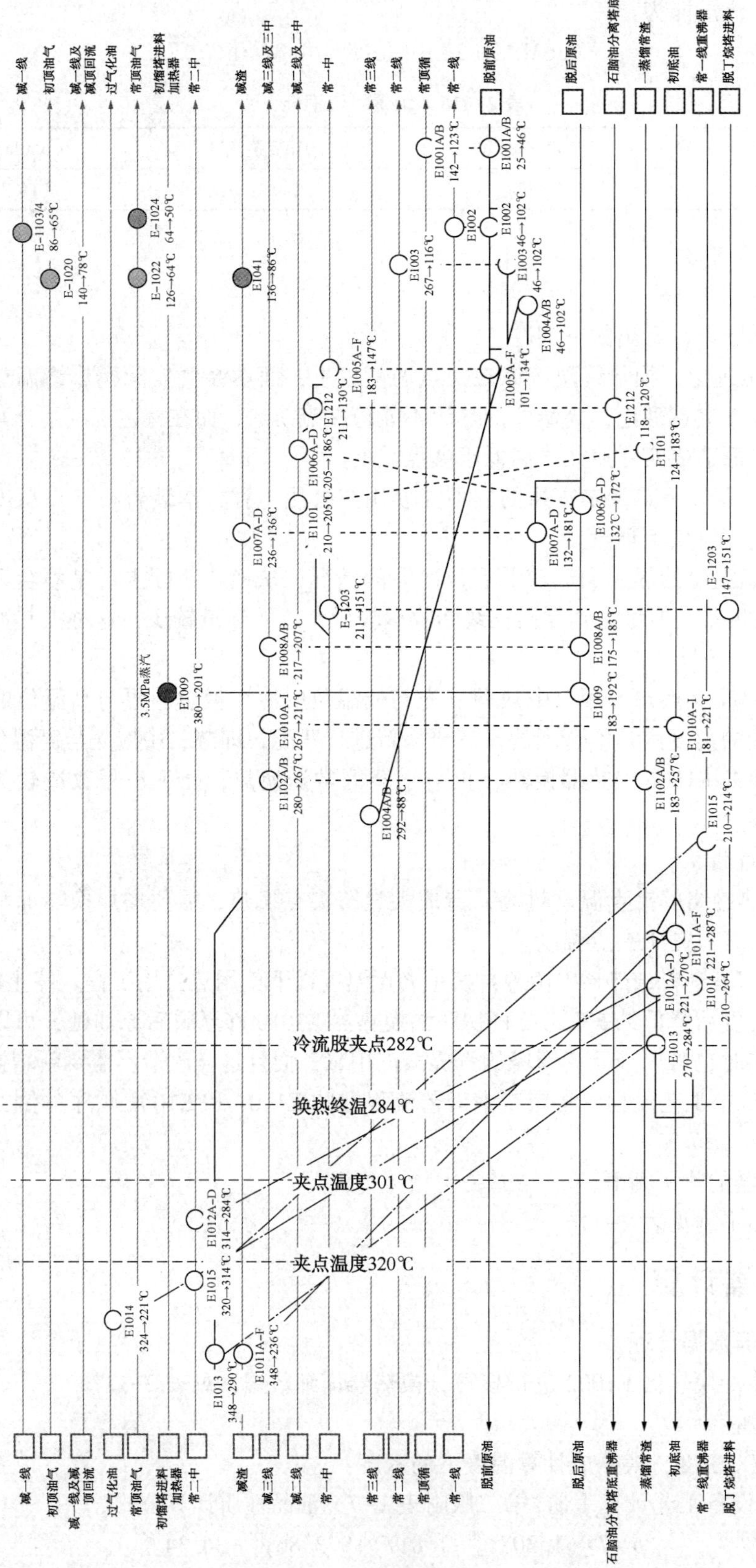
减一线
初顶油气
减一线及减顶回流
过气化油
常顶油气
初馏塔进料加热器
常二中
减渣
减三线
减二线
常一中
常三线
常二线
常顶循
常一线
脱前原油
脱后原油
石脑油分离塔底重沸器
一蒸馏常渣
初底油
常一线重沸器
脱丁烷塔进料
减三线及三中
减二线及二中
3.5MPa蒸汽
冷流股夹点282℃
换热终温284℃
夹点温度301℃
夹点温度320℃

图2-56 换热网格图

表 2-116　换热器热平衡表

编号	流股	设备位号	类型	入口温度/℃	出口温度/℃	流量/(t/h)	入口焓/(kJ/kg)	出口焓/(kJ/kg)	换热负荷/(10^6kJ/h)
1	原油-常顶循换热器	E1001	冷	25	45	1012	85	125	40
			热	142	96	355	364	250	40
2	原油-常一线油换热器	E1002	冷	45	102	205	125	246	25
			热	210	127	115	528	314	25
3	原油-常二线油换热器	E1003	冷	45	102	572	125	246	69
			热	266	115	172	666	275	67
4	原油-常三线油换热器	E1004	冷	45	102	275	125	246	33
			热	293	90	67	733	210	35
5	原油-常一中油换热器	E1005	冷	102	134	1012	246	320	75
			热	183	112	423	454	277	75
6	原油-减二中油换热器	E1006	冷	132	172	563	315	412	55
			热	205	173	683	474	394	55
7	原油-减压渣油换热器	E1007	冷	134	182	461	320	437	54
			热	236	137	249	527	290	59
8	原油-减三中油换热器	E1008	冷	176	183	1012	422	441	19
			热	217	207	1014	505	479	26
9	初馏塔进料加热器	E1009	冷	183	192	1012	440	463	23
			热	380	202	13	3185	2705	6
10	初底油-减三中换热器	E1010	冷	181	221	903	426	529	93
			热	266	217	780	636	505	102
11	初底油-减压渣油	E1011	冷	221	284	443	530	705	78
			热	348	291	270	839	528	84
12	初底油-常二中油	E1012	冷	221	270	405	530	665	55
			热		235				
13	初底油-减压渣油	E1013	冷	270	284	405	664	705	17
			热	348	291	100	838	672	17
14	初底油-过气化油	E1014	冷	221	264	67	530	648	8
			热	324	221	28	768	487	8
15	CDU1 常渣-减二中油	E1101	冷	124	183	144	271	407	20
			热	210	205	1366	487	474	18
16	CDU1 常渣-减三中油	E1102	冷	183	257	144	407	596	27
			热	280	266	870	676	636	35

注：第 12 项换热器热源侧数据缺失较多，无法进行热负荷计算

表 2-117　E1002 换热器数据表

流体位置	壳侧		管侧	
流体名称	原油		常一线油	
流体流量/(t/h)	205		115	
质量流率/(t/s)	57		32	
液(进/出)/(kg/h)	205000	205000	115035	115035
温度(进/出)/℃	45.8	101.7	210.2	127.3

续表

流体位置	壳侧		管侧	
密度(液/气)/(kg/m^3)γ420	820	780	647	712
	0.839		0.795	
黏度(液/气)mPa·s/(mm^2/s)	12.2	5.7	0.22	0.40
	14.86	7.31	0.33	0.56
比热容(液/气)/[kJ/(kg·℃)]	2.028	2.263	2.791	2.437
特性因素	11.8		11.8	
导热系数(液/气)/[W/(m·℃)]	0.122	0.112	0.073	0.094
入口压力/kPa(表)	3000		1210	
换热面积/m^2	573.84			
流速/(m/s)	0.64		1.36	
压降(允许/计算)/kPa	227		458	
污垢热阻(min)/(m^2·K/W)	0.00057		0.00021	
热负荷(计算/设计)/MW	6.95	9.17	传热平均温差(校正)	
总传热系数(计算/设计)/[W/(m^2·K)]	201		清洁状态值	246
			结垢状态值	204

(2) 原油的密度校核

换热器入口：

$$\rho=45.8\times(1.307\times0.839-1.817)+973.86\times0.839+36.34=820\text{kg/m}^3$$

换热器出口：

$$\rho=101.7\times(1.307\times0.839-1.817)+973.86\times0.839+36.34=780\text{kg/m}^3$$

(3) 常一线油密度校核

换热器入口：

$$\rho=210.2\times(1.307\times0.795-1.817)+973.86\times0.795+36.34=647\text{kg/m}^3$$

换热器出口：

$$\rho=127.4\times(1.307\times0.795-1.817)+973.86\times0.795+36.34=712\text{kg/m}^3$$

(4) 黏度

本次标定仅有一个温度下的黏度数据，因此采用其他方法推测油品的黏度数据，根据《石油炼制设计数据图表集》P420，图11-1-5石油馏分常压液体黏度图，以原油为例进行计算得到原油在37.8℃和99℃条件下的黏度分别为3.1mm^2/s和1.4mm^2/s，将以上两点拟合成一条直线，如图2-57所示。

根据拟合的直线进行外延和内推计算出原油在45.8℃和101.7℃条件下的运动黏度分别为3.1mm^2/s和1.33mm^2/s。根据《石油炼制设计数据图表集》P405，公式11-0-1得到运动黏度和绝对黏度的关系为：

$$\boldsymbol{\nu}=\frac{\mu g}{\gamma}$$

式中，$\boldsymbol{\nu}$为运动黏度，mm^2/s；μ为绝对黏度，mPa·s；γ为油品重度。

根据以上公式将计算油品的绝对黏度：

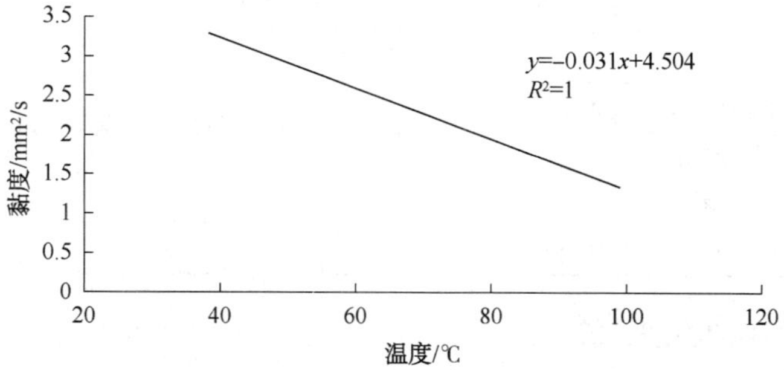

图 2-57　原油运动黏度

$$\mu_{45.8}=\frac{\nu\times\gamma}{g}=\frac{3.1\times36.29}{9.8}=12.2\text{mPa}\cdot\text{s}$$

同理得到其他油品的绝对黏度数据。

(5) 比热容

根据《石油炼制设计数据图标集》P347，公式(8-3-4)得到石油馏分的比热容为：

$$C_P=[0.7072-0.318d_{15.6}^{15.6}+(0.00147-0.000551d_{15.6}^{15.6})t](0.055K+0.35)$$

式中　C_P——恒压比热容，kJ/(kg·℃)

t——温度,℃；

K——特性因数。

以常压一线油为例进行计算得到：

$$C_P=[0.7072-0.318d_{15.6}^{15.6}+(0.00147-0.000551d_{15.6}^{15.6})t](0.055K+0.35)$$

$$=[0.7072-0.318\times0.799+(0.00147-0.000551\times0.799)\times210](0.055\times18.1+0.35)$$

$$=2.79\text{kJ/(kg}\cdot\text{℃)}$$

同理得到其他油品的比热数据。

(6) 导热系数

根据《新的石油馏分导热系数普遍化关联式》[16]中介绍的公式得到导热系数：

$$\lambda=0.110053T_b^{0.032951}\cdot S^{0.275415}-(6.87832\times10^{-4}T_b^{0.032951}\cdot S^{0.275415}-6.13896\times10^{-6}T_b^{0.724364}\cdot S^{-0.083154})\cdot t$$

式中　t——温度,℃；

T_b——中平均沸点，K；

S——在15.6℃下的相对密度，即$d_{15.6}^{15.6}$。

以常压一线油为例进行计算：

$$\lambda=0.110053T_b^{0.032951}\cdot S^{0.275415}-(6.87832\times10^{-4}T_b^{0.032951}\cdot S^{0.275415}-6.13896\times10^{-6}T_b^{0.724364}\cdot S^{-0.083154})\cdot t$$

$$=0.110053\times195^{0.032951}\cdot0.799^{0.275415}-(6.87832\times10^{-4}\times195^{0.032951}\cdot0.799^{0.275415}-6.13896\times10^{-6}\times195^{0.724364}\cdot0.799^{-0.083154})\cdot210$$

$$=0.073\text{W/(m}\cdot\text{℃)}$$

脱前原油换热器E1002的型号为BES1000-2.42/4.24-404-9/25-4I，具体数据如表2-118所示。

表 2-118　换热器型号数据

换热器型号数据												
壳径/mm	管程数/根	管子数		流通面积/m^2		换热面积/m^2	管长/m	板间距/mm	管心距/mm	管内径/mm	管外径/mm	板厚/mm
		总数/根	中心管排/根	管程	壳程	$L=9m$						
1000	4	588	18	0.046	0.325	404	9	600	32	20	25	10

7.2　定性温度下的物理计算

以下均以换热器热源侧为例进行计算。

(1) 流体定性温度

假设流体处于过渡区及湍流区(Re_i>2100):

$$t_D=0.4t_h+0.6t_c=0.4\times210.2+0.6\times127.3=160℃$$

(2) 流体定性密度

根据《冷换设备工艺计算手册》第二版附表 1-7,油品性质计算公式:

$$\rho=T\times(1.307\gamma_4^{20}-1.817)+973.86\gamma_4^{20}+36.34$$

(3) 流体定性比热容

根据《石油炼制设计数据图标集》P347,公式(8-3-4)得到石油馏分的比热容为:

$$C_P=[0.7072-0.318d_{15.6}^{15.6}+(0.00147-0.000551d_{15.6}^{15.6})t](0.055K+0.35)$$

式中　C_P——恒压比热容,kJ/(kg·℃);

t——温度,℃;

K——特性因数。

根据公式计算得到:

$$\begin{aligned}C_P&=[0.7072-0.318d_{15.6}^{15.6}+(0.00147-0.000551d_{15.6}^{15.6})t](0.055K+0.35)\\&=[0.7072-0.318\times0.799+(0.00147-0.000551\times0.799)\times160](0.055\times18.1+0.35)\\&=2.51kJ/(kg·℃)\end{aligned}$$

(4) 流体定性导热系数

根据《新的石油馏分导热系数普遍化关联式》中介绍的公式得到导热系数:

$$\lambda=0.110053T_b^{0.032951}\cdot S^{0.275415}-(6.87832\times10^{-4}T_b^{0.032951}\cdot S^{0.275415}-6.13896\times10^{-6}T_b^{0.724364}\cdot S^{-0.083154})\cdot t$$

式中　t——温度,℃;

T_b——中平均沸点,K;

S——在 15.6℃下的相对密度,即 $d_{15.6}^{15.6}$

根据公式计算得到:

$$\begin{aligned}\lambda&=0.110053T_b^{0.032951}\cdot S^{0.275415}-(6.87832\times10^{-4}T_b^{0.032951}\cdot S^{0.275415}-\\&\quad6.13896\times10^{-6}T_b^{0.724364}\cdot S^{-0.083154})\cdot t\\&=0.110053\times195^{0.032951}\cdot0.799^{0.275415}-(6.87832\times10^{-4}\times195^{0.032951}\cdot0.799^{0.275415}-\\&\quad6.13896\times10^{-6}\times195^{0.724364}\cdot0.799^{-0.083154})\cdot160\\&=0.102W/(m·℃)\end{aligned}$$

(5) 定性运动黏度

根据《冷欢设备工艺计算手册》第二版,附表 1-7 油品性质计算公式中黏度计算公式:

油品的 d_4^{20} 密度为 0.795<0.8，因此参数 C 取 0.8，

$$a=\ln[\ln(\nu_1+C)]-b\times\ln\{[\ln(T_1+273)]\}$$
$$=\ln[\ln(0.33+0.8)]-b\times\ln\{[\ln(210.2+273)]\}$$
$$=-0.48$$

$$b=\frac{\ln[\ln(\nu_1+C)]-\ln\{[\ln(\nu_2+C)]\}}{\ln(T_1+273)-\ln(T_2+273)}$$
$$=\frac{\ln[\ln(0.33+0.8)]-\ln\{[\ln(0.56+0.8)]\}}{\ln(210.2+273)-\ln(127.3+273)}$$
$$=27.59$$

$$\nu=\exp\{\exp[a+b\times\ln(T+273)]\}-c=\exp\{\exp[-0.48+27.59\times\ln(160+273)]\}-0.8=0.43\text{mm}^2/\text{s}$$

$$\mu=\rho\cdot v\cdot 10^{-3}=0.43\times686\times10^{-3}=0.3\text{mPa}\cdot\text{s}$$

同理得到冷源侧油品定性温度下的物性，详见 Execl 计算结果。

7.3 换热器核算

7.3.1 热负荷

取本部分 6.15 换热器负荷计算结果，并根据《冷换设备工艺计算手册》第二版 P10，1-2-5 得到换热器负荷公式为：

$$Q=W\times\Delta H$$

式中 Q——换热器负荷，J/s；

W——质量流量，kg/s；

ΔH——焓差 J/kg。

换热器热侧负荷为：

$$Q_h=W_h\times\Delta H_h=6890278\text{J/s}$$

换热器冷侧负荷为：

$$Q_c=W_c\times\Delta H_c=6838217\text{J/s}$$

冷热负荷偏差为：

$$\Delta Q=|Q_c/Q_h-1|\times100=|689027/6838217-1|\times100=0.76\%<10\%$$

7.3.2 有效平均温差

根据《冷换设备工艺计算手册》第二版 P11，1-2-10，换热器有效平均温差公式为：

$$\Delta t_h=T_1-t_2$$
$$\Delta t_c=T_2-t_1$$

式中 Δt_h——热端温差，℃；

Δt_c——冷端温差，℃；

T_1——热源入口温度，℃；

T_2——热源出口温度，℃；

t_1——冷源入口温度，℃；

t_2——冷源出口温度，℃。

$$\Delta t_h=T_1-t_2=210.2-101.7=108.5℃$$
$$\Delta t_c=T_2-t_1=127.3-45.8=81.5℃$$
$$\Delta t_h/\Delta t_c=\frac{108.5}{81.5}=1.33$$

$$\left|\frac{\Delta t_h}{\Delta t_c}-1\right|=|1.33-1|=0.33>0.1$$

(1) 对数平均温差

根据《冷换设备工艺计算手册》第二版 P11，1-2-11，换热器对数平均温差公式为：

$$\Delta T_m=(\Delta t_h-\Delta t_c)/\ln(\Delta t_h/\Delta t_c)$$

式中，Δt_m为对数平均温差,℃。

$$\Delta T_m=(\Delta t_h-\Delta t_c)/\ln(\Delta t_h-\Delta t_c)=(108.3-81.5)/\ln(108.3/81.5)=94℃$$

(2) 对数平均温差校正系数

$$R=(T_1-T_2)/(t_2-t_1)=(210.2-127.3)/(101.7-45.8)=1.48$$

$$P=(t_2-t_1)/(T_1-t_1)=(101.7-45.8)/(210.2-45.8)=0.34$$

$$|R-1|=|1.48-1|=0.48>10^{-3}$$

根据《冷换设备工艺计算手册》第二版 P11，1-2-12/13，换热器对数平均温差校正系数公式为：

$$P_n=\frac{1-\left(\frac{1-P\cdot R}{1-P}\right)^{\frac{1}{N_S}}}{R-\left(\frac{1-P\cdot R}{1-P}\right)^{\frac{1}{N_S}}}$$

$$F_T=\frac{\sqrt{\frac{R^2+1}{R-1}}\ln\left(\frac{1-P_n}{1-P_n\cdot R}\right)}{\ln\left[\frac{2/P_n-1-R+\sqrt{R^2+1}}{2/P_n-1-R-\sqrt{R^2+1}}\right]}$$

根据公式计算得到：

$$P_n=\frac{1-\left(\frac{1-P\cdot R}{1-P}\right)^{\frac{1}{N_S}}}{R-\left(\frac{1-P\cdot R}{1-P}\right)^{\frac{1}{N_S}}}=\frac{1-\left(\frac{1-0.34\cdot 1.48}{1-0.34}\right)^{\frac{1}{1}}}{1.48-\left(\frac{1-0.34\cdot 1.48}{1-0.34}\right)^{\frac{1}{1}}}=0.34$$

有效系数：$$F_T=\frac{\sqrt{\frac{R^2+1}{R-1}}\ln\left(\frac{1-P_n}{1-P_n\cdot R}\right)}{\ln\left[\frac{2/P_n-1-R+\sqrt{R^2+1}}{2/P_n-1-R-\sqrt{R^2+1}}\right]}=\frac{\sqrt{\frac{1.48^2+1}{1.48-1}}\ln\left(\frac{1-0.34}{1-0.34\cdot 1.48}\right)}{\ln\left[\frac{2/0.34-1-1.48+\sqrt{1.48^2+1}}{2/0.34-1-1.48-\sqrt{1.48^2+1}}\right]}=0.91>0.8$$

有效平均温差：$\Delta T=F_T\cdot\Delta T_m=0.91\times 94=85℃$

假设经验传热系数 $K=250\mathrm{W}/(\mathrm{m}^2\cdot\mathrm{K})$。

7.3.3 管内膜传热系数

(1) 管程雷诺数：

根据《冷换设备工艺计算手册》第二版 P19，1-2-17，雷诺准数计算公式为：

$$Re_i=d_i\cdot G_i/\mu_{iD}$$

$$G_i=W/S_i$$

$$S_i=\frac{N_t}{N_{tp}}\cdot\frac{\pi}{4}\cdot d_i^2$$

式中 Re_i——管内流体雷诺准数；

d_i——管内径，m；

G_i——管内流体质量流速，kg/(m² · s)；

W_i——管内流体质量流率，kg/s；

S_i——管程流通面积，m²。

根据以上公式计算得到：

$$S_i=\frac{N_t}{N_{tp}}\cdot\frac{\pi}{4}\cdot d_i^2=\frac{588}{4}\cdot\frac{3.14}{4}\cdot(0.02)^2=0.046\text{m}^2$$

$$G_i=W/S_i=115035/3600/0.46=692\text{kg}/(\text{m}^2\cdot\text{s})$$

$$Re_i=d_i\cdot G_i/\mu_{iD}=0.02\times692/0.000298=46418$$

(2) 管程普兰特数

根据《冷换设备工艺计算手册》第二版 P19，1-2-18，普兰特准数计算公式为：

$$Pr_i=(C_p\cdot\mu/\lambda)_{iD}$$

根据以上公式计算得到：

$$Pr_i=(C_p\cdot\mu/\lambda)_{iD}=(2510\times0.000298/0.102)_{iD}=7.34$$

(3) 管内膜传热系数

根据《冷换设备工艺计算手册》第二版 P19，1-2-19，管内膜传热系数计算公式为：

$$h'_{io}=\frac{\lambda_{iD}}{d_0}\cdot J_{Hi}\cdot Pr_i^{\frac{1}{3}}\cdot\phi_i$$

式中 h_{io}——以管外表面积为基准的管内膜传热系数，W/(m² · K)；

J_{Hi}——管内传热因子，无因次；

d_0——管外径，m；

ϕ_i——管程壁温校正系数；

μ_i——壁温下的流体黏度 Pa · s。

当 $Re_i>10^4$

$$J_{Hi}=0.023\cdot Re_i^{0.8}$$

$$\phi_i=(\mu_{iD}/\mu_W)$$

根据以上计算公式得到：

$$J_{Hi}=0.023\cdot Re_i^{0.8}=0.023\times46418^{0.8}=124.47$$

$$h'_{io}=\frac{\lambda_{iD}}{d_0}\cdot J_{Hi}\cdot Pr_i^{\frac{1}{3}}\cdot\phi_i=\frac{0.102}{0.025}\times124.47\times7.34^{\frac{1}{3}}\times1=986.9\ \text{W}/(\text{m}^2\cdot\text{K})$$

管程传热因子：

$$J_{Hi}=0.023\cdot Re_i^{0.8}=101$$

$$h'_{io}=\frac{\lambda_{iD}}{d_0}\cdot J_{Hi}\cdot Pr_i^{\frac{1}{3}}\cdot\phi_i=1439\ \text{W}/(\text{m}^2\cdot\text{K})$$

7.3.4 管外膜传热系数

(1) 壳程雷诺数

根据《冷换设备工艺计算手册》第二版 P23，1-2-42，雷诺准数计算公式为：

$$Re_o = d_o \cdot G_o / \mu_{oD}$$

$$G_o = W / S_o$$

对 ϕ25mm×2.5mm 换热管正方形排列管子的当量直径 d_o = 27.15

式中 Re_o——壳程流体雷诺准数；

d_o——管外径，m；

G_o——壳程流体质量流速，kg/(m² · s)；

W_o——壳程流体质量流率，kg/s。

S_0 = 壳程流通面积 = (壳径 - 中心管排数×管外径)×(板间距 - 板厚) = (1-18×0.025)×(0.6-0.01) = 0.325m² 根据以上公式计算得到：

$$G_o = W/S_o = 205000/3600/0.325 = 175\text{kg/(m}^2 \cdot \text{s)}$$

$$Re_o = d_o \cdot G_o/\mu_{oD} = 0.025 \times 175/0.006688 = 712$$

(2) 壳程普兰特数

根据《冷换设备工艺计算手册》第二版 P24，1-2-43，普兰特准数计算公式为：

$$Pr_o = (C_p \cdot \mu/\lambda)_{oD}$$

根据以上公式计算得到：

$$Pr_o = (C_p \cdot \mu/\lambda)_{oD} = (2122 \times 0.006688/0.118)_{oD} = 120.39$$

(3) 管外膜传热系数

根据《冷换设备工艺计算手册》第二版 P24，1-2-44，管外膜传热系数计算公式为：

$$h'_o = \frac{\lambda_{oD}}{d_0} \cdot J_{Ho} \cdot Pr^{\frac{1}{3}} \cdot \phi_o \cdot \varepsilon_h$$

式中 h_o——以管外表面积为基准的管外膜传热系数，W/(m² · K)；

J_{Ho}——壳程传热因子，无因次；

d_0——管外径，m；

ϕ_o——壳程壁温校正系数；

ε_h——旁路挡板传热校正系数见表 2-119。

表 2-119 旁路挡板传热校正系数

壳径/mm	325	400	500	600	700	800	900	1000	1100	1200	1300	1400	1500	1600	1700	1800
ε_h	1.30	1.26	1.23	1.20	1.18	1.17	1.15	1.14	1.13	1.12	1.11	1.10	1.09	1.08	1.07	1.06
$\varepsilon_{\Delta p}$	1.90	1.87	1.85	1.73	1.64	1.58	1.52	1.51	1.50	1.45	1.40	1.35	1.30	1.25	1.20	1.15

根据以上计算公式得到：

$$J_{Ho} = 0.491 \cdot Re_o^{0.51} \cdot \left(\frac{Z-15}{10}\right) + 0.673\, Re_o^{0.49} \cdot \left(\frac{25-Z}{10}\right)$$

$$= 0.491 \cdot 712^{0.51} \cdot \left(\frac{25-15}{10}\right) + 0.673 \times 712^{0.49} \cdot \left(\frac{25-25}{10}\right) = 14.38$$

$$h'_o = \frac{\lambda_{oD}}{d_0} \cdot J_{Ho} \cdot Pr^{\frac{1}{3}} \cdot \phi_o \cdot \varepsilon_h = \frac{0.018}{0.025} \times 14.38 \times 120.39^{\frac{1}{3}} \times 1 \times 1.14 = 351.59$$

7.3.5 壁温校正因子

管内走热流

（1）管子壁温

$$t_w = \frac{h'_{io}}{h'_{io}+h_o} \cdot (t_{iD}-t_{oD})+t_{oD} = \frac{986.91}{986.91+351.59} \cdot (160-68)+68 = 136℃$$

（2）管内壁温校正系数

$$\phi_i = (\mu_{iD}/\mu_w)^{0.14} = 0.000298/0.000369 = 0.97$$

同理得壳程壁温校正系数：

$$\phi_i = (\mu_{iD}/\mu_w)^{0.14} = 0.006688/0.003 = 1.13$$

（3）校正后的膜传热系数

管内膜传热系数：

$$h_{io} = h'_{io} \cdot \phi_i = 986.9\times0.97 = 958.71\text{W/(m}^2\cdot\text{K)}$$

管外膜传热系数：

$$h_o = h'_o \cdot \phi_o = 351.6\times1.13 = 398\text{W/(m}^2\cdot\text{K)}$$

7.3.6 总传热系数 K

总传热系数：

$$K = \frac{1}{\frac{A_0}{A_i}\cdot\left(\frac{1}{h_{io}}+r_i\right)+\left(\frac{1}{h_o}+r_o\right)+r_p} = \frac{1}{\frac{25}{20}\cdot\left(\frac{1}{958.71}+0.00021\right)+\left(\frac{1}{398.31}+0.00057_o\right)+0.00006}$$

$$= 212\text{W/(m}^2\cdot\text{K)}$$

7.3.7 清洁总传热系数

$$K_0 = \frac{1}{\frac{25}{20}\cdot\frac{1}{958.71}+\frac{1}{398.31}+0.00006} = 258\text{W/(m}^2\cdot\text{K)}$$

7.3.8 标定的总传热系数

$$K_{标定} = \frac{Q}{A\times\Delta T} = \frac{6.95\times10^6}{404\times85} = 201\text{W/(m}^2\cdot\text{K)}$$

7.3.9 换热面积余量

$$A'_0 = \frac{Q}{K\cdot\Delta T} = \frac{6.95\times10^6}{212\times85} = 382\text{m}^2$$

换热面积余量：

$$C_F = \left(\frac{A_0}{A'_0}-1\right)\times100 = \left(\frac{404}{382}-1\right)\times100 = 6\%$$

7.3.10 管程压力降

（1）摩擦系数

$$f_i = 0.4513\cdot Re_i^{-0.2653} = 0.4513\cdot 46418^{-0.2653} = 0.03$$

（2）直管压力降

$$\Delta P_i = \frac{G_i^2}{2\rho_{iD}}\cdot\frac{L\cdot N_{tp}}{d_i}\cdot\frac{f_i}{\phi_i} = \frac{692^2}{2\times686}\cdot\frac{9\cdot4}{0.02}\cdot\frac{0.03}{0.97} = 16.37\text{kPa}$$

(3) 回弯压力降

$$\Delta P_r=\frac{G_i^2}{2\rho_{iD}}\cdot(4N_{tp})=\frac{692^2}{2\times686}\times(4\times4)=5.59\text{kPa}$$

(4) 管嘴压力降

$$\Delta P_{Ni}=\frac{1.5\times G_{Ni}^2}{2\rho_{iD}}=\frac{1.5\times332^2}{2\times686}=0.12\text{kPa}$$

管程压力降:

$$\Delta P_t=(16.37+5.59)\times1.45+0.12=32\text{kPa}<30\text{kPa}$$

管程压力降结垢校正系数见表2-120。

表2-120 管程压力降结垢校正系数表

结垢热阻/($m^2\cdot$K/W)	0	0.00017	0.00034	0.00043	0.00052	0.00069	0.00086	0.00129	0.00172
F_i	1.00	1.20	1.35	1.40	1.45	1.50	1.60	1.70	1.80

7.3.11 壳程压力降

(1) 摩擦系数

$$f'_o=0.731Re_o^{-0.0774}=0.731\times712^{-0.0774}=0.44$$

(2) 管束压力降

$$\Delta P_o=\frac{G_o^2}{2\rho_{oD}}\cdot\frac{D_S\cdot(N_b+1)}{d_e}\cdot\frac{f_o}{\phi_o}\cdot\varepsilon_{\Delta P}=\frac{175^2}{2\times804}\cdot\frac{1\cdot(9/0.6+1)}{0.02715}\cdot\frac{0.44_o}{1.13}\cdot1.51=6.61\text{kPa}$$

(3) 导流筒压力降

$$\Delta P_{ro}=\frac{G_{No}^2}{2\rho_{oD}}\varepsilon_{IP}=\frac{592^2}{2\times804}\times7=1.53\text{kPa}$$

(4) 管嘴压力降

$$\Delta P_{NO}=\frac{1.5\times G_{No}^2}{2\rho_{oD}}=\frac{1.5\times592^2}{2\times804}=0.33\text{kPa}$$

(5) 壳程压力降

$$\Delta P_s=\Delta P_o\cdot F_o+\Delta P_{ro}+\Delta P_{No}=6.61\times1.4+0.33+1.53=11\text{kPa}<50\text{kPa}$$

结论:换热器传热系数计算见表2-121。

表2-121 换热器传热系数计算结果

项 目	传热系数/[W/($m^2\cdot$K)]	项 目	传热系数/[W/($m^2\cdot$K)]
标定工况	201	清洁工况	258
设计工况	212		

标定 K<结垢 K<清洁 K

换热器结垢严重,需要进行清理。

8 电脱盐

本套装置电脱盐采用高速三级电脱盐技术,流程一、二、三级电脱盐串联运行。本次计算以三级罐为例,罐体尺寸为 ϕ4800×30000(切线),罐内电场为4层水平电极板,1、2、4

级极板接电，3 层极板接地，标定期间输出电压为 19kV。

8.1 电脱盐电场强度示意图

电脱盐电场强度示意见图 2-58。

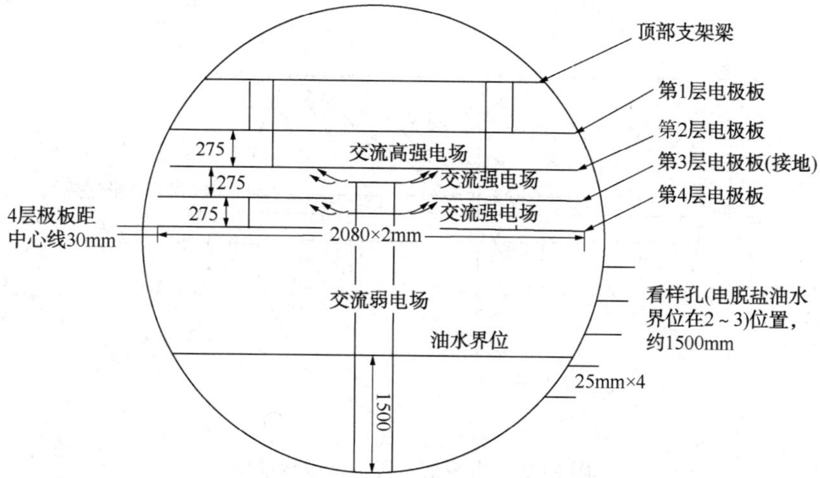

图 2-58 电脱盐电场强度示意图

8.2 电脱盐参数

电脱盐相关参数见表 2-122。

表 2-122 电脱盐参数信息表

项 目	符 号	数 值	项 目	符 号	数 值
罐体内径	r	4800mm	原油的密度	ρ	839kg/m^3
罐体容积	V_1	573m^3	原油的黏度(46℃)	μ_1	12.19cP
罐体长度	L	30m	原油的黏度(102℃)	μ_2	5.23mPa·s
极板间距	b	275mm	罐内油水界位	n	2 和 3 导淋之间
输出电压	U	19000V	罐内水位高度	H	1600mm
封头曲面深度	h	1200mm	每小时注水量	W_1	89t/h
电脱盐操作温度	t	130℃	原油加工量	W_2	1012t/h
电脱盐操作压力	P	2.5MPa	原油含水	W_3	0.05%(占原油加工量)

8.2.1 强电场电位梯度

根据《原油蒸馏技术进展与应用》P249，电位梯度计算式(6-1-4)计算脱盐罐内强电场电位梯度。

$$U=Eb$$

式中 U——两极板间电压，V；

E——电位梯度，V/cm；

b——两极板间距，cm。

已知强电场两电极板间电压 $U=19$kV，两极板间距 $b=275$mm，

计算得强电场电位梯度：$E=U/b=19000/27.5=691$V/cm

8.2.2 电场容积

本装置电脱盐分两段进料，下段进料在 3、4 层极板中间进料，上段进料在 2、3 层极板

中间进料，计算电场容积时仅计算进料段以上的有效电场面积。以上段进料为例进行计算，电脱盐下段进料位置见图2-59。

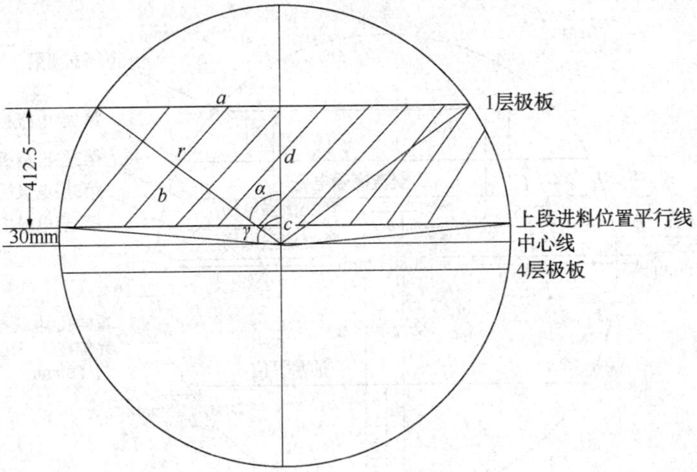

图2-59 电脱盐下段进料位置简图

上段进料位置的水平长度，根据勾股定理可知：

$$r^2=b^2+c^2$$

式中 r——电脱盐罐的半径，m；

b——上段进料水平位置长度的一半，m；

c——电脱盐罐圆心距下段进料水平线的垂直距离，m。

根据计算得到：

$$b=\sqrt{r^2-c^2}=\sqrt{(4.8/2)^2-(0.003)^2}=2.39\text{m}$$

下段水平进料线的弧度：

$$\tan\gamma=\frac{b}{c}=\frac{2.39}{0.003}=800$$

式中，γ 为下段进料水平线扇形弧度的一半,°。

解得 γ 弧度为：

$$\gamma=\arctan800=1.57\times\frac{180}{\pi}=89.97°$$

上段进料水平线以上的圆弧面积：

$$A_0=\frac{2\gamma\pi r^2}{360}-\frac{2bc}{2}=\frac{2\times89.97\times3.14\times(4.8/2)^2}{360}-\frac{2\times2.39\times0.003}{2}=9.04\text{m}^2$$

同理求得1层极板以上的圆弧面积为9.2m²。

上段进料水平线距离1层极板的有效电场面积为：9.04-5.99=3.05m²(阴影区域)

上段进料的有效电场面积见图2-60。

上段进料的有效电场容积为：

$$V=S\cdot L=3.05\times30=91.38\text{m}^3$$

同理，得到下段进料的有效电场容积为96.39m³。

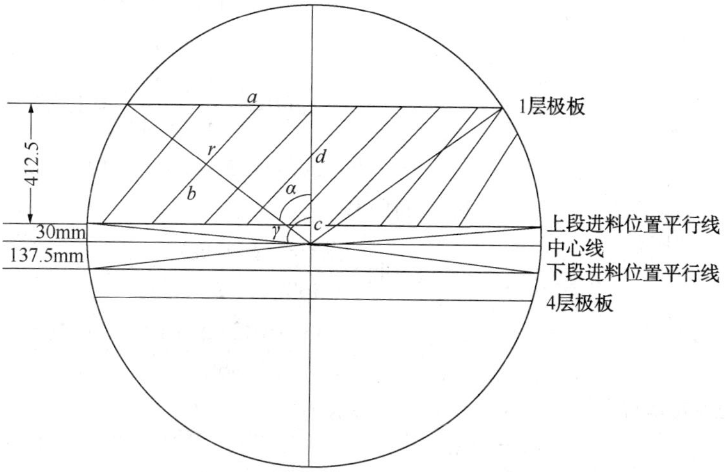

图 2-60　上段进料的有效电场面积

8.2.3　原油在强电场中停留时间

根据《原油蒸馏技术进展与应用》P249 原油通过强电场停留时间计算式(6-1-7)，计算原油电脱盐罐内强电场中停留时间：

$$\tau = \frac{V}{G}$$

式中　τ——原油通过强电场停留时间，min；

G——每台脱盐罐处理量，m^3/h；

V——电场容积，m^3。

已知原油在 20℃时的密度为 $839kg/m^3$，根据《冷换设备工艺计算手册》第二版附表 1-7，油品密度计算公式：

$$\rho = T\times(1.307\gamma_4^{20} - 1.817) + 973.86\gamma_4^{20} + 36.34$$

计算原油在电脱盐三极罐入口为 130℃下的密度为：

$$\rho = 130\times(1.307\times0.839 - 1.817) + 973.86\times0.839 + 36.34 = 760kg/m^3$$

则三级罐的处理量 G 为：

$$G = \frac{m}{\rho} = \frac{1012\times1000}{760} = 1332m^3/h$$

注：原油加工量为 1012t/h

根据以上公式，计算得到上段进料在电场中的停留时间为：

$$\tau_{上} = \frac{V}{G} = \frac{91.38}{1332/2}\times60 = 8.2min$$

注：原油分上下两段进料，计算下部停留时间时需要将处理量减半

同理得到上段进料在电场中的停留时间为：

$$\tau_{下} = \frac{V}{G} = \frac{96.39}{1332/2}\times60 = 8.7min$$

8.2.4　最大截面上升速度

最大截面积需要包括封头的面积，如图 2-61 所示：

封头半径：

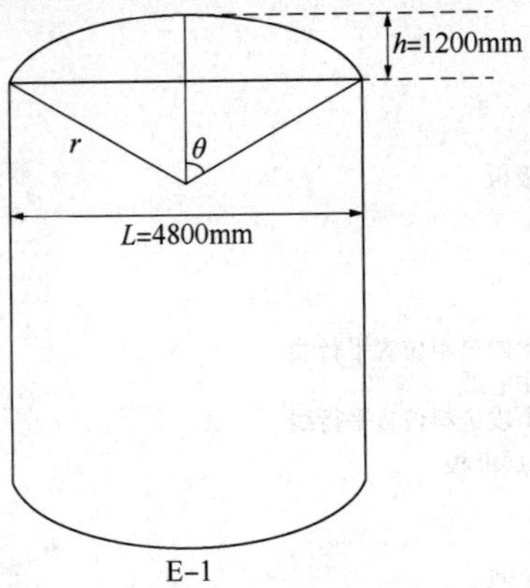

图 2-61　电脱盐罐封头

$$r^2=(r-1.2)^2+(4.8/2)^2$$

$$r=3\text{m}$$

$$\tan\theta=\frac{2.4}{r-h}=\frac{2.4}{3-1.2}=1.33$$

$$\theta=\arctan 1.33\times180/3.14=53.16°$$

封头的面积：

$$A_0=\left(\frac{\theta\pi r^2}{360}-\frac{L(r-h)}{2}\right)\times2$$

$$=\left(\frac{53.16\times2\times3.14\times3^2}{360}-\frac{4.8(3-1.2)}{2}\right)\times2$$

$$=8.05\text{m}^2$$

最大截面积：

罐体的切线面积+封头面积 $S=4.8\times30+8.05=152\text{m}^2$

根据《原油蒸馏与工艺》P191 原油通过水平极板的上升速度计算式(3-8-4)，计算原油通过水平极板的上升速度：

$$V=\frac{G}{S}=\frac{1332}{152\times3600}\times1000=2.43\text{mm/s}$$

8.2.5　最小可沉降水滴直径

根据《原油蒸馏与工艺》P183 水滴沉降速度计算式(3-8-6)，推导计算最小可沉降的水滴直径。

$$u=\frac{d^2(\rho_w-\rho)g}{18\mu}$$

式中　u——水滴沉降速度，m/s；

d——水滴直径，mm；

ρ_w——水的密度，kg/m³；

ρ——原油的密度，kg/m³；

g——重力加速度，9.81m/s²；

μ——油品黏度，Pa·s。

已知原油 46℃时黏度为 12.19mPa·s，102℃时黏度为 5.26mPa·s，根据以上两点黏度数据，利用外延法得到 130℃条件下原油的黏度数据为 1.75mPa·s。原油黏度数据见图 2-62。

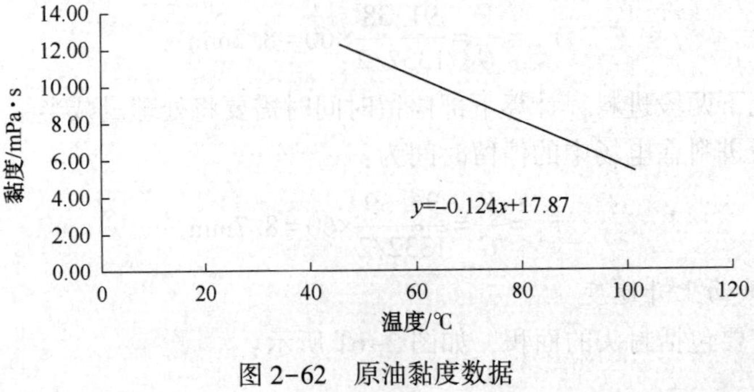

图 2-62　原油黏度数据

原油在130℃下的密度为760kg/m³。

水在130℃条件下的密度为：

$$\rho_w = 1.000837 - 0.000108 \times T - 0.000003 \times T^2$$
$$= 1.000837 - 0.000108 \times 130 - 0.000003 \times 130^2$$
$$= 0.936\text{kg/m}^3$$

则理论最小可沉降的水滴直径 d 为：

$$d = \sqrt{\frac{18u\mu}{(\rho_w - \rho)g}} = \sqrt{\frac{18 \times 2.43 \times 1.75 \times 10^{-6}}{(936-760) \times 9.8}} = 0.00021\text{mm} = 0.21\mu\text{m}$$

8.2.6　水的停留时间计算

电脱盐油水界位控制2、3导淋之间，即电脱盐罐内水位高度1600mm，则水层容积 $V_水$，电脱盐油水界位见图2-63。

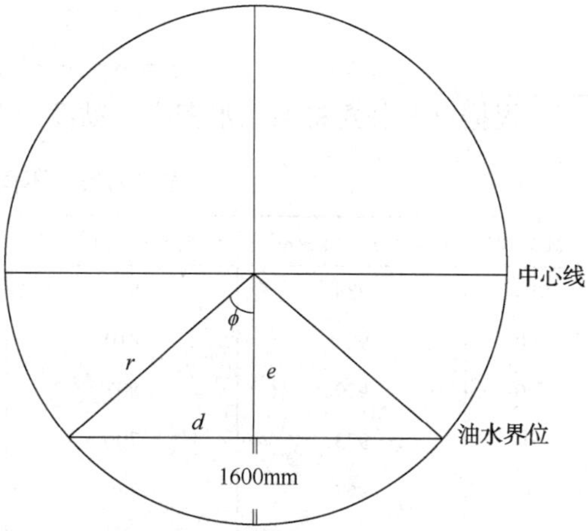

图2-63　电脱盐罐油水界位

计算油水界位的平面长度：

$$r^2 = (r-1.6)^2 + d^2$$
$$d = 2.26\text{m}$$

计算油水界位的弧度：

$$\tan\phi = \frac{2.26}{r-1.6} = \frac{2.26}{2.4-1.6} = 2.825$$

$$\theta = \arctan 2.825 \times 180/3.14 = 70.54°$$

罐内水的面积：

$$A_1 = \left(\frac{\theta\pi r^2}{360} - \frac{2d(r-1.6)}{2}\right) = \left(\frac{70.54 \times 2 \times 3.14 \times 2.4^2}{360} - \frac{4.52(2.4-1.6)}{2}\right) = 5.28\text{m}^2$$

罐内水的体积：

$$V_水 = A_1 \times L = 5.28 \times 30 = 158.4\text{m}^3$$

电脱盐注水量　$G_1 = 89000\text{kg/h}$

原油含水：

$$W_3 = W_2 \times 0.05\% = 1012 \times 1000 \times 0.05\% = 506\text{kg/h}$$

则电脱盐罐的脱水量 G_2 为：

$$G_2 = (89000+506)/936 = 95.6\text{m}^3/\text{h}$$

则水的停留时间 t 为：

$$t = \frac{V_水}{G_2} = \frac{158.4}{95.6} = 1.66\text{h}$$

8.2.7　电脱盐操作温度

电脱盐操作温度跟原油与水的密度有关，与原油与水在不同温度的密度差变化有关，利用公式计算原油与水在不同温度下的密度，列出关联图。

油的密度用下列公式计算：

$$\rho = T \times (1.307\gamma_4^{20} - 1.817) + 973.86\gamma_4^{20} + 36.34$$

水的密度用下列公式计算：

$$\rho_w = 1.000837 - 0.000108 \times T - 0.000003 \times T^2$$

黏度用下列公式计算：

油品的 d_4^{20} 密度为 0.8<0.839<0.9，因此，参数 C 取 2.4−2×0.839=0.72

$$a=\ln[\ln(\nu_1+C)]-b\times\ln\{[\ln(T_1+273)]\}$$
$$=\ln[\ln(12.2+0.72)]-(-2.22)\times\ln\{[\ln(45.8+273)]\}$$
$$=13.72$$

$$b=\frac{\ln[\ln(\nu_1+C)]-\ln\{[\ln(\nu_2+C)]\}}{\ln(T_1+273)-\ln(T_2+273)}$$
$$=\frac{\ln[\ln(12.2+0.72)]-\ln\{[\ln(5.3+0.72)]\}}{\ln(45.8+273)-\ln(101.7+273)}$$
$$=-2.22$$

$$\nu=\exp\{\exp[a+b\times\ln(T+273)]-c\}$$

根据以上公式将油、水密度、黏度与温度进行关联，见表 2-123。

表 2-123　不同温度下油水的关联参数

温度/℃	水的密度/(kg/m³)	油的密度/(kg/m³)	油水密度差/(kg/m³)	黏度/(×100mm²/s)	黏度/油水密度差
50	988	817	171	1128.06	6.61
60	984	810	173	948.16	5.47
70	979	803	176	808.29	4.60
80	973	796	177	697.70	3.94
90	967	789	178	608.91	3.42
100	960	781	179	536.66	3.00
110	953	774	178	477.14	2.67
120	945	767	178	427.56	2.41
130	936	760	176	385.85	2.19
140	927	753	174	350.44	2.01
150	917	745	172	320.12	1.86
160	907	738	169	293.97	1.74
170	896	731	165	271.25	1.65
180	884	724	160	251.40	1.57
190	872	717	155	233.93	1.50

根据表 2-123 数据绘制图 2-64。

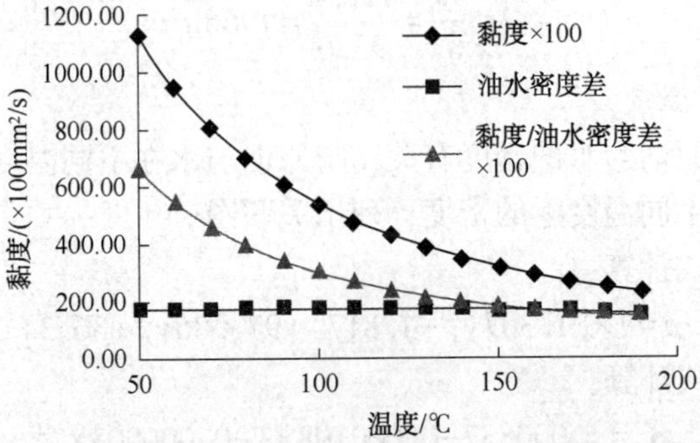

图 2-64　不同温度下油水的关联参数图

通过数据对比，随着操作温度的增加，黏度/油水密度差不断地减小，当温度超过150℃以后变化不明显，比较经济的操作温度在130℃左右，同时达到较理想的脱盐效果。

9　装置能耗计算

9.1　装置实际能耗

装置公用工程消耗见表2-124。

表2-124　装置公用工程消耗表

项　　目	日消耗	小时消耗	项　　目	日消耗	小时消耗
电	197935kW·h	8250kW·h	循环水	28800t	1200t
1.0MPa蒸汽	902t	38t	除盐水	139t	73t
燃料油	123t	5t	热量	-81128t	-3352t
燃料气	86.4t	3.6t	3.5MPa蒸汽	312t	13t
新鲜水	16t	0.2t	加工负荷	24312t	1013t

注：计算装置能耗时公用工程数值取两天数据的平均值进行计算

1）公用工程消耗计算

以下公用工程折算系数采用GB/T 50441—2016《石油化工设计能耗计算标准》。

（1）电消耗

装置电耗8250kW·h/h，折合系数0.22，则电耗为8250/1013×0.22=1.85kgEO/t

（2）1.0MPa蒸汽能耗

1.0MPa蒸汽37.6t/h，折合系数76，则蒸汽单耗=37.6/1013×76=2.82kgEO/t

（3）燃料气

根据加热炉计算过程中得到燃料气的低热值=50338kJ/kg，折合成标准油为：

$$50388/41.816=1204$$

燃料气消耗量3.6t/h　则燃料气单耗=3.6/1013×1204=4.28kgEO/t

（4）燃料油

燃料油消耗量为5t/h，折合系数1000，则燃料油单耗=5/1013×1000=4.94kgEO/t

（5）新鲜水

新鲜水消耗量为0.2t/h，折合系数0.15，则新鲜水单耗=0.2/1013×0.15=0.0kgEO/t=0MJ/t

（6）循环水

循环水消耗量为1200t/h，折合系数0.06，则循环水单耗=1200/1013×0.06=0.07kgEO/t

（7）除盐水

除盐水消耗量为73t/h，折合系数1.0，则循环水单耗=73/1013×1.0=0.07kgEO/t=0.07×41.816=3.12MJ/t

（8）3.5MPa蒸汽

3.5MPa蒸汽13t/h，折合系数88，则蒸汽单耗=13/1013×88=1.13kgEO/t

2）装置热输出

装置热出料包括常压一线油、常压二线油、常压三线油、常一中油、减压蜡油、减压渣油、热媒水，详细参数如表 2-125 所示。

表 2-125　装置热输出及热交换能量

热出料	外送流量/(t/h)	外送温度/℃	外送焓值/(kJ/kg)	规定温度/℃	规定焓值/(kJ/kg)	输出热量/(10^6kJ/h)
常压一线油	88	127	314	60	161	7.44
常压二线油	126	116	278	70	176	6.43
常压三线油	40	88	210	70	173	0.74
减压蜡油	214	143	323	80	186	20.01
减压渣油	195	136	288	120	253	6.83
合计						41.45
热交换	外送流量/(t/h)	外送温度/℃	外送焓值/(kJ/kg)	返回温度/℃	返回焓值/(kJ/kg)	输出热量/(10^6kJ/h)
常一中油	345	211	529	183	454	25.88
溴化锂热媒水	100	85	335	77	323	0.17
合计						26.05

注：常压一线油按照汽油进行计算，规定温度取 60℃；常一中至轻烃包含三组换热器，分别为 E1203A/B(流量为 65t/h)，E1212(流量为 208t/h)，E1222(流量为 72t/h)共计 345t/h

(1) 热出料

根据 GB/T 50441—2016《石油化工设计能耗计算标准》规定，热出料热量的温度等于或大于 120℃时，高于 120℃的热量按照 1：1 的比例计算标准能源量；油品规定温度与 120℃之间的热量折半计算标准能源量；油品规定温度以下的不计入标准能源量。有关油品的规定温度：汽油为 60℃、柴油为 70℃，蜡油为 80℃，渣油为 120℃。根据以上规定计算热出料能源量，以常压一线油和常压二线油为例进行计算：

常压一线油热输出温度由 127→60，将常压一线油分成 127-60=67 份，温度高于 120℃的占 7 份，低于 120℃的占 60 份，则按照以上规定计算得到：

$$Q_{一线}=\frac{7}{67}\times 88\times(314-161)+\left[\frac{60}{67}\times 88\times(314-161)\right]\times 0.5=7.44\times 10^6\text{kJ/h}$$

$$Q_{二线}=126\times(278-176)\div 2=6.43\times 10^6\text{kJ/h}$$

(2) 热交换

根据 GB/T 50441—2016《石油化工设计能耗计算标准》规定，耗能体系之间通过热交换输入或输出的热量，温度高于 120℃以上的热量按照 1：1 的比例计算标准能源量，60～120℃之间的热量折半计算标准能源量；60℃以下的热量不计入标准能源量。本装置热交换常一中热源外送及返回温度均高于 120℃，按照 1：1 比例计算能源量，溴化锂热媒水温度外送和返回均低于 120℃，但高于 60℃，按照折半计算能源量。热媒水的焓值根据《石油化工设计手册》第一卷 P641：

常一中输出热量：$345\times(529-454)=25.88\times 10^6$kJ/h

溴化锂热媒水输出热量：$4.2\times(85-77)/2=0.17\times 10^6$kJ/h

按照以上计算结果，热输出的总热量为 $41.45+26.05=67.5\times 10^6kJ/h=67.5\times 10^3/1013/40.186=1.72$kgEO/t

装置基准能耗为上述各种能耗之和。同理计算其他公用工程消耗列入表 2-126。

装置基准能耗为 13.73kgEO/t(设计 13.5kgEO/t)。

表 2-126 装置实际能耗表

主要燃料动力消耗							
名称	单位	系数	实物量	实物单耗		单位能耗	
			7月18日	计算单位	7月18日	计算单位	7月18日
电	kW·h	0.22	8250	kW·h	8.43	kgEO/t	1.85
1.0MPa 蒸汽	t	76	40	t/t	0.052	kgEO/t	2.82
燃料油	t	1000	5	kg/t	5.07	kgEO/t	4.94
燃料气	t	1000	3.6	kg/t	4.77	kgEO/t	4.28
淡水	t	0.15	4	kg/t	4.48	kgEO/t	0.00
循环水	t	0.06	700	t/t	0.72	kgEO/t	0.07
除盐水	t	1	73	t/t	0.075	kgEO/t	0.07
热量	t	1	-1680	kgEO/t	-1.72	kgEO/t	-1.72
3.5MPa 蒸汽	t	88	13	t/t	0.009	kgEO/t	1.13
能耗合计	千克标油					kgEO/t	13.44

9.2 装置基准能耗

$$E=0.084\times C+3.7-K_1+K_2$$

式中 E——基准能耗，kgEO/t；

C——常压总拔出率,%(质)；

K_1——回收轻烃的能耗校正值，(0.5~1.2)kgEO/t；

K_2——润滑油型常减压装置的校正值，kgEO/t。

根据物料平衡得到常压总拔出率为 57.16%(质量收率)，本装置有轻烃回收单元，校正系数 K_1 取 0.5kgEO/t；

则装置基准能耗为：

$$E=0.084\times 57.16+3.7-0.5=8.0\text{kgEO/t}$$

9.3 能耗分析

大连石化公司 10.0Mt/a 常减压蒸馏装置能耗普遍较国内同行业高 3.44kgEO/t，造成能耗偏高的主要主要原因如下。

(1) 换热终温低

大连石化公司三蒸馏装置引进壳牌工艺包，其特点是“固定投资成本低，运营成本高”。经过对本装置换热网络的工艺计算，装置实际窄点温差 40℃(设计窄点温差 25℃)，远高于国内同行业的 16~18℃的窄点温差，窄点温差高造成本装置换热终温仅为 284℃，四川石化公司换热终温为 290℃，镇海炼化公司换热终温为 292℃，换热终温低造成加热炉负荷较高，燃料消耗量较大。

(2) 拔出率较高

因本装置减压塔塔顶冷却负荷不足，为降低减压塔塔顶的负荷，装置尽可能的提高常压拔出率，根据标定数据，装置常压拔出率为 56%，拔出率较高导致加热炉负荷较大，因此能耗较高，同时经过计算，常压塔过气化率为6.27%，过气化率高于3%，因此造成产品质量过剩，能耗较高。

(3) 工艺设计

根据壳牌干塔操作的防腐理念，塔顶不设冷回流。用常顶循调整塔顶产品质量，为保证足够的调整余量，常顶循首先与低温位的原油换热，此工艺设计造成本装置初、常顶石脑油没有和原油的换热流程，初常顶石脑油直接进入空冷冷却，因此，造成本装置电耗及冷却负荷相对较高。四川石化公司和镇海炼化公司蒸馏装置原油首先与初顶、常顶石脑油换热，回收两顶石脑油低温热，而大连三蒸馏装置设计不回收两顶石脑油低温热，两顶石脑油直接进空冷冷却后出装置，损失热量2.8×10^{6}cal/h。

(4) 减压深拔

大连石化公司三蒸馏采用壳牌“减压深拔”专利技术，根据Hysys流程模拟得到原油的实沸点蒸馏曲线，减压渣油切割温度在570℃，在得到较高轻油收率的同时，也增加了装置的能耗。三蒸馏装置常压炉出口温度为365℃，四川石化公司和镇海炼化公司分别为358℃和357℃。三蒸馏减压炉出口温度406℃，四川石化公司和镇海炼化公司分别为395℃和393℃。加热炉出口温度高造成加热炉负荷高，燃料消耗量较大。

(5) 加热炉热效率低于91%。

为防止露点腐蚀，本装置常、减压加热炉控制排烟温度高达165℃，而四川石化公司和镇海炼化公司排烟为125~130℃，高出35~40℃，加热炉热效率仅为90.5%，低于四川石化公司93%和镇海炼化公司93.5%，使燃料消耗增加。

(6) 蒸汽(1.0MPa+3.5MPa)耗量大

① 加热炉前置预热器耗汽8t/h。大连石化公司三蒸馏装置加热炉余热回收部分采用前置预热器(换热：1.0MPa蒸汽/空气)+本体预热器(换热：热烟气/空气)的型式回收余热，为防止烟气露点腐蚀，需要蒸汽加热炉空气，常、减压炉前置预热器共消耗1.0MPa蒸汽8t/h，增加能耗0.7kgEO/t。

② 初馏塔前原油加热耗汽4t/h。三蒸馏装置加热炉换热终温低，为提高加热炉换热终温，初馏塔前换热器E1009消耗3.5MPa蒸汽4t/h，增加能耗约0.35kgEO/t，镇海炼化公司和四川石化公司无此类工艺流程，经过换热网络计算，3.5MPa蒸汽温度为380℃，加热的原油温度为185℃，夹点温度为301℃，属于典型的跨夹点换热，造成冷、热公用工程能耗较高。

(7) 电

原油系统和初馏塔系统提压操作以确保原油及初底油不能出现汽化，防止换热器结盐，保证长周期运行，原油泵及初底泵扬程分别为3.6MPa和2.65MPa，比同类装置分别高1.2MPa和0.7MPa，增加电耗500kW。

常压和减压塔采用“大流量、小温差”的设计理念，顶循、常一、二中段循环流量高达1000t/h，超过同类装置的400~800t/h循环流量，增加电耗635kW。

由于采用热联合的设计，三蒸馏各侧线油品直供下游装置，各侧线产品出装置压力高于同类装置0.5MPa，增加电耗205kW。

9.4 改进措施

① 采用组合式水热媒空预器解决烟气露点腐蚀问题，回收烟气余热，将排烟温度由165℃降至130℃，加热炉效率由当前的90.5%提至92%以上，降低燃料消耗；同时减少前置预热器加热蒸汽8t/h。

② 改造部分压降较大的机泵，通过叶轮切削或增上变频器控制，预计节约电耗1000kW。

③ 采取措施，改造换热网络，提高换热终温，减少加热炉燃料消耗。

进一步增加对下游装置的热供料比例，提高热输出量，进而降低装置能耗。

第三部分　装置检修改造建议

1　问题描述

大连石化公司10.0Mt/a常减压蒸馏装置(以下简称三蒸馏)运行能耗13.7kgEO/t，较国内同行业装置高约4kgEO/t，运行能耗高增加了装置的运行成本，影响经济效益，表2-1为大连石化公司10.0Mt/a常减压装置与四川石化公司、镇海炼化公司常减压装置的能耗对标分析。

2　工艺计算及分析

能耗对标分析见表3-1。

表3-1　能耗对标分析

名　　称	镇海炼化公司/(kgEO/t)	四川石化公司/(kgEO/t)	大连石化公司/(kgEO/t)
电	1.508	1.539	1.85
1.0MPa蒸汽	1.211	0.616	2.82
0.3MPa蒸汽(发汽)	-0.572	—	—
燃料油	—	—	4.94
燃料气	6.115	7.33	4.28
淡水	0	0	0
循环水	0.166	0.236	0.07
除盐(氧)水	0.137	0.04	0.07
热量	-0.011	-0.809	-1.72
3.5MPa蒸汽	—	—	1.13
装置综合能耗	8.55	8.96	13.44
加工负荷	100	100	85

通过表能耗对标分析表可以看出，造成大连石化公司能耗较高的主要因素为：燃料消耗、蒸汽消耗、电耗。造成以上三方面能耗较高的主要原因分析如下。

2.1　燃料消耗

(1) 常压塔过气化率高

通过全塔热平衡计算，常压塔过气化率为8.07%(合理的过气化率为1%~3%)，过气化率过高导致产品质量过剩，因此造成能耗较高。全塔物料及能量平衡见表3-2。

$$947+0.212G\Delta E=963$$

解得：

$$G\Delta E=\frac{963-947}{0.212}=72.9\text{t/h}$$

$$过气化率=\frac{过气化油量}{常压塔进料量}=\frac{72.9}{907}=8.07\%$$

表 3-2　全塔物料及能量平衡表

项　目		流量/(t/h)	压力/kPa(绝)	温度/℃	焓/(kJ/kg)		热量/(10^6kJ/h)
					气相	液相	
进料	常顶油	115	228	351	1176		135
	常一线	115	228	351	1127		130
	常二线	172	228	351	1095		189
	常三线	67	228	351	1081		73
	过汽化油	$G\Delta E$	228	351	1081		$1.095 \cdot G\Delta E$
	常压渣油	$434-G\Delta E$	228	351		869	$377-0.893 \cdot G\Delta E$
	汽提蒸汽	15	611	256	2970		45
	合计						$947+0.212 \cdot G\Delta E$
出料	常顶油	115	199	126	591		68
	常顶循	761		142/117			48
	常一线	115	206	182		453	52
	常一中	742		211/147			113
	常二线	172	212	267		668	115
	常三线	67	217	298		746	50
	常二中	918		320/284			98
	常压渣油	434		348		869	377
	汽提蒸汽	15	199	126	2720		41
	合计						963

(2) 轻油收率高

因本装置减压塔塔顶冷却负荷不足，为降低减压塔顶的负荷，保证350℃组分以下含量小于5%，装置根据原油实沸点蒸馏曲线，计算理论上350℃组分轻油收率，并根据理论数据调整常压炉及常压塔操作，保证轻油拔出率。标定期间装置常压拔出率为57%，与理论收率57%一致。但较高的轻油收率造成常压炉负荷较高，能耗增加。

(3) 工艺防腐设计

根据壳牌干塔操作的防腐理念，塔顶不设冷回流。用常顶循调整塔顶产品质量，为保证足够的调整余量，常顶循首先与低温位的原油换热，此工艺设计造成装置初、常顶石脑油没有和原油的换热流程，初常顶石脑油直接进入空冷冷却，因此造成本装置电耗等冷却负荷相对较高。四川石化公司和镇海炼化公司蒸馏装置原油首先与初顶、常顶石脑油换热，回收两顶石脑油低温热，而大连石化公司三蒸馏装置设计不回收两顶石脑油低温热，两顶石脑油直接进空冷冷却后出装置，热量损失187×10^6kJ/h，以初顶石脑油空冷为例进行计算：

已知初顶空冷E1022前流量为153.8t/h，包含137t/h石脑油和16.8t/h汽提蒸汽，经空冷冷却至78℃，计算过程如下。

① 初顶石脑油经空冷冷却的负荷：

$$Q_{h1}=W_h \times h=137\times1000\times420=57.54\times10^6\text{kJ/h}$$

初顶油焓值使用纳尔逊法计算。

② 初顶水蒸气冷却负荷

初顶石脑油的摩尔数：

$$n=\frac{m_{油}}{M_{油}}=\frac{103\times1000}{90}=1144\text{kmol/h}$$

初顶水蒸气的摩尔数：

$$n=\frac{m_{水}}{M_{水}}=\frac{16.85\times1000}{18}=936\text{kmol/h}$$

水蒸气的分压：

$$P_{水}=P_{总}\times\frac{n_{水}}{n_{水}+n_{油}}=0.59\times\frac{936}{936+1144}=0.266\text{MPa}$$

根据《石油化工设计手册》第一卷基础数据P607查得，水蒸气在此分压下的饱和温度是129.37℃，空冷前的温度是141℃，因此在空冷前水蒸气是过热蒸汽。水蒸气由过热蒸汽变成饱和蒸汽的热量为：

$$Q_1=W\Delta h=16.85\times1000\times(2720-2694)=0.438\times10^6\text{kJ/h}$$

过热蒸汽焓值计算使用第二部分1.12蒸汽焓值计算法计算，由129.37℃的过热蒸汽变为饱和蒸汽，汽化潜热为：2181kJ/kg。根据《石油化工设计手册》第一卷基础数据P607查得，汽化潜热为2181kJ/kg，

$$Q_2=W\Delta h=16.85\times1000\times2181=36.75\times10^6\text{kJ/h}$$

饱和蒸汽再由129.37将至78℃，放出的热量为：

$$Q_3=cm\Delta t=4.2\times16.85\times1000\times(129.73-78)=3.66\times10^6\text{kJ/h}$$

水蒸气经过空冷出入口损失的热量合计为：

$$Q=Q_1+Q_2+Q_3=0.438+36.75+3.66=40.85\times10^6\text{kJ/h}$$

初顶空冷负荷为：$57.54+40.85=98.39\times10^6$kJ/h

同理得到常顶空冷冷却负荷为99×10^6kJ/h。

（4）减压深拔

大连石化公司三蒸馏采用壳牌“减压深拔”专利技术，根据Hysys流程模拟得到原油的实沸点蒸馏曲线，减压渣油切割温度在570℃，减压渣油的收率为20%，较国内同行业低约3%~5%，根据基准能耗计算方法，收率每增加1%，能耗增加0.084kgEO/t，按5%计算能耗增加0.4kgEO/t。

$$E=0.084\times C+3.7-K_1+K_2$$

三蒸馏装置常压炉出口温度365℃，四川石化公司和镇海炼化公司分别为358℃和357℃。三蒸馏减压炉出口温度为406℃，四川石化公司和镇海炼化公司分别为395℃和393℃。加热炉出口温度高造成加热炉负荷高，燃料消耗量较大。

（5）加热炉热效率低于91%

为防止露点腐蚀，本装置常、减压加热炉控制排烟温度高达165℃，而四川石化公司和镇海炼化公司排烟为125~130℃，高出35~40℃，加热炉热效率仅为90.5%，低于四川石化公司93%和镇海炼化公司93.5%，使燃料消耗增加。

2.2 蒸汽消耗

（1）加热炉前置预热器耗汽8t/h

大连石化公司三蒸馏装置加热炉余热回收部分采用前置预热器（换热：1.0MPa蒸汽/空

气)+本体预热器(换热：热烟气/空气)的形式回收余热，为防止烟气露点腐蚀，需要蒸汽加热炉空气，常、减压炉前置预热器共消耗1.0MPa蒸汽8t/h，增加能耗0.7kgEO/t。

(2) 初馏塔前原油加热耗汽13t/h

三蒸馏装置加热炉换热终温低，为提高加热炉换热终温，初馏塔前换热器E1009消耗3.5MPa蒸汽13t/h，增加能耗约1.13kgEO/t，镇海炼化公司和四川石化公司无此类工艺流程。另外，经过换热网络计算，3.5MPa蒸汽温度为380℃，加热的原油温度为183℃，夹点温度为301℃，属于典型的跨夹点换热，造成冷、热公用工程能耗较高。

(3) 初馏塔蒸汽耗量高

大连石化公司三蒸馏初馏塔采用提压操作，目的是将液化气组分压入石脑油中，取消了塔顶的压缩机。根据原始设计初馏塔压力较高，当前油品性质变化较大，但塔顶压力仍然保持原设计条件，导致塔顶压力过高，为保证初顶石脑油收率，塔底吹入汽提蒸汽量16.8t/h，以降低气化段的油气分压。根据当前油品性质进行计算得到，初顶压力可以由当前的0.594MPa降至0.4MPa，降低塔顶压力后可以减少蒸汽用量9.2t/h，计算过程如下：

1) 理论塔顶压力

初顶石脑油回流罐顶压力应该是初顶石脑油在罐内温度下的0%气化率对应的压力，已知初顶石脑油回流罐的压力为0.593MPa(85.5psi)，罐内油品的温度为78℃，初顶石脑油的焦点温度331.5℃，焦点压力6.96MPa，初顶石脑油的$P-T-e$见图3-1。

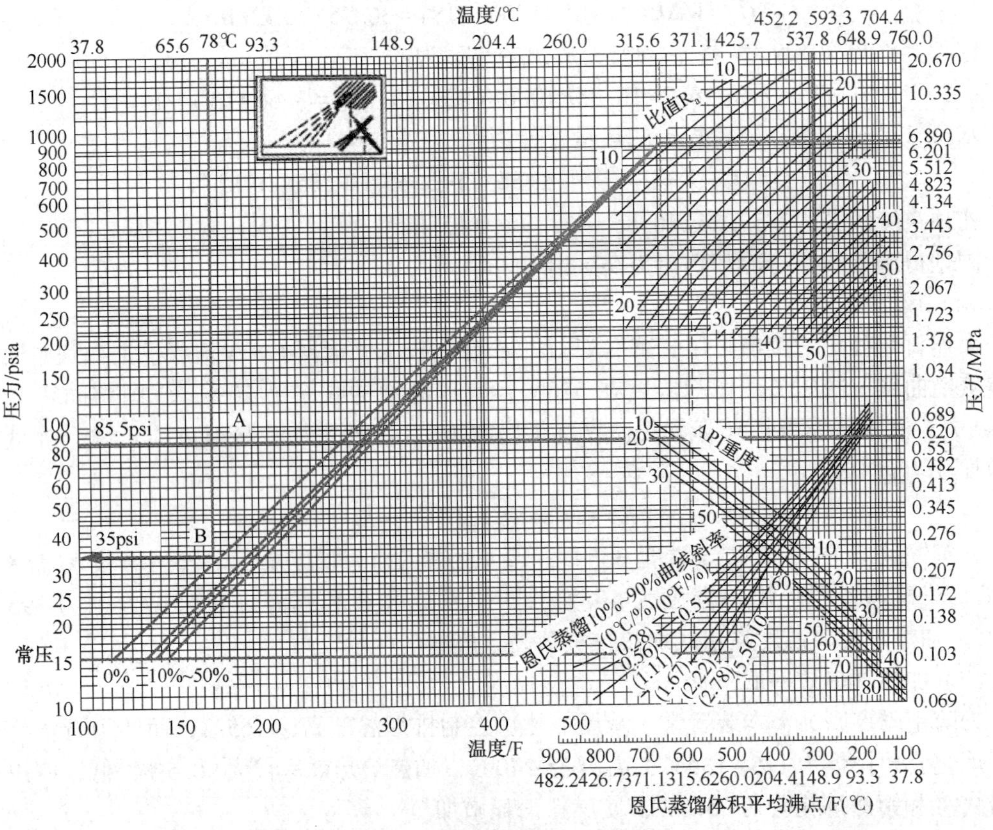

图3-1 初顶石脑油$P-T-e$图

根据图3-1可以看出初顶回流罐的温度及压力，初顶石脑油的气化率在A点，此处的气化率为0%。初顶回流罐的理论压力应该是B点，即35psi(0.24MPa)，考虑到化验数据的

偏差及空冷压降等因素，在此增加 0.16MPa 的安全系数，则初馏塔塔顶的压力应该是：0.24+0.16=0.4MPa

2）初馏塔气化段油气分压

已知初顶石脑油量为 103t/h，初顶油相对分子量为 90，汽提蒸汽量为 16.8t/h，初馏塔气化段压力为 0.593(为简化设计忽略塔盘压降)，气化段油的摩尔数：

$$n=\frac{m_{油}}{M}=\frac{103}{90}=1.14\text{kmol/h}$$

水蒸气的摩尔数：

$$n=\frac{m_{蒸汽}}{M}=\frac{16.8}{18}=0.93\text{kmol/h}$$

油气的分压：

$$P_{油}=P\times\frac{n_{油}}{n_{油}+n_{蒸汽}}=0.593\times\frac{1.14}{1.14+0.93}=0.327\text{MPa}$$

如果塔顶压力由当前的 0.593MPa 降至 0.4MPa，则蒸汽的摩尔数为：

$$P_{油}=P\times\frac{n_{油}}{n_{油}+n_{蒸汽}}\rightarrow 0.327=0.4\times\frac{1.14}{1.14+n_{蒸汽}}\rightarrow n_{蒸汽}=0.42\text{kmol/h}$$

理论汽提蒸汽用量：

$$m=n_{蒸汽}\times M=0.42\times 18=7.6\text{t/h}$$

节约的蒸汽量：

$$节约的蒸汽=16.8-7.6=9.2\text{t/h}$$

可降低能耗

$$降低能耗=节约的蒸汽\times能耗系数/加工量=9.2\times 76/1013=0.69\text{kgEO/t}$$

2.3 电消耗

原油系统和初馏塔系统提压操作以确保原油及初底油不能出现汽化，防止换热器结盐，保证长周期运行，原油泵及初底泵扬程分别为 3.6MPa 和 2.65MPa，比同类装置分别高 1.2MPa 和 0.7MPa，增加电耗 500kW。

常压和减压塔采用“大流量，小温差”的设计理念，顶循、常一、二中段循环流量高达 1000t/h，超过同类装置的 400~800t/h 循环流量，增加电耗 635kW。

由于采用热联合的设计，三蒸馏各侧线油品直供下游装置，各侧线产品出装置压力高于同类装置 0.5MPa，增加电耗 205kW。

2.4 改进措施

2.4.1 优化换热网络

① 装置换热网络的夹点温度过高，造成大量跨夹点换热，需要增加换热面积，提高换热终温，使换热终温高于夹点温度。

② 停用初馏塔进料加热器 E1009，禁止跨夹点换热。停止使用 E1009 后，初馏塔进料温度后降低约 5℃，可将初底油换热器 E1010 移至脱后原油处，可以提高初馏塔进料温度，同时也可以降低初馏塔的汽提蒸汽用量，而且这样改造不需要新增换热器。

③ 改造减二中工艺流程，将减二中工艺流程上的 E1101 和 E1006 顺序颠倒，优化换热网络。

2.4.2 优化操作

① 降低常压炉出口温度，通过全塔热平衡计算，将常压塔过气化率降低至 3%。

② 优化初馏塔操作，调整初馏塔塔顶压力，降低初馏塔汽提蒸汽用量。

2.4.3 技术改造

改造加热炉余热回收系统，使用水热媒式空预器回收烟气余热，降低燃料消耗，同时可以取消前置预热器的蒸汽消耗量。

第四部分 附 表

1 标定原始数据

1.1 常压部分主要操作条件

常压部分主要操作条件统计表见表 5-1~表 5-7。

表 5-1 主要操作条件

设备名称	项目	单位	设计	标定
电脱盐	入口温度	℃	144	134.5
	压力	MPa(绝)	2	2.77
初馏塔	塔顶温度	℃	148	141
	塔顶压力	MPa(绝)	0.33	0.59
	进料温度	℃	193	191.7
	塔底温度	℃	192	180
常压塔	塔顶温度	℃	130	125
	塔顶压力	MPa(绝)	0.06	0.097
	进料温度	℃	356	357
	塔底温度	℃	342	348
减压塔	塔顶温度	℃	90	44
	塔顶压力	kPa(绝)	-98.4	-97.3
	进料温度	℃	384	379.6
	进料段压力	kPa(绝)	-97.5	-97.9
	塔底温度	℃	—	376
常压炉	对流室入口温度	℃	—	261.3
	对流室出口温度	℃	—	350
	辐射室入口温度	℃	—	—
	辐射室出口温度	℃	—	—
减压炉	对流室入口温度	℃	—	—
	对流室出口温度	℃	—	—
	辐射室入口温度	℃	—	—
	辐射室出口温度	℃	—	—

表 5-2　电脱盐操作条件

项　目		位　号	7.18			7.19		
			后夜	白班	头夜	后夜	白班	头夜
压力/MPa	一级混和阀前	10-PDC0003	0.129	0.129	0.129	0.129	0.125	0.126
	二级混和阀前	10-PDC0007	0.128	0.128	0.130	0.130	0.130	0.130
	二级电脱盐罐	10-PI0005	2.77	2.77	2.76	2.71	2.71	2.73
	三级混和阀前	10-PDC0007_ 3	0.116	0.115	0.115	0.112	0.115	0.115
	三级电脱盐罐	10-PC0005_ 3	2.65	2.66	2.66	2.65	2.59	2.58
电流电压	一级罐电流	10-II0001-1	130	130	130	130	127	132
	一级罐电压	10-EI0001-1	274	274	275	274	272	272
	二级罐电流	10-II0002-1	124	124	125	125	119	117
	二级罐电压	10-EI0002-1	271	270	271	270	272	272
	三级罐电流	VI-1001_ 3	3.8	3.8	3.8	3.8	3.8	3.8
	三级罐电压	EI-1001_ 3	5	5	5	5	5	5
温度/℃	一级电脱盐前	10-TI0020	134	135	135	135	139	140
	一级电脱盐后	10-TI0020B	133	133	133	133	137	135
	三级电脱盐后	10-TI0042	132	132	132	131	136	135
流量/(t/h)	一级电脱盐注水	10-FC0016	85	85	81	81	80	86
	二级电脱盐注水	10-FC0023	90	91	90	91	83	86
	三级电脱盐注水	10-FC0023_ 3	90	89	90	90	90	90
	电脱盐注破乳剂	—	—	—	—	—	—	—
	新鲜水用量	11-LC1251B	89	0	0	0	0	0
	汽提净化水用量	11-LC1251A	0	18	18	18	18	18

表 5-3　初馏塔操作条件

项　目		位　号	7.18			7.19		
			后夜	白班	头夜	后夜	白班	头夜
压力/MPa	顶部	10-PC0101	0.59	0.60	0.59	0.59	0.60	0.58
	初顶回流罐	10-PI0105	0.63	0.63	0.63	0.63	0.63	0.63
	进料段	10-PI0103	0.61	0.62	0.62	0.62	0.62	0.62
温度/℃	塔顶	10-TI0101	141.5	141.9	141.6	141.7	142.2	141.6
	初顶冷回流	10-TI0110	78.4	78.7	78.7	78.8	78.0	77.4
	进料段	10-TI0103	184.3	184.0	184.3	184.5	186.3	185.7
	塔底	10-TI0108	180.5	180.1	180.2	180.2	183.3	182.9
流量/(t/h)	初顶油	10-FC0108	106	104	105	105	89	93
	含硫污水	10-FC0107	21.3	21.7	21.6	21.7	21.0	21.3
	初底油	10-FI0104	1352	1350	1351	1350	1362	1360
	汽提蒸汽	10-FC0102	16.97	17.19	17.16	17.15	17.2	17.4

表 5-4　常压塔操作条件

项　目		位　号	7.18 后夜	7.18 白班	7.18 头夜	7.19 后夜	7.19 白班	7.19 头夜
压力/MPa	顶部	10-PI0302	0.097	0.105	0.101	0.101	0.088	0.097
	常顶回流罐	10-PC0321	0.027	0.027	0.027	0.027	0.025	0.025
	进料段	10-PI0315	0.125	0.132	0.131	0.131	0.117	0.129
温度/℃	塔顶	10-TI0301	126	128	127	127	124	125.4
	常顶循返回	10-TI0303	116.5	117.9	117.1	117.1	115.7	117.1
	常顶循抽出	10-TI0304A	141.8	142.2	142.1	142.2	139.3	139.8
	常一气相	10-TI0337	191	189.6	190.1	190.1	194.1	192.7
	常一抽出	10-TI0305	181.7	181.3	181.5	181.5	180.8	180.1
	常一中返回	10-TC0023	147.3	146.3	146.5	146.4	144.6	145.0
	常一中抽出	10-TI0306	219	219	219	219	218	218
	常二气相	10-TI0337	266	265	266	266	266	267
	常二抽出	10-TI0305	266.8	265.6	266.1	266.1	266.5	267
	常二中返回	10-TC0023	283.6	283.6	283.6	283.6	285.7	286
	常二中抽出	10-TI0308	319.3	319.7	319.7	319.8	320	320
	常三气相	10-TI0356	291.4	291.1	291.3	291.3	294.5	294.5
	常三抽出	10-TI0309	297.3	297.3	297.3	297.3	298.4	298.4
	进料段	10-TI0321	350.6	351.2	351.1	351.1	355.7	355.7
	塔底	10-TI0325	348	348	348	348	347	347
流量/(t/h)	常顶油	10-FC0311	123.3	118.1	119.3	119.3	110.8	114.2
	常顶回流罐排水	10-FC0313	20	19.5	19.6	19.5	21.0	20.4
	常顶循	10-FC0001	1474	1474	1473	1474	1478	1475
	常一中	10-FC0009	1030	1038	1053	1065	1045	1063
	常二中	10-FC0117	893	895	893	894	900	890
	常一线	10-FQ0382	115	113	111	111	105	121
	常二线	10-FQ0383	172	168	174	175	176	177
	常三线	10-FQ0364	67.03	65.01	64.2	66.3	64.01	65.21
	常底油	10-FI0307	524	522	530	537	516	517
	汽提蒸汽	10-FC0303	13.7	13.7	13.7	13.7	13.7	13.7

表 5-5　常一汽提塔操作条件

项　目		位　号	7.18 后夜	7.18 白班	7.18 头夜	7.19 后夜	7.19 白班	7.19 头夜
压力/MPa	顶部	10-PI0337	0.107	0.110	0.111	0.110	0.095	0.106
温度/℃	塔顶	10-TI0337	190	190.1	190.1	190.1	192.4	189.4
	塔底	10-TI0345	210	210	210	210	210	212

表 5-6　常二汽提塔操作条件

项目		位号	7.18			7.19		
			后夜	白班	头夜	后夜	白班	头夜
压力/MPa	顶部	10-PI0351	0.108	0.115	0.113	0.114	0.100	0.109
温度/℃	塔顶	10-TI0351	266	266	266	266	266	266
流量/(t/h)	汽提蒸汽	10-FC0322	1.246	1.215	1.213	1.214	1.339	1.318

表 5-7　常二干燥塔操作条件

项目		位号	7.18			7.19		
			后夜	白班	头夜	后夜	白班	头夜
压力/MPa	顶部	10-PC0325	-80.6	-80.4	-80.3	-80.4	-78.8	-79.2
温度/℃	塔顶	10-TI0355	98	97	97	97	100.3	102.1
	塔底	10-TI0353	116	115	116	116	119	119

1.2　减压部分主要操作条件

减压部分主要操作条件见表5-8。

表 5-8　减压塔操作条件

项目		位号	7.18			7.19		
			后夜	白班	头夜	后夜	白班	头夜
压力/kPa	顶部	11-PC1102	-97.5	-97.5	-97.1	-97.2	-97.2	-97.1
	第一段填料下	11-PI1101	-97.2	-97.2	-97.2	-97.2	-97.3	-97
	第二段填料下	11-PI1120A	-97.3	-97.3	-97.3	-97.3	-97.1	-96.8
	闪蒸段	11-PI1116	-97.5	-97.5	-97.5	-97.5	-97.0	-96.7
温度/℃	塔顶	11-TI1106	44.5	44.7	44.7	44.7	48.4	45
	增压器出口	—	—	—	—	—	—	—
	一级抽空器入口	11-TI1163A	41.3	44.5	43.9	47.8	48.6	48.7
	一级抽空器出口	11-TI1164A	181.6	178	180	182	185	185
	二级抽空器入口	11-TI1167A	37.9	45.4	47.9	48.8	50.1	49.8
	二级抽空器出口	11-TI1168A	160.8	139.8	143	159	148	162
	减一中冷回流返回	11-TC1135	49	48	50	50	53	53
	减一中返回	11-TC1137	66	65	67	67	66	68
	减一中热回流返回	—	—	—	—	—	—	—
	减一中及一线抽出	11-TI1113	87	87	92	92	93	94
	减二中返回	11-TC1205	182	181	184	184	187	187
	减二中及二线抽出	11-TI1115	210	210	215	215	215	215
	减三中返回	11-TC1147	215	215	215	215	217	216
	减三中及三线抽出	11-TI1117	279	280	281	280	280	280
	冲洗油	11-TI1143	278	274	279	278	276	276
	进料段	11-TI1121A	379.5	379.6	380	380	379	379
	塔底	11-TI1120	375.7	376	376	376	375.1	375.3

续表

项　目		位　号	7.18			7.19		
			后夜	白班	头夜	后夜	白班	头夜
流量/(t/h)	炉管注汽	—	—	—	—	—	—	—
	抽空蒸气	11-FQ1161	10.7	10.9	10.8	10.8	10.5	10.8
	减顶油	11-FI1163	10	6	4.6	4.8	3	4
	减顶排水	11-FI1169	12	41	11	15	11	11
	减一中冷	11-FC1121	172	170	168	168	171	171
	减一中	11-FC1123	281.6	281	282	281	276	275
流量/(t/h)	减一中热	11-FC1125	16	16	16	16	24	24
	减二中	11-FC1141	1184	1195	1159	1160	1318	1348
	减三中	11-FC1147	955	945	942	944	1011	1010
	减一线	11-FC1111	3.5	35	11	15	16	26
	减二线	11-FC1203	174	174	180	180	196	196
	减三线	11-FC1135	149	149	153	153	157	157
	冲洗油	11-FC1143	217	210	211	211	216	216
	过汽化油回炼	11-FC1153	114	116	109	109	107	108
	过汽化油急冷	11-FC1155	28	28	28	28	29	28
	减渣急冷油	11-FC1157	123	121	124	124	121	123
	减压渣油	11-FT0385	253	293	243	249	215	220
液位	减一中及一线	11-LC1111	58	58	58	58	56	56
	减二中及二线	11-LC1121	56	56	56	56	55	55

参 考 文 献

[1] 徐春明，杨朝合. 石油炼制工程[M]. 4 版. 北京：石油工业出版社，2009.

[2] 美国石油协会. API® TECHNICAL DATA BOOK 10th Edition[M]. 2016.

[3] 王庆华，仇汝臣，王洛春. 石油馏分焦点温度和焦点压力的数学关联式[J]. 青岛科技大学学报(自然科学版)，2004，(05)：412-414.

[4] 瞿国华. 延迟焦化工艺与工程[M]. 2 版. 北京：中国石化出版社，2018.

[5] 上海化工学院炼油教研组. 石油炼制设计数据图表集[M]. 上海：上海化工学院出版社，1978.

[6] 李志强. 原油蒸馏工艺与工程[M]. 北京：中国石化出版社，2010.

[7] 刘巍，邓方义. 冷换设备工艺计算手册[M]. 2 版. 北京：中国石化出版社，2008.

[8] 王子宗. 石油化工设计手册(2015 修订版)[M]. 北京：化学工业出版社，2015.

[9] 中国石油化工总公司石油化工规划院. 炼油厂设备加热炉设计手册[M]. 北京：石油工业出版社，1986.

[10] 贾绍义，柴诚敬. 化工原理(2002 修订版)[M]. 天津：天津大学出版社，2002.

[11] 赵日峰. 常减压蒸馏技术进展与应用[M]. 北京：中国石化出版社，2020.

[12] 石油化学工业部化工规划设计院. 炼油设备工艺设计资料-塔的工艺计算[M]. 北京：石油工业出版

社，1977.
[13] 钱家麟. 管式加热炉[M]. 2版. 北京：中国石化出版社，2003.
[14] SH/T 3037. 炼油厂加热炉炉管壁厚计算方法[S]. 北京：中华人民共和国工业和信息化部，2016.
[15] SH/T 3036. 一般炼油装置用火焰加热炉[S]. 北京：中华人民共和国工业和信息化部，2012.
[16] 熊献金. 新的石油馏分导热系数普遍化关联式[J]. 炼油设计，1997.
[17] GB/T 50441. 石油化工设计能耗计算标准[S]. 北京：中国计划出版社，2016.

长岭炼化1.2Mt/a延迟焦化装置工艺计算

完成人：王宝石
单　位：中石化炼化工程（集团）股份有限公司洛阳技术研发中心

目　　录

第一部分 装置标定报告

1 装置概况

中国石化长岭炼化公司焦化装置由大庆石油设计院设计，1971年建成投产，设计为两炉四塔型，加工大庆油，加工能力为600kt/a。1998年进行改造，加工能力扩大到800kt/a。2002年，装置进一步的扩能改造，由洛阳石油设计院设计，设计为两炉两塔型，加工能力为1.20Mt/a。装置采用了两炉两塔、可调循环比、多点注水注汽工艺。2006年，由岳阳工程设计公司设计，装置新增吸收稳定系统和冷焦水密闭系统。2014年装置检修改造，增加了焦炭塔安全联锁系统、焦炭塔底盖机，防止焦炭塔的误操作。

2 标定基本情况

2.1 标定时间

标定时间：2019年6月26日06：00~6月27日06：00，标定时长为24h。

2.2 标定目标

2017年6月2日开始，延迟焦化装置检修后一次开车成功，2018年经过一次机械清焦，目前装置运行进入后期，为了全面了解延迟焦化装置单炉生产期间，装置的加工能力、产品分布、收率、分馏塔运行状况、能耗、产品质量、硫平衡等情况，对装置进行一次全流程标定。针对装置能耗、产品分布、产品质量和长周期运行等方面问题，以装置基础核算为依据，提出优化方案。

3 标定数据

3.1 原料性质

焦化原料的物性见表1-1。

表1-1 焦化原料的物性

样品名称	1#油浆	3#油浆	减压渣油	混合原料
采样时间	6月26日	6月26日	6月26日	6月26日
密度/(kg/m³)	1135.8	1158	1015.2	1022.4
馏程/℃				
IBP	249	225	443.0	278.5
10%	405	405	697.5	403.5
20%	418	424	731.6	548.8
30%	425	438	755.2	716.1
40%	431	449	774.5	743.7
50%	439	458	792.7	768.5
60%	451	473	815.9	792.3
70%	469	492	835.5	816.5

续表

样品名称	1#油浆	3#油浆	减压渣油	混合原料
80%	500		857.2	843.4
总硫/(mg/kg)	0.91%	0.95%	1.48%	1.38%
残炭/%	13.53	20.92	18.74	13.54
固含量/(g/L)	7	7		
灰分/%	0.736	0.596		
80℃黏度/(mm^2/s)	75.99	208.4	4115	1015
100℃黏度/(mm^2/s)	25.11	52.71	2068	286.7
重金属含量/(μg/g)				
Ca	12.3	27.1	19.3	10.1
Cu	0.08	0.1	0.05	0.07
Fe	23.7	28.7	14.9	12.7
Na	23	23	2.57	5.96
Ni	20.8	21.6	49.2	34.3
V	9.91	9.33	33.9	21.1
元素分析/%				
C	90.8	90.97	86.02	87.01
H	6.88	6.67	10.7	9.94
S				1.55
N	0.2761	0.2999	0.8862	0.8182
四组成/%				
饱和烃	9.23	3.53	13.31	14.05
芳香烃	75.98	73.95	41.68	45.17
胶质	6.82	8.57	33.04	28.52
沥青质	5.62	9.52	3.23	4.85

3.2 产品性质

3.2.1 气体组成

气体分析数据见表1-2。

表1-2 气体分析数据

样品名称	干气	液态烃	燃料气	V102富气
采样时间	26日	26日	26日	26日
CH_4	56.55		47.69	42.70
C_2H_6	17.40	0.36	16.48	13.02
C_2H_4	2.33	0.00	1.93	1.76
C_3H_8	2.84	43.05	7.14	6.98

续表

样品名称	干气	液态烃	燃料气	V102 富气
C_3H_6	2.07	12.35	3.43	3.38
iC_4H_{10}	0.13	10.81	0.47	0.72
nC_4H_{10}	0.56	18.41	0.65	3.40
tC_4H_8	0.18	1.87	0.16	1.20
nC_4H_8	0.12	6.97	0.13	0.85
iC_4H_8	0.06	4.98	0.08	0.51
cC_4H_8	0.03	1.04	0.05	0.37
iC_5H_{12}	0.01	0.00	0.13	0.75
nC_5H_{12}	0.02	0.00	0.09	1.59
C_{5+}	0.11	0.16	0.15	3.99
ΣR	82.41		78.58	81.22
CO_2	0.35		0.11	0.30
CO	0.26		0.00	0.00
O_2	0.11		0.35	0.40
N_2	1.45		4.63	5.75
H_2	12.22		16.32	9.53
总硫/(mg/m^3)	46800	19535	158	40000
H_2S/(mg/m^3)	45440	17040	22	39760

3.2.2 轻油

轻油馏程见表1-3。汽油化验分析见表1-4。

表1-3 轻油馏程

样品名称	顶循环油	吸收塔中段	脱乙烷汽油	T702 富吸收油
采样时间	26日9点	26日9点	26日9点	26日9点
密度/(kg/m^3)	797.1	746.9	758.1	746.1
馏程/℃				
IBP	106.0	43.9	57.0	40.5
10%	155.0	82.4	97.0	79.0
20%	166.0	102.0	114.0	100.0
30%	175.0	117.6	128.0	116.0
40%	182.0	130.8	135.0	130.0
50%	189.0	142.5	146.0	141.0
60%	195.0	153.5	159.0	152.0
70%	202.0	165.6	173.0	164.0
80%	207.0	180.4	185.0	178.5
90%	216.0	200.0	199.0	197.0
95%	227.0	214.7	211.0	204.0
FBP	235	218	224	216
总硫/(mg/kg)	5099		4973	

表 1-4　汽油化验分析

	粗汽油	稳定汽油	柴油	中段油
密度/(kg/m^3)	753.3	737.8	856.7	892.9
馏程/℃				
IBP	43.5	37.1	160	220
10%	83.3	63.3	231	298
20%	102.7	80	248	319
30%	117.5	96.2	259	331
40%	130.2	114.2	269.5	339
50%	142.3	130.7	280	347
60%	153.2	147.1	291	353
70%	166	161.2	302	360
80%	182	176.6	315	367
90%	199.6	195.5	330	380
95%	210	208.6	342	395
FBP	221.2	223.6	349	
总硫/(mg/kg)	5059.4	4250.4	5940.2	
十六烷指数			46.7	
碱氮/(10^{-6})		190.8	998.2	
20℃黏度/(mm^2/s)			4.873	

3.2.3　蜡油和循环油

蜡油和循环油化验分析见表 1-5。

表 1-5　蜡油和循环油化验分析

样品名称	循环油	轻蜡油	重蜡油
采样时间	26 日内调样	6 月 26 日	6 月 26 日
密度/(kg/m^3)	1037.5	937.8	1013.9
馏程/℃			
IBP	249.5	219	245
10%	406.0	344	404
20%	428.5	375	424
30%	442.0	391	437
40%	454.5	403	449
50%	465.5	414	457
60%	476.5	426	466
70%	489.5	440	475
80%	501.0	457	487
90%	517.4	484	506
总硫/(mg/kg)	1.36%	1.06%	1.33%

续表

样品名称	循环油	轻蜡油	重蜡油
残炭/%	7.04	0.87	1.93
灰分/%			
50℃黏度/(mm^2/s)		17.81	
80℃黏度/(mm^2/s)	38.78	7.485	20.85

3.2.4 石油焦

焦炭分析见表1-6。

表1-6 焦炭分析

焦炭(块焦)	6月26日	焦炭(块焦)	6月26日
挥发分/%	7.4	灰分/%	0.23
硫含量/%	1.76		

3.3 污水和烟气分析

污水分析见表1-7。

表1-7 污水分析

污染源名称	102污水	204污水	污染源名称	102污水	204污水
pH值	10	8.83	氨氮/(mg/L)	5610	421
石油类/(mg/L)	1850	16000	硫化物/(mg/L)	7570	315
COD_{Cr}/(mg/L)	28800	3570	挥发酚/(mg/L)	2.84	6.73

加热炉烟气分析见表1-8。

表1-8 加热炉烟气分析

样品名称	含量	样品名称	含量
SO_2/(mg/m^3)	518	CO/(mg/m^3)	1994
NO_x/(mg/m^3)	36	O_2/%	3.7
CO_2/%	18.3		

3.4 装置进出物料

装置进出物料见表1-9。

表1-9 装置进出物料数据

项目		计量形式	2019/06/26/6：00	2019/06/27/6：00	标定期间累计值	单位
入方	减压渣油	楔式流量计	9080240	9083176	2936	t
	罐区渣油	检尺			-220	t
	1#催化油浆	孔板流量计	336187	336420	232.7	m^3
	3#催化油浆	楔形流量计	846036	846405	368.9	t

续表

项目		计量形式	2019/06/26/6：00	2019/06/27/6：00	标定期间累计值	单位
出方	干气	孔板流量计	341508992	341723712	214720	Nm^3
	液态烃	孔板流量计	156632	156726	94.1	t
	稳定汽油	质量流量计	736266	736752	485.5	t
	柴油	质量流量计	1471415	1472129	714.6	t
	轻蜡油	孔板流量计	648902	649702	799.2	t
	重蜡油	孔板流量计	214009	214085	76.4	t
	焦炭	检尺			24.3	m

3.5 装置操作参数

装置操作参数见表 1-10~表 1-13。

表 1-10 天气情况

时间	最高气温/℃	最低气温/℃	天气	风力/(m/s)	湿度/%
2019 年 6 月 26 日	30	27	多云	2.5	80

表 1-11 装置进出物料温度压力

序号	项目	位号	标定数据	单位
1	3#常减压出装置温度	CJY3_ 0201TI10511	230	℃
2	1#催化油浆出装置温度	CHLH1_ TI3237	207	℃
3	3#催化油浆出装置温度	CHLH3_ 0202TI20505	206	℃
4	轻蜡油去渣油加氢温度	ZYJH_ 0217TI12001	192	℃
5	重蜡油去渣油加氢温度	YCJH_ TI5115	292	℃
6	液态烃出装置温度	YCJH_ TI5841	32	℃
7	干气出装置温度	YCJH_ TI5809	40	℃
8	干气出装置压力	YCJH_ PI5805	1.039	MPa(表)
9	粗汽油流量	YCJH_ FI5111	16.0	t/h

表 1-12 分馏塔及吸收稳定系统主要工艺参数

名称	位号	值	单位
急冷油流量	YCJH_ FI5203	4.1	t/h
对流进料量	YCJH_ FI5303	136.0	t/h
吸收稳定注水量	YCJH_ FI5801	4.1	t/h
分馏塔塔顶注水流量	YCJH_ FI5148	0.5	t/h
循环油返回流量	YCJH_ FI5160B	85.4	t/h
循环油抽出温度	YCJH_ TI5111	357	℃
循环油返回温度	YCJH_ TI5117	285	℃
重蜡油返回流量	YCJH_ FI5104	32.5	t/h
重蜡油抽出温度	YCJH_ TI5108	385	℃

续表

名称	位号	值	单位
重蜡油返回温度	YCJH_ TI5115	292	℃
轻蜡油抽出流量	YCJH_ FI5172	33.4	t/h
轻蜡油抽出温度	YCJH_ TI5106	350	℃
10层塔盘气相温度	YCJH_ TI5107	356	℃
轻蜡油出装置温度	ZYJH_ 0217TI12001	192	℃
中段油流量	YCJH_ FI5103	93.5	t/h
中段抽出温度	YCJH_ TI5105	309	℃
中段返回温度	YCJH_ TI5114	188	℃
中段出E708温度	YCJH_ TI5831	251	℃
柴油回流流量	YCJH_ FI5102	65.7	t/h
柴油抽出温度	YCJH_ TI5103	209	℃
柴油箱气相温度	YCJH_ TI5104	262	℃
柴油回流温度	YCJH_ TI5113	117	℃
顶循流量	YCJH_ FI5101	170.3	t/h
顶循抽出温度	YCJH_ TI5101	130	℃
顶循箱下部气相温度	YCJH_ TI5102	160	℃
顶循1路返回温度	YCJH_ TI5112	102	℃
顶循2路返塔温度	YCJH_ TI5816	50	℃
顶循再吸收剂流量	YCJH_ FI5813	30.7	t/h
分馏塔塔顶温度	YCJH_ TI5100	108	℃
分馏塔塔顶压力	YCJH_ PI5101	0.123	MPa(表)
分馏塔塔底压力	YCJH_ PI5102	0.187	MPa(表)
分馏塔塔顶空冷冷后温度	YCJH_ TI5118	58	℃
分馏塔塔顶水冷冷后温度	YCJH_ TI5119	40	℃
V104底部温度	YCJH_ TI5304	315	℃
V101底部温度	YCJH_ TI5302	205	℃
解吸塔总进料流量	YCJH_ FI5804	56.0	t/h
解吸塔冷进料流量	YCJH_ FI5805	16.0	t/h
解吸塔冷进料温度	YCJH_ TI5802	50	℃
解吸塔热进料温度	YCJH_ TI5805	109	℃
解吸塔抽出温度	YCJH_ TI5807	149	℃
解吸塔重沸器返回温度	YCJH_ TI5806	165	℃
解吸气流量	YCJH_ FI5802	1987	Nm^3/h
稳定塔进料流量	YCJH_ FI5806	54.4	t/h
稳定塔进料温度	YCJH_ TI5821	160	℃
稳定塔出料温度	YCJH_ TI5828	186	℃
稳定塔重沸器返回温度	YCJH_ TI5827	194	℃
低温水出装置温度	YCJH_ TI5160	100	℃
中段泵变频	YCJH_ SIC5901	37.5	Hz
中段回流控制阀	YCJH_ FIC5103	53.4	%

表 1-13　反应部分主要工艺参数

名称	位号	值	单位
A 路辐射进料量	YCJH_ FI5332A	39.9	t/h
B 路辐射进料量	YCJH_ FI5332B	40.0	t/h
C 路辐射进料量	YCJH_ FI5332C	42.0	t/h
D 路辐射进料量	YCJH_ FI5332D	41.9	t/h
饱和蒸汽温度	YCJH_ TI5170	183	℃
除氧水入口温度	YCJH_ TI5303	95	℃
加热炉燃料气流量	YCJH_ FI5385	2754	kg/h
3.5MPa 蒸汽温度	YCJH_ TI5719	413	℃
加热炉出口温度	YCJH_ TI5340A	498	℃
过热蒸汽出口温度	YCJH_ TI5338	305	℃
对流出口温度	YCJH_ TI5341C	369	℃
加热炉注水对流出口温度	YCJH_ TI5348C2	200	℃
分馏塔进料温度	YCJH_ TI5120	414	℃
分馏塔蒸发段气相温度	YCJH_ TI5110	386	℃
蜡油箱气相温度	YCJH_ TI5109	381	℃
轻蜡油抽出温度	YCJH_ TI5106	350	℃
E204 渣油流量	YCJH_ FI5851	28.3	t/h
渣油出 E204 温度	YCJH_ TI5852	150	℃
系统来低温水温度	CHLH1_ TI3334	58	℃
出 E204 低温水温度	YCJH_ TI5851	118	℃
E204 低温水流量	YCJH_ FI5852	28.0	t/h
系统蒸汽温度	YCJH_ TI5401	176	℃
加热炉出口压力	YCJH_ PI5333B	0.451	MPa(表)
炉膛温度	YCJH_ TI5330B	649	℃
B9 点管壁温度	YCJH_ TI5343B9	617	℃
B1 点管壁温度	YCJH_ TI5343B1	513	℃
B2 点管壁温度	YCJH_ TI5343B2	571	℃
B3 点管壁温度	YCJH_ TI5343B3	531	℃
B4 点管壁温度	YCJH_ TI5343B4	540	℃
B5 点管壁温度	YCJH_ TI5343B5	553	℃
B6 点管壁温度	YCJH_ TI5343B6	569	℃
B8 点管壁温度	YCJH_ TI5343B8	557	℃
进空预器烟气温度	YCJH_ TI5346A	340	℃
出空预器烟气温度	YCJH_ TI5346B	119	℃
热空气温度	YCJH_ TI5346C	315	℃

4 装置物料平衡

4.1 物料平衡

根据标定期间进装置的原料油(包括减压渣油、罐区渣油、1#催化油浆和3#催化油浆)流量，并根据差压流量计的设计密度和实际密度的差值，对减压渣油、1#催化油浆、3#催化油浆的流量进行校准，得出装置的总进料量。

由标定期间孔板流量计测出的干气流量、液态烃、轻蜡油流量和重蜡油流量，根据组分、压力、温度、密度等参数对孔板流量计进行校准，得出部分装置出料的流量；由放空污水、含硫污水的总量和含油率计算装置加工损失的油品；最后根据进装置物料与出装置物料和加工损失的差值，计算得出焦炭的产量，最后得出装置的物料平衡如表1-14所示。

表1-14 物料平衡

项目		校正前流量/(t/h)	校正后流量/(t/h)	比例/%
入方	3#常减压渣油	122.3	121.0	87.26
	罐区渣油	-9.2	-9.2	-6.61
	1#催化油浆	9.7	10.8	7.80
	3#催化油浆	15.4	16.0	11.55
	合计	138.2	138.6	100
出方	干气	7.9	8.7	6.31
	液态烃	3.9	4.0	2.86
	稳定汽油	20.2	20.2	14.59
	柴油	29.8	29.8	21.48
	轻蜡油	33.3	34.3	24.71
	重蜡油	3.2	3.4	2.46
	焦炭		38.0	27.43
	加工损失		0.2	0.17
	合计		138.6	100.00

4.2 水平衡

进装置的水和蒸汽主要包括1.0MPa和3.5MPa蒸汽，除氧水、1#催化含硫污水、软化水、新鲜水和循环水。焦化装置的水耗主要是焦炭带出的水分和焦池蒸发的水分，这部分水主要由机泵冷却后的水回收使用，焦化装置的水平衡如表1-15所示。

表1-15 焦化装置水平衡

项目		总量读数	流量/(t/h)
入方	循环水	77104	1606
	新鲜水	45	1.0
	软化水	147	3.1
	催化污水	170	3.6
	除氧水	452	9.4
	3.5MPa蒸汽	1164	24.2

续表

项目		总量读数	流量/(t/h)
出方	循环水回系统	76590	1595.6
	去污水处理厂	485	10.1
	蒸发及损失	180	3.8
	含硫污水	500	10.4
	1.0MPa 蒸汽	1112	23.2

4.3 硫平衡

表 1-16 为预测的硫含量和实际硫含量的关系，表 1-17 为焦化装置实际的硫分布。

表 1-16 预测的硫含量与实际硫含量

项目	预测收率/%	硫传递系数	预测硫含量/%	预测硫分布/%	实际硫含量/%
原料	100		1.38	1.38	
H_2S	0.35		94.12	0.32	
干气	4.85		0		
液化气	4.90		0		
焦化汽油	15.92	0.14	0.19	0.03	0.43
焦化柴油	29.70	0.45	0.62	0.18	0.59
焦化蜡油	22.62	0.82	1.13	0.26	1.06
石油焦	21.66		2.70	0.58	1.76

表 1-17 焦化装置实际的硫分布

项目		流量/(t/h)	硫含量/%	硫总量/(t/h)	硫分布/%
入方	1#催化油浆	10.8	0.92	0.10	4.9
	3#催化油浆	16.0	0.97	0.16	7.6
	减压渣油	121.0	1.48	1.79	87.5
	合计			2.05	100.0
出方	干气	8.7	5.50	0.48	23.5
	液态烃	4.0	0.00	0.00	0.0
	石脑油	20.2	0.43	0.09	4.2
	柴油	29.8	0.59	0.18	8.6
	轻蜡油	34.3	1.06	0.36	17.8
	重蜡油	3.4	1.33	0.05	2.2
	焦炭	38.0	1.76	0.67	32.7
	含硫污水	10.41	0.76	0.08	3.9
	合计			1.90	92.9

根据校正后的物料平衡和化验分析的数据，计算出焦化装置的硫分布，从表1-17中可知，分布在气体中的硫占23.5%，分布在石油焦中的硫为32.7%，分布的焦化液体产品和含硫污水中的硫为36.7%，损失为7.1%，导致损失的主要原因可能是化验分析误差。

5 装置热平衡

5.1 焦炭塔热量平衡

在焦炭塔正常生产期间，其进出热量及其所占比例如表1-18所示。

表1-18 焦炭塔生焦过程热量平衡

项目	物料	热量/kW	比例/%
入方	焦化油(气)	61940	92.0
	蒸汽	4876	7.2
	急冷油	493	0.7
	合计	67309	100.0
出方	水蒸气	4869	7.2
	液体产品	46178	68.6
	焦炭(含损失)	6109	9.1
	反应热	9368	13.9
	散热	786	1.2
	合计	67310	100

由表1-18可以看出，焦炭塔的反应热占比为13.9%。

在焦炭塔小吹汽结束后，对塔内焦炭和塔体进行冷却，冷却步骤包括大吹汽、小给水和大给水阶段。在一塔焦的冷却过程中，各阶段的冷却负荷如表1-19所示。

表1-19 焦炭塔冷焦过程热平衡

阶段	冷却负荷/MJ	比例/%	阶段	冷却负荷/MJ	比例/%
小吹汽	34025	8.0	大给水	196642	46.1
大吹汽	15503	3.6	散热损失	18124	4.3
小给水	196014	46.0	合计	426284	100

从表1-19可以看出，焦炭的冷却主要集中在小给水和大给水阶段，两者合计占全部冷却负荷的92.1%。

5.2 分馏塔热平衡

分馏塔热平衡相关数据分析见表1-20~表1-22。

表 1-20 分馏塔循环回流取热负荷

项目	返塔流量/(t/h)	抽出温度/℃	返塔温度/℃	抽出液相焓值/(kJ/kg)	返塔液相焓值/(kJ/kg)	热负荷/kW	比例/%
顶循油	163.0	130	102	313	247	2955	14.10
柴油	65.7	209	117	494	268	4122	19.66
中段	83.5	309	188	759	429	7665	36.56
重蜡油	32.5	385	292	874	620	2289	10.92
循环油	75.4	357	285	771	583	3932	18.76
合计	420.2					20964	100.00

表 1-21 分馏塔热量平衡

项目	介质	流量/(t/h)	温度/℃	$Q_{潜}$	焓值/(kJ/kg)气相	液相	热量/kW
进料	干气	8.7	414		1149		2790
	液态烃	3.9	414		1010		1100
	稳定汽油	20.2	414	403	1335		7502
	柴油	29.8	414	367	1261		10433
	轻蜡油	34.3	414	338	1214		11551
	重蜡油	13.5	414	325	1144		4276
	循环油	25.2	414	318	1118		7819
	水蒸气	5.9	414		3308		5380
	合计	141.4					50851
出料	干气	8.7	108		274		666
	液态烃	3.9	108		221		241
	稳定汽油	20.2	108	403	586		3293
	柴油	29.8	209	367		494	4084
	轻蜡油	34.3	350	338		848	8070
	重蜡油	13.5	385	325		874	3265
	循环油	25.2	357	318		771	5393
	水蒸气	5.9	108		2680		4358
	合计	141.4					29369

表 1-22 分馏塔热量分配比例

项目	热量/kW	比例/%	项目	热量/kW	比例/%
进料热量	50851	100.0	回流取热量	20964	41.2
出料热量	29369	57.8	散热损失	518	1.0

从表1-22中可以看出，焦化分馏塔有大量剩余热量需要移除，全塔循环回流取热量占分馏塔总热量的41.2%，散热损失约为1.0%。

6 装置压力平衡

装置压力平衡见表1-23。

表1-23 装置压力平衡

位置	位号	压力/kPa	各段差压/kPa
焦炭塔塔顶压力	YCJH_ PI5201B	201	16
分馏塔塔底压力	YCJH_ PI5102	185	62
分馏塔塔顶压力	YCJH_ PI5101	123	25
压缩机入口压力	YCJH_ PI5710	98	
压缩机出口压力	YCJH_ PI5710D	1185	37
吸收塔底压力	YCJH_ PI5806	1148	82
吸收塔塔顶压力	YCJH_ PI5805	1066	11
再吸收塔塔顶压力	YCJH_ PI5802	1055	

从表1-23可以看出，焦化装置差降较大的地方在分馏塔和吸收塔。

7 分馏塔水力学计算

对分馏塔重蜡油抽出层(第3层)、轻蜡油抽出层(第11层)、中段油抽出层(第19层)、柴油抽出层(第24层)和顶循油抽出层(第31层)的塔盘进行水力学计算，结果如表1-24所示。

表1-24 分馏塔部分塔盘水力学性能

项目	符号	单位	3层塔盘	11层塔盘	19层塔盘	24层塔盘	31层塔盘
总液相流量		kg/h	50014	67110	185203	103641	186314
密度	γ_l	kg/m^3	834.2	748.2	704.9	725.1	712.0
液体体积流量		m^3/h	60.0	89.7	262.7	142.9	261.7
液体表面张力		mN/m	14.38	12.91	12.15	16.11	17.44
气体质量流量		kg/h	120334	135676	170222	76740	62119
体积体积流量	V_v	m^3/s	7.2	7.4	8.3	6.1	5.1
气体密度	γ_v	kg/m^3	4.7	5.1	5.7	3.5	3.4
气体黏度		$kgf\cdot s/m^2$	1.30×10^{-6}	1.19×10^{-6}	1.05×10^{-6}	1.27×10^{-6}	1.13×10^{-6}
流动参数	Fl_v		0.03	0.04	0.10	0.09	0.21

续表

项目	符号	单位	3 层塔盘	11 层塔盘	19 层塔盘	24 层塔盘	31 层塔盘
最大允许气速	W_{max}		1.78	1.61	1.47	1.92	1.93
空塔实际气速	W	m/s	0.63	0.65	0.73	0.54	0.45
溢流强度	L	$m^3/(m\cdot h)$	12.2	18.2	53.3	29.0	53.0
堰上清液层高度	h_{ow}	m	0.015	0.020	0.040	0.027	0.040
板上清液层高	h_l	m	0.065	0.070	0.090	0.077	0.090
临界阀孔气速	Wh_c	m/s	4.5	4.3	4.0	5.3	5.4
阀孔动能因子	F_0		12.9	13.9	16.5	9.5	7.8
降液管内液体流速	V_d	m/s	0.011	0.016	0.048	0.026	0.047
阀孔气速	W_h	m/s	6.0	6.1	6.9	5.1	4.3
气体通过一块塔板的总压降	ΔP_t	m 液柱	0.087	0.107	0.159	0.076	0.077
雾沫夹带	e	kg(液体)/kg(气体)	0.0066	0.0107	0.0280	0.0039	0.0020
泄漏量	N_w	%	0.00014	0.00014	0.00022	0.00247	0.01827
降液管底缘距塔板的距离	h_b	m	0.04	0.04	0.04	0.04	0.04
降液管底缘出口处流速	W_b	m/s	0.08	0.13	0.37	0.20	0.37
液体克服的总压降	ΔP_l	m 液柱	0.153	0.180	0.276	0.161	0.194
降液管最大流速	V_d	m/s	0.15	0.15	0.15	0.15	0.15

计算了分馏塔第 3 层塔盘，第 11 层塔盘和第 19 层塔盘的塔盘负荷曲线，并根据计算结果绘制了三个塔板的负荷性能图，分别如图 1-1～图 1-3 所示。

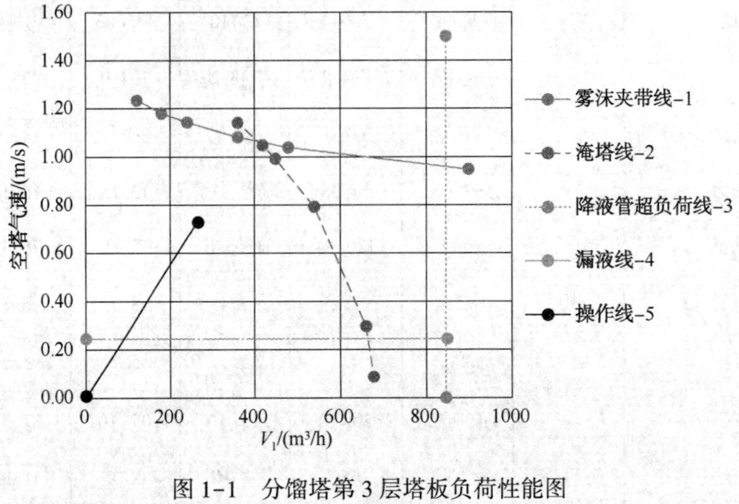

图 1-1　分馏塔第 3 层塔板负荷性能图

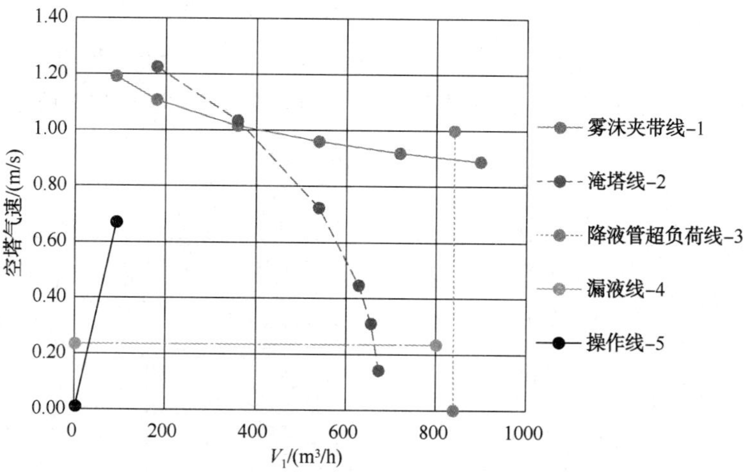

图 1-2　分馏塔第 11 层塔板负荷性能图

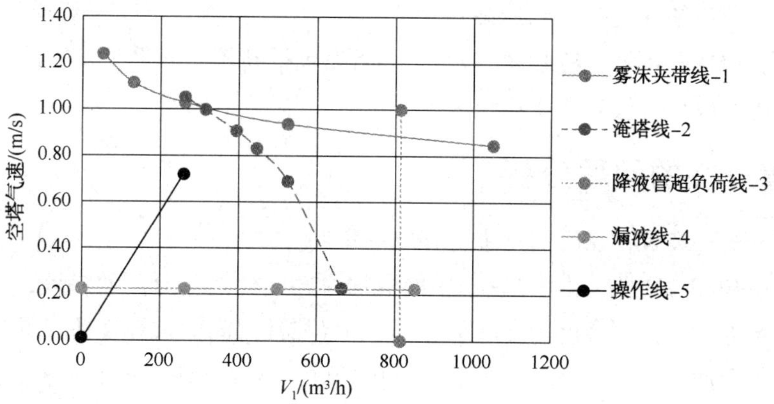

图 1-3　分馏塔第 19 层塔板负荷性能图

由图 1-1~图 1-3 可以看出，三块塔板的操作点均处于适宜的操作区内。

8　装置能耗及用能分析

焦化装置能耗见表 1-25。

表 1-25　焦化装置能耗

项目	单耗/(kgEO/t)	项目	单耗/(kgEO/t)
新鲜水	0.002	1.0MPa 蒸汽	-12.74
循环水	1.16	电	4.01
除盐水	0.10	燃料气	18.55
除氧水	0.63	热联合	-1.64
3.5MPa 蒸汽	15.44	能耗	25.51

加热炉能耗最高为18.55kgEO/t，其次是3.5MPa蒸汽消耗量较大。但是装置的1.0MPa蒸汽输出较高，其次是热联合程度高。总体来讲，本焦化装置的能耗较低。

除去热联合，焦化装置水、电、蒸汽和燃料气的能耗比例如表1-26所示。

表1-26 焦化装置主要能耗分布

项目	能耗	单位	比例%
水	1.89	kgEO/t	7.0
蒸汽	2.70	kgEO/t	9.9
电	4.01	kgEO/t	14.8
燃料气	18.55	kgEO/t	68.3
合计	27.15	kgEO/t	100.0

燃料气的能耗占装置能耗的主要部分，占整个能耗的比例为68.3%，其次为电力消耗，占比为14.8%。蒸汽能耗包括汽轮压缩机用3.5MPa中压蒸汽、汽轮机背压输出的1.0MPa蒸汽和装置产1.0MPa蒸汽，占比为9.9%；水能耗包括新鲜水、循环水、除氧水和除盐水的消耗，所占比例最小，仅为7.0%。

9 装置存在的问题分析

通过计算分析，装置存在的问题主要有以下几点。

(1) 分馏塔分离效果差，由表3-16中的数据可知，分馏塔分离效果差，轻蜡油和重蜡油之间的分离精度太大，重叠度为200℃，柴油和轻蜡油之间的重叠度达到了29℃。

(2) 污水中含油率高，分馏塔塔顶油水乳化严重，导致含硫污水中含油量较高，送至下游装置后，影响污水汽提装置的运行。

(3) 装置加热炉效率为92.41%，还存在一定的优化空间，主要在降低排烟温度、烟气中CO含量、和使用炉管注汽来代替炉管注水。

(4) 装置的实际换热网络夹点温差为50℃，高于正常夹点温差20℃。导致原料的换热终温偏低。

第二部分 延迟焦化装置工艺流程

延迟焦化装置工艺流程图见图2-1。

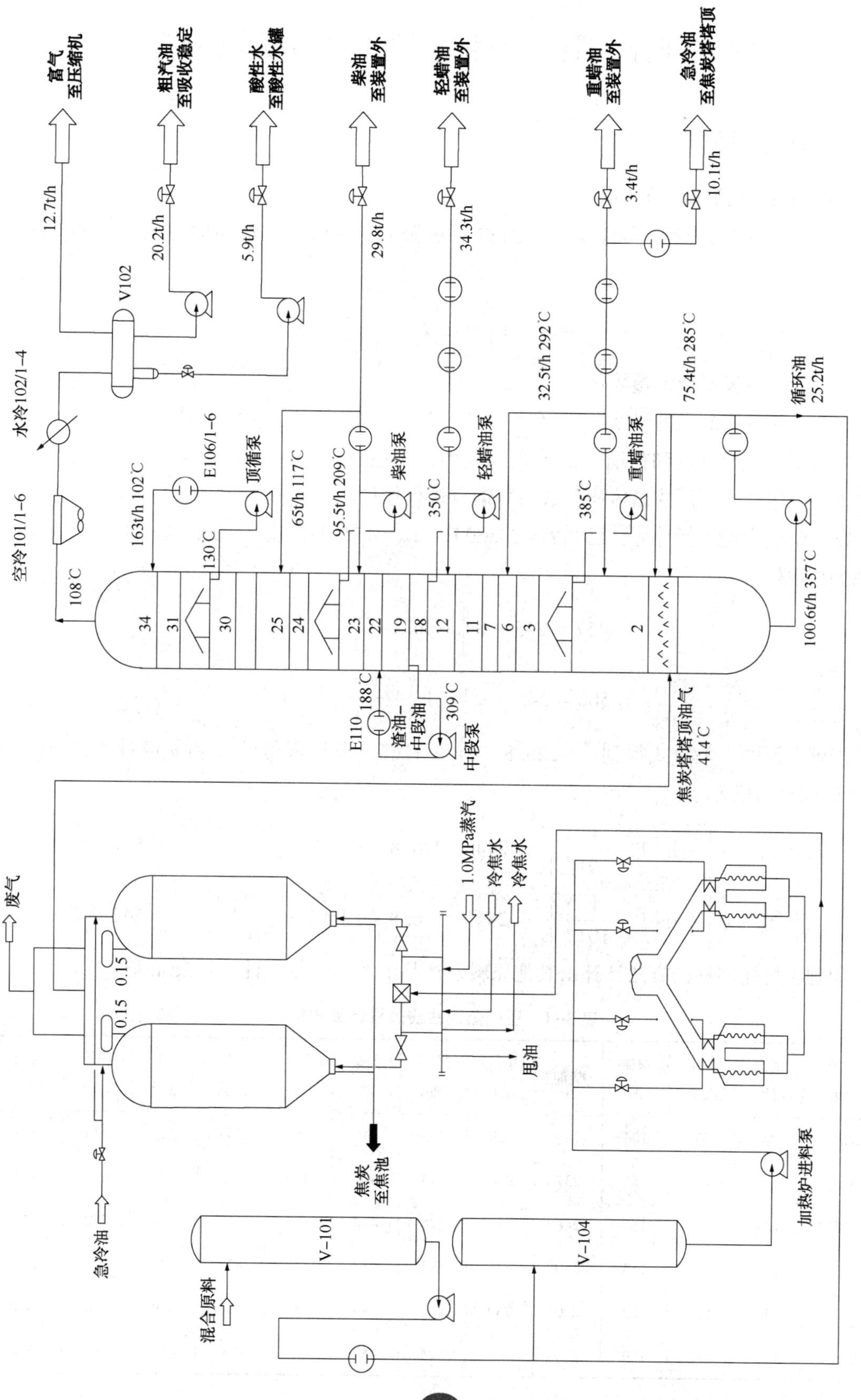

图2-1 延迟焦化装置工艺流程图

第三部分　延迟焦化装置工艺计算及分析

1　物性计算

1.1　恩氏蒸馏曲线的外推

根据《石油炼制工程（第四版）》[1] P187 中的公式（6-1），对油品的恩氏蒸馏曲线进行外推。

$$t = t_0 + a\left[-\ln\left(1 - \frac{V}{101}\right)\right]^b \tag{3-1}$$

式中　a、b——模型待定参数；

t_0——初馏点的温度。

通过不少于两个点和初馏点的数据，应用该模型就可以回归出参数 a 和 b。若无初馏点，则需要用三个不同馏出体积分数的数据点进行估计。

以重蜡油为例进行计算，已知 $t_0=245.0$℃、$t_{50}=457.0$℃、$t_{90}=506.0$℃，将其代入公式（3-1）中可得：

$$457 = 245 + a\left[-\ln\left(1 - \frac{50}{101}\right)\right]^b$$

$$506 = 245 + a\left[-\ln\left(1 - \frac{90}{101}\right)\right]^b$$

求解上面两个关系式得到 $a=226.8$，$b=0.1767$，根据求得的 a 和 b 值计算出 95%和 100%的馏出温度 t_{95}、t_{100}。

$$t_{95} = t_0 + a\left[-\ln\left(1 - \frac{V}{101}\right)\right]^b = 244 + 226.8\left[-\ln\left(1 - \frac{95}{101}\right)\right]^{0.1767} = 517.4℃$$

$$t_{100} = t_0 + a\left[-\ln\left(1 - \frac{V}{101}\right)\right]^b = 244 + 226.8\left[-\ln\left(1 - \frac{100}{101}\right)\right]^{0.1767} = 542.1℃$$

同理，可用同样的方法计算出其他原料及产品的馏出温度。计算结果如表 3-1 所示。

表 3-1　恩氏蒸馏曲线外推计算结果

恩氏蒸馏/℃	粗汽油	稳定汽油	顶循油	柴油	中段油	轻蜡油	重蜡油	循环油	1# 油浆	3# 油浆	减压渣油	混合原料
IBP	44	37	106	160	220	219	245	250	249	225	443	279
0.1	83	63	155	231	298	344	404	406	405	405	698	403
0.2	103	80	166	248	319	375	424	429	418	424	732	549
0.3	118	96	175	259	331	391	437	442	425	438	755	716
0.4	130	114	182	270	339	403	449	455	431	449	774	744
0.5	142	131	189	280	347	414	457	466	439	458	793	769

续表

恩氏蒸馏/℃	粗汽油	稳定汽油	顶循油	柴油	中段油	轻蜡油	重蜡油	循环油	1#油浆	3#油浆	减压渣油	混合原料
0.6	153	147	195	291	353	426	466	477	451	473	816	792
0.7	166	161	202	302	360	440	475	490	469	492	835	817
0.8	182	177	207	315	367	457	487	501	500	512	857	843
0.9	200	196	216	330	380	484	506	517	531	537	885	878
0.95	210	209	227	342	395	501	517	529	554	557	906	903
FBP	221	224	235	349	405	540	542	556	609	600	951	958

1.2 相对密度及密度

油品的相对密度是其密度与4℃下水的密度之比，其量纲为1。利用《石油炼制工程(第四版)》[1] P59中的公式计算油品的相对密度。

$$d_4^{20}=\frac{\rho_{20}}{\rho_{水}} \tag{3-2}$$

$$d_{15.6}^{15.6}=d_4^{20}+\frac{1.598-d_4^{20}}{176.1-d_4^{20}} \tag{3-3}$$

式中 d_4^{20}、$d_{15.6}^{15.6}$——油品20℃对4℃水的相对密度，油品15.6℃对15.6℃水的相对密度；

ρ_{20}——油品在20℃时的密度，kg/m³；

$\rho_{水}$——水在4℃时的密度，kg/m³。

以重蜡油为例进行计算，已知20℃时重蜡油的密度为1013.9kg/cm³，将其代入上述公式中可得：

$$d_4^{20}=\frac{\rho_{20}}{\rho_{水}}=\frac{1013.9}{1000}=1.0139$$

$$d_{15.6}^{15.6}=d_4^{20}+\frac{1.598-d_4^{20}}{176.1-d_4^{20}}=1.0139+\frac{1.598-1.0139}{176.1-1.0139}=1.017$$

同理，可计算出其他油品的相对密度，计算结果如表3-2所示。

表3-2 油品相对密度计算结果

物性	稳定汽油	顶循油	柴油	中段油	轻蜡油	重蜡油	循环油	1#油浆	3#油浆	减压渣油	混合原料
密度/(kg/m³)	737.8	797.1	856.7	892.9	937.8	1013.9	1037.5	1135.8	1158.0	1015.2	1036.4
d_4^{20}	0.7378	0.7971	0.8567	0.8929	0.9378	1.0139	1.0375	1.1358	1.1580	1.0152	1.0364
$d_{15.6}^{15.6}$	0.743	0.802	0.861	0.897	0.942	1.017	1.041	1.138	1.161	1.019	1.040

此外，油品的相对密度还常用比重指数来表示，它又称为*API*度。*API*度(*API*°)的定义为：

$$比重指数(API°)=\frac{141.5}{d_{15.6}^{15.6}}-131.5$$

不同温度条件下油品的密度可根据《冷换设备工艺计算手册(第二版)》[2] P75 附表 1-7 中的公式进行计算:

$$\rho_T = T \cdot (1.307d_4^{20} - 1.817) + 973.86d_4^{20} + 36.34 \quad (3-4)$$

式中 d_4^{20}——油品 20℃对 4℃水的相对密度;

ρ_T——油品在 T℃时的密度, kg/m^3。

1.3 平均沸点

根据《石油炼制工程(第四版)》[1]中 P57 公式(3-13)计算油品蒸馏曲线的斜率 S。

$$斜率\ S = \frac{90\%\ 馏出温度 - 10\%\ 馏出温度}{90 - 10} \quad (3-5)$$

此斜率表示从馏出 10%~90%之间, 每馏出 1%的沸点平均升高值。

油品的平均沸点表征其汽化性能, 石油馏分的平均沸点定义有五种。

根据《石油炼制工程(第四版)》[1]中 P57 公式(3-14)计算体积平均沸点 t_V(℃)。

$$t_V = \frac{t_{10} + t_{30} + t_{50} + t_{70} + t_{90}}{5}$$

式中 t_V——体积平均沸点,℃;

t_{10}、t_{30}、t_{50}、t_{70}、t_{90}——10%、30%、50%、70%、90%的恩氏蒸馏馏出温度,℃。

然后再将摄氏温度分别转换其他温度单位, 计算公式如下:

$$°F = 1.8℃ + 32$$

$$K = ℃ + 273.15$$

$$°R = °F + 459.67$$

油品的中平均沸点 t_{Me}(℃)定义如下:

$$t_{Me} = \frac{t_m + t_{cu}}{2}$$

根据《石油炼制工程(第四版)》[1]中 P58 公式(3-22)计算油品的中平均沸点。

$$t_{Me} = t_V - \Delta_{Me},\ \ln\Delta_{Me} = -1.53181 - 0.012800t_V^{0.6667} + 3.64678S^{0.3333} \quad (3-6)$$

以重蜡油为例分别计算其斜率、体积平均沸点和中平均沸点。已知重蜡油 10%、30%、50%、70%、90%的恩氏蒸馏馏出温度分别为 404℃、437℃、457℃、475℃和 506℃, 将其代入上述公式中可得:

$$斜率\ S = \frac{506 - 404}{90 - 10} = 1.275$$

$$t_V = \frac{t_{10} + t_{30} + t_{50} + t_{70} + t_{90}}{5} = \frac{404 + 437 + 457 + 475 + 506}{5} = 456℃$$

$$t_{Me} = 456 - \exp(-1.53181 - 0.012800 \times 456^{0.6667} + 3.64678 \times 1.275^{0.3333}) = 451℃$$

同理, 可计算出其他油品的斜率、体积平均沸点和中平均沸点, 计算结果如表 3-3 所示。

表 3-3 油品斜率、体积平均沸点和中平均沸点计算结果

物性	稳定汽油	顶循油	柴油	中段油	轻蜡油	重蜡油	循环油	1# 油浆	3# 油浆	减压渣油	混合原料
斜率	0.76	1.24	1.03	1.75	1.28	1.39	1.57	1.65	2.0	5.93	1.65

续表

物性		稳定汽油	顶循油	柴油	中段油	轻蜡油	重蜡油	循环油	1# 油浆	3# 油浆	减压渣油	混合原料
体积平均沸点	℃	129	187	280	343	415	456	464	454	466	793	716
	K	403	461	554	616	688	729	737	727	739	1066	990
	F	265	369	537	650	778	852	867	849	871	1460	1322
	R	725	829	996	1109	1238	1312	1327	1308	1331	1919	1781
中平均沸点	℃	118	183	274	339	406	451	458	447	459	784	659
	K	391	457	547	612	679	724	731	720	732	1057	933
	F	244	362	525	642	763	843	857	836	857	1443	1219
	R	704	822	985	1101	1222	1303	1316	1296	1317	1903	1679

1.4 特性因数 *K* 值

特性因素 K 值是油品的平均沸点 T 和相对密度 $d_{15.6}^{15.6}$ 的函数，根据《石油炼制工程(第四版)》[1]中 P63 公式(3-32)计算油品的特性因素 K 值。

$$K = \frac{1.216T^{1/3}}{d_{15.6}^{15.6}} \tag{3-7}$$

式中 K——油品的 K 值；

T——油品的平均沸点，K；

$d_{15.6}^{15.6}$——油品的相对密度。

当计算 Watson K 值时，T 为中平均沸点，当计算 UOP 的 K 值时，T 为体积平均沸点。

以重蜡油为例计算其 K 值，已知中平均沸点为 451℃，将其代入公式(3-7)中得：

$$K = \frac{1.216T^{1/3}}{d_{15.6}^{15.6}} = \frac{1.216 \times 451^{1/3}}{1.017} = 10.7$$

同理，可计算出其他油品的特性因数，计算结果如表 3-4 所示。

表 3-4 油品特性因数计算结果

物性	稳定汽油	顶循油	柴油	中段油	轻蜡油	重蜡油	循环油	1# 油浆	3# 油浆	减压渣油	混合原料
特性因数	12.0	11.7	11.6	11.5	11.4	10.7	10.5	9.6	9.4	12.2	11.4

1.5 相对分子量

根据《API technical data book 10th edition》[3] P2~21 中的公式(2B2.1-1)计算油品相对分子量。适用范围为相对分子量为 70 ~700，中平均沸点为 90 ~1050℉。

$$M = 20.486 \times [\exp(1.165 \times 10^{-4}T_{Me} - 7.78712 \times SG + 1.1582 \times 10^{-3}T_{Me} \times SG)] \times T_{Me}^{1.26007}SG^{4.98308} \tag{3-8}$$

式中 M——相对分子量；

T_{Me}——中平均沸点，°R；

SG——相对密度 $d_{15.6}^{15.6}$。

以重蜡油为例计算平均分子量，已知中平均沸点为1303°R，相对密度为1.017，将其代入公式中得：

$$M = 20.486 \times [\exp(1.165 \times 10^{-4} \times 1303 - 7.78712 \times 1.017 + 1.1582 \times 10^{-3}1303 \times 1.017)] \times 1303^{1.26007} \times 1.017^{4.98308} = 368$$

同理，可计算出其他油品的平均分子量，计算结果如表3-5所示。

表3-5　油品平均分子量计算结果

物性	稳定汽油	顶循油	柴油	中段油	轻蜡油	重蜡油	循环油	1#油浆	3#油浆	减压渣油	混合原料
特性因数	110	147	211	268	337	368	367	296	299	1289	806

1.6　临界温度和临界压力

根据《API technical data book 10th edition》[3]中的公式(4D1.1)计算油品的真临界温度和公式(4D3.1)计算假临界温度，计算公式如下：

$$T_{cm} = 186.16 + 1.6667 \times \Delta - 0.7127 \times 10^{-3} \times \Delta^2 \quad (3-9)$$

$$\Delta = SG \times (T_V + 100) \quad (3-10)$$

$$T_{pc} = 10.6443 \times [\exp(-5.1747 \times 10^{-4} \times T_{Me} - 0.54444 \times SG + 3.5995 \times 10^{-4} \times T_{Me} \times SG)] \times T_{Me}^{0.81067} \times SG^{0.53691} \quad (3-11)$$

式中　T_{cm}——油品的真临界温度,℉；

T_V——油品的体积平均沸点,℉；

SG——相对密度 $d_{15.6}^{15.6}$；

T_{pc}——油品的假临界温度,°R;

T_{Me}——油品的中平均沸点,°R。

以重蜡油为例计算油品的真临界温度和假临界温度，已知体积平均沸点为852℉，中平均沸点为1303°R，相对密度为1.017，将其代入公式中得：

$$T_{cm} = 186.16 + 1.6667 \times SG \times (T_V + 100) - 0.7127 \times 10^{-3} \times [SG \times (T_V + 100)]^2$$
$$= 186.16 + 1.6667 \times 1.017 \times (852 + 100) - 0.7127 \times 10^{-3} \times [1.017 \times (82 + 100)]^2 = 1132℉$$

$$T_{pc} = 10.6443 \times [\exp(-5.1747 \times 10^{-4} \times 1303 - 0.54444 \times 1.017 + 3.5995 \times 10^{-4} \times 1303 \times 1.017)] \times 1303^{0.81067} \times 1.017^{0.53691} = 1699°R$$

根据《API technical data book 10th edition》中的公式(4D4.1)计算油品的假临界压力和公式(4D4.3)真临界压力，计算公式如下：

$$P_{pc} = 6.162 \times 10^6 \times [\exp(-4.725 \times 10^{-3}T_{Me} - 4.8014SG + 3.1939 \times 10^{-3}T_{Me}SG)]T_{Me}^{-0.4844}SG^{4.0846} \quad (3-12)$$

$$\ln P_c = 0.050052 + 5.656282 \times \ln(T_{cm}/T_{pc}) + 1.001047 \times \ln P_{pc} \quad (3-13)$$

式中　P_{pc}——油品的假临界压力，psi，1psi=6.895kPa；

T_{Me}——油品的中平均沸点,°R；

SG——相对密度 $d_{15.6}^{15.6}$；

P_c——油品的真临界压力，psi；

T_{cm}——油品的真临界温度,°R；

T_{pc}——油品的假临界温度，°R。

以重蜡油为例计算油品的假临界压力和真临界压力，已知中平均沸点为1303°R，相对密度为1.017，真临界温度和假临界温度分别为1592°R和1699°R，将其代入公式中：

$$P_{pc} = 6.162 \times 10^6 \times [\exp(-4.725 \times 10^{-3} T_{Me} - 4.8014SG + 3.1939 \times 10^{-3} T_{Me} SG)] T_{Me}^{-0.4844} SG^{4.0846}$$

$$= 6.162 \times 10^6 \times [\exp(-4.725 \times 10^{-3} \times 1303 - 4.8014 \times 1.017 + 3.1939 \times 10^{-3} \times 1303 \times 1.017)] \times 1303^{-0.4844} 1.017^{4.0846}$$

$$= 226.5\text{psi} = 1.56\text{MPa}$$

$$\ln P_c = 0.050052 + 5.656282 \times \ln(T_{mc}/T_{pc}) + 1.001047 \times \ln P_{pc}$$

$$= 0.050052 + 5.656282 \times \ln\left(\frac{1592}{1699}\right) + 1.001047 \times \ln 226.5$$

$$= 165.8\text{psi} = 1.14\text{MPa}$$

同理，可计算出其他油品的真假临界温度和真假临界压力，计算结果如表3-6所示。

表3-6 油品临界温度和临界压力计算结果

项目	单位	粗汽油	汽油	顶循油	柴油	中段油	轻蜡油	重蜡油	循环油
真临界温度	℃	323	307	378	474	529	581	611	617
	K	596	581	651	747	802	854	884	890
	℉	614	585	712	886	985	1077	1132	1142
	°R	1074	1045	1172	1345	1444	1537	1592	1601
假临界温度	℃	318	301	375	470	535	604	670	687
	K	591	574	649	744	808	877	944	960
	℉	604	573	708	879	994	1119	1239	1268
	°R	1064	1033	1167	1338	1454	1579	1698	1728
假临界压力	psi	398.7	412.2	347.9	271.5	230.8	205.2	226.5	239.0
	MPa	2.7	2.8	2.4	1.9	1.6	1.4	1.6	1.6
真临界压力	psi	444.3	466.7	376.2	295.7	235.1	186.0	165.8	164.5
	MPa	3.1	3.2	2.6	2.0	1.6	1.3	1.1	1.1

1.7 焦点温度和焦点压力

根据《青岛科技大学学报》[4] 25卷第5期413页中的公式计算油品的焦点温度和焦点压力，计算公式如下：

$$焦点温度(℃) = \Delta T_e + 临界温度\ T_c$$

$$\Delta T_e = a_1 \times \left[\frac{S + a_2}{a_3 \times S + a_4} + a_5 \times S\right] \times \left[\frac{a_6}{a_7 \times t_v + a_8} + a_9\right] + a_{10} \tag{3-14}$$

$$焦点压力(MPa) = \Delta P_e + 临界压力\ P_c$$

$$\Delta P_e = \frac{a_1 \times (S - 0.3) + a_2}{S + a_3} \times \left[\frac{a_4}{a_5 \times (t_v + a_6 \times S) + a_7} + a_8\right] \tag{3-15}$$

式中 t_v——恩氏蒸馏体积平均沸点，℃；

S——恩氏蒸馏10%~90%馏分的曲线斜率，℃/%；

a_i——与焦点温度和焦点压力有关的系数，见表 3-7。

表 3-7　计算油品焦点温度和焦点压力的关联系数

公式系数	计算焦点温度的关联系数	计算焦点压力的关联系数
a_1	0.14608029648	59.527860086
a_2	0.050887086388	13.22730898
a_3	0.00025280271884	0.73484872053
a_4	0.00048370492139	0.15246953667
a_5	1.9936695083	0.015463010895
a_6	13.19556507	-16.389020471
a_7	0.081472347484	0.23392534874
a_8	18.47914514	-0.014367666592
a_9	-0.1585402804	0
a_{10}	-4.8588379673	0

以重蜡油为例计算油品的焦点温度和焦点压力，已知临界温度为 611℃，临界压力为 1.14MPa，体积平均沸点为 456℃，蒸馏曲线斜率为 1.275，将其代入公式中得：

$$焦点温度 = \Delta T_e + 临界温度\ T_c(℃) = a_1 \times \left[\frac{S + a_2}{a_3 \times S + a_4} + a_5 \times S\right] \times \left[\frac{a_6}{a_7 \times t_v + a_8} + a_9\right] + a_{10} + 临界温度\ T_c(℃) = (0.14608029648 \times ((1.275 + 0.050887086388)/(0.00025280271884 \times 1.275 + 0.00048370492139) + 1.9936695083 \times 1.275) \times (13.19556507/(0.081472347484 \times 456 + 18.47914514) - 0.1585402804) - 4.8588379673) + 611 = 625(℃)$$

$$焦点压力 = \Delta p_e + 临界压力\ p_c(MPa) = \frac{a_1 \times (S - 0.3) + a_2}{S + a_3} \times \left[\frac{a_4}{a_5 \times (t_v + a_6 \times S) + a_7} + a_8\right] + 临界压力\ P_c(MPa) = \{[59.527860086 \times (1.275 - 0.3) + 13.22730898]/(1.275 + 0.73484872053)\} \times \{0.15246953667/[0.015463010895 \times [456 + (-16.389020471) \times 1.275] + 0.23392534874] + 0.014367666592\} + 1.14 = 1.41(MPa)$$

同理，可计算出其他油品的焦点温度和焦点压力，计算结果如表 3-8 所示。

表 3-8　油品焦点温度和焦点压力计算结果

项目	单位	粗汽油	汽油	顶循油	柴油	中段油	轻蜡油	重蜡油	循环油
焦点温度	℃	391	385	414	507	551	602	625	631
焦点压力	MPa	5.30	5.95	3.62	2.79	2.09	1.69	1.41	1.40

1.8　恩氏、实沸点和平衡汽化曲线的换算

1.8.1　恩氏蒸馏数据转换为实沸点数据

根据《原油蒸馏工艺与工程》[5] P285 公式(4-6-1a)将恩式蒸馏数据转化为 TBP 数据，该公式适用于 D86 数据在 22.8~398.9℃范围内。

$$t_{TBP}=a\ (t_{D86})^{b} \tag{3-16}$$

式中 t_{D86}——ASTM D86 各馏出体积下的温度，K；

t_{TBP}——常压各馏出体积下的 TBP 温度，K；

a，b——与馏出体积有关的关联系数，数值见表 3-9。

表 3-9 常数 *a*、*b* 的数值

馏出量/%(体)	0~5	10	30	50	70	90	95~100
a	0.917675	0.5564	0.7617	0.9023	0.88215	0.955105	0.81767
b	1.001868	1.090011	1.042533	1.01756	1.02259	1.010955	1.03549

以柴油为例计算柴油 TBP 蒸馏数据：

10%点：

$$t_{10,\ TBP}=a\ (t_{10,\ D86})^{b}=0.5564\times(231+273.15)^{1.090011}-273.15=218℃$$

按照以上方法，将相关物料转换为常压 TBP 蒸馏数据，结果列于表 3-10 中。

表 3-10 物料的 TBP 数据

项目	单位	汽油	顶循油	柴油	中段油	轻蜡油
初馏点	℃	14.6	78.7	128.9	184.7	183.7
10%	℃	42.9	137.9	218.0	289.5	339.1
30%	℃	88.6	169.4	256.2	331.1	393.8
50%	℃	131.7	191.3	284.5	353.3	422.2
70%	℃	166.4	208.6	312.5	373.0	456.6
90%	℃	205.7	226.8	344.8	396.6	504.5
终馏点	℃	233.1	245.2	366.0	425.4	570.0

1.8.2 恩氏蒸馏数据转换为平衡汽化数据

1. 公式法

根据《原油蒸馏工艺与工程》[5]第四章 P287，公式(4-6-4)，利用恩氏蒸馏数据转换为平衡汽化数据的公式为：

$$t_{EFV}=a\ (t_{D86})^{b}S^{c} \tag{3-17}$$

式中 t_{D86}——ASTM D86 各馏出体积下的温度，K；

t_{EFV}——常压平衡汽化曲线各馏出体积下的温度，K；

S——相对密度，$d_{15.6}^{15.6}$；

a、b、c——与馏出体积有关的关联系数，数值列于表 3-11 中。

表 3-11 关联系数 *a*、*b* 和 *c* 的值

项目	0%~5%	10%	30%	50%	70%	90%	95%~100%
a	2.97481	1.44594	0.85060	3.26805	8.28734	10.62656	7.99502
b	0.8466	0.9511	1.0315	0.8274	0.6871	0.6529	0.6949
c	0.4208	0.1287	0.0817	0.6214	0.9340	1.1025	1.0737

本换算方法仅适用于温度范围如表 3-12 所示，偶尔在端点处会发生严重误差。

表 3-12 本方法适用范围

馏出/%(体)	恩氏蒸馏温度范围/℃	实沸点蒸馏温度范围/℃
0%	10.0~265.6	48.9~298.9
10%	62.8~322.2	79.4~348.9
30%	93.3~340.6	97.8~358.9
50%	112.8~354.4	106.7~366.7
70%	131.1~399.4	118.3~375.6
90%	162.8~465.0	133.9~404.4
100%	187.8~484.4	146.1~433.3

该方法使用温度范围简单地可分别认为 ASTM D86 在 22.8~398.9℃之间，TBP 在 -45.6~423.3℃之间。当恩氏蒸馏温度超过 246℃时，换算时需考虑热裂化作用，需要使用式(3-18)进行温度校正。

$$\lg D = 0.00852t - 1.691 \quad (3-18)$$

式中 D——温度校正值(加至 t 上)，℃；

t——超过 246℃的恩氏蒸馏温度，℃。

上述关联式适用于恩氏蒸馏终馏点小于 480℃的温度，对于本装置中的轻蜡油标定数据，利用该公式可以将轻蜡油 90%馏出体积以前的馏程转换为平衡汽化数据，对于柴油及汽油馏程可全部适用。

因此，公式(3-18)可以适用于汽油、焦化柴油和轻蜡油的部分平衡汽化曲线转换。

以柴油为例计算柴油平衡汽化蒸馏 10%点数据。

$$t_{10,\ EFV} = a\ (t_{10,\ D86})^{\ b} = 1.44594 \times (231 + 273.15)^{\ 0.9511} \times 0.861^{0.1287} - 273.15 = 254℃$$

按照以上方法，将相关物料转换为常压平衡汽化蒸馏数据，计算结果如表 3-13 所示。

表 3-13 油品平衡汽化曲线

项目	单位	汽油	顶循油	柴油	中段油	轻蜡油
初馏点	℃	64.6	140.2	204	268.2	278.4
10%	℃	79.1	174.3	254	323.9	373.6
30%	℃	96.2	180.6	272	350.0	416.7
50%	℃	116.3	183.4	281	351.2	427.4
70%	℃	134.4	192.4	294	356.7	442.0
90%	℃	151.2	201.6	316	375.8	480.9
终馏点	℃	161.0	205.6	322	386.7	515.6

2. 图表法

根据《原油蒸馏工艺与工程》[5]第四章图 4-6-4 和 4-6-5 进行常压恩氏蒸馏曲线和平衡气化曲线的相互换算。先采用图 4-6-4，由 ASTM D86 50%点温度和 10%~70%之间的斜率求得平衡气化 50%点温度的换算，再将 ASTM D86 蒸馏曲线分为若干线段(如 0%~10%，10~30%，30~50%，50~70%，70~90%和 90~100%)，以两种蒸馏曲线 50%点温度或温差为基点，然后采用图 4-6-5 进行相应温差的换算。

以柴油为例，柴油恩氏蒸馏 10%~70%之间的斜率为：

$$\text{斜率}\ S = \frac{302 - 231}{70 - 10} = \frac{71}{60} = 1.2$$

由表 3-14 中的数据可知，柴油恩氏蒸馏数据的初馏点偏低(160℃)，需要对柴油的初馏点进行校核，将恩氏蒸馏 10%、30%、50%、70%和 90%馏出温度绘制在恩氏蒸馏曲线坐标系内，如图 3-1 所示，外推得到校核后的恩氏蒸馏初馏点为 190℃。

根据柴油恩氏蒸馏 50%点温度和斜率，通过图 3-2 查得常压下柴油的平衡汽化曲线 50%点-恩氏蒸馏 50%=5℃，求得平衡汽化 50%温度为 280+5=285℃，然后根据图 3-3 中各段温差求得柴油常压下平衡汽化馏程，结果如表 3-14 所示。

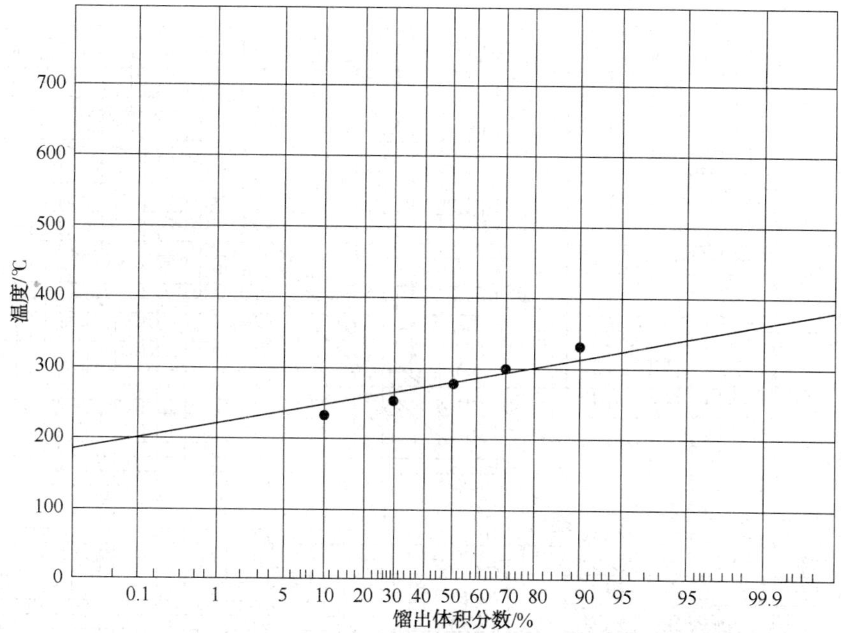

图 3-1　柴油恩氏蒸馏曲线校核图

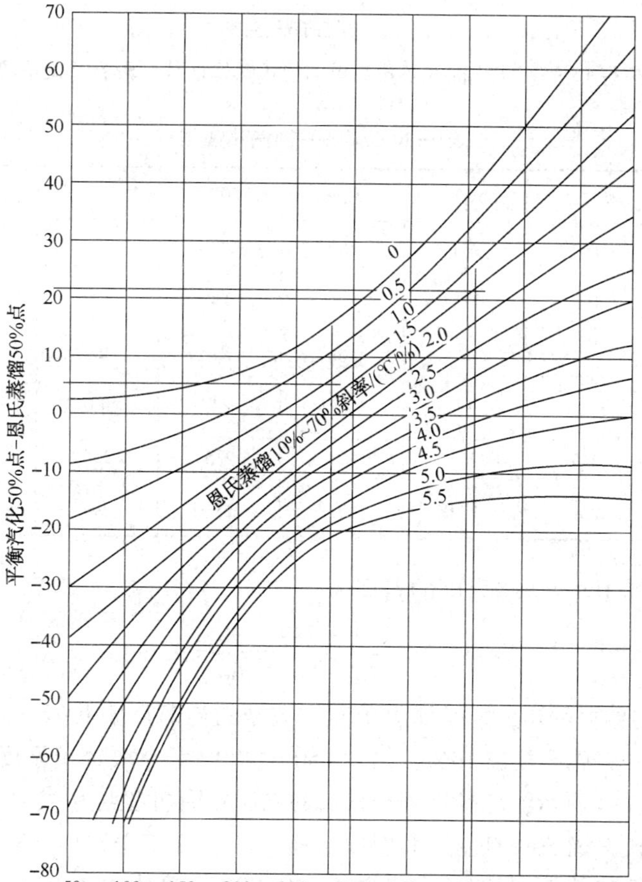

图 3-2　常压恩氏蒸馏 50%点与平衡汽化 50%点换算图

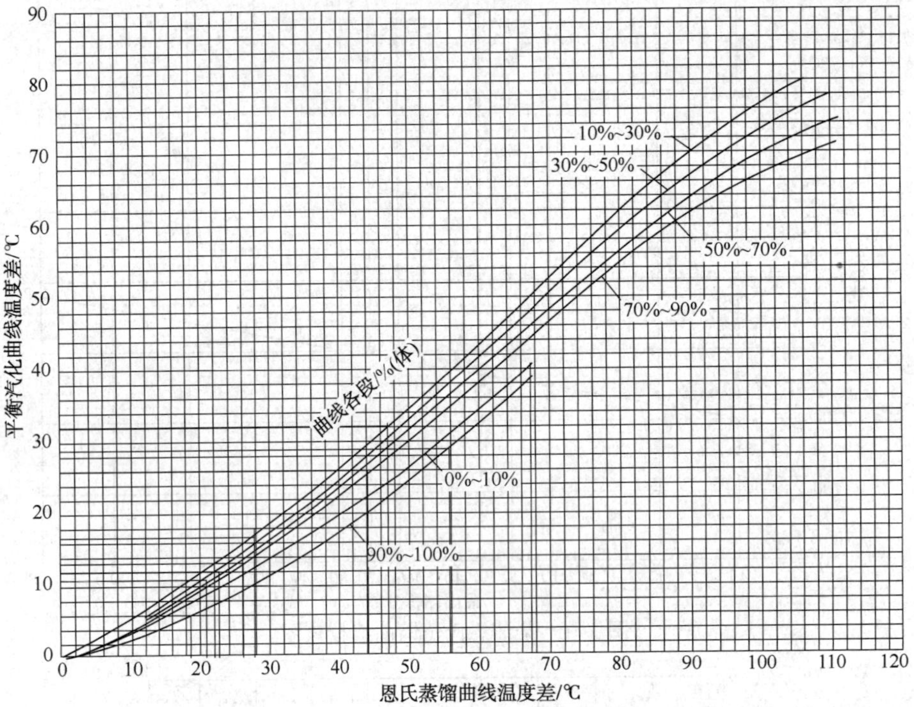

图 3-3　平衡汽化曲线各段温差与恩氏蒸馏曲线各段温差关系图

表 3-14　柴油平衡汽化馏程

柴油	初馏点	10%	30%	50%	70%	90%	100%
D86(校正前)	160	231	259	280	302	330	349
D86(校正后)	190	231	259	280	302	330	349
D86 馏程差值		41	28	21	22	28	19
EFV 馏程差值		17	17	11	11	14	6
查图法 EFV	240	257	274	285	296	310	316
公式法 EFV	231	254	272	281	294	316	322

轻蜡油恩氏蒸馏 10%~70%之间的斜率为:

$$斜率\ S=\frac{440-344}{70-10}=\frac{96}{60}=1.6$$

由表 3-15 中的数据可知，轻蜡油恩氏蒸馏数据的初馏点偏低(219℃)，需要对轻蜡油的初馏点进行校核，将恩氏蒸馏 10%、30%、50%、70%和 90%馏出温度绘制在恩氏蒸馏曲线坐标系内，如图 3-4 所示，外推得到校核后的恩氏蒸馏初馏点为 320℃。

根据轻蜡油恩氏蒸馏 50%点温度和斜率，通过图 3-2 查得常压下轻蜡油的平衡汽化曲线 50%点-恩氏蒸馏 50%点=21℃，求得平衡汽化 50%温度为 414+21=435℃，然后根据图 3-3 中各段温差求得轻蜡油常压下平衡汽化馏程，结果如表 3-15 所示。

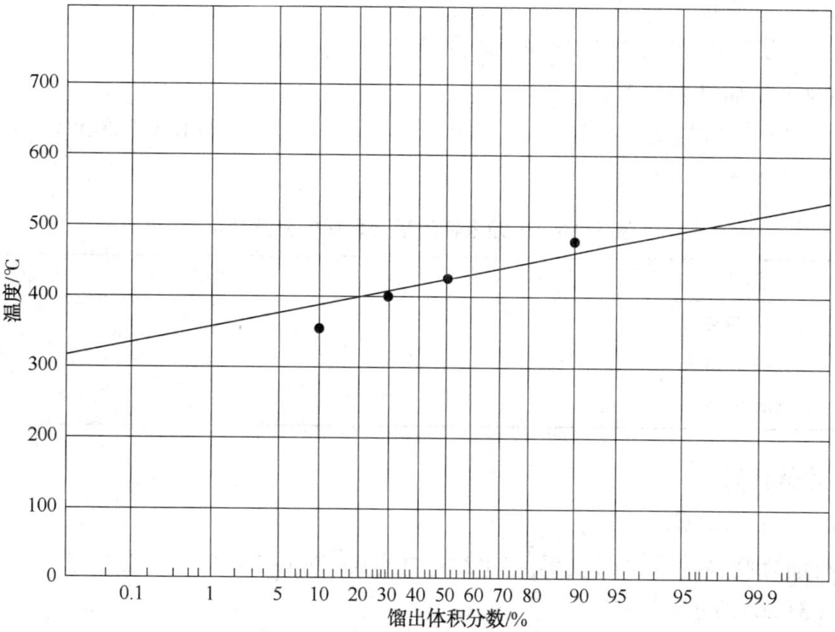

图 3-4　轻焦化蜡油恩氏蒸馏曲线校核图

表 3-15　轻蜡油平衡汽化馏程

轻蜡油	初馏点	10%	30%	50%	70%	90%	100%
D86(校正前)	219	344	391	414	440	484	540
D86(校正后)	320	344	391	414	440	484	540
D86 馏程差值		24	47	23	26	44	56
EFV 馏程差值		9	32	12	13	26	29
查图法 EFV	382	391	423	435	448	474	503
公式法 EFV	373	374	417	427	442	481	516

对比查图法和公式法的平衡汽化数据可知，查图法获得的轻蜡油初馏点较高，而终馏点较低。

1.9　分离精度

根据《原油蒸馏工艺与工程》[5] P262 中式(4-4-4)，分离精确度用恩氏蒸馏的间隙来表示。

$$恩氏蒸馏(0 \sim 100)\text{间隙} = t_0^H - t_{100}^L \tag{3-19}$$

式中　t_0^H——重馏分的初馏点,℃;

t_{100}^L——轻馏分的终馏点,℃。

若 $t_0^H - t_{100}^L$ 为负值，则称为重叠，重叠绝对值越大，说明分离精度越差，计算分离精度时，以恩氏蒸馏坐标纸对柴油、轻蜡油和重蜡油的初馏点进行校正，以校正后柴油、轻蜡油和重蜡油的初馏点分别为 190℃、320℃和 340℃。以校正后的恩氏蒸馏数据计算分离精度。

汽油与柴油分离精度：

$$恩氏蒸馏(0\% \sim 100\%)\text{间隙} = t_0^H - t_{100}^L = 190 - 221 = -31℃$$

柴油与蜡油分离精度：

恩氏蒸馏(0% ~ 100%) 间隙 = $t_0^H - t_{100}^L$ = 320 - 349 =- 29℃

轻蜡油与重蜡油分离精度：

恩氏蒸馏(0% ~ 100%) 间隙 = $t_0^H - t_{100}^L$ = 340 - 540 =- 200℃

计算结果如表 3-16 所示。

表 3-16　分馏塔相近馏分之间的分离精度

油品	分离精度/℃
粗汽油与柴油	-31
柴油与轻蜡油	-29
轻蜡油与重蜡油	-200

1.10　焓值计算

1.10.1　气体的焓值

根据《石油炼制设计数据图表集》[6] P231 中公式(7-1-1)计算纯烃的理想气体焓值，计算公式如式(3-20)所示：

$$h^o = h_o^o + A\left(\frac{T}{100}\right) + 1.8B\left(\frac{T}{100}\right)^2 + 3.24C\left(\frac{T}{100}\right)^3 + 0.3087D\left(\frac{100}{T}\right) + 0.55556E \tag{3-20}$$

式中　h^o——理想气体在 T°K时的焓，kcal/kg；

h_o^o——基准焓值，对于烃类 h_o^o=0kcal/kg(-129℃时饱和液相的焓)；

A、B、C、D、E——模型参数，取值见表 3-17。

在实际应用中，该公式是以-129℃为基准温度的焓，而油品焓值基准温度为-17.8℃。因此，首先计算出某气体在-17.8℃下的焓值，再计算其实际温度下的焓值，实际温度下的焓值与-17.8℃下的焓差即为气体在基准温度为-17.8℃的焓值。

表 3-17　计算纯烃理想气体焓的系数

组分	A	B	C	D	E
CH_4	36.81703	2.00616	-0.0038246	46.13815	74
C_2H_6	14.00854	3.1357	-0.0305121	43.45345	160.8
C_2H_4	15.98819	2.49064	-0.0259352	38.01414	150.6
C_3H_8	8.0382	3.49075	-0.039606	27.5298	166.17
C_3H_6	9.6891	2.91098	-0.0331552	40.47386	164.2
iC_4H_{10}	6.52586	3.59274	-0.0430144	2.02569	155.695
nC_4H_{10}	8.29348	3.46	-0.0402109	30.35096	153.044
tC_4H_8	9.2915	2.98685	-0.0343961	19.090524	168.463
nC_4H_8	8.44931	3.07222	-0.0362195	19.83025	160.435
iC_4H_8	9.42967	3.01596	-0.0351505	-6.19902	170.273
cC_4H_8	5.83875	3.1012	-0.0357789	60.73675	166.56
iC_5H_{12}	6.3752	3.56081	-0.0423158	8.98274	145.71
nC_5H_{12}	8.02314	3.4488	-0.0405672	21.82802	149.209
$>C_5$	7.81747	3.4444	-0.0408828	18.71184	143.979

续表

组分	A	B	C	D	E
CO_2	14.00137	0.67027	-0.0087505	-8.57364	0
CO	23.39643	0.13848	-0.0001641	18.88712	0
O_2	19.75583	0.24852	-0.0027109	18.86205	0
N_2	23.69959	0.09764	0.0005949	15.60296	0
H_2	341.34548	-0.17541	0.023314	-129.56586	0
H_2S	20.84396	0.33672	-0.000941	19.442	0

1.10.2 石油馏分的焓值

方法1 根据《催化裂化工艺计算与技术分析》[7] P182中焓值计算公式，计算油品的液相和气相焓值：

$$H_{液} = 4.1868 \times (0.055 \times K + 0.35) \times \begin{bmatrix} 1.8 \times (0.0004061 - 0.0001521 \times d_4^{20}) \times (t + 17.8)^2 \\ + (0.6783 - 0.3063 \times d_4^{20}) \times (t + 17.8) \end{bmatrix}$$

$$Q_{潜} = \left\{50 + 5.27 \times \left[\frac{140.32 - 130.76 \times d_4^{20}}{0.009 + 0.9944 \times d_4^{20}}\right]^{0.542} - 11.1 \times (K - 11.8)\right\} \times 4.1868$$

$$H_{气} = Q_{潜} + \begin{bmatrix} 0.556 \times (0.045K - 0.233) \times (1.8t + 17.8) \\ + 0.000556 \times (0.22 + 0.00885K) \times (1.8t + 17.8)^2 \\ - 0.0000000283 \times (1.8t + 17.8)^3 \end{bmatrix} \times 4.1868$$

式中 $H_{液}$——液相焓值，kJ/kg；

$q_{潜}$——汽化潜热，kJ/kg；

$H_{气}$——气相焓值，kJ/kg；

K——油品 K 值；

T——油品温度,℃。

方法2 根据《延迟焦化工艺与工程(第二版)》[8]第六章(P563~564)“API的石油馏分纳尔逊焓图”拟合式，已知温度、压力及油品的特性因数和 $API°$ 即可求得石油馏分焓值。

$$Z = \sum_{i=0}^{2} \sum_{j=0}^{2} A_{ij} X^i Y^j (i + j \leq 2) \quad (3-21)$$

X、Y、Z、A_{ij} 值如表3-18所示。

表3-18 纳尔逊焓图拟合式中常数

Z	X	Y	A_{00}	A_{01}	$A_{02}\times10^2$	A_{10}	$A_{11}\times10^2$	$A_{20}\times10^3$
$H_L{}^*$	T	API	3.8192	0.2483	-0.2706	0.3718	0.1972	0.4754
$H_V{}^\#$	T	API	78.1220	0.3927	-0.1654	0.3059	0.0996	0.4630
$H_V{}^=$	T	K_{UOP}	24.2206	-20.5617	158.5700	0.8623	-7.5500	0.0672
G_{V1}	$H_V{}^*$	K_{UOP}	-1557.4370	408.4433	-1906.3200	-4.6660	34.8260	0.1010
G_{V2}	G_{V1}	API	512.0600	-8.6401	-3.0160	-0.2497	1.8720	0.5582
$H_V{}^-$	G_{V2}	P	24.4708	-0.3327	0.0129	-0.1578	0.1762	0.2378

$$H_L = H_L^* \times (0.0533 \times K_{UOP} + 0.3604) \quad (3-22)$$

$$H_v^* = H_v^\# - H_v^= \quad (3-23)$$

$$H_V = H_V^* - H_v^- \tag{3-24}$$

式中 H_V、H_L——液相、气相热焓，kcal/kg；

P——压力(绝)，kgf/cm^2；

T——温度,℃；

K_{UOP}——油品的UOP特性因数。

在Excel中利用VB开发工具对上式进行编程计算。

1.10.3　水蒸气焓值

水蒸气焓值计算公式为：

$$H_{气}^{T}=4.184\times[592.46-2.1693\times P+(0.48+4.6485\times10^{-3}\times P)\times T]$$

式中 $H_{气}^{T}$——水蒸气的焓值，kJ/kg；

P——水蒸气的绝对压力，atm；

T——水蒸气的温度,℃。

1.11　比热容

液相石油馏分的质量定压比热容可以根据《冷换设备工艺计算手册(第二版)》[2] P75中附表1-7所列的公式计算。

$$C_p = 4.1855\times\left\{\begin{matrix}0.6811-0.308\times(0.99417\times d_4^{20}+0.009181)+\\(1.8\times T+32)\times[0.000815-0.000306\times\\(0.99417\times d_4^{20}+0.009181)]\end{matrix}\right\}\times(0.055K_F+0.35)$$

式中 C_p——质量比热容，J/(kg·℃)；

$d^{20}{}_4$——相对密度；

t——温度,℃；

K——特性因数。

也可以根据《石油炼制工程(第四版)》[1] P88中的图3-13(见图3-5)液相石油馏分质量比热容图上查得。

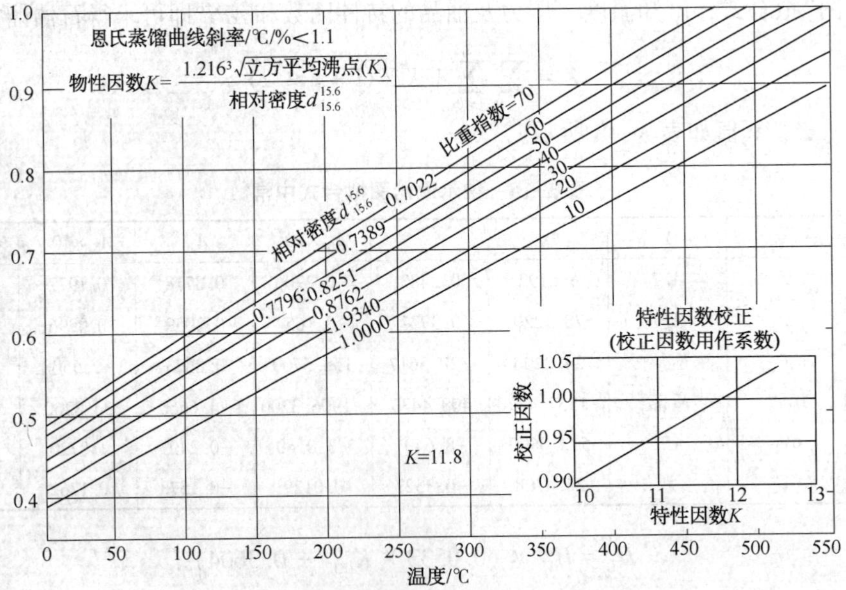

图3-5　液相石油馏分质量比热容图

气相质量比热容

气相石油馏分的质量定压比热容也可以根据《石油炼制工程(第四版)》[1] P88 中图 3-16（见图 3-6）气相石油馏分常压质量比热容图上查得。

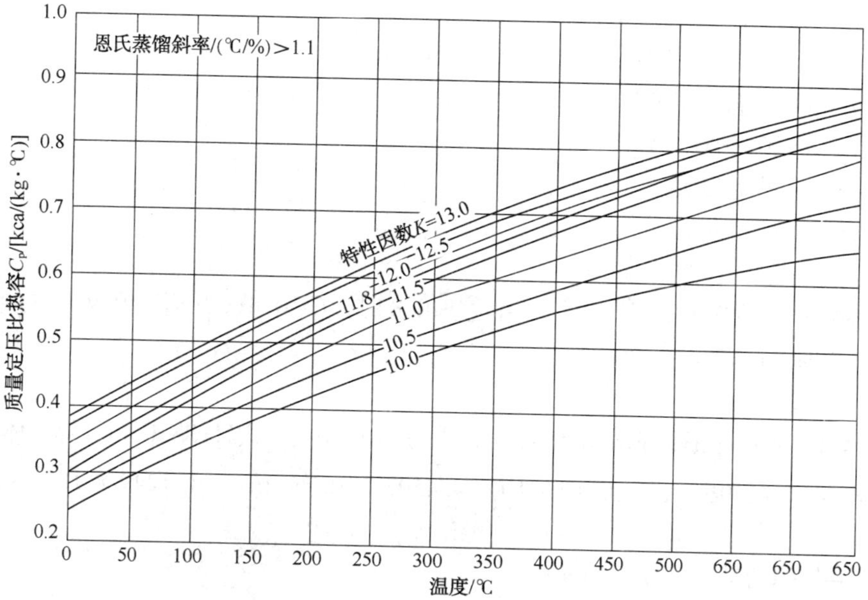

图 3-6　气相石油馏分常压质量比热容图

1.12　导热系数

液体导热系数计算方法：根据《冷换设备工艺计算手册(第二版)》[2] P75 中的附表 1-7 所列公式进行计算。

$$\lambda = (0.0199 - 0.0000656T + 0.098)/(0.99417d_4^{20} + 0.009181) \tag{3-25}$$

式中　λ——导热系数，W/m · ℃；

$d^{20}{}_4$——相对密度；

T——温度，℃。

气体导热系数计算方法：根据《石油化工设计手册(2015 修订版)》[9] 第一卷 P1017 中的公式(7-193)，估算气体导热系数。

$$k = 0.00376 + \frac{0.70595}{M^{1.086497}} + \left(0.102684 + \frac{3.308}{M^{1.7}}\right) \times \frac{T}{1000} \tag{3-26}$$

式中　T——温度，℃；

k——导热系数，W/(m · ℃)；

M——气体平均分子量，kg/kmol。

1.13　黏度的计算

1. 液体黏度

油品不同温度下黏度可根据《石油炼制工程(第四版)》[1] P71 中的经验关联式推导。已知温度下黏度，建立关系式，求得关系式中参数后，再使用求得的参数计算其他温度下的黏度：

$$v = \exp\{\exp[a + b \times \ln(T + 273.15)]\} - C$$

$$a = \ln[\ln(v_1 + C)] - b \times \ln(T_1 + 273.15)$$
$$b = \frac{\ln[\ln(v_1 + C)] - \ln[\ln(v_2 + C)]}{\ln(T_1 + 273.15) - \ln(T_2 + 273.15)} \tag{3-27}$$

式中　v——运动黏度，mm^2/s；

v_1——T_1温度下的油品运动黏度，mm^2/s；

v_2——T_2温度下的油品运动黏度，mm^2/s；

T，T_1，T_2——不同温度，℃；

a——模型参数；

b——模型参数；

C——模型参数。

模型参数 C 取值由油品 d_4^{20} 决定，当 $d_4^{20} \leqslant 0.8$ 时，$C=0.8$；当 $d_4^{20} \geqslant 0.9$ 时，$C=0.6$；当 $0.8< d_4^{20} <0.9$ 时，$C=2.4-2.0\times d_4^{20}$。

2. 气体黏度

根据《API technical data book 10th edition》[3] P11~79 中的公式(11B3.1-1)计算气体黏度：

$$\mu = -0.0092696 + \sqrt{T}(0.0010310 - 4.4507 \times 10^{-5}\sqrt{M}) + 1.1249 \times 10^{-5} \times M \tag{3-28}$$

式中　μ——气体的动力黏度，mPa·s；

T——气体的温度，°R；

M——气体的平均分子量。

石油馏分气体的黏度也可以根据《石油炼制工程(第四版)》[1] P75 中图 3-6 查得(见图 3-7)。

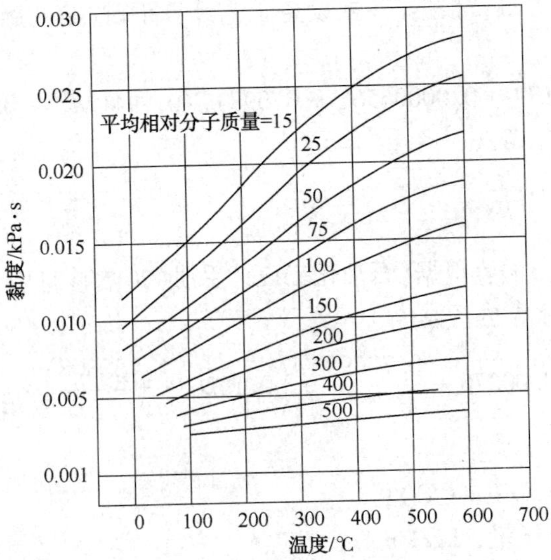

图 3-7　石油馏分蒸气黏度图

2　物料平衡

2.1　粗物料平衡

以装置标定计量数据为基础计算物料平衡，但是，需要对部分计量的仪表进行标定，物料进出流量及计量仪表类型如表3-19所示。

表3-19 装置标定的物料平衡表

项目		计量形式	2019/06/26/6：00	2019/06/27/6：00	标定期间累计值	单位
入方	减压渣油	楔式流量计	9080240	9083176	2936	t
	罐区渣油	检尺			-220	t
	1#催化油浆	孔板流量计	336187	336420	232.7	m^3
	3#催化油浆	楔形流量计	846036	846405	368.9	t
出方	干气	孔板流量计	341508992	341723712	214720	Nm^3
	液态烃	孔板流量计	156632	156726	94.1	t
	稳定汽油	质量流量计	736266	736752	485.5	t
	柴油	质量流量计	1471415	1472129	714.6	t
	轻蜡油	孔板流量计	648902	649702	799.2	t
	重蜡油	孔板流量计	214009	214085	76.4	t
	焦炭	检尺			24.3	m

2.2 气体流量校正

根据《催化裂化工艺计算与技术分析》[4]P156中的公式(5-6)，校正公式为：

$$V_{实}=V_{设}\times\sqrt{\frac{\rho_{设}\times P_{实}\times T_{设}}{\rho_{实}\times P_{设}\times T_{实}}} \tag{3-29}$$

式中 $P_{实}$、$T_{实}$、$\rho_{实}$——实际操作条件下气体绝对压力，kPa，温度，K，标准条件下密度，kg/m^3；

$P_{设}$、$T_{设}$、$\rho_{设}$——设计条件下气体绝对压力，kPa，温度，K，标准条件下密度，kg/m^3；

$V_{设}$、$V_{实}$——校正前后混合气体的标准状态条件下体积流量，Nm^3/h。

干气的组成及分子量计算结果见表3-20。

表3-20 干气的组成及分子量计算结果

组分	体积分数/%	分子量	平均分子量
CH_4	56.55	16.04	9.07
C_2H_6	17.4	30.07	5.23
C_2H_4	2.33	28.05	0.65
C_3H_8	2.84	44.10	1.25
C_3H_6	2.07	42.08	0.87
iC_4H_{10}	0.13	58.12	0.08
nC_4H_{10}	0.56	58.12	0.33
tC_4H_8	0.18	56.11	0.10
nC_4H_8	0.12	56.11	0.07

续表

组分	体积分数/%	分子量	平均分子量
iC_4H_8	0.06	56.11	0.03
cC_4H_8	0.03	56.11	0.02
iC_5H_{12}	0.01	72.15	0.01
nC_5H_{12}	0.02	72.15	0.01
$>C_5$	0.11	86.18	0.09
CO_2	0.35	44.01	0.15
CO	0.26	28.01	0.07
O_2	0.11	32.00	0.04
N_2	1.45	28.01	0.41
H_2	12.22	2.02	0.25
H_2S	3.2	34.08	1.09
合计	100		19.82

根据干气的组成和平均分子量，在标准状况下，干气的密度为：

$$\rho_{干气}=\frac{M}{22.4}=\frac{19.82}{22.4}=0.8849\mathrm{kg/Nm^3}$$

设计数据及实际见表 3-21。

表 3-21　设计数据及实际数据

设计数据			实际数据			校正后流量	
温度/℃	压力/MPa(绝)	标况密度/(kg/Nm³)	温度/℃	压力/MPa(绝)	标况密度/(kg/Nm³)	Nm³/h	t/h
44.3	0.9	0.9224	40.1	1.039	0.8849	9880	8.7

将表 3-21 中的数据代入气体校正公式，可得干气体积流量校正：

$$V_{实}=\sqrt{\frac{\rho_{设}\,P_{实}\,T_{设}}{\rho_{实}\,P_{设}\,T_{实}}}\times V_{设}=\sqrt{\frac{0.9224\times1.039\times(273+44.3)}{0.8849\times0.9\times(273+40.1)}}\times8947=9880\mathrm{Nm^3/h}$$

干气的实际质量流量为：$V_{实}\times\rho_{实}=9880\mathrm{Nm^3/h}\times0.8849/1000=8.7\mathrm{t/h}$

2.3　液体的流量校正

由于液体介质的相对不可压缩性，压力对液体介质的影响不大，故忽略压力对介质密度的影响，仅考虑温度对密度的影响。当被测油品的密度随温度变化时，油品的实际流量和所测的流量的关系为：

$$m_{实}=m_{测}\sqrt{\frac{\rho_{实}}{\rho_{设}}}\qquad(3-30)$$

式中　$m_{测}$——孔板流量计检测的质量流量，kg/h；

$m_{实}$——孔板流量计检测介质的实际质量流量，kg/h；

$\rho_{实}$——在介质温度下的实际密度，kg/m³；

$\rho_{设}$——孔板设计密度，kg/m³。

由于在实际条件下，液态烃为液态，无法根据液态烃的组成计算出实际条件下的密度，因此，利用 Aspen Hysys 软件模拟了该液态烃在压力为 1.9MPa 和温度为 32℃时的密度 523.4kg/m³，液态烃在设计条件和实际条件下的数据如表 3-22 所示。

表 3-22　液态烃设计数据及实际数据

介质	仪表流量/(t/h)	设计数据			实际数据		
		温度/℃	压力/MPa	密度/(kg/m³)	温度/℃	压力/MPa	密度/(kg/m³)
液化气	3.9	40	1.9	514.9	32	1.9	523.4

则根据公式计算液态烃的实际质量流量为：

$$m_{实} = m_{测} \times \sqrt{\frac{\rho_{实}}{\rho_{设}}} = 3.9 \times \sqrt{\frac{523.4}{514.9}} = 4.0\text{t/h}$$

同理，可将装置现有孔板流量计和楔式流量计进行校正，油品在实际温度下的密度采用公式(3-4)：

$$\rho_{T} = T \cdot (1.307 d_4^{20} - 1.817) + 973.86 d_4^{20} + 36.34$$

根据实际密度和设计密度的关系，计算出校正后的流量，结果如表 3-23 所示。

表 3-23　流量计校正计算结果

油品名称	流量计类型	20℃密度/(kg/m³)	实际温度/℃	实际温度下密度/(kg/m³)	设计密度/(kg/m³)	测量流量/(t/h)	校正后流量/(t/h)
减压渣油	楔式流量计	1015.2	230	912.1	932.6	122.3	121.0
1#催化油浆	孔板流量计	1135.8	207	1073.6	862	9.7	10.8
3#催化油浆	楔式流量计	1158.0	206	1101.4	1014.2	15.4	16.0
重蜡油	孔板流量计	1013.9	292	880.1	765.1	3.2	3.4
轻蜡油	孔板流量计	937.8	192	836.0	789.9	33.3	34.3
液态烃	孔板流量计		32	523.4	513.0	3.9	4.0

2.4　加工损失

焦化装置加工损失主要包括分馏塔塔顶回流罐污水中含油，放空污水中含油、放空尾气的损失等。

1. 含硫污水中油品损失

根据装置含硫污水的采样分析和流量等数据，计算含硫污水中油品的损失量。已知在标定期间，共产生 501t 污水，污水中的油含量为 1850mg/L，则污水中的含油量为：501t×1850mg/L=0.9t

2. 放空污水中油品损失

已知在标定期间，放空污水量为 180t，放空污水中的油含量为 16000mg/L，则放空污水中含油量为：180t×16000mg/kg=2.9t

3. 放空尾气中气体损失

根据经验，每次放空尾气量约 2000Nm³，干气密度 0.8849kg/Nm³，共损失 1.8t。气体损失 = 2000Nm³ × 0.8849kg/Nm³ = 1.8t

因此，在24h的标定期间内，焦化装置的加工损失量为0.9+2.9+1.8=5.6t。

2.5 校正后物料平衡

根据以上校准后的物料以及计算出的加工损失的物料，推算出焦炭的产量，并分别计算各自所占的百分数，得出物料平衡表如表3-24所示。

表3-24 流量校准后的物料平衡

项目		校正前流量/(t/h)	校正后流量/(t/h)	比例/%
入方	3#常减压渣油	122.3	121.0	87.26
	罐区渣油	-9.2	-9.2	-6.61
	1#催化油浆	9.7	10.8	7.80
	3#催化油浆	15.4	16.0	11.55
	合计	138.2	138.6	100
出方	干气	7.9	8.7	6.31
	液态烃	3.9	4.0	2.86
	稳定汽油	20.2	20.2	14.59
	柴油	29.8	29.8	21.48
	轻蜡油	33.3	34.3	24.71
	重蜡油	3.2	3.4	2.46
	焦炭		38.0	27.43
	加工损失		0.2	0.17
	合计		138.6	100.00

2.6 水平衡

进装置的水主要有新鲜水、循环水、软化水、除氧水、催化污水、3.5MPa蒸汽等。出装置的水主要有循环水回水、去污水处理厂污水、含硫污水、焦炭带走水分及焦池蒸发水分。

焦化装置水平衡表见表3-25。

表3-25 焦化装置水平衡表

项目		总量读数	流量/(t/h)
入方	循环水	77104	1606
	新鲜水	45	1.0
	软化水	147	3.1
	催化污水	170	3.6
	除氧水	452	9.4
	3.5MPa蒸汽	1164	24.2
出方	循环水回系统	76590	1595.6
	去污水处理厂	485	10.1
	蒸发及损失	180	3.8
	含硫污水	500	10.4
	1.0MPa蒸汽	1112	23.2

在正常生产期间，新鲜水主要用作除焦水回收泵 P1402 的密封冷却水和生活用水，P1402 的密封冷却水直接排进焦池，进入除焦水系统，生活污水进入污水井；循环水主要用作冷却器的冷却介质和机泵轴承冷却水，冷却器内的循环水直接回收进循环水系统，机泵轴承用的冷却水排入污水井；软化水主要用于分馏塔塔底循环油泵的密封冷却水；除氧水主要用于 F303 的炉管注水和蒸汽发生器用水；催化污水主要用于分馏塔塔顶注水和吸收稳定系统注水；3. 5MPa 蒸汽主要用作驱动汽轮机做功，产生的 1. 0MPa 蒸汽进入管网。1. 0MPa 蒸汽主要用于焦炭塔大、小吹汽，产生的凝结水进入含硫污水或冷-除焦水系统；焦炭塔 10m 平台和 17m 平台特阀的密封蒸汽也使用 1. 0MPa 蒸汽，产生的凝结水进入含硫污水系统和冷-除焦水系统。

2.7 预测产品分布

已知混合原料的残炭值为 13. 54%，硫和氮含量分别为 1. 38%和 0. 82%。根据《延迟焦化工艺与工程(第二版)》[8] P447 中 Baid 关联公式预测焦化产品的收率，预测收率与实际收率如表 3-26 所示。

表 3-26 焦化装置产品预测收率与实际收率

产物	经验关联式-Baid	预测收率/%	实际收率/%
H_2S/%	0. 25×S	0. 35	
干气/%	3. 5+0. 1×CCR	4. 85	6. 31
液化气/%	4. 3+0. 044×CCR	4. 90	2. 86
汽油/%	11. 38+0. 335×CCR	15. 92	14. 59
焦炭/%	1. 6×CCR	21. 66	27. 43
瓦斯油/%	100-H_2S-干气-液化气-汽油-焦炭	52. 33	
R 修正前	0. 38+0. 011×CCR-3. 1×10^{-4}×CCR	0. 47	
R 修正系数	校正系数=1. 36+0. 21×ln$R$	1. 20	
R 修正后	R 修正前×R 的修正系数	0. 57	
柴油/%	R×瓦斯油	29. 70	21. 48
蜡油/%	瓦斯油-柴油	22. 62	27. 17

2.8 预测硫、氮分布

已知混合焦化原料的硫、氮含量分别为 1. 38%和 0. 82%，根据《延迟焦化工艺与工程(第二版)》[8] P448 中式(5-3-14)，预测产品 S 和 N 分布，预测的硫分布与实际硫分布如表 3-27 所示，预测的氮分布与实际氮分布如表 3-28 所示。

表 3-27 预测硫分布与实际硫分布

项目	预测收率/%	硫传递系数	预测硫含量/%	预测硫分布/%	实际硫含量/%
原料	100		1. 38	1. 38	
H_2S	0. 35		94. 12	0. 32	
干气	4. 85		0		
液化气	4. 90		0		
焦化汽油	15. 92	0. 14	0. 19	0. 03	0. 43
焦化柴油	29. 70	0. 45	0. 62	0. 18	0. 59
焦化蜡油	22. 62	0. 82	1. 13	0. 26	1. 06
石油焦	21. 66		2. 70	0. 58	1. 76

表 3-28 预测氮分布与实际氮分布

项目	预测收率/%	氮传递系数	预测氮含量/%	预测氮分布/%	实际氮分布/%
原料			0.82	0.82	
焦化汽油	15.92	0.01	0.01	0.001	0.019
焦化柴油	29.70	0.24	0.20	0.06	0.10
焦化蜡油	22.62	0.63	0.52	0.12	未分析
石油焦	21.66		2.97	0.64	未分析

3 分馏塔工艺计算

焦化分馏塔共设三个集油箱：塔顶循环回流集油箱、柴油集油箱、重蜡油集油箱。共设有汽油、柴油、轻蜡油、重蜡油、循环油五个抽出口。两个循环回流：中段循环回流、塔顶循环回流。

3.1 分馏塔物料平衡

根据加热炉总辐射进料量与新鲜进料量的差值，计算循环油回炼量。已知，四路辐射进料量分别为 39.9t/h、40t/h、42t/h 和 41.9t/h，新鲜进料量为 138.69t/h，则循环油回炼量为：

$$39.9+40.0+42.0+41.9-138.6=25.2\mathrm{t/h}$$ 。

进分馏塔的蒸汽主要有加热炉炉管注汽，焦炭塔塔顶底盖机等特阀密封蒸汽，小吹汽，这些蒸汽在分馏塔顶部冷却后，形成液态水进入分馏塔塔顶分液罐，经含硫污水泵送出装置。已知分馏塔塔顶含硫污水量为 10.4t/h，分馏塔塔顶注水量为 0.5t/h，吸收稳定注水量为 4.1t/h，计算出进分馏塔蒸汽流量为：

$$10.4-0.5-4.1=5.9\mathrm{t/h}$$

根据 3.2.5 节中物料平衡表，得到进出分馏塔的物料平衡表如表 3-29 所示，其中，分馏塔急冷油为重蜡油组分，急冷油量根据 3.8 节中焦炭塔热平衡计算为 10.0t/h，分馏塔的物料平衡图如图 3-8 所示。

表 3-29 分馏塔物料平衡

项目		流量/(t/h)	分子量	摩尔流量/(kmol/h)
入方	混合油气	135.6		
	水蒸气	5.9		
	合计	141.5		
出方	干气	8.7	20	441.1
	液态烃	4.0	50	79.6
	稳定汽油	20.2	110	183.5
	柴油	29.8	211	141.1
	轻蜡油	34.3	337	101.6
	重蜡油	3.4	368	9.3
	循环油	25.2	367	68.6
	急冷油(重蜡油)	10.0	368	27.3
	水蒸气	5.9	18	325.3
	合计	141.5		1377.5

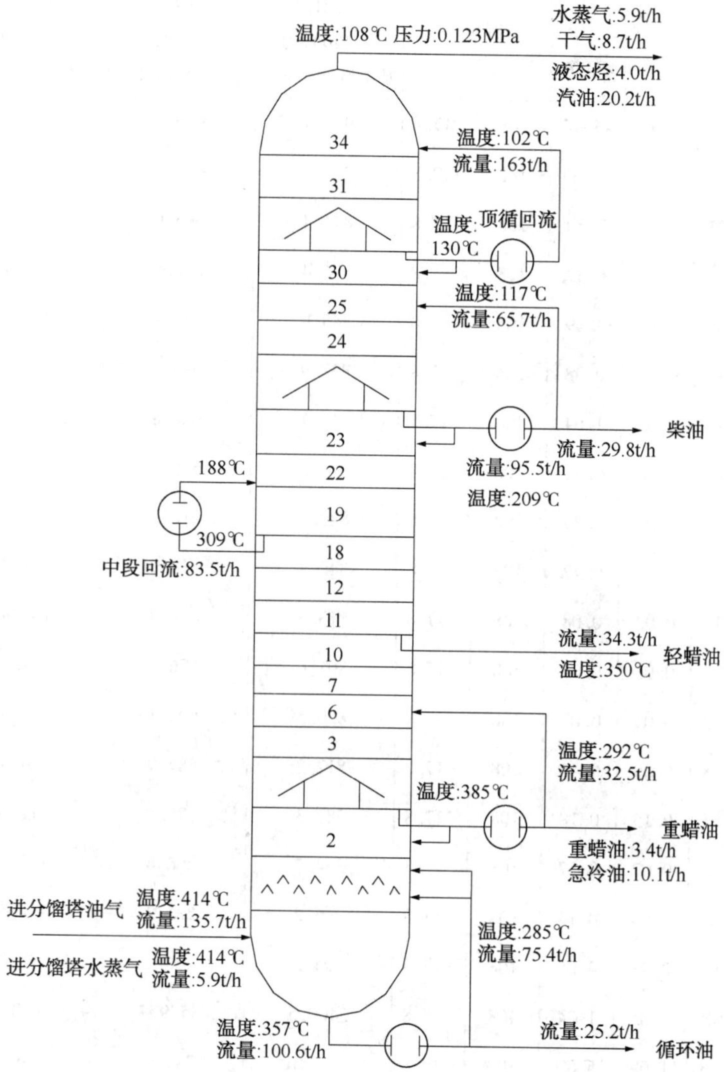

图 3-8　分馏塔物料平衡

3.2　分馏塔热平衡

从分馏塔底部至分馏塔顶部，共设有塔底循环回流、重蜡油 6 层回流、中段回流、柴油 25 层回流、顶循回流和分馏塔塔顶冷回流，目前分馏塔塔顶冷回流未使用。

已知干气的组成(见表 3-30)，根据气体焓值计算公式(3-20) ~公式(3-24)，分别计算出分馏塔内干气、液化气在不同温度下的焓值。在实际应用中，该公式是以-129℃为基准温度的焓，而油品焓值基准温度为-17.8℃。因此，首先计算出干气和液化气在-17.8℃下的焓值，再计算其实际温度下的焓值，实际温度下的焓值与-17.8℃下的焓差即为气体在基准温度为-17.8℃的焓值。

表 3-30 干气焓值计算结果

组分	体积分数/%	分子量	平均分子量	质量分数/%	温度/℃		T℃焓值(-129℃为基准)/(kJ/kg)	-17.8℃焓值(-129℃为基准)/(kJ/kg)	气体焓值(-17.8℃基准)/(kJ/kg)	气体总焓值/(kJ/kg)
CH_4	56.55	16.04	9.07	45.77	108	-17.8	991.9	686.7	305.2	139.7
C_2H_6	17.40	30.07	5.23	26.39	108	-17.8	932.5	692.8	239.7	63.3
C_2H_4	2.33	28.05	0.65	3.30	108	-17.8	871.4	656.9	214.5	7.1
C_3H_8	2.84	44.10	1.25	6.32	108	-17.8	876.4	648.8	227.5	14.4
C_3H_6	2.07	42.08	0.87	4.39	108	-17.8	843.9	641.4	202.5	8.9
iC_4H_{10}	0.13	58.12	0.08	0.38	108	-17.8	827.9	599.7	228.2	0.9
nC_4H_{10}	0.56	58.12	0.33	1.64	108	-17.8	847.1	620.8	226.2	3.7
tC_4H_8	0.18	56.11	0.10	0.51	108	-17.8	847.6	639.7	207.9	1.1
nC_4H_8	0.12	56.11	0.07	0.34	108	-17.8	823.7	616.2	207.5	0.7
iC_4H_8	0.06	56.11	0.03	0.17	108	-17.8	848.1	633.9	214.2	0.4
cC_4H_8	0.03	56.11	0.02	0.08	108	-17.8	813.7	624.8	188.9	0.2
iC_5H_{12}	0.01	72.15	0.01	0.04	108	-17.8	801.6	576.9	224.7	0.1
nC_5H_{12}	0.02	72.15	0.01	0.07	108	-17.8	829.5	604.1	225.4	0.2
$>C_5$	0.11	86.18	0.09	0.48	108	-17.8	812.2	587.9	224.4	1.1
CO_2	0.35	44.01	0.15	0.78	108	-17.8	287.3	176.3	111.0	0.9
CO	0.26	28.01	0.07	0.37	108	-17.8	394.7	266.4	128.3	0.5
O_2	0.11	32.00	0.04	0.18	108	-17.8	346.8	232.3	114.5	0.2
N_2	1.45	28.01	0.41	2.05	108	-17.8	394.6	266.2	128.4	2.6
H_2	12.22	2.02	0.25	1.24	108	-17.8	5400.5	3579.7	1820.8	22.6
H_2S	3.20	34.08	1.09	5.50	108	-17.8	375.3	249.0	126.3	7.0
合计	100.00		19.82	100.00						275

表 3-30 列出了干气在 108℃时的焓值计算结果为 275kJ/kg。同理，根据液化气的组成计算出液化气在 108℃时的焓值为 221kJ/kg。表 3-31 列出了在不同温度下，干气和液化气的焓值。

表 3-31 不同温度条件下干气和液化气的焓值

温度	℃	440	414	395	356	314	262	160	108
干气焓值	kJ/kg	1234	1149	1086	962	833	679	405	275
液态烃焓值	kJ/kg	1090	1010	951	836	717	577	333	221

已知各回流的抽出和返回温度、回流流量、各回流介质的密度和 K 值，根据 3.1.10.2 节中焓值计算方法 1，分别计算各回流介质的抽出温度下的液相焓值和返回温度下的液相焓

值，下面以柴油为例，已知柴油的相对密度为0.8567，K值为11.6，抽出温度和返塔温度分别为209℃和117℃。

$$H_1^{209} = 4.1868 \times (0.055 \times 11.6 + 0.35) \times \left[\begin{array}{l} 1.8 \times (0.0004061 - 0.0001521 \times 0.8567) \\ \times (209 + 17.8)^2 + (0.6783 - 0.3063 \\ \times 0.8567) \times (209 + 17.8) \end{array} \right]$$

$$= 494\text{kJ/kg}$$

$$H_2^{117} = 4.1868 \times (0.055 \times 11.6 + 0.35) \times \left[\begin{array}{l} 1.8 \times (0.0004061 - 0.0001521 \times 0.8567) \\ \times (117 + 17.8)^2 + (0.6783 \\ - 0.3063 \times 0.8567) \times (117 + 17.8) \end{array} \right]$$

$$= 268\text{kJ/kg}$$

柴油取热负荷为：

$$Q = m \times (H_1^{209} - H_2^{117}) = \frac{65.7 \times 10^3 \times (494 - 268)}{3600} = 4122\text{kW}$$

同理，可计算出其他油品的焓值和换热负荷，具体结果如表3-32所示。

表3-32 分馏塔循环回流取热负荷

项目	返塔流量/(t/h)	相对密度 d_4^{20}	K值	抽出温度/℃	返塔温度/℃	抽出液相焓值/(kJ/kg)	返塔液相焓值/(kJ/kg)	热负荷/kW	比例/%
顶循油	163.0	0.7971	11.7	130	102	313	247	2955	14.10
柴油	65.7	0.8567	11.6	209	117	494	268	4122	19.66
中段	83.5	0.8929	11.5	309	188	759	429	7665	36.56
重蜡油	32.5	1.0139	10.7	385	292	874	620	2289	10.92
循环油	75.4	1.0375	10.5	357	285	771	583	3932	18.76
合计	420.2							20964	100.00

进入分馏塔的物流全部为气相，包括：水蒸气、干气、液化气、汽油、柴油、轻蜡油、重蜡油(重蜡油出装置量+急冷油量)、循环油(循环比)；出分馏塔的气相物料包括：水蒸气、干气、液化气、汽油，液相物流包括：柴油、轻蜡油、重蜡油(重蜡油出装置量+急冷油量)、循环油(循环比)。

根据3.1.10节中焓值计算公式，以柴油为例，计算414℃时的气相焓值。

$$Q_{潜} = \left\{ \begin{array}{l} 50 + 5.27 \times \left[\dfrac{140.32 - 130.76 \times 0.8567}{0.009 + 0.9944 \times 0.8567} \right]^{0.542} \\ - 11.1 \times (11.6 - 11.8) \end{array} \right\} \times 4.1868 = 367\text{kJ/kg}$$

$$H_{气} = 367 + \left[\begin{array}{l} 0.556 \times (0.045 \times 11.6 - 0.233) \times (1.8 \times 414 + 17.8) \\ + 0.000556 \times (0.22 + 0.00885 \times 11.6) \times (1.8 \times 414 + 17.8)^2 \\ - 0.0000000283 \times (1.8 \times 414 + 17.8)^3 \end{array} \right] \times 4.1868$$

$$= 1261\text{kJ/kg}$$

同理，可计算出其他物流在分馏塔进料温度和出料温度条件下的焓值，然后再根据分馏塔物料平衡数据，计算得到分馏塔的热量平衡，结果如表3-33所示。

表 3-33　分馏塔热量平衡

介质		流量/(t/h)	d_4^{20}	K	温度/℃	焓值/(kJ/kg) $Q_{潜}$	气相	液相	热量/kW
进料	干气	8.7			414		1149		2790
	液态烃	3.9			414		1010		1100
	稳定汽油	20.2	0.7378	12.0	414	403	1335		7502
	柴油	29.8	0.8567	11.6	414	367	1261		10433
	轻蜡油	34.3	0.9378	11.4	414	338	1214		11551
	重蜡油	13.5	1.0139	10.7	414	325	1144		4276
	循环油	25.2	1.0375	10.5	414	318	1118		7819
	水蒸气	5.9			414		3308		5380
	合计	141.4							50851
出料	干气	8.7			108		274		666
	液态烃	3.9			108		221		241
	稳定汽油	20.2	0.7378	12.0	108	403	586		3293
	柴油	29.8	0.8567	11.6	209	367		494	4084
	轻蜡油	34.3	0.9378	11.4	350	338		848	8070
	重蜡油	13.5	1.0139	10.7	385	325		874	3265
	循环油	25.2	1.0375	10.5	357	318		771	5393
	水蒸气	5.9			108		2680		4358
	合计	141.4							29369

由表 3-32 和表 3-33 可知，分馏塔进料热量为 50851kW，出料热量为 29369kW，循环回流取热量为 20964kW，散热损失为 50851-29369-20964=518kW，所占比例为 1.0%。

3.3　分馏塔塔顶露点温度

已知分馏塔塔顶表压力为 0.123MPa，出分馏塔塔顶水蒸气、干气、液化气和汽油的摩尔流量，计算分馏塔塔顶水蒸气的分压，计算结果如表 3-34 所示。

表 3-34　分馏塔塔顶露点温度计算

介质	流量/(t/h)	分子量/(kg/kmol)	摩尔流量/(kmol/h)
干气	8.7	19.8	441.1
液化气	4.0	49.7	79.6
粗汽油	20.2	110.2	183.5
水	5.9	18.0	325.3
塔顶表压	0.123	MPa	
水蒸气的分压	0.071	MPa	
分压下饱和温度	90.3	℃	安托因公式
塔顶温度	107.7	℃	

分馏塔塔顶水蒸气的分压为：

$$P = (0.123 + 0.1013) \times \frac{325.3}{441.1 + 79.6 + 183.5 + 325.3} = 0.071\text{MPa}$$

再根据安托因公式，计算该压力下水蒸气的饱和温度。

$$\lg(P^0) = A - \frac{B}{T + C} \tag{3-31}$$

$$T = \frac{B}{A - \lg(P^0)} - C$$

其中，A、B、C-常数，$A=7.07406$，$B=1657.46$，$C=227.02$；将上述系数代入上式中计算得到分馏塔塔顶水蒸气的饱和温度为90.3℃。已知分馏塔顶的操作温度为108℃，远高于水蒸气的露点温度，因此，不存在露点腐蚀问题。

3.4 分馏塔内回流

已知分馏塔塔顶和塔底压力，分馏塔塔底、各抽出侧线塔盘和塔底的温度，采用内插法计算出分馏塔不同塔盘的压力分布和温度分布，其中，已知塔顶和第34层塔盘压力为0.123MPa(表)、分馏塔塔底第1层塔盘压力为0.185MPa(表)，平均内插求得各层塔盘压力；对于温度内插法，将蒸馏塔划分为6段，利用已知各段的温度和塔盘数，通过内插计算得到不同分馏塔塔盘的温度，计算结果如表3-35所示。

表3-35 分馏塔压力和温度分布

	位置	表压/MPa	绝压/kPa	温度/℃
第一段温度	34	0.123	224	108
	33	0.125	226	115
	32	0.127	228	122
	31	0.129	230	130
第二段温度	30	0.131	232	160
	29	0.132	234	168
	28	0.134	236	176
	27	0.136	237	185
	26	0.138	239	193
	25	0.140	241	201
	24	0.142	243	209
第三段温度	23	0.144	245	262
	22	0.146	247	273
	21	0.147	249	285
	20	0.149	251	297
	19	0.151	253	309
第四段温度	18	0.153	254	314
	17	0.155	256	319
	16	0.157	258	324
	15	0.159	260	329
	14	0.161	262	334
	13	0.163	264	340
	12	0.164	266	345
	11	0.166	268	350

续表

	位置	表压/MPa	绝压/kPa	温度/℃
第五段温度	10	0.168	269	356
	9	0.170	271	360
	8	0.172	273	364
	7	0.174	275	368
	6	0.176	277	373
	5	0.178	279	377
	4	0.179	281	381
	3	0.181	283	385
第六段温度	2	0.183	285	395
	1	0.185	286	405
	塔底	0.185	286	357

选取分馏塔的第2层塔盘、第6层塔盘、第10层塔盘、第18层塔盘、第22层塔盘、第23层塔盘、第25层塔盘和30层塔盘进行内回流计算。

3.4.1　第2层塔盘内回流计算

自分馏塔塔底至分馏塔蜡油箱之间做热平衡，如图3-9所示。

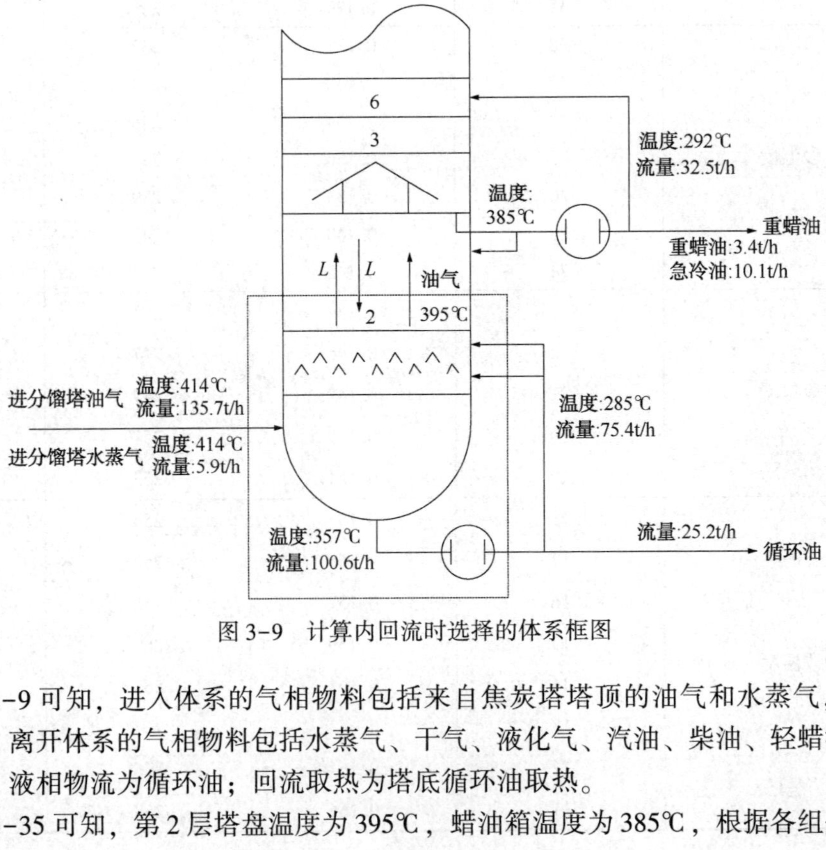

图3-9　计算内回流时选择的体系框图

由图3-9可知，进入体系的气相物料包括来自焦炭塔塔顶的油气和水蒸气，液相物流为内回流；离开体系的气相物料包括水蒸气、干气、液化气、汽油、柴油、轻蜡油、重蜡油和内回流，液相物流为循环油；回流取热为塔底循环油取热。

由表3-35可知，第2层塔盘温度为395℃，蜡油箱温度为385℃，根据各组分的物性和流量，计算各组分在不同温度下的焓值和热量。假设离开第 2 层塔盘的气相内回流与第三层塔盘上的液相内回流性质相同，计算结果如表 3-36 所示。

表 3-36　第 2 层塔盘内回流计算

项目	介质	流量/(t/h)	相对密度	*K*	温度/℃	焓值/(kJ/kg)			热量/kW
						汽化潜热	气相	液相	
进料	干气	8.7			414		1149		2790
	液态烃	3.9			414		1010		1100
	稳定汽油	20.2	0.7378	12.0	414	403	1335		7502
	柴油	29.8	0.8567	11.6	414	367	1261		10433
	轻蜡油	34.3	0.9378	11.4	414	338	1214		11551
	重蜡油	13.5	1.0139	10.7	414	325	1144		4276
	循环油	25.2	1.0375	10.5	414	318	1118		7819
	H_2O	5.9			414		3308		5380
	内回流	L3	1.0139	10.7	385			874	874*L*
	合计	141.4							50851+874*L*
出料	干气	8.7			395		1086		2638
	液态烃	3.9			395		951		1037
	稳定汽油	20.2	0.7378	12.0	395	403	1278		7184
	柴油	29.8	0.8567	11.6	395	367	1207		9980
	轻蜡油	34.3	0.9378	11.4	395	338	1160		11039
	重蜡油	13.5	1.0139	10.7	395	325	1093		4085
	循环油	25.2	1.0375	10.5	357			771	5393
	H_2O	5.9			395		3268		5315
	内回流	V_2	1.0139	10.7	395	325	1093		1093*L*
	合计	141.4							46671+1093*L*
回流取热	循环油								3932
	合计								3932

进料热负荷=出料热负荷+回流取热量，因此，根据表 3-36 中的数据，计算得到第 2 层塔盘的气相内回流量为：

$$V_2=L_3=\frac{50851-46671-3932}{1093-874}\times\frac{3600}{1000}=4.1\mathrm{t/h}$$

蜡油抽出设有集油箱，实际集油箱下箱返塔流量为 0，计算出的返塔流量为 4.1t/h，计算数据与实际数据偏差较小。

3.4.2　第 7 层塔盘内回流计算

自分馏塔塔底至第 6 层塔盘上方之间做热平衡，结果如图 3-10 所示。

由图 3-10 可知，进入体系的气相物料包括来自焦炭塔塔顶的油气和水蒸气，液相物流为内回流；离开体系的气相物料包括水蒸气、干气、液化气、汽油、柴油、轻蜡油和内回流，液相物流为循环油、重蜡油；回流取热为塔底循环油和重蜡油取热。

已知第 7 层塔盘温度为 368℃，由表 3-35 可知，第 6 层塔盘的轻蜡油温度为 373℃，根据各组分的物性和流量，计算各组分在不同温度下的焓值和热量。假设进入第 7 层塔盘的气相内回流与第 7 层塔盘上的液相内回流性质相同，计算结果如表 3-37 所示。

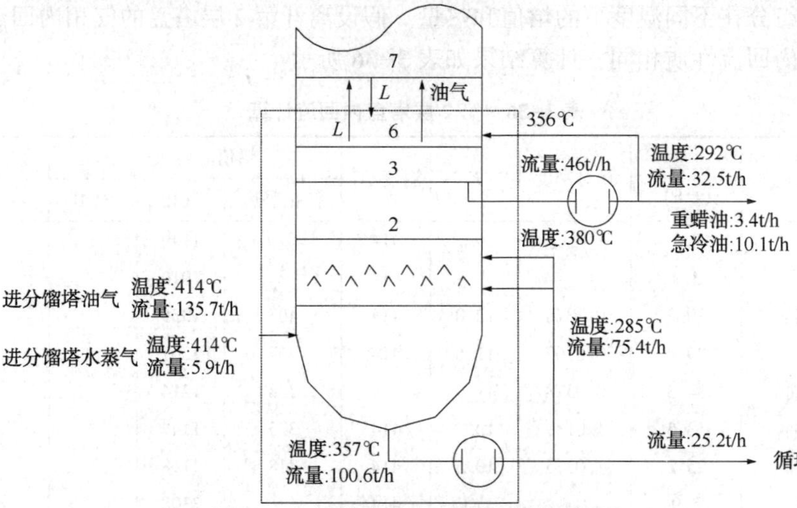

图 3-10　计算内回流时选择的体系框图

表 3-37　第 7 层塔盘内回流计算

项目	介质	流量/(t/h)	相对密度	K	温度/℃	焓值/(kJ/kg)			热量/kW
						汽化潜热	气相	液相	
进料	干气	8.7			414		1149		2790
	液态烃	3.9			414		1010		1100
	稳定汽油	20.2	0.7378	12.0	414	403	1335		7502
	柴油	29.8	0.8567	11.6	414	367	1261		10433
	轻蜡油	34.3	0.9378	11.4	414	338	1214		11551
	重蜡油	13.5	1.0139	10.7	414	325	1144		4276
	循环油	25.2	1.0375	10.5	414	318	1118		7819
	H_2O	5.9			414		3308		5380
	内回流	L_7	0.9854	11.0	368			855	$855L$
	合计	141.4							$50851+855L$
出料	干气	8.7			373		992		2410
	液态烃	3.9			373		864		941
	稳定汽油	20.2	0.7378	12.0	373	403	1214		6820
	柴油	29.8	0.8567	11.6	373	367	1144		9464
	轻蜡油	34.3	0.9378	11.4	373	338	1099		10455
	重蜡油	13.5	1.0139	10.7	385			874	3265
	循环油	25.2	1.0375	10.5	357			771	5393
	H_2O	5.9			373		3220		5238
	内回流	V_6	0.9854	11.0	373	331	1060		$1060L$
	合计	141.4							$43986+1060L$
回流取热	重蜡油								2289
	循环油								3932
	合计								6221

进料热负荷=出料热负荷+回流取热量，根据表 3-37 中的数据，计算得到第 7 层塔盘的内回流量为：

$$L_7 = V_6 = \frac{50851 - 43986 - 6221}{1060 - 855} \times \frac{3600}{1000} = 11.3\text{t/h}$$

3.4.3 第11层塔盘内回流计算

从分馏塔塔底至第11层塔盘下方进行热量平衡计算见图3-11。

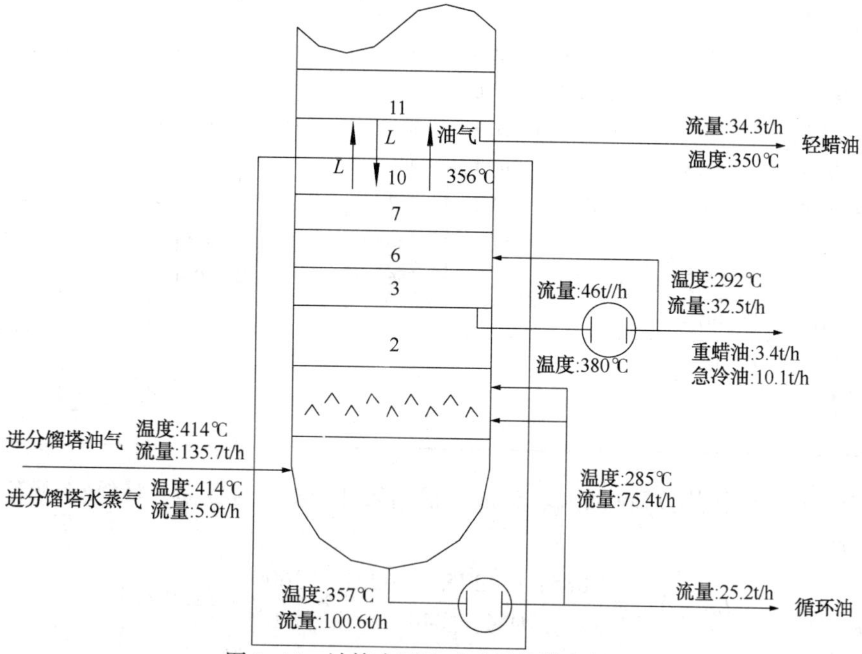

图3-11 计算内回流时选择的体系框图

由图3-11可知，进入体系的气相物料包括来自焦炭塔塔顶的油气和水蒸气，液相物流为内回流；离开体系的气相物料包括水蒸气、干气、液化气、汽油、柴油、轻蜡油和内回流，液相物流为循环油、重蜡油；回流取热为塔底循环油和重蜡油取热。

由表3-35可知，第10层塔盘温度为356℃，第11层塔盘流下的内回流温度为350℃，根据各组分的物性和流量，计算各组分在不同温度下的焓值和热量。假设进入第11层塔盘的气相内回流与第11层塔盘上的液相内回流性质相同，计算结果如表3-38所示。

表3-38 第11层塔盘内回流计算

项目	介质	流量/(t/h)	相对密度	K	温度/℃	焓值/(kJ/kg) 汽化潜热	气相	液相	热量/kW
进料	干气	8.7			414		1149		2790
	液态烃	3.9			414		1010		1100
	稳定汽油	20.2	0.7378	12.0	414	403	1335		7502
	柴油	29.8	0.8567	11.6	414	367	1261		10433
	轻蜡油	34.3	0.9378	11.4	414	338	1214		11551
	重蜡油	13.5	1.0139	10.7	414	325	1144		4276
	循环油	25.2	1.0375	10.5	414	318	1118		7819
	H_2O	5.9			414		3308		5380
	内回流	L_{11}	0.9378	11.4	350			848	848L
	合计	141.4							50851+848L

续表

项目	介质	流量/(t/h)	相对密度	K	温度/℃	焓值/(kJ/kg)			热量/kW
						汽化潜热	气相	液相	
出料	干气	8.7			356		962		2337
	液态烃	3.9			356		836		911
	稳定汽油	20.2	0.7378	12.0	356	403	1166		6552
	柴油	29.8	0.8567	11.6	356	367	1098		9084
	轻蜡油	34.3	0.9378	11.4	356	338	1054		10026
	重蜡油	13.5	1.0139	10.7	385			874	3265
	循环油	25.2	1.0375	10.5	357			771	5393
	H_2O	5.9			356		3188		5185
	内回流	V_{10}	0.9378	11.4	356	338	1054		$1054L$
	合计	141.4							$42753+1054L$
取热量	重蜡油								2289
	循环油								3932
	合计								6221

进料热负荷=出料热负荷+回流取热量，根据表3-38中的数据，计算得到第11层塔盘的内回流量为：

$$L_{11} = V_{10} = \frac{50851 - 42753 - 6221}{1054 - 848} \times \frac{3600}{1000} = 32.9\text{t/h}$$

3.4.4 第12层塔盘内回流计算

从分馏塔塔底至第11层塔盘下方进行热量平衡计算如图3-12所示。

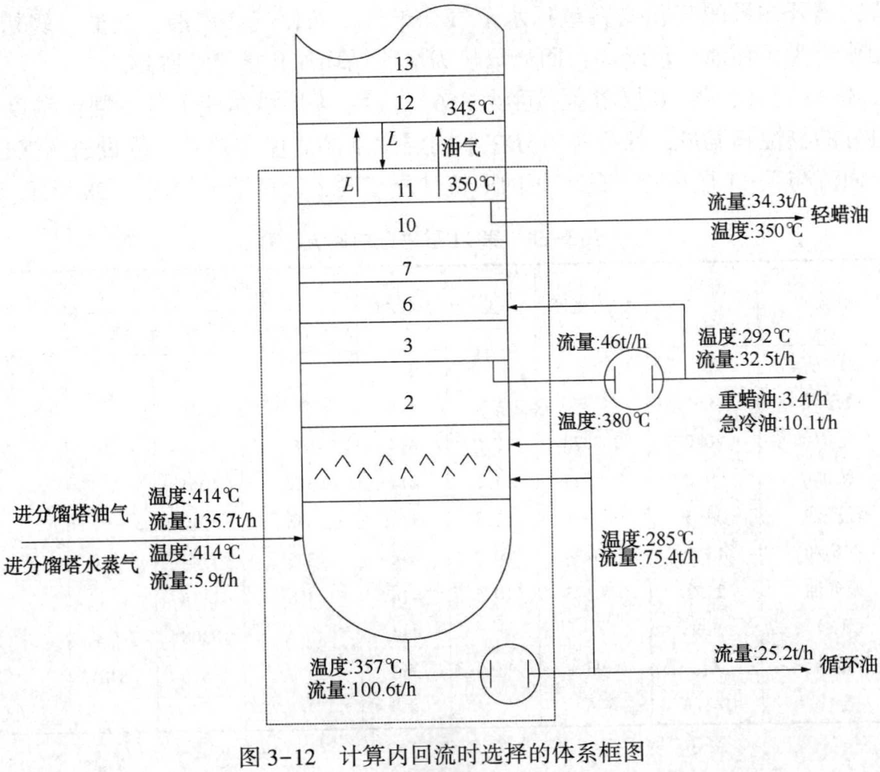

图3-12 计算内回流时选择的体系框图

由图 3-12 可知，进入体系的气相物料包括来自焦炭塔塔顶的油气和水蒸气，液相物流为内回流；离开体系的气相物料包括水蒸气、干气、液化气、汽油、柴油和内回流，液相物流为循环油、重蜡油和轻蜡油；回流取热为塔底循环油和重蜡油取热。

由表 3-35 可知，第 11 层塔盘温度为 350℃，第 12 层塔盘流下的内回流温度为 345℃，根据各组分的物性和流量，计算各组分在不同温度下的焓值和热量。假设进入第 12 层塔盘的气相内回流与第 12 层塔盘上的液相内回流性质相同，计算结果如表 3-39 所示。

表 3-39　第 11 层塔盘内回流计算

项目	介质	流量/(t/h)	相对密度	K	温度/℃	焓值/(kJ/kg)			热量/kW
						汽化潜热	气相	液相	
进料	干气	8.7			414		1149		2790
	液态烃	3.9			414		1010		1100
	稳定汽油	20.2	0.7378	12.0	414	403	1335		7502
	柴油	29.8	0.8567	11.6	414	367	1261		10433
	轻蜡油	34.3	0.9378	11.4	414	338	1214		11551
	重蜡油	13.5	1.0139	10.7	414	325	1144		4276
	循环油	25.2	1.0375	10.5	414	318	1118		7819
	H_2O	5.9			414		3308		5380
	内回流	L_{12}	0.9378	11.4	345			833	833L
	合计	141.4							50851+833L
出料	干气	8.7			350		944		2293
	液态烃	3.9			350		819		892
	稳定汽油	20.2	0.7378	12.0	350	403	1149		6459
	柴油	29.8	0.8567	11.6	350	367	1082		8950
	轻蜡油	34.3	0.9378	11.4	350			848	8070
	重蜡油	13.5	1.0139	10.7	385			874	3265
	循环油	25.2	1.0375	10.5	357			771	5393
	H_2O	5.9			350		3179		5171
	内回流	V_{11}	0.9378	11.4	350	338	1038		1038L
	合计	141.4							40493+1038L
取热量	重蜡油								2289
	循环油								3933
	合计								6221

进料热负荷=出料热负荷+回流取热量，根据表 3-39 中的数据，计算得到第 12 层塔盘的内回流量为：

$$L_{12} = V_{11} = \frac{50851 - 40493 - 6221}{1038 - 833} \times \frac{3600}{1000} = 72.6\text{t/h}$$

第 12 层塔盘的气相包括水蒸气、干气、液化气、汽油、柴油和内回流，具体的数据如

表 3-40 所示。

表 3-40　第 12 层塔盘气相负荷计算

物料	质量流量/(t/h)	分子量/(g/mol)	摩尔流量/(kmol/h)
内回流	72.6	337.2	215
水蒸气	5.9	18.0	325
干气	8.7	19.8	441
液化气	3.9	49.7	79
汽油	20.2	110.2	184
柴油	29.8	211.0	141
合计	141.1		1385

第 12 层塔盘的绝压为 266kPa，根据内回流量的摩尔分数，计算内回流的油气分压为：

$$P_{内} = P_{11} \times \frac{N_{内}}{N_{干气} + N_{液化气} + N_{汽油} + N_{柴油} + N_{水蒸气} + N_{内}}$$

$$= 266 \times \frac{215}{215 + 325 + 441 + 79 + 184 + 141} = 41\text{kPa} = 310\text{mmHg} \qquad (3-32)$$

已知，轻蜡油常压平衡汽化曲线 0%点温度为 382℃(见表 3-15)，50%点温度为 435℃，差值为 53℃。根据轻蜡油常压平衡汽化曲线 50%点温度，利用图 3-13，查得 310mmHg 条件下，50%点温度为 390℃。

按照常压、减压各段温度相等的假设，计算得到轻蜡油的泡点温度为 390℃ - 53℃ = 337℃。与实际蜡油抽出温度 350℃相差 13℃。

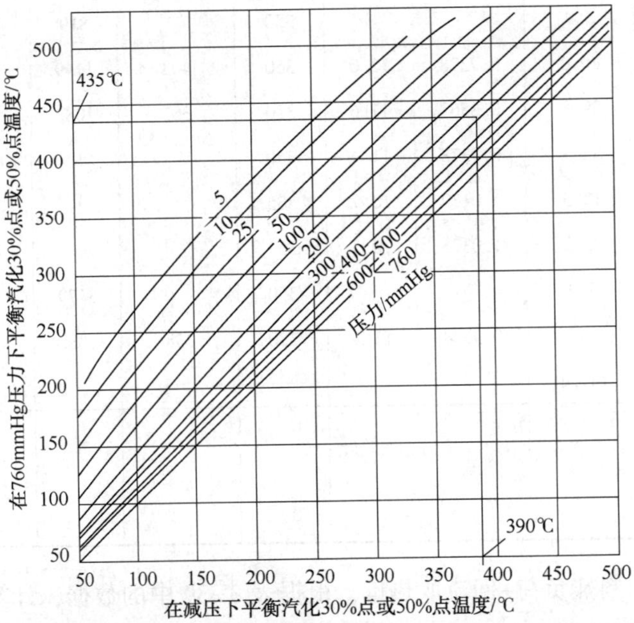

图 3-13　常压与减压平衡汽化 50%点或 30%点的温度换算图

3.4.5　第 19 层塔盘内回流计算

从分馏塔塔底至第 18 层塔盘上部进行热量平衡计算见图 3-14。

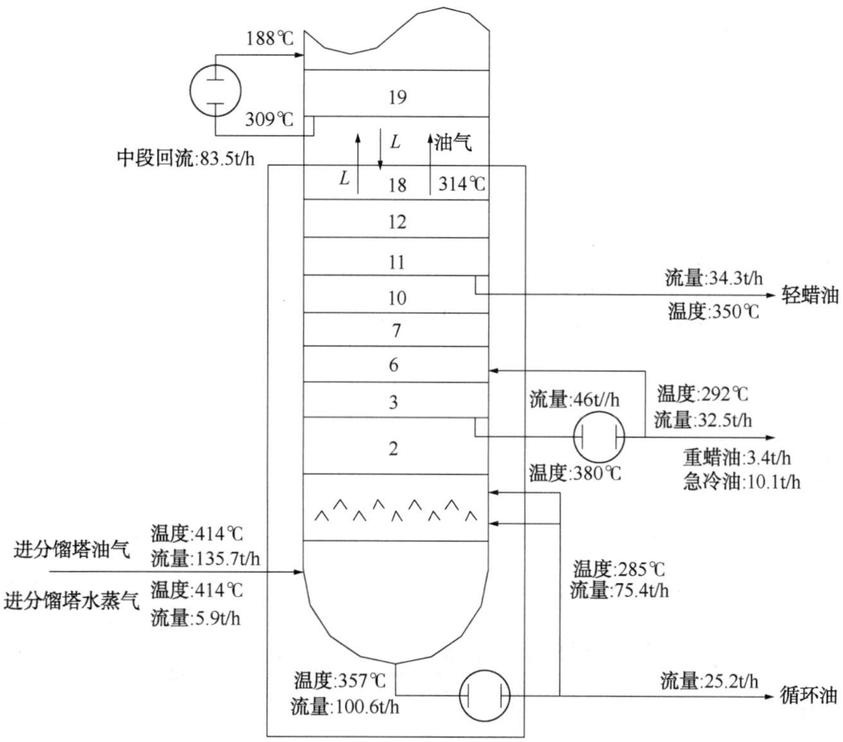

图 3-14 计算内回流时选择的体系框图

由图 3-14 可知，进入体系的气相物料包括来自焦炭塔塔顶的油气和水蒸气，液相物流为内回流；离开体系的气相物料包括水蒸气、干气、液化气、汽油、柴油和内回流，液相物流为循环油、重蜡油、轻蜡油；回流取热包括塔底循环油和重蜡油取热。

已知第 18 盘温度为 314℃，第 19 层塔盘温度为 309℃，根据各组分的物性和流量，计算各组分在不同温度下的焓值和热量。假设进入第 19 层塔盘的气相内回流与第 19 层塔盘上的液相内回流性质相同，计算结果如表 3-41 所示。

表 3-41 第 19 层塔盘内回流计算

项目	介质	流量/(t/h)	相对密度	K	温度/℃	焓值/(kJ/kg)			热量/kW
						汽化潜热	气相	液相	
进料	干气	8.7			414		1149		2790
	液态烃	3.9			414		1010		1100
	稳定汽油	20.2	0.7378	12.0	414	403	1335		7502
	柴油	29.8	0.8567	11.6	414	367	1261		10433
	轻蜡油	34.3	0.9378	11.4	414	338	1214		11551
	重蜡油	13.5	1.0139	10.7	414	325	1144		4276
	循环油	25.2	1.0375	10.5	414	318	1118		7819
	H_2O	5.9			414		3308		5380
	内回流	L_{19}	0.8929	11.5	309			759	$759L$
	合计	141.4							$50851+759L$

续表

项目	介质	流量/(t/h)	相对密度	K	温度/℃	焓值/(kJ/kg)			热量/kW
						汽化潜热	气相	液相	
出料	干气	8.7			314		833		2024
	液态烃	3.9			314		717		781
	稳定汽油	20.2	0.7378	12.0	314	403	1052		5911
	柴油	29.8	0.8567	11.6	314	367	988		8173
	轻蜡油	34.3	0.9378	11.4	350			848	8070
	重蜡油	13.5	1.0139	10.7	385			874	3265
	循环油	25.2	1.0375	10.5	357			771	5393
	H_2O	5.9			314		3102		5045
	内回流	V_{18}	0.8929	11.5	314	353	970		$970L$
	合计	141.4							$38662+970L$
取热量	重蜡油								2289
	循环油								3932
	合计								6221

进料热负荷=出料热负荷+回流取热量，因此，根据表3-41中的数据，计算得到第19层塔盘的内回流量为：

$$L_{19} = V_{18} = \frac{50851 - 38662 - 6221}{970 - 759} \times \frac{3600}{1000} = 102\text{t/h}$$

3.4.6 第23层塔盘内回流计算

从分馏塔塔底至第22层塔盘上方进行热量平衡计算见图3-15。

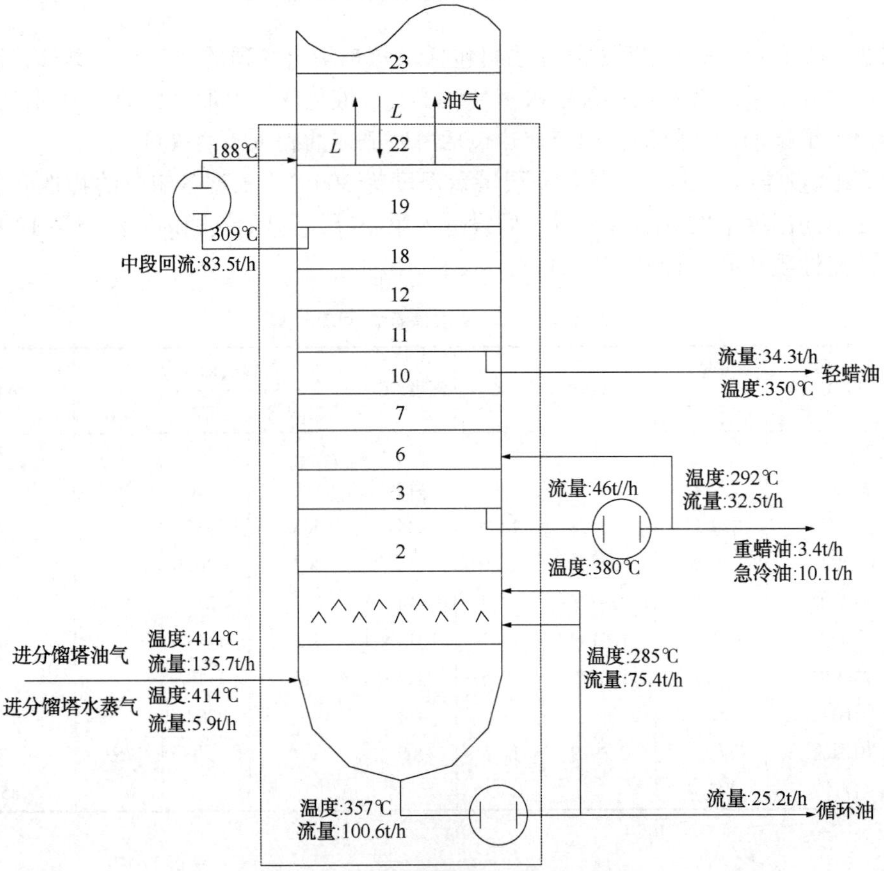

图3-15 计算内回流时选择的体系框图

由图 3-15 知，进入体系的气相物料包括来自焦炭塔塔顶的油气和水蒸气，液相物流为内回流；离开体系的气相物料包括水蒸气、干气、液化气、汽油、柴油和内回流，液相物流为循环油、重蜡油、轻蜡油；回流取热包括塔底循环油、重蜡油取热和中段回流取热。

已知第 22 塔盘的温度为 273℃，第 23 层塔盘的温度为 262℃，根据各组分的物性和流量，计算各组分在不同温度下的焓值和热量。假设进入第 23 层塔盘的气相内回流与第 23 层塔盘上的液相内回流性质相同，计算结果如表 3-42 所示。

表 3-42　第 23 层塔盘内回流计算

项目	介质	流量/(t/h)	相对密度	K	温度/℃	焓值/(kJ/kg)			热量/kW
						汽化潜热	气相	液相	
进料	干气	8.7			414		1149		2790
	液态烃	3.9			414		1010		1100
	稳定汽油	20.2	0.7378	12.0	414	403	1335		7502
	柴油	29.8	0.8567	11.6	414	367	1261		10433
	轻蜡油	34.3	0.9378	11.4	414	338	1214		11551
	重蜡油	13.5	1.0139	10.7	414	325	1144		4276
	循环油	25.2	1.0375	10.5	414	318	1118		7819
	H_2O	5.9			414		3308		5380
	内回流	L_{23}	0.8712	11.5	262			632	$632L$
	合计	141.4							$50851+632L$
出料	干气	8.7			273		644		1564
	液态烃	3.9			273		544		593
	稳定汽油	20.2	0.7378	12.0	273	403	947		5323
	柴油	29.8	0.8567	11.6	273	367	887		7339
	轻蜡油	34.3	0.9378	11.4	350			848	8070
	重蜡油	13.5	1.0139	10.7	385			874	3265
	循环油	25.2	1.0375	10.5	357			771	5393
	H_2O	5.9			273		3015		4904
	内回流	V_{22}	0.8712	11.5	273	361	880		$880L$
	合计	141.4							$36450+880L$
取热量	中段油								7665
	重蜡油								2289
	循环油								3932
	合计								13886

进料热负荷=出料热负荷+回流取热量，因此，根据表 3-42 中的数据，计算得到第 23 层塔盘的内回流量为：

$$L_{23} = V_{22} = \frac{50851 - 36450 - 13886}{880 - 632} \times \frac{3600}{1000} = 7.4\text{t/h}$$

3.4.7 第 24 层塔盘内回流计算

从分馏塔塔底至第 23 层塔盘上方进行热量平衡计算见图 3-16。

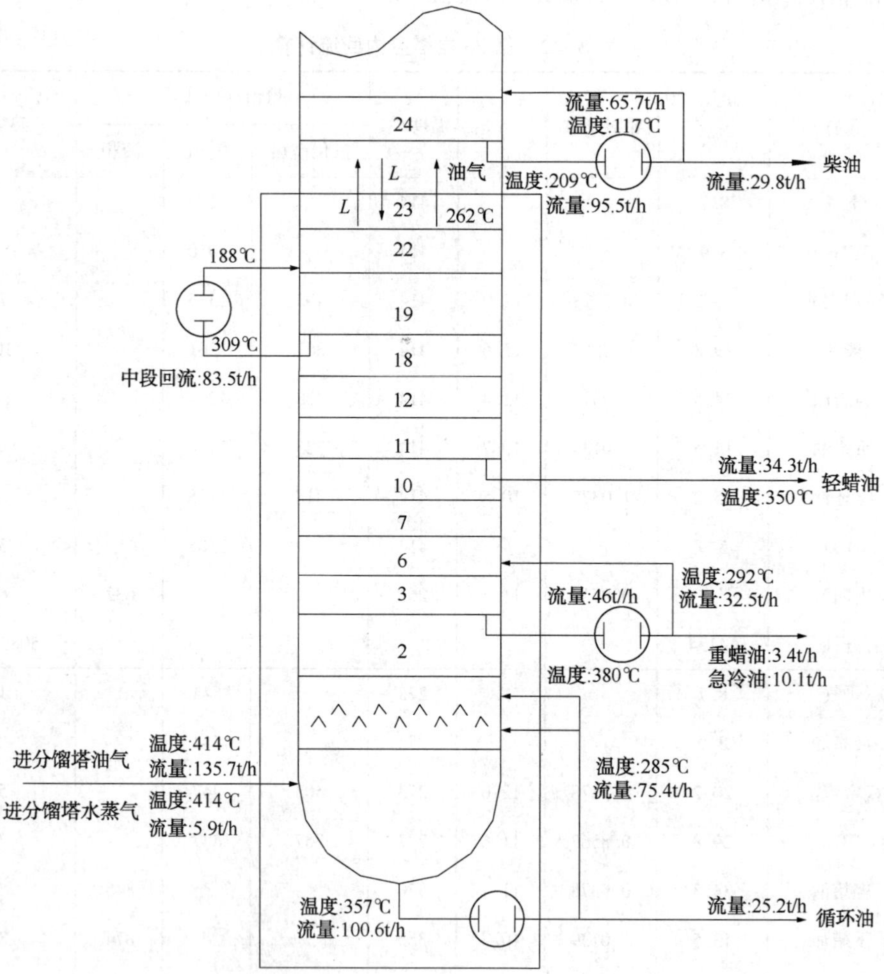

图 3-16 计算内回流时选择的体系框图

由图 3-16 可知，进入体系的气相物料包括来自焦炭塔顶的油气和水蒸气，液相物流为内回流；离开体系的气相物料包括水蒸气、干气、液化气、汽油、柴油和内回流，液相物流为循环油、重蜡油、轻蜡油；回流取热包括塔底循环油、重蜡油取热和中段回流取热。

已知第 23 塔盘的温度为 262℃，第 24 层塔盘的温度为 209℃，根据各组分的物性和流量，计算各组分在不同温度下的焓值和热量。假设进入第 24 层塔盘的气相内回流与第 24 层塔盘上的液相内回流性质相同，计算结果如表 3-43 所示。

表 3-43　第 24 层塔盘内回流计算

项目	介质	流量/(t/h)	相对密度	K	温度/℃	焓值/(kJ/kg)			热量/kW
						汽化潜热	气相	液相	
进料	干气	8.7			414		1149		2790
	液态烃	3.9			414		1010		1100
	稳定汽油	20.2	0.7378	12.0	414	403	1335		7502
	柴油	29.8	0.8567	11.6	414	367	1261		10433
	轻蜡油	34.3	0.9378	11.4	414	338	1214		11551
	重蜡油	13.5	1.0139	10.7	414	325	1144		4276
	循环油	25.2	1.0375	10.5	414	318	1118		7819
	H_2O	5.9			414		3308		5380
	内回流	L_{24}	0.8567	11.6	209			494	494L
	合计	141.4							50851+494L
出料	干气	8.7			262		679		1650
	液态烃	3.9			262		577		628
	稳定汽油	20.2	0.7378	12.0	262	403	918		5156
	柴油	29.8	0.8567	11.6	262	367	859		7103
	轻蜡油	34.3	0.9378	11.4	350			848	8070
	重蜡油	13.5	1.0139	10.7	385			874	3265
	循环油	25.2	1.0375	10.5	357			771	5393
	H_2O	5.9			262		2994		4870
	内回流	V_{23}	0.8567	11.6	262	367	859		859L
	合计	141.4							36135+859L
取热量	中段								7665
	重蜡油								2289
	循环油								3932
	合计								13886

进料热负荷=出料热负荷+回流取热量，因此，根据表 3-43 中的数据，计算得到第 24 层塔盘的内回流量为：

$$第24层塔板的内回流量为：L_{24}=V_{23}=\frac{50851-36135-13886}{859-494}\times\frac{3600}{1000}=8.2\text{t/h}$$

$$第25层塔板的内回流量为：L_{25}=V_{24}=8.2+29.8=38\text{t/h}$$

第 25 层塔盘的气相包括水蒸气、干气、液化气、汽油和内回流，具体的数据如表 3-44 所示。

表 3-44　第 24 层塔盘气相负荷计算

项目	质量流量/(t/h)	摩尔质量/(g/mol)	摩尔流量/(kmol/h)
内回流	38.0	211.0	180
水	5.9	18.0	325
干气	8.7	19.8	441
液化气	3.9	49.7	79
汽油	20.2	110.2	184
合计	76.7		1209

第 24 层塔盘的绝压为 243kPa，根据内回流量的摩尔分数，计算内回流的油气分压为：

$$P_{内} = P_{24} \times \frac{N_{内}}{N_{干气} + N_{液化气} + N_{汽油} + N_{柴油} + N_{水蒸气} + N_{内}}$$

$$= 243 \times \frac{180}{180 + 325 + 441 + 79 + 184} = 36\text{kPa} = 271\text{mmHg}$$

以查图法得到的柴油平衡汽化数据为基准，柴油常压平衡汽化曲线 0%点温度为 240℃，50%点温度为 285℃，差值为 45℃。根据柴油常压平衡汽化曲线 50%点温度，利用图 3-17，查得 271mmHg 条件下，50%点温度为 240℃。

按照常压、减压各段温度相等的假设，计算得到轻蜡油的泡点温度为 240℃－45℃＝195℃。与实际蜡油抽出温度 209℃相差 14℃。

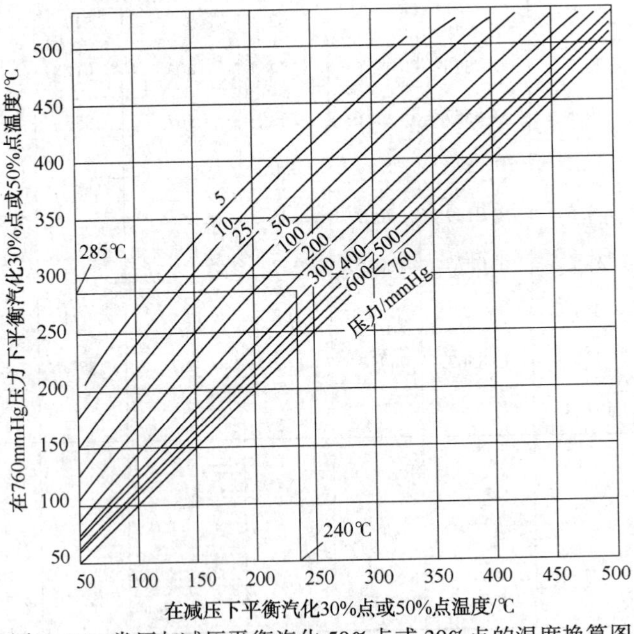

图 3-17　常压与减压平衡汽化 50%点或 30%点的温度换算图

3.4.8　第 26 层塔盘内回流计算

从分馏塔塔底至第 25 层塔盘上方进行热量平衡计算见图 3-18。

由图 3-18 可知，进入体系的气相物料包括来自焦炭塔塔顶的油气和水蒸气，液相物流为内回流；离开体系的气相物料包括水蒸气、干气、液化气、汽油和内回流，液相物流为循环油、重蜡油、轻蜡油、柴油；回流取热包括塔底循环油、重蜡油取热、中段回流和柴油回流取热。

已知第 25 塔盘的温度为 201℃，第 26 层塔盘的温度为 193℃，根据各组分的物性和流量，计算各组分在不同温度下的焓值和热量。假设进入第 26 层塔盘的气相内回流与第 26 层

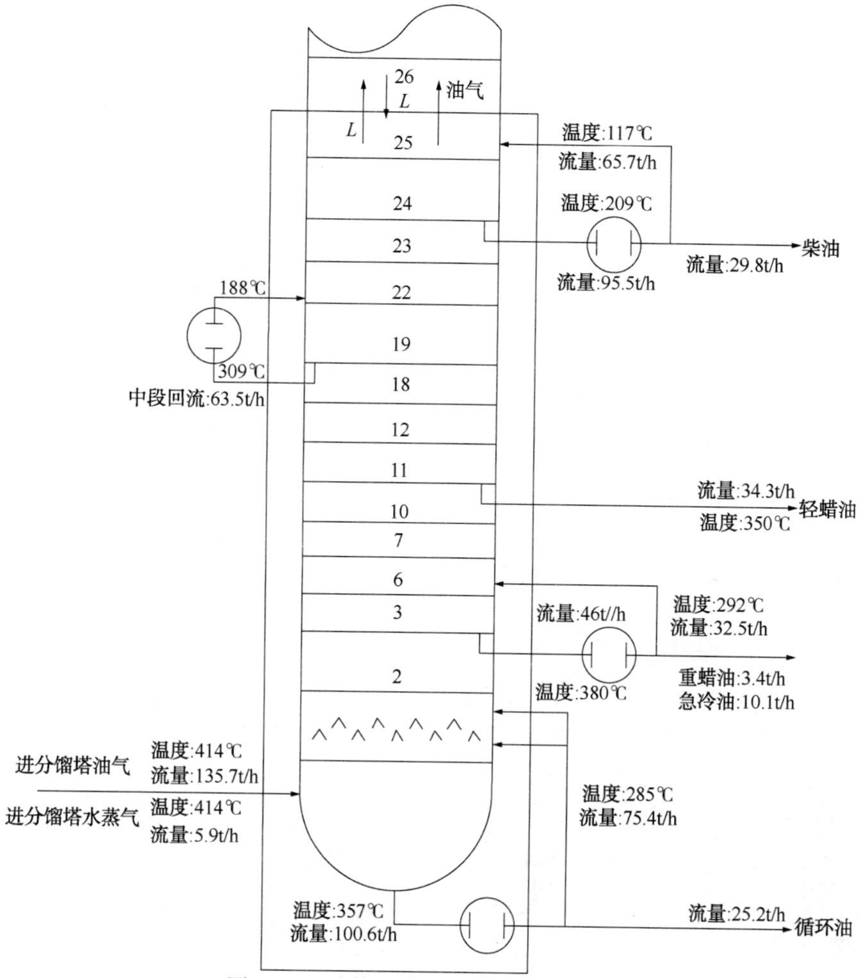

图 3-18 计算内回流时选择的体系框图

塔盘上的液相内回流性质相同，计算结果如表 3-45 所示。

表 3-45 第 26 层塔盘内回流计算

项目	介质	流量/(t/h)	相对密度	K	温度/℃	焓值/(kJ/kg)			热量/kW
						汽化潜热	气相	液相	
进料	干气	8.7			414		1149		2790
	液态烃	3.9			414		1010		1100
	稳定汽油	20.2	0.7378	12.0	414	403	1335		7502
	柴油	29.8	0.8567	11.6	414	367	1261		10433
	轻蜡油	34.3	0.9378	11.4	414	338	1214		11551
	重蜡油	13.5	1.0139	10.7	414	325	1144		4276
	循环油	25.2	1.0375	10.5	414	318	1118		7819
	H_2O	5.9			414		3308		5380
	内回流	L_{26}	0.8482	11.6	193			455	$455L$
	合计	141.4							$50851+455L$

续表

项目	介质	流量/(t/h)	相对密度	K	温度/℃	焓值/(kJ/kg)			热量/kW
						汽化潜热	气相	液相	
出料	干气	8.7			201		480		1167
	液态烃	3.9			201		399		434
	稳定汽油	20.2	0.7378	12.0	201	403	775		4354
	柴油	29.8	0.8567	11.6	209			494	4084
	轻蜡油	34.3	0.9378	11.4	350			848	8070
	重蜡油	13.5	1.0139	10.7	385			874	3265
	循环油	25.2	1.0375	10.5	357			771	5393
	H_2O	5.9			201		2864		4659
	内回流	V_{25}	0.8482	11.6	201	370	725		$725L$
	合计	141.4							$31424+725L$
取热量	柴油								4122
	中段								7665
	重蜡油								2289
	循环油								3932
	合计								18008

进料热负荷=出料热负荷+回流取热量，因此，根据表 3-45 中的数据，计算得到第 26 层塔盘的内回流量为：

$$L_{26}=V_{25}=\frac{50851-31424-18009}{725-455}\times\frac{3600}{1000}=18.9\text{t/h}$$

3.4.9　第 31 层塔盘内回流计算

从分馏塔塔底至第 30 层塔盘上方进行热量平衡计算。

由图 3-19 可知，进入体系的气相物料包括来自焦炭塔塔顶的油气和水蒸气，液相物流为内回流；离开体系的气相物料包括水蒸气、干气、液化气、汽油和内回流，液相物流为循环油、重蜡油、轻蜡油、柴油；回流取热包括塔底循环油、重蜡油取热、中段回流和柴油回流取热。

已知第 30 塔盘的温度为 160℃，第 31 层塔盘的温度为 130℃，根据各组分的物性和流量，计算各组分在不同温度下的焓值和热量。假设进入第 31 层塔盘的气相内回流与第 31 层塔盘上的液相内回流性质相同，计算结果如表 3-46 所示。

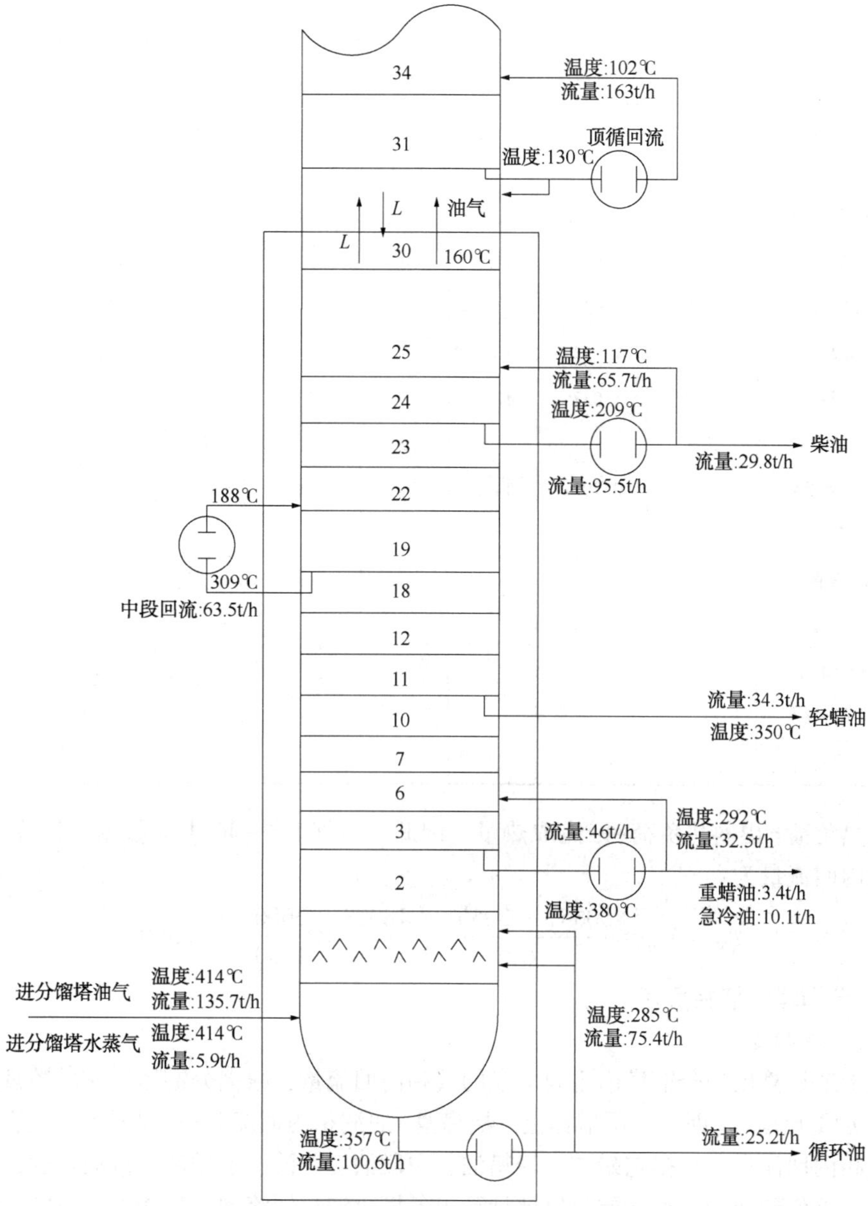

图 3-19　计算内回流时选择的体系框图

表 3-46　第 31 层塔盘内回流计算

项目	介质	流量/(t/h)	相对密度	K	温度/℃	焓值/(kJ/kg)			热量/kW
						汽化潜热	气相	液相	
进料	干气	8.7			414		1149		2790
	液态烃	3.9			414		1010		1100
	稳定汽油	20.2	0.7378	12.0	414	403	1335		7502
	柴油	29.8	0.8567	11.6	414	367	1261		10433
	轻蜡油	34.3	0.9378	11.4	414	338	1214		11551
	重蜡油	13.5	1.0139	10.7	414	325	1144		4276
	循环油	25.2	1.0375	10.5	414	318	1118		7819
	H_2O	5.9			414		3308		5380
	内回流	L_{31}	0.7971	11.7	130			313	313L
	合计	141.4							50851+313L

续表

项目	介质	流量/(t/h)	相对密度	K	温度/℃	焓值/(kJ/kg)			热量/kW
						汽化潜热	气相	液相	
出料	干气	8.7			160		405		984
	液态烃	3.9			160		333		363
	稳定汽油	20.2	0.7378	12.0	160	403	689		3869
	柴油	29.8	0.8567	11.6	209			494	4084
	轻蜡油	34.3	0.9378	11.4	350			848	8070
	重蜡油	13.5	1.0139	10.7	385			874	3265
	循环油	25.2	1.0375	10.5	357			771	5393
	H_2O	5.9			160		2787		4533
	内回流	V_{30}	0.7971	11.7	160	389	665		$665L$
	合计	141.4							$30561+665L$
取热量	柴油								4122
	中段								7665
	重蜡油								2289
	循环油								3932
	合计								18009

进料热负荷=出料热负荷+回流取热量，因此，根据表 3-46 中的数据，计算得到第 31 层塔盘的内回流量为：

$$L_{31} = V_{30} = \frac{50851 - 30561 - 18008}{665 - 313} \times \frac{3600}{1000} = 23.3\text{t/h}$$

3.5 分馏塔气液相负荷

3.5.1 液相负荷

通过上节计算出的分馏塔内主要塔盘的气相内回流量，根据分馏塔第 n 层塔盘的气相内回流量与 $n+1$ 层塔盘(即第 n 层塔盘上一层塔盘)的液相内回流相等的原则，计算出 $n+1$ 层塔盘的液相内回流量。根据重蜡油、轻蜡油、中段油、柴油、顶循油、汽油密度，假设相邻塔盘的油品近似看作同一种介质，以此计算出各塔盘液相回流油品的密度。不同温度条件下油品的密度可根据公式(3-4)进行计算：$\rho_T = T\cdot(1.307d_4^{20} - 1.817) + 973.86d_4^{20} + 36.34$，结果如表 3-47 所示。

表 3-47　分馏塔液相内回流计算结果

塔盘	塔盘温度/℃	相对密度 d_4^{20}	液相内回流量/(t/h)	实际温度下密度/(kg/m³)	内回流体积流量/(m³/h)
34	108		0		0.0
31	130	0.7971	23.3	712.0	32.8
26	193	0.8397	18.9	715.5	26.4
25	201	0.8482	38.0	720.2	52.7
24	209	0.8567	8.2	725.1	11.3

续表

塔盘	塔盘温度/℃	相对密度 d_4^{20}	液相内回流量/(t/h)	实际温度下密度/(kg/m^3)	内回流体积流量/(m^3/h)
23	262	0.8639	7.4	697.8	10.7
19	309	0.8929	101.7	704.9	144.2
12	345	0.9322	72.6	737.8	98.4
11	350	0.9378	32.9	742.8	44.2
7	368	0.9759	11.3	787.1	14.3
4	381	1.0044	17.5	822.3	21.3
3	385	1.0139	4.1	834.2	4.9

3.5.2 气相负荷

分馏塔内塔盘的总气相负荷由通过该塔盘的水蒸气量、通过该塔盘的所有油气量和塔盘内回流量三部分组成。根据已算出的气相内回流的流量和分子量，计算出内回流的摩尔流量，在加上通过该塔盘油气的摩尔流量和水蒸气摩尔流量，计算出总气相摩尔流量，最后，再根据分馏塔各塔盘的温度和压力，计算出通过该塔盘的总气体的体积流量，计算结果如表3-48所示。

表3-48 分馏塔气相负荷计算结果

塔盘	气相内回流量/(t/h)	实际温度/℃	内回流分子量	内回流量	水蒸气	干气	液化气/(kmol/h)	稳定汽油	柴油	轻蜡油	重蜡油	总气相负荷/(kmol/h)	压力(绝)/kPa	气相体积流量/(m^3/h)	气相体积流量/(10^{2}m^3/h)
34	0.0	108	118	0.0	325	441	80	184				1030	224	14526	145
30	23.3	160	147	158.6	325	441	80	184				1188	232	18466	185
25	18.9	201	211	89.4	325	441	80	184				1119	241	18264	183
23	8.2	262	211	38.7	325	441	80	184	141			1209	245	21937	219
22	7.4	273	211	35.3	325	441	80	184	141			1206	247	22192	222
18	101.7	314	268	379.2	325	441	80	184	141			1550	254	29730	297
11	72.6	350	337	215.3	325	441	80	184	141			1386	268	26821	268
10	32.9	356	337	97.4	325	441	80	184	141	102		1370	269	26574	266
6	11.3	373	355	31.8	325	441	80	184	141	102		1304	277	25270	253
3	17.5	385	368	47.6	325	441	80	184	141	102		1320	283	25556	256
2	4.1	395	368	11.0	325	441	80	184	141	102	37	1320	285	25762	258

根据计算出来的液相内回流负荷和气相内回流负荷，绘制气液相内回流负荷曲线，如图3-20所示。

根据抽出口塔盘的馏分在该塔盘处的气相分数，和油品恩氏蒸馏曲线转化的平衡汽化蒸馏曲线，计算理论塔盘的泡点抽出温度，然后与实际抽出温度进行对比，轻蜡油抽出层和柴油抽出温度理论与实际相差较大，主要原因可能是由于分馏塔分离精度较低，导致产品的初馏点偏低。因此，需要对产品的蒸馏数据的初馏点进行校核。

对分馏塔气液相负荷进行计算，如图 3-20 所示分馏塔气液相负荷最大的位置均在第 18 层塔盘上，即中段回流抽出层的下一层塔盘。

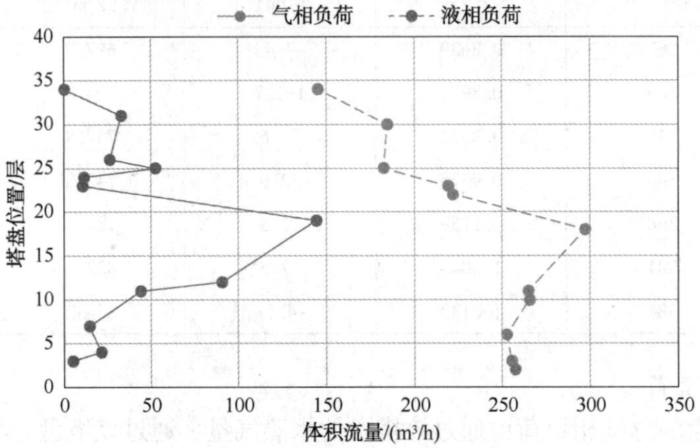

图 3-20　分馏塔气液相内回流负荷曲线

4　换热网络及热平衡

4.1　流股基本信息

为了更好的评价焦化装置热回收率，对出装置的物流温度进行调整，根据《炼油厂能量消耗计算与评价方法》，进出料的规定温度如表 3-49 所示。将原料油进料温度、循环油回炼部分、循环油回流、重蜡油回流、中段回流、柴油回流和顶循回流的目标温度均按实际温度计算；而重蜡油、轻蜡油和柴油出装置的温度按表 3-49 中的规定温度选取。

表 3-49　热联合规定温度

介质	规定温度/℃	介质	规定温度/℃
汽油	60	蜡油	80
柴油	70	重油	120

焦化装置的热流股为：循环油、重蜡油、轻蜡油、中段油、柴油、顶循油和塔底油气；冷流股为：混合原料油、循环油回炼油、解析塔底油和稳定塔底油。

以加热炉对流室出口温度 369℃作为循环油和原料油的终点温度，并假设：①焦化原料和循环油在加热炉内不发生反应，即忽略反应热的影响；②焦化原料和循环油在加热炉对流室出口全部为液相。

依据 3.3.1 节和 3.3.2 节分馏塔物料平衡和热平衡计算结果，将焦化装置冷、热流股的初始温度和各流股的流量，统计在表 3-50 中。

表 3-50　冷、热流股的初始温度及流量统计

项目	包括物流	流量/(t/h)	初始温度/℃	终点温度/℃
循环油	循环油回炼、回流	100.6	357	285
重蜡油	回流、出装置和急冷油	46.1	385	292
重蜡油	出装置、急冷	13.5	292	80

续表

项目	包括物流	流量/(t/h)	初始温度/℃	终点温度/℃
轻蜡油	出装置	34.3	350	80
中段油	回流	83.5	309	188
柴油	回流和出装置	95.5	209	117
柴油	出装置	29.8	117	70
顶循油	回流	163.0	130	102
塔顶油气	水蒸气、干气、液化气和汽油	38.8	108	40
循环油		25.2	285	369
原料油		138.2	205	369
解析塔底油			149	165
稳定塔底油			618	194

4.2 发生蒸汽热负荷

焦化装置共三台蒸汽发生器，分别是轻蜡油-蒸汽发生器 E101，中段油-蒸汽发生器 E102，柴油-蒸汽发生器 E103。来自系统的除氧水与轻蜡油-除氧水换热器 E104 换热后，分三路进入三台蒸汽发生器，产 1.0MPa 蒸汽经加热炉对流室过热后并入蒸汽系统。目前，轻蜡油-除氧水换热器 E104 和柴油-蒸汽发生器停用，仅剩轻蜡油-蒸汽发生器 E101 和中段油-蒸汽发生器 E102。已知除氧水温度为 95℃，1.0MPa 蒸汽的温度为 183℃，水蒸气的焓值计算根据 3.1.10 节中的水蒸气焓值计算公式求出，结果计算为：

$$h_{水} = 4.186 \times 95 = 398\text{kJ/kg}$$

$$H_{气}^{T} = 4.184 \times [592.46 - 2.1693 \times P + (0.48 + 4.6485 \times 10^{-3} \times P) \times T]$$

$$H_{气}^{183} = 4.184 \times \left[592.46 - 2.1693 \times \frac{1000 + 101}{101} + (0.48 + 4.6485 \times 10^{-3} \times \frac{1000 + 101}{101}) \times 183\right]$$

$$= 2786\text{kJ/kg}$$

已知饱和蒸汽流量为 6.0t/h，则计算出发生蒸汽的热负荷为：

$$Q = \frac{6.0 \times 10^{3} \times (2786 - 398)}{3600} = 3981\text{kW}$$

4.3 热流股换热负荷的计算

4.3.1 分馏塔塔顶油气换热负荷的计算

分馏塔塔顶油气包括干气、液态烃、汽油和水蒸气，油气依次经空冷器和水冷器冷却，因此，需要分别计算分馏塔塔顶的干气、液态烃、汽油和水蒸气换热负荷。

1. 干气和液态烃换热负荷的计算

分馏塔塔顶的干气和液态烃依次经空冷和水冷，已知分馏塔塔顶气体的温度为 108℃，经空冷和水冷后温度为 40℃，在冷却过程中，气体无相变。根据 3.1.10.1 节中气体焓值公式，分别计算了干气和液态烃在 108℃和 40℃时的焓值，计算结果如表 3-51 所示。

表 3-51　分馏塔塔顶干气、液态烃冷却负荷计算

项目	质量流量/(t/h)	入口温度/℃	出口温度/℃	入口焓值/(kJ/kg)	出口焓值/(kJ/kg)	负荷/kW
干气	8.7	108	40	274	120	376
液态烃	4.0	108	40	221	93	140
合计						516

2. 水蒸气换热负荷的计算

分馏塔塔顶表压为 0.123MPa，空冷器入口温度为 108℃，水冷器出口温度为 40℃，在 3.3.4 节中计算出分馏塔塔顶水蒸气的露点温度为 94℃，由此可知，在空冷器入口条件下水为气态，在水冷器出口条件下水为液态。通过水蒸气及水焓值计算软件分别计算水的气相焓值和液相焓值，再根据水的流量计算水蒸气冷却负荷，结果如表 3-52 所示。

表 3-52　分馏塔塔顶水蒸气冷却负荷计算

项目	质量流量/(t/h)	入口温度/℃	出口温度/℃	入口焓值/(kJ/kg)	出口焓值/(kJ/kg)	负荷/kW	压力/kPa
水蒸气	5.9	108	40	2680	168	4084	123

3. 汽油冷却负荷计算

汽油在塔顶为气相，经空冷、水冷后完全冷凝为液相。根据 3.1.10.2 节公式计算汽油分别在 108℃和 40℃时的气相焓值和液相焓值，计算结果如表 3-53 所示。

表 3-53　分馏塔塔顶汽油冷却负荷计算

项目	流量/(t/h)	d_4^{20}	K	入口温度/℃	出口温度/℃	$Q_{潜}$	入口焓值/(kJ/kg)	出口焓值/(kJ/kg)	热负荷/kW
汽油	20.2	0.7378	12.0	108	40	403	586	118	2628

4. 分馏塔塔顶油气总负荷计算

将上述分馏塔塔顶干气、液态烃、水蒸气和汽油的冷却负荷计算结果汇总于表 3-54 中。

表 3-54　分馏塔塔顶油气总冷却负荷

项目	流量/(t/h)	冷却负荷/kW	项目	流量/(t/h)	冷却负荷/kW
干气	8.7	376	汽油	20.2	2628
液态烃	4.0	140	合计	38.8	7228
水蒸气	5.9	4084			

由表 3-54 可知，分馏塔塔顶干气的冷却负荷为 376kW，液化气的冷却负荷为 140kW，汽油的冷却负荷为 2628kW，水蒸气的冷却负荷为 4084kW，塔顶的总冷却负荷为 7228kW。

4.3.2　热流股的换热负荷

根据油品的 K 值、相对密度和换热初始和终点温度计算其焓值，根据焓差和油品流量计算各换热流股的热负荷和热容流率，计算结果如表 3-55 所示。

以循环油为例进行计算，已知循环油的相对密度为 1.0375，特性因数为 10.5，流量为 100.6t/h，初始温度和终点温度分别为 357℃和 285℃，根据 3.1.10.2 节中的焓值计算公式可得：

$$H_{初} = 4.1868 \times (0.055 \times 10.5 + 0.35) \times \left[\begin{array}{l}1.8 \times (0.0004061 - 0.0001521 \times 1.0375) \times (357 + 17.8)^2 \\ + (0.6783 - 0.3063 \times 1.0375) \times (357 + 17.8)\end{array}\right] = 771\text{kJ/kg}$$

$$H_{终} = 4.1868 \times (0.055 \times 10.5 + 0.35) \times \left[\begin{array}{l}1.8 \times (0.0004061 - 0.0001521 \times 1.0375) \times (285 + 17.8)^2 \\ + (0.6783 - 0.3063 \times 1.0375) \times (285 + 17.8)\end{array}\right] = 583\text{kJ/kg}$$

热负荷 Q 和热容流率 C_P 为：

$$Q = \frac{100.6 \times 10^3 \times (771 - 583)}{3600} = 5245\text{kW}$$

$$C_P = \frac{Q}{\Delta T} = \frac{5245}{357 - 285} = 72.1\text{kW/℃}$$

同理，可计算出其他热流股的焓值、热负荷 Q 和热容流率 C_P，计算结果见表 3-55 所示。

表 3-55 热流股的换热负荷

项目	流量/(t/h)	相对密度 d_4^{20}	K 值	初始温度/℃	终点温度/℃	初始温度焓值/(kJ/kg)	终点温度焓值/(kJ/kg)	热负荷/kW	热容流率/(kW/℃)
循环油	100.6	1.0375	10.5	357	285	771	583	5245	72.1
重蜡油	46.0	1.0139	10.7	385	292	874	620	3237	34.7
重蜡油	13.5	1.0139	10.7	292	80	620	159	1725	8.1
轻蜡油	34.3	0.9378	11.4	350	80	848	175	6409	23.7
中段油	73.5	0.8929	11.5	309	188	759	429	6747	55.9
柴油	95.5	0.8567	11.6	209	117	494	268	5991	65.1
柴油	29.8	0.8567	11.6	117	70	268	166	838	18.0
顶循油	163.0	0.7971	11.7	130	102	313	247	2955	107.5
塔顶油气	38.8			108	40			7217	107.0

4.4 冷流股换热负荷的计算

原料油和循环回炼油的目标温度按加热炉出口温度计算，根据油品的流量，进出口温度，K 值和相对密度，计算焓值和热负荷，循环油和减压渣油在加热炉对流入口和对流出口温度下的焓值均按液相焓值计算，结果如表 3-56 所示。

表 3-56 原料油和循环回炼油换热负荷的计算结果

项目	流量/(t/h)	相对密度 d_4^{20}	K 值	初始温度/℃	终点温度/℃	初始温度焓值/(kJ/kg)	终点温度焓值/(kJ/kg)	热负荷/kW	热容流率/(kW/℃)
循环油回炼	25.2	1.0375	10.5	285	369	583	804	1541	18.2
原料油	138.2	1.0224	11.6	205	369	429	864	16705	101.6

解吸塔和稳定塔塔底重沸器的冷物流在换热器内发生相变，无法根据冷流股的数据准确计算出冷流股的热负荷。因此，需要根据换热器的热源计算加热冷流股所需要的热负荷。吸收稳定系统解吸塔和稳定塔塔底重沸器的热源分别为柴油和中段油，柴油和中段油在重沸器内无相变，根据重沸器热源柴油和中段油的流量，进出口温度，*K* 值和相对密度，计算重沸器热源的焓值和热负荷，结果如表 3-57 所示。

表 3-57　重沸器热源热负荷计算

项目	流量/(t/h)	相对密度 d_4^{20}	*K* 值	初始温度/℃	终点温度/℃	初温液相焓值/(kJ/kg)	终温液相焓值/(kJ/kg)	热负荷/kW	冷流股
柴油	95.5	0.8567	11.6	209	160	494	370	3285	解析塔底油
中段	83.5	0.8929	11.5	309	251	759	592	3872	稳定塔底油

由表 3-57 中的数据可知，解析塔底油和稳定塔底油的热负荷分别为 3285kW 和 3872kW。

4.5　冷热流股组成曲线的计算

4.5.1　热流股的组成曲线

依据热流股所有温度节点由高到低依次排列，删除重复的温度节点，根据温度节点划分为不同的温度区间，根据每个热流股的物流流率计算出不同温度区间内物流的热负荷，同时计算出累计热负荷，计算过程和结果如表 3-58 所示。

表 3-58　不同温度区间的热流股热负荷

热流股	循环油	重蜡油	重蜡油	轻蜡油	中段油	柴油	柴油	顶循油	塔顶油气	热负荷/kW	累积热负荷/kW
初温/℃	357	385	292	350	309	209	117	130	108		
终温/℃	285	292	80	80	188	117	70	102	40		
C_P/(kW/℃)	72.1	34.7	8.1	23.7	63.4	65.1	18.0	107.5	107.2		
温度 385		966								966	41292
357	548	264								813	40326
350	2927	1409		964						5299	39513
309	1240	597		408	1091					3337	34214
292	530		60	175	466					1231	30877
285			618	1806	4825					7249	29646
209			164	480	1283	1316				3244	22398
188			477	1393		3820				5690	19154
130			107	312		855		1411		2684	13464
117			73	214			162	969		1418	10779
108			43	127			96	575	573	1415	9361
102			181	530			401		2392	3505	7946
80							180		1072	1252	4442
70									3190	3190	3190
40										0	0
焓值	5245	3237	1725	6409	7665	5991	838	2955	7228	41292	

根据上图中的数据，以累计热负荷为横坐标，温度为纵坐标画出热物流的组成曲线，结果见图 3-21 所示。

4.5.2 冷流股的组成曲线

同理，可计算出冷流股在不同温度区间的热负荷，计算结果如表 3-59 所示。以累积热量为横坐标，温度为纵坐标，画出热流股的组成曲线，在画冷流股组成曲线时，为了使冷流股组成曲线位于热流股组成曲线下方，对冷流股组成曲线进行适当调整，具体为横坐标累计热负荷增加了 20000kW，调整后的冷热流股组成曲线也绘制在图 3-21 中。

表 3-59 不同温度区间的冷流股热负荷

冷流股		循环油	原料油	解析塔底油	稳定塔底油	热负荷/kW	累积热负荷/kW	调整累积热负荷/kW
初始温度/℃		285	205	149	186			
终点温度/℃		369	369	165	194			
C_P/(kW/℃)		18.2	101.6	240.5	414.1			
温度	369	1533	8559			10092	25348	45348
	285		8099			8099	15256	35256
	205					0	7157	27157
	194				3285	3285	7157	27157
	186					0	3872	23872
	165			3872		3872	3872	23872
	149					0	0	20000
焓值		1533	16658	3872	3285	25348		

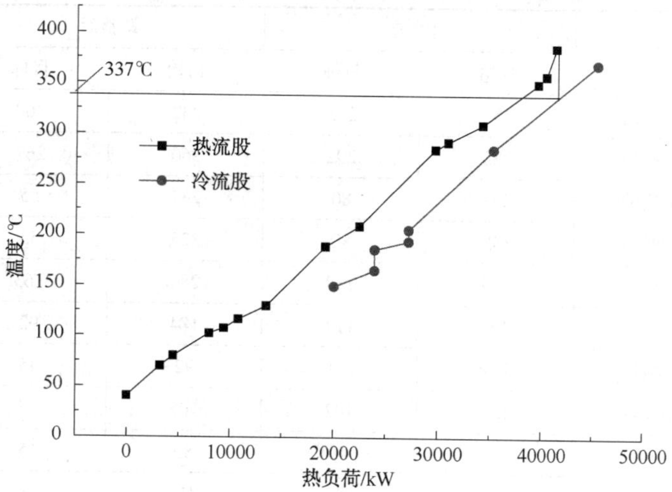

图 3-21 冷流股和热流股的组成曲线(换热终温 337℃)

根据 3.5.2 节中的表 3-68 可知，对流段加热循环油和原料油的实际热负荷为 6998kW。已知，原料的换热终温为 315℃，由图 3-21 可知，当平移冷流股横坐标向右平移 20000kW 时，得到的冷流股换热终温为 337℃，高于 315℃，为了使冷物流的换热终温在 315℃左右，需要继续向右平移冷物流曲线，使之换热终温为 315℃。因此继续向右平移冷流股曲线，直到换热终温为315℃为止，最后得到的曲线如图3-22所示。

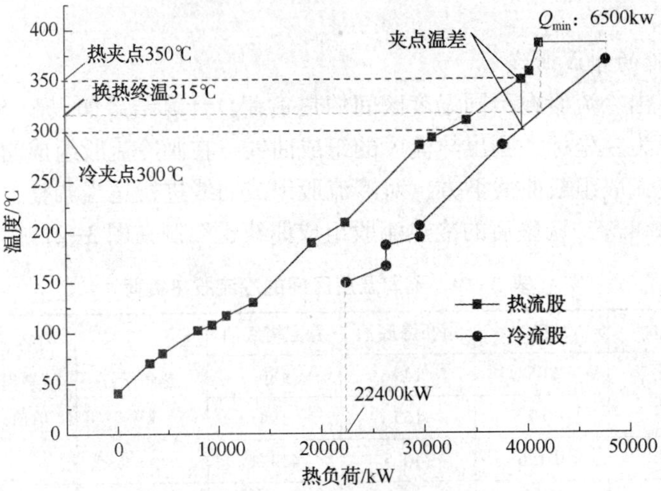

图3-22　冷流股和热流股的组成曲线(换热终温315℃)

从图3-22可以看出，冷流股的换热终温为315℃，此时的最小热共用工程为6500kW，与加热炉的实际热负荷6998kW相接近，最小冷共用工程为22400kW，热流股的夹点温度为350℃，冷流股的夹点温度为300℃，夹点温差大约为50℃。

4.6　问题表法计算窄点温度

假设换热网络的窄点温差为50℃，将热流股的初始温度和目标温度分别降低25℃，同时，将冷流股的初始温度和目标温度提高25℃。调整之后的温度见表3-60所示。

表3-60　冷热流股调整前后的初始温度和目标温度

流股	名称	调整前		调整后		C_P/(kW/℃)
		初始	目标	初始	目标	
热流股	循环油	357	285	332	260	72.1
	重蜡油	385	292	360	267	34.7
	重蜡油	292	80	267	55	8.1
	轻蜡油	350	80	325	55	23.7
	中段油	309	188	284	163	63.4
	柴油	209	117	184	92	65.1
	柴油	117	70	92	45	18.0
	顶循油	130	102	105	77	107.5
	塔顶油气	108	40	83	15	107.2
冷流股	循环油	285	369	310	394	18.2
	原料油	205	369	230	394	101.6
	解析塔底油	149	165	174	190	240.5
	稳定塔底油	186	194	211	219	414.1

将冷热流股的温度节点由高到低依次进行排序，删除重复的温度节点，列出每个温度节点的 C_P 值，并计算出每个温度区间的 $\sum C_{Pc}-\sum C_{Ph}$，结果如表3-61所示，然后根据温度节

点的温差，求出 $\Delta H_{Internal}$，计算结果如表 3-62 所示，最后，以温度为纵坐标，焓值为横坐标绘出总组成曲线图。

表 3-61　调整后冷热流股温度区间的 $\sum C_{Pc}-\sum C_{Ph}$ 计算结果

物流		循环油	重蜡油	重蜡油	轻蜡油	中段油	柴油	柴油	顶循油	塔顶油气	循环油	原料油	解析塔底油	稳定塔底油	$\sum C_{Pc}$	$\sum C_{Ph}$	$\sum C_{Pc}-\sum C_{Ph}$
调整后初温/℃		332	360	267	325	284	184	92	105	83	310	230	174	211			
调整后终温/℃		260	267	55	55	163	92	45	77	15	394	394	190	219			
C_P/(kW/℃)		72.1	34.7	8.1	23.7	63.4	65.1	18.0	107.5	107.2	18.2	101.6	240.5	414.1			
调整后的温度节点	394																
	360										18.2	101.6			120	0	120
	332		34.7								18.2	101.6			120	35	85
	325	72.1	34.7								18.2	101.6			120	107	13
	310	72.1	34.7		23.7						18.2	101.6			120	131	-11
	284	72.1	34.7		23.7							101.6			102	131	-29
	267	72.1	34.7		23.7	63.4						101.6			102	194	-92
	260	72.1		8.1	23.7	63.4						101.6			102	167	-66
	230			8.1	23.7	63.4						101.6			102	95	6
	219			8.1	23.7	63.4									0	95	-95
	211			8.1	23.7	63.4								414.1	414	95	319
	190			8.1	23.7	63.4									0	95	-95
	184			8.1	23.7	63.4							240.5		240	95	145
	174			8.1	23.7	63.4	65.1						240.5		240	160	80
	163			8.1	23.7	63.4	65.1								0	160	-160
	105			8.1	23.7		65.1								0	97	-97
	92			8.1	23.7		65.1		107.5						0	204	-204
	83			8.1	23.7			18.0	107.5						0	157	-157
	77			8.1	23.7			18.0	107.5	107.2					0	265	-265
	55			8.1	23.7			18.0		107.2					0	157	-157
	45							18.0		107.2					0	125	-125
	15									107.2					0	107	-107

根据表 3-61 中的$\sum C_{Pc}-\sum C_{Ph}$的结果，计算出不同温度区间的 $\Delta H_{Internal}$，结果如表 3-62 所示。

表 3-62　问题表法计算窄点温度

温度节点	$\Delta T_{Internal}$/℃	$\sum C_{Pc}-\sum C_{Ph}$	ΔHInternal/kW	过剩不足	热公用工程/kW	注入能量/kW
394					0	6502
360	34	120	4039	不足	-4039	2463
332	28	85	2365	不足	-6404	98
325	8	13	98	不足	-6502	0
310	15	-11	-164	过剩	-6338	164
284	25	-29	-739	过剩	-5600	902
267	17	-92	-1590	过剩	-4010	2492
260	7	-66	-484	过剩	-3525	2977
230	30	6	186	不足	-3711	2791
219	11	-95	-1080	过剩	-2631	3871
211	8	319	2529	不足	-5160	1342
190	20	-95	-1953	过剩	-3207	3295
184	7	145	952	不足	-4159	2343
174	10	80	764	不足	-4923	1579
163	11	-160	-1713	过剩	-3210	3292
105	59	-97	-5690	过剩	2480	8982
92	13	-204	-2684	过剩	5165	11667
83	9	-157	-1418	过剩	6583	13085
77	5	-265	-1415	过剩	7998	14500
55	22	-157	-3505	过剩	11502	18004
45	10	-125	-1252	过剩	12754	19256
15	30	-107	-3190	过剩	15944	22446

由表 3-62 中的数据可知，当温度为 325℃时，热量不足达到最大值-6502kW，此时的温度 325℃即为夹点温度。因此，在最高的温度区间注入 6502kW 的热量，将会使所有温度区间的热量平衡达到正值或为零，消除热量不足的温度区间。由于系统注入了 6502kW 的热量，在最低温度区间，系统过剩的热量也达到了 22446kW，过剩的 22446kW 热量就是系统的最小冷共用工程消耗；而注入的热量就是系统的最小热共用工程消耗，即加热炉的最小热负荷为 6502kW。

由问题表算法得到的数据，第一列温度节点为纵坐标，最后一列的注入能量为横坐标作图，可以画出总组成曲线，结果如图 3-23 所示。

由图 3-23 可知，在夹点下方有两个口袋，第一个口袋的温度区间为 210~280℃，第二

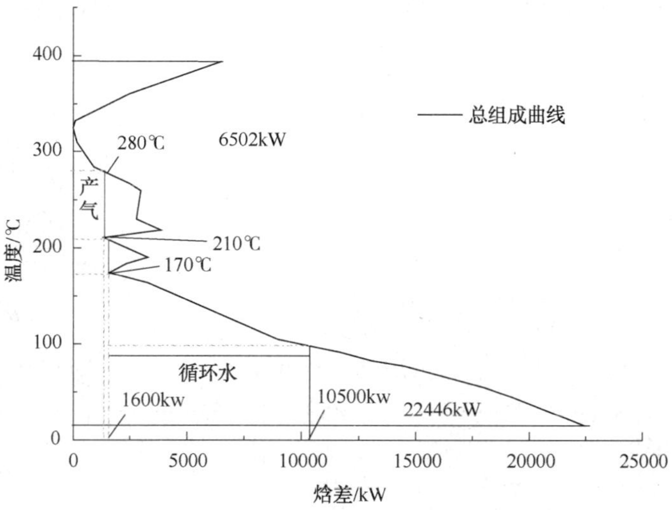

图 3-23　冷热流股的总组成曲线

个口袋温度区间为 180~210℃，在第一个口袋上方 280~350℃之间为热量过剩区，在此温度范围内可产 1.0MPa 过热水蒸气 1500kW，第二个口袋下方温度 180~100℃之间的过剩热可以全部生产循环水，由图可知，产循环水热负荷为 10500-1500=9000kW。而温度低于 100℃时，需要使用空冷或水冷进行冷却，故可知循环水+空冷负荷为 22446-10500=11946kW。

由问题表法计算可知，在最低温度区间，系统过剩的热量也达到了 22446kW，因此，将冷流股向右平移 22446kW，并与热流股曲线一并绘出，结果如图 3-24 所示。

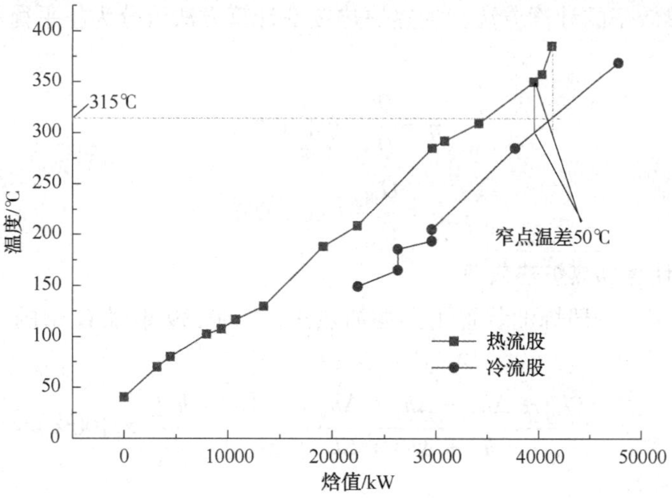

图 3-24　冷热流股的组成曲线

由图 3-24 可知，冷流股夹点温度为 300℃，热流股夹点温度为 350℃，夹点温差为 50℃，最高换热终温为 315℃，最小加热炉负荷为 6502kW，最小冷却负荷为 22446kW。

4.7　装置换热网络图

绘制出换热网络网格图，标示出夹点温度，从图 3-25 可以看出，中段油-稳定塔底重沸器存在跨夹点换热，重蜡油-循环油换热器存在跨夹点换热，其他不存在跨夹点换热。

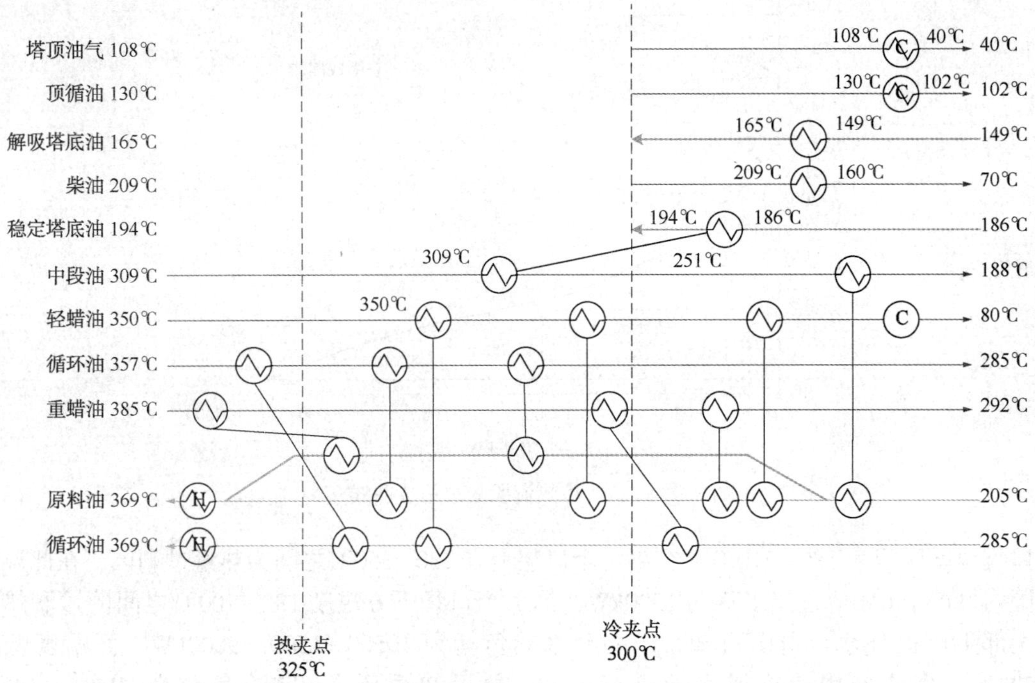

图 3-25 装置换热网络图

5 加热炉计算

根据加热炉热效率的计算方法，加热炉热效率计算方法可分为正平衡和反平衡方法，计算公式如下所示：

$$\eta = \frac{Q_{有效}}{Q_{供给}}(正平衡) \tag{3 - 33}$$

$$\eta = \frac{Q_{损失}}{Q_{供给}}(反平衡) \tag{3-34}$$

5.1 反平衡计算加热炉热效率

反平衡计算根据《一般炼油装置用火焰加热炉》[10] P139 附录 G 中的公式(G.3.1.2-4)进行计算，公式如下：

$$e = \frac{(h_L + \Delta h_a + \Delta h_f + \Delta h_m) - [h_r + h_s]}{h_L + \Delta h_a + \Delta h_f + \Delta h_m} \times 100\% \tag{3-35}$$

式中 e——净热效率,%；

h_L——燃料的低发热量，kJ/kg；

Δh_a——空气显热修正值，kJ/kg；

Δh_f——燃料显热修正值，kJ/kg；

Δh_m——雾化蒸汽显热修正值，kJ/kg；

h_r——设定的散热损失，kJ/kg；

h_s——计算的排烟热损失，kJ/kg。

5.1.1 燃料的低发热量

已知燃料气的组成，根据《一般炼油装置用火焰加热炉》P147 中的表 G5-2 查得每单位不同燃料气组分的低发热值、理论空气量、CO_2 生成量、H_2O 生成量和 N_2 生成量，计算燃料气的总发热值，计算结果见表 3-63 所示。

表 3-63 燃料的低发热值计算结果

燃料气组成	1 体积百分数/%	2 相对分子量	3 1×2 质量	4 低热值/(kJ/kg)	5 3×4 热值/kJ	6 理论空气量/(kg/kg燃料)	7 3×6 理论空气量/kg	8 CO_2生成量/(kg/kg燃料)	9 3×8 CO_2生成量/kg	10 H_2O生成量/kg/kg燃料	11 3×10 H_2O生成量/kg	12 N_2生成量/kg/kg燃料	13 3×12 N_2生成量/kg燃料
CH_4	47.69	16	7.65	50000	382536	17.24	131.90	2.74	20.96	2.25	17.21	13.25	101.37
C_2H_6	16.48	30	4.96	47490	235334	16.09	79.73	2.93	14.52	1.80	8.92	12.37	61.30
C_2H_4	1.93	28	0.54	47190	25550	14.79	8.01	3.14	1.70	1.28	0.69	11.36	6.15
C_3H_8	7.14	44	3.15	46360	145963	15.68	49.37	2.99	9.41	1.63	5.13	12.05	37.94
C_3H_6	3.43	42	1.44	45800	66106	14.79	21.35	3.14	4.53	1.28	1.85	11.36	16.40
C_4H_{10}	1.12	58	0.65	45750	29782	15.46	10.06	3.03	1.97	1.55	1.01	11.88	7.73
C_4H_8	0.42	56	0.24	45170	10644	14.79	3.49	3.14	0.74	1.28	0.30	11.36	2.68
C_5H_{12}	0.00	72	0.00	45360	0	15.33	0.00	3.05	0.00	1.50	0.00	11.78	0.00
$>C_5$	0.15	86	0.13	45100	5830	15.24	1.97	3.06	0.40	1.46	0.19	11.71	1.51
CO_2	0.11	44	0.05	0	0	0	0.00	1.00	0.05	0.00	0.00	0	0.00
O_2	0.35	32	0.11	0	0	-4.32	-0.48	0.00	0.00	0.00	0.00	-3.32	-0.37
N_2	4.63	28	1.30	0	0	0	0.00	0.00	0.00	0.00	0.00	1	1.30
H_2	16.32	2	0.33	120000	39477	34.29	11.28	0.00	0.00	8.94	2.94	26.36	8.67
H_2S	0.23	34	0.08	15240	1195	6.08	0.48	0.00	0.00	0.53	0.04	4.68	0.37
合计	100.0		20.62		942417		317.15		54.28		38.29		245.05
每kg燃料合计			1		45704		15.38		2.63		1.86		11.88

由表 3-63 可知，1kg 燃料的低热值为 45704kJ，理论空气量为 15.38kg，生成 CO_2 量为 2.63kg，生成 H_2O 量为 1.86kg，带入 N_2 量为 11.88kg。

5.1.2 过剩空气和相对湿度

雾化蒸气量为 0kg/kg 燃料

在环境温度为 30℃时，水的饱和蒸气压为 4242Pa(42.4mbar)，空气湿度为 80%，计算空气中水含量：

$$空气中含水量=\frac{P_{vap}}{1013.3}\times\frac{RH}{100}\times\frac{18}{28.85}=\frac{42.4}{1013.3}\times\frac{80}{100}\times\frac{18}{28.85}=0.0209\text{kg 水}/\text{kg 空气}$$

每 kg 燃料需要的湿空气量(kg)：

$$\frac{\text{理论空气量}}{1-\text{空气中含水量}}=\frac{15.38}{1-0.021}=15.7\text{kg}$$

kg 水分 /kg 燃料 = 每 kg 燃料需要的湿空气量 - 理论空气量 = 15.71 - 15.38 = 0.33kg

kgH_2O/kg 燃料 = H_2O 生成量 + kg 水分 /kg 燃料 + 雾化蒸汽量

= 1.86 + 0.33 + 0 = 2.19kg

5.1.3 过剩空气修正

每 kg 燃料过剩空气量：

$$\frac{(28.85\times O_2\%)\times\left(\frac{N_2\text{生成量}}{28}+\frac{CO_2\text{生成量}}{44}+\frac{H_2O\text{生成量}}{18}\right)}{20.95-O_2\%\times\left[\left(1.6028\times\frac{H_2O\text{量}}{\text{理论空气量}}\right)+1\right]}$$

$$=\frac{(28.85\times3.7)\times\left(\frac{11.88}{28}+\frac{2.63}{44}+\frac{1.86}{18}\right)}{20.95-3.7\times\left[\left(1.6028\times\frac{0.33}{15.38}\right)+1\right]}$$

$$=3.662\text{kg}$$

$$\text{过剩空气}\%=\frac{\text{每 kg 燃料过剩空气量}}{\text{理论空气量}}\times100=\frac{3.662}{15.38}\times100=23.8\%$$

5.1.4 排烟损失计算

已知装置排烟温度 T_e 为 120℃，根据《一般炼油装置用火焰加热炉》P152、P153 中的气体焓图，查得烟气各组分的焓值，结果如表 3-64 所示。

表 3-64 排烟损失计算

组分	每 kg 燃料生成组分量/kg	温度 T_e 时的焓值/(kJ/kg 组分)	热焓/(kJ/kg 燃料)
二氧化碳	2.633	95	250
水蒸气	2.185	200	437
氮气	11.884	110	1307
空气	3.662	100	366
合计	20.363		2360

由表 3-63 中的数据可知，在排烟温度为 120℃时，烟气排放损失为 2360kJ/kg 燃料。

5.1.5 热损失计算

散热损失取燃料低发热值的 2.5%，已知燃料低发热值为 45704kJ/kg，则散热损失为：

散热损失：$h_r = h_l \times 1.5\%$ = 45704 × 2.5% = 1143kJ/kg 燃料

烟气排放损失和散热损失统计如表 3-65 所示。

表 3-65 燃料低热值及散热损失统计表

项目	符号	数值	单位
燃料低发热值	h_L	45704	kJ/kg 燃料
散热损失	h_r	1143	kJ/kg 燃料
排烟损失热量	h_s	2360	kJ/kg 燃料

5.1.6 显热修正计算

燃烧用空气 Δh_a：

$$\Delta h_a = C_{pa} \times (T_a - T_d) \times (\text{每 kg 燃料所需的空气质量})$$
$$= 1.005 \times (30 - 15) \times (15.38 \times 1.2) = 287.1\text{kJ/kg 燃料} \quad (3-36)$$

燃料 Δh_f：

$$\Delta h_f = C_{pf} \times (T_f - T_d) = 2.197 \times (87.6 - 15) = 159.6\text{kJ/kg 燃料} \quad (3-37)$$

5.1.7 加热炉热效率

将上述计算数据汇总于表 3-66 中，并计算加热炉的净热效率 e：

表 3-66 加热炉反效率计算数据汇总

项目	符号	数值	单位
燃料低发热值	h_L	45704	kJ/kg 燃料
散热损失	h_r	1143	kJ/kg 燃料
排烟损失热量	h_s	2360	kJ/kg 燃料
燃烧用空气	Δh_a	287	kJ/kg 燃料
燃料	Δh_f	160	kJ/kg 燃料
热效率	e	92.41	%

$$e = \frac{(h_L + \Delta h_a + \Delta h_f + \Delta h_m) - (h_r + h_s)}{(h_L + \Delta h_a + \Delta h_f + \Delta h_m)} \times 100\%$$
$$= \frac{(45704 + 287 + 160 + 0) - (1143 + 2360)}{(45704 + 287 + 160 + 0)} \times 100\% = 92.41\%$$

加热炉效率为 92.41%。

5.2 正平衡计算加热炉热效率

5.2.1 原料反应热负荷

反应热为经验值，和加热炉出口的转化率有关，转化率高，炉管内裂化反应多，吸热反应热就高，一般为 $1.0 \sim 2.0 \times 10^4$kcal/t 进料。

加热炉原料油反应热按 1.6×10^4kcal/t 进料计算，已知加热炉总进料为 163.8t/h，因此反应热总负荷为：

$$\text{反应热} = \frac{1.6 \times 10000 \times 4.186 \times 163.8}{3600} = 3048\text{kW}$$

5.2.2 加热负荷

由于离开加热炉的原料油的性质无化验分析，因此，作出如下假设：①对流室炉管内的混合原料和循环油为液相，且不发生裂化反应；②辐射室出口的循环油全部汽化，且不发生裂化反应；③辐射室出口处混合原料的裂化率为 20%，裂化产物及比例与焦炭塔出口一致，全部为气相，计算结果如表 3-67 所示：

表 3-67　加热炉炉管内裂化产物计算

物料	流量/(t/h)	比例/%	炉管裂化油/(t/h)
干气	8.74	8.71	2.4
液态烃	3.96	3.95	1.1
稳定汽油	20.23	20.15	5.6
柴油	29.78	29.66	8.2
轻蜡油	34.26	34.13	9.5
重蜡油	3.41	3.40	0.9
合计	100.38	100.00	27.7

炉出口气化率 e：

$$e=\frac{\text{水蒸气}+\text{裂化产品}+\text{循环油}}{\text{进料量}+\text{水蒸气}}=\frac{3.3+27.7+25.2}{163.8+3.3}=33.6\%$$

一般情况下，加热炉出口汽化率和渣油性质、炉出口温度、循环比及压力有关，一般为30%~40%，因此，根据假设的渣油裂化率，计算出炉出口气化率较为合理。

已知气体组成和油品的相对密度、K 值，根据对流室入口、对流室出口和辐射室出口的温度，利用 3.1.10 节中的公式，分别计算气相和液相的焓值和热负荷，计算结果如表 3-68 所示。

表 3-68　原料油加热负荷

项目		流量/(t/h)	入口温度/℃	出口温度/℃	相对密度	K 值	入口焓值/(kJ/kg)	出口焓值/(kJ/kg)	热负荷/kW
对流室	过热蒸汽	7.7	183	305			2787	3057	579
	加热炉注汽	0.4	413	369			3270	3182	-10
	加热炉注水	2.9	95	200			475	2825	1893
	循环油	25.2	315	369	1.0375	10.5	659	804	1012
	混合原料	138.6	315	369	1.0224	11.6	708	864	5986
	合计	167.1							9459
辐射室	加热炉注汽	0.4	369	498			3182	3482	33
	加热炉注水	2.9	200	498			2773	3482	571
	干气	2.4	369	498			1004	1433	287
	液态烃	1.1	369	498			875	1277	122
	稳定汽油	5.6	369	498	0.7378	12.0	1204	1597	609
	柴油	8.2	369	498	0.8567	11.6	1135	1514	865
	轻蜡油	9.5	369	498	0.9378	11.4	1090	1462	979
	重蜡油	0.9	369	498	1.0139	10.7	1027	1379	92
	循环油	25.2	369	498	1.0375	10.5	804	1349	3815
	液相原料	110.9	369	498	1.0224	11.6	864	1274	12639
	合计	167.1							20013

由表 3-68 中的数据可知，加热炉对流段的加热负荷为 9459kW，辐射段的加热负荷

为 20013kW。

5.2.3　加热炉热效率

燃料气发热量：

$$燃料气发热量 = 燃料气热值 \times 燃料气流量 = \frac{2754\text{kg/h} \times 45704\text{kJ/kg}}{3600} = 34965\text{kW}$$

燃料气显热：

$$燃料气显热 = \Delta h_f(\text{kJ/kg}\ 燃料) \times 燃料气流量 = \frac{159.6\text{kg/h} \times 45704\text{kJ/kg}}{3600} = 122\text{kW}$$

冷空气显热：

$$燃料气显热 = \Delta h_a(\text{kJ/kg}\ 燃料) \times 燃料气流量 = \frac{287\text{kg/h} \times 45704\text{kJ/kg}}{3600} = 220\text{kW}$$

将以上计算结果进行汇总，结果如表 3-69 所示。

表 3-69　正平衡计算加热炉热效率

项目		物流	热负荷/kW	比例/%
供入能		燃料气发热量	34965	99.03
		燃料气显热	122	0.35
		冷空气热量	220	0.62
		合计	35307	100.00
有效能	对流室	过热蒸汽	579	1.64
		注水	1893	5.36
		注汽	-10	-0.03
	辐射室	原料油	6998	19.82
		合计	9459	26.79
		注水	571	1.62
		注汽	33	0.09
		原料油	19409	54.97
		反应热	3048	8.63
		合计	23061	65.32
正平衡加热炉热效率				92.11

加热炉正平衡的热效率为 92.11%。

5.3　炉管表面热强度

根据《延迟焦化工艺与工程(第二版)》[8] P581 中式(6-2-80)，计算加热炉的炉管表面平均热强度。

$$q_R = \frac{Q_R}{A_R} \tag{3-38}$$

式中　q_R——炉管表面平均热强度，kW/m^2；

Q_R——管内介质在辐射炉管中的吸热量，kW；

A_R——以管外径为准的辐射炉管传热面积，m^2。

已知辐射炉管主要数据如表 3-70 所示。

表 3-70　加热炉管主要参数

项目	单位	数值	项目	单位	数值
炉管外径	mm	114. 3	单程炉管根数		36
炉管壁厚	mm	8. 56	炉管总根数		144
管内径	mm	97. 18	辐射室换热面积	m^2	904
单根炉管长度	m	17. 5	加热炉热负荷	kW	23061
管程数		4	炉管表面平均热强度	kW/m^2	25. 5

以炉管外表面为基准的传热面积 A_R 为：

$$A_R = 4 \times 36 \times 3.14 \times (114.3/1000) \times 17.5 = 904.4m^2$$

根据正效率计算出的加热炉辐射室的热负荷为 23061kW，辐射室炉管的表面平均热强度 q_R 为：

$$q_R = \frac{Q_R}{A_R} = \frac{23061}{904.4} = 25.5kW/m^2 \tag{3-39}$$

5.4　内膜传热系数

根据《炼油厂加热炉炉管壁厚计算方法》[11] P20 中的公式(B. 2-5)计算两相流的内膜传热系数。

$$K_{2p} = K_l w_l + K_v w_v \tag{3-40}$$

式中　K_{2p}——两相流的内膜传热系数，W/(m^2 · ℃)；

K_l——液相内膜传热系数，W/(m^2 · ℃)；

K_v——气相内膜传热系数，W/(m^2 · ℃)；

w_l——双相流中液相质量分率；

w_v——两相流中气相质量分率。

根据 SH/T 3037—2016《炼油厂加热炉炉管壁厚计算方法》[11] P19 中公式(B. 2-1)计算液相内膜传热系数。

$$K_l = 0.023\left(\frac{\lambda_{f,\ T_b}}{D_i}\right) Re^{0.8} Pr^{0.33} \times \left(\frac{\mu_{f,\ T_b}}{\mu_{f,\ T_w}}\right)^{0.14} \tag{3-41}$$

式中　$\lambda_{f,\ T_b}$——在平均温度下流体的导热系数液相导热系数，W/(m · K)；

D_i——炉管内径，m；

$\mu_{f,\ T_b}$——流体在平均温度下的绝对黏度，Pa · s；

$\mu_{f,\ T_w}$——流体在管壁温度下的绝对黏度，Pa · s。

根据 SH/T 3037—2016《炼油厂加热炉炉管壁厚计算方法》P19 中公式(B. 2-4)计算气相内膜传热系数。

$$K_v = 0.021 \times \left(\frac{\lambda_{f,\ T_b}}{D_i}\right) Re^{0.8} Pr^{0.4} \times \left(\frac{T_b}{T_w}\right)^{0.5} \tag{3-42}$$

式中　T_b——气相的绝对平均温度，K；

T_w——气相的绝对管壁温度，K。

5. 4. 1　气体物性计算

已知加热炉进料的总负荷，辐射进料共四路，计算每程进料的流量，计算加热炉热效率时假设辐射炉管出口原料油的裂化率为20%，辐射入口减渣的裂化率为0%，以出入口平均裂化率10%作为计算基准，辐射室单程炉管内的物料平衡如表3-71所示。

辐射炉管路口单程炉管的循环油量为：$\frac{循环油}{4}=\frac{25.2}{4}=6.3\text{t/h}$

辐射炉管路口单程炉管的混合原料量为：$\frac{混合原料}{4}=\frac{138.2}{4}=34.7\text{t/h}$

表3-71　单程炉管物料平衡

物料	入口/(t/h)	出口/(t/h)	平均值/(t/h)	分子量	摩尔流量/(kmol/h)
水蒸气	0.8	0.8	0.8	18.0	45.8
干气	0.0	0.6	0.3	19.8	15.2
液态烃	0.0	0.3	0.1	49.7	2.8
稳定汽油	0.0	1.4	0.7	110.2	6.3
柴油	0.0	2.1	1.0	211.0	4.9
轻蜡油	0.0	2.4	1.2	337.2	3.5
重蜡油	0.0	0.2	0.1	367.7	0.3
循环油	6.3	6.3	6.3	366.9	17.2
气相合计	7.1	14.1	10.6		96.0
液相	34.7	27.7	31.2		

加热炉出口油气流量为10.6t/h，平均温度为434℃，平均压力为0.95MPa，气相摩尔流量为96kmol/h，计算出气相体积为：

$$22.4\times96\times\frac{273+434}{273}\times\frac{101.3}{0.95\times1000+101.3}=537\text{m}^3/\text{h}$$

平均分子量为：

$$M=\frac{m}{N}=\frac{10.6\times10^3}{96}=110$$

根据3.1.12节中气体黏度公式计算气体的黏度，已知温度为434℃，油气平均分子量为110，计算得到气体黏度为0.012 mPa·s。

$$\begin{aligned}\mu &=-0.0092696+\sqrt{T}(0.0010310-4.4507\times10^{-5}\sqrt{M})+1.1249\times10^{-5}\times M\\ &=-0.0092696+\sqrt{1.8\times(434+273)}\times(0.0010310-4.4507\times10^{-5}\sqrt{110})\\ &\quad+1.1249\times10^{-5}\times110=0.012\text{mPa}\cdot\text{s}\end{aligned}$$

根据《石油化工设计手册(2015修订版)第一卷》[9] P1017中的公式(7-193)，计算加热炉出口气体导热系数。已知温度为434℃，油气平均分子量为110，得到气体的导热系数为0.06W/(m·℃)。

$$\begin{aligned}k &=0.00376+\frac{0.70595}{M^{1.086497}}+\left(0.102684+\frac{3.308}{M^{1.7}}\right)\times\frac{T}{1000}\\ &=0.00376+\frac{0.70595}{110^{1.086497}}+\left(0.102684+\frac{3.308}{110^{1.7}}\right)\times\frac{434}{1000}=0.06\text{W}/(\text{m}\cdot℃)\end{aligned}\quad(3\text{-}43)$$

气体比热容根据3.1.11节中的图3-6查得为0.7kcal/(kg·℃)=4.186×0.7=2.93kJ/(kg·℃)。

将气体物性计算结果列于表 3-72 中。

表 3-72　气体物性计算结果

项目	数值	单位
流量	10.6	t/h
实际温度下液相的密度	19.7	kg/m³
气相平均分子量	110	g/mol
实际温度	434	℃
实际温度下黏度	0.012	mPa·s
比热容，C_p	2.93	kJ/(kg·K)
导热系数，λ	0.053	W/(m·K)

5.4.2　液体物性计算

已知渣油在 20℃下的相对密度，根据 3.1.2 节中的公式，计算管内介质平均温度和金属壁温条件下的密度，已知介质平均温度为 434℃，管壁平均温度为 493℃。

$$\rho_{434} = 434 \times (1.307 \times 1.0224 - 1.817) + 973.86 \times 1.0224 + 36.34 = 823\text{kg/m}^3$$

$$\rho_{493} = 493 \times (1.307 \times 1.0224 - 1.817) + 973.86 \times 1.0224 + 36.34 = 795\text{kg/m}^3$$

已知油品的特性因数 K 和 20℃下的相对密度，根据 3.1.10 节中的公式，计算定性温度下渣油的比热容。

$$C_P = 4.1855 \times \begin{Bmatrix} 0.6811 - 0.308 \times (0.99417 \times 1.0224 + 0.009181) \\ + (1.8 \times 434 + 32) \times [0.000815 - 0.000306 \\ \times (0.99417 \times 1.0224 + 0.009181)] \end{Bmatrix}$$

$$\times (0.055 \times 12.2 + 0.35)$$

$$= 3.19\text{kJ/(kg·K)}$$

根据 3.1.11 节中的计算公式，计算定性温度下渣油的导热系数。

$$\lambda = \frac{0.0199 - 0.0000656 \times 434 + 0.098}{0.99417 \times 1.0224 + 0.009181} = 0.087\text{W/(m·K)}$$

已知渣油在 80℃和 100℃下的运动黏度(见表 1-1 中的数据)，根据 3.1.12 节中的计算公式，计算定性温度下渣油的黏度。

当 $d_4^{20} \geq 0.9$ 时，参数 C=0.6。

参数 b 为：

$$b = \frac{\ln[\ln(v_1 + C)] - \ln[\ln(v_2 + C)]}{\ln(T_1 + 273) - \ln(T_2 + 273)}$$

$$= \frac{\ln[\ln(4115 + 0.6)] - \ln[\ln(2068 + 0.6)]}{\ln(80 + 273) - \ln(100 + 273)} = -1.565$$

参数 a 为：

$$a = \ln[\ln(v_1 + C)] - b \cdot \ln(T_1 + 273)$$

$$= \ln[\ln(4115 + 0.6)] - (-1.565) \cdot \ln(80 + 273) = 11.3$$

在温度为 434℃时，渣油的运动黏度和动力黏度分别为 15.9mm²/s 和 13.12mPa·s：

$$v = \exp\{\exp[a + b \times \ln(T + 273)]\} - C$$

$$= \exp\{\exp[11.3 - 1.565 \times \ln(434 + 273)]\} - 0.6 = 15.9\text{mm}^2/\text{s}$$

$$\mu = \rho \cdot v \cdot 10 - 6 = 823 \times 15.9 \times 10^{-3} = 13.12\text{mPa} \cdot \text{s}$$

液相主要物性计算结果如表3-73所示。

表3-73 液体物性计算结果

物性	符号	结果	单位
流量	Q_L	31.2	t/h
相对密度	d_4^{20}	1.0224	
介质的平均温度	T_b	434	℃
介质的绝对平均温度	T_b	707	K
介质的绝对管壁温度	T_w	766	K
平均温度下液相的密度	$\rho_{(T_b)}$	823	kg/m^3
单程炉管液相体积流量	Q_L	37.9	m^3/h
平均温度下液相的运动黏度		15.9	mm^2/s
平均温度下液相的动力黏度	$\mu_{f(T_b)}$	13.12	mPa·s
管壁温度下液相的密度	$\rho_{(T_w)}$	795	kg/m^3
管壁温度下液相的运动黏度		11.3	mm^2/s
管壁温度下液相的动力黏度	$\mu_{f(T_w)}$	9.0	mPa·s
平均温度下液相的比热容	C_p	3.19	kJ/(kg·K)
平均温度下液相的导热系数	λ	0.087	W/(m·K)

5.4.3 计算内膜传热系数

计算液相和气相传热系数时，应按混合相的质量流速进行计算，但分别采用液相和气相的物理性质。

$$\text{混相质量流速：} q_{mA} = \frac{W}{S} = \frac{(14.1 + 27.7) \times 1000}{3600 \times 0.007414} = 1566\text{kg}/(\text{m}^2 \cdot \text{s})$$

根据上述气体的物性，计算炉管内气相内膜传热系数：

$$\text{雷诺数：} Re_g = \frac{D_i q_{mA}}{\mu_{f \cdot T_b}} = \frac{0.0972 \times 1566}{12.0 \times 10^{-6}} = 12594309 \tag{3-44}$$

$$\text{普朗特准数：} Pr = \frac{c_p \mu_{f \cdot T_b}}{\lambda_{f \cdot T_b}} = \frac{2.93 \times 0.012}{0.053} = 0.67 \tag{3-45}$$

气相内膜传热系数：

$$\begin{aligned} K_2 &= 0.021\left(\frac{\lambda_{f \cdot T_b}}{D_i}\right) Re^{0.8} Pr^{0.4} \left(\frac{T_b}{T_w}\right)^{0.5} \\ &= 0.021 \times \left(\frac{0.053}{0.09718}\right) \times (12594309)^{0.8} \times 0.67^{0.4} \left(\frac{707}{766}\right)^{0.5} \\ &= 4486\text{W}/(\text{m}^2 \cdot ℃) \end{aligned} \tag{3-46}$$

计算介质的液相内膜传热系数：

$$\text{雷诺数：} Re = \frac{D_i q_{mA}}{\mu_{f \cdot T_b}} = \frac{0.09718 \times 1566}{13.12 \times 10^{-3}} = 11593$$

$$\text{普朗特准数：} P_r = \frac{c_p \mu_{f \cdot T_b}}{\lambda_{f \cdot T_b}} = \frac{13.1 \times 3.19}{0.087} = 480$$

液相内膜传热系数：

$$K_l = 0.023\left(\frac{\lambda_{f,\ T_b}}{D_i}\right)Re^{0.8}Pr^{0.33}\times\left(\frac{\mu_{f,\ T_b}}{\mu_{f,\ T_W}}\right)^{0.14}$$

$$= 0.023\left(\frac{0.087}{0.09718}\right)\times 11593^{0.8}480^{0.33}\times\left(\frac{13.1}{9.0}\right)^{0.14}$$

$$= 298W/(m^2\cdot ℃) \tag{3-47}$$

已知辐射炉管内平均气相流量为10.6t/h，平均液相流量为31.2t/h，计算气液相质量分数分别为：

$$w_1 = \frac{10.6}{10.6+31.2}\times 100\% = 25\%$$

$$w_2 = \frac{31.2}{10.6+31.2}\times 100\% = 75\%$$

则总传热系数：$K_f = K_1w_1 + K_2w_2 = 4486\times 0.25 + 298\times 0.75 = 1345W/(m^2\cdot ℃)$。

5.5　油膜温度

油品内膜温度的高低与油品温度的高低、局部热强度、内膜传热系数有关，根据《原油蒸馏技术进展与应用》[12] P447中的公式(8-2-2)计算最高内膜温度。

$$T_{fmax} = T_b + \frac{q_{R\cdot max}}{K_f}\left(\frac{D_o}{D_i}\right) \tag{3-48}$$

式中　T_b——油品温度，℃；

$q_{R,\ max}$——辐射段最高局部热强度，$W/(m^2)$；

D_o——炉管外径，m；

D_i——炉管内径，m；

K_f——内膜传热系数，$W/(m^2\cdot K)$。

油品温度高时，内膜温度高，故最高内膜温度发生在炉管出口部位，焦化加热炉的最高油膜温度在加热炉出口处，因此计算加热炉出口处的油膜温度。

辐射室单程炉管工艺条件如表3-74所示：

表3-74　辐射室单程炉管工艺参数

项目	符号	单位	数值
辐射段烟气平均温度	$T_{g,ave}$	℃	740
炉管出口处管壁金属温度	T_{tm}	℃	630
辐射段管壁金属平均温度	$T_{tm,ave}$	℃	493
管心距	S	mm	2.0
管子外径	D_o	mm	114.3
管子内径	D_i	mm	97.2
炉管流量	W	t/h	41.8
炉出口油品温度	T_b	℃	498

辐射段最高局部热强度计算公式为：

$$q_{R\cdot max} = F_{cir}F_LF_Tq_{R\cdot ave} + q_{conv} \tag{3-49}$$

式中　F_{cir}——周向热强度不均匀系数；

F_L——纵向热强度不均匀系数；

F_T——管子金属温度对辐射热强度的影响系数；

q_{Rave}——外表面平均辐射热强度，W/m^2；

q_{conv}——外表面平均对流热强度，W/m^2。

周向热强度不均匀系数 F_{cir} 根据 SH/T 3037—2016《炼油厂加热炉炉管壁厚计算方法》[11] P21 中的图 3-26 查询得为 1.2（单排管，双面辐射，管心距为 2.0）。

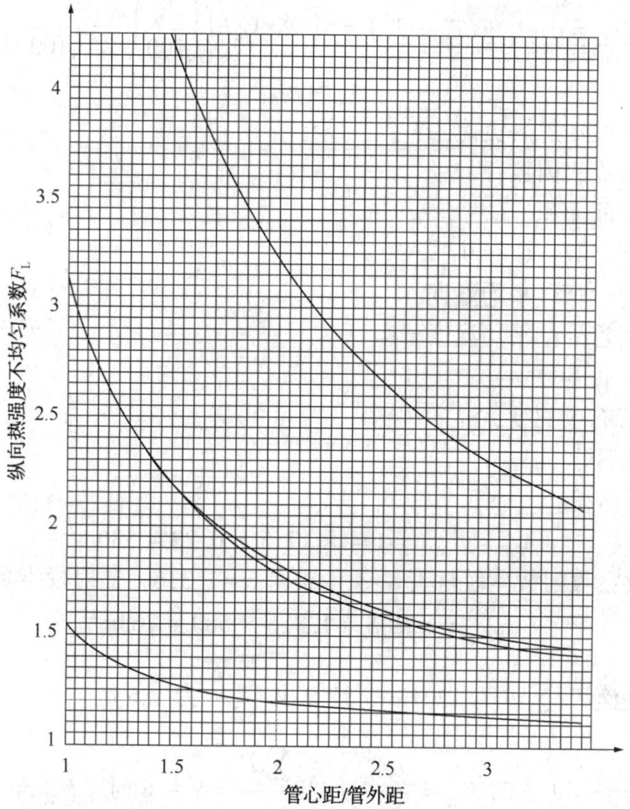

图例：
1—双排管靠墙三角形排列，一面辐射，一面反射；
2—双面管双面辐射，排心距两倍直径，等边三角形排列；
3—单排管靠墙，一面辐射。一面反射，
4—单排管双面辐射。
这些曲线适用于管子中心距耐火墙的距离为1.5倍
管子公称直径。如距离与比值相差轻大另作考虑。

图 3-26　最高局部热强度与平均热强度比值

纵向热强度不均匀系数 F_L 通常在 1.0~1.5 之间。根据《炼油厂设备加热炉设计手册》P129 中表 LX-300-表 1，查得方箱炉顶部的炉管沿长度的不均匀系数 F_L 为 1.1。

管子金属系数 F_T 按 SH/T 3037—2016P21《炼油厂加热炉炉管壁厚计算方法》[11] 中公式（B.3-2）计算：

$$F_T = \left(\frac{T_{g\cdot ave}^{*4} - T_{tm}^{*4}}{T_{g\cdot ave}^{*4} - T_{tm\cdot ave}^{*4}}\right) \tag{3-50}$$

式中　$T_{g,\ ave}^*$——辐射段烟气平均温度，K；

T^*_{tm}——所考虑点的管子金属温度，K；

$T^*_{tm,\ ave}$——辐射段管子金属平均温度，K。

$$F_T=\left(\frac{T^{*4}_{g\cdot ave}-T^{*4}_{tm}}{T^{*4}_{g\cdot ave}-T^{*4}_{tm\cdot ave}}\right)=\left(\frac{(730+273)^4-(540+273)^4}{(730+273)^4-(493+273)^4}\right)=0.86$$

根据《原油蒸馏技术进展与应用》[12] P454 中的公式(8-3-46)计算外表面平均辐射热强度：

$$Q_{Rr}=\sigma\alpha A_{cp}F(T_g^4-T_w^4)=5.72\alpha A_{cp}F\left[\left(\frac{T_g}{100}\right)^4-\left(\frac{T_w}{100}\right)^4\right] \tag{3-51}$$

$$A_{cp}=nL_\alpha S \tag{3-52}$$

式中 Q_{Rr}——辐射段辐射热负荷，W；

α——有效吸收因数；

A_{cp}——冷平面面积，m^2；

F——交换因数，取 0.9；

T_g——辐射段烟气平均温度，K；

T_w——辐射管外壁平均温度，K；

n——辐射管管数；

L_α——炉管有效长度，m；

S——管心距，m。

辐射段冷平面面积：

$$A_{cp}=nL_\alpha S=144\times17.5\times0.23=580m^2$$

单排双面有效吸收因数，教材表 8-3-1 查得 α=1.316，辐射段当量冷平面 αA_{cp}：

$$\alpha A_{cp}=\alpha nL_\alpha S=1.316\times580=763m^2$$

已知炉膛内表面积 $\sum F$ 为 $1204m^2$，计算出 $\frac{\sum F}{\alpha A_{cp}}$ 为 1.6。

当 $\frac{\sum F}{\alpha A_{cp}}=1\sim1.5$ 时 $F_{RC}=\frac{\alpha A_{cp}}{\sum F}$；当 $\frac{\sum F}{\alpha A_{cp}}=5\sim8$ 时，$F_{RC}=\frac{\alpha A_{cp}}{\sum F-\alpha A_{cp}}$

当 $\sum F_{RC}$ =1.5~5 时，F_{RC} 为上列二数值的中间值，计算得 F_{RC} 为 1.2。

根据《原油蒸馏技术进展与应用》[12] P458 中的图 8-3-3 查得烟气辐射率 ε_g 为 6.15，根据公式(3-52)计算出炉膛有效辐射率 ε_s 为 0.77：

$$\varepsilon_s=\varepsilon_g\left[1+\left(\frac{\sum F}{\alpha A_{cp}}-1\right)\Big/\left(1+\frac{\varepsilon_g}{1-\varepsilon_g}\times\frac{1}{F_{RC}}\right)\right] \tag{3-53}$$

根据《原油蒸馏技术进展与应用》[12] P459 中的表，查得炉管表面辐射率 ε_f 为 0.9。

根据公式(3-53)计算交换因数 F 为：

$$F=\frac{1}{\frac{1}{\varepsilon_f}+\frac{1}{\varepsilon_s}-1}=\frac{1}{\frac{1}{0.9}+\frac{1}{0.77}-1}=0.71 \tag{3-54}$$

计算辐射传热负荷 Q_{Rr}：

$$Q_{Rr}=5.72\alpha A_{cp}F\left[\left(\frac{T_g}{100}\right)^4-\left(\frac{T_w}{100}\right)^4\right]$$

$$= 5.72 \times 763 \times 0.71 \times \left[\left(\frac{730+273}{100}\right)^4 - \left(\frac{493+273}{100}\right)^4\right]$$
$$= 20.7\text{MW}$$

根据《原油蒸馏技术进展与应用》[12] P454 中的公式(8-3-46)计算外表面平均对流热负荷：

$$Q_{Rc} = h_{Rc}A_R(T_g - T_w) \quad (3\text{-}55)$$

式中 Q_{Rc}——辐射段对流热负荷，W；

h_{Rc}——辐射段对流传热系数，取 23.3W/(m^2 . ℃)；

A_R——辐射段炉管外表面积，m^2。

外表面平均对流热负荷 Q_{Rc} 为：

$$Q_{Rc} = h_{Rc}A_R(T_g - T_w) = 23.3 \times 904 \times (730 - 493) = 4.99\text{MW} \quad (3\text{-}56)$$

辐射段总负荷 Q_R 为：

$$Q_R = Q_{Rr} + Q_{Rc} = 25.7\text{MW}$$

外表面平均辐射热强度：

$$q_{R,\ ave} = \frac{Q_{Rr}}{A_R} = \frac{20.7 \times 10^6}{904} = 22872\ \text{W/m}^2 \quad (3\text{-}57)$$

外表面平均对流热强度：

$$q_{conv} = \frac{Q_{Rc}}{A} = \frac{4.99 \times 10^6}{904} = 5522\ \text{W/m}^2 \quad (3\text{-}58)$$

辐射段局部最高热强度：

$$q_{R,\ max} = F_{cir} \times F_L \times F_T \times q_{R,\ ave} + q_{conv} = 1.2 \times 1.1 \times 0.86 \times 22872 + 5522 = 31526\text{W/m}^2 \quad (3\text{-}59)$$

油膜温度 $T_{f,\ max}$：

$$T_{f,\ max} = T_b + \frac{q_{R,\ max}}{K_f}\left(\frac{D_o}{D_i}\right) = 498 + \frac{31526}{1345} \times \left(\frac{0.114}{0.097}\right) = 526℃ \quad (3\text{-}60)$$

6 分馏塔内件水力学计算

由分馏塔气、液相负荷图可知，气相负荷和液相负荷最大的位置为分馏塔第 19 层塔盘，因此，计算第 19 层塔盘的水力学参数。

6.1 分馏塔盘基本参数

焦化分馏塔塔盘的主要参数如表 3-75 所示。

表 3-75 分馏塔第 19 层塔板主要参数

项目	单位	数值	项目	单位	数值
分馏塔直径	mm	3800	出口堰高	m	0.05
板间距	m	0.6	开孔率	%	10.6
溢流堰长 l_w	mm	2467	降液管底隙	m	0.04

6.2 气液相基本物性计算

进入到第 19 层塔盘的气相有水蒸气、干气、液化气、稳定汽油、柴油和内回流，第 19 层塔盘的液相为内回流和中段抽出量之和，第 19 层塔盘气相和液相物性的计算结果分别如

表 3-76 和表 3-77 所示。

在 3.3.4 节中已经计算出第 19 层塔盘的气相内回流量为 4.1t/h，假设内回流的分子量为中段油的分子量，已知水蒸气、干气、液化气、稳定汽油、柴油和内回流的质量流量和分子量，得到气相的摩尔流量为：

$$N_{气} = N_{内} + N_{水} + N_{干气} + N_{液化气} + N_{汽油} + N_{柴油} = 1550\text{kmol/h} \tag{3-61}$$

19 层塔盘的温度为 314℃，压力为 254kPa，气相体积流量为：

$$22.4 \times 1550 \times \frac{273 + 314}{273} \times \frac{101}{254} = 29722\text{m}^3/\text{h} = 8.3\text{m}^3/\text{s}$$

则气相的密度为：

$$\gamma_v = \frac{m}{v} = \frac{170222}{29722} = 5.7\text{kg/m}^3 \tag{3-62}$$

气相的平均分子量为：

$$M = \frac{m}{N} = \frac{170222}{1550} = 110 \tag{3-63}$$

根据 3.1.13 节中的气体黏度公式，计算混合油气的黏度为：

$$\begin{aligned}\mu &= -0.0092696 + \sqrt{T}(0.0010310 - 4.4507 \times 10^{-5}\sqrt{M}) + 1.1249 \times 10^{-5} \times M \\ &= -0.0092696 + \sqrt{1.8 \times (273 + 314)}(0.0010310 - 4.4507 \times 10^{-5}\sqrt{110}) \\ &\quad + 1.1249 \times 10^{-5} \times 110 = 0.01032\text{mPa}\cdot\text{s} = 1.05 \times 10^{-6}\text{kgf}\cdot\text{s/m}^2\end{aligned}$$

表 3-76　第 19 层塔盘气液相主要物性

项目	单位	第 19 层塔盘	项目	单位	第 19 层塔盘
气体质量流量	kg/h	170222	气积体积流量 V_v	m^3/s	8.3
气体摩尔流量	kmol/h	1550	平均分子量		110
温度	℃	314	气体密度 γ_v	kg/m^3	5.7
压力(绝)	kPa	254.4	气体黏度	mPa·s	0.01032
气积体积流量	m^3/h	29722	气体黏度	$kgf\cdot s/m^2$	1.05×10^{-6}

第 19 层塔盘的液相物性假设为与中段油物性一致，塔盘温度为 309℃，则该温度下的液相密度为：

$$\begin{aligned}\rho &= T\cdot(1.307\gamma_4^{20} - 1.817) + 973.86\gamma_4^{20} + 36.34 \\ &= 309 \times (1.307 \times 0.8929 - 1.817) + 973.86 \times 0.8929 + 36.34 = 705\text{kg/m}^3\end{aligned} \tag{3-64}$$

体积流量为：

$$V_l = \frac{m}{\rho} = \frac{101656}{705} = 262.7\text{m}^3/\text{h} = 0.073\text{m}^3/\text{s}$$

根据《石油炼制工程(第四版)》P93 中的公式(3-80)：

$$\sigma = 0.6737 \times \left(\frac{T_{pc} - T}{T_{pc}}\right)^{1.232} / K \tag{3-65}$$

式中　σ——液体的表面张力，N/m；

T_{pc}——临界温度，K；

T——体系温度，K；

K——特性因数。

已知液体的假临界温度为535℃，特性因数为11.5，计算液体表面张力为：

$$\sigma = 0.6737 \times \left(\frac{T_{pc} - T}{T_{pc}}\right)^{1.232} / K = 0.6737 \times \left(\frac{535 - 309}{535 + 273}\right)^{1.232} / 11.5$$

$$= 0.012 J/m^2 = 12.1 mN/m$$

表 3-77　第 19 层塔盘液相主要物性

项目	单位	第19层塔盘	项目	单位	第19层塔盘
内回流量	kg/h	101656	定性温度下的密度 γ_l	kg/m^3	705
侧线抽出	kg/h	83547	液体体积流量	m^3/h	262.7
总液相流量	kg/h	185203	液体体积流量 V_l	m^3/s	0.073
分子量		268	假临界温度 T_{pc}	℃	535
温度	℃	309	液体表面张力	J/m^2	0.012
相对密度 d_4^{20}		0.8929	液体表面张力	mPa·s	12.1
K 特性因数		11.5			

6.3　分馏塔塔盘主要参数计算

6.3.1　流动参数

根据《原油蒸馏工艺与工程》P666 中公式(8-3-132)计算塔盘的流动参数 F_{lv}。

$$F_{lv} = \frac{L}{V}\sqrt{\frac{\rho_v}{\rho_l}} \tag{3-66}$$

式中　F_{lv}——流动参数；

L——液相质量流量，kg/h；

V——气相质量流量，kg/h；

ρ_L——液体密度，kg/m^3；

ρ_V——气体密度，kg/m^3。

流动参数 F_{lv} 计算结果为：

$$F_{lv} = \frac{L}{V}\sqrt{\frac{\rho_v}{\rho_l}} = \frac{185203}{170222} \times \sqrt{\frac{5.7}{705}} = 0.1$$

6.3.2　空塔气速

1. 塔板最大允许气速

根据《炼油设备工艺设计资料塔的工艺计算》[13] P129 页公式计算：

$$W_{max} = \frac{0.0555\sqrt{gH_t}}{1 + 2 \cdot \frac{V_l}{V_v} \cdot \sqrt{\frac{\gamma_v}{\gamma_l}}} \cdot \sqrt{\frac{\gamma_l - \gamma_v}{\gamma_v}} \tag{3-67}$$

式中　g——重力加速度，$9.81 m/s^2$；

W_{max}——允许最大气速，m/s；

γ_v——汽相密度，kg/m^3；

γ_l——液体密度，kg/m^3；

H_t——板间距，m；

V_v——气体体积流量，m^3/s；

V_l——液体体积流量，m^3/s。

塔板最大允许气速计算结果为：

$$W_{max}=\frac{0.055\times\sqrt{g\times H_t}}{1+2\times\frac{V_l}{V_v}\times\sqrt{\frac{\gamma_l}{\gamma_v}}}\times\sqrt{\frac{\gamma_l-\gamma_v}{5.7}}=\frac{0.055\times\sqrt{9.81\times0.6}}{1+2\times\frac{0.073}{8.3}\times\sqrt{\frac{705}{5.7}}}\times\sqrt{\frac{705-5.7}{5.7}}=1.5m/s$$

2. 空塔实际气速

根据《炼油设备工艺设计资料塔的工艺计算》P131 公式计算塔盘的实际空塔气速 W。

$$W=\frac{V_s}{\frac{\pi}{4}D^2\times3600} \tag{3-68}$$

式中 W——空塔气速，m/s；

V_s——气相体积流量，m^3/h；

D——塔直径，m。

空塔实际气速 W 计算结果为：

$$W=\frac{V_s}{\frac{\pi}{4}D^2\times3600}=\frac{8.3}{11.3}=0.73m/s$$

6.3.3 阀孔临界气速

根据《炼油设备工艺设计资料塔的工艺计算》P133 公式计算临界阀孔气速。

$$(W_h)_c=\left(\frac{72.8}{\gamma_v}\right)^{0.548} \tag{3-69}$$

式中 $(W_h)_c$——阀孔临界气速，m/s；

γ_v——汽相密度，kg/m^3；

临界阀孔气速计算结果为：

$$(W_h)_c=\left(\frac{72.8}{\gamma_v}\right)^{0.548}=\left(\frac{72.8}{5.7}\right)^{0.548}=4.0m/s$$

6.3.4 阀孔动能因数

根据《炼油设备工艺设计资料塔的工艺计算》P143 公式计算阀孔动能因数：

$$F_o=W_h\cdot\sqrt{\gamma_v} \tag{3-70}$$

式中 W_h——阀孔气速，m/s；

γ_v——汽相密度，kg/m^3；

F_o——阀孔动能因数，$m/[s.(kg/m^3)^{0.5}]$。

阀孔气速为：

$$W_h=V_v/\text{开孔面积}=\frac{8.3}{1.2}=6.9m/s$$

阀孔动能因数为：

$$F_o=W_h\cdot\sqrt{\gamma_v}=6.9\cdot\sqrt{5.7}=16.5m/[s\cdot(kg/m^3)^{0.5}]$$

6.3.5 堰流强度

堰流强度根据公式(3-71)计算：

$$F_1 = \frac{V_1}{l} \tag{3-71}$$

式中 V_1——液体体积流量，m^3/s；

l——堰长，m；

F_1——堰流强度，$m^3/(m \cdot h)$。

塔盘为双溢流塔盘，堰长 l 应为溢流堰长 l_w 的 2 倍，堰流强度为：

$$F_1 = \frac{V_1}{l} = \frac{V_1}{2 \times l_w} = \frac{263}{2 \times 2.467} = 53m^3/(m \cdot h)$$

堰上清液层高度根据《炼油设备工艺设计资料塔的工艺计算》P135 公式计算：

$$h_{ow} = 2.84E\left(\frac{V_1}{l}\right)^{2/3} \tag{3-72}$$

式中 E——液体收缩系数，一般情况取 1；

V_1——液体体积流量，m^3/h；

h_{ow}——堰上清液层高，m。

堰上清液层高度为：

$$h_{ow} = 2.84E\left(\frac{V_1}{l}\right)^{2/3} = 2.84 \times 1 \times \left(\frac{263}{4.93}\right)^{2/3} = 40mm$$

板上清液层高度根据《炼油设备工艺设计资料塔的工艺计算》P135 公式计算：

$$h_1 = h_w + h_{ow}$$

板上清液层高为：

$$h_1 = h_w + h_{ow} = 40 + 50 = 90mm$$

6.3.6 空塔 C 因子和 F 因子

空塔 F 因子计算公式为：

$$F = u\sqrt{\rho_V} \tag{3-73}$$

式中 F——空塔动能因数；

u——空塔气速，m/s；

ρ_V——气体密度，kg/m^3。

计算结果为：

$$F = u\sqrt{\rho_V} = 0.73 \times \sqrt{5.7} = 1.74$$

空塔 C 因子计算公式为：

$$C = u\sqrt{\frac{\rho_V}{\rho_L - \rho_V}} \tag{3-74}$$

式中 C——空塔 C 因子；

ρ_L——塔内液相密度，kg/m^3；

ρ_V——塔内气相密度，kg/m^3。

计算结果为：

$$C = u\sqrt{\frac{\rho_V}{\rho_L - \rho_V}} = 0.73 \times \sqrt{\frac{5.7}{-5.7}} = 0.07$$

6.4 塔板水力学计算

6.4.1 塔板压降

1. 干板压降

根据《炼油设备工艺设计资料塔的工艺计算》P138 公式计算干板压降。

阀全开前：

$$\Delta P_d = 19.9\frac{W_h^{0.175}}{\gamma_1} = 19.9 \times \frac{5.9^{0.175}}{705} = 0.04\text{m 液柱} \tag{3-75}$$

阀全开后：

$$\Delta P_d = 5.37\frac{W_h^2}{2g}\cdot\frac{\gamma_v}{\gamma_1} = 5.37 \times \frac{6.9^2}{2 \times 9.81}\cdot\frac{5.7}{705} = 0.105\text{m 液柱} \tag{3-76}$$

2. 气体通过塔板上液层压降

根据《炼油设备工艺设计资料塔的工艺计算》P138 公式计算液层压降。

$$\Delta P_{vl} = 0.4h_w + 2.35 \times 10^{-3} \times \left(\frac{3600V_1}{l}\right)^{2/3}$$

$$= 0.4 \times 0.05 + 2.35 \times 10^{-3} \times \left(\frac{3600 \times 705}{4.94}\right)^{2/3} = 0.053\text{m 液柱}$$

3. 塔板总压降

根据《炼油设备工艺设计资料塔的工艺计算》P139 公式计算：

$$\Delta P_t = \Delta P_d + \Delta P_{vl} + \Delta P_0 \approx \Delta P_d + \Delta P_{vl} = 0.105 + 0.053 + 0 = 0.158\text{m 液柱}$$

6.4.2 雾沫夹带

根据《炼油设备工艺设计资料塔的工艺计算》P139 公式计算：

$$e = \frac{A(0.052h_1 - 1.72)}{H_t^n \cdot \Phi'^2}\cdot\left(\frac{w}{\varepsilon \cdot m}\right)^{3.7} \tag{3-77}$$

式中 e——雾沫夹带量，kg(液体)/kg(气体)；

ε——除去降液管面积后的塔板面积与塔横截面积之比；

Φ'——系数，取 0.6~0.8；

W——空塔气速，m/s；

m——参数，$m = 5.63 \times 10^{-5}\left(\frac{\sigma_1}{\gamma_v}\right)^{0.296}\left(\frac{\gamma_1 - \gamma_v}{\mu_v}\right)^{0.425}$；

μ_v——气体黏度，kgfs/m^2；

A、n——系数，H_t≥350mm 时，A=0.159，n=0.95；

σ_1——液体表面张力，mN/m；

h_1——塔板上液层高度，mm。

参数 m：

$$m = 5.63 \times 10^{-5}\left(\frac{\sigma_1}{\gamma_v}\right)^{0.295}\left(\frac{\gamma_1 - \gamma_v}{\mu_v}\right)^{0.425}$$

$$= 5.63 \times 10^{-5} \left(\frac{12.1}{5.7}\right)^{0.295} \left(\frac{705 - 5.7}{1.05 \times 10^{-6}}\right)^{0.425} = 0.39$$

参数 $A=0.159$，参数为 $n=0.95$，Φ'系数为 0.8，$\varepsilon = \frac{F - F_d}{F} = \frac{11.3 - 1.5}{11.3} = 0.864$。

则雾沫夹带 e：

$$e = \frac{A(0.052h_l - 1.72)}{H_t^n \cdot \phi'^2} \cdot \left(\frac{w}{\varepsilon \cdot m}\right)^{3.7}$$

$$e = \frac{0.159 \times (0.052 \times 0.09 - 1.72)}{0.6_t^{0.95} \cdot 0.7^2} \cdot \left(\frac{0.7}{0.864 \cdot m}\right)^{3.7} = 0.028\text{kg(液体)/kg(气体)}$$

6.4.3 泄漏量

根据《炼油设备工艺设计资料塔的工艺计算》P140 公式计算：

$$N_w \times 10^4 = 2.09\,(W\gamma_v^{0.5})^{-5.95} \cdot \left(\frac{L}{3600}\gamma_l\right)^{1.43} \tag{3-78}$$

泄漏量为：

$$N_w \times 10^4 = 2.09(W\gamma_v^{0.5})^{-5.95} \cdot \left(\frac{L}{3600}\gamma_l\right)^{1.43}$$

$$N_w = 2.09 \times (0.7 \times 5.7^{0.5})^{-5.95} \cdot \left(\frac{53}{3600} \times 705\right)^{1.43} \times 10^{-4} = 0.00022$$

6.4.4 淹塔

根据《炼油设备工艺设计资料塔的工艺计算》P140 公式计算：

$$\Delta P_l = \Delta P_t + h_l + \Delta P'_{dk} \tag{3-79}$$

$$\Delta P'_{dk} = 0.2 \cdot W_b^2 \tag{3-80}$$

式中 ΔP_t——塔板总压降，m 液柱；

h_l——板上清液层高度，m 液柱；

$\Delta P'_{dk}$——通过降液管压力降，m 液柱；

W_b——降液管底隙流速，m/s；

l——堰长，m；

h_b——降液管底隙高度，m；

H_t——板间距，m；

h_w——堰高，m。

降液管底隙流速为：

$$W_b = \frac{V_l}{l \times h_b} = \frac{0.073}{4.93 \times 0.04} = 0.37\text{m/s}$$

通过降液管压力降为：

$$\Delta P'_{dk} = 0.2 \cdot W_b^2 = 0.2 \times 0.37^2 = 0.027\text{m 液柱}$$

塔板总压降为：

$$\Delta P_l = \Delta P_t + h_l + \Delta P'_{dk} = 0.159 + 0.09 + 0.027 = 0.276\text{m 液柱}$$

由于 $\Delta P_l < (0.4 \sim 0.6)(H_t + h_w) = 0.39$m 液柱，所以，符合要求。

6.4.5 降液管超负荷

降液管最大流速根据《炼油设备工艺设计资料塔的工艺计算》P141 中的公式计算降液管内的允许最大流速 V_d：

$$V_d = 0.17 \cdot K_s$$

$$H_t \leqslant 0.75\text{m 时：} V_d = 7.98 \times 10^{-3} \times K_s \sqrt{H_t(\gamma_1 - \gamma_v)}$$

式中　K_s——系统因数，取 0.9；

$$V_{d1} = 0.17 \cdot K_s = 0.17 \times 0.9 = 0.153\text{m/s}$$

$$V_{d2} = 7.98 \times 10^{-3} \times K_s \sqrt{H_t(\gamma_1 - \gamma_v)}$$

$$= 7.98 \times 10^{-3} \times 0.9 \times \sqrt{0.6 \times (705 - 5.7)} = 0.147\text{m/s}$$

取两者之间的最小值，V_d=0.147m/s 为降液管内允许的最大流速，现塔盘降液管流速为 0.05 m/s，所以降液管没有超负荷。实际降液管流速均小于降液管最大流速，因此，降液管未超负荷。

6.5　第 19 层塔盘负荷性能图

6.5.1　雾沫夹带线

取 e=0.1 为雾沫夹带的上限，根据雾沫夹带公式。

$$0.1 = \frac{A(0.052h_1 - 1.72)}{H_t^{\ n} \cdot \phi^2}\left(\frac{W}{\varepsilon \cdot m}\right)^{3.7} \tag{3-81}$$

将上式中的所有已知数值代入雾沫夹带公式中，可整理出空塔气速与液相流量的关系式，通过改变液体流量，计算空塔气速，不同流体流量与空塔气速的关系如表 3-78 所示。

表 3-78　雾沫夹带线计算结果

液体体积流量 V_1/(m³/h)	53	131	263	525	1051	2102
空塔气速 W/(m/s)	1.24	1.11	1.03	0.94	0.84	0.76

6.5.2　淹塔线

降液管液面高度控制上限为 0.39，根据公式：

$$\Delta P_1 = \Delta P_t + h_1 + \Delta P'_{dk} = 0.39$$

可推导出空塔气速与液相流量的关系式，通过改变液体流量，计算出空塔气速，不同流体流量与空塔气速的关系如表 3-79 所示。

表 3-79　淹塔线计算结果

液体体积流量 V_1/(m³/s)	315	263	394	447	525	663
空塔气速 W/(m/s)	1.00	1.05	0.91	0.83	0.69	0.23

6.5.3　降液管超负荷线

通过计算，降液管允许最大流速为 0.15m/s，降液管面积为 1.54m²，则对应的降液管内最大液体体积流量为：

$$V_1 = V_d \times F_d = 0.15 \times 1.54 \times 3600 = 813\text{m}^3/\text{s}$$

以 V_1 =813m³/h 为降液管液体体积流量绘制出降液管超负荷界线。

6.5.4　泄漏线

以阀孔动能因子 F_o=5 为操作下限，利用公式：

$$W = \frac{F_o}{\sqrt{\gamma_v}} \cdot \phi = \frac{5}{\sqrt{5.7}} \times \frac{10.6}{100} = 0.22\text{m/s} \tag{3-82}$$

以空塔气速 W=0.22m/s 做出操作下限界线。

6.5.5　塔盘负荷性能图

根据 3.6.5.1 节~3.6.5.4 节中的计算结果作出第 19 层塔板的负荷性能图，如图 3-27 所示。

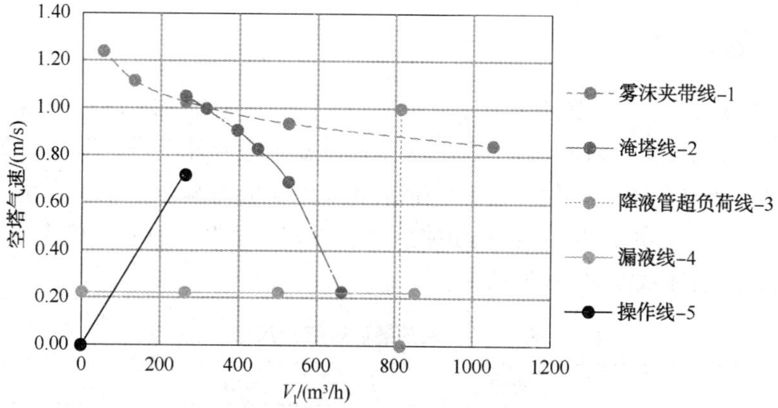

图 3-27　分馏塔第 19 层塔板负荷性能图

由塔板负荷性能图可以看出操作点处在适宜操作区内。

同理，可计算出第 3 层塔盘和第 11 层塔盘的水力学数据，并依据计算结果绘制出第 3 层塔盘和第 11 层的负荷性能图，分别见图 3-28 和图 3-29 所示。

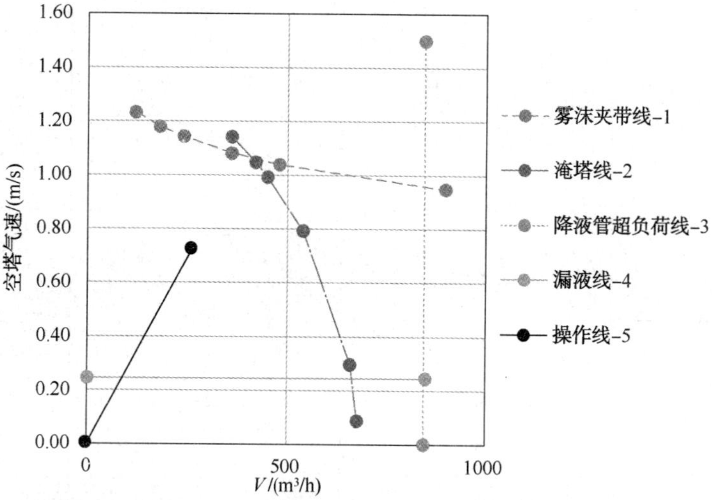

图 3-28　分馏塔第 3 层塔板负荷性能图

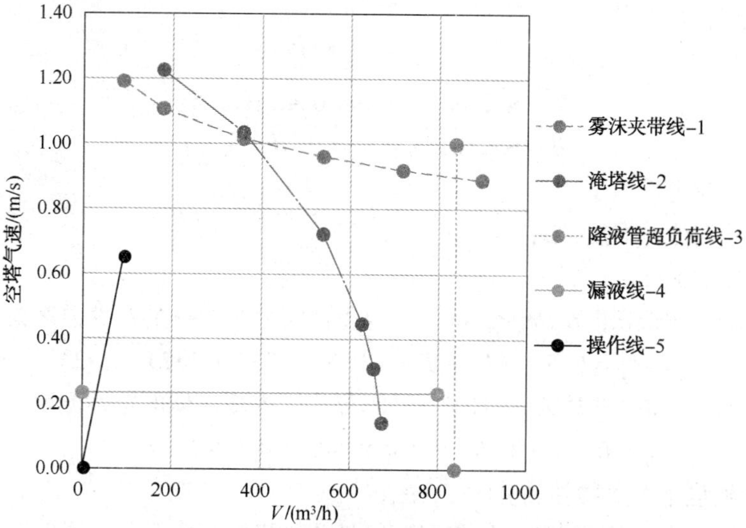

图 3-29　分馏塔第 11 层塔板负荷性能图

7 换热器计算

换热器的计算参考《冷换设备工艺计算手册(第二版)》[2]中的公式，下面计算过程中所用到的公式除非特殊说明，否则均是来自于《冷换设备工艺计算手册(第二版)》。

渣油-低温水换热器 E204 的作用是冷却常减压装置来的减压渣油，在渣油来量大于装置的处理能力时，将部分渣油冷却，送至罐区。一共四台串联，管程为低温水、壳程为减压渣油。单台换热器的参数如表 3-80 所示。

表 3-80 换热器设备结构尺寸

项目	单位	管程	壳程
管子根数		606	
中心管排数		19	
管子长度	mm	6000	
管子外径	mm	25	
管子内径	mm	20	
管束型式		光管	
管程数		2	1
折流板间距	mm	350	
折流板块数			16
换热面积	m^2	277.9	
壳体直径	mm		1000
管子排列方式		正方形	
管心距	mm	32	
管嘴直径	mm	250	250
折流板板厚	mm		10
弓缺			25

7.1 定性温度的计算

根据下列公式计算定性温度：

$$Re_i > 2100\text{ 时：}t_D = 0.4t_h + 0.6t_c$$

$$Re_i \leqslant 2100\text{ 时：}t_D = 0.5(t_h + t_c)$$

式中 t_D——流体定性温度,℃；

t_h——热端流体温度,℃；

t_c——冷端流体温度,℃。

假设管外流体的雷诺准数 Re_i <2100，计算得出管外热流体的定性温度为：

$$T_D = t_D = 0.5 \times (T_h + T_c) = 0.5 \times (232 + 152) = 192℃$$

假设管内流体的雷诺准数 Re_i >2100，计算得出管内冷流体的定性温度为：

$$t_D = 0.4t_h + 0.6t_c = 0.4 \times 112 + 0.6 \times 58 = 80℃$$

7.2 定性温度下介质物性计算

查得水在 80℃的密度、黏度、比热容、导热系数和普朗特准数，结果如表 3-81 所示。

表 3-81 水在定性温度下的物性

温度	密度 ρ_{iD}	动力黏度 μ_{iD}	比热容 Cp_{iD}	导热系数 λ_{iD}
℃	kg/m³	mPa·s	kJ/(kg℃)	w/(m℃)
80	971.8	0.355	4.196	0.674

换热器管外介质为减压渣油，计算渣油在定性温度下的密度、黏度、比热容、导热系数。

已知渣油在20℃下的相对密度，根据3.1.2节中的公式(3-4)：

$$\rho_T = T \cdot (1.307d_4^{20} - 1.817) + 973.86d_4^{20} + 36.34 \tag{3-4}$$

计算定性温度下渣油密度为：

$$\rho_T = T \cdot (1.307d_4^{20} - 1.817) + 973.86d_4^{20} + 36.34$$
$$= 192 \times (1.307 \times 1.0152 - 1.817) + 973.86 \times 1.0152 + 36.34 = 931\text{kg/m}^3$$

已知油品的特性因数 K 和20℃下的相对密度，根据3.1.11节中的公式，计算定性温度下的渣油比热容。

$$C_P = 4.1855\left\{\begin{matrix}0.6811 - 0.308 \cdot (0.99417d_4^{20} + 0.009181) + \\ (1.8T + 32) \cdot \begin{bmatrix}0.000815 - 0.000306 \cdot \\ (0.99417d_4^{20} + 0.009181)\end{bmatrix}\end{matrix}\right\} \cdot (0.055K_F + 0.35)$$

$$= 4.1855\begin{bmatrix}0.6811 - 0.308 \cdot (0.99417 \times 1.0125 + 0.009181) + \\ (1.8 \times 192 + 32) \cdot (0.000815 - 0.000306 \cdot \\ (0.99417 \times 1.0125 + 0.009181))\end{bmatrix} \cdot$$

$$(0.055 \times 12.2 + 0.35) = 2377\text{J/(kg} \cdot \text{K)}$$

根据3.1.12节中的计算公式，计算定性温度下渣油的导热系数为：

$$\lambda = \frac{0.0199 - 0.0000656T + 0.098}{0.99417\gamma_4^{20} + 0.009181}$$

$$= \frac{0.0199 - 0.0000656 \times 192 + 0.098}{0.99417 \times 1.0156 + 0.009181} = 0.1034\text{W/(m} \cdot \text{K)}$$

已知渣油在80℃和100℃下的运动黏度，根据3.1.12节中的计算公式，计算定性温度下渣油的黏度。

当 $d_4^{20} \geqslant 0.9$ 时，参数 C=0.6。

参数 b 为：

$$b = \frac{\ln[\ln(v_1 + C)] - \ln[\ln(v_2 + C)]}{\ln(T_1 + 273) - \ln(T_2 + 273)}$$

$$= \frac{\ln[\ln(4115 + 0.6)] - \ln[\ln(2068 + 0.6)]}{\ln(80 + 273) - \ln(100 + 273)} = -1.565$$

参数 a 为：

$$a = \ln[\ln(v_1 + C)] - b \cdot \ln(T_1 + 273)$$
$$= \ln[\ln(4115 + 0.6)] - (-1.565) \cdot \ln(80 + 273) = 11.3$$

定性温度下渣油的运动黏度和动力黏度为：

$$v = \exp\{\exp[a + b \times \ln(T + 273)]\} - C$$
$$= \exp\{\exp[11.3 - 1.565 \times \ln(192 + 273)]\} - 0.6 = 222.2\text{mm}^2/\text{s}$$
$$\mu = \rho \cdot v \cdot 10^{-6} = 934.84 \times 222.2 \times 10^{-6} = 0.2069\text{Pa} \cdot \text{s}$$

7.3 计算有效平均温差

热端温差：

$$\Delta t_h = T_1 - t_2 = 232 - 112 = 120℃$$

冷端温差：

$$\Delta t_c = T_2 - t_1 = 152 - 58 = 94℃$$

对数平均温差计算公式为：

$$|\Delta t_h/\Delta t_c - 1| > 0.1 \text{ 时}, \ \Delta T_m = (\Delta t_h - \Delta t_c)/\ln(\Delta t_h/\Delta t_c) \tag{3-83}$$

计算对数平均温差：

$$\Delta T_m = (\Delta t_h - \Delta t_c)/\ln(\Delta t_h/\Delta t_c) = \frac{120 - 94}{\ln\frac{120}{94}} = 106.4℃$$

计算温度相关因数和温度效率：

温度相关因数：

$$R = (T_1 - T_2)/(t_2 - t_1) = \frac{232 - 152}{112 - 58} = 1.5 \tag{3-84}$$

温度效率：

$$P = (t_2 - t_1)/(T_1 - t_1) = \frac{112 - 58}{232 - 58} = 0.3 \tag{3-85}$$

计算对数平均温差校正系数，因为 $|R - 1| = 0.5 > 10^{-3}$，所以：

$$P_n = \frac{1 - \left(\frac{1 - P\cdot R}{1 - P}\right)^{1/N_s}}{R - \left(\frac{1 - P\cdot R}{1 - P}\right)^{1/N_s}};\ F_T = \frac{\frac{\sqrt{R^2 + 1}}{R - 1}\ln\left(\frac{1 - P_n}{1 - P_n\cdot R}\right)}{\ln\left[\frac{2/P_n - 1 - R + \sqrt{R^2 + 1}}{2/P_n - 1 - R - \sqrt{R^2 + 1}}\right]} \tag{3-86}$$

式中 F_T——对数平均温度校正系数；

P——温度效率；

R——温度相关系数；

N_s——壳程数，$N_s = 1$。

计算得出：

$$P_n = \frac{1 - \left(\frac{1 - P\cdot R}{1 - P}\right)^{1/N_s}}{R - \left(\frac{1 - P\cdot R}{1 - P}\right)^{1/N_s}} = \frac{1 - 0.78^{0.25}}{1 - 0.78^{0.25}} = 0.3101$$

对数平均温差校正系数：

$$F_T = 0.932$$

所以，有效平均温差为：

$$\Delta T = \Delta T_m \cdot F_T = 106 \times 0.932 = 99℃$$

7.4 传热系数计算

7.4.1 内膜传热系数的计算

1. 雷诺准数

根据公式计算管程流通面积 S_i：

$$S_i = \frac{N_t}{N_{tp}} \cdot \frac{\pi}{4} d_i^2 \tag{3-87}$$

式中　N_t——管子总数；

N_{tp}——管程数，本次取 2；

d_i——管内径，m。

计算得出管程流通面积为：

$$S_i = \frac{N_t}{N_{tp}} \cdot \frac{\pi}{4} d_i^2 = \frac{606}{2} \cdot \frac{\pi}{4} \times 0.02^2 = 0.0951 \mathrm{m}^2$$

根据公式(3-87)计算管内流体质量流速

$$G_i = \frac{W_i}{S_i} \tag{3-88}$$

式中　G_i——管内流体质量流速，kg/(m²·s)；

S_i——管内流体流率，kg/s；

W_i——管程流通面积，m²。

计算得出管内流体质量流速为：

$$G_i = \frac{W_i}{S_i} = \frac{7.6}{0.0951} = 80.0 \mathrm{kg/(m^2 \cdot s)}$$

雷诺数的计算公式如下：

$$Re_i = \frac{d_i \times G_i}{\mu_{iD}} \tag{3-89}$$

式中　Re_i——管内流体雷诺准数；

d_i——管内径，m；

G_i——管内流体质量流速，kg/(m²·s)。

计算得出管内流体雷诺准数为：

$$Re_i = \frac{d_i \times G_i}{\mu_{iD}} = \frac{0.02 \times 80}{0.000355} = 4507$$

雷诺准数值大于 2000，所以定性温度的计算公式正确。

2. 普朗特准数

普朗特准数的计算公式如(3-89)：

$$Pr_i = (C_p \cdot \mu / \lambda)_{iD} \tag{3-90}$$

式中　Pr_i——管内流体普朗特准数(无因次数)；

λ_{iD}——定性温度下介质的导热系数，W/(m·K)；

Cp_{iD}——定性温度下介质的比热容，J/(kg·K)。

计算得出普朗特准数为：

$$Pr_i = (C_p \cdot \mu / \lambda)_{iD} = \frac{4196 \times 0.000355}{0.674} = 2.2$$

3. 管内传热因子

因为 $10^4 > Re_i > 2100$，故传热因子 J_{Hi} 的计算方法如下：

$$J_{Hi} = J_{Hi} = 0.116 \times (Re_i^{\frac{2}{3}} - 125) \times \left\{1 + \left(\frac{d_i}{L}\right)^{\frac{2}{3}}\right\} \tag{3-91}$$

式中 J_{Hi}——管内传热因子；

Re_i——管内流体雷诺准数；

d_i——管内径，m；

L——管长，m。

计算得出管内传热因子为：

$$J_{Hi} = 0.116 \times (Re_i^{\frac{2}{3}} - 125) \times \left\{1 + \left(\frac{d_i}{L}\right)^{\frac{2}{3}}\right\}$$

$$= 0.116 \times (4507^{\frac{2}{3}} - 125) \times \left\{1 + \left(\frac{0.02}{24}\right)^{\frac{2}{3}}\right\} = 17.3$$

4. 管内膜传热系数

对于以光管外表面为基准的管内膜传热系数 h_{io} 计算公式为：

$$h_{io} = \frac{\lambda_{iD}}{d_o} \cdot J_{Hi} \cdot Pr^{1/3} \cdot \phi_i \tag{3-92}$$

式中 d_o——管外径，m。

ϕ_i——管程壁温校正系数，无因次数。

假设管壁温度校正系数 $\phi_i = 1$，计算得出以管外表面积为基准的管内膜传热系数为：

$$h_{io} = \frac{\lambda_{iD}}{d_o} \cdot J_{Hi} \cdot Pr^{1/3} \cdot \phi_i = \frac{0.674}{0.025} \times 17.3 \times 2.2^{1/3} \times 1 = 608\text{W}/(\text{m}^2 \cdot \text{K})$$

7.4.2 外膜传热系数的计算

1. 雷诺准数

当管子呈正方形排列时，壳程当量直径计算公式为：

$$d_e = \frac{4\left(p_t^2 - \frac{\pi}{4}d_o^2\right)}{\pi d_o} \tag{3-93}$$

式中 p_t——管心距，m。

计算壳程当量直径为：

$$d_e = \frac{4\left(p_t^2 - \frac{\pi}{4}d_o^2\right)}{\pi d_o} = \frac{4\left(0.032^2 - \frac{\pi}{4}0.025^2\right)}{3.14 \times 0.025} = 0.02715\text{m}$$

壳程流通面积计算公式为：S_o = (壳径 - 中心管排数 × 管外径) × (板间距 - 板厚)

计算得出壳程的流通面积为：

S_o = (壳径 - 中心管排数 × 管外径) × (板间距 - 板厚) = (1 - 19 × 0.025) × (0.35 - 0.01) = 0.1785m^2

壳程流体质量流速计算公式为：

$$G_o = \frac{W_o}{S_o} \tag{3-94}$$

式中 W_o——壳层流体流率，kg/s；

S_o——壳层流通面积，m^2；

d_e——管子的当量直径。

计算壳程流体质量流速为：

$$G_o = \frac{W_o}{S_o} = \frac{6.9}{0.1785} = 38.6\text{kg/(m}^2\cdot\text{s)}$$

雷诺数的计算公式如下：

$$Re_o = d_e \cdot \frac{G_o}{\mu_{oD}} \tag{3-95}$$

式中 Re_o——壳层流体雷诺准数；

G_o——壳层流体质量流速，kg/(m²·s)。

雷诺数计算结果为：

$$Re_o = d_e \cdot \frac{G_o}{\mu_{oD}} = \frac{0.0272 \times 38.6}{0.2069} = 5.1$$

雷诺准数的值小于2000，因此，管程流体定性温度计算结果正确。

2. 普朗特准数

普朗特准数的计算公式如下：

$$Pr_o = (C_p \cdot \mu/\lambda)_{oD} \tag{3-96}$$

式中 Pr_o——壳层流体普朗特准数(无因次数)；

μ_{oD}——定性温度下介质的黏度，Pa·s；

λ_{oD}——定性温度下介质的导热系数，W/(m·K)；

C_{poD}——定性温度下介质的比热容，J/(kg·K)。

普朗特准数的计算结果为：

$$Pr_o = (C_p \cdot \mu/\lambda)_{oD} = \frac{2377 \times 0.2069}{0.1034} = 4756$$

3. 壳层传热因子

J_{Ho}传热因子的计算方法如下：

因为 Re_i <200，故传热因子 J_{Ho}：

$$J_{Ho} = 0.641 \times Re_o^{0.46} \times \frac{Z-15}{10} + 0.731 \times Re_o^{0.473} \times \frac{25-Z}{10}$$

式中 Z——弓形折流板缺圆高度百分数，国际系列 $Z=25$。

计算 J_{Ho}传热因子为：

$$J_{Ho} = 0.641 \times \text{Re}_o^{0.46} = 0.641 \times 5.1^{0.46} = 1.4$$

4. 壳层传热系数

对于以光管外表面为基准的管外膜传热系数 h_o 计算公式为：

$$h'_o = \frac{\lambda_{oD}}{d_e} \cdot J_{Ho} \cdot Pr^{1/3} \cdot \phi_o \cdot \varepsilon_h \tag{3-97}$$

式中 ϕ_o——管程壁温校正系数，无因次数；

ε_h——旁路挡板传热系数。

根据《冷换设备工艺计算手册(第二版)》P24 中表 1-16，查得旁路挡板传热校正系数 $\varepsilon_h = 1.14$。取壳程壁温校正系数 $\phi_o = 1$。

计算得出管外膜传热系数为：

$$h'_{o}=\frac{\lambda_{oD}}{d_{e}}\cdot J_{Ho}\cdot Pr^{1/3}\cdot\phi_{o}\cdot\varepsilon_{h}=\frac{0.1034}{0.02715}\times 1.4\times 4756^{1/3}\times 1\times 1.14=99\text{W}/(\text{m}^{2}\cdot\text{K})\tag{3-98}$$

7.4.3 壁温校正因子

根据《冷换设备工艺计算手册(第二版)》P21 中公式(1-2-26),当冷流体在管内时:

$$t_{w}=\frac{h_{o}}{h_{o}+h_{io}}\cdot(t_{oD}-t_{iD})+t_{iD}\tag{3-99}$$

式中 t_w——管壁温度,℃;

t_{oD}——管外流体的定性温度,℃;

t_{iD}——管内流体的定性温度,℃。

计算得出管壁温度为:

$$t_{w}=\frac{h_{o}}{h_{o}+h_{io}}\times(t_{oD}-t_{iD})+t_{iD}=\frac{99}{99+608}\times(192-80)+80=95℃$$

查得在管壁温度为95℃时,水的黏度为$\mu_{iw}=0.31$mPa·s。

管程壁温校正系数:

$$\phi_{i}=(\mu_{iD}/\mu_{iw})0.14=(0.355/0.31)^{0.14}=1.02$$

校正后的管内膜传热系数:

$$h_{io}=h'_{io}\cdot\phi_{i}=1.02\times 608=619\text{W}/(\text{m}^{2}\cdot\text{K})$$

在壁温95℃条件下,减压渣油的动力黏度为:

$$\begin{aligned}\mu_{ow}=\rho\times\upsilon= & [T\cdot(1.307d_4^{20}-1.817)+973.86d_4^{20}+36.34]\times[\exp\{\exp[a+b\times\ln(T+273)]\}-C]\\ &=[95\times(1.307\times 1.0152-1.817)+973.86\times 1.0152+36.34]\\ &\times[\exp\{\exp[11.3-1.565\times\ln(95+273)]\}-0.6]=2.353\text{Pa}\cdot\text{s}\end{aligned}$$

壳层壁温校正系数为:

$$\phi_{o}=(\mu_{oD}/\mu_{ow})^{0.14}=(2.367/0.28)^{0.14}=0.71$$

校正后的管外膜传热系数:

$$h_{o}=h'_{o}\times\phi_{o}=99\times 0.71=70\text{W}/(\text{m}^{2}\cdot\text{K})$$

根据《冷换设备工艺计算手册(第二版)》P10 中表1-10,查得规格为ϕ25mm×2.5mm 的碳钢管金属热阻为$r_p=0.00006(\text{m}^2\cdot℃)/\text{W}$,在P16 中表1-12,查得管程为水的管内结构热阻为:$r_i=0.00034(\text{m}^2\cdot℃)/\text{W}$,壳程的结构热阻为:$r_o=0.00086(\text{m}^2\cdot℃)/\text{W}$。

7.4.4 总传热系数

根据《冷换设备工艺计算手册(第二版)》P9 中公式(1-2-3),计算总传热系数:

$$K=\frac{1}{\frac{A_{o}}{A_{i}}\left(\frac{1}{h_{i}}+r_{i}\right)+\left(\frac{1}{h_{o}}+r_{o}\right)+r_{p}}=\frac{1}{\left(\frac{1}{h_{io}}+\frac{A_{o}}{A_{i}}r_{i}\right)+\left(\frac{1}{h_{o}}+r_{o}\right)+r_{p}}\tag{3-100}$$

式中 K——总传热系数,W/(m²·℃);

h_i——管内流体膜传热系数,W/(m²·℃);

h_o——管外流体膜传热系数,W/(m²·℃);

r_i——管内结垢热阻,(m²·℃)/W;

r_o——管外结垢热阻,(m²·℃)/W;

r_p ——管壁金属热阻，$(m^2 \cdot ℃)/W$。

计算得出总传热系数为：

$$K = \frac{1}{\frac{A_o}{A_i}\left(\frac{1}{h_i} + r_i\right) + \left(\frac{1}{h_o} + r_o\right) + r_p} = \frac{1}{\left(\frac{1}{619} + 0.00034\right) + \left(\frac{1}{70} + 0.00086\right) + 0.00006}$$

$$= 58.4 W/(m^2 \cdot ℃)$$

已知换热器管壳程的进出口温度，介质的性质和流量，分别计算壳程减压渣油在进出口的焓值，结果如表 3-82 所示。

表 3-82　减压渣油热负荷计算结果

介质	流量/(t/h)	入口温度/℃	出口温度/℃	K 值	相对密度 d_{20}	入口焓值/(kJ/kg)	出口焓值/(kJ/kg)	热负荷/kW
壳程减压渣油	24.8	232	152	12.2	1.0152	513	321	1319

已计算出换热器的负荷、有效平均温差，已知换热器的换热面积，则总传热系数为：

$$K = \frac{Q}{A \times \Delta T} \tag{3-101}$$

式中　K——总传热系数，$W/(m^2 \cdot ℃)$；

A——换热面积，m^2；

ΔT——有效平均温差，℃；

Q——热负荷，W。

计算得出实际总传热系数：

$$K = \frac{Q}{A \times \Delta T} = \frac{1319}{277.9 \times 99} = 12 W/(m^2 \cdot ℃)$$

计算出的两个总传热系数偏差较大。根据《冷换设备工艺计算手册(第二版)》P16 中表 1-12 的说明，计算附加热阻 r'。

$$K_1 = 1/(1/K_2 + r') \tag{3-102}$$

$$r' = \frac{1}{K_1} - \frac{1}{K_2} = \frac{1}{12} - \frac{1}{58.4} = 0.066 (m^2 \cdot ℃)/W$$

7.5　换热器压降计算

7.5.1　管程压力降计算

换热器的管程压力降包括因摩擦阻力引起的直管压力降、回弯压力降和进出口管嘴压力降三部分。

1. 管程直管压力降

计算管内摩擦系数，对于光管，当 $10^3 < Re_i < 10^5$ 时：

$$Re_i = 10^3 \sim 10^5 : f_i = 0.4513 Re_i^{-0.2653}$$

计算得出管内摩擦系数：

$$f_i = 0.4513 Re_i^{-0.2653} = 0.4513 \times 4507^{-0.2653} = 0.0484$$

再根据《冷换设备工艺计算手册(第二版)》P22 中 1-2-33 计算直管压力降。

$$\Delta P_i = \frac{G_i^2}{2\rho_{iD}} \times \frac{L \times N_{tp}}{d_i} \times \frac{f_i}{\phi_i} \tag{3-103}$$

式中　ΔP_i——管程直管压力降，Pa；

G_i——管内流体的质量流速，kg/(m² · s)；

ρ_{iD}——定性温度下管内介质的密度，kg/m³；

L——管长，m；

N_{tp}——管程数；

d_i——管内径，m；

f_i——管内摩擦系数；

ϕ_i——管程壁温校正系数。

计算得出管程直管压力降为：

$$\Delta P_i = \frac{G_i^2}{2\rho_{iD}} \times \frac{L \cdot N_{tp}}{d_i} \times \frac{f_i}{\phi_i} = \frac{80^2}{2 \times 972} \times \frac{24 \cdot 2}{0.02} \times \frac{0.0484}{1.02} = 375\text{Pa}$$

2. 管程回弯压力降

回弯压力降计算公式为：

$$\Delta P_r = \frac{G_i^2}{2\rho_{iD}} \times (4N_{tp}) \tag{3-104}$$

式中　ΔP_r——管程回弯压力降，Pa；

G_i——管内流体的质量流速，kg/(m² · s)；

ρ_{iD}——定性温度下管内介质的密度，kg/m³；

N_{tp}——管程数。

计算得出管程回弯压力降为：

$$\Delta P_r = \frac{G_i^2}{2\rho_{iD}} \times (4N_{tp}) = \frac{80^2}{2 \times 972} \times (4 \times 2) \times 4 = 26\text{Pa}$$

3. 管程进出口管嘴压力降

换热器管程进出口管嘴直径为0.4m，回弯压力降计算公式为：

$$\Delta P_{Ni} = \frac{1.5 \times G_{Ni}^2}{2\rho_{iD}}$$

式中　G_{Ni}——管程流体流经进出口管嘴的质量流速，kg/(m² · s)。

$$G_{Ni} = \frac{W_i}{\frac{\pi}{4} d_{Ni}^2}$$

式中　W_i——管内流体质量流率，kg/s；

d_{Ni}——管程进出口管嘴直径，m。

计算得出管程流体流经进出口管嘴的质量流速为 $G_{Ni} = 155$kg/(m² · s)；管程回弯压力降 $\Delta P_{Ni} = 19$Pa。

4. 管程总压力降

管程压力降计算公式为：

$$\Delta P_t = (\Delta P_i + \Delta P_r) \cdot F_i + \Delta P_{Ni} \tag{3-105}$$

式中　ΔP_t——管程压力降，Pa；

ΔP_i——管程直管压力降，Pa；

ΔP_r——管程回弯压力降，Pa；

ΔP_{Ni}——管程进出口管嘴压力降，Pa；

F_i——管程压力降结构校正系数。

管程压力降结构校正系数与结构热阻有关，根据《冷换设备工艺计算手册(第二版)》P22中表1-15查得，F_i 值为1.35。

计算换热器管程总压力降为：

$$\Delta P_t = (\Delta P_i + \Delta P_r) \cdot F_i + \Delta P_{Ni} = 1.35 \times (375 + 26) + 19 = 557\text{Pa}$$

7.5.2 壳程管束压力降

换热器壳程压力降包括壳程管束压力降，导流筒压力降、进出口管嘴压力降。

1. 壳程管束压力降

壳程摩擦系数计算公式为：

$$f_o = 119.3Re_o^{-0.93}$$

计算得出壳程摩擦系数：$f_o = 26.4$。

壳程管束压力降计算公式为：

$$\Delta P_o = \frac{G_o^2}{2\rho_{oD}} \cdot \frac{D_s \cdot (N_b + 1)}{d_e} \cdot \frac{f_o}{\phi_o} \cdot \varepsilon_{\Delta p} \tag{3-106}$$

式中 ΔP_o——壳程管束压力降，Pa；

G_o——壳程流体的质量流速，kg/(m² · s)；

ρ_{oD}——定性温度下壳程介质的密度，kg/m³；

D_s——壳径，m；

N_b——折流板块数，16；

d_e——当量直径，m；

f_o——壳程摩擦系数；

ϕ_o——壳程壁温校正系数。

计算得出单台换热器的壳程管束压力降 ΔP_o=28050Pa。

2. 壳程导流筒压力降

壳程导流筒压力降计算公式为：

$$\Delta P_{ro} = \frac{G_{No}^2}{2\rho_{oD}} \cdot \varepsilon_{Ip}$$

式中 ΔP_{ro}——壳程导流筒压力降，Pa；

G_{No}——流体流经壳程进出口管嘴的质量流速，kg/(m² · s)；

ρ_{oD}——定性温度下壳程介质的密度，kg/m³；

ε_{tp}——导流筒的压力降系数，取 ε_{tp}=6。

流体流经壳程进出口管嘴的质量流速 G_{No}，计算公式为：

$$G_{No} = \frac{4W_o}{\pi d_{No}^2} \tag{3-107}$$

式中 W_o——壳程流体质量流率，kg/s；

d_{No}——壳程进出口管嘴直径，m。

计算得出流体流经壳程进出口管嘴的质量流速 $G_{No}=140kg/(m^2 \cdot s)$；壳程导流筒压力降 $\Delta Pr_o=64Pa$。

3. 壳程进出口管嘴压力降

壳程进出口管嘴压力降计算公式为：

$$\Delta P_{No}=\frac{1.5\times G_{No}^2}{2\rho_{oD}}$$

式中 ΔP_{No}——壳程进出口管嘴压力降，Pa；

G_{No}——流体流经壳程进出口管嘴的质量流速，$kg/(m^2 \cdot s)$；

ρ_{oD}——定性温度下壳程介质的密度，kg/m^3。

计算得出壳程进出口管嘴的压力降：

$$\Delta P_{No}=\frac{1.5\times G_{No}^2}{2\rho_{oD}}=\frac{1.5\times 140^2}{2\times 931}=16Pa$$

4. 壳程总压力降

根据《冷换设备工艺计算手册(第二版)》P27 中公式(1-2-56)计算换热器壳程的总压力降。

$$\Delta P_s=\Delta P_o\cdot F_o+\Delta P_{ro}+\Delta P_{No}$$

其中 F_o 为壳程压力降结垢校正系数，参考《冷换设备工艺计算手册(第二版)》P27 中表 1-17，$F_o=1.5$。

单台换热器壳程的压力降为：

$$\Delta P_s=\Delta P_o\cdot F_o+\Delta P_{ro}+\Delta P_{No}=1.5\times 28074+64+16=42155Pa$$

四台换热器壳程的压力降为 42155Pa×4=169kPa。

8 焦炭塔计算

8.1 焦炭塔结构

长岭焦化装置为一路两塔流程，焦炭塔总高 37.18m，筒体高度为 26m，焦炭塔主要结构尺寸如表 3-83 所示。

表 3-83 焦炭塔设备结构尺寸

项目	单位	数值	项目	单位	数值
直径	mm	8400	塔底口直径	mm	1800
筒体高度	mm	26000	塔壁平均厚度	mm	30
塔顶半球直径	mm	8400	锥段高度	mm	6961
塔底球台直径	mm	8400	焦炭塔质量	kg	224000

焦炭塔筒体半径为 4.2m，球台与筒体相切，直径与筒体相同，球台底部为与之相切的锥台，锥台下部为直径为 1.8m 的小筒体，小筒体高度为 0.8m，小筒体上部具球台顶部的高度为 6.961m，根据以上尺寸，确定了焦炭塔下部其他几何尺寸，结果如图 3-30 所示。

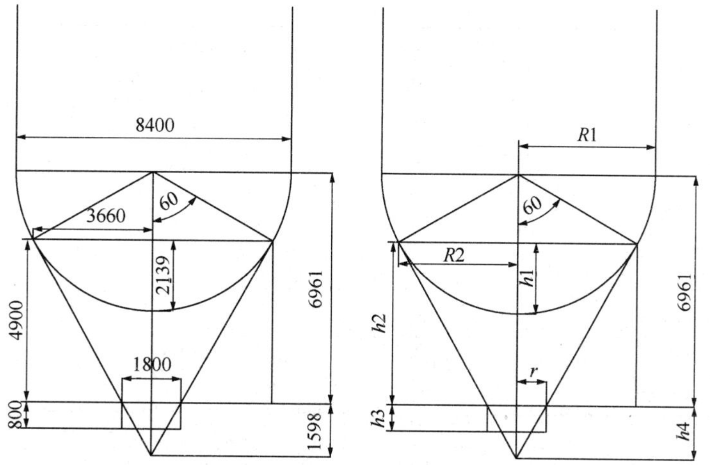

图 3-30 焦炭塔底部结构尺寸

根据下列公式计算焦炭塔筒体下部的锥体体积 $V_{锥}$：

$$V_{球台}=V_{半球}-V_{球缺}=\frac{1}{2}\times\frac{4\times3.14\times R_1^3}{3}-\frac{3.14}{3}\times h_1^2(3R_1-h_1)$$

$$V_{圆台}=3.14\times h_2\times(R_2^2+r^2+R_2\times r)/3$$

$$V_{柱体}=3.14\times h_3\times r^2$$

$$V_{锥}=V_{球台}+V_{圆台}+V_{柱体}$$

焦炭塔的总表面积计算公式如下：

$$S_1=S_{球台}=S_{半球}-S_{球顶}=\frac{4\times3.14\times R_1^2}{2}-2\times3.14\times R_1h_1$$

$$S_2=S_{圆台}=3.14\times(R_2+r)\times L(圆台母线长)$$

$$S_3=S_{柱体}=2\times3.14\times r\times h_3$$

$$S_{筒体}=2\times3.14\times R\times H$$

$$S_{封头}=4\times3.14\times R^2$$

根据上述公式计算出焦炭塔的锥体体积和总表面积，计算结果如表 3-84 所示。

表 3-84 焦炭塔设备结构尺寸

项目	符号	数值	单位
焦炭塔半径	R_1	4.2	m
球台高度	h_1	2.061	m
圆台半径	R_2	3.66	m
圆台高度	h_2	4.9	m
塔口半径	r	0.9	m
柱体高度	h_3	0.8	m
球台体积	V_1	108.2	m^3
圆台体积	V_2	89.7	m^3

续表

项目	符号	数值	单位
柱台体积	V_3	2.0	m^3
锥体体积	V	200.0	m^3
球台表面积	S_1	56.4	m^2
圆台表面积	S_2	87.6	m^2
柱体表面积	S_3	4.5	m^2
锥体总表面积	$S_{锥}$	148.5	m^2
筒体表面积	$S_{筒}$	685.8	m^2
封头表面积	$S_{封}$	110.8	m^2
焦炭塔总表面积	$S_{塔}$	945.1	m^2

8.2 焦炭塔物料平衡

标定期间焦炭塔的工艺参数如表3-85所示。

表3-85 焦炭塔主要工艺参数

项目	单位	数值	项目	单位	数值
加热炉出口温度	℃	498	焦炭塔塔顶压力	MPa	0.201
焦炭塔进料温度	℃	488	1.0MPa蒸汽温度	℃	281
焦炭塔出口温度	℃	420	冷焦水温度	℃	70
焦炭塔壁温1	℃	430	放水温度	℃	95
焦炭塔壁温2	℃	430	焦炭塔内油气温度	℃	440
焦炭塔壁温3	℃	431	进分馏塔油气温度	℃	414
急冷油温度	℃	90			

焦炭塔内油气的平均温度为440℃，注入急冷油后油气进入分馏塔温度为414℃，以焦炭塔油气入口至分馏塔入口处做物料和热量平衡，计算所需急冷油量，计算结果如表3-86所示。

表3-86 焦炭塔急冷油量计算

项目	介质	流量/(t/h)	相对密度	K	温度/℃	汽化潜热/(kJ/kg)	焓值		热量/kW
							气相/(kJ/kg)	液相/(kJ/kg)	
进料	干气	8.7			440		1234		2998
	液态烃	4.0			440		1090		1200
	稳定汽油	20.2	0.7533	11.9	440	400	1401		7873
	柴油	29.8	0.8567	11.6	440	367	1337		11060
	轻蜡油	34.3	0.9378	11.4	440	338	1288		12260
	重蜡油	3.4	1.0139	10.7	440	325	1214		1152
	循环油	25.2	1.0375	10.5	440	318	1187		8304
	H_2O	5.3			440		3360		4947
	急冷油	L	1.0139	10.7	90			177	$177L$
	合计	130.9							49792

续表

项目	介质	流量/(t/h)	相对密度	K	温度/℃	汽化潜热/(kJ/kg)	焓值 气相/(kJ/kg)	焓值 液相/(kJ/kg)	热量/kW
出料	干气	8.7			414		1149		2790
	液态烃	4.0			414		1010		1111
	稳定汽油	20.2	0.7533	11.9	414	400	1323		7436
	柴油	29.8	0.8567	11.6	414	367	1261		10433
	轻蜡油	34.3	0.9378	11.4	414	338	1214		11551
	重蜡油	3.4	1.0139	10.7	414	325	1144		1085
	循环油	25.2	1.0375	10.5	414	318	1118		7819
	H_2O	5.3			414		3308		4869
	急冷油	*L*	1.0139	10.7	414	325	1144		1144*L*
	合计	130.9							47094

由表3-85中的热平衡数据，计算得到急冷油量为：

$$急冷油量 = \frac{49792 - 47094}{1143 - 177} \times 3.6 = 10.0\text{t/h}$$

焦炭塔进料包括：焦化油(气和液)，特阀与底盖机的密封蒸汽，加热炉的注水注汽，从顶部进入焦炭塔的急冷油。根据3.5.2节中计算出加热炉出口气相流量为55.1t/h，液相量为110.9t/h，加热炉注汽量为3.3t/h，特阀和底盖机密封蒸汽量为2.0t/h。

焦炭塔出料包括：干气、液化气、汽油、柴油、轻蜡油、重蜡油、循环油、急冷油、水蒸气，焦炭留在塔内，具体物料及其流量如表3-87所示。

表3-87　焦炭塔物料平衡

项目	物料	流量/(t/h)	温度/℃
入方	焦化油(气)	55.1	498
	焦化油(液)	110.9	498
	特阀密封蒸汽	1.6	281
	底盖机密封蒸汽	0.4	281
	加热炉注水注汽	3.3	498
	急冷油	10.0	90
	合计	181.4	
出方	水蒸气	5.3	414
	干气	8.7	414
	液态烃	4.0	414
	汽油	20.2	414
	柴油	29.8	414
	轻蜡油	36.3	414
	急冷油	10.0	414
	重蜡油	3.7	414
	循环油	25.2	414
	焦炭	38.3	440
	合计	181.4	

8.3 焦炭塔热平衡

8.3.1 焦炭塔进料过程的热平衡

焦炭塔散热损失计算公式为：

$$散热损失=S_{表面}\times K\times(T_{外壁}-T_{环}) \quad (3-108)$$

式中 S——焦炭塔表面积，m^2；

K——传热系数，K=5.3+3.6×风速(m/s)，kcal/(m^2·h·℃)；

$T_{外壁}$——焦炭塔外壁温度,℃；

$T_{环}$——环境温度,℃。

焦炭塔的表面积为945.1m^2，风速为2.5m/s，焦炭塔外壁平均温度为80℃，环境温度为30℃，将上述数据代入公式中，计算得到焦炭塔散热损失为：

$$Q_{散}=\frac{945.1\times(5.3+3.6\times2.5)\times4.186\times(80-30)}{3600}=786\text{kW}$$

焦炭的比热容为0.3kcal/(kg·℃)，即1.256kJ/(kg·℃)，以-17.8℃为基准温度，计算焦炭塔内的焦炭平均温度为440℃的热量为：

$$Q_{焦}=1.256\times(440+17.8)\times38.3\times10^3/3.6=6109\text{kW}$$

焦炭塔的热平衡如表3-88所示，其中反应热为：进料热量-出料热量-损失热量：67309-57156-786=9368kW。

表3-88 焦炭塔生焦过程热平衡

项目	物料	流量/(t/h)	温度/℃	焓值/(kJ/kg)		热量/kW
				气相	液相	
入方	焦化油(气)	55.1	498	1482		22687
	焦化油(液)	110.9	498		1274	39253
	特阀密封蒸汽	1.6	281	3035		1349
	底盖机密封蒸汽	0.4	281	3035		337
	加热炉注水注汽	3.3	498	3480		3190
	急冷油	10.0	90		177	493
	合计	181.4				67309
出方	水蒸气	5.3	414	3308		4869
	干气	8.7	414	1149		2790
	液态烃	4.0	414	1010		1111
	稳定汽油	20.2	414	1323		7436
	柴油	29.8	414	1261		10433
	轻蜡油	36.3	414	1214		12234
	急冷油	10.0	414	1144		3191
	重蜡油	3.7	414	1144		1164
	循环油	25.2	414	1118		7819
	焦炭(含损失)	38.3	440		1.256	6109
	合计	181.4				57156
反应热						9368
散热						786

焦炭塔内的反应热为9368kW。再根据进入焦炭塔的原料油流量，计算得到每吨原料的反应热为：

$$\frac{9368 \times 3600}{4.186 \times (65.5 + 98.3)} = 48527\text{kcal/t 原料}$$

计算出的反应热在焦化反应热的经验值(4.0~6.0)×10^4kcal/t 原料)范围内。

8.3.2　小吹汽热平衡

小吹汽时间为2h，小吹汽蒸汽用量为12t，汽封蒸汽用量为0.8t。从塔顶出来的可挥发轻组分，包括干气、液化气，汽油，柴油，占焦炭总量的5%，即918425×0.05=45921kg，可挥发轻组分中干气、液化气、汽油和柴油量根据表3-24中各产品的流量比例分配。可挥发重组分为蜡油，占焦炭总量的10%，即918425×0.1=91842.5kg，在小吹汽过程中，轻、重油无相变。塔内油气温度为440℃，小吹汽后油气温度为420℃。

焦炭塔塔体的比热容取0.11kcal/(kg·℃)，即0.46kJ/(kg·℃)，以-17.8℃为基准温度，分别计算不同温度下焦炭塔塔体的焓值和热量。

$$H_{初}^{塔} = 0.46 \times [440 - (-17.8)] = 211\text{kJ/kg}$$

$$H_{始}^{塔} = 0.46 \times [420 - (-17.8)] = 199\text{kJ/kg}$$

$$Q_{初}^{塔} = 22400 \times 211 \times 10^{-3} = 47219\text{MJ}$$

$$Q_{始}^{塔} = 22400 \times 199 \times 10^{-3} = 45156\text{MJ}$$

在小吹汽阶段，焦炭塔塔体的散热量与正常生产时基本相同，已计算出散热损失为786kW，小吹汽时间为2h，则小吹汽阶段的散热损失为：

$$Q = 786\text{kW} \times 3600 \times 2 \times 10^{-3} = 5657\text{MJ}$$

焦炭的比热容取0.3kcal/(kg·℃)，即1.256kJ/(kg·℃)，以-17.8℃为基准温度，计算焦炭塔内的焦炭在不同温度下的焓值和热量。

$$H_{初}^{焦} = 1.256 \times [440 - (-17.8)] = 575\text{kJ/kg}$$

$$H_{始}^{焦} = 1.245 \times [420 - (-17.8)] = 550\text{kJ/kg}$$

$$Q_{初}^{焦} = 575 \times 818425 \times 10^{-3} = 528007\text{MJ}$$

$$Q_{始}^{焦} = 550 \times 818425 \times 10^{-3} = 504940\text{MJ}$$

焦炭塔小吹汽阶段的热量平衡如表3-89所示。

表3-89　焦炭塔小吹汽阶段热量平衡

物料名称		物料流率/kg	温度/℃	相对密度	K值	汽化潜热/(kJ/kg)	气相焓值/(kJ/kg)	液(固)相焓值/(kJ/kg)	热量/MJ
始态									
焦炭		918425	440					575	528007
可挥发轻油(5%焦)	干气	6403	440				1234		7903
	液化气	2901	440				1090		3162
	汽油	14813	440	0.7533	11.9	400	1401		20755
	柴油	21804	440	0.8567	11.6	367	1337		29155

续表

物料名称		物料流率/kg	温度/℃	相对密度	K值	汽化潜热/(kJ/kg)	气相焓值/(kJ/kg)	液(固)相焓值/(kJ/kg)	热量/MJ
可挥发重油(10%焦)	蜡油	91843	440	0.9378	11.4			1136	104312
汽封蒸汽		800	281				3004		2403
蒸汽(小吹汽)		12000	281				3004		36047
塔体		224000	440					211	47219
合计									778964
终态									
焦炭		918425	420					550	504940
可挥发轻油(气相)	干气	6403	420				1168		7478
	液化气	2901	420				1028		2981
	汽油	14813	420	0.7533	11.9	400	1341		19861
	柴油	21804	420	0.8567	11.6	367	1278		27873
可挥发重油(液相)		91843	420	0.9378	11.4			1069	98199
蒸汽		12800	420				3312		42400
塔体		224000	420					202	45156
热损失									5657
合计									754545
反应热									24419

小吹汽阶段的反应热为：始态热量-终态热量为 778964-754545=24419MJ，所占比例为 24419/778964=3.1%。

8.3.3 大吹汽热平衡

大吹气时间为 2h，蒸汽量为 15t/h，在焦炭塔大吹汽时，由于焦炭塔塔顶压力降低，大量水蒸气进入后，油气分压降低，焦炭塔内的蜡油汽化。塔内无焦化反应，大吹汽后终温为 405℃。大吹汽阶段的热量平衡如表 3-90 所示。

表 3-90 焦炭塔大吹汽阶段热量平衡

物料名称	物料流率/kg	温度/℃	相对密度	K值	汽化潜热/(kJ/kg)	气相焓值/(kJ/kg)	液(固)相焓值/(kJ/kg)	热量/MJ
始态								
焦炭	918425	420					575	528007
可挥发重油(10%焦)	91843	420	0.9378	11.4			1069	98199
蒸汽(大吹汽)	30000	281				3004		90118
塔体	224000	420					202	45156
合计								761481

续表

物料名称	物料流率/kg	温度/℃	相对密度	K值	汽化潜热/(kJ/kg)	气相焓值/(kJ/kg)	液(固)相焓值/(kJ/kg)	热量/MJ
终态								
焦炭	918425	405					531	487640
可挥发重油(气相)	91843	405	0.9378	11.4	338.3		1188	109114
蒸汽	30000	405				3290		98695
塔体	224000	405					195	43609
热损失								25801
合计								764860

8.3.4 小给水热平衡

小给水时冷焦水进焦炭塔后全部汽化，小给水时间3h，总流量为72t。小给水后期的温度为244℃，热量平衡如表3-91所示。

表3-91 焦炭塔小给水阶段热量平衡

物料名称	物料流率/kg	温度/℃	相对密度	K值	汽化潜热/(kJ/kg)	气相焓值/(kJ/kg)	液(固)相焓值/(kJ/kg)	热量/MJ
始态								
焦炭	918425	400					525	481873
冷焦水	72000	70					293	21097
塔体	224000	400					192	43093
合计								546064
终态								
焦炭	918425	244					329	301949
水蒸气	72000	244				2960		213140
塔体	224000	244					121	27003
热损失								3972
合计								542092

8.3.5 大给水热平衡

大给水期间冷焦水部分汽化，根据产生的污水量，推算大给水的汽化量为42t。汽化后的温度为160℃，对焦炭塔大给水期间的汽化部分进行热量平衡的计算，如表3-92所示。

表3-92 焦炭塔大给水阶段热量平衡(汽化阶段)

物料名称	物料流率/kg	温度/℃	相对密度	K值	汽化潜热/(kJ/kg)	气相焓值/(kJ/kg)	液相焓值/(kJ/kg)	热量/MJ
始态								
焦炭	918425	244					329	301949
冷焦水	42000	70					293	12307
塔体	224000	244					121	27003
合计								341259

续表

物料名称	物料流率/kg	温度/℃	相对密度	K值	汽化潜热/(kJ/kg)	气相焓值/(kJ/kg)	液相焓值/(kJ/kg)	热量/MJ
终态								
焦炭	918425	159					222	203914
水蒸气	42000	159				2786		117024
塔体	224000	159					81	18236
热损失								2085
合计								339173

大给水时间约4h，总给水量为1200t。冷焦水放水时的温度为88℃。对焦炭塔大给水期间的未汽化部分进行热量平衡的计算，如表3-93所示。

表3-93　焦炭塔大给水阶段热量平衡(非汽化阶段)

物料名称	物料流率/kg	温度/℃	相对密度	K值	汽化潜热/(kJ/kg)	气相焓值/(kJ/kg)	液相焓值/(kJ/kg)	热量/MJ
始态								
焦炭	918425	159					222	203914
冷焦水	1200000	70					293	351624
塔体	224000	159					81	18236
合计								573773
终态								
焦炭	918425	88					132	121449
水蒸气	1200000	88					366	439530
塔体	224000	88					48	10861
热损失								1934
合计								571840

8.4　焦炭塔水力学性能

8.4.1　焦炭塔空高

计算焦炭塔空高H：

$$H_{空高} = H_{切} - \left(\frac{G_{焦} \times \tau_{焦}}{\rho_{焦}} - V_{锥}\right) / (0.785D_{塔}^2) - H_{泡沫} \tag{3-109}$$

式中　$H_{切}$——焦炭塔切线高度，m；

$G_{焦}$——焦炭生焦量，kg/h；

$\tau_{焦}$——生焦时间，h；

$\rho_{焦}$——塔内焦炭堆密度，kg/m^3(800~900kg/m^3)；

$V_{锥}$——焦炭塔锥体体积，m^3；

$D_{塔}$——焦炭塔直径，m；

$H_{泡沫}$——泡沫层高度，m。

已知焦炭塔堆密度取880kg/m^3，焦炭生焦量根据表3-86中结果为38268kg/h，取泡沫层高度为 5m，计算所需其他数据如表 3-94 所示。

表 3-94 焦炭塔空高计算数据

项目	单位	数值	项目	单位	数值
切线高度	m	26	锥体体积	m^3	200.0
生焦周期	h	24	焦炭塔直径	m	8.4
焦炭流量	kg/h	38268	泡沫层高度	m	5
焦炭密度	kg/m^3	880	焦炭塔空高	m	5.8

将表中的数据代入焦炭塔空高计算公式(3-103)中得：

$$H_{空高} = H_{切} - \left(\frac{G_{焦} \times \tau_{焦}}{\rho_{焦}} - V_{锥}\right) / (0.785 D_{塔}^2) - H_{泡沫}$$

$$= 26 - \left(\frac{38268 \times 24}{880} - 200\right) / (0.785 \times 8.4^2) - 5 = 5.8\text{m}$$

8.4.2 焦炭塔实际气速的计算

已知，焦炭塔内气相包括：水蒸气、干气、液化气、粗汽油、柴油、轻蜡油、重蜡油和循环油组分。根据各组分的质量流量和相对分子质量，计算气相的总摩尔流量 N，具体结果如表 3-95 所示。

表 3-95 焦炭塔内气相摩尔流量

物料	流量/(t/h)	分子量	摩尔流量/(kmol/h)
水蒸气	5.3	18	294.4
干气	8.7	19.8	441.1
液态烃	4.0	49.7	79.6
稳定汽油	20.2	110.2	183.5
柴油	29.8	211.0	141.1
轻蜡油	36.3	337.2	107.6
重蜡油	3.7	367.7	10.0
循环油	25.2	366.9	68.6
合计	133.1		1326.0

焦炭塔内气体摩尔流量为 1326kmol/h。

根据公式(3-104)计算焦炭塔内气体的体积流量：

$$V_{总} = 22.4 \times N_{总} \times \frac{273 + T}{273 \times \text{P} \times 3600} \tag{3-110}$$

已知，焦炭塔内油气平均温度为 440℃，焦炭塔压力为 0.2MPa。

焦炭塔内油气的体积流量 V 为：

$$V = 22.4 \times N \times \frac{273 + T}{273 \times P \times 3600}$$

$$= 22.4 \times 1326 \times \frac{273 + 440}{273} \times \frac{101.3}{0.2 \times 1000 + 101.3} \times \frac{1}{3600} = 7.2\text{m}^3/\text{s}$$

焦炭塔截面积 S 为：

$$S = 0.785D^2 = 0.785 \times 8.4^2 = 55.4\text{m}^2$$

焦炭塔内油气气速 U 为：

$$U = \frac{V}{S} = \frac{7.2}{55.4} = 0.13\text{m/s}$$

计算的焦炭塔内油气气速为 0.13m/s，小于允许的焦炭塔的设计气速 0.21m/s。

8.4.3 最小沉降焦粉的粒径

根据斯托克斯沉降原理，计算能够被沉降的最小焦粉粒径。

$$d = \sqrt{\frac{18\mu}{(\rho_w - \rho_0)g}} \times \sqrt{u} \tag{3-111}$$

式中 d——能够沉降下来的最小颗粒直径，m；

ρ_w——泡沫层密度，kg/m^3；

ρ_0——气体密度，kg/m^3；

μ——气体黏度，Pa·s；

g——重力加速度，9.81m/s^2；

u——焦炭塔内气速，m/s。

根据石油化工设计手册(2015 修订版)第一卷 P1017 的公式(7-183)，估算焦炭塔内油气的黏度。该计算公式适用于没有组成分析的烃类气体混合物在低压(对比压力≤0.6)下的黏度估算。

$$\mu = 18.9943 + 0.061819t + 0.017352M + 9.08118 \times 10^{-6}tM - 1.00638 \times 10^{-5}t^2$$
$$- 1.04832 \times 10^{-4}M^2 - 0.136695\frac{t}{M} - 3.20527\ln M - 8.35025 \times 10^{-3}t\ln M$$

式中 μ——油气黏度，mPa·s；

t——温度，℃；

M——摩尔质量，kg/kmol。

已知焦炭塔内油气温度为 440℃，油气平均分子量为 96.8，计算得到油气黏度为：

$$\mu = 18.9943 + 0.061819 \times 440 + 0.017352 \times 96.8 + 9.08118 \times 10^{-6} \times 440 \times 96.8$$
$$- 1.00638 \times 10^{-5} \times 440^2 - 1.04832 \times 10^{-4} \times 96.8^2 - 0.136695\frac{440}{96.8}$$
$$- 3.20527\ln 96.8 - 8.35025 \times 10^{-3} \times 440 ln96.8$$
$$= 13.3\text{mPa} \cdot \text{s} = 13 \times 10^{-3}\text{Pa} \cdot \text{s}$$

根据 3.1.12 节中的气体黏度计算公式，计算气体黏度为：

$$\mu = -0.0092696 + \sqrt{T}(0.0010310 - 4.4507 \times 10^{-5}\sqrt{M})$$
$$+ 1.1249 \times 10^{-5} \times M = 0.013\text{mPa} \cdot \text{s}$$

上述两种方法计算出的黏度相差 10^3 数量级，实际气体的黏度应该是 0.010mPa·s 左右，因此，根据石油化工设计手册(2015 修订版)第一卷 P1017 的公式(7-183)计算的黏度不准确。

泡沫层密度经验值在 30~300kg/m^3 范围内，本次计算泡沫层密度取 150kg/m^3，焦炭塔内油气密度为：

$$\rho_0 = \frac{m}{V} = \frac{133 \times 1000}{3600 \times 7.2} = 5.1\text{kg/m}^3$$

则最小沉降颗粒直径 d 为：

$$d = \sqrt{\frac{18\mu}{(\rho_w - \rho_0)g}} \times \sqrt{u} = \sqrt{\frac{18 \times 13 \times 10^{-6}}{(150 - 5.1) \times 9.81}} \times \sqrt{0.13} = 0.1455\text{mm}$$

即粒径大于0.1455mm的焦粉可沉降至焦炭层中，粒径小于0.1455mm的焦粉会被油气携带至分馏塔中。

9 装置能耗计算

9.1 基准能耗

延迟焦化装置基准能耗计算依据《延迟焦化装置基准能耗计算与主分馏塔优化》[14] P34～P37所列的反向法计算方法进行计算。

装置加工量、产品收率及其他经济技术指标参数如表3-96所示。

表3-96 装置基础物料及关键技术指标参数

项目	符号	数值	单位
新鲜进料	Q	138.6	t/h
干气	Y_F	6.31	%
液态烃	Y_L	2.86	%
汽油	Y_G	14.59	%
柴油	Y_{LO}	21.48	%
蜡油	Y_{CGO}	27.17	%
焦炭	Y_{CK}	27.60	%
循环比	R	0.18	
加热炉热效率	η	92.41	%
注汽率(新鲜进料基准)	R_W	2.38	%
设计规模	S	120	10kt/a
装置负荷率	L	0.92	%

基准能耗公式：

$$E_B = \sum_{i=1}^{n} E_i$$

式中 E_B——延迟焦化装置基准能耗，MJ/t。

1. 化学焓差能耗 E_1(MJ/t)

$$E_1 = 24158 \times \frac{M_c - M_p}{M_c M_p}$$

式中 M_c——新鲜原料平均分子量；

M_p——产品平均分子量，由下式进行估算：

$$M_p = (Y_{CGO} + Y_{LO} + Y_G + Y_L + Y_F)/(2.86 \times 10^{-3} Y_{CGO} + 5 \times 10^{-3} Y_{LO} + 0.01 Y_G + 0.02 Y_L + 5.56 \times 10^{-2} Y_F)$$

式中 Y_{CGO}——蜡油产率,%;

Y_{LO}——柴油产率,%;

Y_G——汽油产率,%;

Y_L——液化气产率,%;

Y_F——干气产率,%。

将表 3-95 中的数据代入产品分子量公式中，计算结果为:

$$M_p = (27.17 + 21.48 + 14.59 + 2.86 + 6.31)/(2.86 \times 10^{-3} \times 27.17 + 5 \times 10^{-3} \times 21.48 + 0.01 \times 14.59 + 0.02 \times 2.86 + 5.56 \times 10^{-2} \times 6.31) = 98$$

物性计算中已得出 $M_c = 817$。

$$E_1 = 24158 \frac{817 - 98}{817 \times 98} = 216.95\text{MJ/t}$$

2. 加热炉散热与排烟能耗 E_2(MJ/t)

$$E_2 = 628(1 + R)(1/\eta - 1)$$

式中 R——分馏循环比;

η——加热炉热效率,%。

已知循环比 R 为 0.18，3.5.1.7 节中反平衡发计算出的加热炉效率为 92%。

$$E_2 = 628(1 + 0.18)(1/0.92 - 1) = 60.95\text{MJ/t}$$

3. 装置电耗 E_3(MJ/t)

$$E_3 = 120 + 43.1\text{R} = 120 + 43.1 \times 0.18 = 127.83\text{MJ/t}$$

4. 蒸汽耗能 E_4(MJ/t)

$$E_4 = 63.6 + 6.3R_W$$

式中 R_W——新鲜进料的注汽率,%(质)。

根据表 3-67 中的数据计算加热炉注汽率为:

$$R_w = \frac{0.4 + 2.9}{138.6} \times 100 = 2.38\%$$

蒸汽耗能 E_4 为:

$$E_4 = 63.6 + 6.3 \times 2.38 = 78.59\text{MJ/t}$$

5. 压缩机耗能 E_5(MJ/t)

$$E_5 = 1.26(Y_F + Y_L) = 1.26 \times (6.31 + 2.86) = 11.55\text{MJ/t}$$

6. 工艺利用与回收环节的散热能耗 E_6(MJ/t)

$$E_6 = 397 \times S^{-0.5}$$

式中 S——装置设计规模，10kt/a。

$$E_6 = 397 \times 120^{-0.5} = 36.24\text{MJ/t}$$

7. 装置排弃能耗 E_7(MJ/t)

$$E_7 = 11.50Y_F + 6.88Y_L + 6.55Y_G + 0.477Y_{LO} + 0.573Y_{CGO} + 28.73R_W + 2.763Y_{CK} - 6.7(1 + R) + 15$$

式中 Y_{CK}——焦炭产率,%(质)。

$$E_7 = 11.50 \times 6.31 + 6.88 \times 2.86 + 6.55 \times 14.59 + 0.477 \times 21.48 + 0.573 \times 27.17 + 28.73 \times 2.38 + 2.763 \times 27.60 - 6.7(1 + 0.18) + 15 = 365.31\text{MJ/t}$$

8. 装置排弃能消耗的循环水和新鲜水能耗 E_8(MJ/t)

$$E_8 = 9.33\text{MJ/t}$$

9. 吸收稳定系统能耗 E_9(MJ/t)

若系统为带重沸器的完整吸收稳定系统时，$E_9 = 230\text{MJ/t}$；

若系统为不带重沸器的简单吸收稳定系统时，$E_9 = 25\text{MJ/t}$；

本装置为带重沸器的完整吸收稳定系统，因此 $E_9 = 230\text{MJ/t}$。

10. 装置输出低温余热所降低的能耗 E_{10}(MJ/t)

$$E_{10} = -(5.95Y_F + 4.22Y_L + 2.83Y_G + 0.79Y_{LO} + 0.78Y_{CGO} + 3.06R_W)$$

本装置低温余热全部利用。

$$\begin{aligned}E_{10} &= -(5.95Y_F + 4.22Y_L + 2.83Y_G + 0.79Y_{LO} + 0.78Y_{CGO} + 3.06R_W)\\ &= -(5.95 \times 6.31 + 4.22 \times 2.86 + 2.83 \times 14.59 + 0.79 \times 21.48 + 0.78\\ &\quad \times 27.17 + 3.06 \times 2.38)\\ &= -136.31\text{MJ/t}\end{aligned}$$

11. 装置基准能耗 E_B(MJ/t)

$$\begin{aligned}E_B &= \sum_{i=1}^{n} E_i = E_1 + E_2 + E_3 + E_4 + E_5 + E_6 + E_7 + E_8 + E_9 + E_{10}\\ &= 216.95 + 60.95 + 127.83 + 78.59 + 11.55 + 36.24 + 365.31\\ &\quad + 9.33 + 230 - 136.310 = 1000.44\text{MJ/t}\\ &= 23.88\text{kgEO/t}\end{aligned}$$

12. 基准能耗校准

当装置实际运行负荷与设计负荷偏离较大时，应用近似值对基准能耗进行校正。

$$\theta = (0.3E_2 + 0.48E_3 + E_4 + E_6 + E_8)/E_B$$

$$E_C = (1-\theta)E_B + \theta E_B/L = E_B(1-\theta+\theta/L)$$

式中 E_B——计算所得能耗基准值，MJ/t；

E_C——校正后的基准能耗值，MJ/t；

L——装置负荷率；

θ——焦化装置固定能耗(不包括吸收稳定系统)占总能耗的比例。

$$\theta = (0.3 \times 60.95 + 0.48 \times 127.83 + 78.59 + 36.24 + 9.33)/1000.44 = 0.20$$

则校正后的基准能耗：

$$E_C = E_B(1-\theta+\theta/L) = 1000.44 \times (1 - 0.2 + 0.2/0.92) = 1017.12\text{MJ/t} = 24.28\text{kgEO/t}$$

9.2 实际能耗

依据《石油化工设计能耗计算标准》[15] GB/T 50441—2016 的相关要求对装置实际能耗进行计算，计算公式为：

$$E = \sum G_i C_i + \sum Q_i$$

$$e = E/G$$

式中 E——装置综合能耗，kgEO/h；

G_i——能源工质消耗量，kg/h；

C_i——能源工质折算，kg/t；

Q_i——装置热输出，kgEO/h；

e——单位能耗，kgEO/t 原料；

G——新鲜原料量，t/h。

首先计算装置热联合能耗。焦化装置进料均采取热联合，原料油进料温度为 205℃，高于规定温度 120℃，作为热进料处理。重蜡油、轻蜡油和柴油出装置的温度均高于规定温度，作为热出料处理，低温水进装置温度为 58℃，出装置温度为 99℃，作为热出料处理均采取热联合出料，详细的数据及计算结果如表 3-97 所示。

表 3-97　装置热输入能耗计算

介质	流量/(t/h)	相对密度	K 值	规定温度/℃	进/出装置温度/℃	规定温度焓值/(kJ/kg)	进/出温度焓值/(kJ/kg)	热负荷/kW
原料油进装置	138.2	1.0224	11.6	120	205	243	429	7119
重蜡油出装置	3.4	1.0139	10.7	80	292	159	620	-437
轻蜡油出装置	34.3	0.9378	11.4	80	192	175	420	-2339
柴油出装置	29.8	0.8567	11.6	70	117	166	268	-838
低温水	3074			58	99	319	491	-6144
合计								-2640

已知各物流的相对密度，K 值，计算出不同温度的焓值，再根据各物流的流量和进出装置的焓值，计算出每个物流的热负荷，其中热出料的热负荷为负值，热进料的热负荷为正值。将各物流的热负荷累计得到装置的热出入负荷为-2640kW。标定时间为 24h，累计热输出的总热量为：

$$Q = -2600\frac{\text{kJ}}{\text{s}} \times 3600\text{s} \times 24 = -228071\text{MJ}$$

根据标定期间，水、蒸汽、燃料气，电的消耗量，计算出装置的实际能耗为 25.51kgEO/t，结果如表 3-98 所示。

表 3-98　装置单位能耗计算表

项目	耗量	转成成标油的系数	kgEO	单耗/(kgEO/t)
新鲜水	45.0t	0.17	7.65	0.002
循环水	38552.0t	0.1	3855.2	1.16
除盐水	146.5t	2.3	337.0	0.10
除氧水	226.0t	9.2	2079.2	0.63
3.5MPa 蒸汽	582.0t	88	51216.0	15.44
1.0MPa 蒸汽	-556.0t	76	-42256	-12.74
电	51180.0kW·h	0.26	13306.8	4.01
燃料气	64.8t	950	61541	18.55
热联合	-228071MJ	0.024	-5448	-1.64
加工量	3318.0t			
能耗				25.51

装置能耗因素 E_F：

$$E_F = 实际能耗\ e/ 校正后的基准能耗\ E_C$$

$$E_F = 25.51/24.28 = 1.05$$

能耗因素 E_F 值表示装置的用能水平，E_F 值越高，说明装置能量利用水平越差，E_F 值越接近 1，说明装置的能量利用水平越高，本装置 E_F 值为 1.05，说明本装置用能水平较高。

从图 3-31 装置综合能耗结构上来看，加热炉能耗最高为 18.55kgEO/t，其次是 3.5MPa 蒸汽消耗量较大。但是装置的 1.0MPa 蒸汽输出较高，其次是热联合程度高。总体来讲，本焦化装置的能耗较低。

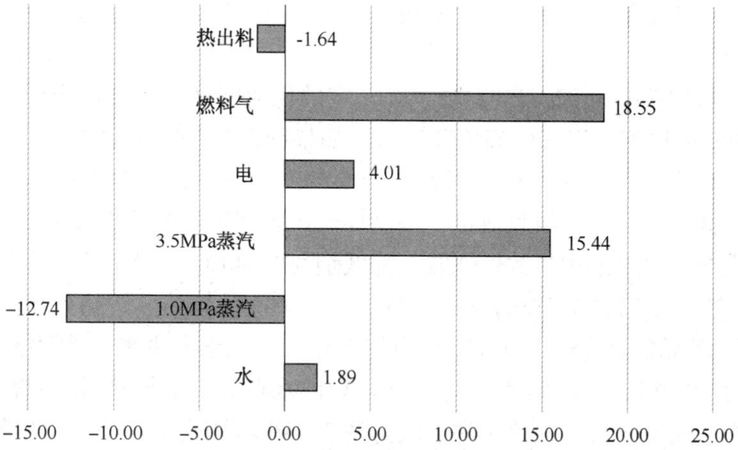

图 3-31　装置综合能耗结构图

除去热联合，焦化装置水、电、蒸汽和燃料气的能耗比例如表 3-99 所示。

表 3-99　焦化装置主要能耗分布

项目	能耗	单位	百分含量/%
水	1.89	kgEO/t	7.0
蒸汽	2.70	kgEO/t	9.9
电	4.01	kgEO/t	14.8
燃料气	18.55	kgEO/t	68.3
合计	27.15	kgEO/t	100.0

燃料气的能耗占装置能耗的主要部分，占整个能耗的比例为 68.3%，其次为电力消耗，占比为 14.8%。蒸汽能耗包括汽轮压缩机用 3.5MPa 中压蒸汽、汽轮机背压输出的 1.0MPa 蒸汽和装置产 1.0MPa 蒸汽，占比为 9.9%；水能耗包括新鲜水、循环水、除氧水和除盐水的消耗，所占比例最小，仅为 7.0%。

第四部分　装置检修改造建议

（1）分馏塔分离效果差，由表 3-16 中的数据可知，柴油、轻蜡油、重蜡油、循环油等组分重叠度过大，特别是轻蜡油和重蜡油之间的分离精度太大，重叠度为 200℃，柴油和轻蜡油之间的重叠度达到了29℃。若降低柴油与轻蜡油的重叠度，最高可提高柴油收率1%。由分馏塔热平衡计算可知，中段油回流取热量大，内回流变小，导致柴油和轻蜡油的分离精度下降，建议根据产品的质量要求适当降低换热终温，但会增加装置的能耗，需根据装置实际需求综合考虑。

（2）污水中油含量较高，分馏塔塔顶油水乳化严重，导致含硫污水中含油量较高，送至下游装置后，影响污水汽提装置的运行。2014年，装置新上焦炭塔安全联锁系统后，需蒸汽做密封汽的阀门增多，进入分馏塔塔顶分液罐的水量增多，导致在分馏塔塔顶油水分离停留时间短，油水分离困难，造成含油污水中含油量高。建议在大检修期间，在分离罐后面增加高效汽提分离器和聚结器，促进油水的快速高效分离，将含硫污水和放空污水的含油率降至500mg/L以下。

（3）装置加热炉效率为92.41%，还存在一定的优化空间，主要在降低排烟温度、烟气中CO含量、和使用炉管注汽来代替炉管注水。如果降低排烟温度值105℃，则加热炉热效率可提高至93%以上。建议在现有空气预热器不变的情况下，再增加一套空气预热器串联操作，进一步降低排烟温度，回收热量，提高加热炉效率。加热炉烟气中CO含量高，说明加热炉燃烧不完全，建议采用高效燃烧器，降低烟气中的CO含量。若仅为降低加热炉烟气CO含量而更换燃烧器，成本需进行详细核算。在正平衡计算加热炉热效率过程中，加热炉注水占加热炉总能耗的7.15%，而注蒸汽的能耗很小，若将注水改为注汽，可节省能耗2000kW以上，可节省瓦斯100kg/h以上。加热炉注水在对流室加热后，水汽化吸热，注水加热负荷主要在对流室。可将加热炉注水改为注3.5MPa中压蒸汽，增加对流室的原料油炉管或过热蒸汽炉管，以平衡过剩的对流室热负荷。

（4）装置的实际换热网络夹点温差为50℃，高于正常夹点温差20℃。导致原料的换热终温偏低。在换热流程的冷流股部分，热循环油与原料油换热冷却至270℃左右后，与换热后的300℃以上的原料油一起进入加热炉进料缓冲罐。这股进入加热炉进料缓冲罐的循环油存在冷却后再加热的现象。可以考虑在不影响循环油—渣油换热器总传热系数的情况下，将这股循环油直接引入加热炉进料缓冲罐，减少不必要的散热损失和机泵电功率。在进行夹点计算中发现，如果减压渣油的进料温度低于180℃，会导致换热网络的夹点温度出现在200℃左右，这会导致中段油—稳定塔塔底重沸器存在跨夹点换热。中段油先与稳定塔塔底油换热后，再与原料油换热，建议改为先与原料油换热，再做稳定塔底重沸器，可提高原料油换热终温。

参考文献

[1] 徐春明，杨朝合．石油炼制工程[M]．4版．北京：石油化工出版社，2009.
[2] 刘巍，邓方义．冷换设备工艺计算手册[M]．2版．北京：中国石化出版社，2008.
[3] API. API technical data book. 10th edition[M]. 2016.
[4] 王庆华，仇汝臣，王洛春，等．石油馏分焦点温度和焦点压力的数学关联式[J]．青岛科技大学学报（自然科学版），2004，(05)：412-414.
[5] 李志强．原油蒸馏工艺与工程[M]．北京：中国石化出版社，2010.
[6] 上海化工学院炼油教研组．石油炼制设计数据图表集[M]．上海：上海化工学院出版社，1978.
[7] 曹汉昌，郝希仁，张韩．催化裂化工艺计算与技术分析[M]．北京：中国石化出版社，2000.
[8] 瞿国华．延迟焦化工艺与工程[M]．2版．北京：中国石化出版社，2018.
[9] 王子宗．石油化工设计手册(2015修订版)[M]．北京：化学工业出版社，2015.

[10] SH/T 3036. 一般炼油装置用火焰加热炉[S]. 北京：中华人民共和国工业和信息化部，2012.
[11] SH/T 3037. 炼油厂加热炉炉管壁厚计算方法[S]. 北京：中华人民共和国工业和信息化部，2016.
[12] 赵日峰. 原油蒸馏技术进展与应用[M]. 北京：中国石化出版社，2019.
[13] 石油化学工业部化工规划设计院. 炼油设备工艺设计资料-塔的工艺计算[M]. 北京：石油工业出版社，1977.
[14] 孙杨. 延迟焦化装置基准能耗计算和主分馏塔优化[D]. 上海：华东理工大学，2014.
[15] GB/T 50441. 石油化工设计能耗计算标准[S]. 北京：中国计划出版社，2016.